植物の百科事典

石井龍一
岩槻邦男
竹中明夫
土橋　豊
長谷部光泰
矢原徹一
和田正三
編

朝倉書店

1. 植物のはたらき

口絵1 キクの花は夜の長さを計って花芽を分化させる．（図1.1，本文 p.2-3 参照）

口絵2 条件さえよければ樹齢2000年をこえる木もある．（神代桜，図1.7，p.5参照）

口絵3 保水力の低い岩尾根でも成育するヒノキ（図1.42，p.7 参照）．

口絵4 地面から立ち上がった気根から酸素を取り入れるラクウショウ（落羽松）．（図1.16，p.26参照）

口絵5（左） ヒメツリガネゴケの葉細胞は切断などの刺激を受けると，組織や器官を形成する能力をもった幹細胞に転換する．（図1.38，p.64-5 参照）

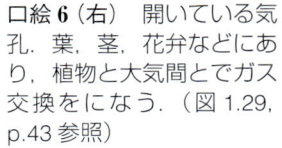

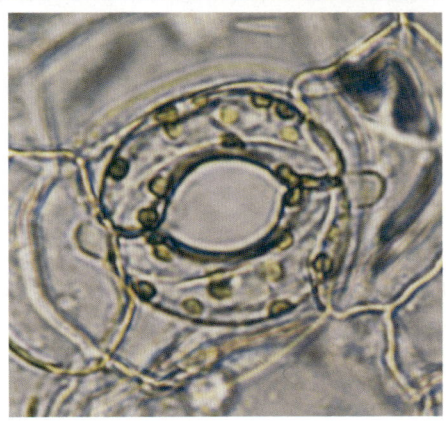

口絵6（右） 開いている気孔．葉，茎，花弁などにあり，植物と大気間でガス交換をになう．（図1.29，p.43参照）

口絵 7 木の年輪（カラマツ，図 1.6, p.4）は，形成層でつくられる木部によって太くなってきたことを示している．

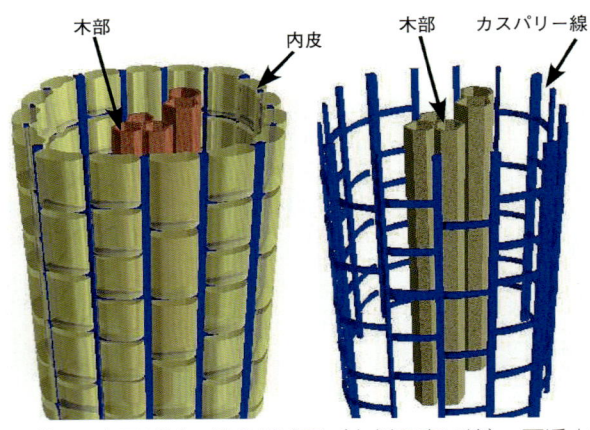

口絵 8 カスパリー線の模式図（右側の青い線）．不透水性で根の内皮をはちまきのように取り巻いている．（図 1.21, p.30 参照）

2. 植物の生活

口絵 9 真上から撮影した落葉広葉樹林の林冠（図 2.23, p.119 参照）

口絵 10 林冠観測用クレーン（図 2.24, p.119 参照）．「月の表面」と同じくらいわかっていなかった林冠を観察．

口絵 11（下） 共存するスギとブナ（混交林，図 2.22, p.112 参照）．競争を生じる可能性のある生物どうしがともに存在できることを共存（2.5a 項参照）という．

口絵 12（右） 林冠ギャップ（図 2.28, p.123 参照）．倒木などによってぽっかりとできる．

口絵 13　変化する花の色（ウコンウツギ）．開花直後は花冠内部は黄色く（左），数日経つと赤色に変色する．（図 2.33，p.131 参照）

口絵 14　ドングリを運ぶエゾアカネズミ（図 2.36，p.135 参照）．彼らの「貯蔵」が種子散布につながる．

口絵 15，16　キキョウ（左）（榛名山）とフジバカマ（右）（六甲高山植物園）（ともに福田泰二氏提供）．日本の絶滅危惧種のリストには「秋の七草」に含まれる身近な植物もあげられるている．

3. 植物のかたち

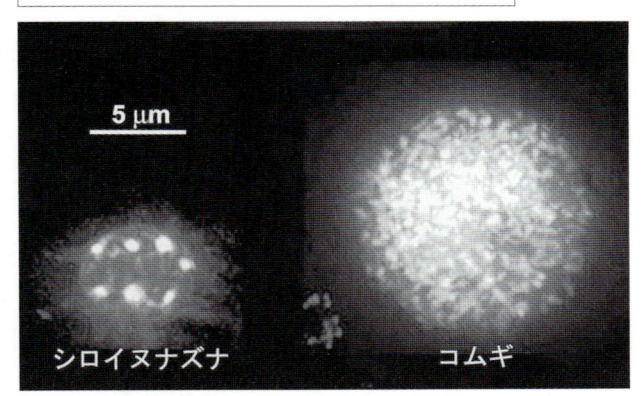

口絵 17　細胞核の DNA 染色像（図 3.2，p.161 参照）

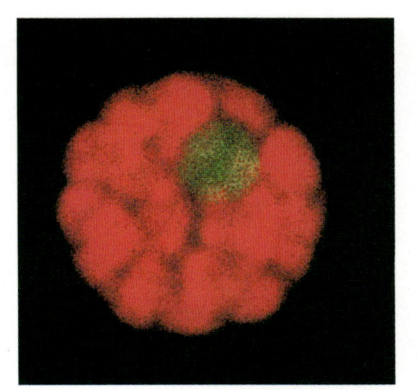

口絵 18　橙色の自家蛍光を発する色素体と蛍光染色した核．（図 3.6，p.168 参照）

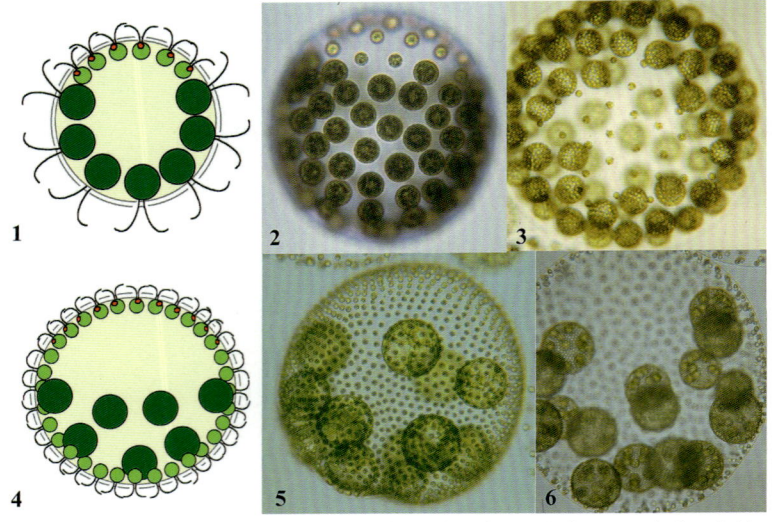

口絵 19　細胞がゆるく集合した群体（緑藻植物）の例（1～3 がプレオドリナ．4～6 がボルボックス）．（図 3.15, p.176 参照）

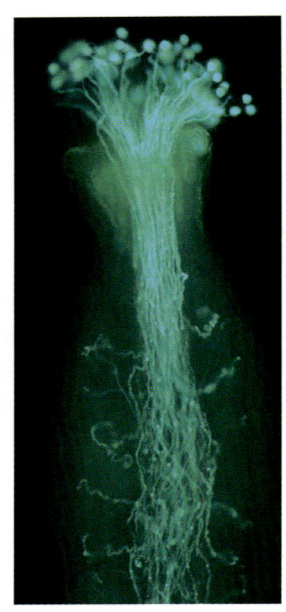

口絵 20　柱頭からのびる花粉管（シロイヌナズナ）．（図 3.22, p.189 参照）

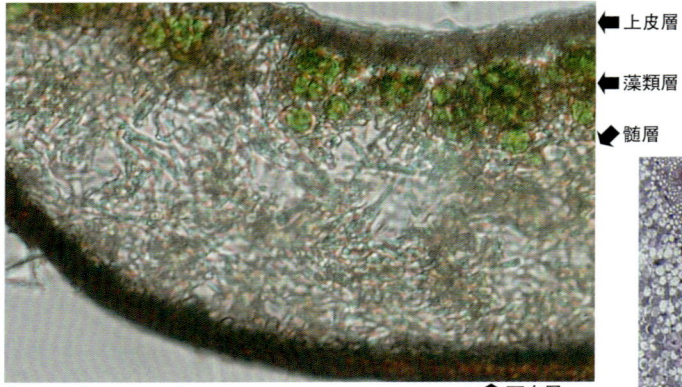

↑ 上皮層
← 藻類層
← 髄層
↑ 下皮層

口絵 21　キウメノキゴケ．地衣体は菌体に藻類が共生している．（図 3.16, p.177 参照）

口絵 22（右）　膝根の横断面（オヒルギ）．皮膚の細胞が放射状に並び，多くの細胞間隙がある．（図 3.48, p.218 参照）

口絵 23（下）　茎の分岐点から枝分かれし，担根体の先端（矢印）から根が生じる（コンテリクラマゴケ）（図 3.49, p.219 参照）

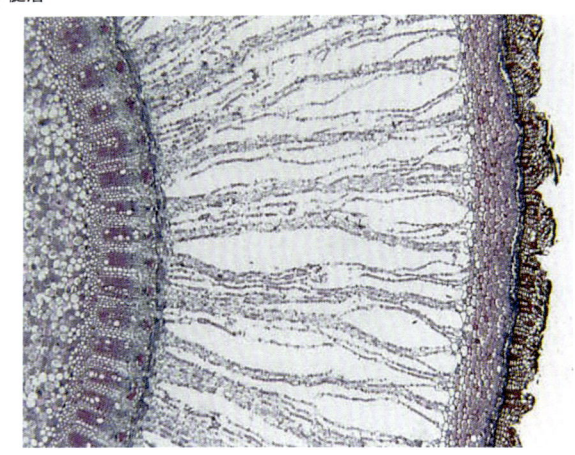

口絵 24　ホオノキの雄ずい群（図 3.56, p.229 参照）

4. 植物の進化

口絵 25（上） コケ植物の例．A：フタバゼニゴケ，B：ヒメスギゴケ，C：ニワツノゴケ．（図 4.43, p.309 参照）

口絵 26（右上，下） シダ植物の例．A：ミズスギ，B：*Leptopteris alpina*，C：ミズドクサ，D：マツバラン．（図 4.45, p.311 参照）

口絵 27　裸子植物の例
A：アカマツ，C：イチョウの雌株，D：グネツムの雌株（図 4.47, p.314 参照）

口絵 28（右）　子葉が1つの単子葉植物（ラン科のクマガイソウ，図 4.49, p.316 参照）

口絵 29　真正双子葉類と訪花昆虫．ヒダカキンバイとハエ（左）とヒダキセルアザミとハチ（右）（図 4.50, p.317 参照）

口絵 30　形態が似ていて同種として混同されていたのを隠蔽種という．シダ植物シマオオタニワタリには 30 以上あるという（図 4.6, p.254 参照）．

5. 植物の利用

口絵 31　北緯 35 度で発見された野生イネ（図 5.2, p.329 参照）

口絵 32　マツタケ．経済的価値をもつ食用林産物のきのこ類の 1 つ（図 5.45, p.384 参照）

口絵 33, 34　バングラデシュのナス（左）とキュウリ（下）の在来品種．いずれも果菜類の一つ（図 5.11, p.346 参照）

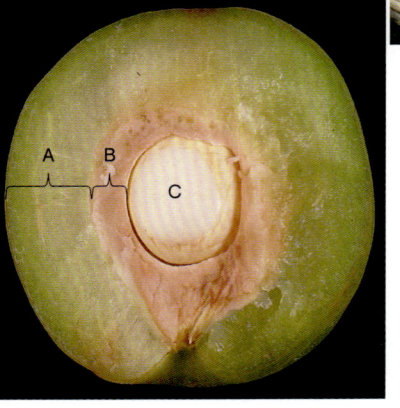

口絵 35　核果類であるウメの果実（断面）（図 5.15, p.351 参照）

口絵 36 子実の完熟以前に刈り取り,飼料に用いるトウモロコシ(図 5.22, p.360 参照).

口絵 37 ウシが放牧されているシバ草地(阿蘇,図 5.23, p.360 参照)

口絵 38 大刈込と西山の遠景(修学院離宮上茶屋,日本庭園については 5.7d 項, p.376 参照)

口絵 39 壁面緑化の例(パリのケ・ブランリー美術館)(図 5.30, p.371 参照)

口絵 40 さまざまな植物が用いられている屋上緑化(大阪のなんばパークス)(図 6.8, p.435 参照)

口絵 41(左) ビオトープでの生き物学習(京都市,いのちの森).(6.1a 項, p.432-433 参照)

口絵 42(右) ゲルマン民族の伝統であるブナ林(図 6.16, p.443 参照)

6. 植物と文化

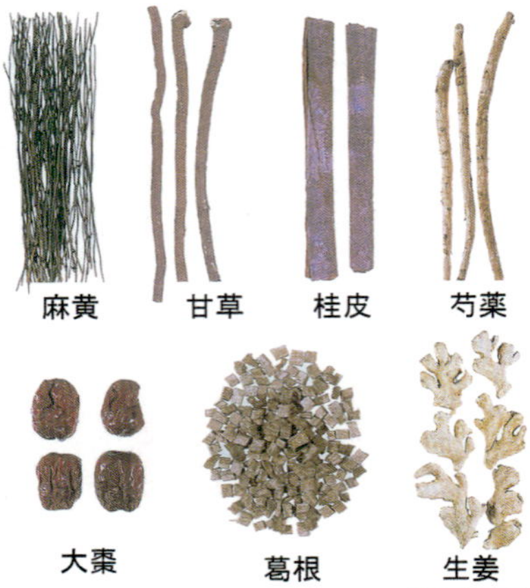

口絵 43　住宅地に残る鎮守の森（奈良市三輪神社，図 6.19，p.446 参照）

口絵 44　諏訪大社の御柱祭（図 6.20，p.447 参照）

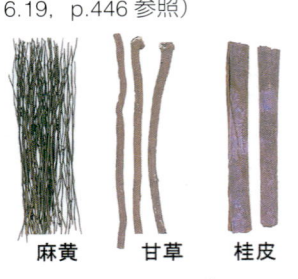

麻黄　甘草　桂皮　芍薬
大棗　葛根　生姜

口絵 45（左）　葛根湯を構成する植物由来の生薬（図 6.39，p.474 参照）

口絵 46（上）　布引ハーブ園のドライフラワー（図 6.36，p.471 参照）

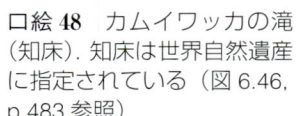

口絵 47（右）　本の装丁にデザインされた菖蒲（図 6.22，p.454 参照）

口絵 48　カムイワッカの滝（知床）．知床は世界自然遺産に指定されている（図 6.46，p.483 参照）

口絵 49　典型的な里山景観（川西市黒川，図 6.43，p.479 参照）

はじめに

　日本語の乱れが指摘されることが多いこの頃である．言葉は概念を載せるものであり，正しい情報の伝達のためには正確な用語の適用が求められる．近頃，多くの人にとって，辞書，事典をひもとく機会が乏しくなっているらしいのも，いかにも現代を象徴していることかもしれない．

　植物学関連の用語を解説した書物はいろいろ準備されているが，植物そのものに焦点を当てて通覧した事典がつくられることはなかった．もちろん，植物学をどう定義するかは問題で，植物学のある部分をカバーした辞書，事典類が乏しいというわけではない．植物が演出する諸現象にかかわる類書には優れたものも少なくない．

　本事典は，植物に関する科学を広義にとり，基礎分野から応用分野まで含めた事典を意図した編集が行われた．もっとも，最近では，科学や技術について，基礎とか応用とかという区分は，とりわけ生物学については，あまり重要な意味をもたない．だから，本事典が取り扱う領域は植物に焦点を当てた科学の広い範囲に及んでいるという言い方をするほうが正確である．植物そのものにというよりも，人とのかかわりにおける植物に，といったほうが妥当かもしれない．

　植物そのものに焦点を当てるとはいうものの，図鑑ではないのだから，個々の植物の特性を描き出す書ではない．植物がもたらす諸現象は植物がどのように演出しているか，植物の生活を通して，植物の世界に通底する原理を理解しようと意図するものである．そのために，全体を，植物のはたらき，植物の生活，植物のかたち，植物の進化，植物の利用，植物と文化という基準で大分けして見出し語を整理している．

　事典は元来個々の用語の解説をした書である．もちろん，本事典の場合も，個々の用語の説明に正確さを期待することを第一義としている．ただし，解説の対象として選ばれる用語には，相互に関連し合うものがあるのもまた当然である．関連する用語の間には関連する解説が準備されるのが望ましい．本事典の編集では，事典といいながら，全体を流れる物語性を産み出すこともまた意図された．書物として読み進めることによって，用語から見た植物の特性にあらためて意を注ぐ機会が産み出されるなら，編者一同の期待が満たされるというものである．

　全体に物語性をもたせるために，個々の項目ごとに執筆者が異なることは避けたいと考えはしたが，一方では各項目の執筆にもっともふさわしい人を期待したために，数多くの人にかかわってもらうことになった．そのためもあって，本書の企画が立てられてから刊行されるまでにずいぶん時間がかかった．その間，一貫して本書の完成に向けて協力してくださった執筆者の皆さんに，編集者を代表してお礼を申し上げたい．第6章ははじめ矢澤進氏に編

は じ め に

集担当をお願いし，いろいろ建設的な提言をいただいていたが，健康上の理由から，土橋豊氏に代わっていただくこととなった．また，事項に収まらない内容を付録で補っているが，この種の書には不可欠の分類表・系統図を加えるに際しては加藤雅啓氏らにお世話になった．本書の完成に向けて一貫して力を注いでくださった朝倉書店の皆さんにもお礼を申し上げたい．

　人と植物のかかわりは，資源の面でも，環境の面でも，今後ますます緊密さをますと予測される．人類の持続的な発展のためには，植物に関する正確な理解がすべての人に浸透することが不可欠であり，そのために本事典が重要な役割を果たしてくれることを期待したい．

2009年3月

編者を代表して　岩　槻　邦　男

編集者 (かっこ内は担当章)

和田正三 (1章)　　九州大学, 東京都立大学名誉教授
矢原徹一 (2章)　　九州大学
竹中明夫 (2章)　　国立環境研究所
長谷部光泰 (3章)　基礎生物学研究所
岩槻邦男 (4章)　　兵庫県立人と自然の博物館
　　　　　　　　　東京大学名誉教授
石井龍一 (5章)　　日本大学, 東京大学名誉教授
土橋　豊 (6章)　　甲子園短期大学

執筆者 (50音順)

相田光宏　奈良先端科学技術大学院大学	加藤雅啓　国立科学博物館
青木俊夫　日本大学	神谷勇治　理化学研究所
荒木　崇　京都大学	唐原一郎　富山大学
飯野盛利　大阪市立大学	川井浩史　神戸大学
池谷祐幸　農業・食品産業技術総合研究機構	川口正代司　基礎生物学研究所
池橋　宏　前日本大学	河野重行　東京大学
石井龍一　日本大学・東京大学名誉教授	清末知宏　学習院大学
市野隆雄　信州大学	工藤　岳　北海道大学
伊藤元己　東京大学	久米　篤　九州大学
井上　勲　筑波大学	黒岩晴子　立教大学
今市涼子　日本女子大学	黒田　秧　農業・食品産業技術総合研究機構
岩槻邦男　兵庫県立人と自然の博物館　東京大学名誉教授	桑原明日香　東京大学
井辺時雄　農業・食品産業技術総合研究機構	小池文人　横浜国立大学
植田邦彦　金沢大学	小泉　博　早稲田大学
大杉　立　東京大学	輿水　肇　明治大学
大隅良典　東京工業大学	後藤弘爾　岡山県生物科学総合研究所
大場秀章　東京大学	小巻克巳　農業・食品産業技術総合研究機構
岡崎芳次　大阪医科大学	米田好文　東京大学
奥野員敏　筑波大学	小山修三　吹田市立博物館, 国立民族学博物館名誉教授
梶浦一郎　農業・食品産業技術総合研究機構	近藤孝男　名古屋大学
勝野武彦　日本大学	三枝正彦　豊橋技術科学大学, 東北大学名誉教授
加藤　浩　農業・食品産業技術総合研究機構	斉藤和季　千葉大学

齊藤知恵子	理化学研究所	西田生郎	埼玉大学
酒井聡樹	東北大学	西田治文	中央大学
坂神洋次	名古屋大学	西谷和彦	東北大学
佐藤文彦	京都大学	西廣淳	東京大学
澤田佳弘	兵庫県立淡路景観園芸学校, 兵庫県立大学	西村幹夫	基礎生物学研究所
柴岡弘郎	大阪大学名誉教授	根本博	農業・食品産業技術総合研究機構
柴田道夫	農林水産省	野崎久義	東京大学
島崎研一郎	九州大学	野村和成	日本大学
清水健太郎	University of Zurich	長谷部光泰	基礎生物学研究所
白須賢	理化学研究所	原慶明	山形大学
新免輝男	兵庫県立大学	日浦勉	北海道大学
杉山慶太	農業・食品産業技術総合研究機構	東山哲也	名古屋大学
杉山純多	(株)テクノスルガ・ラボ, 東京大学名誉教授	樋口正信	国立科学博物館
杉山宗隆	東京大学	彦坂幸毅	東北大学
鈴木石根	筑波大学	飛騨健一	静岡大学
鈴木和夫	森林総合研究所, 東京大学名誉教授	平田昌彦	宮崎大学
鈴木健一朗	製品評価技術基盤機構	福田裕穂	東京大学
鈴木三男	東北大学	藤田知道	北海道大学
瀬戸口浩彰	京都大学	藤田雅也	農業・食品産業技術総合研究機構
園池公毅	東京大学	藤原徹	東京大学
高瀬智敬	学習院大学	堀江武	農業・食品産業技術総合研究機構, 京都大学名誉教授
高山誠司	奈良先端科学技術大学院大学	町田泰則	名古屋大学
舘野正樹	東京大学	松永幸大	大阪大学
田中一朗	横浜市立大学	松本聰	日本土壌協会, 東京大学名誉教授, 秋田県立大学名誉教授
塚谷裕一	東京大学	三村徹郎	神戸大学
土橋豊	甲子園短期大学	村上哲明	首都大学東京
出口博則	広島大学	村田隆	基礎生物学研究所
寺島一郎	東京大学	茂木祐子	東京大学
寺林進	横浜薬科大学	森本幸裕	京都大学
徳田誠	理化学研究所	矢原徹一	九州大学
戸部博	京都大学	山内大輔	兵庫県立大学
鳥山欽哉	東北大学	山口淳二	北海道大学
内藤哲	北海道大学	山本好和	秋田県立大学
長田敏行	法政大学, 東京大学名誉教授	山谷知行	東北大学
中野明彦	東京大学	吉田博宣	京都大学名誉教授
西尾剛	東北大学	和田正三	九州大学, 東京都立大学名誉教授
西川周一	名古屋大学	渡辺雄一郎	東京大学

目　　次

1. 植物のはたらき　　和田正三・編

- 1.0 総　論 ……………………（和田正三）2
- 1.1 細胞の機能 ………………（田中一朗）6
    - a. 体細胞分裂 ……………………… 8
    - b. 減数分裂 ………………………… 10
    - c. 細胞・組織の伸長 ………（西谷和彦）11
    - d. 遺伝子発現 ………………（米田好文）12
- 1.2 物質代謝 …………………（山谷知行）13
    - a. 種子発芽 …………………（山内大輔）15
    - b. 窒素代謝 …………………（山谷知行）16
    - c. 脂質代謝 …………………（西田生郎）17
    - d. 炭素代謝 …………………（山口淳二）18
    - e. リン代謝 …………………（三村徹郎）19
    - f. 硫黄代謝 …………………（斎藤和季）20
    - g. 二次代謝産物，防御 ……（佐藤文彦）21
- 1.3 基礎代謝 …………………（三村徹郎）23
    - a. 好気呼吸 …………………（園池公毅）26
    - b. 転流 ………………………（寺島一郎）27
    - c. 窒素固定 ………………（川口正代司）28
    - d. 吸水，蒸散 ………………（舘野正樹）29
    - e. カスパリー線 ……………（唐原一郎）30
    - f. 貯蔵物質 ………（藤原　徹・内藤　哲）31
    - g. 植物免疫，防御 …………（白須　賢）32
    - h. 膜透過 ……………………（三村徹郎）33
- 1.4 植物の運動 ………………（和田正三）35
    - a. 原形質流動 ………………（新免輝男）37
    - b. 葉緑体運動 ………………（和田正三）39
    - c. 回旋運動 …………………（飯野盛利）40
    - d. 就眠運動 ………………………… 41
    - e. 気孔開口 ………………（島崎研一郎）42
    - f. 葉枕運動 …………………（岡崎芳次）43
    - g. 細胞骨格 …………………（村田　隆）45
- 1.5 調節機構 …………………（神谷勇治）46
    - a. 内因ホルモン …………………… 48
    - b. ホルモン受容体 ………………… 51
    - c. 生理活性物質 ……………（坂神洋次）53
    - d. 低分子 RNA ……………（町田泰則）54
    - e. 外因外部環境光，温度，湿度
          ……………（高瀬智敬・清末知宏）56
    - f. 概日リズムと光周性 ……（近藤孝男）57
    - g. 生物時計 …………………（近藤孝男）58
- 1.6 細胞の生殖 ………………（矢原徹一）59
    - a. 自家不和合性 ……………（高山誠司）61
    - b. 重複受精 …………………（東山哲也）62
    - c. 全能性 ……………………（長谷部光泰）63
    - d. 無配生殖 …………………（村上哲明）64
- 1.7 ストレス …………………（寺島一郎）66
    - a. 土壌問題 …………………（松本　聡）69
    - b. 水ストレス ………………（舘野正樹）70
    - c. 温度ストレス ……………（鈴木石根）71
    - d. 強光阻害 …………………（寺島一郎）72

2. 植物の生活　　　矢原徹一・竹中明夫・編

- 2.0 総論 ……………………（矢原徹一） 76
- 2.1 植物の成長 ……………（彦坂幸毅） 81
  - a. 光合成 …………………………… 83
  - b. 呼吸の役割 ……………………… 84
  - c. 物質生産 ………………………… 85
  - d. 水分の利用 ……………………… 85
  - e. 窒素の利用 ……………………… 86
  - f. 菌根・腐生・寄生 ……………… 87
- 2.2 植物の生活形 …………（酒井聡樹） 88
  - a. 生活形の分類 …………………… 90
  - b. 草本 ……………………………… 91
  - c. 樹木 ……………………………… 91
  - d. 水草 ……………………………… 92
  - e. つる植物 ………………………… 93
- 2.3 植物の群落（Ⅰ）森林 …（小池文人） 95
  - a. 熱帯多雨林 ……………………… 97
  - b. 照葉樹林 ………………………… 98
  - c. 夏緑樹林 ………………………… 100
  - d. 針葉樹林 ………………………… 101
  - e. 雑木林 …………………………… 102
- 2.4 植物の群落（Ⅱ）世界の草原 ………
      ……………………（小泉 博） 103
  - a. 草原 ……………………………… 105
  - b. 湿原 ……………………………… 106
  - c. お花畑 …………（澤田佳弘・小泉 博） 107
  - d. ツンドラ ………………（小泉 博） 108
  - e. 砂漠 ……………………………… 109
- 2.5 植物の競争と共存 ……（舘野正樹） 111
  - a. 共存 ……………………………… 113
  - b. 競争 ……………………………… 114
  - c. ニッチ …………………………… 115
  - d. ファシリテーション（扶助）…… 115
  - e. トレードオフ …………………… 116
- 2.6 森林の動態 ……………（日浦 勉） 117
  - a. 林冠 ……………………………… 119
  - b. 林床 ……………………………… 120
  - c. 階層構造 ………………………… 121
  - d. ギャップ ………………………… 123
  - e. 遷移 ……………………………… 124
  - f. 更新戦略 ………………………… 125
- 2.7 植物の繁殖 ……………（工藤 岳） 127
  - a. 送粉 ……………………………… 129
  - b. 花の色とにおい ………………… 131
  - c. 繁殖システム …………………… 132
  - d. 植物の性 ………………………… 133
  - e. 種子散布 ………………………… 134
- 2.8 植物の防御 ……………（市野隆雄） 136
  - a. 防御物質 ………………………… 138
  - b. アリ植物 ………………………… 139
  - c. 内生菌 …………………………… 140
- 2.9 植物の保全 ……………（西廣 淳） 141
  - a. 生物多様性 ……………………… 143
  - b. 絶滅危惧植物 …………………… 144
  - c. 外来種 …………………………… 146
- 2.10 植物と地球環境 ………（久米 篤） 147
  - a. 炭素の循環 ……………………… 149
  - b. 温室効果 ………………………… 150
  - c. 酸性雨 …………………………… 151
  - d. 水質汚濁 ………………………… 152

3. 植物のかたち　　　長谷部光泰・編

- 3.0 総論 …………………（長谷部光泰） 156
- 3.1 細胞 …………………（柴岡弘郎） 159
  - a. 核 ……………………（松永幸大） 161
  - b. ゴルジ体 ……（中野明彦・齊藤知恵子） 162
  - c. 小胞体 ………………（西川周一） 163
  - d. ペルオキシソーム ……（西村幹夫） 164
  - e. 液胞 …………………（大隅良典） 166
  - f. 色素体 ………………（原 慶明） 167

g. ミトコンドリア （茂木祐子・河野重行）	169	d. 子　葉 …………………（塚谷裕一）	202
h. 細胞骨格 ……………………（村田　隆）	170	e. 葉 ……………………………………………	203
i. 鞭　毛 ……………………（井上　勲）	171	f. 托　葉 ………………………………………	204
j. 細胞壁 ……………………（西谷和彦）	172	g. 変形葉 ……………………（大場秀章）	205

3.2 単細胞体と多細胞体 ……（井上　勲）173
  a. 多核体 …………………………………… 175
  b. 群　体 ……………………（野崎久義）176
  c. 地衣体 ……………………（山本好和）177
  d. 原形質連絡 ……………（渡辺雄一郎）178
  e. 細胞極性, 不等分裂 ……（藤田知道）179
  f. 世代交代 …………………（川井浩史）180
  g. カルス ……………………（杉山宗隆）181
  h. ゴール ……………………（徳田　誠）182

3.3 配　偶　体 ………………（今市涼子）184
  a. 胞子・花粉 ………………（長谷部光泰）187
  b. 原糸体 ……………………（和田正三）188
  c. 花粉管 ……………………（清水健太郎）189
  d. 葉状体, 前葉体 …………（長谷部光泰）190
  e. 茎葉体 ……………………（樋口正信）191
  f. 胚　嚢 ……………………（戸部　博）192
  g. 造卵器 ……………………（出口博則）192
  h. 精子・精細胞 ……………（長谷部光泰）194
  i. 卵 …………………………（黒岩晴子）195

3.4 栄養胞子体 ………………（加藤雅啓）197
  a. 胚　乳 ……………………（戸部　博）199
  b. 胚 …………………………（長谷部光泰）200
  c. 茎頂分裂組織 ………………………… 201

  h. 異形葉 ……（桑原明日香・長田敏行）206
  i. 毛, 鱗片 …………………（清水健太郎）207
  j. 葉　序 ……………………（長谷部光泰）208
  k. 茎, 中心柱 ………………（植田邦彦）209
  l. 形成層, 前形成層 ………（福田裕穂）210
  m. 木　部 …………………………………… 211
  n. 篩　部 …………………………………… 213
  o. 木 …………………………（鈴木三男）214
  p. 根 …………………………（今市涼子）215
  q. 根端分裂組織 ……………（相田光宏）216
  r. 異形根 ……………………（瀬戸口浩彰）217
  s. 担根体 ……………………（加藤雅啓）219

3.5 生殖胞子体 ………………（西田治文）220
  a. 花　成 ……………………（荒木　崇）222
  b. 胞子嚢 ……………………（長谷部光泰）224
  c. 胞子葉 ……………………（加藤雅啓）225
  d. 花　序 ……………………（後藤弘爾）226
  e. 花 …………………………（伊藤元己）227
  f. 花　被 …………………………………… 228
  g. 雄ずい ……………………（植田邦彦）229
  h. 雌ずい …………………………………… 230
  i. 胚珠, 珠皮 ………………（戸部　博）231
  j. 種　子 ……………………（西田治文）232

4. 植　物　の　進　化

岩槻邦男・編

4.0 総　　論 …………………（岩槻邦男）234
4.1 遺伝と多様性 ……………（村上哲明）239
  a. 遺伝子 …………………………………… 241
  b. 遺伝情報 ………………………………… 242
  c. ゲノム …………………………………… 243
  d. オルガネラのもつゲノムと母性遺伝 244
  e. 遺伝子突然変異 ………………………… 245
  f. 染色体突然変異 ………………………… 246
  g. 遺伝子プール …………………………… 247

  h. 遺伝子型 ………………………………… 248
  i. ハーディ・ワインベルグの法則 …… 249
  j. 自然選択 ………………………………… 250
  k. 中立説 …………………………………… 251
  l. 分子系統 ………………………………… 252
  m. 隠蔽種 …………………………………… 254
4.2 遺伝と種形成 ……………（伊藤元己）255
  a. メンデルの法則 ………………………… 257
  b. 性 ………………………………………… 258

c. 交雑（雑種形成）……………… 259	b. キノコ ……………………………… 288
d. 種概念 …………………………… 260	c. 酵　母 …………………………… 289
e. 変　異 …………………………… 261	d. 地衣類 …………………………… 291
f. 地域集団 ………………………… 262	e. 原核生物 …………（鈴木健一朗）292
g. 適応放散 ………………………… 263	f. 偽菌類 ……………（杉山純多）293
h. 共生（細胞内共生）……………… 264	4.6 藻　　類 ………………（川井浩史）296
4.3 分類群と系統 …………（岩槻邦男）265	a. 褐藻類 …………………………… 298
a. 分類体系 ………………………… 268	b. 緑　藻 …………………………… 300
b. 分類群 …………………………… 269	c. 紅　藻 …………………………… 301
c. バイオインフォーマティクス …… 270	d. 微細藻類 ………………………… 302
d. 学　名 …………………………… 271	e. シアノバクテリア ……………… 303
e. 植物相 …………………………… 272	4.7 陸 上 植 物 ……………（加藤雅啓）305
f. 固有種 …………………………… 273	a. コ　ケ …………………………… 309
g. 植物地理 ………………………… 274	b. 維管束植物 ……………………… 310
4.4 植物化石 ………………（西田治文）275	c. シ　ダ …………………………… 311
a. 微化石 …………………………… 277	d. 種子植物 ………………………… 312
b. 示準化石 ………………………… 278	e. 裸子植物 ………………………… 313
c. 生命の起源 ……………………… 279	f. 被子植物 ………………………… 315
d. 系　統 …………………………… 279	g. 単子葉植物 ……………………… 316
e. 大絶滅 …………………………… 281	h. 双子葉植物 ……………………… 317
4.5 菌　　類 ………………（杉山純多）282	i. モデル植物 ……………………… 318
a. カ　ビ …………………………… 286	

5. 植物の利用

石井龍一・編

5.0 総　　論 ………………（石井龍一）320	b. 葉菜類 …………………………… 345
5.1 栽培植物の起源と伝播 …（池橋　宏）326	c. 果菜類 …………………………… 346
a. 野生植物の栽培化 ……………… 329	5.4 果物として利用する栽培植物 ………
b. 栽培植物の起源 ………………… 330	……………………（梶浦一郎）347
c. 栽培植物の伝播 ………………… 331	a. 仁果類 ……………（池谷祐幸）350
5.2 食糧として利用する植物 …（石井龍一）333	b. 核果類 …………………………… 351
a. イ　ネ …………………………… 336	c. 堅果類 ……………（梶浦一郎）352
b. コムギ …………………………… 337	d. 柑橘類 …………………………… 353
c. 雑穀類 …………………………… 338	e. 熱帯果樹 ………………………… 354
d. まめ類 …………………………… 339	f. その他の果樹 …………………… 355
e. いも類 …………………………… 340	5.5 家畜の餌に利用する植物 （平田昌彦）356
5.3 野菜として利用する栽培植物 ………	a. 牧　草 …………………………… 358
……………………（飛驒健一）341	b. 青刈作物 ………………………… 359
a. 根菜類 …………………………… 344	c. 野　草 …………………………… 360

d. 飼料木	361	c. F₁雑種 ……………………（加藤 浩）	393

　5.6 **食用以外の用途に利用する栽培植物**
　　　　　　　　　　　　　　（堀江　武）363
　　a. 繊維作物 …………………………… 366
　　b. 油料作物 …………………………… 367
　　c. 嗜好料作物 ………………………… 368
　　d. 薬用作物 …………………………… 369
　5.7 **人の心を和ませるために利用する植物**
　　　　　　　　　　　　　　（輿水　肇）371
　　a. バ　ラ ……………………………… 373
　　b. チューリップ ……………………… 374
　　c. 観葉植物 ……………（勝野武彦）375
　　d. 日本庭園の植物 ……（吉田博宣）376
　　e. 西洋庭園の植物 …………………… 377
　　f. 公園・都市と植物 …（勝野武彦）378
　5.8 **森林をつくる植物** …（鈴木和夫）379
　　a. 森をつくる樹木 …………………… 381
　　b. 木材資源 …………………………… 383
　　c. きのこ資源 ………………………… 384
　　d. 環境資源 …………………………… 385
　　e. 森林の多面的機能 ………………… 386
　5.9 **新しい作物をつくる** …（黒田　秧）387
　　a. メンデル遺伝 ………（小巻克巳）390
　　b. 育種の方法 …………（井辺時雄）392

　　c. F₁雑種 ………………（加藤　浩）393
　　d. 倍数体 ………………（杉山慶太）394
　　e. 日長性 ………………（柴田道夫）395
　　f. 早晩性 ………………（藤田雅也）396
　　g. 多収性 ………………（根本　博）397
　　h. 自家受精と他家受精 …（西尾　剛）398
　　i. ジーンバンク ………（奥野員敏）399
　5.10 **先端的な育種技術** ……（西尾　剛）401
　　a. クローン ……………（青木俊夫）403
　　b. 遠縁交雑と細胞融合 …（鳥山欽哉）404
　　c. 組織培養 ……………（野村和成）405
　　d. DNA マーカー育種 …（西尾　剛）406
　　e. 半数体育種 ………………………… 407
　　f. 遺伝子組換え育種 …（鳥山欽哉）409
　　g. 除草剤抵抗性 ……………………… 410
　　h. 病害虫抵抗性 ………（西尾　剛）411
　　i. ゲノム創薬 …………（寺林　進）412
　　j. 収量と品質 …………（大杉　立）413
　5.11 **有用植物栽培の持続性** …（三枝正彦）414
　　a. 有機農業 …………………………… 416
　　b. 地域循環型農業 …………………… 417
　　c. 不耕起栽培 ………………………… 418
　　d. 地球温暖化と農業 ………………… 420

6. 植 物 と 文 化

土橋　豊・編

　6.0 **総　　論** ……………（土橋　豊）424
　6.1 **住まいと植物** ………（森本幸裕）427
　　a. ビオトープ ………………………… 432
　　b. 緑化植物 …………………………… 434
　　c. 屋上緑化 …………………………… 435
　6.2 **植物にしたしむ** ……（岩槻邦男）436
　　a. ボタニカルアート ………………… 439
　　b. プラントハンター ………………… 440
　　c. 盆　栽 ……………………………… 441
　6.3 **こころと植物** ………（小山修三）442
　　a. 山岳信仰 …………………………… 445
　　b. 鎮守の森 …………………………… 446

　　c. 祭と植物 …………………………… 447
　　d. 文学と植物 ………………………… 448
　　e. 芸術に見る植物 …………………… 449
　6.4 **文学・絵画に見る植物** …（塚谷裕一）450
　　a. 日本散文学と植物 ………………… 452
　　b. 室町・江戸期絵画にとっての百合 … 455
　6.5 **音楽と植物** …………（岩槻邦男）456
　　a. 民謡に見る植物 …………………… 458
　　b. 童謡に見る植物 …………………… 459
　　c. 楽器と植物 ………………………… 460
　6.6 **暮らしの中の植物** …（土橋　豊）462
　　a. デザインと植物 …………………… 464

  b. 文様に見る植物 ……………… 465
  c. 衣装と植物 …………………… 466
  d. 嗜好品 ………………………… 467
  e. スパイス ……………………… 468
  f. ハーブ ………………………… 469
  g. ドライフラワー ……………… 470
  h. 生け花 ………………………… 471
  i. 茶　花 ………………………… 472
  j. 園芸療法 ……………………… 473
  k. 伝統薬 …………………（寺林　進）474

  l. 有毒植物 ……………………… 475
 6.7 植 物 と 人 ……………（岩槻邦男）476
  a. 里地・里山 …………………… 479
  b. 照葉樹林文化 ………………… 480
  c. 植物園 ………………………… 480
  d. 自然公園 ……………………… 481
  e. 世界自然遺産 ………………… 483
  f. 博物学と自然史 ……………… 484
  g. 生命倫理 ……………………… 485

付　録

1. 植物関連展示のあるおもな自然史系博物館 ……………………………………………… 74
2. 日本の絶滅危惧植物について ……………………………………………………………… 154
3. 日本国内の世界自然遺産, 国立公園, 国定公園一覧 …………………………………… 486
4. 日本国内のおもな植物園 …………………………………………………………………… 487
5. 日本の植物学関連の学協会一覧 …………………………………………………………… 490
6. 都道府県の花と木 …………………………………………………………………………… 492
7. 植物の分類表と系統図 ……………………………………………………………………… 494

事 項 索 引 …………………………………………………………………………………………… 526
植物名索引 …………………………………………………………………………………………… 545

1

植物のはたらき

総論

　多くの人にとって「生き物」という語感から来るイメージは，どうしても犬，猫など哺乳類，鳥や爬虫類，せいぜい昆虫，魚といったところだろう．血も涙も流さず，動き回ることもできない植物を「生き物」と感じていないふしがある．日本人は古来，四季折々に変化する自然の風情を愛でる習慣があるが，その変化とはもちろん，春の桜，梅雨時の花菖蒲，秋の紅葉などなど，春夏秋冬を通した植物の変化である．したがって，植物が生を受けたものであることは十分認識しているし，その儚さに心うたれるのであるが，一方で庭に生えてきた雑草は平気で抜いてしまうし，きれいな花は簡単に摘んでしまう．この行為で植物が，あるいは花が死んでしまう，という感覚は微塵も感じられない．蛇や鼠や蛾を見るだけで悲鳴を上げる人もいるし，いわんや生きた動物の手足を引きちぎることなどできないが，相手が植物であれば，床の間を飾るためには野に咲く草花を平気で折り取ったり，生け花として形を整えるためには葉でも枝でも切り取ってしまう．トマトやキュウリやレタスを生で食べていても，生き物をそのまま食べている，という感覚は微塵もなかろう．生きて動いていても，伊勢エビを見れば「美味しそう」と思う人は多い，とはいっても，動いている動物をそのまま食べようというのではない．刺身になればともかく，「白魚の踊り食い」はごめんだ．人間の植物と動物に対するこの感覚の違いは何なのだろう．

　植物は移動できないし，運動の一要因でもある成長も目に見えるほど速くはないので，われわれに向かって迫ってくることはない．植物にはトゲやつるはあっても口も手もないので，われわれを捕まえたり，採って食ったり，刺したり，という心配もない．すなわち，われわれの時間感覚では，植物は動かない，害もしない，いってみれば生き物ではない，死んでいる（ような）ものなのであろう．しかし，もちろんそんなことはなく，植物を細胞や組織のレベルで見れば，動物とほとんど変らぬ「動き」や「はたらき」をしている．数億年を生き抜いてきた植物は，動物に比べればその歴史は長く，動物よりよほど合理的な生き方をしている．

　太陽エネルギーを使って水と二酸化炭素から有機物を合成する「光合成」は，地球開闢以来生物が成し遂げた最大の発明であろう．生物にとって体をつくり，エネルギーのもとになる有機物の必要性はいうに及ばず，副産物として同時に発生する酸素がなければ，現在の地球上の生物の存続はありえなかったに違いない．植物は，地上に無尽蔵にある水と二酸化炭素を原材料として光合成を

図 1.1　キクは短日条件で花芽を分化させる（口絵 1）．

図 1.2　土を掘り起こすと雑草の種が一斉に発芽する．

行い，生物にとって必須の有機物を合成し，それを使って完全に自活している．植物のつくった有機物と酸素に依存して生活している動物とは大違いである．植物は外界から食物を摂取する必要はない．

移動のできない植物のもう一つの発明は，光や温度などの外界からの情報を利用して，四季の変化を乗りこえる術を身につけたことである．冬の到来や，春の来訪をわずかな日長（1日のうちの光が当たって明るい時間の長さ＝明期）の変化や温度変化から察知して，来るべき気候の変化に対して前もって準備する．夜（暗期）の長さを計って花芽を分化させる光周性は，その典型的な例である（図 1.1）．

植物の光情報の利用には，季節変化への対応のみならず，発芽時期の決定（図 1.2），茎の成長制御，光合成の効率化への対処（図 1.3）など，光形態形成とよばれる生理現象がたくさんある．植物のほとんどの生理現象は光に依存しており，植物にとっての光は，植物にとっての水と同じく，植物が生きていくための必須の環境条件である．

植物が地球上の陸地をほとんどおおうほどまでに繁栄した理由は，植物の個体全体を通して隅から隅まで，水や光合成産物を輸送することを可能にした維管束（導管または仮導管と篩管）を発達させたことにある．導管を通して地上 100 m にも及ぶ高所まで水を吸い上げることができるし，篩管を通して葉でつくられた光合成産物をショ糖として体全体に配ることもできる（図 1.4）．動物の血管系と同じ役割と考えられるだろう．

道管（導管）は根から葉の先までつながった管状の組織で水を充満させている．道管を通して水が葉の先端までもち上げられるメカニズムの鍵は，水を満たされた道管と，二酸化炭素，酸素，水蒸気といったガス交換のための孔，すなわち気孔にある（図 1.5）．

気孔から水が大気中に放出される（これを蒸散という）と，葉の中の水が少なくなり，その分が道管を通して補充される．すなわち，根から水が上がってくる．一方，進化の過程で維管束が発達する前から存在していた藻類やコケ類などは，このような維管束系が発達していないため，水中で生活をしている大型藻類を除いて，その背丈は低く，器官の分化という立場からすると，非常に未発達の状況にあるといえる．導管という特別に発達した組織をもたないコケやシダの配偶体は，背が高くはなれず，したがって十分な光が得られない他の植物の陰で暮らしている場合が多い．

動物と植物の違いを決定づけるものの一つは，細胞の構造の違いである．植物の細胞はセルロースを主成分とする固い細胞壁によって取り囲まれている．隣接する細胞どうしは細胞壁によって張り付いているため，個々の細胞は組織内を移動したり，相互に位置を変えることはできない．細胞が若くて，細胞壁がまだ薄いような場合には，そ

図 1.3 クズの葉は日陰では葉を水平にし，日向では小葉を立てて光を受ける量を調整する．

図 1.4 レッドウッドと通称されるセコイア 地上 80 m ほどまで成長する．

れでも柔軟性はあるが，年をとると植物体を支えるために細胞壁にはリグニンなどが蓄積し，強固になって柔軟性は非常に落ちる．したがって，一旦でき上がった個体の形を変えることはほとんどできない．できるのは，せめて葉や茎をしならせる程度のことである．

一方，動物細胞の場合には植物のような細胞壁がなく，隣の細胞とは特別な構造でつながっているとはいえ，細胞膜で接しているだけなので融通性は大きく，細胞が形を変えることは容易である．このため，一つの細胞が組織内から抜け出して他の組織内へ移動することさえできる．この細胞の構造の違いが，動物は動き回れるが，植物は動けない根本的な理由の一つである．したがって，植物が形を変えうる唯一の方法は，成長に依存した形の変化であり，形を変えるべき場所での細胞の増殖，すなわち細胞分裂頻度の増大と，増殖した細胞の伸長とその方向性，これらを組み合わせることである．

植物細胞は細胞壁に囲まれているため，細胞分裂の形式も動物とは大きく異なる．動物の場合は，細胞の外側からくびれが入って二分されるが，植物の場合は強固な細胞壁があるため，外側からくびれることはできない．したがって，細胞分裂は植物独自の複雑な経路をたどる．とくに，細胞質の分裂にはフラグモプラストとよばれる微小管でつくられたドーナッツ型の構造が重要な役割をしている．核分裂が終了すると，二つの娘核の間，すなわち将来の細胞板が形成される部分の中心に，まず微小管の束が現れ，微小管を伝わって周辺部のゴルジ体でつくられた小胞が将来の細胞板形成部位に運ばれ，それぞれが融合して最初の細胞板が形成される．その後，微小管の束（フラグモプラスト）は細胞板が大きくなるのに伴ってドーナッツの穴が広がるように細胞周辺部に広がり，最終的には親の細胞壁であった部分に結合して細胞分裂は完了する．この細胞板が結合する部位の制御には，細胞の分裂前に一時的に出現する前期前微小管束（pre-prophase band）とよばれる微小管の束が重要な役割をしている．

このように植物の成長は，根においても，茎においても，細胞分裂によってつくられるレンガ状の細胞をつぎからつぎへと外側に重ねてゆくような形式をとっており，卵という袋の中で細胞分裂を繰り返しながら，形態形成を進めて行く動物の場合とは根本的に異なるシステムである．茎の先端（茎頂）や，根の先端（根端）における積み重ね式の細胞増殖によって，植物は無限に成長を続けることができる．また，樹木の年輪（図 1.6）からもわかるように，双子葉植物では形成層の細胞が中へ中へと木部を形成する細胞をつくり出すことによって太くなっていく．したがって，茎と根の間の細胞は令が進んでおり，さらにその中心部はもっとも老齢化している．

一方，茎や根の先端部分は年齢的にも生理的に

図 1.5 ツユクサの気孔
気孔は蒸散を介して水の吸い上げにはたらいている．孔辺細胞は葉緑素の蛍光で赤く見える．

図 1.6 カラマツの年輪（口絵 7）
年輪は幹が外側に太くなることによって形成される．

図 1.7 神代桜（口絵 2）
樹齢 2000 年といわれている．

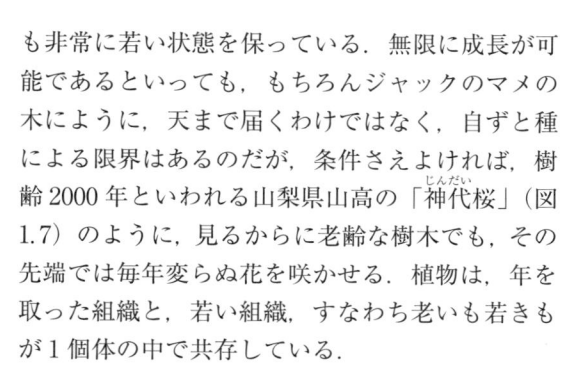

図 1.8 サワロサボテン
サボテンは乾燥地に適応している．

も非常に若い状態を保っている．無限に成長が可能であるといっても，もちろんジャックのマメの木のように，天まで届くわけではなく，自ずと種による限界はあるのだが，条件さえよければ，樹齢 2000 年といわれる山梨県山高の「神代桜」（図1.7）のように，見るからに老齢な樹木でも，その先端では毎年変らぬ花を咲かせる．植物は，年を取った組織と，若い組織，すなわち老いも若きもが 1 個体の中で共存している．

植物は，動物にはない植物独自の生理現象や生活様式を獲得することによって，動物とはまったく違った生活体系を確立し，数億年の歳月を連綿と生き続けてきたのである．植物はまったく雨の降らない砂漠では生きられないが，少しでも水があり，光があれば，寒暖の激しい高山から，乾燥の激しい砂礫地帯，高湿度の熱帯地域，さらには水中まで，あらゆる環境に適応して生活している（図1.8）．環境に適応したむだのない合理的な生活様式こそが，植物が生きる支えとなっている．

本章では，植物がいかに合理的に，また自然環境をいかに利用して生活しているのか，個々の生理現象を通して，植物の生き様を見ていく．

〔和田正三〕

1.1 細胞の機能

　多細胞生物における細胞の機能を細胞レベルで考えた場合，それは細胞が分裂することによって数を増し，続いてそこに生じた細胞が成長し，さらに細胞が分化することであろう．この細胞の分裂・成長・分化は生物の個体発生の基礎であり，これによって動物や植物のさまざまな組織や器官がつくられる．

　ところが，こうした細胞の機能を植物細胞で見る場合，生活環の存在様式と植物体の体制の特徴を十分考慮に入れる必要がある．

(1) 植物の生活環

　生活環とは，生物の発生の開始から死に至るまでの一生（これを生活史という）の間に，個体発生と生殖が周期的に繰り返されることを表す．生活環を回ることによって，一つの世代からつぎの世代へと生命を伝えていくことができるが，世代間の橋渡しを生殖細胞が行うことになるので，生活史で見る場合よりも生殖細胞がより重要視される（後生）．動物の場合の生活環は，比較的単純で，受精卵（核相は $2n$）から個体発生した体の一部（精巣と卵巣）で減数分裂によって精子（n）あるいは卵（n）がつくられ，両者が直接受精してつぎの代の出発となる．したがって，動物の場合，生活環の中に有性生殖をする有性世代のみが存在し，核相が n からなる多細胞体は存在しない．

　それに対して，植物の場合，$2n$ の受精卵から個体発生がはじまるのは動物の場合と同様であるが，その体の一部で減数分裂によってつくられる半数性（n）の細胞は，配偶子ではなく胞子である．胞子には受精能はなく，したがって胞子を出発とした個体発生が別に起こり，そこには受精卵を出発とした個体発生の場合と同様，細胞の分裂・成長・分化が見られる．すなわち，植物では，生殖細胞として胞子による無性生殖を行う無性世代と生殖細胞として配偶子による有性生殖を行う有性世代の二つの異なった生活環が存在する（図1.9）．その際，受精卵からはじまる無性世代の中心の体を胞子体，胞子からはじまる有性世代の中心の体を配偶体と区別している．また，減数分裂は胞子形成時に起こるので，胞子体の核相は $2n$，配偶体は n となり，世代交代と核相交代が完全に一致する．

　以上のように，細胞の分裂・成長・分化が生活環の異なった二つの時期に独立して起こることが植物細胞の大きな特徴であるといえる．もちろん，減数分裂は一度であるので，分裂の中でも体細胞分裂・成長・分化が2倍性（$2n$）の細胞と半数性（n）の細胞の両方で起こることになる．胞子体と配偶体の相対的な大きさは，コケ植物では配偶体のほうが優勢であるのに対し，シダ植物や被子植

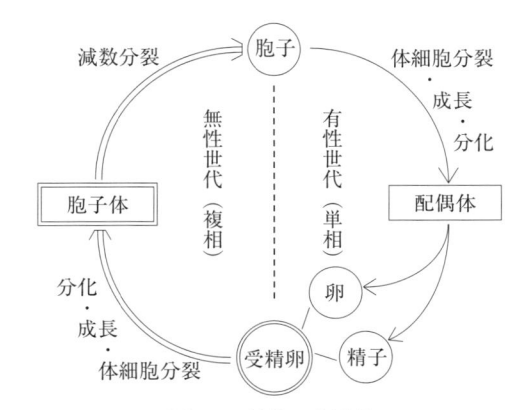

図1.9　植物の生活環
丸は単細胞，四角は多細胞，一重線は単相（n），二重線は複相（$2n$）を示す．

物では胞子体のほうが優勢で，被子植物の配偶体はもっとも退化したものとなっている．その被子植物では，胞子に小胞子と大胞子の2種類があり，小胞子の発生でできる花粉（管）が雄性配偶体，大胞子の発生でできる胚嚢が雌性配偶体となり，それぞれの中に配偶子として分化する精細胞と卵細胞の間で受精が起こる．したがって，その間には最低1回以上の体細胞分裂や花粉管伸長のような特別な細胞の成長が見られる．

また，移動することができない植物においては，生活環の進行が環境変化によって左右されるところが大きく，こうした細胞の機能が光や温度などの環境要因によって支配されている例が多く見られる．

(2) 植物体の体制

高等植物の受精卵からの初期発生（胚発生）では，上下軸の両端部に茎頂・根端分裂組織が形成され，これによって植物体（胞子体）の基本的体制が整えられる．すなわち，それぞれの分裂組織には幹細胞群が存在し，それらが体細胞分裂を繰り返すことによって未分化な細胞群を維持するとともに，一方でさまざまな組織や器官を構成する細胞を産出する．

このように，植物の個体発生は積み重ね方式である．こうした頂端分裂組織を基盤とした軸性の体制では，細胞の分裂・成長・分化が比較的別々に異なる空間的部域で起こることになる．たとえば，根では，根端分裂組織の上部に，伸長成長の盛んな成長帯や分化した維管束系が順次見られるようになる．また，分裂組織の存在は，植物体の成長を無限的に可能にするといえる．

(3) 植物細胞の分裂・成長・分化

植物の生活環の中で起こる細胞分裂は，その機能面から，体細胞分裂と減数分裂に大別される．そのうち，減数分裂は染色体数を半減するための分裂であるが，植物細胞の場合，生活環の一時期に一斉に起こるのが特徴である．被子植物では，花芽分化後の雄ずいと雌ずい中の花粉母細胞と胚嚢母細胞で減数分裂が見られるが，その同調性はきわめて高い．減数分裂の誘導要因として，下等植物の場合のような環境要因の悪化が想定されているが，その制御機構はまったく不明である．

一方，染色体数（ゲノム構成）を変化させない体細胞分裂は，細胞の増殖に用いられる一般的な分裂型式であるが，植物細胞の場合，それが分裂組織においてのみ見られることが大きな特徴である．また，単細胞の受精卵や胞子の1回目の体細胞分裂が典型的な不等（細胞）分裂であることにも注目したい．たとえば，被子植物の受精卵は不等分裂によって頂端細胞と基部細胞を形成し，小胞子は雄原細胞と栄養細胞を形成する．また，シダ植物の胞子は不等分裂によって原糸体と仮根を形成する．こうしたごく初期の不等分裂が，その後の個体発生における形態形成を完全に支配している．典型的な不等分裂では，分裂面の制御が重要となるが，植物細胞では，将来の分裂面を予期する分裂準備帯（preprophase band：PPB）の存在が知られている．ところが，半数性の体細胞分裂では，どういうわけかこのPPBが出現しない．ただ，シダ原糸体の細胞分裂では例外的に見られている．

植物細胞の成長に関しては，細胞壁の存在を無視することはできない．なぜなら，細胞の伸長方向は細胞壁のセルロース繊維の配向に依存するからである．すなわち，セルロース繊維の配向に対して直角の方向に細胞は伸長する．ところが，2倍性細胞の細胞壁の主成分がセルロース（β-1,4-グルカン）であるのに対し，半数性細胞の細胞壁の主成分はカロース（β-1,3-グルカン）であることが多く，被子植物の花粉管はカロース壁で裏打ちされながら伸長速度のきわめて速い先端成長を行う．

一方，細胞の分化は，植物細胞に限らず，組織や器官に特異的な遺伝子発現の制御機構がその分子基盤にあることは明らかである．すなわち，栄養器官の根・茎・葉の細胞で発現する遺伝子には，多くは重複するものの，それぞれに特異的なものが含まれ，それらの発現パターンが器官の機能を決定する．生殖器官である花も，一連の特異的な遺伝子発現によって形成されるが，その中に

分化する配偶体（花粉）での遺伝子発現パターンは，それが半数性細胞であるがゆえに，その特異性がさらに高い．最近は，精細胞や卵細胞で発現している遺伝子の解析も進められているが，単相世代がほとんどない動物の場合と比べて，その発現パターンはより複雑であることが示されている．

以上のように，細胞レベルの機能として重要な分裂・成長・分化が，無性世代と有性世代で少し異なった制御を受けながら生活環を進行しているのが植物細胞の特徴といえよう．また，その機能が遺伝的プログラムに強く支配されている動物細胞と比べて，その進行が環境要因によって支配されていることが多いのは，植物細胞の機能が環境条件によって変動しやすいことを現す．実際に，植物の培養細胞において，その機能を培養条件によって比較的コントロールしやすいことはその反映といえるかもしれない． 〔田中一朗〕

a. 体細胞分裂

体細胞分裂は，真核生物の細胞の一般的な分裂型式で，分裂の前後で親細胞と娘細胞との間に染色体数（ゲノム構成）の変化をもたらさないことが特徴である．体細胞分裂ではまず核分裂が起こり，続いて細胞質分裂が起こるのが通常である．体細胞分裂を行う細胞では，分裂前の間期にDNAを複製した後核分裂に入るが，その分裂期は染色体の挙動から前期・中期・後期・終期の四つの時期に分けられる．まず前期では，クロマチンが凝縮することによって，染色体がひも状・棒状に見えはじめる．中期では，紡錘体が完成するとともに，染色体は赤道面に配列する．その際，各染色体には縦列が見られ，染色体が複製されていたことがわかる．後期では動原体が二分し，染色分体は両極へ引かれる．終期では，染色体の脱凝縮が起こり二つの娘核が形成されるとともに，細胞質も二分される．細胞質分裂の様式は動物細胞と植物細胞でかなり異なっており，動物細胞では細胞膜が外側から求心的にくびれることによって細胞質が二分されるのに対し，植物細胞では細胞板が内側から遠心的に広がることによって二分される．

このように，真核細胞では，DNAの複製期（S期）と実際の分裂期（M期）が完全に独立していて，その間に複製準備期（G1期）と分裂準備期（G2期）という二つの時期が存在する．分裂はG1→S→G2→M期と進行するので，この一連の過程を細胞（分裂）周期とよんでいる．分裂組織の細胞や培養細胞などはこの細胞周期を繰り返すことによって増殖する．

体細胞分裂では，各染色体は個々に複製と分離を行うだけなので，分裂後の二つの娘細胞の染色体数や遺伝子型は親細胞のそれとまったく同じである．すなわち，一つの母細胞から派生する細胞群はすべてクローンとなる．また，半数性（n）の細胞や3倍性（$3n$）の細胞も，2倍性（$2n$）の細胞と同様，正常な体細胞分裂を行うことができる（図1.10）． 〔田中一朗〕

1.1 細 胞 の 機 能

体細胞分裂　　　　　　減数分裂

$2n = 4$
染色体複製
（間期）

前期　　　相同染色体の対合による二価染色体の形成と相同染色体間の交叉

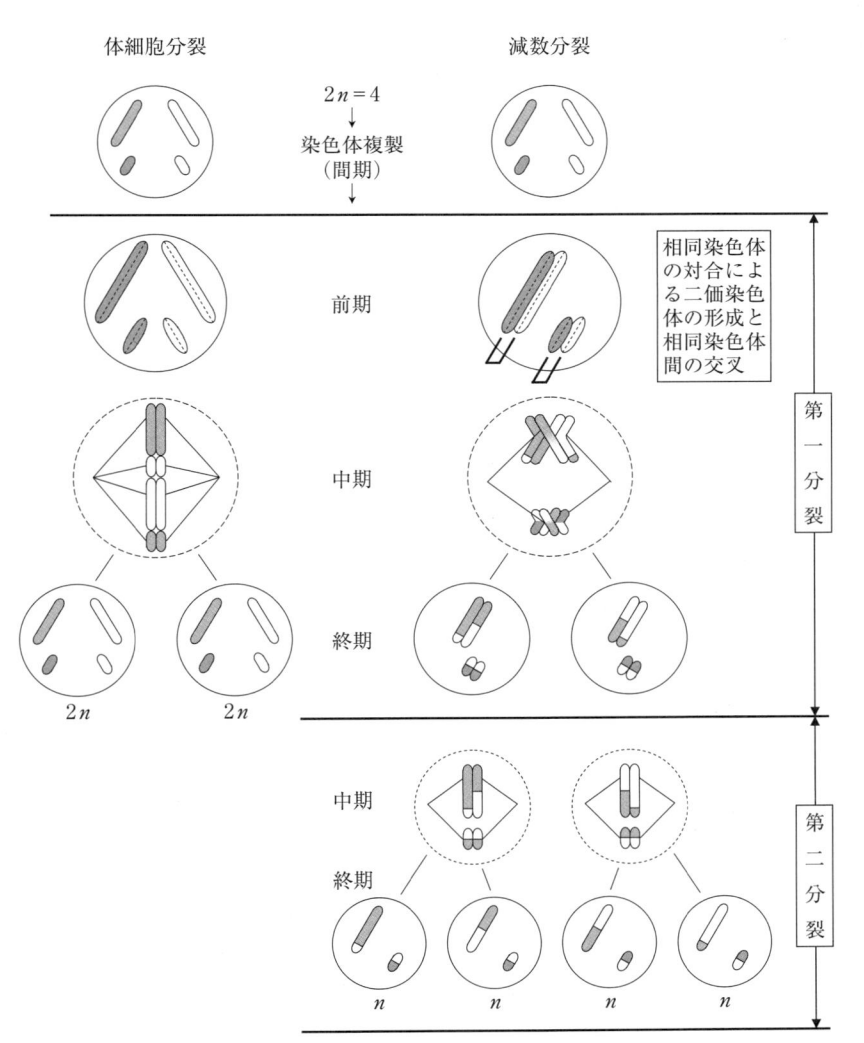

中期

終期

$2n$　　$2n$

第一分裂

中期

終期

n　n　n　n

第二分裂

図 1.10　体細胞分裂と減数分裂
核内の染色体構成を中心に示す．

b. 減数分裂

　減数分裂は，動物では配偶子形成時，植物では胞子形成時に見られる特殊な分裂で，2回の連続した核分裂を含むため，結果的に核相（染色体数）の半減が起こるのが特徴である．すなわち，1個の2倍性（$2n$）細胞から第一分裂・第二分裂を経て，4個の半数性（n）細胞あるいは半数性核を生じる．減数分裂が一般的な体細胞分裂と大きく異なる点は，相同染色体の対合（ついごう）による二価染色体の形成とその相同染色体間で交叉が見られることである．そのため，減数分裂の期間は体細胞分裂に比べて長く，中でも相同染色体の対合・交叉が起こる第一分裂前期に長時間を要する．

　第一分裂前期は，①レプトテン期（細糸期），②ザイゴテン期（合糸期），③パキテン期（太糸期），④ディプロテン期（複糸期），⑤ディアキネシス期（移動期）の五つに細分されるが（図1.11），このうちまず①では細長い染色体が現れ，続く②で相同染色体間の対合がはじまる．対合が進むにつれて，二価染色体中には対合を安定化させるシナプトネマ構造が形成される．③では対合が完了するとともに，相同染色体間で交叉が起こる．シナプトネマ構造のところどころに見られる組換え小節は，交叉の場であり，そこで遺伝子の組換えが起こっていると考えられている．④ではシナプトネマ構造が解体し二価染色体は解離をはじめるが，交叉が起こった所は連結したままで，それがキアズマとして観察される．⑤になるとキアズマは末端化によってその数を減らすとともに，染色体は短縮化し中期へと進行する．その間には分裂装置として紡錘体が形成され，第一分裂中期に赤道面に並んだそれぞれの二価染色体は第一分裂の後期には対合面で分離するのが一般的である．すなわち，染色分体の動原体は体細胞分裂の後期とは異なり分離しない．第一分裂終期では通常娘核間に隔膜を形成したあと，ほぼ連続的に第二分裂へと進行し，この間期ではDNAの複製が起こらない．第二分裂は第一分裂と同様前期・中期・後期・終期と進行するが，その間の染色体の挙動は一般の体細胞分裂と同じであり，それぞれの染色分体は動原体で分離する．減数分裂によっては，隔膜の形成が第一分裂後には起こらず，第二分裂後に一斉に起こる場合や隔膜形成がまったく起こらない場合もある．

　減数分裂では，それぞれの二価染色体に含まれる4本の染色分体を四つの細胞に1本ずつ分配するので染色体数が半減することになるが，4本の染色分体間では交叉による高頻度の遺伝子組換えが起こっているので，4個の半数性細胞の遺伝子型は異なっている．半数体（n）や3倍体（$3n$）の減数分裂では，正常な二価染色体の形成ができないため染色体の分配が異常になり，結果的に不稔となる．　　〔田中一朗〕

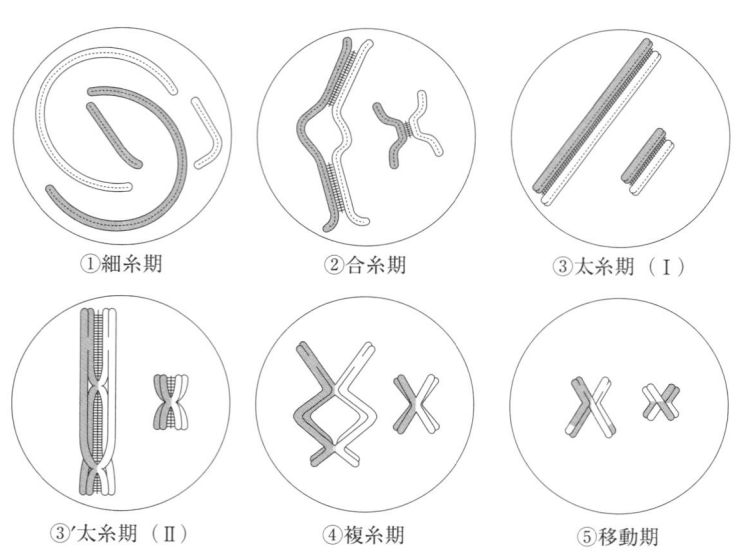

①細糸期　　②合糸期　　③太糸期（Ⅰ）

③′太糸期（Ⅱ）　　④複糸期　　⑤移動期

図1.11　減数第一分裂前期

c. 細胞・組織の伸長

　細胞壁で囲まれ相互に連結した細胞を積み上げて多細胞体をつくる発生様式は植物が編み出した仕組みである．この様式は，光合成独立栄養である植物固有の栄養形態と深く関係しながら進化してきた．陸上に進出し，制約の多い大気環境に適応した維管束植物では，とりわけ，成長様式と植物機能との関連が明瞭である．すなわち，根は分岐して土壌中に広がり，表皮細胞は根毛を伸ばして表面積を広げ，土壌からの水や無機塩類の吸収効率を高める構造を獲得した．葉は大気とのガス交換と太陽光捕獲の効率を高めるために最適化した組織形状と空間配置をもつ．茎は地上部を支えながら背丈や側枝の長さや配置を適切に制御し，同時に地上部と地下部の双方向の物質輸送を行う機能を担う．

　維管束植物に代表される植物の典型的な基本構造は，茎頂から根端に至る上下軸と，それを起点とした放射軸の二つの軸構造に分解して考えることができる．植物の形態形成過程の多くは，これらの軸に沿って細胞体積を特定の方向（非等方的，anisotropic）に拡大させる過程を通して進む．この過程が，通常，細胞長の著しい増加を伴うことから「細胞伸長」とよばれる．細胞伸長は栄養器官のみならず，花粉管などの生殖細胞においても，普遍的に見られる植物のもっとも基本的な細胞成長様式である．

　細胞伸長時の細胞体積の増加は，ほとんどが吸水によるものである．吸水の駆動力は細胞内の低い水ポテンシャルである．細胞内への水の移動は，膜脂質二重層内の拡散と，細胞膜や液胞膜に局在する水選択性チャネルであるアクアポリンを介した体積流の双方による．吸水により細胞体積が増加すると，細胞膜が細胞壁を外向に垂直に押す圧力（膨圧）が発生する．膨圧は通常 0.3～1 MPa 範囲の大きさであるが，そのとき，細胞壁面には膨圧よりもはるかに大きな張力が掛かる．張力の大きさは細胞壁の形状に依存するが，おおむね膨圧の 200 倍もの大きさになる．細胞壁は動的な超分子であるため，閾値をこえた張力を受けると変形し，同時に細胞内への吸水が進む．細胞壁構造が均質でなく，一定の方向に対して変形しやすい特性（非等方性特性）をもつ場合には，その方向にのみ変形が起こる．この過程が連続して進むと，細胞は特定の方向に伸長し続ける．これが細胞伸長である．

　細胞壁の変形しやすさは細胞壁の「ゆるみ」とよばれてきた．ゆるみの原因は，特定の細胞壁成分に帰属できるものではなく，多数の高分子よりなる細胞壁超分子の動的特性として理解されるべきものである．その制御には，細胞膜 H^+ ATPase などの細胞壁酸性化にかかわる酵素，エンド型キシログルカン転移酵素/加水分解酵素（XTH）やペクチンメチルエステラーゼ，エンド 1,4-グルカナーゼなどの細胞壁構造の再編にかかわる酵素，細胞壁成分の合成にかかわる多種類の糖転移酵素群，エクスパンシンやその他の細胞壁タンパク質がそれぞれ重要な役割を担う．

　一方，細胞壁の非等方性特性はもっぱらセルロース微繊維の動的特性によって決まる．微繊維の配向は細胞膜上のセルロース合成酵素複合体の移動方向により決まり，一般に，微繊維の向きと垂直な方向に細胞壁は伸展する．その合成複合体の移動方向を決めるのは，細胞膜の内側に配置された表層微小管の向きである．したがって，細胞の伸長方向は表層微小管の動態を介して制御されている．

　表層微小管の動態や，細胞壁のゆるみにかかわる分子過程の制御は，発生プログラムや光などの外界の環境シグナルの制御下にある．その過程の多くは，オーキシン，ジベレリン，ブラシノステロイドを中心とする植物ホルモン群の情報伝達ネットワークを通して統合され，細胞壁関連遺伝子群などの転写制御を経て，細胞型ごとに制御され，組織や器官ごとに統御された細胞伸長として発現する．

〔西谷和彦〕

d. 遺伝子発現

　遺伝子発現とは，遺伝子の情報が細胞内で種々の生化学的反応を担う分子へとつぎつぎに変換され，細胞内で種々の機能を示す過程をいう．あるいはまとめて，遺伝子が機能するための一連のプロセスのことである．具体的には，まず遺伝子DNAがRNAへと転写され，さらに完成したmRNAが量などの調節を受けつつ翻訳され，タンパク質が合成される過程である．

　植物とは，一般的には真核細胞生物を指すことが多いが，原核細胞生物のシアノバクテリアも光合成能をもつことから植物に含めることがある．真核細胞生物では，RNAポリメラーゼⅡによりタンパク質になる遺伝子が転写され，RNAポリメラーゼⅠとⅢが各々rRNAとtRNAの合成を担当する．タンパク質をコードする遺伝子は，多くの場合イントロン（介在配列）を含んでおり，転写されたRNAはスプライスを受けてmRNAとなる．mRNAは，安定化のために5'キャップ構造，3'端のポリA配列で保護されている．できあがったmRNAの情報は，リボソーム上でペプチド鎖に翻訳される．そのペプチド鎖は，シグナル配列などを利用して細胞内の適切なオルガネラに輸送され，折りたたみなどの最終的な修飾を受け，必要な場合には他のタンパク質と複合体を形成する．こうして完成した成熟タンパク質が，細胞内での種々の環境に応答して機能を示す．この一連の過程が，広い意味での遺伝子発現である．

　この一連の過程の各段階でこまかい調節が行われることによって，特定の状況で最適な生物反応が起きるように制御されている．たとえば，転写においては遺伝子DNAのコード領域，介在配列，上流域，下流域，のもつ配列情報に転写の起こりやすさなどを決める因子が存在する．転写されたRNAは，mRNAとして完成するまでに介在配列の除去などで翻訳効率，さらには寿命まで調節される．最後にポリペプチド鎖が機能をもつタンパク質として完成するまでにも，種々の調節があることがわかりつつある．

　小さな場所に遺伝子の異なるいろいろのcDNAを多数貼り付ける器械の発達と，微少なシグナルを同定解析する器械とコンピューターソフトウェアが進歩してきた．これを全体としてマイクロアレイ技術とよぶ．この技術の進歩により，発現した遺伝子mRNAに相補的なcDNAを1枚の膜の上で同時に認識することが可能となり，その膜を解析すればたちどころに特定の条件下でのcDNAを通して見た遺伝子発現の様子が解析できるようになった．

　植物は動物と違い，細胞壁をもつ細胞からなり，体制などで動物とは多くの相違点をもつ生物の一群であるが，遺伝子発現という過程を比較して見る限り，今までのところ基本原理の相違は知られていない．

〔米田好文〕

1.2　物質代謝

　代謝とは，生体内で，ある物質Aが物質Bに変換され，その変換反応を酵素aが触媒する過程を指している．従来はおもに生化学や物質化学的な手法を用いて，物質A・Bの同定や，酵素aのおもに in vitro での活性や酵素量あるいは動力学を明らかにすることで，代謝を理解してきた．複雑な多細胞生物である維管束植物の代謝の研究は，大腸菌や酵母で明らかにされた代謝経路を手本として類推された部分が多い．

　しかし，細胞内でオルガネラが高度に発達した植物では，葉緑体やミトコンドリアなどの特定のコンパートメント内で起こる代謝や，オルガネラ間にわたる代謝，さらには組織を構成する異なる細胞間の代謝など，単細胞生物にはない特有の代謝経路やその制御機構が存在している．また，器官や組織を構成している個々の細胞（群）が，代謝の多くの局面で機能分担をしていることが想像される．したがって，代謝のコンパートメントを考慮せずに機能素子である物質や酵素を混合物として器官から抽出し，in vitro における生化学研究のみで植物の代謝を理解しようとしてきた従来の代謝研究では，限定的な理解しか得られない場合が多かった．加えて，同じ触媒能力をもつが異なる遺伝子から転写・翻訳される，いわゆるアイソザイムも植物では多く，物質代謝を理解するうえで新規な研究法が望まれていた．

　モデル植物を中心としたゲノム解析の完了や進展，遺伝子産物の組織内あるいはコンパートメント内における可視化法の発達，非破壊法による代謝反応の経時的な追跡，構造生物学とタンパク質工学の急速な進展，遺伝子破壊法あるいは形質転換法による遺伝子発現制御技術の整備，遺伝子発現産物や代謝産物の網羅的なポストゲノム解析法の発達など，新規な研究法が21世紀に入ってつぎつぎに代謝研究に応用されてきた．これにより，物質代謝の時間的（成育段階など）・空間的（組織やオルガネラなど）な解釈がある程度可能となり，一歩踏み込んだ理解がなされるようになってきた．

　しかし，今後解決すべき問題も数多く残されている．たとえば，代謝間のクロストーク機構，コンパートメント間・細胞間・器官間でのクロストーク機構，あるいは代謝の制御にかかわる情報物質の同定・情報の受容・情報伝達から遺伝子発現に至る過程の分子実体の解明などが重要な課題となろう．物質代謝は，たとえば炭素代謝や窒素代謝などが，独立して営まれているわけではなく，エネルギーや還元力の供給も含め，すべての代謝が有機的にかかわりながら，時間と空間における制御を受けつつ進行している．動物と異なり神経系のない植物において，この複雑な制御がどのようになされているのか非常に興味深いところであるが，植物における代謝制御の分子レベルでの研究は，今はじまったばかりといっても過言ではない．

　モデル植物の一つであるシロイヌナズナでは，およそ25000種類と推定されている遺伝子のうち，約25～30％が代謝関連遺伝子であると考えられている．イネでも，同様の割合が代謝関連遺伝子と推定されている．シロイヌナズナでは，最大で7500種類もの遺伝子が物質代謝にかかわると考えられるが，この多くの機能は未知である．今後，これらの遺伝子機能を知るために，分子生物学や分子遺伝学などを駆使した丹念な解析が必

要になろう．同時に，個々の細胞やコンパートメントで営まれている代謝の理解にあたり，外科的に調整した特定の細胞（群）を用いてのトランスクリプトーム解析とメタボローム解析の融合など，代謝を俯瞰できるような，ポストゲノム研究の技術開発も望まれる．

植物の物質代謝の機構を理解することは，植物による「ものづくりのしくみ」を理解することであり，食料やバイオマスの生産性や品質のみならず，有用化学物質の効率よい生産システムを分子レベルで知ることと同義である．地球上の生命活動すべてに植物は必要であり，人類にとって，植物に学ぶことはきわめて重要である．大腸菌や酵母で，代謝研究が活発に進められたのは，植物に比較して比較的単純かつ均一な研究材料であることに加え，遺伝子欠損変異体を用いて代謝経路の証明を行える点があげられる．大腸菌や酵母では，変異体解析にあたり，代謝生成物の補填による培養が，多くの場合可能であることが大きな利点となっている．

植物でも，近年，遺伝子破壊系統が，構造遺伝子上への T-DNA 挿入，トランスポゾンやレトロトランスポゾンの挿入，あるいは薬剤による変異誘導や放射線・重粒子線照射による変異など，さまざまな方法で作出され，代謝研究に応用されている．しかし，大腸菌や酵母とは異なり，植物では代謝生成物を補填した栽培系の確立は困難であり，変異の導入によって致死になる場合はまったく変異体を獲得することは不可能である．また，他の代謝系やアイソザイムによる機能相補で形質の評価ができない場合なども十分に考えられ，大腸菌や酵母に比較して不利な点が多い．このような状況でも，植物の物質代謝の解明にとって遺伝子破壊変異体の利用は決定的な証明が可能となる手法であり，その果たす役割は大きい．

代謝は，生命の維持に直接かかわる一次代謝と，限られた生物のみに見られ特徴ある物質を生産する二次代謝とに大別されることが多い．炭素・窒素・硫黄・リン酸などの代謝が，一次代謝の代表例とされている．これらの代謝が，植物の生命活動の維持にかかわっているのは間違いのないところである．一方植物は，いわゆる二次代謝産物の宝庫である．アルカロイド・フラボノイド・テルペノイドなど，構造や生物活性の多様性から，二次代謝産物は医薬・香料・塗料など多くの用途に用いられてきた．しかし，二次代謝産物の定義である「植物の生活に直接必要でない化学物質」という従来の考え方は成立しがたく，たとえば生体防御物質，花粉媒介のための昆虫誘引，共生関係の成立，あるいは成長調節物質など，植物の生命維持にあたり二次代謝産物は多くの局面で機能している．二次代謝産物は，植物の生命活動にとって生理学や化学生態学的な役割を担っている場合が多い．したがって，一次代謝と二次代謝の厳密な区別は，現在では困難だと考えられている．

シロイヌナズナに検出される代謝物は約5000種類，また他の植物の多いものでは数万から数十万種類の代謝物があると推定されており，数百から千種類のバクテリアや約2500種類とされるヒトに比較して格段に多様性に富んでいる．いいかえると，植物は化学物質資源の宝庫である．これは，個体として移動手段をもたない植物が，多くの環境ストレスへの耐性や外敵からの防御のために，また植物自身の良好な生活環を完結するために進化してきた結果とも考えられる．

このように，維管束植物の物質代謝は，分子生物学や分子遺伝学などの発展と物質の分析技術の発達に伴って，基本的な代謝の経路や代謝物の同定が明らかにされてきた．しかし，代謝の制御に関する研究はようやくスタートラインにたった状況であり，今後の研究の展開が期待される．植物のバイオマスや食料，豊富な化学物質を生み出す仕組みの解明は，地球上のすべての生物の生存にかかわる重要な課題である．　〔山谷知行〕

a. 種子発芽（貯蔵物質の分解）

　種子は休眠状態にあり，温度や水分などの環境が揃うと発芽する．普通種子には貯蔵物質が蓄積されているが，これは光合成により自立生活ができるようになるまでの期間中に必要な栄養源として成長に利用される．物質代謝の面から発芽を見ると，種子の形成期は貯蔵物質の集積が起こるが，休眠後の発芽時には一転して，貯蔵物質の分解が起こる．胚乳（内乳）中にデンプンやタンパク質などの貯蔵物質が蓄積されているイネ科種子では，種子発芽に伴い，胚で合成されたジベレリンによって，胚盤や糊粉層でアミラーゼやプロテアーゼなどの加水分解酵素の発現が誘導され，その酵素は胚乳中に分泌されて貯蔵物質を分解する（図1.12）．この分解物は，胚盤から吸収されて，胚の芽や根の成長に利用される．近年の分子生物学の発展により，ジベレリン応答の分子機構が解明されてきた．イネでは，ジベレリンを与えてもアミラーゼの合成誘導が見られない変異体が見出され（Ueguchi-Tanaka et al., 2005），ジベレリン受容体遺伝子の欠損によることがわかった．ジベレリンの受容体は，転写因子であるDELLAタンパク質と結合する．このタンパク質のアミノ酸配列の一部にアスパラギン酸-グルタミン酸-ロイシン-ロイシン-アラニン（一文字表記でD-E-L-L-A）の配列をもつことがその名の由来である．この転写因子は，ジベレリン応答にかかわる遺伝子発現の抑制因子として機能している．ジベレリン受容体とDELLAタンパク質との複合体が形成されると，速やかにDELLAタンパク質が分解され，その抑制効果が解除されてジベレリンに応答した遺伝子発現が起こる．発芽後の植物は，貯蔵物質に依存した成長から光合成による自立した成長へと移行していくのであるが，それに必要な光は芽ばえの形態に大きく影響を与える．暗所で成長した双子葉植物の芽ばえでは，胚軸は徒長し，子葉の展開も起こらないが，光が当たると子葉は展開し，胚軸の伸長が抑えられる．植物ホルモンであるブラシノステロイドの生合成系の酵素遺伝子が欠損したシロイヌナズナでは，暗所においても子葉が展開し，胚軸の成長が抑えられた表現型を示す（Clouse, 1996）．この変異体の暗所で生育した芽ばえでは，本来暗所では発現しない葉緑体関連の遺伝子群が発現する．ブラシノステロイドは，発芽にも関連しており，ジベレリン合成にかかわる酵素遺伝子が欠損したシロイヌナズナ種子の発芽を部分的に補うことも知られている（Steber & McCourt, 2001）が，発芽や光形態形成における役割については，まだ不明な点が多い．

〔山内大輔〕

参考文献

Clouse, S. D. (1996) Molecular genetic studies confirm the role of brassinosteroids in plant growth and development. *Plant J.* **10**：1-8.

Steber, C. M. and McCourt, P. (2001) A role for brassinosteroids in germination in *Arabidopsis*. *Plant Physiol.* **125**：763-769.

Ueguchi-Tanaka, M., Ashikari, M., Nakajima, M., Itoh, H., Katoh, E., Kobayashi, M., Chow, T. Y., Hsing, Y. I., Kitano, H., Yamaguchi, I. and Matsuoka, M. (2005) GIBBERELLIN INSENSITIVE DWARF1 encodes a soluble receptor for gibberellin. *Nature* **437**：693-698.

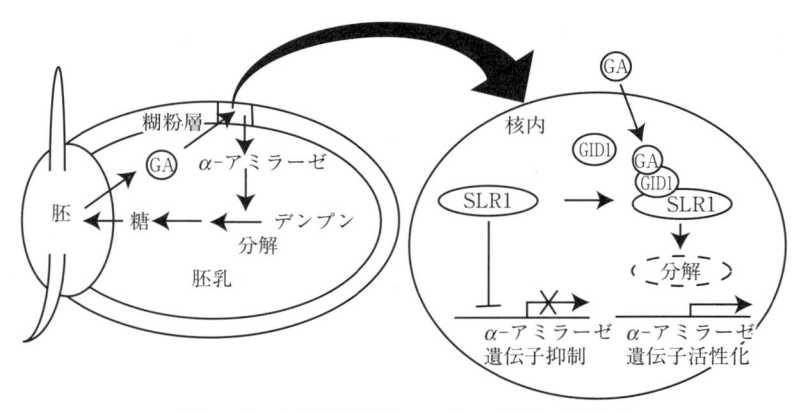

図1.12　イネ種子貯蔵デンプンの分解の模式図
GA：ジベレリン，GID1：イネジベレリン受容体，SLR1：イネDELLAタンパク質

b. 窒素代謝

広義の窒素代謝には，無機態窒素の吸収と同化から，アミノ酸代謝，タンパク質代謝，核酸代謝，クロロフィルその他の含窒素化合物の代謝など，広い範囲を包含するが，ここでは，おもに無機態窒素の同化にかかわる事項を取り上げる．

植物が利用できる無機態窒素は，おもに硝酸イオン（NO_3^-）とアンモニウムイオン（NH_4^+）である．酸化状態の畑土壌ではおもにNO_3^-が，また還元土壌である水田などではNH_4^+がおもに用いられる．NO_3^-は，根で硝酸イオン輸送担体を介して吸収されたあと，植物種によって多少異なるが，大部分のNO_3^-は導管を介して地上部に輸送され，細胞のサイトゾルに局在する硝酸還元酵素（NR）により亜硝酸イオン（NO_2^-）に還元され，葉緑体に局在する亜硝酸還元酵素（NiR）の触媒でNH_4^+まで6電子還元される．NRはMo, FAD, Cyt b557を含む100〜120 kDの2量体からなり，NADHあるいはNADH/NADPH両者を電子供与体とするNRの2種がある．NRは，硝酸還元系の律速段階にあり，NO_3^-やグルタミン（Gln）などにより遺伝子発現の制御を受けるとともに，明暗条件で14-3-3タンパク質との結合により，可逆的に活性制御を受ける．NiRは還元型フェレドキシン（Fd）を電子供与体とする56〜63 kD単量体で，シロヘムとFeSクラスターを補欠分子族にもつ．Fdの還元は，葉緑体では電子伝達系で，根などのプラスチドでは五単糖リン酸系で行われる．NO_2^-は反応性に富むが，NiRにより速やかに還元される．NO_3^-の情報の一部は，サイトカイニンに変換されて地上部の遺伝子発現を制御する．

NH_4^+は，土壌由来や硝酸還元系以外にも，植物体内の光呼吸代謝や異化代謝などにも由来する．NH_4^+は，グルタミン合成酵素（GS）の触媒により，ATPを用いてグルタミン酸（Glu）からGlnに有機化される．GSはグルタミン酸合成酵素（GOGAT）と共役しており，FdあるいはNADHの還元力を利用してGlnと2-オキソグルタル酸（2-OG）から2分子のGluが生成する．1分子のGluはGS反応に用いられ，もう1分子のGluが多くの生合成反応に利用される．GSには，サイトゾルに局在する複数のGS1アイソザイムと，葉緑体やプラスチドに局在する1種類のGS2の分子種がある．いずれも40〜45 kDの8〜10量体からなり，GS2は光呼吸代謝でおもに機能することが証明されている．GS1アイソザイムの機能は解析が進められている段階であるが，初期同化や異化反応など，光呼吸代謝以外の局面で機能しているものと考えられている．Fd-GOGATは，約160 kDの単量体であり，フラビンと3Fe-4Sクラスターを補欠分子族にもつ．緑葉GOGATの主成分であり，GS2とともに光呼吸代謝で機能する．NADH-GOGATは，約200 kDの単量体であり，プラスチドに局在しており，GS1とともに光呼吸代謝系以外の系で機能する．分布する細胞は限定されており，Glnで正の発現制御を受けるが，その機構の詳細はわかっていない．図1.13に，窒素同化系をまとめた．

〔山谷知行〕

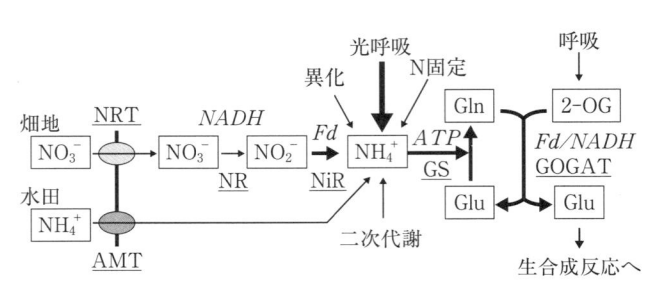

図1.13 植物の無機態窒素の吸収と同化系
略号：NRT：硝酸輸送担体，AMT：アンモニア輸送担体．それ以外は本文参照．

c. 脂質代謝

　脂質は有機溶剤（クロロホルムやメタノール，エーテルなど）で抽出される物質の総称であり，生体膜を構成する膜脂質と，貯蔵脂質に大きく分けられる．色素類や細胞表面のクチクラ層に含まれるワックスエステルなども広く脂質に含まれる．

　植物油脂は，トリアシルグリセロールを成分とし，種子や果肉などの貯蔵器官に蓄積する．種子の発芽時に，トリアシルグリセロールはβ酸化とグリオキシル酸回路のはたらきでスクロースへと変換される．このスクロースは，光合成機能が未発達の実生の生育にとって必須の栄養源となる．植物のトリアシルグリセロールには，膜脂質に多く見られる炭素数16の脂肪酸（パルミチン酸）や炭素数18の脂肪酸（ステアリン酸，オレイン酸，リノール酸，α-リノレン酸）が一般的に含まれる．一方，植物種によっては産業利用価値の高いシクロプロパン脂肪酸，アセチレン脂肪酸，シクロペンタン脂肪酸，ヒドロキシ脂肪酸および特殊な位置に二重結合を含む不飽和脂肪酸などが含まれる．最近では，再生可能なバイオディーゼル燃料としての植物油脂に関心が高まっている．栄養学的には，リノール酸は，動物のアラキドン酸（$20:4\omega6$）の生合成に必須な栄養素である．

　炭素数18以下の脂肪酸は，植物では葉緑体で合成される．一方，炭素数20以上の脂肪酸は小胞体で合成される．葉緑体の脂肪酸合成酵素は，アシルキャリアタンパク質依存的な，いわゆるタイプII型の脂肪酸合成酵素複合体である．このことは，他の真核生物では，細胞質局在の，コエンザイムA（CoA）依存的な，タイプI型の多機能性脂肪酸合成酵素により合成されることと対照的である．葉緑体の脂肪酸合成酵素複合体の各サブユニット遺伝子は，シアノバクテリア類の脂肪酸合成酵素複合体のサブユニットと進化的に関連があるが，これらはすべて核にコードされている．

　脂肪酸はグリセロール-3-リン酸アシルトランスフェラーゼ（GPAT）とリゾホスファチジン酸アシルトランスフェラーゼ（LPAAT）という，二つのアシルトランスフェラーゼのはたらきで，sn-グリセロール-3-リン酸のsn-1位とsn-2位に取り込まれ，ホスファチジン酸（phosphatidic acid：PA）に変換される．PAは，もっとも普遍的な複合脂質であるグリセロ脂質の生合成前駆体である．すべての好気的生物は，PA合成に必要な*GPAT*と*LPAAT*遺伝子を最低1セットもっている．植物細胞には，小胞体，葉緑体，ミトコンドリアにPA合成系が存在する．

　生体膜脂質の主成分であるホスファチジルコリンやホスファチジルエタノールアミンの生合成は小胞体で起こるので，葉緑体で合成された脂肪酸はアシルCoAとしてサイトゾルに供給される．小胞体で合成されたジアシルグリセロール残基は，葉緑体に戻り，モノガラクトシルジアシルグリセロール，ジガラクトシルジアシルグリセロール，スルホキノボシルジアシルグリセロールなど糖脂質の合成に供される．一方，葉緑体内では，自律的にホスファチジルグリセロールが合成されるほか，ある種の植物では，糖脂質の合成も起こる．小胞体では，ホスファチジルイノシトール，ホスファチジルセリンなどの酸性リン脂質も合成される．ミトコンドリアでは，カルジオリピンのほか，ホスファチジルセリンの脱炭酸によりホスファチジルエタノールアミンが合成される．

〔西田生郎〕

d. 炭素代謝

　水を除けば，細胞内のほぼすべての分子は炭素を含んでいる．したがって，炭素骨格を基盤とする有機物代謝が，生物の代謝の基本となっている．このことからも，炭素代謝の重要性が理解できよう．独立栄養生物である植物は，従属栄養生物の炭素代謝系に加えて，光合成による炭素固定を含む多彩な炭素代謝・分配系を有している．「炭素代謝」という用語は，狭義では糖代謝・エネルギー代謝を示す場合もあるが，ここでは炭素骨格代謝も含めたい．以下，細胞レベルの代謝を中心に概説する．

　一般的に「エネルギー代謝」とよばれる基本代謝系は，植物も共通して利用している．これは，グルコースなどの六炭糖（ヘキソース）が，解糖系，TCA回路を経て酸化的リン酸化反応によってATPを生産する一連の反応である．また，糖代謝としては，五炭糖（ペントース）リン酸経路も重要である．近年，還元力NADPHを生み出す経路としても注目を浴びている．

　上記のように，生物全般に存在する糖代謝・エネルギー代謝系に加えて，植物では光合成による炭素固定，糖合成代謝系がある．植物は，光エネルギーを利用して二酸化炭素と水から有機物を合成する（光合成）．光合成反応の後期過程においては，炭素固定回路（カルビン回路）によって，無機炭素原子（二酸化炭素）が有機炭素に変換される．この反応では，三炭糖（トリオース）であるグリセルアルデヒド-3-リン酸を経て，最終的に六炭糖が合成される．また，この三炭糖は，糖だけでなく，脂肪酸，アミノ酸などの合成にも利用される．光合成同化産物である六炭糖は，最終的にスクロースかデンプンとして植物細胞で利用される．スクロースは，還元末端をもたない化学的に安定な二糖であり，移動糖として維管束を経由して植物各組織に輸送され，一過的に利用可能な代謝糖として利用される．これに対し，デンプンは，不溶性のグルコース重合体であり，浸透圧に無関係であることから，効率的な炭水化物の保存物質としての意味をもつ．デンプン以外にも，細胞壁を構成するセルロースも不溶性のグルコース重合体であり，植物細胞・個体の物理的強度の基盤であるだけでなく，潜在的な炭水化物の保存形態でもある．

　近年，糖は代謝中間体としてだけでなく，シグナル分子として機能していることが明らかとなっている．たとえば，細胞内に代謝可能な糖が過剰に蓄積した場合，光合成機能を抑制するばかりでなく，代謝・成長・発生過程に対しても抑制的に作用する．このような観点から，細胞内で糖濃度を感知する「糖センサー」の存在が示唆されているが，その実体はかならずしも明確ではない．

　炭素代謝は，窒素，イオウなど無機元素の同化にも重要である．たとえば，無機窒素の同化には，TCA回路の中間産物であるα-ケトグルタル酸の供給が必要となる．これは，炭素代謝が単にエネルギー代謝だけでないことの一例である．

〔山口淳二〕

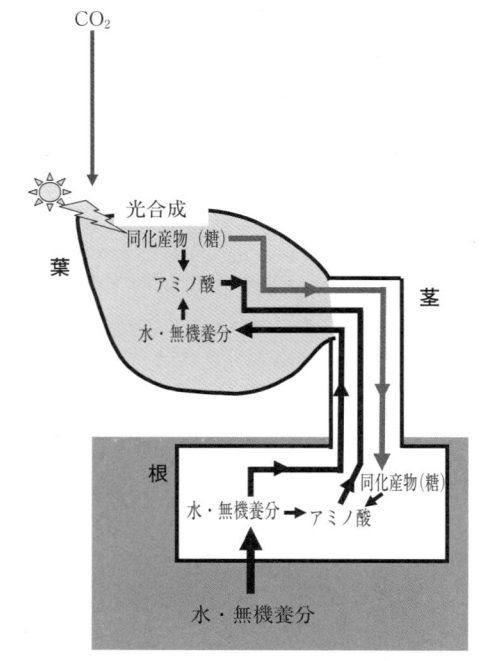

図1.14 炭素代謝図

e. リン代謝

リンは生物の存在にとって，もっとも基礎的な元素の一つである．地球上の高等生物すべてに含まれるリンは，植物が土壌から吸収した正リン酸（H_3PO_4）に負っている．

生体内に存在するリン含有化合物は，ほとんどすべてが正リン酸あるいはそのエステル化合物である．生体内でのリン代謝は，つねにリン酸基のグループ転移としてのみ生じ，リン単体での反応は，ほとんど存在しない．したがって，生物体におけるリン代謝とリン酸代謝は同義語と考えてよい．リン酸基中のリン原子は，同族の窒素や同周期のイオウの酸化物と異なり，酸化還元反応を行わない．そのため，リン酸基転移反応は，生体内で酸化還元反応と独立に機能することができる．さらに，リン酸のエステル結合は，相手物質によってきわめて広範囲の自由エネルギー状態を取ることができる．この自由エネルギー量の差が，酸化還元エネルギーの転移とは異なるエネルギー授受のネットワークをつくり出す．

植物によって土壌から吸収されることが知られているリン酸化合物は，正リン酸のみである．正リン酸イオンは，植物細胞膜に形成されたH^+の電気化学ポテンシャル勾配を利用したH^+共輸送系で細胞内に取り込まれる．

細胞内に吸収された正リン酸は，細胞質にとどまり，リン酸化の基質としてATPに取り込まれた後，細胞質での代謝過程に組み込まれるものと，液胞に運び込まれてリン酸ストックとして蓄積されるものに分かれる．細胞質のリン酸濃度は約10 mMで，ほぼ一定に保たれる．これをリン酸ホメオスタシスとよんでいる．

三塩基酸としての正リン酸は，電荷をもった状態で安定なジエステル結合をつくることができ，この性質は五単糖（デオキシ）リボースとともに核酸の骨格構造を形成することや，生体膜における親水性基の形成を可能にしている．さらに，リン酸基は第二解離定数がpH 7近辺にあるため，pH 6〜8の範囲で大きな緩衝能を示す．

呼吸や光合成によるATP合成は，細胞質からミトコンドリアや葉緑体に運び込まれた正リン酸に負っている．とくに，植物細胞に特異的な光合成について考えると，光合成の基本反応式は，中学校や高校の教科書では，

$$6CO_2 + 6H_2O \rightarrow C_6H_{12}O_6 + 6O_2$$

である．しかし，葉緑体で起こっている反応についてのみ考えるならば，

$$3CO_2 + 3H_2O + 正リン酸 \rightarrow グリセルアルデヒド-3-リン酸 + 3O_2$$

とされるべきであり，3分子のCO_2が固定されるごとに，1分子の正リン酸が消費されている．こうして，光合成の維持には，リン酸の安定的供給が必須である．葉緑体包膜に存在するリン酸トランスロケーターは，光合成の基質となる細胞質のリン酸イオンと光合成産物であるストロマ内の糖リン酸を交換するはたらきをもつ．

エネルギー代謝や物質代謝にかかわるリン酸化合物のほかに，生体内では，情報伝達機構に重要な役割を果たすものとして，ATPを基質としたタンパク質のリン酸化がよく知られている．分子量約100で，電荷の大きいリン酸基のアミノ酸残基への結合は，タンパク質の立体構造を変化させ，酵素タンパク質やさまざまな構造タンパク質のはたらきを変えることができる．

こうして，リンは生体内の構造，エネルギー授受，情報伝達のすべてにおいて重要な元素としてはたらいている．

〔三村徹郎〕

参考文献
Bieleski, R. L. (1973) *Annu. Rev. Plant Physiol.* **24**：225-252.
藤原彰夫，岸本菊夫（1988）：燐と植物（I）燐の農学と農業技術，博友社．
井上勝也監修，金澤孝文（1997）：「リン」，のぎへんのほん 元素をめぐって5，研成社．
Mimura, T. (1999) *Int. Rev. Cytol.* **191**：149-200.
三村徹郎（1999）：「植物の環境応答」植物細胞工学シリーズ11．pp.191-199．
三村徹郎，大西美輪，深城英弘（2007）：環境と植物 植物における環境と生物ストレスに対する応答，蛋白質核酸酵素-別冊，**52**，625-632，共立出版．
Rausch, C. and Bucher, M. (2002) *Planta*，**216**：23-37.

f. 硫黄代謝

硫黄は植物にとって必須多量栄養素であり，硫黄が欠乏すると成長が阻害され，葉の黄化を生じる．硫黄は，おもにシステイン，メチオニンに含まれ，タンパク質を構成するほか，生体内の数多くの重要な反応に関与している．たとえば，酸化・還元の多くはタンパク質中のシステイン残基やグルタチオンが関与し，高エネルギー性のチオエステル結合の形成にはCoA-SHがかかわる．さらに，重金属や外来異物の解毒にもグルタチオンやファイトケラチンなどの含硫黄物質が関与する．

植物における硫黄代謝の重要性は，植物硫黄同化系が地球上のグローバルな硫黄循環のキーステップになっている点にもある．無機性硫黄である硫酸イオンは，植物が有する硫黄同化系によって最初の有機性硫黄化合物であるシステインに固定される．システインから合成されたメチオニンは，動物の必須アミノ酸であり動物に取り込まれ，さまざまに代謝されて最終的に硫酸イオンに異化され，再び植物によって同化される．このように，硫黄サイクルにおいて植物の硫黄同化系はきわめて重要な役割を果たしている．

植物での硫黄同化系は，3つのステップに分けられる．これらは，硫酸イオンを細胞内に輸送・吸収する過程，取り込まれた硫酸イオンを硫化物イオンに還元する過程，硫化物イオンをシステインに固定する過程である．通常，植物は硫黄を硫酸イオンとして土壌から吸収する．この，硫酸イオンの細胞内への吸収は，硫酸イオントランスポーターによって行われており，組織局在性や生化学的性質の異なる複数の硫酸イオントランスポーターが役割分担をしている．細胞内に取り込まれた硫酸イオン（SO_4^{2-}）は，ATPスルフリラーゼ，APSレダクターゼ，亜硫酸レダクターゼが関与する3段階の反応によって，アデノシン5'-ホスホサルフェート（APS）および亜硫酸イオン（SO_3^{2-}）を経て硫化物イオン（S^{2-}）に8電子還元される．最後に，硫化物イオンは，システイン合成酵素（O-アセチルセリンチオールリアーゼ）のはたらきによって，セリンからセリンアセチル転移酵素によって生成したO-アセチルセリンと結合し，システインがつくられる．この，硫黄同化系は硫黄欠乏などによって，転写，酵素活性など複数のレベルで制御される．

メチオニンはシステインとO-ホスホホモセリンを前駆体として3段階の酵素反応で合成される．グルタチオンは細胞内にもっとも多く，mMオーダーで存在するチオール化合物である．グルタチオンは，細胞内の酸化還元レベルの維持，活性酸素の除去，各種ストレスに対する防御など，細胞ホメオスタシスの維持に不可欠である．グルタチオン合成はシステインから2段階の酵素反応で行われる．ファイトケラチン（phytochelatin）は一般的には（g-Glu-Cys）$_n$-Gly（$n=2 \sim 11$）の構造を有するペプチドでカドミウムなどの重金属と強く結合しその解毒化に関与する．

硫黄元素を含む二次代謝産物も多く知られており，これらはアブラナ科のグルコシノレートやユリ科ネギ属植物のアルキルシステインスルホキシド（アリシンなど）のように強い生理活性を有するものが多く，農業的な重要性だけでなく化学生態学や薬学的にも重要である．　〔斉藤和季〕

参考文献

斉藤和季（2001）：硫黄代謝．朝倉植物生理学講座2　代謝（山谷知行編），pp.103-118，朝倉書店．

Saito, K. (2004) Sulfur Assimilatory Metabolism. The Long and Smelling Road. *Plant Physiology* **136**：2443-2450.

g. 二次代謝産物，防御

　二次代謝は一次代謝に対比して使われることが多いが，厳密な定義は難しい．すなわち，細胞の成長増殖にかかわり，生物に普遍的に存在する基礎（一次）代謝に対して，二次代謝は，特定の生物種，組織・細胞，あるいは生育段階における特異的代謝と考えられている．

　しかし，維管束植物に普遍的に存在するリグニンはコケや藻類には存在しない．また，光合成の重要な受光色素であるクロロフィルも光合成組織に特定される．二次代謝産物（secondary metabolites）を単に老廃物とする考えも適切ではない．したがって，二次代謝産物ではなく植物ナチュラルプロダクト（natural products，天然化合物）という名称のほうが適切であるとの提案がある（Croteau et al., 2000）．現時点で25万種をこえるといわれる植物の二次代謝産物の分類は，存在する固有の植物種（地衣酸など），特定の構造・特性（サポニン，タンニン，アルカロイドなど）や，生合成経路（フェニルプロパノイド，テルペノイドなど）により行われているが，これらの分類形質は独立したものではなく，相互に入り組んでいる．なお，いわゆる植物以外にも，土壌細菌である放線菌類およびカビ（真菌）類が，酢酸から抗生物質となるポリケタイド類など，数多くの二次代謝産物を生産する．

　なお，これら化合物の一部はマイコトキシンとよばれ，とくに，アフラトキシンは天然で最強の発ガン毒性を有する．

　陸上植物が産生する多くの二次代謝産物は，エリトロースリン酸とホスホエノールピルビン酸からシキミ酸経路を介して生合成される芳香族化合物（フェニルアラニン，チロシン，トリプトファン）から合成される．とくに，フェニルアラニンから4-クマロイルCoAに至る経路は8000種以上といわれるフェニルプロパノイド（C6-C3の構造を基本とする一群の化合物）の共通生合成経路である．この経路から，花色成分のアントシアニン，紫外線の保護効果をもつフラボノイド，病虫害抵抗性を与えるクマリンやイソフラボンなどのファイトアレキシン類，植物細胞に物理的強度を与えるリグニンなどさまざまな化合物が合成される．フェニルプロパノイドは，さまざまな生理活性をもち，古来，伝統薬として，また，食品の色素や香料として用いられている．最近では赤ワインのポリフェノール，ダイズのイソフラボンなど，いわゆる健康によい植物成分としても認知されている．また，最近，遺伝子組換え技術により，不可能といわれていた青いバラが作製されている．

　一方，25000種以上が報告されているテルペノイドはC5の単位のイソプレンから生合成される一群の化合物である．細胞質にあり動物や酵母と共通のメバロン酸経路，あるいは，色素体においてピルビン酸とグリセルアルデヒド-3-リン酸から合成される非メバロン酸経路により合成されるイソペンテニル二リン酸から精油成分であるC10のモノテルペン，植物防御に役立つC15のセスキテルペン，C40のカロチノイド，弾性ゴム，ステロイド化合物などが合成される．モノテルペンは表皮の細胞が分化してできる特殊な細胞で生合成され，蓄積されることが多く，この精油腺が壊れることにより，香りを発生する．

　アルカロイドは植物性塩基ともよばれる含窒素複素環構造をもつ化合物の一群であるが，この定義から外れるものもある．一般に，チロシンやトリプトファン，アルギニンなどのアミノ酸から合成されるが，生合成の後半になって窒素が取り込まれるものもある．生理活性の高い化合物が多く，植物の防御物質と考えられるが，古くから有毒植物（毒薬）として用いられたものや，モルヒネやアトロピンなど医薬品，あるいは，茶のカフェインのように暮らしに不可欠なものもある．

　これらの二次代謝産物は，植物が進化の過程で環境に適応するために必要としてきた化合物であると考えられ，植物の系統分類の重要な指標となる．たとえば，植物が陸上に進出することによって獲得した形質（たとえば，紫外線を吸収するフラボノイドなどのフェニルプロパノイド類や，水の輸送に不可欠な導管におけるリグニンの蓄積）

は，それ以前の進化段階にある植物との識別のよい指標となる．植食性動物や病原性/共生微生物との生物間相互作用などを介した共進化によっても，より多様な代謝産物の生合成がもたらされたと考えられる．また，これらの二次代謝産物による植物成長の制御（たとえば，フラボノイドによるオーキシン輸送の阻害）も明らかになっている．植物ホルモンも二次代謝経路と共通の経路によって合成されている．二次代謝は，細胞分化の指標となるのみならず，植物の成長分化を理解するうえで重要性が増しつつある．とくに，植物の二次代謝は生態系における多様な環境応答を理解し，かつ，これからの持続的，環境保全型農業の開発，暮らしを豊かにする植物の育成において重要と考えられる．

〔佐藤文彦〕

参考文献

Buchanan B. B., Gruissem W., Jones R.L., 編, 杉山達夫監修, 岡田清孝他監訳 (2005)：植物の生化学・分子生物学 (24章), 学会出版センター.

Croteau, R., Kutchan, T. M. and Lewis, N. G. (2000) ナチュラルプロダクト (二次代謝産物)

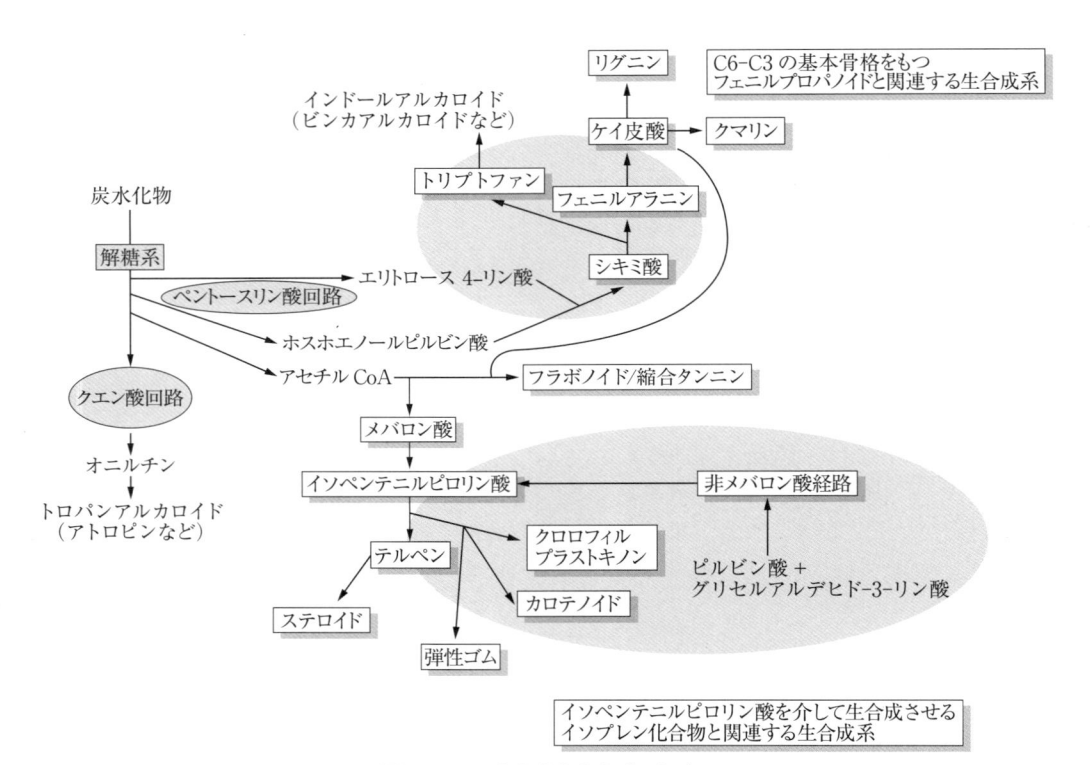

図 1.15 二次代謝生合成系の概略

二次代謝系は，その生合成経路によりフェニルプロパノイド，テルペノイド，アルカロイド生合成系に大別される．図に示すように，二次代謝経路は解糖系やペントースリン酸回路などの一次代謝と密接に関係するとともに相互にも連係し，さらには，異なる細胞内区画，異なる細胞を介して行われる．詳細は本文参照のこと．

1.3 基礎代謝

「基礎代謝」という言葉には，明確な定義があり，「生体が生命を維持するのに要する最小のエネルギー消費量」とされている（岩波生物学辞典第4版）．ヒトでは，絶対安静，絶食下で，体温調節のためにエネルギーを消費しない温度におけるエネルギー消費量のことである．

このような意味での「基礎代謝」が植物に存在するかどうかは，実は筆者にはよくわからない．植物の生存に必須なエネルギー消費として，さまざまな物質代謝，物質輸送，運動機構あるいは生体物質の代謝回転などが考えられるが，どこまでが生命維持に最低限必要な機能かということになると，個体全体が従属栄養体であるヒトのような高等動物と違って，明確には定義しにくい．

植物体において，光合成能をもつ緑色細胞以外の細胞（根や表皮細胞）は，緑色細胞がつくり出す同化産物に完全に依存して成立している．また，従属栄養型の培養細胞は，外部人工培地からの糖の供給なしで生命活動を維持することはできない．そういう意味で，これらの植物細胞には生存に必須なエネルギー消費がありうる．しかし，多くの細胞は，その細胞だけを維持するためにエネルギーを消費するのではなく，ほとんどの場合に細胞の成長や分裂などの生理過程が同時に起こるため，細胞内で消費されるエネルギーを「生体が生命を維持するのに要する最小のエネルギー消費量」として，実験的に実証することはきわめて難しい．光合成能をもつ細胞に至っては，光の当たらないときの光合成以外のエネルギー消費が，当たっているときのエネルギー消費と異なることは衆知の事実である．さらに，独立栄養細胞と従属栄養細胞の共生体である植物個体に，高等動物と同様の「基礎代謝」という概念を当てはめることができるかどうかは謎である．

実際，本節のa.～h.項には，エネルギー産生にはたらく呼吸以外が，物質の移動にかかわると思われる生理現象が並んでいる．そこで，本項ではエネルギー産生としての「呼吸」について最初に考察し，さらに各項目をつなぎ合わせたエネルギー利用系について考えることで，植物における「基礎代謝」を考えてみたい．

植物が外部から取り入れるエネルギーは，水や二酸化炭素あるいは栄養塩などの低分子がもつエネルギーを除けば，光エネルギーだけである．これらの低分子は，光合成およびその他の物質代謝過程を通じて生体物質へとつくり変えられていく．

植物体内で合成された有機化合物（とそこに蓄えられたエネルギー）は，その一部は植物体の構成に利用され，その他の化合物は，時間的，空間的なラグがあるにせよ，いずれ呼吸を通じてエネルギー産生のために利用される．

呼吸により取り出されたエネルギーは，物質代謝過程を通じて再び植物体の構成要素に組み換えられるもの（すなわち，植物体の乾重量増加）と，植物体内で生じるさまざまな生理機構を維持するのに利用されるもの（たとえば，物質の取込み，移動，代謝回転など）に分けて考えることができる．ここで，前者に使われるエネルギーをつくりだす呼吸作用を成長（構成）呼吸，後者に関与する呼吸を維持呼吸とよぶ概念がよく知られている．動物の基礎代謝に擬することができるのは，この維持呼吸とよばれる概念であろうか．このことをまとめた式として，マクリー（McCree, 1970）

は
$$R = kP + cW \quad (1)$$
を提案した．ここで，R と P はそれぞれ 1 日の総呼吸量と光合成量，W は乾重量，k と c は係数である．k は光合成で生産した同化産物のうち，いくらが呼吸に利用されたかを表す値で，シロツメクサで 0.25 day^{-1} という値が報告されている．c は生組織の重量に比例する値で，cW が上でいう維持呼吸にあたると考えられる．同じシロツメクサで c は 0.015 day^{-1} という値が報告された．

その後，この前者の項は，光合成の同化産物量に比例すると考えるより，成長速度 (dW/dt) に比例するものと考えるべきであるとされるようになり，式 (1) は，
$$R = \alpha dW/dt + \beta W \quad (2)$$
に書き換えられた (Thornley, 1970)．この最初の項が成長（構成）呼吸にあたり，後ろの項が維持呼吸にあたる．α は成長（構成）呼吸係数，β は維持呼吸係数とよばれている．組織が成熟するに従って，維持呼吸の割合が大きくなることは明らかである．維持呼吸係数は，種，組織，令によって大きく変化し，温度に強く依存することが知られている．一方，成長（構成）呼吸係数の温度依存性は小さい．

それでは，維持呼吸でつくり出されたエネルギーを利用する生理過程，すなわち植物における基礎代謝といえるものは，具体的にどのような反応であろうか．細胞内で起こり，エネルギーを必要とする能動的過程として，①生体物質の代謝回転，②無機イオン環境の維持（イオン輸送），③細胞内運動（原形質流動や小胞輸送）などが考えられる．また，組織間の反応として，④維管束を通じた同化産物の転流，⑤水の取込みなどが考えられる．

このうち，①の生体物質の代謝回転でもっとも重要なのは，酵素や構造タンパク質の合成，分解であろう．この過程にはアミノ酸の活性化，ポリペプチドや mRNA の合成，あるいはエネルギー依存の分解過程などが含まれる．タンパク質合成阻害剤を用いた実験から，タンパク質の代謝回転にどのくらいの ATP 消費が必要かを推定することができる．タンパク質の代謝回転に必要なコストを試算したデータから，1 アミノ酸残基あたり 5～7 分子の ATP が必要とされている．

その他，生体膜脂質や生理反応の調節にかかわる物質（たとえば，植物ホルモンなど）の代謝回転や，貯蔵物質の合成も，基礎代謝の重要な要因であろうが，その寄与率を推定することはかなり困難である．

②，④，⑤ はいずれも物質の輸送と分配に関連した生理過程である．生体内における物質の不均等な分布は，生命活動の結果であり，生命活動そのものといってもよい．その状態をつくり出すのが物質の輸送過程である．植物体内における物質の輸送過程としての②，④，⑤ は，すべて基本的には細胞の内外で起こる輸送過程に集約することができる．細胞の内外で生じる物質の輸送は，植物細胞では，細胞膜の内外につくられている H$^+$ の電気化学ポテンシャル勾配によって駆動される．膜の内外に H$^+$ の電気化学ポテンシャル勾配が存在することを，膜がエネルギーをもった状態として定義する．細胞膜を介した物質輸送は，この膜に形成されたエネルギーを利用して行われるといってよい．H$^+$ の電気化学ポテンシャル勾配は，ATP をエネルギー基質として利用し，細胞内から細胞外に H$^+$ を運び出すプロトンポンプ（H$^+$-ATPase）によってつくり出される．こうして，細胞膜のプロトンポンプは，すべての物質輸送の源となることから，一次能動輸送体とよばれる．植物体内で行われる物質輸送過程のためのエネルギー形成の大半は，細胞膜のプロトンポンプによる ATP 消費に基づいているとすることができる．同じことは，動物細胞でもよく知られていて，細胞膜の Na$^+$，K$^+$-ATPase（ナトリウム・カリウムポンプ）が，物質輸送の一次能動輸送体としてはたらいている．動物細胞では，生成された全 ATP の 50% 前後が Na$^+$，K$^+$-ATPase で利用されると考えられているが，植物でも膜輸送系の重要さから，かなりの割合の ATP が細胞膜のプロトンポンプによって利用されていることは間違いない．

細胞質での，物質分配は拡散と能動的過程によ

る．動物細胞に比べて巨大な植物細胞では，後者の過程がかなり重要である．この物質分配に重要なはたらきをしていると考えられるのが，③の過程に含まれる原形質流動などの細胞内運動系である．原形質流動では，細胞骨格タンパク質としてのアクチンと，その上を移動するモータータンパク質であるミオシンの相互作用が運動をもたらす．アクチンの構造維持にも，モータータンパク質の移動にも，ATPが必要とされる．植物細胞では，さらに微小管系が細胞内構造の形成と維持に重要なことが知られているが，ここにもかなりのエネルギー消費が予想される．この運動・骨格系については，次の1.4節で説明される．

最後に，本節で扱う項目として，植物免疫・防御系を取り上げておく．これまで維持呼吸を扱っている多くの論文や成書において，植物免疫・防御系がエネルギー消費を伴う基礎代謝過程として取り上げられているものはほとんどない．しかし，病原微生物に対する生理反応の一部は，エネルギー依存の情報伝達，代謝過程を含んでいることが明らかになっている．マメ科植物と根粒菌や，木本も含めた多くの植物と菌根菌など，栄養吸収に関する植物−微生物相互作用に関する研究は，単に病原体に限らず，植物の生育において，生物−生物相互作用が必須のものであることを強く示唆している．基礎代謝というものの定義を，はじめに述べたように「生命を維持するのに要する最小のエネルギー消費量」としたときに，このような反応がそこに含まれるかどうかは難しいが，生命維持にはたらく呼吸がつくり出すエネルギーの利用系という点では，今後は重要な基礎代謝過程と見なされるべきものなのかもしれない．

以上，簡単に植物の「基礎代謝」と考えられる過程について概観してみた．ここで取り上げた「維持呼吸」という概念は，生態学の世界において物質生産とそれに伴う生存コストを考えるときの基礎としてよく利用される考え方である．しかし，細胞・分子レベルで明らかにされつつある生理反応の素過程と，個々の細胞あるいは植物個体，さらには植物群が全体として示すエネルギー収支がどのようにかかわり合っているかを定量的に理解することは，なお古くて新しい課題として残っているというべきである．　　　　　　〔三村徹郎〕

参考文献

Amthor, J. S. (2000) The McCree-de Wit-Penning de Vries-Thornley respiration paradigms : 30 years later. *Annals of Botany* **86** : 1-20.

Dewar, R.C. (2000) A model of the coupling between respiration, active processes and passibe transport. *Annals of Botany* **86** : 279-286.

McCree, K. J. (1970) An equation for the rate of respiration of white clover plants grown under controlled conditions. In : I. Setlik (ed.), *Prediction and Measurement of Photosynthetic Productivity* (Proc. IBP/PP Technical Meeting, Trebon, Czechoslovakia). PUDOC, Wageningen. pp.221-229.

野口　航 (2001)：環境応答のコスト．植物生理学シリーズ，環境応答（寺島一郎編），pp.195-206，朝倉書店．

Thornley, J. H. M. (1970) Respiration, growth and maintenance in plants. *Nature* **227** : 304-305.

鞠子　茂 (2003)：呼吸．生態学事典（巌佐庸・松本忠夫・菊沢喜八郎／日本生態学会編），pp.161-162，共立出版．

a. 好気呼吸

現在の地球上の大気には酸素が約21％含まれており，われわれはそれを呼吸して生きている．しかし，太古の地球においては，大気には酸素がほとんど含まれていなかった．当時の大気の主成分は二酸化炭素と窒素と水蒸気であり，酸素を使う好気呼吸は不可能であったと考えられる．それが現在のような姿に変わったのは，光合成の反応により二酸化炭素を酸素に変換する植物のはたらきによるところが大きい．

大気中の酸素濃度が上昇すると，好気呼吸が可能になる．好気呼吸は発酵などに比べてエネルギーの利用効率が高いため，酵母のように好気呼吸と発酵の両方の代謝経路を使うことのできる生物でも，酸素濃度が高くなると，その代謝系を好気呼吸に切り替える．植物は，その生育に必要なエネルギーを光合成に依存しているが，一方で，細胞はミトコンドリアをもち，呼吸代謝もまた生育に必須である．これは植物が，細胞間，組織間でのエネルギーのやりとりの際に糖を使っていることによる点が大きい．葉緑体によって固定された有機物はトリオースリン酸の形で細胞質に運ばれ，スクロース（ショ糖）などに変換されたあと，他の組織へ転流される．光合成を行わない組織では，この糖を好気呼吸により分解してATPを合成し，細胞内のエネルギー需要をまかなうことになる．

現在の大気中の酸素濃度は21％にもなることから，酸素を発生しない非光合成器官でも，大気中では酸素濃度が低下して好気呼吸ができなくなることはない．しかし，21％の酸素を含む大気と平衡関係にある水の中の酸素濃度は25℃で253 μM にすぎず，また，物質の拡散の速度は水中のほうが圧倒的に遅いため，根などの非光合成器官においては水没することにより好気呼吸に十分な酸素濃度を確保できない場合がある．一般に，「鉢物を腰水で育てるのはよくない」といわれるのは，腰水によって根への酸素供給が減少することにより，生育が阻害されるのが一つの理由である．

根が水につかるような植物においては，根への酸素供給を確保するような仕組みが見られる．たとえば，水田でつくられるイネでは根に通気組織が見られ，根に通気組織を通して地上部から酸素が供給される．レンコンの穴なども同様な機能をもつものと見てよいだろう．また，湿地に生えるラクウショウ（落羽松）では，地面から気根が鍾乳石のように立ち上がり，これが根への酸素供給にはたらいているといわれている（図1.16）．

植物の呼吸は，通常は光合成の陰に隠れて見落とされがちであるが，植物にとっては光合成と同様に必須の代謝系である． 〔園池公毅〕

図 1.16 ラクウショウの気根（口絵4）
ラクウショウの幹（中央奥）の周りの地面からは鍾乳石のように気根が立ち上がる（新宿御苑にて筆者撮影）．

b. 転 流

有機物の供給源（ソース，source）から受容部（シンク，sink）へ，糖やアミノ酸などが運搬されることをいう．その実体は，篩部の管状組織である篩管（篩管要素が連結したもの）の有機物溶液のマスフローである．なお，篩管要素間の細胞壁には，篩(sieve)に似た穴が開いているために，篩管（sieve tube）とよばれるのであり，師をあてるのは望ましくない．

成熟した篩管要素は，核や細胞質のほとんどを失っているが，生細胞であり，同じ母細胞から生じた細胞質に富む伴細胞と多数の原形質連絡で結ばれている．篩部の英語（phloem）はギリシア語の樹皮に由来する．

図1.17は1930年にミュンヒ（Ernest Münch）が転流（translocation）のメカニズムとして提唱した圧流説のモデルである．半透膜によって両端が閉じられた管の片側に高濃度のスクロース（ショ糖）が存在すると，容器Aの水が半透膜を介した浸透圧差に従って管の中に入り，圧を生ずる．これによって溶液は管内をAからBの方向へ動く．このモデルでは，スクロースの濃度が一様になった時点で管内の水の動きは停止するが，A側でつねにスクロースを加え，B側で取り除くと，溶液が流れ続ける．このように圧流説は，分子拡散ではない，マスフローによる転流のメカニズムをよく説明する．

光合成産物を供給する葉などのソース器官における糖のローディングは，アポプラスト型とシンプラスト型に大別できる（図1.18）．アポプラスト型（シロイヌナズナ，エンドウ，ブナなど）には，光合成を行う葉肉細胞あるいは葉肉細胞と原形質連絡でつながる篩部柔細胞と伴細胞/篩管要素との間に原形質連絡がなく，葉肉細胞/柔細胞からスクロースがいったん細胞壁（アポプラスト）に出され，それが伴細胞/篩管要素に取り込まれる．シンプラスト型には，葉肉細胞/柔細胞と伴細胞/篩管要素との間に原形質連絡があり，糖が原形質連絡を通って伴細胞/篩管要素に主として拡散によって移動する．シンプラスト型でスクロースが輸送されるためには，葉肉細胞のスクロー

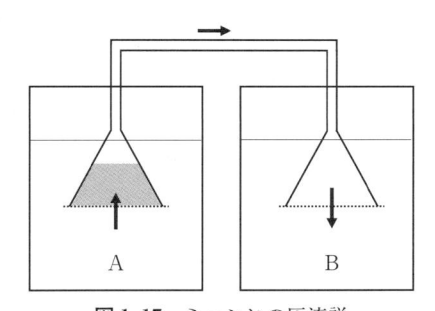

図1.17　ミュンヒの圧流説
影を付けた部分はスクロース溶液である．マスフローによる輸送をよく説明できる．

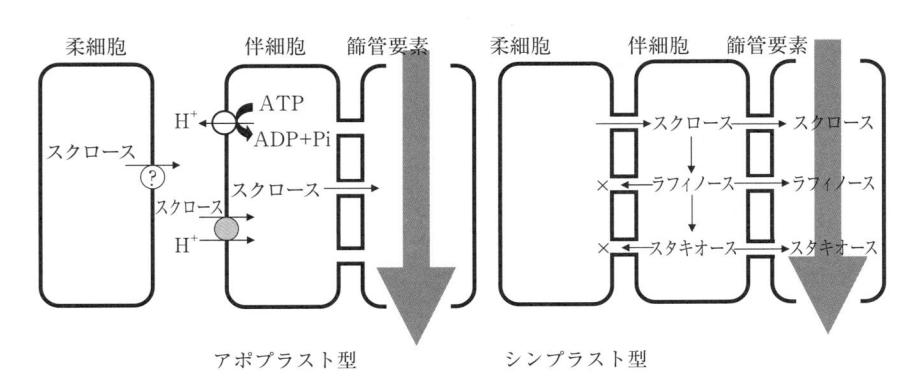

図1.18　篩管へのローディングに見られるアポプラスト型とシンプラスト型
柔細胞からアポプラストへのスクロースの排出にはタンパク質が関与していると考えられているが未同定である．細胞膜のH^+-ATPaseによってつくられるプロトンの電気化学的ポテンシャル差を駆動力としてスクロースが伴細胞に取り込まれる．ポリマートラップ機構があれば，シンプラスト型の場合でも柔細胞のスクロース濃度がそれほど高くなる必要がない．

ス濃度が伴細胞/篩管要素内よりも高くなければならない（ポプラ，アオキなど）．

一方，ニシキジソ（coleus），トネリコ，ライラック（ムラサキハシドイ）などでは，伴細胞内でスクロースからラフィノース（三糖類）やスタキオース（四糖類）が合成され，それらを篩管で輸送する．伴細胞内のスクロース濃度が低下するので，葉肉細胞のスクロース濃度がそれほど高くなくとも転流が起こる．葉肉細胞/柔細胞と伴細胞間の原形質連絡は，スクロースは通すがオリゴ糖をブロックし，伴細胞と篩管要素間の原形質連絡はオリゴ糖を通す（ポリマートラップ機構）．

シンク器官における糖のアンローディングにもシンプラスト型とアポプラスト型がある．成長中の栄養器官や貯蔵器官では，シンプラスト経路でシンク組織に達する．種子が形成される場合には，シンプラスト経路が親個体（種皮）と胚種子との間で途切れるため，糖はアポプラストを経由する．

膜を介した輸送には，プロトンの電気化学的ポテンシャル差をエネルギー源とするスクロース輸送体をはじめとする種々のトランスポーターが関与し，細胞壁インベルターゼが濃度勾配の維持にはたらいている．　　　　　　　　〔寺島一郎〕

参考文献
van Bel, A. J. E. and Hafke, J. B. (2005) Physiochemical determinant of phloem transport. In *Vascular Transport in Plants* (Holbrook, N. M. and Zwieniecki eds.), pp.19-44. Elsevier.
日本光合成研究会編（2003）：光合成事典，学会出版センター．
Turgeon, R. and Ayre, B. G. (2005) Pathways and mechanisms of phloem loading. In *Vascular Transport in Plants* (Holbrook, N. M. and Zwieniecki eds.), pp.45-67, Elsevier.
臼田秀明，林　浩昭，武田泰斗，山口淳二（2001）：炭素代謝．朝倉植物生理学講座　代謝（山谷知行編），pp.81-102，朝倉書店．

c. 窒素固定

地球大気の約80％は分子状窒素 N_2 によって占められている．生命を支えるアミノ酸やDNAには多くの窒素が含まれるため，生物は大気中の N_2 を直接利用できればよいが，N_2 は原子間を結びつける三重結合きわめて安定であり N_2 を利用できる真核生物は一つとして存在しない．しかしながら，原核生物の中には N_2 を酵素的にアンモニア NH_3 へと還元しうるものが存在し，窒素固定細菌とよばれている．窒素固定細菌としては，好気性のアゾトバクター（*Azotobacter*），通性嫌気性のクレブシエラ（*Klebsiella*），嫌気性のクロストリジウム（*Clostridium*）のほか，光合成細菌やアナベナ（*Anabaena*）などのシアノバクテリアが知られている．一方，植物細胞内共生して窒素固定する細菌としては，マメ科植物に根粒を形成するリゾビウム（*Rhizobium*）（図1.19）やハンノキやヤマモモなどの非マメ科樹木に共生するフランキア（*Frankia*）が有名である．その他にも水性シダのアカウキクサ（*Azolla*）やソテツの組織間に共生し，窒素固定するシアノバクテリアが存在する．これらの窒素固定細菌のはたらきにより陸上では年間90〜140 Tg（10^{12}g），海洋では30から300 Tg（10^{12}g）もの N_2 が固定されると見積もられている．

安定で不活性な N_2 をアンモニアへと人工的に還元するには高温高圧が必要であるが，生物における窒素固定の優れた点は，それを常温常圧で行えるところである．窒素固定の還元反応を仲介する酵素はニトロゲナーゼとよばれ，1分子の N_2 の還元に16分子のATPを使って以下に示す反応を触媒する．

$$N_2 + 8e^- + 8H^+ + 16ATP \rightarrow$$
$$2NH_3 + H_2 + 16ADP + 16Pi$$

窒素固定をすることができる生物が一部に限られるのは，その反応の対価として多くの生体エネルギーが消費されるからなのかもしれない．

ニトロゲナーゼはジニトロゲナーゼとそれに還元力を与えるジニトロゲナーゼレダクターゼより

なる複合体である．ジニトロゲナーゼは nifD, nifK 遺伝子産物と鉄モリブデンコファクター（FeMoCo）より構成されるヘテロ四量体で，N_2 と H_2 を直接結合し NH_3 を生成する．ジニトロゲナーゼレダクターゼは nifH 遺伝子産物のホモ二量体よりなり，フェレドキシンやフラボドキシンなどから電子を受け取ると，ATP を加水分解しきわめて電位の低い電子をジニトロゲナーゼに受け渡す．

ニトロゲナーゼは酸素により容易に失活する．その問題を克服するために，生物はさまざまな機構を進化させている．たとえば，アナベナやネンジュモ（Nostoc）などの糸状性シアノバクテリアでは，窒素飢餓条件下でヘテロシストとよばれる厚い細胞壁からできた窒素固定細胞を分化する．マメ科植物と根粒菌の共生系では，植物が根粒細胞内でレグヘモグロビンを高発現することにより，根粒菌を取り囲んだシンビオソーム内の酸素分圧を低下させ，ニトロゲナーゼの失活を防いでいる．

〔川口正代司〕

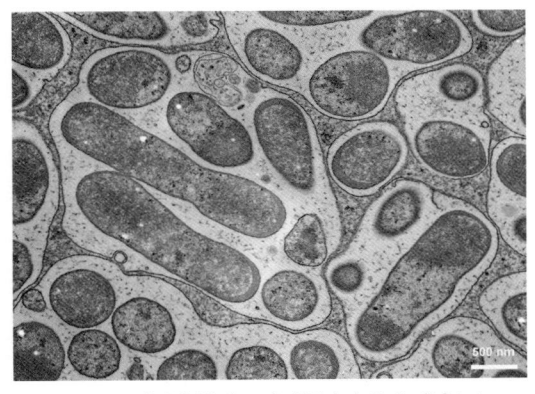

図 1.19 宿主細胞内で窒素固定するリゾビウム

d．吸水，蒸散

植物の葉が気孔を開いて二酸化炭素を取り込むとき，同時に気孔から水蒸気が出入りする．通常，大気の水ポテンシャルは－数十 MPa であり，葉肉細胞の水ポテンシャルよりも極端に低い．このため，水蒸気は気孔から受動的に出ていくことになる．これを気孔蒸散とよぶ．また，気孔だけでなく，表面のクチクラ層からもわずかながら蒸散が起きるため，こちらの蒸散をクチクラ蒸散とよんで区別している．蒸散量は，放射，気温，湿度，水蒸気の拡散速度，気孔開度によって物理的に決定される．

蒸散は根で起きる吸水のおもな原動力となる．葉肉細胞の水ポテンシャルは，浸透ポテンシャル＋膨圧で表される．水が十分にあり，気孔が閉じた状態では，マイナスである浸透ポテンシャルとプラスである膨圧がつり合っており，葉肉細胞の水ポテンシャルはほぼゼロである．蒸散が起きると水を失うことでその膨圧は低下し，また体積も減少するため浸透ポテンシャルも低下する．これによって，葉肉細胞の水ポテンシャルが低下する．このときの水ポテンシャルは場合によっては－数 MPa となる．湿った土壌の水ポテンシャルはほぼゼロであるため，土壌に含まれる水は葉肉細胞に向かって受動的に移動することになる．これが植物による吸水の基本である（図 1.20）．

吸水は根圧とよばれる能動的な過程によっても行われる．これは，根の細胞が道管に無機イオンなどの溶質を能動的に排出すると，道管の水ポテ

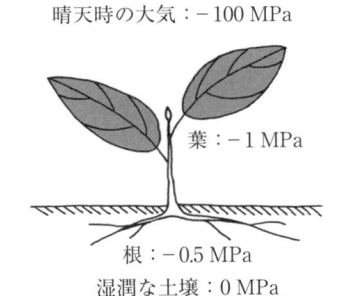

晴天時の大気：－100 MPa

葉：－1 MPa

根：－0.5 MPa
湿潤な土壌：0 MPa

図 1.20 土壌から大気までの水ポテンシャル勾配

ンシャルが低下し，土壌から道管へと水が移動する現象である．注意しなければならないのは，水の移動そのものはあくまで水ポテンシャル差に従って受動的に起きていることである．ヘチマの茎を切ったときに切り口から水が出続ける現象は根圧による吸水の例である．このとき，ヘチマの根は道管に溶質を分泌し続けている．針葉樹では根圧による吸水はほとんど見られない．

葉肉細胞の水ポテンシャルが実際によく見られる-1 MPa の場合，理論的には 100 m の高さの樹木の樹冠まで水が移動することは可能である．ただ，工業的なポンプを使ってホースで水を引き上げられる高さはせいぜい 10 m であり，それ以上になると水柱の上部に真空ができてしまうため，水を引き上げられなくなる．では，道管にはなぜ真空が生じず，水ポテンシャル差を使って水を引き上げることができるのだろうか．道管の直径は最大でも数百 μm であり，ホースに比べれば非常に細い．ここでは，道管壁と水が表面張力によって引き合う力が無視できなくなり，真空ができにくくなる．このような理由で，道管を使えば水を高い樹冠まで引き上げられるのだと考えられている．

〔舘野正樹〕

e. カスパリー線

無機養分や水を吸収しシュートへ送ることは，根のもっとも重要な機能である．根の表皮から取り込まれた溶質や水は，アポプラストかシンプラストを通って求心的に放射方向に移動し内皮に至る．一部の例外を除き，維管束植物の根においては，隣り合った内皮細胞の間の細胞壁の一部に（図 1.21 (a)），リグニンや疎水性物質のスベリンが沈着し，その部分では細胞膜が細胞壁に密着したカスパリー線が発達する．

カスパリー線はアポプラストを通る溶質や水のバリアとなるため，溶質や水は細胞膜による選択的取り込みを受けてアポプラストからシンプラストに入り中心柱を経由して，道管に到達する．カスパリー線はすべての内皮細胞でつながっており（図 1.21 (c)），これによってアポプラストバリアとしての機能が保証される．

カスパリー線の機能についての以上の考え方は，根にトレーサーを取り込ませその分布を顕微鏡観察した結果や，電気生理学的研究に基づくモデル（加藤，1991），水チャネルタンパク質の発現が内皮を含む部分に多いという事実（且原，2004）などにより支持される．

その一方で，クチクラと違いワックス成分をもたないカスパリー線は，水に対してはそれほど強いバリアではないという考え方や，蒸散が盛んな状況下などにおいては，カスパリー線が水（宮本，2003）や無機イオンを通しているという可能性が

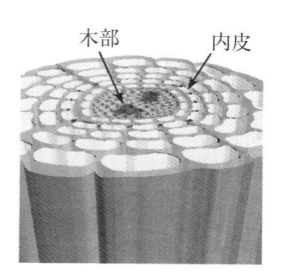

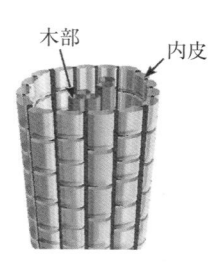

(a) 根の横断面　　(b) 内皮と木部　　(c) カスパリー線と木部

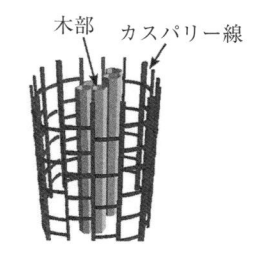

図 1.21　カスパリー線の立体構造を示す模式図（Homma and Karahara, 2004；一部改変）
b, c 図のカラーは口絵 8 も参照

示唆されており，最近では，カスパリー線がつねに完璧なバリアとしてはたらいているというわけではないと考えられはじめている．

　植物種，カスパリー線の発達度合いに加えて環境要因によってもバリアの強さは変わる可能性がある．実際，塩分ストレス下でカスパリー線の放射方向の幅が増大する現象も観察されている（Karahara et al., 2004）．また，塩生植物（salt cress）の根の場合，内皮は2層つまりカスパリー線が二重となっているようである．塩分に対してカスパリー線がバリアとして重要な役割を果たしているのは間違いないが，これらのことを考えると，通常のカスパリー線では完全なバリアではないのであろうという逆の推測も成り立つ．

　カスパリー線は根の内皮だけではなく，他の器官や組織にも形成される．根の場合，植物種によっては下皮にもカスパリー線を形成する場合があり，表皮がはがれ落ちた場合にバリアとして重要な役割を果たす．葉の維管束鞘にあるカスパリー線は，糖の拡散に対するバリアとしてはたらく可能性が考えられる．また，水生植物の葉の内皮様細胞層や，根粒の内皮などの場合，カスパリー線は，ガスの拡散に対するバリアとしてもはたらいていると考えられている．　　　　　〔唐原一郎〕

参考文献

Homma, Y. and Karahara, I. (2004) Cytologia, **69**(1), i–ii 改

Karahara, I. et al. (2004) Development of the Casparian strip in primary roots of maize under salt stress. *Planta* **219**, 41–47.

且原真木（2004）：水の吸収と輸送の分子機構：水チャネル研究の新展開．根の研究，**13**, 15–20.

加藤 潔（1991）：多細胞植物の水輸送．物質の輸送と貯蔵（茅野充男編），pp.39–48，朝倉書店．

宮本直子（2003）：植物の根に関する諸問題［120］―根の水透過性―．農業及び園芸，**78**, 774–779.

f. 貯蔵物質

　生物の生活環のある段階において，後の利用のために蓄えられる物質を指す．植物では，植物の種類や生活環の段階に応じて，デンプン・タンパク質・脂質・無機塩類などが蓄えられる．貯蔵物質の蓄えられる組織としては，種子・塊茎・塊根・樹皮などがある．種子の貯蔵物質は，発芽時の栄養源，エネルギー源として用いられる．塊茎，塊根には，光合成産物が蓄えられ，休眠後の発芽時に使われる．樹皮には余分の窒素が落葉期にタンパク質として蓄えられ，春の発芽時の養分として用いられる．また，葉にも成長段階や栄養環境に応じて貯蔵タンパク質が蓄えられることが知られている．葉のデンプンの含量は日周変化をするが，これも光合成物質の貯蔵の一形態であると考えることができる．

　貯蔵される物質の種類は，植物種や組織によって異なる．ダイズの種子にはタンパク質が乾燥重量あたり30〜50%蓄積し，脂質が20%程度蓄積するが，デンプンはほとんど蓄積しない．これに対し，同じマメ科植物のアズキでは，デンプンが主要な貯蔵物質である．大豆からは豆腐がつくられ，小豆からはあんがつくられるのは，種子の主要な貯蔵物質の違いによる．コメやコムギが主食として用いられるのはデンプンを多量に蓄積するためである．

　貯蔵物質の合成は一般に時期特異性，組織特異性が高い．合成がどのように活性化されるのかについては，生物のもつ発達プログラムによる制御と環境要因による制御の2種類が知られている．種子貯蔵タンパク質の場合には，種子という組織に分化したこと（つまり発達のプログラム）と，窒素源，硫黄源などの栄養条件などの環境条件の両方に応じた発現制御を受ける．これらの仕組みは種子という組織において，環境条件に応じて貯蔵物質を効率よく蓄えるには好都合であると考えられる．サツマイモの塊根で発現する貯蔵タンパク質スポラミンは，光合成産物の転流形態であるスクロース（ショ糖）によって発現制御を受ける．

しかし，種子貯蔵タンパク質とは違って，スクロースさえ高濃度に存在すれば，根だけでなく茎でも発現する．貯蔵が行われる時期や生育条件では，光合成産物の合成量が消費量を上回る．この状態がスクロース濃度に反映され，貯蔵タンパク質の蓄積につながるものと考えられる．このような制御をすることによって，貯蔵タンパク質は適当な環境条件においてのみ蓄積するようになっている．

デンプンの合成もスクロース濃度によって制御されるが，貯蔵油脂の合成は組織特異的な制御をより強く受けている．

また，貯蔵物質は細胞内の特定の器官に蓄えられる．デンプンはプラスチド由来のアミロプラストに，タンパク質は液胞もしくは小胞体由来のプロテインボディーに，油脂は単層膜で囲まれたリピドボディーに蓄積する．タンパク質は特定のプロセシングを受けて貯蔵される．リピドボディーには両親媒性のタンパク質であるオレオシンが表面に存在しており，油滴が融合し巨大化するのを防いでいる．

〔藤原　徹・内藤　哲〕

g. 植物免疫，防御

生命体はこれを宿主としようとする病原体による感染の危険につねにさらされている．植物ももちろん例外ではないが，高等動物の抗体のような獲得免疫系による防御機能はもち合わせていない．しかしながら，公園や林の中を歩いてみてもわかるように，たいていの場合草木は元気に茎を伸ばし青緑とした葉をつけ，きれいな花を咲かせている．これは，植物が基本的な免疫システムをもっていることを如実に表している．一方では，現代の超集約的な単一栽培で育てられた作物が，突然のように現れた病原体によって大きな被害を受ける例が多々見られることからも明らかなように，ある特定の植物に対してはその免疫機能を凌駕する病原体が存在することも事実である．では実際には植物の免疫システムとはいかなるものか，そして病原体はいかにしてそれを破っていくのだろう．近年のモデル植物を利用した研究などによって，その分子生物学的機構の解明が急速に進んできた．

高等植物は，地上部表面をクチクラ層とよばれる厚いワックス様の層でおおっている．これによって多くの潜在的な病原体の侵入を防いでいると考えられている．しかし，病原体の中には物理的な力あるいは加水分解酵素の分泌などによってクチクラ層を破ることができたり，あいている気孔を探し当てることができるものがあり，植物への侵入を開始する．また，昆虫などによる咬み傷などから侵入するものも多くある．このように，物理的な障壁である第一線が破られると，植物は侵入者を認識して臨戦態勢に入り，抗菌作用のあるファイトアレキシンと総称される化学物質や，カビの細胞壁を加水分解できる酵素などを分泌する．侵入者の認識には，PAMPs（pathogen associated molecular patterns）と総称される病原体に共通して存在する物質，たとえばほとんどの細菌がもつ鞭毛タンパク質などを認識する受容体があり，その下流のMAP（mitogen activated protein）キナーゼカスケードにシグナルが伝達され，ある

特定の転写因子などが活性化される．これによって，ファイトアレキシンの生合成を担う酵素や加水分解酵素をコードする遺伝子が発現する．この防御システムは広範囲の病原体に対して効果があり，植物免疫において重要な役割を果たしているといえよう（図1.22）．

ただ，病原体の中にはこの基本的な防御システムを抑制すべく，サプレッサーとよばれる化学物質を分泌したり，エフェクターとよばれるタンパク質を植物の細胞内に注入するものがある．これらの抑制物質は，基本的防御システムのシグナル伝達系を阻害するものが多い．植物も逆にこれらエフェクターの抑制物質を認識し，プログラム細胞死を含む迅速な防御システムを作動することができる．この認識は，抵抗性遺伝子にコードされるタンパク質によってなされるが，どのように活性化し，いかにしてシグナルを伝えていくのかはいまだに不明である． 〔白須　賢〕

h. 膜透過（イオン輸送，H^+-ATPase）

細胞はリン脂質二重構造からなる生体膜で囲まれた空間である．脂質膜は本質的に疎水性であり，水溶性の物質はほとんど通過させることができない．その結果，細胞内の水溶液組成は細胞外の水溶液組成とは異なったものになっている．この生体膜内外で物質組成が異なる状態のことを生きているとよぶ．したがって，生命が成立するには，膜を介した物質の輸送が必須になる．生体膜には，物質輸送にはたらくエネルギー機構と，多様な膜タンパク質が形成されてきた．

生育に必要な物質が細胞内に入ってくる過程は，個々の物質のもつエネルギー状態によって決定される．細胞膜内外の物質のエネルギーレベルを表すには，電気化学ポテンシャルが用いられる．電気化学ポテンシャルは，近似的には濃度によって決定される項と電位によって決定される項からなっている．物質の移動が電気化学ポテンシャル勾配に従って生じる場合を受動輸送とよび，エネルギーを使って電気化学ポテンシャル勾配に逆らって行われる場合を能動輸送とよぶ．

植物細胞において細胞膜のH^+-ATPaseは，ATPの化学結合エネルギーを用いて，細胞内から細胞外にH^+を運び出すことで，細胞質を弱アルカリ，細胞外を酸性に保つとともに，プラスの電荷を運びだすことで細胞内に大きな負の電位をつくりだす．これは，細胞膜を介して，H^+の電気化学ポテンシャル勾配をつくりだしていることにほかならない．こうして，膜の内外にH^+の電気化学ポテンシャル勾配が存在することを，膜がエネルギーをもった状態として定義する．細胞膜を介した物質輸送の多くは，この膜に形成されたエネルギ

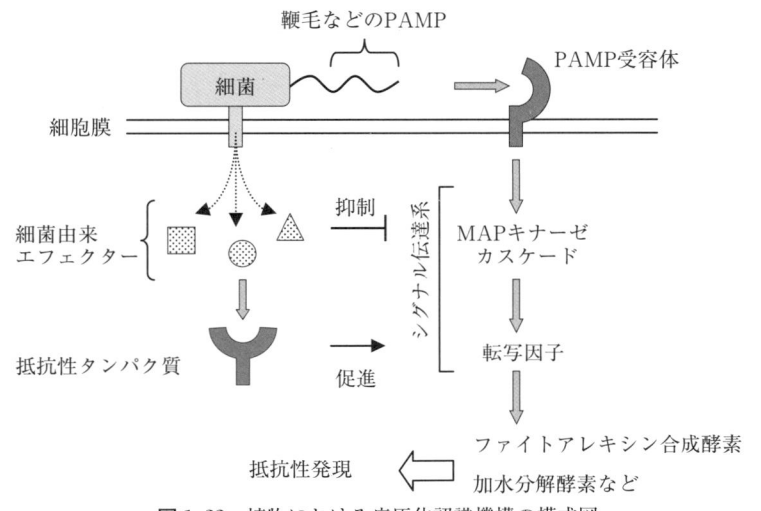

図1.22　植物における病原体認識機構の模式図

ーを利用して行われる．H$^+$-ATPase は，基質となる ATP のもつ化学結合エネルギーを，物質輸送に利用できる電気化学ポテンシャルエネルギーに変換するエネルギー変換装置として機能する．

生体膜に存在し，物質輸送にはたらく膜タンパク質を輸送体とよぶ．輸送体は，輸送基質を結合して膜の片側からもう片側に運ぶことができるトランスポーター型と，基質と輸送体の結合が起こらないチャンネル型に分けることができる．トランスポーター型の輸送体は，基質濃度が濃くなるに従って輸送活性が飽和するミハエリス・メンテン型の活性変化を示す．一方，チャンネル型では，生理的な濃度範囲では輸送活性は飽和しない．

トランスポーターは，H$^+$-ATPase のようなポンプと狭義のトランスポーター（キャリアー）に分けられる．ポンプは，ATP のような化学結合エネルギー，NADH のような酸化還元エネルギー，あるいは光エネルギーなどの物理・化学エネルギーを用いて，膜系に高エネルギー状態をつくり出し，異なるエネルギーの変換装置としてはたらく．ポンプが行う輸送を一次能動輸送とよぶ．狭義のトランスポーターには，能動輸送を行うものと，受動輸送を行うものが存在する．トランスポーターが行う能動輸送を二次能動輸送とよぶ．これらの定義とは別に，ATP の化学結合エネルギーを輸送に利用するが，特定の基質の輸送にそのエネルギーを直接的に利用する ABC（ATP binding cassete）トランスポーターの存在も多数知られている．チャンネルは，生体膜に特定物質を選択的に通過させる孔をつくるタンパク質である．チャンネルは電気化学ポテンシャル勾配に従う受動輸送のみを行う．

〔三村徹郎〕

参考文献

加藤潔，島崎研一郎，前島正義，三村徹郎監修（2003）：植物の膜輸送システム　ポンプ・トランスポーター・チャネル研究の新展開，秀潤社．

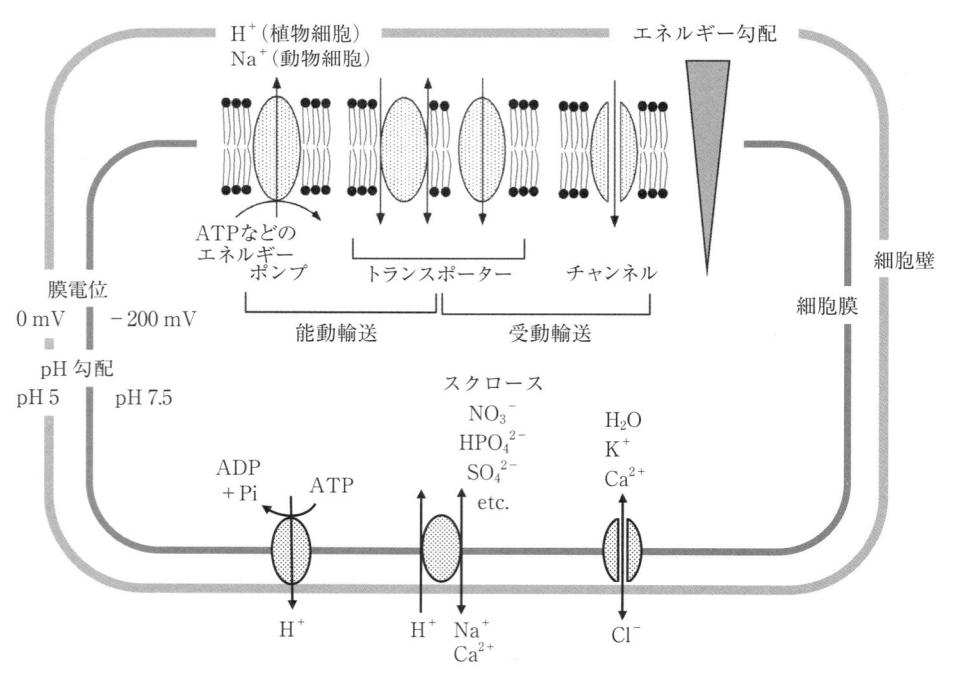

図 1.23　植物細胞の膜輸送機構と輸送タンパク質

植物細胞では，細胞膜のエネルギー状態は，細胞膜を介して存在する H$^+$ の電気化学ポテンシャル勾配（膜電位と pH 勾配）によって決定されている．このエネルギーレベルは，H$^+$-ATPase によってつくり出され，そのエネルギーを利用して，必要な栄養塩を細胞内に運び込んだり，チャンネルによってイオンの出入りが調節されたりしている．同様の膜輸送機構は，細胞内オルガネラでもさまざまに機能していることが知られている．

1.4 植物の運動

　植物は「動かない」(あるいは「動けない」)というのが世の常識であるが，これは間違いで，植物は「移動しない」または「移動できない」というべきである．ほとんどの陸上の植物，すなわちコケ，シダ，種子植物は根または根に相当する仮根を地中に伸ばし，それによって自らを支えると同時に，光合成や生きるために必要な水や養分を吸収している．コンブやワカメ，テングサやシャジクモなど，水中で生活する固着性のさまざまな藻類もまた仮根によって自らを固定している．その結果，これらの植物は移動することはできないが，綿毛の着いたタンポポの種子や，プロペラをもったカエデの種子など，種子のうちは「移動する」といえなくもない．しかし，これらは風任せで方向の定まらない移動であって運動のカテゴリーには入らない．

　植物は，「成長した個体が移動する」という意味での運動は不可能であるが，組織や細胞レベルで考えると動物の運動とは異なる手段（動物には見られない方法）によってさまざまな運動をしている．そのもっとも身近に見られるものは成長に伴う運動や細胞内の膨圧によって起こる運動であり，一般的に運動速度はきわめて遅く，目で見ていたのではなかなか認識できない．植物の運動をはっきり確認するには，微速度撮影，すなわちコマ撮りをした画像を速回しして観察するか，十分時間間隔をおいて何度も観察する必要がある．植物の「運動」を考えるときには，動物の「運動」から類推される狭い意味での「運動」という概念にとらわれてはならない．

　植物の運動様式を類別すると，成長による運動，膨圧による運動，細胞骨格系による運動に大別される．運動は環境の変化，すなわち外部からの刺激に応答して起こる場合が多く，刺激の来る方向に対応した運動（屈性）と，刺激の方向には関係なく起こる運動（傾性）とがある．外部環境とは直接的な関係はない内因での運動にはシュートやつるの回旋運動（転頭運動）や概日リズムに依存した葉の就眠運動などがある．

　成長に伴う運動の典型的なものは，植物が光に向かってお辞儀をする，いわゆる光屈性現象である（図1.24）．窓辺に置かれた植物はかならず窓の外側に頭を曲げ，外に向かって葉を開く．植物は部屋の中と窓の外のどちらが明るいかを認識して明るい方向に成長する．植物は根から吸い上げた水と葉から取り込んだ大気中の二酸化炭素を原材料に，太陽の光をエネルギー源として光合成を行い，生活に必要な原材料としての糖を合成している．効率的に光合成を行うためには，太陽の光を十分に受ける必要があり，光屈性はそのための運動である．茎が光に向かって伸び，葉が光に向

図1.24　シロイヌナズナの光屈性（筆者撮影）

かって展開するのは，茎の光源側と陰側，葉柄の光源側と陰側それぞれの成長速度（すなわち細胞伸長の大小）に差があるのが原因である．したがって，屈曲は細胞が伸長している（または伸長しうる）若い組織で起こり，すっかり伸びきって木化してしまった固い組織では起こらない．

種子から発芽したての若い植物が光屈性をしている状況を詳しく観察すると，屈曲部分は植物の先端ではなく，少し下がった部分であることがわかる．これは，細胞の増殖と伸長が植物の茎の中で役割分担されていることを意味している．先端部分では細胞分裂によって細胞数が増え，その下の部分で個々の細胞は伸長する．室内の薄暗いところで発芽させたカイワレ大根などの若い芽生えを使って観察してみるとよい．光を横から当てるとどのくらいの速さで曲がるのか，曲がったあとに反対側から光を当てるとどうなるのか．植物の運動の意外な速さがわかるかもしれない．

花が咲くのも成長に伴う運動である．花びら（花弁）の基部の内側と外側の伸長の差が開花をつかさどっている．植物の種類によっては一つの花が昼開いて夜閉じたりする（就眠運動）が，これは光や温度刺激によって花弁の内外の細胞の伸長速度が昼夜で変化するために起こる．チューリップの花も開いたり閉じたりを何日間か繰り返したあと，細胞がこれ以上伸長できなくなると最後は開ききってしまう．伸長に伴って起こる運動には，上記のほかに茎やつるの回旋運動などがある．

茎，葉柄，花弁などが組織の左右，上下，内外の細胞の伸長の差で運動を行っている場合には，細胞の伸長能力がなくなった段階で運動はできなくなる．しかし，特殊な構造によって組織や細胞の令とは関係なく運動をし続けうる場合もある．オジギソウなどマメ科の植物は，葉柄の付け根に葉枕とよばれる特殊な器官があり，接触や光刺激によって葉枕の上側と下側にある細胞内の水を，上側から下側へ，または下側から上側に移動させることによって葉枕内の細胞を膨潤させたり，しなびさせたりして葉を上下動させている（葉枕運動）．水が葉枕の上に移動すれば葉は垂れ下がり，水が下側に移動すれば葉は水平に広がる．この水の移動は非常に速く，オジギソウの葉に接触するとただちに葉はお辞儀をすることからもわかる．同様な器官による運動はカタバミなどにも見られる．

細胞内への水の出入りで起こる運動は，気孔の孔辺細胞にも見られる．気孔はおもに葉の裏の表皮に多く分布しており，葉のガス交換や，水の蒸散にはたらく構造である．左右1対の孔辺細胞の間のすき間を気孔という．葉内への二酸化炭素の取込みと，根から吸収された水のうち，余分な水を蒸散するための重要な孔である．気孔は光合成を盛んに行うときには，原材料の二酸化炭素を十分に取り入れるために大きく開くが，開きっぱなしでは，体内の水を浪費するため，ガス交換が必要なとき以外には閉じている．この気孔の開閉には，孔辺細胞がはたらいている．孔辺細胞が水を吸って膨潤すると気孔は開き，孔辺細胞が水を放出し，しなびてくると気孔は閉まる．気孔の開閉の機構は非常に複雑で，光，温度，水分などの外部環境とアブシジン酸などの植物ホルモンなど，いくつもの制御因子によって制御されている．たとえば，青色光によって水素イオンが孔辺細胞から放出されると，それが引き金になってカリウムイオンが孔辺細胞に取り込まれ，その結果浸透圧の上昇に伴って水が孔辺細胞内に取り込まれ，膨圧が高くなって気孔は開く．

細胞内では細胞が機能を遂行するために必要な核や葉緑体，その他の細胞小器官の運動（移動）が見られる．細胞を顕微鏡で観察すると，小さな粒状のものが列をなし，流れに乗って動いているのがわかる（a. 項図1.25参照）．これは，原形質流動といわれる現象で，原形質糸とよばれるアクチン繊維の束の上をいろいろな細胞小器官が輸送されている．核からの情報の伝達，細胞内の物質移動に役立っていると考えられている．しかし，普通は核や葉緑体はこの流れには乗っていない．

葉緑体は光条件に呼応した独自の運動（移動）（葉緑体運動）を行っている．葉緑体は光合成を効率的に行う必要があるため，光が弱い場合には細胞内のより多くの光を吸収できる位置に移動し，光が強すぎれば光を避けて光線と平行な細胞壁側

に逃避する．葉緑体が強光から逃避できないシロイヌナズナの突然変異体では，葉が強光を受けると葉緑体が崩壊し，細胞が壊れて葉は枯死する．したがって，植物体も生きていけない．このように，葉緑体の逃避運動は植物の生存にとって非常に重要な運動である．多くの場合，アクチン繊維が関与しているが，コケの細胞ではアクチン繊維のみならず微小管も一役を担っている．しかし，葉緑体は細胞内をどちらの方向にも移動可能であり，道筋の決まった原形質糸上を移動しているのではないので，葉緑体独自の移動方式をもっていると考えられる．光が強ければ強いほど葉緑体の逃避する速さは速く，目的論的には非常に合理的に制御された運動である．

細胞内の核の位置も重要である．とくに，先端成長をしているコケ，シダの原糸体細胞，花粉管などでは核は先端部から一定の距離を保ちながら細胞の先端成長に伴って移動している．シダの配偶体の細胞では，核は葉緑体同様，光に依存して細胞内を動くことが知られている．

細胞分裂に先立って，細胞の分裂位置に核が移動する現象もよく知られている．細胞壁で取り囲まれた植物の細胞では，細胞分裂後にその位置関係を変えることができないので，分裂前に細胞が分裂する位置および方向を決めておく必要がある．細胞分裂の最終段階で形成される細胞分裂面は，核分裂直後にフラグモプラストによってまず細胞の中心部に形成され，その後周辺部に向かって拡大し，最終的に親細胞の細胞壁に結合する．この結合部位は，親細胞の細胞壁に沿って，将来新生される細胞版が結合する部位に一時的に形成される微小管の束，前期前微小管束（pre-prophase band：PPB）によって決まるが，分裂前に核はこのPPBによって決められる分裂面に移動する．これらの核の運動は，アクチン繊維や微小管などの細胞骨格系に依存した運動である．

〔和田正三〕

a. 原形質流動

細胞質流動（cytoplasmic streaming）ともいう．狭義には細胞が細胞壁に囲まれている植物や菌類などにおいて見られる細胞小器官の運動を示す．運動の様式や速度は，生物の種類や細胞の種類によって多様である．もっとも速い原形質流動は，シャジクモ類において見られ，速度は毎秒100 μm に達する．一般的には毎秒数 μm のものが多い．

ほとんどの生物において，原形質流動の力発生にはアクチン系細胞骨格が関係している．一部の藻類では微小管が関係しているということが報告されている．

原形質流動の力は，細胞小器官に結合したミオシンがアクチンフィラメントの上を滑ることによって発生する．原形質流動に関係するミオシンは最初テッポウユリ花粉管において同定された．その後，オオシャジクモやタバコにおいても同定された．原形質流動に関与するミオシンはミオシンXIに分類されている．シロイヌナズナでは13種類のミオシンXI遺伝子が同定されている（図1.25）．

多くのミオシンXIの重鎖の分子量は約17万であり，2量体を形成する．N端にはATPを分解してアクチンフィラメントの上を滑る機能があり，分子の頭部を形成している．したがって，1分子のミオシンXIは二つの頭をもっている．

尾部には細胞小器官に結合する機能があると思われる．タバコでは小胞体を運ぶミオシンXIが同定されており，シロイヌナズナではペルオキシソームを運ぶミオシンXIが同定されている．

高等植物のミオシンXIには軽鎖としてカルモジュリンが結合しており，その運動はマイクロモル程度のカルシウムによって阻害される．アクチン結合タンパク質の一種であるビリンはアクチンフィラメントを束化する機能をもつが，カルシウム濃度が高いと束化機能が失われるとともに，アクチンフィラメントを断片化する機能を発揮する．原形質流動がカルシウムによって阻害されるのは，これらの理由によると考えられる．シャジク

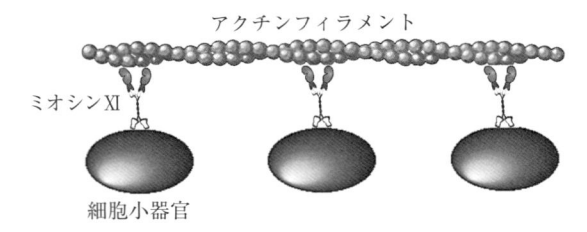

図1.25 原形質流動の分子機構
流動力は細胞小器官に結合したミオシンXIがアクチンフィラメントの上を滑ることによって発生する．ミオシンの重鎖は2量体を形成している．重鎖N端は頭部を形成し，ATPを加水分解してアクチンフィラメントの上を滑る機能をもつ．頭部の近くに軽鎖のカルモジュリンが結合している．ミオシンの運動活性はカルシウムによって阻害される．重鎖C端部は細胞小器官を認識して結合する機能をもつと考えられる．

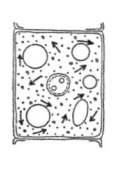

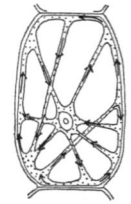

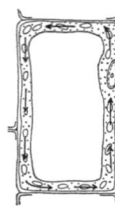

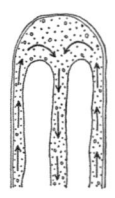

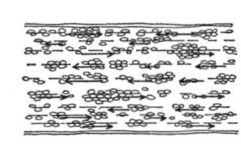

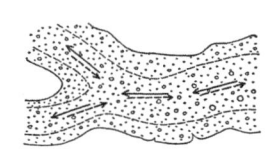

A：乱流動　B：循環型　C：周回型　D：逆噴水型　E：多条型　F：往復型

図1.26　原形質流動の型
A 乱流動：液胞が未発達の若い細胞で見られる．運動方向は不規則であるが，ブラウン運動よりは方向性がある．
B 循環型：液胞が発達した細胞で一般的に見られる．細胞の周辺部および液胞内を貫いた原形質の糸の中で流動が見られる．流路は時間とともに変化することが多い．
C 周回型：シャジクモ類，オオカナダモ，セキショウモなどで見られる．原形質は一定の方向に流れ，流速も安定している．
D 逆噴水型：トチカガミ根毛や花粉管で見られる．原形質は細胞の中央部を基部方向に流れ，周辺部では先端方向に流れる．
E 多条型：カサノリの柄やヒゲカビの胞子嚢柄などで見られる．細胞の長軸方向の軌道があり，軌道ごとに流動方向が決まっている．
F 往復型：真正粘菌の変形体において見られる．流動方向が一定の時間間隔で逆転する．

モ類では，カルシウム依存的にミオシンXIがリン酸化されることにより，その活性が阻害されると考えられている（図1.26）．

真正粘菌の変形体では，毎秒1 mmにも達する原形質流動が観察される．その力発生にはミオシンIIが関係しており，機構としてはアメーバ運動に近いと考えられる．アメーバや動物細胞における細胞小器官の運動も原形質流動とよばれることもある．

〔新免輝男〕

参考文献
Shimmen, T. and Yokota, E. (2004) Cytoplasmic streaming in plants. *Current Opinion Cell Biology* **16**：68-72.

b. 葉緑体運動（葉緑体光定位運動）

植物は光合成によってつくりだした糖をもとに生活に必要な有機物を合成し，それを利用して自活している．したがって，効率よく光合成をすることは植物が生きていくうえでの必須条件である．光合成の効率化には代謝回路の効率化や，材料である二酸化炭素の供給の効率化も重要であるが，光エネルギーをより多く受容する方法もある．たとえば葉の伸展，光屈性もその方策のうちであるが，細胞内の葉緑体の配置が重要な一つの要素である．光が弱いときには，葉緑体は光をより多く吸収するために葉の表面に面した柵状細胞の上面に集合する．この現象を葉緑体の弱光反応（弱光運動）または集合反応（集合運動）とよぶ．一方，葉緑体が損傷を受けるほど光が強い場合には，葉緑体は細胞表面から，光が当たりにくい側壁沿いに移動する．この現象を葉緑体の強光反応（強光運動）または逃避反応（逃避運動）とよぶ．この現象はコケ，シダ，種子植物および緑藻の一部に観察される（図1.27）．逃避運動ができない変異株は，強光下で葉緑体が損傷を受け，細胞自体も壊れて，葉は死滅することがある．

種子植物の葉緑体光定位運動は青色光によって誘導されるが，シダ，コケや一部の藻類では青色光に加えて赤色光も有効である．暗い林床や他の植物の下で生活する隠花植物にとって，赤色光を利用することは可視光のうち広範囲の波長域を利用できることであり，薄暗い環境下での光に対する感度を上げるのに役に立っているものと思われる．光の強弱を感知するためには光受容体が必要であり，シロイヌナズナでは強光反応にはフォトトロピン2が，弱光反応にはフォトトロピン1とフォトトロピン2がともに光受容体として関与している．シダ植物の場合には，青色光域の光受容には，種子植物同様にフォトトロピンが光受容体としてはたらいているが，その他にフィトクロムの色素団結合ドメインとフォトトロピンが融合したネオクロム1が赤色光受容体としてはたらいている．コケ植物のヒメツリガネゴケでは青色光の受容にはフォトトロピンが関与しており，赤色光部分ではフィトクロムが吸収した光情報はフォトトロピンを経由してはたらいているものと思われる．緑藻類のヒザオリは，細胞が糸状に1列につながって並んだ形をしており，各細胞内には1枚の大きくて扁平な葉緑体が存在する．この葉緑体運動はフィトクロム依存であり，赤色光によって板状の巨大葉緑体はその表面を光源に向け，遠赤色光では葉緑体の側面が光源に向くように回転する．この現象は，ドイツのハウプト教授によって詳細に研究された．光受容体と考えられるネオクロムはフィトクロムとフォトトロピンの融合したシダのネオクロム1と類似の構造をしており，植物の進化の過程で同じ構造の光受容体が偶然二度つくられたと考えられている．

葉緑体は夜になると細胞の表面から離れ，植物の種類，組織などに依存した特別な配置をとる．しかし，その意味はわかっていない．

〔和田正三〕

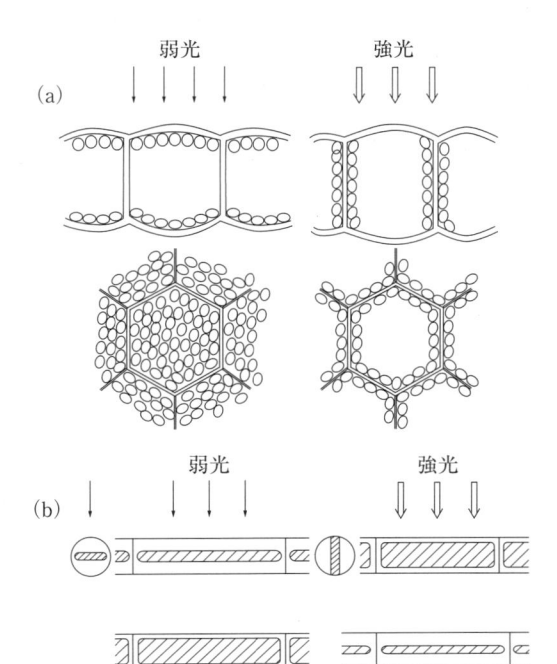

図1.27 シダ前葉体（a）とヒザオリ（b）の葉緑体運動　葉緑体は弱光下では，光を受容できるように，強光下では光から逃避するように配置を変える．それぞれ上が側面図で下が上面図．

c. 回旋運動

　高等植物の茎などの器官は，植物種，成育条件の違いによって程度の差はあるが，真っすぐに成長するのではなく，先端の方向を変えながら成長している．この運動は，器官の成長が伸長軸のまわりで不均等になることによって生じる．先端の方向が円や楕円を描くように，比較的規則的に動いているとき，その運動を回旋運動とよぶ．

　典型的な回旋運動は，アサガオ，フジなど，つる性の植物の茎で観察される．つる性植物の回旋運動は，植物が支柱を見つけ，それに巻きつくのに役立っているといえる．多くの植物の幼根で観測されているように，根はその先端部で規則正しい回旋運動をしている．根先端の回旋運動は，根が土の中を伸びていくのに役立っていると考えられる．地上部における回旋運動は，つる性植物に限らず，多くの植物で観察される．たとえば，ヒマワリの胚軸，アズキの上胚軸，イネの幼葉鞘などはきわめて規則的な回旋運動をしている（図1.28）．これらの回旋運動がどのような役割をしているかは，いまだに謎である．

　もっとも典型的な回旋運動の周期（1回転に要する時間）は2～3時間である．回転の方向は植物種によって決まっているもの（アサガオなど），どちらの方向でも起こるもの（ヒマワリ胚軸，イネ幼葉鞘など）がある．ヒマワリ胚軸はその成長過程で何回も方向を変えながら回旋運動をしている．イネは最初に定められた方向で回旋運動を維持する．しかし，横に傾けて重力屈性を誘導することによって，回転方向を変えさせることもできる．

　北半球と南半球で回転方向が異なるかなどは，しばしば問われる問題であるが，これまでその違いが明らかにされた例はない．また，回旋運動は光など，生育環境の影響を受ける．一般に，茎など地上部の回旋運動は光が当たった状態で観察されるが，ヒマワリ胚軸とイネ幼葉鞘の回旋運動は暗所で育てた芽ばえで顕著である．イネ幼葉鞘では，光が少しでも当たると回旋運動を停止する．

　回旋運動は，種の起源で知られるダーウィン（C. Darwin）が1880年の著書「The power of movement in plants（植物の運動力）」で植物に一般的な現象であることを報告してから，植物学者の興味を引くことになった．ダーウィン自身は，回旋運動は植物の運動の基礎になっていて，外的刺激を受けてそれが重力屈性，光屈性，就眠運動などに変化すると考えた．この仮説は，現在まで支持されることはなかったが，植物の運動にスポットライトを当てたダーウィンの功績は大きい．

　20世紀における回旋運動の研究は，ヒマワリ胚軸を主要な材料にして進められた．それらの研究でもっとも注目されたのは，回旋運動は重力屈性

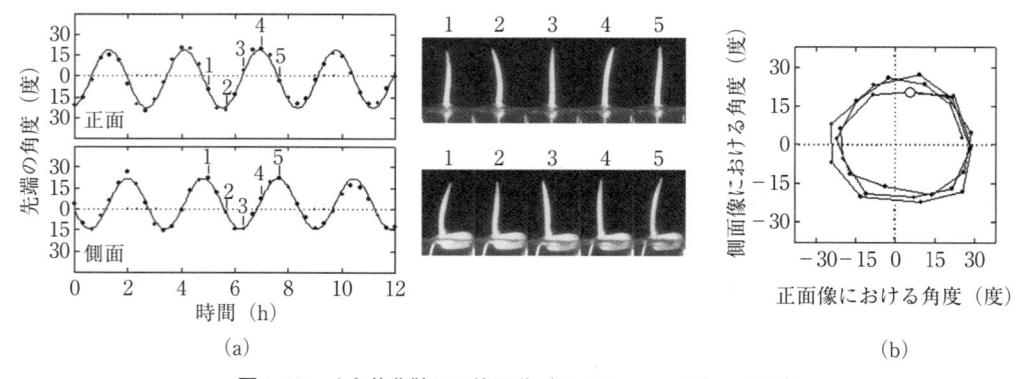

図1.28 イネ幼葉鞘の回旋運動（Yoshihara and Iino, 2005）
(a) 芽ばえの正面と側面から見た幼葉鞘の先端部が垂線となす角度を経時的に測定．右の写真は，番号で示した代表的な時点における幼葉鞘を示す．
(b) 正面像と側面像における角度変化から求めた回旋運動の軌跡．

から生じるという仮説であった．近年行われた宇宙実験で回旋運動は微小重力下でも観測されたことから，回旋運動は基本的には重力屈性とは異なると考えられた．しかし，より最近の研究で，重力屈性が異常なシロイヌナズナやイネの突然変異体では回旋運動も異常であることなどから，両者に強い関係があることも明確になってきた（Yoshihara and Iino, 2007）．回旋運動は重力屈性とは異なるが，その維持に重力刺激が必要で，両運動は重力受容のメカニズムを共有していると考えるのが妥当であろう． 〔飯野盛利〕

参考文献

Darwin, Charles（1880）*The Power of movement in plants*（渡辺仁訳（1987）：ダーウィン 植物の運動力，森北出版）

Yoshihara, T. and Iino, M.（2005）Circumnutation of rice coleoptiles : its occurrence, regulation by phytochrome, and relationship with gravitropism. *Plant Cell Environ.* **28**, 134-146.

Yoshihara, T. and Iino, M.（2007）Identification of the gravitropism-related rice gene *LAZY1* and elucidation of *LAZY1*-dependent and -independent gravity signaling pathways. *Plant Cell Physiol.* **48**, 678-688.

d. 就眠運動

　種子植物には葉を昼に開いて夜に閉じるもの，また，花を昼に開いて夜に閉じるものがある．このような開閉運動を就眠運動とよんでいる．葉の就眠運動は，インゲンマメ，シロツメクサなど，多くのマメ科植物が行っている．また，カタバミ，オサバフウロなど，カタバミ科の植物にも葉の就眠運動をするものが多い．これらの植物以外でも，オオアマナ，カラムシ，シロザ，ナス，ニチニチソウ，ヨモギなど多くの植物で観察される．葉を閉じるとき，下に閉じる植物（インゲンマメ，カタバミ，カラムシなど）と上に閉じる植物（シロツメクサ，ヨモギなど）がある．花の就眠運動は，多くのスイレン科の植物，タンポポ，チューリップ，また，イネ科の *Cryptochloa unispiculata* などで観察される．スイレン科の植物には，花を昼に閉じて，夜に開くものもある．就眠運動では，葉や花が形態的に決まった方向に屈曲する．運動の方向が刺激の方向によって決まる屈性とは区別して，このタイプの運動は傾性とよばれる．

　就眠運動は植物にとってどのような意味があるのか．じつは，この問いに対する明確な答えは得られていない．葉の就眠運動には，放射熱が外に逃げ難くして，植物の保温に役立っているという考え（ダーウィン（Darwin）の仮説），また，月の光を受け難くして，光周性による開花調節が乱れるのを防いでいるという考え（ビュニング（Bünning）の仮説）がある．花の就眠運動には，雌しべと雄しべを夜間に保護したり，保温したりする役割が考えられる．夜に花を開く植物もあることから，送粉者を選択し，それによって送粉の効率を高めている可能性もある．植物の就眠運動がもつはたらきにはまだ隠された秘密があるかもしれない．

　マメ科とカタバミ科の植物に見られる葉の就眠運動は，葉枕とよばれる，葉柄の一部が特殊化した部分の屈曲によって起こる．葉枕を構成するおもな細胞（柔細胞）は伸縮性に富む細胞壁をもち，膨圧が変化することによって，その体積を大きく

変化させることができる．就眠運動で葉が上に曲がるのは，葉枕の上側の細胞が膨圧を下げて縮み，下側の細胞が膨圧を上げて膨らむことによる．葉が下に曲がるのは，逆の反応が起こることによる．膨圧の調節によって細胞の体積が可逆的に変化して起こる運動は膨圧運動ともよばれ，それには細胞膜に存在するプロトンポンプやイオンチャンネルが重要なはたらきをしている．葉枕をもたない植物の就眠運動は，葉柄の成長（構成する細胞の不可逆的な体積増加）がその上側と下側の間で不均等になることによって起こる．花の就眠運動も，花弁の内側と外側の細胞の成長差に基づく．葉枕で起こる就眠運動は，葉が成長しきっても継続するが，不均等な成長による就眠運動は，葉柄や花弁が成長の終盤を迎えると，ほとんど見られなくなる．

　葉の就眠運動には，葉柄の不均等な成長によるものと葉枕の膨圧運動によるものがあるが，両者が根本的に異なる機構に基づくとは限らない．葉枕で就眠運動をするマメ科の植物でも，葉柄が成長している若い段階では，葉枕の屈曲に加えて，葉柄の屈曲も観察される．葉柄の成長による就眠運動と葉枕の膨圧運動による就眠運動は，最終的な反応は異なるが，それに至るまでの機構は共通しているかもしれない．また，葉枕の膨圧による就眠運動の進化的起源は，もっと一般的な葉柄の成長による就眠運動にあるとも考えられる．

　インゲンマメなどのマメ科植物を用いた研究によって，葉の就眠運動は概日時計によって制御されていること，また，その時計を外界の日周期に同調させるのにフィトクロムや青色光受容体が関与していることなどが明らかにされてきた．インゲンマメの就眠運動は，生物界に普遍的な概日時計の存在が最初に証明された現象で，その研究は歴史的にも大きな意義をもつ．花の就眠運動への概日時計の関与はまだよく研究されていない．チューリップなどは昼夜の温度変化に直接応答して花を開閉することが示されている．　〔飯野盛利〕

e. 気孔開口

　気孔は植物の葉，茎，花弁，果実など多くの表皮組織に存在する微小な器官で，1対の孔辺細胞，植物の種類によっては孔辺細胞に隣接する副細胞とからなり，全体を含めて気孔装置ということもある．植物は環境に応じてこの気孔の開・閉を行うことにより，植物と大気間のガス交換の調節を行い，光合成や葉温の調節に役立っている．

　気孔の開・閉は孔辺細胞のはたらきによるが，気孔開口は光，カビ毒フジコッキン，二酸化炭素濃度の低い空気などにより引き起こされる．光による気孔開口には，赤色光と青色光が有効である．赤色光による開口には強い光が必要で，葉肉細胞の光合成によって細胞間隙の CO_2 濃度（C_i）が低下することがおもな原因と考えられている．C_i の低下によって，気孔閉鎖の駆動力をもたらす陰イオンチャネル（S-型陰イオンチャネル）が不活性化され，気孔開口を誘発すると考えられる．葉緑体に吸収される青色光も同様の作用を及ぼす．

　上記とは別に，光合成を介さない青色光に特異的な気孔開口があり，青色光受容体フォトトロピン（phototropin）がはたらく．フォトトロピン（二つのタイプ phot 1 と phot 2）に吸収された青色光は，未知の情報伝達系を介して細胞膜 H^+-ATPase に至り，リン酸化とそれに引き続く 14-3-3 タンパク質の結合によってこの酵素を活性化する．活性化された細胞膜 H^+-ATPase は細胞外へ H^+ をくみ出し，細胞膜を横切る内側にマイナ

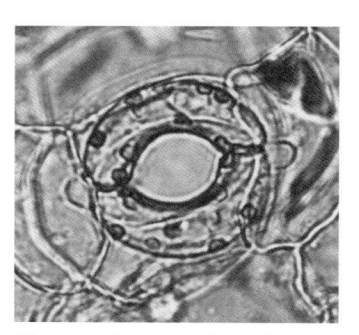

図 1.29　開いている気孔（口絵 6）

スのより大きな膜電位を形成させる．この膜電位に応答して，同じ膜上の電位依存性のK^+チャネル（内向き整流性）が開き，濃度勾配に逆らってK^+の取り込み，蓄積が起きる．K^+の陽電荷はおもにリンゴ酸の生成によって中和され，電気的中性が保たれる．K^+塩の蓄積によって水ポテンシャルが低下し，それに伴い，外から水が流入し，膨圧増大によって孔辺細胞の体積が増加し，気孔が開口する．ソラマメなどの腎臓型の孔辺細胞では，気孔隙（孔の部分）に面する厚く固い細胞壁と外側の薄く柔らかい細胞壁，孔辺細胞の長軸に直角に形成されたセルロース・ミクロフィブリルのはたらきによって，体積増大に伴い孔辺細胞が外側へわん曲し，両側に引っ張られた気孔隙が増大する．トウモロコシなどの亜鈴型の孔辺細胞では，セルロース・ミクロフィブリルが長軸と平行して形成され，対をなす孔辺細胞の体積増大によってたがいに反発し，細胞の間のスリット上の気孔（隙）が開く．孔辺細胞の体積増大に伴って，閉鎖時には陥入していた細胞膜が伸展し膜面積増大を可能にすること，同時に細胞内の液胞が大型化することが知られるようになった．フジコッキンはアンズ葉などに付着して，しおれの原因になることが知られている．細胞膜H^+-ATPase をリン酸化することで不可逆的に活性化し，気孔を開かせるのがそのメカニズムである． 〔島崎研一郎〕

f．葉枕運動

葉枕（pulvinus）はマメ科，カタバミ科，ヤマノイモ科，クズウコン科の葉の運動にかかわる組織である．葉柄，小葉柄，葉身の基部にあり，葉枕が屈曲することによって葉身の上下運動が起こる．葉枕の屈曲は，葉枕の向軸側と背軸側の柔細胞（運動細胞）の膨圧（体積）の変化による組織内の力のバランスがかわった結果として起こる（Mayer & Hampp 1995 の総説参照）．たとえば，背軸側の運動細胞の膨圧だけが減少すれば，葉枕は背軸側に屈曲し，それにつれて葉身も同じように背軸側に屈曲，すなわち下降する．

葉枕運動には自律的な運動と，環境からの刺激（光，機械的刺激など）によって誘導される運動に分けられる．自律的な運動は周期性を示し，概日周期を示す運動は概日時計によって制御されている．ネムノキなどの葉が夜閉じ，昼間開く運動は就眠運動とよばれている（1.4d 項参照）．また，概日周期より短い周期の葉の自律的運動もある．マイハギ（舞萩）の側小葉は数分周期で旋回運動を示す．環境からの刺激によって誘導される運動は，刺激の方向と運動方向とに一定の関係がある屈性運動（光屈性反応など）と，解剖学的に運動方向が決まっている傾性運動（振動傾性など）に分けられる．

葉の上下運動における運動細胞の膨圧の変化は，プレッシャープローブ法（細胞内に微小ガラス細管を挿入し，圧力変換器を通して膨圧を直接測定する方法）によってインゲンマメで測定された（Irving et al., 1997）．それによると葉枕の向軸側と背軸側の運動細胞の膨圧が約 1 気圧から約 6 気圧の間を，運動に伴ってそれぞれ逆方向に増減していた．膨圧の増加の原因はつぎのように説明される．まず，細胞膜外空間を占めるアポプラストから溶質（イオン）が細胞内に取り込まれる．その結果，細胞膜内外の水ポテンシャル差（水移動の原動力）が生じ，それに従って水がアポプラストから細胞内へ拡散する．そのため，細胞体積が増大し，膨圧が増加する．

膨圧が減少する反応は，速い運動（秒単位）とゆっくりとした運動（分単位）では異なる機構が考えられている．オジギソウの葉枕の機械的刺激などによって誘導される速い傾性運動は，背軸側へ数秒内に起こる．その機構は，つぎのように考えられている．刺激によって，背軸側の運動細胞に活動電位（刺激量に関係なく一過的に発生する一定の膜電位変化）が発生して膜が脱分極し，イオンとともに水が流出するので膨圧が減少する（柴岡，1981；Sibaoka, 1991）．その膨圧減少の機構に細胞骨格の一種であるアクチンの関与が示唆されている（神沢・土屋，2003）．

一方，光屈性運動を示すインゲンマメの葉枕では，たとえば葉枕を片側から青色光を照射すると照射側の運動細胞の膨圧が分単位で減少し，葉枕（葉身）は照射側に屈曲する．その膨圧減少の原因は，光照射に伴って分単位で細胞膜電位が脱分極するとともに，細胞からイオンがアポプラストに放出される結果である．結果として生ずる水ポテンシャル差に従って水がアポプラストへ拡散して膨圧が減少する．アメリカネム（マメ科）の葉枕の運動細胞の細胞膜には，青色光によって活性化されるK^+流出に寄与するK^+チャネルが存在することが報告されている（Suh et al., 2000）．インゲンマメの運動細胞の膨圧が変化する際，細胞の浸透ポテンシャルはほとんど変化しない（Irving et al., 1997）．この結果から，アーヴィングらは，アポプラストの浸透ポテンシャルの変化が水ポテンシャル差変化の原因だと結論している．

〔岡﨑芳次〕

参考文献

Irving, M. S. et al. (1997) Phototropic response of the bean pulvinus：movement of water and ions. *Botanica Acta* **110**：118-126.

神沢信行，土屋隆英（2003）：植物運動とそれを担うタンパク質—オジギソウの屈曲運動を中心として—，*J. Mass Spectrom. Soc. Jpn.* **51**：85-90.

Mayer, W.-E. and Hampp, R. (1995) Movement of pulvinated leaves. *Progress in Botany* **56**：236-262.

柴岡孝夫（1981）：動く植物，東京大学出版会．

Sibaoka, T. (1991) Rapid plant movement triggered by action potentials. *Bot. Mag. Tokyo* **104**：73-95.

Suh, S. et al. (2000) Blue light activates potassium-efflux channels in flexor cells from *Samanea saman* motor organs via two mechanisms. *Plant Physiology* **123**：833-843.

g. 細胞骨格

　一見動いていないように見える植物も，細胞の中身は活発に動いている．動物では筋肉の運動などにはたらくアクチン繊維は，植物の細胞内の運動にもかかわっている．原形質流動はアクチン繊維の上を細胞内小器官が動くことにより起こる．葉緑体の定位運動も，アクチン繊維のはたらきによると考えられている．コケ（セン類）においては，葉緑体の運動にはアクチン繊維だけでなく，もう一つの細胞骨格である微小管もはたらくことがわかっている．

　細胞内には，ATPのエネルギーを運動に変換するモータータンパク質とよばれる一群のタンパク質が存在する．ミオシンはアクチン繊維の上を動くモータータンパク質である．原形質流動が起こるときの細胞内小器官の動きは，細胞内小器官の表面に結合したミオシンがアクチン繊維の上を動くことにより起こる．一方，キネシンは微小管の上を動くモータータンパク質で，シロイヌナズナのゲノム中には約60個のキネシン遺伝子が存在している．これらのキネシン遺伝子はたがいに違ったものを運ぶように，細胞内で役割分担していると想像される．なぜこんなに多数のキネシンが必要なのか，今後の研究で明らかになってくるに違いない．

　器官レベルの運動に目を向けてみよう．植物の運動は細胞の成長による運動（成長運動）と細胞の膨圧変化による運動（膨圧運動）に分けられる．細胞の成長において，細胞が細長く伸びるのは細胞壁中のセルロース微繊維が規則正しく並んでいるためである．セルロース微繊維の並びは細胞内の微小管により制御される．微小管は細胞を細長く伸ばすことにより成長運動の原動力になっている．

　微小管は運動の方向を決めるのにもはたらいているかもしれない．つる性の植物で茎が右巻き，左巻きにねじれるのはふつうに見られる現象である．奈良先端大の橋本らのグループは，微小管を構成するタンパク質の突然変異が茎や根のねじれを引き起こすことを発見した（Thitamadee et al., 2002）．自然界で見られる茎のねじれが微小管のはたらきによるものかどうか，今後の証明が待たれる．

　膨圧運動である気孔の開口や葉枕の運動にも細胞骨格がかかわっている可能性が指摘されている．東大の近藤らのグループは，ソラマメ気孔の微小管の配列の日周変化を調べたところ，気孔の開閉に伴って，孔辺細胞の微小管は構築，崩壊を繰り返すことを見つけた．さらに，微小管を破壊する薬剤を加えると気孔の開口が抑えられることから（Fukuda et al., 1998），気孔の開口には従来考えられていた膨圧の変化に加え，微小管を介した細胞壁合成の変化が必要であるらしい．葉枕の運動においては，上智大学の土屋らのグループがオジギソウの屈曲にアクチンが関与していることを提唱している．彼らは，オジギソウが屈曲するときにアクチンのリン酸化が起こることを見出した（Kameyama et al., 2000）．さらに，彼らは，屈曲に伴ってアクチン繊維の束と微小管の崩壊が起こることを報告している（Kanzawa et al., 2006）．アクチンや微小管が葉枕の屈曲にどのようにかかわっているのかは不明だが，細胞骨格は未だにわかっていないさまざまなところで植物の運動にはたらく可能性がある．
〔村田　隆〕

参考文献

Fukuda, M., Hasezawa, S., Asai, N., Nakajima, N. and Kondo, N. (1998) Dynamic organization of microtubules in guard cells of *Vicia faba* L. with diurnal cycle. *Plant Cell Physiol.* **39**：80–86.

Kameyama, K., Kishi, Y., Yoshimura, M., Kanzawa, N., Sameshima, M. and Tsuchiya, T. (2000) Tyrosine phosphorylation in plant bending. *Nature* **407**：37.

Kanzawa, N., Hoshino, Y., Chiba, M., Hoshino, D., Kobayashi, H., Kamasawa, N., Kishi, Y., Osumi, M., Sameshima, M. and Tsuchiya, T. (2006) Change in the actin cytoskeleton during seismonastic movement of *Mimosa pudica*. *Plant Cell Physiol.* **47**：531–539.

Thitamadee, S., Tuchihara, K. and Hashimoto, T. (2002) Microtubule basis for left-handed helical growth in *Arabidopsis*. *Nature* **417**：193–196.

1.5 調節機構

　植物の発芽, 茎葉部の成長, 花芽形成, 開花, 結実の生活環においてさまざまな調節機構がはたらき, 植物は環境に応答して分化と成長を調節し, 最終的に子孫を増やしていく. この分化と成長の過程で低分子の情報物質 (ホルモン, 生理活性物質, 低分子RNA, 未知情報物質など) を介して調節が行われる場合と, これら低分子物質を介さないで, 環境変化に応答して遺伝子の発現を制御して分化, 成長を制御する場合がある. これらの調節機構は相互に密接に関連しているので, 一つの生理現象でも状況に応じて複数の調節機構が使われている. 本節では, 低分子情報物質として今までホルモンとよばれているオーキシン, アブシジン酸, エチレン, ジベレリン, ブラシノステロイド, サイトカイニン, ジャスモン酸, サリチル酸を取り上げる. これらホルモンの受容体は, 1990年代にエチレンの受容体がシロイヌナズナから単離されて以来, 突然変異体の解析から多くのホルモンの受容体またはその受容機構が明らかにされつつある. ホルモン以外に植物や微生物, 昆虫などに対して低濃度で活性を示す物質は生理活性物質とよばれている. 植物に内生のペプチド性の生理活性物質としてシステミン, ファイトスルホカイン, CLEペプチド, 自家不和合に関与する物質が構造決定されている. これらの生理活性物質の中でホルモンの定義に一致するものは, 将来ホルモンとして取り扱われると考えられる. 花芽形成に関与するポリペプチドやポリヌクレオチドも植物体内を移動する新規の生理活性物質として注目をあびている. 一方, 植物の異種間や微生物, 昆虫との間ではたらく生育阻害物質, 抗菌物質, 胞子発芽誘導, 昆虫誘因物質などはホルモンとはよばれないが, これらの生理活性物質も植物の分化や環境の変化に応じて生産が調節されている. 最近では, t-RNA (60〜80塩基) より小さい低分子RNA (21〜26塩基) が遺伝子の発現を抑制して, 植物の器官形成などの局面で調節物質としてはたらいていることが明らかになってきた. これらの低分子RNAは特異的な遺伝子の発現を抑制するが, その詳細な機構の解明は今後の研究がまたれる.

　これらの低分子情報物質以外に植物は光, 温度, 水, 日長, 重力などの外因性の因子によって分化と成長調節を受ける. 植物の光受容体でもっとも研究されているフィトクロムは, 1950年代にレタスの光発芽研究で赤色光により励起され, 遠赤外光で不活化されるタンパクとして発見された. フィトクロムは赤色光を受容するヘム色素とタンパクから構成されていて, その結晶構造が最近X線結晶解析で明らかにされた. フィトクロムはいくつかの分子種からなり, 光に不安定なphyAと光に安定なphyBなどがあり, 光形態形成, 発芽制御などさまざまな生理現象に関与している. たとえばシロイヌナズナでは, フィトクロムはこれと関与するPIL5タンパク質を介して, 発芽に促進的にはたらくジベレリンの生合成酵素と受容にかかわるタンパク質のプロモーター領域に直接結合して発芽を調節していることが明らかになった. 光に向かって植物が成長する光屈性は青色光によって誘導され, その光受容体はフラビン色素をもつフォトトロピンである. 光屈性にはオーキシンが関与していることが古くから知られているが, 青色光シグナルがどのようにオーキシンを介して偏差成長を引き起こすかが, 最近少し

ずつ明らかになってきた．フォトトロピンは光屈性だけではなく，葉緑体の運動や気孔の開口にも関与している．これ以外に，青色光受容体としてクリプトクロムがある．

　植物は乾燥により水ストレスがかかると，急激にアブシジン酸の生合成と情報伝達を制御して気孔を閉鎖する．水不足は植物の死活にかかわるので，アブシジン酸を介した水ストレスは，環境の因子としては優先される．

　乾燥により発現が誘導される遺伝子は，モデル植物のシロイヌナズナを用いて詳しく研究されている．マイクロアレイを用いて乾燥によって誘導される遺伝子群の発現量を網羅的に調べると，アブシジン酸を介する遺伝子群とアブシジン酸を介さない遺伝子群に分けられる．乾燥により誘導される転写因子を過剰発現させた形質転換植物は乾燥耐性を示す場合があり，今後はこれらの遺伝子発現を調節することにより，乾燥耐性の作物を人為的に創出することも可能となるかもしれない．水分と同様に温度は植物の生育に重要であり，どの植物も固有の至適生育温度がある．乾燥，塩，低温，高温などの植物に対する環境ストレスに対して，通常は個別の成長調節が行われるが，異なるストレスによっても同じ遺伝子群が誘導されて耐性を示す場合も見られる．適度な低温は植物が季節の変化を認識するうえで重要であるが，極端な低温や高温は植物の生育には不都合である．周囲の温度環境は，細胞内のさまざまな生化学反応に影響を与える．

　低温では植物は生育を止め，過酷な条件でも生き残れる種子などの形で生命を維持している．シロイヌナズナは急激な低温に会うと枯死するが，ある程度低温に慣れてから氷点下の温度になっても枯死しない．これらは低温馴化とよばれ，特定の遺伝子が低温によって誘導され，耐凍性が増すことが知られている．種子の中には秋にまいても休眠が深くて発芽しないものがあるが，これらの種子を冷蔵庫などに保管して一定期間低温で処理すると発芽できるようになる．これは，秋と春とは日長と温度が似ていて種子が誤って発芽して，凍死することを防ぐ制御機構で，低温が重要な制御因子になっている．また，植物が生育に望ましくない高温にさらされると熱ショックタンパク質が生産される．温度の変化を受けて，植物は生体膜を構成する脂肪酸の不飽和度を高温で低くするなどして対応する．シロイヌナズナ，ホウレンソウ，レタスなどは高温で種子の発芽が阻害されることが知られている．これは，種子の休眠にかかわるアブシジン酸の情報伝達にかかわる因子が高温で制御されているためと考えられている．

　植物の成長と分化の制御に重要なものとして，概日リズムと光周性がある．植物は昼間に光合成を行ってエネルギーを蓄積し，夜は代謝や成長にエネルギーを消費する．成長の早いモウソウチクでは日中より夜間に生育が旺盛で，記録によると一晩で約1 m節間が伸長する．概日リズムは葉，気孔の開閉，光合成活性などさまざまな運動や反応を調節する．植物の花芽誘導は日長によって制御されていて，これらは光周性とよばれている．光周性はかならずしも昼の長さだけではなく，持続する夜の長さによって制御されている．光周性は光量ではなく，日長に依存する．この花芽形成を誘導する日長を限界日長とよび，この日長の前後で反応が大きく変化する．たとえば，アサガオやキクの花芽は夏から秋にかけて夜が長くなる短日条件で誘導される．この暗期を電球の弱い光で短くしてやると，花芽形成が阻害される．また，長時間光を与えなくても暗期の途中に短い時間の光を与えて暗期を中断すると，花芽ができなくなる．この応用例が電照菊で，農家は日長時間を調節することにより，1年中菊の花を得ることができるようになった．

　コンピュータの中心部分にはかならず正確な時計があり，その時計の発振によりすべてのプログラムが制御されている．それと同様に，生物にも概日リズムをつくり出す振動発生機構がある．この生物時計の細胞内での発振機構は長い間不明であったが，シロイヌナズナの全ゲノムが明らかにされ，植物にもショウジョウバエや哺乳類で明らかにされた時計遺伝子の同族体であるCCA1，TOC1などの遺伝子が単離され，その機能や機構が研究されている．最近，シアノバクテリアの*kai*

遺伝子の研究から，時計の心臓部分であるリン酸化反応に関して新しい知見が得られてきた．

このように，植物は多様な調節機構を利用して生命を維持し，困難な環境でも子孫を残して種族の繁栄をもたらしてきた．動物では寿命の長いゾウガメでも150年ほどであるが，植物は動物とは比較にならないほど長い寿命をもつものがあり，樹木がその例である．樹齢7200年といわれる縄文杉をもつ屋久島では，樹齢1000年以上のものを屋久杉とよぶそうである．また，1000年近く休眠していて発芽した大賀ハスを思うと，植物の分化と成長調節を詳細に研究することから，今までわからなかった寿命や生命の調節機構が将来理解できると思われる．　　　　　　　　　〔神谷勇治〕

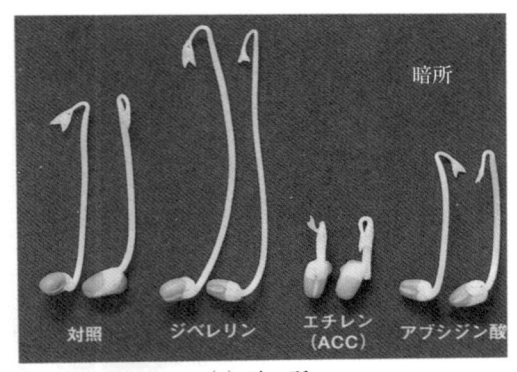

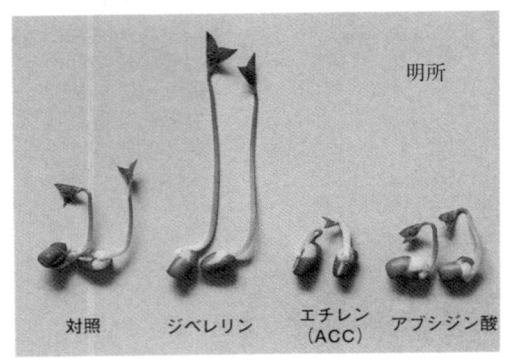

図1.30 植物ホルモンの芽生えに対する効果

a. 内因ホルモン

ホルモンという言葉は動物で初めに用いられたが，分泌器官の明確でない植物においてはホルモンの定義は動物とは異なり，「植物自身がつくり出し，微量で作用する生理活性物質・情報伝達物質で，植物に普遍的に存在し，その物質の化学的本体と生理作用が明らかにされたもの」といえる．この定義に合うものとしてオーキシン，ジベレリン，サイトカイニン，アブシジン酸，エチレン，ブラシノステロイド，ジャスモン酸がある（図1.30）．これにサリチル酸，ポリアミンなどが加えられる場合もある．最近では，ペプチド性の植物ホルモンや，上記以外の新しい植物ホルモンの存在も示唆されている．

一般的に，植物ホルモンという言葉は低分子物質に用いられ，タンパク，核酸，多糖のような高分子化合物で生理活性を示しても，通常はホルモンとはよばない．植物ホルモンは1種類のホルモンが植物の器官に特異的に作用したり，分化の程度に応じてさまざまな生理作用を示す点が動物ホルモンとは異なる．内生量は微量のために，植物体から有機溶媒で抽出後，高速液体クロマトグラフィーなどで精製し，質量分析装置などで同定，定量する．図1.31にその化学構造を示す．

1) オーキシン（IAA）

オーキシンはギリシャ語の「成長する」という意味からとられ，植物で発見された最初のホルモンとして単離された．通常，インドール酢酸（IAA）を指す．オーキシンは発芽から成長，花芽形成，開花，果実の結実，単為結実，胚形成，器官脱離，カルスから根の誘導などの発生と分化をつかさどる内生の情報物質として作用するばかりでなく，光や重力のような環境刺激に対する応答因子として，屈性，頂芽優性にはたらく．オーキシンの輸送にかかわるタンパク質流入担体と流出担体に分けられる．

1.5 調節機構

図 1.31 植物ホルモンの化学構造

2) エチレン

気体の植物ホルモンでその生理作用は細胞の肥大,果実の成熟,老化,発芽の促進,器官脱離,根毛形成,上偏成長,傷害や病原体に対する防御などが知られている.エチレンはメチオニンからアミノシクロプロパンカルボン酸を経て生合成される.エチレン受容体は二成分制御系のヒスチジンキナーゼとよばれる膜タンパク質で,その下流にある Raf ファミリーキナーゼを介する情報経路を阻害することによりエチレンの情報を伝えている.

3) ジベレリン (GA)

イネ馬鹿苗病菌 (*Gibberella fujikuroi*) が生産する徒長を誘導する毒素として発見された.その後,植物内生のホルモンとして単離された.ジベレリンはレタス,シロイヌナズナなどの光発芽種子の発芽誘導,イネ,オオムギ種子の糊粉層の α-アミラーゼの誘導,茎葉部の伸長と抽苔の促進,花の分化,雄性促進,種子の成熟促進作用を示す.

生合成の欠損した突然変異体(図 1.32)は節間が短く,葉は野生種に比べ濃い緑色になり,雄性不稔を示すものが多い.多くの植物で生合成酵素遺伝子が明らかにされている.GA_1,GA_3,GA_4,GA_7 は生理活性型が高い.ジベレリンの情報伝達に関与する *GAI/RGA* は「緑の革命」に寄与した矮性遺伝子として有名である.

図 1.32 シロイヌナズナの矮性ジベレリン欠損突然変異体

4) アブシジン酸（ABA）

未熟綿花の落葉促進物質として単離構造決定された．種子休眠の促進，発芽の阻害，気孔の閉鎖，乾燥・低温などのストレス耐性，種子の登熟，器官脱離の生理作用を示す．C_{40} のエポキシカロテノイドの酸化的開裂によって生合成される．カロテノイド欠損突然変異体やカロテノイド生合成阻害剤を処理した植物は ABA 欠損となる．

ABA は乾燥ストレスを受けた植物体や登熟種子で蓄積しており，逆に植物体の吸水や種子発芽により速やかに減少する．ABA が欠損すると種子の穂発芽が起こり，逆に過剰に蓄積する突然変異体では休眠が深くなる．ABA の作用機構は気孔閉鎖の系でよく調べられている．

5) サイトカイニン

カルスの葉と芽の形成誘導，腋芽の活性化，老化阻害，栄養の転流調節，細胞周期の調節，着果促進，果実の肥大促進などの生理作用を示す．アデニンの6位の窒素原子にイソペンテニル基をもち，側鎖のメチル基のトランスに水酸化されたゼアチンがもっとも活性が強い．このイソペンテニル基は，非メバロン酸経路で生合成される．9位の窒素にリボースが結合したもの，さらにそれがリン酸化されたものも存在する．サイトカイニンは分裂組織，未熟種子，形成途上の維管束系で濃度が高い．

6) ブラシノステロイド（BR）

アブラナ科の花粉からステロイド骨格をもつ生理活性物質として単離され，光形態形成に関与することから植物ホルモンとして認められた．生理作用として細胞伸長，細胞分裂，屈曲促進，ソース／シンク相互関係，木部分化，プロトンポンプの活性化，エチレン合成促進，老化促進，抗ストレス作用などがある．

欠損突然変異体は，葉柄も葉身も成長が抑制されて太くなる．シロイヌナズナでは強い矮性になり，暗やみでも徒長しない．トマトでは葉がちりめん状にちじれる．イネの葉身と葉鞘の間の関節部位のラミナジョイントは，ブラシノステロイドに特異的に反応して屈曲を引き起こす．

7) ジャスモン酸

メチルエステルはジャスミンの香気成分として，遊離の酸は植物病原菌の生産する植物成長阻害物質として単離された．その後，植物内生の生長抑制ホルモンとして同定された．ジャスモン酸は傷害応答，クロロフィルの分解，老化，塊茎形成，エチレン生合成，離層形成の促進，腋芽，胚形成，葯の形成，花粉の発芽，種子の発芽阻害などの多様な生理作用を示す．発芽初期の幼植物の分裂が盛んな部分や花芽での濃度が高い．リノレン酸から生合成される．五員環ケトンをもつ不飽和脂肪酸でシス型（＋）-7-イソジャスモン酸とトランス型（−）-ジャスモン酸がある．一般的にシス型は活性が高いが不安定である．哺乳動物のプロスタグランジンと類似の化学構造をもつ．

8) サリチル酸

古くはヤナギから解熱，鎮痛剤として単離され，アセチルサリチル酸は現在でも広く用いられている．植物がカビ，細菌，ウィルスの攻撃を受けた場合にサリチル酸の内生量が増加する．サリチル酸は抗菌活性をもつばかりでなく，過敏感反応と全身獲得抵抗性を誘導し，感染特異的タンパク質（PR）の生合成を促す．サリチル酸はウキクサの花芽誘導やザゼンソウの発熱反応を促進する．

〔神谷勇治〕

b. ホルモン受容体

植物ホルモンの受容体は活性型のホルモンが特異的に結合するタンパク質として，①植物体から抽出したタンパク質の中から放射性同位元素で標識したホルモンに特異的に結合するものをクロマトグラフィーで精製して同定する方法，②ホルモン非感受性突然変異体の原因遺伝子の機能を明らかにすることから，受容体を解明する方法の二つの方法がとられた．

①の方法ではオーキシン結合タンパク，ジベレリン結合タンパクの精製などが試みられたが，受容体が分子レベルで明らかになったのは②の方法による．今までに明らかにされた受容体は大きく二つのグループに分けられる．一つは膜に局在する受容体キナーゼで，これらにはエチレン，二成分系のサイトカイニン，ロイシンリッチリピートをもつブラシノステロイドがある．基本的には受容体キナーゼであるガスのエチレン，塩基性物質のサイトカイニン，中性のステロイドであるブラシノステロイドとそれぞれ特徴をもっている．核内受容体としてはジベレリン，オーキシンが明らかになった．これらはF-boxを介した受容機構をもつ．いずれも負の制御因子でホルモンが存在しないときには遺伝子の発現を抑えているが，ホルモンが存在するとSCF複合体をつくり，標的タンパク質がユビキチン化され，26Sプロテアソームにより分解される．アブシジン酸の受容にかかわるタンパク質として同定されたRNA結合タンパク質FCAは気孔の開閉には関与しないので，これに関する受容体は別の受容体が存在すると思われる．これ以外にも，G-タンパク質を介した受容の機構も示唆されている．

以下にホルモンごとに特徴を示す（図1.33）．

1）エチレン受容体

植物ホルモンの受容体として，分子遺伝学的手法により最初に構造が明らかになった．*etr1*（ethylene resistant）突然変異体の解析によりエ

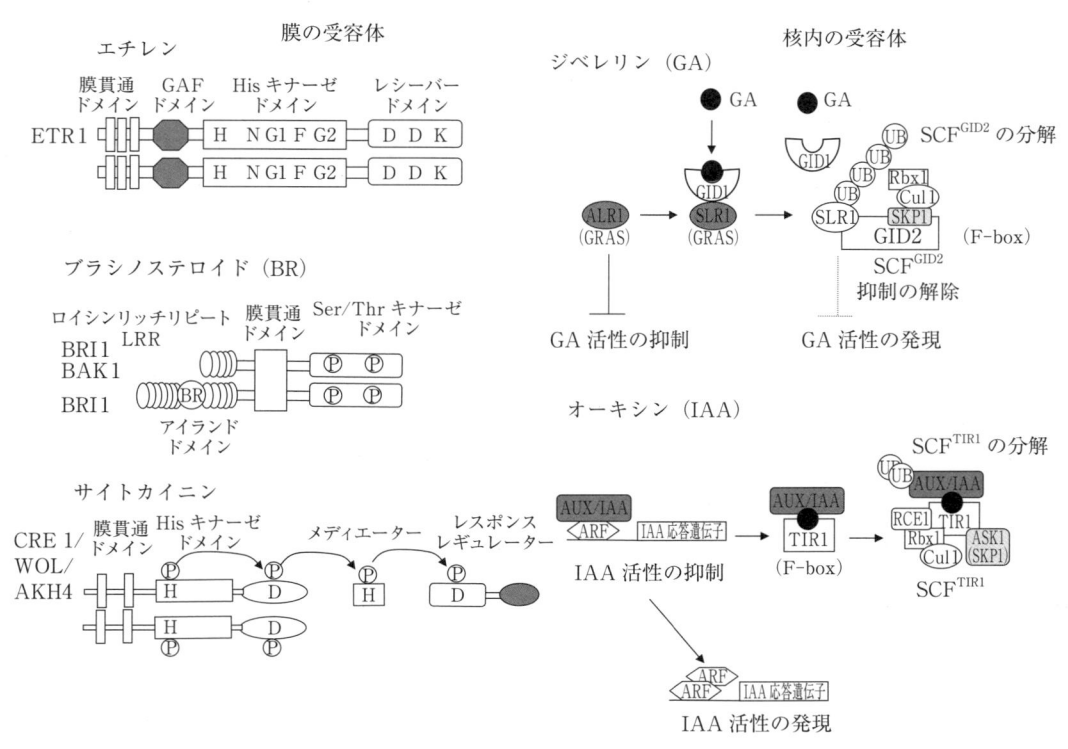

図 1.33

チレン受容体構成分子は3〜4の膜貫通ドメインとヒスチジンキナーゼドメインをもつ膜タンパク質で，原核生物などのほかの膜貫通型ヒスチジンキナーゼと同様にホモ2量体で機能すると考えられている．シロイヌナズナの研究から，ETR1以外にERS1 (ethylene response sensor)，ETR2，ERS2，EIN4 (ethylene insensitive)の計5個の受容体をコードすると思われる遺伝子が単離されている．

2) ブラシノステロイド受容体

シロイヌナズナのブラシノライド非感受性変異体 bri1 の原因遺伝子がコードするロイシンリッチリピート（LRR）受容体キナーゼとして単離された．細胞膜に局在し，25個のLRRを含む細胞外ドメイン，膜貫通ドメイン，細胞内セリン/トレオニンキナーゼドメインをもつ．BRI1は21番目と22番目のLRRに70のアミノ酸からなるアイランドドメインをもち，ブラシノライドはこのドメインに直接結合する．シロイヌナズナではBRI1と相互作用する膜貫通型のキナーゼBAK1が細胞膜上で2量体を形成する．

3) サイトカイニン受容体

バクテリアと同じHis-Aspリン酸リレー系（二成分制御系）のヒスチジンキナーゼである．シロイヌナズナからCRE1/WOL/AHK4，AHK2，AHK3の3種がサイトカイニンの受容体として明らかにされた．ヒスチジンキナーゼが情報を認識すると，ヒスチジンキナーゼドメインの特定のヒスチジンがリン酸化され，このリン酸基は転移して最終的にレスポンスレギュレーターの特定のアスパラギン酸基に移る．これにより，アウトプットドメインの活性化が起こり情報が伝わる．中間にメディエーターを介する場合がある．

4) オーキシン受容体

オーキシン（IAA）の受容体は，トウモロコシの幼葉鞘の膜画分からオーキシンに直接結合するタンパク質としてABP1 (auxin binding protein 1)がIAAの受容体として長く研究されてきたが，IAA応答遺伝子の発現調節にかかわるF-boxタンパク質のTIR1がIAAの受容体の一つであることが示された．IAAはTIR1に直接作用して，オーキシンによってその発現が調節されている応答遺伝子AUX/IAAと特異的な複合体を形成する．TIR1に結合したAux/IAAはSKP1，CUL1，PBX1，RCE1，TIR1によって構成されるSCF^{TIR1}ユビキチンリガーゼ複合体を構成し，ユビキチン化後に26Sプロテオソーム系で分解される．オーキシンによるAux/IAAの分解促進によりARFはオーキシン応答遺伝子の転写活性を促進してオーキシンの情報が伝わる．

5) ジベレリン受容体

シロイヌナズナのジベレリン非感受性の突然変異体 gai および関連した突然変異体からジベレリンの情報伝達にかかわるタンパクとして，GRASファミリーとよばれる一群の制御タンパク質が単離され，このタンパク質のN末端の近くにはジベレリンの受容と関連のあるDELLA領域が存在する．イネのDELLAタンパクに異常をきたした突然変異体SLR1は，ジベレリンの情報が恒常的に下流に流れるために徒長形質を示す．イネのジベレリン非感受性突然変異体 gid1，gid2 の解析から gid1 の原因遺伝子にコードされる核局在の可溶性タンパク質がジベレリンの受容体であることが示された．組換えGID1タンパクは活性型ジベレリンと特異的に結合し，酵母内で活性型ジベレリン依存的にSLR1と結合した．このことは，GID1がジベレリンの受容体としての機能をもち，DELLAタンパクと直接相互作用をすることにより，ジベレリンの情報を下流に伝えていることを示している．SLR1はユビキチン化後に26Sプロテオソーム系で分解される．〔神谷勇治〕

c. 生理活性物質

生理活性物質には大きく分けて，同一種内ではたらく物質と，異種間ではたらく物質とがある．前者の代表的なものは植物ホルモンであるが，ここでは植物ホルモン以外の物質について取り上げる．異種間ではたらく物質については，生態学的な意味から説明できる物質についてのみ説明する．

1) 同一種内ではたらく生理活性物質

i) ペプチド：植物のペプチドとしては，1991年にシステミンが報告されたのが最初である (Matsubayashi, et al., 2006)．システミンはアミノ酸18個からなるペプチドで，トマトの傷害応答の初期信号とされていて，その受容体はブラシノライド受容体と同一であると報告されている．最近，タバコやトマトから新たなシステミン類が報告され，これらは糖鎖の付いたヒドロキシプロリン残基を分子中に有している．ファイトスルホカインは，アスパラガスの細胞培養液から細胞増殖活性を指標にして得られたアミノ酸5残基からなるペプチドで，硫酸化されたチロシン2残基が存在する．多くの植物からこのペプチドをコードする遺伝子が見つかっており，受容体の構造も明らかになっている．アブラナ科植物の自家不和合性に関与する花粉側の因子として，約80残基からなるペプチドが得られ，花柱側にある受容体と特異的に結合して，自家不和合性を決定している．ごく最近，茎頂の分化にかかわる *CLV3* 遺伝子がコードする成熟ペプチドの構造が明らかになり，同時に CLE（*CLV3/ESR related*）ペプチドも仮導管細胞への分化阻害因子として構造が明らかになった．これらはアミノ酸12残基からなるペプチドで，ヒドロキシプロリン2残基を含んでいる．

ii) その他：マメ科植物は昼夜に葉を開閉するが，この就眠・覚醒に関与する物質が報告されている（上田ほか，2007）．

2) 異種間ではたらく生理活性物質

i) 異種植物間：サクラなどの木の下では，葉から阻害物質が落下するので雑草が生えにくいことが知られている．セイタカアワダチソウなどは，根から生育阻害物質を分泌し，他の植物の生育を妨げる．このような現象はアレロパシーとよばれる．一方，寄生植物の発芽を誘導する物質が，宿主植物から分泌されている（米山，2004）．

ii) 植物から微生物に作用する物質：多くの植物は，自己防衛のために抗菌性物質を常時生産している．病原菌の進入に伴い誘導される抗菌物質は，ファイトアレキシンとよばれ，菌の種類によらず植物に固有の物質が知られている．共生菌（根粒菌，菌根菌）の菌糸を誘導する物質などが，根から分泌されることも報告されている（秋山・林，2006）．

iii) 微生物から植物に作用する物質：植物病原菌の多くは植物に寄生するために植物毒を生産しており，それらには非特異的毒素と宿主特異的毒素とがある．宿主特異的毒素は，果樹などの耐病性品種作成にとって重要である．

iv) 植物から昆虫などに作用する物質：昆虫などの幼虫は，植物を餌として成長することが多いが，この食害を免れるために，摂食阻害物質を含む植物が数多く知られている．特定の植物（食草）を餌にする昆虫では，食草に含まれる物質を成虫が認識して産卵する．植物は食害にあうと，揮発性物質を放出し，害虫の天敵である蜂などを誘引することも知られている（高林，2003）．マメ科植物の根からシスト線虫の孵化を促進するグリシノエクレピンが得られている．

〔坂神洋次〕

参考文献

秋山康紀・林英雄 (2006)：植物の生長制御，**41**, 141-149.
Matsubayashi, Y. and Sakagami, Y. (2006) *Ann. Rev. Plant Biol.* **57**, 649-674.
高林純示 (2003)：蛋白質核酸酵素，**48**, 1773-1777.
上田実・中村葉子・岡田正弘 (2007) 蛋白質核酸酵素，**52**, 1663-1672.
米山弘一 (2004)：植物の生長制御，**39**, 10-16.

d. 低分子RNA

細胞の中には，機能未知の多種類の低分子量のRNAが存在している．ここで問題にしている「低分子量」とは，t-RNA（およそ60〜80塩基）よりも短いものをいうが，それらが，重要な細胞機能にかかわっていることが明らかになり，「機能性RNA」とよばれることもある．これらは，通常のメッセンジャーRNAとは異なり，タンパク質をコードしていない．近年とくに話題になっているのは，二本鎖RNA（dsRNA）の切断により生成される20〜26塩基のRNAであり，相補的な標的メッセンジャーRNAの特異的分解やタンパク質合成の阻害を誘導し，遺伝子発現を抑制（ジーンサイレンシング）する分子である．このような抑制機構は，真菌から植物，ヒトに至るまで，すべての真核生物に存在している．

これに関する最初の記載は，1928年の植物ウイルスの感染についての研究論文（Wingard）によるといわれている．つまり，ウイルスを植物に感染させた場合，病徴は感染葉に限られ，その後に形成された葉は，同一のウイルスに対して抵抗性になることが報告された．

1980年台後半になり，種々の生物を用いた遺伝子導入実験の中で，偶然であるが，遺伝子発現抑制の現象がつぎつぎと見出された．たとえば，アカパンカビの「quelling（内在遺伝子の組換え体を導入すると発現抑制が起こる現象）」，植物における「コサプレッション（組換え体遺伝子を強く転写したときに起こる発現抑制）」と「ウイルス誘発性遺伝子発現抑制（viral-induced gene silencing：VIGS）」などのpost-transcriptional gene silencing（PTGS：転写後遺伝子抑制），さらに線虫のRNAi（RNA interference（干渉）のことであり，人為的に二本鎖のRNAを投与した場合に，相補的な遺伝子の発現抑制が見られる現象）などである．

その後，植物や線虫でPTGSやRNAiが起こらなくなった変異体が多数分離され，その原因遺伝子が解明されるに及んで，これらの現象には類似のタンパク質と低分子RNAが関与していることがわかり，よく似た分子機構がかかわっていることが判明した．さらに，低分子RNAによりtranscriptional gene silencing（TGS，転写抑制）が誘導されることも明らかになった．

以上のように，この現象は，ウイルス感染や遺伝子導入実験の過程で見出されてきたが，線虫や植物では，個体や器官発生そのものが低分子RNAによる遺伝子抑制により調節されていることがわかってきた．たとえば，植物では，葉の向軸面と背軸面の分化や扁平な葉の形成などが，複数の低分子RNAにより制御されている．

低分子RNAによる遺伝発現の抑制の仕組みは，少なくとも3通り存在すると考えられている．一つはShort interfering RNAs（siRNAs），二つ目はMicro RNAs（miRNAs）による抑制機構であり，いずれもPTGSにかかわっている（図1.34）．植物におけるsiRNAsとmiRNAsはいずれも21〜26塩基長の分子である．siRNAsは，ウイルスRNAや人為的に導入された遺伝子のmRNA，あるいはトランスポゾンや反復配列から転写されたRNAが何らかの仕組みで二本鎖になった長いRNAからつくられる．最近，特定の遺伝子のmRNAを標的としているsiRNAをつくる遺伝子も発見された．

一方，miRNAsは，一本鎖RNAがヘアーピン構造をとることにより形成された部分二本鎖RNAからつくられる．これらが，ともにダイサーとよばれるdsRNA特異的なRNA分解酵素により切断され，低分子化する．このような低分子RNAは，RNA-induced silencing complex（RISC）とよばれているタンパク質複合体に取り込まれ，そこで標的となるmRNAと結合する．

植物では，多くの場合mRNAの分解が起こる．動物では，タンパク質合成の阻害が誘導される場合も多い．RISC複合体には，アルゴノート（AGO）ファミリーのタンパク質が存在し，低分子RNAの保持やmRNAの切断に関与している．三つ目の仕組みは，siRNAsによる，遺伝子の転写抑制（TGS）である．siRNAsが存在すると，それと相同な配列をしたゲノムDNAのメチル化が

1.5 調節機構

(1) siRNA 経路
ウイルス，組換え体遺伝子，トランスポゾン，反復配列，トランスアクティング siRNA 遺伝子などの RNA 分子

↓ 二本鎖化

↓ ダイサーによる切断

→ RISC (AGO)
→ RNA の分解 タンパク質合成抑制

標的遺伝子 mRNA
→ 相補遺伝子 DNA メチル化
→ 転写抑制

(2) miRNA 経路
miRNA 遺伝子前駆体 RNA

↓ ヘアーピン形成

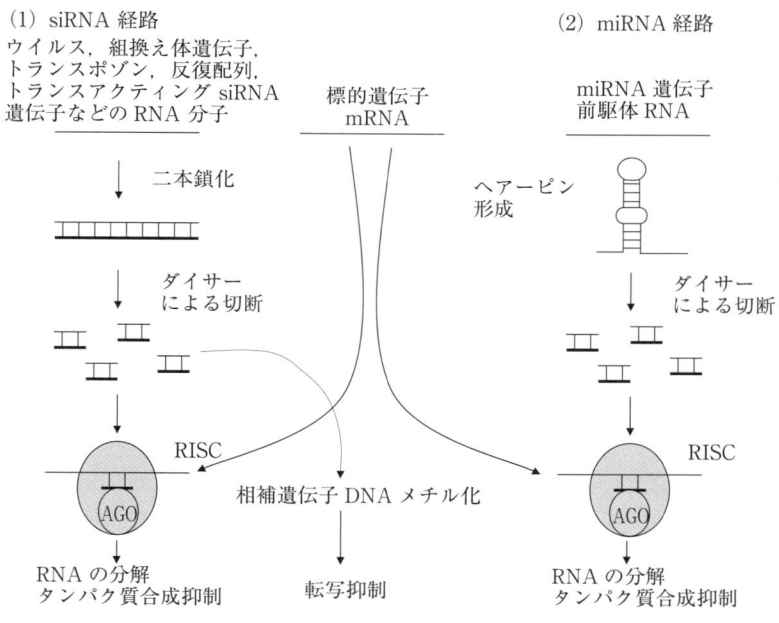

↓ ダイサーによる切断

→ RISC (AGO)
→ RNA の分解 タンパク質合成抑制

図 1.34 遺伝子発現の抑制

誘導され，さらにその領域のヒストンの修飾が引き起こされ，転写が抑制されるものである．分裂酵母では，このような機構によりヘテロクロマチン化が起こる．

このような低分子 RNA による遺伝子抑制が，植物の器官形成などの多くの局面で機能していることが明らかにされつつあるが，詳細は今後の課題である．一方，この現象は遺伝子機能を抑制する有効で簡便な手法として利用されるようになり，変異体の利用に代わる新しい遺伝子操作の手法（RNAi 法）として生命科学全体の中で定着してきた．つまり，基礎研究における遺伝子機能解析はいうまでもなく，植物では有用植物の作出の手法として，ヒトでは遺伝病やがんの治療法としても有効であると考えられるようになり，日々技術的な進歩がなされている．このような技術開発の口火を切った発見が高く評価され，ファイアーとメローの両博士が，2006 年のノーベル医学生理学賞を受賞した．

〔町田泰則〕

e. 外因外部環境光（光屈性），湿度，温度

　植物は動物のように自由に移動することができない．そこで，植物は光，湿度や温度など外部の環境をシグナルとして受容し，細胞あるいは器官レベルで反応することによって外部環境に適応することが知られている．

　光屈性はこのような適応の一つであり，古くはダーウィン（C. Darwin）が，著書で植物が光に向かって伸長していく現象として述べている．光屈性は，茎，胚軸，あるいは根の光が当たっている側の細胞の伸長速度と当たっていない側の細胞の伸長速度が異なること，いわゆる偏差成長によって引き起こされる（図1.24参照）．したがって，屈曲は細胞が伸長している部位でのみ見られ，茎あるいは胚軸は光源に向かって屈曲する正の光屈性を示し，根は逆方向に屈曲する負の光屈性を示す．

　光屈性は青色光によって引き起こされ，赤色光をさらに照射することによって応答性が高まることが知られている．フォトトロピンは，この青色光を光シグナルとして受容する光受容体であり，アミノ基末端側にはフラビン色素が共有結合する二つのLOVドメイン，カルボキシル基末端側にはタンパク質キナーゼドメインを有する色素タンパク質である．フォトトロピンによって受容された青色光シグナルがどのような過程を経て偏差成長を誘起するのか，その詳細については未だ明らかにされていない．しかし，光屈性には植物ホルモンの一つであるオーキシンがかかわっていることが知られており，光の照射によってオーキシンの不均一な分布が引き起こされるというコロドニー・ヴェント（Cholodny-Went）仮説が偏差成長を説明するモデルとして提唱されている．一方で，オーキシンは光が照射されても均等に分布しているという報告もあり，成長阻害物質が光の当たっている側に蓄積するという仮説も提唱されている．

　フォトトロピンは光屈性だけではなく葉緑体定位運動や気孔の開口も制御しているが，気孔の開閉は光だけでなく周囲の水分環境によっても制御されていることが知られている．土壌中の水分が不足すると，アブシジン酸のはたらきによって根の成長が促進される一方で，気孔は閉じて蒸散による水分の損失を防ぐ．また，植物の根は水分方向に屈曲する水分屈性を示す．周囲の湿度勾配は重力シグナルと同時に，根冠組織によって受容されると説明されており，アブシジン酸とエチレンが水分屈性を正に制御しているようである．近年，シロイヌナズナで水分屈性を示さない*miz1*変異株が単離された．MIZ1の生化学的な機能は不明だが，MIZ1は陸生植物間で高度に保存されたMIZドメインを有しており，周囲の湿度勾配の受容に重要な役割を果たしている．

　周囲の温度環境は，細胞内のさまざまな酵素反応に大きな影響を及ぼす．光合成速度は温度が高いほうが速くなるが，高すぎる温度は逆に光合成能の低下につながる．植物の葉では，気孔からの蒸散によって気化熱が奪われることで葉の表面温度が下がり，葉の過熱による損傷が防がれている．温度変化への適応は，細胞レベルでも行われている．温度が上昇すると，分子シャペロンとしてはたらく熱ショックタンパク質が生産されるだけでなく，温度の変化に伴って生体膜を構成する脂質の組成が変わる．低温では生体膜を構成する脂質脂肪酸の不飽和度が高まり，逆に高温では不飽和度が低くなることによって膜の流動性が調節されている．

〔高瀬智敬・清末知宏〕

f. 概日リズムと光周性

さまざまな生物の活動や生理活性が恒常条件下でも約24時間周期の振動を持続する現象は古くから知られており，周期が約1日なので，概日リズム（circadian rhythm）とよばれる．ほとんどすべての真核生物とシアノバクテリアに見られるが，以下の三つの性質が共通する．①恒常条件下でも約24時間周期の振動を持続する（このときの周期を自由継続周期という），②昼夜交替のある環境では速やかに24時間周期に同調する，③周期は代謝条件や温度条件の変動に対して安定である（周期の温度補償性）．この三つの特徴は，このリズムが季節をとわず，昼夜の24時間サイクルに同調することを可能としており，これによって生物は外界の状態に依存せずに，時刻を認識することができると考えられている．このリズムにより，生物は昼夜の環境変化によりうまく適応している．環境の変動に反応して細胞や個体の恒常性を維持する機構を反応的ホメオスタシスとすれば，概日リズムによる調節は，環境変動を自律的時計により予測し，その変動に対応する機構であり，予測的ホメオスタシスと考えることができる．多くの生命現象はこの二つの制御を利用して，生活の最適化を実現していると考えられている．なお，概日リズムが細胞の自律メカニズムによることを強調し，これを内生リズムとよぶこともある．この場合は，単に昼夜の変動に従属して見られるリズムを日周性リズムという．同調した概日リズムとの違いは，日周リズムではピークの位置が明暗の比により決定されることだが，恒常条件に移しリズムを調べれば容易に判定できる．

この現象は，植物では多くの遺伝子発現，葉や花の開閉運動，気孔の開閉，光合成活性，CAM植物の炭酸吸収と排出，葉緑体の配向運動など多岐にわたる．また，動物でも活動睡眠リズムやさまざまな代謝，行動が概日リズムを示す．太陽コンパスによる方向認識にも利用されている．

一方，生物の発生現象が昼もしくは夜の長さによって制御される現象を光周性という（Cold Spring Harbor Symposia, 1960；Dunlap *et al.*, 2003）．最初に報告されたタバコの花芽誘導をはじめとし，種子の休眠，昆虫の休眠や動物の生殖腺の発達などの発生制御や栄養成長から生殖成長への転換などに多く見られる．生理学的には，これらの発育上重要なプロセスの開始を，季節変化をもっとも確実に反映する日長により制御することで，より確実な時期選択を達成していると考えられている．光周性現象の特徴は，①反応は日長依存的であり光量依存的ではないこと，②限界日長とよばれる遺伝的に決まっている日長の前後で反応が急激に転換すること，③限界日長は温度に依存しないこと，④温帯地方の生物によく見られる，などがあげられる．限界日長より長い日長のときに花芽が誘導される植物を長日植物，短いときに花芽をつけるものを短日植物といい，それぞれ春咲き，秋咲きの植物が対応するが，光周性を示さず日長にも関係なく開花する中性植物も多い．日長の測定機構はさまざまなモデルが提案されている．昼もしくは夜の持続により特定の物質が閾値まで蓄積する（あるいは分解する）ことを想定した砂時計モデルと，概日リズムの位相と外部の明暗を比較し日長を判定する方式が考えられてきたが，植物では後者がおもに利用されていると考えられている．この方式は，外的一致モデルとよばれるが，最初にこの考えを提案した研究者にちなみビュニング（Bünning）の仮説ともよばれる．このように，光周性と概日リズムは密接にかかわっており，概日リズムの突然変異体が光周性に異常をもたらす（あるいはその逆）ことが多い．近年，シロイヌナズナを使った光周性の分子遺伝学的解析により，*CO*遺伝子が日長判定に，*FT*遺伝子が花成シグナルの伝達に中心的な機能をもっていることが示された．　　〔近藤孝男〕

参考文献

Cold Spring Harbor Symposia on Quantitative Biology, Volume 25, (1960) *Biological Clocks*. Cold Spring Harbor.

Dunlap, J. C., Loros, J. J. and DeCoursey, P. (2003) *Chronobiology, Biological timekeeping*. Sinauer, Sunderland, MA, USA.

g. 生物時計

多くの生物では一つの個体（あるいは細胞）がいろいろの現象で独立の概日リズムを示すが、これらのリズムは自ら振動を発生しているわけではなく、共通の振動発生機構の制御によりリズムを示していると考えられている。この概日リズムの原因となる細胞内の振動発生機構を概日時計という。このように、概日時計は振動の最初の発生機構であり、基礎振動、ペースメーカーともよばれるが、もう少し幅広い意味で、リズムと基礎振動を合わせたものを概日時計あるいは生物時計という場合もあるが、これは生物時計は概日以外の周期性現象にも使われる。

細胞内の基礎振動発生機構は、恒常条件下では約24時間周期の振動を持続するが、昼夜環境下では、入力系とよばれる信号伝達系により昼夜の情報が伝えられ、正確に24時間周期の振動を示す。この振動は出力系とよばれるシステムを介して、多くのリズム現象として観察される。

中心となる約24時間の振動発生機構の分子機構はながらく謎であったが、1990年頃から分子遺伝学的解析が進み、いくつかのモデル生物で振動発生の中心となる時計遺伝子が明らかにされた。その結果、ショウジョウバエでは per と tim 遺伝子、哺乳類では per の相同遺伝子 mper、アカパンカビでは frq 遺伝子が見出された。さらに、1998年にショウジョウバエと哺乳類で CLOCK および BMAL という時計遺伝子が見出されて、そのタンパク質複合体が per や mper の転写を活性化する一方、per や mper の産物タンパク質によるフィードバック抑制を受けることが明らかとなり、概日時計が時計遺伝子の転写・翻訳のフィードバック制御により発生するという転写・翻訳モデルが提案された。現在では、さらに多くの概日時計関連遺伝子が見出され、転写・翻訳モデルをもとに安定した概日振動発生の可能性が検討されている。また、植物で CCA1 および TOC1 が見出され、同様のモデルが検討されている（Dunlap et al., 2003；Stillman et al., 2008）。

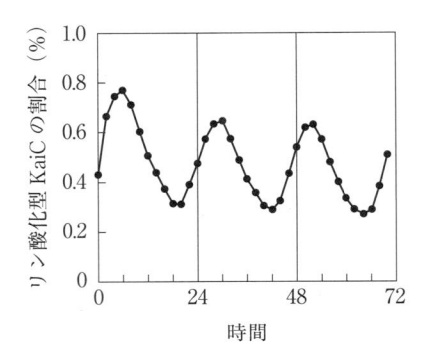

図1.35 試験管での KaiC リン酸化リズム（Nakajima et al., 2005）
KaiA, KaiB, KaiC および ATP を混合し、30℃に保った。各時間のサンプルを電気泳動し、リン酸化型 KaiC 量を測定した。

原核生物シアノバクテリアでは三つの kai 遺伝子が見出され、kaiC の発現が産物タンパク質 KaiC によって抑制されることから、ここでも転写・翻訳モデルが該当すると考えられた（Ishihara et al., 1998）。しかし、最近、転写・翻訳が停止する暗期中でも KaiC のリン酸化リズムが持続することが見出されて（Tomita et al., 2005）、さらに試験管内で三つの Kai タンパク質と ATP を混合するだけで温度補償された KaiC のリン酸化リズムを再構成できることが示され（図1.35）、転写・翻訳モデルは再検討を余儀なくされている。

〔近藤孝男〕

参考文献

Dunlap, J. C., Loros, J. J. and DeCoursey, P. (2003) *Chronobiology, Biological timekeeping.* Sinauer, Sunderland, MA, USA.

Ishiura, M., Kutsuna, S., Aoki, S., Iwasaki, H., Andersson, C. R., Tanabe, A., Golden, S. S., Johnson, C. H. and Kondo, T. (1998) *Science* **281**, 1519-1523.

Nakajima, M., Imai, K., Ito, H., Nishiwaki, T., Murayama, Y., Iwasaki, H., Oyama, T. and Kondo, T. (2005) *Science* **308**: 414-415.

Stillman, B., Stewart D. ed, Cold Spring Harbor Sympsia on Quantitative Biology LXL11. Clocks and Rhythms (2008) Coldspmy Harbor Press.

Tomita, J., Nakajima, M., Kondo, T. and Iwasaki, H. (2005) *Science* **307**: 251-254.

1.6 細胞の生殖

　生殖とは生物が子孫を残す過程であり，無性生殖と有性生殖に分けられる．無性生殖は，増殖，つまり生物が個体数を増やしていく過程とほぼ同じ意味である．有性生殖は，減数分裂（2倍体から1倍体への変化）と，それに引き続く受精や接合（1倍体から2倍体への変化）からなる過程であり，組換えによって子孫に遺伝的な変異が生じる．

　無性生殖（増殖）と有性生殖の違いは，単細胞の藻類を考えて見るとわかりやすい．ミカズキモやクラミドモナスなどの単細胞藻類では，細胞が二つに分裂する過程を繰り返すことによって増殖し，一方で，減数分裂によって生じた配偶子どうしが接合することによって生殖が行われる．つまり，単細胞藻類の有性生殖過程では，二つの細胞が合体するので，個体数は増えない（むしろ減少する）．このように，有性生殖と増殖は，もともとは異なる機能を担う独立したプロセスである．しかし，多細胞からなる体制をもつ多くの動植物では，二分裂が可能な単細胞藻類と違って，卵や精子などによる有性生殖の過程を通じて増殖が起きるので，有性生殖と増殖を区別できない．

　さらに，多くの植物では，減数分裂によらないさまざまな無性生殖が発達している．無性生殖には，花などの生殖器官によって行われるもの（無融合種子形成など）と，ストロンやむかごなどの栄養体によって行われるものがある．後者はとくに栄養生殖とよばれるが，その機能は個体数を増やすことだけである．一方，生殖器官による無性生殖の場合には，部分的に有性生殖の可能性を残していることが少なくない．たとえば，外来種のセイヨウタンポポは3倍体で，無性的に種子をつくるが，一方で低頻度ながら受精可能な2倍体または3倍体の花粉を生産し，在来種のタンポポ（2倍体）の卵を受精することがある．このような生殖様式は，可変的（facultative）無性生殖とよばれる．現在では，このようにして生じた雑種タンポポ（3倍体または4倍体）が無性的につくられる種子によって繁殖し，日本各地に広がっている．

　有性生殖とは，異なる個体（通常はオスとメス）の間での，遺伝的組換えを伴う過程である．有性生殖の結果，子孫にはさまざまな遺伝的変異が生じる．ただし，この遺伝的変異性は，両親の遺伝子型を組み合わせることによってつくり出されるものであり，突然変異によって新しい変異が供給されるわけではない．真核生物では，減数分裂とよばれる特殊な細胞分裂の過程を通じて，遺伝的組換えが生じる．減数分裂においては，両親に由来する相同な染色体が対合し，相同染色体上のDNAが多くの組換え点で切断され，相同なDNA配列どうしがたがいに取り替えられる．この過程を通じて，両親に由来する相同な染色体上の変異にさまざまな組合せが生じる．この組合せによって生じる多様性は膨大である．両親に由来する相同なDNA上で100箇所に違いがあれば，異なる組合せの数は $2^{100} ≒ 10^{30}$，である．このため，有性生殖によってつくられた子どもは両親の遺伝的性質を受け継ぎながらも，両親とは異なる遺伝的組合せをもち，異なる性質を有している．

　このような有性生殖には，二つの機能があると考えられている．一つは有害な突然変異を除去し，ゲノムの健康を回復する機能である．無性生殖を続けていると，ゲノム中に有害な突然変異が蓄積していく．無性生殖では，有害突然変異を三つも

っている状態から二つもつ状態への回復は，有害突然変異を二つもつ状態から三つもつ状態への変化よりもはるかに起こりにくい．なぜなら，回復するにはDNA上の正確に同じ場所で突然変異が起きなければならないが，壊れるほうはどの位置で壊れてもよいからである．したがって，有害突然変異の保有数は，増える方向に進む．一方で，有性生殖では組換えによって個体あたりの有害突然変異数に変異が生じ，有害突然変異数が少ない状態への回復が無性生殖の場合より高頻度で起きる．また，組換えによって有害突然変異をたくさんもつ個体も生じる．有害突然変異をたくさんもつ個体が高い死亡率を示すことで，自然淘汰がより効率的に作用し，有害突然変異の数が減らされる．

有性生殖の機能としてもう一つ有力視されているのは，病原体への適応である．病原体は宿主よりも世代時間が短いため，進化速度が速い．このため，無性生殖を続けていれば，特定の遺伝子型にうまく感染できる病原体が進化しやすいと考えられる．このような病原体に対抗する手段として，宿主の遺伝的組換えが有利にはたらいている可能性がある．植物は，病原体の進入を認識して防御機構を誘導するため，R遺伝子とよばれる一群の遺伝子をもっている．その数は，シロイヌナズナでも120をこえており，これらがさまざまな病原体を認識していると考えられている．減数分裂による組換えは，これらR遺伝子群の組合せの多様性をつくり出す効果がある．

有性生殖にはこのような利点があるが，一方で明らかに不利な点もある．有性生殖にはオスとメスという二つの性が必要なので，増殖率という点では無性生殖に劣る．種子植物の場合，花粉や雄花をつくるために使う資源（炭水化物や窒素など）を無性的な種子生産だけに使えば，より多くの種子をつくることができる．また，雌雄異株の植物や，自家不和合性をもつ植物の場合には，種子をつくるには最低2個体が必要であり，一般にはより多くの個体が一緒に生育していないと，花粉媒介昆虫が花を訪問しない，などの理由でうまく種子が生産されないことが多い．

これに対して，無性生殖では花粉や雄花をつくる必要がないし，花粉媒介昆虫がいなくても，1個体だけで種子をつけて増えることができる．このような理由のため，攪乱された場所にいちはやく侵入する雑草には，無性生殖の植物が少なくない．外来種のセイヨウタンポポやヒメジョオンはその例である．

無性生殖に類似した生殖様式に，自家受粉がある．自家受粉によって種子をつくる場合，花粉生産は少しでよいし，大型の花弁をつけたり花蜜を分泌したりして花粉媒介昆虫を誘引する必要もない．このため，恒常的に自家受粉によって種子をつくる植物は，シロイヌナズナやイネのように，花粉の生産数が少なく，花弁が小型で目立たない．また，1個体だけで種子生産が可能である．このような自家受粉は，増殖という点では非常に優れた生殖様式である．実際に，路傍の雑草の多くは自家受粉によって種子を生産する性質をもっている．

無性生殖と異なり，自家受粉の場合には減数分裂による遺伝子の組換えが生じる可能性がある．しかし，恒常的に自家受粉を行っている植物の場合，多くの遺伝子座でホモ接合となっている．このため，減数分裂による遺伝的組換えの過程で，実際には同じ配列が交換されているだけである．その結果，恒常的に自家受粉を行う植物での遺伝的組換えの効果は限られたものである．この点で，自家受粉は機能的には無性生殖によく似ている．

一部の植物は，自家受粉と他家受粉を組み合わせた生殖システムをもっている．たとえば，スミレ属やツルマメ属（ダイズの仲間）の植物は，他家受粉可能な開放花（通常の花）のほかに，自家受粉専用の閉鎖花をつける．閉鎖花では，花弁は退化しており，花粉もごく少数がつくられるだけである．閉鎖花は，開花することはなく，小さなつぼみの状態で花粉が発芽し，受精が行われ，種子ができる．春に見られるスミレの花（開放花）は，実際には受粉・結実しないことが多く，大部分の種子は目立たない閉鎖花によってつくられている．開放花は，遺伝的に異なる個体とまれに交配することによって，ヘテロ接合度の高い子孫を

つくる機能を担っている．ヘテロ接合度の高い子孫では，生存力や繁殖力が高いことが知られている．この現象は雑種強勢とよばれるが，近交弱勢（自家受粉によって生存力や繁殖力が低い子孫が生まれる現象）と表裏一体の関係にあり，有害突然変異がホモ接合になる程度が低いか高いかによって生じる現象である．自家受粉を続けていると，無性生殖の場合と同様に，有害な突然変異が蓄積し，とくに自家受粉の場合にはホモ接合の状態で集団全体に固定してしまう．他家受粉には，ヘテロ接合を高める効果があるが，この効果はあくまで遺伝的に異なる個体どうしが交配したときに限られる．恒常的に自家受粉で種子がつくられている集団では，集団内の遺伝的変異が低下し，他家受粉をしても実際には同じ遺伝子型どうしが交配することが多い．他家受粉による有利さは，花粉が昆虫などによって別の集団に運ばれ，異なる遺伝子型と交配したときに生じる．

恒常的に他家受粉を行っている植物では，ヘテロ接合の状態では有害性を現さない劣性の有害突然変異が蓄積する．このような植物が，自家受粉によって種子をつくると，これらの有害突然変異がホモ接合となるため，子孫の生存力が大きく低下する．つまり，強い近交弱勢が生じる．このような近交弱勢を避けるために，自家受粉を避けるためのさまざまな仕組み（自家不和合性など）が発達している．

以上のように，植物の生殖システムには，自家不和合性のような義務的な他家受粉を行うシステムから，閉鎖花のように自家受粉に特殊化したシステムや，無性生殖まで，著しい多様性が見られる．その多様性は，雌雄異体が一般的な動物とは対照的である．動物は運動によって配偶者を探すことができるが，植物は固着生活をしているため，個体間の交配には動物や風などの力を借りる必要があり，環境によっては交配を実現することが難しい．このため，少なくとも部分的に自家受粉や無性生殖を行うことが有利な条件が広く見られる．このような事情が，植物の生殖システムを著しく多様なものにしていると考えられる．

〔矢原徹一〕

a. 自家不和合性

多くの植物は，一つの花の中に雌ずいと雄ずいが同居する両性花をつける．この花の構造は，自己の花粉が雌ずいに受粉しやすい状況を生むが，多くの植物は自己の花粉とは受精に至らず，昆虫などにより運ばれてきた他個体（非自己）の花粉との間で特異的に受精し子孫を残す性質をもつ．この性質を自家不和合性とよぶ．これは自殖弱勢として知られる子孫への悪い影響を回避するため，また種の遺伝的多様性を維持するために植物にとって重要な性質であると考えられている．また，自家不和合性は農業上の有用形質として，一代雑種品種（F_1 ハイブリッド品種）の生産に応用されている．

自家不和合性は，自己と非自己の花粉を識別し，自己の花粉の発芽や伸長を特異的に阻害する反応の上に成り立っている．古典的な遺伝学的解析により，この自他識別反応の多くが，S 遺伝子座（図1.36）と名づけられた1遺伝子座支配の反応であることが示されてきた．すなわち，そこに S 遺伝子とよぶ複対立遺伝子（$S_1, S_2, \cdots, S_n$）の座上を想定し，受粉時に花粉と雌ずいが同一の S 遺伝子を表現型としてもつ場合に不和合となると説明されてきた．現在では，S 遺伝子座上には雌ずい-花粉間の自他識別に直接的にかかわる少な

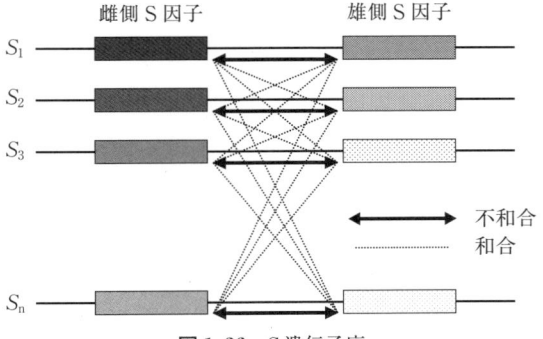

図1.36　S 遺伝子座
S 遺伝子座には，自他識別にかかわる雌側 S 因子と雄側 S 因子が密接に連鎖する形でコードされている．受粉時に出会う雌側 S 因子と雄側 S 因子が異なる S ハプロタイプに由来するか，同一 S ハプロタイプに由来するかにより受精の可否が決定される．

くとも二つの多型性因子（雌側および雄側 S 因子）が密接に連鎖してコードされていることが示されてきており，そうした複対立遺伝子の組は S ハプロタイプとよばれている．そして，自家受粉時のように，雌ずいと花粉がもつ雌雄 S 因子が同一 S ハプロタイプに由来する場合，その受粉は不和合となるということができる．

これまでに複数の植物種から異なる雌雄 S 因子が同定されてきており，各々の植物種が独自の自他識別機構を進化させてきた実体が明らかにされてきている．アブラナ科植物では，雌側 S 因子は受容体型キナーゼ（SRK）であり，雄側 S 因子はシステインに富む低分子量タンパク質（SP11/SCR）である．いずれも S ハプロタイプ特異的な多型性を示し，同一 S ハプロタイプに由来する SP11 と SRK は直接特異的に結合し，雌ずい側に不和合性反応を誘起することが示されている．ナス科，バラ科，ゴマノハグサ科植物では，雌側 S 因子は RNA 分解酵素（S-RNase）であり，雄側 S 因子は F-box ドメインをもつタンパク質（SLF/SFB）であることが示されている．これら雌雄 S 因子の分子性状から RNA 分解系とタンパク質分解系の関与が想定されているが，両者の関係は不明である．ケシ科植物では，雄側 S 因子は未解明であるが，低分子量タンパク質の雌側 S 因子（S-protein）が同定されており，同一 S ハプロタイプをもつ花粉にアポトーシスを誘導することが示されている．

植物の自家不和合性と類似した，1 遺伝子座上の二つの多型性因子を利用した自殖抑制機構は，酵母，糸状菌類，ホヤなどの雌雄同体の無脊椎動物でも見出されている． 〔高山誠司〕

参考文献
Takayama, S. and Isogai, A. (2005) Self-incompatibility in plants. *Annu. Rev. Plant Biol.* **56**：467-489.

b. 重複受精

被子植物に固有の受精機構である．鞭毛のない二つの精細胞が花粉管により輸送され，一方は卵細胞と受精して胚を，もう一方は中央細胞と受精して栄養器官である胚乳（内乳）をつくる（図 1.37）．ユリ科の植物で発見された（Nawaschin, 1898；Guignard, 1899）．狭義では二つの精細胞が卵細胞および中央細胞と合一する過程を指すが，広義として，受粉にはじまる一連の生殖過程を指す場合も多い．

二つの精細胞は，花粉または花粉管の内部で，雄原細胞が分裂して形成される．精細胞は，栄養細胞（花粉管細胞）の中にエンドサイトーシスで取り込まれた状態で存在する．先端成長する花粉管の先端付近に位置し，栄養細胞の核（栄養核）に先導されるように輸送される．花粉管自体の伸長方向は雌ずい組織によって制御され，その仕組みは花粉管ガイダンスとよばれる．花粉管はおもに細胞表層（細胞外基質）に接着しながら伸長し，細胞内に侵入することはない．

花粉管が子房内に到達すると，標的である雌性配偶体（n 世代）である胚嚢からのガイダンスを受ける．胚嚢は，受精前の種子組織である胚珠内につくられる．被子植物でもっとも多く見られるポリゴナム型の胚嚢では，花粉管が進入する珠孔端側の極に卵細胞と二つの助細胞が，反対の合点側の極に三つの反足細胞が，そして全体を占めるように大きな中央細胞が存在する．中央細胞が核を二つもつため，ポリゴナム型の胚嚢は 8 核 7 細

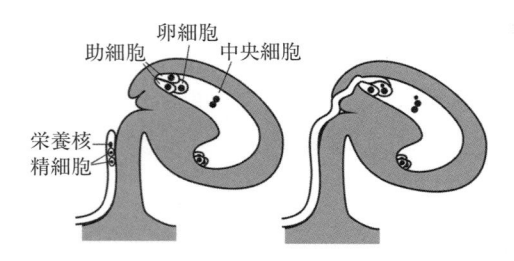

図 1.37 重複受精
二つの精細胞を含む花粉管が，卵細胞などを含む胚嚢にガイドされ（左），重複受精を行う（右）．黒丸は核．

胞の構造である．花粉管は，最終的に助細胞により胚嚢へと誘引される．

　胚嚢に侵入した花粉管は，助細胞との相互作用により先端が破裂し，内容物を放出する．この相互作用が成立しないと，花粉管が伸長を停止せず，胚嚢内を伸長し続ける．花粉管の内容物放出に伴い，片側の助細胞が選択的に退化し，卵細胞や中央細胞の外側に花粉管および助細胞の内容物で満たされた領域ができる．精細胞を包んでいた栄養細胞由来の膜も，花粉管内容物の放出過程で消失する．二つの精細胞は，未知の機構により卵細胞および中央細胞に接するように輸送される．この時期の精細胞には細胞壁がなく，また卵細胞や中央細胞も頂端側では細胞壁をもたない．このため，被子植物においても，雌雄配偶子の細胞膜が融合することで，受精が達成される．受精に必須な精細胞の細胞膜タンパク質 GCS1 が被子植物において発見され，広く原生動物から植物系統に至るまで保存されていることが近年明らかとなった．なぜ二つの精細胞が確実に別の相手と受精できるかといった仕組みについては，まったく明らかになっていない．受精ののち，雌雄に由来する核が合一し（カリオガミー），胚発生および胚乳形成が進行していく．胚の核相は $2n$ であり，胚乳の核相は普通 $3n$ である．

　裸子植物においても，重複受精の原型ととれるような受精機構が見られる．マオウ門では，花粉管内部に精子は形成されず，精細胞に含まれる二つの核が卵細胞内の二つの核と合一する．しかし，分子系統解析の結果では，被子植物はむしろ精子をつくるイチョウやソテツなどに近い祖先から派生した可能性が示唆されている．また，裸子植物では，胚乳は雌性配偶体のみからつくられる構造であり，被子植物のそれとは大きく異なる．近年，被子植物の胚乳におけるゲノムインプリンティングの研究が進展している．胚乳において，中央細胞に由来する母親ゲノムは胚乳形成を負に制御し，精細胞に由来する父親ゲノムは胚乳形成を正に制御する傾向がある．重複受精により父親ゲノムが加わることは被子植物の胚乳形成に必須である．

〔東山哲也〕

c. 全能性

　「細胞が，その種のすべての組織や器官を分化して完全な個体を形成する能力」と定義される．一世代で考えれば，この定義にあたる細胞は受精卵しかない．世代をこえることを許せば，生殖細胞系列の細胞はつぎの世代で受精卵となりうるので，全能性をもっていることになる．これまで動植物を通じて，受精卵以外の細胞を受精卵の状態に変化させたという確たる実験例はない．植物細胞は植物ホルモンであるオーキシンやサイトカイニン濃度を調整して培養することでカルスとよばれる細胞塊へと変化させることができる．カルスは脱分化した細胞であると考えられており，このように分化状態を簡便に変化させうる実験系は全能性研究に大きな役割を果たしている．カルスから体細胞不定胚形成によって胚を誘導することができる．しかし，カルスの細胞が受精卵の状態に戻って正常胚発生過程を繰り返しているのではなく，胚発生の途中段階の分裂組織（メリステム）へと変化した可能性がある．クローン動物は受精卵の核を除去し，残った細胞質に体細胞の核を移植して胚発生を進行させる．したがって，体細胞の核は受精卵の核に近い状態に再プログラムされているが，体細胞そのものを受精卵へと変化させているわけではない．したがって，現状のどんな技術を用いても，動物，植物を通じて一度分化した体細胞を受精卵に戻すことはできていない．さらに，クローン動物は核提供個体と比べてクロマチン構造，DNA 修飾の状態が異なっており，器官における遺伝子発現はもとより，寿命など表現型の一部が異なっている．一方で，植物細胞の場合は，受精卵に戻るかどうかは別として，調べられた限り親と区別できないクローン個体を容易につくり出すことができる．動物と植物において，どうしてこのような違いが起きるのかは両者の発生過程におけるDNA 修飾，クロマチン状態の変化など，発生の根幹にかかわる部分が異なっている可能性を示唆しており，今後の研究が期待される．

体細胞を生殖細胞系列の細胞へ転換させることは動植物を問わず可能である．陸上植物は茎頂分裂組織にある幹細胞群が，栄養成長期から生殖成長期に移行すると生殖細胞を形成するようになる．したがって，体細胞を茎頂分裂組織の幹細胞に転換すれば，結果として，生殖細胞をつくれることになる．後生動物は，陸上植物よりも生殖細胞の分化が早く，発生初期段階において体細胞から分離され，その後，体細胞から生殖細胞がつくられることはまれである．胚性幹細胞（ES細胞）は，多能性をもち，ほとんどの組織や器官を分化させる能力をもつ．したがって，結果として生殖細胞をつくりだす能力をもっている．一部の体細胞において，特定の遺伝子を人為的に発現させることで胚性幹細胞と現状において区別できない状態に転換させることが可能となり，研究成果が期待されている．これらの遺伝子の一部は植物にもオーソログ遺伝子が存在し，植物と動物の体細胞から生殖細胞への分化転換の分子機構の相違点を明らかにするための今後の研究の展開が期待される．

〔長谷部光泰〕

d. 無配生殖

無配生殖（アポガミー）とは狭義には，受精することなしに植物の配偶体から胞子体が発生する現象のことをいう．通常は，配偶体と同じ核相（一般的に単相 n）の胞子体が形成されることになる．これを繰り返せば，植物体の核相がどんどん半減していくことになる．当然ながら，半数体（1倍体）以下の核相で生存できることはほとんどないので，そのようなことが自然界で継続的に起こることはまずない．

逆に，胞子体の一部から胞子を経ることなく配偶体が形成される現象は無胞子生殖（アポスポリー）とよばれる．この場合は，胞子体と同じ核相（一般的に複相 $2n$）の配偶体が形成されることになる．無胞子生殖を繰り返せば，植物体の核相はどんどん倍加して，4倍体，8倍体などになっていくことになる．こちらも，自然界において8倍体以上はまれなので，無胞子生殖についても，そのようなことは継続的に起きてはいないと考えられる．

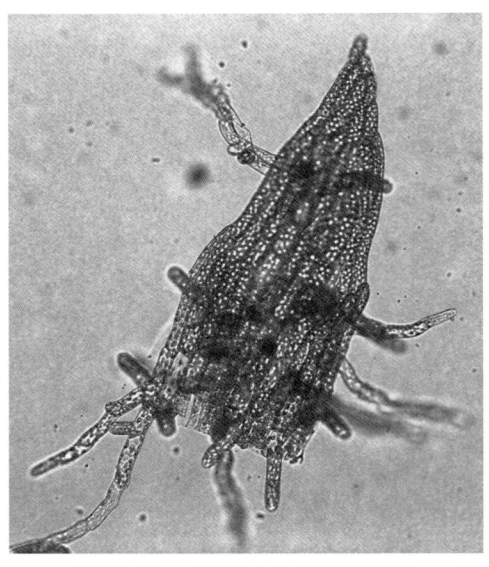

図1.38　ヒメツリガネゴケの葉細胞から多能性幹細胞への転換（基礎生物学研究所・村田隆氏提供）（口絵5）
ヒメツリガネゴケの葉細胞は切断などの刺激を受けると，ほとんどすべての組織や器官を形成する能力（多能性）をもった頂端細胞（糸状の組織の先端に位置する）へと転換する．

一方，一般的に無配生殖とよばれているものは，このような狭義の無配生殖ではなく，いわば狭義の無配生殖と無胞子生殖を組み合わせた形で，核相をまったく変化させずに配偶体と胞子体の間の世代交代を繰り返す生殖法のことである．シダ植物を例にあげて説明すると，まず，胞子体上に染色体の減数を伴わずに複相の胞子が形成される．実際は，いったん，核相が倍加した胞子母細胞が形成され，そこから減数分裂が起きるので，胞子体と同じ核相の胞子が形成されるのである．そして，この複相の胞子が発芽して，複相の配偶体（シダの場合は，前葉体ともよばれる）が形成される．胞子の段階を経由しているので，一般的な無胞子生殖とは異なるが，胞子体と同じ核相の配偶体が形成されるという意味では，無胞子生殖に相当することが起こっていると理解できる．つぎに，複相の配偶体のクッション部位とよばれる中央の細胞層が厚くなったあたりの1細胞から，卵細胞や受精とはまったく無関係に幼胞子体が発生する．これが大きくなって，成熟した胞子体となり，再び，核相が同じ胞子を形成する．このように，核相を変化させることなく，自分と遺伝的にまったく同一の子孫を，複相の胞子を通じて増殖させていく生殖法を無配生殖とよんでいることが多い．

さらに，被子植物の無融合種子生殖，すなわち，受粉なしに胚嚢が発達して種子を形成し，親個体と遺伝的にまったく同一の子孫を種子を通じて増殖させる生殖法（このような生殖法をもつ種としては，セイヨウタンポポが有名である）も，無配生殖とよばれることがある．

無配生殖では，遺伝的に親と同一の個体を増殖させることを強調したが，無配生殖を行うベニシダ類などでは，低頻度（数％）で組換えなどにより親とは遺伝的組成が異なった子孫も形成されることが知られている．また，理由はよくわかっていないが，シダ植物の場合も被子植物の場合も，無配生殖種は圧倒的に3倍体が多い．しかし，これまた低頻度（数％）では，3倍体の親から2倍体の無配生殖をする子孫が生じる場合のあることがイタチシダ類などで知られている．

また，無配生殖は受精を行わないことを強調したが，シダ植物の無配生殖種の配偶体にも造精器を形成するものは多い．したがって，無配生殖種が父親（精子親）になって，比較的近縁な有性生殖種と交雑し雑種を形成する例がさまざまなシダ植物群で知られている．さらに，無配生殖をする3倍体のセイヨウタンポポなどでも，その花粉は少なくとも部分的には稔性をもち，近縁な有性生殖種と交雑して雑種を形成することが報告されている．シダ植物，被子植物を問わず，無配生殖種と有性生殖種が交雑して生じた雑種は，無配生殖を行うことが一般的である．このように無配生殖は優性の形質である．〔村上哲明〕

1.7 ストレス

(1) ストレスとは

ストレス (stress) という言葉は，ラテン語の stringere に由来していて，力がかかっている状態を指す．物理学では物体に外力を加えた場合の応力がストレス，その結果として起こる物体の変形をひずみ (strain) とよぶ．一般に，材料を引っ張ったり，圧縮したりする場合に，応力とひずみとの関係を「応力-ひずみ」曲線として表す．応力が0に近い範囲ならば，伸長や圧縮は応力に比例する．この比例定数がヤング率である．しかし，応力がこの範囲をこえてしまうと，伸びや縮みが小さくなり，やがて材料は破断する．ゴムを引きのばすことを思い出せば，この関係はよく理解できる．この応力-ひずみの概念が，医学あるいは生物学に適用されている．

ここでは，ストレスをもたらす要因をストレス要因，それに対する植物の応答をストレス応答，その状態をストレス状態とよぶことにする．こう定義すると，日常よく使うストレスが「かかる」というのは，ストレス要因とストレス応答のどちらを意味しているかが明確ではない表現となる．

ストレス要因に対する植物の応答は千差万別のようにも思えるが，ストレス応答の全体像を，すでに述べた物理学的な関係に基礎をおいて考察することは有用であろう．植物が通常経験する環境の範囲（ヤング率領域のように可逆的な！）をこえるようなストレス要因にさらされると，植物の成長速度は低下する．ストレス要因が通常範囲を大きくこえると植物も大きな傷害を受け，程度が甚だしいと植物はやがて死に至る．しかし，通常範囲を大きくこえない場合には，植物はそのストレス要因に馴化する．成長はもち直し，より厳しいストレス要因にも耐える状態になる．しかし，一般には，ストレス状態が長く続くと物質生産速度が低下しエネルギー状態が悪くなるので植物は弱る．また，あるストレス要因に対する抵抗性は，他のストレス要因に対する抵抗性の犠牲によって獲得される場合も多いので，問題としているストレス要因によってではなく，その他のストレス要因によって傷害を受けることも多い．

(2) ストレス要因

ストレス要因にはさまざまなものがあり，その中にはおたがいに関連性の深いものもある．図1.39はその関係をまとめたものである．ストレス要因には，非生物学的（あるいは物理，化学的）なものと，生物学的なものとがある．また，人間活動に関係するストレス要因はきわめて重要である．

(3) ストレス抵抗性（回避と耐性）

ストレス要因に植物が応答し抵抗性を示す場合，応答様式は，回避 (avoidance) と耐性 (tolerance) の2通りに大別できる．

乾燥，高温あるいは低温に対する種子や芽の休眠は，ストレス要因回避のよい例である．また，落葉樹における冬季や乾季の落葉も，低温や乾燥の回避戦略としてとらえることができる．一方，耐性は，ストレスを回避することなく，いわば真っ向勝負でストレスに耐えることを意味する．

回避と耐性という区別は，休眠についてはわかりやすいが，実際には区別できない場合も多い．たとえば，①塩類の濃度が高い土壌に生育する植物には，塩類を吸収し細胞質が種々のイオンおよ

1.7 ストレス

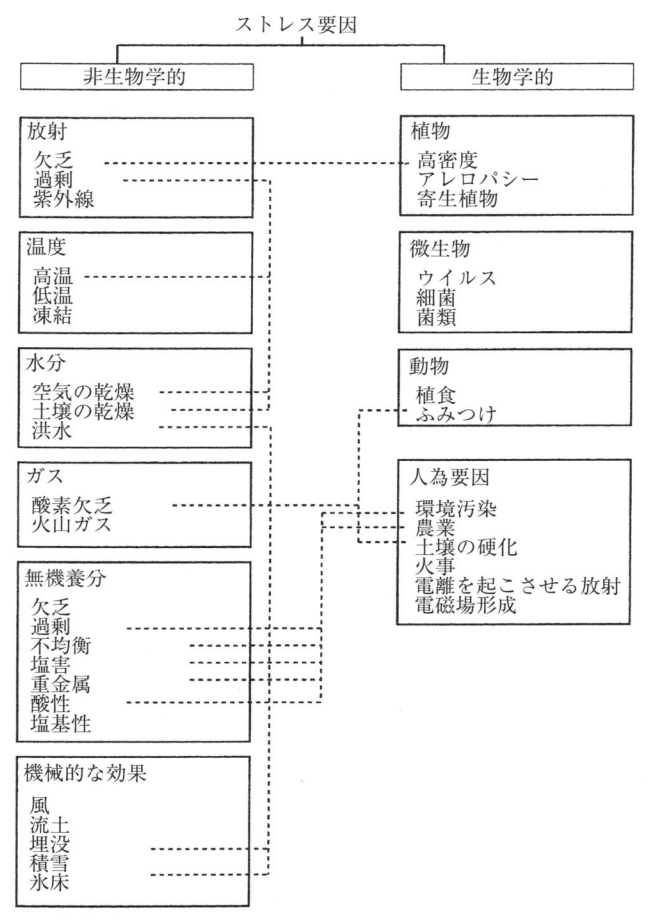

```
                    ストレス要因
              ┌──────────┴──────────┐
          非生物学的                生物学的

    ┌─────────────────┐      ┌─────────────────┐
    │ 放射            │      │ 植物            │
    │  欠乏           │      │  高密度         │
    │  過剰           │      │  アレロパシー   │
    │  紫外線         │      │  寄生植物       │
    └─────────────────┘      └─────────────────┘

    ┌─────────────────┐      ┌─────────────────┐
    │ 温度            │      │ 微生物          │
    │  高温           │      │  ウイルス       │
    │  低温           │      │  細菌           │
    │  凍結           │      │  菌類           │
    └─────────────────┘      └─────────────────┘

    ┌─────────────────┐      ┌─────────────────┐
    │ 水分            │      │ 動物            │
    │  空気の乾燥     │      │  植食           │
    │  土壌の乾燥     │      │  ふみつけ       │
    │  洪水           │      └─────────────────┘
    └─────────────────┘
                             ┌─────────────────┐
    ┌─────────────────┐      │ 人為要因        │
    │ ガス            │      │  環境汚染       │
    │  酸素欠乏       │      │  農業           │
    │  火山ガス       │      │  土壌の硬化     │
    └─────────────────┘      │  火事           │
                             │  電離を起こさせる放射 │
    ┌─────────────────┐      │  電磁場形成     │
    │ 無機養分        │      └─────────────────┘
    │  欠乏           │
    │  過剰           │
    │  不均衡         │
    │  塩害           │
    │  重金属         │
    │  酸性           │
    │  塩基性         │
    └─────────────────┘

    ┌─────────────────┐
    │ 機械的な効果    │
    │  風             │
    │  流土           │
    │  埋没           │
    │  積雪           │
    │  氷床           │
    └─────────────────┘
```

図 1.39 ストレス要因とその相互作用 (Larcher, 2001)
点線は相互作用を示す.

びその浸透圧に耐える, ②吸収するが細胞質とは異なるコンパートメントに集積する, ③多肉化によって塩類濃度を希釈する, ④篩管により塩類を再転流する, ⑤塩化ハロゲンとして排出する, ⑥塩類腺によって塩類を排出する, ⑦塩類を根の内皮において排除する, などの戦略をとっている. ①はまさに耐性だといえようが, これにしても, シャペロン（様）タンパク質などの存在によって, 重要な機能タンパク質が直接塩類のイオンにさらされないようにしている. したがって, 回避の要素もある. ②〜⑦は, より明確な回避の要素をもっている.

乾燥に耐性の植物が深い根をもっていることにも, 乾燥の回避の側面が感じられる.

(4) 耐性と回避はどちらが優れた戦略か

サボテンやベンケイソウは, 夜に気孔を開いて CO_2 を取り込んでいったん有機酸として蓄え, 昼間気孔を閉じた状態で有機酸から CO_2 を取り出してカルヴィン-ベンソン（Calvin-Benson）回路で再固定する. この代謝を CAM（Crassulacean acid metabolism, CAM 代謝）とよぶ. よく晴れた砂漠では, 夜は放射冷却のため冷え込み植物体も冷却される. このため, 気孔を開いても蒸散で失う水蒸気は少ない. 逆に, 結露が起こることさえある. 乾燥する昼間に気孔を開かないですむため, CAM 植物は乾燥に対して耐性がある（昼夜の気孔の開閉パターンを逆転させることで, 昼間の乾燥を回避するという性格もある）.

ところが，CAMが分布するのは，砂漠でもそれほど乾燥が厳しい場所ではない．より乾燥の厳しい地域では，CAM植物ではなく，普段は種子の状態で休眠していて，生活環をまわすのに十分な降水があったときだけに生育するC_3植物が存在している．これらの植物は，砂漠短命植物（ephemeral）あるいは雨依存一年生植物（pluvio-therophyte）とよばれる．

これらの植物は，種子の段階で花芽まで準備しておいて，花を咲かせ果実が熟すのに十分な降水があったときに，一斉に発芽，成長，開花し，その生活環を終了させる．このように生存という観点だけから評価すると，ストレス要因への抵抗性が高いのは回避の戦略をとる植物だといえよう．

ともあれ，農業生産あるいは植生回復などのために，ストレス要因を完全に回避するような植物は使えない．それらは生育に不適な期間，成長を止め，休眠してしまい，役にたたないからである．

(5) ストレス応答研究の動向

ストレス応答に関する研究は，分子生物学の発展や，測定機器の発達により，図1.40に示したストレス応答の諸相に関して知見が蓄積されつつある．とくに，ストレス要因の刺激受容機構ならびにシグナル伝達機構については最近20年で大きな進歩が見られた．たとえば，低温と乾燥のシグナル伝達とそのクロストークについては篠崎らの一連の研究（Yamaguchi-Shinozaki and Shinozaki, 2006）がある．

ストレス耐性を賦与するメカニズムも数多く同定されてきた．多くのストレス応答に共通して，活性酸素消去系あるいはレドックス制御系や，分子シャペロンの発現が重要であることが見出された．また，これらの遺伝子を発現させた形質転換植物を使った研究も盛んである．

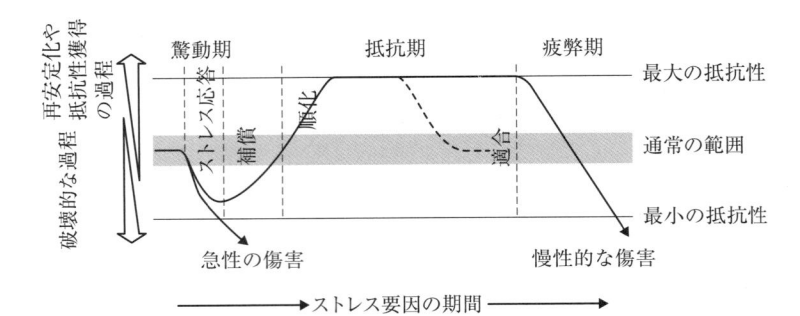

図1.40 ストレスに応答して起こる事柄の段階モデル（Larcher, 2001）
ストレス要因によって機能が低下する驚動期（初期），この低下が補償される補償期，補償機能以上のレベルのストレス耐性が備わる順化（ハードニング）期に分けられる．長期間のストレス状態により植物は疲弊し，やがて慢性的な傷害を被る．驚動期のストレス要因による刺激が強すぎると急性の傷害を受ける．

ストレス生理学には，いくつかの問題もある．研究としての結果を明らかにするためか，つい激しいストレス刺激を与えてしまいがちなこともその一つである．自然界で実際にありうるストレス要因よりも激しい刺激を与えると，自然界で実際に植物が行っているストレス応答とは異なる反応も起こってしまう．かくして，自然界で起こる初発応答を見逃してしまうばかりでなく，諸説が定まらないという結果を生む．

今後は，ストレスの与え方，形質転換植物を使った個体レベルにおける実験手法などにおいて，より野外で実際に起こる状況を考慮した研究が必要となっていくだろう．　　〔寺島一郎〕

参考文献
Larcher, W. (2001) *Ökophysiologie der Pflanzen* 6. Auflage, Eugen Ulmer, Stuttgart.（佐伯敏郎，舘野正樹監訳．植物生態生理学．第2版．シュプリンガー・フェアラーク東京）
寺島一郎編（2001）：環境応答，朝倉書店．
Yamaguchi-Shinozaki, K. and Shinozaki, K. (2006) Transcriptional regulatory networks in cellular responses and tolerance to dehydration and cold stresses. *Annual Review of Plant Biology*, **57**: 781-803.

a. 土壌問題

　土壌を培地として生育する植物では，土壌のpHや養分の供給が植物にとっての大きなストレスとなり，生育を阻害する場合が多い．このような状況は一般に問題土壌とよばれ，土壌pHが低い酸性土壌，高いアルカリ性土壌および土壌の養分供給量が低い貧栄養土壌に類別される．

1) 酸性土壌

　植物の生育が良好に保たれるpH 6〜7の土壌よりも，はるかに低いpH 4〜5の土壌をいうが，厳格な酸性領域の指定はない．温帯から亜熱帯・熱帯地域にかけての多雨地域では塩基類（カルシウム，マグネシウム，カリウム，ナトリウム）の流亡が激しく起こったり，冷涼な地域では有機物の不完全な分解による有機酸や腐植酸が集積したりして，酸性土壌が出現しやすい．酸性土壌では種々の養分の吸収が困難になり，植物の生育は著しく不良となる．とくにリン酸は，土壌中のアルミニウムや鉄といち早く結合して不動態化し，植物への可給性が減少する．アルミニウムは酸性状態で活性化され（活性アルミニウム），植物根に大きな障害を与える．わが国には，火山灰土壌や赤黄色土壌などの酸性土壌が広く分布する．

2) アルカリ土壌（図1.41）

　pH 8.5以上で，かつ，交換性陽イオンのうちナトリウムイオンの占める割合（exchangeable sodium percentage：ESP）が15%以上の土壌をいう．乾燥地域または半乾燥地域で，地下水位が高いところでは，土壌中を移行しやすいナトリウムイオンが表層に移動・集積し，炭酸イオンなどと結合して，アルカリ性の強い塩を生成して土壌pHを高める．そのような地域ではpH 10をこえる土壌もめずらしくはない．pH 10以上の土壌では，植生の退化が顕著で，ほとんど裸地化している．アルカリ土壌では，鉄イオンが水酸化物となって安定化するため，植物の鉄欠乏症状が発現しやすい．

3) 貧栄養土壌

　土壌成分の中で粘土や腐植は物質を吸着・保持する力が強いので，このような成分を多く含む土壌は栄養塩類を多く含むが，少ない土壌では貧栄養土壌になりやすい．土壌が物質を吸着・保持する力を表現するのに，陽イオン交換容量（cation exchange capacity：CEC）が用いられるが，マサ土とよばれる花崗岩風化土壌や砂土壌はいずれもCECが低く，貧栄養土壌の代表例である．酸性土壌も植物の生育に必要な栄養塩類が欠乏していることから，CECが高くても栄養塩類の保持が少なくなるために貧栄養土壌の一種といえる．CECの低いマサ土や砂土壌は植物体を支持する園芸培地としても利用されるが，そのときは液体肥料などを外部から提供する必要がある．

〔松本　聡〕

図1.41 アルカリ土壌（筆者撮影）
わずかな窪地（白色部分）でもナトリウムが集積して土壌がアルカリ化する．

b. 水ストレス

　葉における蒸散が根からの吸水に勝ったときに起きるストレスのことである．多くの場合，土壌が乾燥して吸水が困難になることが原因である．気孔を閉じたとしてもクチクラ蒸散が続くため，土壌からの水の供給がなければこの水ストレスを回避することはできない．土壌が十分に湿っていても，葉が気孔を開けすぎることで生じる水ストレスもあるが，これは気孔を閉鎖することで解消される一過的なものである．

　植物の中には，水をある程度失っても再び吸水できれば生理活性が復活する変水植物と，水をある程度失うと枯死する恒水植物がある．前者はコケ，シダに多く見られるが，一部の種子植物も変水植物である．しかし一般には，種子植物は恒水植物である．両者の間の生理的な違いは，水を失ったときに細胞小器官やタンパク質が保護されるかどうかということである．

　日本のような湿潤な気候であっても，水ストレスが生じる環境は存在する．保水力の低い岩尾根や砂礫地などがその典型であり，クチクラ蒸散の小さな針葉樹などが生育している（図1.42）．

　また，冬季にも水ストレスは生じる．冬季，道管の凍結融解によって道管内に気泡が生じることがある．この気泡が道管内の水の移動を妨げることで，水ストレスが生じる．これを凍結融解によるエンボリズムとよぶ．エンボリズムは，道管をもち，かつ冬季にも蒸散の起きる常緑広葉樹にとってもっとも問題となり，常緑広葉樹が寒冷地に分布できないことの一つの原因となっている．

　道管よりも細い仮道管ではエンボリズムが起きにくいため，寒冷地には仮道管をもつ常緑針葉樹が分布することになる．冬季の最低気温がマイナスになる地域では，高い茎をもつ草本が冬にその茎を維持することはない．これは凍結融解によって茎に生じるエンボリズムが原因となっている可能性が高い．

〔舘野正樹〕

図1.42 岩尾根のヒノキ（口絵3）

c. 温度ストレス

　温度は植物の生育を規定する環境要因のうち，もっとも主要なものである．温度ストレスは温度変化の方向と幅および変化時間の違いにより，さまざまな形で生物の細胞構成成分とその代謝に，広範囲に影響を及ぼす．一般に，常温性の植物における温度ストレスとは，熱ショック，緩やかで長時間の高温，氷点以上の低温，凍結の四つが考えられ，植物はそれぞれにふさわしい適応機構を発達させている．植物の温度ストレスへの応答で興味深い点は，あらかじめ致死的でない温度ストレスを与えておくと，耐性能を獲得し，その後極端な温度変化に曝された場合でも，生存できることである．この性質を人工的に操作して，耐性能を高めた遺伝子組換え植物が作製されている．たとえば，低温・乾燥ストレス条件で，多数の遺伝子の発現を制御する転写因子 CBF/DREB の発現を高めたシロイヌナズナでは，低温ストレス誘導性遺伝子の発現が高まり，耐凍結能・耐乾燥能が獲得されることがわかっている．この結果は，植物の温度ストレス耐性機能を理解し，それを人工的に改変することにより，植物のストレス耐性能を増強できる可能性を示したもので，将来的にきわめて重要な示唆を含んでいる．

　温度変化は細胞内のあらゆる成分に影響するが，その中でもとくに細胞膜は温度変化に敏感である．細胞やオルガネラが正常に機能するためには，それらを形成する膜の流動性が適性に維持される必要があるが，脂質二重層からなる細胞膜は，温度が低下すると流動性が低下し，また高温条件では流動性が高まり二重層を維持できなくなる．植物や微生物，変温動物では，環境温度の低下に伴い細胞膜脂質の脂肪酸不飽和化酵素を誘導し，脂質の不飽和度を上昇させ，流動性を維持する機構が存在する．脂肪酸の不飽和化酵素の欠損変異株では，その応答ができなくなるため，低温感受性となる．また，凍結が起こるような低温では，凍結による水分活性の低下により脂質二重層が形成できなくなる．低温順化の過程で発現するCor15aタンパク質により，凍結条件下で膜構造が維持されることが証明されている．これらの結果は，膜脂質の適正な流動性・構造の維持が温度ストレス耐性に重要であることを示している．

　細胞膜はまた，温度変化の受容場所としても重要な役割を果たしていると考えられている．シアノバクテリアでは，ベンジルアルコールにより膜脂質の流動性を高めると，熱ショック応答が見られ，膜脂質脂肪酸の不飽和結合をパラジウム触媒を用いて還元して膜脂質の流動性を低下すると，低温応答が誘導されることが示されている．以上の結果は，温度変化により引き起こされる細胞膜脂質の流動性の変化が，シグナルとして検知されることを示唆する結果である．シアノバクテリアや枯草菌では，細胞膜局在型のヒスチジンキナーゼが低温センサーとしてはたらき，動物では低温あるいは高温で活性化される膜局在型のイオンチャネルがセンサーとして機能することが知られている（図1.43）．今後は，これらの温度センサーがどのような分子機構で活性化され，温度順化のための遺伝子発現にシグナルが伝達されるのかについての解析が必要である．

〔鈴木石根〕

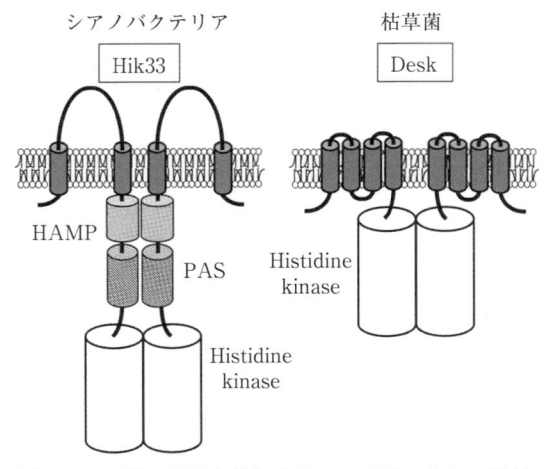

図1.43 2種の低温を検知するヒスチジンキナーゼが，シアノバクテリアと枯草菌から同定されている．ともに膜貫通ドメインをもつタンパク質であるが，その構造は異なっていた．（坂本・村田，2002；一部改変）

d. 強光阻害

　光阻害（photoinhibition）は，コック（B. Kok, 1956）によって，「光合成生物において強光が光合成活性を低下させる効果」と定義され，1980年代から盛んに研究されてきた．

1）光化学系 II の光阻害

　光化学系 II の反応中心を擁する D1 タンパク質（電気泳動をすると diffuse band となることから命名された）は光によって破壊される．壊れた D1 タンパク質は分解されてチラコイド膜から引き抜かれ，新規に合成された D1 タンパク質と差し替えられる．この過程は弱光下でも起こり，D1 タンパク質の半減期は弱光下で数時間，強光条件下では数十分程度であるという．

　生葉では，光条件下で D1 タンパク質の破壊と新規合成と差し替えが同時に起こっている．非破壊的な蛍光分析などを用いて観察される光阻害は，これらの反応の差し引きの結果である．強光下では破壊のほうが早く修復が追いつかないが，弱光下では破壊が遅いため十分な修復が起こる．リンコマイシンなどのタンパク合成阻害剤で処理した葉では修復反応が起こらないので，破壊反応だけを観察することができる．

　D1 タンパク破壊のメカニズムについては諸説ある．

　ⅰ）**受容体側仮説**（アクセプターサイド，acceptor side）：D1 タンパク質からプラストキノンプールまでが還元され，光化学系 II からプラストキノンへ電子を受け渡すためのキノンのドックである Q_B サイトが空の状態では，光化学系 II の第一電子受容体である Q_A サイトの電子がプラストキノンプールに流れない．このときクロロフィルの二量体である反応中心 P680 が励起されても，電子の行く場はなく，P680 は，三重項励起状態となり，続いて O_2 に電子が渡ると一重項状態の酸素，$^1O_2$，ができる．これが D1 破壊の原因となるというもの．

　ⅱ）**供与体側仮説**（ドナーサイド，donor side）：チラコイド膜内腔が酸性化されると，水分解系のマンガンクラスターから反応中心 P680 への電子移動が遅れる．このような状態で，P680 と P680 に電子を渡す D1 タンパク質のチロシン残基（Y_Z とよばれる）が，P680$^+$，T_Z^+ の状態となるとこの間の部分が破壊される．これは P680$^+$ がまわりから電子を引き抜くことによって起こる酸化反応によるとされ，O_2 がない状態でも起こる．

　ⅲ）**二段階仮説**（two step）：光化学系 II の酸素発生系のマンガンクラスターは紫外線や青色光を吸収する．光阻害の詳細な作用スペクトルをとると，クロロフィル吸収と重なる可視域と，マンガンクラスターの吸収帯にピークがある．まずマンガンクラスターが破壊され，その状態で ⅱ）が起こると D1 が破壊されるという説である（図1.44）．この研究の過程で，D1 タンパク質の修復過程が活性酸素に弱いことが発見された．

　今後は，*in vivo* の条件でどのメカニズムで D1 が破壊されるのかを定量的に検討しなければならない．

2）光化学系 I の光阻害

　光化学系 I の光阻害は，キュウリなどの冷温（凍結を伴わない低温）感受性の植物で見出された．低温のために炭酸固定経路の活性が低下すると，それほど強くない光でも電子伝達鎖が過還元状態となる．このような状況で生じた大量の活性酸素を，消去系酵素は消去しきれない．中でも H_2O_2 は，還元された状態の鉄硫黄センター（F_X，F_A/F_B）との Fenton 反応によってヒドロキシラジカルを生成する．これがまず F_X，F_A/F_B，続いて反応中心 P700 を破壊することによって光化学系 I が阻害される．光化学系 I の修復は光化学系 II に比べて著しく遅いため，この阻害はほとんど不可逆的である．光化学系 I の阻害の研究は遅れていたが，最近は強光下では常温でも起こるなどの報告が相ついでいる．

3）光阻害の回避

　植物は光を受けなければ光合成はできないが，光合成能力以上に光を受けるとそれは阻害的には

たらく．このため植物は，葉の光合成活性の光環境馴化（数日〜週），葉の角度や細胞内の葉緑体の位置の調節（数分〜数十分），アンテナ色素から反応中心への励起エネルギー伝達効率の調節（数十秒〜数分），循環的電子伝達経路の駆動（数秒〜）などのさまざまな光阻害回避メカニズムを発達させている．ほぼ不可逆的な光化学系I阻害の回避のためには，光化学系IIの励起エネルギー伝達効率調節や光化学系IIの光阻害自身が役立っている．

〔寺島一郎〕

参考文献

Andersson, B. and Aro, E.-M. (2001) Photodamage and D1 protein turnover in photosystem II. In *Regulation of Photosynthesis*（Aro, E.-M. and Andersson, B. eds), pp.377-393, Kluwer.

Hihara, Y. and Sonoike K. (2001) Regulation, Inhibition and Protection of Photosystem I. In *Regulation of Photosynthesis*（Aro, E.-M. and Andersson, B. eds), pp.507-531. Kluwer

Takahashi, S. and Murata, N. (2008) How do environmental stresses accelerate photoinhibition? *Trends in Plant Science*, **13**：178-182

徳富光恵, 園池公毅 (2002)：光環境の変動に伴う光合成系の機能制御，光合成（寺島一郎編）pp.163-179, 朝倉書店

日本光合成研究会編 (2003)：光合成事典，学会出版センター．

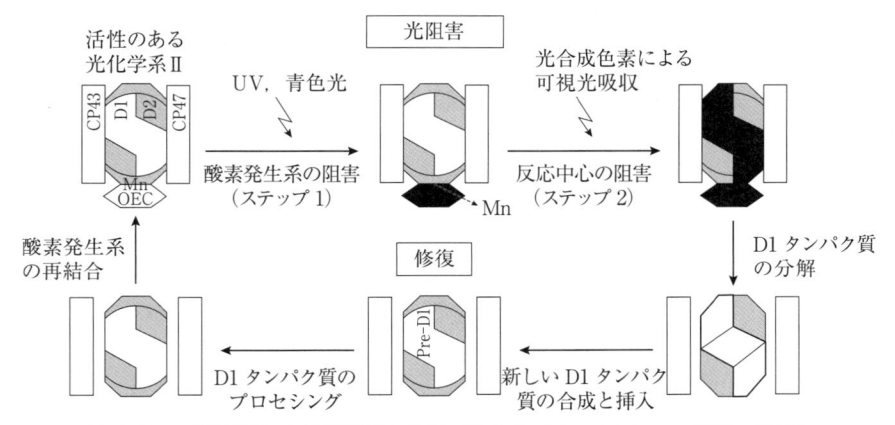

図1.44 二段階説による光阻害と修復（Takahashi and Murata, 2008；改変）
D1：反応中心を擁するD1タンパク質　　D2：D2タンパク質
CP43, CP47：光化学系IIコアを形成するクロロフィルタンパク質
Mn：マンガンクラスター　　OEC：酸素発生系

付録1　植物関連展示のあるおもな自然史系博物館

1) 開館日・時間をご確認のうえ，ご訪問ください．展示以外にも，自然観察などのイベントなどが開催されていることもあります．
2) より詳しい情報は全国科学博物館協議会〈http://www.kahaku.go.jp/jcsm/index.html〉西日本自然史系博物館ネットワーク〈http://www.naturemuseum.net/blog〉などでもチェックして下さい．

斜里町立知床博物館（北海道斜里町）　　http://shir-etok.myftp.org/
札幌市博物館活動センター（北海道札幌市中央区）　　http://www.city.sapporo.jp/museum/
岩手県立博物館（岩手県盛岡市）　　http://www.pref.iwate.jp/~hp0910/
富山県立山博物館（富山県立山町）　　http://www.pref.toyama.jp/branches/3043/3043.htm
富山市科学博物館（富山県富山市）　　http://www.tsm.toyama.toyama.jp/
ミュージアムパーク茨城県自然博物館（茨城県坂東市）　　http://www.nat.pref.ibaraki.jp/index.html
栃木県立博物館（栃木県宇都宮市）　　http://www.muse.pref.tochigi.lg.jp/
千葉県立中央博物館（千葉県千葉市中央区）　　http://www.chiba-muse.or.jp/NATURAL/
国立科学博物館（東京都台東区）　　http://www.kahaku.go.jp/
神奈川県立生命の星・地球博物館（神奈川県小田原市）　　http://nh.kanagawa-museum.jp/
横須賀市自然・人文博物館（神奈川県横須賀市）　　http://www.museum.yokosuka.kanagawa.jp/
福井県立恐竜博物館（福井県勝山市）　　http://www.dinosaur.pref.fukui.jp/
福井市自然史博物館（福井県福井市）　　http://www.nature.museum.city.fukui.fukui.jp/
滋賀県立琵琶湖博物館（滋賀県草津市）　　http://www.lbm.go.jp/
大阪市立自然史博物館（大阪府大阪市東住吉区）　　http://www.mus-nh.city.osaka.jp/
兵庫県立人と自然の博物館（兵庫県三田市）　　http://www.nat-museum.sanda.hyogo.jp/
倉敷市立自然史博物館（岡山県倉敷市）　　http://www.city.kurashiki.okayama.jp/musnat/
鳥取県立博物館（鳥取県鳥取市）　　http://site5.z-tic.or.jp/~museum/
徳島県立博物館（徳島県徳島市）　　http://www.museum.tokushima-ec.ed.jp/
北九州市立自然史・歴史博物館 いのちのたび博物館（福岡県北九州市）　　http://www.kmnh.jp/
宮崎県総合博物館（宮崎県宮崎市）　　http://www.miyazaki-archive.jp/museum/

2

植物の生活

総論

　陸上に見られる植物は，コケ植物，シダ植物，種子植物に分類される．これら陸上植物の生活は，固着状態での成長というより静的なフェーズと，送粉・散布などのより動的なフェーズから成り立っている．

　成長の過程では，植物は太陽エネルギーを利用して二酸化炭素と水から炭水化物をつくる．この過程は光合成とよばれる．また，窒素・リンなどの栄養素を土壌中から吸収する．このように，成長に必要な資源を，固着状態で獲得する点が，運動能力によって餌を取る動物との大きな違いである．このような固着生活を営むことに関連して，植物は葉，茎，根という三つの器官を発達させている．

　光合成に必要な光を受けるにはより広く，より高く植物体を展開する必要がある．この役割を担うのが，葉とそれを支える茎である．植物はまた，水や栄養素という資源獲得のため，土壌中に広く植物体を展開する必要がある．この役割を担うのが根である．根にはまた，地上部の葉と茎を支える固着器官としての役割もある．コケ植物に見られる葉・茎・根は，シダ植物や種子植物の葉・茎・根とは形態学的に異なる性質をもっているが，機能的には共通している．

　一方で，繁殖の過程では，植物は固着状態を脱し，さまざまな方法で移動する．この移動には，個体間の「交配」という側面と，親からはなれて分布を広げる「散布」という側面がある．種子植物では，「交配」は花粉（雄の配偶体）が風や昆虫などによって雌ずいに届けられることによって実現する．この過程は「送粉」（ポリネーション）とよばれる．一方，「散布」は，「種子」とよばれる散布に特化した小型の胞子体によって行われる．「種子」は，親植物から炭素や栄養素の供給を受けて成長し，胞子よりもはるかに大型の散布体となる．種子が散布される過程では，鳥類・哺乳類・アリ類などの動物が重要な役割を果たすことが多い．

　成長と繁殖・散布に大別される植物の生活は，さまざまな方法で餌をとり，また移動をする動物の生活に比べて，一見単純に見える．しかし，現実には陸上植物には約25万種が知られており，その数は脊椎動物の総種数よりもはるかに多い．その著しい多様性は，成長のフェーズにも，繁殖・散布のフェーズにも見ることができる．

　どの程度の大きさに成長するかという点では，一方の極に，森林の林冠に到達する高木があり，他方の極に小型の草本がある．その中間に，亜高木や低木がある．高木のように，大きな植物体に成長すれば，光を獲得するうえでは有利だが，支持器官により多くの資源を使う必要が生じる．より小型の植物体をもてば，支持器官の生産・維持にかかるコストは減るが，光をめぐる競争のうえでは不利である．どの程度のコストをかけてどの程度の大きさに成長するのがよいかという問題には，複数の解がある．植物の進化の過程では，さまざまな解が選択され，その結果植物の成長の仕方が多様化したものと考えられる．

　もっとも古い陸上植物の化石は，シルル紀中期（約4億年前）から知られている．*Cooksonia*と名づけられたこの植物は，根も葉ももたない小型の草本だった．10 cmにも満たない地下茎の先端に胞子嚢をつけていた．このような初期の陸上植物にとっては，体表からの水分の蒸発をいかに防ぐかが大きな課題だった．シルル紀後期にはより大型の陸上植物が進化したが，これらは表皮にワックスや鱗片をもち，植物体の水分を保っていた．ただし，水分を保つために表皮をすべてワックスなどでおおうと，二酸化炭素が吸収できない．そこで，二酸化炭素を吸収する空げきとして，気孔が進化した．シルル紀の陸上植物は，根や葉が未分化な状態だったが，すでに気孔をもっていた．

　デボン紀を経て石炭紀には陸上植物が大型化し，森林が形成された．大型の植物が進化する過

程では，根や葉が分化するとともに，効率のよい水分通道組織が進化した．光合成を行うためには二酸化炭素が必要なので，かならず気孔を開く必要があるが，気孔を開けばそこから水分が蒸発するというジレンマがある．植物が光合成をしている過程では，根から吸い上げられた水が，葉の気孔から絶えず蒸発している．このような水の流れによって生じる圧力によって，葉身がピンと広がった状態が維持されている．しかし，水不足に陥ると，植物は葉の気孔を閉じ，植物体の水分の蒸発を抑制する．このような状態が続くと，葉身は圧力を維持できず，しおれた状態になる．

高木が進化し，森林が形成される過程で，林床（林の下）に生活する草本が多様化した．林床の草本は，高木ほど多量の水を必要としないが，より暗い光の下で成長しなければならない．このため，より弱い光の下でうまく光合成をできるような性質をもっている．

また，林の中の光環境は多様であり，木漏れ日がよくあたる場所がある一方で，常時暗い場所もある．また，水環境も多様であり，沢に近い場所では水分が多く，尾根では少ない．栄養素の分布にも大きな偏りがある．このような環境の異質性に応じて，林床草本の多様化が生じた．一般に，小型の植物ほど，環境の違いに応じてさまざまな生活の仕方を発達させている．草本や低木のほうが，高木よりも種数が多い理由の一つは，より微細な環境の違いに適応して種が分かれているためだと考えられる．

このように，植物は光・水・栄養素という限られた資源をめぐって競争している．そして，どの程度の大きさに育ち，どのような形をとるかという点で多様化している．このような違いに着目して分類した植物のタイプを，生活形という．生活形の違いをもたらす要因には，競争のほかに，攪乱やストレスがある．

攪乱とは，植物体の一部または全部が，強風・洪水などの作用で失われることをいう．頻繁に攪乱がある場所では，一年草や陽樹など，攪乱後にすばやく定着し，短期間で繁殖を終えて，つぎの場所に分散していく種が多く見られる．ある環境で，1個体が生存期間中にどれだけ子孫を残せるかを適応度という．自然淘汰による進化は，より高い適応度と関連した性質が子孫の中に広がっていく過程である．攪乱が頻繁に生じる環境では，繁殖を開始するまでの期間が短く，分散力が高い個体ほど，適応度が高いと考えられる．

ストレスとは，成長を制限する要因のことである．光・水・栄養素という資源のいずれかが限られた環境では，競争に勝つよりもむしろ，ストレスに耐えることが重要になる．たとえば，水分が限られた砂漠の植物では，多肉質の葉をつけて水を蓄え，乾燥に耐えている．水分が限られた環境では，いちはやく繁殖し，分散するよりも，乾燥に耐えて長く生きる能力が高い個体ほど，適応度が高いと考えられる．このため，砂漠の植物は一般にゆっくりと成長し，寿命が長い．

地球上には，熱帯から極地にかけての温度の勾配があり，また，地域によって年間の雨量や，季節による雨の降り方に大きな違いがある．このような違いに応じて，さまざまな生活形が進化しており，それぞれの環境で優占する生活形によって，群落のタイプも異なっている．もっとも暖かく，年間を通じてもっとも雨の多い場所では，熱帯雨林が見られる．熱帯雨林では，高木の中に高さの違う階層があり，もっとも高い木の樹高は60～70 mに達し，「超出木」とよばれている．熱帯雨林では，このような超出木を含む高木の幹や枝に多数の着生植物が見られる．しかし，林床は暗く，林床植物の多様性は限られている．

東アジアの島嶼や沿岸域では年間を通じて雨量が多いため，熱帯雨林から亜熱帯の常緑林，暖温帯の照葉樹林に至るまで，常緑広葉樹が優先する林が連続している．冷温帯では葉の維持が困難な冬に落葉する落葉樹林が発達し，さらに北の地方では，常緑の針葉樹が優占する亜寒帯林が見られる．高木の樹種の多様性は熱帯雨林でもっとも高く，緯度が高い地域ほど減少し，亜寒帯林でもっとも低い．この理由は，まだ正確にはわかっていないが，種ごとに生活の仕方が違うという考え方では説明が難しい．熱帯では新しい種ができやすい一方で絶滅が起き難く，温帯や亜寒帯では種形

成の速度が遅い一方で，氷期などに絶滅が起きやすかったという仮説が有力視されている．

東アジアでも，大陸の内部では雨季と乾季の違いが顕著になり，熱帯季節林や亜熱帯季節林が発達する．このような季節林（モンスーン林）では，乾季に多くの樹木が落葉する．乾季は，葉の維持が困難な時期という点で，植物にとっては冬に似ている．落葉は，葉の維持に不適な時期を耐え抜くための適応だと考えられる．

大陸の西岸では，冬に雨が多い地中海型の気候が見られ，乾燥に適応した低木や草本が優先する独特の植生が発達する．また，地中海型気候下の植生では，山火事や野火が多く，大規模な火事によるかく乱が植物の多様性を維持するうえで大きな役割を果たしている．火事が起きないと，競争に強い種への遷移が進むが，火事があると競争に弱い種が存続できるのである．競争に弱い種は，葉などに多量の油を蓄積し，燃えやすい性質をもつことで，競争に強い種に対抗していると考えられている．また，種子には熱や煙で休眠が打破される性質があり，火事のあとでいち早く発芽する性質をもっている．

年間を通じて雨量が限られた場所では，森林は成立せず，草本が優先するサバンナや砂漠になる．サバンナや砂漠というと，植物の多様性が低い場所と考えられがちだが，実際には乾燥に適応したさまざまな植物が見られる．多肉植物はその例で，サボテン科，トウダイグサ科，ツルナ科，キク科などさまざまな系統で，多様な形態の多肉植物が進化している．ただし，砂漠の中でもとくに水分が限られた場所（たとえば，ゴビ砂漠のような砂が卓越した砂漠）では，ごく限られた植物しか生育できない．

以上のように，地球上の植生の分布は主要には温度と水によって決定されている．このため，同じ場所で生活する植物はたがいに類似している．どの程度の大きさに成長するか，何年間生きるかによって，高木・低木・多年草・一年草などの生活形に分類できるものの，同じ生活形の植物どうしの成長の仕方は似ている．一方で，送粉や種子散布に着目すると，同じ生活形の植物の中に，著しい多様性が見られる．送粉や種子散布という点での生活の仕方の違いが，植物の多様性を生み出し，維持しているもう一つの重要な要因である．

植物の送粉は，風媒と動物媒に大別される．このほか，一部の水生植物では水によって花粉が運ばれる．風媒では，風という物理的な力で花粉が運ばれるため，花弁のような送粉動物を誘引するための器官が不要である．このため風媒は，同種の密度が高い場合にはきわめて効率のよい送粉システムである．森林を構成する高木に関しては，種多様性が低く，特定の種が優占している高緯度地域では風媒が多い．一方で，種多様性が高く，同種の個体数が少ない熱帯林では，風媒は少ない．

動物媒の花は，花弁の色や香りで送粉動物を誘引するだけでなく，送粉動物への報酬として，花蜜を分泌することが多い．さらに，動物媒の花では，花粉が送粉動物によって消費されるというコストがかかる．花粉は配偶子なので，植物としてはできるだけ摂食されないほうが有利である．このため，動物媒の花では多数の雄ずいを順々に成熟させるといった工夫によって，花粉が一度に消費されるのを防いでいる．

送粉を行う動物は，昆虫類，鳥類，哺乳類などである．日本では，大部分の送粉動物は昆虫類であり，とくにハナバチ類とハナアブ類の貢献が大きい．ハナバチ類には，社会性をもち，ワーカー（働き蜂）が花蜜や花粉を集めて女王の子育てを助けるマルハナバチ類やミツバチ（日本には在来亜種のニホンミツバチと養蜂に用いられるセイヨウミツバチがいる），単独生活をするクマバチ，ヒメハナバチ類，コハナバチ類などがいる．このうち，マルハナバチ類は送粉昆虫としてとくに有効であり，トマトの受粉用にセイヨウオオマルハナバチが利用されているほどである．

マルハナバチ類はセイヨウミツバチに比べ，花粉の収穫量が少なく，また植物個体間の移動頻度が高いことが知られている．一方，セイヨウミツバチは同じ株に長くとどまるため，植物の個体間で花粉を運ぶ効率が悪く，植物にとっては花粉が消費されるという負の側面のほうがしばしば大き

い．また，ヒメハナバチ類，コハナバチ類などの単独性ハナバチや，やはり単独性のハナアブ類は，社会性ハナバチのワーカーと違って気まぐれで，一般に送粉効率が低い．このため，植物にとっては，マルハナバチ類に特化するほうが有利な面がある．一方で，マルハナバチ類に特化するうえでは，より目立つ花をつける必要があり，それにはコストがかかるというジレンマがある．マルハナバチ類に特化した花は，イカリソウやサクラソウのように長い距や花筒をもち，多量の花蜜を分泌し，アントシアニンなどの色素で花弁を彩っていることが多い．一方で，単独性のハナバチ類やハナアブ類に送粉される花は，より小型で地味であり，十分な花粉が受け取れなかった場合には自家受粉によって種子をつくる性質をもっていることが多い．

新大陸では，ハチドリ類が普通に生息しており，多くの植物の重要な送粉動物となっている．ハチドリ類に特化した花は，一般に赤い花をつけ，長い花筒をもつ．このため，園芸植物として利用されることが多い．日本の野生植物で，赤い花をもつ種が少ないのは，日本にハチドリ類が分布していないためと考えられる．日本の野生植物で鳥（メジロなど）に送粉されるのは，ツバキやオオバヤドリギであり，いずれも赤い花をつける．ハチドリ類は赤い花を好む習性があると考えられていたが，最近の研究によって，色よりも花蜜の量に強い選択性を示すことがわかった．その結果，ハチドリ類に送粉される花に赤色が多いのは，赤色はハナバチ類に見えないので，花蜜をハナバチ類に消費されることがないためと考えられている．

種子散布は，重力散布，風散布，水散布などの物理的な力による場合と，動物による場合に大別される．ただし，物理的な力で散布された種子が，さらに動物に散布されることも多い．また，鳥類によって散布された種子をさらに昆虫が運ぶなど，二段階の動物散布が行われることもある．送粉の場合と同様に，動物散布種子では動物を誘引するためのコストがかかる．

日本では，種子散布の主役を担うのは鳥類である．鳥類は夏までは昆虫を餌として子育てをし，秋には種子をよく利用する．また，秋には多くの渡り鳥が日本に訪れる．このため，鳥類に種子散布される樹木の多くは，春に開花しても，すぐに果実を成熟させずに，秋になってはじめて果実を成熟させ，果実の色を緑色から赤色などの目立つ色に変化させる．多くの樹木が秋に赤い実をつけるのはこのためである．例外として，ヤマザクラなどのサクラ類は，開花後すぐに果実を成熟させる．ヤマザクラの果実は，ヒヨドリが好んで食べる．ヒヨドリは甘い果実が好きで，昆虫のほかにヤマザクラの果実を巣に運んで雛に給餌することもあるという．ヤマザクラの果実はまた，地上に落下したあと，アナグマやタヌキ・テンなどの哺乳類によって食べられる．これらの哺乳類は，甘い果実を好む習性があり，クワ・アケビ・イヌビワなど人間が食べても甘い果実をよく食べ，これらの植物の重要な種子散布者になっている．

果実を食べる鳥類の多くは，果肉だけを食べ，種子を散布するので，植物とは相利関係にある．一方，多くの草食動物は，植物を食糧とするだけで，植物にはなんら利益を与えないので，植物とは敵対的な関係にある．このため，植物は多くの草食動物に対して，できるだけ食害を防ぐために，さまざまな防御機構を進化させている．森や草原が緑で覆われているのは，植物の防御機構によって，草食動物による摂食が抑制されているためだと考えられている．

もっとも一般的な防御機構は，葉の中に蓄積されるさまざまな化学物質である．健康増進の効果があると注目を集めているポリフェノール類は，その代表例である．リンゴやバナナが黒くなるのは，ポリフェノール類が酸化されるためであり，酸化されたポリフェノール類はタンパク質を変成させる効果が強く，草食動物の消化酵素のはたらきを阻害し，消化不良・便秘の原因となる．ポリフェノール類のうち，分子量が大きく，タンパク質と結合して凝集させる性質をもつものはタンニンとよばれる．多くの動物はタンニンを分解する酵素をもたないが，草食性哺乳類はタンニン分解酵素をもつ微生物を腸内に共生させ，タンニンの

多い植物を餌として利用することができる．しかし，このような草食性哺乳類においてすら，餌中のタンニンの一部は分解されないため，消化不良の原因となり，動物の成長を阻害する．

　タバコに含まれるニコチン，ベラドンナに含まれるアトロピン，トリカブトに含まれるアコニチンなどは，窒素分子を含む毒性成分であり，アルカロイドと総称される．タンニンが一般的な消化抑制物質であるのに対して，アルカロイドは交感神経など，特定の生理作用を強く抑制する毒物である．アルカロイドは毒性が高いので，防御物質としての効果は大きいが，植物自身にとって重要な栄養素である窒素を含む点で，タンニンよりも生産コストが高い．アルカロイドのような強い毒物は，特定の草食動物との敵対的な共進化が進み，「軍拡競走」とよばれる過程（毒性の進化と解毒作用の進化がたがいにエスカレートしながら進む過程）を経て進化したものと考えられている．たとえば，ウマノスズクサ類はアリストロキア酸というアルカロイドを進化させているが，ジャコウアゲハの幼虫は，このアルカロイドに対する解毒酵素をもち，ウマノスズクサ類を食草として利用している．

　植物がもつ刺は，シカなどの草食性哺乳類に対する物理的な防御機構であると考えられる．シカなどの草食性哺乳類の密度が高い地域では，アザミなどの刺の多い植物種が増える．また，同種の中でも刺がより発達した形態への可塑的な変化や，進化が起きることが知られている．

　植物にとっての敵は，草食動物だけではない．動物と同様に，植物もまた，さまざまな病原体（病原性のウイルス・バクテリア・菌類・線虫など）の脅威にさらされている．種子にはフサリウム菌などが感染するし，葉にはウドンコ病菌，サビ病菌，ススビョウ菌など，多くの菌が感染する．また，植物の葉に感染して病害を起こすウイルスも多い．根もまた，根腐れなどを引き起こすさまざまなバクテリア・菌や線虫などに感染される．これらの病原体は，植物よりも世代時間が短いため，宿主植物に対してすばやく適応進化する性質をもっている．このような病原体に対抗するために，植物は多様な抵抗性遺伝子を進化させている．抵抗性遺伝子による防御の仕組みは，動物の免疫系のうち，自然免疫とよばれる過程と共通点が多い．その意味で，植物もまた，免疫系をもっているといってよい．ただし，哺乳類などに見られる獲得免疫機構は植物にはない．

　植物に感染する微生物の中には，植物と共生し，植物との間に相利関係を進化させているものも少なくない．マメ科の根粒内で共生する根粒バクテリアの例は有名だが，このほかにも植物の根には菌根菌とよばれる一群の菌が一般的に共生し，植物に対してリンなどの栄養素の吸収を助ける一方で，植物から炭水化物を得ている．また，根に感染しようとする多くの病原性の微生物から植物を守る役割を果たしている微生物の存在が知られている．

　このような微生物との関係を含め，陸上植物は陸上生態系におけるさまざまな生物どうしの関係の土台となっている．しかし，植物とさまざまな動物や微生物との関係に関しては，まだわかっていないことがあまりにも多い．植物は動かないので，その生活は一見単純に見えるが，じつは動けないからこそ，動物や微生物との非常に複雑な関係の中で生活をしなければならないのである．

〔矢原徹一〕

2.1 植物の成長

　植物の成長の定義は，場合によって異なる．多くの場合，成長は乾燥重量の増加として定義されるが，たとえば種子の発芽直後の形態変化のような，乾燥重量の増加を伴わない体積の増加も成長とよばれる．ここでは，主として前者について説明する．

　植物の成長は，光合成によって支えられている．光合成は主として葉で行われ，光合成によって得られた炭水化物は葉および他器官に輸送され，組織の成長や維持，栄養塩の吸収などさまざまな活動に利用される．植物体は炭水化物のみからできているわけではなく，個体重の数％は窒素やリンなどの元素からなる．ある元素の供給が不足する場合は，個体の成長はその元素の供給速度によって決定される．このことは発見者にちなみリービッヒ（Leibig）の最少律とよばれる．成長に限らず，あるパフォーマンスが一つの要因によって速度が決まってしまうことを律速（limitation）とよぶ．律速の原因（この場合は，成長速度を決めている元素）を律速要因とよぶ．

　光合成によって得られた炭水化物の一部は葉の生産に使われ，時間とともに葉の量が増す．この結果，個体の成長速度は時間とともに増大する．窒素などの栄養塩の供給が植物の成長を律速しない場合，個体重は指数関数的に成長し，以下の式で表される．

$$W = W_0 \exp(rt)$$

ここで，W は個体重，W_0 は $t=0$ のときの W，t は時間である．r は相対成長速度（relative growth rate：R_{GR}）とよばれ，個体重あたりの成長速度に等しい．成長速度そのものは個体サイズに依存して変化するため，相対成長速度が成長の能力を表す指標として利用される．

　相対成長速度は，同一個体（遺伝子型）でも生育条件によって大きく異なる．また，同一条件でも種や遺伝子型によって異なる．この違いの生理的・形態的要因を解析するために，以下のような成長解析が提唱されている．

$$r = \frac{1}{W}\frac{dW}{dt} = \frac{1}{L_A}\frac{dW}{dt} \times \frac{L_A}{W} = \frac{1}{L_A}\frac{dW}{dt} \times \frac{L_W}{W} \times \frac{L_A}{L_W} \quad (1)$$

$$R_{GR} = N_{AR} \times L_{AR} = N_{AR} \times L_{MR} \times S_{LA}$$

ここで，L_A は個体の葉面積，L_W は個体の葉重量である．N_{AR} は純同化速度（net assimilation rate），L_{AR} は葉面積比（leaf area ratio），L_{MR} は葉重比（leaf mass ratio），S_{LA} は比葉面積（specific leaf area）とよばれる．

　この式は，個体の成長が葉の光合成に支えられていることを念頭に，R_{GR} の違いが葉の光合成の高低の違いによるのか，それとも葉の多寡によるのかを区別することを試みている．N_{AR} は葉面積あたりの成長速度であり，葉面積あたりの光合成速度を反映していると考えられる（実際は，光合成から個体の呼吸を引いたものである）．L_{AR} は個体重あたりの葉面積であり，この値が大きいほど相対的に光合成する面積が大きいことを意味する．L_{AR} を増加させるためには二つの方法がある．一つは，個体重の葉への投資割合（L_{MR}）を増やすこと，もう一つは葉を薄く広げること（S_{LA} を大きくすること）である．N_{AR} は光合成と呼吸という生理的な性質を，L_{AR}，L_{MR}，S_{LA} は形態的な性質を表すと考えられる．この式が考案されたのは 100 年以上前であるが，その簡便さと合理性が評価され，今なお多くの研究で利用されている．

野外では指数関数的成長が長期間維持されることはほとんどない．ほとんどの場合，植物の成長は水や窒素やリンなどの栄養塩の欠乏に律速されている．また，相互被陰や光合成能力の低下による N_{AR} の低下や，葉の枯死・支持組織（茎・根）への投資割合の増大による L_{AR} の低下も R_{GR} の低下を引き起こす．

式（1）を見ると，R_{GR} を高めるためには，葉へのバイオマス投資を多くするなどして L_{AR} を高めればよいことになるが，実際には葉だけをつくっていては植物は成長できない．他の器官へのバイオマス投資も不可欠な要素である．上記のように，成長には炭水化物だけではなく，水や栄養塩も必要である．これらの獲得を担うのが根である．根は地中に広がり，土壌中の水分や栄養塩を吸収する．とくに，リンなど地中を拡散しにくい栄養塩を吸収するためには，根が空間的に大きく広がっていることが必要である．根の水・栄養塩吸収がどれだけ植物の成長に貢献するかについては，多くのモデルが提示されている．「水分の利用」や「窒素の利用」で述べるように，利用可能な水や窒素の量が少なければ葉の光合成速度，すなわち N_{AR} が低くなる．つまり，根へのバイオマス投資は N_{AR} を高くするために必要である．実際に，水や栄養塩の供給が植物の成長を律速する条件では，植物は根へのバイオマス分配率を上げ，吸収速度を上げようとする．

多くの種では，茎の主たる役割は，葉の空間配置である．茎がなければ，葉の数が多くなるほど葉どうしの相互被陰が起こりやすくなり，光合成量が下がってしまう．また，隣接個体と光をめぐる競争をしている場合，光をより多く吸収するためには葉をより高い位置に展開しなければならない．葉の受光を効率よくすることが，茎のもっとも重要な役割である．また，根で吸収された水や栄養塩を葉に送ること，葉で生産された光合成産物を根に送ることも茎の重要な役割の一つである．

繁殖は，次世代のためのバイオマス投資と見なすことができる．栄養器官（葉・茎・根）へのバイオマス投資はなんらかの形で個体の成長に貢献するのに対し，繁殖器官への投資は自分自身への成長には貢献しない．したがって，繁殖器官への投資は自身の成長を犠牲にしていることになる．このことから，繁殖に入る時期は植物の成長に重要な意味をもち，多くの植物はある程度のサイズに達しないと繁殖に入らない．

このように，植物の成長は，いかにバイオマスを分配するかということの反映でもある．これまで多くの理論的研究によって，R_{GR} や種子生産，適応度を最大化する最適なバイオマス分配が検討されてきた．これらの研究から，おそらく自然選択の結果，植物のバイオマス分配は最適に近い制御を受けていると考えられている．〔彦坂幸毅〕

a. 光合成

ほとんどの植物は光合成によって生存・成長・繁殖のためのエネルギーを獲得する．光合成は葉緑体で行われる．光エネルギーはクロロフィルに吸収され，光化学反応，電子伝達反応などにより化学エネルギーに変換され，ATP と NADPH が合成される．ATP と NADPH を利用して CO_2 が固定され，糖が生産される．C_3 光合成ではカルビン–ベンソン（Calvin-Benson）サイクルによって CO_2 が直接同化される．C_4 光合成では，CO_2 が葉肉細胞でいったん C_4 化合物に取り込まれたあと，維管束鞘細胞に輸送される．維管束鞘細胞では CO_2 が再放出され，カルビンベンソンサイクルによって固定される．このような複雑な代謝系は維管束鞘細胞内で CO_2 を濃縮し，光呼吸を抑制し，光合成の効率を上げるためのものである．CAM 光合成では，夜に CO_2 が取り込まれ，リンゴ酸として液胞に蓄積される．昼には液胞から CO_2 が再放出され，糖生産に利用される（図2.1）．これは乾燥地などで蒸散が起こりやすい昼に気孔を閉じたままでも光合成をするための適応である．

飽和光下の光合成速度を光合成能力とよぶ．光合成能力は，同一の葉でもその葉齢によって異なる．草本植物では葉の展開が終了した頃に光合成能力が最大になり，その後低下する．木本植物では展開終了後数週間後に光合成能力が最大となる．寿命が長い葉の場合，生育環境の変化に応じて変化する．また，光合成能力は，同一種でも，個体や葉が経験する環境によって異なる．一般に，光合成能力は強光，富栄養条件で育った個体・葉で高い．このような環境に依存した変化を光合成の順化とよぶ．光環境の違いに対する順化においては，光合成能力だけでなく多くの葉の性質が変化する．弱光で育った葉（陰葉）に比べ，強光で育った葉（陽葉）は呼吸速度，葉の厚さ，窒素含量，ルビスコなどの光合成系タンパク質量，クロロフィル a/b 比が高い．こういった変化は，それぞれの環境で効率よい成長を実現するためのものであると考えられている．

光合成特性には，同じ C_3 光合成をもつ植物の間でさえ大きな種間差が認められる．さまざまな種の葉特性を解析すると，葉の乾燥重量あたりの光合成速度が高い種ほど比葉面積（葉面積/葉重比）が高く，葉の乾燥重量あたりの窒素濃度やリン濃度が高く，葉の寿命が短く，乾燥重量あたりの呼吸速度が高いという傾向があることが明らかとなった．これは，光合成を高くするか，葉を丈夫にして長く保つか，という二つの要因のトレードオフがあるためと考えられている．葉を丈夫にするためには，細胞壁や防御などに窒素やバイオマスなどの資源を投資する必要があり，光合成の効率が犠牲になるのであろう．このような葉の特性の違いは植物の生態学的特性とも相関があり，たとえばストレス耐性種よりも攪乱依存種で，遷移後期種よりも初期種で，常緑樹よりも落葉樹で，高標高種よりも低標高種で光合成速度が高い傾向がある．　　　　　　　　　　〔彦坂幸毅〕

参考文献
佐藤公行編（2002）：光合成，朝倉書店．

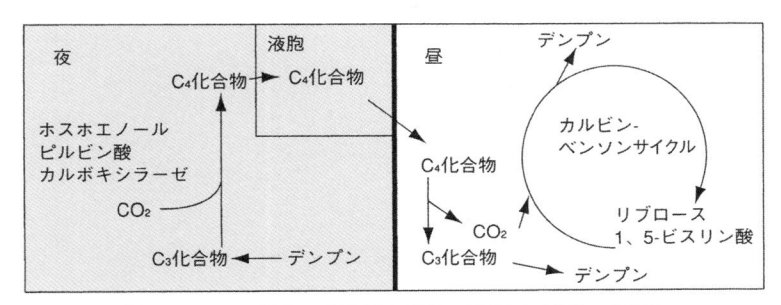

図2.1　CAM 植物の炭酸固定経路の概略図（佐藤，2002）

b. 呼吸の役割

　植物は光合成によってエネルギーを得るが，光合成は光がある場合にしか行うことはできない．植物は光合成によって得られたエネルギーを糖の形で蓄積し，必要に応じて糖を分解してエネルギーを取り出している．これが呼吸である．植物は光合成によって得た有機物の30〜70%を呼吸によって失っている．

　呼吸から供給されるエネルギーの使途の一つは新たな組織の生産である．組織の生産においては，炭素骨格の供給だけでなく，物質をつくるためのエネルギーが必要である．これを構成コスト（construction cost）とよぶ．後者の生産エネルギーは主として呼吸から供給され，そのための呼吸を構成呼吸とよぶ．ある物質1gを生産するために必要なグルコースの量（構成コストと炭素骨格の両方を含む）をグルコース当量（glucose equivalent）とよぶ．物質によってグルコース当量は異なる．たとえば，1gのタンパク質をつくるためには，炭素骨格と生産エネルギーの供給のために少なくとも1.54gのグルコースが必要である．

　もう一つの重要な使途は，細胞活動の維持である．タンパク質などの細胞内で活動している分子がなんらかの原因（たとえば，紫外線活性酸素など）により変性・失活した場合，修復あるいは新規合成するためのエネルギーが必要である．また，細胞膜などは膜の内外のイオンの行き来を遮断する役割があるが，一部のイオンは膜を若干透過してしまうため，バランスを保つためにイオン輸送を常時行わなくてはいけない．これらに利用されるエネルギーを維持コスト（maintenance cost）とよばれる．また，それを供給するための呼吸を維持呼吸とよぶ．

　植物の呼吸は，主として構成呼吸と維持呼吸に分けることができると概念的に考えられている．構成呼吸速度や維持呼吸速度がどれだけかを直接的に分けて測定することは難しいが，相対成長速度（重量あたりの成長速度）と呼吸速度を比較することによって間接的に推定することができる．縦軸に重量あたりの呼吸速度を，横軸に相対成長速度をプロットすると，正の相関を示し，直線で回帰できることが多い．Y切片，つまり成長がゼロのときの呼吸速度が維持呼吸，実際の呼吸速度と維持呼吸速度の差が構成呼吸とみなされる（図2.2）．ただし，この計算方法には批判も多い．

　成熟した組織の呼吸はほとんどが維持呼吸であると考えられる．呼吸速度は器官や種によって異なる．一般に，根や茎よりも葉で呼吸速度が高い．また，葉の呼吸速度は光合成能力と高い相関があることが知られている．これらの呼吸速度の差は，器官のタンパク質含量を反映していると考えられている．

〔彦坂幸毅〕

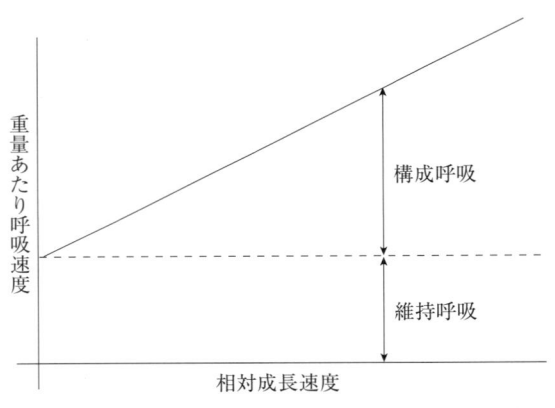

図2.2　維持呼吸と構成呼吸の計算方法

c. 物質生産

ここでの物質生産とは，生態系における生物の乾燥重量の増加を指し，多くの場合土地面積あたりで表される．純生産（純一次生産，net primary production：NPP）とは独立栄養生物の光合成および化学合成による総生産（総一次生産，gross primary production：GPP）から生産を行う生物自身の呼吸を差し引いたものである．これに対し，従属栄養生物による生産は，二次，三次生産などとよばれる．これらは，一般に生態系の生産力の評価に用いられ，1年間に土地面積あたり生産される乾重量（あるいは炭素量，エネルギー量）として表される．

ほとんどの生態系では，光合成生物による生産が純一次生産のほぼすべてを占める．純一次生産はさまざまな植生で測定されており，陸上では$0.5 \sim 2 \, kg$ 乾重 $m^{-2} \, year^{-1}$ である．純一次生産にはさまざまな要因が影響する．低温や乾燥によるストレスは総一次生産を低下させる．総一次生産のうち $20 \sim 80\%$ は呼吸で失われる．呼吸速度は温度が高いほど大きいため，呼吸/総一次生産比は温帯より熱帯で高くなる．また，森林では葉の量に比べ茎（幹・枝）の量が多いため，呼吸/総一次生産比が草地よりも高い．植生が吸収した光合成有効放射あたりの純生産量を光利用効率とよび，これは植物生産のエネルギー変換効率に相当する．自然植生で比較すると，光利用効率は熱帯雨林で 1.6% 以上と高く，極地方で低い．また，熱帯の農作物では 5% 程度になることもある．

生態系全体の CO_2 の出入りを純生態系交換（net ecosystem exchange：NEE）とよぶ．これは，光合成生物の純生産による CO_2 吸収から従属栄養生物（消費者・分解者）の CO_2 放出を差し引いたものである．

〔彦坂幸毅〕

d. 水分の利用

水は加水分解や光合成などさまざまな化学反応において利用され，また，溶媒としてさまざまな物質の蓄積や輸送に利用される．しかし，これらのために利用される水は，植物の成長のうえで必要とされる水のほんの一部である．植物は根から水を吸収するが，吸収した水のほとんどは，葉からの蒸散によって失われる．たとえば，光合成では1分子の二酸化炭素とともに，差し引き1分子の水が糖生産に利用されるが，C_3 植物の場合，蒸散によって失われる水の量はその数百倍から数千倍である．

蒸散には気化熱を奪うことによって葉の温度を下げるという役割もあるが，ほとんどの植物は積極的に蒸散を行っているわけではない．植物は光合成で同化する CO_2 を気孔から取り入れるが，水蒸気を放出せずに CO_2 を取り込むことはできない．光合成速度を高くするためには気孔を大きく開き，気孔コンダクタンス（コンダクタンスは物質の移動しやすさを表す．抵抗の逆数）を高め，葉内の CO_2 濃度を高く維持する必要があるが，それは蒸散速度を高め，水の損失につながる．これは植物にとって大きなジレンマである．

植物は不必要な水分放出を抑えるために，気孔開度を厳密に制御している．たとえば，光合成が起こらない暗黒下では気孔は閉じ，蒸散はほとんど起こらない（CAM植物を除く）．空気が乾燥したり，土壌水分が欠乏すると，気孔を閉じ気味にする．これらの気孔の挙動は，光合成を利益，蒸散による水損失をコストと考える最適化モデルによって説明することができる．蒸散に見合った光合成が実現できなければ気孔を閉じる，と考えられる．ただし，気孔開度の環境応答の制御メカニズムは，このような微妙な応答を説明できるほどには明らかになっていない．

C_4 光合成や CAM 光合成は，水損失を抑えるために進化したともいえる．C_4 植物は，ハッチ-スラック（Hatch-Slack）回路によって維管束鞘細胞内に CO_2 を濃縮することにより，気孔コンダク

タンスが比較的低くても高い光合成速度を実現できる．CAM 植物は，気温が低い夜間に気孔を開き，CO_2 を取り込みリンゴ酸を液胞に蓄積する．気温が高い昼間は気孔を閉じ，液胞のリンゴ酸から CO_2 を再放出して糖生産を行う．これは水を失いやすい昼間に蒸散を抑え，かつ光合成をするためのたくみな適応といえる．植物の成長速度を吸水速度で割った値（あるいは光合成速度を蒸散速度で割った値）を水利用効率とよぶ．一般に，水利用効率は CAM 植物でもっとも高く，C_3 植物でもっとも低い．

根から吸収された水は，茎などの道管（導管）を通して葉へ送られる．植物体内の水の移動は主として水ポテンシャルの勾配によって起こる．蒸散によって葉の水ポテンシャルが低下するため，土壌の水ポテンシャルとの間に勾配が起こり，水の吸収・輸送が起こる．背が高い樹木は，背が低い植物に比べ光の競争において有利であるが，重力に逆らって水を輸送しなければならない（高さが 10 m になると，葉の水ポテンシャルが 0.1 MPa 低下する）．道管を太くすると，水輸送にかかる抵抗が小さいという利点があるが，道管内に気泡が形成されて（エンボリズム）通水できなくなるといった問題もある． 〔彦坂幸毅〕

e. 窒素の利用（含む根粒）

窒素はタンパク質や核酸の構成元素であり，植物に不可欠な元素である．窒素は気体として大気中に豊富に存在するが，植物はこの窒素を直接吸収・利用することはできない．多くの植物が吸収できるのは，アンモニウムイオンや硝酸イオンなどの無機イオンである．例外的にマメ科やハンノキ属などの植物は，根に根粒をつくって窒素固定細菌を共生させている．窒素固定細菌は，気体窒素をアンモニウムイオンに固定し植物に供給している．植物は窒素固定細菌に光合成産物を供給する．

植物が獲得した無機窒素イオンは根あるいは葉でアミノ酸に同化され，さまざまな窒素化合物をつくる材料となる．植物がもつ窒素化合物の大半はタンパク質である．たとえば，葉に含まれる窒素化合物の 80% 以上がタンパク質で，核酸（DNA・RNA）が 5〜10%，残りはアミノ酸やアルカロイドなどの二次代謝物質などである．葉ではタンパク質の大半は光合成系に含まれており，葉の窒素含量と光合成能力の間には高い相関が見られる．

多くの生態系では，窒素は植物にとって不足しがちな元素で，植物は窒素を効率よく利用する工夫をしている．その一つが回収による再利用である．葉が枯死する際，葉がもつタンパク質をアミノ酸にまで分解し，別の組織へ再転流する．葉からの窒素回収効率（葉が生きているときにもっていた窒素の最大量のうち枯死前に回収された割合）は種や生育条件によって異なり，種によっては 80% の窒素を回収してしまうものもいる．窒素の再利用の役割は非常に大きい．たとえば，一年草では植物が吸収した窒素の大半は最終的に種子に送られる．イネでは種子がもつ窒素の約半分は一度栄養器官で利用されたものである．

野外では植物が利用可能な無機窒素の量は，生態系によって大きく異なる．火山噴出物の堆積後などにはじまる一次遷移初期には，土壌中の窒素量は非常に少なく，植物の成長は窒素栄養に律速

されていることが多い．遷移が進むに従い，土壌中には植物のリターなどに由来する有機物の蓄積が進み，その分解による無機窒素の放出が多くなり，植物が利用できる窒素量が多くなる．土壌撹乱などの後に起こる二次遷移初期には利用可能な窒素量が多いことが多い．

植物は土壌の窒素栄養の多寡に対しさまざまな応答を示す．貧栄養条件では，より多くの窒素を吸収するために，地上部（茎・葉）より地下部（根）へ相対的に多くのバイオマスを投資する．また，広範囲に根を伸ばすために，富栄養条件に比べ太く長い根をつくることが多い．〔彦坂幸毅〕

参考文献
横山　正（1998）：根粒菌，「根の事典」編集委員会編，根の事典，朝倉書店，pp309．

表2.1　マメ科作物により固定される窒素量（KgN/ha）
（横山，1998：一部改変）

和名	平均	測定された範囲
ソラマメ	210	45〜552
エンドウ	65	52〜77
ルーピン	176	145〜208
リョクトウ	202	63〜342
マングビーン	61	—
キマメ	224	168〜280
カウピー	198	73〜354
タチナタマメ	49	—
ヒヨコマメ	103	—
ヒラマメ	101	88〜114
ラッカセイ	124	72〜124
グアールマメ	130	41〜220
クズモドキ	202	370〜450

f. 菌根・腐生・寄生

糸状菌が根の表面や内部で形成する共生体を菌根（mycorrhiza）とよび，菌根を形成する糸状菌を菌根菌とよぶ．菌根はアーバスキュラー菌根，外生菌根，ツツジ型菌根，ラン型菌根などに大別される．菌根菌のおもな機能として，リンなど無機栄養塩の吸収があげられる．菌根菌は菌糸を土壌中に伸ばし，広範囲からのリン酸吸収を可能にする．また，土壌中のリンを可給体（吸収可能な分子状態）にするために，菌糸から有機酸や酸性ホスファターゼを分泌する．多くの場合，菌根菌と植物は共生関係にあり，菌根菌は植物にリン酸を供給し，植物から炭水化物の提供を受けている．

一方，菌根に寄生している植物もおり，腐生植物（saprophyte）とよばれている．腐生植物とは，植物体に光合成で自活する能力がなく，菌類からの栄養に依存して生活する植物である．この場合，菌類は腐植物から栄養を得ており，腐生植物がなくても生活が可能である．さらに，一部の腐生植物は，普通の植物と共生関係にある菌根に寄生し，栄養を得ていることが知られている（Myco-heterotrophy）．

他の植物に直接寄生する植物を寄生植物という．寄生植物は寄生根とよばれる特殊化した根で寄主の篩管や道管から資源を奪う．寄生植物のうち，光合成によって炭水化物を自分で合成するものを半寄生植物，光合成をせず資源をすべて寄主に頼るものを全寄生植物という．全寄生植物では，多くの場合寄生根と花以外の部分が退化してしまうことが多い．〔彦坂幸毅〕

2.2 植物の生活形

　生活形とは，植物の形に基づいて植物を類型化したものである．生態学的視点から，植物の生活様式を類型化する試みといえる．古くは，フンボルト（Humboldt）が，バナナ形・ヤシ形・サボテン形など 19 の生活形を植生を記述するために提唱した．その後，ダーウィン（Darwin）の進化論の登場とともに，環境に対する適応形態として生活形をとらえる試みがなされるようになった．

　その代表的なものがラウンケル（Raunkiaer）の生活形である．ラウンケルは，休眠芽の地表からの高さと，その保護の状態に基づいて生活形を分類した（詳しい分類体系は，本節 a 項を参照）．これは，気候条件に対する植物の適応戦略を類型化するという視点に基づくものである．つまり，休眠芽は，生育に不適な期間をやりすごす器官である．そして，生育に不適な期間の長さやその期間中の環境条件は，生育地の気候条件と密接にかかわる．したがって，休眠芽に着目することで，気

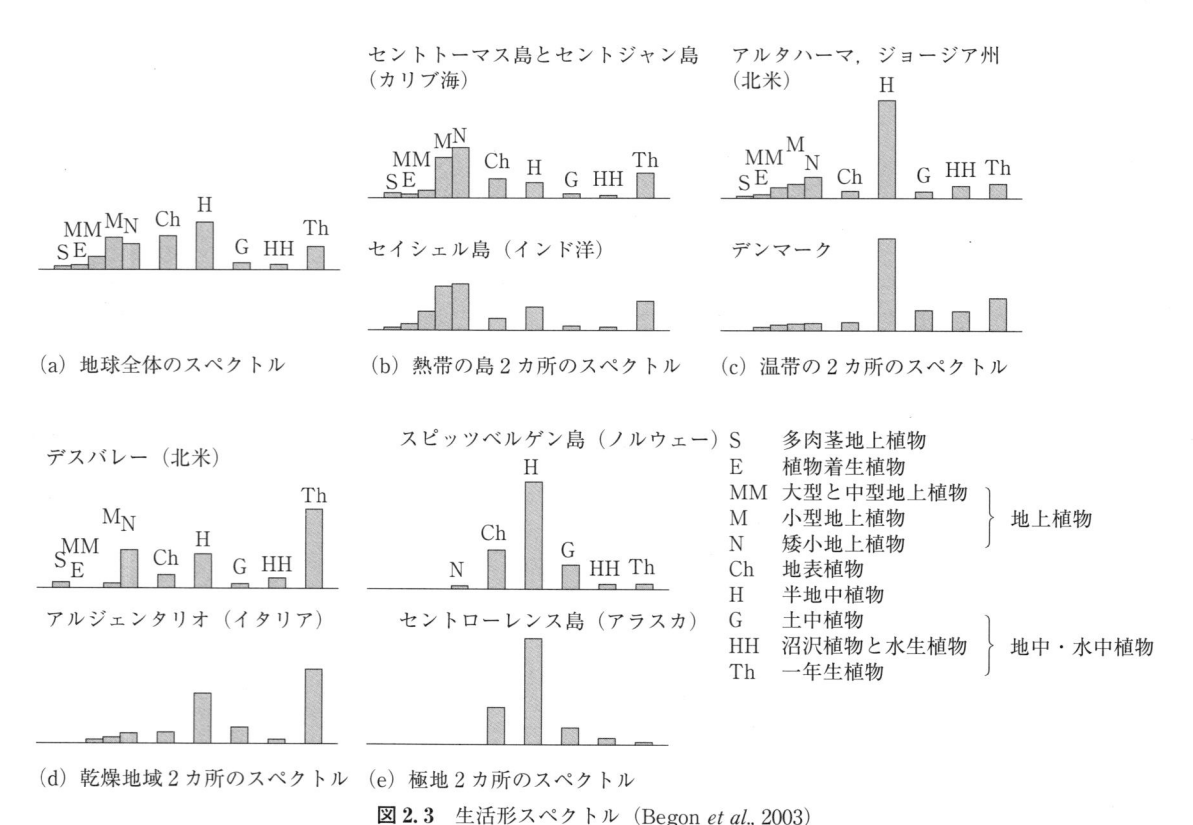

(a) 地球全体のスペクトル
(b) 熱帯の島 2 カ所のスペクトル（セントトーマス島とセントジャン島（カリブ海），セイシェル島（インド洋））
(c) 温帯の 2 カ所のスペクトル（アルタハーマ，ジョージア州（北米），デンマーク）
(d) 乾燥地域 2 カ所のスペクトル（デスバレー（北米），アルジェンタリオ（イタリア））
(e) 極地 2 カ所のスペクトル（スピッツベルゲン島（ノルウェー），セントローレンス島（アラスカ））

S　多肉茎地上植物
E　植物着生植物
MM　大型と中型地上植物 ｝地上植物
M　小型地上植物
N　矮小地上植物
Ch　地表植物
H　半地中植物
G　土中植物
HH　沼沢植物と水生植物 ｝地中・水中植物
Th　一年生植物

図 2.3　生活形スペクトル（Begon *et al.*, 2003）
距離的に離れた地域であっても，気候条件が似ているところでは生活形スペクトルも似る

候条件に対する植物の対応を知ることができるはずである．ラウンケルは，「地上植物 → 地表植物 → 半地中植物 → 地中植物 → 一年生植物」の順に休眠体制が強化されていると考えた．ラウンケルの生活形は広く受け入れられ，現在では，単に「生活形」というと，ラウンケルのものを指すことが多い．

ある植生における各生活形の出現頻度分布を生活形スペクトルとよぶ（図2.3）．その植生の気候条件に対して植物がどのような休眠戦略を進化させているのかを知る目安となる．たとえば，熱帯地域では地上植物が多い．緯度や標高が増すほど，地上植物が減って，地表植物・半地中植物・地中植物が増える傾向がある．乾燥地域では，一年生植物が増える傾向がある．遷移が進むに従って，一年生植物が減って地上植物が増える傾向がある．こうした傾向は，地域の違いをこえて共通しており（図2.4），生活形が気候条件への適応現象であることを裏づけている．

生活形に似た概念として，生育形（life form）もしばしば用いられる．生育形は，植物のシュートの形態をもとに類型化したものである．すなわち，どのくらいの高さになるのか，木本なのか草本なのか，落葉性か常緑性かなどをもとに類型化する（表2.2）．シュートの形態は，植物の成長戦略に密接にかかわっている．たとえば，生育温度が低くなるに従って（高緯度または高標高になるに従って），「広葉常緑 → 広葉落葉 → 針葉」と変化する．優占種は，「高木 → 低木 → 草本」と変化する．

近年は，機能グループ（functional group）（機能型（functional type）もほぼ同じような意味で使われている）という類型化も行われている．これは，生態系における役割が似た種を同じグループに類型化する試みである．すなわち，生態系における炭素・水・窒素の循環における役割や，環境条件に対する応答に基づく類型化である．単子葉草本・広葉草本（マメ科を除く）・マメ科草本・灌木・樹木に分けたり，C_3植物・C_4植物にさらに分けたりすることが行われている．〔酒井聡樹〕

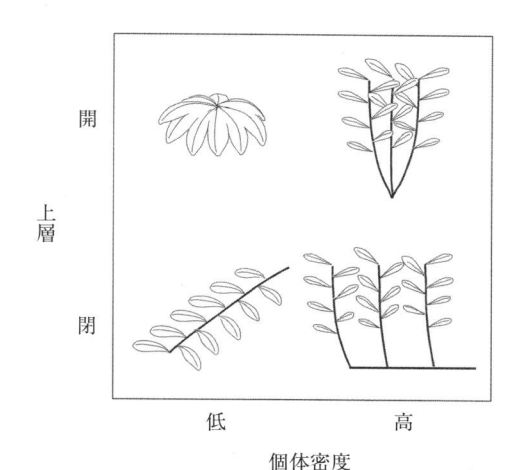

図2.4 生育場所の個体密度と上層の状態に依存した，進化的に安定な草形（Sakai（1991）を改変）．

表2.2 陸上植物のおもな生育形（ホイタッカー，1979を一部改変して記載）

高木　葉の形態などにより，以下に細分される
針葉
広葉常緑
常緑硬葉（小型で硬い常緑の葉）
広葉落葉（温帯では冬季に，熱帯では乾季に葉が枯れる）
棘のある木（多くは落葉性の葉もつける）
ロゼット葉をもつ木（ヤシ類や木性シダ類）
竹類
つる植物
低木　葉の形態などにより，以下に細分される
針葉
広葉常緑
常緑硬葉
広葉落葉
棘のある木
ロゼット葉をもつ木（ユッカ・アロエなど）
多肉茎植物（サボテンなど）
半低木（生育が不適な時期に，茎や枝の上部が枯れる）
亜低木・矮低木（地表面近くに広がる低木）
着生植物
草本植物
シダ植物
イネ科型植物（イネ類・スゲ類）
草（上記以外の草本植物）
葉状体植物
地衣類
セン（蘚）類
タイ（苔）類

a. 生活形の分類

　ラウンケルの生活形の分類を紹介する．大群（I-V）の番号が大きいものほど休眠芽の保護の度合いが大きいと想定されている．

　I．地上植物（phanerophyte）：地表より上（地表0.25 m以上）に休眠芽をもつ．計15の小群からなる．
　1. 大型地上植物（megaphanerophyte）
　　　茎高30 m以上
　2. 中型地上植物（mesophanerophyte）
　　　茎高8～30 m
　3. 小型地上植物（microphanerophyte）
　　　茎高2～8 m
　4. 矮型地上植物（nanophanerophyte）
　　　茎高0.25～2 m
　a. 常緑性で保護芽鱗をもつ
　b. 常緑性で保護芽鱗をもたない
　c. 落葉性
上記1～4とa～cの組合せで12の小群に分ける．これに加え，以下の三つの小群がある．
　草質茎地上植物（herbaceous phanerophyte）
　多肉茎植物（stem succulent）
　着生植物（epiphytic phanerophyte）

　II．地表植物（chamaephyte）：地表0.25 m以下に休眠芽をもつ．
　低木状地表植物（suffruticose chamaephyte）：地上部は枯れ，基部だけが残る．
　受動的地這性地表植物（passive chamaephyte）：上方に伸びた茎は枯れ，匍匐茎だけが残る．
　地這性地表植物（active chamaephyte）：上方に伸びる茎をもたず，匍匐茎だけからなる．
　団塊植物（cushion plant）：クッション状になる．

　III．半地中植物（hemicryptophyte）：地表面に休眠芽をもつ．
　原始半地中植物（protohemicryptophyte）：ロゼット葉をもたず，上方に伸びた茎にのみ葉をつける．
　部分ロゼット植物（partial rosette plant）：ロゼット葉をもち，上方に伸びた茎にも葉をつける．
　ロゼット植物（rosette plant）：ロゼット葉のみをもち，上方に伸びた茎には花しかつけない．

　IV．地中植物（cryptophyte）：地表面より下に休眠芽をもつ．
　地中植物（geophyte）
　沼沢植物（helophyte）
　水生植物（hydrophyte）necessarily

　V．一年生植物（therophyte）：生育不適期を種子ですごす．

〔酒井聡樹〕

b. 草本

1) 受光器官としての形の意義

植物は，葉の光環境をよくするために，茎を伸ばしある位置に葉を展開する．茎の伸ばし方は，生育場所の個体密度と上層の状態（林冠下にあるのか，草原のように開いているか）で決まると予測されている（図2.2参照）．個体密度が高いほど，まわりの個体との光をめぐる競争が激しくなる．そのため，葉への投資を減らし茎を高く伸ばす．一方，林床のように上層からしか光が漏れて来ない環境では，茎を横に伸ばして葉どうしの重なりをなくす．個体密度が高く上層が開けた環境では，茎を上にも伸ばし横にもはわす．一方，個体密度が低く開けた環境では，ロゼットをつくることが有利となる．

2) 資源探索器官としての形の意義

草本の中には，茎（地下茎や走出枝）を伸ばして環境条件のよいパッチを探索するものがある．たとえば，塩生地に生育するブタクサモドキは，塩分の濃度の低い土壌に向けて選択的に地下茎を伸ばしていく．この性質は，塩分耐性が低い個体ほど顕著である．カキドオシの仲間は，ラメートが生育するパッチの微環境の違いに依存して走出枝の伸ばし方を変える．栄養条件の悪いパッチでは，細長い走出枝を伸ばしてそのパッチから移動する．栄養条件のよいパッチでは，分枝の多い短い走出枝を出してそのパッチを占有する．

3) 生理的統合

ラメートとラメートが茎により連結していて，資源をやりとりしている種もある．これも，空間的に不均一な環境において有利な性質である．たとえば，窒素が豊富な場所に生育するラメートと，窒素が貧弱な場所に生育するラメートが地下茎により生理的に統合しているとする．前者のラメートから後者のラメートに窒素が移送されれば，ジェネートがもっている窒素資源あたりの光合成生産量を上げることができる．〔酒井聡樹〕

c. 樹木

樹木は，その樹高から，いくつかの生活形に分けられている（a項「生活形の分類」を参照）．大型地上植物は熱帯雨林に出現する．北米西部の温帯性針葉樹林も，高さ100mに達する巨木になることで有名である．中型地上植物は温帯林の優占種となる．小型地上植物や矮型地上植物は，高山帯や高緯度地方などにおいて優先する．

一つの林内に，さまざまな樹高の植物が共存していることも普通である．階層分化は，樹種の耐陰性に応じて起きている．一般傾向としては，下層の樹種ほど耐陰性が強い．上層の樹種の耐陰性は，その樹種の更新戦略に応じて異なる．たとえば，ダケカンバのように裸地に一斉に侵入して成長する樹種は耐陰性が弱い．ブナのようにギャップ更新をする種では，実生や稚樹は林床で生育する．そのため耐陰性を備えている．

成木の樹高がほぼ同じ種であっても，その更新戦略に応じて樹形は異なる．たとえばカエデ属樹木の場合，ウリハダカエデは，林冠ギャップが生じた場所ですばやく上伸成長し，その場所を占有する．ウリハダカエデの枝は，頂芽優勢が強く主軸だけが長く伸びる（図2.5）．また，冬芽の中には1対の葉しか用意されておらず，開芽後の光条件に応じて展開する葉の数を調整する．一方，ハ

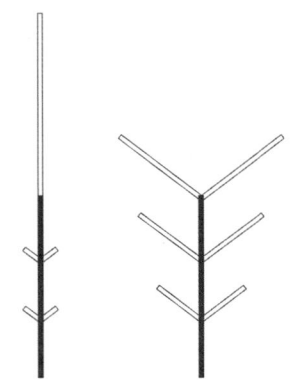

図2.5 ウリハダカエデ（左）とハウチワカエデ（右）の枝の模式図
黒は前年枝，白は当年枝

ウチワカエデは，林冠下で成長していく耐陰性を有している．頂芽優勢が弱く，枝を横方向に幅広く伸ばし，葉を平面的に展開させる（図2.5）．冬芽の中には，翌年に展開する葉がすべて用意されている．すべての葉が一斉に展開されるので，光合成期間を長く確保することができる．

樹木の中には，萌芽により再生するものもある．身近な例では，コナラやクヌギ（薪炭林となる）があげられる．一般には，地下部に資源を蓄えておいて，地上部が失われたときに萌芽再生する．これは，山火事が頻繁に起きる環境において有利な性質である．山火事では，地上部だけが失われ地下部は生き残るからだ．一方，斜面崩壊が頻繁に起こる環境に生育するフサザクラは，地下部に資源を貯蔵しない萌芽再生を行う．地上部は消失しないので，倒れた地上部から資源を吸収し，新しい幹を伸ばす．資源を地下部に貯蔵せずに地上部の成長に利用するので，効率的な萌芽戦略といえる．
〔酒井聡樹〕

d. 水　草

水草は，浮漂植物・沈水植物・浮葉植物・抽水植物からなる（図2.6）．浮漂植物は，植物体が水底とつながっていない．水面を漂っているもの（ウキクサ・ホテイアオイなど）と，水中を漂っているもの（イヌタヌキモなど）がある．これに対して残りの三者は固着性であり，水底に根を張っている．沈水植物（クロモ・オオカナダモなど）は，植物体が水中に完全に没している．浮葉植物（ヒシ・ジュンサイなど）は，葉を水面に浮かべた植物である．ただし，後述するように，水面に浮葉をつけ，水中に沈水葉をつけるものが多い．抽水植物（ヨシ・ハスなど）は，植物体の一部が水面から出ている．沈水植物・浮葉植物・抽水植物の順に，沖から岸に向かって帯状に分布している．

水中と陸上とでは，二つの点で環境条件が大きく異なる．第一に，水中では炭素不足になりやすい．水中に存在している炭素源（溶存している二酸化炭素など）は多いのであるが，分子の拡散が

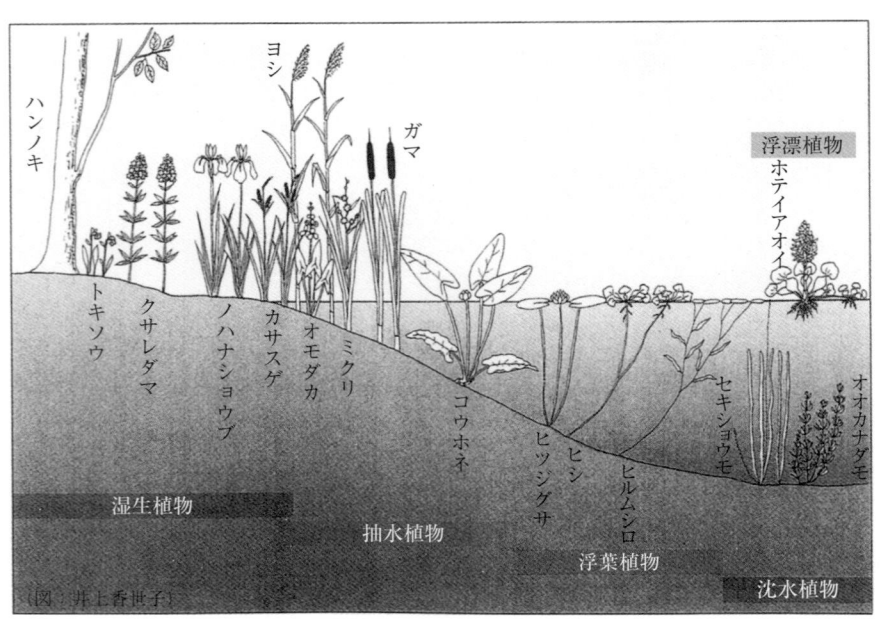

図2.6　水草の模式図（日本野生植物館より；井上香世子氏作図）
池沼の植物の帯状分布模式

遅いため，植物体に取り込まれにくいのである．そのため沈水葉は，厚さが薄い・細く裂けているなどの形態的特徴をもつ．これは，炭素を取り込みやすくするための適応と考えられている．これに対し浮葉は，葉の上面に気孔をもつ（陸上植物は裏面に気孔が多い）．そして，空気中から直接二酸化炭素を吸収している．第二に，水底の土中は酸素不足になりやすい．空気中や水中から根へ酸素を供給するため，茎の中に空げきが発達している．ハスの地下茎（レンコン）の穴がそれである．

水中と空気中のこのような違いのため，浮葉植物の沈水葉と浮葉は形態的に異なる（異形葉とよばれる）．たとえば，ヒルムシロの沈水葉は膜質で細長く，浮葉はより厚みがあって楕円形である．それぞれの環境に適した葉をつけ分けることで，効率のよい光合成生産を行っていると考えられる．

浮葉植物の浮葉は，水面に浮かぶための性質を発達させている．たとえば，葉柄がふくらんで空気を含み浮力を得たり，鋸歯を発達させて表面張力をはたらかせたりしている．また，水位が急激に上昇しても浮葉を水面に保つ必要がある．そのため，葉柄が急激に伸びて浮葉の水没を防ぐ性質が発達している．　　　　　　　　　〔酒井聡樹〕

e. つる植物

つる植物は，自らの力で体を支えることなく，他のものに取り付いて成長する植物である．そうすることで上層に葉を展開し，受光量を増やしている．自分の体を支える器官（幹・茎）への資源投資を抑える（あるいは，同じ投資量で，幹・茎を細長く伸ばす）ことができるので，葉や繁殖器官への資源投資を増やすことが可能である．一般に，樹木において，体を支えるために最低限必要な直径は，樹高の1.5乗に比例するといわれている（実際には，この数倍の直径を樹木は維持している）．それだけの資源を肥大成長に投資しないと，高い位置に樹冠を展開することができない．つる植物は，こうした資源投資を節約することができる．ただし，支えとなる植物が倒れたら自分も倒れてしまうという不利な点もある．

つる植物の形態的特徴の一つに，道管（導管）と篩管が太い（個々の細胞が太い）ことがある．茎を構造的に強くする資源投資を抑えているかわりに，通道組織には資源投資しているのだ．これにより，水分の高速通道が可能となる．つる植物は，茎への資源投資を抑えて素早く伸びる．そのため，長い距離を高速で移送させる組織を発達させたのであろう．

つる植物の「よじ登り」にはいくつかの方法がある．

① 巻き付き：対象物に茎が巻き付くことによって登っていく．アサガオなど．

② 巻きひげ：ひげ状に分化した器官が対象物に巻き付くことによって登っていく．エンドウなど．

③ 刺・鉤：刺・鉤などの器官を分化させ，それが対象物に引っかかることによって登っていく．ノイバラなど．

④ 付着：吸盤や根を対象物に付着させ登っていく．ツタなど．

熱帯や亜熱帯には，絞め殺し植物とよばれる植物がある．ガジュマルやベンジャミンなどのイチジク属の植物が有名である．絞め殺し植物の種子

は鳥により散布される．他の樹木の樹冠にひっかかって発芽すると，細長い気根を伸ばす．気根は，空気中から水分を吸収して成長する．地面にたどり着くと，地中から養分や水分を吸収しはじめ，幹のように太くなっていく．やがて気根は，取り付いている樹木の幹を締めて殺してしまう．熱帯では，取り付かれた樹木が朽ち，鳥籠のように空洞をおおった気根を見ることができる．

〔酒 井 聡 樹〕

参考文献（2.2節）

Begon, M., Harper, J. L. and Townsend, C. R. (2003)：生態学—個体・個体群・群集の科学（原著第三版），（堀道雄監訳），京都大学学術出版会．

中西 哲 (1977)：群落の生活形構造．群落の組成と構造（伊藤秀三編），pp.193-251，朝倉書店．

奥田重俊編集 (1997)：生育環境別．日本野生植物館，小学館．

Sakai, A. and Sakai, S. (1998) A test for the resource remobilization hypothesis : tree sprouting using carbohydrates from above-ground parts. *Annals of Botany* **82**：213-216.

Sakai, S. (1987) Patterns of branching and extension growth of vigorous saplings of Japanese *Acer* species in relation to their regeneration strategies. *Canadian Journal of Botany* **65**：1578-1585.

Sakai, S.(1991) A model analysis for the adaptive architecture of herbaceous plants. *Journal of theoretical Biology* **148**：535-544.

Salzman, A. G. (1985) Habitat selection in a clonal plant. *Science* **228**：603-604.

Slade, A. J. and Hutchings, M. J. (1987) The effects of nutrient availability on foraging in the clonal herb *Glechoma hederacea*. *Journal of Ecology* **75**：95-102.

Slade, A. J. and Hutchings, M. J. (1987) The effects of light intensity on foraging in the clonal herb *Glechoma hederacea*. *Journal of Ecology* **75**：639-650.

Slade, A. J. and Hutchings, M. J. (1987) Clonal integration and plasticity in foraging behavior in *Glechoma hederacea*. *Journal of Ecology* **75**：1023-1036.

鈴木三男 (1994)：よじ登り植物の生存戦略．植物の世界 37号，pp.30-32，朝日新聞社．

Whittaker, R. H. (1979)：生態学概説—生物群集と生態系—（宝月欽二訳），培風館．

2.3 植物の群落（I）森林

　森林は高木が優占する植生で，温暖で降水量の多い地域に広がっている．降水量が少ないとか，あるいは気温が低い地域では，環境が悪化するに従い疎林や低木林を経て草原や裸地などになる．高山の森林限界は熱帯ではおよそ 4000 m 程度で，季節的な気温の変化がないために低地林から森林限界まですべてが常緑樹林となる．台湾や九州より北では季節の違いが顕著で，麓は常緑樹林だがその上に落葉性のカエデやブナなどからなる夏緑樹林があり，さらにマツ科とカバノキ科が多い北方の針葉樹林を経て低木，地衣類，草本などからなるツンドラ植生になる．森林限界の高度は北にゆくほど低くなり，常緑樹林や落葉樹林が消失し，低地から針葉樹林が広がるようになる．

　森林限界は基本的には気候で決まるが，外来の樹木によって変化することもある．マツ科は北半球の森林限界をつくる重要な針葉樹だが，南半球には分布していなかった．北米から導入されたラジアータマツは南半球では森林限界をこえる地域まで植林が可能で，本来高山帯であったところにも森林がつくられている．自然の草原や低木林が外来の樹木によって高木の森林になってしまう例は他にもある．オーストラリア原産のフトモモ科の樹木メラルーカは，米国南部のフロリダ半島のエバーグレイズ国立公園に侵入して海岸の淡水湿性草原を森林にしてしまった．南アフリカ共和国の地中海性気候の半乾性低木林であるフィンボスはエリカやプロテアなど園芸植物の原種の宝庫だが，ヨーロッパから導入されたマツ属のフランスカイガンマツが野生化して高木林になり，在来種の減少や水源の減少，植物体の蓄積による山火事の大型化が起きている．日本では森林限界が変化するほどの外来種の侵入事例はまだないが，関東地方の郊外の林ではトウネズミモチやシュロなどの外来樹木が普通に野生化しているし，1200 年前に奈良の春日山に導入されたナギは約 1 km 四方程度の照葉樹の原生林に広がっている．

　日本では，一般に森林は水資源を豊かにすると考えられることも多いが，地域によっては逆になる．根から吸い上げた水は樹木の葉から蒸散されるが，森林では葉は何層にもなって重なっているため，地面の面積あたりでは湖などの開けた水面よりも多くの水が蒸散されることもある．このため，裸地が森林になれば下流で使える水の絶対量は減る．しかし，裸地では降雨時に水が一気に流出してしまい，雨があがったあとで川を流れている水量はなくなる．森林があれば，地面が柔らかいため地中に雨水がしみこみゆっくり流れ出すので，洪水時の水量が減り，渇水時の水量が増える．資源として使うことができる水量は渇水時の流量なので，日本では森林があれば絶対的な流量は減っても人間が使える水資源が増える．しかし，乾燥地では絶対的な流量が問題となり，森林ができることで，地表を水が流れる細流がなくなってしまうこともある．

　石炭や石油などの化石燃料を燃やすことで大気中の CO_2 は増え続け，産業革命前には約 280 ppm だったが，今日では 380 ppm に近づいている．CO_2 の温室効果で気温が上がったり，CO_2 施肥効果（CO_2 濃度の増加が植物の光合成能力を高め，成長を促す効果）で光合成が盛んになって背の高い植物が茂ることで地面近くの光が弱くなり，下層の植物の多様性が低下する可能性もある．裸地に植林すれば，植物が光合成で CO_2 を取り込んで

幹をつくるので，樹木が成長している間はCO_2を吸収する．しかし，十分に成熟した森林ではバイオマスの増加が止まり，光合成量と落葉や枯枝の量が均衡するので，森林全体としてはCO_2を吸収する能力がなくなる．極相林を破壊すればCO_2が放出されてしまうし，森林内に生活する多様な生物が失われて生物多様性も失われるが，逆に積極的に吸収しようとして植林しても吸収できるCO_2量は限られているため，地球温暖化防止への植林の貢献は，全体で見れば限定的であると考えられている．

しかし，都市中心部で郊外よりも気温が高くなるヒートアイランド現象を緩和する機能は大きい．ヒートアイランド現象では，排出される人工的な熱量の多さよりも，1km程度の空間スケールで地面をおおうものが樹木の葉であるのかコンクリートであるのか，という違いの影響が大きいようだ．日中は直射日光のため森林の表面の葉は熱くなるが，水の蒸散作用で冷やされる．それでも木に登って森林の表面に出てみると日中はかなり暑いが，熱い空気は比重が軽いため上空に運ばれやすいこともあり，人間が活動する地面近くは涼しく保たれる．葉は薄いので蓄熱せず，夜の放射冷却でできた冷たい空気は比重が重くなって森林の表面から葉の間を通って地面に流れ落ちる．葉がよく茂った極相林の地面はとてもひんやりしているが，この理由として上記のようなメカニズムが考えられる．

植物は光合成をする葉と（光合成器官），水やそれに溶けた養分を吸収する根（吸収器官），それに子孫をつくるための花（繁殖器官）があれば生きてゆくことができる．重さを支える茎や幹（支持器官）はかならずしも必要ないはずで，光合成産物を茎や幹にまわさずに葉や根，花を多くつくれば，もっと早く増殖できる．しかし，茎や幹をつくって葉を高いところに付けるタイプの植物がひとたび現れれば，茎のない植物は日陰になって子孫を残せない．そこで，もっと多くの茎や幹をつくって高いところに葉を広げるための進化的な競争が起きた．水を運ぶ仮道管（導管）や養分を運ぶ篩管からなる維管束を発達させたシダ植物は高

く成長できたため古生代に樹高30mに達する森林をつくり，埋もれた植物は石炭のもとになった．この時代は，キノコなどの枯れた植物を分解する生物の活動が活発でなかったことも，多くの石炭ができた理由であるといわれている．

今でも草本から木本への進化は，大洋に孤立した島でよく起きる現象であり，小笠原諸島にはこの島で木本に進化したキク科の植物が3種ある．ただし，木本になるシダ植物は現在ではヘゴなど少数しかない．その後の中生代には，種子をつくる裸子植物が森林をつくった．現在残っている裸子植物は，針葉樹のように葉が細い種類が多いが，熱帯や暖温帯の湿潤地域の極相林で生活する裸子植物には，グネツムのように一見して裸子植物とは見えない広い葉のツル植物や，ナギのように針葉樹であっても葉が広いもの，暗い林内に生え広い葉をもち茎が地下を匍匐する草本植物のようなソテツのなかまもある．恐竜時代に裸子植物が湿潤熱帯で森林をつくったころは，今の北方の針葉樹林とはまったく違う多様な裸子植物による森林が茂っていたのかもしれない．しかし，新生代になると，北方林を除く温暖地の森林は被子植物が優占した．

なお，どの程度まで樹木が茂れば森林とよぶことができるのか（森林の定義）は，観点によって異なる．たとえば，経済的な視点やCO_2吸収能力の視点から土地利用を区分する場合には植林直後の大きな樹木のない場所も森林としてあつかうが，森林性の動物の生息地の観点からは森林ではない．

〔小池文人〕

参考文献（2.3節全体）

Koike, Fumito and Hotta, Mitsuru (1996): Foliage-Canopy Structure and Height Distribution of Woody Species in Climax Forests, *Journal of Plant Research*, **109**, 53-60.

a. 熱帯多雨林

　地球の大気の循環は，赤道付近で暖められた大気が上昇し，亜熱帯で降下する．大気が上昇するところでは雲が発生して雨が降るため，赤道付近には湿潤で最低気温が18℃以上の温暖な地域ができ，熱帯多雨林が発達する．ただし，赤道付近の海水温の分布パターンが数年程度の時間スケールで変化するエルニーニョ現象などによって，海水温が高く上昇気流の強まったり，逆に海水温が低いために上昇気流が弱まる地域ができて，一つの地域で見ると降水の多い年と少ない年が生じる．この差が熱帯多雨林の樹木の一斉開花を起こす引き金になっている．なお，日本の夏は気温は高いが亜熱帯の下降気流（太平洋高気圧）のもとにあるので，上昇気流下にある熱帯多雨林域とは違う．

　熱帯多雨林はアジア，アフリカ，中南米に分布するが，東南アジアではフタバガキ科の高木が優占種になるが，アフリカや中南米の熱帯多雨林ではこの科は優占種にならないなど，主要な構成種には違いもある．以後はおもに日本に近い東南アジアの熱帯多雨林について述べる．

　森林内の木本植物の多様性は高い．マレー半島のパソーでは湿地や丘陵などを含む500 m×1 kmの範囲内に直径1 cm以上の木本種が約800種見つかっている．これは，日本全体の木本種数に近い．林冠構造は複雑で，さまざまな最大樹高をもった種が混在している．林冠の上部では樹高60 mに達する巨大高木種や樹高40 m程度の高木種の樹冠がランダムに散在していて樹冠の間にすきまも多いが，それより下の15～20 m程度の高さには葉群の密度が高い層が水平に連続して広がっている．上層と比べると，この下層を最大樹高とする木本種数がもっとも多く，熱帯林の多様性の中心はこの層にある．

　熱帯多雨林の地面に立ってまわりを見渡すと，日本のよく手入れされた人工林のように太い幹が林立するのではなく，巨大な幹（樹高40～60 mの高木・巨大高木）がまばらに散在し，その間に細い幹（樹高20 m以下の層の樹木）がたくさんあるため，事情を知らなければ荒れた林のように感じるかもしれない．

　飛翔昆虫群集は，林床近くには甲虫が多いが，巨大高木のまわりなどを含めて林冠をこえたオープンな空間にはイチジクコバチ類や一部のアザミウマ類など風に乗って受動的に移動する微細な昆虫が見られる．チョウ類で林冠の上を飛ぶものであっても，鳥類による捕食を避けるためか巨大高木層の上のオープンな空間を自由に飛ぶことはほとんどなく，高い樹木の樹冠の谷間をぬって高さ15～20 mの葉群の密な層の直上を飛んでいる．

　15～20 m程度の高さに最大樹高をもつ種の中には，地表の根際や葉のついていない幹に花をつ

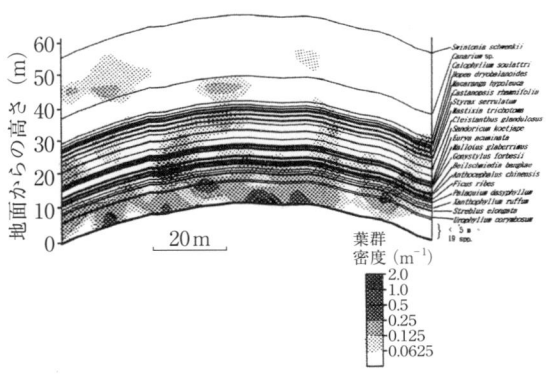

図2.7 インドネシアのパダンの熱帯多雨林の垂直断面 (Koike and Hotta, 1996)
なだらかな尾根に成立した林で，図中の陰の濃い部分で葉群密度が高い．地面と平行な線は木本植物（学名は右端）の種ごとの最大高を示す（以下同様）．

図2.8 熱帯多雨林（タイのタレーバン国立公園，筆者撮影）

ける樹木もあり幹生花とよばれる．バンレイシ科やトウダイグサ科など甲虫が花粉を媒介する植物も多いが，これは林床に甲虫が多い昆虫の分布パターンと対応しているのかもしれない．また，地上20m以上の空間内にランダムに散在する高木や巨大高木の太い枝の上は，側方から入射するよい光環境を数十年の長期にわたって安定して得られるため，ラン科やノボタン科の低木などの着生植物が多い．

熱帯多雨林の林業では，材が高価で比較的大きな樹木だけが択伐される．若木はそのまま残されるので，ある程度の期間をおいて成長してから，再び択伐するような利用が行われる．この管理方法では，下層の種や実生がある程度残存するので，すべて伐採したあとで植林するよりも植物や昆虫の生物多様性が保存されやすい．熱帯多雨林域の丘陵地では，地元の人々が焼畑耕作を行っている．この土地利用方法では森林を伐採して燃やし，数年間は畑として利用するが，肥沃度の低下や雑草の繁茂などにより，数年で放棄して自然の遷移にまかせて二次林にかえす．極相の熱帯多雨林は肥よくであるが，巨大な樹木の伐採が難しいため利用せず，普通は二次林を繰り返し焼畑として利用するが，択伐直後の熱帯多雨林は焼畑にしやすいため，焼畑地域にされてしまうこともある．

また，東南アジアではパームオイルを生産するアブラヤシの大規模なプランテーションを造成するために，熱帯多雨林が伐採されることも多い．CO_2排出量削減のためのパームオイルの利用や早生樹木の植林は，熱帯多雨林の生物多様性を低下させる要因であり，バイオマスを生産する生態系機能の強化と生物多様性保全との間に，環境問題どうしのコンフリクトが生じている．

〔小池文人〕

b. 照葉樹林

日本の東北地方南部より南の暖温帯の地域では，人の手が入らない植生は冬も葉を落とさない常緑広葉樹の森林となる．このような暖温帯の常緑広葉樹林を照葉樹林とよぶ．中緯度地方は下降気流により本来は乾燥するはずだが，ユーラシア大陸の東岸の日本から中国を経てヒマラヤ南麓に至る地域では，アジアモンスーンによる降雨のため夏に湿潤な気候となり，照葉樹林が発達する．北米では大陸の東岸であっても山火事などの影響で松林になることが多いが，人為的な影響で山火事が減少するとコナラ属などの常緑広葉樹が増えるという．同じような緯度の大陸西岸では，冬には海からの西風によって降雨が多いが，夏に乾燥する地中海性気候となり，相観は常緑広葉樹林であるが照葉樹林とは異なり小型の硬い葉をもつ植物が多いため硬葉樹林とよばれる．

湿潤な常緑広葉樹林としては，南半球にはチリにおけるナンキョクブナとクスノキ科の林や，タスマニアのナンキョクブナ林などもあるが，日本の照葉樹林とは植物相が異なる．カナリー諸島などの大西洋の島にも局地的にクスノキ科が多い湿潤な常緑広葉樹林が点在し，アフリカなどにも地形的に湿潤な立地には湿潤な温帯常緑広葉樹林がある．このような植生のうち照葉樹林としてどこまで含めるのかは議論の余地があるが，ブナ科のシイやカシが優占する湿潤な温帯常緑広葉樹林が広く分布する地域は東アジアのみである．

照葉樹林を構成するブナ科のシイやカシ，ツバキ科のヒサカキなどは同属の種が東南アジアの熱帯多雨林でもかなり低地まで分布していて，熱帯多雨林から照葉樹林までを連続的な常緑広葉樹林域ととらえることができる．熱帯多雨林ではこれら以外にフタバガキ科やバンレイシ科なども多いのだが，植物相の豊かな熱帯多雨林から北に行くに従って気温の低下とともに多くの属が欠落してゆき，もっとも単純化した北限の常緑広葉樹林が照葉樹林である．なお，同一種でも北限近くでは陰樹としてふるまい，植物相が豊かな南限近くで

は耐陰性の強い他種の影響で陽樹的な役割にシフトする現象が知られていて，スダジイは分布の北部では陰樹としてふるまうが，耐陰性の高いイスノキが存在する南の森林では相対的に陽樹としてふるまう．

中緯度にあるため台風の影響も強いことが多く，林冠構造は単調となり林冠に葉群の密な層が一つ存在していて，比較的背の低い高木であるヒサカキからさらに背の高いスダジイやイスノキなどまでを含む高木層の種が多い．低木層の木本種数は普通貧弱であり，地域にはタケ・ササ類も分布しているが，夏緑樹林や混交林とは違って照葉樹林内に生えることはない．

照葉樹林域はさまざまな作物の栽培に適した気候であって古くから開発されたため，本州では照葉樹の原生林はあまり残っていない．奈良の春日大社や伊勢神宮などのような大きな社寺林には種組成の豊かな照葉樹林が残存するが，残存する照葉樹林の中には昔からの照葉樹林の一部がそのまま残存したものではなく，二次林が植生遷移によって常緑広葉樹林の段階に達したところも多いと思われる．よい植物相をもつ照葉樹林を保全するには，内接円半径が100m程度以上あるまとまった森林（3ha以上）が必要であることが知られている．

都市化は照葉樹林への植生遷移に致命的な影響を与えている．照葉樹林を構成するシイ類やカシ類のドングリはカケスやヤマガラなどの鳥類の貯食によって散布され，このような鳥が存在する地域では300m程度の移住距離をもつ．しかし，カケスやヤマガラは深い森を好むので，大都市近郊の分断された林には分布しない．このため，都市近郊でのシイ類やカシ類，ヤブツバキなどの移住距離はおよそ100m以下であり，住宅街をこえて隣の孤立林に移住できない．他方でシロダモやタブ，シュロなど，カラスやヒヨドリなど住宅街に多い鳥が種子を飲み込んで運ぶタイプの植物の移住距離は都市近郊でも300m程度あり，住宅地の中に分断された林を飛び石状に伝って地域全体に広がることができる．このため，都市近郊の分断された林ではシイやカシ，ヤブツバキなどの通常の照葉樹林への遷移が起きず，シロダモやシュロなどが多い異質な常緑広葉樹林への偏向遷移が起きていると考えられる．

都市近郊や埋め立て地では，1970年代から環境保全林として日本原産の常緑広葉樹が植栽され立派な常緑広葉樹林ができてきたが，上記の理由から種組成には欠落が見られる．1960年代以降は雑木林の管理が放棄され，植生遷移によって常緑広葉樹林段階に達しつつある林も多いが，これも多くの場合は本来の照葉樹林の種組成をもつことが難しいだろう．豊かな種組成を保ち昔から残存してきた照葉樹林は今でも貴重である．

〔小池文人〕

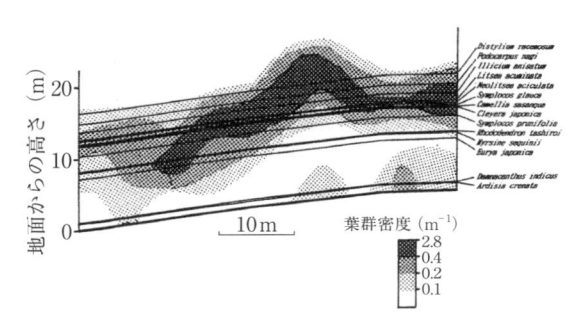

図2.9 照葉樹林（日本・屋久島）（Koike and Hotta, 1996）

図2.10 照葉樹林（日本・屋久島，筆者撮影）

c. 夏緑樹林

　山地や東北地方北部から北海道にかけての冷温帯は，人手が入らなければ冬に葉が枯れる落葉広葉樹林となり，ブナやミズナラ，イタヤカエデなどが多い．世界的にはヨーロッパや北米東岸にも類似した冷温帯の夏緑樹林がある．日本の夏緑樹林では，4月頃まで残雪や降雪が見られる．多雪地の厳冬期には，ササや低木は雪の下に倒れて枝先まで埋まっている．大きな高木のみが雪面上に立っているが，霧のかかる山地では枝に着氷することが多く，高木の枝先は薄い氷におおわれたまま冬をすごす．

　ブナが多いのでブナ林とよばれることもあるが，ブナの分布の北限が北海道の南部であるため，それより北の夏緑樹林はミズナラやハルニレなどの多くの種からなる林となる．ただし，ブナの北限が気候で決まっているのか，あるいは現在も分布拡大中であるのかについては議論がある．北海道で夏緑樹林域より寒いところでは，トドマツなどのより寒冷な地域に生育する針葉樹の割合が増えて凡針広混交林に移行してゆく．暖かい側の分布の限界では，夏緑樹林のブナ林と照葉樹林であるアカガシ林が接するところを観察できる．しかし，本州の内陸にはブナも主要な常緑広葉樹も分布しない中間温帯とよばれる地域が広がるが，中間温帯は古くから開発されてもとの植生が残存していないため，かつてどんな植生があったのかは不明である．なお，アカガシ林上部にはモミやツガなどの針葉樹が多い植生もあるが，種組成から見ると照葉樹林域に属する．

　ブナは25 mに達する最大樹高をもち耐陰性も高いので，日本の日本海側の夏緑樹林では他種から抜きんでて高い優占度をもっている．このため，日本海側のブナ林の林冠層はほとんどブナで占められていてこの層の多様性は低い．一方，林床はササが多いが，ヤマアジサイ（エゾアジサイ），クロモジ（オオバクロモジ）など低木層が豊かで，この層の多様性がたいへん高いことが夏緑樹林の特徴的である．土壌に礫が多いなどのためにササが生育できない場合は，カタクリやキクザキイチゲ，エンゴサク類などブナが葉を広げる前の早春に開花する背の低い春植物が一面に咲いて美しい景色をつくる．樹上にはヤシャビシャク（ユキノシタ科の低木）などの着生植物も見られる．

〔小池文人〕

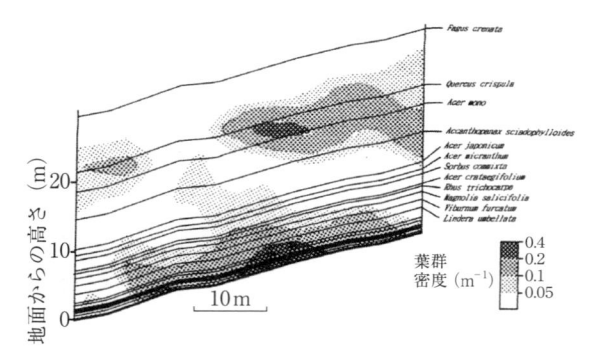

図 2.11　夏緑林（日本・大山）（Koike and Hotta, 1996）

図 2.12　冬の夏緑樹林（日本・大山，筆者撮影）

d. 針葉樹林

　日本の常緑針葉樹林には，亜高山帯の極相林である針葉樹林や混交林のほかに，暖かな照葉樹林上部のモミ，ツガ，コウヤマキなどの多い極相林や，乾燥地に多いアカマツの二次林，ヒノキやスギの人工林などがある．屋久島のスギ林は，照葉樹林帯上部の針葉樹林に相当する．ここでは，気候的な極相林として広い面積を占める亜高山帯の針葉樹林について述べる．

　日本の亜高山帯の針葉樹林は，本州中部では夏緑林の上の高度1600〜2700 mの間に分布し，シラビソ，オオシラビソ，コメツガ，ダケカンバなどが多い．日本では山地であるために，霧も多く湿潤である．周辺の草地の草本植物も含めて，ユーラシア大陸や北米大陸などの北極を取り巻いて分布する北方林と共通の属が多いので，海外の旅行先でも植物の種類でとまどうことはあまりない．

　北海道では，より低い高度でミズナラなどの温帯性の樹木が増加して亜寒帯のトドマツやダケカンバと混在する汎針広混交林をつくる．背の高い針葉樹林より高度が高い地域には，ハイマツの低木林やダケカンバの低木林が広がる．このような低木林は，日本では高山帯とよばれたこともあったが，学問的には亜高山帯の低木林として扱われる．

　尾根や斜面など土壌が比較的薄い立地では，シラビソやトドマツなどの同じ太さの幹が密生し，樹木の種組成が単純な林となる．ところによっては多数の幹が一斉に風で倒されるが，風倒のあとは若木が更新する．いったん木が倒れると周辺の木も倒れやすくなるため，木が倒れている場所が年々移動しながら林が再生を続けることになり，縞枯現象とよばれる．

　他方で平坦地の土壌の厚い立地では，地面をササが密におおい，そこにコメツガやトウヒ，ダケカンバ，オオシラビソなどの樹冠が疎らに分布した疎林状の植生となる．このような林では，コメツガの根元は地上から1 m程度高い位置にあり，太い根が空中にむき出しになっていることもある．密生するササは光を遮って芽生えの成長を妨げるため，コメツガやトウヒなどの実生は親の根株の上や倒木の上でしか成長できない．親木が枯死して分解・消失すると，空気中に根を広げた次世代の木が残る．また，ダケカンバは倒木でもち上げられた株のまわりのササにおおわれない土の上だけで成長する．高木が成長できる場所が限られているため，密生した林にはならない．

　熱帯で隔離された南半球には，北方林と同じタイプの針葉樹林は分布していない．マツ属も南半球には分布していなかったが，北半球から人為的に導入されたマツ類の中には南半球の亜高山帯の森林限界を超えて森林をつくることができる種もあり，外来生物問題を起こしている．

〔小池文人〕

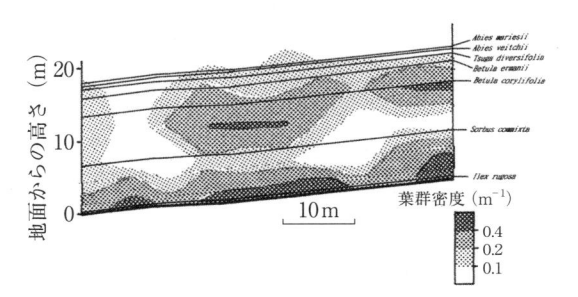

図 2.13　針葉樹林（日本・八ヶ岳）
林床にササ類が原占する混交林の場合．

図 2.14　針葉樹林（日本・八ヶ岳，筆者撮影）
林床にササ類がない溶岩上のコメツガ林．

e. 雑木林

　人手の入らない原生林と違って，人間が伐採したり畑を耕作した跡地に自然に生えてきたり，あるいは植えられたりした森林を二次林とよぶ．本来は材を利用する以外の樹木を雑木とよび，常緑樹や落葉樹を含めて樹種を問わずに，そのような樹木からなる森林を雑木林とよんでいた．しかし最近では，燃料（薪や炭）をとるために維持管理されてきた二次林の中で，とくに萌芽によって維持されてきた落葉広葉樹林を雑木林ということも多くなってきた．林が若いうちに伐採し，根株からの萌芽で次世代の林をつくるが，人工的に植えて造成されることもあった．このように，雑木林は人工的につくられた林であり，耕作地を放置して自然の遷移に任せた場合には，アカメガシワやカラスザンショウなど鳥が果実を食べてフンで種子散布されるタイプの樹木の林になるので，コナラなどが多い狭義の雑木林にはならない．

　落葉広葉樹の雑木林の林床は明るく，草原性の草本（ツリガネニンジンやミツバツチグリなど）が多い，森林と草原を混ぜ合わせたような植生である．草原性の植物はまた水田や畑との林縁や耕地の土手などにも多いが，耕地と雑木林，土手などが一体となって里山の景観をつくっている．

　ナラ類などブナ科の樹木は，材の密度が高いため火力が比較的強くて悪臭もないよい燃料であり，萌芽もするので薪炭林の主要な樹種になった．日本の暖温帯（照葉樹林帯）北部や冷温帯（夏緑樹林帯）南部の薪炭林にはコナラやクヌギなどが多いが，クヌギはとくに人工的に植えられることが多かったという．

　九州などの暖温帯南部では，萌芽性の薪炭林は落葉樹林にならないでシイなどの常緑広葉樹林になるが，常緑樹のマテバシイの植林による薪炭林は房総半島南部でも見られる．他方で東北地方などの冷温帯ではブナの萌芽による薪炭林が多い．三浦半島ではマツも薪として使われた．マツはナラ類よりもさらに火力が強いが黒煙が出るために民家では利用されず，東京湾岸の金沢周辺（横浜市南部）で製塩に利用されたという．他方で武蔵野の雑木林のナラ類の薪炭は東京などの民家で使われたようだ．このような経緯や気候などの影響もあって，三浦半島にはコナラの雑木林は少なく，カラスザンショウやシロダモ，オオシマザクラなど鳥が果実を食べて散布する種からなる二次林が多い．北海道では大規模な入植はごく最近の明治時代からはじまったため，本州の里山の雑木林に相当する薪炭林は見られない．

　人間の活動によって日本の森林が消失し，草原が広がりはじめたのは縄文時代からといわれている．弥生時代からは水田耕作も広まったので，草地と水田，二次林などからなる里山の景観は江戸時代よりもっと以前から続いてきたと思われる．日本の里山には二つの曲がりかどがあるようだ．明治時代の半ば以降1900年頃から鉄道の敷設とともに牛馬の利用が減少し輸出用の養蚕が盛んになって，地方でも肥料や家畜飼料用の低木地や草地が放棄され森林化しはじめるとともに，平坦地では桑畑も造成された．1960年代の高度経済成長期の燃料革命以後は牛馬の利用がまったくなくなり，炊事での薪炭の利用もなくなった．これ以降，雑木林は経済的な価値を失って放置され，アズマネザサなどの繁茂や常緑広葉樹の侵入が進んだ．1980年代頃までは林床に草原性の植物が残存していたが，2000年代には貧栄養地を除いてはかなり少なくなってきているようだ．

　放棄された雑木林で市民ボランティアが下草刈りを行って昔ながらの雑木林の植生を残そうとする試みも行われている．シラヤマギクなどを含めた草原種の維持には，ほぼ2～5年に1回程度の頻度の刈り取りが望ましいようだが，日本全体で見れば人手不足で管理できない場所が大部分である．一方で，都市近郊では刈り取り頻度が高すぎて雑草的な種が多くなり，本来の種が消滅しつつあることも多いという．なお，ススキは風に乗って広範囲に散布されるが，それ以外の草原の植物（ツリガネニンジンなど）はあまり分布拡大しないため，孤立した植生パッチからいったん消失すると植物相の復元は難しい．〔小池文人〕

2.4 植物の群落（Ⅱ）世界の草原

　世界の草原は陸地面積の非常に広い部分を占めている．国際土壌情報センターの資料によると，世界の草原の面積は35億haで，陸地面積の約25％を占めている．これは気候の極相群落としての草原の面積を示すものであり，このほかに人為的に維持されているもの，遷移の途中段階にあるものを含めると，その面積は40億ha以上になる．さらに放牧地として利用されているレインジ，高緯度地方のツンドラ，高山の草原などを加えると，陸地面積の2分の1以上を占めるという．一口に草原といっても世界各地にいろいろなタイプの草原があり，その草原の成立に関係している環境条件もさまざまである．夏には雨が少なく乾燥し，冬が寒い温帯地方には温帯草原が分布している．ロシア，モンゴルおよび中国のステップと北米のプレーリーがその代表である．また，南米（アルゼンチン）にはパンパとよばれる温帯草原が分布している．ステップやプレーリーの代表的な植物はイネ科の草本である．乾燥や寒さ，また，時折起こる野火に弱い高木はここでは育ち難く，ほとんど生育していない．

　一方，熱帯地方で雨量がやや少なく（年間降雨量600mm以下），1年のうちで暑い夏に雨が多く，その他の季節に一定の長さの乾期がある地方にはサバンナが分布する．サバンナとは，密生したイネ科草本の中に，傘状の高木や低木が一様に散生する草原である．カモシカやシマウマが生息し，猛獣映画の舞台となるアフリカの草原こそ，この熱帯サバンナである．アフリカ以外でも，ブラジルのカンポ・セラード，ベネズエラのリャノス，北オーストラリアのユーカリ樹の疎生する草原など，サバンナ状の草原は熱帯地方に広く分布している．

　世界の草原面積の大半は，以上に述べたステップ，プレーリーとサバンナで占められている．しかし，この他に小規模な草原が存在する．高山に登ると，厳しい寒さと乾燥のため高木や低木が生えない場所に，高山草原が発達している．日本の高山のお花畑やアルプス地方の高山草原などがこれに相当する．さらに，北半球の亜寒帯あるいは亜高山帯の比較的不安定な土壌をもつ湿った場所には，多年生草本植物（イネ科草本は非常に少ない）のつくる大型多巡草原が発達し，また，温帯北部や亜寒帯の多湿の泥炭地には，ミズゴケを主体とし，草本植物や低木を混じえた高層湿原が発達する．これらの草原は，ステップやサバンナに比べると，分布面積は小さいが，独特の景観をもった自然植生である．

　ユーラシア大陸の中央部，西はハンガリーから東はモンゴル・中国の北東部まで，1本の帯のようにはてしなくつながる草の海，これがステップである．ユーラシア大陸を横断する草原地方は，「ステップの回廊」とよばれ，5世紀のフン族によるヨーロッパ侵略，13世紀のモンゴル軍の大遠征という，2回にわたる騎馬民族の大侵攻の通路となった．このような木の影さえ見えない開けた草原は，自然の障害となる山岳がないこともあって，しばしばアジアからヨーロッパへの絶好のハイウェイとなったのである．このような広大なステップをつくり出したのはユーラシア大陸内部の乾燥した気候である．大陸の海岸部から内陸部へと進むにつれて，降雨量は減少し，空気は乾き，冬と夏の気温差も開いてくる．これにともなって，植生も森林から森林ステップに変わり，やがてス

テップが現れ，さらに内陸部へ入ると半砂漠になり，最後に真の砂漠が出現する．森林とステップの移行帯には森林ステップが現れるが，ここでは水はけのよい砂地，灰色褐色森林土壌の上，川岸，傾斜地は広葉樹林（ナラ林）でおおわれ，乾いた土地は草原でおおわれる．したがって，森林と草原はモザイク状に分布し，その境界はかなりはっきりとしている．

　一方，ステップと砂漠境界は，それほどはっきりとしていない．大陸の内部に近づき，乾燥の度合が強くなると，植物の茂みの間にある裸地は次第にその広がりを増してくる．ハネガヤやウシノケグサのようなイネ科の草本はまだ生えているが，草丈は低くなり，代わってヨモギの仲間が増えてくる．これが半砂漠である．草原から砂漠へのこうした移り変わりは連続的で，はっきりとした境界線を引くことは実際には難しい．植物学的には，植生の被度（地上部の地表面に対する植物の投影面積）が50％をこえるものを，一応，草原とよぶことになっている．さらに進んで，大陸の中心部に達すると，年間降雨量は170 mm以下になり，真の砂漠が現れる．砂漠では極端な水不足の上に，気温の日変化と年変化がきわめて大きく，植物の生育には厳しい環境である．ここで植物が十分に生育できないのは当然であるが，それでもヨモギ類や大形の低木が疎らに生えていることがある．砂漠には植物が生えないと思いがちであるが，実際には，植物がまったく生えない死の砂漠というのは，それほど多くはない．

　北米の大草原プレーリーは西部劇によって，すでに我々におなじみの場所である．プレーリーは北米大陸の中西部，北はカナダのサスカチュワンとアルバータの両州から，南はメキシコ湾にいたる広大な面積をおおっている．一般的には年間降雨量が250〜800 mmの地域が草原になり，これより多い地域は森林に，少ない地域は砂漠になるといわれている．プレーリーは大きく分けて，長茎プレーリー，混生プレーリー，短茎プレーリーの三つのタイプに区別される．この三つの草原タイプは，北米の中西部を東から西へと，また雨の比較的多い地域から少ない地域へと，順に分布している．降雨量が少なくなるにつれて，草丈や根の深さは小さくなり，また草の生産力も低下する．このように乾燥した地域では，植物生育の第一の制限要因は水である．降雨量の多少が，草原の分布や生産力の大小を決めるもっとも重要な条件となる．

　熱帯地方に分布するサバンナは，密生したイネ科の草本植物の中に傘状の高木や低木がポツンポツンと生え，独特の景観をつくり出している（図2.15）．木と木の間隔は樹高のおよそ5〜10倍くらいで，かなり疎らである．このようにサバンナ

図 2.15　アフリカのサバンナ
（水野一晴氏撮影）（池谷ほか編，2007/08）

は純粋の草原と森林との間にある広い移行帯である．乾燥の度合いが強いほうから弱いほうに，草原，低木サバンナ，高木サバンナ，乾生林という順で植生の移り変わりが見られる．ステップなどの温帯草原には木がほとんど入らないのに対して，サバンナに高木や低木が入り込める一つの理由は，サバンナではすべての水分が草本に使いつくされずに，乾季にも木が利用できる水分が土壌中に残されているためである．

しかし，もっと大きな理由は，サバンナの樹木，アカシアやバオバブの木が，野火に強いことである．これらの木は芽が野火によって焼けても，木の根元から芽を出して，地上部を再生できるのである．このようにサバンナに生える樹木は乾燥と火という二つの難関を克服できる種に限られている．一般に厳しい環境のもとでは，植物群落の種類組成は単純になるものであるが，サバンナにはただ1種類のイネ科草本と1種類の高木によって構成される広い区域があるといわれる．

世界の各地に分布するこのような草本は，現在さまざまなグローバルスケールでの環境問題，「地球温暖化」，「酸性雨」，「オゾン層の破壊」，「砂漠化」などに直面している．これらの問題はいずれも非生物的な人間活動の所産であるが，とくに草原を対象にしたとき，草原から砂漠への変化，砂漠化という問題がクローズアップされる．世界の砂漠は年間6万km^{2}の速度で拡大しており，これは日本の九州と四国を合わせた面積にほぼ匹敵する．このうち，気候変動に起因するものは13％，人間活動によるものは87％といわれている．人間活動にかかわる砂漠化の原因は，おもに乾燥・半乾燥地域の草原における過放牧や不適切は耕作であり，これを改善すべく1994年には国連で砂漠化対処条約が採択されている．砂漠化は人類の食糧確保を困難にするばかりでなく，生活環境の悪化をもたらし，生存そのものを脅かすことから，今や待ったなしの状況といえる．　〔小泉　博〕

参考文献
池谷和信ほか編（2007/08）：アフリカⅠ・Ⅱ（朝倉世界地理講座11・12），朝倉書店．

a. 草　原

草原（grassland）とは，厳密にはイネ科草本植物（grass）が優占し，木本植物が少ないか，あるいはまったく存在しない植物群落を指す．しかし，一般には，イネ科以外の草本の草丈の低い植物が優占する群落を広く草原と称している場合が多い．したがって，放棄畑跡に現れる双子葉草本植物の群落や高山や極地に発達する草本群落も，草原に含まれる．また，砂漠の周辺や海岸砂丘地などには，半乾燥地に生育する草本群落が成立するが，それが地面の半分をおおうような群落であれば草原とみなし，半分よりかなり少なければ荒原や砂漠とよぶ．多くの草原においてイネ科草本は量的な優占種となるが，このことがかならずしもイネ科草本の種類数が他の植物より多いことを意味するものではない．イネ科草本は，草原ばかりでなくさまざまなタイプの植生に出現するが，群落を構成しているすべての種類数に占めるイネ科草本の割合は15～23％である．

草原には北米のプレーリー，アフリカのサバンナ，中国・モンゴルのステップのように気候的極相として成立しているものもあるが，放牧や採草あるいは火入れなどの人為的，または生物的な要因によって成立，維持されている半自然草原も多い．我が国のススキ草地やシバ草地も，採草，放牧などにより維持されている半自然草地である．さらに，積極的に人の手を加えたものとして，畑などに牧草を導入した人工草地もある．このように草原は，人の手がまったく加わらない自然生態系から人工草地に至るまでの広い範囲の植生を含んだものである．

わが国では草原という用語のほかに草地，牧野，原野などの用語も使われているが，厳密に定義することは難しい．沼田は相観的な類型を示す植物学用語として「草原」を用い，そのうち放牧や採草に利用されるものに対して「草地」を用いている．このような意味での草地は，さらに放牧地（pasture）と採草地（meadow）に分けることができる．放牧地は人為的に牧草が栽培され採草

にも放牧にも利用される場所を意味し，採草地は干し草をつくるために採草利用されている野草地を意味する（図2.16）．なお，米国では，家畜の放牧に利用される野草の生えたすべての土地をレインジ（range）とよんでいる． 〔小泉 博〕

参考文献
小泉 博，大黒俊哉，鞠子 茂（2000）：草原・砂漠の生態，共立出版．
福嶋 司，岩瀬 徹（編）（2005）：図説日本の植生，朝倉書店．

図 2.16 放牧地草原（福嶋・岩瀬編，2005所収）外来牧草を播種した所（岩手県七時雨山．星野義延氏撮影）

b. 湿 原

　湿原は，1年の大半において土壌が濡れたままである場所に生育する耐水性の強い植物群集からなる生態系である．湿原の植物群落は，さまざまな環境条件を反映してきわめて多様性に富んでいる．一般に湿原は，泥炭（ピート）が形成される泥炭湿原と形成されない沼沢湿原の二つに分けられる．すなわち両者は，泥炭（ピート）が形成されるかどうかという点で区別される．スワンプ（swamp）やマーシ（marsh）などは沼沢湿原に，ムーア（moor），ボッグ（bog），フェン（fen）などは泥炭湿原に分類される．

　沼沢湿原は，湖沼の周辺などの過湿地に発達し，湿原の水は鉱物質に富んでいる．過湿な条件下にあっても温暖な地方では植物遺体は比較的すみやかに分解するので，有機物が泥炭として集積することはなく，まわりの陸地から流れ込む土砂などともよく混和している．このような場所にはカヤツリグサ科（とくにスゲ属），イグサ科，イネ科（ヨシ，マコモなど）の群落が優占し，灌水の程度が軽い場所には低木や木本が侵入する．一方，温帯や亜寒帯では高い地下水面によって生じる嫌気的条件に加えて，低温であるために植物遺体は十分には分解されず，未分解のまま集積して泥炭を形成し泥炭湿原となる．

　湿原は気候，地形そして土壌条件などの相互作用によって発達するので，世界のさまざまな気候地帯に分布している．湿原の形成は，それぞれの地域の水収支と関係するが，この水収支は雨の降り方とその量，そして季節的な蒸散速度により決まる．多量の降雨がかならずしも湿原を発達させるわけではなく，アフリカ中部のチャド湖の周辺では年平均の降雨量が300 mmと少ないのにもかかわらず，蒸散速度が低いために，広大なスワンプが広がっている．しかし，世界の湿地の大部分は蒸散速度が比較的低い北方気候の地域に分布している．

　湿原の水収支を考えるときに，ミズゴケのもつ高い吸水性は重要な要因となる．ミズゴケの精巧

に枝分かれした構造は，きめ細かな吸水性の網目としてはたらき，多量の水をとらえることができる．その水は葉と茎を構成している1層の透明な細胞に直接吸収される．また，茎の表面には脈があり，それを伝わってカーペット状に広がるミズゴケ全体に水が行き渡る．水の移動は表面張力によって起こるので，蒸発の激しい場合にはミズゴケ・カーペットの上方への水の移動は起こらない．さらに透明細胞が乾燥すると，ミズゴケは白っぽくなり，これによりミズゴケ・カーペットの光の反射率は増加するので，さらなる蒸発が抑えられる．このようにミズゴケ湿原における水損失の季節変化は，維管束植物が優占する湿原の植物群集とはまったく異なるものとなる．

〔小泉　博〕

参考文献
Archibold, O. W. (1995) *Ecology of world vegetation*, Chapman & Hall.
福嶋　司，岩瀬　徹（編）(2005)：図説日本の植生，朝倉書店．

図2.17　山地の湿原（福嶋・岩瀬編，2005所収）
ケルミ（帯状の凸地）とシュレンケ（小凹地）が見られる．（北海道群馬岳湿原．橘ヒサ子氏撮影）

c. お花畑

「お花畑」とは"高山帯から亜高山帯の草本群落や矮性低木群落に種々の花々が咲き競う状態"を指す登山用語である．日本の山岳の森林限界より上部（高山帯）では，ハイマツ低木林の発達する場所を除いて，草本や矮性低木の群落が広く成立する．また，森林限界より下部の亜高山帯でも，雪崩が頻発する斜面などでは森林の発達が阻害され，草本群落が局所的に成立する．高山帯や亜高山帯では植物の生育可能な期間は短く，この短い期間に開花から結実までの繁殖活動が行われる．このため，これらの群落ではほとんどの植物の花期が短い夏に集中し，お花畑とよばれる景観がつくられる．

高山帯のお花畑の代表的な立地は，「風衝地」と「雪田」である．「風衝地」とは，冬季に北西の季節風が激しく吹きつけるために雪が飛ばされてほとんど積もらない場所を指し，北西斜面の上部から尾根部などに見られる．一方，「雪田」は，南東斜面や谷状の地形など，雪が吹きだまり，ときに20mをこす深さで積もる場所をいう．雪田は厚い雪のマットにおおわれるため，冬季にも地表面の温度がほぼ0℃に保たれる比較的温暖な立地であるが，雪解けが遅いため植物の生育期間は短くなる．一方，風衝地は，積雪がほとんどないために冬の地表温度はマイナス20℃近くまで低下し，土壌が深くまで凍結するきわめて寒冷な立地であるが，積雪（残雪）による生育期間の制限は受けない．風衝地では一般に土壌の発達が悪く，不安定な礫地となっていることもある．

風衝地ではミネズオウやガンコウランなどの矮性低木やヒゲハリスゲなどの草本が生育し，とくに土壌の発達が悪い不安定な礫質地ではコマクサやタカネスミレなどがまばらに生育する．雪田では比較的雪解けの早い周縁部のうち，湿潤で土壌が発達した所にはイワイチョウやハクサンコザクラなどが生育し，水はけのよい所にはチングルマやアオノツガザクラなどが生育する．雪解けが遅い雪田の底では植物はまばらとなり，クモマグサ

やキンスゲなどが生育する．雪解け時期の違いは植物の分布や群落の種組成だけでなく，植物の繁殖や生理などのさまざまな面に影響を与えており，高山生態系における重要な環境傾度となっている．

　ヨーロッパや中国，南米では高山帯の自然植生はあまり残されていない．自然植生がまとまって残されてきた日本の高山帯は，北米の高山帯とともに，貴重な地域といえる．しかし，20世紀中ごろからの開発や過剰利用によって植生の衰退が生じている場所がある．最近では，シカの侵入によって，お花畑が消失している場所もある．また，今後は地球温暖化の進行に伴って生育地が縮小するおそれもある．黒部ダムの過去37年間の観測データの解析から，日本の高山帯では，世界平均の3倍の速度で温暖化が進行していることが示されている．　　　　　　　　〔澤田佳宏・小泉　博〕

参考文献

工藤　岳（2000）：大雪山のお花畑が語ること―高山植物と雪渓の生態学―，京都大学学術出版会．

工藤　岳編著（2000）：高山植物の自然史―お花畑の生態学―，北海道大学図書刊行会．

Wada, *et al.* (2004) Increasing winter runoff in a middle-latitude mountain area of Central Japan. *Journal of the Meteorological Society of Japan* **82**：1589-1597.

d. ツンドラ

　高緯度および標高の高い地域における樹木の成長は，成長期である夏季の温度不足と生長期間の短さによって規定されている．このような環境で生息できる維管束植物は高度に特殊化しており，このような地域に発達した植生を「ツンドラ」とよぶ．ツンドラに生育する植物は，短く寒い夏の間に速やかに成長を完了させ，長く厳しい冬の寒さに耐えることができる．

　さらに，低温になり樹木限界をこえると，イネ科とカヤツリグサ科（とくにスゲ属）の草本植物が優占するようになる．低木が生育するのは，冬の積雪によって低温や乾燥から保護される有利な場所に限られ，より条件の厳しい場所では維管束植物は姿を消し，セン類と地衣類にとって代わられる．このように苛酷な環境においては，微小生育地のわずかな条件の差によって植物群集に思いがけない多様性が見られる．ツンドラの面積は地球上で25億haに及ぶ．

　世界のツンドラの半分以上は，ユーラシア大陸と北米の寒帯域に分布している．この地域に見られる顕花植物は900種足らずである．もっとも多様性に富んでいるのはアラスカで，600種が生育している．しかし，緯度が高くなるに従って種の数は減少し，カナダ極域の最北端の島ではわずか100種ほどであると報告されている．ツンドラの北限は，グリーンランドの北端の北緯83.5°に達する．分布が北極域に限られている種もあるが，多くの種は極域ばかりでなく高山ツンドラにも広く分布している．高山ツンドラ種はロッキー山脈と，北極から南側に広がる山脈にとくに豊富である．このような高山ツンドラは北半球に9億5000万haあり，極域ツンドラよりも植物相が豊かで，多くの固有種が存在している．高山植生は北アンデス，東アフリカ，そしてインドネシアを含む熱帯山岳地域にも見られる．

　ガンコウランの仲間といくつかのイネ科とカヤツリグサ科の植物は，北極ツンドラとパタゴニアの一部，そしてサウスジョージアのような亜南極

諸島までの両極に分布している．南極で知られている維管束植物は，南極半島とそれに隣接した島で発見されたわずか2種である．一方，セン類は，南極大陸の海岸周辺と岩の露出部分の氷結しない場所に広がり，ペンギンの糞などによって養分が供給される場所ではとくに豊富である．タイ類，地衣類，藻類も，この寒く乾燥した環境に存在している．南緯60°より南側にあるのは，世界のツンドラ域の0.1％以下で，それに南米とニュージーランドの山岳地帯のツンドラを加えても，南半球の全ツンドラ面積はおよそ1億haにすぎない． 〔小泉　博〕

参考文献
Archibold, O. W. (1995) *Ecology of world vegetation*, Chapman & Hall.
田辺　裕（監訳）(1998)：世界の地理14　ロシア・北ユーラシア，朝倉書店．

e. 砂　漠

　砂漠とは降水量が少なく，乾燥によって植物が疎らに生えている生態系と定義づけられる．一般的に，砂漠とよばれる地域の年降水量の閾値は10インチ（約250mm）といわれる．しかし，もっとも乾燥した地域，たとえばアタカマ砂漠，ナミブ砂漠（図2.19），サハラ砂漠，アラビア砂漠の中心部などでは年降水量が10mm以下であり，一口に雨が少ないといってもかなりの幅がある．
　代表的な砂漠の分布域は，大きくはアフリカ大陸北部のサハラ砂漠からアラビア半島，インドのタール砂漠にかけての地域，アフリカ南部，北米，南米，オーストラリアの五つの地域に分けられる．つまり，砂漠はすべての大陸にまんべんなく見られる．しかし，よく見ると南北30°を中心とした緯度帯に多い，大陸の西側や内陸側に多いなど，いくつかの特徴をもっている．
　こうした乾燥地の形成にかかわるもっとも大きな要因は，下降気流という大気の流れである．乾燥地をつくり出すような下降気流は，地球規模での大気の循環によってもたらされる．太陽から受ける放射エネルギーは緯度によって大きく異な

図2.18　ロシアのツンドラの景観（田辺監訳，1998）

り，赤道付近でもっとも大きく，極地方で小さくなる．この不均一性が大気の運動を引き起こし，その結果，低緯度から高緯度に熱が移送されて，地球全体としての熱収支が維持されている．赤道から30°付近にわたる緯度帯には，ハドレー循環とよばれる南北方向の大気の循環が見られる．これは，赤道付近で強い太陽放射によって暖められた大気が上昇気流となり，雨を降らせたあとに高緯度方向へ移動し，下降気流となって再び吹き下ろすという循環である．

この乾いた大気が下降する際に，断熱圧縮によって高度千mにつき約10℃の割合で気温が上昇していく．そのため，ちょうど下向きの気流場となる南北30°を中心とした緯度帯では，いくつかの高気圧が並んで亜熱帯高圧帯が形成され，高温で乾燥した空気の塊，すなわち熱帯気団ができる．この気候帯がもっとも砂漠になりやすい地域となる．

サハラ砂漠からインドのタール砂漠にかけて，またオーストラリア大陸中央部の砂漠など，世界でもっとも広い乾燥地域群はこの熱帯気団の支配によって形成された砂漠である．さらに，大陸の広さも砂漠をつくり出す大きな要因とされる．すなわち，大きな大陸では海から運ばれる湿った風が途中で水分を失うため，内陸部ほど乾燥し，砂漠が形成される．中国のタクラマカン砂漠をはじめとする中央アジアの砂漠地帯などがその例である．

砂漠の環境を植物の側から見ると，乾燥，不規則な降雨，高温，強風，砂の移動，未発達な土壌など，どれをとってもマイナスの条件ばかりである．植物の場合，光合成を行うためには，気孔を開いて二酸化炭素を取り込む必要がある．しかし，乾燥地では気孔を開くと植物体内の水分も蒸散によって同時に放出されてしまう．逆に，水分が欠乏して気孔を閉じると，今度は二酸化炭素が供給されなくなり，光合成ができなくなる．このように，乾燥は植物にとって物質生産と生存にかかわる重大な制限要因となる．そのため砂漠の植物にとっては，限られた水をいかに獲得するか，乾燥に対していかに水分の損失を最小にできるか，さらにはいかに効率よく水を使うことができるかなど，水をめぐる適応が生き残るうえでの大きな鍵となる．

〔小泉　博〕

参考文献

グーディーとウィルキンソン（1987）（日比野雅俊訳）：砂漠の環境科学，古今書院．
林　一六（1990）：植生地理学，大明堂．
池谷和信ほか（編）（2007/08）：アフリカⅠ・Ⅱ（朝倉世界地理講座11・12），朝倉書店．
斉藤　功ほか編（1990）：地理学講座3　環境と生態，古今書院．

図2.19　ナミブ砂漠
（水野一晴氏撮影）（池谷ほか編，2007/08）

2.5 植物の競争と共存

(1) 多様な種によって構成される植物群集

植物群集の中に分け入ってみると，さまざまな種を見つけることができる．本州中部の山岳地帯の群集を見てみよう．標高 2000 m 近くの亜高山帯の場合，林冠を形成する高木には，シラビソ，コメツガ，トウヒなどの針葉樹，ダケカンバ，ミネカエデなどの落葉広葉樹がある．林冠の下を見ると，針葉樹の稚樹などがあり，低木にはシャクナゲの仲間が見られる．林床にはオサバグサなどの草本やシダ植物やコケ植物が生育している．林冠が開けた場所にはチシマザサなどが林床をおおっていることが多い．

もう少し標高が低くなると，針葉樹はウラジロモミ，ツガなどにかわり，落葉広葉樹はブナ，ミズナラ，イタヤカエデなどが多くなる．低木や草本の種数も亜高山帯より多くなる．

このように，環境によって異なる種が群集を構成しており，それらは長い年月の間，群集の中で安定して共存を続けてきた．どのような理由によって，群集を構成する種が決まり，共存を続けることができるのか，という問題はこれまでも植物生態学の中心的なテーマであったし，今後も中心的なテーマであり続けるものと考えられる．

この問題を考えるにあたっては，相互に補完的な二つの視点が重要である．一つは，地史的な理由によって群集を構成する種が決定されるという，偶然が寄与する部分があるということである．もう一つは，群集を構成している種が共存を続けることには，必然的な理由があるということである．このどちらもが，現実の群集を説明するために不可欠である．この節の後半では，おもに後者を理解するために必要な概念のいくつかを解説するが，前者についてもここでふれておくことにする．

(2) 偶然の関与する地史的な要因

地史的な要因を理解するには，地球上を分布する種に似通った特徴をもつ地域に分類した植物地理区を知る必要がある．植物地理区は，一般には地球上を以下の六つの区系界に大別する．

① 全北植物区系界：北半球の熱帯以外の地域であり，日本で一般的に見られるような植物の仲間が分布している．この区系界は，さらに区系区に細分されるが，ヒマラヤから

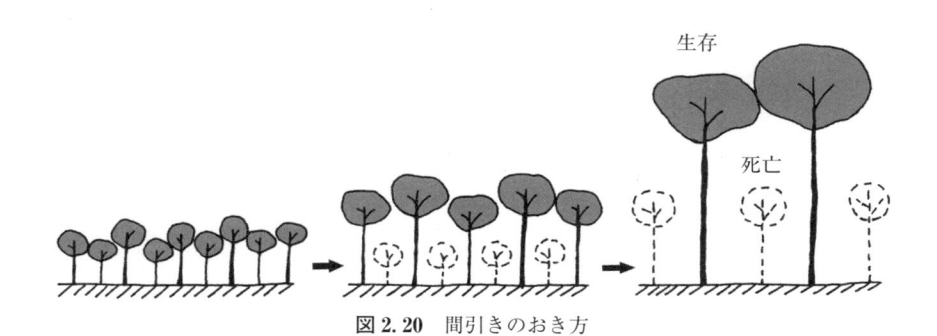

図 2.20　間引きのおき方

中国，日本は日華植物区系区に含まれており，植物の構成種が似ている．
② 旧熱帯植物区系界：旧大陸の熱帯地方が中心である．
③ 新熱帯植物区系界：新大陸全域の熱帯地方である．たとえば，サボテンは新熱帯区系界にのみ分布している．また，マメ科の高木が多いのも特徴の一つである．
④ オーストラリア植物区系界：オーストラリア大陸とタスマニア．ユーカリはここにのみ分布している．
⑤ ケープ植物区系界：アフリカ南端付近ではきわめて特異的なフロラが成立しており，そのためごく狭い地域ではあるが独立した区系界となっている（図2.21）．
⑥ 南極植物区系界：南米南端をはじめとし，南極および南極に近い島嶼を含む．ナンキョクブナなどが分布している．

オーストラリア植物区系界に分布するユーカリは，他の区系界には分布しない．中生代にオーストラリア大陸がまず他の大陸から分離し，隔離された状態でユーカリの進化が起きたためであると考えられている．オーストラリア大陸では，哺乳類も他の地域とは異なっており，有袋類だけが分布し，真獣類は分布していなかった．これは，他の大陸で有袋類から真獣類が進化する以前にオーストラリア大陸が分離したからである．

旧熱帯植物区系界と新熱帯植物区系界は同じ気候帯に属しているが，分布する種が異なるのも地史的な理由である．ユーラシア大陸と米大陸の熱帯部分が分離したあとで種の分化が起きたのである．

こうした，偶然が関与した地史的な理由は，同じような生態的な地位にある種の分布域が異なることを説明するために欠くことができない．

(3) 必然の関与するさまざまな要因

明治時代にセイタカアワダチソウは園芸植物として日本にもち込まれ，現在ではススキとともに二次遷移初期の優占種となった．セイタカアワダチソウがそれ以前に日本に分布していなかったのは，旧大陸と新大陸が分離していたという地史的な理由による．しかし，日本にもち込まれたセイタカアワダチソウが二次遷移の初期だけに出現し，遷移の進行した森林の中には分布しないこと，また，暖温帯中心にしか分布しないことは偶然によって説明されることではない．

そこには共存，競争，トレードオフ，ニッチなどさまざまな生態学的に必然である要素が関与している．以降，それぞれの概念を解説していくことにする．

〔舘野正樹〕

参考文献
池谷和信ほか（編）(2007/08)：アフリカ I・II（朝倉世界地理講座 11・12），朝倉書店．

図 2.21　ケープ植物区界
（水野一晴氏撮影）（池谷ほか編，2007/08）

図 2.22　共存の例（口絵11）
日本海側のスギ-ブナ混交林（福島県）

a. 共　存

　共存とは，競争を生じる可能性のある生物どうしがともに存在できること．理論的には，必要とする資源がある程度異なる場合に共存が可能となる．必要とする資源のある環境をニッチとよぶが，これを重複させないことで共存するこうした共存をニッチ分割による共存という．このタイプの共存では，ある資源を得るために特殊化した機能は，他の資源を獲得することにはマイナスとなることが必要である（トレードオフ）．または，必要とする資源が同じであっても，競争力にさほど優劣がなければある程度の期間共存できる．現在見られるススキとセイタカアワダチソウの共存は後者の例である可能性がある．

　植物群落では，必要とする光量が異なる種が空間的にニッチを分割し，結果として共存している場合が多い．森林の林冠での光量は多いが，林床では林冠の光量の数％というごく弱い光しか受け取ることはできない．林床で生育することのできる林床植物は，こうした弱い光に適応している．林床植物は林冠を構成する木本よりも葉の面積あたりの重さをを小さくし，同じ重さの葉ならばより広い範囲の光を得るような体制をとっている．これによって，暗い林床でもエネルギーの収支をプラスにすることができる．林床植物の薄い葉は光を集めるということに特殊化しており，林冠で起きる強風などによる物理的なストレスには弱い．これがトレードオフとなっている．

　また，時間的に資源利用を重複させないようにすることで共存している場合もある．これを時間的ニッチ分割とよぶ．遷移がその例である．日本の森林では，遷移後期種（陰樹）に多い常緑樹の林床は暗い．ここでは，常緑樹の稚樹でさえ成長は難しく，林床植物も小さなものが多い．常緑樹が枯死すると，そこにはギャップとよばれる明るい林床が出現する．ここでは，先駆種（陽樹）としての性質をもつ場合の多い落葉樹が急速に大きくなる．落葉樹の林床は常緑樹の林床よりも明るいが，落葉樹の稚樹は育てない．しかし，常緑樹はここで着実に成長することができる．先に林冠に到達していた落葉樹が枯死すると，再び常緑樹の林冠ができる．遷移の中では，数十年から数百年という時間スケールを取れば，時間的なニッチ分割を通してさまざまな種が共存していることになる．

　熱帯の森林を構成する高木の種数は，温帯と比べて極端に多い．これらの種の共存をニッチ分割で説明するには，ニッチの数が少なすぎる．おそらく，必要とする資源が同じであり，かつその資源を獲得するための競争力のほぼ等しい種が多数存在するために，競争排除が起きにくくなっているのだと考えられる．ただし，なぜ温帯ではそのような種数が少なく，熱帯では多いのかということについてはまだ答えられない．熱帯で種分化が速く，また絶滅が起きにくければ，気候帯による種数の違いを説明することができるが，その具体的なメカニズムが不明である．温帯でも農地の雑草の種数は多く，これらの中には競争力に差がないために共存しているものも多いと考えられる．

　私たちが目にする実際の森林には，形成されてからの時間の異なるギャップが多数存在するため，時間的なニッチ分割のさまざまなステージを見ることができる．つまり，先駆種も遷移後期種もモザイク状に混在して見える．また，それぞれのギャップの中で林冠や林床という空間的なニッチ分割が見られる．それに加え，あるニッチの中に競争力のほぼ等しいために共存している種もある．ある広さの面積の森林を考えた場合，このようにさまざまなメカニズムによって植物が共存しており，これが種の多様性をもたらしている．

〔舘野正樹〕

b. 競　争

　光，水，無機栄養などの物的資源や配偶者などの生物的資源が，需要に満たない場合に，個体間に生じる軋轢のこと．植物では，直接的に資源の奪い合いになる競争が中心である．

　もっとも重要な資源である光をめぐった競争は，葉を上部に展開したほうが一方的に有利となる非対称競争である．それに対し，土壌中の無機栄養をめぐる競争は，根の割合に応じて資源が配分されるため，これは対称競争とよばれる．どちらの競争が重要かは，環境によって変化する．

　植物にも配偶者をめぐる競争はある．多くの場合，胚珠をめぐる花粉間に生じる競争となり，これは胚珠という資源をめぐる直接的な競争である．

　アレロパシーは，資源をめぐる競争の勝敗を左右する可能性が指摘されてきた．アレロパシーに関しては，セイタカアワダチソウが有名である．しかし，その根に含まれ，競争者に対して負の効果をもつ物質が果たして野外で効果があるのかどうかについては直接的な証明がなされていない．むしろ，根からこの物質が分泌されていない可能性があり，実際には被食回避に使われているのではないかという疑問が提出されている．また，分泌されたとしても土壌微生物によって速やかに分解されてしまう可能性がある．

　セイタカアワダチソウとススキは，放棄畑や河川敷などをニッチとしているため，多くの場所で競争関係にある．侵入はセイタカアワダチソウのほうが早い場合が多く，あとから侵入してきたススキとしばらくは共存を続ける．これは，競争力にあまり差がないためと理解できるが，長い時間経つとススキがセイタカアワダチソウを競争的に排除してしまう場合が多い．これもアレロパシーの有効性に対する反証の一つとなっている．

　競争は形質をすべての環境において効率的なものにするというわけではない．茎は光をめぐった競争によって進化してきたが，茎をもつ植物は，茎がない場合に実現される最大の成長速度よりも低い成長速度しか実現できない．茎をもつ植物では光合成産物の一部を茎の形成のために使わなければならないため，葉の増加速度が低下してしまうのである．茎をもたなければならないことは，寒冷地において，凍結融解によるエンボリズムが引き起こす水ストレスのリスクを増加させることにもなっている．このように，競争にとって必要な形質は，一方で競争の生じない環境ではマイナスの効果をもつこともある（トレードオフ）．

　競争には，同種の個体どうしに生じる種内競争と，異種の個体どうしに生じる種間競争がある．競争は必要とする資源が近いほど激しくなるため，種内競争は一般に種間競争よりも厳しいものとなる．

〔舘野正樹〕

c. ニッチ

それぞれの種には，生理的に生育可能な環境の範囲がある．これを基本ニッチとよぶ．現実に生育している環境は実現ニッチとよぶ．基本ニッチよりも実現ニッチは，狭くなることが多い．その原因の一つは種間競争の存在である．

常緑針葉樹のスギは林業的に有用なため，北海道から九州まで広く造林され，生育している．これは，基本ニッチに近い考えられる．しかし，その天然分布は狭く寒冷で多雨な環境が実現ニッチで，たとえば，屋久島，紀伊半島，裏日本の冷温帯（山地帯）である．暖温帯では，常緑広葉樹がスギと同じ生態的地位にあるため競争が生じる．道管をもつ常緑広葉樹は水の輸送能力が高いため，仮道管をもつために水の輸送能力に劣るスギよりも生産性が高い．そのため暖温帯ではスギは常緑広葉樹によって競争的に排除される．冷温帯では，冬期に強い水ストレスがかかる常緑広葉樹は生育できないため，スギが分布できる可能性が高い．しかし，冷温帯でも乾燥が問題となる可能性のある表日本の多くの地域では，スギはより乾燥耐性のある常緑針葉樹であるモミなどとの競争に不利で，分布できない．こうした理由で，スギの実現ニッチは寒冷で多雨な環境に限られる．

ニッチという言葉は，すきまという意味で使われることが多い．ここで示したように，実現ニッチは他種との競争に勝つことのできる条件を満たした限られた環境のことである．この意味で，ニッチを生態学の世界でも「すきま」という語感で使うことは，よりよい理解につながる．

また，植物間には競争以外にも促進のような互助的な関係が生じることが知られている．最近では，こうした競争以外の関係も実現ニッチの形成に重要な役割があるのではないかと考えられるようになった．さらに，ニッチには物理的な環境だけでなく，ポリネーターなどの生物的環境を含めると，より合理的な理解が可能になることも指摘されており，今後，ニッチについての概念が変化していく可能性もある．

〔舘野正樹〕

d. ファシリテーション（扶助）

ファシリテーションは一方の存在によって，他方の適応度が上がるような関係を指す．一見，共生のようであるが，共生が生態的地位の異なる生物間に見られるのに対し，同じ生態的地位をもつ生物間に見られるという違いがある．

ファシリテーションの例として，一次遷移初期の窒素固定をあげることができる．一次遷移初期の土壌は窒素が不足しているが，ここではマメ科植物などの空中窒素の固定能力をもつ植物が侵入することが多い．窒素固定を行う植物のリターが蓄積すると土壌中の窒素量が増大し，非窒素固定植物が生育するのに必要な環境が形成される．これによって，単独では一次遷移初期の土壌に侵入しにくかった非窒素固定植物が定着するようになる．これは，窒素固定植物による非窒素固定植物のファシリテーションと考えてよい．さて，非窒素固定植物が侵入するようになると，窒素固定植物は競争的に排除されていく．その理由の一つは，窒素固定は土壌から窒素を吸収するよりも多くのエネルギーを使うため，窒素固定に依存した植物はどうしても成長速度が小さくなることによる．こうして非窒素固定植物は窒素固定植物に害を与えてしまうので，この関係はファシリテーションとよぶことはできない．

冷温帯の森林での常緑針葉樹と落葉広葉樹の関係もファシリテーションと考えることができる．ブナを主体とした落葉広葉樹林の林床には，チシマザサや林床低木が侵入していることが多い．これは，落葉広葉樹林の林床が明るいため，ササなどにとって十分な光が存在するからである．ササや林床低木の下は暗く，落葉広葉樹の稚樹は生存できない．このため，落葉広葉樹林は更新が難しいことが多い．この森林にスギやモミなどの常緑針葉樹が存在すると，これらの林床は暗く，ササや林床低木が侵入できなくなる．常緑針葉樹が枯死したあとのギャップにはササなどがないため，ブナなどの成長の速い落葉樹の稚樹が成長できる．落葉樹の稚樹が成長していくとき，その下で

は常緑針葉樹の実生が定着し，ゆっくりではあるが成長していく．落葉樹が枯死すると常緑樹が林冠を占めるようになり，もとの状態に戻る．これは，冷温帯の原生林における遷移そのものであるが，常緑針葉樹による落広葉樹のファシリテーションとしてとらえることが可能である．この場合，常緑針葉樹は落葉広葉樹を利する一方，落葉広葉樹は常緑針葉樹に決定的な害を与えることはない．これは，片利共生に近いファシリテーションである．
〔舘野正樹〕

e. トレードオフ

不可避な二律背反のことである．水ストレスというリスクを回避するために気孔を閉じ気味にすれば，必然的に光合成量が減る．これは，トレードオフの例である．

トレードオフ関係にある要素間のバランスをどのようにとったら，適応度が最大になるかという問題は，生物的，非生物的環境によって答えが変わってくる．乾燥地帯に生育している植物は，光合成をある程度犠牲にしてでも普段から気孔を閉じ気味にして水を失わないようにすることで生存率が上がり，ひいては適応度を上げることにつながる．一方，湿潤な環境では気孔を開けて光合成速度を上げることが適応度を高めることになる．

植物が生きていくときにトレードオフが避けられない現象がたくさんあり，その最適なバランスが環境によって異なるということが，地球上の多様な環境に多様な種が生きていけることを保証している．いいかえれば，すべての環境にオールマイティな種がいないからこそ，多様な種が存在しているのである．
〔舘野正樹〕

2.6 森林の動態

「その徐(しず)かなること林の如く,動かざること山の如し」という譬えは,戦国時代の自然認識である.現代では,樹木の世代交代の過程で喧しいさまざまな現象が見られるし,地滑りなど山そのものが動くことによっても森林動態の引き金が引かれることが常識となっている.他の学問分野と同様,森林の動態や構造に関する研究分野も観測技術の飛躍的な進歩や知識の増大に伴って,これまでとらえられてきた小さな時空間スケールでの認識だけではとらえきれない現象や,不要となってしまう可能性のある概念も出てきた.

樹木の寿命は数十年から長いもので千年をこえるので,森林動態を考えるにはそもそも比較的長い時間スケールを必要とする.一方で森林遷移を考える際にも,土壌生成まで視野に入れると数万年という時間スケールが必要であるが,このくらいの長い時間スケールでは氷期・間氷期のような過去の気候変動が入り込んできてしまい,植生帯の移動といった現象も同時に考慮しなければならなくなる.したがって,本節では紙面の都合上数年から千年程度,数ha〜数千ha前後のスケールを想定し,植生帯の移動や景観をまたぐような事象はここでは取り上げない.だからといって,これらの超長期にわたる森林動態が重要でないというわけではないことに注意されたい.

樹木の世代交代は開花結実にはじまり,種子散布,発芽,稚樹の定着,個体の繁殖という過程を経る.この過程の中でさまざまな要因が種ごとの世代交代の成否を左右する.開花結実には,自家不和合性植物の場合,同種他個体との交配が不可欠なので,近隣個体との距離が近く同種密度の高いほうが結実率が高いだろう.ギャップ形成など定着に適した場所がランダムに出現するなら,その確率はどこでも同じである.したがって,この点だけから考えると,種子の散布は近くであろうと遠くであろうとその個体にとっては同じ適応度となる.しかし,実際には親個体の近くに高密度に散布してしまうと,発芽定着段階で兄弟間競争が起こったり,種特異的な捕食者に食べられてしまったりするので,できるだけおたがいはなれたほうがよい.種子散布の意義はここにある.観察される樹木の個体間距離は,これら授粉と種子散布のバランスの上に成り立っているのだ.さらに,他の植物との関係や生育環境も世代交代に影響する.厚い葉は強い光をむだなく使えたり,乾燥に耐えやすい形質なので,他に植物が茂っていない状況や水分が不足する環境では有利だが,逆の条件では葉の厚みに投資した資源がむだになってしまう.環孔材の太い道管は大きな通水量を得ることができるが厳冬季に凍結しやすく,いったんそうなると春先に一からつくり直さなければならない.このため,開葉時期が散孔材に比べてずっと遅くなり,光をめぐる競争に不利である.散孔材樹種の中でも開葉時期が早く薄い葉をもつ種は,環孔材樹種や葉が大きくフェノロジーの遅い樹種によって形成される季節ギャップに応答して,林床でもより長く生き延びたり,ときには林冠にまで達することができる.

樹木の種間で見られる実にさまざまな形質の違いは,これら適応度にかかわる要因が生活史段階ごと,生育する環境に応じて異なることで,無限の組合せの中から生み出され選択されてきたセットであり,森林動態はこのセットの入れ替わりの過程ととらえることができる.その意味で,森林

動態は植物の進化の一断面を表しているともいえる．この入れ替わりの過程に強い影響を与える，もう一つの大きな要因として攪乱があげられる．

攪乱とは生態学の広い定義では，物理的環境を変えることである過程の進行を中断させたり，安定な状態を乱すあらゆるできごとを指すが，森林動態に対象を限定すると，具体的には台風や山火事，土石流，植食性昆虫の大発生といった森林の構造を改変させる事象がこれに相当する．攪乱によって，それまで大木によって占められていた林冠や土壌中に空きができ，光や土壌栄養塩の利用可能性が増す．このことがさまざまな形質の組合せででき上がっていた森林生態系に新たな資源勾配をもたらし，かつ階層構造など森林構造そのものも変化させる．したがって，同じ気候帯に属する森林でも，攪乱の頻度や規模の違いによって森林の姿は大きく影響されることになるだろう（Hiura, 1995）．

また，攪乱の質も森林の姿に影響する．増水によって頻繁に水を冠る河畔には，強力な水の流れを柔軟に受け流すことができるヤナギ類が優占するし，根返りを伴うギャップ形成は埋土種子を呼び覚まし，ギャップ依存種を出現させる．攪乱は森林の一部を破壊する一方，これがなくては生きていけない植物が存在するのも確かなことである．北米の山火事が頻繁に起こる地域では，ジャックパインやロッジポールパインのように，火であぶられて高温にならないと球果が開かない樹種が優占している．進化の過程の中で生活史の中に攪乱を取り込んでしまったこれら植物は，攪乱なくしては絶滅する運命にある．このように，攪乱は森林に破壊と再生をもたらし，森林動態の大きな引き金となっている．

森林のある程度広い面積（数 ha～数千 ha）を想定すると全体として平衡状態となるが，局所的には常に攪乱と修復が起こっており，森林の世代交代の時系列変化を空間構造の変異としてとらえることができると最初に考えたのはワット（Watt, 1947）であろう．彼はそれまで支配的だったクレメンツの一方向的な植生遷移のとらえ方（Clements, 1913）とは異なり，たとえ一見安定しているように見える成熟した森林でも部分的に破壊と再生が行われ，それが空間的にパッチモザイク状に配置されていることを示した．このようなワットの考え方は1970年代後半から盛んに取り上げられるようになり，時空間スケールの多少の違いこそあれ，世界中の森林の世代交代はこのような部分的な破壊と再生によってダイナミックに進行しているのが通常であると認識されるようになった．

このようなギャップ形成による森林の更新についての研究が盛んになると，「極相」は定義が困難であり，その概念の有効性に疑問がもたれるようになっている．このような混乱の一因は，時空間スケールを明確にしないで議論がなされることにある．ある群集が平衡状態にあると見なせるかどうかはその時空間スケールに依存する．進化的な時間の中では，群集は変化し続けているととらえられるし，人間が普段の生活の中で意識するせいぜい数年といった時間スケールでは森はしずかであり，また動かない．

森に分け入りその大きさや複雑さを目の当たりにしたとき，それだけで驚きと畏怖の念を覚えるのは私だけだろうか．一方で，われわれ人類が森林にもたらしている影響が甚大なのも事実である．人間活動の影響からまったく離れた"原生林"はもはやどこにもない．森林の伐採は，特定の樹木個体の消失や林内環境の改変など生態系に直接的な影響を与えるし，分断化はそこで暮らす生き物たちの移動や遺伝的な交流を妨げたりする．さらに，近年の人為起源の温室効果ガスによる温暖化は，数十年スケールという驚異的な速度でかつ全球という大スケールで進行している．このような時空間スケールのひずみがもたらす森林動態への影響は，現在のわれわれの予想をはるかにこえるものであるに違いない．地質年代を通して起きた過去5回の生物の大量絶滅は，破滅的な大規模攪乱が繰り返し地球上で起こったことを示しているが，それでも生物は進化し続け生態系は再生し続けてきた．今まさに進行している，人類による大規模攪乱からも再生の道は開けるのだろうか．

〔日浦　勉〕

a. 林冠

　日本語で書くと"林の"天蓋という意味合いになるが，英語ではかならずしも森林だけを指さない．どんなに小さくとも，それがある植生面を形づくっていればよく，倒木上にあるコケ群落の表面でさえ canopy と表現される．

　比較的最近まで，森林の林冠（canopy）は"月の表面と同じくらい"わかっていなかった場所であった．しかし，林冠観測用クレーン（図 2.24）やタワーなどアクセスシステムの整備によって，誰でも簡単に林冠に到達し観察や観測が行えるようになった．また，リモートセンシング技術の進歩により上空からも林冠の構造が詳細に明らかにされるようになってきた．

　林冠は大気との境界層を形づくり熱エネルギーの交換を行うだけでなく，光合成器官である葉や繁殖器官である花や果実が集中することで，他の生物との相互作用の場ともなる．林冠に集中する葉によって太陽光のほとんどが吸収されてしまうため，林床にまで届く光は数％にすぎない．また，個体のバイオマスに比例して土壌栄養塩を吸収していると仮定すると，林冠木は林床で暮らす稚樹の数百〜数千倍の栄養塩を獲得していることになる．したがって，林冠木の枯死によるギャップ形成が林床の光や栄養塩環境を大きく変動させることになる．激烈な競争をくぐり抜けて林冠に達した大木も，やがて攪乱や寿命によってその長い一生を終える．林冠木の死亡率は 0.3〜2.0％程度であるから，1 ha スケールで考えると，数年に数本程度は大きな倒木が林床に供給されることになる．

〔日浦　勉〕

図 2.24　北海道大学苫小牧研究林に設置された林冠観測用のクレーン（口絵 10）

図 2.23　落葉広葉樹林の林冠の様子（口絵 9）

b. 林床

　林床（understory）に暮らす植物にとっても，高木類の存在は大きな影響を与える．天空をおおう高木類は林床植物にとって，利用可能な光資源量を強く規定する．常緑針葉樹や常緑広葉樹が優占する森林では，林冠ギャップの大きさや分布がおもに林床の光環境を支配する．一方，冷温帯では落葉広葉樹が優占するため，これに加えて春の開葉期と秋の落葉期の林床光環境の激変が重要となる．

　成長，開花，結実といった生活史の重要な部分を高木類の開葉前に済ませてしまう，カタクリやエンゴサク（図2.25）など春植物といわれる草本は，このような光環境の季節変化に適応進化してきた生物の典型であるが，それ以外にもさまざまな応答が見られる．林冠木のさまざまなフェノロジー葉や花の季節的変化の組合せが林分単位での林床の平均的な光環境を規定し，常緑針葉樹の優占する1年中薄暗い林や開葉時期の早い一斉開葉型のブナの優占する林では林床植物の種多様性は低く，一斉開葉型の樹種でも開葉時期が遅いミズナラや順次開葉するホオノキの優占する林でもっとも高いことが明らかにされている（Uemura, 1994）．また，林床で暮らす低木の場合，シウリザクラのように一斉開葉型で開葉時期も早い林冠木の樹冠下の個体に比べて，ホオノキやミズナラ林冠木の樹冠下に生育している個体は開花量，成熟結実率ともに高くなる（Maeno and Hiura, 2000）．これも繁殖努力や繁殖成功度という個体群動態のパラメーターが林冠木の群集構造に規定されている例といえよう．

　成熟した森林の場合，林床の環境異質性は林冠ギャップ形成が生み出した倒木によってももたらされる．倒木は，林床では比較的乾燥した状態のまま担子菌を中心とした分解者に利用され，リグニンも含んだ分解過程によって栄養塩の多くが比較的早く土壌中に還元され，再び植物に利用される．しかし，周辺個体の成長によってすでに修復されたギャップ下にも，まだ分解しきっていない倒木が存在することで地表面に凹凸ができたり，基質が周囲とは異なることで水分や光条件の微細な違いが生じる．このような微細な環境条件の違いが競争や被食の度合いを変化させ，林床での植物の多様性を維持する機構の一つとなっている．ササや大型のシダ類などの林床植物が繁茂したり，種子を食べる菌類の多い林床では，維管束植物の実生の定着場所としても倒木は非常に重要である．倒木が林床面積に占める割合は10%未満なのにもかかわらず，実生や稚樹の実に98%が倒木上に定着していた針葉樹林の例もある（Hiura et al., 1996）．　　〔日浦　勉〕

図2.25　落葉広葉樹林の林床に咲くエゾエンゴサク

c. 階層構造

個体間または種間で高さの分布がいくつかの階層に集中する現象をいう．比較的耐陰性のある植物では，草本の同齢集団でも個体間競争によって個体サイズ-成長速度の関係がシグモイドカーブを描く（飽和型の増加をする）場合に，サイズ分布が二山形となる．

森林では，もっとも地表面に近い林床から林冠までの間にはさまざまな植物が生育する．林床植生，その上に位置する低木，さらにその上層に位置する亜高木，林冠面を構成する高木，熱帯雨林の場合はさらに超高木といった具合に，植物の生活形の違いと対応して認識されてきた（図2.26）．これら生活形の異なる植物の葉群の空間構造によって，光，気温，湿度，風といった二酸化炭素や水の交換に影響を与える森林内の物理環境がコントロールされている．それ以上に葉群はさまざまな生物に生息環境を提供することを通して，そこにすむ生物の群集構造と深く関係していることが古くから指摘されてきた（MacArther and Mac-Arther 1961；Ishii *et al.*, 2004）．

葉群の垂直構造については，古くから層別刈り取り法（一定面積に含まれる全植物を，上方から一定の厚さの層別に切り分けて器官ごとの重量を測定する方法）によって定量化されてきたが，最近は光学的な方法が一般的に用いられており，層別刈り取り法と光学法のある程度の整合性も確かめられている（Fukushima *et al.*, 1998）．

光学法での葉群分布の推定には任意のポイントから最近層の葉までの距離を測定し，これを再構成する．レーザーなど特定の波長を照射・観測するライダー観測機器の小型化によって森林内に測定機器を持ち込んだり，航空機に搭載したりして短時間に莫大な量の距離測定を行うことにより，広範囲の葉群分布を精密に推定することが可能となった（図2.27；次頁）．

森林が発達すると，ギャップ形成などによって水平方向の異質性が高まり，単純な構造ではなくなる．成熟林では，林冠の凹凸が激しく「林冠面」そのものがあいまいになる．また，小さな範囲で見た場合や二次林では認識できていた，単層・2層，といった「階層構造（stratification）」が，成熟林で大きなスケールで見た場合には非常に認識しにくいことがわかってきた．さらに，種による生活形の違いを最大到達サイズに置き換えて並べてみると連続的となってしまい，どこからどこまでが高木，どこからどこまでが亜高木，といった峻別が恣意的にならざるを得ない，ということも明らかになってきた．これらのことにより「階層構造」の概念そのものの有用性が問われている（Koike and Syahbuddin, 1993；Parker and Brown, 2000）． 〔日浦 勉〕

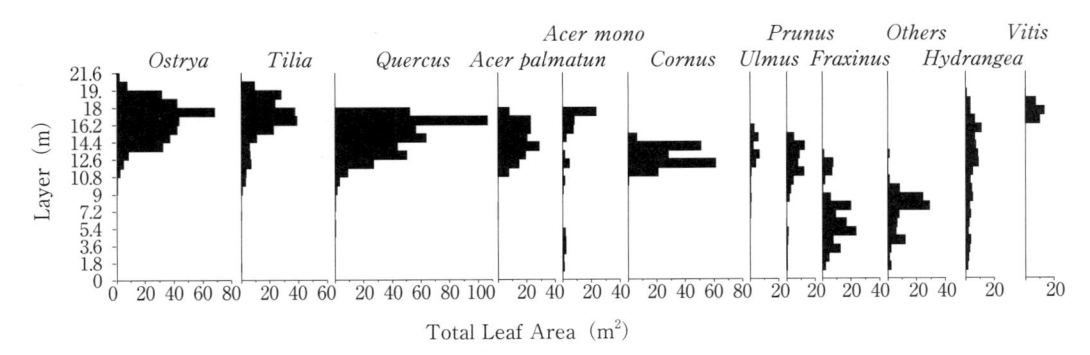

図 2.26 落葉広葉樹林における種ごとの葉群垂直分布

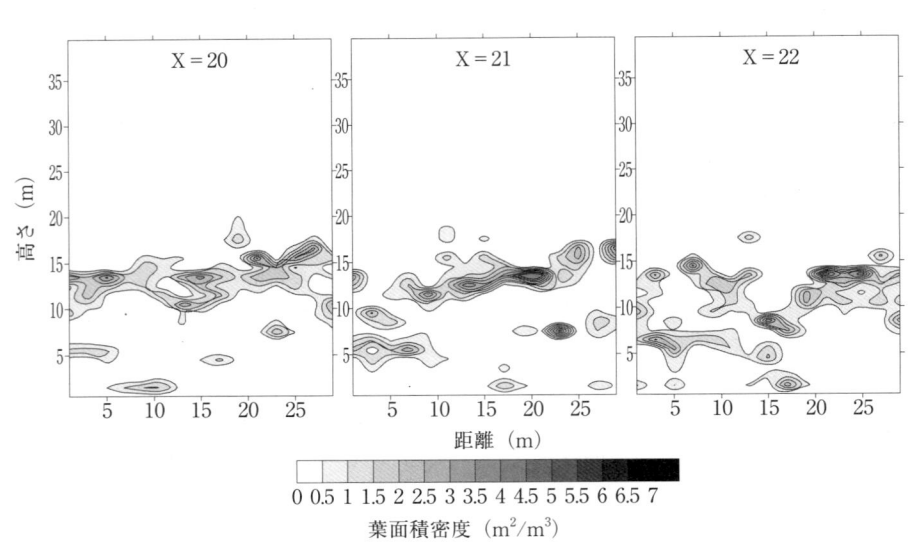

図 2.27　ライダー観測によって再構成された落葉広葉樹林の葉群分布

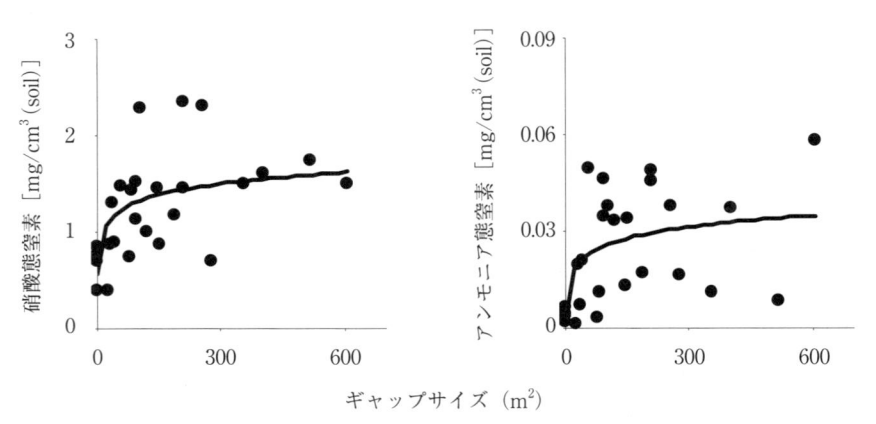

図 2.29　落葉広葉樹林で一度に形成されたギャップのサイズと土壌栄養塩の関係

d. ギャップ

　林冠を構成する植物が，なんらかの攪乱や寿命によって倒れたり消失したりすると，その周囲の林冠面から地表面までの高さに差ができる．これをギャップ（gap）という．林冠面が高さ数十 m の巨大な高木である場合には認識しやすいが，a項「林冠」で述べたように，それが高さ数 cm のコケ群落では見落としてしまいがちである．その面積も，樹木の場合でも単木の枯死による数 m^2 の大きさから，数 km^2 のものまで大きな幅がある．しかもギャップはやがて植生の回復によって修復されていくので，その途中段階では認識されにくい．

　このようにギャップといってもさまざまなものがあり，研究者によって定義が異なっている．森林の林冠ギャップ（canopy gap）という場合は，$5 m^2$ 程度から 0.1 ha 程度までの大きさをもつ，高さが 10 m 未満の欠所部を指すことが多い（図 2.28）．一方，落葉樹林では季節的なギャップ（phenological gap）も存在する．b項の「林床」で述べたような林冠木の樹種による開葉・落葉フェノロジーのずれによって季節的に林床の一部が明るくなり，下層で暮らす展葉の早い植物にとって有利となるからである．このような林冠と下層のフェノロジーの違いが種の置き換わりや多様性の維持に一定の役割を果たすこともある．

　樹木をはじめとする，森林を構成する植物は皆固着性の生物である．このことが，森林動態にギャップが果たす役割を大きくしている．生きていくうえで空間が制限要因とならない移動性の高い動物にとっては，ギャップはそれほど重要ではない．林冠ギャップ形成は，森林に暮らす植物にとって林床の光環境を改変するだけでなく，根返りなどによる根系ギャップ（root gap）形成によって，それまで林冠木が獲得していた土壌栄養塩が一時的に消費されなくなることも意味する（図 2.29；前頁）．

　これら増加した資源をめぐってギャップ直下とその周辺の植物の競争が激しくなる．ギャップの大きさは利用可能な資源量を変化させるため，実生の定着や稚樹の成長に重要な影響を与えるだろう．そのため，ギャップの時空間的な分布とその規模が樹木の種多様性の維持に貢献すると考えられてきた．中程度の規模や頻度のギャップ形成が起こっている場合に種の多様性がもっとも高くなるという「中規模攪乱仮説」もこのような考え方に従っている（Connell, 1978）．しかし，攪乱傾度と種多様性に一山形の関係が見出せなかったからといって，この仮説が支持されなかったことにはかならずしもならないことに注意しなければならない．観察した攪乱傾度の範囲が，多様性との関係を検出するのに十分広かったかどうかの保証がないからである．このように，この仮説は検証しにくいという欠点をもつ．また，50ha の範囲の樹木約 36 万本を 15 年間にわたって調べた熱帯林での近年の大規模な研究では，ギャップ形成は多様性の維持にはランダムな効果しか与えないと報告されており（Hubbell *et al.*, 1999），論争が続いている．

〔日浦　勉〕

図 2.28　ブナ林に形成された林冠ギャップ
（口絵 12）

e. 遷移

　生態学全般では，ある場所での複数の個体群の移入と消滅によって生じる，方向性をもった変化パターンを遷移（succession）という．植生を考えた場合，火山の噴火などによって表面に有機物がなくなり，目に見える生物の活性がない状態から進行する生態系の時間変化を一次遷移という．これに対し，大規模な台風などによって大部分の地上部が倒れ，有機物蓄積がある状態から進行する遷移を二次遷移という．一次遷移での移入はおもに散布種子のみによるが，二次遷移はこれに地中で生存していた埋土種子や栄養繁殖体が加わるため，遷移初期には二次遷移のほうが種の多様性が高く植被の回復速度が速い．

　古くには，多雨地帯の場合一次遷移はまず地衣類，セン・タイ（蘚苔）類，これに続いて一年生草本，多年生草本そして陽樹という順に植物が侵入し，やがて陰樹だけが占める森林となると考えられた．このように，それぞれの気候帯には遷移の最終段階があると考えられ，極相とよばれた（Clements, 1916）．しかし，近年の研究では，種子供給源さえ近くにあれば一次遷移でも菌根菌との共生などによってはじめから樹木の侵入が見られるし，成熟した森林にも林冠ギャップを中心に先駆的な種が数多く存在することが多くの研究から明らかにされている．

　一次遷移の初期段階では定着している植物が少ないため，光資源は豊富に存在する．このため遷移初期には，豊富な光資源を最大限利用できる光合成速度の高い種が優占する．その後，生い茂った植生の比較的暗い中でも，効率よく光をとらえられる光合成速度の低い植物に置き換わっていく．遷移の進行に伴って，優占する植物種が交代していくだけでなく，生態系の機能も変化していく．攪乱を受けた後森林が発達するにつれ，土壌呼吸の卓越によって二酸化炭素の放出側にあった森林は，やがて樹木の急速な成長によって吸収側にまわり，巨大なバイオマスを蓄積し，最終的には炭素放出と吸収のつり合った平衡状態となると考えられている．日本での一次遷移は火山の噴火由来の場合が多いが，このような一次鉱物から出発する遷移では，母材に窒素が含まれないために生態系の発達が窒素に制限されることが多い．根粒バクテリアと共生することで，窒素固定能のあるマメ科植物やハンノキ属が侵入すると，他の植物も定着が容易となり，生態系中に貯留される炭素の蓄積速度が増加する．　　〔日浦　勉〕

f. 更新戦略

　森林における樹木の更新戦略（regeneration strategy）には大きく分けて2通りある．ギャップ形成後に発芽するタイプとギャップ形成前から前生稚樹として定着しているタイプである．前者のギャップ形成後に発芽するタイプには，種子が遠距離から運ばれギャップ形成後に侵入する種と，ギャップ形成前から埋土種子として侵入している種がある．これらは時間/空間的に広い範囲に種子を分散していると解釈でき，小さな種子であることが多い．

　ギャップ形成の一種である根返りは，大木の根ごとひっくり返るため鉱物質土壌がむき出しになるなど土壌攪乱を伴う．埋土種子はこのような土壌攪乱が引き起こす低温/高温の変動，光質の変化などの刺激によって休眠が解除され，発芽可能な条件の下で発芽する．温帯の樹木ではカラスザンショウ，ハリギリ，キハダなどは，森林の中で時空間的に点在するギャップに依存して生活環を完結するが，これらは虫媒花，鳥散布・埋土種子，大きな葉など共通した特徴をもつ．離れた個体どうしが交配するには，花粉媒介者は忠実度が高いほうが結実率が高いだろう．また，いつどこに形成されるかわからないギャップで発芽するためには鳥によって広範囲に散布してもらい，埋土戦略によって時間的にも分散させるほうが適応的だろう．そして，定着後は大きな葉を広げて光をたくさん受け急速な成長をする（図2.30）という，これらの形質が選択されてきたのだと考えられる．

　一方，通常薄暗い林床に生育する木本の前生稚樹は，大きな種子に蓄えられた栄養を使って厚い落葉層を突き抜けて発芽することができるが，光環境が改善されないとそのほとんどが消えていく運命にある．しかし，いったん林冠ギャップが形成され林床まで光が届くようになると，細胞レベル，個葉レベル，個体レベルでさまざまな応答が起こり一挙に成長速度を増加させる．天然林で人工的にギャップ形成を引き起こした野外実験では，8種の木本で比較すると，最大光合成速度や窒素含量の変化パターンが同じものどうしは同じ遷移系列（遷移初期種，ギャップ依存種，後期種）に含まれると考えられたこと，葉緑体体積の増加メカニズムは種によって異なったが，この増加が最大光合成速度の増加にとって不可欠であること，などが明らかとなった（Oguchi et al., 2006）．

　また，光合成によって獲得した炭素資源を根，葉，茎，花のどこにどれだけ配分するかは植物によって異なり，更新戦略とも深く関係しているだろう．このような光条件の改善に対する応答や順応機構の種による違いは，森林生態系の中での種の共存に貢献しているのかもしれない．

〔日浦　勉〕

図2.30　林冠ギャップで旺盛に成長するホオノキの稚樹

参考文献（2.6節）

Clements, F. E. (1916) *Plant succession* Carnegie Institution of Washington Publ.

Connell, J. H. (1978) Diversity in tropical rain forests and coral reefs. *Science* **199**：1302-1310.

Fukushima, Y., Hiura, T. and Tanabe, S. (1998) Accuracy of MacArther-Horn method for estimating a foliage profile. *Agricultural and Forest Meteorology* **92**：203-210.

Hiura, T. (1995) Gap formation and species diversity in Japanese beech forests：a test of the intermediate disturbance hypothesis on a geographic scale. *Oecologia* **104**：265-271.

Hiura, T., Sano, J. and Konnno, Y. (1996) Age structure and response to fine scale disturbances of *Abies sachalinensis, Picea jezoensis, P. glehnii* and *Betula ermanii* growing under the influence of a dwarf bamboo understorey in northern Japan. *Canadian Journal of Forest Research* **26**：289-297.

Hubbell, S. P., Foster, R. B., O'Brien, S. T. *et al.* (1999) Light-gap disturbances, recruitment limitation, and tree diversity in a neotropical forest. *Science* **283**：554-557.

Ishii, H., Tanabe, S. and Hiura, T. (2004) Exploring the relationship between canopy structure, stand productivity and biodiversity of natural forest ecosystems：Implications for conservation and management of canopy ecosystem functions. *Forest Science* **50**：342-355.

Koike, F and Syahbuddin (1993) Canopy structure of a tropical rain forest and the nature of an unstratified upper layer. *Functional Ecology* **7**：230-235.

MacArther, R. and MacHrther, J. (1961) On bird species diversity. *Ecology* **42**：594-598.

Maeno, H. and Hiura, T. (2000) The effects of leaf phenology of overstory trees on the reproductive success of an understory shrub, *Staphylea bumalda* DC. *Canadian Journal of Botany* **78**：781-785.

Oguchi, R., Hikosaka, K. Hiura, T. and Hirose, T. (2006) Light acclimation of photosynthesis and leaf anatomy in woody seedings in response to gap formation in a cool-temperate deciduous forest. *Oecologia* **149**：571-582.

Parker, G. G. and Brown, M. J. (2000) Forest canopy strafification — Is it useful？ *American Naturalist* **155**：473-484.

Uemura, S. (1994) Pattern of phenology in forest understory. *Canadian Journal of Botany* **72**：409-414.

Watt, A. S. (1947) Pattern and process in the plant community. *Journal of Ecology* **35**：1-22.

2.7 植物の繁殖

　種子植物の有性繁殖は，花粉（厳密には花粉管の先端の精核）という小配偶子と胚珠（厳密には胚珠の中の卵核）という大配偶子が受精して，種子を形成するプロセスであり，受粉・受精・種子成熟・種子散布という段階で進行する．固着性の生活史をもった植物にとって，空間を大きく移動できるのは，半数体である花粉と胞子体である種子の散布時に限られる．これらは，遺伝子の組換えと空間移動の両面から，個体群の遺伝構造を決定づける非常に重要な部分である．花粉散布と種子散布は，それぞれ花粉媒介者（ポリネーター）と種子散布者という第三者に依存している場合が多く，そのため植物の空間移動パターンは多くの外的要因に影響される．植物に見られる多様な繁殖特性は，生物的・非生物的要因との相互作用の形態を強く反映しているに違いない．一方で，コケ植物やシダ植物の有性繁殖は，胞子から成長した単相の配偶体が造精器と造卵器をつくり，鞭毛をもつ精子が造卵器の卵に水を伝って移動し，複相の胞子体を形成することで行われる．繁殖プロセスに第三者がかかわる場面は，種子繁殖に比べて格段に少ない．ここでは，種子植物の有性繁殖を中心に概説する．

　繁殖とは次世代への遺伝子の伝達である．植物の繁殖成功は，雄機能を通しての花粉親としての成功と，雌機能を通しての種子親としての成功の総和として評価しなくてはならない．たとえ自分ではまったく種子を生産しなくとも，他の植物の胚珠と受精して花粉親になれれば，次世代に遺伝子を伝達したことになる．受粉と受精プロセスには性淘汰が作用しており，植物のさまざまな繁殖特性は，各性機能を通しての繁殖成功の総和が増加する方向に進化した結果であると一般には解釈できる．性淘汰とは，性間の繁殖成功に関与する要因の違いを表す用語であり，同性（通常雄）間の配偶者獲得をめぐる競争である性内淘汰と，異性（通常雌）が配偶者を選ぶ性間淘汰に分けられる．性淘汰の基本プロセスは，「雌としての繁殖成功度は繁殖へ投資できる資源量によって制限されており，雄としての繁殖成功度は資源量よりも実際に交尾できる交配相手（雌）の数によってより大きく制限されている」というベイトマンの原理に集約される．固着性で雌雄同株が一般的な植物においても，もちろん性淘汰は作用している．たとえば，植物あたりどのくらい多くの種子を実らせることができるかは，植物個体の栄養状態やサイズに強く影響される場合が多い．繁殖に使える資源が少ない場合には，受粉に成功した花や胚珠の一部しか果実や種子へ発達させることができないであろう．

　雄配偶子（花粉）の雌器官（柱頭や胚珠）への到達は，ポリネーターを介した植物どうしの競争（柱頭への到達）と，柱頭から胚珠への花粉管競争により制限されている．このうち，ポリネーター獲得競争は，花粉を運搬するポリネーターをいかに都合よく利用できるかという淘汰圧である．ポリネーターに目立ちやすい花色や形，ポリネーターへの報酬提供（花蜜など）は，しばしば自然淘汰よりも性淘汰に強く影響された結果であり，雄としての成功度と強く関係していることがわかってきた（a項「送粉」，b項「花の色とにおい」参照）．柱頭にたどり着いた花粉は，花柱の中で胚珠へ向かって花粉管を伸ばしていく．ここでは，限られた数の胚珠をめぐる花粉管どうしの競争が起

きている．受精後も，種子親植物は受精した胚の中絶により花粉親の遺伝子を選別することができる．このように，花粉親としての成功を収めるには，幾重ものハードルを越えなくてはならないのである．

種子植物の繁殖特性の多様性を際だたせているのが，さまざまな性の発現様式であろう．種子植物には両性花をもつ種がもっとも多いが，雄雌機能が個体ごとに分離した雌雄異株のものもいる．個体の中に雌雄両機能をもつ場合でも，両性花の実をつける場合，単性花（雄花と雌花）をつける場合，そして両性花と単性花の両方をつける場合（雄性両全同株や雌性両全同株）がある．また，同じ両性花でも限りなく雌花に近いものから雄花に近いものまでさまざまある（d項「植物の性」参照）．裸子植物（針葉樹）のほとんどは単性花をつけるが，風媒花のように多量の花粉を散布させる際に，雄花と雌花を別々に配列したほうが花粉の散布効率を上昇させ，他家受粉を促進できるからであろう．一方で，被子植物では，単性花であっても異なる性機能の痕跡が見られる場合が多く，両性花から単性花への進化が起きたことを示している．雄性両全同株や雌性両全同株といった複雑な性発現は，両性花から雌雄異株への進化過程の中間段階であると考えられている．

雌雄同株であってもすべての種子が自家受粉でつくられる植物もいるし，他家受粉でしか種子ができない植物もいる．ポリネーター誘引のための広告として機能する花弁の大きさや，報酬である蜜生産は，自殖への依存度が増すに連れて減少していく（図2.31）．また，花あたりの花粉数と胚珠数の比率（P/O比）は，自殖率の増加とともに減少する．極端な場合には，まったく他家受粉の可能性をなくしてしまった閉鎖花をもつ植物もある．自殖率や性配分の変異は，種間差だけでなく，同種個体群間や同一個体群内の個体間にも存在する（c項「繁殖システム」参照）．

どの季節にどのくらいの頻度で花を咲かせるか，という繁殖のスケジュールも繁殖成功を考えるうえで重要な戦略となる．繁殖のスケジュールは，生活史特性として遺伝的に固定された場合もあるし，個体の栄養状態やサイズに応じて可塑的に変化する場合もある．典型的な生活史戦略には，生涯に一度だけ繁殖する一回繁殖型と多回繁殖型の植物がある．すべての一年生植物は一回繁殖型だが，ウバユリやササ属植物のように長寿だが一回繁殖型の植物もいる．草本植物の個体サイズは齢とともに増大するとは限らず，前年に食害を受けた場合や，繁殖へ多くの資源を費やした場合には，サイズが減少することも珍しくない．多回繁殖型の多年生植物では，栄養状態やサイズに応じてその年に繁殖を行うかどうかが決まる場合が多い．

開花の季節的スケジュール（フェノロジー）は，ポリネーターの季節性や栄養成長と繁殖のバランスによって決まる．たとえば，光環境が季節的に大きく変化する落葉広葉樹林の下では，林冠木が開葉する前の明るい時期に繁殖を行う春植物が多く見られるが，同時に林冠が閉鎖してから繁殖をはじめるものもいる．前者は繁殖と成長を同時に

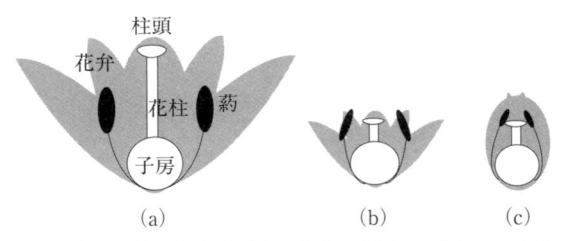

図 2.31 他殖型開放花 (a)，自殖型解放花 (b)，閉鎖花 (c) の模式図
自家受粉への依存度が増すに従って，花弁の大きさや花粉生産量が相対的に小さくなる．また，自家花粉が柱頭に付着しやすい形態になっていく．

行うのに対して，後者は明るいシーズン初期には おもに栄養成長を行い，その後繁殖へ移行する．開花結実フェノロジーは，依存しているポリネーターや種子散布者の出現時期，ポリネーターをめぐる種間競争，花や果実を食害する捕食者からの回避など，さまざまな生物間相互作用によっても影響を受ける．年によって同種個体間（あるいは種間）で大量の開花が同調して起こる，一斉開花現象が見られる場合もある．これは，受粉・結実・種子散布を効率的に行う繁殖戦略であると考えられている．結実の季節的スケジュールも，種子散布者の季節性に合わせて調節されている場合がある（e項「種子散布」参照）．

植物の繁殖過程で有性繁殖と並んで重要なものに，減数分裂による組換えを行わない無性繁殖がある．植物で広く見られる倍数性は，種分化の重要な推進力であると考えられているが，倍数体植物ではうまく有性繁殖が行われずに，無性繁殖のみによって個体群が維持されているものも多い（たとえば，セイヨウタンポポ）．

また，有性繁殖と無性繁殖の双方を行う植物も多い．たとえば，ヤマノイモやムカゴイラクサは種子繁殖とムカゴ形成による無性繁殖（栄養繁殖）を同時に行う．種子繁殖と栄養繁殖の相対的貢献度は個体群により異なり，ムカゴトラノオは，標高や緯度の増加に伴って栄養繁殖への依存度が高まることが知られている．植物のさまざまな分類群で無性繁殖が広く見られるという事実は，有性繁殖における自家受粉の進化的意義を明らかにする重要性と同様，有性繁殖の生物学的意義を知るうえで重要である． 〔工藤 岳〕

a. 送　粉

送粉は花粉親から見た花粉配送プロセスを指す用語だが，花粉の受け渡し（送受粉）プロセス全体を含めて，花粉媒介あるいはポリネーションと同義に使われる場合もある．柱頭で花粉を受け取る受粉プロセスは，雌としての繁殖成功に関係し，花粉を他個体の柱頭に散布させる送粉プロセスは，雄としての繁殖成功につながる．これら送受粉プロセスの媒介者は，風や水などの非生物的媒体の場合もあるし，生物である場合もある．昆虫や鳥などの動物をポリネーターとして利用する場合には，植物が動物の行動をいかに調節できるかによって送受粉効率が決まる．しかし，受粉成功と送粉成功は，多くの場合非対称的であり，前述したように，送粉戦略は雄間の競争ととらえるのが一般的である．

種子植物の花粉媒介方法は，非生物的媒介方法（風媒・水媒），生物的媒介方法（虫媒・鳥媒・コウモリ媒など），自動的自家受粉の三つに分けられる．自動的自家受粉とは，雄ずいが移動して自らの柱頭に接して自家受粉が起こる方式を指す．植物はこれらの媒介方法のうち一つだけを行うとは限らず，一部のヤナギ属植物のように虫媒と風媒の両方を行うものもいる．動物媒植物は，ポリネーターへの報酬としておもに花粉と花蜜を提供する．花粉にはタンパク質が多く含まれ，ポリネーターの繁殖や幼虫の成長には欠かせないものである．花蜜に含まれる糖類は，代謝活動のエネルギー源として重要である．また，ポリネーターへの報酬として，花器官そのもの（花弁・子房など）を提供する場合もある．虫媒花の進化は，花食性昆虫を送粉者として利用することからはじまり，繁殖器官自身の提供から，花粉の提供を経て，花蜜生産を行うようになったと考えられている．一部のランの花で見られるように，特定の昆虫のフェロモンに似た揮発性物質をつくり出すことによって，昆虫をおびき寄せる巧妙な戦略を進化させた植物もいる．

送粉成功を評価するには，送粉プロセスにおけ

る花粉の運命を知ることが重要である（図2.32）．ポリネーターにもち出された花粉の多くは，ポリネーターの体に付着せずにそのまま落下する．また，一部は同じ花の柱頭に付着する（同花受粉）．ポリネーターの体に付着した花粉は，一部は同じ個体にある他花の柱頭に付着し（隣花受粉），多くは移動中に落下するか，昆虫の身繕い行動（グルーミング）により失われる．最終的には，ごく一部（通常1％以下）の花粉のみが他個体の柱頭にたどりつける．ポリネーターの体に付着してもち去られた花粉のうち隣花受粉に使われてしまった分を花粉の減価という．隣花受粉による花粉の減価は，自殖率の増加と花粉親としての成功度の低下を引き起こすので，隣花受粉をいかに少なくできるかが重要な送粉戦略となる．

ポリネーターが長くとどまると，訪問あたりの花粉もち出し量は大きくなるが，訪花あたりの花粉もち出し量が増加するに伴い，送粉効率（もち出された花粉のうち他個体の柱頭に付着できた花粉の割合）は急激に低下することがわかっている．したがって，頻繁に訪花を受けるだけでなく，1回の訪花でもち去られる花粉量を少なくすることによって，送粉成功は高まる．一度の訪花でもち去られる花粉量を制限する仕組みを総称して，花粉配給機構という．おもな花粉配給機構には，個体内や花序内での同時開花数の調節（順次開花）や，花粉を順次に提示する方法（葯の順次裂開）がある． 〔工藤 岳〕

参考文献

Harder, L. D. (1998) A clarification of pollen discounting and its joint effects with inbreeding depression on mating system evolution. *American Naturalist* **152**: 684-695.

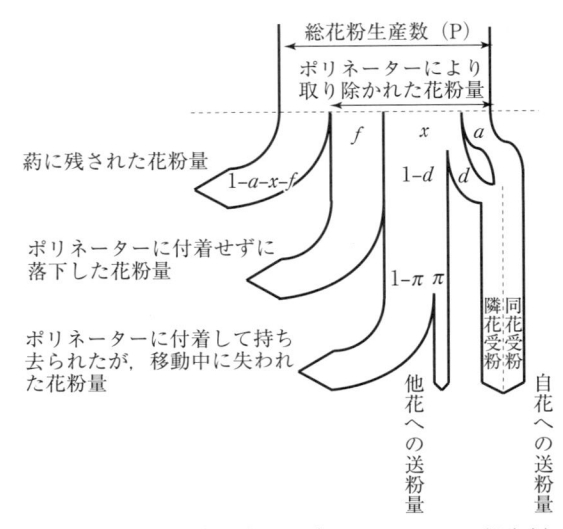

図 2.32 花粉の運命の模式図（Harder, 1998；一部改変）
生産花粉のうちポリネーターの体表に付着できずに失われた割合を f，ポリネーターに付着して花から運び出された花粉割合を x，同じ花の柱頭に付着した割合を a，運び出された花粉のうち同じ個体上の別の花の柱頭に付着した割合（花粉の減価）を d，その個体から運び出された花粉のうち他個体の柱頭にたどり着いた花粉割合を π とする．他個体の柱頭に付着して他家受粉に貢献する花粉数は $(1-d)\pi xP$，自家受粉に使われる花粉数は $(a+dx)P$ と表せる．

b. 花の色とにおい

　植物は，ポリネーター誘引のためのなんらかのシグナルを送っている．大きさ・色・模様・形・においなどの花のデザインは，ポリネーター誘引に関連した形質である．どのように花をデザインするかによって，その花を利用できる動物を選別することも可能である．ある特定のポリネーターを利用する植物種間には，系統的な血縁性とは無関係の，ある形質の類似が見られることがあり，それをポリネーションシンドロームという．花色とにおいは，それを識別できる動物に対して有効なシグナルである．たとえば，鳥媒花植物には赤い花が多いが，これは鳥の識別しやすい色と一致している．一方でハナバチ類は赤を識別できないので，ハナバチ媒花植物に赤い花は少ないようである．黒褐色系の花色の植物はハエ類に訪花される傾向があり，夜行性のスズメガ媒花やコウモリ媒花植物には白やクリーム色の花が多い．また，人間には同じような花色に見えても，紫外線透過フィルターを通して見ると，特有の模様が浮き上がって見える場合がある．これは，花蜜などの報酬がある場所へとポリネーターを誘導する案内板として機能しているのである．

　ハエ類をポリネーターとして利用する植物には，腐敗臭を出すものが多く知られている．たとえば，サトイモ科の植物には，開花期に花が発熱するものがいくつか知られているが，これはにおいを効率的に拡散させることにより，ポリネーターの誘引効果を高めるためと考えられている．一方で，ハナバチ類に花粉媒介が行われる植物では，甘いにおいをもつ花が多い．鳥はおもに視覚に頼って採餌を行うので，鳥媒花植物はにおいのない花が多いようである．同種の植物でも利用しているポリネーターが異なる集団間で，においが異なる場合も知られている．たとえば，ハナシノブ属植物の一種では，亜高山帯の集団は臭いにおいの花をつくり，ハエ類に利用されるが，高山帯の集団は甘いにおいを出し，マルハナバチに利用されている．

　開花期間を通して花色を変化させる植物も数多く知られている．花色変化は，ポリネーターの視覚能力を巧みに利用した送粉戦略と考えられている．花色変化をする植物の多くで，変色花は性機能を失った古い花であり，花蜜や花粉などのポリネーターへの報酬がほとんどない．性機能が失われた不要の花を維持することにより個体あたりの総花数を増し，ポリネーター誘引能力を高めることができる．離れた距離からでは花色識別能力が低いポリネーターは，このような大きなディスプレイをもった植物に誘引されて来る．しかし，近距離からだと花色の違いを識別できるので，いったん変色花には報酬がないことを学習すると，性機能をもった変色前の花のみを選択的に訪れるようになる．それによって，高い誘引能力を維持しつつ，むだな訪花による花粉の損失を制限することができるのである．虫媒花植物の変色花は，花の一部のみを変色させるものが多いのに対して，鳥媒花やコウモリ媒花植物では花冠全体を変色させる傾向があるようである．なんらかの花色変化をする植物は，虫媒性植物の科の約20％で見られるという．

〔工　藤　　岳〕

図2.33　ウコンウツギの花色変化
開花直後は花冠の内部が黄色いが（左），数日たつと赤色へ変色する（右）（色合いは口絵13を参照）．変色花はすでに繁殖能力がなく，花蜜を分泌しない．ポリネーターであるマルハナバチは花色の違いを識別し，蜜のない変色花へは訪花しない．

c. 繁殖システム

　種子植物の有性生殖には，自家花粉との受精による自殖と他家花粉との受精による他殖がある．植物の自殖率は，完全自殖から完全他殖のものまで種によりさまざまで，同一種であっても集団により異なる場合が珍しくない．自己遺伝子の伝達という点から見ると，自殖は他殖の2倍の有利性をもつはずである．ところが，自殖由来の植物は他殖由来のものに比べて死亡率が高く，繁殖力が低いなど遺伝的に劣る場合が多く，これを近交弱勢という．そのため，自殖を避けるさまざまな生理，生態，形態学的機構が存在する．

　自家不和合性は，自家花粉が柱頭に付着しても自殖種子の生産を妨げる性質のことであり，自家不和合性制御遺伝子（S遺伝子）の発現様式から，配偶体型自家不和合性と胞子体型自家不和合性に分類される．配偶体不和合性は，花粉の遺伝子型（半数体）によって不和合反応が決まり，胞子体不和合性は花粉親の遺伝子型によって決まる．形態的な自家受粉回避機構として，雌雄離熟がある．これは，両性花の中で柱頭と葯を空間的に分離することにより，自家受粉が起こりにくくする性質である．自家不和合性と雌雄離熟が組み合わさった繁殖システムが異型花型自家不和合性であり，サクラソウ属に見られる二型花柱性が代表的なものである（図2.34）．二型花柱性には，長い花柱と短い雄ずいが組み合わさった長花柱花（ピン型）と，短い花柱と長い雄ずいが組み合わさった短花柱花（スラム型）の2タイプがあり，異なるタイプの個体間でのみ受精が可能である．また，花粉放出時期と柱頭の花粉受容時期をずらすことにより，自家花粉の受け取りを回避する性質も知られており，これを雌雄異熟とよぶ．雌雄異熟には花粉放出が先に起こる雄性先熟（リンドウ科やキク科など）と柱頭の花粉受容が先に起こる雌性先熟（セリ科など）がある．自然状態で見られる自殖率の変異は，自家不和合性の強度，雌雄離熟や雌雄異熟の程度，ポリネーターの活性や行動などさまざまな要因が複合的に作用した結果である．

　さまざまな自殖回避機構が見られる一方で，おもに自殖種子により繁殖を行っている植物も多い．自家受粉の有利性として，近くに同種個体やポリネーターがいない場合でも着実に種子生産が行えること，ポリネーター誘引のための広告や報酬の生産コストがかからないこと，親植物のもつ遺伝子をそのまま子孫に伝達できることなどがあげられる．したがって，一年草など短命で繁殖の機会が限られている植物や，攪乱地に先駆的に侵入するパイオニア植物には，高い自殖能力をもつものが多い．開花初期は雌雄離熟や雌雄異熟により他殖を行うが，他家花粉が受け取れなかった場合に自動的自家受粉が行われる，遅延的自家受粉を行う植物もある．また，キツリフネやスミレ属植物で見られるように，ポリネーターに訪花され他殖を行う通常花に加えて，自動的自家受粉のみで種子生産を行う閉鎖花を同じ個体上にもつ植物もある（2.7「総説」図2.31（d）参照）．

〔工藤　岳〕

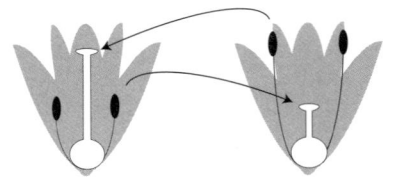

長花柱花（ピン型）　　短花柱花（スラム型）

図2.34　二型花柱性の交配システム
集団中にピン型とスラム型の2型があり，それぞれ異なるタイプからの花粉とのみ和合性がある．自家受粉や同型間（ピンどうし，あるいはスラムどうし）の受粉では，種子はできない．

d. 植物の性

　生物個体上で表現される各性機能の配列パターンを性型という．高等動物では，多くが雄個体と雌個体に分かれる性的異型を示すのに対し，被子植物においては，一つの花に雄しべ（雄ずい）と雌しべ（雌ずい）の両方をもつ両性花が一般的で，個体としては性的同型を示すものが多い．被子植物全体では，両性花が約70％を占めるのに対して，それ以外のタイプはせいぜい5％程度かそれ以下である．性型分布は花粉媒介や種子散布特性と関連があり，風媒花植物には雌雄同株が多く，液果をつける動物散布植物には雌雄異株が多い．一方で，裸子植物では，風散布種子をつけるものの大半が雌雄同株，動物散布種子をつけるものの大半が雌雄異株であるという．高等植物に見られるおもな性型分類法には表2.3のものがある．

　このような多様で複雑な性の発現様式は，「各性機能を通して得られる適応度の総和を最大にするように決められている」とする，性配分理論によって理解できる．性配分理論では，限られた資源をある比率で雌雄各器官に振り分けたときに，各性機能を通して得られる適応度（繁殖成功度）はどのように変化するかを考える．この関係を描いたのが適応度曲線であり，大きく分けると減衰増加型，線形増加型，加速増加型の3パターンがある（図2.35参照）．

　ここでは詳しくは述べないが，植物の複雑な性型は，これら3パターンの組合せによって理論的に説明できることがわかっている．たとえば，一方の性（たとえば雄）の適応度曲線が減衰型で他方（雌）が線形の場合，個体の中で両性をもつことが有利となる．一方の性の適応度曲線が加速型で他方が線形の場合，単性（雌雄異株）が有利となる．さらに，一方が減衰型で他方が加速型の場合には，単性個体と両性個体の共存が可能になる（雄性両全異株または雌性両全異株）．

　適応度曲線の生物学的意味を考えてみよう．減衰型の適応度曲線は，ある性機能へ資源投資を増やしていくと，その機能を通して得られる繁殖成功の増加割合は徐々に少なくなり，やがて頭打ちになってしまう場合である．このような状況は，非効率的な媒介者によって花粉や種子が散布されるときに予測される．たとえば，移動能力の低いポリネーターに花粉が散布されると，ある植物体

表2.3　高等植物に見られるおもな性型分類

性的同型	性的異型
両性花（両全花をもつ）	雌雄異株（雄株と雌株がある）
雌雄同株（雄花と雌花をもつ）	雄性両全異株（雄株と両性株がある）
雄性両全同株（雄花と両性花をもつ）	雌性両全異株（雌株と両性株がある）
雌性両全同株（雌花と両性花をもつ）	

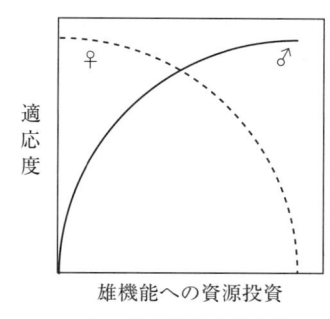

図2.35　適応度曲線の三つの基本タイプ
(a) 減衰型適応度曲線　(b) 線形適応度曲線　(c) 加速型適応度曲線
適応度曲線の横軸は，雄機能への相対的な資源分配割合を示す．雌機能への分配は，右へ行くに連れて増加する．

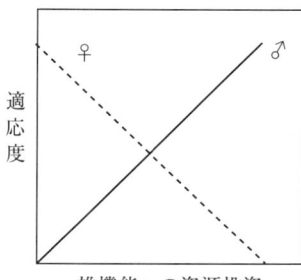

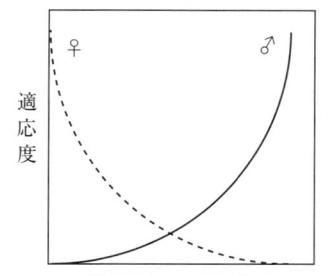

からもち出された花粉は近隣の個体に集中的に運ばれるので，いくら花粉を生産してもそれに応じた送粉成功の増大は見込めない．また，種子散布者が少ない状況では，多くの種子は親植物の周辺に散布されてしまい，そこから派生した実生間に資源をめぐる競争が生じ，結局生存できる子孫の数は種子生産数の増加に比例して増えていかないであろう．一方で加速型曲線は，ある性機能への資源投資を増やすと，その性機能の繁殖成功が指数関数的に増大する場合である．このような状況は，資源投資により花粉散布や種子散布効率が飛躍的に増加するときに予測される．たとえば，多くの花や果実をつけることにより，ポリネーターや種子散布者の訪問頻度が急増するような場合が考えられる．

時間とともに性型を変化させる植物も多く報告されている．たとえば，テンナンショウ属植物は，個体サイズが小さいときには雄花をつくり，大きくなると雌花をつくる性転換を行う．また，カエデ属の一部の種（ウリハダカエデなど）では，個体ごとに性型が年変動する現象が知られている．

性型が個体としての性タイプの配列を示すのに対して，個体の量的（連続的）な性の度合を性表現という．性表現は，雌雄性機能の総和に対する雌性機能の割合として表されることが多い．個体群内の個体の相対的性表現には，表現型としての性表現と機能的性表現がある．表現型としての性表現は，開花期における性配分の指標（雄花・雄しべ数や雌花・雌しべ数など）であり，植物の繁殖戦略を反映している．機能的性表現は，種子生産と花粉提供を通して実現された繁殖成功度であり，全繁殖成功度（雄成功度＋雌成功度）に対する雌成功度の割合として示される．機能的性表現では，雄成功度はランダム交配を仮定した推定値として計算されるが，ランダム交配が起こる場合はごくまれであり，推定には注意が必要である．

〔工藤 岳〕

e. 種子散布

植物の種子散布特性は，実った種子をどのように散布すれば子孫を多く残せるのかという，胞子体散布の繁殖戦略と考えられる．種子散布戦略は，何によって果実や種子を運ばせたらよいのか，どの季節にどのくらいの果実を実らせたらよいのか，どのくらい遠くへ種子を運ばせればよいのか，という問題に集約できる．

果実や種子の散布形態は，風や水によって運ばれる非生物散布，動物（おもに哺乳類・鳥・昆虫）によって運ばれる生物散布，そして第三者に散布を委ねない自己散布の三つに分けられる．風散布種子には，冠毛や翼をもつ種子が一般的である．生物散布には，果実の摂食散布（果肉をつけた種子），鳥や齧歯類による貯食散布（ドングリなど），動物の体表に付着して運ばれる付着散布（突起物や粘着質の種子），エライオゾームとよばれる付属体を生産してアリにより運ばれるアリ散布がある．自己散布種子には，種子をはじき飛ばして散布する自動散布種子と単なる重力散布がある．

いつどのくらいの果実を実らせればよいのかという結実フェノロジーは，種子散布者の季節性や種子捕食者からの回避に関係している．たとえば，鳥散布植物は，渡りが行われる秋に同調して結実する種が多い．鳥散布果実の多くは赤や黒色であり，鳥の視覚特性と関係があるようである．植物間で種子生産が長期間隔で同調する現象を豊凶現象，または一斉開花結実現象という．種子生産同調性のレベルは，個体群内，個体群間あるいは種間レベルとさまざまである．とくに，季節性の乏しい熱帯多雨林では，不定期に長期間隔で大規模な豊凶現象が観察されており，その生物学的な意義について活発な議論が展開されている．

繁殖同調性の生物学的意義（究極要因）として，花粉散布成功や種子散布成功と関連させたいくつかの仮説がある．大量果実生産が植物の繁殖成功に利益をもたらす説明として，「捕食者飽和仮説」と「散布者誘引仮説」がある．前者は，通常は少量の種子しか生産せずに種子捕食者の数を制限

し，ときどき大量の種子を生産することにより，種子捕食者を飽和させて食害を回避する戦略である．後者は，大量の果実を提供することで種子散布者を誘引し，散布効率を高める戦略である．

同調性を引き起こす生理的機構（至近要因）としては，条件のよい年に資源が豊富になるために一斉開花結実が起こるとする，「資源適合仮説」がある．また，ある気候変化が引き金となって花芽形成がはじまるとする，「環境引き金仮説」も有力視されている．季節性のない東南アジアの熱帯多雨林では，夜間の最低気温が2℃ほど低下することにより一斉開花が起こり，これはエルニーニョ現象が関連しているらしい．

種子の空間散布の生物学的意義として，親植物との資源をめぐる直接的な競争の回避や，親植物周辺に多い捕食者や病原菌から回避する目的の「空間逃避仮説」，広く散布することで一部の種子は発芽定着に適した場所にたどり着き絶滅確率を減らす「移住仮説」，ある特定の目的地へ散布される確率を高める「指向性仮説」などが提唱されている．齧歯類により適度な間隔で発芽に適した深さに埋められるドングリなどの分散貯蔵は，指向性仮説の一例と考えられる．これらの仮説は排他的なものではなく，複数の仮説が支持される研究例も多い．

〔工藤　岳〕

図2.36　ミズナラのドングリを運ぶエゾアカネズミ
分散貯蔵により発芽に適した環境へ散布され，捕食をまぬがれたドングリは発芽する．（口絵14）

2.8 植物の防御

　地球は，その表面が緑の植物におおわれた「緑の星」といってもよい．しかし，その緑の葉陰には，植物を食い荒らす昆虫などの植食者が，驚くほど生息していることもまた事実である．なぜ，植物は食いつくされることなく，地球は緑のまま保たれているのだろうか．植食者側から見れば，これだけの餌資源に囲まれていながら，なぜその数を増やして植物を食いつくさないのだろうか．これについては大きく二つの仮説がある．

　一つは，植食者を攻撃する天敵（たとえば，ガの幼虫を捕食するアシナガバチ）によって，植食者の数が低く抑えられている．だから植物は食われないですんでいる，とするものである．またもう一つの仮説は，植物が食われないように自身を防御しているため，植物体が全部食われることはない，というものである．

　実際の自然界では，この両方の要因がはたらいていると考えられる．まず，植食者の個体数が天敵によって制限されているという例は数多く報告されている．「天敵がいることによって植物が守られている」という構図が確かに見られるのである．一方，植物の防御が植食者に対して有効にはたらいているという例も多い．植物は，陸上へ進出した4億5千万年前以降（もちろん，それ以前の水域での生活の時代も含めて），さまざまな防御法を進化させてきた．その結果，現在地球上に見られる緑の森は，植食者にとって「ご馳走の山」ではなくなったのである．

　植物の防御方法は，トゲ，毛（trichome）などによる物理的防御，二次代謝物による化学的防御（a項「防御物質」参照），そして他の生物の助けを借りて防御する生物的防御（b項「アリ植物」，c項「内生菌」参照）の三つに大きく分けることができる．たとえば，タラノキやアザミ属は，トゲをまとうことによってシカなどの草食動物に食べられにくいよう物理的防御をしている．一方，柔らかそうな野生植物の新芽をわれわれが口に含んでも苦くて食べられないのは，化学的防御のためである．

　植物にとって防御は，その繁栄を基本的に支える重要な過程であり，また植食者との長い共進化の歴史を通じて獲得してきたものである．一方，植食者の側もそれらの防御に対抗するための「武器」や「戦術」を進化させてきた．それはたとえば，植物の「毒」に対抗するための解毒酵素であり，植物繊維を消化するための腸内細菌との共生であった．植物の防御に関して興味深い点は，このような動物との「軍拡競走」の側面であり，相互に影響を与え合いながらの進化（共進化）という視点なしに植物の防御を語ることはできない．

共進化による多様化

　チョウと，それが食べる植物との関係を調べてみると，同じ分類群（たとえば，族）に属するチョウは，限られた分類群の植物を食べる傾向がある．たとえば，アゲハチョウ族はミカン科をおもに食べ，シロチョウ族はアブラナ科を食べるものが多い．エーリックとレーヴンは，このことと，同じ分類群の植物は普通同じ化学物質を共有しているという事実から，別の植物グループは別の防御物質を進化させることによって，動物の攻撃から逃避してきたのだと主張した（Ehrlich and Raven, 1964）．彼らのシナリオでは，最初1種の植物で新たな防御物質を生産するような遺伝的変化

が起こったと仮定する．この植物はほとんどの植食者に食べられないため，植食者のいない新たなニッチ（生態的地位）を獲得したことになり，繁栄してつぎつぎに新しい種を分化させ，多様化することができる．一方，動物の側も，その後その植物グループを食べることのできる種が現れると，空白ニッチの中で種数を増やして多様化する．このような「共進化」の繰り返しが，植物と植食者の相互多様化の歴史なのだと，彼らは主張した（逃避-多様化仮説）．

この仮説の間違った解釈として，「植物とそれを食べる動物の間には種レベルで共進化が起こっているはずなので，両者の系統関係を比べれば平行になるはずだ」というものがある．しかし上記からわかるように，この仮説は，科などの高次分類群レベルでの防御物質の新たな進化と，その後の種数の増大を説明するものであって，種レベルでの相互進化を説明するものではない．

この仮説の真偽を検証するための一つの方法として，もっとも近縁な分類群（姉妹群）どうしで種数を比較するという方法がある．たとえば，傷つけられた部位へ乳液や樹脂を送り込む管を進化させた植物分類群と，それともっとも近縁な，管を進化させなかった分類群との間で種数を比較すると，16ペアのうち14ペアで管（という新たな防御法）を進化させた分類群のほうが多くの種を擁していた．これは「逃避」が多様化をうながしたことを示唆している．

逃避-多様化仮説を支持する証拠が得られている一方，種レベルでの共進化が起こってきたとする見方に対しては否定的な証拠が多い．たとえば，両者の系統関係を調べても，ほとんどの場合，平行性は検出されない．ただ，例外的に植物と植食者の間に特異的共進化が見られる場合がある．中南米のトケイソウ科植物と，それを食べるドクチョウ属との関係はそのようなまれな例の一つである．この植物がもっている青酸配糖体は，ドクチョウ以外のほぼすべての植食者を排除する効果をもっているため，植物と植食者の間に特異的な相互進化が起こる基盤がある．実際に両者の間では，種対種の特異的な適応が見られる．

さて，植物の防御物質の進化は，特定の植食者に対しては防御効果を上げるかもしれないが，別の植食者に対する防御効果を下げるだろう．たとえば，オナモミの一種では，ある物質が種子食性のガの摂食を阻害したが，種子食性のハエにはかえって食われるようになった．このように植物の防御物質は，基本的に多数の敵に対抗しうるものでなければならないため，その進化速度はどうしても遅くなると考えられている．

では，そのような遅い進化に植食者はどう対応しているのだろうか．エーリックとレーヴンが指摘したように，特定分類群の植物しか食べない植食者グループ（たとえば，ミカン科しか食べないアゲハチョウ族の1グループ）のように，植食者側の進化も，ある枠の中で「停滞」しているかのように見える場合もある．しかしこれとは逆に，別の分類群の植物へとつぎつぎに寄主転換する植食者も実際には多い．たとえば，シロチョウ族の中には，多くの種が餌植物としているアブラナ科とはまったく異なるヤドリギ科を食べる属がいるし，またシジミチョウ科では，同じ属の近縁種間でも，分類的にまったく異なる植物を食べるものが多い．これらの事実が示しているのは，植食者は植物の多様化と足並みをそろえて（逃避-多様化仮説どおりに）餌選択を変化させていっただけではないということである．むしろ，かなり自由に餌植物を乗り替えながら多様化していったもののほうが実際には多い．したがって，全体としてみれば，まず植物が多様化し，つぎにその時代よりも後に植食者が寄主の乗り替えも頻繁に行いながら多様化していった，ととらえるのが妥当だろう．ジャーミー（Jermy, 1976）は，植物と植食者の遺伝的変化が同時期ではないことから，これを共進化ではなく逐次進化（sequential evolution）とよぶべきであるとした．　　　〔市野隆雄〕

参考文献

Ehrlich, P. R. and Raven, P. H. (1964) Butterflies and plants : a study in coevolution. *Evolution* **18** : 586-608.

Jermy, T. (1976) Insect-host-plant relationship ―― coevolution or sequential evolution? *Symposia Biologica Hungarica* **16** : 109-113.

a. 防御物質

　防御物質とは，植物が外敵からの攻撃を防御するうえで有用な化学物質である．植物に含まれる有機化学物質としては，タンパク質，糖，アミノ酸などの，生体を維持するのに必須の一次代謝物と，必須とはみなされない二次代謝物がある．これまで膨大な種類数の二次代謝物が報告されており，その中には植物体内での生理的な役割がわかっているものも多い．このような二次代謝物の中で，防御機能の確認された物質を防御物質とよんでいる．どの植物種をとってみても，多数の防御物質をもっており，たとえばマメ科の一種の若葉には青酸配糖体やテルペノイドが，種子には非タンパク質性アミノ酸やアルカロイドが含まれている．

　植物の防御物質がどのように進化したかについては，防御のために進化したのではなく，別の機能（たとえば，紫外線を遮へいする機能や，窒素やリンなどの栄養素を体内に蓄積する機能）が本来のものではないか，とする考えもある．しかし，以下の証拠は，これらのおもな機能が防御であることを示唆している．まず，もともと化学防御に頼っていた植物の系統内で，それに代わる防御機構をもつ種が進化した場合，化学防御が失われるという事実がある．たとえば，米国熱帯のアカシア属は普通防衛化学物質として青酸配糖体をもっているが，攻撃的なアリを共生させるようになった種ではその生産能力が失われている．一方，多くの防御物質は，植物が適応度を高めるうえで「貴重」な若葉や種子のような場所に集中的に配置されている．同様に，日陰や貧栄養地の植物は成長速度が遅いため，1枚1枚の葉が「貴重」であるが，日向や富栄養の場所の植物に比べて防御物質により多くのエネルギーを投資している．

　植物の防御は，タンニンやリグニンなどの高分子化合物を多量につくる「量的防御」と，アルカロイドやカラシ油配糖体などの毒物質を少量つくる「質的防御」に大別される．木本植物はずっと同じ場所に安定して存在しているため，植食者に見つかりやすい．このため，どんな植食者に対しても効果のある，消化作用を阻害する物質を多量に（乾燥重量の5〜20%）生産して量的防御をする必要があるとされる．同様に，貧栄養地や暗い場所に生育する植物は成長速度が遅いため，食われた分を回復しにくい．このため，やはり厳重な量的防御に投資する．一方，草本植物や，栄養・光条件の良好な場所に生える植物は，一気に成長できるため，繁殖するまでの間に植食者に見つかる可能性がより低い．このため，少量の投資（乾燥重量の2%以下）を質的防御に向けている．質的防御は多くの植食者に対して有効で即効性があるが，これに対抗適応した植食者（スペシャリスト）には効果がない（本節「総説」参照）．

　防御物質をつくる方法としては，体を構成する物質としてつねに植物がつくっている構成防御と，食害や病害を受けることによって植物が生産をはじめる誘導防御がある．たとえばトマトの葉には，タンパク質分解酵素阻害物質が防御物質としてもともと含まれているが，コロラドハムシに食害を受けるとその量が数倍に増える．しかも，害を受けた部位だけでなく，それ以外の部分にも防御物質がつくられる（全身性誘導防御）．一方，食害を受けた後，植物が揮発性の物質を放出し，それに引き寄せられて（植食者を食う）天敵が集まってくるという誘導間接防御の例も数多く報告されている．

〔市野隆雄〕

b. アリ植物

　体内にアリを住まわせるような性質をもつ植物をアリ植物（myrmecophyte）とよぶ．アリ植物には二つのタイプがある．一つはアリに餌や住み場所を与えるかわりに，外敵を撃退させるタイプであり（防衛共生型），もう一つは，アリが集めてきた餌の残渣や糞などを無機栄養源として植物が利用するタイプ（栄養共生型）である．いずれにしてもアリ植物とアリは相利関係をむすんでおり，しかもたがいに相手と共生していなければ生存が難しい（絶対共生関係）．アリ植物は世界の熱帯域のみに分布し，約500種が知られている．類縁関係の離れた多くの属でアリ植物が見られることから，その起源は単一ではなく，いろいろな属で独立にアリ植物が進化したと考えられる．

　防衛共生型のアリ植物は特定のアリ種を傭兵として体内に住まわせ，栄養体などの餌をアリに与える（図2.37）．一方，アリは植物の外敵である植食性昆虫や脊椎動物を撃退したり，まわりにからみついてくるつる植物の茎をかじり切ったりして，アリ植物の順調な生育を助けている．また，アリ植物の中空部につくられたアリの巣内には，通常，カイガラムシも共生している．カイガラムシは植物の篩管液を吸汁し，その排泄物（甘露）をアリに与えている．この三者系の進化は，普通の植物上で見られる，アリとカイガラムシの相利共生関係が発端となり，その後，植物中空部へカイガラムシが寄生するようになって，さらに特殊化が進んだと考えられている．

1) アリ植物とアリの共進化

　アリ植物に住むアリは，住み場所と餌の両方を完全にアリ植物に依存しているため，植物側だけでなくアリの側にも著しい特殊化が発達した．防衛共生型アリ植物の多くは，特定の限られたアリ種とのみ，種特異的な共生関係をむすんでいる．普通1種の共生アリは，1～数種のアリ植物と共生関係にあり，しかも近縁の植物には近縁のアリが共生している場合が多い．最近の研究から，アリとアリ植物が共進化することにより，同時期に種分化して多様化してきたオオバギ属のようなアリ−植物系がある一方，進化の歴史の中で，アリが別系統の植物へとしばしば乗り換えを起こすことによって両者が多様化してきたアカシア属のようなアリ−植物系もあることがわかってきた．

2) 花外蜜植物

　一方，もっとゆるい防衛相利関係であれば，温帯の植物とアリの間でも普通に見ることができる．それは，たとえばカラスノエンドウのような花外蜜を分泌する植物とアリの関係である．「花外蜜植物」は新葉などから分泌する蜜をアリに与え，そのお返しとしてアリが植物を植食者から防衛する．このような花外蜜植物の種数はたいへん多く，温帯・熱帯の地域植物相のうち数％～数十％の植物種は花外蜜を分泌することが，世界各地での調査からわかってきた．しかしこの関係は，アリ植物の場合とは違っておたがいが相手を絶対に必要とする（相手がいなければ死滅する）ものでもなければ，特定の種どうしの組合せがあるわけでもない．花外蜜植物とアリは，多対多のルーズな任意的相利関係をむすんでいるといえる．

〔市野隆雄〕

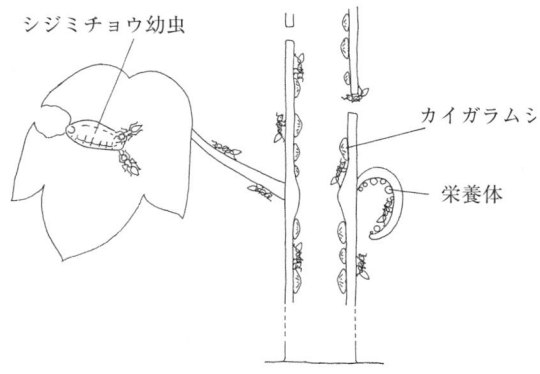

図2.37　アリ植物オオバギ属をめぐる共生系
植物が托葉から分泌する栄養体は共生アリに採取され，幹内の中空部にいるアリ幼虫（図には示されていない）に与えられる．ほとんどの植食者はアリによって防御されるが，図中のシジミチョウ科幼虫のように，アリの攻撃に対抗適応することで葉を食害する植食者もいる（原図：加藤義和氏）．

c. 内生菌

　植物の組織内に，少なくとも生活環の一時期共生する真菌類．たとえば，*Neotyphodium* 属や *Epichloe* 属（いずれも子嚢菌亜門，核菌綱，バッカクキン目，バッカクキン科）がこれにあたる．イネ科，ハンニチバナ科，ヒルガオ科，ブナ科，マツ科，モクマオウ科などの種子植物で内生菌との共生が知られている．植物は内生菌に栄養分を与える一方，これに感染した植物は，成長がよい，植食者に対して毒性を示す，干ばつに強いなどの性質をもつようになる．ただし，状況によっては内生菌が病原性を示したり，片利共生的にふるまうことがある．

　とくに，イネ科植物と内生菌との関係は，イネ科の牧草に内生菌が共生していることが原因となって，家畜が中毒を起こす場合があることからよく知られている．これは，内生菌が産生するアルカロイドなどの二次代謝物の影響であり，これは植食性の脊椎動物や昆虫に対して明確な防御効果がある．最近では，牧草の品種改良が進み，主要害虫に対しては毒性がある一方で，家畜に対しては無害の牧草-内生菌系統も育種されている．

　もっともよく研究されているイネ科の牧草オニウシノケグサ（*Festuca arundinaceum*）では，内生菌（*Neotyphodium coenophialum*）が，植物の地上部全体の細胞間隙に共生する．感染個体からの菌の伝搬は，種子を通じての垂直感染のみで，水平感染は起こらない．したがって，この内生菌の進化は寄主植物集団の進化と連動している．しかし，他の内生菌の中には，胞子が風などにより飛ぶことで水平感染する種もある．垂直感染するタイプの内生菌は基本的に有性生殖を行わないが，水平感染するものは有性生殖を行うものが多いことが知られている．

　この植物-内生菌共生系の特徴として，他の多くの体内共生系とは異なり，内生菌なしでも自然状態で植物が生育可能である点があげられる．したがって，実験的に内生菌の有無を操作することによって，この共生関係が生態系に与える影響などについて評価することが可能となる．たとえば，内生菌を共生させた場合，当該植物の競争力が高まる結果，資源の独占が起こり，その地域の植物多様性が低下することが報告されている．また，同じく内生菌を共生させた場合，内生菌がつくる防御物質の影響で，その地域一帯の植食者密度が下がることが示されている．このようなことから，この「見えない」共生者が，生態系の相互作用網に対して強い影響を及ぼしていることがわかってきた．さらに，植物に対する植食者の食害圧が高い地域では，植物の防御が高まる方向へ，すなわち内生菌の感染率が高くなる方向への淘汰がはたらいていることも明らかになっている．このように，植物-内生菌系は体内相利共生の進化機構や共生者の存在が生態系に与えるインパクトを研究するうえで絶好のモデル系として注目に値する．

〔市野隆雄〕

2.9 植物の保全

　野生生物の保全は，社会的に必要性が認められている課題である．生物多様性の保全と持続的利用を目的として，1992年に採択された生物多様性条約には，現在（2008年10月）190カ国とEUが参加している．生物多様性条約の締約国は，それぞれの国における生物多様性（biodiversity）の保全や生態系の修復の方針を国家戦略として策定することが義務づけられる．日本の生物多様性国家戦略は1995年に決定され，2002年に大幅に改訂された新戦略が，さらに2007年に第三次戦略が策定されている．第三次生物多様性国家戦略では，三つの重要な目標として，種・生態系の保全，絶滅の防止と回復，持続可能な利用をあげられ，地球温暖化の及ぼす影響にも注目されている．これらは，自然再生推進法（2003年施行）や外来生物法（2005年施行）として結実し，これらの法を根拠とした具体的な活動が開始されている．

　生物多様性の保全が社会的な目標となった背景には，①人間が生態系からさまざまな恵みを受けており，それなくしては社会活動も生命活動も成り立たないという認識，②生態系を支えているのは個々の生物と進化的歴史を通して培われたそれらの間の関係性であるという認識，③生態系を支えるそれらの生物の多くが人間活動により絶滅に瀕しているという認識がある．さらに，④生物多様性の不可逆的な喪失は，将来の世代が自然の恵みを享受することを不可能にするものであり，世代間の不平等を生じさせるという認識も重要な背景といえる．ここで自然の「恵み」には，衣食住に利用する資源だけでなく，土壌の生成や水の浄化などの生態系の機能や，人間の感性に影響し文化を支えるという恩恵も含まれる．このように，生物多様性の保全は人間中心主義の視点から必要性が認識されている課題である．

　生物多様性の保全という新しい社会的課題を達成するためには，新しい自然科学的研究の発展が求められている．保全生物学（conservation biology）は，生物多様性を生み出し維持してきた進化的過程の理解を重視する立場から，生物多様性の保全のための理論的および応用的研究を進める分野である（Soulé, 1986）．現在では，保全生物学の分野を扱う学術雑誌も多く出版され，生物多様性の危機の実態を解明する研究や，保全のために必要な措置を明らかにする研究に多くの研究者が取り組むようになった．

　生物多様性を保全するうえでは，「種を絶滅させない」ということが，もっとも優先されるべき課題といえる．国や地域における種ごとの「絶滅のおそれ」の実態は，レッドデータブックにまとめられている．レッドデータブックでは，絶滅の危険度のランクがIA類，IB類，II類といったカテゴリーに区分されているが，この分類は個体群数や個体群サイズの過去からの変化のデータに用いた数値シミュレーションの結果を根拠にしている（矢原，2002）．レッドデータブックの情報は，重点的に保全すべき対象を明らかにすることにより，保全の取組みにおける具体的な目標を設定するうえできわめて有用である．また，レッドデータブック掲載種が集中する環境は，その地域でとくに変化が大きい環境であるといえる．日本の維管束植物を対象としたレッドデータブックには，もともと分布域が限られている植物や園芸目的の盗掘の対象になる種を除くと，湿地や干潟の植物，草原性の植物が数多く掲載されている．これ

らの場所は，開発の対象になりやすい環境や，伝統的な管理が行われなくなりつつある環境である．

　全国規模での絶滅危惧種の抽出と危険性の評価は重要な活動だが，保全への取組みは，多くの場合，種全体を対象にするのではなく，個体群の存続性を確保することを目標として行われる．ここで注意が必要なのは，「個体群」がたいてい，階層性をもつことである．個体群として容易に認識できる個体の集まり―花粉や種子の移動を通して頻繁に遺伝子の交流を行っている集団―は，まれに生じる種子や花粉の分散などを通じて，空間的に離れた個体群と遺伝的なつながりをもっている場合がある．このような場合，個体がたがいに近接して分布し，相互に頻繁に遺伝的交流を行っているまとまりを局所個体群（local population），空間的に離れているが遺伝的交流をもっている局所集団のまとまりを地域個体群（regional population）とよぶ．さらに，地域個体群は，きわめてまれな頻度で生じる長距離の種子分散などを通じて，別の地域個体群と遺伝的交流をもっている場合がある．このように，個体間の遺伝的交流の階層性に着目して個体群を認識したときの最上位の階層をメタ個体群（metapopulation）という．メタ個体群が多数の局所個体群を含んでいれば，一部の局所個体群が絶滅しても，他の局所個体群から種子が散布されて復活したり，新たな場所に局所個体群が誕生したりすることによって，メタ個体群全体が持続することが可能である．したがって，対象とする種の長期的な存続を確保するためには，局所個体群よりもメタ個体群を存続させることを目標において適切な方策を検討すべきである．そのため，個体の移動や個体群間の移出入のメカニズムの解明とともに，集団遺伝学的な手法により遺伝的な結びつきの強さとその空間的な範囲を明らかにすること，すなわち遺伝構造（genetic structure）を解明することは，適切な保全策を立案するうえできわめて重要な課題である．

　一方，個体群内の遺伝的多様性は，個体群や種の存続可能性に影響すると予測される．生物多様性保全のための遺伝学的研究，すなわち保全遺伝学（conservation genetics）では，この理論的予測を検証することが重要な課題の一つとなっている．自家受粉や血縁度の高い個体間での交配が行われることにより，子孫の生存力や繁殖力すなわち適応度（fitness）が低下する現象は近交弱勢（inbreeding depression）とよばれ，植物でも広く知られている（Byers and Waller, 1999）．もともと大きかった個体群が何らかの理由で個体数が少なくなってしまった場合，世代を経るにつれて血縁個体間の交配が進み，近交弱勢の影響により個体群が絶滅するリスクが高まると考えられる．たとえば，ウィリアムズ（Williams, 2001）は，移植したアマモの個体群を追跡調査し，時間とともに遺伝的多様性が減少するとともに，種子の発芽率が低下していることを報告している．このような遺伝的多様性の研究では，1980年代後半から，分子マーカーの利用が一般的になってきたことに伴って急速に発展しつつある（種生物学会，2001）．

　このように，保全生物学的研究は生態学，遺伝学，数値シミュレーションなど多様な学問分野の手法を活用しながら世界的に盛んに進められている．日本においても，保全にかかわる研究者の数は確実に増加している．しかし，闇雲に，既存の研究手法から「保全に関係がありそうな」研究を進めるだけでは，十分な効果は得られにくい．実際に衰退しつつある個体群を回復させ，絶滅を回避させるためには，現状において真に必要な研究課題を見極めてそれを重点的に進めること，さらに，その成果を確実に実践に反映させる戦略が必要である．多くの対象にあてはまる合理的な研究アプローチとしては，つぎのことが考えられる．まず，対象とする生物の生活史の詳細な研究により，その対象がどのような環境に適応し，他種とどのような生物間相互作用をもつように進化した生物であるかを十分に理解する．この理解を踏まえ，現状において，発芽，成長，開花，種子生産といった生活史ステージのうち，どのステージに問題があって個体群の回復が妨げられているかを明らかにし，その問題を引き起こしている原因を取り除く方策を明らかにする．このような「生活環の欠損を補う」というアプローチは，種の保全

を目標とした保全生態学（conservation ecology）における基本的な手法であり，対象とする生物を問わず広く有効なものといえるだろう．

〔西廣　淳〕

参考文献

Byers, D. L. and Waller, D. M. (1999) Do plant populations purge their genetic load? Effects of population size and mating history on inbreeding depression. *Annual Review of Ecology and Systematics* **30**：479-513.

種生物学会編 (2001)：森の分子生態学．遺伝子が語る森林のすがた．文一総合出版．

Soulé, M. E. ed. (1986) Conservation Biology：the Science of Scarcity and Diversity. Sinauer Associates, Massachusetts.

鷲谷いづみ, 矢原徹一 (1996)：保全生態学入門．遺伝子から景観まで．文一総合出版．

Williams S. L. (2001) Reduced genetic diversity in eelgrass transplantations affects both population growth and individual fitness. *Ecological Applications* **11**：1472-1488.

矢原徹一 (2002)：植物レッドデータブックにおける絶滅リスク評価とその応用．保全と復元の生物学：野生生物を救う科学的思考（種生物学会編), pp.59-93, 文一総合出版．

a. 生物多様性

　日本には約5500種，地球全体では約270000種の維管束植物が生育するといわれている．この「種の多様性」は，それぞれの種が地域ごとに特有な物理的環境条件において，土壌微生物，植食動物，病害者，送粉者，種子散布者などの多様な生物との相互作用を通して，長い時間をかけて進化してきた結果である．しかし現在では，熱帯の原生林の植物から日本の「秋の七草」のように身近な植物に至るまで，実に多くの種が絶滅の淵に立たされている．これらの危機のほとんどは，生育地の開発や外来種の移入など，人間活動の影響が原因となって生じている．

　人為による自然の変化は，種の絶滅だけでなく，複数の種から構成される生態系のレベルにも及んでいる．かつては地域ごとに特徴的な生物相を示していた森林が一様に人工林化される，河川の上流・中流・下流域に特徴的だった植生がごく少数の外来植物が優占する均質性の高い群落に置き換わるといった変化は，生態系の多様性の喪失といえる．一方，多くの種において，種を構成する個体群や個体に保有される遺伝子の多様性も，個体群の喪失や分断化，あるいは有性繁殖の不全などによって失われつつある．これは，種の存続性を危うくするものである．

　これらの，自然の多様な階層にわたる現在地球上から急速に失われつつある対象を一言で表すためにつくられた言葉が生物多様性（biodiversity）である．生物多様性は普通「遺伝子」，「種または個体群」，「群集または生態系」，「景観」の四つのレベルからなる組成的，構造的，機能的階層性をそなえた概念であるとされる（Noss, 1990）．ここで景観とは，狭義の「生態系」がひとまとまりの森林や湖沼などを指すのに対して，複数の生態系から構成されるより高次のシステムを指す．ただし，「生態系」という用語は，景観を含む広い意味で使われることもある．

　生物多様性という言葉は，1980年代からよく使われるようになった．それ以前から，種多様性

(species diversity）は，ある群集や生態系の特徴を示す指標の一つとして用いられていた．類似したこれらの用語は，ときとして混同されて用いられている．しかし，この両者の違いは，生物多様性が生態系という種よりも上位の階層における多様性をも含意することを考えるだけでも明瞭である．局所的に見ると構成種が少ないことによって特徴づけられる生態系が存在することが，上位の階層における多様性を支えているという場合があるからである．たとえば，砂礫質の河原の植生は構成種数が少ないが，強光・攪乱条件に適応した種から構成される特徴的な植生は，他の基質の河原には成立しない．生態系の多様性の保全という視点に立てば，種の多様性が低くても，その場所の環境条件に特徴的な生態系はとくに重要性が高いと評価できる．このように，生物多様性を保全するために生態系を評価する場合には，その「固有性」を評価することが重要である．

〔西廣　淳〕

参考文献

Noss, R. F. (1990) Indicators for monitoring biodiversity : A hierarchical approach. *Conservation Biology* **4** : 355-364.

b. 絶滅危惧植物

　地球上の生物の多様性は，生命の誕生以来続いてきた進化の結果で生み出されたものである．進化は，遺伝子を構成するDNAに生じた突然変異が個体群内に広がることで生じる．突然変異は，DNAを構成するヌクレオチドに偶然生じる変化である．生物がもつ形質の変化には通常多数の遺伝子がかかわっており，さらに一つの遺伝子には千〜数千のヌクレオチドがかかわっている．したがって，ある生物種がもつ形質が再び生み出される確率は途方もなく小さい．さらに，突然変異が個体群内で広がる際の主要な過程である自然淘汰では，他の生物との相互作用がきわめて重要な役割を果たすが，その相手となる生物も無数の「偶然」が重なって誕生した進化の産物である．このように考えると，特有の遺伝子の組合せをもつ生物種や特徴的な地域系統は，文字通り「かけがえのない」ものであることが理解できる．生物種の絶滅は，そのような歴史をもつ対象を永遠に失うことを意味する．

　生物多様性の喪失は遺伝子から景観までの多様な階層に及んでいるが，種の絶滅はもっとも認識しやすく，また上記のような不可逆性の点からも特別に重視すべき問題である．多くの種が絶滅の危機に直面している現状に対して，有効な対策を講じるための第一歩は，危機の程度を含めた現状を明らかにすることである．この目的のため，世界各地でレッドリスト（絶滅のおそれのある種のリスト）あるいはレッドデータブック（リストと危機の原因などについての解説書）が編まれている．

　レッドデータブックにおける絶滅の危険性のランクづけについては，国際自然保護連合（IUCN）が基準を定めている．この基準では，絶滅リスクが高い順に，CR (Critically endangered species), EN (Endangered species), VU (Vulnerable species) の三つのカテゴリーに分けられる．日本の野生植物のレッドデータブック（環境庁自然保護局, 2000）もこの基準を採用しており，CRは「絶

滅危惧IA類」，ENは「絶滅危惧IB類」，VUは「絶滅危惧II類」とよばれている．それぞれの分類群（種・亜種・変種）がどのカテゴリーに相当するかについての判定は，地域ごとのおよその分布個体数と過去からの減少率の調査報告にもとづく数値シミュレーションにより，10年後，20年後，100年後の絶滅確率を算出した結果が活用されている（矢原，2002）．

その結果，絶滅危惧IA類は564分類群，IB分類群は480分類群，II類は621分類群となっており，これらの合計は日本に分布する植物（約7000分類群）のおよそ24%に相当する（環境庁自然保護局，2000）．その中には，もともとの分布域が限られている「珍しい」植物だけでなく（図2.38），秋の七草に数えられるキキョウやフジバカマのように身近な植物も含まれている（口絵15，16を参照）．それぞれの植物種を絶滅の淵に追い込んでいるおもな要因としては，道路工事，土地造成，湿地の埋め立てなどの開発行為や，園芸目的の採取などがあげられる．

環境省は2007年に改訂版植物レッドリストを公表した．このリストでは，上記のレッドデータブックに掲載された分類群の過去10年間の増減を評価するとともに，新たな候補種についても全国調査を行った．その結果，絶滅危惧IA類は41分類群減って523になったが，絶滅危惧IB類は491分類群に（＋11），絶滅危惧II類は676分類群に（＋64）増えた．このように，日本の野生植物が置かれている現状は依然として危機的である．

絶滅を回避するためには，危機の原因を解明して解決方法を明らかにする研究，保全活動の実践，活動の根拠となる法律や行政体制の整備がうまく噛み合って進められることが重要である．現在，日本には「絶滅のおそれのある野生動植物の種の保存に関する法律」（通称，種の保存法）があるが，指定されている種はきわめて少なく，現在の急速な自然の変化を考えると課題は多い．

〔西廣 淳〕

参考文献
環境庁自然保護局（2000）：改訂・日本の絶滅のおそれのある野生生物 植物I（維管束植物），（財）自然環境研究センター．
矢原徹一（2002）：植物レッドデータブックにおける絶滅リスク評価とその応用．保全と復元の生物学．野生生物を救う科学的思考（種生物学会編），pp.59-93，文一総合出版．

図2.38 カッコソウ（サクラソウ科，絶滅危惧IA類）
群馬県内の限られた地域にのみ分布する．人工林化と園芸目的の採取などの原因により，過去およそ30年間に劇的に減少した．近年でも，ごくわずかに残された野生個体を狙った盗掘のため，野生では絶滅寸前にある（撮影：大谷雅人氏）．

c. 外来種

　生物種は，移動能力の限界や海・山脈などの障壁により，移動・分散が制限されている．外来種（alien species）は，このような自然の分布域外に，人為によって直接的・間接的に導入された生物種（あるいは変種などの下位の分類群）として定義される．したがって，国内でも，元来分布していなかった場所に人為によって導入された生物も外来種である．さらに，本来自然界には存在しなかった遺伝子組換え生物も外来種と見ることができる．

　外来種は競争，捕食，病害，生態系の物理的基盤の改変などの作用を通じて，侵入先での在来種の絶滅リスクを高める場合がある．また，たがいに近縁な外来種と在来種が雑種をつくり，在来種の純系を失わせる場合もある．このように，侵入先の生物多様性を脅かす外来種は侵略的外来種（invasive alien species）とよばれる．もちろん，外来種の中には侵入先の生態系にほとんど影響を及ぼしていないと考えられる種もある．しかし，世界中の多数の事例について解析したレビューでは，定着した外来種のうち5〜20%は無視できない影響を及ぼしているということが指摘されている（Williamson, 1996）．

　日本の植物の存続を脅かす外来種の影響としては，まず，オオブタクサやセイタカアワダチソウのように在来種を競争により排除する例があげられる．これらの種は，種子の空間的および/あるいは時間的散布能力が高く，攪乱で形成された裸地などにいち早く侵入する攪乱依存種（ruderal species）としての性質をもつだけでなく，速い成長や高密度な群落を形成する能力など競争種（competitor）としての性質をも併せもつ．そのため，これらの種は，人為的な裸地の生成を伴う開発工事などとも結びつき，多くの地域で在来種を圧倒している．また，外来の動物種が日本の植物の存続を脅かしている例もある．多様な在来水生植物を食害するソウギョやアメリカザリガニなどがそれにあたる．

　侵略的外来種の侵入は，生物多様性を脅かす主要な原因の一つとして認識されており，日本も締約している生物多様性条約においても，締約国に求める事項として「生態系や種を脅かす外来種の導入を防止し，そのような外来種を制御あるいは撲滅すること」が記されている（第8条（h））．また，日本においても，新・生物多様性国家戦略（2002年）において，外来種の影響を日本の生物多様性の危機をもたらしている主要な要因としてあげ，その対策の必要性を提案している．これは，「特定外来生物による生態系等に係る被害の防止に関する法律（外来生物法）」（2005年施行）に反映されている． 〔西廣　淳〕

参考文献
岩槻邦男（2006）：植物の利用30講，朝倉書店．
Williamson, M. (1996) *Biological Invasions*. Chapman and Hall, New York.

図2.39　セイタカアワダチソウ（岩槻，2006）

2.10 植物と地球環境

(1) 大気の形成と気候変動

　地球の環境は，太陽からの放射，大気，海洋，生物，地球内部の活動の相互作用によって形成され，植物はその変動の中で重要な役割を果たしてきた．形成期の地球の大気は水蒸気とCO_2を主体としており，O_2は微量成分であった．初期の光合成生物は，O_2を発生しない光合成細菌（緑色硫黄細菌，紅色硫黄細菌，緑色非硫黄細菌）などと類似し，いずれもバクテリオクロロフィルをもち，光エネルギーを化学エネルギーに変換するための光化学系は1種類であった．その後，光合成によってO_2を発生するシアノバクテリアが出現し，大量のO_2を発生させはじめた．シアノバクテリアはクロロフィルをもち，別々の細菌の中で進化したと考えられる異なった性質をもつ2種類の光化学系を一つの細菌の膜状に共存させ，直列に連ねることで，水の分解に必要な電位差を発生させている．

　27億年前に大陸地殻が成長して安定大陸が形成され，その周辺に浅海域が形成された．その結果，世界中の浅海域でシアノバクテリアが分泌する粘液と石灰質や珪質の堆積粒子が層構造をなしたストロマトライトが大規模に形成された．光合成によって水中で発生したO_2は，水酸化鉄を沈殿させ，25億年前から19億年前にかけては大陸棚斜面に大規模な縞状鉄鉱層が形成され，今日の鉄鉱床の大部分の起源となった．19億年以降には海洋がO_2で飽和し，縞状鉄鉱層の堆積は停止し，大気O_2濃度が高まり，陸域で酸化鉄に富む赤色岩層が広範囲に堆積した．O_2濃度の上昇は，真核生物や多細胞化のきっかけとなった．

　大気O_2濃度が上昇し，有害な紫外線を遮るオゾン層が形成されると，地衣類やシアノバクテリアの共生体などが，最初の陸上光合成生物として上陸しはじめたと考えられている．4.8億年前には維管束をもたないコケ植物が陸上に出現したことが化石によって確認されている．コケ植物は，セン類，タイ類，ツノゴケ類に三大別されるが，分子系統学的な研究によって，最初の陸上植物がタイ類であり，その後，「セン類→ツノゴケ類→維管束植物」の順に分岐していったことが確認されている．大型化石としてよく確認されているのはクックソニアやアグラオフィトンとよばれる前維管束植物で，その後，現生のマツバラン類に似た仮道管をもつトリメロフィトン類の維管束植物が現れた．3.5億年前までには風を利用して胞子を運搬させるシダ植物が出現し，石炭紀（3.5～2.9億年前）には，単一の大きな大陸（パンゲア）上に無種子植物の大森林が成立し，世界の主要石炭層はこの時期に形成された．石炭紀には，光合成生産が枯死体の分解速度を上回っており，拡大した森林は大量の大気CO_2を枯死体として固定した．そのため，大気O_2濃度は急増し30％をこえ，大気CO_2濃度は大幅に低下した．このような環境下では，通常のC_3型光合成の植物では光合成率が著しく低下するため，C_4光合成あるいはCAM光合成を行う植物の進化が促された可能性がある．その後，2.5億年前にかけて全球が大幅に寒冷化し，植物活動が低下したためO_2濃度は急激に低下し，2.2億年前までには石炭紀以前の濃度（16％程度）に戻った．2.2億年前以降は，細かい変動はあるものの大気CO_2濃度は一貫して減少傾向を示し，陸上植物がほぼ大気CO_2を吸収し，さらにその濃度を低下させる状態が維持されていたと考

えられる．太陽光度は46億年間で25〜30%増大してきたと考えられるので，このような陸上植生の発達が，温室効果ガスである大気CO_2濃度の低下を介して，低温と氷河期のはじまりの維持に重要な役割を果たしてきたことが示唆される．すなわち，地球の気候環境形成には，植物による光合成活動と植物遺体の蓄積・分解過程との相互作用が大きく影響している．

2.2億年前以降，一貫して低く維持されてきた大気CO_2濃度は，産業革命以降の植物遺体の急激な分解，すなわち化石燃料の燃焼によって爆発的に上昇している．すなわち，今日の地球環境問題において，CO_2排出削減にかかわる問題の深刻さは，植物と地球環境の長い歴史に対して人間がその影響を予測せずに大規模に介入してしまったことと，その影響がこれまでの地球の歴史においても非常に大きなイベントになる可能性があることにある．

(2) 気候変動と植物

気候はつねに変動している．更新世には寒冷期と温暖期が何回も交替すると同時に，数百年単位の小氷期などの比較的大きな気候変動が生じている．その変動の大きな要因は，太陽と地球の関係の周期的な変化にあり，太陽活動の変動周期（11年および400〜500年周期）によるものと，地球の軌道要素の変化（ミランコヴィッチサイクル）の影響が大きいとされるが，大陸移動やヒマラヤ造山運動，火山活動なども複合的に作用している．最終氷河期の2万年前には，北米やヨーロッパの北半分が大陸氷河におおわれ，世界の海水面は100m以上低下した．日本近海の海水温度は現在よりも15℃程度低く，瀬戸内海や東京湾など浅海域は陸地であった．その後，約1.2万年前から温暖化が急激に進み，6千年前には現在よりも暖かく，海水面は数m高くなった．

現在，氷河の後退は，速いところで年間数m〜数十mに達するが，氷河末端と氷河後退後に定着する先駆的植物や，それらが構成する植生との位置関係は，植生を構成する種組成の違いにかかわらずほぼ一定で，氷河の後退後，速やかに植物が前進していることが世界各地で観察されている．日本の高山帯には，氷河植物群（Dryas flora）とよばれる高山植物が数多く生育しており，氷河期の寒冷な気候が支配する期間に分布域を広げ，その後の温暖化で取り残されたレリックであると考えられている．これらの植物は，過去数百万年間にわたって現在とほぼ変わらぬ姿で存在しており，化石の出土状況などから氷河期には北半球全体にごく普通に分布していたことが確かめられており，気候変動に伴ってつねに分布範囲を変えてきた"足の速い"植物たちと位置づけられる．

人間社会の数千年程度の歴史に対して，氷河期のサイクルは10万年規模である．第四紀の植物化石に絶滅種が少ないことは，同時期に絶滅種が多数存在した哺乳類などとは対照的である．現生植物種の多くは数十万年間，その種としての生物学的な形態を基本的に変えておらず，過去の大規模な気候変動において，その生き方や性質を変化させることなく，分布域を数千km単位で水平移動する，あるいは標高分布を数百m上下することによって生き延びてきている．今日においては，過去における植物たちの移動経路の多くが植林・農地化・都市化によって分断され，レフュジアとして機能した場所の多くも消滅しつつある．そのような観点からも，緑の回廊（コリドー）の構築による連続した植生環境の維持，あるいは残されたレフュジア（ホットスポット）の保全は，人による生物圏保全のためには非常に重要な戦略と考えられる．

(3) 地球上における水と植物分布の関係

地球規模の植生分布は，日射量と水の供給のバランスによってほぼ決定される．ある地域の水分収支を表す指標として，ブディコ（Budyko）は放射乾燥度RDIを考案した．これは，降水量をすべて蒸発させるのに必要なエネルギーと純放射量との比であり，つぎのように表される．

$$\text{RDI} = R_n/lP$$

ここで，R_nは年純放射量，lは水の蒸発潜熱，Pは年降水量である．

ある場所のRDIが1より大きい場合は，年間

2.10 植物と地球環境

日射エネルギーが，年間に降る雨をすべて蒸発させてしまうエネルギーよりも大きく，光合成が水不足によって制限される．RDI が 1 より小さい場合は，日射エネルギーをすべて蒸発に使ってもまだ蒸発しきれない水が残るので，植物にとっては水不足になりにくい湿潤な環境にある．森林が存在するのは RDI $\leq$ 1.1 の地域で，優占するのは RDI = 0.3〜1.1 の湿潤地域である（図 2.40）．この領域を下回るとツンドラとなり，この領域を上回るとステップ，半砂漠，砂漠へと移行する．森林は純放射量の少ない順に針葉樹林，落葉広葉樹林，常緑広葉樹林，熱帯雨林に区分される．

連続した林冠を形成するためには，葉面積と蒸散量に応じた降水が必要で，降水が不足すると林冠が不連続になる．RDI > 1.1 の地域で密度の高い植林を行った場合，土壌中の水が使い果たされて，さらに乾燥化が進むなど問題になることが多い．一方，降水の絶対量が少なくても，雲霧林，亜寒帯林など霧や気温の影響によって乾燥しにくい環境であれば森林が成立する．日本のほとんどの地域は RDI $\leq$ 1.0 の森林帯に属しており，降水量よりは温度環境が植生分布に影響している．

〔久米　篤〕

参考文献

Seino, H., Uchijima, Z. (1992) Global distribution of net primary productivity of terrestrial vegetation. *Journal of Agricultural Meteorology* **48**: 39–48.

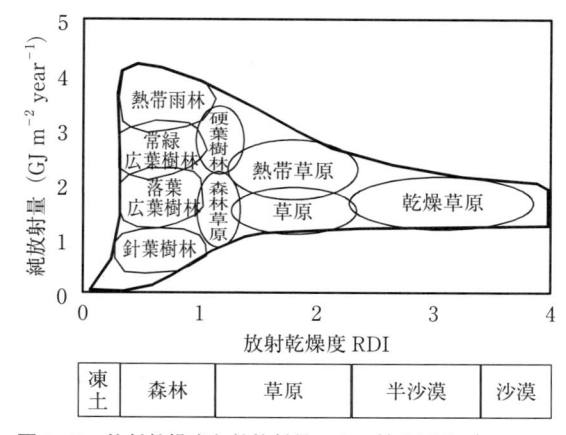

図 2.40 放射乾燥度と純放射量による植生区分（Seino *et al.* 1992；一部改変）

a. 炭素の循環

地球上の炭素（C）は，大気・陸域・海洋にさまざまな形で存在し，それらの間の炭素の交換，すなわち炭素フラックスの総体を炭素循環という（図 2.41）．地球上では，海底と陸地の堆積物中に含まれている炭素がおよそ 2000 万 Gt ともっとも大きく，数十万年単位の長期的な炭素循環の動向に影響する．海水中に溶けている炭素（3.9 万 Gt）の 98% は深海に存在し，1000 年単位の地球レベルの炭素循環に影響を与える．化石燃料として地下に存在する炭素（1.2 万 Gt）の一部は，人間によって採掘され大気中に放出されている（6.3 Gt/年）．陸上生物圏にバイオマスとして存在する炭素（2200 Gt）や，海洋表層に存在する炭素（1000 Gt）は数十年単位の循環において重要であり，大気 CO_2 濃度に大きな影響を与える．

大気 CO_2 は，18 世紀にイギリスで産業革命がはじまるまでは 600 Gt 程度で，その濃度は少なくとも過去数万年にわたって 280 ppm かそれ以下であったが，それ以降，急激に増加し，現在では 375 ppm（800 Gt）に達している．大気中の CO_2 増加量は，化石燃料から放出される量の約半分（3.2 Gt/年）で，残りの陸上生物圏や海洋表層に吸収されている．大気 CO_2 濃度は，とくに北半球で植物の光合成活動に伴い顕著な季節変動を示す．陸上生物圏と大気との間では年に 120 Gt，海洋表層との間では 90 Gt の炭素の出入りでほぼ均衡し，エルニーニョなどの影響も受ける．

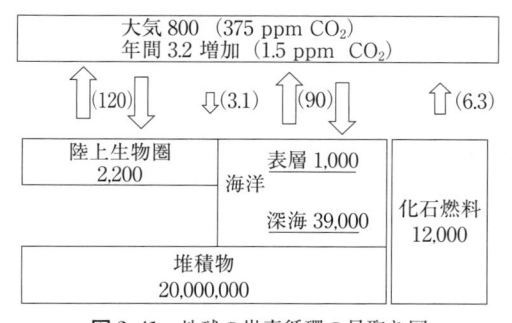

図 2.41 地球の炭素循環の見取り図
数字は存在量（Gt C），（　）と矢印は年間の移動量（Gt C 年$^{-1}$）

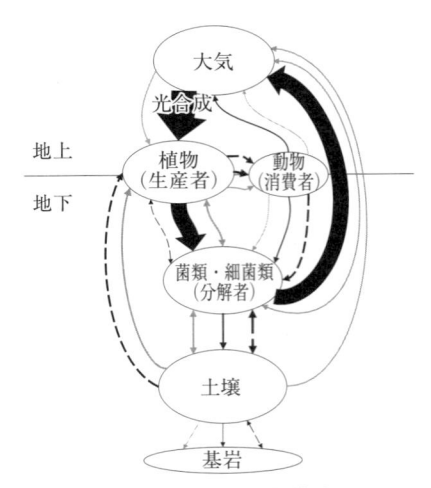

図 2.42 陸上生態系における物質循環のおおよそのイメージ
黒実線は炭素（エネルギー），灰色線は窒素，破線は栄養塩類を示す．

陸上生物圏の炭素循環は，大気 CO_2 が光合成によって炭水化物に固定されることからはじまる（図 2.42）．合成された炭水化物は，エネルギー源と，新しい細胞を合成するための素材という二つの面から重要であり，生態系循環の基盤となる．そのため，エネルギーの流れと炭素の流れはほぼ一致する．炭水化物は，地下の根から吸収された窒素やリン，ミネラルなどとの反応をともなう細胞内の生化学的変化によってタンパク質や核酸などの合成に用いられ植物体を形成する．植物体やその枯死体は，動物や菌などによって消費，分解されるが，それに伴って CO_2 と熱を外部に放出する．このような過程は，食物連鎖とよばれる．動物や菌は細菌などによってさらに分解されるが，酸素がある場合は CO_2，酸素が不足する場合は CH_4 が放出される．光合成によって固定された炭素は，最終的にはそのほとんどが分解され大気中に戻るが，その一部が未分解のままで地下に残留し，土壌の構成要素となる．炭素蓄積は生態系の呼吸と分解量の和が，光合成生産量よりも少ない場合に生じるため，炭素循環を考える場合には，地上部の生産過程だけではなく，地下部の呼吸・分解過程を評価する必要がある． 〔久米 篤〕

b. 温室効果（地球温暖化）

温室効果とは，日射の大部分を透過させる大気中の水蒸気や温室効果ガス（二酸化炭素 CO_2，メタン CH_4，亜酸化窒素 N_2O など）が，地球表面から射出される赤外放射を吸収して暖められ，その温度に応じた赤外放射を地表面に向かって射出することで，地表面の気温を上昇させることである．温室効果は，地表面近くの温度を上昇させ，大気上層部の温度を低下させるよう作用する．温室効果が存在しなければ，地表付近の平衡温度は $-19°C$ となり，多くの生物活動にとって適さない環境となるが，温室効果によって地表付近の平均気温は $15°C$ 程度に保たれている（図 2.43）．温室効果ガスの気候影響評価は複雑であるが，放射強制力（大気中の水の影響を取り除いた，1750 年を基準とする 2005 年の気候にはたらいている影響度の指標）は，CO_2 が $1.66\,Wm^{-2}$，CH_4 が $0.48\,Wm^{-2}$，N_2O が $0.16\,Wm^{-2}$ となっている．（IPCC 第 4 次評価報告書，2007 年）．

温室効果ガスは，植物活動と密接に関係している．水蒸気は，温室効果の 75〜90% に寄与しているが，地球上の水蒸気分布には大きな偏りがあり，植生からの蒸散も影響を及ぼす．CO_2 は人為的な調節が可能なもっとも重要な温室効果ガスとされ，光合成によって植物体中に大量に吸収される．しかし，吸収された CO_2 の一部は呼吸により放出され，最終的にはそのほとんどが枯死部の分解によって大気中に放出される（炭素の循環）．CO_2 濃度の増加は，その温室効果を引き金として，呼吸や分解の促進による CO_2 放出や，水蒸気や他の温室効果ガス放出を促進し，これがさらに温室効果を増幅させる可能性がある．陸上植物からはさまざまな炭化水素が放出されており，全世界の CH_4 発生量の 10〜30% は陸上植生起源であると推定され，熱帯雨林においては大規模な CH_4 上昇流も観測されている．N_2O の総放出量の 30% 以上は人為起源であり，農耕地への施肥が放出増加に大きく寄与している．

温室効果ガスの人為的増加が温暖化を引き起こ

しているという気候モデルの計算結果をもとに、温室効果ガス放出削減を求めた地球温暖化防止条約（京都議定書，1997年）が多くの国で批准されている。近年，地表面付近の気温が上昇している場所は多く，世界の長期的な年平均地上気温は0.7℃/100年程度の上昇が観測され，とくに1980年代以降で高温となる年が頻出している。一方，氷河後退後の植生遷移などを除くと，現時点では温暖化に伴う植物分布の変化はほとんど報告されていない。

都市周辺の急激な温度上昇は温室効果によるものではなく，ヒートアイランドとよばれる。東京都心部では100 W m^{-2}以上の人工熱が放出され，高層建築物によって風の動きが遮られ，植生による蒸散も抑制される。植生表面が赤外放射を反射するのに対して，コンクリート表面は吸収する。これらの結果，東京都心部では，この100年間に年平均気温で3.0℃，年間最低気温で10℃近く上昇している。

〔久米　篤〕

c. 酸性雨

"酸性雨"という用語は，大気や環境を酸性化させる酸化性物質全般を意味し，酸性物質の前駆体となる大気汚染物質（SO_2，NO_xなど），大気中の酸性物質（硫酸，硝酸など）が，降雨，露，霧，雪など水とともに地表面に到達するもの（湿性沈着）とエアロゾルやガスの形で到達するもの（乾性沈着）に分けられる（図2.44）。工場や発電所，自動車の排気ガスなど人為的に発生した物質，また樹木，海洋などから自然発生した物質が，風によって大気中に運ばれ，水滴中に取り込まれたり，光化学反応したりして，地表に沈着する。地球上に降下する酸性度の半分程度は乾性沈着によるため，酸性雨の評価には，降雨だけではなく，湿性沈着と乾性沈着を合わせて行う必要がある。

SO_2のおもな起源は，海洋の植物プランクトンによってつくられ大気中に放出される硫化ジメチルDMSが光化学変化したものと，化石燃料の燃焼によって発生するものである。人為的な影響の少ない海域周辺では，海洋プランクトンの活動に伴ってDMSが大量に発生し，雨水やエアロゾルが酸性化され，降雨の酸性度が季節変化する。一方，内陸の都市・工業地域のSO_2のほとんどは化石燃料の燃焼に由来する。日本では，火山活動によるSO_2放出の影響も大きい。NO_xは自動車の寄与が大きく，ディーゼルエンジンからの排出が多い。近年，発生源対策によってSO_2放出は抑制されているものの，NO_x放出は特にアジアにおいて増加している。

大気CO_2が溶け込み，平衡状態にある水滴はpH 5.6程度の酸性であるが，自然発生源からの硫黄酸化物に加えて，人為的な大気汚染物質が降雨中に溶け込んでいるため，日本の降雨の平均はpH

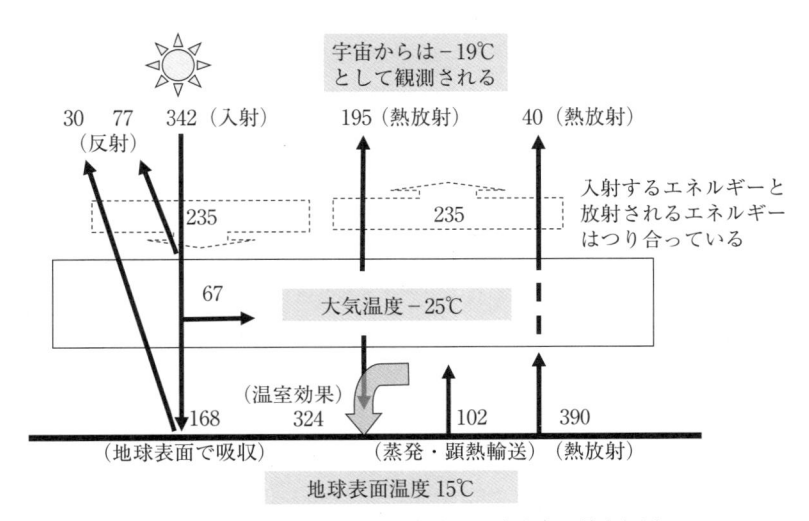

図 2.43 地球のエネルギー収支と温度分布の見取り図
数字はエネルギー量（W m^{-2}），数値は全地球年間平均値

4.8 程度を示す.

酸性雨問題は，環境対策が不十分な発展途上国において深刻で，中国内陸部の工業都市では，人間や植生への直接的な悪影響が報告されている．日本は偏西風によって大陸からの影響を強く受け，1995 年に日本列島に沈着した SO_x の 6 割以上は大陸起源と推測されている．大気中の汚染物質が，発生源から輸送されていく間に光化学反応によって生じる二次汚染物質（オゾン O_3，浮遊粒子状物質 SPM〔suspended particulate matter〕など）による広域大気汚染や越境大気汚染は，重要な環境問題となりつつある．大陸から日本に輸送される O_3 濃度は増加しており，植生への影響が危惧されている．

日本では，酸性降雨による植生に対する直接影響，また湖沼に対する酸性化影響は最近 20 年間では顕在化していない．一方，高濃度 O_3，乾性沈着物の葉面上への蓄積，さらに酸性露や霧などに高濃度に集積された汚染物質が，樹木の生育に悪影響を与えていることが示されている．汚染源の都市域ではなく，そこから輸送された二次汚染物質の濃度が周辺山地域で上昇し，植生への悪影響が生じている例が報告されている．一方，ヨーロッパ全体では酸性雨に含まれる N が栄養塩として吸収され樹木成長を促進しているとされ，さらに，植生に過剰な N が負荷される窒素飽和も問題となっている．　　　　　　　　　〔久米　篤〕

d. 水質汚濁

人間活動によって発生したさまざまな物質が，河川，湖沼，海洋などのおもに表流水に流入・混入し，水質に変化が生じる現象を水質汚濁という．英語では，混入した人為物質は water contaminant とよばれ，そのうち，人間から見て有害な contaminant を water pollutant とよび，使い分けられているが，日本語ではどちらも水質汚濁あるいは水質汚染とよばれ区別されない．

水質汚濁は，有害物質による汚濁，有機物質による汚濁，無機物質による汚濁，その他温排水や油などによる汚濁に分けられる．有害物質による汚濁は，カドミウム，水銀化合物，農薬などの有機リン化合物などが大きな問題となり，1970 年に成立した水質汚濁防止法や農薬取締法などの法律によって，比較的効果的に規制されている．しかし，すべての人為排出物質が対象とされているわけではない．

汚濁発生源には，工場・事業所，生活排水，畜産糞尿など流域の中に点として存在する発生源「点源」と，農地，森林，市街地など面として存在する「面源」（非特定汚染源）がある．面源としての森林は，汚濁成分を希釈する効果があり，流域の森林面積比率の増大は下流水質の向上と相関することが多い．しかし，河川上流部の人工林の荒廃などで土砂の流出が増大し，水質汚濁を引き起こし，下流の生態系に悪影響を及ぼしている例も報告されている．

現在，問題となる水質汚濁の原因の多くは，生活排水起源による有機物質による汚染であり，畜産糞尿や畑地からの肥料成分の流出が問題となることもある．多くの河川では，人為的有機物濃度は減少しているが，都市中小河川や広域的閉鎖性水域では横ばいか増大している．これは，人口の集中や生活様式の変化と，下水道整備の遅れによる．生活排水や農業・工業廃水に含まれる有機物のうち，炭素を中心とした大量の有機物の排出は貧酸素環境を招き，ヘドロ化して嫌気性微生物によって硫化水素などの毒性物質が生成される（青

潮）．また，窒素やリンを中心とした大量の栄養塩類の排出は，湖沼や閉鎖性海域の富栄養化を招き，藻類やプランクトンなどの大量繁殖により赤潮やアオコの発生の要因となる．

赤潮は，渦鞭毛藻・珪藻やラフィド藻といった植物性プランクトン，またはアカシオウズムシのように細胞内に藻類を共生させている動物性プランクトンが大発生し，海や川や運河が赤く見える現象の総称である．アオコはシアノバクテリア類が水面に浮かび上がって悪臭を放つもので，水道水の質低下の原因となる．これらのプランクトンには有毒のものも含まれており，プランクトンによって生産された毒によって魚介類に中毒症状を引き起こしたり，あるいは食物連鎖を通じてその魚介類を食べたヒトを含む哺乳類を中毒させる．大量発生後のプランクトンは，分解される過程で大量の酸素を消費するため，その水域を酸素欠乏状態に陥らせ，底生生物や沿岸生態系に深刻な悪影響を与える．

植物性プランクトンは，その場にある栄養塩類を吸収し光合成を行うことで増殖し，陸上植物のように，根を利用して光合成生産をする場所まで必要な栄養塩類を輸送することはできない．そのため，水質の変化が直接的にプランクトンの質や量を大きく変化させる．たとえば，珪素は植物プランクトンの珪藻の外被を作るのに欠かせない元素であるが，岩石の風化によって供給されるため，その供給量には限りがある．また，近年の大規模ダムの増加などで河川や海へ供給される量も減少傾向にある．このような環境下で，肥料や生活排水に由来する窒素やリンの排出増加は，上流の河川や湖における珪藻などの増殖を助長し珪素の吸収効率を高め，結果として下流域や海域への珪素供給を激減させる．海域で窒素やリン濃度が増大し珪素が減少すると，珪藻類よりも，渦鞭毛藻類など赤潮の原因となる非珪藻類の増殖が有利になり，珪藻類から非珪藻類へと植物プランクトンの組成が変化する．このような現象は世界のあちこちの川で生じていると考えられ，陸域からの鉄イオン供給の重要性も示されており，水界生態系に及ぼす人間活動と流域・海域の物質的な結び付きの重要性が明らかになりつつある．

〔久米 篤〕

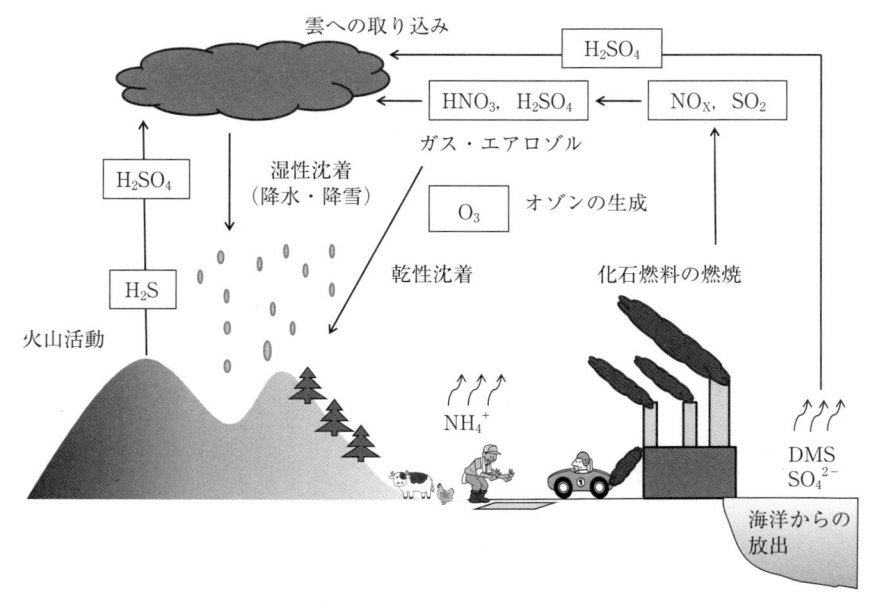

図 2.44 酸性雨にかかわる物質動態

付録2 日本の絶滅危惧植物について

　2007年に公表された環境省の絶滅危惧植物リストには，維管束植物1690種，維管束植物以外の植物（藻類）と菌類，地衣類で463種があげられている．2000年に刊行されたレッドリスト，2007年にモニタリングの結果として公表されたレッドリスト登載の種については，環境省のホームページ〈http://www.biodie.go.jp/rdb/rdb_f.html〉から検索可能である．公表時に言及されたこれらの生物群の絶滅危惧種の動向への環境省のコメントは以下のとおりだった．

植物 I（維管束植物）レッドリスト見直しで明らかになった点

[1]　絶滅のおそれのある種の総数は前回の平成9年公表（平成12年一部変更）のレッドリストでは1665種であったが，今回は1690種となり，総数では大きな変化がなかった．改訂前リストで絶滅のおそれのある種とされていたもののうち，174種は準絶滅危惧，情報不足又はランク外と判定された．逆に，新たにランク外，情報不足又は準絶滅危惧から今回絶滅のおそれがあると判定した種数は211種あった．

[2]　個別の種でみると絶滅危惧IA類及び絶滅危惧IB類の種は，ランクが下がる傾向，絶滅危惧II類の種はランクが上がる傾向が見られた．また，前回に情報不足だった種や新たに調査対象とした追加種の多くは絶滅のおそれがある種だった．

[3]　保全のための努力が払われた結果，絶滅の危険性が下がり，ランクが下がった種があった．例えば，アサザ，サクラソウ，シバナ，サギソウなどは準絶滅危惧と判定された．これらの種の野生個体群は保全対策の下で維持されている場合が多く，それらの保全対策の継続が必要である．

[4]　リストから除外される種，ランクが下がる種には比較的広く名前が知られた種が多く，[3]で示したように，保全の努力が進んだこと，とりわけ絶滅危惧種に関する一般の関心が浸透しつつあることが示唆される．一方，調査の精度が上がることによって，新たにリストに掲載される種が見られ，ランクが上がる種もあり，依然として絶滅のおそれのある種に指標される我が国の生物多様性の現状は厳しいと言える．

[5]　新たに絶滅もしくは野生絶滅と判定された種が19種あった．コバヤシカナワラビ以外は1980年代以前に絶滅したと推定される．絶滅原因は園芸採取，開発が多いが，絶滅原因が不明な種も多い．一方，これまで絶滅種とされていたが，今回，野生個体群が再発見された種が2種あった（リュウキュウヒメハギ，オオユリワサビ）．

[6]　絶滅または未発見しか報告がなく，ほぼ絶滅状態と推定される絶滅危惧IA類の種が19種ある．この内，1990年代以降に既知の個体群が絶滅した種が少なくとも5種ある（ヒメヨウラクヒバ，ヒナカンアオイ，テリハオリヅルスミレ，イナゴゴメグサ，オオスズムシラン）．

[7]　シカの食害により，屋久島の他西日本を中心とした地域で，ヤクシマタニイヌワラビ，キレンゲショウマをはじめとする多くの種が影響を受けていることが明らかになった．

[8]　フクジュソウ，キスミレ，クロヤツシロランは新たなデータを基に見直した結果，ランク外とした．

植物 II レッドリスト見直しで明らかになった点

[1]　絶滅のおそれのある種の総数は前回の平成9年公表（平成12年一部変更）のレッドリストでは329種であったが，今回の見直しでは，これまで対象としていなかった生葉上苔類等を新たに対象とした他，固着地衣類等をより詳細に検討したこと等から463種となった．

[2]　蘚苔類では，絶滅のおそれのある種が180種から229種に増加した．これは，情報の集積が進んだことと生葉上苔類等について新たに評価を行ったことによる．また，ヒカリゼニゴケの既知産地の消失が確認され，最近おこなった詳細な調査でも，生育が確認できなかったことから絶滅と判断した．

[3]　藻類については，絶滅のおそれのある種が41種から110種となった．特に，湖沼，ため池等に生育するシャジクモ類の深刻な状況が明らかになった．

[4]　地衣類については，これまでのリストは比較的大型のものについて評価を行ってきたが，今回は中型以下のものについても新たに詳細な評価を行った．その結果，絶滅のおそれのある種数が45種から60種に増加した．

[5]　菌類では，松林に限定して出てくる種や，自然の砂浜にしか出ない種等を含め，より詳細な検討を行った結果，掲載種が増加した．

3

植物のかたち

総 論

　この世に存在するもので形のないものはない．すべての生命現象は分子の相互作用を介して引き起こされており，「かたち」の関係しない生命現象も存在しない．したがって，ある「かたち」を研究するということは，高次の「かたち」を分解し，どのような低次の「かたち」からできているかを明らかにすること，そして，低次の「かたち」がどのようなメカニズムで高次な「かたち」へとつくり上げられていくかを研究することにほかならない．一方，現象から「かたち」があるであろうと予想されるものの，実際には「かたち」が見えないことはしばしばあり，見えない「かたち」を見えるようにすることも「かたち」の研究の大きな課題である．したがって，「かたち」の研究は観察技術の開発と一体となって進んできた．

　外部形態による形の理解は，光学顕微鏡の発明により，19世紀から20世紀初頭にかけて，組織，細胞レベルでの理解へと進んだ．たとえば，植物の地上部を生み出す源である茎頂分裂組織も外見上は類似しているが，実は，多細胞と単細胞のものがあり，系統によって大きく異なっていることがわかってきた．そして，単細胞性茎頂から多細胞性茎頂への進化，ひいては陸上植物体制の進化に重要な知見を与えてくれた．20世紀における電子顕微鏡の開発は細胞小器官をはじめとする細胞形態について多くの新発見を導いた．また，細胞内共生など細胞形態進化のみならず生物進化全般にかかわる発見をも加えた．20世紀後半の分子生物学の発展は，形態を遺伝子のレベルの分解能で観察することを可能とし，かたちづくりについて多くの新たな知見を加えつつある．たとえば，どうして外見上ほとんど均一に見える初期胚がさまざまな形態をもった器官へと分化しうるのかという理由が，形態形成にかかわる遺伝子機能の解析からわかってきた．細胞の集まりの中で，複数の遺伝子が，異なった場所，異なった時間に特定の細胞ではたらくことにより，ほぼ均質だった細胞の集まりが，異なった細胞の集まり，器官へと分化していくことになるのである．

　遺伝子レベルでの研究は，新たな観察方法を可能にした．生きたままで細胞小器官，細胞，そして器官の形態変化を長時間観察する方法である．光学顕微鏡では生体観察が可能だが，高倍率で観察することは不可能である．一方，電子顕微鏡観察をするには細胞を殺さなければならない．生きたままに近い状態で殺す，すなわち，固定するためにさまざまな試薬や方法が開発されてきた．そして，生きていたときに近い状態を観察することがある程度可能になってきた．しかし，電子顕微鏡では生きたままの状態で細胞や細胞小器官，そしてタンパク質や脂質などの細胞構成物質の「動態」を観察することは困難である．電子顕微鏡でしか見えないものをなんとか光学顕微鏡で見られないか．蛍光タンパク質とよばれるタンパク質の発見がこのジレンマ脱出のブレークスルーとなった．オワンクラゲや一部のサンゴなどは特有の蛍光タンパク質をもち，特定の波長の光を当てると蛍光を発する．遺伝子組換え技術を用いれば，特定のタンパク質に蛍光タンパク質をつなぐことができる．たとえば，微小管タンパク質であるチューブリン遺伝子にオワンクラゲの緑色蛍光タンパク質（green fluorescent protein：GFP）遺伝子をつなげてやる．するとチューブリンタンパク質とGFPとの融合タンパク質が細胞内でつくられる．融合タンパク質は細胞内で細胞骨格を形成する．チューブリンは，光学顕微鏡では見えないが，GFPとの融合チューブリンは特定の波長の光を与えると緑の蛍光を発するので光学顕微鏡でも観察できる．このような方法で，多くのタンパク質の動態が明らかになってきた．さらに，特定の細胞小器官だけに存在するタンパク質とGFPの融合タンパク質をつくれば，細胞小器官を光学顕微鏡で連続観察することも可能となる．たとえば，液胞膜の上にだけあるATPase遺伝子とGFPと

の融合タンパク質は液胞膜の上だけに存在し，液胞膜だけを可視化することができる．GFP以外にもさまざまな波長の蛍光を発するタンパク質の開発が進んでおり，同時にいくつものタンパク質，細胞小器官を可視化することも可能になってきた．蛍光タンパク質は細胞小器官だけでなく，器官の可視化にも応用可能である．特定の器官原基で発現する遺伝子との融合タンパク質をつくれば，その器官を発生過程を通じて観察することが可能となる．この際の問題点は，組織内部をどのように観察するかである．レーザーの利用によって，ある程度の組織内部の観察は可能になってきたが，今後さらなる技術開発が求められている．

以上のような観察技術の進展に伴って，形態自体の観察とともに，形態がどのように進化してきたかの道筋も明らかになってきた．遺伝物質である核酸が膜で包まれた構造，それが初期の生命体であったと推定されている．その後の細胞形態の進化は，遺伝子多様化に伴う，膜系と細胞骨格系の進化に代表される．ほとんどの細胞小器官はすべての真核生物で共有されているので，真核生物進化の初期段階までに確立されていたと推定される．小胞体，ゴルジ体，ペルオキシソーム，液胞をはじめとする膜系細胞小器官がどのように進化してきたのかはよくわかっていない．細胞進化は化石記録にたよることができないため，現生生物における研究から過去を推定することになる．小項目に見られるようにこれらの細胞小器官の形成，転換の分子機構が徐々に明らかになりつつあり，今後の進展が期待できる．細胞骨格系は細胞骨格そのものはもとより，細胞分裂，細胞内の物質や細胞小器官の配置などの役割も担っている．単細胞生物は細胞分裂によって二つの同じ細胞に分かれる．一方，多細胞生物は，細胞分裂によって異なった性質の細胞をつくり出すことがほとんどである．不等分裂には，細胞骨格系を介した物質の不均等分配が重要な役割を果たしている．多細胞生物は，後生動物，緑色植物をはじめ複数回，独立に進化したことが系統解析よりわかってきた．多細胞化における不等分裂機構の共通性と多様性を明らかにすることは，多細胞生物進化の一般則を明らかにする第一歩となるだろう．ミトコンドリアと色素体は，それぞれ祖先単細胞生物へのαプロテオバクテリアとシアノバクテリアの共生によって起源した．また，これら一次共生が成立したあとで，真核生物から真核生物への二次共生が複数回起こったことがわかってきた．しかし，どのような分子機構を用いて異なった生物を自己の一部に取り込み，飼い慣らしたのかはよくわかっていない．

多細胞生物は発生過程を経て生体となる．陸上多細胞生物の二つの大きな系統である後生動物と陸上植物は単細胞の共通祖先から独立に進化した．それゆえ，両者の多細胞発生過程は多くの点で異なっている．もっとも大きな違いは，後生動物では発生過程で細胞が移動できるが，陸上植物の細胞は移動できないことである．これは，植物細胞が細胞壁におおわれている点に起因しており，積み木を積み上がるように発生が進む．細胞が動けないために細胞分裂方向，細胞伸長方向の制御が植物の発生過程の根幹となる．このことは，細胞レベル以上の高次生物現象である発生過程が，細胞分裂伸長という細胞レベルの生物現象に大きく依存していることを示している．細胞レベルの現象が発生過程に影響するのは細胞分裂伸長に限らない．PINFORMEDタンパク質（PIN）は植物ホルモンオーキシンを細胞から排出するポンプ作用にかかわるタンパク質である．オーキシンの植物体内における分布の変化は茎頂，根端の両分裂組織での形態形成に大きな影響を与える．PINが細胞の下側にあればオーキシンは上から下へ，上側にあれば下から上へ移動する．PINの細胞局在は細胞小器官によって制御されており，細胞内の現象が発生過程に重要であることのよい例である．発生過程における多様な細胞の振る舞いを考えると，発生過程における細胞制御に関するわれわれの理解がまだまだ十分でなく，今後の研究の進展がおおいに期待される．

多細胞体制は，受精卵という単細胞からはじまる．陸上植物全般において受精卵の最初の分裂時に，頂端細胞と基部細胞が形成され，頂端細胞が茎頂先端分裂組織になるので，この時点で発生の

頂端基部軸が決定されていることになる．この頂端基部軸形成が，どのような引き金によって，どのような分子を介して行われているのかはまだわかっていない．つぎに，この上下軸に従って，PINタンパク質の細胞内局在変化が起こり，オーキシンの流れができる．オーキシンの分布は多細胞体内の位置情報として機能していると考えられており，オーキシンによって誘導される一連の遺伝子がさらに細かい位置情報をつくり上げ，胚発生が進行していると推定されている．このような情報シグナル分子はモルフォゲン（形原）とよばれる．形原に対する感受性の異なる複数の遺伝子があれば，これらの遺伝子が形原濃度に応じて異なった時間空間で発現することとなり，空間に時間位置情報をつくり上げることができる．オーキシンによって誘導される遺伝子はオーキシンの合成・分解に関係している場合もあり，フィードバック制御系が存在している．フィードバックとは，入力と出力がある系において，出力側の信号が入力側に影響を与える系である．出力側が入力信号を弱めるときと強めるときがあり，前者を負のフィードバック，後者を正のフィードバックとよぶ．負のフィードバックでは，出力信号が強くなると入力信号が抑えられ弱くなる．すると，入力信号の減退に伴い，出力信号が弱くなり，逆に入力信号が強くなる．この繰り返しによって反応が自動制御されることになり，一定の状態が振動しつつ保たれることになる．オーキシンに限らず，発生過程にはさまざまな負のフィードバックが機能していることがわかってきた．多数のフィードバック反応系の存在自体が発生の分子実態の一つであり，この反応系がどのように協調して機能しているのかを明らかにする研究が盛んに行われている．しかし，数個の反応の場合は簡単に理解できるが，1万以上の遺伝子が関与する複雑な発生過程を人間が理解できるようにするにはどうしたらよいのか，バイオインフォマティクスの大きな課題であろう．

発生過程はEscherのDrawing Handsという絵にたとえられることがある．この絵には二つの手が描かれ，それぞれの手がもう一方の手を描いている．発生過程では，遺伝子産物であるタンパク質が発生過程を進行させ，ある「かたち」をつくりあげる．すると，できあがった「かたち」に従って新しい遺伝子発現が引き起こされる．したがって，発生過程は一連の過程であり，通常，途中段階をスキップして発生を進めることは困難であると考えられている．この現象は発生拘束とよばれ，脊椎動物の異なった系統が発生過程において，尾芽胚という類似した胚段階を経て発生が進むのは，この段階に発生拘束があるからだろうと考えられている．一方，陸上植物の場合，発生拘束に該当する発生段階は受精卵の最初の分裂で頂端基部軸ができることくらいである．このことは，陸上植物の発生過程ならびに結果としてできる体制が系統ごとに本質的に異なったものである可能性を示唆しているのかもしれない．今後，異なった分類群での発生遺伝子機能の解明によりこの問題がより具体的に議論できるようになるだろう．

植物の形を考えるうえで動物にない大きな特徴は，1倍体と2倍体世代があることである．陸上植物にもっとも近縁な現生緑藻類であるシャジクモ藻類は1倍体世代に多細胞体制をつくり，2倍体になるのは受精卵だけである．一方，陸上植物はコケ植物，シダ植物，種子植物へと進化する段階で，1倍体優占から2倍体優占へと生活史が進化してきた．この過程で発生系がどのように変化したのかは植物形態進化の根幹といえるが，あまり多くのことはわかっていない．

生き物は多様な「かたち」をもち，その形成機構を明らかにすることは生物学の大きな魅力の一つである．しかし，その機構にはまだまだたくさんの謎が残っている．いくつかの生物でゲノム解読が進行し，個々の生物がどのような遺伝子をもっているかが明らかになってきた．そのような状況のもと，それらの遺伝子がどのように振る舞い，「かたち」をつくり上げているのかの研究が進展している．数年後には「かたちづくり」について現在の常識がくつがえっていることが多々あることを期待したい．

〔長谷部光泰〕

3.1 細　胞

　細胞は，生物の体の中の生きている最小の単位である．この単位1個からなる生物もあり，単細胞生物とよばれている．複数の単位からなる生物を多細胞生物というが，多細胞生物も，たとえば，総数60兆個をこえる細胞からなるヒトの場合も，その発生は単位1個すなわち受精卵という1個の細胞からはじまる．1個の受精卵が細胞分裂を繰り返して多細胞体制を構築するが，細胞分裂にあたっては，細胞のもつ遺伝情報の担い手である遺伝子の複製と，複製された遺伝子の正確な分配が行われるため，細胞分裂によって生じた2個の細胞は同じ遺伝子をもつことになり，その繰り返しによって構築される多細胞体の中のどの1個の細胞を取って見ても，含まれている遺伝子は，受精卵がもっていた遺伝子と同じである．

　多細胞体を構成している細胞を体細胞とよび，遺伝子の複製を1回行った後，分裂を1回行い2個の体細胞を生じる細胞分裂を体細胞分裂という．体細胞のほかに，生殖細胞とよばれる細胞がある．遺伝子を親から子に伝えるための細胞で卵細胞や精細胞がそれである．生殖細胞をつくり出すために必要な分裂を減数分裂とよぶ．減数分裂では遺伝子の複製は1回なのに，分裂は2回行われ，体細胞の遺伝子の半分の数の遺伝子をもつ細胞4個が生じる．生殖細胞は減数分裂で生じた細胞からつくられる．性の異なる生殖細胞の融合（受精）によって受精卵がつくられる．体細胞の半分の遺伝子をもつ生殖細胞2個が融合して受精卵をつくるので，受精卵の遺伝子の数は体細胞の遺伝子の数と同じである．

　受精卵が最初に行う分裂で生じる2個の細胞は，大きさも，性質も異なる細胞である．このことは分裂前の受精卵の中に，分裂面に垂直な軸が形成され，その軸の両端に違いが生じていたことを示している．細胞が両端の性質が異なる軸をもつことを，細胞は極性をもつという．極性をもつ細胞から生じた細胞は極性をもつ．極性をもつ細胞は分裂を繰り返し，分裂で生じた細胞は分化を行うが，分裂，分化ともに極性の支配を強く受けている．受精卵が水中などに放出される場合，受精卵は浮遊している間は極性をもたないが，静止すると極性をもつようになる．静止した場所の環境要因の中に存在する勾配によって，極性が生じると考えられているが，その機構は明らかでない．親植物の体の中で受精が行われた場合，受精卵の極性は，親植物の体内に存在する極性によって決まる．

　細胞には，遺伝子の本体のDNAを核膜とよばれる二重の膜で取り囲んだ構造（核）をもつ細胞と，DNAがそのような膜に囲まれずに存在する細胞とがある．前者を真核細胞，後者を原核細胞とよぶ．また，真核細胞からなる生物を真核生物，原核細胞からなる生物を原核生物とよぶ．細胞の中の生きている部分を原形質とよぶ．原形質は細胞膜で囲まれており，動物細胞，植物細胞にかかわらず，真核細胞は核をもつが，そのほかにミトコンドリア，ゴルジ体，小胞体，ペルオキシソームなどの細胞小器官をもつ．また，植物細胞は動物細胞がもたない葉緑体などの色素体をもつ．植物細胞は，動物細胞と異なり，生きている原形質の中に生きていない液胞とよばれる領域を含んでおり，細胞膜の外側はセルロースなどの多糖を主成分とする細胞壁でおおわれている．ゴルジ体，小胞体，ペルオキシソーム，液胞は一重の膜でお

おわれており，この膜は真核生物の細胞膜と似た性質をもつが，ミトコンドリアと色素体は二重の膜でおおわれており，二重膜の外側の膜が真核細胞の細胞膜と似た性質をもつのに対し，内側の膜は原核細胞の細胞膜と似た性質をもつ．このことと，ミトコンドリアや色素体が独自の遺伝子をもつことなどから，ミトコンドリアや色素体は独立した生活を営んでいた原核生物が進化の途上の真核細胞の中に取り込まれ，共生をはじめ，やがて独立して生活することができなくなったものという説（真核細胞の共生説）が唱えられており，多くの支持を得ている．細胞小器官は細胞内では比較的長時間にわたり活動を続けるが，細胞外に取り出すと，短時間で活動を停止する．細胞小器官は独立して活動しているのではなく，相互に支えあって活動をしているものと考えられる．核，ミトコンドリアなどの細胞小器官を取り巻く液状に見える部分を細胞質基質とよぶが，細胞質基質は構造のない単なる液状のものではなく，アクチン微繊維，微小管などの細胞骨格により構築された構造を含んでいる．

　細胞の大きさは，分裂組織の中の細胞で径約5〜10μmと小さく，成長した器官の中の細胞では径約50〜250μmと大きい．さらに大きい例としては，ワタの種子の毛の細胞（1本のワタの繊維），ミカンの果実の房の中の果汁を含んだ毛の細胞（食べる部分）など，肉眼で十分見えるものもある．スイカの果肉の細胞も肉眼で観察が可能である．細胞が体積を増大させるのは，主として液胞の容積増大によるものである．液胞内の水は無機塩類，糖，アミノ酸などを含んでいるので，通常，水は浸透現象により細胞外から液胞内に移動する．その結果，液胞は体積を増大しようとし，細胞内に圧が生じる．この圧を膨圧とよぶが，膨圧により細胞壁が押し広げられると細胞体積は増大する．したがって，細胞内で液胞が占める割合は体積の大きい細胞ほど高く，90％をこえる場合も多い．

　発達した細胞壁に囲まれ，液胞の吸水によって生じた膨圧により膨らまされた状態にある細胞はそれぞれ固有の形をもっているので，植物では細胞は体を形づくる単位でもある．植物の器官の形は細胞の並び方と細胞1個1個の形により決められている．植物の茎が細長いのは，茎の細胞が細長いからであり，タマネギのタマ（鱗茎）が膨らんでいるのは，タマの細胞が膨らんでいるからである．細胞壁は細胞の形を決めるうえで重要な役割を果たしているが，細胞が生きていくうえで必要不可欠なものではない．細胞壁は細胞壁多糖の分解酵素を処理することにより，取り除くことができる．細胞壁を取り除くことによって得られるものをプロトプラストとよぶ．どのような形の細胞から調製しても，得られたプロトプラストは球形で，細胞壁が細胞の形の決定に不可欠であることがわかる．プロトプラストは生き続け，細胞壁を再生し，分裂を繰り返し，個体を再生する．このことは，細胞壁が細胞が生きていくうえで必要不可欠でないことを示すと同時に，すべての体細胞が受精卵と同じ遺伝子をもち，個体再性能（分化全能性）をもつことをも示している．

　細胞の原形質は静止したものとして描かれるが（図3.1），生きている細胞の原形質は絶えず運動を繰り返している．これは原形質の中にある細胞骨格のアクチン微繊維のはたらきによるものである．原形質の中の生きていない領域の液胞も絶え

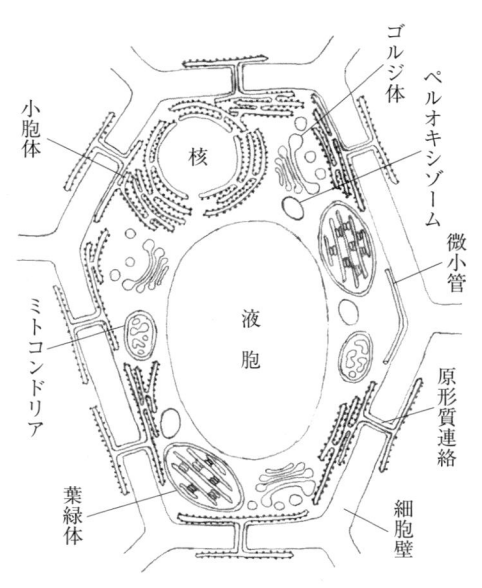

図3.1　植物細胞の模式図

ず形を変えているが，この液胞の変形も原形質内にあるアクチン微繊維のはたらきによるものである．

植物細胞は細胞壁で囲まれているので，隣接する2個の細胞の原形質は2個の細胞の細胞壁で隔てられているように見えるが，実際には細胞壁を貫く細い穴（径30〜40 nm）でつながっている．この原形質のつながりを原形質連絡とよぶ．穴の中央を小胞体が通り抜けており，穴の内側は細胞膜で裏打ちされている．隣接する2個の細胞では，原形質がつながっているだけでなく，細胞膜もつながっている．隣接する細胞の原形質が原形質連絡でつながっているので，組織の中の細胞の原形質はひとつながりになっている．多細胞植物の組織をつくっている細胞は，単なる細胞の集まりではなく，たがいに連絡をとりあっている共同体なのである．

植物細胞の中には，役割を果たすために，自ら死んでいく細胞がある．道管をつくっている道管要素がよい例で，茎の軸方向につながった道管要素は，寿命がつきる前に，細胞膜や細胞内容物を失い，最後には軸の両端部分の細胞壁も失い，細胞壁だけの管となり，道管要素としての役割を果たす． 〔柴岡弘郎〕

a. 核

細胞核は真核生物に見られる細胞小器官であり，内部に遺伝情報であるDNAが含まれる．一般的に「核」といった場合は細胞核を示すが，ミトコンドリアや葉緑体にも核（核様体）がある．細胞核は二重膜に囲まれており，核膜孔を通じて，RNAやタンパク質の出し入れが行われる．植物細胞は3種類の核をもつ．植物種や器官の部位によって細胞核（以下核）の大きさや形は異なっている．とくに，植物の場合，核内のDNA量が通常の数倍になった倍数体細胞が形成されること（endoreduplication）が多い．核内のDNA量（ゲノムサイズ）はシロイヌナズナの約125 Mbpからクロユリの約50 Gbpまで植物種によって異なる．細胞核の体積は，核内のDNA量に比例して増大するが，核内に占めるDNAの割合は3%以上にはならない．

DNAの遺伝情報は核内で転写されてRNAが合成され，核膜孔を通過して細胞質に移動する．逆に，細胞質で翻訳されたタンパク質の一部は細胞質から核膜孔を通過して核内に輸送される．動物の核膜は，ラミンからなる繊維状構造・核ラミナにより裏打ちされるが，植物のゲノム中にはラミン相同遺伝子は存在せず，異なるタンパク質が核膜構造に寄与していると推測されている．核内のDNAは塩基性タンパク質・ヒストンとヌクレオソームとよばれる複合体を形成する．この複合体がさらに折り畳まれてクロマチンが形成される．このクロマチンはDNAの転写が盛んなユー

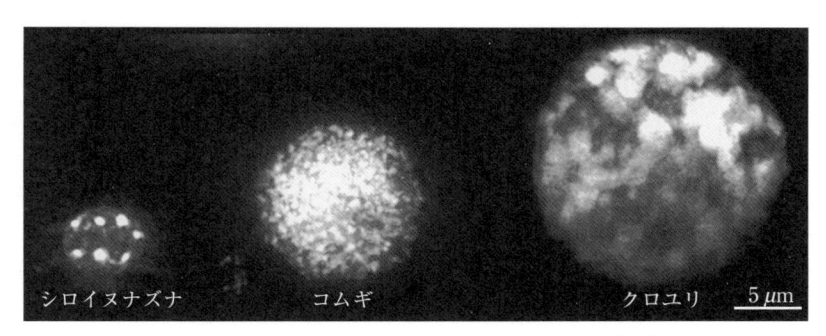

図3.2 植物細胞核のDNA染色像（口絵17も参照）

クロマチンと不活性なヘテロクロマチンに分かれる．ヘテロクロマチンはDNA染色で濃染部位，凝縮部位として検出される（例：図3.2のシロイヌナズナ核内の点状構造）．クロマチンの状態はヒストンのメチル化，アセチル化などの翻訳後修飾によって変化し，それが遺伝子発現を制御するとした「ヒストン・コード説」は広く受け入れられている．

細胞分裂のときは，核内でDNAが複製されて倍加する．続いて，核膜が崩壊しクロマチンが凝縮して染色体が形成される．染色体は分裂した二つの細胞に分配された後に，脱凝縮を起こし，核膜が形成されて核が再構築される．核内にはリボソームRNAの転写をつかさどる核小体も存在する．動物細胞には存在しない構造・nucleolar cavityが植物細胞の核小体には存在しているがその機能は不明である．　　　　　〔松永幸大〕

参考文献

Fujimoto, S. *et al.* (2005) An upper limit of the ratio of DNA volume to nuclear volume exists in plants. *Genes Genet. Syst.* **80**：345-350.

黒岩常祥，三角修己，高野博嘉，伊藤竜一，松永幸大 (2007)：細胞．基礎分子生物学3．朝倉書店．

松永幸大 (2006)：DNA染色と細胞核タンパク質解析法．植物の細胞を観る実験プロトコール，p.111-115，秀潤社．

b. ゴルジ体

小胞体で合成されたタンパク質を選別して，おのおのの目的地である細胞膜や液胞に配送する細胞小器官で，細胞内輸送のもっとも重要な中継基地と位置づけられる．また，糖を合成し，タンパク質の糖鎖修飾を行う機能の大部分を担う．1898年に，イタリアの解剖学者ゴルジ（Camillo Golgi）が，脊髄神経節における"internal reticular apparatus"として発見し（1906年にノーベル医学生理学賞受賞），その名を冠されることとなった．植物では，ペロンシト（Peroncito）が1909年にディクチオソーム（Dictyosom，独語；英語表記ではdictyosome，dictyo-というのはラテン語で「網」）として記述している．

20世紀半ば以降に行われた電子顕微鏡観察により，動物も植物もゴルジ体は共通して，膜で囲まれた扁平な槽（cisterna）が数枚平行に重なった層板構造（stack）から成ることが明らかとなった．哺乳動物細胞のゴルジ体は，核の周辺にリボン状に一つの層板構造として存在する．一方で，高等植物や多くの菌類では，細胞内に独立した多数の層板構造が分散して存在する．個々の層板構造は，4～8層の扁平な嚢が積み重なって構成される．植物細胞1個あたりのゴルジ体の数は細胞の種類や発育段階によって大きく異なり数十個から数百個であるといわれている．

ゴルジ体の層板構造には，形態的に顕著な極性が見られ，その機能と密接な関係がある．小胞体に近接する側はシス（*cis*）面，反対側はトランス（*trans*）面とよばれ，中間部はメディアル領域とよばれる．トランス領域の外側にトランスゴルジ網を定義することもあるが，ゴルジ体本体との機能分化については論争がある．小胞体で合成されたタンパク質は，輸送小胞によってシス面からゴルジ体に入り，トランス面からさらにおのおのの目的地へと輸送される．一般的に，ゴルジ層板は杯状に湾曲していて，"forming" endであるシス面は凸面，"maturing" endであるトランス面は凹面となる場合が多い．それぞれの槽には，糖修飾

酵素が整然と配置されており，機能的にも極性がある．真核細胞に普遍的なゴルジ体の生化学的な機能は，糖タンパク質糖鎖の修飾，タンパク質のプロセシングであるが，動物にはない植物ゴルジ体の特徴的な機能として細胞壁複合多糖の合成があげられる．セルロースとカロースの合成は大部分細胞膜上で行われるが，セルロース微繊維間の架橋としてはたらくマトリクス高分子，ペクチン性多糖類やヘミセルロース多糖類の合成・構築はゴルジ体で行われ，細胞外へと輸送される．

細胞生物学的にゴルジ体のもっとも重要な機能は，分泌タンパク質や液胞局在型タンパク質などの積み荷分子の選別・仕分けである．ゴルジ体を経由する輸送経路は，大別して分泌経路と液胞経路に分けられる．分泌経路に乗る積み荷タンパク質は，最終的に細胞外に放出されるが，ゴルジ体以降この経路に入るための特別なシグナルは同定されていない．一方，液胞輸送経路に乗る積み荷タンパク質は，液胞輸送シグナルとしてはたらくアミノ酸配列をもつ（液胞局在化シグナル）．これを認識する受容体膜タンパク質は，トランスゴルジ（網）および液胞前区画に局在していることから，液胞行きのタンパク質はこれらの場所で認識・選別されていると考えられている．

近年，緑色蛍光タンパク質を用いてゴルジ体を可視化し生きた細胞で観察する方法により，高等植物のゴルジ体はアクチン繊維のネットワークに沿って活発に動くことが報告されている．このことは，植物のゴルジ体が，物質の輸送選別だけでなく，これらを細胞内の目的地に運ぶ機能も併せもつ可能性を示唆している．

層板内の槽間の積み荷タンパク質の移動機構については，小胞輸送モデルと槽成熟モデルが提唱され論争が続いてきたが，ごく最近，酵母において槽成熟の直接の証明がなされた．今後植物細胞においても活発な研究が進むと考えられる．

〔中野明彦・齊藤知恵子〕

c．小胞体

小胞体（endoplasmic reticulum：ER）は細胞内で最大の表面積を占め，連続した管状または扁平な袋状の膜構造がつながった，動的なネットワークをつくっている．小胞体は，サイトゾル側にリボソームが結合した粗面小胞体（rough ER）と，リボソームが結合していない滑面小胞体（smooth ER）に大別される．また，小胞体は核膜の外膜と連続しており，核膜は小胞体の特殊化した領域であると考えられる．

小胞体は，細胞内膜系（endomembrane system）におけるタンパク質の合成の場である．分泌タンパク質や，ゴルジ体や液胞といったオルガネラのタンパク質は，粗面小胞体上のリボソームで合成され，小胞体膜上に存在するタンパク質膜透過装置によって小胞体内腔へと輸送される．小胞体にはタンパク質の糖鎖修飾酵素が存在し，糖タンパク質への糖鎖付加が行われるとともに，小胞体内の分子シャペロンのはたらきによってタンパク質の高次構造形成が進行する．小胞体内で正しい高次構造を形成したタンパク質は，直径約50 nmのCOPII小胞とよばれる輸送小胞によってゴルジ体へと運ばれる．このほかに小胞体は，さまざまな細胞機能の制御に重要な，細胞内のカルシウムイオン濃度調節にも大きく寄与している．

近年，さまざまな機能をもった小胞体サブドメインや，小胞体由来のコンパートメントが同定されている（図3.3）．これらは，種子の貯蔵タンパク質や貯蔵脂質の形成など，植物の生育にとって重要な役割をはたしている．種子貯蔵タンパク質は，貯蔵液胞またはプロテインボディとよばれる構造中に蓄えられる．貯蔵タンパク質は，グロブリンと総称されるタンパク質のようにゴルジ体を経て貯蔵液胞へと輸送されるもののほか，直径約500 nmにも達する小胞体由来の高密度の輸送小胞によって，ゴルジ体を経ずに貯蔵液胞へと運ばれるものも存在する．また，プロラミンと総称される貯蔵タンパク質を蓄積するプロテインボディ

は小胞体から直接形成する．形成中のプロテインボディのサイトゾル側にはリボソームが結合しており，そこで合成されて小胞体内に送り込まれた貯蔵タンパク質が集積してプロテインボディが成熟してゆく．貯蔵脂質の場合，オレオシンとよばれるタンパク質のはたらきによって小胞体の脂質二重膜の間にトリアシルグリセロールが集積してオイルボディが形成する．このほかにも，ERボディといった傷害応答に関与する構造体も同定されている． 〔西川周一〕

d. ペルオキシソーム

　ペルオキシソームは一重膜に囲まれたオルガネラであり，内部に膜構造は見られない．真核細胞に普遍的に存在し，過酸化水素を生成する酸化酵素と生じた過酸化水素を分解するカタラーゼを含んでいる．

　高等植物のペルオキシソームは機能的に分化しており，子葉など貯蔵組織には存在するグリオキシソーム，緑葉など光合成組織に存在する緑葉ペルオキシソーム，その他の組織に存在する特殊化されていないペルオキシソームに区分される．グリオキシソームは脂肪酸分解にはたらくβ酸化系とグリオキシル酸回路の酵素群を含み，緑葉ペルオキシソームは光呼吸グリコール酸経路の酵素を含んでいる．最近の研究から，根や子葉では特異的なペルオキシソーム酵素遺伝子が発現しており，特異な機能を担っていると考えられている．ペルオキシソーム局在遺伝子の発現プロファイリングから，植物ペルオキシソームの共通機能は脂肪酸分解，活性酸素除去，分岐アミノ酸の分解などであり，それに加えて各組織において特異的な

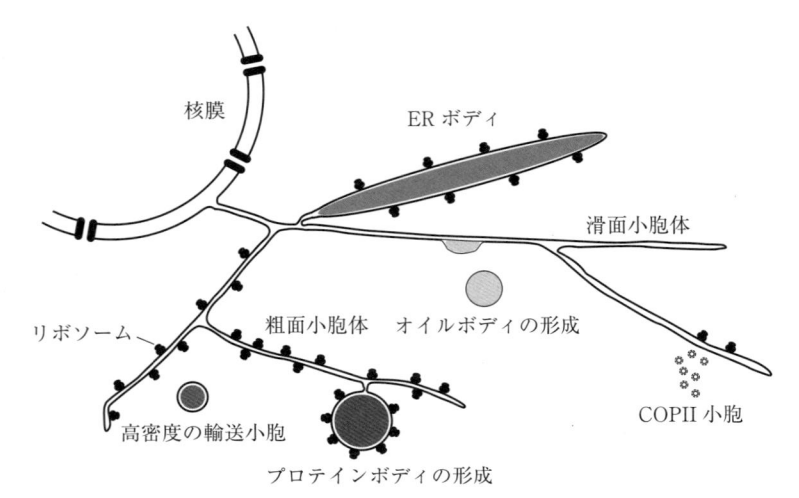

図3.3 植物細胞の小胞体および小胞体由来コンパートメントの模式図

ペルオキシソーム酵素遺伝子が発現されることにより，上記のペルオキシソーム機能分化が生じていることが明らかとなっている．

ペルオキシソームの機能は，光環境条件によって柔軟に変換されることが知られており，脂肪性種子の子葉では暗所発芽時はグリオキシソーム，光照射により子葉が緑化すると緑葉ペルオキシソーム，その後暗所で老化して子葉が黄化すると，再びグリオキシソームへと機能を変化させる（図3.4）．このように，ペルオキシソームの機能分化は明暗により可逆的に行われており，植物オルガネラ分化の柔軟性を示す好例となっている．

ペルオキシソームは独自のゲノム，タンパク質合成系をもたないことから，局在するタンパク質はすべて核にコードされており，タンパク質翻訳後ペルオキシソームに輸送される．タンパク質のペルオキシソームへの輸送シグナル（peroxisome targeting signal）は 2 種類知られている．その一つは，タンパク質の C 末端に存在する（Ser/Ala）-（Lys/Arg/His）-（Leu/Met）配列であり，PTS1 とよばれている．今一つは，N 末端の延長ペプチドに存在する Arg-(Leu/Ileu/Gln)-x-x-x-x-x-His-Leu 配列であり，PTS2 とよばれる．後者はペルオキシソームに輸送されたあと，延長ペプチド部分が切断され成熟化する．PTS1 シグナルと PTS2 シグナルをもつタンパク質の各々の輸送系には共通の成分が介在しており，相互に密接にかかわっていることが植物ペルオキシソームの特徴である．

〔西村幹夫〕

参考文献

Beevers, H. (2002) Early research on peroxisomes in plants, In A. Baker, I. A. Graham (Eds.), *Plant Peroxisomes*, Kluwer Academic publishers, Dordrecht.

Hayashi, M. and Nishimura, M. (2006) *Arabidopsis thaliana*-A model organism to study plant peroxisomes. *Biochimica et Biophysica Acta* **1763**：1382-1391.

Mano, S. and Nishimura, M. (2005) Plant Peroxisomes 72, in：*Vitamin and Hormones*, Elsevier Sci.

西村幹夫編（2002）：植物細胞，朝倉植物生理学講座，朝倉書店．

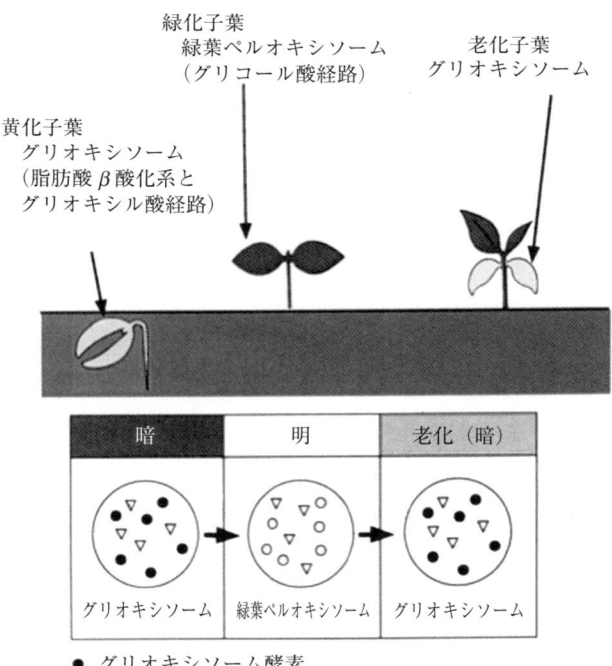

図 3.4 植物の生長過程におけるペルオキシソームの機能分化

e. 液 胞

　植物の細胞には液胞という特徴的なオルガネラが存在する．植物の成長を担う細胞の拡張過程は，液胞体積の増加にほかならない．成長した細胞の体積の大半は液胞で占められており，細胞質，核，葉緑体は細胞壁直下に押しつけられているように存在する．液胞形成に必須な液胞膜や液胞内のタンパク質輸送はいわゆる単膜オルガネラ間を結ぶ小胞輸送系で担われている．その過程では，酵母で VPS 遺伝子として詳細に解析されているように非常にたくさんの遺伝子がかかわっている．近年，GFP を用いた解析から液胞の形態は環境変化や細胞周期などでダイナミックに変化していることがわかってきている．

　液胞内部はタンパク質が乏しく，イオンや低分子の水溶液である．液胞膜（トノプラス）にはv-type ATPase と，ピロリン酸を用いるプロトンポンプがあり，液胞の内部は酸性に保たれている．液胞の pH は，レモンなどでは，極端に低くなっている．以前まで「比較的受動的でただの袋」という認識が一般的であった液胞の機能がきわめて多様で重要であることが，つぎつぎと明らかになってきた．

　植物にとって光，養分などをいかに広く外界から獲得するかは生存戦略として非常に大きな意味をもっている．細胞質の組成を変化させずに少ないコストで体積を増加させるためには，細胞の中に大きなタンパク質の少ない溶液のコンパートメントを形成することが最適である．植物における液胞の機能でもっとも重要なものはこの空間充填作用である．と同時に，この大きな空間は植物に大きな緩衝力を与えている．このコンパートメントがさまざまなイオン，代謝中間体，貯蔵物質の貯蔵庫として機能するからである．

　液胞は液胞膜を介した輸送により，細胞質の恒常性に重要な役割を担っている．そのため，液胞膜上では二次的能動輸送系，イオンチャネル，各種 ABC 輸送体など多様な輸送系が機能している．CAM 植物の光合成には，昼間の液胞へのリンゴ酸の蓄積が必須の役割を演じている．植物の多くの二次代謝産物の多く，たとえば花などの色素，さまざまなアルカロイドなどの薬効成分もそのほとんどが液胞内に蓄積している．細胞質にあっては，有害な分子やイオンなどは液胞内へと隔離されるため液胞は，ある種の解毒コンパートメントとして機能している．葉が昆虫に食べられると，周辺の細胞でタンパク質分解酵素の阻害タンパク質の合成が誘導されて液胞内に蓄積することも知られている．もう一つの液胞機能で大切なのは，細胞内の分解作用である．液胞内には種々の分解酵素が存在し，オートファジーとよばれるダイナミックな膜現象により，細胞質やオルガネラが液胞内に送り込まれて分解を受ける．細胞内のタンパク質，オルガネラの品質管理における液胞の役割は今後の大きな課題である．種子などでは，タンパク質が液胞内に大量に蓄積される貯蔵型液胞を形成し，発芽に伴い分解型の液胞へと変換されてアミノ酸を供給することが知られている．

〔大隅良典〕

f. 色素体

　色素体は原始的な真核細胞にシアノバクテリア様の原核光合成生物が細胞内共生し，生理的，構造的，遺伝的に宿主に統合され，オルガネラ化したものである．色素体を獲得した細胞がさらに別の真核生物と細胞内共生し，それを繰り返したため，現在のような多様な形態の色素体が存在している．いずれの色素体も半自立的に分裂するが，ゲノムはシアノバクテリアの10分の1に縮小し，色素体維持に必要な遺伝子の80％は宿主の核に転移している．光合成機能のほかに，脂肪酸やアミノ酸の代謝も分担する．二次的に光合成機能を失った色素体を白色体とよぶ．白色体の奇妙な例にマラリア原虫の仲間（アピコンプレクサ類）のアピコプラスト（apicoplast）がある（McFadden, 1996）．この白色体の存在は，マラリア原虫が以前は光合成生物であったことを意味している．

　色素体は二重の色素体包膜あるいは外膜で囲まれ，包膜の内側はストロマとチラコイドで充填されている．ストロマはリボソーム顆粒に富み，繊維状の色素体核様体，好オスミウム顆粒などを含む．緑色植物ではデンプン粒も分布する．チラコイドは座布団状の膜構造で，その積み重なりをグラナ，グラナとグラナを結ぶチラコイドをインターグラナ・チラコイドまたはストロマ・チラコイドとよぶ（図3.5C）．

　色素体包膜は植物によって二重，三重や四重の膜で包まれる．いずれも内側の二重膜が色素体包膜で，その外側に付加的な膜が伴う．二重包膜の色素体は緑色，紅色，灰色植物で，灰色植物の場合，二重膜の間に，原核光合成生物の細胞壁成分であるペプチド・グリカンでできた層が残存している（図3.5A）．このことは，包膜の内側の膜が共生した原核生物の細胞膜由来であり，外側が宿主の細胞膜（食胞膜）由来の根拠になっている．

　三重包膜の色素体はユーグレナ植物（図3.5J）とペリディニン色素をもつ渦鞭毛植物（図3.5I）で見られる．四重包膜の色素体はクリプト植物の場合，色素体包膜の外を核膜と連結した二重の粗面小胞体膜が取り囲み，これら1対の二重膜の間の細胞区画に細胞質，ヌクレオモルフ（共生体の核のなごり），クリプトデンプン粒などが存在する（図3.5D）．

　よく似た構造のクロララクニオン植物は外側の二重膜が滑面小胞体膜で，核膜とは連結しない（図3.5E）．

　不等毛植物とハプト植物の色素体も四重膜であるが，細胞区画には細胞質はなく色素体包膜と小胞体膜が近接する（図3.5FとG）．これら三重や四重膜の色素体を複合色素体とよび，二重包膜の色素体と区別する．それは，色素体の起源が原核光合成生物か真核光合成生物かの違いに対応する．

　チラコイドも一重，二重，三重，多重に積み重なるものとグラナ形成するものがあり，植物群ごとにその積み重なりや配向に特徴がある．紅色および灰色植物は一重，クリプト植物は二重，不等毛，ハプト，真眼点，ユーグレナ，渦鞭毛植物は三重を基本とする．このような色素体の多様性は門や綱の識別形質に採用されている（原, 1996）．

　一方，色素体の多様性を進化学的に見れば，原核光合成生物を直接色素体にした紅色，灰色および緑色植物を「一次共生植物」あるいは「原植物」，この「一次共生植物」の色素体を使い回したクリプト，不等毛，ハプト，真眼点，クロララクニオン，ユーグレナ植物を「二次共生植物」，これらの「二次共生植物」から色素体を受け継いだ渦鞭植物を「三次共生植物」と位置づけることができる．このような色素体の使い回しのメカニズム解明が植物の進化を解くカギとなる．最近の注目される色素体関連の研究を紹介しておこう．

　温泉藻シアニゾシゾンの色素体分裂に複数のリング構造，FtsZ, PDおよびダイナミンリングが関与する．初期に現れるFtsZリングは原核細胞（共生体）由来で，分裂終期に現れるダイナミンリングは真核細胞（宿主）由来である．色素体がオルガネラ化する際に，それぞれの細胞で発現していた現象や構造が本来の役割を果たすだけでなく，色素体の分裂には両者の新たな共同作業の成立が不可欠であることを示唆している

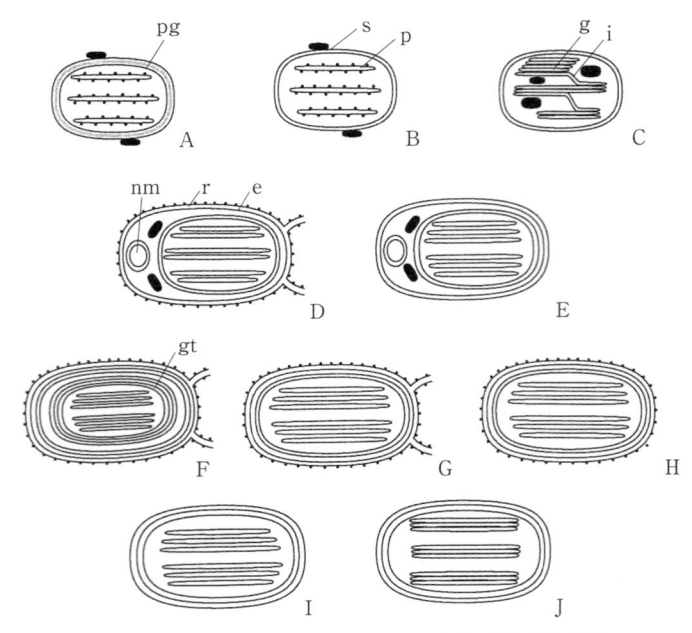

図 3.5 いろいろな植物の代表的な色素体構造模式図
A：灰色植物，B：紅色植物，C：緑色植物，D：クリプト植物，E：クロララクニオン植物，F：不等毛植物，G：ハプト植物，H：真眼点植物，I：渦鞭植物，J：ユーグレナ植物．e：色素体小胞体，g：グラナ，gt：ガードル・チラコイド，i：インターグラナ・チラコイド，nm：ヌクレオモルフ，p：フィコビリソーム，pg：ペプチド・グリカン層，r：リボソーム，s：デンプン粒

(Miyagishima, 2003).

　新規生物 *Hatena*（日本語の「ハテナ」に由来：カタブレファリス属に近縁）は，プラシノ藻ネフロセルミス属藻類起源の色素体を有している．2分裂する際，色素体は分裂せず，片方の娘細胞にのみ引き渡す．色素体のない娘細胞は捕食器官が備わり，捕食によりエネルギーを得る．色素体起源と推察されるネフロセルミスと遺伝的にきわめて近縁な藻を人為的に与えると捕食器官から取り込み，消化せず，しばらく保持する．しかし，色素体を受け継いだ娘細胞と同じような状態に成長するところまではまだ確かめられていない（Okamoto and Inoue, 2005）．しかし，この過程は真核光合成生物（細胞）が分裂するとき，通常細胞分裂と色素体分裂が同調するが，その性質を獲得するまでに経てきたであろう進化の途中の段階を示しているとも解釈できる．　　　　〔原　慶明〕

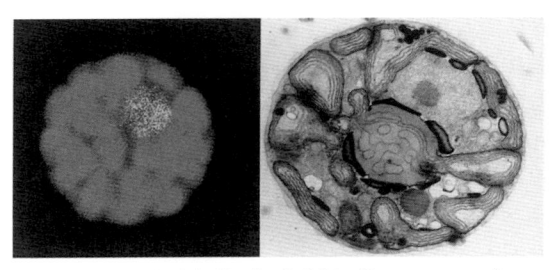

図 3.6 単細胞紅藻（細胞直径は約 10 ミクロン）
左：橙色の自家蛍光を発する色素体と蛍光染色した核（共焦点レーザー顕微鏡）（口絵 18）
右：中央のピレノイドから発達した椀状部を放射状に延ばした星状色素体（透過型電子顕微鏡）

参考文献
原　慶明（1996）：比較細胞学のすすめ．生物の種多様性（岩槻邦男・馬渡駿輔編），p.125-148，裳華房．
McFadden, G. I. *et al.* (1996) Plastids in human parasites. *Nature* **381**：482.
Miyagishima, S. *et al.* (2003) An evolutionary puzzle： chloroplast and mitochondria division rings. *Trends in Plant Science* **8**：432-438.
Okamoto, N. and Inouye, I. (2005) A secondary endosymbiosis in progress? *Science* **310**：287.

g. ミトコンドリア

　ミトコンドリアは，基本的には二重膜に包まれた直径 1 μm 長さ 1～3 μm 程度の球形または楕円形の細胞小器官である．刻々と形を変え融合や分裂を頻繁に繰り返す．微小管に結合して細胞質内を移動する．細胞内での配向や分布も微小管によって決まる．植物細胞には数百から数千のミトコンドリアが含まれ，代謝の活発な非光合成組織などでは，細胞質の 20% を占めるまでになる．藻類ではミトコンドリアが一つにつながって網目状をしているものもいる．

　ミトコンドリアは好気的呼吸で ATP を産生する．嫌気的な発酵や解糖では，グルコース 1 分子あたり ATP2 分子と NADH2 分子がつくられる．そこにミトコンドリアが加わると，クエン酸回路と電子伝達系を介した酸化的リン酸化で，グルコース 1 分子あたり 38 分子の ATP がつくられる．植物の場合，光呼吸で生じるグリシン，種子の貯蔵タンパク質や脂肪なども呼吸基質となる．動物組織の呼吸はシアンで劇的に阻害されるが，植物組織のほとんどでシアン耐性呼吸が見られる．サトイモ科の一部などでは，シアン耐性呼吸の際の発熱を，腐敗臭の発散に使って昆虫を引き寄せる．

　ミトコンドリアの内膜は外膜より面積が大きく，マトリックスの中に深く入り込み，板状や管状あるいは盤状のクリステとよばれる構造をとる．クリステによって内膜の表面積は格段に広がる．内膜には電子伝達系や ATP 合成酵素などの多様なタンパク質複合体が局在している．内膜を挟んで生じた電気化学的なプロトン勾配を利用して ATP が合成される．クリステの数は ATP 生成能力と密接に関係する．動物に比べて，植物のミトコンドリアのクリステの数は一般に少ない．動物，植物，菌類では板状クリステが普通であるが，藻類の一部と原生生物では管状が一般的である．盤状はユーグレナ植物などに限られている．ミトコンドリアは，原核生物の細胞内共生に由来する．もっとも初期に分岐したのが盤状で，ついで管状から板状に進化したと考えられている．

　ミトコンドリアは，独自の遺伝子発現システムをもつ．ミトコンドリア DNA にはリボゾーム RNA（rRNA）と転移 RNA（tRNA），約 15～20 のタンパク質がコードされている．ミトコンドリア DNA は，タンパク質と結合した核様体とよばれる構造をつくる．核様体は，1 個あるいは数個が膜に結合する形で，マトリックス内の比較的明るい部分に細かくもつれた繊維として観察される．

〔茂木祐子・河野重行〕

参考文献
Buchanan ら編集（2005）：植物の生化学・分子生物学，学会出版センター．
井上　勲（2006）：藻類 30 億年の自然史　藻類からみる生物進化，東海大学出版会．

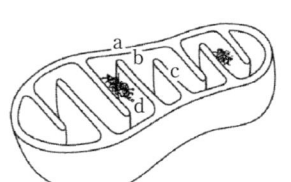

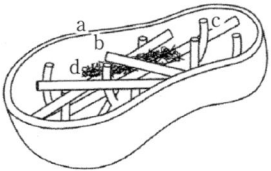

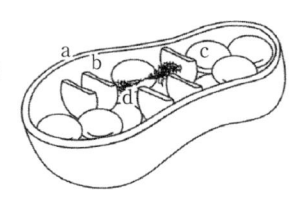

図 3.7　ミトコンドリアの三つのタイプのクリステ
A：板状クリステ　B：管状クリステ　C：盤状クリステ
a：外膜，b：内膜，c：クリステ，d：核様体（井上（2006）をもとに作図）

h. 細胞骨格

　細胞骨格は細胞内に張りめぐらされた繊維状のタンパク質ポリマーで，細胞内の輸送や細胞の形づくりなどにはたらく．動物細胞の細胞骨格は直径約 25 nm の微小管，10 nm の中間径フィラメント，5 nm のアクチン繊維からなるが，植物細胞の細胞骨格はアクチン繊維，微小管のみで，中間径フィラメントは存在しない．

　植物細胞のアクチン繊維は，細胞内で太い束をつくって原形質流動の軌道になる．また，細胞の伸長場所に集積して，その場所に集中的に輸送を行うことにより，細胞を局所的に伸ばす．たとえば，花粉管や根毛はその先端で伸びるが，先端近くにはアクチン繊維が集積していることが知られている．

　植物細胞の微小管は，細胞周期の進行に伴ってさまざまな形態をとる．

　間期の細胞では，微小管は細胞膜に沿って並ぶ．この微小管を表層微小管とよぶ．表層微小管は細胞膜で合成されるセルロース微繊維の並ぶ方向を決めることにより，細胞の伸びる方向を決めている．セルロース微繊維と微小管の関係は，過去40年以上にわたって研究者の議論の対象になってきたが，両者の関係はよくわかっていなかった．しかし，2006年になって，細胞膜上のセルロース合成酵素が表層微小管に沿って動くことが示された（Paredez *et al.*, 2006）．

　細胞分裂が近づくと，微小管は細胞膜に沿って帯状に集積する．この構造を分裂準備帯もしくは前期前微小管束とよぶ．分裂準備帯は細胞周期が進行して紡錘体がつくられると消失する．不思議なことに，分裂準備帯のつくられる位置は細胞核が二つに分かれたあとに，細胞が二分される位置に一致する．分裂準備帯は，細胞分裂面を決定するなんらかの位置情報を形成すると推定されたため，その発見（1963年）以来，分裂準備帯の残す位置情報の探索が行われてきた．2006年秋現在，分裂準備帯の位置にはアクチン微繊維が少ないこと，ある種のキネシン分子が少ないことなどがわ

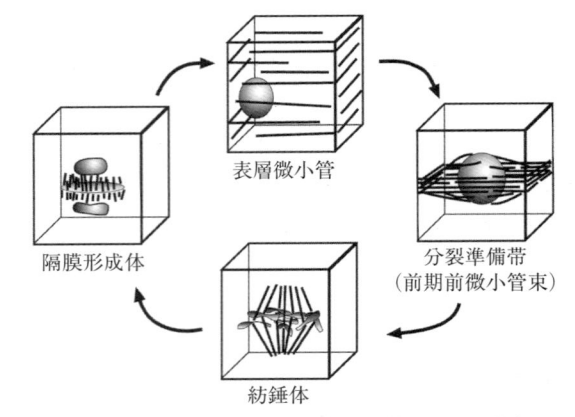

図 3.8 細胞周期の進行に伴う微小管の配列の変化（筆者作成）

かっているが，分裂準備帯がどのようにして細胞分裂面を決定するのかは，植物の細胞骨格研究における謎の一つである．

　植物細胞は細胞板をつくることで二つに分裂する．細胞板は隔膜形成体（フラグモプラスト）によりつくられる．隔膜形成体は微小管とアクチン繊維を含む構造である．隔膜形成体の微小管によって細胞板の材料になる小胞が運ばれ，細胞板がつくられると考えられている．隔膜形成体のアクチンのはたらきはよくわかっていない．

　葉の表皮細胞は，ジグザーパズル状の形になる．細胞の形づくりにおけるアクチン繊維と微小管の役割が調べられ，細胞が伸びる部分ではアクチン繊維が集積し，伸びない部分には微小管が集積して，たがいに協調しながら形づくりが行われることがわかっている．アクチン繊維と微小管が協調的にはたらく例はほかにもたくさん知られている．細胞の形づくりは，2種類の細胞骨格が巧妙に制御されることにより成し遂げられるのだろう．

〔村田　隆〕

参考文献

Paredez, A. R., Somerville, C. R. and Ehrhardt, D. W. (2006) Visualization of cellulose synthase demonstrates functional association with microtubules. *Science* **312**: 1491-1495.

i. 鞭毛

植物を含む真核生物に広く分布する鞭毛 flagellum は，直径およそ 0.25 μm で，環状に配列された九つの二連の微小管（doublet microtubules）と中心に配置された 2 個の単体微小管（singlet microtubules）からなる軸糸構造からなる（図 3.9）．一般に，9 + 2 構造として知られる．ほとんど使われないが，細菌の鞭毛と区別して，undulipodium の名前があてられることもある．

鞭毛は真核生物のほとんどすべての生物群に存在し，基本構造を共有している．動物の精子の鞭毛も，コケ，シダ，裸子植物のソテツ類とイチョウの精子に見られる鞭毛も基本構造は変わらない．ゾウリムシなどの繊毛虫類のもつ繊毛 cilia も構造的には鞭毛である．ヒトの気管に生える繊毛も同様である．発生過程で，ヒトの気管の配置に鞭毛が重要な役割を果たしていることが明らかになっている．真核生物における普遍的な分布から，鞭毛は真核生物の細胞構成要素としてもっとも初期に出現した細胞器官と考えられている．一方で，紅色植物のような，鞭毛をもたない真核生物は二次的に鞭毛を失ったと考えられている．

鞭毛の基部には基底小体（basal body）があり，鞭毛は基底小体から微小管が伸張することでつくられる．一般に，基底小体は微小管性の鞭毛根や繊維構造を伴い，鞭毛装置と総称される複雑な構造をつくっている．鞭毛装置は，およそ 300 個の構造タンパク質からなる，細胞内でもっとも複雑な構成要素である．細胞骨格の形成や核分裂の極として紡錘体形成にかかわるほか，細胞小器官の配列にも主要な役割を果たしている．

基底小体は，半保存的に娘細胞に伝えられる．2 本の基底小体と鞭毛をもつ場合，親細胞から受け継いだ No.1 基底小体（鞭毛）と新生した No.2 基底小体（鞭毛）からなる．No.2 基底小体は次世代で No.1 に昇格し，新たに No.2 基底小体が形成される．これは，真核生物全体に通用する普遍的な法則で，鞭毛が真核細胞の出現と時を同じく出現したとする根拠の一つになっている．

鞭毛の多様性は，軸糸や鞭毛表面の修飾構造にみられる．鞭毛小毛は藻類の分類群によって異なり，推進力の増加や逆転の役割を果たしている．プラシノ藻類の鞭毛は，属や種のレベルで異なる特徴をもつさまざまな種類の鱗片におおわれている．

〔井上　勲〕

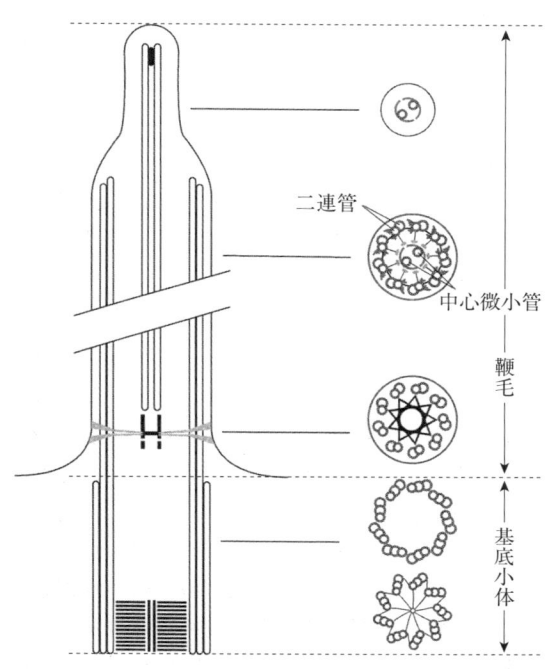

図 3.9 鞭毛と基底小体の模式図（原図カバリエ・スミス（Cavalier-Smith）；一部改変）

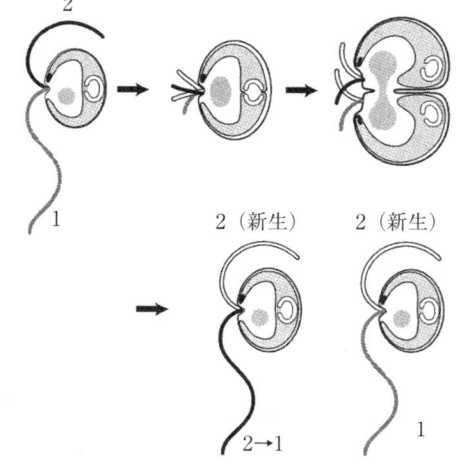

図 3.10 プラシノ藻（*Nephroselmis*）でみられる鞭毛交換（世代交代）の例
短鞭毛は次世代の短鞭毛に，長鞭毛は短鞭毛になる．娘細胞では長鞭毛が新生する．

j. 細胞壁

　細胞壁は細胞成長の方向や速度の制御を通して細胞の形を規定すると同時に，細胞間を強固に接着し組織・器官を構築し，植物体をつくりあげるうえで中心的な役割を担う．これらのはたらき以外にも，細胞壁は，細胞間の情報伝達や，水や養分などの物質輸送，病害生物や非生物的な環境ストレスへの防御応答など，多岐にわたる能動的な機能を発揮する．

　植物細胞壁の主要な構成成分は多糖類である．その構造は，とくに海洋性藻類では多様である．ある種の緑藻ではβ-1,3:1,4 キシランやβ-1,4 マンナン，褐藻ではアルギン酸などの酸性多糖，紅藻ではアガロースやカラゲナンなどが主要な細胞壁成分で，細胞壁構造の進化の蹟がうかがわれる．一方，陸上に進出した植物群ではほぼ例外なく，結晶性のセルロース微繊維が主要骨格となっている．陸上植物の進化の過程でのセルロース型細胞壁の重要性を示す証左の一つである．

　典型的なセルロース微繊維は，36本のβ-1,4-グルカン分子（重合度が数千から数万）が，同一方向に並び，水素結合を介して整然と並び，物理的にも化学的にも非常に安定である．セルロース合成の基質は，細胞質内から供給されるUDP-グルコースである．原形質膜上にはロゼット型（正六角形）をしたセルロース合成酵素複合体（末端複合体，TC）が浮かび，一つのTCには36分子の膜貫通型のセルロース合成酵素（CesA）分子が整然と配置されている．TCは原形質膜内側の表層微小管の配向に沿って膜上を動きながら，36本のグルカン分子を同時に合成する．合成されたグルカン束は細胞壁中で結晶化し，細胞壁の最内層（原形質膜の外側）に表層微小管と同じ向きに配置される．

　セルロース微繊維は，多種類のマトリックス高分子群の中に埋め込まれて存在する．細胞壁の動的特性や生理機能の多くを担うのはマトリックス高分子群である．その種類や構造は，植物種や細胞型，発生過程でそれぞれ異なる．代表的なマトリックス高分子群として，キシログルカンやペクチンなどのマトリックス多糖類，ヒドロキシプロリンリッチ糖タンパク質などの構造タンパク質群，リグニンに代表されるフェニールプロパノイド重合体群が知られ，それぞれ，独自の高分子物性や生理機能をもつ．

　マトリックス多糖類は，ゴルジ体内で膜結合型の糖転移酵素群により合成されたのち，細胞壁中に分泌される．キシログルカンは細胞壁中でセルロース微繊維と水素結合を形成し，微繊維間を架橋し，セルロース/キシログルカン網状構造を形成する．キシログルカン架橋は，細胞壁酵素であるエンド型キシログルカン転移酵素/加水分解酵素（XTH）により，常時つなぎ替えと分解が起こり，網状構造は常時動的な状態に保たれている．ペクチンはホモガラクツロナン，ラムノガラクツロナンI, IIの三ドメインからなる．ガラクツロン酸残基の間でCa^{2+}による架橋が，アピオース残基間でホウ素原子による架橋が，それぞれ形成され，巨大な網状構造を形成し，セルロース/キシログルカン網状構造の間隙を充填する．ペクチンメチルステラーゼやエンドポリガラクツロナーゼがペクチン網状構造の動態制御にかかわる．これらのマトリックス多糖からなる網状構造はいずれも細胞伸長過程にある細胞壁（一次細胞壁）の伸展性の制御において中心的な役割を担う．

　これに対して，構造タンパク質やリグニンは，細胞伸長の停止した細胞の細胞壁（二次細胞壁）に特徴的な細胞壁成分である．リグニンはモノリグノール類を基質としてペルオキシダーゼ類のはたらきにより重合して高分子化し，細胞壁に強度と疎水性を賦与する．構造タンパク質もジイソジチロシン架橋などによりペルオキシダーゼにより重合し，独自の網状構造を形成する．疎水性や強度が要求される道管細胞や繊維細胞，病害応答反応時の感染細胞などで，とくに両マトリックス成分の沈着が顕著である．一次細胞壁により自在に植物体の成長を制御し，二次細胞壁により細胞や組織の力学的強度や疎水性を高める仕組みは，維管束植物が陸上環境に適応する際に獲得したもっとも重要な機能の一つである．　〔西谷和彦〕

3.2 単細胞体と多細胞体

　植物の複数の分類群は，遊泳性単細胞，不動単細胞，遊泳性群体，不動群体，多核体，多細胞体など多様な体制をもつ生物を含んでいる．多くの場合，多細胞体はさらに糸状，樹状，葉状のほか，三次元の複雑な体制をもつものまで多様に分化している．複数の系統でみられるこのような体制の多様性は，体制の平行進化として知られている（パッシャー）（表3.1）．それぞれの分類群で，遊泳性単細胞の祖先からさまざまな体制が分化したと解釈され，植物の進化の説明とされてきた．緑色植物を例にとると，古くからクラミドモナスのような単細胞で鞭毛をもって遊泳する生物を起源として，さまざまな体制の緑色藻類が進化したと考えられてきた（図3.11）．しかし，現在では，こうした考えは緑色植物の実際の系統関係とは大きく異なることが明らかにされている．つまり，群体や多細胞の藻類は緑色植物の複数の系統で独立に進化したのである．緑色植物は，原始的な性質をもつ寄せ集めの系統群であるプラシノ藻綱のほかに，アオサ藻綱，トリボキシア藻綱，緑藻綱からなる系統群（Chlorophyta）とシャジクモ藻綱と陸上植物からなる系統群（Streptophyta）で構成されている．それぞれが単細胞と多細胞の分類群を含んでいる．健康食品や光合成の研究で知られるクロレラ属には，トレボキシア藻綱と緑藻綱に属する分類群が含まれていることが明らかにされている．多様な分類群で類似の体制が進化したことは緑色植物において顕著であり，同様の進化が不等毛植物の複数の系統群でも進行したものと考えられる．

　一般に，多細胞体制は高等動植物の特徴とされ，しばしば多細胞化こそがいわゆる高等な生物を進化させた主要な要因といわれる．しかし，多細胞化は植物の複数の系統で出現したことは明らかであり，とくに緑色植物では，プラシノ藻綱を除くすべての系統群で起こっている．緑藻綱だけでも，複数回の多細胞化が起こったことが分子系統樹から示唆されている．植物では多細胞化は珍しいことではない．後生動物で起こった多細胞化が特殊であり，真核生物の中でまれに見る動物の繁栄をもたらしたと考えられる．大型化を可能にした点を除けば，植物の多細胞性は，動物の多細胞性と同列に扱うべきものではない．系統が異なっても，多細胞の植物はなぜか類似した体制をもち類似した生活を営んでいる．つまり，根や仮根で基物に付着し，複雑な体制をもつ分類群では幹と枝葉に類似の構造を発達させている．茎や枝には通導組織がある．褐藻でも篩管に相当する構造が見られる．細胞どうしは原形質連絡などでつながっている．真正紅藻とよばれる紅色植物では，

表3.1　パッシャーによって提唱された体制の平行進化

体制・分類群	緑藻綱	黄金色藻綱	黄緑色藻綱
多核管状体制	ハネモ	なし	フウセンモ
糸状組織体制	スティゲオクロニウム	フェオタムニオン	アクロネムム
着生単細胞体制	クロロコックム	クリソスフェラ	フウセンモモドキ
遊泳性群体体制	ユーゴリナ	ウログレナ	なし
遊泳性単細胞体制	クラミドモナス	オクロモナス	ヘテロクロリス

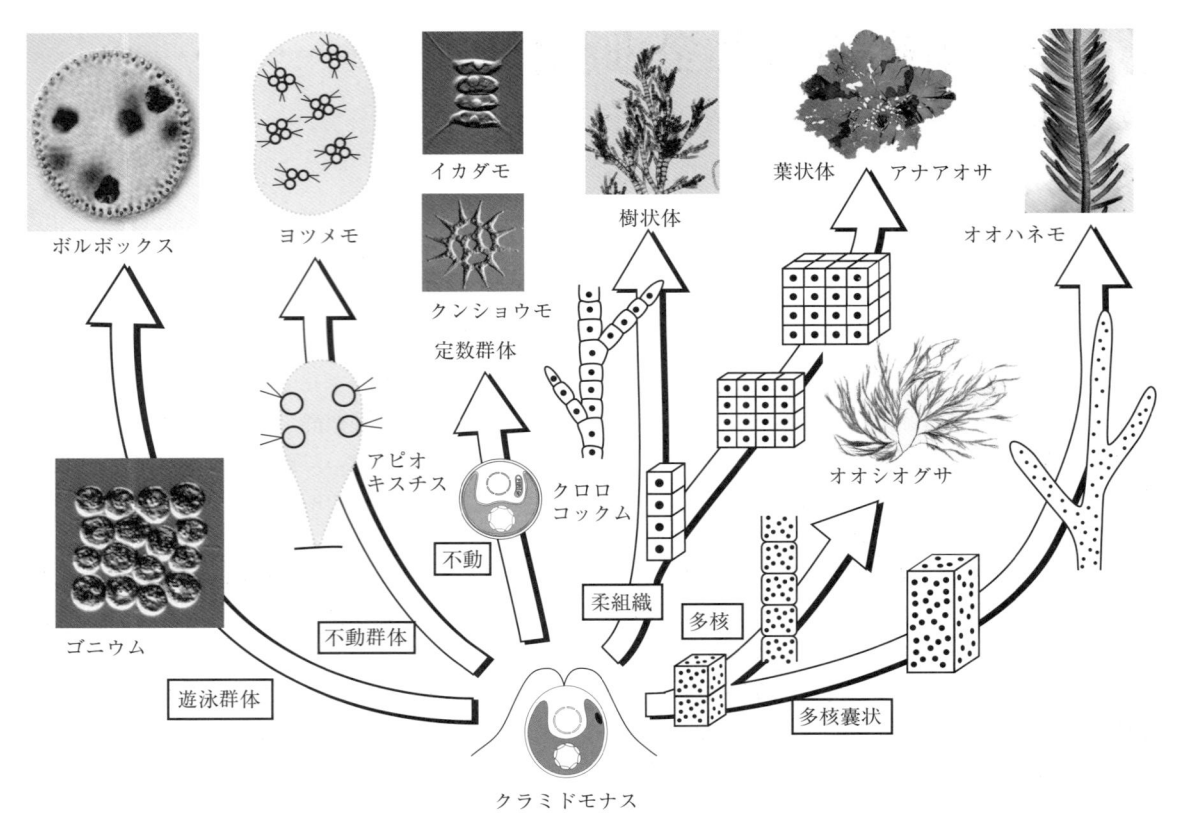

図 3.11 緑色藻類の進化に関する従来の考え方
クラミドモナスのような単細胞で鞭毛をもつ祖先から，さまざまな体制をもつ緑色藻類の系統が生まれたと考えられていた（千原原図をもとに作図）．

細胞はピットプラグまたはピットコネクションという特有の構造で連絡している．ピットプラグの形成には，細胞列を形成する一次ピットプラグと不等分裂と細胞融合を伴って細胞列を連結する二次ピットプラグがある（図3.12）．同じ多細胞といっても，紅色植物のそれは緑色植物や褐藻とは大きく異なっている．多細胞の植物は，基本的に二世代交代を行っている点でも類似しており，動物が基本的に世代交代を行わないことと対照的である．

単細胞は植物のすべての生物群に見られる．褐藻では単細胞の分類群が存在しないことになっているが，褐藻が属する単系統群が明らかにされつつあり，その中には単細胞の生物群が含まれてい

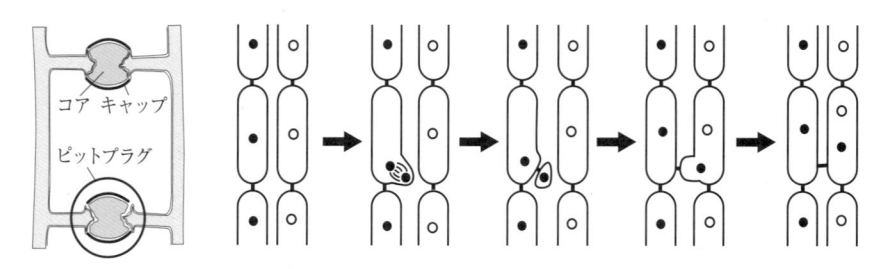

図 3.12 紅色植物のピットプラグの構造と二次ピットプラグによる細胞列の連絡形成

る．細胞の基本構造は植物門または綱などの高次分類群で異なっており，それぞれ特有の性質をもっている．単細胞の生物は，鞭毛装置，細胞骨格，光受容装置など，細胞微細構造のレベルで多様化を果たしている．二次共生によって葉緑体を獲得した不等毛植物や渦鞭毛植物などの分類群では，光合成と同時に捕食を行う混合栄養性のものも多く，複雑な捕食装置を発達させていることもある．

〔井上　勲〕

a． 多核体

　複数の核をもつ細胞を多核体（coenocyte）といい，核分裂の後に細胞質分裂が伴わないことで生じる．個体の一部の細胞，あるいは個体を構成するすべてまたは多くの細胞が多核体である場合，さらに，個体が巨大な単細胞である場合など，多様である（図3.13）．たとえば，被子植物の胚嚢の中央細胞は2個の核をもつし，シャジクモでは節間細胞だけが巨大な多核体を構成している．すべての細胞が多核体である例は，緑色植物アオサ藻綱ミドリゲ目に多く見られる．マリモを含むシオグサ類が代表例である．同じミドリゲ目の海藻であるアミモヨウやキッコウグサ，バロニア類では，個々の細胞が複数の核を含む多数の細胞質塊に分離し，それぞれが新たな細胞として成長する．分離分裂（segregative cell division）とよばれる独特の様式で多核体をつくっている（図3.14）．

　緑藻綱ヨコワミドロ目のイカダモ，クンショウモ，アミミドロなどの藻類も多核体である．これは，無性生殖細胞が形成されるまでの中間的な状態で，最終的に単核遊走子などの生殖細胞が形成

図 3.13　さまざまな多核体
左上から順に，シャジクモ，クンショウモ，イカダモ，アミミドロ，オオシオグサ，キッコウグサ，アミモヨウ，タマゴバロニア，オオバロニア，オオハネモ，マガタマモ，センナリヅタ，ミル，フウセンモ．

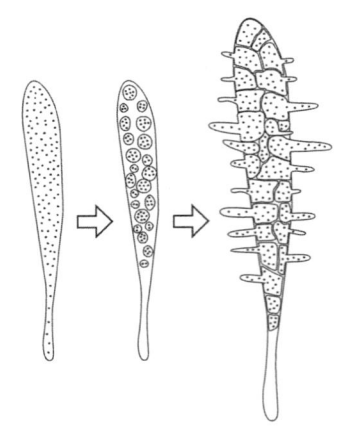

図 3.14 アオサ藻綱ミドリゲ目に見られる分離分裂

される．紅藻にも多核細胞をもつものが多い．多核の巨大単細胞は，緑色植物のアオサ藻綱，緑藻綱，トレボキシア藻綱，不等毛植物の黄緑色藻綱などに見られる．多細胞体制と同様に，複数の系統で独立に進化したものである．アオサ藻綱ミドリゲ目のイワヅタ類は，沿岸で海底の巨大な面積をおおうが，全体が1枚の細胞膜に包まれた単細胞で，細胞壁が内側に伸びることで固い体をつくっている．同じミドリゲ目のマガタマモ，イワヅタ目のハネモ，ミル，不等毛植物黄緑色藻綱のフシナシミドロとフウセンモなどの藻類は袋状の体をもっており，多核嚢状体とよばれる．

多核体の生物学はあまり進んでいないが，共通の細胞質の中で複数の核がどのような役割を果たしているのか興味深い．バロニア類では，個々の細胞が等間隔で並んでおり，個々の核の支配領域が存在することが示唆される．フシナシミドロでは，枝形成に，形成部位への青色光の照射が必要だが，分枝に先立って多数の核が集まることがわかっている． 〔井上　勲〕

参考文献
Takahashi, F., Hishinuma, T. and Kataoka, H. (2001) Blue light-induced branching in *Vaucheria*. Requirement of nuclear accumulation in the irradiated region. *Plant Cell Physiol.* **42**：274-285.

b. 群　体

植物では藻類で用いられる用語であるが，動物のサンゴやホヤのように無性生殖によって増殖した多数の個体が集合して一つの個体のような状態になっているものは少ない．一般的に藻類では，細胞がゆるく集合したような体制を群体とよぶが，群体とそうでないものの厳密な区別はない．たとえば，緑藻類のプレオドリナやボルボックスは1個の生殖細胞が卵割のような分裂の結果，500以上の細胞からなる球体となるが，個々の細胞の鞭毛の運動や眼点は球体の位置で異なり，生殖細胞と非生殖細胞に分化しているので1個の「多細胞体」と考えても問題はない（図3.15の1，4）．

一方，アオミドロのように，細胞が1列に並んだ場合「群体」ではなくて「糸状体」と通常よぶが，細胞の分化は見られない．シアノバクテリア（ラン藻類）のネンジュモなどでは，多くの糸状体が共通の寒天状物質の中に集合し，「群体」を形成する．緑藻類のプレオドリナ，ボルボックス，ゴニウム，クンショウモ，イカダモ，アミミドロは，それぞれの細胞数が種によって決まっており，2

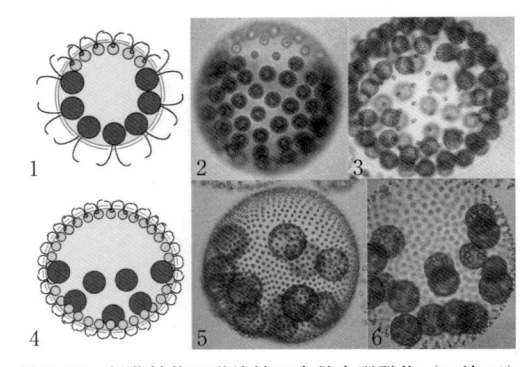

図 3.15 緑藻植物の遊泳性の定数定型群体（口絵19）
2鞭毛性の細胞が球体の表面に規則正しく配列する．小さい非生殖細胞は大きな眼点（図1，4）をもち，細胞分裂しない．大きい細胞が生殖細胞で（図1，2，4，5），細胞分裂して親と同じ細胞数の娘群体となる（図3，6）．図1～3．プレオドリナ（64または128細胞性，群体の直径は約200μm）．図4～6．ボルボックス（約2000細胞以上からなる，群体の直径は約500μm）．

の倍数である．これは，これらの生物が娘群体形成という無性生殖で増殖することに起因する．すなわち，親の生殖細胞が決まった回数の2分裂を繰り返し，親と同じ細胞数の娘群体を形成し（図3.14の2, 3, 5, 6），娘群体は親から放出されたあとは細胞数に変化はなく，細胞の大きさが増大することで親群体となる．このような群体をとくに「定数定型群体（シノビウム）」という．

藻類では，鞭毛で遊泳する細胞からなる「遊泳性群体」が真核光合成植物の複数の系統で認められ，それぞれの系統で単細胞遊泳性のものから平行進化したことが推測される．たとえば，緑藻植物のプレオドリナやボルボックス（図3.15の1～6），不等毛植物のシヌラが遊泳性群体である．シヌラの群体は遊泳しながら細胞数が増加し，群体が2分する無性生殖をするので定数定型群体ではない．　　　　　　　　　　　　　　〔野崎久義〕

c. 地衣体

地衣類は，真菌類（子嚢菌類と担子菌類）と藻類（緑藻類とシアノバクテリア）との共生生物であり，その生育形は地衣体とよばれている．地衣類は地衣体の形によって，植物の葉によく似た平面状の葉状地衣，ひも状あるいは棒状の樹（樹枝）状地衣，岩や樹皮の表面に薄く，無定形に広がる痂状地衣に分けられる．

地衣体は地衣類の栄養体であり，以下のような分化した組織構造（図3.16）をもつ．

① 皮層：地衣体のもっとも外側の組織．菌糸が密に集積して硬構造となっている．植物の葉の表皮のようなものであるが，植物表皮ほど硬いものではなく，表面から水分などが地衣体にしみこむ．腹面（基物に密着した面）の皮層（下皮層）は痂状地衣など種類によってはない場合がある．腹面には偽根などがある．背面（腹面の反対面）の皮層（上皮層）には粉芽や裂芽，子器などをつける場合が多い．

② 藻類層：上皮層の下部と髄層の間にある藻類と真菌類が混在する組織．藻類が菌糸に取り囲まれている．藻類層をもつ地衣類を異層地衣とよぶ．一方，藻類層と髄層とが区別できないものを同層地衣とよぶ．

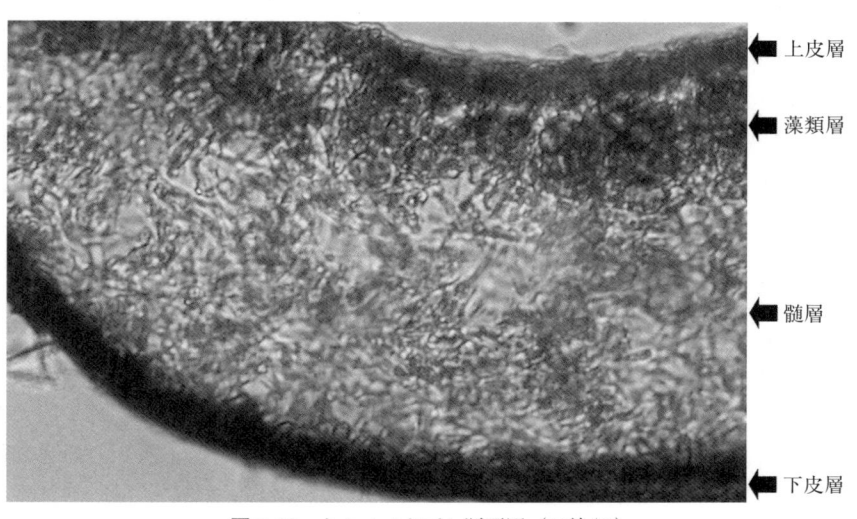

図3.16　キウメノキゴケ断面図（口絵21）

③頭状体：地衣類の中で真菌類と緑藻，シアノバクテリアの3種類の組合せが成立しているグループがある．これらは，普通緑藻が前述の藻類層の主体を成している．一方，シアノバクテリアも集合し塊を成している．この塊が頭状体で，地衣体の外側にある場合には外部頭状体とよび，地衣体内部にある場合には内部頭状体とよぶ．

④髄層：髄層は地衣体の中心部にある真菌類だけの組織．

⑤偽根：葉状地衣が基物に貼り付くための組織．水分を吸収するわけではない．地衣体表面には有性生殖器官である子器（胞子を放出する）や真菌類と共生藻類が共存する栄養繁殖器官である粉芽，裂芽などがあり，重要な分類指標である．

地衣体には，地衣成分とよばれる地衣類固有の化合物群が含まれている．地衣成分は構成する真菌類の代謝産物と考えられ，共生藻類の制御，微生物や植物の成長抑制，昆虫の忌避，紫外線の防御，重金属の防御，保湿，耐凍機能を担うものと考えられている．地衣体は人の目にふれやすく，古来，薬や食料，染料などに利用され，現在においても，リトマス試験紙や香料原料，民間薬などに応用されている．また，門松やディスプレイにも利用されている．

地衣類を構成する真菌類を培養する方法として，胞子を利用する方法（胞子培養）と地衣体を利用する方法（組織培養）が知られている．後者は，真菌類と共生藻とが共存している組織片を利用すれば，共生藻を分離し培養することもできる．また，分離した真菌類と共生藻を再び合わせて地衣体を再形成させることも可能になった．

〔山本好和〕

d. 原形質連絡

原形質連絡とは，細胞壁にあって二つの細胞をつなぐ"孔"で，両細胞の小胞体とつながったデスモチューブルが貫通し，やはり細胞間で連絡している細胞膜との間に，狭隘な細胞質部分（cytoplasmic sleeve）を残した構造である．物質は，ここを移動する．原形質連絡を通過する分子のサイズは，組織の成長段階やストレスなどによって調節を受け，変化しうる．デスモチューブルを1本だけもつ"シンプルな原形質連絡"と，何本ももった"枝分かれした原形質連絡"がある．展開しはじめの葉は，他の組織から師管を通して糖などの栄養を受け取るシンク組織であるが，光合成活性が上がるにつれて先端から基部に向かって，他の組織へ栄養を運び出すソース組織に変化していく．"枝分かれした原形質連絡"は，ソース組織となった葉に多い．

原形質連絡は，単に代謝産物だけでなく，植物体の発生制御因子も通過する重要な構造体である．茎頂分裂組織でKNOTTED-1，DEFICIENS，GLOBOSA，LEAFYタンパク質，根端分裂組織でSHORTROOTタンパク質など発生決定に関与する転写制御タンパク質が，発現した細胞から周囲の細胞へと移行し周囲の細胞でも機能しているらしい．遺伝子サイレンシング（PTGS, RNAi）において，配列情報を担う21～24bのRNAが原形質連絡，維管束を介して，他の組織へと情報が伝わる．この過程にいくつかの遺伝子産物が関与する．こうしたタンパク質は短いRNAと相互作用をし，さらに原形質連絡の因子と相互作用をもつと想像される．

原形質連絡は，植物ウイルスが隣接細胞へ感染していく通り道としても利用される．タバコモザイクウイルスの移行タンパク質（MP）は，ウイルス感染の進行に伴い"枝分かれした原形質連絡"に局在し，通過できる分子の大きさを拡大する．MPと結合しウイルスの細胞間移行にかかわる原形質連絡タンパク質は，通常のソース組織における物質輸送の調節機構の影響を受けているも

のと思われる.

　原形質連絡は電子顕微鏡で観察できる構造ではあっても, 特異的な生化学的活性が知られていないだけに, 構成する植物因子についての情報は乏しい. 原形質連絡に局在する性質をもつ MP を頼りに, 結合タンパク質を探索することが数少ないアプローチの一つとして行われている. 細胞壁タンパク質の中から MP と結合する能力をもつタンパク質としてペクチンメチルエステラーゼが検出されている.

　タバコの細胞壁を 1% TritonX-100 で洗浄すると原形質連絡の細胞膜, デスモチューブルの膜は消失するが, ほかの内部構造は残存している. さらに, 8M LiCl という非常に濃い濃度の処理でようやく MP が溶出され, 同時に内部の構造がかなり失われる. LiCl 処理により MP とともに原形質連絡タンパク質も抽出されたと考えられる.

〔渡辺雄一郎〕

参考文献
Barton, M. K. (2001) Cell **107**: 129-132.
Chen, M. H., Citovsky, V. (2000) Plant J. **35**: 386-392.
Ding, B., Turgeon, R., Parthasarathy, M. V. (1992) Protoplasma **169**: 28-41
Dorokhov, Y. L., Makinen, K., Frolova, O. Y., Merits, A., Saarinen, J., Kalkkinen, N., Atabekov, J. G., Saarma, M. (1999) FEBS Lett. **461**: 223-228.
Ehlers, K., Kollmann, R. (2001) Protoplasma **216**: 1-30.
Itaya, A., Woo, Y. M., Masuta, C., Bao, Y., Nelson, R. S., Ding, B. (1998) Plant Physiol. **118**: 373-385.
Kishi-Kaboshi, M., Murata, T., Hasebe, M., Watanabe, Y. (2005) Protoplasma **225**, 85-92.
Nakajima, K., Sena, G., Nawy, T., Benfey, P. N. (2001) Nature **413**: 307-311.
Oparka, K. J. (1999) Cell **97**: 743-754.
Roberts, I. M., Boevink, P., Roberts, A. G., Sauer, N., Reichel, C., Oparka, K. J. (2001) Protoplasma **218**: 31-44.
Sessions, A., Yanofsky, M. F., Weigel, D. (2000) Science **289**: 779-781.
Tomenius, K., Clapham, D., Meshi, T. (1987) Virol. **160**: 363-371.

e. 細胞極性, 不等分裂

　植物を一つ思い描いてもらいたい. たとえば, 花をつけ, その下には茎が伸び, 茎のまわりには葉がついている. 地中には根が伸びている. 植物の形には, このように花から根への上下軸や茎から側方への放射軸という共通の極性軸が存在する. 若い枝を切り, 葉を落として挿し木をする. すると新しい根はもともと根に近い枝の基部から生じてくる. 切り取った枝を上下逆さまにしても, 新しい根はもともとの枝の基部側から生じてくる. このように, 個体や器官の極性軸は一般に非常に安定に保たれている. それでは, 極性軸はいつどのようにつくられ, どのように安定に保たれているのであろうか.

　植物の細胞の形は細胞壁に囲まれた直方体として描かれることが多く, このことは, 植物の細胞には長軸と短軸が存在することを示している. つまり, 細胞は方向性をもっており, このような細胞がもつ非対称性を細胞極性とよんでいる. そして, 各器官や個体に見られる極性軸は, 個々の細胞がもつ細胞極性の積み重ねによるものであると理解されている.

　種子に見られる幼植物体 (胚) には, 幼芽, 子葉, 胚軸, 幼根が存在し, すでに極性軸ができ上がっていることがわかる. 実のところ, 植物個体の極性軸は胚発生のごく初期あるいは受精卵の一つの細胞の段階で細胞の極性化により確立し, その後にわたり維持されているのである.

　細胞極性と器官や個体の極性とをつなぐ物質として植物ホルモンであるオーキシンが知られており, 近年その仕組みがわかってきた. それは, オーキシンを一方向に輸送する膜タンパク質複合体が細胞のある面に局在することにより, オーキシンが細胞の中をそして細胞間を極性的に移動することが保証され, その流れが器官や個体のオーキシンの濃度勾配をつくりだし, 極性軸を維持しているとするものである.

　このようなオーキシン輸送タンパク質のほかにも, いくつかのタンパク質が細胞内で不均等に,

つまり極性化して存在することもわかってきた．さらに，たとえば根の先端にあるコルメラ付近の細胞では，重力などの変化に応じて，オーキシン輸送タンパク質の細胞内局在が変化し，結果としてオーキシンの極性的な輸送方向が分単位で変化していることもわかってきた．植物が示す根の屈地性，あるいは茎の屈光性の秘密は，このような細胞レベルにおけるオーキシンの極性的な輸送方向の変更にあったのである．このように，細胞の極性は，安定に維持されている場合も含めて，つねに刷新されながら動的に制御されているようである．

極性をもつ細胞が細胞分裂した場合，できあがった二つの娘細胞にはタンパク質や細胞小器官などが不均一に分配され，細胞運命を異にする二つの細胞ができあがる場合がある．このようにして，性質の異なる二つの娘細胞をつくる分裂を不等分裂あるいは非対称分裂とよぶ．また，一つの母細胞から等価な二つの娘細胞ができ，その後周囲の不均一な場（位置情報）の影響を受けてそれぞれの娘細胞が異なる性質を獲得する場合も不等分裂とよばれている．

このように，不等分裂が成り立つためには，細胞極性やその細胞が存在する器官や場の極性が深くかかわっている．細胞や器官の極性が安定に維持される仕組みや不等分裂の制御に，それぞれオーキシンや植物に特異的な転写因子が重要な役割を担っていることがわかってきた．しかし，たとえば植物のかたちづくりの出発点である受精卵において，最初の極性がどのように生じてくるのかなどまだわかっていない部分は多い．

不等分裂は1個の細胞から異なる種類の細胞をつくり出す仕組みである．その仕組みの解明は，さまざまな種類の細胞から成る多細胞生物の正しい発生の理解に欠かせない．また，細胞極性や不等分裂の仕組みを植物と動物とで比較することは，単細胞生物からそれぞれ独立に進化してきた両者が，どのような道筋で多細胞化に至ったのか，その共通性や多様性についての理解にも役立つはずである． 〔藤田知道〕

f. 世代交代

一般に，生殖方法の異なる二つ以上の世代が交互に，または不規則な順に交代することを意味し，植物では多くの場合，核相の交代と一致する．有性生殖を行う生物では受精（接合）による核相の倍加と減数分裂による半減が繰り返すことになるが，この際，生物群によって，

① 倍加直後に減数分裂が起こり，個体は基本的に単相である場合（原生生物藻類の一部），
② 配偶子形成の直前に（または多細胞体の場合，生殖系列細胞だけで）減数が起こるため，個体は基本的に複相である場合（ほとんどの動物），

および

③ 複相と単相の状態（世代）のいずれもが個体として発達する場合（植物と藻類の一部）

が区別され，普通③の場合に世代交代を行うとみなしている．この場合，それぞれの世代が同じような形態を示す場合は同形世代交代，顕著に異なる場合は異形世代交代とよぶ．

褐藻類を例にとると，同形世代交代をするアミジグサでは胞子体（複相）と配偶体（単相）は肉眼ではほとんど区別できないが，異形世代交代をする褐藻類コンブの場合，胞子体は高さ数mに達し，顕著な組織分化が見られるが，配偶体は1mm程度の糸状体にすぎない．この場合，両世代の間には生理特性に有意の差が見られ，異形世代交代の進化には季節性への適応が大きくかかわっていると考えられる．また一部の系統群（ヒバマタ目など）では複相世代が優占するが，これらは異形世代交代における微小世代がさらに退行したものであると考えられる．

一方，紅藻類では胞子体世代，配偶体世代に加えて果胞子体世代とよばれる第3番目の世代をもつことが特徴である．これは，本来単相である配偶体の上で，雌性の配偶子（卵）が受精して複相になったのち，ただちに，または雌性配偶体の栄養細胞を融合しながらさらに発達したあとに数回体細胞分裂し，多数の果胞子とよばれる生殖細

をつくる．

しかし，これらの部分は複相であるため配偶体とみなすことはできず，果胞子体世代として区別している．これは，紅藻類は精子が鞭毛を欠き，活発な運動性をもたないため，1回の受精でより多くの生殖細胞をつくるための進化であると解釈される．陸上植物においては，コケ植物，シダ植物は異形世代交代を示すが，種子植物では複相の世代が優占しており，これは花粉・胚嚢の有性世代が極端に退化したものと理解される．

〔川井浩史〕

g. カルス

もともとは植物体を傷つけたときに，傷口周辺に形成される癒傷組織を指したが，今ではそれに限らず，植物細胞が増殖してできる不定形の細胞集塊を広くカルスとよんでいる．組織片に植物ホルモン（一般には，比較的高濃度のオーキシンとサイトカイニンの組合せ）を与えて培養したときに形成される分裂細胞の集塊は，典型的なカルスである．こうして形成されたカルスは，オーキシンとサイトカイニンの十分な供給がある適切な管理下では，カルスの状態のまま細胞増殖を維持して，成長し続ける．また，培養条件とくにオーキシンとサイトカイニンの濃度バランスをコントロールすることで，カルスに不定芽や不定根をつくらせることもできる．このようなカルスの応答は，植物ホルモンの研究で重要な役割を果たしてきたが，とりわけサイトカイニンとのかかわりは深く，サイトカイニンの原点であるカイネチンはカルスの細胞分裂を促進する因子として見出されたものであるし（Miller et al, 1955），サイトカイニン受容体発見のきっかけもカルスの成長とカルスからの不定芽形成を利用した実験から得られている（Kakimoto, 1996）．カルスが決まった形を成さない原因も，植物ホルモンによる細胞増殖制御のメカニズムという観点から研究が進み，理解されるようになるだろう．

カルスと切っても切れない用語に「脱分化」がある．カルス形成と脱分化を同義語のように扱っている場合さえ少なくない．これは，カルスの細胞がカルスのもととなった細胞に比べて，より未分化な状態にある，という認識による．盛んに分裂しているカルスの細胞には，特定の際立った分化形質も，大きく発達した液胞も見られないのが普通である．このようなカルスの細胞は，胚，分裂組織あるいは器官原基の細胞に比すこともでき，カルスがこれら以外の細胞に由来したのであれば，たしかに相対的に未分化な状態に移行した，つまり脱分化したといえる．

一方，分化に伴って潜伏した分裂能力や分化能

力が再び顕在化し，細胞がより多能な状態に戻ることを脱分化の本質ととらえる立場からは，脱分化の最初の重要な過程はカルス形成がはじまる前にあると考えられる．外的・内的刺激に応じて分裂あるいは分化に向かうプログラムをただちに始動する反応能（competence）を分裂能，分化能とよぶなら，カルス形成に先立つ細胞分裂の準備段階で，細胞は脱分化して分裂能を再獲得する，と表現できる．もちろん分裂能を保持している細胞からのカルス形成の場合は，この意味での脱分化は経由しない．また，培養組織片が不定芽あるいは不定根を誘導するような植物ホルモンの刺激に即応できる状態になるまでには通常ある程度の時間を必要とするが，この間には器官分化能の再獲得が起きているわけであり，これも一種の脱分化とみなせる．

カルス形成の開始と器官分化能の獲得は並行することが多いが，直接的な関係はよくわかっていない．こうしたcompetenceをめぐる問題は，クリスチャンソンとウォーニクの生理学的実験によって整理され（Christianson & Warnick 1983, 1985），現在では分子遺伝学の解析対象にもなっている（Sugiyama, 2000）． 〔杉山宗隆〕

参考文献

Christianson, M. L. and Warnick, D. A. (1983) Competence and determination in the process of *in vitro* shoot organogenesis. *Developmental Biology* **95**：288-293.

Christianson, M. L. and Warnick, D. A. (1985) Temporal requirement for phytohormone balance in the control of organogenesis in vitro. *Developmental Biology* **112**：494-497.

Kakimoto, T. (1996) CKI1, a histidine kinase homolog implicated in cytokinin signal transduction. *Science* **274**：982-985.

Miller, C. O., Skoog, F., Von Saltza, M. H. and Strong, F.M. (1955) Kinetin, a cell division factor from deoxyribonucleic acid. *Journal of American Chemical Society* **77**：1392.

Sugiyama, M. (2000) Genetic analysis of plant morphogenesis *in vitro*. *International Review of Cytology* **196**：67-84.

h. ゴール

ゴール（gall，えい）とは，昆虫や微生物など，他生物の化学刺激によって植物体上に誘導される構造である（図3.17）．ゴールは生きた植物細胞から構成されているものの，植物の通常の発生過程では決して誘導されないので，植物側から見れば，奇形と考えることもできる．

ゴールの形状は，ゴール形成者の種により特異的であり，多くの場合，ゴールを見ただけで，その形成者を同定できる．したがって，ゴールは，植物を材料として構築されたゴール形成者の"延長された表現型"と見なすことができ，植物と他生物との相互作用を研究するうえで，非常に興味深い材料である．

ゴールを形成する生物は，ウイルス，ファイトプラズマ，バクテリア，糸状菌，線虫，ダニ，昆虫など，きわめて多岐に渡っており，その形状も，カルス状のもの（g項「カルス」を参照）から，複雑な形態誘導がはたらいているものまでさまざまである．形成者の違いにより，ウイルスえい，菌えい，昆虫えい（＝虫えい，虫こぶ）などとよばれる．

ゴール形成は，形成する側に一方的な利益があり，形成される植物にとっては負の影響しかない場合が一般的である．したがって，農林業の深刻な病害虫となっているゴール形成者も多数知られており，応用的にも大変重要な研究対象である．

図3.17　エゴノネコアシアブラムシによってエゴノキの腋芽に形成された虫えい（エゴノネコアシ）

形成者にとってのゴール形成の適応的意義として，植物同化産物の効率的搾取（栄養仮説），乾燥などの劣悪環境からの保護（微環境仮説），形成者の天敵による攻撃からの回避（天敵仮説）などが知られている．根粒菌によるマメ科植物の根粒（2.1 節 e 項「窒素の利用」で言及）や，イチジクコバチによりイチジクの子房に形成される虫えい（コバチ幼虫は虫えい内で発育し，成虫はイチジク花粉を媒介する）など，例外的に，相利共生の産物と見なされるものもある．

ゴール形成のメカニズムについては，微生物を材料とした研究が進展している．たとえば，マメ科植物の根粒は，根粒菌が産生する Nod ファクターにより誘導されることが判明しており，その詳細な過程が解明されてきている（2.1 節 e 項「窒素の利用」で言及）．また，アグロバクテリウムは，T-DNA とよばれる DNA 断片を植物細胞の核ゲノム内に送り込み，細胞代謝を改変することによりゴール（クラウンゴール，根頭がん腫）を誘導することが知られている（5.10 節「先端的な育種技術」で言及）．しかしながら，高度な形態誘導が伴う昆虫のゴールに関しては，形成者の唾液腺などに含まれる植物成長調節物質により，植物の形態形成遺伝子の発現動態が改変されることで誘導されると推察されるものの，詳しいメカニズムは未解明である．

ゴールは，形成者と植物の相互作用が，目に見える「かたち」として植物体上に現れたものであり，両者の存在なしには形成されえない．したがって，ゴール形成は，生物間相互作用が形態レベルで具現化した究極的な現象といえる．また，ゴール形成者の多くは，植物体上にゴールを形成することなしには世代を継続できない．つまり，ゴール形成者は，植物をもっとも巧みに操り，かつ，植物にもっとも密接に依存した生物であるといえるだろう．

〔徳田　誠〕

3.3 配偶体

(1) 有性生殖の担い手，配偶子

生物がもつ生命現象の一つが生殖である．約35億年前，地球の水中に誕生した最初の生物，バクテリアは，親細胞自身が2分裂する簡単な生殖を行っていた．このとき2個の娘細胞は，親とも，そして姉妹間でもまったく同じ遺伝子セット（ゲノム）をもつことになる．もちろん，バクテリアも遺伝子突然変異や遺伝子交換を行うことができる．しかし，このような生殖方法だけでは，現在の地球上に生存する150万種以上にも及ぶ多様な生物は生まれなかったであろう．生物の多様化をもたらした進化の最大の原動力は，有性生殖がつくる遺伝子の変異である．

有性生殖とは，「雌雄の性が分化し，両性の個体から生じた核相nの配偶子の合体による生殖」と説明される．そして，配偶子をつくる個体を配偶体とよぶ．もっとも簡単な配偶体は，クラミドモナス（緑藻類）などの単細胞性のもので，配偶体と配偶子は外見からは区別できない．配偶子の合体の結果つくられた核相$2n$の接合子は胞子体に相当し，やがて減数分裂を行い核相nの4個の胞子をつくる．減数分裂は，有性生殖にとって必須の過程である．これがなければ，1個体のゲノムは倍々に増加し（$4n, 8n, 16n, \cdots$），莫大な量になってしまうからである．以上のように，異なった遺伝子をもつ配偶子どうしが合体し，2セットのゲノムを一度合わせたあとに，また二つに分けるという減数分裂時に「遺伝子のシャッフル」が起き，遺伝子の変異は飛躍的に増した．さらにまた，減数分裂時の染色体の乗り換えによって，配偶子の遺伝的多様性は大きく増すことになった．

(2) 多細胞性配偶体の誕生

15億年前の真核生物誕生後，生物は単細胞性から多細胞性へと進化していった．水中の藻類の中に，配偶体も胞子体も多細胞性の体をもつものが現れた．そして配偶体と胞子体の一部に配偶子嚢と胞子嚢という特別の構造が生じ，中に配偶子と減数胞子をつくることになった．配偶子も，上述のクラミドモナスのような同型のもの以外に，大小のサイズの違いをもつ異型配偶子，そして極端な異型配偶子として，大型で鞭毛を失った卵と，小型で鞭毛をもつ精子が生じた．

藻類の生活史において特筆すべき点は，多細胞性の配偶体（n）と，多細胞性の胞子体（$2n$）がそれぞれ独立して生活することである（図3.18）．ヒトを含めて動物では，$2n$の体内でつくった減数細胞（n）がそのまま発達して卵や精子になってしまう．もし，減数細胞が一度体から外に出て独立し，別の多細胞性の体をつくり，その体内で初めて卵や精子をつくるなら，その体は配偶体に相当する．しかし動物は，植物の配偶体に匹敵するnの独立した体をつくらなかった．15億年も前に袂をわかった動物と植物の大きな違いがここにあるのかもしれない．

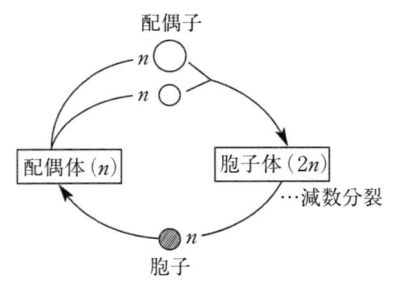

図 3.18 配偶体と胞子体の世代交代

4億年前，藻類の一部が上陸に成功し，コケ植物へとつながっていった．それはあまたある藻類の中で，広義の緑藻類のコレオケーテ類とシャジクモ類にもっとも近縁の植物であったことが，近年の研究からわかっている．

これらの植物体は n の配偶体で，配偶子の合体によってつくられた接合子（$2n$）は，発芽時に減数分裂を行って n に戻ってしまう．したがって，最初は多細胞性の胞子体は存在しなかった．陸上植物の胞子体は，コケ植物において初めてつくられたと考えられている．どうも配偶体と胞子体の両方をもつタイプの緑藻は上陸に成功しなかったらしい．水から離れた植物は上陸後，乾燥との戦いをしいられることになった．配偶体も胞子体も体からの蒸散を防ぐクチクラを身にまとうだけではなく，劇的な変化を見せながら乾燥への適応を果たしてきた．配偶体は小型化の道を歩み，逆に胞子体は維管束を装備し大型化への道を歩んだのである．

(3) 植物の上陸：配偶体の縮小と胞子体の発達
（図 3.19）

コケ植物の普段私たちが目にする体は n の配偶体である．ゼニゴケのように葉状体であろうが，スギゴケのように一見，茎と葉をもつように見える茎葉体の体制を示すものであろうが，すべて核相 n の配偶体である．胞子体は小型で目立たない．配偶体の一部に卵と精子をつくる配偶子嚢が形成される．卵は藻類で見られたように，1 細胞内につくられるのではなく，多細胞性の，造卵器とよばれる特別な構造の内部に形成されるようになった．これは，空中に出た配偶体の乾燥適応と考えられる．

一方，精子は造精器とよばれる配偶子嚢の中につくられる．精子は雨滴などを利用して造卵器に泳ぎつき受精が起こる．接合子（受精卵）は体細胞分裂を行って簡単な $2n$ の体をつくる．'簡単' といったのは，先端に胞子嚢をつくるだけで，茎も葉も根も分化しないことを示す．世界最大のコケ植物とされるドーソニアは体長 60 cm 近くになり，胞子体は数 cm にもなるが，やはり胞子嚢しかつくらない．

陸上植物は，やがて大型化した胞子体に維管束を分化させ，体制も茎，葉，根から構成される新たな進化段階に入っていった．シダ植物の誕生である．私たちが目にするシダ植物の体は，コケ植物と違って $2n$ の胞子体である．葉の胞子嚢で減数分裂の結果つくられた n の胞子は空中に放出されたあと，水分など条件のあった所で発芽し，配偶体をつくる．シダ植物の配偶体は塊状・軸状など地中生のものもあるが，葉状で地上生のものが多くとくに前葉体とよばれる．

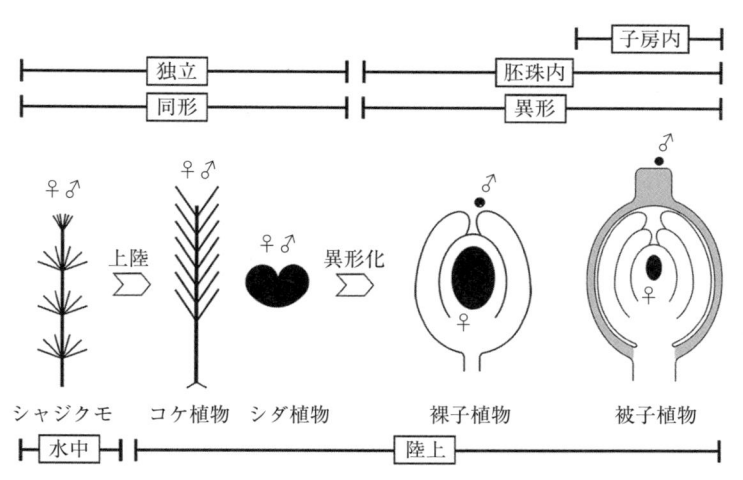

図 3.19 植物の進化段階に伴う配偶体の変化
黒色部が配偶体組織（n）を，白色部と灰白色部は胞子体組織（$2n$）を示す．

胞子発芽後，最初はコケと同様1細胞列からなる原糸体をつくるが，原糸体頂端部の細胞のはたらきで，心臓形の葉状配偶体がつくられる．前葉体は光合成を行って独立生活し，0.5 cm（数百細胞からなる）くらいになると造精器，造卵器をつくって成熟する．受精にはなお水が必要である．受精後，造卵器内の接合子は休眠することなく成長をつづけ，大型の胞子体となり，茎，葉，根をつくる．胞子体の成長とともに配偶体は朽ち果てる．コケ植物からシダ植物への進化に伴い，配偶体の小型化と，胞子体の大型化という逆転が起きた．そして，この逆転現象は，種子植物（裸子植物，被子植物）の進化とともにさらに加速されることとなった．

(4) 種子植物の戦略：配偶体の異型化と，雌性配偶体の花への封じ込め（図3.17）

大半のシダ植物では，胞子体がつくる胞子嚢は同じ大きさである．そして，中の減数胞子も，胞子から生じる配偶体（前葉体）も同じ大きさで，一つの前葉体に造卵器も造精器もつくる両性配偶体である．しかし，少数のシダ植物において大小2種類の胞子嚢をつくるものが現れ，これに伴って配偶体にも雌雄の差が生じた．大胞子嚢につくられる大胞子は雌性配偶体を，小胞子嚢につくられる小胞子は雄性配偶体をつくる．

このような胞子の異形化と配偶体の雌雄化は，裸子植物段階で共通にみられる形質となり，そしてつぎのステップへとさらなる進化が起きた．大胞子嚢は裂開するのをやめ，珠心となって雌性配偶体を保持するようになった．胚珠の誕生である．雌性配偶体は独立生活をやめ，親の胞子体内にとどまり，親に栄養分を依存するようになった．珠心となった大胞子嚢の中で，大胞子は分裂を開始し雌性配偶体をつくる．さらに，珠心自身も1枚の皮状組織である珠皮に取り囲まれ，乾燥への適応をさらに強めた．

雌性配偶体が独立生活をやめたことは，雄性配偶体にも受精戦略の変更を求めることとなった．雄性配偶体でつくられた精子が，水にのって雌性配偶体まで泳ぎつくことができなくなったからである．これに対処するように，雄性配偶体は極端な体の縮小化を起こし，なんと3細胞性にまでになった．花粉の誕生である．

そして精子は鞭毛をすて精細胞となった．雄性配偶体である花粉は，風によって胚珠まで到達したとき，花粉管を伸長させ，中の精核を雌性配偶体の造卵器の卵まで運ぶ．これなら受精に水はいらない．受精後，胚珠の中で，接合子は胚となり，一方造卵器をつくっていた配偶体は核分裂や細胞質分裂を行って発達し，胚の成長のための栄養分（胚乳）となる．銀杏はイチョウの種子の配偶体由来の胚乳である．それが証拠に中をさがすと小型の胚が見つかる．マツの種子も同様で，'実'として売られているが，実は種子の胚乳である．

被子植物になると，生殖器官は花をつくり，花粉を昆虫に運んでもらうものが多くなった．そして，花の胚珠の中で雌性配偶体は大きく縮小し，なんと7細胞性にまでになった．この縮小した雌性配偶体を胚嚢とよぶことが多い．そして配偶体の縮小は，受精後の胚の栄養分供給源の変更をもたらした．胚への栄養（胚乳）は配偶体組織そのものではなく，重複受精の結果つくられた$3n$性の内乳によって供給されることになったのである．乾燥への適応は一層進み，珠皮は2枚に増え，さらに胚珠の外側を心皮がおおい，ついに子房が形成されるにいたった．

以上が，現在までの配偶体進化の道筋である．今後地球の環境が大きく変わり，被子植物をこえた植物が進化するなら，一体どのような配偶体がつくられるのだろうか． 〔今市涼子〕

a. 胞子・花粉

　植物は1倍体と2倍体の二つの世代が交代する生活史をもっている．胞子は1倍体世代の出発点で，2倍体の胞子母細胞の減数分裂によってできる．したがって，陸上植物に限らず，世代交代する藻類，菌類は胞子を形成する．胞子形成には減数分裂が伴い，減数分裂でできる胞子は遺伝子組換えにより，2倍体親とは異なった遺伝子型をもつようになる．異なった遺伝子セットをつくることが有性生殖の本質であるから，この点で陸上植物の胞子形成は有性生殖の手段である．一方，藻類，菌類では，1倍体や2倍体が体細胞分裂によって胞子形成をする場合がある．この場合，胞子の遺伝子型は親と同じであり，栄養胞子として真正胞子から区別する．したがって，陸上植物の胞子はすべて真正胞子であり，有性生殖に寄与している．

　コケ植物やシダ植物のほとんどは同形胞子をつくり，胞子段階で雌雄が分かれていない．胞子発芽してできた配偶体に造卵器，造精器が分化してはじめて雌雄が生まれる．したがって，これらの植物の胞子繁殖は栄養生殖や無性生殖に含められることがある．しかし，雌雄があることが有性生殖の本質ではなく，親と異なった遺伝子型の子孫をつくり出すことが有性生殖の本質であることが明らかになった今日，コケ植物とシダ植物の胞子繁殖は有性生殖に含めるのが妥当だろう．

　陸上植物の祖先は同形胞子を形成していたと考えられているが，小葉類，薄嚢シダ類，種子植物で異形胞子性が進化した．異形胞子は胞子体につくられる異形胞子嚢の中でつくられるので，2倍体の雌雄性決定遺伝子系によって形成される．異形胞子になると，同じ配偶体上で造卵器と造精器が同時にできることがなくなり，同じ配偶体由来の精子と卵が受精する機会が減る点で，遺伝子多様性創出に寄与している可能性がある．しかし，実際にどのくらいの効果があるかはいろいろな状況で変化するので一概に有利であるということはできない．また，小葉類，シダ類では，異形胞子性の進化は水生生活と関連している．異形胞子が水生環境に適応的であるということを一般的に証明するのは難しいと思われるが，なんらかの関連がある可能性がある．

　成熟胞子は1細胞からなり，発芽後，多細胞の配偶体を形成したうえで造精器，造卵器の中に配偶子細胞形成する．一方，成熟花粉は雄原細胞と栄養細胞からなり，雄原細胞が精子と相同であることを考えると，発芽前に配偶体発生過程を終了していることになる．

〔長谷部光泰〕

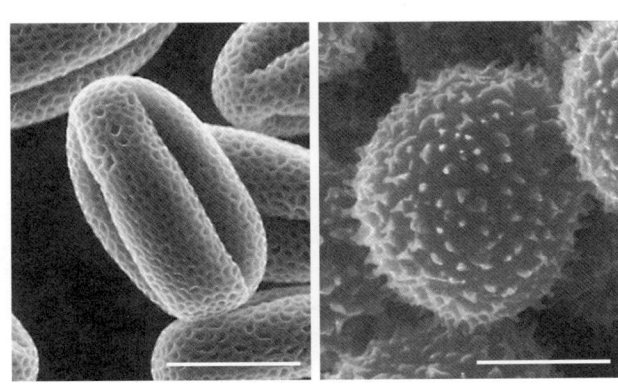

図 3.20　シロイヌナズナの花粉（左）とヒメツリガネゴケの胞子（右）
スケールは10 μm．

b. 原糸体

　シダ植物やコケ植物の胞子が発芽すると，多くの場合まず糸状の細胞が胞子から伸び出してくる．シダの場合には幅 $10\,\mu m$ ほどの細い透明な仮根の細胞と，幅 $20\,\mu m$ ほどの太めで葉緑体がびっしり詰まった原糸体の細胞である．コケでは仮根が出ないことがあり，その場合には原糸体だけが成長する．原糸体の太さ（幅）は光条件によって異なり，白色光や青色光では太く，赤色光下や暗黒下では細い傾向がある．しかし，シダの一種であるミズワラビの場合には胞子の中で数回の細胞分裂を繰り返すことが多く，発芽したときにはすでに数細胞の細胞列からなる前葉体となっている．原糸体とは管状の1本の細胞が分裂を繰り返しながら糸状に伸びた細胞列のことをいい，ミズワラビのような場合には原糸体とはいえない．シダの原糸体はほとんど分枝をしないが，コケの原糸体は頻繁に分枝する．一般に，原糸体細胞は明るい方向に向かって伸長し，仮根は光とは反対側に伸長する傾向が強い（図 3.21）．

　シダ植物では，一般に原糸体は前葉体になる前段階の生活形態であり，白色光下では胞子が発芽するとほとんど同時に二次元に広がった前葉体になってしまうため，原糸体の状態を観察するのは難しい．一方，赤色光下や非常に弱い白色光下では原糸体の状態を保ち，とくに赤色光下では細胞分裂の頻度が非常に低く押さえられており，ときには一つの細胞が1mmほどにもなる．ミズワラビの場合にも光条件によっては糸状の原糸体になる場合もある．このようにシダの場合，原糸体の形態をとるかどうかは大きく光条件やシダの種類に依存している．

　原糸体細胞はその先端の半球状のドーム部で起こる新しい細胞壁の合成や小胞の融合による細胞膜の拡張によって，その部分が膨らむ，いわゆる先端成長をする．伸長する方向は，シダの場合には原糸体先端部の細胞膜近傍に多数存在するネオクロムとよばれる色素タンパク質（光受容体）に依存しており，光を吸収した活性型のネオクロムの多いところが成長の中心となる．したがって，光が来る方向が変わってドーム部の中心から外れたところに活性型のネオクロムが多くなれば，原糸体はそちらに曲がって成長してゆく．これが先端成長をする原糸体の光屈性現象である．コケの場合には光受容体は確定されていないが，シダ同様な機構で，成長方向の制御が起こっていると考えられる．

　原糸体が伸長するためには，種々のタンパク質の合成が必要であるが，そのために核はつねに先端部から数十 μm 離れた部分に存在する．先端が伸長するに従って，核は先端からの距離を保ちながら細胞内を先端に向かって移動している．核は微小管とアクチン繊維という細胞骨格系によって先端との距離を保ち，先端部に向かって移動していると考えられている．

　赤色光下で培養したシダの原糸体細胞に青色光（または白色光）を照射すると，原糸体の先端部で膨潤が起こり，その後同調的に細胞分裂が誘導される．赤色光下から暗黒下に移した場合にも細胞分裂が誘導されるが，そのタイミングは青色光下に比べて，非常に長い時間がかかる．細胞分裂の周期が光によって制御されているよい例である．

　コケの原糸体には，細胞分裂面の入り方が違う2種類がある．分裂面が成長軸と直角に入る場合をクロロネマ，成長軸に斜めに入る場合をカウロネマという．

〔和田正三〕

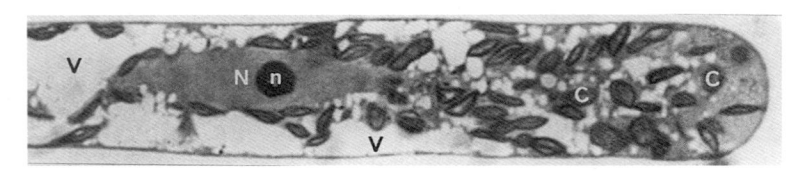

N：核，C：葉緑体，V：液胞，n：核小体

図 3.21　赤色光下で伸長中のホウライシダ原糸体縦断切片の光学顕微鏡写真
先端成長する細胞に特徴的な細胞小器官の分布がみられる．

c. 花粉管

　花粉が発芽してつくる管状の構造であり，種子植物の雄の配偶体に相当する．1824年に天文学者・顕微鏡制作者アミシ（G. B. Amici）によって発見された．ついで花粉管の機能について，アミシと細胞説の提唱者シュライデン（M. J. Schleiden）の間で長い論争があった．19世紀後半にはAmiciの提唱通り，精細胞の運搬という有性生殖の根幹的機能をもつことが認められた．

　被子植物の花粉管は，雌ずい頂端（柱頭）から遠く離れた雌性配偶体にまで，複雑な経路を経て到達する．花粉管ガイダンスとよばれるこの過程のメカニズムについて，20世紀半ばから研究と論争が続いてきた．一説には，花粉管が接着できる経路が雌ずい組織にあるというもので，いわば道に沿って進むという仮説である．一方では，拡散性の誘引物質の濃度勾配を手がかりに花粉管が伸長するという説が提唱されていた．近年になり，シロイヌナズナやトウモロコシをモデルとした遺伝学的な研究や，とくにトレニアを用いた in vitro 花粉管ガイダンス実験系の確立により，雌性配偶体のうち助細胞から拡散性誘引物質が分泌されること，および多段階のシグナルがあることが強く示唆されている．

　花粉管ガイダンスの経路は，植物種によりさまざまである．ソテツ植物とイチョウ植物の花粉管は，雌性配偶体までは到達せず，途中から精子が放出されて泳ぎ着く．この点で原始的な配偶体の性質を残していると考えられる．ここでは，被子植物シロイヌナズナを例とする（図3.22）．

　まず，花粉が柱頭乳頭細胞に接着して吸水し，花粉管が発芽する．花粉管は，花柱と子房の内側にある伝達組織の細胞間げきを伸長したのち，子房内の空洞表面に現れ，胚珠へ向かう．そして，珠柄表面から珠孔に入って雌性配偶体の助細胞に到達する．そのうえ，花粉管内部にある二つの精細胞の精核が放出され，重複受精に至る．花粉管の誘引シグナルだけでなく，2本目以降の花粉管を拒絶する「多精拒否」のメカニズムも存在すると考えられている．

　このような多段階の雌雄細胞間の認識は，異種花粉や自家花粉などを排除する場ともなっている．前者は，種間交配で見られる生殖隔離である．たとえば，シロイヌナズナの雌ずいにアブラナの花粉を交配すると，花粉管は発芽するが，花粉管が正常にガイダンスされず迷走して受精に至らない．後者は自家不和合性の機構であり，アブラナ科では柱頭で，ナス科・バラ科などでは花柱で同じ個体由来の花粉管の発芽・伸長が阻害される．

　花粉管は植物でまれな「動く細胞」であり，毎時mm単位で伸長しうる．花粉管の先端へは小胞が活発に輸送されて細胞が伸長し，また後方はカロースプラグとよばれる隔壁によって切り離される．花粉管の伸長が異常になる突然変異体には，根毛伸長にも異常を示すものがあり，両者のメカニズムの類似性を示している．このように，細胞の1カ所が突出する成長様式を先端成長という．先端成長をつかさどるシグナル伝達系として，低分子Gタンパク質，Ca^{2+}濃度振動など，動物の細胞移動と類似したメカニズムが示唆されている．

〔清水健太郎〕

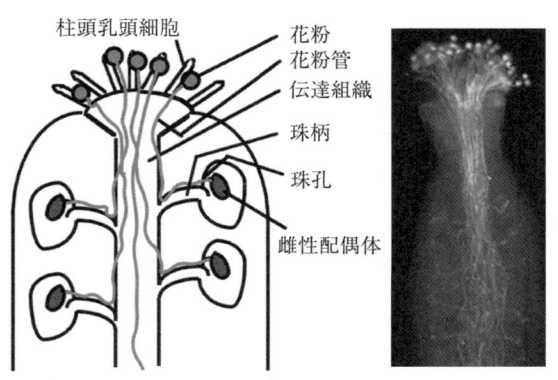

図3.22 シロイヌナズナの花粉管ガイダンスの経路
左：模式図．右：アニリンブルーを用いて花粉管細胞壁の内層のカロースを染色し，蛍光観察した写真（Science, 2004）（口絵20）．

d. 葉状体，前葉体

　陸上植物に限れば，葉状体はコケ植物タイ類の一部およびツノゴケ類の配偶体，前葉体はシダ植物の配偶体の呼称である（図3.23）．葉状体は広義には菌類や藻類の葉状構造体にも使われる．コケ植物の葉状体，前葉体ともに胞子発芽後，原糸体段階を経て形成される．タイ類の葉状体は茎葉構造が退化したもので，腹側にある鱗片は葉が退化したものであると考えられている．もし，この推定が正しいならば，タイ類葉状体の鱗片以外の葉状をしている部分は茎が変形したものだと考えられる．一方，ツノゴケ類の葉状体にはこのような鱗片はない．葉状体の先端には頂端細胞が存在している．頂端細胞は藻類，コケ植物，シダ植物の地上部先端分裂組織にあり，さまざまな形態のものがある．頂端細胞から切り出された細胞の分裂と分化制御が葉状体か茎葉体かの違いを生み出していると推定されるが，その分子機構はよくわかっていない．

　頂端細胞がどのくらい頂端細胞として維持されるのかはまだ結論が出ていない．シダ植物の場合，原糸体頂端細胞から前葉体頂端細胞へと連続的に変化する場合と，原糸体頂端細胞とは別に新たに前葉体頂端細胞ができる場合がある．前葉体の頂端細胞も一つの細胞が分裂し続けているのか，数個の細胞がかわるがわる分裂しているのか，一つの頂端細胞は一定回数しか分裂しないのか，などよくわからない点が多い．葉状体における頂端細胞形成維持の研究は前葉体との比較解析，進化過程解明という点で興味深いが，ほとんど行われていない．

　陸上植物の祖先は配偶体世代優占の生活史をもっていたと推定されている．陸上植物の系統基部で分岐したコケ植物タイ類，ツノゴケ類が配偶体として葉状体を形成することから，陸上植物の共通祖先は茎葉体ではなく，葉状体のような配偶体をもっていたのだろうと考えられている．しかし，タイ類とツノゴケ類の葉状体は前述のように，たがいに構造が異なっていること，陸上植物の基部系統が高い統計的確度をもって推定できていないこと，はっきりした化石記録がないことからさらなる検討が必要である．

　シダ植物には同形胞子を形成するものと異形胞子を形成するものがある．後者は大型で発芽後造卵器を形成する雌性胞子と小型で発芽後造精器を形成する雄性胞子の両方をつくる．前者はすべて同じ形の胞子を形成し，同形胞子は発芽後，同一の前葉体に造卵器と造精器を形成する．胞子は減数分裂でできる1倍体であるから，同じ前葉体由来の卵と精子が受精すると（自配受精），完全なホモ個体ができることになり，有害遺伝子の作用で致死性が高くなるとともに，有性生殖のメリットがなくなってしまう．そこで，多くのシダ類では，造精器と造卵器を異なる時期に形成したりして自配受精を回避している．その顕著な例がフェロモンを使うシダ類である．初期に発芽し他の個体よりも早く成長した前葉体は，造卵器を形成するころにアンセリディオーゲンというフェロモンを外部に分泌する．この発育段階の前葉体はアンセリディオーゲン非感受性であり，自分の成長には影響しない．一方，後から発芽し，造卵器形成前の前葉体はアンセリディオーゲン感受性であり，前葉体のほとんどの細胞が造精器へと分化する．つまり，初期に発芽し成長した前葉体は雌，遅れて育った前葉体は雄と分化し自配受精が避けられる．

〔長谷部光泰〕

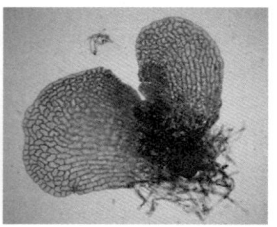

図3.23 ゼニゴケ（コケ植物タイ類）の仲間（左）の葉状体とリチャードミズワラビ（シダ植物薄嚢シダ類）の前葉体（右）

e. 茎葉体

　茎葉体(cormus)とは茎と葉の区別があり，内部に維管束の分化が見られる植物体のことを指し，葉状体の対語である．シダ植物，種子植物，そしてコケ植物のセン類に見られ，陸上生活と結びついて発達した体制の一つと考えられる．セン類の植物体には維管束はないが，類似した組織が発達するので，茎葉体とみなされる．茎葉体をもつ植物群をまとめて，茎葉植物(Cormophyta)とよぶ．これは，エンドリッヒャー(S. L. Endlicher)による用語で，葉状植物の対語である．すなわち，シダ植物，種子植物，セン類をまとめたものに相当する．しかし，生活環から見ればシダ植物と種子植物の茎葉体は複相の胞子体であり，セン類の茎葉体は単相の配偶体であるので，両者は相同の器官ではない．類似の用語にシダ植物と種子植物をまとめた維管束植物(Tracheophyta)があるが，これは植物体の体制ではなく，維管束の有無に着目したものである．なお，茎葉植物をより広く定義し，生活環の中に胚をもつコケ植物，シダ植物，種子植物を含む有胚植物(Embryophyta)と同義とすることもある．

　コケ植物のタイ類とツノゴケ類の植物体は葉状体とされるが，タイ類の中には一見茎と葉が分化しているように見えるものがあり，これはどのように理解できるのだろうか．シダ植物や種子植物に比べると分化の程度は低いが，コケ植物には植物体を構成する細胞に多少の分化が見られる．植物体は小型であるが，陸上生活と結びついて組織の分化を獲得したと考えられる．すなわち，陸上では重力にさからって植物体を支持することや，水分を輸送することが必要になり，機械組織や通道組織類似の組織が発達したと考えられる．とくに，セン類が示す茎葉体において，その傾向が顕著である．セン類の多くの種において，茎の表皮，皮層，内部の細胞の形態は異なっており，さらに中心部の細胞が分化することがしばしばある．そのようなものでは，中心部の細胞は小型で薄膜になり，これを中心束とよび，通道の機能があるとされる．スギゴケ類(図3.24)のように，中心束がさらにハイドロイド(hydroid)とよばれる仮導管状の細胞とその外側に位置するレプトイド(leptoid)とよばれる篩管状の細胞に分化するものもある．また，このような維管束類似の構造は比較的成長期間の長い胞子体を有する，セン類の胞子体の柄(蒴柄)にも見られる．なお，セン類の葉は基本的に一細胞層であり，中央部に小型，厚膜の多層の細胞からなる中肋が発達するものが多く，中には中肋にハイドロイドをもつものもある．一方，タイ類にも外見上，茎と葉の区別ができる茎葉体状の植物体をもつものが多く，テキストや図鑑の中にはそれらを茎葉体として説明しているものがある．しかし，タイ類の植物体における組織の分化の程度は低く，維管束類似の構造は茎葉体状の植物体には見られず，葉に中肋もなく，上述の定義からすればタイ類の植物体は葉状体となる．コケ植物には，以上のようにさまざま分化の程度の茎葉体あるいは茎葉体状の構造が見られ，もっとも原始的な陸上植物と考えられる一つの理由でもある．なお，褐藻類の中には外見上茎と葉の区別が見られ，中には茎の中心部に篩管状の細胞が分化するものがあるが，通常これらに対して茎葉体の用語は用いない．　〔樋口正信〕

図3.24　セイタカスギゴケ(スギゴケ科，セン類)

f. 胚嚢

　被子植物の胚珠内にできた雌性配偶体を胚嚢とよぶ．そのできかたをたどると，珠心内につくられた大胞子母細胞が減数分裂をすると，多くの場合1列に並んだ四つの大胞子が形成される．胚嚢は，そのうちの1個（胚嚢母細胞）から発達した構造で，多くの種では，合点側の1大胞子が3回の核分裂を行い8核になる．その間，残りの3大胞子はつぶれる．その後，珠孔近くに1個の卵細胞，2個の助細胞，珠孔の反対側に3個の反足細胞，ほぼ中央に2個の極核が並び，7細胞8核からなる．しかし，被子植物には，細胞や核の数が異なる胚嚢が20種類以上も知られている．

〔戸部　博〕

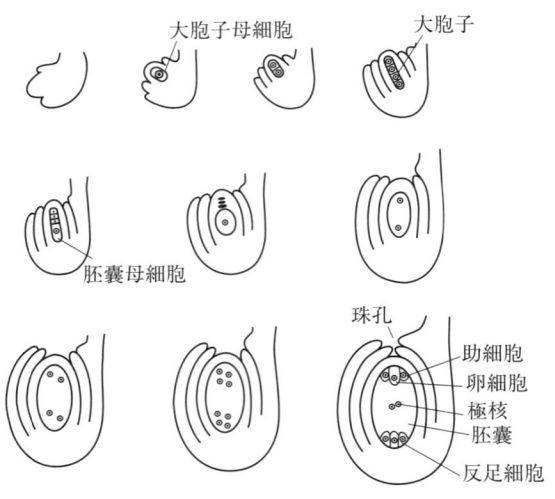

図3.25 胚嚢の発生と構造（戸部，1994：一部改変）

g. 造卵器

1）造卵器

　コケ植物（セン類，タイ類，ツノゴケ類）やシダ植物を含むすべての下等維管束植物，大部分の裸子植物の，卵細胞（egg cell）を含む多細胞の雌性生殖器官をいう．雌性配偶子嚢（female gametangium）は同義語である．セン類とタイ類では一般にとっくり形で，頸部（neck），腹部（venter），柄（stalk）の区別がある．頸部は1細胞層のジャケット細胞（jacket cells）とそれにおおわれている1列で数細胞からなる頸溝細胞（neck canal cells）からなり，腹部は頸部のジャケットに連なる1〜数細胞層の腹細胞（venter cells）とその内部にある1個の腹溝細胞（ventral canal cell）および卵細胞からなる（図3.26）．
　ツノゴケ類やシダ植物では，腹部だけでなく頸部の一部が葉状の配偶体の組織に埋まっていて，配偶子あるいは胚の保護という観点から陸上生活により適応した形態をとる．セン類やタイ類の裸出している造卵器（archegonium）は普通糸状や葉状の附属器官あるいは変形した葉や茎の組織などの保護器官でおおわれる．造卵器をもつ植物を総称して造卵器植物群（Archegoniatae）とよぶ．
　シャジクモ藻類に見られる雌性生殖器官に対して古くは造卵器の名称が使われたが，それは単細胞の生殖器官である生卵器（oogonium）中の卵細胞が受精した後，生卵器に隣接する栄養細胞が生卵器を取り囲んだ結果生じた形態で，コケやシダの造卵器とは異質のもの．

2）造精器

　雄性配偶子を形成する嚢状の生殖器官で，陸上植物ではコケ植物とシダ植物に見られる多細胞性雄性生殖器官．配偶体の表層細胞に生じた始原細胞から発達し，コケ植物（ツノゴケ類を除く）では球〜こん棒状の本体と柄からなる．本体の最外層は1細胞層でジャケット細胞あるいはジャケットとよばれ，内部の精細胞塊を包む．ツノゴケ類や真嚢シダ植物では配偶体組織に埋没して造精器

3.3 配 偶 体

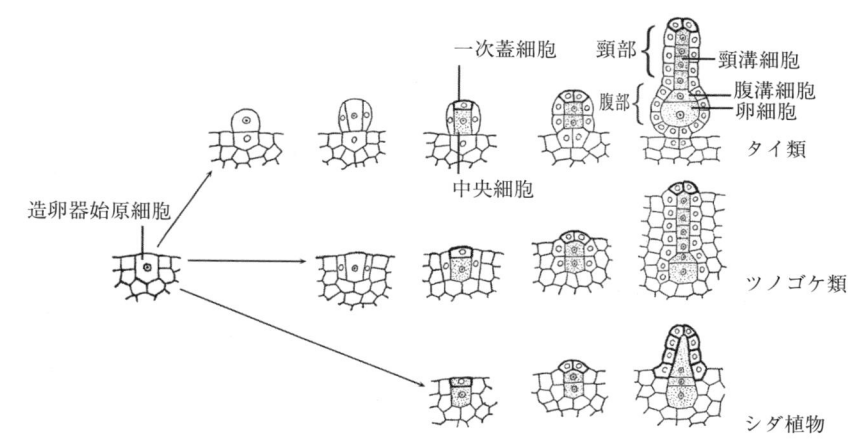

図 3.26 タイ類, ツノゴケ類とシダ植物の造卵器の発達過程 (Smith, 1955；一部改変) 図中の太線部分は一次蓋細胞とそれに由来する細胞を示す.

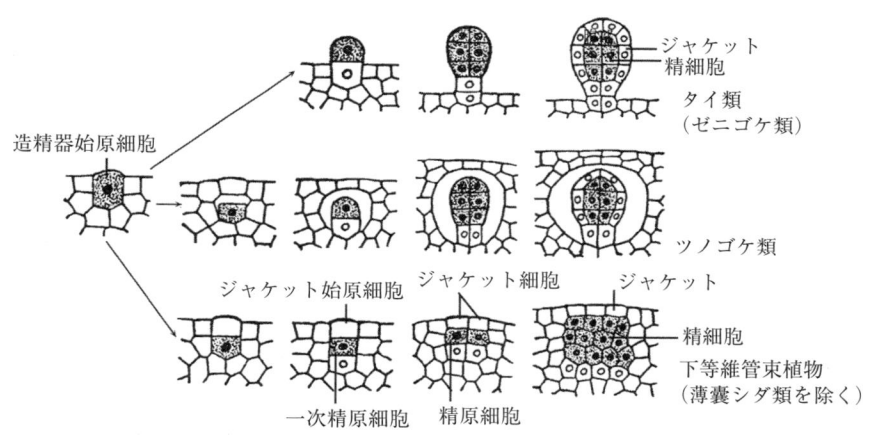

図 3.27 タイ類, ツノゴケ類とシダ植物 (真囊シダ類) の造精器の発達過程 (Smith, 1955；一部改変)

を完成させる (図 3.27). 薄囊シダ類では, 造精器 (antheridium) は突出する. 1 細胞層. 藻類や菌類 (ツボカビ門) の造精器は単細胞で, 内部に多数の雌性配偶子を形成し, コケやシダの造精器とはまったく異質のもの. 〔出口博則〕

参考文献

Gifford, E. M. and Foster, A. S. (1989) *Morphology and Evolution of Vascular Plants*. 3rd ed. W. H. Freeman and Company, NewYork. (長谷部光泰, 鈴木 武, 植田邦彦監訳 (2002)：維管束植物の形態と進化, 文一総合出版)

Smith, G. M. (1955) *Cryptogamic Botany*. Vol. II, Bryophytes and Pteridophytes. McGraw-Hill, New York.

h. 精子・精細胞

配偶子は減数分裂によってできるが，形や機能が異なる2型をつくり，一方が他方よりも小型で運動性をもつとき，精子とよぶ．有胚植物（陸上植物）のうち，コケ植物，シダ植物，裸子植物のイチョウとソテツ類が精子を形成する．精子はほとんどが核であり，少量の細胞質が伴う．精子の運動性は鞭毛によって引き起こされる．ほとんどの有胚植物は2本の鞭毛をもつ精子（二鞭毛性精子）を形成するが，ミズニラ属，トクサ属，イチョウとソテツ類では，多鞭毛精子を形成する．これらの系統ではそれぞれ独立に二鞭毛性から多鞭毛性の進化が起こったと考えられている．精子産生数は種類によって大きく異なり，ミズニラ属は数個だが，シダ類の中には数千個の精子をつくるものもある．

被子植物や裸子植物の針葉樹類，グネツム類では運動性精子は形成されず花粉管の中を移動する精細胞が形成される．減数分裂によってできた小胞子内で液胞が発達し，核は細胞の周縁部へ押しやられ，細胞分裂によって栄養細胞と雄原細胞とに分裂する．これは一つの細胞が二つの異なった性質の細胞へと分裂する不等分裂である．細胞分裂時の物質の不均等分配によって異なった2種類の細胞ができると考えられているが，実際にどのような因子がかかわっているのかはわかっていない．さらに，この後の細胞動態が変わっている．雄原細胞は栄養細胞の中に取り込まれてしまう．したがって，雄原細胞の細胞膜の外側に栄養細胞の細胞膜がある状態で栄養細胞内に位置するようになる．このプロセスは，葉緑体やミトコンドリアの細胞内共生に似ている．この後，取り込まれた雄原細胞は細胞分裂して，二つの精細胞を形成する．この精細胞が花粉管内を輸送され，卵，中央細胞と受精することになる．もともと精子をつくっていた種子植物の祖先がどのように精細胞を進化させたのかはまったくわかっていない．精細胞は花粉管内の細胞骨格系によって輸送されるが，どのような分子機構の進化によって細胞移動が可能となったのかはよくわかっていない．さらに，卵細胞と精細胞が受精するために両者の間での細胞間認識が必要である．実際，受精に必須な精細胞特異的膜タンパク質が単離され，このタンパク質が正常に機能しないと受精が妨げられることがわかってきた．

鞭毛は後生動物，原生動物，藻類にも広く見られる．鞭毛形成にかかわる遺伝子は広く保存されている．これまでゲノム解析が進んだ被子植物シロイヌナズナは鞭毛をもたないが，緑藻類のクラミドモナスは鞭毛をもっている．精子に鞭毛をもつヒトのゲノム配列も明らかになった．そこで，ヒトとクラミドモナスにあって，シロイヌナズナにないような遺伝子を選びだすことによって，これまで知られていなかった鞭毛形成関連遺伝子が多数同定された． 〔長谷部光泰〕

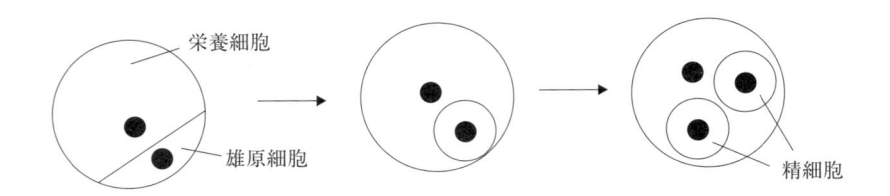

図 3.28 花粉における栄養細胞と精細胞の形成過程

i. 卵 ovum（英 egg，仏 ovule，独 Ei）

卵子，卵細胞ともいう．多細胞生物の雌性配偶子のうち，精子とよばれる雄性配偶子（小配偶子）と形態的，機能的に著しい差を生じ，大型で運動性をもたない配偶子（大配偶子）を指す．コケ植物，シダ植物では造卵器内にある2個の細胞のうち，大きく下方にある細胞をいう．裸子植物では胚珠内の胚嚢母細胞が減数分裂を行い，生じた4細胞のうち珠孔側の3細胞が消失し，残りの1細胞が胚嚢細胞（大胞子）になる．胚嚢細胞の核は多数の遊離核を形成し，その後隔壁を生じて多細胞からなる胚乳（一次胚乳）となり，続いて胚乳の表面にある珠孔側の細胞から二つの造卵器を生じる．

造卵器の中には二つの頸細胞と一つの中心細胞が形成され，中心細胞は不均等分裂を行い，大きい卵細胞と小さい腹溝細胞を形成する．腹溝細胞はすぐに消失して空げきを生じ，やがてその部分に液体がたまり，受精の際に花粉管から放出された精子が，泳いで卵細胞に達するためのプールとなる．形成された二つの卵細胞のうち一方のみが受精を行う．被子植物では胚嚢母細胞の減数分裂で生じた4細胞のうち，いくつが胚嚢形成にあずかるかによって，遺伝的変異が生じる（単胞子性，二胞子性，四胞子性胚嚢）．

多くの場合，珠孔側の3細胞が消失して残りの1個が大きくなり胚嚢細胞になる *Polygonum* 型であり，約80%の科がこのタイプである．胚嚢細胞は核分裂を行い，2核期，4核期の後，それぞれの核が分裂して8核となり隔壁が生じて，2個の助細胞，1個の卵細胞，二つの極核をもつ1個の中央細胞，3個の反足細胞の7細胞ができる．被子植物の受精は，重複受精とよばれる特異な様式を示す．すなわち，柱頭に付着した花粉から伸長した花粉管が胚嚢内の助細胞の一方に侵入し，そこで二つの精細胞を放出し，それぞれが卵細胞と中央細胞と受精して，胚と胚乳（二次胚乳）を形成する受精である．そこで，これら受精にかかわる卵細胞，助細胞，中央細胞を，重複受精の雌側の最小単位として Female germ unit（FGU）と名づけている．

卵細胞は助細胞とともに，形成当初の小さい四角形から，成熟につれて珠孔側が細長く，合点側が膨らんだ，大きな洋ナシ形またはフラスコ形の細胞になる．二つの助細胞の先端部は，珠孔を塞ぐように長くのびているのに対し，卵細胞の先端は助細胞より数 μm 合点側にずれてはじまり，膨らんだ部分は中央細胞と接している．中央細胞は胚嚢中央部のほとんどを占める大きい細胞で，形成直後は二つの極核が細胞の両端にあるが，受精時までに2核は卵細胞の直下まで移動して融合し，大きな球形の中心核となる．

卵細胞の合点側の，助細胞および中央細胞に接している部分の細胞膜はほとんど細胞壁をもたず，むきだしになっている．このような各細胞の配置や細胞壁の有無などは，受精時の花粉管の侵入や精細胞の放出，移送の経路と関係している．さらに，各細胞は細胞内の構造に明確な違いを示し，それぞれ強い極性をもつ．助細胞では珠孔側先端部に，花粉管の誘導に関係しているといわれている，繊形装置とよばれる指状突起をもつ．珠孔側の2/3を細胞質が占め，中央部に核がある．粗面小胞体やゴルジ体，ゴルジ小胞が多数見られ，分泌細胞の形態を示す．合点側1/3は大小の

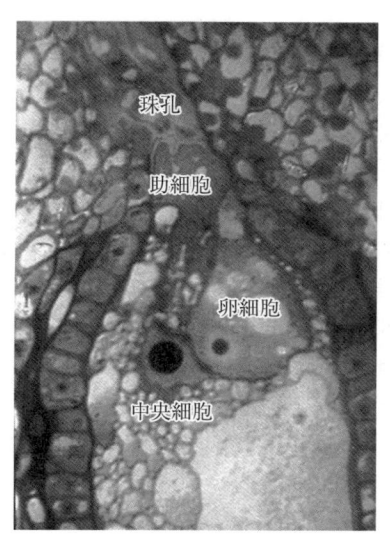

図3.29 クレピスの胚嚢

液胞が占めている．

　一方，卵細胞では，細長い珠孔側半分の部分を大きな一つまたは数個の液胞が占め，細胞質は膨らんだ合点側に局在し，その中央部に大きな球形の核がある．クロマチンは核全体に分散しており，ヘテロクロマチンがほとんど見られないのが特徴である．

　中央に1個の大きく球形の核小体をもち，核小体はしばしばrDNAの増幅が見られ，動物の卵細胞と同様，活発なリボソーム合成とその大量保存を示している．核と核小体の形態は，中心核のそれと非常に類似している．色素体は，大量のデンプンを含んだ大きなアミロプラストとして存在するもの（ナズナ，ゼラニウム）と，デンプン，チラコイドがほとんど発達しておらず，しばしばカップ型をしているもの（ワタ，クレピス）の両者が見られ，核を取り巻いて散在している．ミトコンドリアは通常クリステが少なく，球状または俵型であるが，ゼラニウムやトウモロコシでは，DNAを大量に含んだカップ型のミトコンドリアが数層，層状に積み重なった，巨大ミトコンドリアが観察されている．ER，ゴルジ体は少なく扁平であり，小胞の生産が不活発であり，分泌活動も見られない．通常，受精前の成熟卵は生理活性の低い静止期にあると考えられている．

　一方，1980年代から胚嚢内の個々の細胞を単離する試みがはじまり，卵細胞では1985年に，タバコで酵素処理と顕微解剖技術により，初めて単離に成功した．その後トウモロコシで，単離した卵細胞と精細胞を用いて電気融合（electron fusion）による in vitro 受精（IVF）を行い，稔性のある植物の作出に成功した．また，IVFにおいて，動物や下等な植物と同様，塩化カルシウムの添加による融合率の増加や，受精卵内のカルシウムイオンの一過的な上昇が観察されている．さらに，単離した卵細胞を使用した分子生物学的解析も進んでいる．多数の単離卵細胞およびIVFで得られた受精卵を用いてそれぞれcDNA libraryを作成し，特異的に発現する遺伝子を探索したところ，50余の遺伝子が得られ，その中でも，選択的なmRNAの安定化や転写に必要な因子と考えられている，真核生物翻訳開始因子のeIF-5A遺伝子が，卵細胞に大量に貯蔵されていることが確かめられた．さらに，単離卵細胞と中央細胞からのSSH-EST libraryによる解析では，それぞれ特異的な転写産物がとらえられた．卵細胞では細胞伝達，細胞成長/分裂，DNA合成，シグナル導入，ストレス関連因子などに関連した大量の転写の増加が見られ，一方，中央細胞では代謝，エネルギー，タンパク合成，タンパク修飾に関連した大量の転写の増加を示し，これらは受精後に形成する胚と胚乳の機能的な違いを反映していると考えられる．さらに，IVFによって得られた受精卵への，外来遺伝子の導入による形質転換植物の作出も試みられている．

〔黒岩晴子〕

参考文献

Bhojwani, S. S. and Bhatnagar, S. P. (1995)：植物の発生学（足立泰二・丸橋　亘訳），講談社サイエンティフィク．

Dresselhaus, T. *et al.* (1999b) A transcript encoding translation initiation factor eIF-5A is stored in unfertilized egg cells of maize. *Plant Molecular Biology.* **39**：1063-1071.

Hori, T. (Eds)(1997) *Ginkgo Biloba-A Global Treasure*, Springer-Verlag Tokyo.

Jensen, W. A. (1965) The ultrastructure and composition of the egg cell and central cell of cotton. *American Journal of Botany* **52**：781-797.

Kranz E, *et al.* (1991) In vitro fertilization of single, isolated gametes of maize mediated by electrofusion. *Sexual Plant Reproduction* **4**：12-16

Le, Q. *et al.* (2005) Construction and screening of subtracted cDNA libraries from limited populations of plant cells：a comparative analysis of gene expression between maize egg cells and central cells. *Plant Journal* **44**：167-178.

Russell, S. D. (1993) The Egg Cell：Development and role in fertilization and early embryogenesis. *The Plant Cell* **5**：1349-1359.

Wang, Y. Y. *et al.* (2006) In vitro fertilization as atool for investigating sexual reproduction of angiosperms. *Sexual Plant Reproduction* **19**：103-115.

3.4 栄養胞子体

(1) 栄養胞子体の由来

目につく陸上植物の植物体は普通胞子体であり，もう一つの世代である配偶体は微小で，さらに種子植物では胞子体の内部にとどまる．唯一これと違うのはコケ植物で，配偶体は比較的大きく中にはドーソニア（*Dawsonia*）のように背丈60 cmに達する大型のものもあるのに対して，胞子体は配偶体に栄養を依存する微小な世代である．このように，胞子体の大きさと複雑さの程度は生物群によってさまざまであり，進化の過程で多様になったと推定される．

栄養胞子体，つまり生殖に直接かかわらない胞子体の部分はどのように出現したのであろうか．それに対する答えは，陸上植物が祖先藻類から進化した過程で求めることができる．最近の分子系統解析によると，陸上植物にもっとも近縁な藻類はシャジクモ類であり，その中でもシャジクモ目（目は分類階級）であるとされる．シャジクモ類には配偶体世代のみがあって胞子体世代が存在しないことから，陸上植物の胞子体世代は，世代交代のないシャジクモ類型の生活環に胞子体世代が挿入されることによって出現したのであろう（Graham, 1993）．この説は挿入説とよばれる．それに対して，陸上植物の世代交代は，すでに存在していた祖先藻類の世代交代から由来したとする相同説は支持されない．シャジクモ類では接合子（受精卵）の最初の細胞分裂は減数分裂であり，それから直接接合胞子がつくられる．挿入説に沿うと，接合子の分裂様式が体細胞分裂に取って代わられた結果，2倍体の胞子体が生じ，何回かの体細胞分裂の後まで減数分裂が遅延した結果，胞子がつくられるようになった．このような分裂様式の変更がどのように起こったかはわかっていないが，結果として多細胞体の胞子体が生じた．祖先藻類としてのシャジクモ類で接合子の産物が接合胞子という無性生殖細胞であることを考慮すると，原始的な陸上植物の胞子体の特徴は胞子産生という生殖機能であったということができる．

(2) 胞子体の進化

胞子分析を含む化石研究および分子系統解析によると，最初の陸上植物はコケ植物あるいはコケ段階の植物であり，タイ類かそれに近縁と見られている．現在のところ，現生のコケ植物の中の系統関係については説得力のある仮説はまだない．そのような状況ではあるが，初期の陸上植物の胞子体は現生コケ植物に見られる胞子体のいくつかの形態のいずれかに似ているか，共有祖先形質をもった胞子体であったと考えてよいだろう．コケ植物の胞子体は先端から蒴（＝胞子嚢），蒴柄（＝胞子嚢柄）および足からなり，それらが上下方向に1列に配置している．蒴柄は群によってあるものとないものがあるので，胞子を産生する無性生殖器官である胞子嚢と，その基部にあって配偶体に従属栄養し，そこから養分吸収するために不可欠な足の二つの組合せがコケ植物胞子体の基本構造であるといえる．この解釈に基づくと，コケ植物以外の陸上植物つまり維管束植物に見られる栄養胞子体はコケ型の生殖胞子体ともいえる胞子体に追加された新しい部分であることになる（Kato and Akiyama, 2005）．

コケ植物と維管束植物の違いは維管束組織の有無のほかに，茎という栄養器官が分枝して複数の枝に胞子嚢ができることである．その特徴を強調

して、維管束植物は多胞子嚢（多嚢）植物に含まれるとする分類体系が注目されている（Kenrick and Crane, 1997）．胞子体あたり胞子嚢が複数できるのは茎（軸）が分枝する結果であるが，茎の分枝は茎頂分裂組織が持続して分裂することによって起こる．したがって，そのような頂端分裂組織が出現することによって多胞子嚢植物が進化したといえる．一方，コケ植物には胞子嚢形成あるいは足形成に関与する分裂細胞はあっても，維管束植物のものに匹敵する持続性のある分裂組織は存在しない．分裂組織が持続して分裂することによって分枝する軸状の茎が生まれ，その後胞子嚢が形成しその中で胞子がつくられる．そのような性質をもった分裂組織がどのように生じたかは明らかでない．化石の証拠から始原的な多胞子嚢植物は，原始茎が分枝し枝の上に胞子嚢をつけるだけの単純な体制であったことがわかっている．しかも，そのような多胞子嚢植物の中には維管束を分化する維管束植物とそれがない前維管束植物が含まれている．かつては維管束植物と思われていた *Aglaophyton* などは維管束植物である *Cooksonia* に大変よく似ているが，化石の再検討によって前維管束植物であることがわかった．前維管束植物ではコケ植物に見られるハイドロイド，レプトイドに似た組織が通道および支持の役割を果たしている．このことから，維管束が分化する前に多胞子嚢性つまり茎頂分裂組織によって分枝する茎が現れたことが考えられる．

シルル紀後期からデボン紀前期にかけて栄えた初期の維管束植物・前維管束植物は現存する植物とはおよそ姿かたちがかけ離れていた．そのような形態を現生植物の形態の始原型としてとらえ，テローム概念が提唱された．テロームとは，器官が未分化な原始的な維管束植物の軸状器官の末端軸を指す．それより下部の節間の軸はメソームとよばれるが，部位によってテロームとメソームを使い分ける形態学上の根拠は乏しいので，メソームもあわせてシンテロームということもある．原始的な維管束植物および前維管束植物の体はテロームとメソームあるいは分枝するシンテロームから成り立っていたとみなす．下記のように，テロームから大葉が進化（テローム説）するか，あるいはテローム表面の突起から小葉が進化（突起説）するのに伴って，残りのテロームからは茎と根が分化したとみなす．テローム概念は，原型を重視する形態学で多用されることがあるが，分枝するだけの円柱状のテローム，それに似た根，茎頂で器官分化する茎などの軸器官をさまざまな角度から比較することが重要である．

(3) 陸上生活への適応

栄養胞子体にあたる部分がないか，占める割合が小さくて単純なコケ植物の胞子体に比べて，維管束植物の栄養胞子体は一般に茎，根，葉に複雑に分化している．例外的に，これら3基本器官以外に担根体とよばれる器官や，根がない植物が知られている．基本器官は植物群が違っても同じような形態とはたらきをもっている．しかし，各器官は単一起源ではなく，複数の植物群で独立に起源したと見られる．葉は小葉，大葉（真葉），楔葉などに分けられる．現生植物および化石の比較形態から，小葉は原始的な茎（テローム）の表面にあった突起から由来し（突起説），一方，大葉と楔葉は原始的茎の分枝した枝系が変形してできたと見られている（テローム説）．大葉の起源はテローム説で解釈できたとしても，古生物学的研究から見て単一起源ではなく，複数の群で独立に枝系（シンテローム）から由来したと考えられる．興味深いことに，小葉は大葉よりも約4000万年早くデボン紀初期に起源した．それは二酸化炭素濃度が高く気温も高かったと推定されるデボン紀以前の状態からデボン紀を通じてそれらが低下した大気の変化に関係したという指摘がある（Beerling et al., 2001）．大葉は，気温が下降したデボン紀後期に，通道・蒸散組織の発達に伴って本格的に進化したと考えられている．葉が複数回起源したとすると，そのような葉をつける茎も原始的茎から複数回起源したということになる．根についても，複数回起源説が有力であり，少なくとも小葉類（ヒカゲノカズラ類）とそれ以外の維管束植物（シダ類，トクサ類，種子植物）で独立に根が進化したと推定される．それは両者の根が分枝様式がは

っきりと異なるからである．前者では，根は根端分裂組織が二分する結果，二又分枝するのに対して，後者では根端分裂組織の後方にある内鞘あるいは内皮から側根が生じるので見かけ上単軸分枝である．このように，茎，根，葉は形態・機能が似通っていても祖先器官からの由来や系統的な起源が同一とは限らない．これらは，植物が陸圏で生活するうえで重要で適応的な栄養器官であり，その進化はひいては適応度（繁殖力のある子孫の産生性）を高めることにつながったのであろう．

陸上で生活するということは，乾燥しやすい環境で生活するだけでなく，よりよい光条件を得るために重力に耐えながら上下方向に成長するということでもある．鉛直成長は茎，根あるいはそれらの祖先器官に支持および通道組織としての維管束（中心柱）が発達することによって可能になった．初期の維管束植物の胞子体は高さがせいぜい 30 cm 程度で，その維管束は頂端分裂組織から形成された一次組織であっただろう．デボン紀後期になると，背丈が高くなる木本が複数の系統群で現れた．木本という形状は二次木部（材とよばれる）を含む二次維管束によって特徴づけられるので，それを分化させる二次分裂組織の形成層が起源して肥大成長し，支持・通道のはたらきが増大できた樹木の出現をもたらしたのである．その結果，地表から数十 m，樹種によっては 100 m 前後の高さも植物の生活圏として利用するようになった． 〔加藤雅啓〕

参考文献

Beerling, D. J., Osborne, C. P. and Chaloner, W. G. (2001) Evolution of leaf-form in land plants linked to atmospheric CO_2 decline in the Late Palaeozoic era. *Nature* **410**：352-354.

Graham, L. E. (1993) *Origin of Land Plants*. John Wiley & Sons, New York.

Kato, M. and Akiyama, H. (2005) Interpolation hypothesis for origin of the vegetative sporophyte of land plants. *Taxon* **54**：443-450.

Kenrick, P. S. and Crane, P. R. (1997) *The Origin and Early Diversification of Land Plants：a Cladistic Study*. Smithsonian Institution Press, Washington.

a. 胚乳

被子植物の種子内につくられた内乳と周乳を合わせたものを胚乳とよぶ．内乳のできかたを見ると，普通胚嚢内にできた2個の極核と花粉管で運ばれてきた1個の精細胞の核と，合わせて3核が授精してできた大きな内乳核がつくられる．しかし，種によっては極核が1個，あるいは4核あるいはそれ以上あることもあるため，最初の内乳核をつくる核数は定まっているわけではない．最初の内乳核は，その後核分裂を繰り返してから細胞に変わるか，あるいは最初から1個の大きな細胞（中心細胞ともよぶ）として細胞分裂を繰り返して，内乳を形成する．ココヤシなどでは，内乳の大部分は液状で，果実の先端に孔を開けて飲用する．

一方，周乳は，胚嚢のまわりの珠心の細胞がそのまま発達したものである．周乳は，スイレン科やコショウ科などに見られ，これらの植物では，内乳がほとんど発達しない．

成熟した種子では，内乳も周乳もともにデンプンや脂質に富んでいる．種子が成熟するまでの間に，胚乳に含まれる養分が胚の成長に消費され尽くしてしまうことがある．胚乳を消失してしまった種子を無胚乳種子とよぶ． 〔戸部　博〕

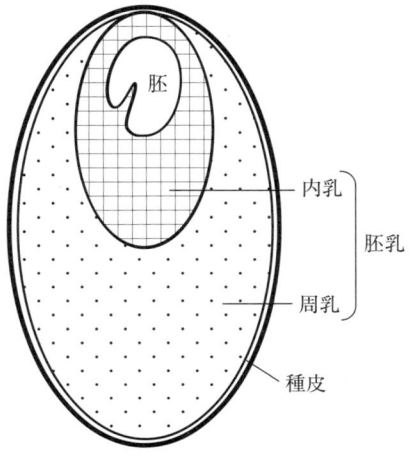

図 3.30　被子植物の種子の構造と胚乳

b. 胚

　多細胞生物において，外見上，成体に見られる器官が形成されていない発生段階に対する呼称である．単細胞である受精卵から多細胞個体への発生過程において，通過しなければならない段階である．単細胞生物から多細胞生物が進化する過程で，胚発生過程は徐々に進化してきたはずであり，祖先の胚発生に新しい発生段階を加える，あるいは祖先の胚発生を改変することによって，発生過程の進化が起こったと考えることができる．そして，脊椎動物の尾芽胚が魚類から哺乳類まで類似していることから，個体発生過程は系統発生を繰り返していると提唱されたこともあった．

　しかし，詳細な研究から個体発生は決して系統発生を繰り返していないことがわかってきた．ワールドゥロウ（Wardlaw）は 1955 年に，陸上植物の胚発生過程を詳細に比較研究し『植物の胚発生』という大著を出版した．しかし，陸上植物の中でもっとも後に進化した被子植物の胚発生を見ても，より以前に分岐したシダ植物，コケ植物の胚発生様式に対応する部分は見つからなかった．当時，ワールドゥロウは，陸上植物の代表的な分類群の系統関係がわかっていないこと，これらの分類群の間にある中間的な分類群が絶滅してしまったことなどによって，分類群間の胚発生を対応づけることができないのではないかと考えた．しかし，陸上植物の系統関係がほぼ明らかになり，化石記録もたくさん蓄積してきた今日でも，ワールドゥロウの悩みは解決していない．生物は徐々に複雑化したのに，その痕跡を発生過程にたどることができないというのは生物の進化を理解するうえで大きなジレンマである．

　「個体発生がどうして系統発生を繰り返さないのか」という問題を解くには，胚発生過程をより質的に詳細に，すなわち，外観ではなく遺伝子の時間的空間的相互作用の観点から研究を進めていく手法が有効だと考えられている．　〔長谷部光泰〕

参考文献
Wardlaw C.W. (1995) *Embryogenesis in plants*, Methuen, Wiley.

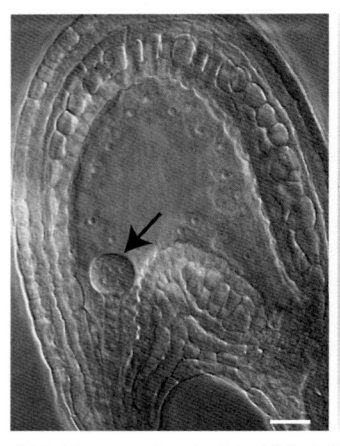

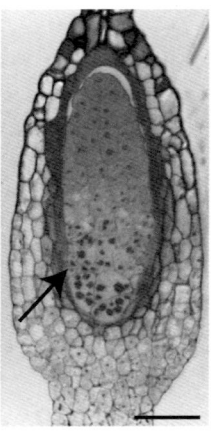

図 3.31　シロイヌナズナ（左）とヒメツリガネゴケ（右）の胚（矢印）
スケールは 20 μm（左）と 50 μm（右）．シロイヌナズナ胚は日渡祐二氏（基礎生物学研究所），ヒメツリガネゴケ胚は榊原恵子氏（モナシュ大学）提供．

c. 茎頂分裂組織

　茎頂分裂組織はシュートの先端にある細胞群で，植物体地上部すべての源である．胚発生初期に形成され，通常，生殖細胞ができるまで維持される．受精卵の最初の分裂で頂端細胞と基部細胞ができ，茎頂分裂組織は頂端細胞の細胞系譜にある．無種子植物（コケ植物，シダ植物）では単一の頂端細胞が終生維持されるように見える．しかし，受精卵の第一分裂でできた頂端細胞と茎頂分裂組織にある頂端細胞が同じ分子機構で維持されているのかはわかっていない．一方，種子植物では胚発生初期に頂端細胞が複数になり，以後，単一の頂端細胞は認められない．種子植物の茎頂分裂組織は少なくとも幹細胞，幹細胞を維持する細胞（ニッチ細胞），分裂活性の高い細胞の3種類の機能の異なる細胞を含んでいると考えられている．これは，動物細胞の各種幹細胞の維持機構と類似している．しかし，後生動物と陸上植物は単細胞の共通祖先から独立に多細胞化したものであり，多細胞体内における幹細胞維持機構も独立に進化したはずであるから，両者の類似は相似である．生物が進化の過程で複数回似たようなシステムを進化させたことは生物の進化能を考えるうえで重要であり，動植物双方の幹細胞システムの包括的研究が必要である．

　幹細胞とは，自分と同じ細胞をつくりだす能力（自己複製能）と別な性質をもった細胞（分化細胞）をつくりだせる能力（分化能）を併せもった細胞である．幹細胞の細胞分裂によって，二つの幹細胞ができる場合，幹細胞と分化細胞ができる場合，二つの分化細胞ができる場合，そして，幹細胞が細胞分裂を経ずに分化細胞へと変化する場合がある．茎頂分裂組織には，これら3種類の幹細胞が存在しているのか，あるいはどれかなのかはわかっていない．被子植物の場合，幹細胞の基部側にニッチ細胞がある．真正双子葉類のいくつかの種では，ニッチ細胞で発現する転写因子WUSCHEL（WUS）が幹細胞でペプチド性シグナル因子CLAVATA3（CLV3）の発現を誘導し，幹細胞のCLAVATA1とCLAVATA2複合受容体を介して幹細胞維持のシグナルが形成されていることがわかってきた．そして，ニッチ細胞のWUSがどうやって幹細胞でCLV3の発現を誘導できるのか，他の制御系はないのかなど分子機構解明に向けた研究が盛んに行われている．幹細胞の側方の細胞は分裂活性が高く，そこで細胞数が増え，増えた細胞の一部が葉へと分化する．一方，幹細胞から下側へ切り出された細胞はニッチ細胞を経て分裂活性の高い細胞になり，さらに茎へと分化していくことになる．このような細胞状態の大きな変化は植物特有のものであり興味深いが，その分子機構はまったく不明である．無種子植物では，頂端細胞から切り出された細胞が順次分裂をする．種子植物のように分裂活性の低い，ニッチ細胞的な細胞は観察できない．このことから，無種子植物の頂端細胞は幹細胞とニッチ細胞の両方の役割を担っている，あるいは，ニッチ細胞を必要としない幹細胞系であるといった可能性が考えられるが実態は不明である．

〔長谷部光泰〕

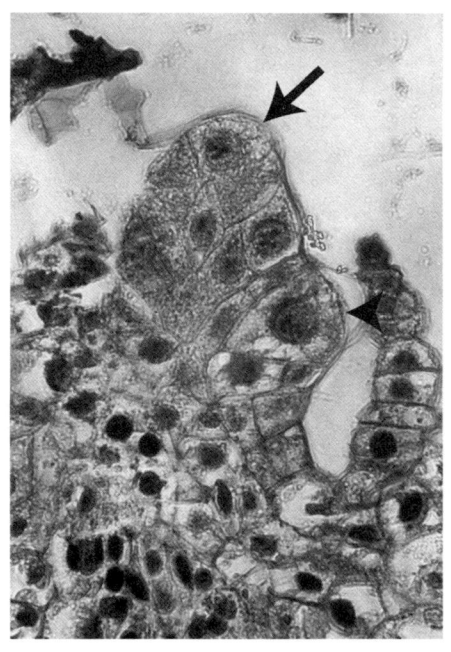

図3.32　リチャードミズワラビ（シダ植物）の茎頂縦断面
頂端細胞（←の先）と葉始源細胞（◀の先）

d. 子葉

　子葉の定義は簡単そうで，意外にやっかいである．事典類でしばしば書かれているのが，「種子植物の個体発生において，最初に形成（展開）する葉」という定義である．

　ただし「最初に展開する」という定義は誤りであろう．エンドウやシイガシ類などで見られるような地下性の子葉の場合は，子葉は貯蔵器官として特化しており，展開をしないからである．一方，「最初に形成する葉」という定義も難しい．胚発生の過程においては，球状胚に軸性が顕在化するとともに，幼根の原基とともに茎頂分裂組織の予定領域が決定され，それら以外の部分が，胚軸および子葉の原基となる．このとき，多くのいわゆる双子葉植物の場合は，茎頂分裂組織の予定領域をはさむ形で1対の葉的な器官が形成される．これが子葉である．このように，形成された器官が背腹性を示すならば，明らかに子葉と認めることができるが，そうではない場合も多い．たとえば，イネの胚の胚盤は，胚発生の過程でシュート側に最初に形成されること，またその形成と同時に茎頂分裂組織の位置が決まることから，子葉にあたる器官と考えられるが，変形の度合いが著しく，葉的構造をなさない．したがって，定義としては，「種子植物の胚発生の過程において，茎頂分裂組織の予定領域が決定されることに伴い，それに隣接して生じる器官」とするのが妥当であろう．

　これに関連して，子葉と普通葉との間の関係も議論の余地が多い．普通葉を，茎頂分裂組織から由来する側生器官と定義すると，上述のように，子葉とは異なる器官ということになる．しかし，モデル植物として研究に使われているシロイヌナズナの場合は，*leafy cotyledon1* (*lec1*) 変異体などの解析から，子葉と普通葉とはホメオティックに変換されうることがわかっており（図3.33），相同器官とみなしても矛盾しない．その点，興味深い例として，イワタバコ科のモノフィレラ属の種では，子葉の基部にある分裂組織が発芽後に活性化されることで，子葉が永続的な発生を続ける．

この場合，胚発生中にできていた子葉の部分と，発芽後に形成される葉身の部分とは，構造的に明らかに異なる（すなわち，後者は普通葉とみなせる）が，表面上は切れ目なく連続した器官となる．

　なお，以前はこの数によって「単子葉」と「双子葉」に分類する試みがなされたこともあったが，上記のように，子葉の定義がそもそもあいまいであったうえ，形態学的にも，本来2枚形成されるはずの子葉が，癒合して1枚となっている例も少なくない．そのため，子葉の数だけを見て議論することの意味は希薄である．また現在では，分子系統学的解析の結果，被子植物を大きく「単子葉」と「双子葉」の2綱に分ける扱いは誤りであったと判明している．

〔塚谷裕一〕

参考文献
Tsukaya *et al.*, (2000) *Planta* **210**：536-542.

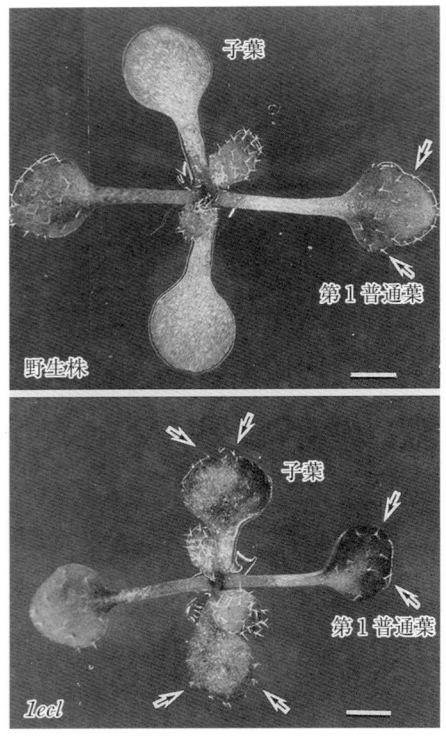

図3.33　シロイヌナズナ*lec1*変異体の子葉（下）は，野生種（上）の子葉と異なり，普通葉と同様に，表皮に毛（矢印）を有するほか，種子貯蔵タンパク質の蓄積を欠き，休眠性や乾燥耐性も有しない，いずれも普通葉の性差に相当する（Tsukaya *et al.*, 2000；一部改変）．

e. 葉

　葉は，茎頂分裂組織から形成される側生器官である．ただし，コケ植物や小葉類（ヒカゲノカズラなど）がつくる「葉」は，シダ植物門やトクサ植物門からなるいわゆるシダ植物や，種子植物がつくる「葉」とはかなり性質の異なる器官と考えられている．

　まずコケ植物の「葉」は，単相世代がつくる側生器官という点で，その他の「葉」と大きく異なる．最近の分子遺伝学的な解析結果も，この見解を支持している．

　また小葉類の「葉」は，いわゆるシダ植物や種子植物の「葉」すなわち大葉とは構造的に異なることから，小葉として区別される．大葉には，複数の維管束が入り，茎から分かれる際に，茎の維管束が分断されるか，葉隙という維管束の間隙ができるが，小葉には1本の維管束しか入らず，その葉の形成に伴って，茎の維管束に分断が生じない．小葉は文字通り小型のものが多いが，まれに数cmをこえ，一見，大葉に見えるものとなるものもある．

　一方，もっとも普通に目にする「葉」である大葉も，シダ植物と種子植物とでは，それぞれ独立に進化したものと考えられており，形態学的・発生遺伝学的にはよく似た器官であるが，内容的には異なるものである可能性がある．しかし，発生学上は酷似しており，葉原基が生じる際には，茎頂分裂組織の周辺領域で細胞分裂の活性が局所的に上昇することが引き金となる．

　そのうち種子植物の大葉の場合は，冒頭のものよりも厳密な定義として，以下の諸点をあげることができる．

① 茎頂分裂組織から形成される側生器官であり，原則として背腹性をもつこと．
② その基部の向軸側における茎との接点に，腋芽としての茎頂分裂組織を形成すること．
③ その器官上に，原則として茎頂分裂組織を有さないこと．

　この定義上，また比較形態学上，花を構成する萼片，花弁，雄ずい，心皮（雌ずいの構成単位）も，それぞれ葉に相同の器官と見ることができる．事実，葉の形態を特定的に制御する遺伝子の変異体のほとんどは，葉と同じ表現型を花器官にも示す．

　以上の葉の定義は，元来，比較形態学的研究から導かれたものであったが，葉の形成にかかわる遺伝子群の発現パターンや機能に関する現在の理解から見ても，葉の定義として本質的なものと考えられる．たとえば，葉の背腹性を決定する遺伝子に異常をきたすと，背腹性に基づいた形態的な平面性が失われるとともに，腋芽の生じる位置も異常をきたす．また，茎頂分裂組織の永続的活動性にかかわる遺伝子の多くは，葉の原基では発現が抑制されていることが知られている．

　なお③については，センダン科の *Chisocheton* 属がつくる無限葉のような例外があるほか，背腹性を二次的に失った葉も少なくない．

　葉は光合成器官として，光を最大限吸収するために広い面積をもつ必要があり，かつ二酸化炭素などのガス交換の必要から薄く多孔質である必要があるが，これらは乾燥をもたらしかねないため，生育環境に適した乾燥対策との兼ね合いで，妥協的な形態をとらざるを得ない器官である．葉の形態が多くの例外をもつ背景には，環境への適応をもっとも強く迫られた器官であるという点が，あげられよう．

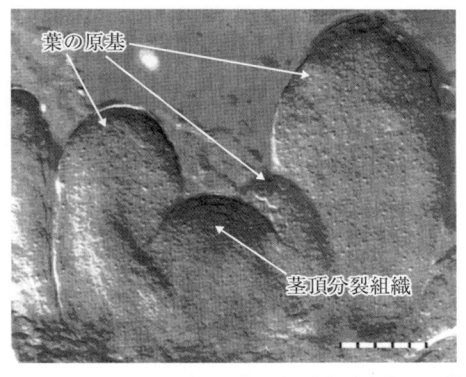

〔塚谷裕一〕

図3.34　シロイヌナズナの茎頂付近を透明化して撮影．茎頂分裂組織の周辺で若い葉原基が順番に発達しつつある．スケールは50μm．

f. 托葉

　葉柄の基部側あるいは葉に付随して茎上に生じる構造で，葉身と明瞭に区別され，その形成が葉の形成に完全に連動した器官を，総称して托葉という．葉にはしばしば蜜腺なども付属することがあり，それと区別するため，原則として托葉は，通常の普通葉と同様に背腹性があり平面性も明らかな形態をとるものに限られる．しかし，サルトリイバラの托葉のように，一部ないし全体が巻きひげに変形する場合や，ニセアカシアのように針状に変形している場合もある．また，例外的にシロイヌナズナの場合のように，葉の基部に生じる極小の分泌腺状の構造に対しても，托葉という呼称が使われることがある（これは正確には誤用である：図 3.35 も参照のこと）．

　托葉が形成される位置はさまざまである．葉柄の軸上につくもの，対生する葉の基部に，葉の対に対して直角の位置につくものなどがある．また，複葉に付随する場合は，小葉対の基部に生じる場合もあり，これを小托葉という．多くの場合，托葉は，葉身本体に比してやや形態が異なるため，托葉と葉とを区別することは比較的容易であるが，中には区別に迷う例もある．

　たとえば，マメ科の複葉に付随した托葉の場合は，生理的条件や遺伝子変異によって形成される位置がずれ，本来の位置より複葉の小葉の位置に近づいて形成されることもある．この場合，それが托葉なのか，異所的に形成された小葉なのかは判断が難しい．また，アカネやヤエムグラ（図 3.36）のように，本来の葉と酷似した形態・サイズの托葉が形成される場合には，見分けが困難である．この場合は，アカネ科が基本的に対生の葉をもつこと，また葉の一般則として，基部には腋芽が生じることを指標に，葉と托葉とを見分けることになる（腋芽をもたないものが托葉である）．また逆にヨモギのように，托葉に似た小さい葉身が葉柄基部側に形成されること（これを偽托葉という）もある．

　このように托葉は，葉との差異が不明瞭なところもあるが，興味深いことに，エンドウの托葉の場合は，葉の本体とはその形態形成のメカニズムが異なっていることが知られている．たとえば，複葉を構成する小葉がすべて巻きひげに変化してしまう変異体においても，その基部にある托葉は形態的な変化を示さない．また，複葉の繰り返し単位が減少し，極端な場合単葉になってしまう変

図 3.35 ヒマラヤザクラの若い葉を示す．葉の基部には深く切れ込んだ托葉とともに，矢尻で示す蜜腺も認められる．スケールの単位は cm．

図 3.36 ヤエムグラの葉と托葉．矢印で示す腋芽を抱く 2 枚のみが真の葉で，残り 6 枚は托葉とされる．

異体でも，托葉は正常に形成される．背腹性の決定機構などは，おそらく葉身と托葉とで共通と想像されるが，以上の知見からすれば，托葉は葉とは異なる独自の器官とみなすことができる．

変異体の場合に限らず，自然界においても托葉は，葉の本体とは挙動を異にすることが多い．たとえば，休眠芽の芽鱗(がりん)形成においては，葉身が発達せずに托葉部分だけが発達し，芽を保護する役目を担う例が多く知られているほか，逆に桜の類（図3.35），ブナ，クワ，ユリノキなどのように，新葉の展開後，速やかに離脱してしまう托葉も多い．このように托葉は，形態・機能上も多岐にわたっており，おそらく起源もそれぞれ異にしていると考えられる．なお，イネ科の葉については，葉鞘の部分を托葉とみなす意見もあるほか，葉身そのものも托葉と融合した複合器官ではないかとする見解もある． 〔塚谷裕一〕

g. 変形葉

普通葉とは異なる形態や機能を有する葉を総称していう．その多くはシュート（茎や枝）の低位置と高位置に見られる．

高位置につく葉は総称して高出葉(こうしゅつよう)(hypsophyll)とよぶが，そこでの変形葉を代表するのは苞葉(苞)(ほうよう)である．苞葉にはミズバショウの仏炎苞(ぶつえんほう)やクリやクヌギの殻斗の針状葉や鱗片葉(りんぺんよう)など，多様でさまざまな形態が見られる．苞葉の中には，ヤクシソウのように普通葉と同形でおもに光合成機能を営むものがあるが，いずれも生殖枝（花と花序）の蓋葉として，それらの芽を保護する役割をもつ．苞葉に腋生(がいよう)する枝に出る蓋葉は小苞葉（二次苞），さらにその枝のものを三次苞などと称す．花序枝が密集したキク科の頭状花序や殻斗などの総苞では，苞葉は総苞片とよばれる．

低位置にある葉は総称して低出葉(ていしゅつよう)（cataphyll[広義]）とよぶが，そこでの変形葉の形態は多様である．小型で休眠芽を被う鱗片葉，タマネギなどの鱗茎をつくる貯蔵葉，さらにはウツボカズラやモウセンゴケなどの捕虫葉などの特殊な機能を担うものが見られる．枝がつくられるときの低出葉，すなわち最初の1または2葉のことを前出葉(prophyll)とよぶことがある．単子葉植物では，この最初の2葉は以降の葉に比べ極端に小型であることが多い．イネ科の花序である小穂での二つの護頴(ごえい)は，特殊化した二つの前出葉とみなすことができる．

胚の形成時につくられる子葉も変形葉と見ることができる．双子葉植物の多くは二つの同形同大の子葉を有するが，単子葉植物を中心に一つまたは特殊な形態をした子葉をもつ種も少なくない．子葉には，栄養分を貯蔵する役割を担うものもある．

花をつくる花葉も変形葉といえる．花葉にはがく片，花弁，雄ずい，雌ずいがあり，それぞれが独自の機能をもつ．また，雌ずいを構成する単位はとくに心皮とよばれる．花葉に見られる，がく片，心皮などへの器官分化の決定の仕組みは，

ABCモデルによって説明することができる．

シュート上での位置に関係なく現れる変形葉に，エンドウのように複葉の一部が巻きひげとなる葉やサボテン類の葉針がある．ただし，巻きひげには托葉（サルトリイバラ）などの変形に由来するものもある．また，鱗片葉はシュートの基部以外にも生じることがある．

変形葉と紛らわしい言葉に，異形葉（heterophyll）がある．これは一つの個体中に鱗片葉と普通葉，苞葉など，かたちの異なる葉があることをいうが，多くは，針葉樹のイブキやサワラなどに現れる鱗片状のヒノキ型と針状のスギ型葉の混在のような，普通葉における異形態をした葉の存在を指すことが多い．クラマゴケやヒルムシロなど，異形葉の多くのものは2型葉性（dimorphism）である．また，イラクサ科ミズ属などに現れる，同じ節につく葉の異形葉性（heterophylly）は，不等葉性（anisophylly）とよばれている．ヒイラギのように成長に伴う葉形の変化もあり，これも広い意味の異形葉性に含められる． 〔大場秀章〕

h. 異形葉

異形葉とは，水辺の植物が水中と陸上とで異なる形態の葉をつける現象を指す．水中では細長い葉，陸上では幅広の葉をつけることが多い（図3.29）．異形葉は，水生シダ類のデンジソウ（デンジソウ科）から，双子葉植物のスギナモ，アワゴケ科アワゴケ属（*Callitriche heterophylla*）などさまざまな系統群に見られることから，各植物群で平行進化したものと考えられている．水中と陸上とで葉形が異なるのは，それぞれの環境に適応するためだと考えられてきたが，環境適応においてこうした葉形の違いにどのような意義があるのかについては，あまり明らかになっておらず，今後の問題である．

一方，異形葉の制御メカニズムについてはかなり解析が進んでいるので，ここではその現況を概観する．多くの水生異形葉植物において，水没条件下でアブシジン酸（ABA）を処理すると陸上型の葉が形成される．一部の植物種では陸生条件下では水没条件下よりも内生ABA濃度が高いことも確認されており，ABAは陸上葉形成を誘導するといえる．一方，水生異形葉植物チョウジタデ属（*Ludwigia arcuata*，アカバナ科）を用いたわれわれの実験から，陸生条件下でのエチレン処理によって水中型の葉が形成されることが示され

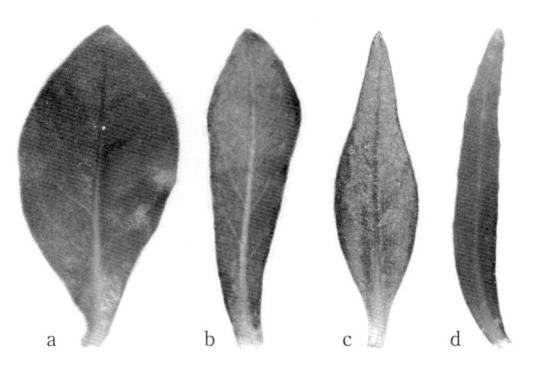

図3.37 *L. arcuata*の異形葉変化
a：気中葉
b：気中から水中へ移行したときの中間体の葉
c：水中から気中へ移行したときの中間体の葉
d：水中葉

た．水没条件下での植物体内のエチレン濃度は陸生よりも高く，また，水没条件下でエチレンの受容阻害剤を処理すると，水中葉形成が阻害されたことから，エチレンは水中での水中葉形成に必須であるといえる．さらなる生理学的解析から，異形葉形成は ABA とエチレンという二つの植物ホルモンの相互作用によって制御されることが明らかになった．

水生異形葉植物は，葉形の制御メカニズムを考えるうえで，興味深い実験材料である．陸生条件下で新たに形成された葉は陸上型，水中で新たに形成された葉は水中型になるが，形成途中で環境変化を経験した葉は，成熟すると陸上型と水中型の中間的な形態を示す（図 3.37）．*L. arcuata* を用いて中間的な葉の形成プロセスを解析したところ，葉の基部側において，細胞の分裂パターンや伸長程度が環境変化に応答して大幅に変化し，最終的な葉形が変化していた．このことから，水生異形葉植物の葉形は葉の形態形成の開始時にすでに決まっているのではなく，葉の形成途中でも変更可能であり，可塑的な葉の形態形成が可能であるといえる．

なお，本項では異形葉（heterophylly）について述べたが，heteroblasty という似た現象もあることを追記する．日本語ではどちらもイケイヨウ（異形葉）とよばれ，こちらの異形葉植物体の成長段階の進行に伴って，子葉，幼葉，成葉などの，形態の異なる葉が形成される現象を指す．本項でおもに述べた異形葉では，生活環の中で環境変化に従って，何度でも葉形変化できるが，heteroblasty では，生活環の中で一度過ぎた成長段階の葉は，二度と形成されないという点で異なる．

〔桑原明日香・長田敏行〕

i. 毛，鱗片

毛とは，植物体の表皮組織の突起様構造のことである．トライコーム（トリコーム）も毛と同義だが，慣用的には，根毛を除いた地上部の毛を指すことが多い．とくに，シダ植物の葉柄などに生じる表皮性突起を鱗片とよぶ（鱗片という語は鱗片葉をも指すが，これは葉であってまったく異なる構造である）．

毛の機能・形態はきわめて多様であり，葉，茎，花器官，種子，根とあらゆる器官に見られる．機能に基づくと，根毛などの吸収毛，分泌をつかさどる腺毛，食虫植物の粘毛や感覚毛などに分けられる．また，形態，とくに分岐パターンによっても，鱗毛，星状毛，乳頭突起などに分類される．毛には，単細胞のものも多細胞のものもある．表皮以外の組織が含まれる場合は，毛ではなく毛状体とよぶが，区別は必ずしも明瞭ではない．

毛は分類学的形質として植物の同定に重要な役割を果たす一方，機能については，分泌性の腺毛などを除き，あまりわかっていない．ただし，シロイヌナズナなどを用いた研究で，毛をつくるコストにより種子数（適応度）が減少することが示されている．それでも毛をつくっているということは，なんらかの適応的な機能があることを示唆している．たとえば，植物によっては，毛が太陽光線，とくに紫外線による葉肉の損傷を防ぐことが示されている．また，葉の下面にある毛は，気孔からの過剰な蒸散を防ぐ．アブラナ科などを用いた実験では，毛は昆虫，とくにチョウ目幼虫による食害を防ぐことが示されており，食害によって植物体の毛が増加することも知られている．高山植物では，綿のような毛が植物体をおおうことによって耐寒性を高める「セーター植物」も知られている．

モデル植物シロイヌナズナの葉の毛（慣用的にトライコームとよぶ）と根毛（図 3.38）は，細胞分化の発生生物学的研究と，細胞生物学研究のモデル系として盛んに研究されている．これは，表面にあって観察が容易であることと，異常があっ

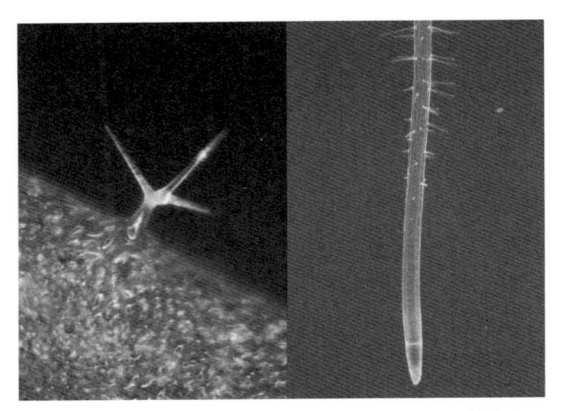

図3.38 シロイヌナズナの葉のトライコーム（左）と根毛（右）（写真提供：植田美那子）

ても研究室内での生存への影響が小さいために，突然変異体の単離など遺伝学的実験が容易なためである．葉では，表皮細胞のうちの一部がトライコーム細胞に分化するが，トライコーム細胞どうしは表皮細胞群の中でおたがい離れている．ここには，ある細胞がトライコームに分化すると，隣の細胞がトライコームになることを抑制するメカニズム（側方抑制）がはたらいていると考えられている．突然変異体を用いた分子遺伝学的研究から，根毛と葉の毛の細胞分化をつかさどる遺伝子は多くが共通しており，myb, myc, ホメオボックス型などの転写因子ファミリーが関与していることが知られる．〔清水健太郎〕

j. 葉　序

植物の葉は茎に規則的な周期で形成され，この配列様式を葉序とよぶ図．成長段階によって葉序が変化する植物も知られている．葉序は頂端分裂組織から葉原基ができるときのパターンを反映したものである．

葉序形成の経験則として，交互の法則が知られている．この法則は，新しい葉原基ができるときは，かならずその直前にできた葉原基からもっとも遠い部分に葉原基ができるというものである．最近，葉序形成の分子機構がシロイヌナズナのオーキシン輸送タンパク質の解析から明らかになり，どうして交互の法則が成り立っているのかがわかってきた．茎頂にある植物ホルモンオーキシンはオーキシン輸送タンパク質のはたらきで組織内から，最外細胞層へと輸送される．オーキシン濃度がある程度以上高くなるとオーキシン排出タンパク質であるPINFORMED（PIN）の発現が誘導される．PINは細胞膜上に位置し，隣の細胞へオーキシンを輸送することに必要である．PINはオーキシン濃度の高いほうへオーキシンを運ぶように局在する．最外細胞層では，オーキシン濃度にばらつきがある．最初にPINを誘導できるくらいオーキシン濃度が高くなった場所があると，その場所でPINが誘導される．すると，誘導されたPINはその場所のもっとも濃度の高い領域へオーキシンを運ぶように局在し，オーキシン濃度の勾配ができる．この，オーキシン濃度がもっとも高くなった場所が葉原基である．PINは葉原基の中央に向かってオーキシンを運ぶように配置される．どのような仕組みでPINの細胞内局在が決定されているかはまだわかっていない．PINは葉原基に向かってまわりの組織からどんどんオーキシンを輸送する．葉原基はオーキシンの作用により成長し，オーキシンをどんどん消費していく．葉原基周辺の組織は，オーキシンを葉原基にどんどん輸送されてしまうので，オーキシン濃度が低くなる．一方，葉原基から遠い最外層細胞層は葉原基への輸送量が少ないので，茎頂内部からのオー

キシン輸送によりオーキシン濃度がどんどん上昇する．もっともオーキシン濃度が高くなるのは，葉原基からもっとも遠い位置である．ここに同じ分子機構でつぎの葉原基が形成される．これが，交互の法則が起こる理由である．

しかし，どうやって PIN がオーキシン濃度によって局在変化するのか，オーキシンによってどのような遺伝子が機能して葉をつくるのか，対生や輪生葉序はどのようにできるのかなどまだまだ未解明な点は多い．さらに，頂端細胞をもつシダ植物でも葉序が見られるが，同じような機構がはたらいているのだろうか．そして，葉序決定の分子機構はどのように進化してきたのだろうか．オーキシンの濃度勾配を用いた周期的器官原基形成の仕組みは花器官にもあてはまることがわかってきた．葉と花器官では葉序が異なる場合が多く，転換機構の解明が期待される．また，被子植物の花器官はモクレンのようにらせん配列するものと，シロイヌナズナのように輪状配列（図 3.39）するものがあるが，その進化機構はよくわかっていない．この進化の分子機構もオーキシンの分布という観点から説き明かせるかもしれない．

〔長谷部光泰〕

図 3.39 シロイヌナズナのシュートを上から見た写真．葉序を示す．

k. 茎，中心柱

茎は維管束植物の三つの基本器官，根，茎，葉の一つ．最初期の維管束植物の体は軸のみで構成されていたが，その後根と葉が分化し，残った軸部分が茎となった．小葉類では茎は可視だが，シダ類では多くの場合は地下茎である．裸子植物と被子植物の双子葉植物では一般に茎は目立ち，木本の場合には幹や枝という呼称を用いる．一方，単子葉植物では目視困難な場合が多い．なお，センタイ類や藻類では外形上似たものがあったとしても，定義上，葉や根がないのと同様，茎も存在しない．

茎は組織学的には表皮，基本組織，維管束から構成される．種子植物では胚軸が茎に発達し，さらにその後，多寡は別として二次成長が見られる．なお，いかに太い幹であろうと木部はすべて死んだ細胞であり，樹皮直下にある形成層とその外側の二次篩部などのごくわずかな部分のみが「生きている」ところである．巻枯らしが可能なのはこのためである．

中心柱はファン・ティーグハム（van Tieghem）によって19世紀末に確立された概念で，茎において内皮内側の維管束と基本組織とを併せたものを指し，進化上の概念である．とくに，その後ジェフリー（Jeffrey）が提唱した中心柱の進化系列が系統進化そのものを表すものとして理解され，広まった．しかし，1960年以降はベック（Beck）らによる維管束系の進化過程の解析が定説となり，ジェフリーの解釈は全面的に否定された．

中心柱の分類はつぎの通りである．ライニア植物群では，原生中心柱が見られる．これは中原型で，軸中央に木部がありその周囲を篩部が取り囲む．分枝が盛んになるとこれでは対応できなくなり，放射中心柱となる．これは外原型で星形の木部と，その凹部を埋める篩部によって構成され，星形の先端は分枝に対応している．現生では小葉類に見られる．一方，この時点で確立し，環境も役目もその後変化のなかった根は，維管束植物一般で放射中心柱である．その後，さらに複雑な分

枝に対応するため突端部が独立して完結し，中央部分が消滅したのが真正中心柱である．裸子植物と被子植物の双子葉植物に見られる．内原型で外側に篩部，内側に木部があり，全体として横断面で水滴形をした維管束である．同心円上に並んでおり，木部と篩部の間を通る形成層が円を成している．前形成層由来の一次組織の形成後も，この形成層が内部に向かって二次木部，外部に向かっては二次篩部をつくり続ける．二次木部の発達が悪いと草本となり，発達すると材とよばれる．不整中心柱は単子葉植物に見られる．真正中心柱では茎の維管束走向に加え，葉跡も最初は同一円上に存在し，随時皮層を通して葉柄に入る．これがモクレン科の花のように花軸にきわめて密に花葉が着くと，葉跡すべてが同一円上に並ぶことは物理的に不可能となり，皮層走条環が1～2個形成される．さらに，茎が短く葉が密生する単子葉植物では，皮層走条ですら存在できなくなり，茎の維管束から葉跡が円上に並ばず，いったん髄に入り，それが徐々に外部方向に向かうようになる．したがって，茎の断面に水滴形の維管束が密に散在しているように見える．したがって，中心柱の定義から前者と大きく異なり，独立した名が与えられた．例外的なリュウケツジュなどをのぞき，円をなす形成層が存在できないので，木本は存在しない．真正・不整中心柱では茎「専属」の3, 5もしくは8本の維管束がある．この茎管束と葉跡は走向全体を追わねば区別ができないため，近年まで維管束系の理解が著しく遅れ，中心柱概念にとどまっていたといえる．

　一方，シダ類では管状中心柱が見られる．中原型で，木部の外を篩部がおおう形となり，葉跡は管の一部がはがれるようにして出ていくため，管には葉隙が生ずる．ジェフリーはこの管状中心柱の分枝が著しくなった網状中心柱から真正中心柱が進化したとしたが，上記の通り否定されている．系統としてもトリメロフィトン類から種子植物とシダ類は直接に独立して生じており，関連性はない．　　　　　　　　　　〔植田邦彦〕

1. 形成層，前形成層

1) 概　要

維管束系は木部と篩部を構成する多様な細胞群によって成り立つが，それらの細胞群はすべて前形成層（procambium），あるいは形成層（cambium）とよばれる分裂組織から生じる．前形成層は，茎頂分裂組織や根端分裂組織といった頂端分裂組織から直接的に派生する．前形成層からは一次木部，一次篩部，形成層が形成される．形成層は，おもに被子植物の双子葉類や裸子植物でつくられ，二次木部や二次篩部を産み出し，樹木の幹や根の肥大成長に寄与する．

2) 形　態

前形成層は，周囲の細胞より細長く，細胞質に富んだ，連続した細胞群として視覚的にとらえることができる（Esau, 1976）．茎や根において，前形成層の連なる方向は，多くの場合器官の成長する方向と一致する．周囲の他の多くの細胞はその伸長の向きと垂直に分裂する一方で，前形成層細胞およびその前駆細胞は，その細胞の伸長の向きと平行に分裂するという特徴がある．そこで，形態的には周囲の細胞と区別することができない前形成層細胞の前駆細胞を，分裂面から認識することが可能となる場合もある．

肥大成長する茎や根においては，前形成層から一次木部および一次篩部が分化したあと，その間

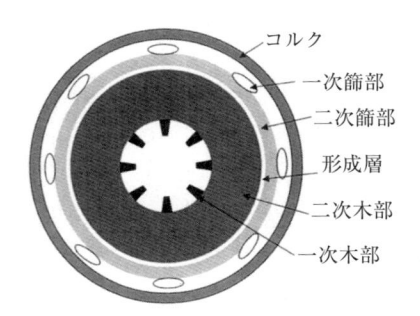

図3.40　形成層のはたらきを示す模式図
リング状の形成層は内側に二次木部，外側に二次篩部をつくりだす．

に残存した前形成層が維管束内形成層に分化する．維管束内形成層の分化のあと，それらをつなぐように維管束間形成層が形成され，全体が連なったリング状の形成層帯となる．そして，形成層の内側に二次木部が，外側に二次篩部が連続してつくられていく（図3.40）．前形成層は比較的細長い細胞から構成されるが，形成層は細長い紡錘形始源細胞に加え，ほぼ等径の放射組織始源細胞からなる．前者から管状要素や篩要素といった多くの細長い細胞からなる組織が分化し，後者からはおもに柔細胞からなる放射組織が分化する．前形成層から生じる一次維管束系は，複数のものが同心円状に散在し不連続である（Roberts et al., 1988）．

形成層の活動は春から夏にかけて活発で，比較的大きな細胞を産み出し，夏から秋にかけて活動が衰え比較的小さな細胞をつくりやすく，冬場は休眠期となる．そこで，寒暖の差のある地域において，二次肥大成長を行う樹木では明瞭な年輪がつくられることになる．

3）形成の制御

オーキシン輸送変異体やオーキシン極性輸送阻害剤を用いた解析から，植物ホルモンのオーキシンが前形成層の連続的パターン形成の決定に重要な役割を果たしていることが示されている（Berleth et al., 2007）．また，サイトカイニンは前形成層細胞の増殖に必須である．一方，形成層の増殖・分化の制御については，網羅的な遺伝子発現解析から，頂端分裂組織における制御機構と似た仕組みがはたらいていると考えられている．

〔福田裕穂〕

参考文献

Berleth, T. et al. (2007) Towards the systems biology of auxin-transport-mediated patterning. *Trends Plant Sci.* **12**：151-9.

Esau, K. (1976) *Anatomy of Seed Plants.* 2nd Ed., Wiley, New York.

Roberts L. W. et al. (1988) *Vascular Differentiation and Plant Growth Regulators*, Springer-Verlag, Berlin.

m．木部

1）概要

木部（xylem）は篩部とともに高等植物の維管束系を構成する組織であり，前形成層・形成層からつくられる．木部の通道組織は道管（導管）・仮道管であり，根からの水分や養分の運搬を行う．また，木本類の幹や根は二次肥厚をし，体を支持するための組織を増大させるが，その大部分は木部である．

2）形態

発生過程では前形成層から一次木部が形成され，一次木部は原生木部，後生木部の順に分化する（Esau, 1976）．一次木部の形成後，前形成層由来の形成層から二次木部が形成される．木部は，道管・仮道管，木部柔細胞，木部繊維からなる．道管・仮道管は管状要素という中空の死細胞がつながってできたもので，特徴的な模様の二次壁をもつ（図3.41）．原生木部道管細胞の二次細胞壁は，おもに環紋からせん紋，後生木部道管細胞は網紋や孔紋，階紋となる．この二次細胞壁はセルロース微繊維によりつくりだされ，この上にリグニンが沈着することで完成する．二次細胞壁のパターンは，細胞膜直下の表層微小管により制御されている．管状要素がつながって管をつくるときに，その間に穿孔をもつものが道管で，もたないものが仮道管である．一般的に裸子植物は仮道管しかもたないが，被子植物は道管も合わせもつ．木部繊維は高度に木化した細胞壁と壁孔をもつ死細胞で構成され，機械的強度の増強に寄与する．木本植物では，形成層の活動は1年を通じて変動する．春には比較的薄い細胞壁をもつ大きな木部細胞を，その後活性が進み，より厚い小さい木部細胞をつくるようになる．これらはそれぞれ，早材，晩材とよばれる．この活動が年輪をつくりだす（樋口，1994）．

3）長距離輸送

血管では，血管壁を細胞が構成し細胞の外側を

液体が流れるのに対して，道管・仮道管では，細胞の細胞壁が壁となり，細胞の内側を液体が流れる．したがって，細胞内容物の完全な分解が必要である．この分解過程では，さまざまな加水分解酵素がいったん液胞に蓄積され，液胞が崩壊することにより，一気に細胞内容物が分解される（福田，2004）．

空洞となった道管・仮道管内部では，根から葉まで通してつながった水の柱がつくられる．この水の柱は，葉の気孔からの蒸散と水の凝集力をおもな力として引っ張り上げられる．これにより，根から吸収された養分や水が葉の先端まで運搬されることになる（杉山，2005）．このため，道管・仮道管内は陰圧になるが，管がつぶれないように，その二次細胞壁がセルロースやリグニンにより補強されている．

4) 木部の形成

木部形成には植物ホルモンであるオーキシン，サイトカイニンが必要不可欠であり，ブラシノステロイドも管状要素の形成に必要である（福田，2004）．木部細胞の分化決定には，植物特有のNACドメインをもつ転写因子が関与している．シロイヌナズナにおいては，VND7とVND6が，それぞれ原生木部道管，後生木部道管の分化決定に，NST1およびNST3が木部繊維細胞の分化決定に関与する（出村，福田，2007）．〔福田裕穂〕

参考文献

Esau, K. (1976) *Anatomy of Seed Plants*. 2nd Ed., Wiley, New York.
福田裕穂(2004)：Signals that govern plant vascular cell differentiation. *Nature Rev. Mol. Cell Biol.* **5**：379-391.
樋口隆昌（1994）：木質分子生物学，文永堂出版．
出村 拓，福田裕穂（2007）：Transcriptional regulation in wood formation. *Trends in Plant Sci.* **12**：64-70.
中島ほか（2000）：*Plant Cell Physiol.*
杉山達夫監修（2005）：植物の生化学・分子生物学，学会出版センター．

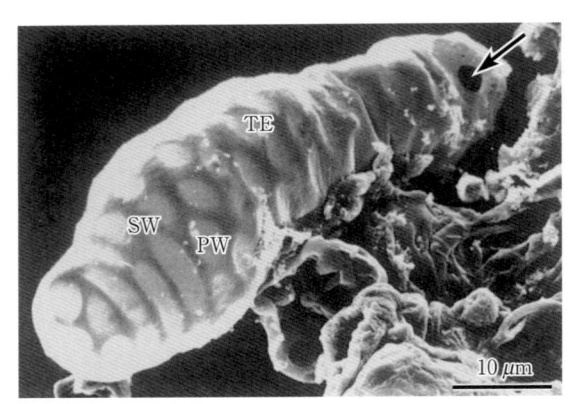

図 3.41 管状要素の電子顕微鏡写真
細胞内部の二次細胞壁の模様が観察される．また，道管に特徴的な端の穿孔（矢印）が見られる（中島ら，2000：1267-1271）

n. 篩部

1) 概 要

篩部（師部とも書く，phloem）は木部とともに高等植物の維管束系を構成する組織である．有機養分を植物体全体へ供給する経路としての役割を担っており，光合成を行う葉から代謝や貯蔵の場へ光合成産物を輸送，分配する．被子植物の篩部は篩管，伴細胞，篩部柔組織，篩部繊維組織などからなるが，通道の場となるのは篩管である．裸子植物やシダ植物では，篩細胞組織が輸送機能を担う（Behnke and Sjolund, 1990）．篩部柔組織は有機養分の貯蔵，篩部繊維組織は植物体の支持などの役割を担っている．

2) 形 態

篩部と木部は，共通の前駆細胞である前形成層および形成層から派生する．道管はリグニン化した死細胞である道管要素からなるが，篩管は生細胞である篩管要素から構成される（Esau, 1976）．篩管要素は生細胞であるが，その形成過程において核，液胞，ゴルジ体，リボソームなどのオルガネラを失う選択的オートファジーが起こるのが一般的である．このため，篩管要素が細胞の恒常性を長期間維持するには，篩管要素に隣接した伴細胞との物質のやり取りが必要となる．篩管要素と伴細胞は同一の母細胞からの細胞分裂によって生まれ，特殊な構造の原形質連絡で連結している（図 3.42）．伴細胞は篩部転流の制御にもかかわっている．篩管要素どうしを仕切る細胞壁は，大型の原形質連絡による小孔が多数存在した篩状の形をしているために篩板とよばれる．これも篩管要素の形態的な特徴の一つであり，篩管（師管）という名称の由来である．

3) 長距離輸送

篩部を通して植物体内を輸送される水溶液は篩管液とよばれる．篩管液には葉でつくられた光合成産物に由来する糖が含まれているため，植物体全体に有機養分が転流される．転流糖のおもな種類はスクロースであるが，その他の糖や糖アルコールも転流され，その組成は植物種によって大きく異なる．このように，篩管には有機養分が多量に含まれているため，口針を篩管へ刺して篩管液を吸う虫が存在する（杉山, 2005）．この性質を利用して，篩管液胞を集める方法も工夫されている．

1930 年にミュンヒ（Ernst Münch）が圧流説（pressure-flow model）を提唱して以来，篩部転流を制御する分子機構が徐々に明らかになってきている（杉山, 2005）．光合成を行う葉などの糖を

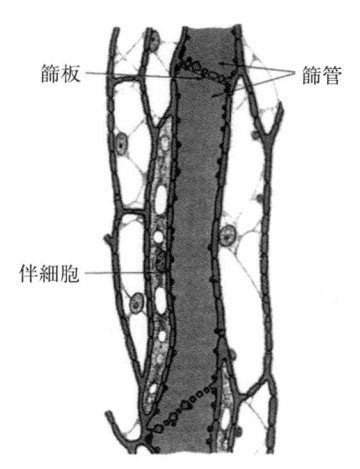

図 3.42 篩管と伴細胞の模式図（Weier *et al.*, 1982）

供給する器官をソース，根，塊茎，果実，未熟葉などの代謝や貯蔵を行う器官をシンクとよぶが，篩管液の流れはソースからシンクへと向かうことがわかっており，ソースとシンクの内圧の差がこの流れを生み出す起動力であると考えられている．このプロセスの制御には篩管への糖の積み込み，篩管を介した長距離輸送，そして篩管からの積み下ろしが重要である．また，篩板は通道経路の抵抗性を高め，ソースとシンクの圧力差を維持する役割を果たしている．

篩管液には有機養分である糖のほかにもRNA，タンパク質，無機イオン，植物ホルモン，その他さまざまな代謝産物が存在する．これらの因子を介して，傷ついた篩管要素の修復，吸汁昆虫への防御，さらには生物，無生物ストレスに対する全身獲得抵抗性や花成の誘導などの情報伝達を行うと考えられている．

このように植物体全体に張りめぐらされた篩部は，多様な生命現象において重要な役割を担うが，ウイルス，ファイトプラズマ，菌，線虫などの病原体の感染拡大に利用され，さまざまな病害を引き起こす原因ともなっている．〔福田裕穂〕

参考文献
Behnke and Sjolund (1990) *Sieve Elements*, Springer-Verlag, Berlih.
Esau, K. (1976) *Anatomy of Seed Plants*. 2nd Ed., Wiley, New York.
杉山達夫監修（2005）：植物の生化学・分子生物学，学会出版センター．
Weier et al., (1982) *Botany*, John Wiley & Sons.

o. 木

陸上植物の生活形を見たとき，木と草がある．木，草という言葉は学術用語ではないが，それを植物学的に突き詰めると，生態学と形態学の二つの立場から定義できる．

生態学的な木の定義は，生活に不適な時期をすごす「抵抗芽」の位置が空中にあって，基本的に毎年，その位置が高くなっていくのが木で，地表付近あるいは地中にあって毎年その位置から成長を繰り返すのが草である．一方，形態学的には，茎に維管束形成層があって，それが，1年以上にわたり，継続的に肥大成長するものが木であり，形成層があってもその活動期間が1年以下と短いか，あるいは形成層がないものが草である．したがって，モウソウチクなど竹類は生態学的には木であるが形態学的には草であり，一方，双子葉類とは異なった二次肥大分裂組織をもち，肥大成長を行うヤシの仲間などは形態学的にも木であるといえる．また，形成層の継続的な活動は環境条件，とくに温度に左右されるので，ナス科の植物など，熱帯地域では木になるものが，温帯では草となる，ということもある．

形態学的な木が地上に現れたのは，古生代である．シダ植物小葉類のリンボク（*Lepidodendron*），フウインボク（*Sigillaria*）や楔葉類のロボク（*Calamites*）などは形成層をもち，二次木部を形成して肥大成長し，樹高30m，幹直径1mの巨木の森林を形成したが，この形成層は二次木部だけをつくる単面性で，その形成量もわずかで，太い茎の大部分は髄や皮層で占められ，これは当時の高温，多湿，高二酸化炭素濃度の下で，ものすごく早い成長をした結果で，今の樹木のように何十年，何百年とかけて硬い二次木部が蓄積して巨木となったものではない．形成層の内側に二次木部，外側に二次篩部をつくる両面性をもった現在的な意味での形成層が活動して樹木になる．

それこそ，「樹木」の始祖といえるのは，上記のシダ類の繁茂する少し前，上部デボン紀のアルカエオプテリス（*Archaeopteris*）類である．この木

はシダ形の葉をもち，胞子で生殖するが，二次木部の多い直径1m近く，樹高20mをこえる幹をもっていた．この化石を研究したベック（C. B. Beck）はこれが裸子植物球果植物類の直接の祖先で，古生代後期の *Cordaites* 類，中世代前半の *Voltzia* 類を経て現在の針葉樹類につながると考えた．

被子植物の起源については古植物学的，新植物学的にさまざまな研究が今も続けられているように，いまだ解明されてはいない．しかし，これまでに知られている裸子植物はすべて「木」であること，裸子植物と被子植物の形成層および木部，篩部構造の相同性などから，初生の被子植物も木であることが期待される．樹木として発生した被子植物（双子葉類）は多くの系統群を分化させたが，その多くは樹木としての生活を送るなかで，林床や，樹木が進出していない乾燥地や水生地などに適応して植物体を短命化，小型化したものが草である．

このような木から草への進化は一度だけ起きたわけではなく，被子植物が発生したと考えられている中生代ジュラ紀以降，それぞれの系統群で何度か繰り返し起きたことで，また，一方，南半球のキク科植物や，先のヤシ類のように一度草になったグループから再び木になるものも現れて，現在の多様な陸上植物の世界をつくっている．

〔鈴木三男〕

p. 根

4億年前，陸上で誕生したばかりの維管束植物の体は小型の軸状であった．当初，体の固着に役立っていたのは，軸の表皮細胞から突起した仮根であったと考えられている．その後，軸からの茎と葉の進化に伴い，まず固着の役割に特化した根が進化したと推定されている．軸の成長をつかさどる頂端分裂組織は外側に根冠組織を進化させ，軸の表皮細胞からは根毛が分化した（図3.43）．

1）固着と支持

根は分枝を繰り返して地中を広がり一つの根系をつくる．裸子植物や双子葉植物では胚の根が伸長して主根（一次根）となり，主根は分枝して側根をつくる．側根は成長すると主根のように振る舞い，つぎつぎと高次の側根を形成する．これに対して単子葉植物の多くでは，胚に由来する主根はほとんど発達せず，胚軸や茎の下部から多数の細い根を出し，ひげ根状の根系がつくられる．このように，根以外の器官から形成される根を不定根とよぶ．

不定根はシダ植物や種子植物の，匍匐する茎からも生じる．側根も不定根も，中心柱の最外側をとりまく内鞘（シダ植物では皮層の最内層である内皮）から発生がはじまる．根原基は，皮層組織を壊しながら成長し，ついに根や茎の表皮を破っ

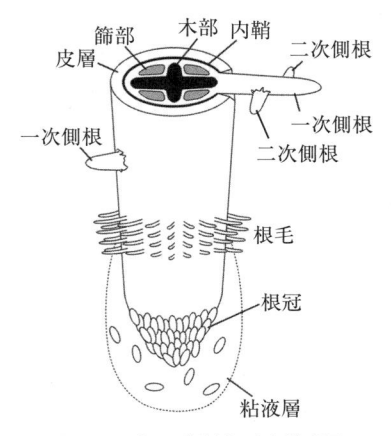

図3.43 根の体制を示す模式図

て外に出る．このような発生様式は内生とよばれ，根に独特の性質である．根は正の重力屈性を示し地中深く伸長していく．重力の方向を感受する平衡石の役割を担っているのは，多くの植物で，根冠細胞内に存在するアミロプラストである．

2) 水，無機塩類の吸収

植物の生育に必要な必須元素の多くは，水に溶けた形で根から吸収される．根端近くの伸長帯付近から形成される多数の根毛は，水吸収にあずかる表面積拡大に役立っている．さらに，側根や不定根が表皮を破って出たときにつくられたすきまからも水が入る．根に吸収された水は，皮層の細胞間げきなどアポプラストを通って，あるいは細胞から細胞へシンプラストを移動して維管束を取り巻く内皮まで到達し，最後に内皮で漉し取られるように中心柱の木部へ入っていく．根の中心柱には，木部と篩部がたがい違いに位置する形を示し，放射中心柱とよばれる．茎の中心柱がシダ植物から種子植物まで大きな変異を示すのに対して，根の中心柱の形態は保存的で大半が放射中心柱を示し，植物群による違いがあまりみられない．

リンや窒素など水に不溶な必須元素の吸収には，根はさまざまな微生物との共生関係を利用している．根冠や根毛などから分泌された粘液物質が付着してできた粘液層は，乾燥や土壌粒子との接触などから根を守るだけでなく，バクテリアや外生菌根菌の生息の場ともなっており，リンなどの可溶化を助けている．また，根の皮層組織にはアーバスキュラー菌根菌などの内生菌根菌が生育していることも多く，マメ科などでは根毛から根粒菌が感染する．　　　　　　　〔今市涼子〕

参考文献
「根の事典」編集委員会編（1998）：根の事典，朝倉書店．
Waisel, Y. *et al.* 編（2002）*Plant Roots*. 3rd Ed. Marcel Dekker, New York.

q. 根端分裂組織

植物はときにおどろくほど深く，また広い範囲に根を張りめぐらす．根が伸びるためには，根の細胞が増えることと細胞自身が伸びることの両方が大切である．そのうち細胞の増殖は，根端分裂組織という根の先のほうにある狭い部分で集中して起きる．根端分裂組織から，つねに新しい細胞が生み出されるので，根は長期間にわたって成長を続けることができる．

根の先端部は根冠におおわれている（図3.44(a)）．一方，根の本体部分には内側から順に中心柱，皮層，表皮の各種組織を構成する細胞が同心円状にならぶ．根端分裂組織は根冠と根本体の間にあり，両方へ細胞を送り出す．根冠は外側から順次剥がれ落ちるが，内側の分裂組織からつねに細胞が補給されるため，一定の厚さに保たれる．

根端分裂組織はどうして自分自身を保ちながら，新しい細胞をつくり続けられるのだろうか．その理由は，分裂組織に含まれる幹細胞（始原細胞）にある．幹細胞とは，分裂を繰り返して，①幹細胞としての性質を保つ細胞と②さまざまな組織へと分化する細胞の両方を生み出し続ける能力をもった細胞のことである．それでは，幹細胞の活性はどのように維持されているのだろうか．

被子植物の根端分裂組織の中央部には，静止中心というほとんど分裂をしない細胞の集まりがある．この静止中心が幹細胞のはたらきに重要な役

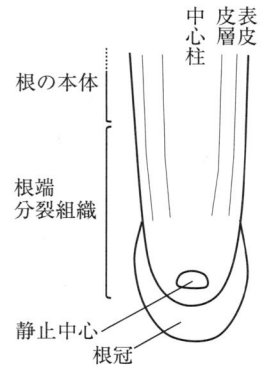

図3.44（a）　根の先端部の模式図

割をもつことが，モデル植物であるシロイヌナズナを使った実験からわかっている．シロイヌナズナの根端分裂組織は細胞数が少ないので，静止中心とそのまわりを取り囲む各種の幹細胞が容易に区別できる（図3.44（b））．この利点を生かし，静止中心の細胞をレーザーで焼き殺したり，静止中心の機能を突然変異によって阻害したりすると，幹細胞が活動を止めて分化してしまう．

このことから，静止中心は幹細胞の活動に適したなんらかの微小な環境（ニッチ）をつくるはたらきをする，という考え方が提唱されている．面白いことに，幹細胞のはたらきを助ける静止中心のような細胞群は，茎頂分裂組織にも存在する．幹細胞を維持する仕組みには根とシュートで共通性があるようだ．　　　　　　　　〔相田光宏〕

参考文献
相田光宏（2005）：植物における幹細胞の制御機構，蛋白質 核酸 酵素 **50**：410-419．
原 襄（1994）：植物形態学，朝倉書店．
Laux, T. (2003) The Stem Cell Concept in Plants. A Matter of Debate. *Cell* **113**：281-283.
Webster, P. L. and MacLeod, R. D. (1996) The Root Apical Meristem and Its Margins. In *Plant Roots. The Hidden Half*. Marcel Dekker, Inc., NewYork.

r. 異形根

植物は同一個体内においても，前述の典型的な「根」に比較した場合において，機能と形態が異なる根を形成することがある．このように同一個体内で機能的，形態的に特化させた根を発達させる現象のことを異形根性（heterorhizy）といい，異なる根を異形根という．

たとえば，ダイコンは主根を肥大化させて物質貯蔵に特化した形態をつくるのに対して側根は通常の根を形成する．このような物質貯蔵に特化した異形根は貯蔵根ともよばれる．同様の根は，ゴボウやサツマイモなどにも見ることができる．

異形根の顕著な例としては，マングローブ植物における気根（あるいは通気根：aerial roots）があげられる．マングローブ植物は潮間帯泥地における嫌気的な環境で生きるために，通気機能をも

図3.44（b） シロイヌナズナの根端分裂組織：相田（2005）より改変．幹細胞（グレー）は静止中心を取り囲み，分裂して各種の組織を構成する新しい細胞を矢印の方向へ送り出す．

図3.45 ヤエヤマヒルギの支柱根

図3.46 ヤエヤマヒルギの支柱根の表面 多くの皮目が表面をおおっている．

たせた異形根を発達させることが多い．その一方で通気機能を特別にもたない通常の根も形成する．これらの異形根・気根は，その外見からいくつかの型に分類される．

図3.45はヤエヤマヒルギの気根で，幹の下部から斜め下方に沢山の気根を発達させる．形成当初の気根は直径が1cm未満で柔らかく，表面には多くの皮目が発達して空気を皮層に取り込むようになっている（図3.46）．気根は次第に木化が進行して幹を支えるような形態になるために，このような気根は支柱根（stilt roots）とよぶ．

この植物は，気根を発達させる代わりに主幹下部の肥大が止まるため，見かけだけではなく，実質的に幹を支える機能を兼ねている．オヒルギでは泥土中を横走している根が上下に波打っており，地上部に突き出た根（図3.47）が空気を取り入れて皮層に取り込むようになっている（図3.48）．この根は，膝の形態をしているために膝根（root knees）とよばれる．マングローブ植物の気根には，このほかにも形態の多様性があり，直立根や板根などが知られる．

このほかにも異形根の機能には寄生，同化（光合成），収縮などがあり，それぞれ寄生根，同化根，収縮根とよばれる．

〔瀬戸口浩彰〕

図3.47 オヒルギの膝根

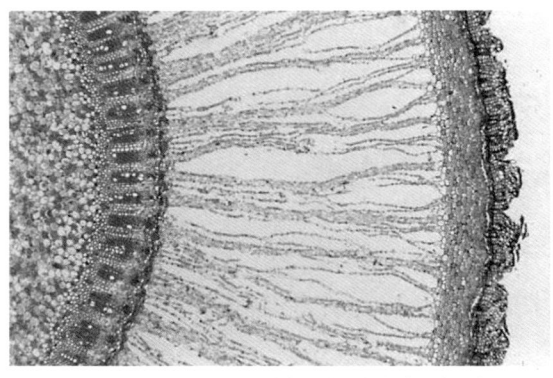

図3.48 オヒルギの膝根の横断面（口絵24）
皮層の細胞は放射状に並び，多くの細胞間げきがある．

s. 担根体

担根体(rhizophore)は根・茎・葉の基本器官とは異なるとされ,根を生じる棒状の器官で,現生植物では小葉類シダ植物のイワヒバ属(コケギランを除く)にのみ存在し,担根体をもった種では根はそこ以外からは発生しない.この解釈によると,担根体は基本器官以外の器官として系統発生したことになるが,茎または根から特殊化した可能性も指摘されたことがある.原基は茎の分岐点の両側に生じるが,片方または両方が自身の頂端分裂組織によって成長する.担根体は茎から外生発生するので,根とは異なりむしろ茎と一致する.茎から分枝したあと,種によって分枝しないか(小型の植物体:例,コンテリクラマゴケ,図3.49),数回まで二又分枝する(中・大型の植物体:例,*Selaginella delicatula*, *S. plana*).根は1対ずつがそれぞれの枝の先端の表層近くから内生発生する.担根体は根以外の器官は形成することはない.先端は分裂組織がむき出しで,根のように根冠におおわれていない.かつて担根体は根の基部の空中部(気根)と解釈されたことがあるが,この見方は上記の担根体および根の発生パターンからは支持されない.担根体原基は野外やある実験条件下でシュートに分化することがあり,それからも気根説は支持されず,むしろシュート特殊化説にとって有利である.形態と発生が特異であるため,担根体の系統発生,他器官との相同性は明らかでないが,つぎのリゾモルフと比較されることがある.

担根体によく似たリゾモルフ(rhizomorph)(広義の担根体)が現生のミズニラ属および近縁な化石植物プレウロメイア,リンボク類などから知られている.ミズニラ属の塊茎の下半分は退化したリゾモルフであると解釈され,二つまたは三つ(ときにはそれ以上)の塊に分かれ,それぞれは溝で隔てられている.溝に沿ってリゾモルフ内部に基部分裂組織が配置し,その両側から根がつぎつぎにつくられる.その結果,若い根ほど溝すなわち基部分裂組織の近くに,古い根ほどそれから遠ざかって配列する.リンボク類のリゾモルフ化石はスティグマリア(*Stigmaria*)とよばれる.このリゾモルフは茎とは反対方向に成長し,二又分枝しながら,プラグとよばれる柔組織の下にあるドーム上の頂端分裂組織から根(小根)をたくさんつくるので,軸状のリゾモルフの周囲に根を密生する.担根体とリゾモルフは根を形成するという点で共通し,しかも系統的にミズニラ属とリンボク類などは単系統群であると認められることから,両者は相同器官であると解釈されている.担根体・リゾモルフが根・茎・葉以外の基本栄養器官であるという見方が妥当であれば,担根体・リゾモルフを加えた基本器官の比較は,植物形態の多様性と進化を理解するうえで欠かすことができないであろう.

〔加藤雅啓〕

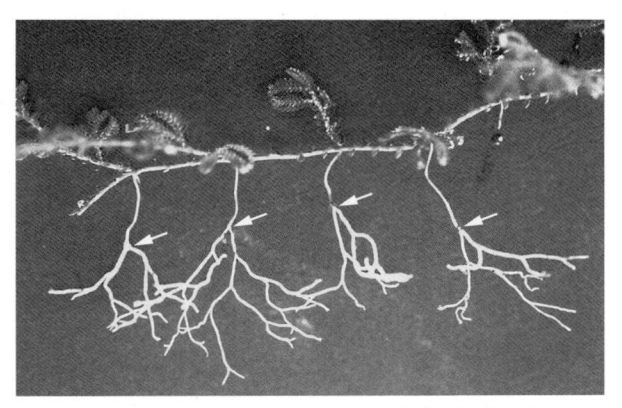

図3.49 コンテリクラマゴケの担根体(口絵23)
茎の分岐点から枝分かれし,担根体先端(矢印)から根を生じる.

3.5 生殖胞子体

(1) 胞子体による生殖の起源

 確認をしておくと，ここでいう植物とは，分類の五界説の植物，すなわち陸上植物のことである．陸上植物は，たがいに大きさと形態の異なる胞子体と配偶体の両世代があり，両者が交互に世代交代するという，いわゆる異型世代交代を行う．胞子体は，核相が $2n$ で，減数分裂により無性生殖細胞である胞子を形成する世代である．

 陸上植物以前の進化段階にある藻類には多様な生活環が見られ，胞子体の有無もさまざまである．植物の祖先群である緑藻類においてもいろいろな生活環があり，胞子体と配偶体による世代交代をするものもある．中には，ミルのように胞子体のような $2n$ 世代があるが，減数分裂では配偶子を形成して有性生殖する，動物に似た生活環をもつものもある．

 しかし，植物の祖先にもっとも近縁だと考えられている緑藻類のシャジクモ類には胞子体がなく，有性生殖する配偶体のみがある．淡水性の他の緑藻類の多くが同様の生活環をもつ．このような生活環では，受精後の接合子が耐乾性をもち，休眠することが可能になるので，淡水の不安定な環境における生存には，有利である．

 シャジクモ類の $2n$ 世代である接合子において，発芽時に起こるはずの減数分裂が遅れた結果，陸上植物を特徴づける胞子体が形成された可能性が高い．胞子体上には胞子嚢が形成され，陸上での胞子繁殖がはじまった．現在得られる証拠からは，最初の陸上植物は，タイ類のようなコケ植物だと考えられている．ついで出現した維管束植物も，最初は胞子体による胞子繁殖を行った．植物の栄養生活の主体は，コケ植物と維管束植物とではそれぞれ配偶体と胞子体というように異なってはいるが，陸上における分布拡大は当初，無性生殖細胞である胞子が担っていたことは，共通している．

 最初の陸上植物でも胞子嚢はコケ植物のように胞子体上に単体で生じ，その後減数分裂によって内部に胞子が形成されたはずである．現生のタイ類胞子体の発生においても胞子体始原細胞の最初の横分裂で，上部の胞子嚢始原細胞と基部の柄と足を形成する始原細胞とに分かれ，胞子嚢始原細胞からは，外側のジャケットと内側の胞子および弾糸の始原細胞とがそれぞれ分化する．陸上植物は単系統群であることが示されているから，タイ類以降の陸上植物の胞子嚢形成も基本的にはこのような発生様式を元に進化してきたはずである．

(2) 胞子嚢の多様化

 コケ植物は，胞子体が従属栄養生活をし，分枝しない単純な体制のまま胞子で繁殖することを続けて現在に至っている．とはいえ，たとえば胞子嚢の形態と裂開方法では，コケ植物は維管束植物より多様である．これに対して維管束植物では，胞子体が独立栄養であるとともに，分枝して大型化できる基本体制をもっていたことから，栄養器官としての胞子体の多様化が進み，生殖器官である胞子嚢の形態と生殖の様式は，栄養器官の変化と対応するようにしてさまざまに進化した．ただ，胞子嚢の裂開という点だけから見れば，維管束植物には大別して大葉類（真葉類）に見られる縦裂開と小葉類に見られる横裂開しかない．大葉類に属する種子植物では，二次的に胞子嚢が裂開しなくなっている．

植物の上陸はオルドビス紀中期からシルル紀にかけて起こったとされているが，初期の維管束植物の胞子体は，立体二叉分枝する軸状の構造（テローム）からなる単純な体であった．シルル紀の間に胞子嚢のつき方に二つの系列が分化した．軸表面に側生するものと，各軸端に頂生するものである．前者は，小葉類と共通する特徴で，シルル紀中期には現在のヒカゲノカズラ類と同じような小葉に腋生する胞子嚢をもつバラガナチアが知られている．小葉類は，デボン紀以降も同様の生殖器官を形成し，その後の主要な変化は，胞子嚢穂を形成するものがあったことや，石炭紀のリンボク類で異形胞子化が進み，後述する種子植物の種子に似た構造がつくられたぐらいである．

(3) 大葉類における生殖胞子体の多様化

大葉系の植物では，共通して胞子嚢の集合が起こっている．デボン紀のトリメロフィトン類にその傾向が見られ，その後に分化したトクサ類，マツバラン類，シダ類，絶滅群である前裸子植物，さらに前裸子植物を祖先とする種子植物にもその特徴が引き継がれている．異形胞子化は，マツバラン類以外のすべてで起こっており，前裸子植物においては，それが種子（＝胚珠が成熟したもの）形成につながった．小葉類も含めて，異形胞子化がほとんど水生かそれに近い生活環境に生育した植物群に起こっていることは，生理生態と発生遺伝学的研究対象として興味深い現象である．

デボン紀後期に出現した種子植物の胚珠は，異形胞子化で生じた大胞子嚢を多数の不稔化したテローム軸が包んだものである．胞子と，胞子から成長した配偶体に雌雄の区別が生じた結果，大胞子嚢は胚珠内の珠心壁として，小胞子嚢は花粉嚢として機能することとなった．小胞子嚢もたがいに集合する傾向があり，石炭紀のシダ種子類には，蜂の巣状の合着花粉嚢を形成したものもある．ソテツの小胞子葉の裏側を観察すると，複数の花粉嚢が裂開面を内側にして環状に集合しているのもこのような小胞子嚢の集合傾向を示す例である．

最初の種子植物である裸子植物のシダ種子類では，胚珠や小胞子嚢（群）が単生しているが，石炭紀後半以降に出現した裸子植物では，生殖器官の集合が進んだ．胚珠は集合して多様な雌性生殖器官を形成し，花粉嚢を生ずる小胞子葉も集合して穂状の雄性生殖器官を形成するようになり，それらの形態が個々の分類群を特徴づけることにもなった．古生代ペルム紀から中生代になると，雌性生殖器官では，胚珠が周囲の栄養器官に包まれる傾向が強まった．胚珠を包む器官はさまざまで，単葉や裂片のような葉的器官もあれば，生殖器托のような茎的器官と推測されるものもある．このような胚珠の包み込みが平行してなぜ起こったのか，詳細はまだわからないが，大葉系の植物に共通している胞子嚢が頂生する性質，すなわち栄養成長の終了後に生殖成長がはじまるという個体発生上の変化が起こる際に，直前にある胞子体の栄養器官の発生パターンが変更されて，新たな栄養器官が付け加わるという現象が繰り返されていることは，注目に値する．

現在までに明らかになっている被子植物の花器官形成のホメオティック遺伝子であるMADS-box遺伝子群の発現パターンは，そのような栄養器官の付加が繰り返されたことを示している．また，現生の裸子植物でもたとえば，針葉樹類とグネツム類の雌性生殖器官の発生遺伝学的類似性があらためて注目されているが，この場合も胚珠が栄養器官に繰り返し包まれる過程の一つである．大胞子嚢を珠皮が包むという胚珠の形成は，そのような栄養器官による胞子嚢の包み込みの最初であったと考えられる．

被子植物は，胞子体の栄養器官が完全に胚珠を包み込むことに成功した，知られる限り唯一の種子植物といってよいだろう．胚珠は，珠皮が1枚しかない裸子植物の胚珠と異なり，2枚の珠皮があり，さらに雌ずいによって包まれる．被子植物の祖先である裸子植物は未発見で，雌ずいの起源もまだ謎であるだけでなく，雄ずいの起源もまだわからない．裸子植物の花粉は多くが風媒で，胚珠は裸出したまま花粉を珠孔で受け取るのが普通である．このような生殖様式は，水中での花粉の授受が困難である可能性が高い．水生の裸子植物

が発見されていないことは，このことと関連しているかもしれない．また，被子植物の祖先となる裸子植物が，このような水生環境への適応策として閉鎖型の雌ずいを進化させた可能性もある．

種子植物においては，雌雄それぞれの配偶体を胞子体に取り込むことにより，胞子体の生殖器官に性の分化が生じただけでなく，胞子体全体にも性分化が起きたものもある．裸子植物ではそれが顕著で，現生群では多くが雌雄異株であり，雌雄同株が一般的な球果類でも生殖器官は単性である．しかし，被子植物のように送粉を昆虫などの動物に依存するようになった群では，両性生殖器官である花が形成された．中生代の絶滅裸子植物の一つ，キカデオイデア（ベネチテス）類でも甲虫媒と見られるものは花のような両性生殖器官をもつ．花弁は，初期の被子植物にはなかったかもしれない．このことは，現在最古の被子植物とされるジュラ紀後期または白亜紀初期のアルカエフルクツスが花弁を欠くこと，花弁形成にあずかるAクラス遺伝子が裸子植物にはないことから推測される．ただし，被子植物と現生裸子植物との最後の共通祖先は，Aクラス遺伝子オーソログをもっていたはずである．一方で，化石記録が不足していることや，被子植物の直接の祖先である裸子植物は不明で，そのホメオボックス遺伝子は確認できないという問題もある．

大葉系の植物では，さまざまな生殖胞子体の進化が見られる．胞子繁殖を続けている現在のシダ類には，減数分裂や受精を省略する生殖（アポミクシス）をするものがある．もっとも繁栄している被子植物では，配偶体を内蔵し，周囲を変形した栄養器官で囲んだ花という両性生殖器官をつくりだしたが，その形態と生殖法の多様さは教科書的な記述の範囲を軽く凌駕している．胞子体の生殖法も植物の置かれた生態的な条件とともに，絶えず変化してきたことがうかがえる．一方で，その多様性を生み出す遺伝的背景は，意外に単純かもしれないことも示されつつあるようで，大いに楽しみである． 〔西田治文〕

a．花　成

花成（flowering）という現象の本質は，茎頂分裂組織（shoot apical meristem）という観点から，被子植物（以下，「植物」と略す）の生活環を見ることではっきりとする．

植物は，胚発生の過程で胚の体軸の両端に頂端分裂組織を形成する．頂端分裂組織のうち，茎頂分裂組織は発芽後の植物の地上部の全体を形づくる．形成されたばかりの茎頂分裂組織は，まず栄養分裂組織（vegetative meristem）としての性質を獲得・確立する．これにより，発芽した植物はただちに花芽を形成することはなく，その代わりにつぎつぎと葉を形成・展開し，栄養成長（vegetative growth）とよばれる成長を続ける．栄養分裂組織はもっぱら葉原基を形成し，その腋に形成される側芽も栄養分裂組織となる．

さて，植物は栄養成長をある期間続け，必要な栄養分の蓄積を行ったあと，好適な環境条件をとらえて，花を咲かせ，結実し，一年生草本植物の場合には，枯死する．この花を咲かせ，結実に至る過程を，栄養成長と区別して生殖成長（reproductive growth）とよぶ．生殖成長期の茎頂分裂組織は生殖分裂組織（reproductive meristem）とよばれ，葉ではなく花芽の原基（花芽分裂組織）を形成する．栄養分裂組織と生殖分裂組織は発現する遺伝子のセットが異なり，形態的にも明瞭に区別される．花成は，この栄養成長から生殖成長への成長相（発生プログラム）の切り換えであり，茎頂分裂組織という観点からは，栄養分裂組織から生殖分裂組織への変換を意味する．

植物の繁殖戦略とそれに密接に関連した資源配分戦略という観点から，花成は植物の生活環上のもっとも重要なステップであり，花成の時期の決定にはさまざまな内的・外的要因による込み入った調節が存在する．花成のタイミングに影響を与える外的環境要因のうちで，光周期（日長）はとくに重要な要因であることが知られている．植物は，花成を促進する光周期条件により，短日植物と長日植物とに分けられるが，花成が光周期にほ

とんど影響されない中性植物も知られている．多くの植物は，この三つの光周性反応タイプのいずれかに分類される．

　光周期とならぶもう一つの重要な外的環境要因は温度である．秋播き性品種の穀類やアブラナのような，秋に発芽して幼植物で越冬した後，翌春〜初夏の次第に長くなっていく日長に反応して花成する植物では，幼植物が冬の低温を経験することが光周期条件による花成促進に必須である．この低温被曝に対する要求性を春化（vernalization）要求性という．春化要求性の植物では，春化処理（吸水種子・幼植物を数℃の低温に数週間さらすこと）により，それに続く長日条件下で花成が促進されるが，春化処理をしない場合には好適な光周期条件に置かれても花成は著しく遅延する．春化の作用は，花成に対する抑制を緩和・解除することで，光周期による速やかな花成誘導を可能にするものと考えられる．

　植物が受ける光には，光周期のほかにも，光質（波長分布）のような，花成の時期の調節において重要な要因が含まれる．ほかの植物の陰になっている場合に，植物は葉を通過してきた光を受けることになる．葉を通過した光は，葉緑素によって光合成に有効な赤色領域の波長の光が吸収されている．一方，遠赤色領域の波長の光はほとんど吸収されない．このため，植物は赤色領域の成分と遠赤色領域の成分の比によって，自分がほかの植物の陰になっているかどうかを判断する．遠赤色領域の成分に対して赤色領域の成分の比が小さい（ほかの植物の陰になっている）場合に，植物は避陰反応とよばれるさまざまな成長反応（たとえば，茎や葉の伸長促進）を示すが，花成の促進と速やかな結実もその一つである．

　温度に関しても，春化にかかわる長期間の低温のほかに，冬が去ったあとの生育期間の温度も花成の時期の調節には重要である．温度や日長の季節変化がはっきりしている温帯の場合のほかに，東南アジアの熱帯多雨林では温度の変化（一定期間の温度の低下）が刺激となって，さまざまな樹種の一斉開花が起こると考えられている（最近の研究では，一定期間の乾燥のほうが重要であるという）．これは，温度刺激による花成の誘導と推察される．しかし，冬の低温がどのように作用しているかが解明されはじめているのと対照的に，花成の時期の調節における生育期間の温度の作用機構はほとんど理解されていない．

　光や温度といった要因のほかにも，土壌栄養（窒素/炭素比）や水分の得やすさ，といった外的環境要因も花成の時期の調節にかかわっていると考えられているが，作用機構はほとんどわかっていない．

　シロイヌナズナ（長日植物）を用いた研究によって，さまざまな外的環境要因は，部分的に機能の重複する４つの主要な制御経路をとおして花成を促進していることが明らかになっている（図3.50）．それらのうち，光周期経路と春化経路が，それぞれ，日長と長期間の低温による調節に関わる．光周期経路と春化経路の鍵となる遺伝子は，それぞれ，CONSTANS（CO）遺伝子とFLOWERING LOCUS C（FLC）遺伝子で，ともに転写調節にかかわるタンパク質をコードしている．４つの制御経路の情報は，花成経路統合遺伝子という少数の遺伝子の転写レベルの調節段階で統合される．花成経路統合遺伝子のうち，FLOWERING LOCUS T（FT）遺伝子がコードするFTタンパク質は，葉でつくられて茎頂分裂組織まで輸送されて作用する長距離花成シグナル（フロリゲン）の実体である． 〔荒木 崇〕

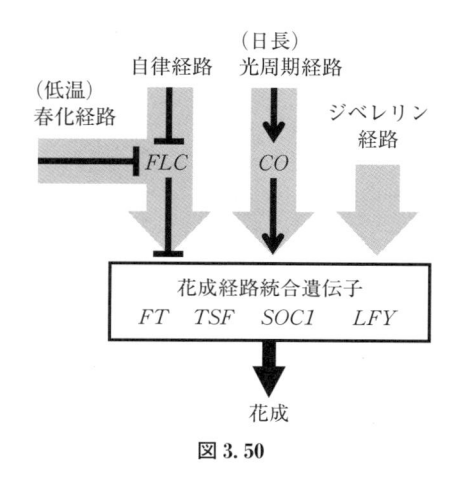

図3.50

b. 胞子嚢

　胞子嚢は胞子を内包する器官である．コケ植物のすべて，シダ植物の多くは同形胞子性で，性分化していない1種類の胞子を含む1種類の胞子嚢を形成する．一方，シダ植物の一部，種子植物（裸子植物と被子植物）は異形胞子性で，胞子嚢に雌雄があり，雌性胞子嚢（大胞子嚢）と雄性胞子嚢（小胞子嚢）を形成する．種子植物の雌ずい内にある胚珠の珠心は大胞子嚢，雄ずいの一部である葯は小胞子嚢に相同である．

　被子植物の葯はほとんどの裸子植物，シダ植物，コケ植物の胞子嚢に比べて大型である．このように巨大な胞子嚢は一つの胞子嚢が巨大化したのか，あるいは，シダ植物のリュウビンタイ類に見られるように，複数の胞子嚢が融合することによって大きくなったのかは不明である．相同な器官の大きさが進化過程で大きく変化した例の一つである．器官の大きさが進化するためには細胞分裂・伸長を，従来の空間的パターンを維持しつつ増加させる必要があるが，その分子機構はまだわかっていない．

　胞子嚢の付く位置は，陸上植物の進化過程で変化している．コケ植物は胞子体の頂端付近，小葉類，トクサ類は葉の向軸側，シダ類は葉の背軸側，裸子植物は背軸側，側方，軸端などいろいろ，被子植物は基本的に向軸側である．維管束植物の共通祖先に近い形態をもっていると推定されているリニア類は葉をもたず，二又分岐する軸端に胞子嚢を付けていた．維管束植物の進化過程で，リニア類のような形態から茎葉が何回も独立に進化した可能性が高く，これが陸上植物における胞子嚢の付く位置の多様性の一つの理由だと考えられている．

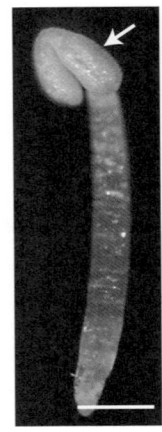

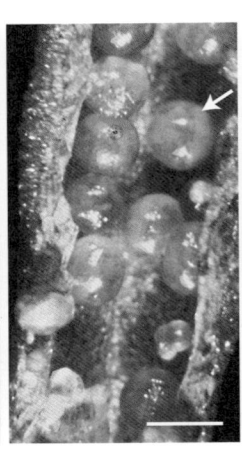

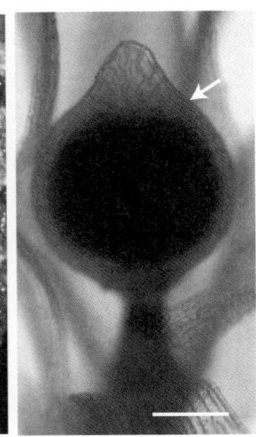

〔長谷部光泰〕

図 3.51　シロイヌナズナの雄ずい（左），リチャードミズワラビ（シダ類）の胞子葉背軸側（中），ヒメツリガネゴケの胞子嚢（右）
スケールは 300 μm．ヒメツリガネゴケ胞子嚢の写真は榊原恵子氏（モナシュ大学）提供．

c. 胞子葉

　維管束植物の胞子嚢を付けた生殖葉のことで，形態は植物群によって多様である（図3.52）．

　非維管束植物であるコケ植物は胞子体の大部分が胞子嚢であり葉は分化していないので胞子葉は存在しない．シルル紀後期からデボン紀前期にかけての始原的な前維管束植物・維管束植物（リニア植物群）も葉は分化していないか，葉の祖先器官はあっても胞子嚢とは器官的に結びついていないので胞子葉とよべるものはない．小葉類（ヒカゲノカズラ類）の系統の原始的なゾステロフィルム類などでは胞子嚢は茎に側生して，同様に生じる茎上の突起に囲まれることがある．大葉（真葉）類の系統に属するリニア類では普通茎に頂生する．したがって，胞子葉は葉の分化に伴って生じたのである．

　小葉類では小葉の出現に伴って胞子嚢がそれに接近して胞子葉が生じたと推定されている．胞子嚢は胞子葉あたり1個が葉腋あるいは葉基部の向軸面につき，胞子葉は集まって胞子葉穂をなすこともあれば胞子葉ゾーンをつくることもある．一方，大葉シダ類では胞子嚢を付けた枝系（シンテローム）が変形して大葉の胞子葉が生じたのであろう．複数個が胞子嚢群（ソーラス）をつくって葉の背軸面あるいは葉縁につく．胞子葉は栄養葉とは大なり小なり形が異なり，ゼンマイ，クサソテツ，サンショウモなどでは葉身がまったくほとんど欠いて明瞭な異形葉となる．

　胞子嚢群の位置，形など胞子葉に見られる形質はシダ類の分類に重視される．しかし，マツバラン類は2個あるいは3個の胞子嚢が合着した集嚢が1個ずつ葉の向軸側につき，トクサ類では傘状の胞子嚢托の裏面に数個ついて胞子嚢托は集まって胞子嚢穂を構成する．その胞子嚢托は胞子嚢を付けたテロームが反転していくつかが合着してできたと解釈されている．したがって，トクサ類には典型的な胞子葉は存在しないといえる．種子植物でも胞子葉は著しく変形し，しかも小胞子葉と大胞子葉で形が大きく異なっている．裸子植物の小胞子葉は被子植物の雄ずいに似るか（グネツム類），枝状であるか（イチョウ），葉状であり（ソテツ類，球果類），最後の場合胞子嚢は背軸面につく．大胞子葉については，胚珠（珠皮に包まれた大胞子嚢＝珠心）はコップ状の苞葉に包まれるか（グネツム類），軸端（イチョウ）あるいは大胞子葉の葉縁または盾の内面に付くか（ソテツ類），大胞子葉と解釈されている胚珠を付けた軸が種鱗片の向軸面に合着する（球果類）．

　小胞子葉と大胞子葉はそれぞれが集まって雄性または雌性の胞子葉穂・球果をなす．これら裸子植物の広義の胞子葉は多様であり，その系統発生はわからないことが多い．被子植物では雄ずい（小胞子葉）は軸状あるいは幅の狭い葉状であり，心皮（大胞子葉）は胚珠を向軸側に包み込む．最近の遺伝子発現解析から，雄ずいと心皮は胞子葉と相同とする解釈が支持されている．両性花の場合，心皮の周囲に雄ずい群が配置する．〔加藤雅啓〕

図 3.52　胞子葉
A. *Tmesipteris elongata*（マツバラン類イヌナンカクラン属）．2胞子嚢からなる集嚢が葉上側に付く．
B. ヒカゲノカズラ．胞子嚢1個が葉向軸面に付く．
C. *Marattia kingii*（シダ類）の葉の一部．たくさんの集嚢が葉背軸面に付く．
D. スギナ（トクサ類）．傘状の胞子嚢托の裏面に胞子嚢が付く．左は裂開前，右は裂開後の胞子嚢を示す．
E. ソテツの若い大胞子葉．雌胞子葉穂をつくる（國府方吾郎氏提供）．

d. 花序

　花序（inflorescence）は生殖器官である花の着き方を決めるシュートシステムであり，花梗（peduncle）（イネ科植物の場合は穂軸（rachis）とよばれる）の分岐パターンにより構成されている．花梗や花は包葉（苞，bract）とよばれる，普通葉とは明らかに異なった葉の葉腋から生じる．ただし，包葉がないこともある．また，生殖成長が栄養成長と明確に区別されず（たとえば，シロイヌナズナなど），植物全体を花序と見なしうる場合もある．

　花序の形態はいくつかのパターンに類型化され，重要な分類形質の一つとなっている．類型化された花序のパターンに標準型が存在することは明らかであるが，それぞれの花序を見るとき，各パターン間の組合せ（複合花序）や変移（中間型）が数多く存在している．花序の形態を幾何学的な分岐パターンとしてのみとらえることには限界があり，今後発生生物学的な花序の形成過程の分析とその遺伝学的素過程を明らかにしていくことにより，新たな類型化が可能になるかも知れない．

　花序の形態は大きく分けて，成長軸に対し側面に花をつけるもの（側花）と，軸が花または花序でおわるもの（頂花）とに分けられる．これらは，それぞれ無限花序と有限花序の基となる形質である．形態学的には，無限花序は総房花序（botrys），有限花序は集散花序（cyme）としてまとめられる．

　無限花序（図3.53（a））はさらに，総状花序（raceme，図①），穂状花序（spike，図②），散房花序（corymb，図③），散形花序（umbel，図④），頭状花序（capitulum，図⑤）に分類される．無限花序は，花序茎頂（inflorescence meristem）が，花序茎頂としての状態を維持しながら，つぎつぎと花芽（floral meristem）を分化させることによって形成されると考えられる．

　有限花序（図3.52（b））の場合は，花序茎頂全体が花芽に転換した結果，頂花を生じると考えら

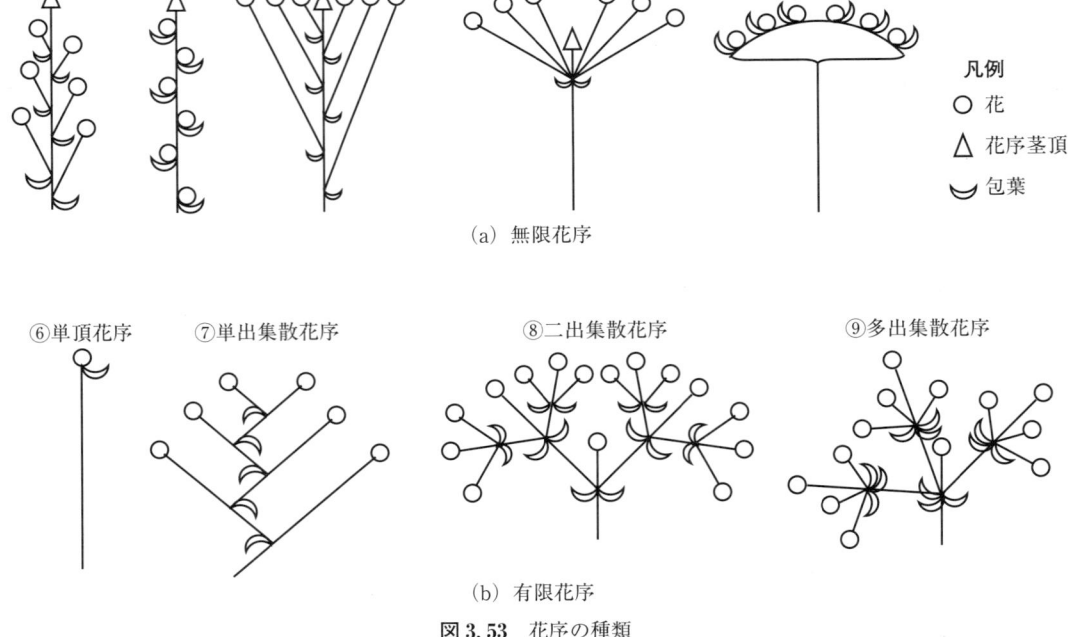

①総状花序　②穂状花序　③散房花序　④散形花序　⑤頭状花序

凡例
○ 花
△ 花序茎頂
⌣ 包葉

(a) 無限花序

⑥単頂花序　⑦単出集散花序　⑧二出集散花序　⑨多出集散花序

(b) 有限花序

図 3.53　花序の種類
各パターンの典型例を模式化したもの．花序は本来3次元的に構成されているので，平面図で表すには多少の無理がある．

れる．その意味では単頂花序（uniflowered inflorescence, 図⑥）がもっとも典型的で理解しやすい．多数の花がつく集散花序の場合，新たな節の発生に伴って花序茎頂が形成された結果と考えられる．集散花序には一つの節から何本の花梗ができるかによって，単出集散花序（monochasium, 図⑦），二出集散花序（dichasium, 図⑧），多出集散花序（pleiochasium, 図⑨）に分類される．

シロイヌナズナの *terminal flower 1*（*tfl 1*）やキンギョソウの *centroradialis* は，一遺伝子（両遺伝子はホモログである）の突然変異によって無限花序が有限花序化したものであるが，花序の多様性における *tfl 1* 遺伝子の役割を明らかにすることは今後の課題である． 〔後藤弘爾〕

e. 花

花とは，被子植物の生殖器官の総称である．一般的には，裸子植物など，被子植物以外の生殖器官も花とよばれることがあるが，植物学的には被子植物に限定される．

花は複数の器官からできた集合器官である．通常の花は，外側からがく（萼），花弁，雄ずい，雌ずいとよばれる4種類の器官で構成される（図3.54）．花は，生殖器官であるので，その第一義的な機能は生殖である．花の器官の中でがくと花弁は，直接に生殖に関与せず，それぞれつぼみ時の花の保護，送粉者の誘因などの機能をもつ（f.「花被」の項を参照）．これらは花被と総称されることもある．

これに対し，雄ずい，雌ずいは，直接生殖に関与する器官である．雄ずいは小胞子葉に対応し，葯の内部で花粉を生産し雄性配偶子である精細胞をつくる．雌ずいを構成する心皮は大胞子葉に対応し，子房内部には胚珠を着け，雌性配偶体である卵細胞をつくる．

裸子植物では，一部の化石のみから知られている群を除き，雄の生殖器官と雌の生殖器官は，それぞれ独立した枝につく．被子植物では，雄花と雌花が存在する雌雄異花や，雄個体と雌個体がある雌雄異株などの例も見られるが，化石や現生の原始的被子植物の花の構造などから考えると，雌雄の両生殖器官をもった花が原始的と考えられ

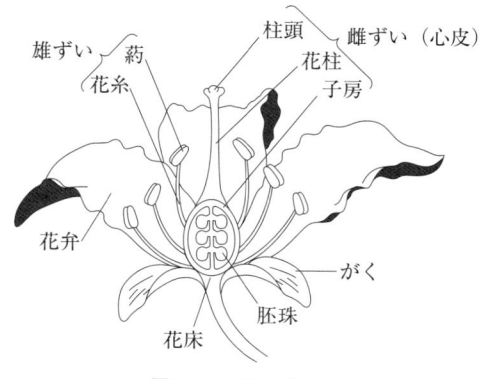

図3.54 花の模式図

図3.55 花のABCモデル

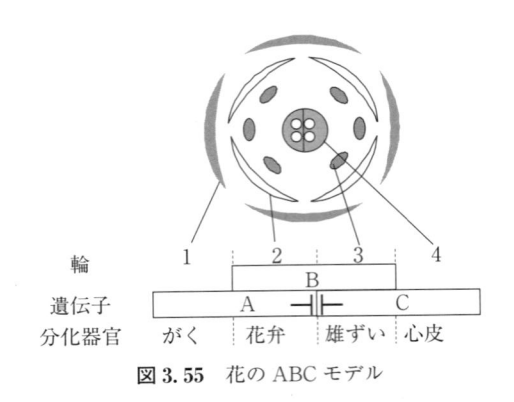

輪　　　1　2　3　4
　　　　　　B
遺伝子　　A　｜｜　C
分化器官　がく　花弁　雄ずい　心皮

る．花がいかにして生じてきたかを包括的に説明できる仮説はまだ存在しない．しかし，雌の生殖器官を構成する心皮と雄の生殖器官である雄ずいは，それぞれ大胞子葉，小胞子葉に相当するものである．がくや花弁もまた葉が変形して生じたものと考えられていて，花は短縮したシュート（花茎）に4種類の変形葉が着いている構造と考えることが可能である．

　最近の分子遺伝学的研究で，この花の各器官の分化はおもにMADS-box遺伝子とよばれる遺伝子群のはたらきにより決定されていることが明らかになってきた．すなわち，葉の基本性質をもつ器官原基でどのような器官決定遺伝子が発現するかにより，その後の運命が決まるというものである．実際は，3種類の遺伝的活性の組合せで器官決定を行うというモデルが提唱されていて，花のABCモデルとよばれている（図3.55）．
〔伊藤元己〕

f. 花　被

　花被とは，花の器官の中で，直接生殖に関与しない2種類の器官，がく（萼）と花弁を総称したものである．一般的な花では，がくと花弁では色や形が異なるが，ユリの花などのように区別がはっきりしないこともあり，このような場合は外花被，内花被とよばれる．ごく一部の例外を除き，花の中で花被は生殖器官である雄ずい，雌ずいの外側に位置する．ユリのような花を含め，一般的な花はがく・花弁（あるいは外花被，内花被）をもつが，一種の花被（一輪）しかもたない花，まったく花被をもたない花（センリョウやコショウなど）も存在する．植物学では，花の最外輪の器官はがくと定義されているため，一種の花被しかもたない場合には，アネモネやコウホネの花などのように，たとえその器官が大きく鮮やかな色がついていても花弁ではなくがくとよばれる．

　花被は，花の中でどのような役割を果たしているのであろうか？　がくは一般的には小さく，緑色で比較的固い場合が多い．また，中には開花時に脱落する花もある．がくは，花の最外に位置して，開花まで花を包んでいて内部を保護する役割があると考えられる．一方，花弁は一般的にがくに比べて大きく，また，さまざまな色をもっている．これらは，昆虫などの送粉者を誘引する，いわゆる広告塔の役割を果たしていると考えられている．実際，受粉に送粉者の必要としない風媒花では，花弁が小型で目立たない色をしていたり，花弁を欠く場合が多く見られる．また，花弁の色も，鳥媒花では，鳥に目立つ赤色をしている．

　がく・花弁は，どのように進化してきたのであろうか？　ゲーテは「花は葉の変形したもの」という植物変形論を唱えた．花の器官の中でもがくと花弁はとくに葉と似ている．この考えが基本的に正しいことは，最近の分子遺伝学的研究で支持されている．モデル植物のシロイヌナズナを用いて，花器官決定に関与する遺伝子の機能が欠失した変異体をつくると，がくや花弁の位置にできる器官は葉とよく似た形態を示す．
〔伊藤元己〕

g. 雄ずい

　顕花植物（種子植物）の雄性生殖器官．小胞子葉とそこに形成された小胞子嚢とから構成されている．ここでは，被子植物の花の雄ずい（雄しべ）について記述する．

　多くの被子植物では，雄ずいは糸のような細長い構造の先端に花粉が入った袋が四つ着く構造をしている．すなわち，花糸と葯とである．花糸が小胞子葉に相当する．葯は，一般に二つの半葯からなり，それぞれが二つの小胞子嚢からなる．半葯と半葯の間を葯隔とよぶ．多くの場合，葯は縦裂開して花粉を放出する機構なので，割れ目を入れたコッペパンのような外観を呈する．その他，孔開するもの（ツツジ属など）や弁開するもの（クスノキ科，メギ科など）などもある．また，これらとは大きく異なり，一見まさに小胞子葉そのものの形態を示す雄ずいもある．モクレン科などの雄ずいである．これらでは，舟形の小胞子葉に縦裂開する葯が埋もれている形態をとっており，多数派の雄ずいとはまるで異なる印象を与える．葯の裂開部が蕾の状態のときに向く方向によって，内向，側向または外向しているとよぶ．自然界でときに見られる花の突然変異の状態であり，園芸的にはごく一般的な八重咲きの性質は，そのほとんどが雄ずいの弁化によるものである．

　雄ずいの本数は，たとえば3数性の花なら3の倍数になるのが本来であるが，他の花葉が3もしくはその倍数であるのと異なり，非常にばらつく傾向にある．また，ムクゲ属などのように花糸が集約した雄ずいになっていたり，ヤブツバキなどのように全雄ずいの基部が互いに合着して筒をなしていたりする．その他特異な例としては，たとえばラン科ラン亜科があげられ，雌ずいと異類合着して蕊柱を形成している．これらの例は，送粉動物の行動への適応と考えられる．

　葯は成熟とともに，その最内層の1〜3層程度がタペート組織とよばれる高次の多核状態になった細胞層に変化し，花粉に栄養を与えている．その花粉は胞子とは異なり，胚嚢と同様に，単なる1細胞性のものではない．小胞子が内在的に雄性配偶体となり，さらに精細胞を作出したものであり，2細胞もしくは3細胞段階で葯から放出され，運がよければ同種の雌ずいの柱頭を授粉することになる．染色体の研究は，根端を用いた体細胞分裂時の観察のみならず，花粉母細胞の減数分裂時をねらって葯をつぶし，染色体の行動を観察するのが減数分裂観察の基本である．

　花には異花柱花性を示すものもあり，近交弱勢回避のためと解釈されている．すなわち，短花柱花と長花柱花（場合によっては，中花柱花も）があって，同じ花性の花どうしでは不和合性を示す．さらに，雌性先熟や雄性先熟という性質がかなり広く見られ，形態的には完全に両性花であっても，雄ずいと雌ずいの性的成熟をずらすことにより，自花受粉を避けている．ただし，この性質は隣花受粉回避にはいっさい無力である．反対に，閉鎖花では自花受粉が完璧に実施されるように，柱頭面上に葯が押しつけられていたりする．このように，授粉についての多様性は雌ずいの受粉への適応よりも少なくとも外形的にはきわめて多様である．

〔植田邦彦〕

図 3.56 ホオノキの雄ずい群（口絵24）
多数の舟形の雄ずいが螺旋配列している．葯は内向しているので，開花初日の花を移したこの写真は雌性期であり，雄ずい群は固く内側に閉じていて，見ることができない．

h. 雌ずい

　雌ずい（雌しべ）とは顕花植物（＝種子植物）の雌性生殖器官であり，胚珠と大胞子葉から構成されている．顕花植物では大胞子葉を心皮とよぶ．

　裸子植物では心皮に胚珠がそのまま乗っている状態となっており，そのことから裸子という呼称が生まれた．一方で，被子植物では胚珠が心皮に包まれており，裸子に対して被子という．植物形態学的な議論があってのことではないが，近年，被子植物の場合のみ雌ずいと呼ぶケースが多くなっており，以下の説明は被子植物に限る．

　雌ずいの先端が柱頭であり，受粉する場所として機能する．基部の膨らんだ部分が子房で，中に胚珠を包む．両者の間が花柱とよばれる．子房は受精後，胚珠が発生を進め最終的には種子になるのに伴い，果実の主体部分となる．

　被子植物の雌ずいは，裸子植物に類似したものが化石を含め皆無なため，その起源はまったく不明といってよい．しかし，雌ずいの基本構成単位は1心皮であり，胚珠がそれによって包み込まれたものであることは間違いのないところだろう．このような雌ずいを離生心皮とよぶ．この場合，雌ずいの数が複数であることが多く，多心皮群と総称される一群の多くは被子植物の系統樹上，最下部で真正双子葉類と分岐している．これに対して，複数の心皮が合着して1雌ずいを形成しているものを合生心皮とよび，より前進的と考えられている．こうして，被子植物の花には多くの場合1個の雌ずいがあり，ボーリングのピンのような形であることが多い．なお，このような1個の雌ずいの場合には一見シュートの先端に雌ずいが位置しているように見えるが，合生心皮であることから理解できるように，軸に側生する心皮，すなわち大胞子葉が側方で合着しているのであり，雌ずいにおおわれた花床の先端，すなわち子房の底面にはもちろん何も存在せず，形態学的にはシュートの頂端となっていると理解される．いいかえれば頂端に存在する1個の雌ずいも側生器官なのである．

　なお，合生心皮雌ずいの場合も構成要素としての心皮が外見で認識できたり，子房は外見上まったく単一であっても花柱や柱頭が構成要素ごとに外見で認識できたりする．外見上もまったく単一となり，かつ，柱頭のどの部位に受粉してもまったく平等にどの心皮上の胚珠にも受精可能な状態になって，初めて真の合生心皮雌ずいとなったと解釈することもある．

　また，花床の上に全雌ずいが完全に露出している子房上位の状態，サクラなどのように子房の周りを萼筒などが取り囲んだ状態を子房周位，子房下部が半分ほど花床や萼筒などに埋没した状態を子房中位，子房が完全に埋没した状態を子房下位とよび，後者は胚珠の保護がさらに進んだ状態と理解されている．

　雌ずいは成熟すると果実となり，種子の分散に大きく寄与する．ただし，一般に果物とよばれて食されているものは果実そのものではなく，多くは狭義の果実以外の器官が加わったものであり，むしろ狭義の果実を果物として食しているものはまれである．

〔植田邦彦〕

図 3.57　ホオノキの雌ずい群
多数の雌ずいが螺旋配列している．突き出しているのは不完全に合着している柱頭面部分の心皮であり，開花初日の雌性期のため，新鮮で受粉可能な状態である．胚珠を包んでいる下部は花軸の中に少し埋没している．

i. 胚珠，珠皮

　胚珠は，種子植物（裸子植物と被子植物）に見られ，受精して胚をつくる場所であり，受精後は種子になる．胚珠の基本構造は珠心（シダやコケの大胞子嚢にあたる）と珠皮からなり，珠皮の先端は閉じて珠孔をつくる（図3.58）．珠心には，雌性配偶体（被子植物では胚嚢とよぶ）を形成し，受精のための卵細胞をつくる．珠孔は受精のための花粉や花粉管（雄性配偶体）の入口である．裸子植物では，胚珠は剥きだしで，珠孔からは普通花粉が入る．一方，被子植物では，胚珠は心皮に包まれ（全体の構造を雌ずいとよぶ），胚珠は外からは見えない．そのため，受精にあたっては，雌ずいの先（柱頭）についた花粉が花粉管を伸ばして珠孔に入る．

　被子植物の胚珠では，珠心基部寄りの胚珠の部位を合点（カラザ）とよぶ．胚珠は，珠柄で胎座とつながる．また，胚珠の傾きについて，直生，倒生，湾生などがある．

　珠皮は裸子植物では1枚，被子植物では普通2枚ある．被子植物の2枚の珠皮を，珠心に近いほうから順に，内珠皮，外珠皮とよぶ．裸子植物の1枚の珠皮は，被子植物の内珠皮と相同と考えられているが証拠はない．被子植物でも珠皮を1枚しかもたないものがあり，もともと2枚あった状態から1枚へ減少するさまざまな進化の過程が知られている．たとえば，2枚の珠皮が合着して1枚になる，外珠皮あるいは内珠皮が欠損するなどである．

〔戸部　博〕

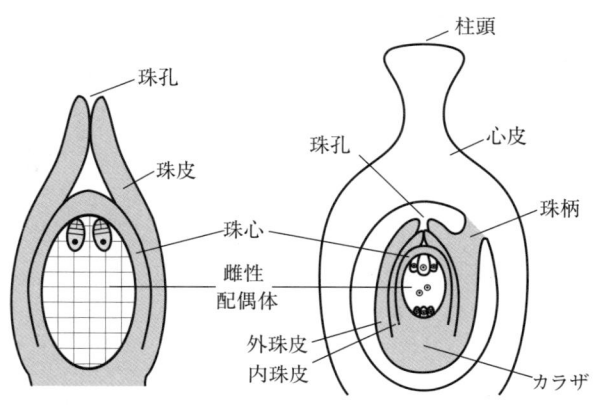

図 3.58 裸子植物（左）と被子植物（右）の胚乳（灰色部分）

j. 種子

　種子は陸上環境で生活する植物にとって，有利な繁殖器官である．現在陸上でもっとも繁栄しているのが，種子を形成する種子植物であることが，そのことを強く物語っている．

　種子は胚珠が受粉後成熟したもので，基本構造は胚珠のそれを受け継いでいる．種子の構造は，外側をおおう種皮とその内部に形成される胚，胚の栄養分である胚乳とからなる．胚珠では，最外層の珠皮が種皮に相当するので，その内部（珠心）に胚と胚乳が形成されることになる．

　胚珠の起源は，胞子繁殖するシダ段階の植物であった古生代デボン紀の前裸子植物において起こった異形胞子化にさかのぼる．大胞子を内部に1個だけ形成するようになった大胞子嚢全体が，周囲にあった栄養軸によって，ちょうど卵を指で包むようにして囲まれたことによりつくられた壁が珠皮である．したがって，珠心は，大胞子嚢壁と大胞子あるいは大胞子から発生した雌性配偶体に相当する．雌性配偶体は造卵器を形成し，卵が受精すれば胚となる．胚乳は残された配偶体である．現在知られている最古の種子植物は，デボン紀後期（3億7千万年前）のものである．

　種子は，胞子と異なり休眠して適切な発芽時期を待つことができるだけでなく，発芽時には胚乳の栄養が胚の初期成長を保証する．また，種子植物の多くは，花粉管受精によって受精の安全性を高めている．このため，種子植物は祖先であるシダ植物よりも繁栄することができた．種子中の胚にも機能分化が見られ，イチョウやナンヨウスギでは子葉が内生発芽して胚乳の栄養を吸収する．また，マメのように胚乳が退化するかわりに子葉が栄養貯蔵器官となった無胚乳種子をもつものもある．

〔西田治文〕

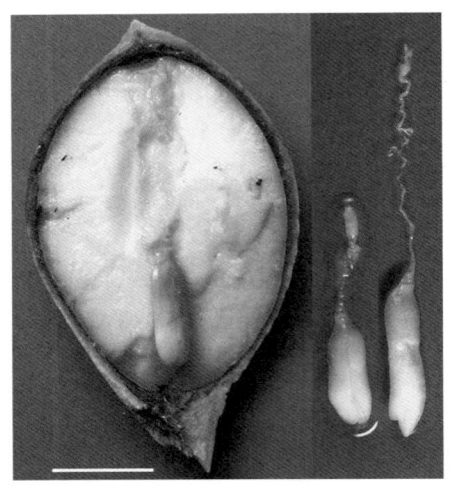

図 3.58　ソテツの種子と胚
種子最外層は取り除いてある．胚はバネのような形をした胚柄によって胚乳にぶら下がっている．左の胚の基部（上側）には造卵器が残っている．スケールは1cm．

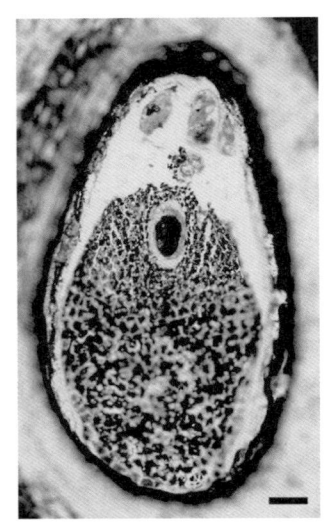

図 3.59　ペルム紀の裸子植物グロッソプテリスの受精直前の胚珠．
上部の花粉室には3個の花粉管が見られる．左の花粉管内には2個の精子があり，中央の花粉管は，下側に2個の遊泳精子を放出している．胚珠下部には雌性配偶体が形成され，造卵器中に1個の卵細胞がある．造卵器付近は，同一胚珠の別の連続切片の画像を合成してある．スケール0.1 mm．

4

植物の進化

総論

(1) 生命体と変異

　地球上に生命体がはじめてすがたを見せたのは，今から40億年近く前と推定されている．

　そのとき，生命体は単一の型だったことが確かめられている．しかし，生命体のすがたで地球上に現れたその瞬間から，生命体は変異を生み出し，多様化への路を歩みはじめた．

　生き物は，すべて地球上に姿を現して以来一貫して生き続けている生命をもっている．すべての生き物がもっている生命は，一様に40億歳近くの年齢をもっている．一方，生命体のほうは頻繁にそのすがたを変える．母細胞から娘細胞へ，親から子へ，母種から派生種へ，個体を更新し，世代を引き継ぎながら，しかし生命は瞬時の休止もなく連綿と生き続ける．生き物とは，はかない生命体に永遠の生命を載せた実体であると定義できる．これは，どういうことだろうか．

　生命は核酸に載せられて親の世代から子の世代へ伝達される．核酸（現生の生物ではそのうちでもDNA）が基本的には正確に同型複写し，親の核酸と同じ子の核酸をつくり出す反応を繰り返す．親から伝えられた核酸は，セントラルドグマといわれる生物に普遍的な過程を経て，核酸に対応して定められたタンパク質を産生するとともに，転写されたRNAをさまざまに利用することによって，親と同じすがたの生物体をつくりあげ，生命体としての機能を演出する．この意味では，生命は永遠の存在である．この場合，親と子の関係は多細胞生物の親子の場合に限らず，母細胞から娘細胞へという移行もあるし，それがそのまま親から子への世代の移行に相当する単細胞生物の場合もある．また，ある種から新生した種への進化の場合も本質は同じことである．

　遺伝を支配する物質である核酸を載せる生命体は物質のかたまりである．物質は，それ相応に物理化学的反応を示す．初期条件が与えられ，エネルギーが付与されると，定まった過程で反応が進行する．伝えられた核酸の反応にはじまる生命体の活動は，核酸の制御によるタンパク質の産生にはじまり，すべての反応が物理化学的法則に従って展開する．

　ただし，正確だといわれる核酸の自己再生産にはごくわずかの比率ではあるが，一定の変異を刻む．生命体の存続（と進化）にとって，核酸の複製の際に生じる一定の変異は神秘的ともいえる現象である．この事実は，生命体が地球上に姿を見せたその初日から見られたものであり，それが地球上における生命と生物の永続的な存在を可能とした．

　歴史に「もし」は禁句であるが，理解を容易にするために，「もし」を一つだけ設定してみよう．もし，核酸が変異しないで100%正確に複製されるか，複製の際に変異が生じると変異型は地球上で存在できずにすぐに崩壊する分子だったら，生命はどうなっていただろうか．核酸が決して変異しないのだったら，地球上にすがたを見せた生命体は，たとえ複製されることがあったとしても，始源型と完全に同じものだけで，生物の多様性は招来されることがない．それで，地球表層の環境に変動が生じたらどうなるか．生まれた生命体が万能だったら生き続けるだろうが，物理化学的反応は限られた条件下でのみ可能である．変動した地球環境が，地球上に生を得た生命体に不適切な条件を強いることになったら，その後の生物種にしばしば見られたように，その生命体は絶滅することになっただろう．変異の結果として，代替の生命体が準備されていれば始源型が絶滅しても生物は存続できる．しかし，代替の生物が準備されていなかったら，始現型の生命体が絶滅することは，そのまま発生した生物そのものが絶滅することにつながったはずである．

　40億年近く前に地球上に生命体が出現したとき，生命体がもっていた核酸は一定の変異を産出し，変異型は核酸としては存在できる性質を備え

ていた．それが，生物の多様化の引き金となり，その後の生物の進化の原動力となった．多様な生物のうちには，地球環境の変動に耐えうる型がかならず生きていた．絶滅する生物の型があったとしても，他に生き続ける生物の型が準備されていた．かくして，生物は永遠の生命を担う存在として生き続けてきたのである．

(2) 生命体の歴史

生き物は地球上にすがたを見せたとき単細胞だった（原始生物についての単細胞という表現は，現在の生物でいう単細胞に相当するものではないが，少なくとも，多細胞体ではなかったという意味で，単細胞だった）．だから，現在の単細胞生物がそうしているように，細胞分裂は直接世代の更新そのものだった．地球上にすがたを現したその瞬間から，核酸は複製の際に一定の変異を生じる性質を備えていたのだったら，最初の生物の増殖（核酸の自己再生産）はすでに変異を産み出すものだったはずである．もちろん，ここでいう変異は（細胞レベルの）個体変異の段階のものである．種の分化につながるまでには，相当の年月がかかったに違いない．ただ，原始生物は細胞レベルで生きていたため，現生の多細胞生物の進化とは異なり，生命の起源と同時に個体群のうちには多様な変異を生じていたと推察されるのである．

生命体が世代の更新を重ねているうちに，個体変異はやがて変異とよぶ範囲を逸脱し，種を識別するほどの差に育ってきた．変異のうちには，生殖隔離を起こす遺伝子突然変異もあっただろう．やがて，遺伝情報を担う核酸の塩基配列に見る差異は，現在の生物でいう種差に相当するほどの違いを刻んでいた．

変異を生じながら世代を引き継いでいるのだから，長い年月を重ねて，生物は徐々に多様なすがたをもつようになってきた．40億年弱の歴史を経た現在，科学は150万をこえる種数の生物を認知，識別している．しかし，この数字はまだまだ地球上に生きる生物の数としてはごく一部であって，実際には地球上に何百万ではすまず，何千万か，たぶん，億をこえるほど数多くの種が分化しているらしいと推定されている．

わかりやすく種数で指標されるだけでなく，生物の多様性はさまざまな様式で認識される．生物の多様性を遺伝子多様性，種多様性，生態的多様性などとレベルによって識別することがある．

遺伝子多様性とは，生物の性質を決める基本的な遺伝情報が多様であることを指す．遺伝子は（現生の生物では）デオキシリボ核酸（DNA）に担われて親から子へ伝達されるが，塩基配列に秘められた情報が「DNA→リボ核酸（RNA）→アミノ酸→タンパク質」と形成を制御するセントラルドグマとよばれる生物界に普遍的な過程を経て，生体反応を担うタンパク質が伝えられた核酸に対応するかたちで産生され，親の性質が正確に子に引き継がれる．遺伝子を担うDNAはアデニン，グアニン，シトシン，チミンという4種類の塩基の配列によって多様なすがたを示すが，塩基の配列の数は理論的には無限にあり，実際地球上にはきわめて多様なDNAが存在する．さらに，ゲノム完全解読が多くの生物でなしとげられるようになり，タンパク質に翻訳されるDNA以外に，ゲノムのほとんどの領域が転写され，RNAとなってなんらかの機能をもっているのではないかということがわかってきた．このように，遺伝子には多様なかたちが現実に存在していることを遺伝子多様性といい，さらにまた従来の遺伝子以外の部分にも多様な変異があることがわかり，近年では遺伝子の定義自体が混沌としてきて，ゲノム多様性という言葉も使われている．同一種内でも遺伝子構成がまったく同じという個体は存在しておらず，遺伝子多様性は，種内でも遺伝子に変異があることを示す表現に同じ遺伝子多様性という言葉が用いられることもある．

種多様性とは，遺伝子に支配されて成体のすがたを育て上げる生き物が，何百万あるいは何千万という種に多様化している事実を指す．種の多様性は，不規則にばらばらに多様であるというのではなくて，単一の始原型から分化を重ねて多様化したものであり，多様化の過程に見る歴史にしたがって，階層性をもった多様性を示すものである．

多様な種は，複雑な組合せで，地球表層のさまざまな環境に適応して生きている．複数の種が構成する生態系には，まったく同一というものはなく，多様な様態を示している．このように，種の集まりがまとまって生きる生態系が多様な姿を見せていることを生態的多様性という．

生物多様性という言葉は，さらに多様な現実を表現している．多細胞体では，同じ個体でも多様な細胞が寄り集まって個体を形成しており，細胞，組織，器官に多様性が認められる．形態的多様性は細胞，組織，器官，個体などさまざまな階層で表現される．一定の地域にいくつの種が併存しているかを生態的多様度といったことがあった．どれだけの数の種が混在し，一つの生態系を構成しているかを示す言葉である．景観の多様性は個別の種にこだわらず，景観を構成する生命体がつくる地球表層の一部を認知する．

(3) 生物の進化

生命体が 40 億年近くの歴史を連綿と生き抜き，長い時間をかけて多様なすがたを産み出してきた過程を生物の進化という．

進化という言葉は evolution という英語（に相当する欧米語）を，明治時代に小泉丹が訳した造語だとされる．欧米語でいう evolution はもともと「展開」を意味する語であり，何かが時間的な経過ですがたを変える現象を指す．その言葉を「進化」と漢字で表現すると，進んで化けると読まれてしまう．evolution には単純化，退化という現象も含まれる．自然の展開に伴って生物がすがたを変える現象一般を指すのだから，そのうちには体制などでより進んでいるとは思えないものも含まれる．

かたちや機能を変えるのは，環境の変遷に生物がどのように適応するかを示すことで，生きている環境にもっとも適応的な型がもっとも進化した型ということになる．だから，ある環境下に生きる生物がその環境にもっとも適応していても，別の環境では適応的ではなくなり，適応しない環境下では，その環境に適応するような進化を遂げないと生きていることができない．特定の形態や機能に注目すれば単純化，あるいは退化と見なされるような現象が認められても，生物は進化しているのである．

最近では，進化という言葉は一般用語としてさまざまに使われる．多くの場合，何かが進歩する方向で変貌する際に用いられる．生物界の現象を示す evolution とはかけ離れた意味を担わされていることが少なくない．しかも，そのことが，生物の evolution の理解を偏らせる影響さえ生じはじめていると危惧される．生物の進化を正しく理解するためには，一般用語化している進化という言葉の使い方に煩わされることなく，生物に見られる現象を正しく把握する必要がある．

現生の生物界に見られる多様性を生物の進化の反映と見るのは正しい理解であるが，現生の生物をいくつかの分類群に体系化したところで，生物界に見られる階層性を，高等，下等という概念で整理するのは間違いを導きやすい．

従来，キリスト教思想においては，神に近いものを高等，神から遠いものを下等としてきた歴史がある．一般に，歴史的に古くから存在する系統は下等で，新しく生じた系統を高等とみなすことがある．しかし，下等といわれる原核生物でも，現在生きているものは 40 億年弱生き続けた生命を担っている生き物であり，担っている生命の経験したものは，高等といわれるヒトと同等である．20 億年以上も前，まだ真核生物が進化していなかった時代に生きていた原核生物と，真核生物の進化と平行して進化を重ねてきた現生の原核生物では生物としてはずいぶん異なったものである．

系統発生の時期の違いによって，体系化された分類群の間に階層性が認められるのは事実である．しかし，古い系統が下等であると認識するのは間違いをもたらす危険が伴うことで，ある分類群が系統発生の時期でいえば古かったとしても，その分類群に属する現生の生き物は 40 億年になんなんとする進化の歴史を経験して生きているものであることを認識する必要がある．分類群に認められる階層性は，系統発生した順序づけであって，生き物として高等であるとか下等であるとか

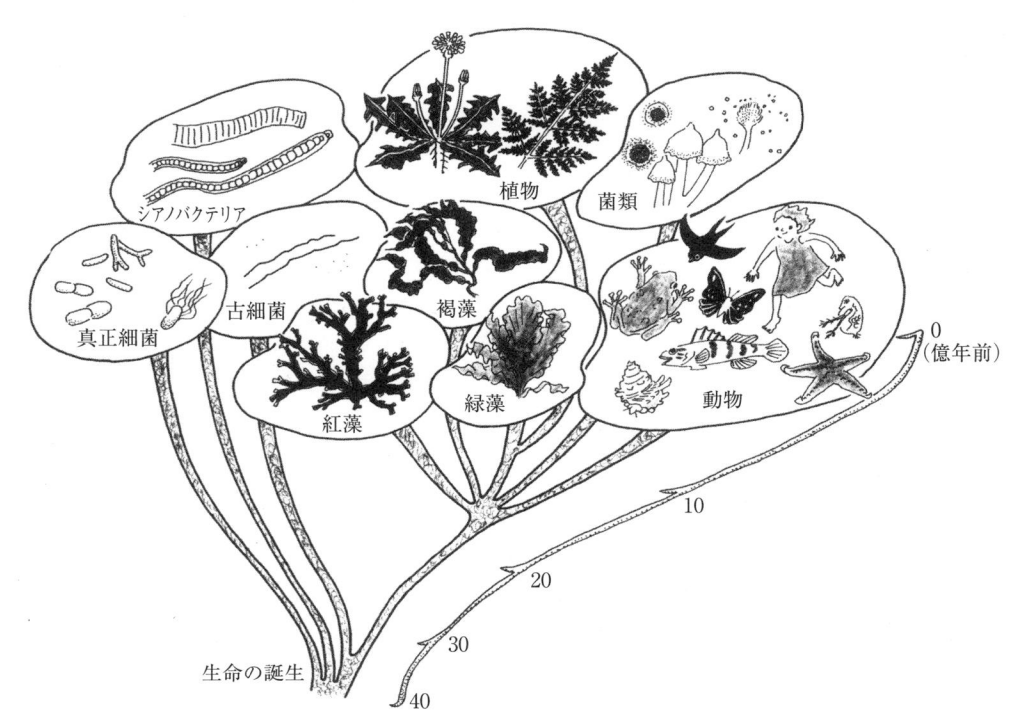

図 4.1 40億年になんなんとする植物の系統進化

の価値判断を伴うものではない．

　生命体が地球上に姿を見せて以来40億年弱の間に，進化とよばれる多様化を刻んできたが，進化の機構については根幹の部分で生物界に普遍的なものと，生物群に固有で特異的なものとがある．普遍的な原理としては，遺伝子が多様化（＝核酸の変異）し，集団の隔離と遺伝的変異の集団による差別化が見られ，環境の変動に対して適応的な選抜があり，集団が隔離され，集団内で変異が進行する，などの経過が積み重なって種形成が認められ，生物の種多様性が導入される．

　進化の初日に生じたことはいざ知らず，その後の生物進化はそのときどきに生きる生物について見られた現象だった．すでに生物界を構成していた生物は多様なすがたを見せ，多様な生き様を演じていた．進化の引き金である核酸の変異は，それぞれの生物体で一定の割合で生じていたが，すでに異なった生物の間には微妙な差異が生じていた．集団が隔離され，環境が変動する様態も，地球表層のあらゆる場所で特異的に見られたものだった．当然，変化に対応する生き物の戦略もそ

れぞれの場合に特異的だった．かくして，生物進化はきわめて複雑な現象を演出することになったのである．

　生物の進化という範疇では，進化がどのような機作で生じるか，種形成とはどんなことか，生物多様性に見る階層性を分類体系にまとめる根拠はなんであり，現在までに分類体系はどのように集成されているか，現在地球上に生きている植物はいかに多様であるか，進化の過程を示す証拠というべき化石は進化について何を語るか，などを整理し，生物多様性についてこれまで生物学が明らかにしてきたことを示し，どんな課題が問題となるかを考察することが肝要である．

(4) 植物の進化と人

　植物の進化の話題としては，この範囲で触れられる内容が直接的にかかわる項目であるが，植物の生を考える場合には，あらゆる面で植物の進化がかかわってくる．冒頭で述べたように，生きることは単に生命現象を物理化学的反応として演出することではなくて，40億年近く前に地球上にす

がたを現して以来一貫して生き続ける生き物が，40億歳弱の生命現象を営むことでもある．それは，今生きている植物のかたちの不思議に通底することであり，植物が演出するすべての反応にかかわることであり，また，地球上に展開する植物の生活を形成してきた歴史でもある．

さらに，地球上に人が進化してきてから，人は植物に全面的に依存しながら生命を維持してきた．人は植物を利用するというが，当然のことながら，地球上の植物の生には，人が近々何万年かの間に文明を育ててきたこと，地球表層に決定的な変貌を刻んできたことが，はなはだしい影響を及ぼしている．人と植物とのかかわりは相互に不可分離の関係をますます深めつつあるといいうる．さらに，人が構築してきた文化が，植物と人との関係をいっそう深めつつあるが，植物と菌類の進化がつくりあげてきたものが人の生活にとって，物質・エネルギーの面でも，知的活動の面でも，関係性を深めている現実にも目を注ぐ必要があるだろう．

生命を40億年近く前までさかのぼって考えれば，生き物は単一のすがたをとっていた．私たちの周辺に生きているすがたを認知しやすい真核生物は，進化の歴史の半ばに近づいてやっとそのすがたを見せてきた．それ以後も，植物と動物は多分今をさかのぼること10億年そこそこの頃に分化するまで，同じ原生生物のすがたをとっていたらしい．人と植物も，今もっている生命の年齢からいえば，その4分の3までの長さは同じ生を生きていたという計算になる．植物の進化は，人と植物とのかかわりを，今見る相互関係以上に，一体であった歴史を数字で示してくれるものでもある．人と植物のかかわりをそういう視点から見るのも，植物の進化を学ぶ効用の一つである．

〔岩槻邦男〕

参考文献

岩槻邦男（1999）：生命系―生物多様性の新しい考え―，岩波書店．

岩槻邦男・加藤雅啓（共編）（2000）：多様性の植物学（全3巻），東京大学出版会．

岩槻邦男・馬渡峻輔（監修）（1996～2008）：バイオディバーシティ・シリーズ（全7巻），裳華房．

4.1 遺伝と多様性

　生物種はそれぞれ，特徴ある形態や性質をもっている．また，一つの生物学的種に含まれる互いに交配が可能な異なる品種や系統も，それぞれを特徴づける形態や性質をもっている場合が多い．これらの形態や性質をまとめて形質とよぶ．遺伝とは，親のもつ形質が子に受けつがれて，子やそれ以降の世代でも現れることを指す．逆に親から子孫に受けつがれる形質は，遺伝形質とよばれる．遺伝形質は，染色体にある遺伝子によって伝えられる．さらに，現在では遺伝子の本体は，DNA であることがわかっている．

　さて，現在，地球上にはさまざまな生物が生存している．その目を見張る多様性は，形態形質など表現形質のレベルで見ても実に著しい．しかも，その多様性は方向性のないまったくでたらめなものばかりではない．生物は多様ながら，それぞれが生存していくうえで，じつにうまくできている．このように，個々の生物種がそれぞれの生存に適したような形質をもちながら，多様な形質をもった生物が自然界には存在しているのである．生物界がなぜこのような状況になっているかを初めて合理的に説明する仮説，すなわち自然選択説を提唱したのがイギリスのダーウィン（C. R. Darwin）である．

　ただし，ダーウィンの時代には遺伝の仕組みがよくわかっていなかった．1900 年にメンデルの遺伝の法則がオランダのド・フリース（H. De Vries），ドイツのコレンス（C. E. Correns），オーストリアのチェルマック（E. von S. Tchermak）によって独自に再発見され，遺伝の法則が広く世に知られるようになって，遺伝の仕組みについても理解が進んだ．そして，1930 年代には，集団内でまず突然変異が起こり，それに自然選択がはたらいて適応進化が起こると説明する進化の総合説とよばれるものにまとめられたのである．進化の総合説では，ダーウィンが提唱した自然選択説を基本にして，これに生物の集団内の遺伝子の構成を変化させる要因を組み合わせることで進化がどのように起こるかを説明したのである．

　さらに，1953 年に米国のワトソン（J. D. Watson）とイギリスのクリック（F. H. C. Crick）によって DNA 分子の立体構造に関する二重らせんモデルが提唱されたのをきっかけにして，遺伝子の実体である DNA 分子についての研究が活発に進められるようになった．そして，遺伝子の実体についての理解も飛躍的に進んだ．遺伝情報は DNA の塩基配列情報であるが，1975 年にサンガー（F. Sanger）らが簡便な塩基配列決定法を開発したことによってさまざまな生物のもつ塩基配列情報の解読も非常に活発に進められるようになった．

　系統的に離れたモデル生物のいくつかの遺伝子の塩基配列情報が明らかになると，塩基配列レベルの進化は表現形質の進化とは大きく異なる様式で起きていると考えられるようになった．分子進化の中立説とよばれる考え方である．分子レベルの進化，すなわち DNA の塩基配列が塩基の置換によって変化していく過程や，その結果，タンパク質のアミノ酸配列が変化する過程では，より生存力の高いものが生き残っていく自然選択よりも，偶然（遺伝的浮動）によって良くも悪くもないものが集団に広がる過程が重要であることがわかってきたのである．

　1990 年代に入ると，塩基配列決定の作業を自動

化させた機器であるDNAシーケンサーが広く普及し，一つの生物のもつすべての遺伝情報，いわゆるゲノム情報を解読するような研究プロジェクト，あるいはさまざまな生物種のゲノム情報の一部を解読するような研究プロジェクトが活発に行われるようになってきた．2001年にはヒトの全ゲノムの解読が一応終了したことが，一般向けのニュース番組でも大々的に報道された．

ヒトにとどまらず，現在では下等なものから高等なものまで，じつに多様な生物群でゲノム・プロジェクトが進行中であり，さまざまな生物種で全ゲノムの解読が終了したことが順次，報告されている．このような流れは，今後もますます加速していくことであろう．一方で，さまざまな生物のゲノム情報の一部が解読され，得られた塩基配列情報をもとにして全生物の分子系統樹の作成をめざしたTree of Lifeプロジェクトも着々と進行している．地球上に現存するすべての生物間の類縁関係，あるいはそれらがたどってきた進化の道筋も，近いうちにこれらの研究プロジェクトによってかなり明確にされると考えられる．

さらに，DNAの塩基配列レベルの解析が進んだことによって，生物の多様性は，種間のみならず種内，あるいは地域集団内にさえも少なからぬ遺伝的多様性が見られることが一般的であることがわかってきた．たとえば，ヒトの場合，いくつかの遺伝子の塩基配列情報を調べる（いわゆる遺伝子鑑定をする）だけで，犯人を1人に特定できたり，あるいは親子鑑定できたりすることは，新聞やテレビのニュースなどでよく報道されている．これは，すなわちヒトという一つの種内，あるいはそれの大きな1地域集団に相当する日本人の中にさえも，DNAレベルでは非常に大きな遺伝的多様性が見られるからこそ，可能になるのである．もしまったく同じ，あるいはきわめて類似した遺伝的組成をもつ個人が複数存在していたのでは，このようなことは不可能なはずである．ヒトという種は，種内にも，地域集団内にも，非常に大きな遺伝的多様性を保持しているのである．

これは，なにもヒトに限ったことではなくて，野生動植物や菌類でも一般的なことである．たとえば，日本列島に広く生育しているブナ（植物）といっても，DNAの塩基配列レベルで見てみると，地域ごとに分化していることがわかってきている．野生生物の多様性の保護や保全といえば，絶滅危惧種などの用語を見てもわかるように，従来は種を単位にして考えられてきた．しかし，同じ種内にも大きな遺伝的多様性がみられ，さらに地域間で少なからぬ遺伝的分化が見られる種も少なくないことがわかってきたので，野生生物を保護するためには種内の遺伝的多様性まで含めた保全が必須であると考えられるようになってきた．

また，種内の遺伝的多様性がDNAの塩基配列レベルで詳細に調査されてみると，これまで永らく同じ種とされてきたものの中に同じ種の個体としては，あまりにも大きく塩基配列が異なりすぎているようなものも見出されるようになってきた．形態が似ているので，これまで分類学的に同じ種とされてきたが，生物学的には明らかに別の実体であり（同所的に存在しても交雑しない，生態的にも分化していて，進化的にも長期間にわたって独立の系統として存在してきた），本来は別の種とした扱うべきものを隠蔽種という．とくに，花の咲かないシダ植物やコケ植物，単純な形をしたキノコ類などでは，形態的に同じ種とされてきたものの中に多数の隠蔽種が含まれている場合があることが示された．従来の分類学的種には，種内の遺伝的多様性のみならず，種間の多様性も含まれていることがあるということになる．野生生物の保全を考える際に種を単位とすることには慎重であるべきである．

〔村上哲明〕

a. 遺伝子

　遺伝の法則を発見したメンデル（G. J. Mendel）の時代には，親から子に受けつがれて遺伝を生み出す物質は異なる色の液体のようなもので，たがいに混ざり合って不可分になると考えられていた．しかし，異なる形質をもつ個体を交雑させたときに，子の代では消えてしまったかと思われた，いわゆる劣性の形質が孫の代で再び現れることから，メンデルはこれ以上分割できない遺伝の単位が存在すると考え，それを「因子（factor）」とよんだ．個々の生物がそれぞれ因子を二つずつもつことで，上記のような現象が説明できると考えたのである．メンデルの因子は，後に遺伝子（gene）と命名された．遺伝子とは，遺伝形質を親から子へ伝え，発現させるものである．

　次に，遺伝子の実体がどのように解明されてきたかについて述べよう．米国のモルガン（T. H. Morgan）らは，さまざまな表現形質をもつ変異型のキイロショウジョウバエの系統間で大規模な交配実験を行い，三点交雑という方法でそれらの形質をつかさどるさまざまな遺伝子がどの染色体にあり，また染色体上にどのように配置されているかを明らかにした．各染色体における，それぞれの遺伝子の相対的位置を図に示したものは染色体地図とよばれる．モルガンらは，キイロショウジョウバエの染色体地図を作成することによって，遺伝子が核内の染色体にあることを明らかにしたのである．

　上記のようにメンデルが想定した遺伝子は，モルガンらによって核内の染色体にあることが明らかになった．一方，染色体は，DNAとタンパク質からできていることはわかっていた．そこで，DNAとタンパク質のいずれが遺伝子の本体であるのかを明らかにするためにさまざまな研究が行われた．

　肺炎双球菌には，菌体の外側にカプセルをもち，ネズミに肺炎を引き起こす病原性のS型菌と，カプセルをもたず，また病原性ももたないR型菌の2タイプがある．そして，熱処理して殺菌したS型菌を生きたR型菌に混ぜて培養すると，R型菌がS型菌に変化し，病原性も獲得するという形質転換という現象が知られていた．一度，S型菌になったものは，いくら培養を続けてもS型菌のままなので，これは遺伝形質が変化したと考えられる．

　米国のアヴェリー（O. T. Avery）らは，このような形質転換を起こす物質こそが，遺伝子の本体であろうと考えた．肺炎双球菌の熱処理によって殺菌したS型菌から，いろいろな物質を順番に除去していき，形質転換能があるかどうかを調べた結果，ほぼ純粋なDNAが形質転換能をもつことを明らかにした．さらに，これにDNA分解酵素をはたらかせると，形質転換能を失うのに対して，同じサンプルにタンパク質分解酵素をはたらかせても形質転換能は失われないことも示した．これにより，DNAが肺炎双球菌の形質転換を起こす物質，すなわち遺伝子の本体であることが明らかとなった．

　大腸菌に感染して増殖するT2ファージとよばれるウィルスがある．T2ファージは，タンパク質でできた殻とその内部にあるDNAだけからなっている．米国のハーシィ（A. D. Hershey）とチェイス（M. Chase）は，2種類の放射性物質（ラジオアイソトープ）を用いて，T2ファージのタンパク質とDNAに別々の標識を付け，これが大腸菌に感染するときにどのようになるかを調べた．その結果，DNAのみが大腸菌内に入り，殻のタンパク質は菌の表面に残り，大腸菌内には入っていかないことを明らかにした．

　一方，DNAが大腸菌内に入ると，ファージ独自のDNAのみならず，ファージの殻のタンパク質も合成されることから，ファージのDNAに殻のタンパク質をつくるための遺伝子があることを示している．すなわち，タンパク質ではなく，DNAが遺伝子の本体であることをこれらの実験により明らかにしたのである．アヴェリーらの実験やハーシィとチェイスの実験などにより，DNAが遺伝子の本体であることが証明されたのである．

〔村上哲明〕

b. 遺伝情報

　DNAが遺伝子の本体であることは証明されたが，DNAがどのようにして遺伝情報をもつかについては，手がかりさえつかめていなかった．1953年，米国のワトソン（J. D. Watson）とクリック（F. H. C. Crick）は，DNA分子の立体構造に関する二重らせんモデルを提唱した（図4.2）．このモデルは，DNAがどのようにして遺伝情報をもちうるかも明確に説明している画期的なものであった．

　DNAはA，C，G，Tの4種類のヌクレオチドとよばれる構成単位が多数つながってできた非常に長い鎖状分子である．DNAの鎖状分子の中で，これら4種類のヌクレオチドが並ぶ順序はさまざまである．実際，生物種によって，これらの割合は異なっていることも知られていたが，AとT，GとCは同数であるという規則性があることもシャルガフ（E. Chargaff）らによって発見されていた．ワトソンとクリックは，DNAはヌクレオチドがつながった2本の鎖がたがいに弱い水素結合でつながり，ねじれて二重らせん構造をとっていると考えた．また，ヌクレオチド間で水素結合をつくる際には，その組合せは決まっており，AはTと，GはCとつねに結合しているとした．これは，相補的結合ともよばれる．すなわち，二重らせんの一方の鎖におけるA，C，G，Tの並び方が決まると，もう一方の鎖におけるこれら四つのヌクレオチドの並び方も一意的に決まるのである．このモデルは，遺伝子がもたなければならない二つの重要な性質，すなわち非常に多様な遺伝情報をその中にもちうること，そしてその情報を自己複製できなければならないこととも合致している．すなわち，A，C，G，Tの4種類のヌクレオチドの配列の仕方（＝塩基配列）は，事実上無限通りあるわけで，多様な遺伝情報をその中に保有できることは自明である．そして，塩基配列こそが，遺伝情報の実体ということになる．さらに，遺伝子が増殖の際には，水素結合でつながっている相補的な2本の鎖がはずれて，それぞれが鋳型になって相補的な鎖を再生することで，まったく同じものを複製することができるであろうことも容易に想定させるものであった．

　DNA上に塩基配列として記録された遺伝情報が実際に発現する際には，一般的にまずDNAの塩基配列がmRNA（メッセンジャーRNA）の塩基配列に転写され，その配列が翻訳されて特定のアミノ酸配列をもったタンパク質が合成される．タンパク質の個々のアミノ酸の配列の仕方は，mRNA上の三つの塩基のならび（トリプレット暗号）が規定している．mRNA上のトリプレット暗号とそれが規定するアミノ酸との対応関係は，遺伝暗号表として表されている．mRNA上の塩基配列は，特定のトリプレット（開始コドン）からRNAの5'末端から3'末端の方向に3塩基ずつくぎって読まれていく．一つの塩基が重複して読まれることも，ある塩基が飛ばされて読まれることもない．そして，タンパク質合成の終了は，どのアミノ酸にも対応しないいわゆる終止コドンによって規定されている．

　ただし，DNA上の遺伝情報は，生物の中で生成されているタンパク質に対応する遺伝子の情報だけにはとどまらない．その情報を解読するために必要な情報，情報の発現を制御するために必要な情報など，生物が自分と同じ構造のものをつくり出すのに必要なすべての情報をDNAは含んでいるのである．

〔村上哲明〕

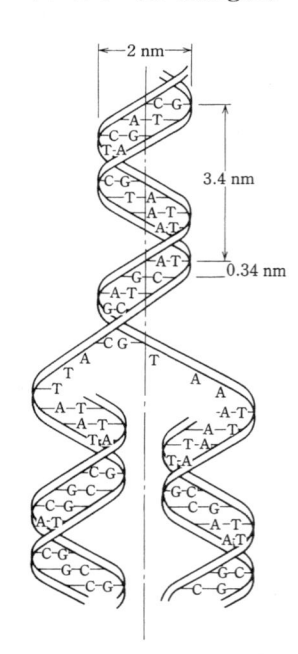

図4.2　ワトソン-クリックの二重らせん模型とそこから導かれる遺伝情報複製の模型（太田他編，1987）

参考文献
太田次郎他編（1987）：生物学ハンドブック，朝倉書店．

c. ゲノム

ゲノムとは，生物がもつ遺伝情報の全体のことを指す．高等生物は，母親と父親由来の1対二つのゲノムをもっているものが多い．したがって，ゲノムとは，減数分裂をして半数体となっている配偶子（卵あるいは精子）に含まれる染色体全部，またはそれにコードされている遺伝情報全体のことを指すと考えてもよい．とくに，植物には，倍数体とよばれるゲノムを複数対もつようなものも少なからず存在する．倍数体の場合は，配偶子にも複数個のゲノムが含まれていることになる．さらに，異質倍数体とよばれる，複数の異なる種のゲノムを合わせもつような倍数体も自然界に存在していることが知られている．

さて，現在では分子生物学の解析技術の進歩によって，迅速に生物のもつ遺伝子情報，すなわちDNAの塩基配列情報を解読できるようになった．その結果として，ゲノムの大きさが小さく，含まれている遺伝情報も比較的少ない下等な生物のみならず，ゲノムサイズのきわめて大きい高等な生物まで，さまざまな生物の全ゲノム情報，すなわちDNAの全塩基配列情報がすでに解読されている．たとえば，大腸菌の全ゲノムは約470万対のヌクレオチドからなることが全生物の中で最初にわかった．また，ヒトの全遺伝情報を解読する「ヒトゲノム計画」は国際協力の下に1990年頃からはじめられた．そして，2001年にはほぼすべての遺伝情報が解読された．ヒトのゲノムには，約3億対のヌクレオチドが並んでおり，3万5千程度の遺伝子があることもわかった．

このほかにも，いわゆるモデル生物として生物学の研究材料によく用いられている酵母（菌類），アカパンカビ（菌類），シロイヌナズナ（高等植物），線虫（線形動物），ショウジョウバエ（昆虫），ミツバチ（昆虫），ホヤ（尾索動物），マウス（哺乳類）などもすでに全ゲノムが解読され，その全塩基配列情報が公開されている．さらに，単純なゲノムをもつ原核生物については，2006年9月の時点でもすでに380種（細菌類に種という概念はあてはまりにくく，系統と表現したほうが適当かも知れない），また真核生物についてもゲノムサイズの小さい藻類や原生生物が多いものの，85種の全ゲノムがすでに解読されている．今後も加速的に，ゲノムの解読が進められていくことだろう．

一つの生物種のもつ全ゲノム情報が解読されるということは，その種のもつすべての遺伝子の存在が先に明らかにされることになる．当然のことながら，生物が生きていくうえでは多くの遺伝子が複雑に，しかしながら協調的にはたらいていることであろう．このように，多数の遺伝子がネットワークをつくりながら一つのシステムとしてはたらいている様をたくさんの遺伝子の発現され方を連続的にモニターすることによって明らかにしようとする研究も活発に行われている．これは，その生物がもつ遺伝子が網羅的に知られていて初めて可能になる研究である．さらに，さまざまな生物種について全ゲノムが解読されれば，別の新しい研究を行うことも可能になってくる．それは，さまざまな進化段階の生物種のもつゲノムを比較することにより，ゲノム自体の複雑化，多様化がどのように起きたのかを明らかにすることである．さらに，ゲノムの複雑化，多様化が生物の体制の複雑化と多様化をどのように生じさせてきたかについても解明されることが期待できる状況になってきた．生物の進化の歴史のすべてがゲノム情報に組み込まれているはずである．今後，生物の進化の解明にも，ゲノム・プロジェクトの研究成果が大いに貢献することだろう．〔村上哲明〕

表4.1 ゲノムサイズ（東江ほか編，2005）

生物種	ゲノムサイズ	推定遺伝子数
ヒト	3000 Mb	～40000
マウス	3000 Mb	
ショウジョウバエ	140 Mb	12000
C. elegans	97 Mb	19000
シロイヌナズナ	125 Mb	25000
出芽酵母	13 Mb	6000
大腸菌	4.6 Mb	4000
マイプラズマ	0.58 Mb	500

参考文献
東江昭夫ほか編（2005）：遺伝学事典，朝倉書店．

d. オルガネラのもつゲノムと母性遺伝

　本稿では，これまで基本的に核内の染色体にある遺伝情報や遺伝子，そしてゲノムについて記述してきた．しかし，真核生物については，ミトコンドリアと葉緑体（より一般的には色素体とよぶべきである）という二つのオルガネラも，核とは別に独自のゲノムをもっている．これらオルガネラ・ゲノムは，一般的に雌性生殖細胞を通じてのみ子孫に伝わるので，母性遺伝をする（このような遺伝様式は，細胞質遺伝ともよばれる）．すなわち，母親のもつゲノムのみが子孫に引き継がれるのである．これは，受精の際に雄性配偶子は，雄性核のみが受精に関与し，細胞質は関与しないので，このようになると考えられてきた．しかし，黒岩常祥氏らは，クラミドモナスのような同型配偶子生物（配偶子が卵と精子に分化していない生物）においても，受精後40分以内に，一方の葉緑体ゲノムが選択的に消失することを明らかにした．片親のオルガネラ・ゲノムのみが子孫に伝わるのは，同型配偶子生物においても一般的な現象のようである．さらに，黒岩氏らは，オオハネモのような異型配偶子生物，さらにはコケ類，シダ類，種子植物類，あるいは高等動物のような卵性生殖生物においても，雄性配偶子（精子）などがその形成過程で，ミトコンドリアと葉緑体のゲノムを選択的に消失させることを明らかにした．このようなオルガネラ・ゲノムの選択的消失が，母性遺伝（細胞質遺伝）の直接の原因となっていると考えられる．

　さて，ミトコンドリアと葉緑体，二つのオルガネラに含まれるDNAは，それぞれミトコンドリアDNA，葉緑体DNAとよばれている．これらのオルガネラDNAは，一般的に環状二本鎖DNAである．ミトコンドリアDNAは，生物群によってそのサイズが大きく異なる．ヒトを含む後生動物のものは，16000塩基対（16 kb）程度と非常に小さく，リボソームRNAやトランスファーRNAなど，遺伝子の発現に関係する遺伝子のほか，NADH還元酵素，チトクロム酸化酵素，ATPアーゼあるいはチトクロムbなど呼吸代謝にかかわる遺伝子がほとんどすき間なくぎっしりと配置されている．イントロンなどもまったくない．それに対して，より下等な酵母のミトコンドリアDNAは78〜85 kb，植物のゼニゴケにいたっては186 kbとサイズがはるかに大きくなっている．これは一つには，これらの生物のミトコンドリアがイントロンを多数もち，さらに遺伝子間領域も長くなっているからである．ミトコンドリアでは，トリプレット暗号とそれに対するアミノ酸の対応が核のものとは少し異なっているのも注目に値する．

　一方，葉緑体DNAについては，少なくも陸上植物のものは大部分が120〜180 kbとサイズが一定している（光合成能力を失った寄生植物のものなどでは，非常に短くなっているものが知られている）．しかも，このサイズの違いの大部分は，葉緑体DNAが1対の逆方向反復配列をもち，その部分のサイズが異なることによっている．葉緑体DNAには，やはり遺伝子発現に必要なリボソームRNAやトランスファーRNA，RNAポリメラーゼの遺伝子に加えて，ATPアーゼ，光化学系I, II，電子伝達系，リブロースビスリン酸カルボキシラーゼ／オキシゲナーゼなど光合成に関係する遺伝子も存在している．ただし，後者は，核ゲノムにコードされ，細胞質で合成されたサブユニットが葉緑体内に輸送され，葉緑体内で発現されたサブユニットと協調して，初めて機能をもつようになるものばかりである．葉緑体ゲノムは，自律的に機能を果たせるだけの遺伝情報はもっていないのである．一方，葉緑体DNAのトリプレット暗号とアミノ酸の対応は，核のものと基本的に同じである．その点でも，ミトコンドリアDNAとは異なっている．

〔村上哲明〕

e. 遺伝子突然変異

　遺伝子の情報の実体がDNA上の塩基配列であることは前述した．遺伝子の突然変異とは，DNAの塩基配列が一部改変されて次世代に伝えられることを指す．高等生物については，一つの個体が母親由来と父親由来の二つのゲノムをもっているのが通常で，減数分裂時にそれらの間で組換えを起こし，両親の遺伝子が混じり合った，すなわち両親のいずれとも異なる塩基配列からなる遺伝子が生じることもある．ただ，このようにすでに生物集団内にある塩基配列多型の組合せによって新たな塩基配列をもった遺伝子が生じる過程は，突然変異とはよばれない．まさに，偶発的に遺伝情報をもった塩基配列が永続的に変化することのみが，突然変異とよばれるのである．

　遺伝子突然変異の最小の単位は，一つのヌクレオチドが他のヌクレオチドに置換することである．このような突然変異は，点突然変異とよばれる．点突然変異は，当然のことながらコドンの変化を引き起こすことになり，その結果，ときに当該の遺伝子がコードするタンパク質のアミノ酸配列も変化させることによって，表現形質までも変化させる場合がある．

　DNAを構成しているヌクレオチドには，A，C，G，Tの4種類があるので，組合せで6種類の点突然変異があることになる（図4.3）．ヌクレオチドの塩基部分にプリン塩基（化学構造的にプリン環をもつ）のアデニンあるいはグアニンを含むAとG，そしてピリミジン塩基（ピリミジン環をもつ）のシトシンとチミンを含むCとTの大きく分けて2種類のヌクレオチドがある．点突然変異は，化学構造上より似通ったヌクレオチドの間の置換（転位トランジションとよばれる），すなわちA⇄G，C⇄Tの置換のほうが，化学構造上異なったヌクレオチド間の置換（転換トランスバージョンとよばれる），すなわちA⇄C，A⇄T，G⇄C，G⇄Tよりも起こりやすい．

　遺伝子突然変異は，ヌクレオチドの置換以外にヌクレオチドの欠失，挿入，あるいは逆位（一部の塩基配列が，順序が逆の相補配列に入れ替わった状態）によっても起こる．欠失や挿入については，3の倍数の数のヌクレオチドがそうなった場合には，遺伝子全体のコドンの読み枠までは変化しないで済むが，それ以外の場合はコドンの読み枠までずれてしまうことになる．その場合は，挿入あるいは欠失のあった部位以降はコードするタンパク質のアミノ酸配列がすっかり変わってしまって，本来の機能が発揮できなくなる場合がほとんどだと考えられる．このような遺伝子突然変異は，フレームシフト突然変異といわれる．生体にとって重要な機能をもつタンパク質をコードしている遺伝子にフレームシフト突然変異が起きている場合は，本来の機能を失った偽遺伝子になっていると考えられる．

　なお，本章の総論のところでも述べられているように，突然変異の多くは生物の生存にとって有害なものなので低頻度でなくては困るものの，遺伝子が突然変異を起こしうる構造になっていることも，じつは生物が長時間存在し続けるためには不可欠である．まれに親とは異なる性質をもった子どもが産まれることで生物が進化することができたのである．突然変異は，進化の源であり，生物が進化できたのは突然変異のおかげである．突然変異が起きるということも遺伝子の非常に重要な特徴の一つである．

〔村上哲明〕

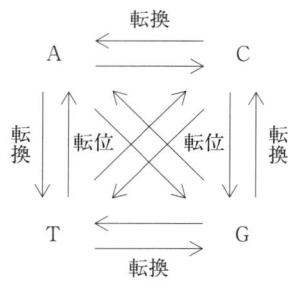

図 4.3 6種類の点突然変異

f. 染色体突然変異

突然変異は，遺伝子の中だけ起こるのでなく，それが長く連なって形成されている染色体のレベルでも起こる．染色体は，非常に長い DNA 分子に，それを保護するためのタンパク質や，その複製や遺伝子発現を調節するためのタンパク質分子などが結合し，さらにそれが密に折りたたまれたものである．したがって，それぞれの染色体は，ひとつながりの DNA 分子と対応するものである．

さて，一つの染色体が切れて（切断，fission）複数の独立した染色体になる，あるいは逆に複数の染色体がくっついて（融合，fusion）一つの染色体になるような突然変異も，植物ではそれなりの頻度で起きている．その証拠に，比較的近縁と考えられる植物種でも，体細胞分裂時の染色体数が数本（基本的に 2 の倍数になる）違っているものが見られるからである．それよりははるかにまれであるが，特定の染色体が欠失したり，重複したりすることもあるだろう．さらに，染色体数は変化させない場合も多いが，染色体の構造に変化をもたらすものとして，転座（染色体の一部が切れて別の染色体に着く）や逆位（染色体の一部だけ，遺伝子の配列方向が逆になる）なども比較的頻繁に起きている．その証拠に，このような構造変化を起こした染色体とそうでない染色体をヘテロでもつと考えられる個体では，減数分裂時に 4 本以上の染色体が対合して染色体環や染色体鎖を形成するのが見られるからである．このような場合には，減数分裂が正常に進まない割合も高くなるので，染色体の構造変化は種分化の際に生殖的隔離を起こすうえでも重要な役割を担っている可能性がある．また，逆位を起こした染色体の部位では，染色体対合時に組換えがほとんど起きないことが観察されている．組換えは，遺伝的多様性を生み出すうえで大きな役割を果たしているので，それが制限されるということは，染色体上で逆位が起きることも生物の進化に少なからぬ影響を与えることになる．

一方，染色体数が単純に倍加するような突然変異（倍数化）は，もっと頻繁に見られる．通常，植物の胞子体は 2 倍体であるが，自然界には 4 倍体がかなり頻繁に見られる．また，6 倍体，8 倍体，10 倍体などの高次倍数体も頻度こそ非常に低いが見られる．倍数体には，2 倍体がそのまま倍加して生じた同質倍数体と，比較的近縁ではあるが，生殖的隔離の見られる 2 種が交雑して生じた不稔雑種から染色体が倍加して生じたと考えられる異質倍数体がある．異質倍数体は，異なる種に由来する染色体を合わせもった倍数体ということになる．植物では，どちらのタイプの倍数体も比較的普通に見られ，とくに珍しいものではない．

同質倍数体も異質倍数体も，そのもとになった 2 倍体の両親種とは生殖的に隔離されていることが多い．2 倍体と倍数体の交雑で生じる 3 倍体などの奇数倍数体は，減数分裂時に染色体の対合がうまくいかず，不稔になってしまうのが一般的だからである．倍数体を生じさせる染色体突然変異は，ごく短期間に同所的集団内でも生殖的隔離を生じさせ，それによって植物の多様性を生み出すうえでも非常に重要な役割を果たしていると考えられる．

〔村上哲明〕

参考文献
東江昭夫ほか編（2005）：遺伝学事典，朝倉書店．

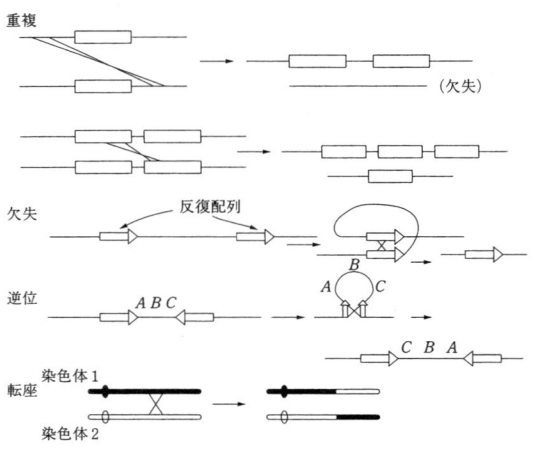

図 4.4 組換えによる染色体突然変異の発生 （東江ほか編，2005）

g. 遺伝子プール

　生物は，たくさんの遺伝子が協調してはたらくことで生存していることを遺伝子の項目のところで述べた．その遺伝子は，基本的には祖先からずっと受け継がれてきたものである．遺伝子がときどき，突然変異を起こすことで少しずつ変化しながら現在に至っていると考えられる．同じ種の同じ機能をもつ相同な遺伝子であっても，多少，塩基配列が異なり機能的にも差が見られるものが共存している場合がある．複数の遺伝子で同じように，多様性が見られるのがむしろ一般的であるので，同じ種の個体といえどもまったく同じ遺伝的組成をもっているものはきわめてまれだったりする．とくに，有性生物の場合，ある世代では一つの個体の中に共存した複数の遺伝子が，配偶子を形成される際に分かれて，次世代ではまた異なる組合せで一つの個体に共存する．このように，生物個体は遺伝子の一時的な乗り物にしかすぎず，複製されて世代を越えてそのまま引き継がれていくのは遺伝子だけである．たがいに交配しうる生物集団の中に存在している遺伝子の集合体のことは遺伝子プールとよばれるが，これこそが時間を超えて存在できる生物の本質なのである．

　逆に，遺伝子プール内にどれだけ多様な遺伝子が含まれているかは，その生物種の過去の歴史によっており，さらにそれはその種の将来にも強い影響を与える．当然ながら，どれだけ多くの遺伝的多様性を保有できるかは，遺伝子プールの大きさに依存する．すなわち，多くの個体からなる種は，大きな遺伝子プールをもっており，それだけ多くの遺伝的多様性を保持しうるのである．しかし，生物の個体数はつねに変動する．仮に，数十年から数百年に一度であっても，劇的に個体数が少なくなる年があると，その年の小さな遺伝子プールの大きさが，その後数万年間の遺伝的多様性の量を規定することもある．したがって，現在の個体数が多いからといって，かならずしも実質的な遺伝子プールのサイズが大きいことにはならないのである．もちろん，個体数が少ない種の遺伝子プールが小さいことは確かであるが，過去に小さくなった歴史の影響は長く残ることにも留意すべきである．逆に，遺伝的多様性の小さい種は，将来，環境が急変したときに絶滅するリスクが高くなるのではないかと考える保全生物学者は多い．それぞれの種が保持している遺伝的多様性の量と種絶滅の確率との関係については，また実証的なデータはあまりないが，とくに野生生物の保全にあたっては，遺伝子プールのあり方とそれが保有する遺伝的多様性にも最大限の注意を払うべきである．とくに植物など，移動能力が比較的乏しい生物群については，地域個体群が独自の遺伝子プールとなっている場合もあることが考えられる．むやみに地域間で個体を移動させることは遺伝子プールを攪乱させ，それが保有する遺伝的多様性を減少させることにつながるおそれもあるので，野生生物の個体の移動には慎重であるべきである．

〔村上哲明〕

h. 遺伝子型

　遺伝子が染色体の上にあることは前述した．2倍体の生物では，減数分裂を行う際に相同な染色体が対合し，同時に相同染色体の同じ位置にある1組の遺伝子も対合することになる．ある遺伝子に突然変異が起きて，基本的には同じ機能をもっているが，少なくとも塩基配列では区別できるものが生じることがある．また，それらが発現することによって，対立形質（エンドウの種子の丸形としわ形のように，いずれかの性質が現れ，対をなすと考えられるような性質）を発現する場合もある．このように，同じ相同染色体上の位置にあって互いに区別できる相同な遺伝子（あるいは対立形質のもとになっている対をなす遺伝子）のことは対立遺伝子とよばれる．

　対立遺伝子は，一番単純にはアルファベット1文字の記号で表される（モデル生物の突然変異で生じた対立遺伝子は通常，3文字のアルファベット記号で表されている）．異なる1組の対立遺伝子をもつ個体において，形質が発現されるほうの対立遺伝子を優性の対立遺伝子とよぶ．そのような状況下で形質を発現しないほうの対立遺伝子は劣性とよばれる．対立遺伝子を1文字のアルファベット記号で表すときには，優性の形質を支配する対立遺伝子のほうを大文字（たとえばT），劣性の対立遺伝子のほうを小文字（たとえばt）で表記する慣習になっている．2倍体の生物の場合は，対立遺伝子を二つもっているわけであるが，ある個体がある遺伝子座について，どのような組合せで対立遺伝子をもっているかを遺伝子記号で表記したものを遺伝子型とよぶ（図4.5）．TT，Tt，ttなどと表記されることになる．着目する対立遺伝子がTTやttのように同じ対立遺伝子の組合せになっているものがホモ接合体（同形接合体），Ttのように異なる対立遺伝子の組合せになっているものがヘテロ接合体（異形接合体）である．また，特定の遺伝子型をもつ個体において，その対立遺伝子の組合せがもとになって発現される形質は表現型とよばれる．

　一方，配偶子（生殖細胞のこと．高等生物では，卵と精子）が形成される際には減数分裂が起きる．1対の染色体をもっていた2倍体の親から，1倍体の配偶子が形成されるのである．その際には，一つの遺伝子だけをもった配偶体が形成される．したがって，配偶子の遺伝子型を遺伝子記号で表せば，Tあるいはtのように表記されることになる．このように親個体では，Ttのように1組になって存在していた対立遺伝子が，配偶子が形成されるときに，Tとtに分かれて一つずつ入ることは，メンデルの分離の法則とよばれている．

〔村上哲明〕

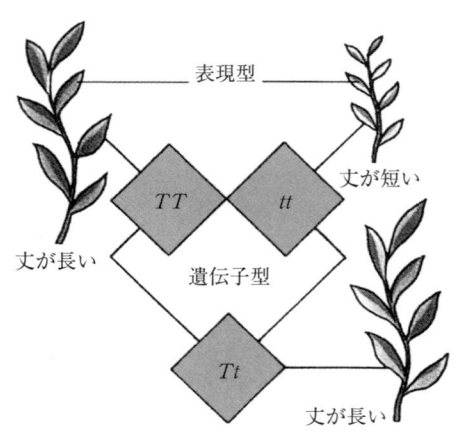

図 4.5 遺伝子型

i. ハーディ・ワインベルグの法則

この法則は，イギリスのハーディ（G. H. Hardy）とドイツのワインベルグ（W. Weinberg）によって，1908年と1909年にそれぞれ独自に提唱されたものである．この法則は，メンデルの遺伝の法則（とくに分離の法則）を集団レベルに拡張した，いわゆる集団遺伝学の中核をなしている法則である．この法則を言葉で表現すれば，大きな（通常500個体以上）同種の集団で，任意交配し，突然変異，移住，自然選択が起こらなければ，ある接合体の集団中の頻度（ある遺伝子型をもつ個体の頻度）は，それを構成する配偶子の頻度（その遺伝子型を構成している対立遺伝子の集団内の頻度）を掛け合わせることで得られ，その頻度は世代が進んでも変化しないというものである．

もう少し，具体的にこの法則を説明してみよう．今，ある生物の集団（遺伝子プール）において対立遺伝子Aとaがあり，その頻度がそれぞれ，pとqだったとしよう．この集団が平衡に達した安定した状態だとすれば，この集団が有性生殖が行われる際に生じる卵と精子（これらは配偶子であり，メンデルの分離の法則により，Aかa，どちらか一方の対立遺伝子のみをもつ）は，それぞれどちらもAとaの対立遺伝子をもつものが，pとqの頻度で存在することになる．つぎに，これらが任意交配，すなわちそれぞれの頻度にしたがって受精し，生じた接合体の頻度にしたがって，子の世代が形成されると仮定する．すると，AAの遺伝子型をもつ接合体の頻度は，このような接合体は，卵と精子がともにAの対立遺伝子をもっていた場合に限られるので，その頻度は$p \times p = p^2$となるはずである．同様にaaの遺伝子型をもつ接合体の頻度は，q^2となる．一方，Aaの遺伝子型をもつ接合体は，卵がAで精子がaの場合と，その逆の卵がaで精子がAの対立遺伝子をもつ場合に生じるので，$pq + pq = 2pq$の頻度となる．このように，ある対立遺伝子の頻度を掛け合わせると，その対立遺伝子からなる接合体の頻度がわかるということである．遺伝子プール内の各対立遺伝子の頻度が変化しなければ，特定の遺伝子型をもった接合体の頻度も変わらないというわけである．したがって，このような条件が満たされている集団では，対立遺伝子頻度さえわかっていれば，対立遺伝子の数よりもはるかに多い各遺伝子型の頻度も確度高く推定できるのである．ハーディ・ワインベルグの法則があるおかげで，非常に少ない数の変数で集団の遺伝的あり方を記述することが可能になる．

しかし，実際の生物の集団では，突然変異は確実にある頻度（ただし，遺伝子あたり$10^{-6} \sim 10^{-7}$の低頻度）で生じているし，移住や自然選択もある頻度では起きているのが普通であると考えられる．とすれば，厳密にハーディ・ワインベルグの法則が成り立つことは，滅多にないはずである．それにもかかわらず，この法則が集団遺伝学のもっとも基本的な法則といわれているのはなぜであろうか．それは，実際にはこの法則の前提条件が完全には満たされなくても，つまり多少の突然変異や移住があろうが，任意交配さえ満たされていれば，この法則が予測する状況（ハーディ・ワインベルグ平衡ともいわれる），すなわち，ある遺伝子型の接合体の頻度は，それを構成する対立遺伝子の頻度を掛け合わせたものになるという状況がほぼ成り立つのである．任意交配は，乱交をしているという意味ではなく，今，研究者が着目している遺伝子座について，特定の対立遺伝子をもっている卵と特定の対立遺伝子をもっている精子が接合する確率が特別に高い，あるいは低いということがないというだけのことである．実際にハーディ・ワインベルグの法則の前提条件が厳密には成り立っていないさまざまな有性の野生生物，あるいはヒトの集団などを使って，血液型や酵素タンパク質のアミノ酸配列多型などの遺伝子について調べてみると，驚くほどハーディ・ワインベルグ平衡の状態によく合っていることが報告されている．

このように，ハーディ・ワインベルグの法則の予測するところが自然集団でもよく満たされてしまうもう一つの理由として，仮にハーディ・ワインベルグの法則が成り立たないような状況に一時

的になっても，たった一度，任意交配するだけでハーディ・ワインベルグ平衡の状態になってしまうことがあげられる．このように，素早く平衡状態になることもハーディ・ワインベルグの法則が多くの有性生物の集団で成り立つ理由であると考えられる．

もちろん，近親交配を頻繁に行う生物などでは，ハーディ・ワインベルグ平衡から大きくずれた（ホモ接合体の頻度が，より高くなった）状態になる．逆に，ハーディ・ワインベルグ平衡を基準にして，どのようにそれからずれているかを記述することで，個々の生物集団の特性（近親交配の程度など）を効率よく記述できる．そこで，この法則は集団遺伝学のもっとも基本的かつ重要な法則であるといわれているのである．

〔村上哲明〕

j. 自然選択

生物はたくさんの子どもを生むが，同じ親から産まれた子どもにさえも変異がある．そして，環境や利用できる資源による制限などによって産まれた子どものうち，ごく一部しか次世代を残せないのが一般的である．したがって，同じ生物種の個体間にも資源をめぐる生存競争が起きる．その結果，適者が選択されて生き残る．こうして自然選択が行われ，環境に適応した個体が増えて，世代を重ねるにつれてそのような個体が広がることによって進化が起きるのではないかとダーウィンは考え，1859年に著書「種の起源」において自然選択説を発表したのである．

現在では，ある遺伝子プール内で特定の対立遺伝子が，その対立遺伝子をもつ個体ともたない個体の生存力や生殖力の違いによって（ときには，その対立遺伝子そのものの複製，増殖能力が高いことによって），その頻度を増加させる，あるいは減少させる過程を自然選択とよんでいる．たとえば，突然変異によって新しく遺伝子プール内に生じた対立遺伝子をもった個体が，その対立遺伝子によってより生存しやすい形質（たとえば，除草剤抵抗性）を獲得し，そしてより多くの子孫を残せる確率が高くなったとしよう．そうすれば，その対立遺伝子をもった個体がより多くの子孫を残せる状況（たとえば，除草剤が常時まかれて，耐性のない個体は死滅する）が続く限り，そのような対立遺伝子をもつ個体が増え，結果的に遺伝子プール内におけるその対立遺伝子の頻度を増していくことになる．逆に，新しく生じた対立遺伝子をもつ個体の生存力，生殖力が劣っていれば，その頻度は減少し，遺伝子プール内から消滅することになるだろう．

自然選択の影響が非常に大きいことは，複数の抗生物質に対する耐性をもった菌が抗生物質を頻繁に使う病院などの医療機関で急速に広がって社会問題を引き起こした事実を見ても明らかであろう．初めて，抗生物質が医療に使われだした頃には耐性菌は認識さえされておらず，ましてこんな

に短時間に複数の抗生物質に耐性をもった菌が進化してきてまん延するとは予想さえされてはいなかった．逆にいえば，強力な自然選択がはたらけば，遺伝子プール内の遺伝子組成は短時間でも大きく変化しうるのである．自然選択は，とくに適応的な進化を引き起こすうえでは非常に強い効果をもちうる要因であることは明白であり，突然変異と並んで生物進化の主たる原動力とよべるものである．

遺伝子プール内の遺伝子組成を大きく変化させる要因としては，自然選択のほかに遺伝的浮動もある．遺伝的浮動とは，遺伝子プールの大きさが有限であることによって，自然選択とは関係なく単に偶然によって対立遺伝子頻度が変化する現象のことを指す．遺伝的浮動は，遺伝子プールの大きさ，すなわち集団のサイズが小さいほど強く作用する．サンプル数が少ないほど，偶然によって期待値通りにならない割合も増えるからである．小さい集団では，自然選択に抗して，かならずしももっとも適応的でない対立遺伝子が集団に広がってしまうこともありうるのである．野生生物の健全な集団が長期間にわたって存続するためには，そのサイズが遺伝的浮動が大きな影響を与えすぎない大きさに維持されることも重要である．

〔村上哲明〕

k. 中立説

近年，野生生物についても特定の遺伝子の塩基配列や，特定のタンパク質のアミノ酸配列を比較的短時間に明らかにすることができるようになってきた．そのようなデータが蓄積されてくると，個々の野生生物種の集団内にも，DNAの塩基配列レベルやタンパク質のアミノ酸配列レベルでは，少なからぬ変異が見られることがむしろ普通であることがわかってきた．分子レベルでこのような大きな遺伝的変異が集団内にも維持されている理由として，当初は平衡淘汰説といわれる仮説で説明されていた．これは，環境条件が変化すると，そのときどきで最適な対立遺伝子が変化する．したがって，ただ一つの対立遺伝子に収束することなく，さまざまな遺伝的多様性が集団内に維持されているという考え方であった．すなわち，自然選択によって多様な遺伝的変異が集団内に維持されているという仮説である．同じように，特定の遺伝子の塩基配列が塩基の置換などによって変化していく進化過程も，自然選択がはたらいて起こっていくと平衡淘汰説では考えた．

それに対して，木村資生氏は，まったく異なる視点でこの問題を考え，1967年につぎのような仮説（分子進化の中立説）を提唱した．

分子レベルで塩基配列やアミノ酸配列に起こる突然変異において，もとのものよりも適応的に有利なものは非常にまれであって，大部分はより不利なもの，あるいは有利でも不利でもない中立的なもの，あるいはほんの少し不利なだけでほぼ中立なものである．適応的に大きく不利なものは，自然選択によって急速に集団から除かれてしまうので，そのようなものは集団内の変異としても保持されないし，そのようなものが集団内に定着することもまずない．

一方，中立的，あるいはほぼ中立的な変異については自然選択がはたらかないので長い期間，集団内に多型として保持されることになる．さらに，そのような多型の中で遺伝的浮動の影響により，あるものが集団内に定着，固定していくことによ

って遺伝子の塩基配列の置換が起きると考えたのである．

突然変異が起こる確率は，遺伝子プールの大きさ，すなわち集団のサイズに比例して大きくなる．一方，一度生じた突然変異が遺伝的浮動のみによって集団内に固定する確率は，集団の大きさに逆比例することになる．結果，集団の大きさは相殺されて，有限な生物集団内でDNAの塩基配列やタンパク質のアミノ酸配列が順々に新しい突然変異に置換されていく速度は，集団の大きさによらずほぼ一定になると説明するのが中立説である．

平衡淘汰説は，自然選択によって塩基配列やアミノ酸配列が変化すると考えるので，機能的に重要な遺伝子あるいはタンパク質ほど，その配列の進化速度が早いことを予測する．また，イントロンの塩基配列やアミノ酸配列を決めるmRNAにおいて変化しても指定するアミノ酸が変化しないことが多いコドンの3番目の塩基など，機能的に重要でない部分の変化はもっとも遅いことを予測する．さらに，代謝などにおいてより重要な役割をもつ遺伝子ほど，強く自然選択がはたらいているはずで，当然ながらその分子進化速度は早いことを予測する．

中立説では，まったく逆で，機能的に重要な遺伝子やタンパク質の配列ほど置換速度が遅く，機能をもたない部分の配列の分子進化速度が最大であることを予測する．実際は，すべて中立説が予測する状況であることがさまざまな生物の塩基配列あるいはアミノ酸配列情報を解析することによって明らかになった．現在では，中立説が正しいと考えられている．DNAの塩基配列レベル，すなわち遺伝子のレベルの進化の大部分が自然選択ではなく，遺伝的浮動が主要因になって起きていることは興味深い． 〔村上哲明〕

1. 分子系統樹

地球上のすべての生物が厳密に1個体の祖先に由来するという確たる証拠があるわけではない．しかし，大腸菌のような構造の単純な生物から，ヒトを含む高等動物や被子植物のような高等植物まで，さまざまな生物が基本的にまったく同じ分子構造をもつDNA分子を遺伝物質として用いていること，生体エネルギーのやりとりにATP分子を用いていること，解糖系など基本的な代謝経路が類似していることなどを見ると，仮に厳密に一つではなかったにしてもごく少数の始原生物に由来することは間違いなさそうである．

一方，現在，非常に多数かつ多様な生物が地球上に生存している．最初の生命体が生じてから36〜40億年の間に，最初は少数だった生物から枝分かれするように異なった生物が生じて，現在のようになったと考えられる．したがって，現生の生物には，比較的最近に分かれた比較的近縁な生物群から非常に昔に分かれた遠縁の生物群まで，さまざまな類縁関係の生物が存在していることになる．生物間の類縁関係，あるいは別のいい方をすれば，進化の枝分かれの歴史を樹状図の形に表現したものを系統樹という．従来，形態など表現形質が似ている似ていないなどの情報に基づいて，系統樹が推定されてきた．それに対して，近年，さまざまな遺伝子の塩基配列情報，あるいはそれに基づくアミノ酸配列情報を用いて系統樹を推定する研究が活発に行われている．このように，分子レベルの情報に基づいて描かれた系統樹を分子系統樹という．

形態など表現形質の情報を用いて系統樹を推定していた時代と比べて，分子系統樹が容易に得られるようになって，得られる系統樹の信頼性は格段に向上した．その最大の理由は，情報量が破格に増えたことによる．相同な形質として比較可能で，しかも十分な多型が見られる表現形質の数は限られている．とくに遠縁の生物間，たとえば大腸菌とヒトの間で比較しようと考えた場合，違いはいくらでもあるだろうが，相同な形で比較でき

る形態レベルの形質はほとんどないことはすぐにわかるだろう．このように，とくに遠縁の生物間の系統関係を探ろうにも，表現形質の比較ではどうにもならなかったのである．一方，大腸菌とヒトの間でも，遺伝子の発現にかかわっているリボソーム RNA の遺伝子や解糖系の諸化学反応をつかさどっている酵素の遺伝子の塩基配列なら，相同なものを比較することが十分可能である．そして，一つの遺伝子を比較しただけも一つ一つの塩基を 1 形質と考えれば，1000 個程度の形質を比較したことになる．しかも，比較可能な遺伝子はたくさんある．このように基づく情報量を爆発的に増やすことができたことが分子系統樹の高い信頼性に直結した．

さらに，形態などの表現形質は，シーラカンスやカブトガニなど生きた化石といわれる生物がいることを見てもわかるように，何億年もほとんど変化しないことがある反面，海洋島で適応放散したと考えられている動植物種，あるいは平均して数千年に 1 回は種分化（花の形態の変化を伴うことが多い）をした計算になるラン科植物の種のように，短時間で形態を大きく変化させることもある．これは，表現形質の進化には自然選択が強くはたらくことが多いからと考えられる．自然選択が強くはたらけば短時間に大きく変化することもあるし，逆に同一の安定化選択がはたらき続ければ，非常に長期間にわたって変化しないということも起こり得るわけである．しかし，このように変化の速度がまちまちであると，系統樹を推定するための情報としては好ましくない．

一方で，DNA の塩基配列など分子レベルでは，先にも述べたように遺伝的浮動がその変化を起こすおもな要因であり，その置換速度は比較的一定である（それゆえ，分子時計とよばれたりもする）．現在，さまざまな生物種の塩基配列情報が蓄積して来て，詳しい比較解析が行われるようになってくると，時計とよべるような一定性はないことがわかってきている．とはいえ，形態形質の変化の仕方と比べれば，やはりより一定の割合で変化していることは確かである．数億年にもわたって塩基配列がまったく変化しないといったことはありえないからである．このように，分子進化が多くの場合自然選択とは無関係に，そしてそれゆえ比較的一定の速度で進行していくことも，分子系統樹が正しいことが多いことに結びついていると考えられる．

現在では，分子情報に基づいて全生物間の大まかな系統関係はすでに明らかになってきている．さらに，さまざまな生物群で属レベルの網羅的な分子系統樹を作成する研究プロジェクトが進行している．地球上の全生物のかなり詳しい系統関係が解明されるまで，それほど時間はかからないと思われる．これにより生物の進化の道筋の理解も格段に進むことであろう． 〔村上哲明〕

m. 隠蔽種

野生生物の種の認識と記載は、従来、主として形態形質の違いに基づいてなされてきた(それゆえに形態種とよばれることもある)．しかし、とくに目で配偶者を捜したり識別したりするわけではない下等動物や、とくに目で識別をする送粉昆虫などに受精をゆだねていないシダ類やコケ類、藻類などの植物群、あるいは菌類などでは、種分化によって新たな種が生まれるときに、それらがもとになった種(母種)と異なる外部形態をしている必然性があるわけではない．また、生きた化石とよばれる生物で見られたように何億年も形態がほとんど変化しなければ、別の種であっても形態ではほとんど識別できないということがあっても不思議ではない．

生物学的には別の実体であり、進化的にも長期間にわたって独立の系統として存在してきており、本来、別種として扱われるべきものであるにもかかわらず、形態が酷似しているために、従来、分類学的に同種として扱われてきたものをたがいに隠蔽種とよぶ．形態に差がないことが重要なのではなく、形態で識別が難しいゆえに、これまで同じ種として混同されてきたものが隠蔽種である．それらが生物学に別の種であることがわかってみると、形態にもはっきりした違いが見出されたものも少なからず存在する．そもそも隠蔽種は、さまざまなショウジョウバエの系統の間で人工交配実験を行ったところ、キイロショウジョウバエと形態で区別が難しいものの、正常な交雑が起きないオナジショウジョウバエなどが見出されたことで、その存在が知られるようになった．しかし、現在では、剛毛数などの細かい形態形質まで見れば、これらが識別可能であることがわかっている．

一方、現在ではさまざまな生物群から容易に塩基配列情報が得られるようになった．これまで、これらの塩基配列情報は分子系統樹を作成するのには活発に用いられてきたが、種の認識、記載にはあまり用いられていなかった．村上哲明氏らは、$rbcL$という葉緑体ゲノム上の遺伝子の塩基配列情報を活用して、シマオオタニワタリ(図4.6)をはじめさまざまなシダ植物の形態種内の塩基配列多型を調べた．さらに、人工交配実験も組み合わせることによって、$rbcL$遺伝子の塩基配列が大きく異なっている形態的には同種の個体間では、雑種さえ形成されないほど強い生殖的隔離が確立していること、シダ植物の一つの形態種に30をこえるような非常に多数の隠蔽種が含まれている場合があることを報告した．さらに、同じ方法で、コケ植物や高等菌類(キノコ類)の形態種にも多数の隠蔽種が含まれているものが少なくないことも報告している．

近年、主として動物(魚類、爬虫類、鳥類あるいは昆虫類)を対象にしてDNAバーコーディングとよばれる研究プロジェクトが行われるようになってきた．これは、ミトコンドリアゲノム上の$coxI$という遺伝子の部分塩基配列情報を用いて種の同定が可能になるようにすることを目的としてはじめられたプロジェクトである．しかし、このような研究プロジェクトの過程でも、多数の隠蔽種が見出されるようになってきた．分子情報は、地球上の全生物の系統樹を得ることを可能にしてきたが、非常に多数の隠蔽種も認識できるようにすることで、種多様性の理解においても大きな革命をもたらす可能性が高いのである．

〔村上哲明〕

図4.6 シマオオタニワタリ(口絵30)

4.2 遺伝と種形成

(1) 遺伝

生物は，生殖を行い自分の性質を子孫に伝えてゆく．この仕組みを遺伝とよび，生物のもつ基本的な特性の一つと考えられている．子が親に似るという現象は大昔から認識されていたが，遺伝の仕組みが科学的に解明されたのはそれほど昔ではない．

遺伝の原理については，メンデル以前には明確な考えは存在しなかった．一般的には，漠然と親の卵と精子中に存在する「何か」が混ざりあって，両親の特徴が子に引き継がれると考えられていた．メンデルは，植物での交配実験を通じて生物のある性質を決めているのは，なんらかの単位化された粒子状の物質であるという粒子説を提唱した．この考えに基づく遺伝の基本的原理がメンデルの法則である．メンデルの法則の発見以降，この粒子状物質は遺伝子とよばれ，その振る舞いを研究する遺伝学が発達してきた．その中で，遺伝子が染色体とよばれる細胞内の構造上に存在すること，また，後には遺伝子の本体がDNAとよばれる核酸であることなどが解明され，分子遺伝学の発展につながった．

遺伝学はまた，生物進化を理解するうえでも重要な役割を果たしてきた．ダーウィンが「種の起源」の中で，進化のことを「変化を伴う継承（descent with modification）」とよんでいるが，この継承は生物の遺伝のことを指す．しかし，ダーウィン自身は「種の起源」を著したときには，どのような原理で遺伝が起こるかについては不十分な知識しかもっていなかった．

また，メンデルの業績が20世紀はじめに再評価されたときでさえ，彼の遺伝の法則はダーウィンの進化説とはかけ離れたものであると一般的には考えられていた．後に量的形質が，おのおのがメンデルの遺伝法則にしたがう複数の遺伝子座の影響を受けることがわかってきて，ダーウィンとメンデルの考えが融合されていった．それにより集団が，時間の変化に対して遺伝的にどのような変化していくかを研究する集団遺伝学が確立され，20世紀中頃に登場した「統合説」とよばれるさまざまな学問分野の考えを統合した包括的な進化説へとつながっていった．

(2) 種形成

新しい種の形成では，向上進化と分岐進化という二つの基本的なパターンを区別することができる．向上進化は系統内進化ともよばれ，ある種における変化の集積により，異なった特徴をもった別の種に変わっていく．これに対して，分岐進化は種の遺伝子プールが分割され，二つ以上の新しい種が誕生することであり，種分化とよばれる．

種分化はどのように遺伝子流動が妨げられるかにより，二つの主要な様式で起きる．異所的種分化では，集団が地理的に隔離した分集団になることにより，遺伝子流動が妨げられる．一度，地理的分離が起きると，分離された遺伝子プール内には，異なった突然変異が出現し，自然選択や遺伝的浮動などのはたらきにより異なった進化の道をたどる．しかし，異所的種分化を起こしたかどうかを確認するためには，異所的集団が，もはや交配可能性をもたず繁殖力のある子孫をつくらないほど十分に変化したかを決定する必要がある．地理的隔離は，異所的集団間の交配を明らかに妨げるけれど，それ自身は生物学的な隔離機構ではな

(a) 向上進化　　　　　　　(b) 分岐進化

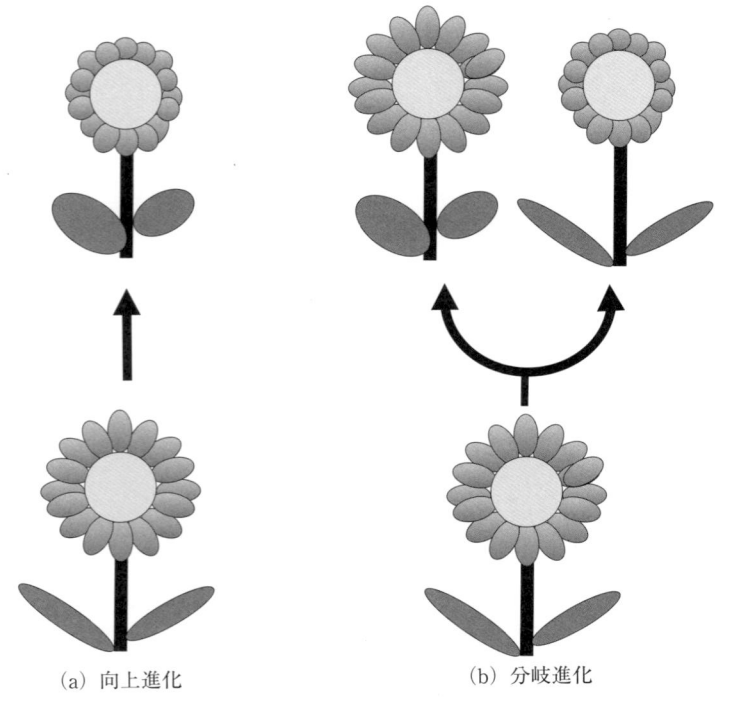

図 4.7　向上進化と分岐進化

い．生物の隔離機構は，地理的隔離がない場合でも交配を妨げることができる．

　同所的種分化は，地理的に重なる集団で起きる種分化である．おたがいに接触を保ったままで，同所的集団間に生殖的隔離が進化する同所的種分化のおもな機構には，倍数体や構造変異などの染色体変異や選択的交配がある．植物では，細胞分裂時の異常により通常より多くの染色体セットが生じ，その個体が生き残ることがよくある．このような突然変異体は倍数体とよばれる．倍数体には同質倍数体と異質倍数体がある．同質倍数体とは単一種起源の3組以上の染色体組をもつ個体である．たとえば，細胞分裂の失敗により細胞の染色体数が倍加することがある（4倍体）．

　このような突然変異で生じた4倍体は，起源集団の2倍体との間で交配をしても子孫は3倍体となる．3倍体の子孫は，染色体の非対合により減数分裂の異常が起きるので，通常は不稔である．しかし，新たに生じた4倍体植物は自殖や他の4倍体個体との交配により，稔性のある子孫をつく

ることができる．そのため，同質倍数体は，たった一世代で地理的隔離なしに生殖的隔離をつくり出すことが可能である．

　異質倍数体は異なる2種間の交雑により，雑種が生じることにより形成される．このような種間雑種は，減数分裂時に別種からの染色体間でうまく対合できないため，ほとんどは不稔である．しかし，植物の場合，個体が不稔であっても無性的には増殖できるものも多い．このような不稔の雑種でも，染色体が倍加するという突然変異がもし起こったなら，たがいに対合可能な染色体が生じることになり，稔性をもつ倍数体の誕生が可能である．このようにして生じた異質倍数体自体は稔性をもつが，通常，両親種と交雑しても稔性のある子孫はできない．そのため，生物学的種概念からは新種が誕生したと考えることができる．

　新しい異質倍数体種の起源は急速に起こり，植物では比較的一般的である．そのため，多くの例が知られている．たとえば，日本の野生植物の例では，広く分布するノコンギクは異質倍数体化に

より起源した種である．ノコンギクは36本の染色体をもつ4倍体種であるが，体細胞の染色体を観察すると，大きな染色体が18本と小さな染色体が18本見られる．このうち，小さな染色体はヨメナ類に起源し，大きな染色体はシオン属の未知のある種に起源したと考えられている．おそらくこれらの2倍体種の交雑による雑種形成とそれに続く染色体の倍加により，ノコンギクという異質4倍体種が生じたのであろう．最近生じた異質倍数体の例としては，北米におけるバラモンジン属植物2種の例がある．この異質4倍体は，太平洋岸北西部で20世紀中頃に起源した．バラモンジン属植物は，ヨーロッパ原産であるが，20世紀初期に3種が米国に帰化し，その種間雑種から新たな2種の異質4倍体が誕生したのである．異質倍数体化は，また，人間が栽培植物を育種する際にも生じている．たとえば，コムギは3種類の異なるゲノムからなる異質6倍体である．

　同所的種分化はまた選択的交配によっても生じる．植物においては，開花季節，時間などの分化や，送粉昆虫の違いが起こると，たとえ同じ場所に生育していても相互の遺伝的交流がなくなり，地理的障壁がなくても異なる遺伝子プールをもつことになる．その後，各遺伝子プールに突然変異が蓄積していくことにより種分化が生じる．

〔伊藤元己〕

a. メンデルの法則

　メンデルの法則は遺伝学の基本となる法則であり，オーストリアの神父・植物学者であったメンデル（G. J. Mendel）によって発見された．メンデルはエンドウなどの植物を使い，大規模な交配実験を行った．その種子の形や子葉，種皮の色，サヤの硬さや色，花の付く位置，茎の高さなど七つの形質に着目して，両親のもつ性質の子孫への伝わり方を解析した結果，かけ合わせ方によって子孫に現れる形質に法則性があることを見出した．その結果を「植物雑種の研究」という論文にまとめて，1866年にチェコスロバキアのブルノ自然科学誌に発表した．発表当時は，メンデルの論文の重要性が認識されず，ほとんど無視されたが，1900年に複数の学者がそれぞれ独立にメンデルの論文を再発見し，この法則の再評価がされた．ド・フリース（H. M. de Vries）とコレンス（C. E. Correns）とチェルマック（E. S. Tchermak）は，メンデルと同様の交配実験を行って，同じ結論を得ていた．その後，メンデルの論文を見てその重要性を認識した．この遺伝の法則をメンデルの法則と名づけたのはコレンスである．

　遺伝の原理については，メンデル以前には明確な考えは存在しなかった．一般的には，漠然と親の卵と精子中に存在する「何か」が混ざりあって，両親の特徴が子に引き継がれると考えられていた．これに対してメンデルは，生物のある性質を決めているのは，なんらかの単位化された粒子状の物質であるという粒子説を提唱した．この粒子は，後に遺伝子とよばれるものである．メンデルの法則は，優性の法則，独立の法則，分離の法則の三つからなる．

1) 優性の法則
　異なる形質をもつ両親を交配すると，その雑種第1代（F_1）では，両親のうち一方の形質のみが現れるという法則．F_1で現れる形質を優性，現れない形質を劣性とよぶ．

2) 分離の法則

雑種第1代の自家受精で生じる雑種第2代(F_2)では，雑種第1代でかくれていた劣性形質が現れる．このとき，優性形質と劣性形質とは3：1に分離する．

3) 独立の法則

二つ以上の対立形質に着目して雑種をつくったとき，それぞれの対立形質は，他と関係なく独立に遺伝し，優性の法則や分離の法則が成り立つ．メンデルがエンドウで着目した形質間には，大きな連鎖が見られなかったが，一般的には，同一染色体上で近くにある遺伝子座に支配されている形質間には連鎖があり，独立の法則は成り立たなくなる．

〔伊藤元己〕

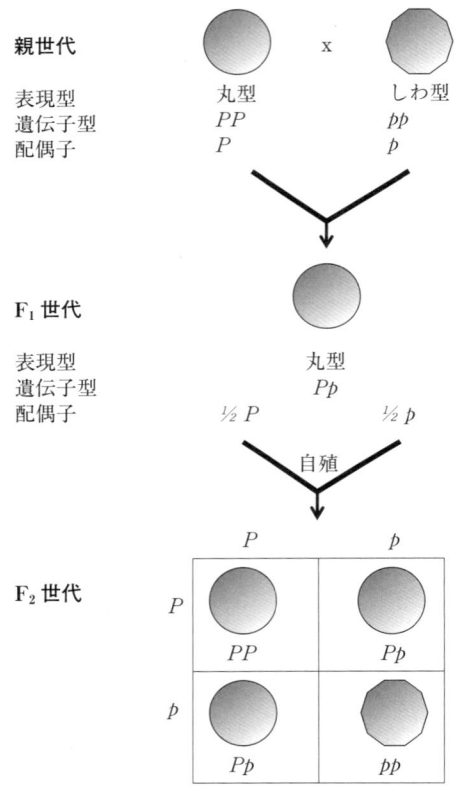

図 4.8 メンデルの法則
このエンドウの例では，F_1世代で，優性の形質（ここでは丸型）が表れる（優性の法則）．F_1の自殖によるF_2世代では，優性：劣性が3：1に分離する（分離の法則）

b. 性

性とは，一般的には雌と雄の生物学的な区別を指すものであり，両方の性の個体により有性生殖を行う．生物の有性生殖は，真核生物にのみ見られ，原核生物では存在しない．通常は小さくて移動能力の高い性を雄，大きくて移動能力の小さい性を雌とよぶ．しかし，性の本質は，二つの異なる型の個体が存在することではない．真核生物の中には酵母や単細胞藻類の一部の種のように，形態的には区別できないが，遺伝的には異なる2タイプの個体により有性生殖が行われる例もある．それでは性の本質はなんであろうか？通常，有性生殖を行うときには減数分裂が行われ，そのときに遺伝子の組換えが起きる．この組換えこそ性の存在意義であると考えられている．

有性生殖は，増殖能力を比べると無性生殖に対して劣る．たとえば，半分が有性生殖のみで繁殖し，もう半分は無性生殖のみで繁殖する生物の集団を考えると，無性生殖では，すべての子どもは雌になり，また多くの雌を生むことができるので，たとえ両タイプのメスが各世代に同数の子どもをつくっても，無性生殖をする個体の頻度が高くなる．これに対して，有性生殖をする雌の産む子どもの半分は，生殖に必要であるが自分自身は子どもを産むことのできない雄である．これは有性生殖が「繁殖のハンディキャップ」をもつことを意味する．

しかしながら，実際には性は，真核生物において広く維持されている．なんらかの理由で，有性生殖を行うことにより繁殖成功を高めているに違いない．性の有利性は何であろうか．一つの説明として，減数分裂時の組換えプロセスと受精が，自然選択がはたらく遺伝的変異を生み出すというものがある．この仮説は，生殖的には不利であるにもかかわらず，遺伝的変異は変化し続ける環境に対する将来の適応を可能にするために，自然選択が性を維持するというものである．しかしこの仮説では「現在」はたらいている自然選択により性は消滅してしまう．短期的な時間スケールで有

図 4.9 性比の決定

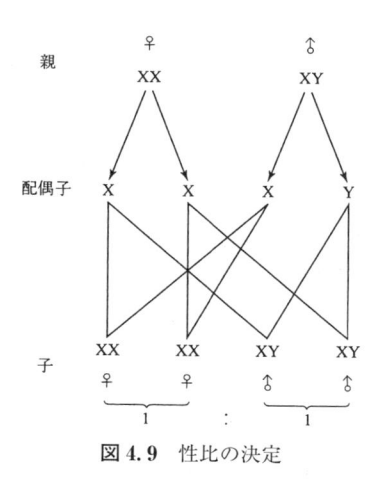

性生殖個体にどんな利益を与えるかを説明できないといけないのである．現在，有力な仮説の一つは，有性生殖により遺伝的変異をつくり出すことによる，耐病性（あるいは寄生生物に対しての防御）の重要性を強調している．細菌やウィルスなど病原体が感染するときには，宿主細胞の受容体分子に付着して宿主の認識を行う．この認識がうまくいかないと感染ができないため，受容体分子に変異をつくり，抵抗性に関して変異のある子孫をつくることは短い時間スケールでも有利になりうる．もちろん，多くの病原体は特定の宿主受容体に適合するように急速に進化する能力をもつ．しかし，性により一世代で「鍵を変える」メカニズムが可能であり，子孫間で変異をもつことが可能である．バン・バーレン（L. M. Van Valen）は，変化する環境で生物が生存し続けるためには，絶えず変化し続ける必要があると考え，この説をルイス・キャロルの「鏡の国のアリス」に登場する女王にちなんで「赤の女王仮説」と名づけた．イギリスの進化学者のハミルトン（W. D. Hamilton）は，性の存在意義は，病気に対しての適応，すなわち，急速に進化する病原菌・寄生生物に対する寄主側の防御という「赤の女王仮説」で説明できることを提唱した．

〔伊藤元己〕

表 4.2 生殖的隔離の例

生殖前隔離	生殖後隔離
生育地隔離	雑種致死
時間的隔離	雑種不稔
行動的隔離	雑種崩壊
機械的隔離	
配偶子隔離	

c. 交雑（雑種形成）

　交雑とは，二つの異なる分類群に属する個体間の有性生殖により，子孫が生ずることをいう．多くの場合は 2 種間を指すが，種内の亜種や変種間の場合を交雑とよぶことがある．生物学的種概念は，生殖的隔離の存在により種を定義しているため，この種概念での種間の交雑においては多くの場合雑種形成は起こらない．しかし，現実的には形態に基づくなど，他の種概念が用いられていたり，雑種形成後にはたらく生殖的隔離が存在するため，「別種」間での雑種形成は普通に見られ，とくに植物では比較的一般的である．

　生物学的種は，生殖不適合に基づいて区別される．これは，2 種間の生存可能な繁殖力のある雑種ができることを妨げる生殖的隔離を条件にする概念である．一つの障壁では，種間のすべての遺伝的交換を止めることはできない場合でも，いくつもの障壁の組合せにより種の遺伝子プールを効果的に隔離できる．

　あまり類縁関係のない生物種間では，交雑は起こらないが，近縁な種間の場合は生殖的障壁がそれほど明確ではない場合がある．生殖的な障壁は，生殖的隔離（表 4.2）が起きるのが受精の前か後かにより分類することができる．受精前障壁は，種間の交配を妨げるか，異なる種が交配しようとしたときは卵の受精を妨げる．しかし，配偶子が受精前障壁を乗り越え，受精が行われた場合でも，しばしば受精後障壁により，雑種受精卵が生存力と繁殖力のある成体に成長するが妨げられる．

　植物では種間の交雑でできた子孫が雑種不稔になっても，長期間にわたり，栄養繁殖で個体が存続することがある．その中で，染色体の倍加が起きるような突然変異により倍数体化して再び稔性を回復して有性生殖が可能になる例が多く知られている．このようにして生じた異質倍数体（本節総説を参照）は，両親種とは交雑することはできず，新しい種となる．

〔伊藤元己〕

d. 種概念

　種は生物学の基本的な単位の一つである．種の定義，すなわち種概念は，数多く提唱されているが，現在もっとも頻繁に使われている種の定義は，1942年にマイヤー（E. Mayr）によって提唱された生物学的種概念（biological species concept）である．この種概念では，種を「自然界で，相互交配により生存可能な繁殖力のある子どもをつくることができるが，他の集団の構成員との間ではできない集団あるいは集団群」と定義している．

　生物学的種の構成員は，少なくとも潜在的な交配可能性で結ばれている．生物学的種概念は交配可能性，すなわち，遺伝子プールの共有ということに重点を置いているが，すべての生物種に適応可能な種概念ではない．たとえば，無性生殖をする種や，化石のみで知られている種には原理的に適用することができない．また，実際に個体間の交配が可能かどうかを検証するのも容易ではない．これらの生物学的種概念の欠点や便宜性のため，実際には他の種概念も合わせて使われている．以下に代表的な種概念をあげる．

1) 形態学的種概念（morphological species concept）

　生物の外見や内部構造などの「形」の違いにより，種を定義する．すなわち，ある形態形質の変異において，大きなギャップのあるまとまりを種とするものである．古来から人間はおもに生物の「形」に基づいて種を認識してきており，現在の分類も形態学的種概念に基づいていることが多い．しかし，どの形質に基づいて種を定義するかにより，種の範囲が異なることもあり，主観的になりやすい．

2) 進化学的種概念（evolutionary species concept）

　他の類似の系列から独自性を維持し，独自の進化傾向と歴史的運命をもつ，単一の祖先・子孫個体群の系列を種とするものである．生物学的種概念におけるさまざまな問題点，たとえば無性生殖種や異所的種分化などを回避することが可能な系列的概念である．ただし，実際の種の規定には独自性の判断が必要で主観的になりやすい．

3) 系統学的種概念（phylogenetic species concept）

　種を個々の生物からなる特徴づけが可能な最小単位の単系統群とするもの．種に個体群の歴史における単系統性を要求する考えである．ただ，特徴づけが可能な最小単位とはどのような実体であるかなど問題点も多い．

4) 凝集的種概念（cohesion species concept）

　テンプルトン（Templeton）が提唱した種概念で，交雑可能なまとまりと生態学的地位によるまとまりとを比較して，両者のうちで狭いほうを種として扱う考え方．生物学的種概念では扱えないような無性生殖種などの扱いが可能であるが，判断基準が一つではないという批判がある．

〔伊藤元己〕

e. 変　異

　私たちがまわりを見回して自分と同じ顔をした人がいないように，同種に属する生物でも個体ごとに少しずつ異なった性質をもっている．このような種内，あるいは集団内に見られる個体間の性質の差異は変異とよばれる．変異には，大きく分けて個体により生まれつき決まっている遺伝的変異と，育った環境の違いにより生ずる環境変異がある．これに加え，遺伝的な性質と環境の相互作用によっても変異が生じる（可塑性）．遺伝的変異は，その個体のもつ遺伝子の特性により性質が決まるもので，子孫に遺伝可能な性質である．環境変異は，後天的に得た特徴であるため，子孫には伝わらない．そのため，生物の進化では遺伝的変異が重要である．

　生物進化の推進力である自然選択や遺伝的浮動は，変異のもとになる遺伝子の頻度を変えることで集団の進化を引き起こす．すなわち，遺伝的変異がなければ，このような遺伝子頻度の変化も起こらないわけであり，変異は進化の素材であるということが可能である．一般的に，自然選択や遺伝的浮動がはたらくと，変異は減少することになる．このような力に対して新たな変異の供給は，遺伝子の本体であるDNA塩基配列の変化や染色体の構造変化などの突然変異により生ずる新たな遺伝的変異により行われる．

　集団内で見られる変異の大きさは，その性質に対してはたらいている自然選択の性質により決まる．中間の性質の個体が，より選択的に有意であるような純化選択がはたらく場合は変異の幅は小さくなる．一方，頻度依存的選択やヘテロ接合体に有利な選択がはたらく場合は，一般的に変異の幅は大きくなる．

　ある生物種で，ある特性の変異が地域的にまとまって見られる場合には，地理的変異とよばれる．同種内の地理的変異は，通常，中間型が存在

図4.10　ブナの葉の大きさのクライン（河野，1974；一部改変）

し連続的な場合が多いが，地理的隔離が起きて集団間の遺伝的交流が妨げられると，異所的種分化へと進む場合がある．また，地理的変異の中で，緯度などのある環境傾度に沿って，ある性質がしだいに変わっていくように見られることがある．このような変異はクラインとよばれる．たとえば日本では，ブナの葉の葉面積は北に行くほど大きくなり（図4.10），ほぼ緯度に沿ったクラインが見られる．

〔伊藤元己〕

f. 地域集団

　生物は，多くの場合，個体が単独で生活をしているわけではなく，日常の生活あるいは生殖時には同種の他個体との相互作用を少なからずもつ．現在，広く用いられている生物学的種概念では，相互交配により生存可能な繁殖力のある子どもをつくることができる単位を種と定義している．しかし，交配可能であっても地理的に隔離され，出会う機会がなければ実際に交配して子孫を残すことは不可能である．たとえば，同種に属していても，日本に棲息する個体と，北米に棲息する個体は，現実的には交配する可能性はほとんどゼロである．ある地域において，事実上の交配可能性で結ばれている，すなわち遺伝子プールを共有する個体の集まりを地域集団あるいは単に集団とよぶ．

　集団の遺伝子プール中の遺伝子頻度の変化が進化であることを考えると，実際の進化の単位は種ではなく，集団あるいは地域集団であることになる．しかし，現実にはどの範囲で実際の遺伝的交流があるかを決定するのは難しく，また，まれに起こる遺伝的交流もあるので，厳密な地域集団の範囲を決めることは困難と思われる．

　上記のような定義は，生物学的種概念と同様に有性生殖種には適用できるが，無性生殖種には適用不可能である．しかし，実際には無性生殖種においても，地域集団あるいは集団という用語が用いられている．この場合は，交配可能性を考慮して地域集団の範囲を決めているのではなく，たがいに相互作用可能な範囲に棲息する，あるいは単に同じ地域に生存する個体の集合を指していることが多い．有性生殖種でも，しばしば厳密な交配可能性の範囲に触れず，無性生殖種と同様に，同じ地域に生存する個体の集合を地域集団とよぶことがある．生態学では個体群とよぶ用語があり，地域集団と同じような意味で用いられる．

〔伊藤元己〕

g. 適応放散

　適応放散とは，ある地域で単一の先祖種から多様な環境，すなわち，異なった生態的地位に適応する過程で，それぞれが多様な別種に分かれていく現象を指す．そのため，このような現象が起きるためには，多くの生態的地位が空いている環境が必要である．現実的には，ほとんどの生態的地位は多様な生物種で満たされているものと考えられる．したがって，適応放散が起きるには，なんらかの理由で生態的地位が空いたか，あるいははじめから埋められていなかった場所ができた場合である．

　空白の生態的地位での適応放散の例としては，大洋島での生物の種分化をあげることができる．ガラパゴス諸島をはじめとする大洋島，すなわち，近くに大陸や大きな陸地がなく，多くの場合，火山の噴火により新しく海上につくられた島嶼では，陸生生物はゼロの状態からはじまる．ここに移住できる生物は，海上を長期移動分散可能なもののみであるが，大洋の中の小さな陸地に無事たどり着ける可能性は非常に低い．しかし，分布に成功した生物種の子孫は，ほとんど空白の生態的地位を利用できる．そのため，大洋島の生物相は，比較的種数が少ないが，ある一種の共通祖先から種分化したと思われる種群が多く見られるのである．

　このような種分化の例として有名なガラパゴス諸島でのダーウィン・フィンチの適応放散では，餌の利用にしたがって嘴の形が変化している．これは，大陸などでは，通常，他の鳥によって利用されている餌を，他種との競争がなく利用できるような環境が存在したため，多様な餌を利用するようになり，それぞれの餌を採るのに適した自然選択の結果と考えられている．植物においても，大洋島での適応放散が見られる．たとえば，ハワイ諸島の銀剣草（ぎんけん）の仲間では大規模な適応放散的種分化を起こしており，北米から移入した祖先種から，草本，灌木，つる植物といった多様な生態型をもつ約50種の近縁種が現在見られる．

　また，地球の生物進化の歴史の中でも新たな生態的地位の開発時には大規模な適応放散が生じている．たとえば，古生代カンブリア紀に起きた多細胞動物の急速な多様化，いわゆるカンブリア大爆発は，運動性に富む動物の出現により適応放散が起きたと考えられている．古生代シルル紀に起きたと考えられている植物の陸上進出の際も，いままでほとんど生物に利用されていなかった陸上環境を利用できるようになり，大規模な適応放散が起きたと想像される．

　急に大きな生態的地位の空白の成立，たとえば大量絶滅が起きたあとなどにも適応放散が起きる．白亜紀の終わりに恐竜を含む爬虫類の大量絶滅後には，哺乳類の大規模な適応放散が起きている．植物でもこれに前後して，裸子植物が少なくなり，多様な被子植物が適応放散を起こしているが，被子植物の多様化には，昆虫などの送粉者や種子散布者との共進化も関係していると思われる．

〔伊藤元己〕

図 4.11 ハワイ諸島の銀剣草の仲間

h. 共生（細胞内共生）

2種の生物間の関係において，両種が共存したときに，おたがいに得る適応度としての利得が，損失を上回るときは共生とよばれる．一方の種のみが利益を得て，他種は利得も損失もないときは片利共生とよばれる．また，一方の種が利益を得て，他方は損失を被る関係は，寄生となる．

植物とその送粉昆虫のように，おたがいが利益を得る共生関係は生物界に一般的に見られるが，中にはたがいの存在が不可欠になってしまったような事例も存在する．有名な例としてはイチジクとイチジクコバチの関係があり，あるイチジクコバチの種は，産卵場所と幼虫の生育場所を特定のイチジクの種に依存し，イチジクの種は特定のイチジクコバチに送粉を依存している．このような関係は絶対共生系とよばれている．

共生関係の中で，一方の種が他方の種の細胞内に入り込んだものもある．このような関係は，細胞内共生（endosymbiosis）とよばれる．真核細胞のみに見られる細胞器官のミトコンドリアと葉緑体は，この細胞内共生により起源したと考えられている（真核細胞の細胞内共生起源説）．分子体系学の研究を含むさまざまな証拠から，ミトコンドリアはα-プロテオバクテリアの，葉緑体はシアノバクテリアの祖先群からそれぞれ起源したことがわかっている．しかし，現在の生物のミトコンドリアや葉緑体では，細胞器官内の独自DNAゲノムサイズは極端に小さくなっていて，もはや単独生活をすることは不可能にまで変化している．細胞内共生は，真核細胞の起源以降でも頻繁に起こっており，クリプト藻類（紅藻類が共生）やクロララクニオン藻類（緑藻類が共生）など，いくつもの藻類群が真核細胞に真核細胞が（二次）細胞内共生することにより起源している．また，真核細胞への原核細胞の細胞内共生の例も多く見つかっている．アブラムシへのブフネラ菌の共生やマメ科植物への根粒菌の共生が知られている．

〔伊藤元己〕

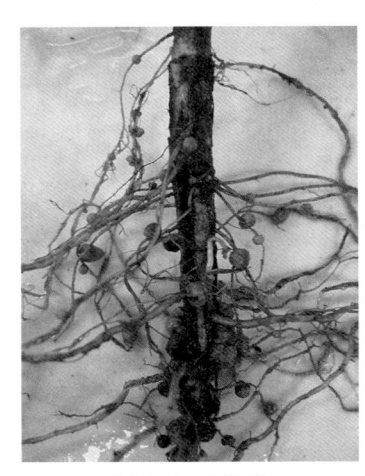

図4.13　根粒菌

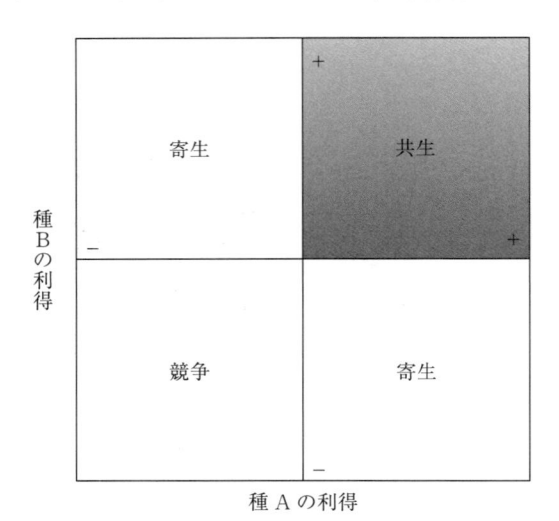

図4.12　2生物種間の関係
2種間の関係で，おたがいの利得がある場合を共生とよぶ．

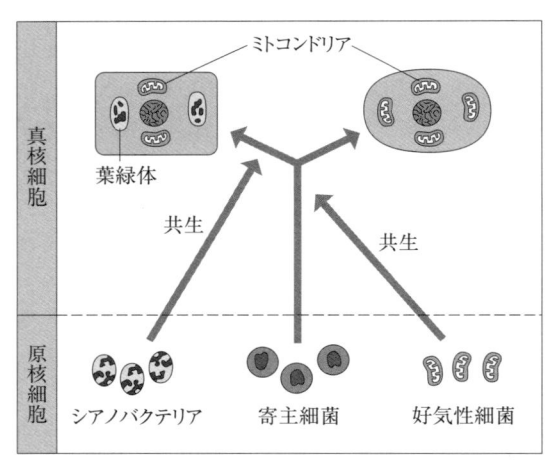

図4.14　細胞内共生による真核細胞の起源

4.3 分類群と系統

　生物の種多様性は，40億年近く前に地球上に出現した生物がその後の進化の歴史を刻んで産み出したものである．多様化は一度に生じたものではなく，時間をかけてつくりあげたものだから，多様な種の間には階層性のある差異がある．だから，多様性を表現する分類群の間には階層性のある差が整理されるはずである．

　生物の集団には，遺伝子突然変異にもたらされる変異が認められる．その変異が特定の集団内で安定し，他の集団からなんらかの理由で隔離されると，やがて種差が確立する．遺伝子突然変異だけでなく，染色体突然変異もやや異なった過程を経て種形成をもたらす．

　おたがいに遺伝子の交流のないそれぞれの種のうちで，遺伝子の変異はさらに拡大され，単に種が違うというだけではないもっと大きな遺伝子の格差が積み上げられる．長い時間をかけて，生物の系統は独立し，それぞれに異なった進化の路を歩み始める．原始，原核生物だけだった生物界に，20何億年か前に真核生物が進化してきた．生物の進化の歴史全体の半分近くが経過してからのことだった．真核生物のうちには，動物，植物，菌類の系統が分化してきたが，その他にも原生動物，藻類，偽菌類などとひとまとめにされてはいるものの，系統関係が確認できていない分類群も知られる．一方，真核生物の進化の華々しさの影に押しやられたように見える原核生物も，多様化した系統を数多く生き続けさせている．

　4億年あまり前になって，緑藻類のあるものが陸上へ進出してきた．陸上植物が進化してくると，相前後して従属栄養の動物や菌類も陸上へ進出したらしい．はじめ水の中に出現し，水の中だけで生活していた生物だったが，進化の歴史のうちの最近の1割強の期間だけは，陸上でも生活し，そこで繁栄することに成功している．もちろん，水の中で生活する生物が進化を止めたということはなく，水中でも引き続き進化は演出されてきた．

　地球表層に広く生活する植物と菌類は，種の階級でいうとすでに認知されているだけでも40万種にも多様化し，生きている．実際にはこれよりはるかに多くの数の生物が地球上に生きていると推定されている．このように多様な生き物は，個体以上の階級では，種という単位で整理される．種多様性は種を単位として数える生物の多様性である．

　種の間には，近似のものと全然類似しないものがある．分化したのが比較的近い関係の種間には近い類縁性があるが，古く分化した種間では類縁度が低い．種間の類似度には階層性があるが，この類似度の差異は進化の歴史における分化の時期の違いによって決まる．生物の分類体系はこの階

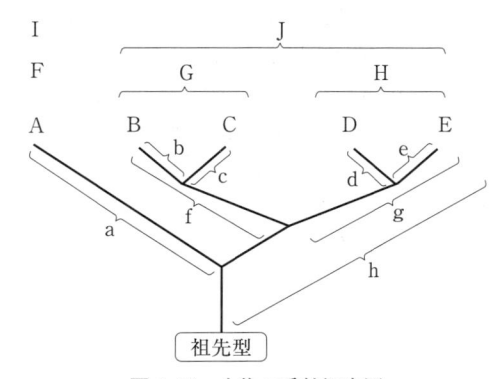

図4.15 生物の系統概念図
A〜Jは異なった階級の分類群，a〜hは系統の階層性を示す．

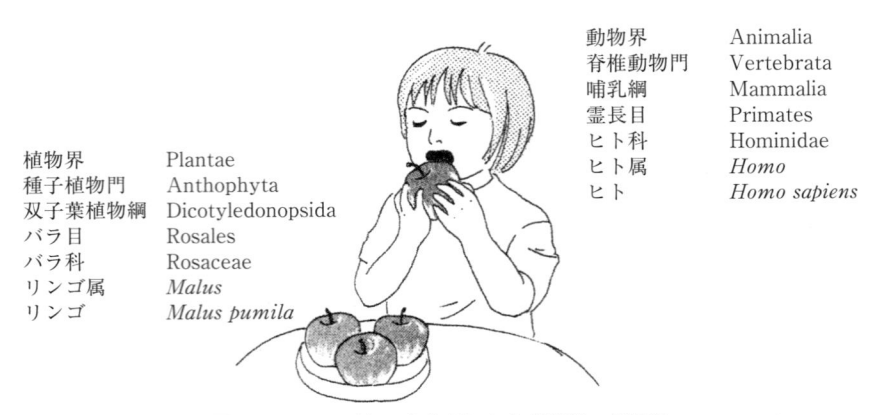

植物界	Plantae
種子植物門	Anthophyta
双子葉植物綱	Dicotyledonopsida
バラ目	Rosales
バラ科	Rosaceae
リンゴ属	*Malus*
リンゴ	*Malus pumila*

動物界	Animalia
脊椎動物門	Vertebrata
哺乳綱	Mammalia
霊長目	Primates
ヒト科	Hominidae
ヒト属	*Homo*
ヒト	*Homo sapiens*

図 4.16 リンゴとヒトを例にした分類群の階層性

層性を利用し，異なった階級の分類群を設定する．近縁の種を集めた分類群が属で，属の集まりが科である．さらに上位の分類群として，目，綱，門などの分類群が設定されるし，その間にも中間的な階級が設定されうることになっていて，分類体系が，個々の種によって種特異的に進化してきたその背景が分類体系の構築で推定できるように，分類群に階層性が置かれている．

生物学はとりわけ 20 世紀の間に飛躍的な発展を刻んできた．しかし，それでも，科学が生命について知っていることはごくごく限られた部分だけであることを思い出したい．既知のデータを最大限に活用して分類体系が構築されるものの，科学が生物多様性について知っていることはまだまだごくわずかであり，その限られたデータに基づいて，進化の歴史を確認したり，過去における変動を詳細に再現させることはできない．過去の生物の記録としては化石があり，化石に基づく研究はこの問題についてはなはだ大きな貢献をしているところであるが，化石の証拠は，いくつかの例外を除いて，進化を断片的にしか示しえないのも事実である．

分類群には名前がつけられるが，動植物の学名については国際的な規約があって，これにしたがうという前提ですべての分類群に命名されている．名詞または名詞化された属名を，形容詞または形容詞化された種小名で修飾し，二つの単語を合わせて種名とすることになっている．姓名の 2 語で個人名が正しく認識されるようなものである．二つの単語で一つの種を表現するので，この種名表記の方法を二命名法という．

種以外の階級についても，分類群に名前を付すときには国際的なルールにしたがって粛々と進めることが期待される．属以上の分類群の学名は名詞 1 語で構成され，多くの場合基準属となる属名を語根としている．このようにして，すべての生物には名前が与えられ，その生物がどの階級の分類群に属するかが名前によって正確に示されることになっている．とりわけ，二命名法による種の命名は多様な生物の確認にきわめて有効な方法となっている．それは，わずか 6000 種ほどの生物を識別するだけだったリンネの時代にすでに有効な命名法だったが，生物のすべてだと数千万種，あるいは億をこえる数に達するとも推定される生物名の表記法としては優れた方法であり，この表記法で生物多様性が整理されているために，大量の情報処理が技術的に可能な時代に入っても，機敏に対応できる体制を整えているといいうるのである．近い将来，大発展が期待される生物多様性のバイオインフォマティクスにとっても，基礎的な情報の収集にはこの命名法が有効に機能することだろう．

ただし，分類体系は多くの分類群の集合体として整理されるものの，いったん分類体系にきれいに収められると，それが限られた資料に基づき，不完全なものであると十分理解されながら，正しい結論が得られたものとの錯覚が防ぎきれない．系統についての資料が乏しいだけでなく，種多様

性を数える根拠になっている種についてさえ，種とは何かという初歩的な質問に正しく答えられないほど，難しい問題をかかえている．仮の定義に従い，種を基礎的な単位と設定して，現在の分類体系は構築されているのであるが，分類体系を利用する人たちにもその事実が十分に理解されているとはいいがたい．

　生物は多様化する過程で，生活場所も拡大してきた．はじめ水中でだけ生活可能だった生き物たちが陸上へ進出してくるためには，空気中の分子状酸素の濃度が高まり，成層圏にオゾン層をめぐらして，宇宙から飛来する有害な宇宙線などを除外し，生物の遺伝子突然変異の生起率を抑制し，絶滅の危機から守ってやる必要があった．植物の光合成は分子状酸素の作出に貢献し，オゾン層を成立させることによって，生物の陸上進出も可能となってきた．生物は自分自身の活動によって，陸上へ進出する環境を創出したのである．

　水中でも，陸上でも，生物はそれぞれ種に固有の生活場所を確保する．種は母型から分化して以来の歴史的背景にしたがって，それぞれの種に固有の特定の分布域をもっている．ところで，個々の種がそれぞれの分布域を確保していると，同じような分布域をもつ種が共通の分布域を共有する．地域の歴史的な展開が，いくつかの種に共通の分布域をもたせることにつながる．このようにして，地域に特有の生物が生育することになる．一定の地域に生育する植物種の総体を植物相という．さらに，植物相の成立の歴史が現在の植物の分布を決める要素ともなっている．現生の植物の地域的な広がりを指標にして，個々の植物種の分布域などの形成の過程を追うのが植物地理であり，植物相を明らかにするのは植物地理学の基礎情報の集成であるともいえる．

　植物多様性の研究は，もっとも基本的な情報でまだ解明されていない部分がある．地球上に現生している生物の種はこれまでに約150万種が認知されているが，実際には少なくとも数千万種，多分億を超える数あると推定されている．種を認知することだけでもまだ多様性の生物学は1％くらいしか完成していないともいえる．しかも，先に述べたように，生物多様性を表現する基本的な単位でもある種について，種とはなんであるかも，生物学はまだ明らかにしていない．

　地球上の生物がどのように出現し，どのように多様化して，現在生きているような生活場所を確保するようになってきたのか，生物の進化を示す情報についてはまだごく一部分が明らかにされているにすぎない．だから，現在認識されている分類群にしても，分類群をまとめた分類体系にしても，限られた情報をもとに大胆に推量してつくられた，仮説の段階のものだといわなければならない（図4.17）．

　生物学の技術の進歩によって，今では，生物多様性についても生物科学一般に共通のキーワードであるゲノムを用いて語れるようになっている．これまで調査して得られた情報をもとに，感覚的に推量することしかできなかったこの分野の研究が，解析技術と解析法の進歩に伴って，飛躍的に発展することが期待される．　　　〔岩槻邦男〕

＊現段階の分類表，系統図については付録7を参照のこと

参考文献
岩槻邦男（2004）：植物と菌類30講，朝倉書店．

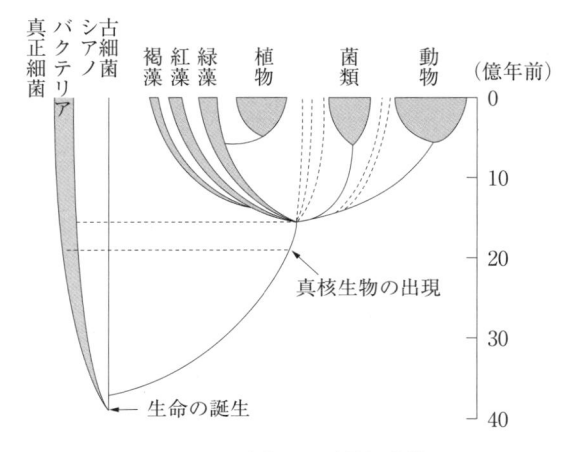

図4.17　生物界の系統推定樹

a. 分類体系

　地球上に棲息する多様な生物を分類し体系化したもの．さまざまな階級の分類群に整理する．個体の集まりとしての種を基本的な階級として認識し，種をそれぞれのもつ特性に従って類別し，体系として整理したもので，現在では動物，植物の国際命名規約によって階級などの設定に一定の規範が設けられている．

　生物進化が認知されるまでは，自然物を体系的に整理することを目的としたので，判断する人が設定する任意の基準をもとに，扱う対象の生物を分類し，体系化した．このような分類は，基本的には人為分類だった．しかし，リンネの著作のタイトルに『自然の体系』とあるように（たとえ神が与えたものであったとしても），自然界には人が勝手に決めるのではない体系があるという認識は進化論が認められるより前からあった．

　生き物は，進化の所産として多様化したものであることが認められるようになってからは，分類体系は進化の道筋（系統）に従ったものにすべきであると考えられ，系統分類が模索され，それこそが自然分類であり，科学的な分類であると考えられるようになった．しかし，生物多様性に関する情報量が限られている範囲内では，分類操作は人が認識できる形質の評価に基づき，結果として人為的にならざるをえない．形質の評価をできるだけ客観的に，科学的に行うようさまざまな工夫がなされてはきたが，それでも限られた情報量のもとでは分類体系が人為的である壁を凌駕することは難しい．

　分類群間の遺伝的距離が分子系統学と分岐系統学の発達によってより客観化できるようになり，今では生物の分類体系はある程度まで確かに系統に従ったものに近づいている．

　一方では，地衣類などの古典的な例だけでなく，細胞内共生や二次細胞共生などの共生進化の事実が明らかにされ，分類体系のすべてを一次元的に整理することはむしろ実態に正しく対応するものではないことがわかってきた．分類表における表記を含めて，これらの事実に基づいた正確な表現法が模索されている．

　生物界は長い間動物と植物の2界に体系化されていた．しかし，すでに，ヘッケルが描いた最初の系統樹が生物の世界を三つの大枝で示しているように，生物界を2界に整理することの不正確さはつとに指摘されていたことだった．1960年代に入って，ホイタッカーが菌類を第三の界と認知した頃から，生物の世界は5界に分類されたり，7，8界に分類されたり，さらには真正細菌，古細菌，真核生物の3上界を認め，真核生物上界にいくつかの門を認める分類体系も提唱されている．

　分類体系は，種の類型化のすべてを包含するものだから，上位の階級の分類群についてだけいうのではなくて，あらゆる階級に関して，体系というものがありうる．担子菌類の分類体系とか，バラ目の分類体系などといういい方があり，また，広義のサクラ属（*Prunus*）をモモ属，アンズ属，スモモ属，狭義のサクラ属などに細分する分類体系などということもある．　　　　　　　〔岩槻邦男〕

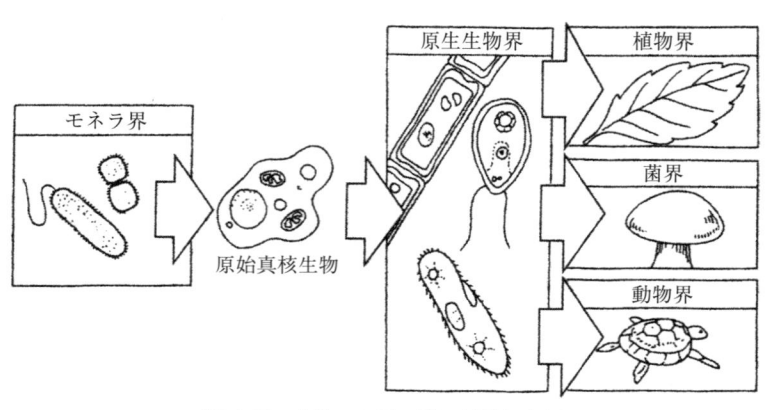

図 4.18　生物の5界の間の類縁概念図

b. 分類群

　同じ階級の他の分類群から識別され，個別の単位として認められる分類学上の単位に従った群である．生物の分類では種（species）という分類群を基本的な単位とするが，類縁の遠近を基準に，さまざまな順序づけをして種を集めた群を分類群（taxon（pl. taxa））といい，さまざまな階級が区別される．また，種内変異を，すでに明確な分化の兆候の認められるものを対象に，種以下の階級の分類群で識別することがある．

　分類群の階級には種より順に上位階級として，属（genus），科（family），目（order），綱（class），門（division）（植物では phylum という）が認められる．これらの階級の分類群を代表的な種について表記すると，表4.2となる．

　下位の階級の分類群は上位の階級の分類群に包含される．リンゴはリンゴ属の1種であるが，リンゴ属はバラ科でサクラ属と併存し，バラ科はバラ目のうちでベンケイソウ科，ユキノシタ科などと並べられる．

　門の階級より上位に界（kingdom）をおき，植物界を認めていたが，動物界と植物界のみを認める2界説は不完全なものであることが確かめられてから，門の階級でも多様な分類体系が提唱されている．また，原核生物のうちに，古細菌と真正細菌が識別され，古細菌のほうが真核生物に近いことが確かめられてから，真正細菌，古細菌，真核生物の3上界が認められると，上界（domain）という階級が取り上げられる．

　上記の階級の分類群のほかに，各階級の間を補うために，付加的な階級の分類群が認められる．上記の各群には，細分した亜群（sub-），総合した上群（super-）が認められるほか，系（series），節（section），族または連（tribe），などの階級の分類群をおくことがある．生物の進化は種特異的に見られるものだから，分類群にはまったく同じものはあり得ず，だから階級は相対的なもので，正確さを期すとすれば種の数だけ必要になるかもしれない．

　種以下の分類群について，動物命名規約では亜種（subspecies）のみを正規に取り上げることにしているが，植物命名規約では亜種以下の変種（variety），亜変種（subvariety），品種（form）なども認めている．

　植物相などで，「この地域には種子植物が○○分類群分布する」などと表記されることがあるが，これは×種，△亜種，□変種という数を×＋△＋□＝○○と意味することを意図するものらしい．しかし，分類群という場合はさらに属の数，科の数なども加算されるべきだから，表現としては科学的でない．英語で item ということがあるが，○種類といういい方をしたほうがよいかもしれない．

〔岩槻邦男〕

参考文献
大橋広好，永益英敏（編）（2007）：国際植物命名規約，日本語版，日本植物分類学会．

表4.3　分類群の階級

門	種子植物門	担子嚢菌類門	細菌門
綱	双子葉植物綱	菌蕈綱	プロテオバクテリア綱
目	バラ目	ハラタケ目	リケッチア目
科	バラ科	キシメジ科	リケッチア科
属	サクラ属	シイタケ属	ツツガムシ病リケッチア属
種	ヤマザクラ	シイタケ	ツツガムシ病リケッチア

c. バイオインフォーマティクス

21世紀は生命科学と情報科学の世紀である，などといわれることがある．情報量が極端に膨大な生命科学の課題を，情報科学の手法を併用して解明しようとすれば，この両者（bio-と informatics）が融合したバイオインフォーマティクス（生物情報学）がおおいに発展することが期待される．

バイオインフォーマティクスが話題になるようになったのは，生命科学の科学的基礎が確実になってきたことと関係がある．観察と記載に明け暮れていたといわれていた生物学が，物理・化学と並んで自然科学としての体裁を整えるようになるのは，遺伝の法則に促されて発展した20世紀前半ではなくて，DNAをキーワードとして解析が進むようになった20世紀も後半に入ってからのことだった．だから，世紀があらたまる頃になってバイオインフォーマティクスが科学のすがたを整えるようになったのは，DNAが制御する現象に直接触れるプロテオミクスとか脳科学の分野が浮上したからだった．情報科学の手法に適応するだけに情報整備ができているのがこれらの領域だからである．

現在，バイオインフォーマティクスの研究課題として取り上げられているのは，アミノ酸配列に基づくタンパク質の構造予測あるいはDNAチップを用いた網羅的遺伝子発現解析法などで，広い意味では進化の過程を推測する系統樹構築法などもこの領域に含まれることがある．

情報量がもっとも大きい生命科学の領域といえば，生物多様性にかかわる課題も含まれる．ただ，生物多様性にかかわる領域では，基礎的な情報構築にも遅れをとっている．種多様性については，現に150万余種が科学に認知されているとはいうものの，実際には数千万種，たぶん億をこえる数の種が地球上に現存するという推定があたっているとすれば，種の識別さえまだ1%くらいにとどまっているという計算になる．それぞれの種の特性を知るという点では，わかりやすくいえば，種の全ゲノムの解読ができているのはわずかに何百種という程度，これが既知のすべての種に及ぶまでにまだ何年もかかるはずである．だとすれば，生物多様性のバイオインフォーマティクスが手法として成立するまでに，まだまだ時間がかかるということか．そこで，究めるべきは，種多様性の実態を知るためにもバイオインフォーマティクスの手法を適用することだろう．日本ではこの分野の研究は，はなはだしく遅れをとっているといわざるを得ない．

この意味でも，生物多様性にかかわる既存のデータの電子化，ネットワーク化，そしてそれを活用したバイオインフォーマティクスの確立が強く期待されているところである．国際的にも，そのための基盤整備の機構として，Global Biodiversity Information Facility（GBIF，地球規模生物多様性情報機構）がつくられ，情報の整備と活用に向けた活動を行っているところである．

〔岩槻邦男〕

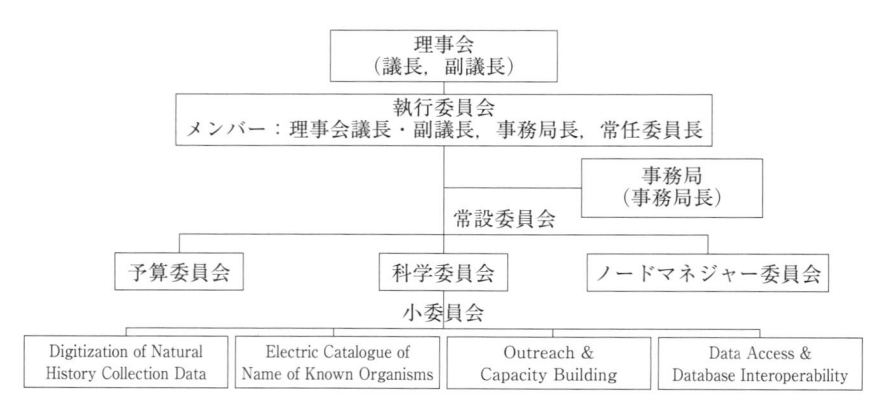

図 4.19 地球規模生物多様性情報機構（GBIF）の組織図

参加資格は，あらゆる国，経済共同体，国際機関，生物関連の各種組織に与えられている．理事会は各代表により構成され，事務局はデンマークのコペンハーゲンにおかれている．日本語のウェブサイトは，http://bio.tokyo.jst.go.jp/GBIF/gbif/japanese/index.html

d. 学 名

　国際的な取り決め（植物の場合は International Code of Botanical Nomenclature「国際植物命名規約」）に従って名づけられる生物の名称である．ラテン語またはラテン語化された言葉で示される．種の学名は属名（名詞）と種小名（形容詞）の組合せによる二命名法が採用される．各分類群にそれぞれに定められた方法で学名が与えられることになっている．種名を二命名法で定めるように，学名は属名が基本で，属より上位の分類群の学名は，原則として，属名をもとに，それぞれの階級に応じた造語法によって構成される名詞を適用する．

　命名規約は罰則を伴った強制法ではなく，国際的な学会連合で認める道徳律である．規約は常置されている命名規約委員会で運用が監視されている．最近では，6年ごとに開かれる国際植物学会議の際に命名規約検討会議が開催され，それまでに整理されていた問題点について討議され，改訂が決議される．かつては規約に従わない命名を行う個性派の研究者もあったが，学名による情報処理が進んでいる今では，学名の統一は重要な課題であり，ほとんどの研究者はこの道徳律に従っている．また，規約のほうも規制一本やりではなくて，慣用名が使えなくなる場合には保存名をつくって学名の変動を防ぐなどの対応も行っている．

　学名を採用するためには，基本的には最初に発表された名前を優先する先取権を重視し，混乱が生じないように，合法的な発表媒体を定義する．また，植物の新名の命名にはラテン語の記載を伴うことが求められている．これは，特定の言語で発表し，周知を疎外されることを防ぐことを目的としている．その他，規約には命名を合法化するための詳細が規定されている．

　種の命名には，タイプ法という方法がとられる．すなわち，種の学名は既知の種から識別され，認識された種に与えられるのではなくて，既知のどの種にも属さないと認知された1点の標本（基準標本，タイプ標本）に命名され，それと同じ種と同定される個体をその種名でよぶ，というものである．認知されていた種が，その後の研究で細分される際には，当然タイプ標本の含まれる種が既存の学名でよばれ，それ以外の個体群に，タイプ標本を設定して新名が命名される．

　動物の命名規約と植物のものは，独立に発展してきたので両者には多少の違いがある．現在では2界説に基づいてつくられてきた規約は不適切であるということから，両者を合体させた生物命名規約をつくろうという動きがあり，検討が重ねられているが，なかなか折り合いがつかず，今でもそれぞれ独立の規約に従った運用がなされている．

　学名は国際的な共通名であるが，植物名は文化の表現でもあることから，各国語にはそれぞれの植物名がある．日本語の植物名を和名というが，これは慣用に従うことになっており，とくに統一するための約束事は定められていない．また，地域ごとに方言名があり，異なった和名が使われることがあるので，普遍的な和名を標準和名，それ以外のものを俗名といったりする．俗名という場合は，学名以外のすべての植物名を指すこともある．

〔岩槻邦男〕

e. 植物相

　植物の生活は進化の歴史に裏打ちされ，現在の環境に適応して展開する．だから，特定の地域には特定の組合せの植物の複合体が構成されている．このような地域の植物種の特性を植物相とよぶ．動物の場合は動物相，両者を合わせれば生物相である．

　地球上のどこにどのような生物が生きているかを知るインベントリーは，生物の種多様性研究の基礎である．実際，科学の発展に合わせて，地球上の生物相の研究は展開してきた．植物相についても，いろんな広さの地域についての調査研究が進んできたし，現に精力的に進められてもいる．

　日本の植物相が最初に近代科学の手法で調査されたのは18世紀のことであり，分類学中興の祖とされるリンネの高弟だった，チュンベリー（C. P. Thunberg；1743-1828）が来日し，長崎〜江戸間を踏査したほか，彼の教えを受けようとした日本人ナチュラリストが提供した標本をもとに，初めての日本植物誌 "Flora Japonica" を編んだのは1784年のことだった．

　その後，江戸時代にすでに，フランシェとサバチエ（Franche et Savatier, 1874〜79），シーボルトとツッカリーニ（Siebold et Zuccarini, 1835〜47）などにより「日本植物誌」が刊行された．明治以後は日本人研究者を中心にした植物誌の研究が，地球規模の観点に基づいて，活発に進められている．ヨーロッパや北米では，植物相の研究は比較的進んでいるといえるが，種多様性の著しい熱帯地域の研究ははなはだしく遅れており，現在も国際協力によって調査研究の推進が図られている．

　上に述べた植物誌の研究は主として維管束植物を対象とするものであるが，蘚苔（センタイ）類，藻類，（それに現在では植物とはいわないが）真菌類や原生生物，原核生物などの生物相の調査研究に至っては，完結にほど遠いどころか，グループによってはやっと研究が緒についたという状況のものさえある．生物多様性の総体を知るための基盤的情報の構築にさえ，まだまだ時間を要する．

　植物の個々の種の分布域を重ねると，種数にとくに大きな落差のある線が現れる．このような線をフロラの滝などということがある．その線の内外で，それぞれの植物相に差異が認められるのである．その差は歴史的背景に伴って生じた場合もあるし，環境条件の差にもたらされる場合も，それらが複合している場合もある．日本列島のような島嶼では，海に囲まれて陸上の植物の分布の拡散が阻まれ，近隣地域と異なった植物相をつくることもある．このことは，植物相の由来が進化のもたらすものであることを示しており，植物相の対比を通じて植物地理の解析を行うことは，植物相の実体を究めるよい方法の一つである．

　植物相を明らかにすることは，遺伝子資源としての植物の存在を情報として記録することであり，どこにどのような植物が生きているかを知りたいという単純な好奇心を満たすことではあるが，それと同時に，植物相の由来を明らかにするための基礎情報を提供することにも通じる．

〔岩槻邦男〕

図 4.20　シーボルト胸像（ライデン大学植物園）

f. 固有種

　分布域が特定地域に限られている種．さまざまな大きさの地域によって限定されることがあり，日本列島に固有の種，とか，小笠原父島に固有の種，などという．日本列島には固有でも，小笠原父島には固有でないものがあり，固有種という場合はどの地域に固有であるか対象地域が指定されないと意味をなさない．

　固有種には新固有（neoendemism）と遺存固有（旧固有）（paleoendemism）がある．

　新固有は，現在分布している地域で至近の過去に種分化をとげた型である．母種のうちに生じた変異が，ある地域で他から隔離され，その地域で種形成が見られたもので，一般に分布域は狭い．新固有種の場合，分布域が重なるか，ごく近傍の地域に，近縁であることが明確な母種が分布していることから，古固有種とは容易に識別できる．

　日本の木本では，ダケカンバから分化したと推定されるアポイカンバ，コブシから分化したシデコブシなどがあり，小笠原のトベラ属の4固有種は数十万年前に分化したと推定される．アザミ属は現に活発に進化している属であるが，限られた地域に固有の型が数多く報告されている．また，木生シダのヘゴ属はマレーシア地域で200種ほどが知られるが，大半は特定の島などに固有である．

　遺存固有種はかつて広く分布していた種が，環境の変遷などの結果勢力が衰えてきたものの，その種の生育を許容する環境に恵まれた特定の地域だけで生き残っている例で，遺存種（relict），残存種（relic）といわれることもある．隔離された複数の地域に遺存している場合もあるし，ただ1カ所のみで生育している例もある．特定の1カ所だけに遺存している場合も，近隣に近縁種が生育していることはない．

　第三紀には北半球に広く分布していたことが化石の記録でも確かめられているが，今では日本に限定されているコウヤマキやヤマグルマ，中国に固有のアケボノスギ（メタセコイア）などは遺存固有種の例である．イチョウのように，野生絶滅種と認定されるものも，ごく最近まで中国に遺存固有であった残存個体が栽培条件下（から逸出したものも含め）で維持されているものである．固有は，種の階級に閉じた概念ではなくて，固有の亜種，変種，さらに固有の属，科など，種以外の階級の分類群で認識されることがある．東アジア固有の群として，フサザクラ科，カツラ科，スイセイジュ科，トチュウ科，シラネアオイ科（図4.21），コウヨウザン属，アスナロ属，ビャクシン属，イヌカラマツ属などがあげられる．これらの多くは遺存固有である．

　固有種には分布域が限定され，いわゆる希少種が多い．そのために，環境の変動には敏感であり，絶滅の危機に瀕する種も少なくない．とりわけ，遺存固有種のうちには個体数が限られているものが多く，地球環境の劣化に直面し，危険な状況にある．生物多様性の持続的な利用に向けて，緊急に研究が必要とされるものでもある．

〔岩槻邦男〕

図4.21 シラネアオイ（東京大学日光植物園）
この種は1属1種の日本固有のシラネアオイ科を構成する．

g. 植物地理

　生物種はその種の進化の歴史に裏打ちされた，それぞれに特有の分布域をもつ．よく似た分布域をもつ種もあるし，同じ地域によく似た広がりをもつ種が多くある場合もある．植物の種の分布域を対比させ，種の生活の実態に迫ろうと解析する研究領域を植物地理学という．

　植物の分布域は，その種の進化の歴史と，現在の環境への対応によって規定される．種の散布の方法も速度も種によって異なっており，種の生活に好ましい環境が準備されていたとしても，その地域に到達することができなければ種の分布域の拡散はあり得ないし，たとえ散布されたとしても，到達した場所の環境がその種の生活に適応しなければそこに定着することはできない．

　植物の分布には，水平分布と垂直分布がわかりやすい．水平分布は地理的広がりをそのまま分布域として示すもので，垂直分布は暖地では高地に，だんだん北上（南半球では南下）して寒冷地になると低地に分布するようになる状況を示したものである．

　垂直分布をもとに，植物の種の分布を重ね，多くの種の分布域の縁の重なり（フロラの滝←植物相）を指標に，地理分布を整理することがある．区系地理学ということがある．植物地理上の差異を，最大の違いの区系界から，区系区，地方などいくつかの段階に整理する．地球上の植物地理区系は全北，旧熱帯，新熱帯，オーストラリア，ケープ，南極の6個の植物区系界に整理される．このうち，南アフリカのケープ植物区系界は他の区型界とは広さが大きく異なっているが，植物相の特異さから他の区型界と区別されている．さらに，この6区系界が20余の区系区に区別される．日本列島は全北区系界の日華植物区系区に属するが，トカラ列島以南の琉球列島は東南アジア植物区系区に，小笠原はオセアニア区系区に属する．

　植物地理が水平分布で論じられることが多いのに対して，垂直分布は気候帯に対応するかたちで水平分布を北に傾けるかたちで理解されることが

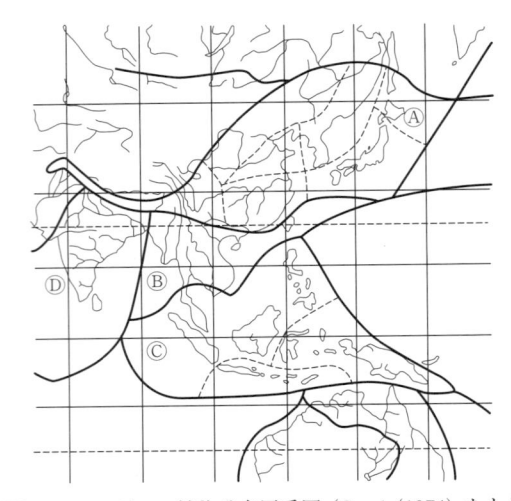

図4.22 アジアの植物分布区系図（Good (1974)をもとに，最近の知見を加えて修正したもの）
日本は日華植物区系区（Ⓐ）に属する．日華植物区系区の南は東南アジア区系区（Ⓑ），その南はマレーシア区系区（Ⓒ），インドらが南アジア区系区（Ⓓ）とされる．

多く，むしろ生態分布として整理されやすい．植生帯などの植物の生態分布が植物地理と対比されることもある．また，植物群落の多様性を整理するために，相観や生活形に基づいて植物群系が類型化されることもある．

　植物地理学はかつては植物の水平分布を整理し，地域ごとに対比することを目的に推進された．そのため，植物区系を整理することに重点を置いた区系地理学として発展してきた．情報の充実と考え方の発展に伴って，さらに地域の植物相の相互関係や植生の由来を究める問題意識が高まり，進化植物地理などとよばれるような解析も進められた．

　分子レベルの情報がさまざまな階級の系統の由来をより確実に実証するようになってからは，分子系統学の手法を援用し，分子植物地理学とよばれるような領域への発展も遂げている．とりわけ，遺伝的距離を含めて種分化の解析が進められるようになり，種形成が地理的分布の成立と合わせて動的に解析されている．　　　　〔岩槻邦男〕

4.4 植物化石

化石（fossil）の語源は，ラテン語で「掘り出す」という意味の fossilis である．したがって，化石はかつては，過去の生物体あるいは生物の生活痕跡であるとは理解されておらず，地中から掘り出される雑多な発掘物の一つでしかなかった．化石を最初に現生の生物と比較して記述したのはスイスの博物学者ゲスナー（K. von Gesner）で，1565年のことである．fossil が生物起源の化石を指す語として一般に認められるようになるのは，19世紀のことである．

化石が生物のものであったことがわかると，現生の生物と同じように記載・命名し，分類する作業が始まった．植物の学名は，国際植物命名規約にしたがって命名される．植物化石についても同様で，有効な学名の出発点となる著作も規定されている．植物化石の学名は，シュテルンベルグ（K. Sternberg）の著作「先史時代の植物相」Flora der Vorwelt（正式には Versuch einer Geognostisch-Botanischen Darstellung der Flora der Vorwelt；1820–1838）の第一巻がその出発点である．図 4.23 は，シュテルンベルグが記載した初期の標本である．化石の分類群は基本的に現生の植物のそれと同様に扱われ，種の命名も二名法でなされているが，2000 年に改訂された国際植物命名規約（セントルイスコード）以降は，化石の保存形態，化石のもとになった植物の生活史上の位置（胞子体か配偶体かなど），植物体の部分（材，葉，種子など）による違いごとに記載命名できる，形態分類群（morphotaxon）として区別されるようになった．

植物化石にはさまざまな保存形態があり，その性質によっていくつかの範疇に分けることができる．また，研究法と得られる情報にもそれぞれ特徴がある．大きさを目安にすると，大型化石と微化石とに分けられる．区別に明確な基準はないが，普通，観察に顕微鏡が必要となる胞子・花粉などが「微化石」（本節 a 項参照）である．大型化石は，保存形態によって印象化石，圧縮化石，鉱化化石，植物遺体などに分けられる．

印象化石は，もっともよく知られている植物化石の種類であろう．葉や枝，生殖器官などの外形だけが保存され，もとの組織や有機物は残されていない，まさに印象のみの化石である．葉の場合は葉脈の細部まで観察できることもあり，分類のよい指標となる（図 4.24）．植物の形態だけでなく，葉上に着生する菌類や，昆虫による食痕が見られることもある．また，1970 年代から進歩が著

図 4.23 石炭紀のトクサ類の生殖器官 *Auttonia spicata* Sternberg のタイプ標本
チェコ国立自然博物館収蔵で，ラベルには 1837 年とある．圧縮化石で茎や葉の破片も混ざる．

図 4.24 印象化石（上）と，鉱化化石（下）
上はカナダ産白亜紀後期のカツラに近縁の植物 Joffrea の葉．下はアルゼンチンのチュブト州にある化石林の，直径 1.6 m もあるジュラ紀後期のナンヨウスギ類の珪化木

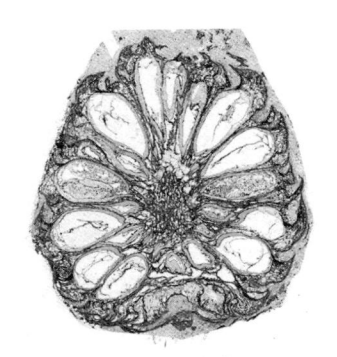

図 4.25 鉱化化石
炭酸塩で置換された北海道産後期白亜紀のナンヨウスギ属の球果．直径約 3 cm．

しい研究の一つに，葉の相観解析がある．葉の形態は，植物の生育環境に影響を受ける．とくに，広葉樹の葉は，生育地の年平均気温と降水量，最暖月・最寒月の長さなどのさまざまな要因によって一定の変化をすることが知られている．たとえば，葉縁が全縁であるか鋸歯縁であるかどうかは，生育地の年平均気温と相関があり，温暖となるに従い，全縁葉の比率が増加する．世界各地の現在の植生を構成する樹木の葉の形態とその地域の気候データとを調べ，たがいの相関関係を求めて基礎情報としたうえで，ある化石植物相の葉群集について同様の形態解析を行うと，その化石植物群が存在していた時代と地域の古気候が推定できる．これを相観解析という．研究の多くは，現生の広葉樹林と環境情報を基準としているので，同様の相観解析が適用できる時代は，被子植物が分布を拡大した白亜紀後期以降，おもに新生代である．

圧縮化石は，印象化石と似ているが，もとの植物の炭質物が残されており，岩石を割ると葉がそのままの形ではげ落ちるようなときもある．ただ，葉肉などの細胞は残っておらず，葉脈などは見にくい場合もある．しかし，炭質物をアルカリなどで処理して溶かすと，表皮のクチクラ層が得られることがあり，気孔の形態など分類に役立つ情報が得られる．たとえば，中生代の示準化石であるキカデオイデア（ベネチテス）類の葉は，外見では同じ裸子植物のソテツ類の葉と区別できないが，気孔形態では明瞭に区別できる．

鉱化化石は，植物体が化石化する際に，周囲にある鉱物質が漬け物をつくるようにして植物の組織に滲み込み，立体的に細胞や器官を保存したものである．珪化木は，よく知られた鉱化化石の例で，普通火山灰に含まれる二酸化ケイ素が浸潤するので，日本のような火山国ではよく見つかる．滲み込む鉱物には，他に炭酸カルシウム，硫化第二鉄などがある．植物体の鉱化は意外に速く進むことが実験的にも知られており，化石でも 2 億 5 千万年前の裸子植物グロッソプテリスの胚珠内に泳ぎだした精子が保存された例のように，過去の植物の内部構造だけでなく，受精のような生き生きとした生命現象さえ保存されることがある．

植物遺体は，炭化した植物体が泥や砂に堆積したまま，岩石として固結せずにいるもので，通常篩で水洗する程度で得られる．枝や結実器官などが残りやすいが，炭化しているので柔組織細胞など壊れやすい組織は観察できないことが多い．1980 年代から，とくに花などの小型植物遺体の研究が進み，このような化石をとくに区別してメソフォッシル（mesofossil, 中型化石とか小型化石と訳される）とよぶことがある．先述の鉱化化石やメソフォッシルの研究には，高解像度の X 線ト

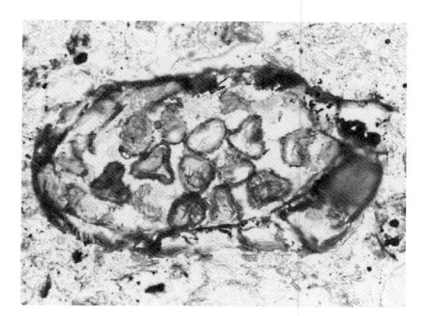

図 4.26 微化石
チリ最南端のマゼラン州産暁新世の石灰質ノジュールに含まれるシダ類の胞子嚢と胞子．岩石を酸で溶かすと胞子が取り出せる．胞子の直径約 $30\,\mu m$．

モグラフィーによる立体復元も試みられている．

　動物の生痕化石に相当するようなものに，古土壌化石や化学化石などがある．前者は，土壌全体が地層中に残されたもので，根の痕跡が見られるだけでなく，地質化学的な分析を行うことで，古環境や生物による炭素同位体の選択的取込みなどを推定できる場合がある．化学化石には，シアノバクテリア類のバイオマットが形成するストロマトライトから，化石中に含まれるテルペン類やDNAなどまでさまざまな種類と性質をもつものがある．化石DNAの研究は，植物でも試みられているが，動物と同じようにDNA分子の保存は10万年前ぐらいを境にして著しく低下することがわかり，ジュラシックパークのような過去の植物復元どころか，系統解析が可能な程度の情報もなかなか得にくいというのが実情である．

〔西田治文〕

参考文献
佐藤矩行ほか（編）(2004)：マクロ進化と全生物の系統分類．シリーズ進化学1．岩波書店．
西田治文 (1998)：植物のたどってきた道．日本放送出版協会．

a. 微化石

　化石の保存形態と種類はさまざまで，普通は化石になると思えないようなものが数億年も保存されることさえある．中国の古生代カンブリア紀初期の地層から発見された，卵割中の動物受精卵化石は，そのような例である．化石の種類と保存形態により，化石研究の手法と得られる情報は異なる．そのため，化石の種類を便宜的に，大型化石（megafossil または macrofossil）と微化石（microfossil）に分けるのが一般的である．明確な大きさによる区別の基準はなく，顕微鏡で観察するような大きさのものを微化石とよんでいる．大きさが $50\,\mu m$ 以下のものをナノ化石（nanofossil）とよぶこともある．1980年代からは，メソフォッシル（mesofossil，中型化石または小型化石）という呼称も使われるようになったが，これは大きさが数mmから数cmの炭化した花などの植物片に対して用いられており，大型化石や微化石と同列に対比できる概念とはいえない．

　微化石は大きさだけで規定されているため，単細胞生物のような小型の生物体から，多細胞生物の体の一部，胞子・花粉などの生殖細胞，珪酸体のような生物の生産物までさまざまなものを含む．代表的な微化石には，原核生物である各種の細菌類，原生生物では珪藻類，珪質鞭毛藻類，渦鞭毛藻類，石灰質ナノプランクトン（多くは石灰質の殻をもつハプト藻類），シャジクモ類，有孔虫類，放散虫類，貝形虫類，動物では前述の卵化石や原始的な魚類の体の一部といわれているコノドント，植物や菌類では体の一部や胞子や花粉などがある．多くは，化石として保存されやすい分解耐性のある成分でつくられている．胞子・花粉の外壁に含まれるスポロポレニンのように生物がもともともっていた有機物に分解耐性がある場合や，生物体が化石化する際に鉱物により置換されて保存されるものもある．置換する鉱物には，ケイ酸塩，炭酸塩などがある．

　微化石は，堆積物中に多量に含まれ，産出する地理的な範囲も広い傾向があるので，同種の微化

石の時間的・空間的分布を調べることで，生層序学的な研究に役立つだけでなく，特定の分類群の生物地理学的な移動，古生態の復元と変遷，系統進化などさまざまな研究を可能にしている．たとえば，植物の上陸や被子植物の出現時期は，微化石によって推定されている．前者は，分解耐性のある胞子やクチクラと気孔の発達した表皮組織などが手がかりとなっており，後者については被子植物型の花粉の出現時期と場所が目安となっている．

微化石を研究するためには，化石を含む堆積物を採集し，研究室にもち帰ってから，化石の材質に応じた物理・化学的処理を施したあとに観察するのが一般的である．フッ化水素などの強酸による処理，遠心機による分離などを行うための設備と，微細構造観察のための電子顕微鏡などが必要である場合が多い． 〔西田治文〕

b. 示準化石

化石生物が地質時代のいつに存在していたのか決めることは，進化研究において重要な作業である．分子系統解析が可能になった現在でも，ある分岐年代を推定する基準には化石の年代が使われる．しかし，地質時代はもともと化石生物の時間分布を相対的に比較することでまず区分されてきた(相対年代)．区分された地質時代の実際の年代(絶対年代)は，地層にたまたま含まれる年代測定が可能な岩石を用いて，放射性元素などを分析して決められる．相対年代決定に用いられる化石を，示準化石という．示準化石として利用できる化石は，時間的分布が明確で，空間的分布は広く，産出量が多いほうがよい．細かい時代区分を目的とする場合は，進化速度の速い分類群が適している．示準化石には，大型化石（図4.27, 図4.28）だけでなく，時空分布の広い傾向がある胞子・花粉などの微化石も用いられる． 〔西田治文〕

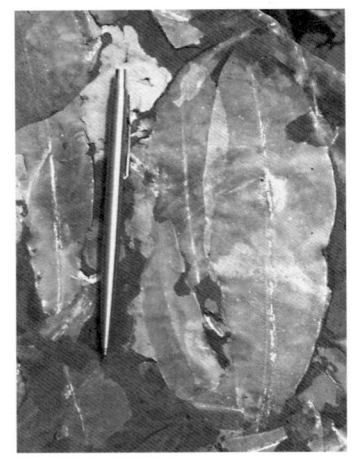

図 4.27 古生代ペルム紀（一部は中生代三畳紀）の示準化石グロッソプテリス
分布はゴンドワナ大陸に限られる．

図 4.28 中生代の示準化石キカデオイデア（ベネチテス）類
北海道産後期白亜紀の鉱化した幹．

c. 生命の起源

　生命の起源を神に帰するか，自然現象ととらえるかの判断は個人の信条の問題で，いずれをとることも自由であるというのが現代の一般的な合意である．しかし，科学を判断基準に置くならば，生命が初期の地球環境において，偶然の積み重ねによって誕生した可能性が高いことを，さまざまな証拠が示唆している点を無視できない．生命の地球外起源説はまったく否定はできないが，地球外にまず眼を向けるよりも，原始地球環境には生命誕生に必要な物理・化学的条件が十分に備わっていたことが重要である．

　生命が誕生した頃の原始地球の環境は，つぎのように推定されている．大気は，太陽からの紫外線の影響を強く受け，地球誕生直後の還元的な状態から，二酸化炭素，窒素，硫化水素，水などを主成分とする酸化的なものに変化していた．海洋は，150°にも達する高温で，亜硫酸ガスなどが溶けた強酸性であった．生物体を構成し，生命の特徴である遺伝と代謝を行うタンパク質，核酸，脂質，炭水化物などの有機物は，このような環境下で起こった化学進化を経て形成されたであろうことは，ミラー（S. Miller, 1953）以来のさまざまな実験から推定されている．最初の遺伝物質はRNAであったと考えられており，タンパク質である酵素が存在しない状態でも，遺伝子複製エラーを少なくすることが可能であることも示されている．いわゆるRNAワールドにおいて，次第に核酸と酵素タンパク質を仲立ちとした代謝系と遺伝システムが成立し，さらに，DNAが遺伝子として有効に機能するようになって，セントラルドグマに基づく生物界が誕生した．このような有機物間の相互作用は，原始海洋中に拡散した状態でも起こりえたかもしれないが，現在の細胞に共通してみられる生体膜に包まれた泡状構造の内部ではさらに加速されたはずである．そのような泡状構造が，物質代謝と遺伝の仕組みを完成させ，分裂による自己増殖をはじめたのが細胞の起源であり最初の生物だと考えられている．

　初期の生物がどのような環境で誕生したのかについては諸説あり，現在もっとも有力視されているのは，海底のプレート境界やホットスポットなどに見られる海底熱水噴出孔など，火山性噴出物の供給される高温高圧環境である．このような環境を生命誕生の場と考える理由の一つは，同じような環境から発見されている超好熱化学合成細菌が，原核生物の中でも原始的な位置にあることである．最初の生物は，硫化水素などを酸化することで生活に必要なエネルギー源であるATPを生産する，独立栄養型の化学合成細菌であったと考えられている．地下数千mの大深度から採集した岩石にさえ細菌が発見されているので，深海底のような高圧環境が必須であったかどうかも含め，生命の起源に関する議論は今後も予断を許さないだろう．

〔西田治文〕

d. 系　統

　ダーウィン（C. Darwin）の「種の起源」出版後10年を経て，ヘッケル（E. Haeckel, 1866）が，生物の系統を樹形として表現した．生物の歴史である系統が現在でも同様に，1本の幹をもつ樹形で表現されるのは，生物の起源が単一であると理解されているためでもある．系統はただ一つの歴史的真実として存在しており，生物学はそれをできるだけ正確に復元するために新たな仮説を提出し続けている．現在は，分子情報，化石を含めた形態情報などを，コンピュータを使用して数学的アルゴリズムで解析し，系統を推定する手法が一般的である．しかし，もとになる情報量には不十分さとばらつきがあり，解析結果の妥当性を判断するのは個々の研究者にゆだねられる場合も少なくない．図4.29は，絶滅群も含めた陸上植物の系統図の例である．

〔西田治文〕

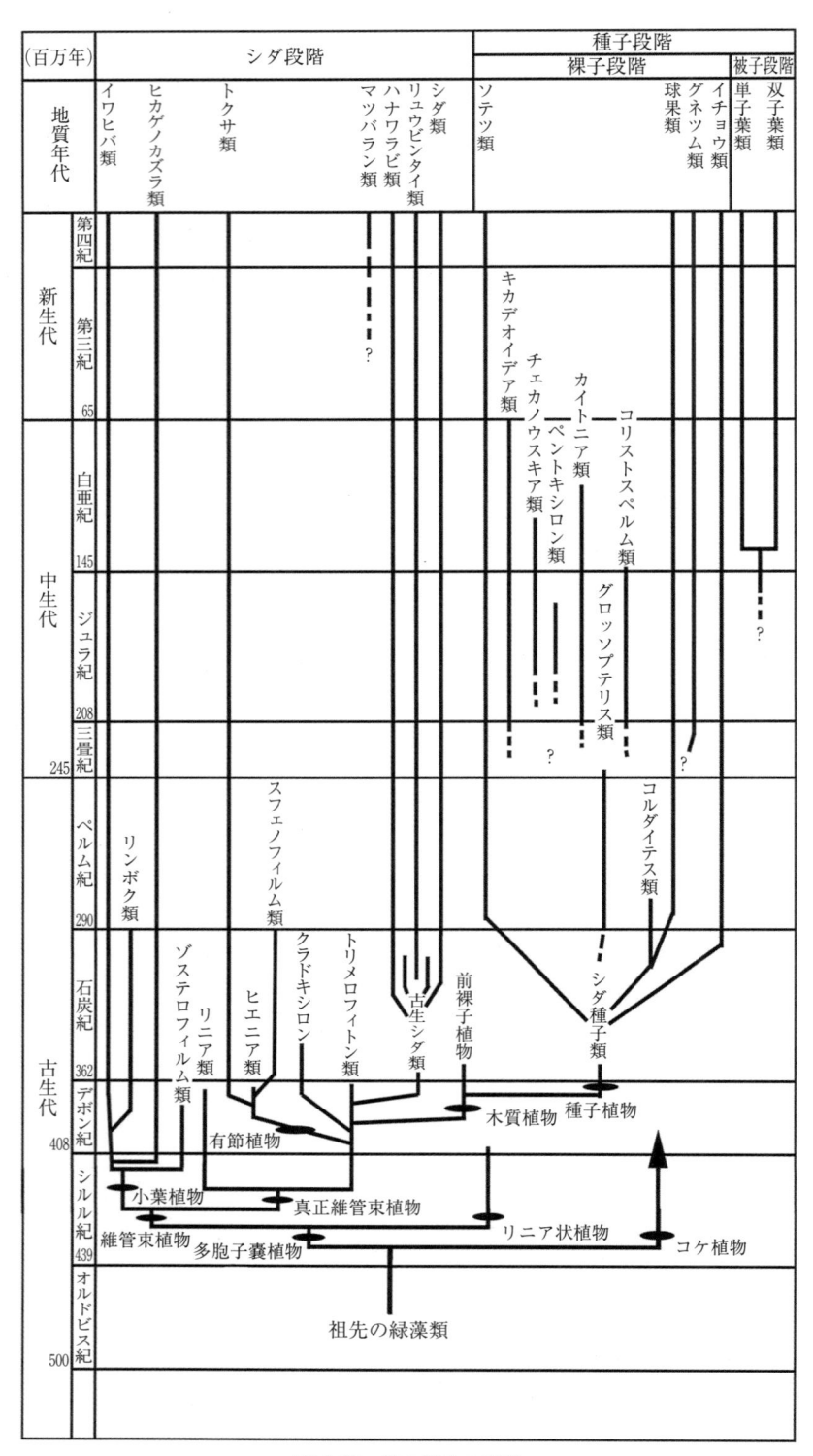

図 4.29 陸上植物の系統

e. 大絶滅

生物が，その誕生以来約40億年もの間，同一の遺伝物質を用いて一度も途切れることなく子孫を残しただけでなく，現在見られるような多様性を生み出してきたことは，よく考えてみると驚くべきことである．その一方で，子孫を残すことなく絶滅した生物群も数多く存在する．

全地球史的な視野から地球の物理・化学的環境変遷と生物の歴史との相関を明らかにしようとする研究が急速に進展したきっかけの一つは，アルヴァレス（W. Alvarez ら，1980）が提唱した，恐竜絶滅の原因が隕石衝突によるものであるとする説であった．生物の歴史において，恐竜をはじめとする中生代型生物が突然姿を消したことは，衝撃的な出来事であり，さまざまな理由が想定されてきたが，原因と結果を結びつける証拠の不足に悩まされてきた．古生物学的研究から，恐竜の絶滅のような大規模な絶滅，すなわち大絶滅が，カンブリア紀以降，少なくとも5回あったことが知られている（表4.4）．隕石説の登場によって科学者は，他の大絶滅についても説明可能な新たな証拠を，近代科学を駆使して提示できる可能性にあらためて気づいたのである．

多くの場合植物には動物に見られるほどの大絶滅現象が顕著でない．P/T境界やK/T境界では植生の大規模な破壊と，いくつかの分類群の絶滅があったことははっきりしているが，動物ほど大量かつ明瞭ではない．植物が独立栄養生物であることと，体制が個体の再生に適した，成長点による細胞の積み重ね方式でつくられることがおもな理由と考えられる．

〔西田治文〕

参考文献（4.4節 a ～ e）

Alvarez, L. W. et al. (1980): Extraterrestrial Cause for the Cretaceous-Tertiary Extinction. *Science* **208**: 1095-1108.

Haeckel, E. (1866): *Generelle Morphologie der Organismen: allgemeine Grundzüge der organischen Formen-Wissenshaft, mechanisch begründet durch die von C. Darwin reformirte Decendenz-Theorie.* Berlin.

Miller, S. (1953): A Production of Amino Acids under Possible Primitive Earth Conditions. *Science* **117**: 528-529.

表4.4 5回の大絶滅と推定される環境変動

時代	代表的絶滅生物	推定される変動例
白亜紀末（K/T境界）	恐竜，アンモナイト	隕石衝突，寒冷化
三畳（トリアス）紀後期	哺乳類型爬虫類	海退
ペルム紀末（P/T境界）	海産生物の9割以上	無酸素事変，海退
デボン紀後期	三葉虫，板皮類（魚類）	氷河発達，海退
カンブリア紀後期	三葉虫，腕足類	

4.5 菌 類

(1) 菌類のプロフィール

菌類は真核生物の主要な一群であり，生物を植物・動物・微生物に3大別したとき，原核細胞体制の細菌（原核微生物），真核細胞体制の微細藻類，原生動物とともに真核微生物の中核となっている．大型キノコの子実体は肉眼で識別できるが，大多数の菌類の仲間は小さく，ルーペや顕微鏡を通してしか見ることのできない生物である．中には分離・培養しないと正体がつかめない種類もある．菌類は，その多様性と生理・生化学的特性から環境，経済両面でその存在意義はきわめて大きい．その種多様性の規模は，約150万種（うち既知種は約8万種）と推定されている(Hawksworth, 2001)．菌類と動物は分子系統上姉妹関係にあり，オピストコント大系統群を構成する（4.3節図4.17，本節図4.32参照）．その分岐年代は約9億年～16億年前と推定されている（Berbee & Taylor, 2001；Heckman et al., 2001）．地球のさまざまな環境に適応し，多様な生態群（土壌菌類，水生菌類，リター分解菌類，植物病原菌類，菌根菌（類），虫生菌類など）をつくり，熱帯から極圏まで広く分布している（Mueller et al., 2004）．

大局的に見ると，菌類は陸上生態系にあっては広く細菌とともに分解者として主役を担い，有機物やセルロース・リグニンのような植物基質の構造的ポリマーを分解する（たとえば，木材腐朽菌類，リター分解菌類）など，「地球の掃除屋（スカベジャー）」とよばれるゆえんである．他方で別の生物と緊密なパートナーの関係を結び，とくに維管束植物と菌根を，一部の微小藻類と地衣体を形成し，共生生物としてそれぞれ固有の生態的地位を獲得している．陸上植物の約80％が菌根を形成している．また，菌類は多様な代謝系（経路）・酵素系をもつことからさまざまな基質を分解し，炭素およびエネルギー源として利用している．このような，生理的機能特性（アルコール発酵，有機酸発酵，各種酵素ほか）は醸造・発酵工業・酵素工業・バイオテクノロジーに利用され，一部の菌類の子実体（いわゆるキノコ）は食用に広く供されている．

また，優れた遺伝系を有する酵母 *Saccharomyces cerevisiae*，カビ *Aspergillus nidulans*，カビ *Neurospora crassa* は真核生物モデルとして遺伝学・生化学・分子生物学の領域などで広く研究されている．反面，植物寄生菌類（たとえば，サビキン類）はしばしば有用作物に莫大な経済的損失を与えている（穀物の病気の70％は菌類に起因する）．たとえば，アイルランドで1840年代，ジャガイモエキビョウキン（*Phytophthora infestans*）の蔓延による飢饉が起こり，北米などへの民族大移動を引き起こしたことはよく知られている．また，一部の菌類はヒトや動物の真菌症（たとえば，水虫やニューモキスチス肺炎）や日和見感染症（たとえば，*Candida albicans*）の原因菌でもある．中にはヒトに有害な二次代謝産物（たとえば，発がん物質アフラトキシンを代表とする各種カビ毒）を分泌する種があり，食品衛生・医学上注目されている．菌類は体制上の特性から，カビ・酵母・キノコに3大別して，それぞれ総称としてしばしば日常的に用いられているので，本節ではそれぞれ別項で言及する．

(2) 菌類の構造

広義の菌類とは真核細胞性，胞子形成性，好気

4.5 菌類

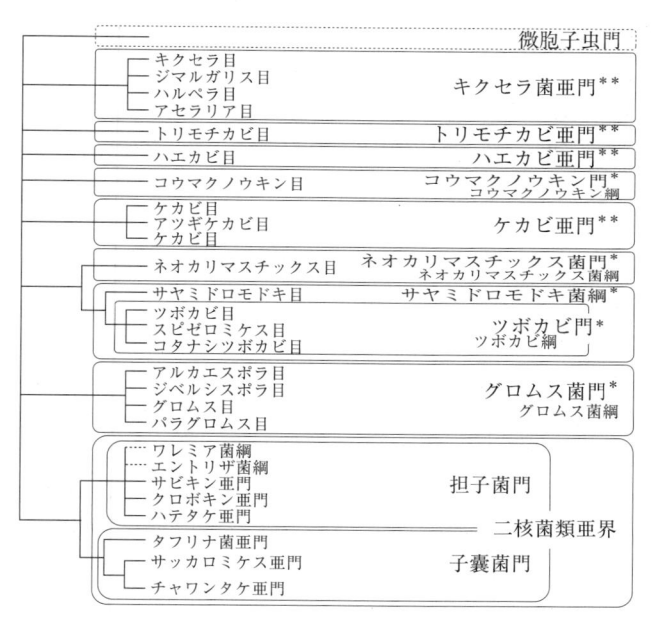

```
┌─ 微胞子虫門
├─┬─ キクセラ目
│ ├─ ジマルガリス目          キクセラ菌亜門**
│ ├─ ハルペラ目
│ └─ アセラリア目
├─── トリモチカビ目          トリモチカビ亜門**
├─── ハエカビ目              ハエカビ亜門**
├─── コウマクノウキン目      コウマクノウキン門*
│                            コウマクノウキン綱
├─┬─ ケカビ目
│ ├─ アツギケカビ目          ケカビ亜門**
│ └─ ケカビ目
├─── ネオカリマスチックス目  ネオカリマスチックス菌門*
│                            ネオカリマスチックス菌綱
├─── サヤミドロモドキ目      サヤミドロモドキ菌綱*
├─┬─ ツボカビ目
│ ├─ スピゼロミケス目        ツボカビ門*
│ └─ コタナシツボカビ目      ツボカビ綱
├─┬─ アルカエスポラ目
│ ├─ ジベルシスポラ目        グロムス菌門*
│ ├─ グロムス目              グロムス菌綱
│ └─ パラグロムス目
└─┬─┬─ ワレミア菌綱
  │ ├─ エントリザ菌綱
  │ ├─ サビキン亜門          担子菌門
  │ ├─ クロボキン亜門
  │ └─ ハテタケ亜門                              二核菌類亜界
  └─┬─ タフリナ菌亜門
    ├─ サッカロミケス亜門    子嚢菌門
    └─ チャワンタケ亜門
```

*伝統的なツボカビ門に含まれる高次分類群.
**伝統的な接合菌門に含まれる高次分類群.

図 4.30 AFTOL が採用した"真の"菌類(菌類界)の高次分類体系 (Hibbett *et al.*, 2007；一部改変)
枝長は進化的距離を反映していない.

性, 栄養吸収型の非光合成従属栄養生物と定義することができる. 別の表現をすれば, 菌学者が研究対象としている真核生物または真核微生物ともいいかえることもできる. 菌類の基本的な細胞単位は, 糸状の菌糸 (hypha, 複数形 hyphae) とよばれる, 固い, キチン含有細胞壁によって囲まれている管状細胞であって, たいていの真核細胞のオルガネラをもっている. 菌糸の成長は壁溶解酵素, 細胞壁単量体, ゴルジ体に由来する細胞壁重合化酵素を含有する膜結合小胞の融合によってその先端部で起こり, 頂端成長 (apical growth) とよばれている.

菌糸は頂端成長によって増え, 繰り返し分枝して菌糸体 (mycelium, 複数形 mycelia) とよばれるネットワークを形成する. ツボカビ類や接合菌類では, その成長に伴い隔壁形成は起こらず, 菌糸体は単相, 多核性である. 一方, 多くの子嚢菌類・担子菌類・アナモルフ菌類では単相, 多細胞性で, 菌糸の成長に伴い隔壁形成が起こる. 菌糸の成長や分枝に伴って, 隔壁形成に加えて核の有糸分裂が起こり, 子嚢菌類とそのアナモルフ菌類の葉状体 (栄養体) では多核性で, 2 核状態 (2 核相) は有性生殖期の造嚢糸のかぎ形構造 (crozier) 形成期に限られている. 一方, 担子菌類では前者と相同のかすがい連結 (clamp connection, 単にクランプともいう) の形成によって, 2 核相が有性生殖期まで堅持する巧妙な仕組みが確立している. かぎ形構造とかすがい連結は相同な形質で, 両者の進化に寄与した. しかし, 葉状体が菌糸状にはならず, 単細胞性の酵母状になるものがあり, 一般に「酵母」とよばれている (本節 c 項参照).

(3) 広義の菌類("真の"菌類と"偽の"菌類) の系統進化と菌類界の分類体系

1990 年代初頭に誕生した菌類分子系統分類学 (Fungal molecular systematics) は, その研究成果の一つとして, 広義の菌類を"真の"菌類

("true" fungi) と菌類様生物 (fungus-like organisms) に分け, "真の" 菌類のみで菌類界 (Kingdom Fungi) を構成する大きな枠組みを定着させた. 後者を, ここでは偽菌類 (pseudofungi) とよぶことにする. このような2大別は細胞壁組成 (キチンの獲得), リジン生合成経路 (α-アミノアジピン酸経路), 鞭毛型 (遊泳細胞をもつ菌類に限る) ともよく一致し, それぞれの菌群の進化を反映した形質と考えてよい. 鞭毛をもつ菌類でも前述のジャガイモエキビョウキンは, "真の" 菌類とは系統的に無関係で, 卵菌門の一属としてストラミニピラ界 (Straminipila) に属し, 他方鞭毛をもつツボカビ類 (chytrids) は菌類界ツボカビ門に位置する. "Introductory Mycology" (Alexopoulos et al., 1996；杉山, 2005) の体系では広義の菌類を2界1群 (菌類界, ストラミニピラ界, 原生生物群) に分類した.

一方, アインスワース体系 (1973) を源流とするカークら (Kirk et al., 2001) の体系では, 菌類界 ("真の" 菌類) にツボカビ・接合菌・子嚢菌・担子菌の4門のみを含め, サカゲツボカビ・ラビリンツラ・卵菌の3門をクロミスタ界に, アクラシス・変形菌 (粘菌)・ネコブカビの3門を原生動物界に収容している. 2001年出版の"The Mycota, Vol. 7" (McLaughlin et al., 2001) は真菌界 (Mycota), 偽菌界 (Pseudomycota) の2界を容認した. ただし, 後者の体系は粘菌類の仲間を偽菌界に含めていない. このように, 原生生物群ないしは原生動物界に収容されている偽菌類はそれぞれの界レベルの帰属すら流動的で, 不安定である.

菌類界の分類体系全体の再構築に向けて過去数年にわたり, 全米科学財団 (NSF) 支援のもとでDeep Hypha, AFTOL (Assembling the Fungal Tree of Life) 両プロジェクトによる複数遺伝子を用いた大規模系統解析が展開した. その研究成果の一つが, 菌類高次分類群の新分類体系の提唱へと結実した (Hibbett et al., 2007；図4.27). 旧体系との間の大きな変更点はツボカビ類と接合菌類の両門の多系統性が判明し, それぞれ複数の門と亜門に, 子嚢菌門と担子菌門は単系統により新亜界 Dikarya が新設され, 菌類界全体としては1界, 1亜界, 7門 (微胞子虫門 Microsporidia を含む), 10亜門, 35綱, 12亜綱, 129目に再編された. 詳細は Mycologia 誌の特別号 (A Phylogeny for kingdom Fungi：Deep Hypha issue) 収載の24編 (Mycologia 98：829-1106, 2006) とヒベットら (Hibbett et al., 2007) の原著論文を参照されたい. 原生動物界の微胞子虫類 (Microsporidia) の菌類界への帰属についても両論あり (杉山, 2005；Tanabe et al., 2005), その帰趨が注目されていたが, AFTOL 体系では暫定的に菌類界に含められた. いずれにしても微胞子虫門を含む基部菌類 (basal fungi) の進化と系統関係の究明については AFTOL2 プロジェクトに引き継がれた (「偽菌類」については本節 f 項に記述した).

不完全菌類 (無性の繁殖体のみを生じる一群) は系統的に子嚢菌類または担子菌類に帰属し, 独立の高次分類群を構成しないため, 現在便宜的にアナモルフ菌類 (anamorphic fungi) または栄養胞子形成菌類 (mitosporic fungi) として扱うことが定着し, AFTOL 体系で裏打ちされた. アナモルフとその繁殖体の多様化は, 担子菌類よりも子嚢菌類で著しいが, その進化上の寄与の程度については今後の研究課題である. 一方, 地衣類 (地衣化した菌類) も子嚢菌門・担子菌門の中で単系統群とならず, 複数の起源をもつそれぞれの菌類分類群の中に組み込まれる. すなわち, 地衣類は単系統ではなく, 子嚢菌類と担子菌類の進化の途上, 複数の系統で独立に地衣化が起こったと考えられる.

(4) 菌類化石と分子時計

化石の発見は, 進化の直接の証拠としてきわめて重要である. 菌類はその構造的特性から化石として残存しにくい. ところが前世紀末以降, 見事な菌類化石の発見が相ついでいる. たとえば, ヒベットら (Hibbett et al., 1995, 1997) により米国東部ニュージャージー州の白亜紀中期 (約9千万年前) の琥珀中から現生のホウライタケ属 (Marasmius) やクヌギダケ属 (Mycena) に類似する担子菌類が, テイラーら (Taylor et al., 1999)

により英国スコットランドのライニーチャート（デボン紀，4億万年前）中から子嚢殻形成子嚢菌類が，そしてレデッカーら（Redecker et al., 2000）により米国ウィスコンシン州のオルドビス紀（約4億6000万年前）の地層から現生VA菌根菌類グロムス目（接合菌類）に類似する菌糸や胞子が発見されている．このように，過去の時代を特定する完全な化石記録は分子情報から分岐年代を算定するうえでも必要不可欠である．

バービーとテイラー（Berbee & Taylor, 2001）は分子時計（核小サブユニットrRNA遺伝子塩基配列）と確実な化石記録を使い，主要な菌類の分岐年代を推定した．その算定によると，動物と菌類の分岐は植物が上陸する前の約9億年前（カンブリア前期）に，接合菌類を含む陸上菌類の最初の分岐（VA菌根菌類のアツギケカビ目とグロムス目）は約6億年前（カンブリア紀中期）に起こったという．このことが両目を接合菌門からグロムス菌門（Glomeromycota）として独立させる根拠ともなっている（Schüßler et al., 2001）．子嚢菌類，担子菌類およびそれらのアナモルフの分岐は約6億年前（古生代末期），子嚢菌類ならびに担子菌類内の最初の分岐を，シルル紀前期約4億4000万年前と推定している（Berbee & Taylor, 2001）．複数遺伝子（119のタンパク質のアミノ酸配列）の分子時計による年代推定では，主要な菌類の系統は上述の推定値よりもかなり古く10億年前に出現していたとしている（Heckman et al., 2001）．この推定年代は，菌類化石の発見以上に衝撃的でいろいろ議論をよんでいる．

現在，菌類ゲノム解析*（Galagan et al., 2005）が急速に進展しており，近い将来菌類の生物学と進化の理解がより深まることが期待される．

〔杉山純多〕

*http://www.broad.mit.edu/annotation/fgi/；http://fungal.genome.duke.edu/

参考文献

Alexopoulos, C. J., Mims, C. M. and Blackwell, B. (1996) *Introductory Mycology*, 4th Ed., Wiley, New York.

Berbee, M. L. and Taylor, J. W. (2001) *The Mycota*, Vol. 7B, (McLaughlin, D. J. et al. eds.), pp.229-245 Springer-Verlag, Berlin.

Galagan, J. E., Henn, M. R., Ma, L.-J., Cuomo, C. A. and Birren, B. (2005) *Genome Res.* **15**：1620-1631.

Hawksworth, D. L. (2001) *Mycol. Res.* **105**：1422-1432.

Heckman, D. S., Geiser, D. M., Eidell, B. R., Stauffer, R. L., Kardos, N. L. and Hedges, S. B. (2001) *Science* **293**：1129-1133.

Hibbett, D. S., Grimaldi, D. and Donoghue, M. J. (1995) *Nature* **377**：487.

Hibbett, D. S., Grimaldi, D. and Donoghue, M. J. (1997) *Am. J. Bot.* **84**：981-991.

Hibbett, D. S. and 66 others (2007) *Mycol. Res.* **111**：509-548.

Kirk, P. A., Cannon, P. F., David, J. C. and Stalpers, J. A. (2001) *Ainsworth & Bisby's Dictionary of the Fungi*, 9th Ed., CAB International, Wallingford, UK.［なお，同書第10版が2008年に出版されている］

McLaughlin, D. J., McLaughlin, E. G. and Lemke, P. A. eds. (2001) *The Mycota*, Vol. 7A&B (Systematics and Evolution), Springer-Verlag, Berlin.

Mueller, G. M., Bills, G. F. and Foster, M. S. eds. (2004) *Biodiversity of Fungi, Inventory and Monitoring Methods*, Elsevier, Amsterdam.

Redecker, D., Kondner, R. and Graham, L. E. (2000) *Science* **289**：1920-1921.

Schüßler, A., Schwarzott, D. and Walker, C. (2001) *Mycol. Res.* **105**：1413-1421.

杉山純多編（2005）：菌類・細菌・ウイルスの多様性と系統，裳華房．

Tanabe, Y., Watanabe, M. M. and Sugiyama J. (2005) *J. Gen. Appl. Microbiol.* **51**：267-276.

Taylor, T. N., Hass, H. and Kerp, H. (1999) *Nature* **399**：648.

a. カ ビ

　別名カビ類，糸状菌（類）ともよばれている．本来カビという呼称は酵母，キノコと同じく分類群に付与された学名ではない．したがって，分類体系上，命名法上の地位はない．しかし，大まかな形態分類学的概念を表す総称として日常よく用いられている．広義の菌類の中で，酵母や子実体がキノコとはならない"真の"菌類や偽菌類を包含するものと考えてよい．本項ではカビとして，"真の"菌類の中のツボカビ門・接合菌門・子嚢菌門と関連アナモルフ菌類についてのみ解説する．偽菌類または原生生物に含まれる菌類様生物については本節 f 項を参照されたい．

1）ツボカビ門・接合菌門

　ツボカビ類と接合菌類は，それぞれ分類体系上「門」として扱うことが定着していたが，2007 年の AFTOL 体系（図 4.30）では複数の門，亜門に再編された．ツボカビ門は，"真の"菌類（菌類界）の中で唯一遊泳細胞（遊走子あるいは動配偶子）を形成し，他の"真の"菌類とは大きく異なる．いずれの種類も水圏に適応した単純な小型の体制をとる．本門の種数は菌類既知種の 1～2％程度で，未記載種が多いと思われる．本菌群は宿主細胞中ないしは表面に単一の葉状体（栄養細胞）を生じる．この栄養細胞は，成熟して胞子嚢に転換する（この型を全実性という）．他の一群の葉状体はやや複雑な形態をとり，仮根と 1 本の単純な菌糸より構成されている（分実性という）．いずれの葉状体も多核で，有性生殖は一部の菌群で見られ，卵胞子の形成による．一方，無性生殖は胞子嚢中の運動細胞の単鞭毛遊走子形成による．いずれの遊泳細胞も運動方向に向かって，後方に 1 本のむち形鞭毛をもつ．23 属，914 種が知られている．大半が淡水や土壌に生息し，ネマトーダ，昆虫，植物，他の菌類に腐生または寄生する．また，草食動物の腸内に生息するネオカリマスチクス目（Neocallimasticales）は菌類の中では唯一の絶対嫌気性である．

　他方，接合菌門の仲間は有性生殖の結果として，接合胞子（zygospore）を形成する点が共通の形質である．無性生殖は胞子嚢内に非運動性の胞子嚢胞子の形成による．本門の既知種は菌類種全体のわずか 2％程度で，接合菌綱とトリコミケス綱の 2 綱から構成される．前者には代表的な属としてケカビ属（*Mucor*）・クモノスカビ属（*Rhizopus*）が含まれ，栄養体は菌糸状，多核，無性的には胞子嚢胞子を，有性的には接合胞子を形成する．多くは土壌，腐植や動物の糞などで腐生生活を営むが，ハエカビ類やトリモチカビ類は昆虫，微小動物，菌類に寄生する．また，グロムス目の仲間は植物根に共生して，菌根を形成し（VA 菌根とよばれる），ゲオシフォン目の管状菌糸体内にはシアノバクテリアが共生している．なお，最近これらの菌根形成する菌群を新門 Glomeromycota として独立させる提案が発表された（Schüßler *et al.*, 2001）．一方，スミチウム属（*Smittium*）に代表される後者の仲間の栄養体は多核で，基部には細胞性または非細胞性の付着器（holdfast）があり，節足動物の体表や消化管内に付着して片利共生的な生活を営む．有性的には有柄接合胞子を，無性的には胞子嚢胞子，分裂子あるいは長い付属糸をもつトリコスポラを形成する．その分布範囲は広い．最近の分子系統学研究から，トリコミケス綱アモエビジウム目（Amoebidiales）とエクリナ目（Eccrinales）は，動物と菌類の中間に位置するメソミケトゾア綱に移籍された（Tanabe *et al.*, 2005）．これまでの分子系統解析によれば，ツボカビ類と接合菌類はそれぞれ単系統を形成せず，鞭毛の消失が複数の系統で起こり，水生のツボカビ類が大きく多様化した中で，鞭毛を消失して陸上に適応して生態的地位を獲得し，それらの宿主動物に関係して複数，さらにグロムス目が宿主植物に関係して 1 回鞭毛を消失した，と推定されている．したがって，単純にツボカビ類から接合菌類へと進化したのではないことは確からしい（Nagahama *et al.*, 1995 ; Tanabe *et al.*, 2005）．両菌群は現在，基部菌類（basal fungi）ともよばれ，複数遺伝子による大規模分子系統解析の標的となっている（James *et al.*,

2006).

2) 子嚢菌門と関連アナモルフ菌類

　前述の菌群同様に，子嚢菌類は「門」の階級に位置づけることが定説化している．アナモルフ菌類は，現在では独立の高次分類群（科〜門）として扱わない（総説（3）参照）．種多様性の規模は，菌類界最大で既知種の約 60% を占める．本門の仲間は子嚢（ascus）中に，減数分裂により，通常 8 個の非射出性もしくは射出性の子嚢胞子（ascospore）を内生するのを共通の特徴としている．無性生殖は多くの場合，分生子（無性胞子の一型）の形成による．すなわち，無性生殖環（時代）を形態的に特徴づけるアナルフが付随する．古生代の約 5 億年前，担子菌類と系統を異にした子嚢菌類は本門ならびに付随するアナモルフ菌類は分子系統上，大きく 3 大系統群（古生子嚢菌群，半子嚢菌群，真正子嚢菌群）に分かれる．古生子嚢菌類（archiascomycetes）は子嚢菌類の共通祖先から最初に分岐し，形態的にもまた生態的にも多様化した側系統の菌群の集まりで，基部子嚢菌類（basal ascomycetes）ともよばれている．この系統群には，植物寄生菌類 *Taphrina*，*Protomyces*，腐生性アナモルフ酵母 *Saitoella*，分裂酵母 *Schizosaccharomyces*，カリニ肺炎菌 *Pneumocystis*，子嚢盤形成菌類 *Neolecta* が含まれる．残りの二つの大系統群，すなわち半子嚢菌類群（子嚢菌酵母）と真正子嚢菌類群（糸状子嚢菌類）が分岐した．それぞれ単系統を構成し，姉妹関係にある．ただし，前者の単系統性はよく保証されているが，後者の単系統性は保証されているわけではない．*Saccharomyces* 属に代表される半子嚢菌類の仲間については本節 c. 項を参照されたい．真正子嚢菌類は造嚢糸を生じ，さまざまな形態的特徴を示す子嚢果（たとえば，閉子嚢殻，子嚢殻，子嚢盤，偽子嚢殻）を形成する．この菌群の中で不整子嚢菌類（エウロチウム目などの閉子嚢殻形成菌類，）と核菌類（アカパンカビ，バッカクキン，冬虫夏草などの子嚢殻形成菌類）はそれぞれ高い信頼度で単系統にまとまる．すなわち，子嚢果の特徴が比較的よく系統進化を反映している．不整子嚢菌類にはコウジカビ（*Aspergillus*），アオカビ（*Penicillium*）両アナモルフ属などの産業上きわめて有用な菌類が多数含まれる．しかし，残りの 3 菌群，すなわち盤菌類（チャワンタケ，アミガサタケ，セイヨウショウロなどの子嚢盤形成菌類），小房子嚢菌類（偽子嚢殻形成菌類），ラブルベニア菌類（特殊化した子嚢殻を生じ，昆虫類の体表に絶対寄生する）は多系統を示し，それらの分岐順序や系統進化的な関係は今後の研究を待たねばならない．

　なお，接合菌門・子嚢菌門・アナモルフ菌類の分類・系統進化についてはマックラーフリンら（McLaughlin *et al.*, 2001），杉山（2005）に詳しい．子嚢菌門ならびに関連アナモルフ菌類の最新の分類体系とその異同についての情報は Myconet のホームページ（http://www.fildmuseumorg/myconet/）から得られる．　　　　〔杉山純多〕

参考文献

James, T. Y. and 69 others (2006) *Nature* **443**：818-822.
Nagahama, T., Sato, H., Shimazu, M. and Sugiyama, J. (1995) *Mycologia* **87**：203-209.

b. キノコ

キノコというよび名は，菌類の中で肉眼的な子実体（きのこ）を形成する大型菌類の総称である．系統分類上キノコの大半は担子菌門に属するが，子嚢菌門の中にもたとえばアミガサタケ属（*Morchella*），チャワンタケ属（*Peziza*），ノムシタケ属（*Cordyceps*）はキノコの仲間として扱われている．これらは a 項「カビ」で扱う．本項では，キノコを担子菌門の下で解説する．

担子菌門の仲間の子実体（いわゆるキノコ）はふつう肉眼で見える大きさであって，じつに多種多様な形態を示し，おおむね科ないしは目レベルの分類群ごとに特徴ある外部形態を示す．しかし，本門にはクロボキン類，サビキン類，それに担子菌系統の酵母も属するので，顕著な子実体を形成しない仲間も含まれている．本門には約 22000 種，すなわち菌類既知種の約 35％が収容されている（Kirk *et al.*, 2001）．形態学的データに基づく系統分類では，担子器（減数胞子嚢の一型）がもっとも重要視され，進化的意味をもっている．この担子器から突出した小柄（sterigma）上に担子胞子（有性胞子の一型）を外生する．小柄から離れた担子胞子は発芽して隔壁のある一次菌糸体（単相）となる．交配型に基づいて，一次菌糸体どうしが吻合して 2 核が共存する二次菌糸体となる．しばしば，二次菌糸体は共役的核分裂と隔壁形成に関連して，かすがい連結を形成する．担子器・かすがい連結の形成は，本門の主要な形態学的特徴になっている（しかし，かすがい連結はかならず形成されるわけではない）．この二次菌糸体は発達し，組織化して三次菌糸体，すなわち担子器果を構成する．菌糸組織の分化により，組織化した子実層（hymenium）を形成し，菌糸末端は担子器もしくは不稔の嚢状体（cystidium）となる．また，一次および二次菌糸体には，分生子，分裂子（oidium），厚壁胞子などの無性胞子を生じるアナモルフを付随することがある．生活様式（ライフスタイル）からは腐生，寄生，共生（たとえば，菌根や地衣体を形成）などさまざまで，基質と関係して生態群を形成する（Mueller *et al.*, 2004）．

分布も極圏から熱帯まで広範囲にわたるが，とくに熱帯地域の「戸籍簿（インベントリー）」作成がほとんど手がついていない．最近になって，生物多様性の視点から熱帯の菌類への関心が高まっている（Isaac *et al.*, 1993）．利用面でいえば，担子菌門の典型的なキノコは食用として広く利用され，一大産業にまで発展している．一方，中にはテングタケ属（*Amanita*）の仲間で猛毒の成分をもつキノコやシビレタケ（*Psilocybe*），モエギタケ（*Stropharia*），パネオルス（*Paneolus*）諸属のような幻覚を起こすキノコも存在する．毎年きのこ狩りの季節になると誤同定により，毒キノコを食べて，中毒を起こし死亡する症例があとをたたない．

最近の分子系統学研究（おもに核小サブユニット rRNA 遺伝子塩基配列に基づく系統解析）によれば，単系統の担子菌類は大きくクロボキン，サビキン，菌蕈の三つの主要系統群に分けられる（Alexopoulos *et al.*, 1996；Taylor *et al.*, 2004）．最近の多遺伝子塩基配列に基づく系統解析もこのようなトポロジーを支持している．分子情報に基づく 3 大別は，菌糸隔壁孔の微細構造の類別ともよく一致する．

第一系統群（クロボキン類／クロボキン綱）は，クロボキン属（*Ustilago*），ナマグサクロボキン属（*Tilletia*）に代表されるクロボキン類の仲間である（Bauer *et al.*, 2001）．この中には，ヤシの葉に寄生するグラフィオラ属（*Graphiola*），アナモルフ酵母のシンポジオミコプシシス属（*Sympodiomycopsis*）など含まれる．第二系統群（サビキン類／サビキン綱）は，マツ科植物に寄生するサビキン目のマツノコブビョウキン属（*Cronartium*），テリオスポア形成酵母群の諸属（本節 c. 項参照）などで構成される．第三系統群（菌蕈類／菌蕈綱）は，シロキクラゲ属（*Tremella*），キクラゲ属（*Auricularia*）に代表される異担子菌類（Wells & Bandoni, 2001），チチタケ属（*Boletus*），ヒトヨタケ属（*Coprinus*）に代表される単室担子菌類で構成される（Hibbett & Thorn, 2001）．フィロバシジウム属（*Filobasidium*）などの担子菌系酵母（次

項c参照）がこの系統群に包含される．ホコリタケ類に代表される腹菌類は，この主要系統群の中に分散して位置する（Hibbett et al., 1997）．これら三つの大系統群の分岐順序は不確定であるが，個々の大系統群は単系統であることが確実であるので，それぞれ綱または亜門レベルに位置づけ，系統分類学的再編が行われている（たとえば，Deep Hypha, AFTOL 両プロジェクト）．

分子時計（核小サブユニット rRNA 遺伝子塩基配列，多遺伝子塩基配列）を用いた分子時計によれば，現生担子菌類の共通祖先は5億年前（古生代前期）にはすでに出現し，その起源は10億年前に遡るかもしれない（Berbee & Taylor, 2001 ; Heckman et al., 2001）．植物に寄生するサビキン類の分岐年代は約3億5000万年前に，他方典型的なキノコを形成する単室担子菌類は裸子植物が植物相の主要な役割を終えたあとの約2億前（三畳紀後期）に適応放散したと推定されている（Berbee & Taylor, 2001）．　　〔杉山純多〕

参考文献

Bauer, R., Begerou, D., Oberwinkler, F., Pipenbring, M. and Berbee, M. L. (2001) *The Mycota*, vol. 7B, McLaughlin, D. J. *et al.* eds., pp.57-83, Springer-Verlag, Berlin.

Hibbett, D. S., Pine, E. M., Lange, E., Lange G. and Donoghue, M. J. (1997) *Proc. Natl. Acad. Sci. USA* **94**：12002-12006.

Hibbett, D. S. and Thorn, R. G. (2001) *The Mycota*, vol. 7B, McLaughlin, D. J. *et al.* eds., pp.121-168, Springer-Verlag, Berlin.

Isaac, S., Frankland, J. C., Watling, R. and Whalley, A. J. S. eds. (1993) *Aspects of Tropical Mycology*, Cambridge University Press, Cambridge.

Taylor, J. W., and 8 others (2004) *Assembling the Tree of Life*, Cracraft, J. and Donoghue, M. J. eds., pp.171-196, Oxford Univ. Press, Oxford.

Wells, K. and Bandoni, R. J. (2001) *The Mycota*, vol. 7B, McLaughlin, D. J. *et al.* eds., pp.85-120, Springer-Verlag, Berlin.

c. 酵母

酵母というよび名は，カビやキノコと同様に特定の菌類分類群に付与された学名ではない．元来は，発酵現象によって泡のような気泡を出す微小な菌類を指した．酵母とは一般に栄養体が単細胞（酵母状）で，主として出芽によって無性的に繁殖するような菌類の総称である．その細胞構造は基本的に菌糸と同じであるが，頂端成長により糸状に増殖しない点で異なる．大多数の酵母は好気性であるが，中には通性嫌気性のものもある．後者では低酸素圧の環境で生活が可能で，発酵代謝を利用してエネルギーを獲得することができる．その代表例が *Saccharomyces* 酵母による単糖類・多糖類のアルコール発酵である．酵母の範囲は古くは出芽や分裂酵母に限られていたが，1960年代後半以降その多様性の発見とともに分類学上の範囲も拡大し，現在では栄養体が単細胞にはほとんどならないような酵母様菌類（yeast-like fungi）も酵母の範疇に含めるようになり（Kurtzman & Fell, 1998），現在約700種が知られている．現代酵母学の視点から「酵母とは何か？」という問いに答えるならば，「酵母は系統的には子嚢菌類もしくは担子菌類に属し，出芽あるいは分裂によって無性的に増殖し，有性時代（有性生殖期）に子実体を形成しない菌類である」と定義できよう．

酵母は土壌，植物に由来する樹液・果汁・花密・生葉表面，淡水，海洋などさまざまな基質に生息し，一般に腐生生活を営む．しかし，中には病原酵母として動物（クリプトコックス症（*Cryptococcus neoformans*），カンジダ症（*Candida albicans*），でん風（*Malassezia furfur*）ほか），植物（熱帯・亜熱帯の綿，マメ類などに病害を起こす *Ashbya gossipii*, *Nematospora coryli* ほか）に寄生する種もある．たとえば，植物寄生菌類（*Taphrina*）属や顕著な子実体（キノコ）を形成するシロキクラゲ属（*Tremella*）のアナモルフ（無性時代）を酵母に含めるが，一方同じようにアナモルフが酵母状態となるクロボキン類グラフィオラ属は酵母には含めていない．その分布域は熱帯から

極地までと広い.応用面でみると,上述の代謝特性を用いた *Saccharomyces cerevisiae* の育種株によるワイン,ビール,清酒をはじめとする発酵醸造,工業用アルコール,パン製造,微生物タンパク質,各種酵素工業に利用されている.また,出芽酵母（*Saccharomyces cerevisiae*）と分裂酵母（*Schizosaccharomyces pombe*）は真核生物のモデルとして遺伝学,生化学,分子生物学の研究材料として利用されている.ちなみに,前者の全ゲノムは1995年,後者は2002年に解読された.

酵母は系統進化上,大きく子嚢菌系統と担子菌系統に2分される.前者を子嚢菌酵母（ascomycetous yeasts）,後者を担子菌酵母（basidiomycetous yeasts）とよんでいる.アナモルフ酵母（生活環を無性時代のみで過ごす）は分子系統上,子嚢菌門か担子菌門に属する.最新の酵母分類体系（Kurtzman & Fell, 1998；Kurtzman & Sugiyama, 2001）によれば,子嚢菌門の酵母は"古生子嚢菌綱",半子嚢菌綱,真正子嚢菌綱の3綱に属する."古生子嚢菌綱"に含まれる酵母には,*Schizosaccharomyces*, *Lalaria*（*Taphrina* のアナモルフ属）,*Saitoella*（アナモルフのみ）の3属が,真正子嚢菌綱には *Endomyces* と *Oosporidium*（アナモルフ）の2属のみが知られている.残りの54属の子嚢菌酵母はすべてサッカロミケス目 Saccharomycetales のみを含む半子嚢菌綱に属し,10科,1アナモルフ科（カンジダ科 Candidaceae）に分類されている.

他方,担子菌酵母には担子菌門内に位置する体制が酵母ないしは生活環中に酵母時代が出現するような分類群が含まれる.これらの酵母は分子系統上,クロボキン,サビキン,菌蕈の3綱のいずれかに属する（Fell *et al.*, 2001）.クロボキン属（*Ustilago*）,ナマグサクロボキン（*Tilletia*）両属に代表されるクロボキン綱に含まれる酵母には,アナモルフ酵母の *Sympodiomycopsis*, *Tilletiopsis* 両属,*Rhodotorula* 属によく似た酵母時代を生じるグラフィオラ属もこの仲間である.サビキン綱に位置する酵母には代表的な冬胞子形成酵母群（たとえば,*Rhodosporidium*, *Leucosporidium*, *Sporidiobolus*）や射出胞子形成酵母群が含まれる.この一群の酵母は,冬胞子が発芽して担子器に相当する前菌糸体（promycelium）を生じ,担子胞子に相当する小生子（sporidium）を形成する.前菌糸体（多室担子器型）の形態はクロボキン類の担子器に類似するが,分子系統樹上ではむしろサビキン類の系統群の中に包含される.このほかに,冬胞子を形成せず,単室担子器を生じる *Erythrobasidium*, *Kondoa* 両属などがこの仲間に入る.菌蕈綱に含まれる酵母には,シロキクラゲ目のシロキクラゲ属（*Tremella*）,*Bulleromyces* 属（アナモルフは射出胞子形成酵母 *Bullera* 属）,フィロバシジウム科の *Filobasidium*, *Filobasidiella*, *Cystofilobasidium* の3属などが含まれる.この系統群を代表的する担子菌酵母は *Filobasidiella neoformans* とそのアナモルフ種（*Cryptococcus neoformans*）である.この酵母はクリプトコックス症の原因菌として医真菌学分野でよく研究されている.酵母の分類・同定には"The Yeasts, a Taxonomic Study"4版が広く使われている.同版では,核大・小サブユニット rRNA 遺伝子塩基配列などの分子系統学的データが分類体系の構築に積極的に導入されている.現在同書5版の出版が準備されている.バーネットら（Barnett *et al.*, 2000）も酵母同定の手引書として有用である.酵母は経済的重要度から学際的に研究され,基礎から応用まで含めた「酵母学」ともよぶべき研究分野を形成しているが,上述のようにゲノム情報も加わることによってこの分野の一層の発展が期待される.

〔杉山純多〕

参考文献

Barnett, J. A., Payne, R. W. and Yarrow, D. (2000) *Yeasts, Characteristics and Identification*, 3rd. Edn., Cambridge Univ. Press, Cambridge.

Fell, J. W., Boekhout, T., Fonseca, A. and Sampaio, J. P. (2001) *The Mycota*, Vol. VIIB (Systematics and Evolution) McLaughlin, D. J. *et al.* eds., pp.3-35, Springer-Verlag.

Kurtzman, C. P. and Fell, J. W., eds. (1998) *The Yeasts, A Taxonomic Study*, 4th Edn., Elsevier Science, Amsterdam.

Kurtzman, C. P. and Sugiyama, J. (2001) *The Mycota*, Vol. 7 A, McLaughlin, D. J. *et al.* eds., pp.179-200, Springer-Verlag, Berlin.

d. 地衣類

　菌類と藻類が共生する生物群，と定義される．界を異にする2種の生物の共生体であるが，産出する地衣酸は特殊で，菌類，藻類単独ではつくらない．菌類の1種の菌糸の間に藻類の1種の細胞が取り込まれ，2種の生物種の組合せによって特定の独立種のようにまとまった組織の形状をつくっている．また，機能のうえでも，菌類の菌糸は藻類の細胞が光合成の結果つくり出した有機物を利用し，藻類の細胞は取り込まれた菌糸の間で一定の環境が準備され，2種の生物が相互に依存しあう生活を成り立たせている．2種の生物が不可分離の関係をもつように進化してきたが，特定の2種というよりは，系統そのものが地衣類とよばれる1群の生物を産み出したように，2種の特殊な共生関係が系統進化にも反映されている．ただし，培養条件下では藻類は単独ででも生活できるし，菌類は生殖を独自に行うことができ，新しい菌糸が成長する過程で藻類の細胞を取り込んで発生し，個体性はそれぞれ独立しているので，独立の個体が相互依存の関係にある共進化の程度が極端に進んだものと理解される．細胞内共生のように，一方の細胞が他方の細胞に取り込まれ，オルガネラに変貌する進化を行ったものではない．

　地衣類とよばれる1群の生物には，約400属2万種が認知されている．世界の各地，とくに極地や高山帯にまで分布する．確実な化石は第四紀以後に知られるだけで，系統としては新しい群であると推定される．

　共生体であることが環境適応の幅を広げていると説明されることがあるが，一方，排気ガスなどによる大気汚染には敏感で，最近では市街地近傍などではほとんどすがたを見かけなくなった．環境指標に用いられることもある．

　生活形には，①基物に固定される固着地衣（モジゴケ，キゴケなど），②葉状体をつくる葉状地衣（イワタケ，カブトゴケなど），③それに生物体が伸長し，枝分かれする低木状地衣（サルオガセ，リトマスゴケなど）がある．組織には，①菌糸の間に藻類の細胞が散在し，ゴニジアをつくる混層地衣，②藻類が層状になりゴニジア層をつくる異層地衣がある．

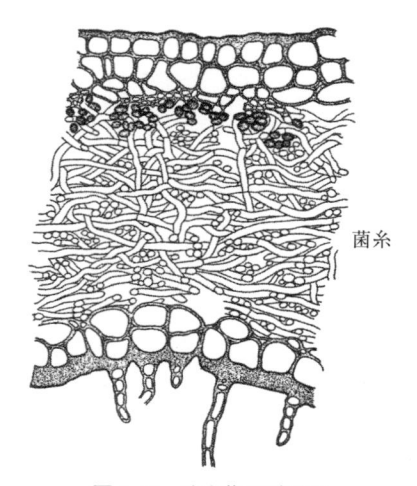

図 4.31 地衣体の断面図
菌糸の上部の濃い球体がゴニジア（藻類）

　菌類の側は主として子嚢菌類起源であり，盤菌類に属するものが多い．しかし，盤菌類にも地衣にならないものがあるし，他の綱に属する小群にも地衣になるものがいくつかあり，特定の系統群が地衣類に進化したわけではないことが見てとれる．担子菌類起源のケットゴケなどもある．独立栄養の光合成細胞は緑藻とシアノバクテリアである．増殖は藻類，菌類独立に進む場合もあるが，粉芽，裂芽などとよばれる無性繁殖体のすがたで分布の拡散を行うことが多い．分類表に（菌類に付表のようにして）地衣類と独立してあげられるが，これは主として地衣類を構成する菌類の分類表と理解してよい．

　地衣類には特異な物質（地衣成分）が含まれており，試薬に対する呈色反応が特異である．朝比奈泰彦は，地衣成分のウスニン酸の構造を決定し，呈色反応を顕微化学的にとらえる方法を確立して，種の同定に適用した．この成分は，主として菌糸が産生するものである． 〔岩槻邦男〕

e. 原核生物

生物を細胞構造で分類したとき，真核生物と対をなす生物群の名称である．前核生物ともいう．分類階級はないが，生物のもっとも基本的な細胞構造に基づく分類である．生物の最高次の分類階級とされるリボソームRNAの塩基配列に基づくドメインのレベルでは，真核生物がEucaryaと一致するのに対し，原核生物（Prokaryotes）はBacteria（細菌）とArchaea（アーキア＝古細菌＝始原菌）の二つのドメインに対応する．シアノバクテリア（ラン色細菌，ラン藻）は国際植物命名規約でCyanophyta（ラン色植物門）として規定されている一方，典型的な原核生物であるので，国際細菌命名規約のもとではCyanobacteria門が記載されている．

原核生物は，名前のとおり核をもたないことが真核生物ともっとも大きな相違点である．また，リボソームのもつRNAの大きさが大サブユニットは23Sと5S，小サブユニットは16Sである．原核細胞は，基本的に細胞は細胞壁と細胞膜によって包まれており，細胞内器官がない代わりに膜に重要なタンパク質，酵素などを保持している．細胞壁は，ペプチドグリカン（ムレイン）とよばれるグリカン鎖をペプチドで結合した網目状の堅固な構造体を基本骨格とする．これは，グラム陽性細菌では厚く，グラム陰性細菌では薄い．また，Mycoplasma類と多くのArchaeaはこの細胞壁層をもたない．グラム陽性細菌では，構成するアミノ酸種の多様性が分類指標となる．グラム陰性細菌は細胞外膜とよばれるリポ多糖層があり，これは内毒素（endotoxin）ともよばれる．細胞表層にはこのほかに多糖類，テイコ酸など，原核生物に特徴的な成分をもつものがあり，宿主生物あるいは微生物群集の生物間相互作用に重要な役割をもつことが知られている．Bacteriaは，真核生物と同じく脂質としては脂肪酸エステルをもつのに対し，Archaeaでは脂肪酸を含有せず，イソプレニルエーテル脂質で細胞膜が構成されている．DNAのG+C含量は約25〜75モル％まで非常に幅広く分布し，おおよそ分類群ごとに特徴的な幅に収まっている．黄色ブドウ球菌，大腸菌，Streptomyces放線菌はそれぞれ約25，50，75モル％である．DNAは，染色体DNAのほか，プラスミドとよばれる自律的に増殖するDNAをもつものもあり，これは遺伝子組換えに利用される．染色体DNAのゲノムサイズは1.6〜12Mbpで，真核生物に比べて小さく，現在300以上の原核生物の全ゲノム塩基配列が決定されている．増殖は細胞の2分裂，あるいは断裂によって行われる．形態は球菌か桿菌の単純なものが多く，大きさも径0.5〜1.0μm，長さ0.5〜5μmぐらいが一般的である．細胞の形態分化は一般に乏しいが，耐熱性内生胞子（endospore）（Bacillus），気菌糸（aerial mycelium）と胞子連鎖（放線菌），子実体（粘液細菌）などをつくるものがある．鞭毛によって運動するものも多い．

科以上の分類階級の定義は，客観性をもたせるために16S rDNAのみによって体系化することが進められている．属と種については，それに形態学的性状，代謝系を反映した生理・生化学性状，細胞構成成分による化学分類学的性状などの表現性状とDNA-DNA交雑反応の結果の相関性を考慮して記載する．このコンセンサスは，命名規約に基づくものではない．Bergey's manualによればドメインArchaeaには2門が，ドメインBacteriaには24の門がある．現在，細菌命名規約の下では新分類群の発表はInternational Journal of Systematic and Evolutionary Microbiology誌上のみで正式発表となることになっており，2007年末現在で約1600属10600種が正式発表されている．代表的な原核生物として，細菌には酢酸菌，乳酸菌，炭疽菌，ボツリヌス菌，根粒菌などが，アーキアには，メタン菌，超好熱菌などがある．

〔鈴木健一朗〕

参考文献

Dworkin, M. *et al.*, eds (2006) *The Prokaryotes*, 3rd edition (Vol. 1-7), Springer.

Garrity, G. M. *et al.*, eds., (2001/2005) *Bergey's Manual of Systematic Bacteriology*, 2nd edition (Vol. 1-2, Springer, Vol. 3-5 以下続刊).

f. 偽菌類

　収斂進化は真核生物のいろいろな分類群で起こっている．分子（遺伝子）情報から，広義の菌類には形態や生活様式はたがいに似ているけれども，系統を大きく異にするグループの存在が明らかにされてきた．すなわち，形態や生活様式（吸収型栄養）が"真の"菌類（菌類界）に類似する多様な真核生物（偽菌類とよぶ）がさまざまな環境に生息しているが，それらは菌類界の仲間とは直接の系統関係はない．それゆえ，分類体系上は一括して原生生物群（protists）あるいは複数の別界に属している．

　偽菌類というよび名はCavalier-SmithのPseudofungiに由来するが，ここでは菌類様生物（fungus-like organisms）の総称として用いる．これらの偽菌類は体制上，生活環中にアメーバ相（時代）をもつ粘菌類（slime molds）と不等長鞭毛遊走子をもつ生物群（heterokonts＝ストラミニピラ界 Straminipila）に分けられる．前者にはアクラシス類・タマホコリカビ類・プロステリウム類・ネコブカビ類が，他方後者には卵菌類・サカゲツボカビ類・ラビリンツラ類が含まれる．ここでは，プロステリウム類（protostelids）を除く各菌群を「門」として扱う（Alexopoulos et al., 2006；杉山，2005）．プロステリウム類は，便宜的に変形菌門に含めておく．偽菌類で最大の門は卵菌門で約800種を含むが，残りはいずれも50種以下の小門である（Kirk et al., 2001）．

1) 原生生物群の偽菌類

　アクラシス門（Acrasiomycota）の仲間は土壌，腐朽した植物体・キノコ，糞などで腐生生活を営み，アクラシス型細胞性粘菌類（acrasid cellular slime molds）またはアクラシス類（acrasids）と総称され，アクラシス属（*Acrasis*）を代表とする．生活環は単純で，栄養相は単核の自由生活を営むアメーバで，集合して多核の偽変形体（pseudoplasmodium）となり，無柄の胞子果（累積子実体またはソロカルプとよぶ）を形成する．生殖相は未知．分子系統ならびに細胞微細構造データから，ネグレリア属（*Naegleria*）と単系統を形成することからヘテロロボセア（Heterolobosa）群，さらにはユーグレナ類（ユーグレノゾア）・トリパノゾーマ類を含めて，盤状クリステ類大系統群（discicristates）とする研究者もいる（図4.32参照；Baldauf, 2003, 2008）．

　タマホコリカビ門（Dictyosteliomycota）は，通称タマホコリカビ型細胞性粘菌類（dictyostelid cellular slime molds）とよばれる．これらの仲間は，生活環の大部分を単相・単核のアメーバとして過ごし，おもに土壌中の細菌を摂食する．この2門はアメーバ集合体（偽変形体, pseudoplasmodium）を形成するが，タマホコリカビ類は柄と胞子嚢に分化した子実体を形成する点でアクラシス類とは区別される．キイロタマホコリカビ（*Dictyostelium discoideum*）は発生分化研究のモデル生物として知られている．

　変形菌門（粘菌門）（Myxomycota）の仲間は，非細胞性粘菌類（acellular slime molds）または変形体形成粘菌類（plasmodial slime molds）とよばれている．なお，図4.32では，真正粘菌類と表示されている．湿地，古い樹木，腐朽の進んだ植物体上で腐生生活を営み，栄養生活相は細胞壁を欠く，多核の変形体である．生殖相においては子実体（基部，柄，胞子嚢に分化）を形成し，減数分裂の結果として胞子嚢内に胞子を生ずる．胞子は発芽して，単相，単核の粘菌アメーバ（myxoamoeba）もしくは2鞭毛（前端，むち形，不等長）をもつ遊走細胞となり，これらは合体して複相核の接合子を形成する．この接合子は核分裂のみを繰り返し，複相，多核の変形体となる．細胞内消化によって栄養分を摂取する．この菌群は動物と植物の両方の"顔"をもつことから，形態分化の細胞学・生化学の研究に広く用いられている（たとえば，*Physarum polycephalum*）．本門の代表属として*Fuligo*（カワホコリカビ），*Physarum*（モジホコリカビ），*Stemonitis*（ムラサキホコリカビ）が知られている．

　ネコブカビ門（Plasmodiphoromycota）は植物の有害な内部寄生粘菌類（endoparasitic slime molds）として，宿主細胞の肥大や増生の原因となり，ねこぶ（根瘤，club root）を生じる．遊走子は前端に2本の不等長むち形鞭毛をもつ．*Plasmodiophora brassicae*（キャベツのねこぶ病菌）が代表種である．分子系統と細胞微細構造データから，本門を放散虫や有孔虫とともにケルコゾア（Cercozoa）大系統群あるいはリザリア（Rhizaria）に包含する説もある（Baldauf, 2003, 2008；Cavalier-Smith, 2003）．

2）ストラミニピラ界の偽菌類

下記の3門は珪藻類，褐藻類，その他のクロロフィル a/c 藻類と一大系統群を構成し，クロミスタ界，ストラミニピラ界，不等毛類（ヘテロコント，heterokonts；図4.32参照）の名称でよばれている（Baldauf, 2003, 2008；Blackwell & Spataforra., 2004；Cavalier-Smith., 2003；井上 2005）．

卵菌門（Oomycota）の仲間の大部分が水生で，腐生もしくは動植物に寄生して生活している．菌糸状（一般に隔壁を欠く），複相の栄養生活相，セルロースを含有する細胞壁，DAP型のリシン合成経路，2鞭毛（1本は前向き羽形，他の1本は後向きむち形）の遊走子によって特徴づけられる．有性生殖は一般に配偶子嚢の合体によって厚壁の休眠胞子もしくは卵胞子を生じる．*Achlya*（ワタカビ），*Lagenidium*（クサリフクロカビ），*Leptomitus*（フシミズカビ），*Peronospora*（ツユカビ），*Phytophthora*（エキビョウキン），*Pythium*（フハイカビ）が代表属である．

サカゲツボカビ門（Hyphochytriomycota）も水生の腐生菌類もしくは藻類の寄生菌類で，*Hyphochytrium*（サカゲツボカビ）が代表属である．セルロース含有細胞壁と管状ミトコンドリアをもつ点で卵菌門に似ているが，単相の栄養相と前端に1本の羽型鞭毛遊走子をもつ点で卵菌類と系統を異にする．有性生殖は不明の部分が多い．

ラビリンツラ菌門（Labyrinthulomycota）の仲間は，海産の藻類やアマモ（*Zostera*）のような高等植物に腐生もしくは寄生する．*Labyrinthula*（ラビリンツラ）が代表属である．栄養生活相で，網状変形体は単核の紡錘形ないしは卵形のアメーバが粘性の糸でゆるく結びつき，全体として網状の群となった網状変形体（net plasmodium）を形成する．有性生殖（数種で知られている），生活環とも未知の部分が多い．

〔杉山純多〕

参考文献

Baldauf, S. L. (2003) *Science* **300**：1703-1706.
Baldauf, S. L. (2008) *J. Syst. Evol.* **46**：263-273.
Blackwell, M. and Spatafora, J. W. (2004) *Biodiversity and Monitoring Methods*, Mueller, G. M. *et al.* eds., pp.7-21, Elsevier, Amsterdam.
Cavalier-Smith, T. (2003) *Int. J. Syst. Evol. Microbiol.* **53**：1741-1758.
井上　勲 (2005)：藻類30億年の自然史，東海大学出版会．［同書第2版が2007年に出版されている］

4.5 菌類

図 4.32 分子情報と微細構造データに基づく真核生物を構成する八巨大系統群（スーパーグループ）の系統関係（Baldauf, 2003；一部改変）

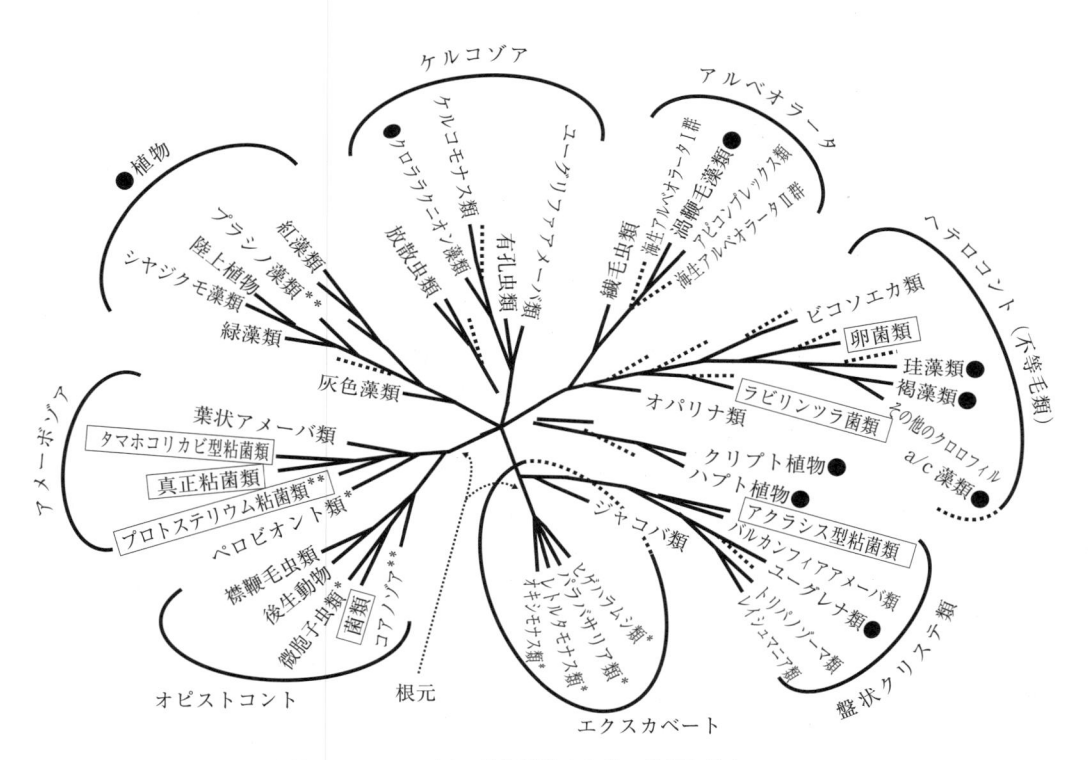

凡例　サークルで囲んだ分類群は広義の菌類を示す．
●印を付した系統は真核光合成生物を含む．
＊印の生物群はミトコンドリアをもたない．
角破線（…）は新系統の派生を示す．
＊＊印は側系統を示す．

4.6 藻類

(1) 藻類の多様性と役割

　藻類は，現在は一般に「おもに水中で生活し酸素発生型の光合成を行う生物から陸上植物（コケ，シダ，裸子，被子植物）を除いたもの」と定義される．この定義からわかるように，藻類は単一の系統群ではなく，いわゆる「植物」から陸上植物の系統を除いた生物群に対して便宜的に用いられる名称である．この中に，原核光合成生物であるシアノバクテリア（ラン藻）を含める場合と真核光合成生物だけを指す場合がある．生態的には極域から熱帯まで，また常時水分のある空間（潮間帯から水深最大 200 m 程度までの真光層）のみならず，氷上，高山帯に至るまできわめて広い環境に生育する．藻類は陸上植物と比べて，その多様性や生態系における役割が過小評価されてきた．たとえば，現在の分類学の基礎となっているリンネの分類系においては，藻類は植物 24 綱のうちの一つの綱にコケ，シダ，菌類などとともに四つの属が記述されているにすぎなかった．しかし，現在では約 10 の門（約 25 の綱）に数万種が記載されており，さらに綱レベルを含む新たな分類群の発見が相ついでいる．また，地球の歴史においても，シアノバクテリアの大繁殖は地球誕生直後の嫌気的な大気を好気化させ，酸素呼吸を行う生物や真核生物の誕生を促した．さらに，これに真核藻類が加わることで増加した大気中の酸素はオゾン層の生成をもたらし，地表面に到達する紫外線を減少させることで，陸上を生物が成育できる環境に変える役割を果たした．

　一方，現在でもシアノバクテリアや珪藻は地球表面の約 70％を占める水界での主要な光合成生物であり，また渦鞭毛藻類はサンゴ類の共生藻（褐虫藻）として，熱帯域・亜熱帯域の生態系の一次生産を支えている．また，陸上の生態系においても多様な微細藻類が生育しており，その一部は地衣植物の構成要素として，極域生態系の一次生産を担うとともに，植物群落の遷移におけるパイオニアの役割も果している．

(2) 藻類の体制と生活史

　藻類はそれぞれの系統において多様な体制に進化しているが，いずれもその進化の初期においては細胞壁をもたず，飲食作用を有する単細胞生物（原生生物）であったと考えられる．その中から独立栄養生活に対する適応から細胞壁を進化させたものが生じ，また一部のものは多細胞体制に進化した．一般に，単細胞または群体のものは微細藻（そのうち遊泳性をもつものは植物プランクトン）とよび，一方，多細胞で大型の体制をもつものを大型藻類とよぶ．淡水域に生活するものは淡水藻，海水域に生活するものは海藻として区別するが，海藻は微細藻に対する用語として海産の大型藻類に対してだけ使う場合が多い．微細藻の中には，光合成による独立栄養だけではなく，捕食による従属栄養も行う混合栄養とよばれる栄養様式をもつものも見られる．また，大型の海藻類の中には多核嚢状体（ケノサイト）とよばれる，横方向（伸張方向に直交する方向）の壁をもたない管状の体制をもった系統群（例，イワズタ目）も見られる．これは単細胞の祖先から大型化の進化がいくつもの系統群で独立して起こったことを示す例であるが，これと関連して細胞壁の組成，構造も系統により大きく異なり，セルロースを含まない細胞壁をもつ系統も多い．多細胞化，大型化，生殖様式

の多様化という観点からは，海藻類の進化と陸上植物の進化に多くの類似点が見られるが，その生活環境の違いから根本的に異なる点も見られる．類似点として，多細胞化において紅藻類，褐藻類ではそれぞれピットプラグ，プラズモデスマタなどの細胞間の原形質連絡が見られ，中でも大型化した褐藻類の一部（コンブ目，チロプテリス目）では，陸上植物の篩管に相当する構造（トランペット形細胞糸やソレノシスト）が発達している．一方，陸上植物の進化において根，種子，道管（木部），木質部などの発達を促したと考えられる乾燥や重力などの環境要因は，海藻類の生活にとっては大きな影響をもたないため，海藻類には真の根，道管，種子などは見られない．また，水中では鞭毛運動による生殖細胞の移動が比較的容易に行えるため，動物を介した生殖細胞の散布はほとんど見られず，花の進化も起こらなかった．一方，藻類の生存にとって光環境の重要度はきわめて高く，ほとんどの藻類の生殖細胞はなんらかの光運動反応（走光性）を示す．しかし，走光性のメカニズムも細胞壁と同様に，葉緑体獲得による独立

栄養化に伴って発達・多様化したと考えられるため，系統群ごとに大きな多様性が認められる．

生殖・拡散において水中を遊泳することが大きな役割を果たすため，ほとんどの藻類は少なくともその生活史の一部で鞭毛により遊泳する単細胞のステージを含んでおり，この遊泳細胞の形状，とくに鞭毛の形状は高い保存性を示す．鞭毛をもつ生殖細胞はコケ，シダおよび裸子植物などでも見られるが，この場合でも緑藻類（シャジクモ類）の鞭毛と構造上の類似が認められる．一方，紅藻類，接合藻類（緑藻類）の一部では鞭毛をもった細胞をまったく生じないが，この場合特徴的な生殖様式が進化している．微細藻類では多くの場合，単相世代が優占し，受精後ただちに減数分裂を行うか，休眠胞子（シスト）となり，発芽時に減数する．一方，ほとんどの大型藻類は複数の世代をもち，世代交代が見られる．海藻類では同型世代交代（図4.34），異型世代交代（図4.35），複相世代が一般的である．このうち，異型世代交代は温帯・冷帯域では季節性への適応が見られ，一方，熱帯・亜熱帯域では同型世代交代の種が多く見られる．また，生殖細胞が遊泳性をもたない紅藻類では，配偶体の上で複相の世代（果胞子体世代）が発達する特徴的な三相の世代交代を示す．

(3) 藻類の系統と細胞構造

藻類はシアノバクテリアの細胞内共生（一次細胞内共生）により葉緑体を獲得した緑色植物，灰色植物，紅藻類のほか，これらの藻類が再び細胞内共生により葉緑体化した二次細胞内共生により多様な系統が生じたと考えられている．この進化過程は，とくに葉緑体の形状に痕跡をとどめており，緑色植物，紅藻類が二重の葉緑体包膜をもつのに対し，三重（ミドリムシ藻）

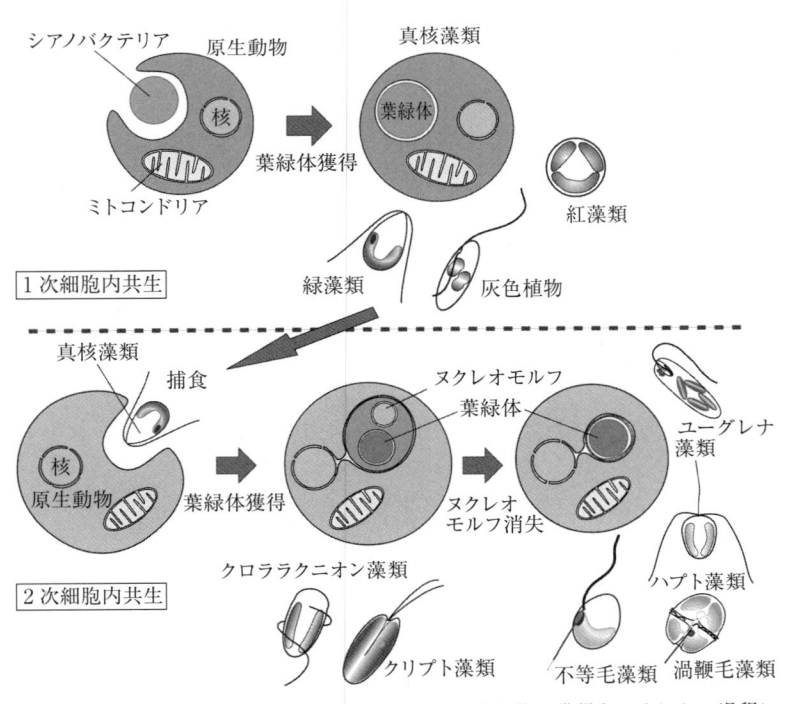

図4.33　一次細胞内共生と二次細胞内共生による葉緑体の獲得と，それらの過程によって誕生した代表的な藻類の系統群

や四重(クリプト藻,ハプト藻,クロララクニオン藻,不等毛藻＝黄色藻,渦鞭毛藻など)の包膜をもつものも見られる.

このうち,クリプト藻やクロロラクニオン藻では,取り込まれた真核藻類の核の名残としてヌクレオモルフが存在する.また,渦鞭毛藻では二次細胞内共生により葉緑体を獲得した藻類(たとえば,不等毛藻類)を再び葉緑体として獲得した例も知られているが,これらはクレプトクロロプラストとよばれ,真の葉緑体と見なすかどうかには議論がある. 〔川井浩史〕

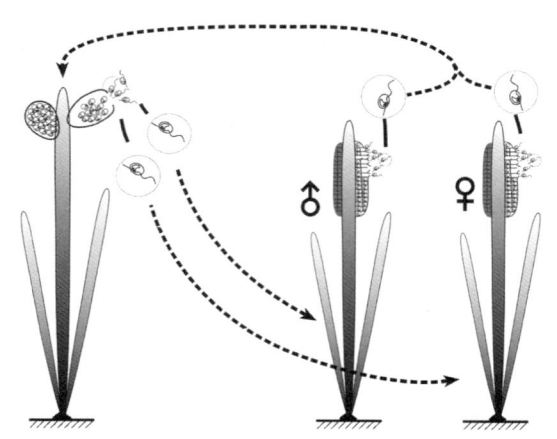

図4.34 同型世代交代(褐藻イワヒゲ)

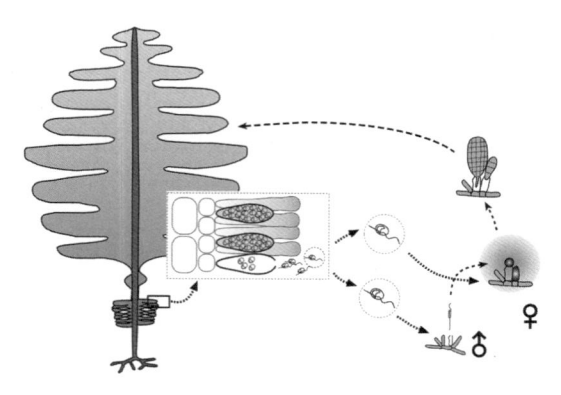

図4.35 異型世代交代(褐藻ワカメ)

a. 褐藻類

褐藻類(褐藻綱)は大型藻類のうちの一つの系統群で,不等毛植物(黄色植物ともよばれ,紅藻に近縁な真核藻類を二次細胞内共生によって葉緑体として獲得した系統群)に含まれる.世界で約300属2000種が報告されており,日本にはそのうち約120属400種が分布する.ほとんどが海産で,淡水産のものは数属にすぎず,また近縁のものが海にも分布することから,二次的に淡水域に進出したと考えられている.褐藻類は沿岸域生態系の重要な一次生産者であるとともに,海の森にたとえられる「藻場」生態系を構成する主要な藻類として,生態学的にもきわめて重要である.数mをこえる大型の体をつくるものだけでも,コンブ目,ウルシグサ目,ヒバマタ目,チロプテリス目,ドゥルビレア目などの種が世界各地に見られ,もっとも大きいもの(ジャイアントケルプとよばれるコンブ目マクロキスティス属の種)は全長50mをこえ,水深10〜20m程度の海底から気胞の浮力により立ち上がって水面を広くおおって繁茂する.不等毛植物は10をこえる綱を含み,緑色植物に匹敵するきわめて大きな系統群であるが,このうち褐藻類だけが大型で複雑な体制と生活史をもつ藻体を発達させており,緑色植物における種子植物にたとえることができる.藻類にとって,大型化することは,光の獲得競争において他の藻類より優位に立てることを意味しているが,コンブ目では巨大化を支えるメカニズムとして,陸上植物の篩管に相当する光合成産物の能動輸送システム(トランペット形細胞糸)をもっている.系統群により同型世代交代(アミジグサ目など),異型世代交代(コンブ目など)および複相世代のみが優占するもの(ヒバマタ目など)などの多様な生活史型を示すが,同型世代交代を示すものが祖先的で,そこから異型世代交代が進化し,また異形世代のうち微小な世代がさらに退行することで複相世代のみのものが生じたと考えられる.異型世代交代では,それぞれの世代が異なる季節の生育環境によく適応していることから,温帯・冷帯に

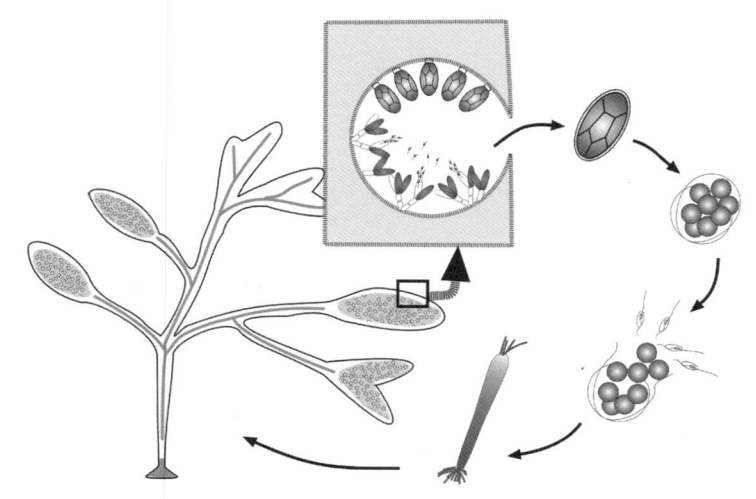

図 4.36 世代交代のないパターン（ヒバマタ型生活史）

は異型世代交代の種が多く見られ，一方，熱帯・亜熱帯域では同型世代交代の種がより多く見られる．生殖細胞は運動性をもつ場合，側生する2鞭毛をもち，おもに前鞭毛の運動により遊泳する．有性生殖は同型配偶子，異型配偶子，卵生殖が見られ，いずれの場合も雌性配偶子が定着後（卵の場合，放出後）放出する性フェロモン（低分子の疎水性炭化水素で，これまで10種余が同定されている）に対する走化性反応で雄性配偶子が誘引されて起こる．葉緑体は四重の包膜をもち，一部の種はピレノイドを有する．光合成にかかわる色素としてクロロフィル a, c および多量のフコキサンチンなどのカロチノイド系色素を含んでおり，このため生きた藻体は褐色に見えるが熱処理などにより緑変する．細胞壁はアルギン酸やセルロースを主要な成分としており，また多糖類による粘質を大量に含む種も多い．ウルシグサ目やアミジグサ目の一部には細胞内に多量の硫酸イオンを含み，このため死後強い強酸性を示すものが見られる．

〔川井浩史〕

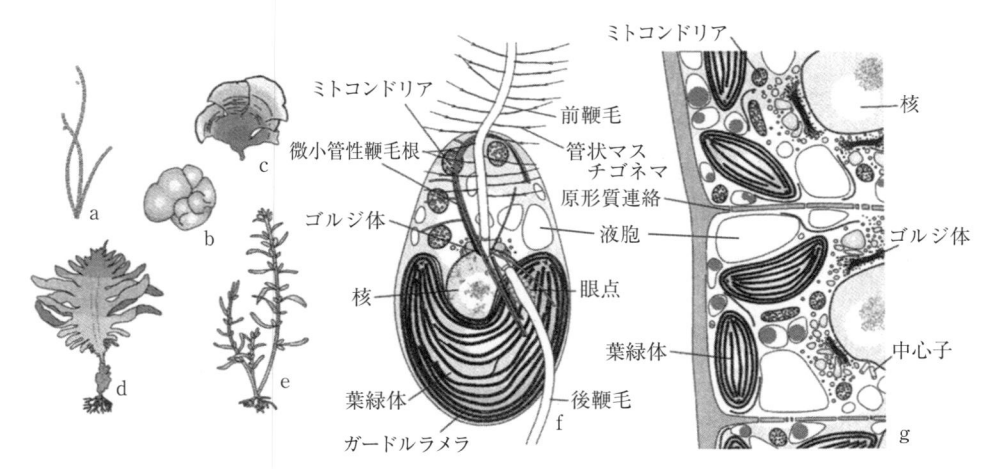

図 4.37 褐藻（中山剛氏作図）
a. シオミドロ，b. ネバリモ，c. ウミウチワ，d. ワカメ
e. ヒジキ，f. 遊走子の微細構造，g. 栄養体の微細構造．

b. 緑藻

　緑色植物（シアノバクテリアの共生に由来する二重葉緑体包膜の葉緑体をもち，光合成色素としてクロロフィル a, b を含む生物群）からいわゆる陸上植物を除いた生物群を指し，プラシノ藻綱，緑藻綱（狭義），アオサ藻綱，車軸藻綱，トレボキシア藻綱などが含まれる．光合成にかかわる色素として，クロロフィル a, b とさまざまなカロチノイド類を含んでおり，貯蔵物質はデンプンである．世界で約 600 属 10000 種が報告されているが，その種数のかなりの部分は，淡水産の微細藻であるチリモ類である．緑藻類は，光合成色素や葉緑体構造の類似から伝統的に陸上植物の祖先的な系統群であり，中でもシャジクモ類が陸上植物ともっとも近縁であると考えられてきた．

　この考えは，鞭毛基部装置や細胞分裂様式などの細胞微細構造や，最近の分子系統解析によっても基本的に支持されるが，従来「緑藻」として扱われてきた生物群は，おもに淡水で進化した狭義の緑藻類（緑藻綱）と，おもに海で進化したアオサ藻綱に大別され，またより祖先的な生物群としてプラシノ藻が，狭義の緑藻から進化して土壌藻や地衣類の共生藻として多様化したトレボキシア藻が区別されるようになった．すなわち，車軸綱はコケ・シダなどの陸上植物と同様，細胞分裂時にフラグモプラストを生じ，鞭毛基部には多層構造体（MLS）を有するが，緑藻綱とトレボキシア藻綱ではファイコプラストを生じ多層構造体は見られず，またアオサ藻綱ではいずれも見られない点などで大きく異なる．海で多細胞化・大型化する進化を遂げたアオサ藻綱では，同型世代交代，異型世代交代，複相世代が優占するものなど多様な生活史型が見られる．このうち，イワズタ目では多核囊状体（ケノサイト）とよばれる，核の分裂に伴って細胞間の隔壁形成が起こらないために多核で囊状の体をつくるものが見られ，種によっては一つの袋状の細胞の直径が数 cm に達したり（例，バロニア類），一つの囊状体で数 m に達するもの（例，ミル類）も多い．緑藻類は一般に細胞壁にセルロースを含むが，イワズタ目では細胞壁成分としてマンナンやキシランなどを含みセルロースを欠くものも多いほか，世代によってその組成が異なるものが見られる．

　また，有性生殖は緑藻綱では雌雄の生殖細胞の前端に生じる接合管によって接合が起こるものが，アオサ藻綱やプラシノ藻綱では生殖細胞が側面で融合するものが，また鞭毛をもった生殖細胞を生じないホシミドロ目（車軸藻綱）などでは，接合突起構造を介して細胞質が移動し融合が起こるものなどが一般的であるが，卵生殖も多く見られる．

〔川井浩史〕

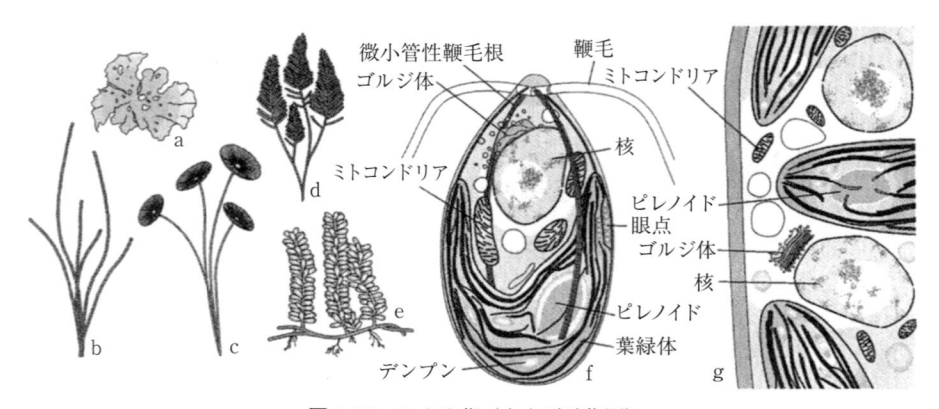

図 4.38　アオサ藻（中山剛氏作図）
a. アナアオサ，b. ジュズモ，c. カサノリ，d. ハネモ，e. イワズタ，f. 遊走子の微細構造，g. 栄養体の微細構造．

c. 紅藻

　シアノバクテリアの細胞内共生に由来する二重葉緑体包膜の葉緑体をもち，光合成色素としてクロロフィル a を，またアンテナ色素としてフィコビリンタンパク質（フィコエリスリン，フィコシアニンなど）を含む真核の生物群である．世界で約600属5500種が報告されており，そのうち日本では約280属1000種が分布する．ほとんどが海産であるが，オオイシソウ目やカワモズク目のように淡水域で進化・多様化した系統群も含まれる．単細胞のものから，多細胞で長さ2m程度に達する大型のものまで見られるが，生活環を通して鞭毛をもった細胞を生じないという特徴がある．

　原始紅藻亜綱（またはウシケノリ亜綱）と真正紅藻亜綱の2群に大別されることが多く，前者が単純な体制をもち，一般に細胞間の原形質連絡が見られないのに対して，後者は明らかな組織分化を伴う複雑な体制と，ピットプラグとよばれる構造を介して細胞間の連絡をもつ．紅藻では，褐藻やアオサ藻では見られない特徴的な三相の世代交代を行う．すなわち，複相の胞子体および単相の配偶体に加えて，雌性配偶体のうえで雌性生殖細胞が受精により複相化したあと，雌性配偶体の栄養細胞（単相）と融合し，その栄養分を使って，多数の複相の胞子（果胞子）をつくる果胞子体世代とよばれる世代を生じる．これは，褐藻やアオサ藻では生殖細胞が鞭毛による遊泳を行い，さらに性誘因物質による走化性により効率的な有性生殖を行うのと比べると，紅藻類の生殖細胞は鞭毛をもたず，有性生殖の効率が悪いため，受精後により効率的に胞子を生ずるための方策として進化したと考えられる．貯蔵物質は α-1,4 グルカンからなる紅藻デンプンで，細胞質中にたくわえられる．細胞壁を構成する多糖類としてガラクタンを含み，テングサ目，オゴノリ目，イギス目などの種では寒天（アガー）が，またスギノリ目の種ではカラギーナンが含まれており，いずれも重要な工業原料として利用されている．細胞壁は，もともとバクテリアや動物からの捕食をまぬがれることが大きな役割の一つであるが，寒天はほとんどのバクテリアに分解されない特性を利用して，医学や生物学の実験における細菌培養のための培地として利用されている．アマノリ類は食用海藻として経済的にきわめて重要であり，その異型の生活史を利用した養殖がアジアを中心に広く行われている．石灰藻またはサンゴモ類のように細胞壁に石灰分（方解石結晶）を沈着する種も多い．

〔川井浩史〕

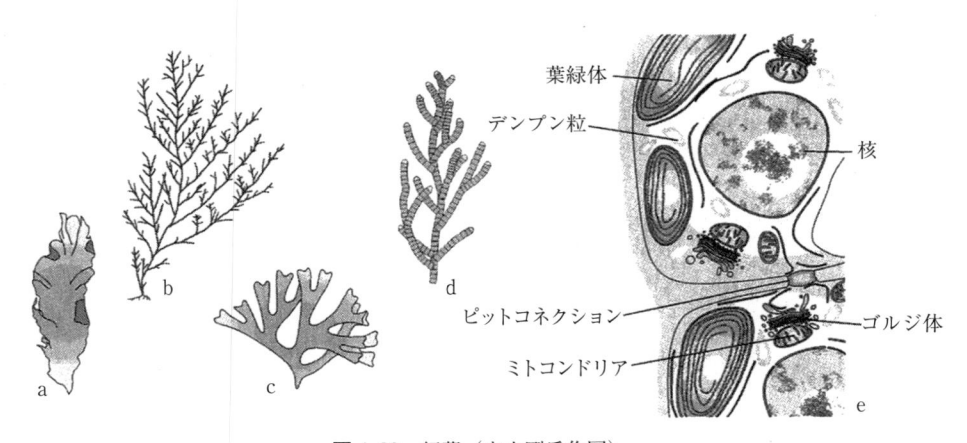

図4.39 紅藻（中山剛氏作図）
a. アマノリ，b. マクサ，c. ツノマタ，d. カワモヅク，e. 栄養体の微細構造．

d. 微細藻類

微細藻類はいわゆる藻類から大型藻類を除いたものを指すが，一つの系統群ではなく，門または綱の分類階級で見てもシアノバクテリア（ラン藻），灰色植物，緑色植物のプラシノ藻，緑藻（狭義），トレボキシア藻，不等毛植物から褐藻を除いた10をこえる綱（珪藻など），ハプト藻，クリプト藻，紅藻の一部，ユーグレナ藻，渦鞭毛藻，クロララクニオン藻などが含まれる．これは，そもそも真核の光合成生物が，原生動物と原核または真核の光合成生物（藻類）の細胞内共生によって複数回生じており，それらがそれぞれの系統において多様化していったことによる．生育場所や鞭毛運動の有無により，植物プランクトンと底生藻類に分けられる．いずれも基本的に光合成による独立栄養を行っているが，黄金色藻，ハプト藻，

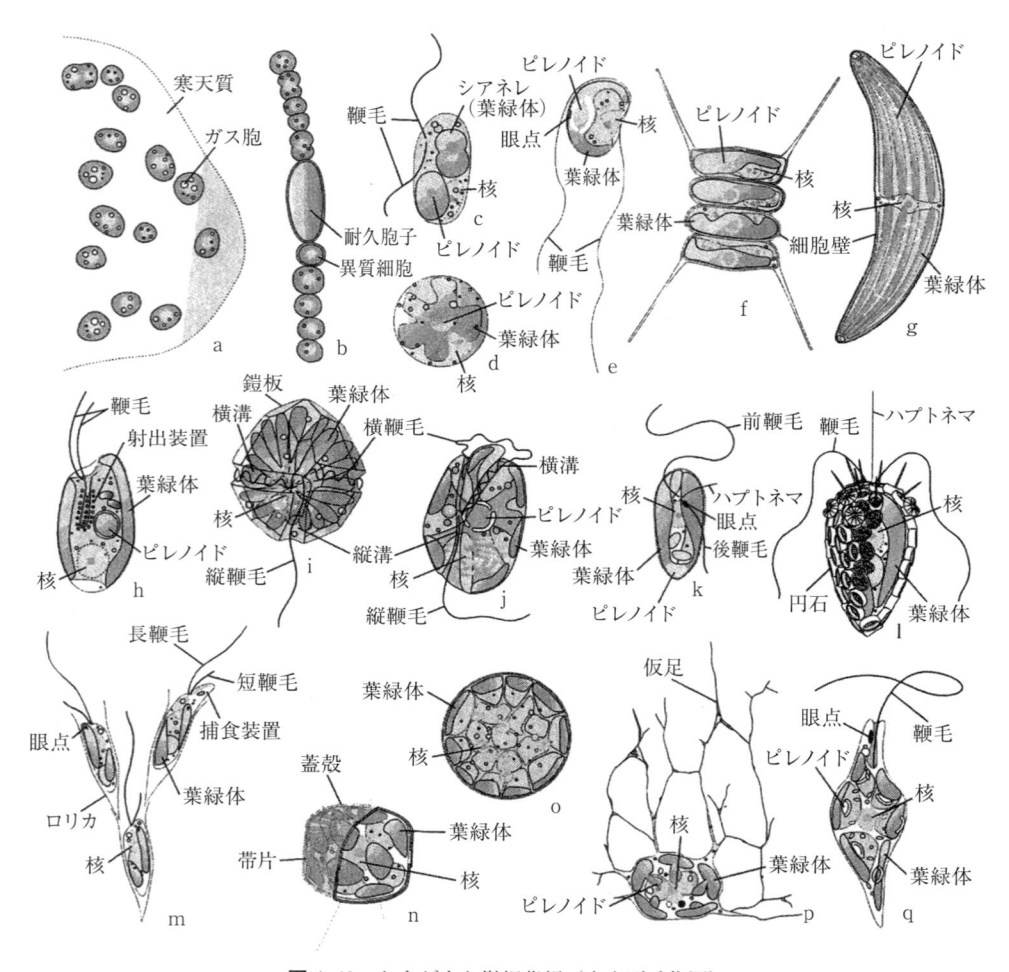

図 4.40 さまざまな微細藻類（中山剛氏作図）

a. *Microcystis*（シアノバクテリア）；b. *Anabaena*（シアノバクテリア）；c. *Cyanophora*（灰色植物門）；d. *Porphyridium*（紅色植物門）；e. *Mamiella*（緑色植物門，プラシノ藻綱）；f. *Desmodesmus*（緑藻植物門，緑藻綱）；g. *Closterium*（ストレプト植物門，接合藻綱）；h. *Rhodomonas*（クリプト植物門）；i. *Peridinium*（渦鞭毛植物門）；j. *Amphidinium*（渦鞭毛藻植物門）；k. *Pavlova*（ハプト植物門，パブロバ藻綱）；l. *Syrachosphaera*（ハプト植物門，プリムネシウム藻綱）；m. *Dinobryon*（不等毛植物門，黄金色藻綱）；n. *Cyclotella*（不等毛植物門，珪藻綱）；o. *Botrydiopsis*（不等毛植物門，黄緑色藻綱）；p. *Chlorarachnion*（ケルコゾア門）；q. *Euglena*（ユーグレノゾア門）．

渦鞭毛藻などには，光合成に加えて有機物の吸収や飲食作用による餌の摂取も行う混合栄養の種も多く見られる．水中では，陸上より光合成のための光の確保に困難が伴うため，多くの微細藻は水面近くにとどまるための手段として鞭毛運動による遊泳性や，外洋性の珪藻類などに多く見られる細胞外の突起など深所に落下しにくい構造をもっている．また，ほとんどのものは光の方向へ移動したり，逆に強光や紫外線を回避するための走光性をもっており，これにかかわる光受容物質や指向性を得るための眼点などの構造には大きな多様性が見られ，系統関係を反映している．

微細藻類は，地球表面の約70％を占める水界の主要な一次生産者であり，その炭素固定量は陸上植物による生産量に匹敵する．歴史的には，微細藻類の繁殖が地球大気中の遊離酸素の生成をもたらし，また大量に海底に埋没したものが石油に変化することで大気中の二酸化炭素濃度を減少させるなど，きわめて大きな役割を果たしてきた．微細藻類はさまざまな原生動物，多細胞動物や地衣植物などの共生藻ともなっており，藻類の共生が宿主の生存に不可欠となっている例も多く見られる．たとえば，熱帯・亜熱帯の沿岸生態系の基礎となっているサンゴ類は，その栄養分のかなりの部分を共生する褐虫藻（渦鞭毛藻）から得ており，水温環境などの変化により共生藻が失われるとサンゴは死滅する．また，比較的最近になってナノプランクトン（$2 \sim 20\,\mu m$）やピコプランクトン（$0.2 \sim 2\,\mu m$）とよばれる，通常のプランクトンネットを透過するため見逃されてきたきわめて微小なサイズの植物プランクトンの多様性と生態系における重要性が明らかにされつつある．しかし，富栄養化した沿岸などでは微細藻類が大量発生し，しばしば赤潮や水の華とよばれる現象を引き起こし，水質の悪化や他の生物の大量死などの原因となることもある．

〔川井浩史〕

e. シアノバクテリア

シアノバクテリアは水から電子を得て，酸素を発生するタイプの光合成を行うグラム陰性の真正細菌の一群で，ラン藻（blue-green algae）ともよばれる．世界で約150属，2000種が報告されており，海や淡水域はもちろんのこと，土壌中，温泉，氷上まで陸域のあらゆる環境に生育し，一部は地衣植物の共生藻となっている．細胞構造は，他のグラム陰性菌と同様，リポ多糖や薄いペプチドグリカン層を含む多層構造の細胞壁をもち，細胞の中央にはDNAが局在する核質部があり，それを取り囲むように光合成にかかわる膜構造のチラコイドが分布する．チラコイドにはクロロフィルやカロチノイドが含まれており，一方，フィコビリンタンパク質（フィコシアニン，フィコエリスリン，アロフィコシアニンなど）はフィコビリソームとよばれる顆粒をつくってチラコイド表面に分散する．ほとんどのシアノバクテリアはクロロフィル a だけを含んでいるが，一部のものは b（プロクロロンなど）または d（アカリオクロリス）も含んでいる．

真核の光合成生物が誕生するまでは，シアノバクテリアが地球上で唯一の酸素発生型光合成生物であり，その大繁殖の痕跡はストロマトライトに見ることができる．また，真核藻類，陸上植物の葉緑体がシアノバクテリアの細胞内共生によって生じたことを考えると，現在でも実質的に地球上のほとんどすべての有機物生産とそれに伴う遊離酸素の発生は，シアノバクテリアによってもたらされているともいえる．一部のシアノバクテリアは，空気中の分子状窒素（N_2）をアンモニアなどに固定して，自らの代謝に利用する能力を備えている．この反応は，多細胞性のシアノバクテリアでは異質細胞（ヘテロシスト）とよばれる特殊な細胞で行われるが，単細胞性または異質細胞を生じない多細胞種でも窒素固定能をもつ種が見られる．シアノバクテリアの光合成系で見られる二つの光化学系（I, II）は，それぞれ緑色硫黄細菌，紅色細菌・緑色糸状細菌などの，非酸素発生型の

光合成を行う光合成細菌の光反応系に似ているため，なんらかの方法で両者が融合したことによりシアノバクテリア型の光合成が誕生したとの説が出されている．シアノバクテリアでは有性生殖は知られておらず，細胞の2分裂や内生胞子，外生胞子，アキネート，ホルモゴニウムなどによる無性生殖を行う．体制は単細胞のものから群体，糸状で多細胞体制のものまで見られ，数本の細胞糸が集まって束となり，その外側を鞘がおおっている場合もある．細胞は鞭毛をもたないが，滑走運動や振動運動を行うもの（ユレモなど）が含まれ，またミクロキスティスは細胞内のガス胞とよばれる構造によって浮力調節を行っている．富栄養化した淡水域では，しばしば大繁殖して水の華（ブルーム）を引き起こすが，ミクロキスティスの場合，アオコともよばれ，種によっては，ミクロキスチンほかのきわめて強い毒素を含んでいる．

〔川井浩史〕

4.7 陸上植物

(1) 多様性

陸上で生活する植物，つまり陸上植物は藻類・植物プランクトンなどとともに，有機物を光合成する生産者として生命圏の中で重要な生態的地位（ニッチ）を占め，植食動物，肉食動物，菌類などの消費者，分解者とともに食物連鎖を構成する．植物，藻類の重要性は生物量のピラミッドの最下層にある圧倒的な生物量としても現れている．植物は地表をおおう陸上生物圏の主要生物であり，他の生物の生活環境の骨格をつくる．一方，植物と藻類は二酸化炭素と酸素を吸収放出し，対照的に動物・菌類は（ヒトは植物や化石燃料も燃焼して）植物とは反対方向に作用するので，生物は大気の組成を左右している．このような関係は生命の誕生以来存続し，それに注目して，地球表層の生命圏が大気を調整し一体となって存在する「生きた地球」をガイア（地球生命圏）とよぶことがある（ラブロック，1984）．

植物，藻類は分類体系で認められる5界の中の一つ植物界を構成し，一部の単細胞性藻類はプロクチスタ界に含まれる．現在地球上の全生物種数は175万種であると集計されることが多く，そのうち植物（陸上植物）は28万種であるとされる（45万種とする集計もある，図4.42）．一方，最大の群は昆虫で95万種が知られている．しかし，これらはあくまでも科学的に認知されている数値であり，未知の生物の種数ははるかに多く1200万種〜1億種超と推計されている．陸上植物28万種の内訳はコケ植物の約1.8万種，シダ植物の1.2万種，種子植物の約25万種である．裸子植物は1千種にも満たず，種子植物のほとんどは花の咲く被子植物である．多細胞性の植物は，定着生活し種子胞子が落ちた場所から動くことはないが，生殖細胞とくに花粉胞子や種子は風，動物の力で親個体から離れた地点に運ばれる．化石記録から，被子植物，昆虫とも白亜紀後期から第三紀にかけて多様化し種数が増加したことがわかっている．被子植物は昆虫にえさ（蜜，花粉など）を提供する代わりに，主要な送粉者としてはたらいてもらうという相互関係ができあがり，それをもとに両者は共進化を遂げた．

(2) 進化と系統

植物という言葉は，一般的であるがゆえに群の範囲があいまいなまま用いることが多い．真核生物の中で色素体をもち光合成する群を指すことがあるが，そうすると一次共生生物（紅藻，緑藻，陸上植物）以外に二次共生生物（例，褐藻，クリプト藻）も含められるので，系統的にも形質的にもまとまってはいない．さらにかつては，今では植物よりも動物に系統がより近いと考えられている菌類をも含んで使われたことがあった．一方，系統を重視して分類し呼称する立場からは，植物は，広義の緑藻と陸上植物を含んだ単系統群の緑色植物のことを指すことが多い．緑色植物は表

表4.5 陸上植物と緑藻類，シャジクモ類に共通する形質

1. クロロフィルがaとbである．
2. 貯蔵炭水化物がデンプンである．
3. 細胞壁の主成分はセルロースである．
4. 細胞分裂時にフラグモプラストができ，細胞板によって分裂が起こる．
5. 鞭毛の基部に多層構造（multilayered structure；MLS）がある．
6. グリコール酸オキシダーゼという酵素をもつ．

4.5の形質1.〜3.を共有し，単系統群である．しかしここでは，多くの教科書（Simpson, 2006）と同様，植物を陸上植物に限る．陸上植物は胚および造卵器をもつので，緑藻（広義）と容易に区別でき，しかも単系統群である．

最近の分子系統解析から，植物（陸上植物）はシャジクモ類との共通祖先から起源した可能性が高い．両者は表4.5の4.〜6.の形質も共有するので，系統関係が推定されていた．現在では，植物とシャジクモ類は生活圏や体のつくりが違っても，ストレプト植物として分類されている（Kenrick and Crane, 1997）．植物とシャジクモ類との詳しい関係については，後者の中のシャジクモ目との共通祖先から派生したと推定する説が有力である．シャジクモ類と陸上植物は，それぞれの生活環境に対する適応的な特徴が著しく違っている．シャジクモ類は淡水または汽水で浮力に支えられて生活し（そのため乾燥に弱く），生殖も周囲の水中で起こる．植物体は線状，円盤状といった単純で組織分化のない形態である．これに対して，陸上植物は恒常的に乾燥と重力にさらされて生活する．当然，下部は地中で成長する．

植物進化の端緒で水圏から陸圏への移行がどのように起こったか具体的な過程は明らかでないが，高分子化合物がかかわった可能性が高い．しかし，「進化は飛躍せず」のたとえのように，藻類から陸上植物への進化は時間的長さはともかく，また進化の初期段階と最終段階の違いが大きくとも，順序よく段階を踏んで起こったであろう．そして，陸上植物となってからもいくつかの重要な新規形質がつぎつぎと出現して，主要分類群が多様化した（表4.6）．

おもな現生群は，コケ植物，シダ植物，裸子植物，被子植物であり，比較形態，化石記録，分子系統から，この配列順に陸上植物が進化したと広く認められている．最近の分子系統解析では，シダ植物は一部の種しか含まない側系統群であるが，裸子植物と被子植物はそれぞれすべての派生種を含む単系統群で，コケ植物はまだどちらか確定できない．しかしながら，解析は現生植物を対象としており，過去に存在した植物を含めた場合は，もっとも最近出現した被子植物を除く3群は側系統群である可能性が高い．たとえば，コケ植物が多少なりとも多様化したあとにシダ植物が起源したと考えられるので，現生のコケ植物が単系統であろうとなかろうと，シダ植物の祖先を含むコケ植物は，派生植物であるシダ植物をコケ植物に含まないので側系統群といえる．したがって，単系統群として誕生した群の中から後に派生した群を別の群に分類したとすると，もとの群は側系統群になってしまう．このような単系統群から側系統群へという変化パターンは，生物多様化の基

表4.6 ストレプト植物の主要群の特徴

分類群	シャジクモ目	コケ植物	シダ植物	裸子植物	被子植物
生活圏	水圏	陸圏	陸圏	陸圏	陸圏
クチン	+?	+	+	+	+
スポロポレニン	+?	+	+	+	+
フラボノイド	+?	+	+	+	+
リグニン	−	−	+	+	+
世代交代	−	+	+	+	+
配偶体栄養摂取	独立	独立	独立	従属	従属
胞子体栄養摂取	−	従属	独立	独立	独立
造卵器	−	+	+	+	+
胚	−	+	+	+	+
胞子嚢数		1	多	多	多
維管束	−	−	+	+	+
種子（胚珠）	−	−	−	+	+
心皮	−	−	−	−	+
重複受精	−	−	−	−/+	+

本であるといえる.

(3) 形質の進化

46億年という長い地球の歴史の中で, 陸上に植物が出現したのは地史的には最近といえる数億年前であった(化石記録からはオルドビス紀中期の4.76億年前であるが, それより前に出現したとする説もある). シアノバクテリア(藍藻)と藻類が光合成により大気中に酸素を放出してレベルが上昇し, それに伴ってオゾン層が成層圏につくられ, 次第に紫外線が遮られるようになった. このように, 生物がもたらした地球環境の変化によって, 地表が生物にとって住めるようになったのである. 陸上植物はシャジクモ類あるいはそれにもっとも近縁な藻類から進化したが, 撹乱があった不安定な水域に住んでいた群が上陸に成功したのかもしれない. このあたりの経緯は興味深いが謎のままである. 水中と陸上の大きな違いは, 乾燥と重力である. そのため, 陸上植物は表皮の上にクチクラ層を発達させて蒸散を防いでいる. また, 胞子を空中に飛散させて分布域を広げ繁殖するが, 胞子は乾燥, 低温, 紫外線から守る厚くて丈夫な胞子壁によっておおわれている. さらに, 水分, 無機塩類を地中から吸収して植物体の他の部分に運ぶための通道組織と, 植物体が重力に耐えうる支持組織をもっている. これらの構造をつくっている高分子化合物がクチン(クチクラ成分), スポロポレニン(胞子花粉壁の主成分), リグニン(維管束仮道管, 道管の二次細胞壁成分)である.

その他, 細胞質内の植物色素フラボノイドも有害な紫外線を吸収して, それから細胞とくに核, ひいては生命を守る重要なはたらきがある. これらの分子はたがいに合成系が関連していることから, その前駆的な合成系をもっていた藻類(シャジクモは少なくともその一部のクチン, スポロポレニンをもっている可能性が高い)から陸上植物が進化したのかもしれない(Graham, 1993).

陸上植物が藻類と形態的に異なる点は大型で多細胞の造卵器をもち, その中で受精卵が胚として成長することである(図4.41). そのため, 陸上植物を造卵器植物あるいは有胚植物という. シャジクモ類では単細胞の生卵器(シャジクモ類では多細胞に見える)であり, 受精卵は母体から離れ, やがて減数分裂して胞子を経てもとの植物体(配偶体)に成長する. これに対して, 陸上植物の受精卵は胚として親植物体から養分を受け取りながら成長する. 胚は配偶体に埋没した足から胎座を通して母体から養分を吸収する. 胎座はコケ植物でよく発達しているが, 維管束植物にも存在する. このような受精卵への養分供給システムができあがることが陸上植物, すなわち有胚植物の進化にとって不可欠であったといえる. コケ植物の胞子体は従属栄養を生涯続けるが, 進化した維管束植物では胚段階のみ従属栄養で, その後は光合成が著しい独立栄養である. しかし, これら一連の過程は明らかでない.

上陸を果たした陸上植物の進化は新規形質の一つ異形胞子性の進化と深くかかわっている. 一つ

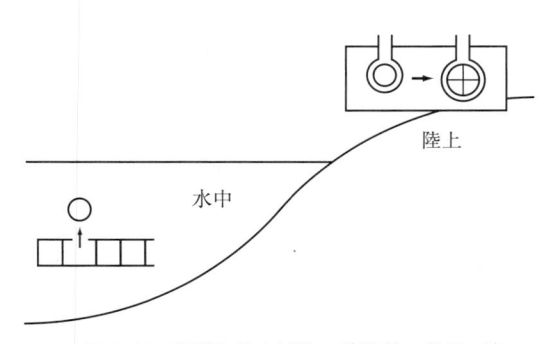

図4.41 藻類と陸上植物の受精卵の成長の違い
藻類(左)は受精卵が母体(生卵器)から離れるが, 陸上植物(右)は受精卵が母植物(造卵器)の中にとどまり胚に成長する.

の種の胞子サイズが単一の同形胞子性から，大胞子と小胞子に分かれる異形胞子性がシダ植物の少なくとも11系統で独立に出現したと化石データから推定されている．種子植物はすべて異形胞子植物であり，異形胞子をもった前裸子植物から派生した．このように，現生の維管束植物のほとんど（26万種−1万種＝25万種［96％］）は異形胞子性である．異形胞子化は植物進化の潮流であるとはいえ，シダ植物の大部分は同形胞子性のままである（コケの胞子性については本節b項参照）．

同形胞子からは両性の配偶体が生じ，同一配偶体の卵と精子が受精する自配受精が起こりうるので，1胞子による定着が可能である．一方，すべての遺伝子座でホモ接合となり，有害・致死遺伝子は劣性であっても発現するので子孫の生存率は低下する．それに対して，異形胞子では大胞子と雌性配偶体，小胞子と雄性配偶体が結びつき配偶体は単性であるため，雌雄配偶体間でのみ受精が可能である．このように，同形胞子性から異形胞子性への進化は自配受精の回避につながる．そして，同形胞子でも異形胞子でも外界の水を利用して受精が起こるので，その不安定さを回避する胚珠（種子）が進化したといえる．

陸上植物の主要群であるコケ植物，シダ植物，裸子植物，被子植物の間には中間的な群（多胞子嚢植物，前維管束植物［ともに「栄養胞子体」の項で解説］，前裸子植物，前被子植物）が存在した可能性がある．分裂可能で持続的な頂端分裂組織が存在しない単胞子嚢性のコケ植物から，そのような分裂組織をもつようになった多胞子嚢性の前維管束植物が，ついで維管束を分化させた維管束植物（シダ，裸子，被子）が起源したと見ることができる．

シダ植物と裸子植物をつなぐ群は，デボン紀中期から石炭紀初期にかけて繁栄した前裸子植物とよばれる．この植物の生殖は胞子繁殖するシダ段階であるが，栄養形質としては針葉樹に似た二次維管束をもっていた．このような組合せのある前裸子植物に胚珠（種子）が進化することにより種子植物が出現した．一方，被子植物の祖先となる裸子植物は，河川の氾濫原に適応した潅木だった

といわれることがある．

また，グロッソプテリス類が前被子植物の候補として注目されているが，確証はまだない．そのような前被子植物は，外部形態的には他の裸子植物と大きくは異なっていなかったであろうが，心皮と重複受精という重要な新規生殖形質がどのように（祖先型，順序）出現したかはわかっていない．心皮ができると花粉の発芽部位が胚珠花粉室から柱頭に変更されたので，前被子植物は両方で発芽していたかもしれない．重複受精とその産物としての胚乳が生じる前は配偶体はある程度大きかったのかもしれない．

〔加藤雅啓〕

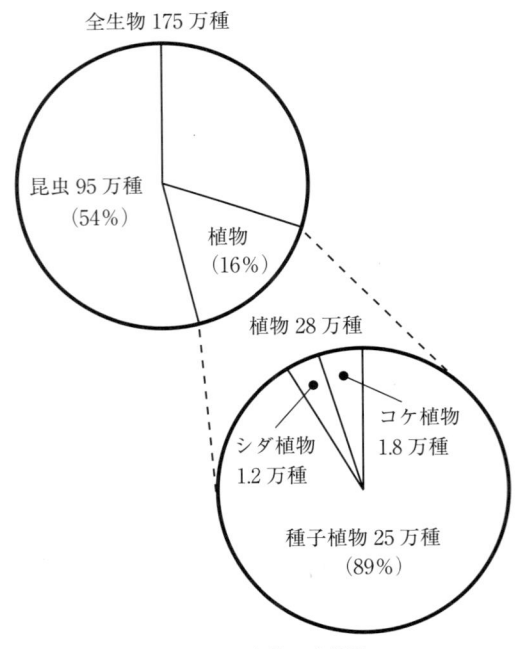

図 4.42 生物の多様性

a. コ ケ

コケ植物は小型の陸上植物（最大で背丈60 cm, 普通はもっと小さい）で，地上，岩上，樹上の多様な微小環境に生育し，ときには水中にも生える．われわれが通常コケ植物とよんでいるのは，光合成でき独立栄養する配偶体である．胞子体は配偶体よりもさらに微小であり，ツノゴケ類やセン（蘚）類の一部では葉緑体や気孔を備え光合成はできるものの，基本的には配偶体に終生従属栄養する．胞子体が発見されていない種も多く，とくにタイ（苔）類では珍しいことではない．

コケ植物は両世代とも維管束が分化せず，非維管束植物とよばれることもある．リグニンが合成できず二次壁は発達しないが，大型配偶体には細長いハイドロイドとよばれる死細胞があり，仮道管のような通道・支持のはたらきをする．また，師細胞に似たレプトイドもある．配偶体は茎葉体か葉状体であるが，群により一定であり，セン類全体とタイ類の一部は前者で，タイ類の残りとツノゴケ類は後者である（図4.43）．茎・葉は維管束植物の胞子体で分化するものとは相似である．

コケ植物は主たる植物体が配偶体であるために，その生殖様式は陸上植物の中で特異である．植物体は雌雄異株あるいは雌雄同株で，後者の場合，同形胞子シダ植物と同様に同一配偶体上の受精（自家自配受精）が起こりうる．しかし，シダ植物の場合と異なり，優勢な世代は半数性の配偶体である．セン類，タイ類では半分以上の種が雌雄異株で，ニュージーランドのタイ類は90％近くにのぼる．また，雄性植物体は雌性植物体上に付着すると小型化する場合があり，矮雄とよばれる．雌雄異株が原始的で，同株が派生的と見られている．

一方，小型で単純な胞子体は先端から蒴（胞子囊），蒴柄（胞子囊柄），足が配列し，分枝することはない．足は配偶体に埋没し，胎座を通して配偶体から養分を取り入れる．有限成長し蒴などに分化するが，ツノゴケ類では基部分裂組織により蒴が無限成長する．典型的な頂端分裂組織はなく，維管束植物（多胞子囊植物）の成長様式とは比較できない．形態は単純ではあるが，セン類では胞子放出に関係する蒴歯が蒴の裂開部に分化し，その形態などが分類に用いられている．

コケ植物は一般にセン類，タイ類，ツノゴケ類の3群に分類される．3者の系統関係は解析した遺伝子，種などが異なる研究の間で大きく異なって説得力のあるものはない．しかし，タイ類がもっとも原始的と見られることが多く，化石記録からも支持される．セン類は約1万種からなり，配偶体は茎葉体で，胞子体の蒴柄は硬く蒴歯がある．タイ類は約8千種で，配偶体は茎葉体または葉状体で，蒴に軸柱はなく，蒴柄は軟らかく腐りやすい．ツノゴケ類は約400種で，配偶体は葉状で，ピレノイドをもち，胞子体に蒴柄はない．

〔加藤雅啓〕

図4.43 コケ植物（樋口正信氏提供）（口絵25）
A. フタバネゼニゴケ（タイ類），B. ヒメスギゴケ（セン類），C. ニワツノゴケ（ツノゴケ類）．

b. 維管束植物

　維管束植物は文字通り維管束をもつ，コケ植物以外の陸上植物である．維管束は葉や茎の先端から根の末端まで連なり，水分・養分を体の隅々まで通道し，しかも重力に逆らって植物体を支える支持組織としてのはたらきがある．一般に，維管束は進化した植物ほど複雑である．多くのシダ植物やイチョウの葉脈が繰り返し分岐する遊離脈であるに比べて，被子植物の葉脈は複雑な網状脈である．原始的なシダ植物の茎の維管束は1本のみからなる原生中心柱から，複数からなる網状中心柱まで多様であり，進化した被子植物では多数の維管束からできた真正中心柱である（図4.44）．

　デボン紀初期には，外見は原始的なシダ植物であるが真の維管束をもたず，コケ植物のハイドロイド，レプトイドに似た通道組織をもった前維管束植物の化石が存在していた．この前維管束植物から維管束植物が進化したと考えられている．シルル紀後期（4.2億年前）のリニア群に属する *Cooksonia* は維管束をもっていたので，この頃までに維管束が出現したと思われる．最近，化石および現生植物の維管束の二次細胞壁を比較した研究から，リニア群ではリグニンからつくられていると推定される層が薄く二次壁を占める割合（2%）が小さいが，初期および現生のヒカゲノカズラ類（それぞれ30%，50%），種子植物（100%）では厚く，植物の進化に伴ってより耐久性の高い維管束ができあがったことが推定された（Cook and Friedman, 1999）．

　いうまでもなく，維管束組織は胞子体にのみつくられる（例外的に化石および現生植物の配偶体にも生じることはある）．この通道・支持組織の発達は，胞子体の大型化と不可分である．持続的な頂端分裂組織を獲得した胞子体は，維管束の未分化段階である前形成層などを通して，植物ホルモンに制御された高次の形態形成機構をつくりあげることで，大型化と複雑化を成し遂げたのであろう．さらに，維管束植物は形成層という二次分裂組織を獲得して肥大成長する木本にもなった．森林の出現により，その内外にできた多様な生息環境に多種多様な動植物が生育するようになった．このように，維管束植物が進化したことが本格的な陸上生物圏をつくりあげたといえる．

　維管束植物は伝統的にはシダ植物と種子植物に分類され，さらに種子植物は裸子植物と被子植物に分かれる（しかしシダ植物と種子植物の系統と分類については次のd項参照）．約25万種（40万種以上と見積もられることもある）の90%以上は被子植物であり，被子植物の多様化は送粉者や種子散布者と関連が深い花の進化がかかわっていたであろう．一方，裸子植物は1000種以下の弱小群に追いやられている．しかし，古生代はシダ植物，中生代は裸子植物，新生代は被子植物の時代といわれるように，それぞれ隆盛と繁栄，続く衰退の歴史をたどったのであり，被子植物は現在が繁栄のときといえる．

〔加藤雅啓〕

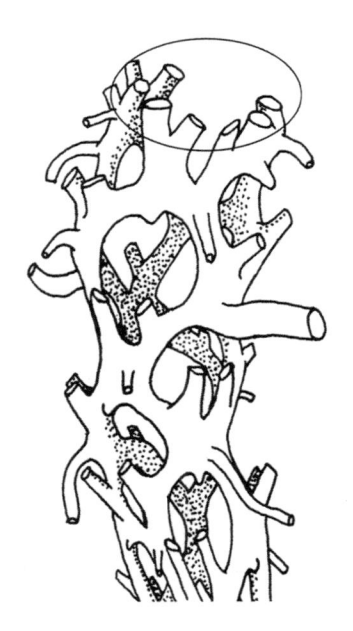

図 4.44　シダ植物の維管束（網状中心柱）
維管束以外の組織は除去．楕円は茎の断面を示す．

c. シダ

　シダ植物は胞子によって散布・繁殖し，多くの種では細裂した大葉をもち，一部は小型で切れ込まない小葉をもった維管束植物であるが，シダ類とは区別して呼称される．シダ植物は以前から側系統群と見られている．従来の体系では，シダ類（1万種），マツバラン類（12種），ヒカゲノカズラ類（小葉類，2000種），トクサ類（20種）の4群に分類され，シダ類を除く群はシダ様植物（fern allies）とよばれた（図4.45）．

　しかし，最近の分子系統解析の結果，ヒカゲノカズラ類を除くすべてのシダ植物が単系統で，それが種子植物に近縁であるとする説が有力視され，しかもマツバラン類とトクサ類がそれぞれシダ類の異なる群と類縁があるとされる．それに従うと，ヒカゲノカズラ類（小葉類）と大葉（真葉）類が維管束植物の二大群をなす．小葉類は小葉によって特徴づけられ，イワヒバ属・ミズニラ属の1群とヒカゲノカズラ類（狭義）に分類される．前者は異形胞子植物で，小舌とよばれる突起が葉の向軸面にあり，担根体もあるのに対し，後者は同形胞子植物で小舌や担根体をもたない．イワヒバ属・ミズニラ属と系統的に近いリンボク類は石炭紀に森林をつくって栄えた．

　大葉類は，大葉シダ植物と種子植物からなる．さらに，シダ類，マツバラン類，トクサ類はまとまって真葉（大葉）シダ植物として分類することが提唱されている．シダ類の系統は古くデボン紀に起源したとしても，大部分の科は比較的新しく，白亜紀中期以降に起こった被子植物の多様化の結果，出現した新しい環境に適応し多様化したことが，分岐年代の解析から推定されている（Pryer *et al*., 2004）．

　マツバラン類は根を欠き，地下茎は内生菌を含み不規則に分岐するのに対して，地上茎は二又分枝し，突起状あるいは垂直に扁平な葉をつける．

図 4.45　シダ植物（筆者撮影）（口絵26）
A. ミズスギ（ヒカゲノカズラ類），B. *Leptopteris alpina*（シダ類ゼンマイ科），
C. ミズドクサ（トクサ類），D. マツバラン（マツバラン類）．

単純で特異な形態であり，デボン紀のリニア群に似ているため，長い間マツバラン綱（裸茎植物）として分類されてきたが，真嚢シダ類のハナヤスリ科（目）と単系統であるとされる．

トクサ類は楔葉（あるいは輪葉）と独特の胞子嚢穂をもつ群で，節が明瞭なので有節植物ともよばれる．系統的に他の群からかけ離れて石炭紀初期にまで遡り，さらにリニア群から進化したトリメロフィトン群につながるが，現生植物の中では真嚢シダ類のリュウビンタイ群と単系統をなす．トクサ類はカラミテス群と絶滅したスフェノフィルム群とに分かれ，現生のトクサ類は前者に属する．

シダ類の大葉は切れ込んだものから単葉まで，葉脈が遊離脈から網状脈までさまざまであるが，一般に，細かく切れ込み単純な遊離脈が原始的とされる．狭義のシダ類の大葉の特徴はゼンマイ巻きであるが，これは発生初期に背軸側が盛んに成長するために起こり，発生が進むと向軸側も成長して，ゼンマイ巻きが解けて展葉する．葉の起源はいくつかの系統で独立に起こり，大葉は小葉よりも遅れて現われたと見られる (Beerling *et al.,* 2001).

〔加藤雅啓〕

d. 種子植物

陸上植物の中で維管束を分化させ，種子（胚珠）を獲得したのが種子植物である．大葉シダ植物の系統に属する前裸子植物（その大葉は分化の程度が低かった）から，まず裸子植物が 3.7 億年前（デボン紀後期）に起源し，裸子植物のある群から被子植物が進化した．前裸子植物は二次維管束をもった木本であったので，木本性は種子に先行し，最初の種子植物も木本であった可能性が高い．また，雌器官として大胞子嚢（珠心）が珠皮によって包まれた胚珠をもち，雄器官として小胞子嚢をもつので異形胞子性である．このことから，種子植物が由来した前裸子植物の群もすでに異形胞子植物であったといえる．

種子は胚珠から成長し，受精がおわって休眠状態にある胚が種皮（珠皮由来）に包まれた構造である．受精に先立って胚珠または柱頭で受粉・発芽が起こり，受精は胚珠内つまり植物体内で起こる．そして，種子が散布されて次世代の胞子体（実生）が成長する．種子は不適な環境では休眠でき，場合によっては埋土種子として長期にわたって休眠することもできる．これらの受粉・受精・種子散布・実生成長の様式は，コケ植物やシダ植物のように胞子が散布され，体外で配偶体成長，受精と胞子体成長が起こるのと大きく異なる．種子によって，受精と子孫の産生が安定し，適応度

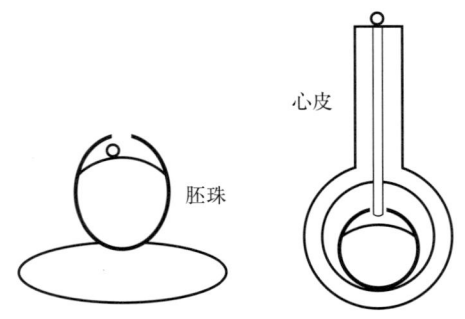

図 4.46 裸子植物と被子植物の胚珠の違い
裸子植物（左）は胚珠が裸出し受粉は胚珠で起こる．被子植物（右）は胚珠が心皮（子房）に包まれ受粉は心皮先端の柱頭で起り，発芽のあと花粉管が心皮（花柱）の中を伸長する．

が向上したといえる．

　種子植物は裸子植物と被子植物に分かれる．裸子植物は種子（胚珠）がむき出しの状態であるのに対し，被子植物はそれが心皮に包まれている（図4.46）．被子状態になることによって，受粉の部位が胚珠の珠孔から心皮の柱頭に移動したために，雄性配偶体である花粉管が心皮（胞子体）の中を長く伸張する過程で両者の間で応答が起こる仕組みができあがったのである．応答の一つ自家不和合性は，自家受精を抑制して遺伝的変異を高めることができる．また，心皮は胚珠を保護する重要なはたらきがあるが，それに加えて果実に成長して訪果する動物のえさとして利用されるようになり，種子散布に一役買っている．その他，被子植物に独特の重複受精は胚と同時に胚乳を形成するので，母親から胚乳への養分の供給は胚への供給に直結し，繁殖効率が向上する．被子植物は裸子植物にはないこのような新規形質を獲得したために，裸子植物のニッチを奪ったのかもしれない．これに対し，裸子植物の成長した配偶体は胚乳のはたらきもするので，受精が起こらない場合は配偶体への投資が不経済になりうる．

　分子系統解析から，現生種子植物は単系統で，さらに裸子植物も被子植物も単系統群であると見られることから，現生の種子植物が複数回起源してできた祖先植物の末裔であるとする説はほぼ否定される．しかし，種子に類似した構造が小葉類（*Lepidocarpon*）で進化したように，種子植物が複数回起源し，一つの系統だけが生き残って，残りは絶滅してしまった可能性は残されている．古生代に出現した裸子植物は中生代で繁栄し，やがて中生代末期の白亜紀後期に多様化した被子植物に地位を追われた．

〔加藤雅啓〕

e. 裸子植物

　種子（胚珠）が裸出した木本性植物である．グネツム類は胚珠のまわりをコップ状の苞被（苞葉）に囲まれ，球果類（針葉樹）では球果を構成する上下の苞鱗片と種鱗片の間にはさまれているように，裸子植物といえどもなんらかの器官で部分的にでも包まれることがある．しかし，そのようなおおいがあっても普通花粉は胚珠内の花粉室で発芽する（まれに胚珠外で発芽する）．球果類（針葉樹）とイチョウでは送粉は風媒であるが，ソテツ類とグネツム類では虫媒が知られている．

　裸子植物は，最初の種子植物としてデボン紀後期に出現した．初期の胚珠は珠孔が未完成で，代わりにラゲノストマという独特の構造が珠心上端にあって受粉にかかわっていたので，それを前胚珠とよんでいる．古生代の後半から中生代にかけては裸子植物が植生の主要構成員であったが，動物相と同様，白亜紀と第三紀の境界で衰退し，新生代では衰退を続けた．したがって，裸子植物の大部分は化石として知られ，現生種はわずかである．絶滅した化石裸子植物は，もっとも古いシダ種子綱（綱は分類階級）をはじめとして，コルダイテス綱，ボルチア綱，グロッソプテリス綱，カイトニア綱，キカデオイデア（＝ベネチテス）綱，ペントキシロン綱，チェカノウスキア綱が知られている．現在生き残っているのはグネツム綱，イチョウ綱，ソテツ綱，球果綱の4綱で，合わせても750種ほどにすぎない（図4.47）．

　とりわけ，イチョウ綱は1種のみが生き残り，しかも野生状態のものはあったとしても，中国の限られた地域だけに分布している．かつては日本をはじめ世界に広く分布していたが，衰退しほとんどの地域で絶滅した．形態的にも祖先的な化石から著しくは変化していないので，「生きた化石」とよぶのにふさわしい．メタセコイア（アケボノスギ）は日本から絶滅した化石植物として記載されたが，あとで中国で生存している植物が発見された．また，つい最近（10年ほど前）オーストラリア東南部（シドニーに近い森林）から新属 *Wol-*

図 4.47　裸子植物（口絵 28；B を除く）
A. アカマツ，B. ソテツ（雄株），C. イチョウ（雌株），D. グネツム（雌株）
（B. 國府方吾郎氏提供）．

lemia（ナンヨウスギ科）が発見されて話題となった．現生 4 綱のうち，グネツム綱と球果類は形態的には大きく異なっているが，系統は近くグネパイン類とよばれることがある．

　もっとも初期に出現したシダ種子類は，前裸子植物とよばれるシダ植物から進化した．前裸子植物は，かつては裸子植物の材化石とされた *Callixylon* 属とシダ類の葉化石とされた *Archaeopteris* 属が同一植物のものであることが判明した植物を含む一群である．その結果，材構造（二次維管束）は針葉樹によく似る一方，胞子で殖えるシダ段階の植物があることが明らかになった．このような前裸子植物が裸子植物の祖先であったことから，木本性の進化が胞子から種子への進化に先立って起こったことが窺える．　〔加藤雅啓〕

f. 被子植物

　被子植物は白亜紀初頭（1.4億年前）かそれ以前のジュラ紀（あるいは三畳紀）に起源したもっとも新しい巨大群である．花粉分析により，起源した地域は熱帯域で，次第に高緯度に拡大したと推定され，当時の巨大大陸ゴンドワナの一部であった可能性はある．これに関連して，現生植物の中でもっとも原始的なアンボレラがニューカレドニアに固有であることは興味深い．最近大量の塩基配列データを使った系統解析や，ほぼ全科を網羅した解析が相つぎ，被子植物の科レベルの系統関係はかなり明らかになった（図4.48, Soltis $et\ al.$, 2005）．

　最近の体系では，被子植物は45目（他に所属不明の目が33）約460科に分類される．目，科をまとめる分類体系は未完成である．もっとも原始的なのはアンボレラ科，スイレン目（スイレン科，ハゴロモモ科）で，ついでシキミ科，オーストロベイレヤ科，トリメニア科が分岐する．続いて単子葉類，センリョウ科，モクレン目群（モクレン目，クスノキ目，コショウ目ほか）が分岐し，最後に残った系統枝が真正双子葉類である．この中にバラ目群，キク目群といった巨大群が含まれる．被子植物を単子葉類と双子葉類に大別したこれまでの分類体系とは異なり，単子葉類は原始的被子植物の系統の一つにすぎず，残りはすべて双子葉類である．もう一つ重要な発見は，系統関係と花粉形態の一致である．真正双子葉類の花粉は三溝粒であり，単子葉類を含む原始的な被子植物はすべて単溝粒である．

　被子植物にとって特徴的な形質は花，心皮と重複受精であり，これらが新しく獲得された結果，被子植物が出現したといえる．原始的な花はアンボレラのように小さかったのかもしれない．また，原始的とされる両性花，および花被片・雄ずい・雌ずいの配列がどのように進化したかは興味深い課題である．心皮の合生，合弁化，子房下位化，果実（心皮）の多様化などを伴って被子植物は多様化を遂げた．

　裸子段階の胚珠を包み込む心皮の進化について有力な説は二つ折れ説で，葉状の祖先心皮がその向軸面についていた胚珠を，若い葉が二つ折れするように包み込んだとみる．その他，楯状葉から心皮が由来したとする説などもある．しかし，被子植物の胚珠は2枚の珠皮で囲まれ，裸子植物より1枚多いという事実がこれまでの仮説で見落とされている．珠皮が付加された過程が心皮の起源とともに明らかにされる必要がある．2珠皮性の進化にあてはまるものとして，グロッソプテリス類裸子植物が注目されている．

　重複受精は裸子植物のグネツム，マオウにも知られているが，それとは極核が受精して胚乳になる点ではっきり異なる．重複受精の特徴は胚と同時につくられた胚乳が早く成長し，確実に胚に養分を供給することである．重複受精および胚乳の起源については，重複受精が刺激となって胚嚢（8核性の小型配偶体）が再成長するようになったとする配偶体相同説と，重複受精で付加的に生じた胚が胚乳組織に転換したと見る胚相同説が有力である（Friedman, 1994）．

〔加藤雅啓〕

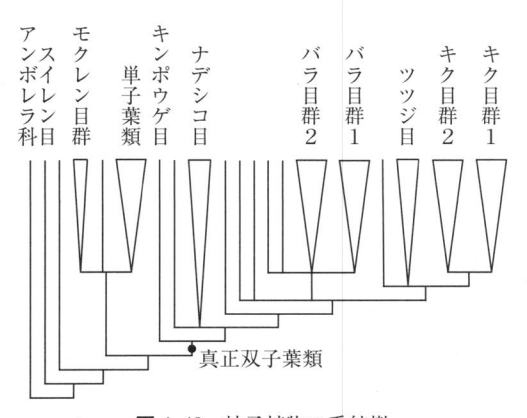

図4.48 被子植物の系統樹
幅広い三角形は2万種以上，中幅は1万種以上，狭い三角形は7千種以上の群を示す．

g. 単子葉植物

　子葉が1枚しかないことで特徴づけられる被子植物の1群で，それ以外にもつぎのような特徴をもつ．植物は草本で（木本性の植物も形成層による肥大成長をしない），茎の維管束は不斉中心柱，葉脈は多くは平行脈，花は三数性，花粉は単溝粒，初生根（主根）は短命で代わって側根（ひげ根）が発達する．このように形態的にまとまった単子葉類は単系統をなすが，従来考えられていたように被子植物の二大系統群の一つではなく，原始的被子植物の中のマツモ科にもっとも近縁であるという．単溝型の花粉は原始的な双子葉類と一致し，平行脈で比較的細長い単子葉類の葉については，葉身が退化しそれに代わって葉柄部が扁平化してできたとよく解釈されることがある．小さな群が多い原始的な被子植物の中で，単子葉類は12目約90科5.5万種からなる大きな，多様化した群である．

　もっとも原始的な群はショウブ科（ショウブ属のみ）で，1科でショウブ目に分類される．この科の特徴の一つは葉が単面葉で，葉身が向軸・背軸を通る面に沿った剣形ということであり，剣葉が単子葉類の葉の原型であるとする説もある．また，ショウブ科，オモダカ目などから派生的なものまで水生あるいは湿地生の植物が多い．一方，ラン科（2万種）はキク科（2万種超）とともに種数が被子植物中最大で，単子葉類でもっとも進化を遂げた科である（図4.49）．ダーウィンが特異な訪花蝶類の存在を予言したように，$Angraecum$の長さ約25cmの距とほぼ同じ長さの口吻をもった蛾が訪花するなど，花は虫媒に適した複雑な仕組みをもつ．ラン科はまた熱帯の樹上で着生植物として多くの種が分化を遂げており，パイナップル科も同様である．これと対照的なのがイネ科である．代表的な穀物であるトウモロコシ，イネ，コムギなどを含み，1万種近くからなる．ラン科と違って送粉は風媒で，花は特殊化している．C_4光合成をするC_4植物が多い（全種の40%）のもイネ科の特徴である．これに対するC_3植物は陸上植物が出現したあともほとんどの年代にわたって独占的に存在した．圧倒的にC_3被子植物が多い中でさまざまな群で少なくとも31回起源したが，カヤツリグサ科と同様イネ科の中でも複数回起源した．C_4光合成は二酸化炭素レベルが地史的に長期にわたって低下した大気の変化に対応して生じた合成経路である（Sage and Monson, 1999）．また，C_4植物は強い日射，高温，乾燥に耐えうるので乾燥地に適している．化石記録から，被子植物のC_4植物はそれぞれの科の出現（イネ科は6000〜5万5000年前に出現）と比べても最近になって現れた．イネ科のC_4植物は1250万年前に出現し，さらに世界的に広がったのは500万年前以降だとされている．

　つい最近，注目すべき論文が発表された（Saarela et al., 2007）．ヒダテラ科はイネ目に近い単子葉植物と考えられていたが，原始的被子植物のスイレン目に近いことがわかった．これにより，被子植物の初期の多様化について新たな知見が付け加わったことになる．

〔加藤雅啓〕

図4.49　ラン科クマガイソウ（佐藤絹枝氏提供）（口絵28）

h. 双子葉植物

　双子葉類は子葉が2枚あることで特徴づけられる被子植物の1群であり，従来の体系では被子植物は双子葉類と単子葉類の2大群に分類されていた．最近の分子系統樹から，いくつかの原始的被子植物の系統がつぎつぎに分かれ，その一つを占める単子葉類を除いた残りすべてが双子葉類の系統であることがわかった（Soltis *et al.*, 2005）．さらに，末端枝に真正双子葉類が位置づけられる．これから，双子葉類全体は側系統群であるといえる．

　双子葉類の胚は発生すると塊状からハート型段階，魚雷型段階を経過し，2枚の対生する子葉の間の胚軸の上端から幼芽（初生シュート）が，下端（下胚軸の先端）から幼根（初生根，主根）が生じる．上下基軸をつくりだすこの発生パターンから，陸上生活に適した双子葉類のボディプランの基本ができあがる．このような基本は被子植物全体に共通する祖先型である．

　双子葉類は単子葉類5万種に比べて約370科約19.5万種にも多様化した．しかもその大部分は真正双子葉類であり，ほとんどの科は白亜紀後期以降に現れたと見られる．大きな群はバラ目群1類，同2類，キク目群1類，同2類である．これに対して，原始的な科は比較的小さく，1属1，2種のものさえある（アンボレラ科，オーストロベイレヤ科）．生活に密着したそれぞれの特徴において著しい変異を示した．木本（高木から低木，潅木まで）または草本の形状を獲得して，さまざまな高さの地上の層と光環境を利用した．その他，地生形，つる形，岩生形，着生形，水生形といったさまざまな生活形をつくり出して多様な環境に適応した．花が集合してできた花序が多様な姿をとったおかげで（例，セリ科，キク科，サトイモ科），多種多様な動物が訪花する．放射総称花に加えて左右相称花が出現したことも動物の誘引につながった．それ以上に顕著なのが多様な花の形態であり，送粉者・種子散布者となった動物とともに多様化を遂げた（図4.50）．花弁は色，におい，形により動物を誘引する器官であるが，それらの特徴が多様になったために訪花・送粉動物の多様性も増大した．花弁が合着して離弁花から合弁花が進化したが，その結果生じた花筒はしっかりとしたさまざまな形をとって訪花動物の選好性や多様な口（口吻）の形に対応した．原始的な花は普通子房上位であるが，子房下位の花も進化した．子房下位化することによって，熱帯アメリカでツツジ科がハチドリによる鳥媒に適応し多様化したのはよく知られた例である．原始的な花は心皮がばらばらな離生心皮であり，1本の花柱を共有する合生心皮は派生的である．花柱が心皮ごとに独立した離生心皮に比べて，合生心皮では花柱を伸張する花粉管（雄性配偶体）間で成長，最終的には受精をめぐって競争が激化し，それが適応度を高める一因になったといわれる．

〔加藤雅啓〕

図4.50　真正双子葉類の花と訪花昆虫（門田裕一氏提供）（口絵29）
A. ヒダカキンバイ（キンポウゲ科）とハエ
B. ヒダカセルアザミ（キク目群2類，キク科）とマルハナバチ

i. モデル植物

生物の表現型は遺伝子により制御され，表現型の進化は遺伝子型の進化の結果であるから，その制御機構と進化を明らかにすることは当然の流れである．発生進化学（エボ・デボ）的研究はその一つである．モデル植物は分子遺伝学的解析に適した植物で，つぎの要件を満たす．生活環の長さが実験に適した短さであり，ゲノムサイズが比較的小さく遺伝子解析がやりやすく遺伝子操作が行える．シロイヌナズナは胚から成体まで双子葉類に共通の特徴を備え，得られたデータの多くは一般化ができる．一方，真正双子葉類のアブラナ科の一員であるので，派生的・進化的な特徴も多く，データが限定的にしか適用されないこともある．花は左右相称，合弁，合生心皮で派生的で，形態を決める分子機構がそのまま原始的な花についてもあてはまるとは限らない．むしろ植物の間で分子機構の違いを明らかにし，その進化を明らかにすることは興味深く，研究されている．

植物進化を明らかにするうえで，顕著な形質進化を遂げているか系統上の結節点にある植物の間で分子機構を比較することは不可欠である．真正双子葉類真正バラ2類のアブラナ科が属する系統とは異なる群，たとえば単子葉類（例，イネ科イネ），真正双子葉類真正バラ1類（ゴマノハグサ科キンギョソウ，ナス科トマト，ナス科タバコ）についてもシロイヌナズナと同程度かそれに近い解析と比較が行われつつある．さらに，25万種あるいはそれ以上からなり多様である被子植物の進化を解明するためには，原始的な被子植物，単子葉類，真正双子葉類のそれぞれでモデル植物を確立する必要がある．裸子植物はすべて長寿の木本であるため，モデル植物をつくるのは困難かもしれない．シダ植物の中で有力なのがミズワラビ（リチャードミズワラビ），小葉類のイヌカタヒバである．維管束植物は小葉類と大葉（真葉）類に系統分化したことを考慮すると，その初期進化を探るうえで小葉類のモデル植物を確立することが欠かせないだろう．系統をさらにさかのぼると，コケ植物のヒメツリガネゴケ，ゼニゴケがすでに優れたモデル植物として研究されている．コケ植物と維管束植物の間には大きな相違があり，わからないことが多いので，陸上植物の進化を明らかにするうえで研究の進展が期待されている．ストレプト植物の最下部にあるシャジクモ類（ヒメミカヅキモ）についても同様の期待が寄せられている．他に，単細胞緑藻のクラミドモナス，原始的な単純な形態をした紅藻シアニディオシゾンも研究が進められている．共生など，植物の進化にとって核となる現象を解析するうえで注目を浴びている植物もある（マメ科ミヤコグサ）． 〔加藤雅啓〕

参考文献（4.7節）

Beerling, D. J., Osborne, C. P. and Chaloner, W. G. (2001) Evolution of leaf-form in land plants linked to atmospheric CO_2 decline in the Late Palaeozoic era. *Nature* **410**: 352-354.

Cook, M. E. and Friedman, W. E. (1999) Tracheid structure in a primitive extant provides an evolutionary link to earliest fossil tracheids. *Int. J. Plant Sci.* **159**: 881-890.

Friedman, W. E. (1994) The evolution of embryogeny in seed plants and the developmental origin and early history of endosperm. *Amer. J. Bot.* **81**: 1468-1486.

Graham, L. E. (1993) Origin of Land Plants. John Wiley & Sons, New York.

Kenrick, P. S. and Crane, P. R. (1997) *The Origin and Early Diversification of Land Plants: a Cladistic Study*. Smithsonian Institution Press, Washington.

ラブロック，J. E. (1984)：地球生命圏—ガイアの科学—（星川 淳訳），工作舎．

Pryer, K. M., Schuettpelz, E., Wolf, P. G., Schneider, H., Smith, A. R. and Cranfill, R. (2004) Phylogeny and evolution of ferns (monilophytes) with a focus on the early leptosporangiate divergences. *Amer. J. Bot.* **91**: 1582-1598.

Saarela, J. M., Rai, H. S., Doyle, J. A., Endress, P. K., Mathews, S., Marchant, A. D., Briggs, B. G. and Graham, S. W. (2007) Hydotellaceae indentifiel as a new branch near the base of the angiosperm phylogenetic tree. *Nature* **446**: 312-315.

Sage, R. F. and Monson, R. K. (eds.) (1999) C_4 *Plant Biology*. Academic Press, San Diego.

Simpson, M. G. (2006) Plant Systematics. Elsevier, Amsterdam.

Soltis, D. E., Soltis, P. S., Endress, P. K. and Chase, M. W. (2005) Phylogeny and Evolution of Angiosperms. Sinauer, Sunderland.

5

植物の利用

総論

はじめに—地球上の植物の存在量—

すでに他の章でも見てきたように，植物の存在と，人間の生命・生活の維持とは切っても切れない関係にある．現在，地球上には一体，どのくらいの植物が存在し，それらはいかなる生態系を形成し，そしていかに利用されているのであろうか．表5.1に，地球上の種々の生態系における植物の現存量を示した．地球上の植物現存量の約92％にあたる1700億tは森林にある．地球上の全土地面積の約30％を占める森林は，数十年，ときには数百年かかって蓄積した光合成産物を，縦に長く伸びた樹木の幹に取り込み，炭素化合物の大きな貯蔵庫を形成しているのである．

一方，人間に対して，食料のみでなく繊維，油などさまざまな必需物資を供給する耕地は，地球上の全土地面積の約10％を占めるにすぎない．そして，耕地における植物現存量は，地球上の全現存量の1％にも満たない．これは，耕地において栽培される植物は，果樹などの永年生木本作物を除けば，そのほとんどが一年生の植物であり，毎年収穫されて，系外にもち出されてしまうためである．しかし，地球上の土地面積のたった10％の耕地が，今や60億人をこえてしまった人間の燃料，食料，そして家畜飼料など膨大な量の物質を生産しているわけであり，植物生産の管理法としての農業という産業が，いかに効率よい生産体制を有しているかを計り知ることができる．この5章では，森林，草原，耕地のうち，人間による利用度が高い森林と耕地において，「植物は人間にどう利用されているか」あるいは「植物は人間に対してどのような役割を演じているか」ということを考えてみる．

I 森林の役割とその利用

1. 人間の進化における森林の役割

アフリカは赤道直下にあるため，太陽放射が強く，高い気温を1年中維持することができる．その強い太陽放射と高い気温は，植物の生長を早め，食料とする植物の実や種子などを生産するには都合がよい．さらに，雨林も存在することからわかるように，場所によっては十分な水がある．つまり，アフリカは，食料，温度，水という人間が生物として生きていくのに，最低限必要な3条件がそろっている地域なのである．約500万年前に，人間のもっとも古い祖先である猿人が発祥して以後，人類の進化が，アフリカで進行してきたことは不思議なことではない．そして，約20万年前にアフリカで起源した新人（Homo sapiens）は，8万年前に，アフリカを出て，ユーラシア大陸の各地に拡散していった．そして，約2万年前にはベーリング海峡を渡り，北米大陸に入り，米大陸を縦断したと考えられている．このように，人間が地球上のあらゆる地域にまで拡散できた最大の理由は，人間が植物を燃やして火を得ることを知っていたからである．森の木を利用して火を起こして暖をとり，そこに生きている動物を捕獲して調理し，動物の襲撃を火によって回避しながら，人間は地球上の隅々にまで拡散していった．したがって森林は，まず，燃料の供給という人間にとっては欠くことのできない役割を果たしてきたのである．さらに森林は，木の実やキノコなどの植物性食料を，また，獣や昆虫などの動物性食料を人間に提供した．また，直射日光を遮ることによって人間を紫外線から守り，風雨を遮ることによって体温の維持を可能にした．すなわち，森は急激な環境変化を回避させ，人間の生活環境の恒常

表5.1 地球上の各生態系における植物現存量

生態系	現存量（乾物億t）
森林	1700
草原	74
耕地	14
（水界）	34

（FAO, 2001）

性を維持することによって，人間の進化と拡散を容易にしたのである．

2. 現代の森林の役割

火の使用は，人間の進化と地球上の各地域への拡散に計りしれない大きな役目を果たした．現代においても，地球上には，森林の木を火の材料，すなわち燃料として，生活に必要なエネルギーを得ている地域がたくさんある．表5.2に，世界各地域の森林の用途別生産量を，薪炭と丸太生産に分けて示した．アフリカ，アジア，中南米など多くの発展途上国においては，いまだに森林を薪炭生産の場として利用しており，世界全体で見ても薪炭生産のほうが多いのである．一方，先進国である北米やヨーロッパの国々では，森林から得られる木材は丸太として建築資材などに利用され，生活エネルギーとしての利用はきわめて少ない．これらの国々では，生活エネルギーを薪炭ではなく，膨大な量の化石燃料に依存しているのである．もし，人間が必要とするエネルギーを，森林の木の燃焼から得，その跡を計画的に植林するというような循環系を確率することができれば，CO_2上昇による地球温暖化という問題はなくなるはずである．

このように，森林には，燃料供給という役割がいまだに大きいが，なんといっても森林の大きな機能は木材生産である（5.8節参照）．約1万年前に始まった人間の定住化に伴い，森林の樹木は，家の建築資材をはじめ，船，家具，農具などの種々の品目の製作資材として利用されてきた．当然，材木の利用は，地球上の人口増に伴って増加の一途をたどった．さらに，その国の文明度の指標ともいわれる紙の使用量は，近年，とくに加速され，パルプ材としての利用が急増している（5.8節参照）．

3. 耕地と森林

地球上での人口増加に対応して食料を確保するために人間がとりえた唯一の手法は，森林を開墾し，耕地を拡大することであった．近年になっても，森林面積は減少の一途をたどっており，1990～2000年の10年間を見ても，森林面積の2.4％，9400万haもの広大な森林が消失してしまった（表5.3）．とくに，熱帯雨林をもつアフリカと南米の減少率は大きい．それは，すでに述べたように，これらの発展途上地域では，森林の木を燃料として利用していることが理由である．しかし，それ以上に大きな理由は，森林を開墾して農耕地として利用していることである．これらの地域では，いまだに，焼き畑農業（slash and burn agriculture）とよぶ農業が行われていることも，森林の減少につながっている．現在でも高い出生率を示し，食料問題がさらに深刻になりつつある発展途上地域では，いまだに森林を切り開いて耕地化せざるをえない．北米やヨーロッパでは，20世紀以前に開墾が可能な森林のほとんどを耕地化し終わり，食料問題をほぼ解決した．「われわれは，先進国におくれて今，食料確保のために，森を耕地に替えている」とする発展途上国の人たちに，過去にその段階をおえてしまった先進国は，どう対応すべきなのだろうか．

表5.2 世界の用途別木材生産（単位：百万 m^3）

	薪炭生産	丸太生産
世界	1753	1515
アフリカ	463	70
アジア	883	244
中南米	226	143
北米	75	606
ヨーロッパ	95	411

（FAO 2001）

表5.3 1990～2000年の10年間の森林面積の減少
（単位：百万 ha）

地域	森林面積 1990年	森林面積 2000年	増減率（％）
世界	3963	3869	－2.4
アフリカ	702	649	－7.5
アジア	551	547	－0.7
オセアニア	201	197	－2.0
ヨーロッパ	1030	1039	＋0.9
北・中米	555	549	－1.1
南米	922	885	－4.0

（FAO 2001）

II. 耕地の役割とその利用

1. 栽培植物の種類とその機能

人間が栽培する植物を一般に作物というが，歴史的に見れば作物は，畑や水田のような広い圃場で粗放的に栽培されるものを圃場作物（field crops）と，農家の庭先などの狭い土地を利用して栽培される作物を庭園作物（garden crops）とよんでいた．しかし，野菜や果樹の栽培も，現在では圃場で大規模に栽培されるようになり，庭園作物という言葉は意味をなさない．現在では，一般に，作物を，その使用目的により，食用作物（food crops），工芸作物（industrial crops），飼料作物（forage crops），園芸作物（horticultural crops）に分けている．

約1万年前に，定住化をはじめた人間は，野生植物をつぎつぎに栽培化して食料を安定して得るようになった（5.1節参照）．さらに，人間は，食用に供する作物のみでなく，家畜に飼料として与える作物，あるいは被服に利用する繊維をとる作物などさまざまな植物を栽培した．その数は世界で約1500になるといわれるが，それらの植物は人間の生活にどう利用され，どういう役割を果たしてきたのであろうか．

食用作物：食用作物は，人間が生きるために必要なエネルギー源を供給する炭水化物，タンパク質，脂肪を生産する作物である．食用作物は，穀類（cereal crops），いも類（tuber and root crops），まめ類（pulse crops）からなる（5.2節参照）．中でも穀類は，主食としての役目を負ったもっとも重要な作物であり，世界の作物栽培面積14億9700万haのうちの45％にあたる6億7000万haが穀類の生産にあてられている．

飼料作物：家畜の餌は濃厚飼料と粗飼料とからなっている（5.5節参照）．濃厚飼料は，穀類の子実やダイズの油かすなど，炭水化物やタンパク質などの栄養分が濃縮されて含まれる飼料である．また，粗飼料とは炭水化物やタンパク質の含量は低いが，水分，ミネラル，ビタミン，繊維などを供給する飼料であり，青刈り作物と牧草である．我が国の食料自給率はきわめて低い．穀類では28％である．この理由は，濃厚飼料のほとんどを輸入に頼っているからである（表5.5）．トウモロコシの輸入量，約1200万tという数字は，わが国の米の全国生産量が907万t（2005年）であることを考えるといかに大きいか想像できる．もし，飼料用の穀類を除いた食用穀類についてみれば，我が国の穀類自給率は60％にまで上昇する．

工芸作物：工芸作物にはワタなどの繊維作物，ダイズなどの油料作物，サトウキビなどの糖料作物，タバコ，コーヒー，チャなどの嗜好料作物，パラゴムのようなゴム料作物，アイなどの染料作物が含まれる（5.6節参照）．工芸作物（industrial crops）は，製品として市場に出るまでに工業的なプロセスが存在するという共通点があるが，その用途や利用目的はまったく異なる．工芸作物の中には，換金性の高い熱帯作物が含まれている．そ

表5.4　各種農産物生産量の近年の変化

品　目	1980年（百万 t）	2001年（百万 t）
穀類	1550	2086 (134)
いも類	522	677 (129)
大豆	81	176 (217)
野菜計	324	698 (215)
果実計	303	466 (154)
油料作物（油）	49	111 (227)
油料作物（油粕）	104	216 (204)
砂糖	84	127 (151)
カカオ豆	2	3 (150)
茶	2	3 (150)
綿花	13	21 (162)
葉たばこ	5	6 (120)
天然ゴム	4	7 (175)
肉類	136	236 (174)
乳計	465	584 (126)
卵計	27	56 (207)
羊毛	3	2 (67)

（FAO 2001）
注）年の（ ）内の数字は1980年を100とした場合の相対値．

表5.5　わが国の飼料作物（子実などの濃厚飼料）輸入実績

品　目	数量（千 t）
トウモロコシ	12418
ダイズ油かす	1630
子実モロコシ	1430
オオムギ	1147

（農林水産統計，2006）

のため，工芸作物には，近代になってから，欧米列強が，植民地に導入し，本格的な栽培を開始して大作物となったものがある．たとえば，米国は，18世紀末にイギリスではじまった産業革命において，紡績工業の原料である綿毛の供給基地として機能した．米国では，ワタ栽培のため，奴隷として多くのアフリカ人を拉致し，過酷な労働に従事させた．その結果，1860年には南北戦争が起こり，奴隷解放がなされたのである．また，イギリスでは，チャあるいはゴムノキを植民地のインドや東南アジアにもち込み，現地の人々を安い賃金ではたらかせ，大きな利益を得たのである．このように，工芸作物の生産史は人間社会の政治・経済の歴史と密接に関係していることが多く，そういう観点で見ると，工芸作物は大変興味のある作物である．

薬用作物：おもに漢方薬の原料となる薬用作物は，特定の地域で小規模生産されることが多く，地域特産作物となっていることが多い．わが国では，現在，地域特産農作物として栽培されている薬用作物は，141種にのぼる（特産農産物協会）．もっとも生産量が多いのは，チョウセンニンジンである．

園芸作物：園芸作物は大きく分けると，野菜，果樹，花卉に分けられる．園芸作物の生産は，近年急激に増加傾向をたどっている．それは，人間の生活にゆとりがでてきた結果，カロリー供給機能だけではなく，「おいしさ」という人間の嗜好性を満足させる機能，あるいは健康維持のための保健機能など，カロリー供給以外の機能にまで配慮することができるようになったからである（5.3, 5.4節参照）．

また，花卉は，鑑賞することによって，あるいは自らが栽培することによって生活に楽しみをもたらし，心を和ませる役目を果たしている．こうした役割は花卉のみでなく，栄養体である葉を鑑賞の対象とする観葉植物にもある．花卉や観葉植物が果たす役割は，単に個々の家庭でのみ発揮されるのではなく，公園や緑地帯といった公共の場でも，人間に精神的安らぎを与えるという役割が十分に発揮されている（5.7節参照）．

2．多用途に使われる作物

トウモロコシは三大穀類の一つであり食用作物の穀類に分類されている．表5.6から判断すると，トウモロコシの原産地であり，地域の食文化にしっかりと組み込まれているメキシコや中南米では，たしかに，トウモロコシは，食料として利用される割合が大きい．また，インドやタンザニアなど，熱帯の慢性的食糧不足地域においても食料として利用される割合が大きい．しかし，米国をはじめ，ヨーロッパ諸国，そして日本などの畜産が盛んな地域では，家畜の餌として消費される割合が圧倒的に多い．

トウモロコシを家畜の餌とした場合，エネルギー的にいえば，家畜の肉を食べて生きる人間1人は，トウモロコシを穀類として，直接，食する人間10人分に相当するといわれている．トウモロコシのみでなく，モロコシやオオムギなどの穀類を人間の食料として利用していくか，あるいは家畜飼料として利用していくかは，今後の食料問題を考えるうえできわめて重要である．

さらに，トウモロコシは，化石燃料の枯渇や地球温暖化への心配を背景に，エタノールを生産する，いわゆるバイオ燃料の材料として，最近とくに注目されている．1970年代に，世界に先駆けてエタノールを自動車燃料として実用化したブラジルでは，原料としてサトウキビを使っている．サトウキビは，強い日射のもとで高い光合成能力を発揮するC_4植物であるうえ，ブラジルのように年間平均気温が高い所では冬越しが可能である．そのため，毎年改植せずに株出し栽培が可能であり，省力的に栽培できるからである．しかし，米国では，サトウキビの生産は難しい．そこで，サ

表5.6 トウモロコシの用途別消費量（百万 t/年）

国	消費量	飼料	食用
米国	199.3	149.6	3.8
日本	15.7	11.7	1.5
インド	11.5	0.2	9.2
フランス	8.2	6.0	0.8
メキシコ	21.9	5.4	12.8
タンザニア	2.8	0.1	2.5
世界	607.6	388.9	115.2

トウキビと同じC_4植物であり,収量の高いトウモロコシを使ったエタノール生産を実施している.現在では,すでに年間,約1500万klのエタノールを生産している.近年,わが国でもバイオ燃料の研究が進みつつあるが,飼料として利用してきたトウモロコシや,食料として利用してきたサツマイモなどをバイオ燃料に利用する場合,食料生産との競合が問題になる.食料・飼料・燃料の間の競合は,今後,種々の作物にも波及する可能性があり,人間による植物の利用の仕方は多様化する方向にあるといえよう.

3. 農業・林業の多面的機能と人々の生活

輸送や貯蔵技術の発達により,農業や林業は世界的な規模で市場経済に巻き込まれ,価格競争が激しくなりつつある.その結果,規模の大きい生産体が有利になり,日本のような小規模経営の農業が成立するのは困難になってしまう.そこで,最近,森林や耕地には生産機能以外にも大事な機能があること,それらは実用的,精神的な種々の面で人間社会にきわめて大切な役割を果たしていることが認識されつつある.

2001年には,日本学術会議が,農水省からの諮問「農林水産の多面的機能について」に対して答申を出した(日本学術会議,2001).その答申の中で,植物が存在している農地や森林の,生産機能以外の機能を種々の前提と方法を用いて金銭評価を試みている(表5.7).その結果,農業については生産機能以外の機能が有する価値は,約8兆2千億円と見積もられ,森林については70兆円と見積もられた.

森林はともかくとしても,農業・農村の多面的機能の評価は低過ぎると感じる人が多い.黄金色に波打つ収穫期の田,見渡す限りの野菜畑,鎮守の森,澄んだ水の小川,こうした農村の景観,また,祭りや伝統的な行事あるいは村のしきたりなどは,その地方独特の文化を形成している.

こうした自然的,文化的な機能は,その地に住む人々のアイデンティティーとなり,その国の,あるいはその地方の人間がもつ文化や思想などを形成するものである.これらは,金銭的に評価す

表5.7 農業と森林の多面的機能(日本学術会議,2001)

農業	機能	評価額(億円/年)
1.	洪水防止機能	34988
2.	河川流況安定機能	14633
3.	地下水涵養機能	537
4.	土壌侵食防止機能	3318
5.	土砂崩壊防止機能	4782
6.	有機性廃棄物処理機能	123
7.	気候緩和機能	87
8.	保健休養・やすらぎ機能	23758
合計		82226

林業	機能	評価額
1.	二酸化炭素吸収機能	12391
2.	化石燃料代替機能	2261
3.	表面侵食防止機能	282565
4.	表層崩壊防止機能	84421
5.	洪水緩和機能	64686
6.	水資源貯留機能	87407
7.	水質浄化機能	146361
8.	保健・レクリエーション機能	22546
合計		702638

ることができない機能である.農業や林業の,こうした金銭的に評価できない機能にこそ,計りしれない大きな機能があるのではないだろうか(5.8節参照).

4. 遺伝子組換えによる新作物開発

栽培植物は,その起源時から,たくさんの実がなる個体,あるいは病気に強い個体などを圃場で農民の手によって選別されることによって改善されてきた.わが国のイネの例を見ても,江戸時代から明治初期にかけ,篤農家などによって選別され,固定化された在来品種が使われてきた.農林省の農事試験場で,本格的に交配育種が開始されたのは1920年代であり,現在までに500品種近いイネ品種が国の育種体制で育成された.

海外においても,さまざまな作物の品種がメンデル遺伝学を基本とする交配育種によって開発された.1930年代になると,トウモロコシでF_1雑種が開発され,収量の飛躍的増大が図られた.さらに,自殖性作物であるイネでもF_1雑種稲が開発され,1990年代には種間交雑稲が開発された.

こうして18世紀末にマルサスが予想した爆発的な人口増加という状況はたしかに訪れたが，食料については地球的規模で飢餓状態に落ち込むということはなかったのである（5.9節参照）．

人間の知恵には限りがない．メンデルが発見した遺伝法則を制御する遺伝子の実体が，DNAであることが判明して以来，遺伝子組換えによる育種が可能となった．遺伝子組換えによって得られる植物（genetically modified plant, GM植物）の開発に，人間はいろいろな夢を描くことができる（5.10節参照）．

しかし，GM植物の食品としての安全性や，GM植物の花粉の飛散による生態系の攪乱などを憂慮する人々も多く，GM植物が今後どういう形で人間に利用されていくであろうか，注目されるところである．

5. 環境保全型農業の発展

アジアの人々を飢餓から救ったといわれる「緑の革命」を成功させた基本的な思想は，肥料，農薬，灌漑用水などの生産資材を大量投入することによって多収を実現するというものであった（5.2節参照）．つまり，"High input and high return"という考えに基づいたものであった．その革命は成功し，多くの人々の生命を救ったのは事実である．したがって，20世紀後半は"食料は人間の生存を保証するものであるから，農業生産には農薬，化学肥料などの資材をふんだんに使用してもよい"，あるいは"使用するのは当然である"と，農民も，さらには農学の研究者までもが考えてきた．

しかし，約40年前の1962年に米国の海洋生物学者，カーソン（R. L. Carson）が，その著書"沈黙の春"（Silent spring）で，農薬などの化学物質が，人間に対して，また，自然環境に対していかに危険なものかを警告して以来，また，わが国では有吉佐和子が，小説"複合汚染"により，いくつもの汚染物質が相乗的に作用する農薬の公害問題を警告して以来，安全な農業，安全な食料生産への意識が大きく高まった．そして，現在の環境保全型農業あるいは低投入・持続型農業（low Input and Sustainable agriculture：LISA）が重要であるとの思想が急激に芽生えてきたのである．今後の食料生産においては，安全性と低投入を実行しながら生産性を上げて行くという，相反する二つの方向を同時に追求して行かなければならない（5.11節参照）．

〔石井龍一〕

参考文献

有吉佐和子（1975）：複合汚染．新潮社．
カーソン・R（1974）：沈黙の春．新潮文庫版（青樹築一訳）
FAO (2001) Production Year Book.
日本学術会議（2001）：地球環境・人間生活にかかわる農業及び森林の多面的な機能の評価について（答申），http://www.scj.go.jp/ja/info/kohyo/2001.html
農林水産省統計部（2006）：農林水産統計

5.1 栽培植物の起源と伝播

　最期の氷河期がおわったのは，大体1万5千年ほど前であった．人類が農耕をはじめたのはそれからである．農耕の起源と植物の栽培化および伝播の問題は，一緒に議論されることが多い．しかし，人類が農耕という未知の世界に踏み込むことと，農耕を知ってからあと，そこへ野生植物を栽培化して取り込むこととは，まったく別の問題と考えなければならない．

(1) 栽培植物の起源
　旧ソ連の時代にバビロフ（N. I. Vavilov）は，世界中に栽培植物の探索・収集の調査隊を派遣し，集めた材料を詳しく分析した．そして，栽培の起源地では多くの優性形質が保存されているが，周辺部では多様性が減退するとして，膨大な数の栽培植物について，栽培の起源地を推定した．彼は栽培の起源地を示し，それぞれで栽培化された植物を数十種もあげた．それを図5.1に示し，植物の種類を抜粋して表5.8に示した．

　これは，現在では多くの点で訂正されるべきであろう．たとえば，西アフリカ原産のオイル・パームやウリ類が入っていない．イネの起源もイン

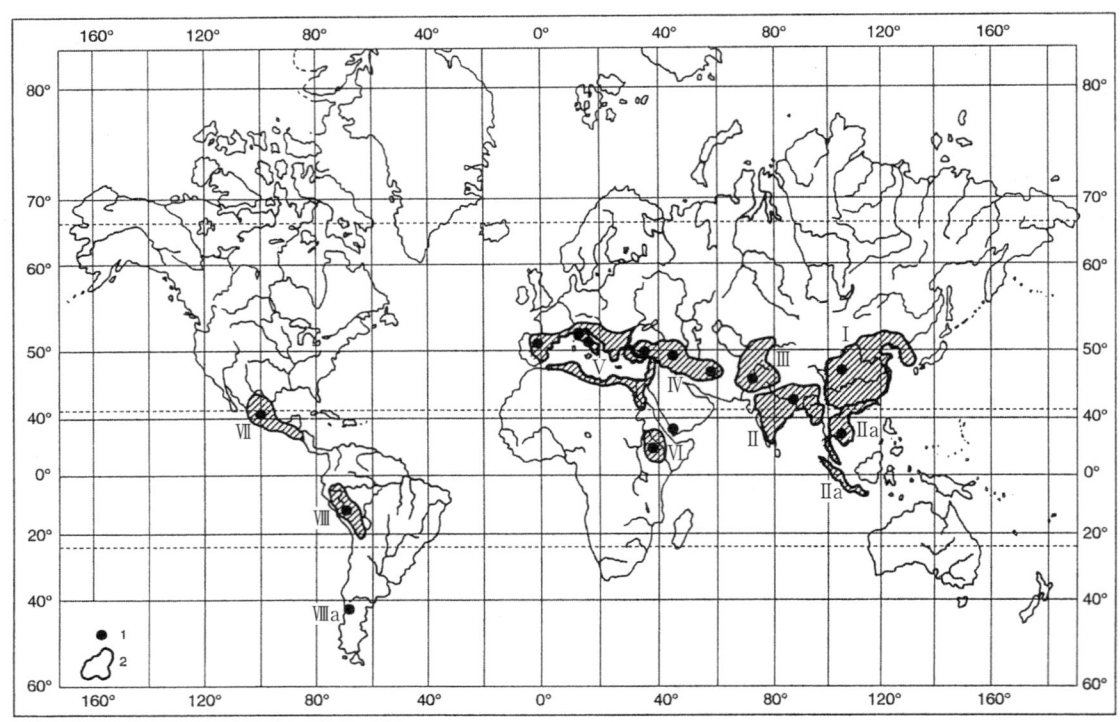

図 5.1 バビロフによる栽培植物の起源地（バビロフ，1935）
黒点は主要作物の起源地を，斜線はその起源地域を示す

ドではない．その全面的な再検討は容易ではなく，彼の研究はなお記念碑的な意義をもつといえる．なお，その後の研究をまとめたものにハーラン（Harlan, 1984）の著書などがある．

(2) 農耕のはじまり

バビロフは，栽培植物の起源地を地理的変異の多様性から推定したが，農耕のはじまりと変異の多様性との論理的関係を深く考察したわけではない．今日では，変異の多様性は僻地で残っており，原始農耕が起源した場所では，変異の様相はすでに変化してしまったことが十分考えられる．彼とは別の視点から農耕の起源について考察する必要もあろう．たとえば，米国の地理学者，サウワー（Sauer, 1952）は東南アジアの漁撈と根栽利用から世界の農耕がはじまったと考えた．すなわち，株分けで繁殖される植物は可食部がつぎの栽培の「タネ」になるので，最初の農耕として容易であると考察したのである．

一方，植物学や考古学の証拠を総合して，原初的な農耕はおそらく世界の数カ所で独立にはじまったものと考えられている．ダイアモンド（Dia-

表5.8 栽培植物の各起源地（図5.1のⅠ～Ⅷ）とその代表的作物（バビロフ，1935；一部改変）

地域		栽培植物
Ⅰ	中国	ソバ，ダイズ，アズキ，ハクサイ，モモ
Ⅱ	インド	イネ，ナス，キュウリ，ゴマ，サトイモ，
Ⅱ-Ⅰ	インド-マレー	バナナ，サトウキビ，ココヤシ，パンノキ
Ⅲ	中央アジア	ソラマメ，タマネギ，ホウレンソウ，ダイコン，西洋ナシ，リンゴ，ブドウ
Ⅳ	近東	パンコムギ，マカロニコムギ，オオムギ，エンバク，ニンジン
Ⅴ	地中海地域	エンドウ，ヒヨコマメ，キャベツ，レタス，サトウダイコン，アスパラガス，アマ，オリーブ
Ⅵ	アビシニア	テフ，モロコシ，オクラ，コーヒー
Ⅶ	南部メキシコ	トウモロコシ，インゲンマメ，ニッポンカボチャ，
	中米	サツマイモ，シシトウガラシ
Ⅷ	南米（ペルー，エクアドル，ボリビア）	ジャガイモ，ワタ，タバコ，洋種カボチャ，トウガラシ，トマト，リマ豆，アマランサス，ラッカセイ
Ⅷa	南米（チリー）	イチゴ，ジャガイモ（$2n = 48$）
Ⅷb	南米（ブラジル，パラグアイ）	パインアップル，パッションフルーツ

注）左のローマ数字は図5.1に対応している．作成にあたっては田中正武（1985）も参照した．

表5.9 栽培化された地域とそれぞれの栽培植物（ダイアモンド，1997）

地域	植物	最古の検出年代
①南西アジア（肥沃な半月帯）	コムギ，エンドウ，オリーブ	(B.C. 8,500)
②中国（黄河流域と長江流域）	コメ，ミレット	(B.C. 7,500までに)
③中米（メキシコを中心）	トウモロコシ，インゲンマメ，カボチャ	(B.C. 3,500までに)
④アンデスとアマゾン地帯（?）	バレイショ，キャッサバ	(B.C. 3,500までに)
⑤北米東部	ヒマワリ，キノアの類	(B.C. 2,500)
⑥サヘル（サハラ砂漠の南）	ソルガム，アフリカイネ	(B.C. 5000までに)
⑦熱帯西アフリカ	アフリカ・ヤムイモ，アブラヤシ	(B.C. 3000までに)
⑧エチオピア	コーヒー，テフ	(?)
⑨ニューギニア	サトウキビ，バナナ	(B.C. 7000?)
⑩西ヨーロッパ	ケシ，エンバク	(B.C. 6000～3,500)
⑪インダス河流域	ゴマ，ナス	(B.C. 7000)
⑫エジプト	エジプトイチジク，クログワイの類	(B.C. 6000)

注）①～⑤は農耕の独立起源．⑥～⑨：独立起源に疑問あり．⑩～⑫：農耕の到来を受けて栽培化．

mond, 1997）は，表5.9に示した農耕の起源地を示した．彼は，植物を独自に栽培化したところでも，サヘル，西アフリカ，エチオピア，ニューギニアなどは，独立の農耕起源ではないとし，さらに，基幹作物の移入後いくつかの植物を自前で栽培化したところとして，西ヨーロッパ，エジプト，インダス河流域をあげている．ダイアモンドやサウワーと違い，バビロフは原初農耕の成立条件を厳しく考えず，栽培化に着目したため農耕の起源地を多くあげることになったのであろう．

(3) メソポタミア地方

この地方では，秋から早春にかけては冷涼・多雨で，晩春から夏にかけては高温で乾燥している．この地方に適した植物は，初秋に芽を出して晩秋から春にかけて青々と生育し，晩春には開花・結実する．短い期間にタネに十分に養分を蓄えて地面に落として，高温で乾燥した夏をすごして秋に発芽する．

こうして植物は，茎葉の繁茂の少ないわりに，大きなタネをつけるようになった．このような地域に定着した人類にこのような植物は都合がよい．栽培化される前にその候補としての適性をもっていたのである．ムギ類，まめ類およびキャベツなどがこのようなところで栽培化され，最古の穀物栽培農業がはじまったと考えられている．

(4) 穀物農業の展開

さて，メソポタミアの農業では秋に播く作物，つまり秋播き性のムギ類やまめ類が栽培化された．これと対照的に夏に雨季がきて，冬には乾燥に見舞われるインドやアフリカ北東部あるいはサハラ砂漠以南のアフリカに共通して，ソルガム，シコクビエ，トウジンビエなど春に播いて秋に収穫する穀物が栽培されている．これらの夏作の細粒の穀物は，メソポタミアからの農耕の波及に触発されて栽培化されたと考えられる．

(5) 根栽農耕から出た華南から東南アジアの農耕

前記のように，サウワーは，高温湿潤の華南から東南アジアでは，漁撈と栄養繁殖のできる植物の栽培から農耕がはじまったと考えた．栄養繁殖というのは，種子繁殖と対照される言葉であって，植物がその生長のために必要とする器官，すなわち茎葉，株，根などを使って繁殖することである．農業的にいえば株分けである．この地域でバナナ，サトウキビおよびウコンなどが栽培化されたと指摘した．これらの植物は植物性脂肪に乏しく，植物タンパク質も欠如している．しかし，漁撈文化が栽培文化よりも前にあったので，これらの不足する栄養は魚貝類から摂取された．この農耕は水田稲作の母体となって温帯にまで波及したと考えられる．

株分けは，高温湿潤な環境で休みなく繁茂する雑草との競争で，栽培を可能にする唯一の手段であっただろう．それが田植稲作の起源であると考えられる．

(6) ラテンアメリカの農耕

根栽農耕の特徴をもった多くの栽培植物といくつかの穀物が起源した．16世紀以降に新大陸からバレイショ，タバコ，トウモロコシ，インゲンマメなど多くの栽培植物がヨーロッパやアジアに導入され，農業の発展に貢献した．　　〔池橋　宏〕

参考文献

ハーラン（J. R. Harlan）（1984）：作物の進化と農業・食糧（熊田恭一・前田英三訳），学会出版センター．

サウワー（C. O. Sauer）（1952）：農業の起源，（竹内常吉・斎藤晃吉訳），（1981改版）．古今書院．

Sauer, C. O. (1952) *Agricultural Origins and Dispersals.* Bowman Memorial Lectures Series Two. The American Geographical Society. New York.

ダイアモンド（Jared Diamond）：Gun/Germ/Steel. (1997) (W. W. Norton & Company, Inc.), New York and London；倉骨　彰訳（2000）：銃・病原菌・鉄（上・下），草思社．

田中正武（1975）：栽培植物の起源，NHKブックス．

a. 野生植物の栽培化

採集・狩猟の時代には，数多くの野生植物が利用されたが，栽培化されたものは，さまざまな点で，野生型とは異なっている．その特徴を整理して表5.10に示した．

栽培化の過程では，家屋のまわりなどで栽植されているうちに有用な突然変異体を生じて，重要な栽培植物になったものが多いと考えられる．たとえば，ハトムギの野生種であるジュズダマは硬いガラス質の殻をもっている．それが首飾りなど装身具用に栽植されているうちに，皮の薄い劣性突然変異体が発見されて穀物になったと考えられる．早生化，草丈短縮など栽培には都合のよい形質は劣性突然変異として発見されたのであろう．イネの一穂の粒の数や，粒の長さ，日長感応性の喪失などもそうである．

狩猟・採集の経済で重要であった多種多様な植物の一部は栽培化されたが，栽培化されなかったものは多い．ドングリなど核果類やトチの実などがそうである．栽培されなかったという結果は明白だが，その個別的な理由は複雑で，おそらく栽培に好適な性質の有無が重要であっただろう．また，栽培と野生の間にとどまったものも多い．「野菜」の多くはそうであった．ある種の植物は耕地の雑草として，栽培植物をまねた予備的な段階を経てから栽培化された．ライムギ，エンバク，カブ，ダイコン，ビート，レタスなどがそうである．

一方，根栽の植物は，華南や中南米などの，高温で雨量が多く，広大な畑を耕すことの困難な地域で栽培化され，農耕の支柱となった．バナナ，サトウキビ，サツマイモ，バレイショなどでは，株分け栽培のため，減数分裂を通じて種子をつくる必要はなく，植物体の大型化をもたらす倍数体変異（染色体数が多い）が発達した．

〔池橋　宏〕

参考文献
ハーラン，J. R.（熊田・前田訳）(1985)：作物の進化と農業・食糧，学会出版センター．
坂本寧男ほか（1987）：植物遺伝学，朝倉書店．

図5.2 中国江西省東郷県の野生イネ（中国作物科学研究所）（口絵31）
北緯35度の冬に氷が張る浅い沼で多年生の野生イネが発見された．現在の日本型のイネも多年生であることを考えると，東郷野生イネの仲間から日本型栽培イネが株分けで栽培化された可能性が考えられる．インド型イネの「枯れ上がりの早い性質」が遺伝学的には劣性であるから，日本型イネが野生イネに近いと見られる．

表5.10　野生種と栽培種の形質の対照表（坂本，1987；ハーラン，1984）

形　質	野　生　種	栽　培　型
種子の脱落性（脱粒性）	脱落性大きい（優性形質）．	脱落性は弱いか，なくなる．
器官の大型化	茎が細い．塊根や根は小さい．	花序，塊根，根など可食部増大．
生育の斉一化	個体の開花期・成熟期が長引く．	開花・成熟期がそろう．
休眠性の変化	休眠が強く，徐々に覚醒する．	休眠は弱いか，あるいはない．
繁殖法の変化	他家受精の傾向が強い．	自家受精の傾向が強い．
有毒成分の無毒化	マメやイモなどで有毒成分あり．	有毒成分は減少あるいは欠失．

b. 栽培植物の起源

　原始人がはじめから「農耕」というイメージをもって野生植物を栽培化するはずはないが，しばしば，栽培という観念をもって農耕をはじめたかのように説明される．たとえば，「野生イネの採集をしていたものが，その種を播くことから稲作がはじまった」と．しかし，強い種子休眠や雑草の繁茂などを考えるとそれは不可能に近いだろう．複雑な農耕の起源の問題と，成立した農耕のもとで，二次的に植物を栽培化する問題を厳しく区別しないと，「農耕の起源」も「栽培化の問題」も理解できないことになる．

1) 農耕の起源とともに栽培化された穀物

　総論で述べたように，メソポタミア地方（図5.3）では，秋から早春にかけては冷涼・多雨で，晩春から夏にかけては高温で乾燥している．植物は初秋に芽を出して晩秋から春にかけて青々と生育し，晩春には開花・結実して，厳しい夏をすごし，秋にはまた発芽する．こうして茎葉の繁茂の少ないわりに，大きなタネをつける植物ができ，この地域に定着した人類に採集され，やがて栽培化された．栽培化される前に，その候補としての適性をもっていたことになる．ムギ類，まめ類およびキャベツなどがこの地域で栽培化され，最古の農耕の一つがはじまったと考えられている．

2) 華南から東南アジアの根栽農耕

　高温多雨の華南から東南アジアでは，漁撈と栄養繁殖植物の栽培から農耕がはじまったと考えられる．栄養繁殖というのは，植物がその生長のために必要とする器官，すなわち茎葉，株，根など（人間にとっては可食部）を使って繁殖することである．農業的にいえば株分けである．この地域では，バナナ，サトウキビおよびショウガなどが栽培化された．これらの植物には脂肪とタンパク質が乏しいが，魚貝類をとる漁撈文化が補完的に存在した．

　これまで穀物であるイネは穀物農耕のもとで栽培化された主張された．しかし，雑草が年中繁茂する根栽農耕の地域で，多年生の沼沢作物であるイネが，株分けで栽培化されたと考えると，苗代や田植えの起源とともに栽培化の過程がよく理解される．こうして水田稲作が，華北の半乾燥地の穀物農耕に対抗・複合して発展したと考えられる．

3) 確立された農耕の中で栽培化された植物

　原初的な農耕が軌道に乗ると，それぞれの起源地の環境や植物相に合わせて，試行錯誤の結果，多種多様な植物が新たに栽培化された．今日多元的に栽培化されたと考えられるダイズやダイコンなどもそのようなものであろう．　〔池橋　宏〕

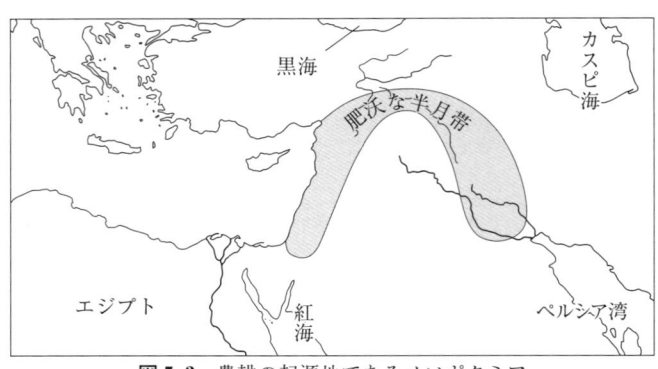

図 5.3　農耕の起源地であるメソポタミア

c. 栽培植物の伝播

1) 作物の伝播

人類は農耕をはじめる前から，早くも生活資材を遠隔地から得ていた．日本では，縄文時代の遺跡からヒョウタンの種子などが出土している．また，史前帰化植物として，ヒガンバナやクワイなどの根栽類が導入された．その後，稲作が渡来して農耕が発展した．一般に，農耕を獲得した集団は，狩猟・採集民に比べ，文明の利器の使用，分業の発展でも優位に立ち，人口を増加させた．農耕の進展とともに，多くの野生植物が新たに栽培化され，また導入された．

歴史上著名なことは，新大陸の「発見」後，短期間に多くの栽培植物が伝播したことである．もとは中米から南米で栽培化された，トウモロコシ，ジャガイモ，キャッサバ，サツマイモなどが，ヨーロッパやアジアに導入され，農業の著しい発展をもたらした（図5.4）．

2) 遺伝的多様性と伝播

バビロフによって提唱された「栽培植物の遺伝的多様性によって起源地が推測できる」という考え方は，「ランダムドリフトによる対立遺伝子の減少」という法則とも整合し，広く受容された．遺伝的多様性をとらえる場合に，可視的な形質から，染色体の変異，酵素タンパク質の多型性，DNA配列の多型性，挿入DNA断片などが着目され，膨大なデータが蓄積されてきた．

しかし，遺伝的多様性は「変異の吹き溜まり」としての僻地で大きい傾向があり，僻地が栽培の起源地と見られがちであった．農耕の起源地では，メソポタミアや長江中下流域のように，社会の中心地で，各時代を通じて農耕の変容が激しかった．「遺伝的多様性」は，農耕の起源と栽培植物の伝播の一部を説明するが，その全体像には多数の複雑な要因が寄与している．

3) 栽培イネの場合

一例として，イネの場合を示した（図5.5）．イネは，長江の中下流域で多年生沼沢植物の野生型（a項図5.2）から株分けによって栽培化され，水田稲作民によって広く伝播された．その途上で野生イネとの浸透交雑によって多様化し，インド型とされるような変化を遂げた．さらに，インド文明の拡散にしたがって，その農法とともに熱帯各地に普及した．その一部が宋の時代に勅命で中国中南部へ大規模に導入された．このように，栽培植物の起源と伝播には，気候，農法，野生型の関与，民族の歴史など多様な要因が関与している．

〔池橋　宏〕

図5.4 サツマイモの導入を示す記念碑（石垣島）
1694年石垣島の役人が首里からの帰途中国に漂着し，帰途にサツマイモを持ち帰った．それ以来サツマイモは多くの島民を飢餓から救った．そのことをたたえる記念碑である．サツマイモの導入によって人々を飢餓から救ったことをたたえる記念碑が日本の各地に残っていて，作物の導入がいかに重要であったかを物語っている．

参考文献

バビロフ，N. I. (1935)：育種の植物地理学的基礎 (p.304, 1987年版ロシア語版著作集，栽培植物の地理学と起源，所載).

池橋　宏 (2005)：稲作の起源，講談社選書メチエ.

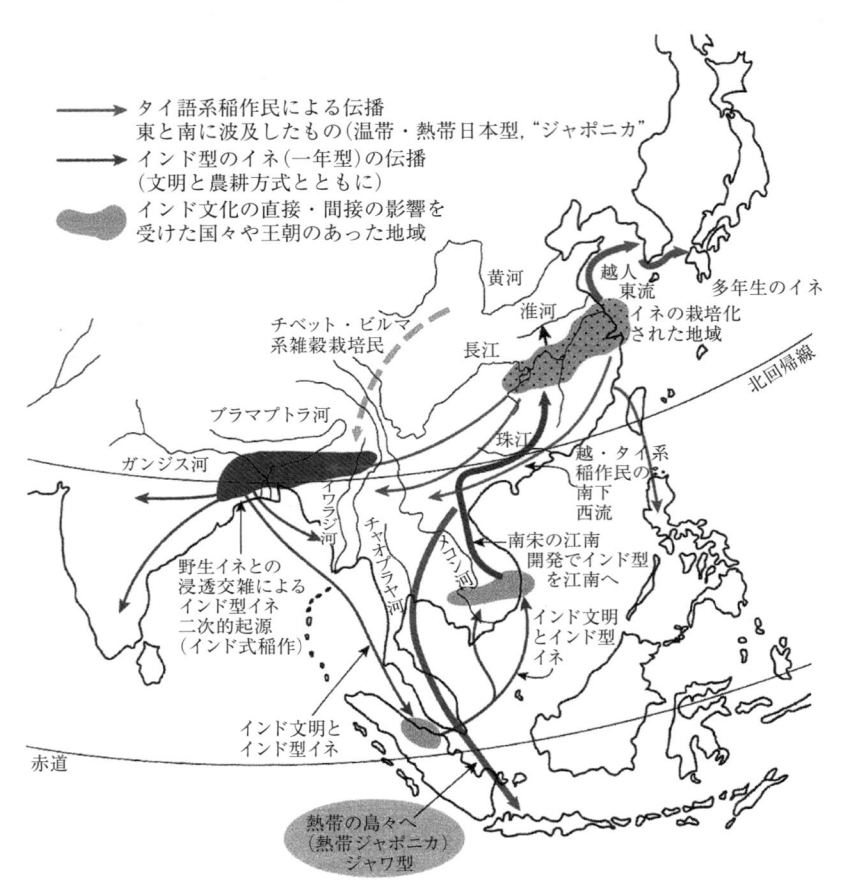

図 5.5 栽培イネの起源と伝播および多様化（池橋，2005）

5.2 食糧として利用する植物

(1) 食用作物と園芸作物

人間が口から食するもの，すなわち食糧を生産する栽培植物は，大きく分けるとデンプンやタンパク質など人間が生存に必要なカロリーを提供するものと，人間の健康に必要なビタミンや各種の無機・有機物質を提供するものとに分けられる．前者は，本来，食糧作物とよばれるべきであろうが，農学分野では食用作物（food crops）とよび，後者は，園芸作物（horticultural crops）とよんでいる．食用作物は，さらに，穀類（cereal crops），まめ類（pulse crops），いも類（tuber and root crops）に分類され，園芸作物は，野菜（vegetable crops），果樹（fruit crops），それに花卉（flower crops）の3グループに分けられている．これらの作物には，人間の定住化とともに栽培され，今日に至っているものも多い．

(2) 農業と畜産

採取や狩猟によって食糧を獲得しながら移動生活をしていた人間が，野生植物を栽培化し，野生動物を家畜化することによって，定住生活を開始したのは1～1.5万年前のことである．移動生活においては，土壌の劣化を防止したり，土壌の肥沃化を考える必要はない．しかし，定住生活においては，毎年同じ畑に作物を栽培するため，作物による土壌養分の収奪によって収量が年々低下する．しかし，アジアのイネ栽培は水田で行われるため，灌漑用水に溶けた肥料成分が自然に供給されるため，肥料はかならずしも不可欠ではない．一方，ヨーロッパのような畑作農業地帯では，土壌の劣化を回避するため，ある期間，作物栽培をせずに土壌を休ませる休閑期を設けたり，あるいは家畜を飼養してその排泄物を肥料として施用する有畜農業をせざるを得なかった．13世紀頃に編み出された「穀物1作のあとに1年～1年半の休閑期間」をおく2圃式農法や，「穀物2作のあとに1年～1年半の休閑期間」をおく3圃式農法などが開発された．しかし，休閑期をおけばそれだけ穀物の生産量は減るため，休閑地に牧草を入れる改良3圃式農法が開発された．さらには，「2年間の穀物生産＋1年間の休閑＋3～6年間の牧草生産」を行う穀草式農法などが開発され，輪作を中心とする作付け体系が確立していったのである．

こうした耕畜連携型の農業においては，農民の労働力以外にはなんのインプットもない．したがって，完全な物質循環系を維持しながら，農業と畜産のバランスをとってきたのである．しかし，20世紀に入り，化学肥料，とくに硫酸アンモニウム（硫安）が大量に生産されるようになると，"High input and high return" 型の農業生産が主流になった．20世紀に起こった「緑の革命」は，まさに化学肥料の多施用条件に適応したイネとコムギの品種開発を行うことであった．しかし，近年では，大型トラクターなどの農業機械，殺菌剤や除草剤などの農薬，化学的に合成された化学肥料などによるエネルギー問題や環境問題が深刻になり，近代農法に批判が集まっている．米国では低投入持続型農業（low input sustainable agriculture：LISA）が，またわが国では環境保全型農業が注目され，現在そうした方向を目指した農業技術開発が進行している．

(3) 作物の生産性

表5.11に，穀類としてイネ，コムギ，トウモロ

表5.11 世界における主要な食用作物の生産量と栽培面積

作物	生産量 (100万t)	栽培面積 (100万ha)	収量 (t/ha)
イネ	592	151	3.9
コムギ	582	213	2.7
トウモロコシ	609	137	4.4
ジャガイモ	306	19	16.1
キャッサバ	179	17	10.5
ダイズ	176	75	2.3
インゲンマメ	17	23	0.7
トマト	100	3.7	27.0
タマネギ	47	2.7	17.4
オレンジ	61		
リンゴ	60		

(FAO Production Year Book, 2002 より)

コシ，いも類としてジャガイモとキャッサバ，まめ類としてダイズとインゲンマメ，野菜としてトマトとタマネギ，そして果樹としてオレンジとリンゴの生産量，栽培面積と収量を掲げた．生産量というのは，1年間に生産した総量を重さ (t) で表したもの，収量というのは生産量を栽培面積で除したもの (t/ha) であってその作物がもつ生物学的生産力を表す．

まず，穀類の生産量を見ると，世界の三大作物といわれるイネ，コムギ，トウモロコシが各々約6億t/年であり，この3種だけで全穀類の約90%を占めている．穀類の収量について見ると，トウモロコシが4.4 t/haともっとも高い．これは，トウモロコシがC_4植物であり，光合成能力が高いことによると考えられる．トウモロコシについで高い収量を示すのはイネである．イネはあらゆる作物のうち，もっとも育種が進んだ作物であって，栽培地域に適応した多収性品種が数多く開発されているからである．一方，イネと同じ程度に食糧としての重要性が高いコムギも，多収性品種の育成が進んではいるが，収量はイネに比して低い．これは，コムギの栽培地が比較的乾燥しているためと考えられている．湿潤なヨーロッパでのコムギの収量は，7 t/ha 以上と非常に高い．

いも類では，ジャガイモの生産量がもっとも多く，それについで熱帯産のキャッサバが続いている．これら二つのいも類の生産量は，おのおの1億tをこしており，穀類に匹敵する大作物のように見える．これは，いも類の収量が生重量で表されており，イモでは水分含量が，穀類やまめ類に比して数倍も多いためである．しかしながら，いも類の収量を乾物収量で比較しても，穀類やまめ類に比べて高い．この理由については，本節のe項を参照されたい．第二次世界大戦終結直後における日本の食糧緊急増産時に，サツマイモが広く栽培されたのはサツマイモが潜在的に多収だからである．また，現在食糧不足に悩んでいる北朝鮮も，近年ジャガイモの生産に力を入れていると聞くが，これも，いも類の高い収量性に注目してなされていることである．

また，まめ類を見ると，ダイズの生産量は世界全体で約1.8億tと，まめ類の中では群をぬいており，三大穀類の生産量にまで迫る勢いである．ダイズの用途は，わが国では豆腐など食用として使用される割合が比較的多いが，世界的に見れば，搾油用として栽培され，その油かすは重要な家畜飼料である．したがって，ダイズは工芸作物の油料作物に分類される．ダイズを除いた食用まめ類に限ってみると，その最大のものは，インゲンマメである．その栽培面積は，ジャガイモの栽培面積よりも大きい．しかし，その生産量は穀類の1/30以下であり，穀類やいも類に比べて収量は著しく低い．このように，まめ類は生産効率が低いにもかかわらず，なぜ栽培されているのか．それは，まめ類が人間にとって重要なタンパク質の供給源となっているからである．現在では，人間は肉や魚から十分な量のタンパク質を摂取できるが，それができなかった時代，あるいは宗教的理由によって肉食が禁じられている地域ではまめ類からタンパク質を摂取せざるをえない．農業の起源（5.1節参照）においても，かならず穀類とまめ類とが対になって作物化されたのは，まめ類がタンパク質の給源として重要であることを人類が，本能的に認識していたからにちがいない．

最後に，野菜としてトマトとタマネギ，果実としてオレンジとリンゴの生産量を参考までに示した．野菜や果実の水分含量はいも類よりもさらに高い．したがって，園芸作物と食用作物の生産量

を比較しても意味がない．作物の生産量を比較する場合には，収穫対象部分の水分含量に十分注意しなければならない．

(4) 食生活の変化と将来の食糧生産

過去いつの時代においても，食糧問題は深刻に議論されてきた．とくに，20世紀に入って人口が急激に増加し，飢餓の発生が心配されたが，1960年代に起こったコムギとイネの緑の革命（本節のa, b項参照）によって，人間は食糧問題を見事に克服した．しかし，食糧生産の将来を考えてみると，いろいろな新しい問題が出現している．すなわち，地球温暖化と食糧生産，環境保全と食糧生産など解決困難な問題がある．それらについては，5.11節で詳細に検討されているので，ここでは，人間の食生活の変化，とくに肉食の増加に伴うエネルギー効率の問題と健康との問題を提起しておきたい．植物が光合成によって植物体内に固定したエネルギーを，そのまま食糧として利用するか，あるいは，植物を動物に与えて得られる肉を食糧とするかの問題である．牛肉1kgを生産するには穀類11kgが，また，豚肉1kgを生産するには穀類7kgが必要とされている．つまり，牛肉生産のエネルギー効率は10％以下である．エネルギー的にいえば，肉だけ食べて生きる人1人は穀類のみで生きる人10人に匹敵するということになる．現在，肉の消費量は米国，ヨーロッパなどの先進国ほど大きく，発展途上国では小さい（表5.12）．

しかし，今後，発展途上国の生活レベルが向上し，肉の消費量が増大し続けると，世界の食糧問題は，食用作物と飼料作物との競合を通じてきわめて深刻になってくるであろう．さらに，本章総論でも述べたように，バイオ燃料が食用作物と飼料作物との競合に加わってくると，食糧問題は楽観視できない．

わが国の動物性脂肪，とくに肉の摂取量は，先進国中では最低である（表5.12）．また，摂取したカロリーのうち植物由来のものが80％，タンパク質摂取量のうち，植物由来のものが43％，脂肪では58％と，食品中に占める植物由来のものは，先進国中では際だって高い．この点について考えれば，我が国の食生活は，健康にとって適切な状況にあり，それゆえに，わが国は世界の最長寿国となっていると考えられるのである．

〔石 井 龍 一〕

参考文献（5.2節）
星川清親（1970）：食用植物図説，女子栄養大学出版部．
角田公正・星川清親・石井龍一 編（1998）：作物入門，実教出版．

表 5.12 各国の品目別食糧消費量（kg/年/人）

国	穀類	いも類	まめ類	野菜	果実	肉	魚
世界	157	65	6	102	60	38	16
米国	114	68	4	126	125	122	21
フランス	115	67	2	131	94	100	31
ブラジル	106	62	17	39	74	77	6
日本	117	35	2	112	51	44	65
ナイジェリア	157	234	10	61	71	9	9
インド	159	26	11	63	42	5	5

（FAO 2002）

a. イネ

イネは，パンコムギ，トウモロコシとともに，世界の3大穀類の一つであり，人口のとくに密集しているアジアモンスーン地域の人々にとってはきわめて重要な食用作物である．世界的に見れば，人間が米から摂取するカロリーは，全摂取カロリーの約20%といわれるが，アジアのおもな稲作国では40%以上，ミャンマーやバングラディシュでは70%をこえるといわれている．

イネが属するイネ科のイネ (*Oryza*) 属には，約20種の植物があるが，現在，栽培されている種としては，アジアイネ (*Oryza sativa* L.) とアフリカイネ (*Oryza glaberrima* Steud) の2種のみである．しかし，アジアイネは，アフリカイネの栽培地帯を含む世界中の稲作地帯のほぼ98%以上の地域に栽培されているため，現在ではイネといえばアジアイネのことと考えてよい．

イネは，草丈が長く，その子実は細長い印度稲（インディカ型，Indica type rice）と，草丈が短く，子実の形は丸い日本稲（ジャポニカ型，Japonica type rice）という2種の亜種（変種）に分類される（図5.6）．印度稲は，アジアの熱帯・亜熱帯の広い地域で栽培されており，日本稲よりも大きい栽培面積を有している．また，日本稲は，低温耐性が比較的高いため，北海道を含む日本から中国，朝鮮半島にいたる東アジアで栽培されている．第二次世界大戦後急激に人口が増加し，それゆえに食糧不足と貧困にあえいできたアジア地域の人々にとって，イネの収量向上は，まさに死活問題であった．そのため，アジア各地でイネの収量向上への努力が払われたのである．

1960年にフィリピンに創立された国際稲研究所（International Rice Research Institute：IRRI）では多収性印度稲の開発に乗り出した．その基本戦略は，あとに述べるコムギの場合と同じく，半矮性遺伝子を導入することによって，肥料，とくに窒素肥料を多量に施用しても倒伏しない性質，すなわち耐倒伏性を従来の印度稲品種に付与することであった．そうすることによって，多肥条件下で多収を得ることができる．そこで，当時フィリピンでもっとも一般的に栽培されていた印度稲のペータ（Peta）と台湾の半矮性印度稲品種，台中在来1号（その半矮性遺伝子は低脚烏尖（Dijao-wu-jian）に由来する）との交配から，有名なIR8が得られ，アジアの稲収量は急激に増加した．これがイネで実現した緑の革命（green revolution）である．

また，1970年代には韓国で，日本稲と印度稲との交雑から生まれた多収性の，いわゆる日印交雑稲品種の開発が行われ，韓国の経済発展の基礎を築いた．また，十数億といわれる人口を擁する中国においては，雑種強勢を収量の向上に利用した F_1 雑種稲の開発がなされ，爆発する人口急増による食糧不足を見事に解決した．イネの収量向上は，今後もあらゆる手だてを駆使して実現しなければならない人間の責務である．医学の進歩のために，ヒトの遺伝子の全塩基配列を特定するヒトゲノムプロジェクトとともに，植物ではイネゲノムプロジェクトがわが国を中心に行われたのはその証である．

〔石井龍一〕

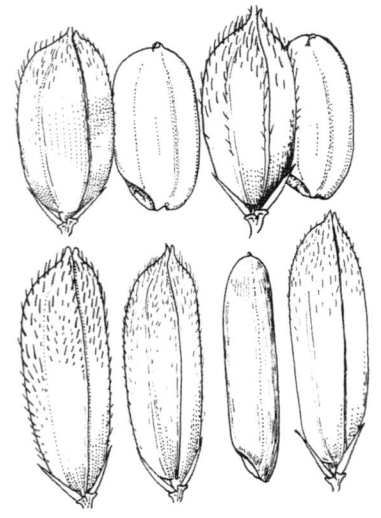

図5.6 イネの籾と玄米（西川五郎原図；星川，1970）
上：ジャポニカ型．左から2, 4番目が玄米
下：インディカ型．左から3番目が玄米

b. コムギ

コムギは，イネと並んで二大食用穀類の一つとして，米大陸，ロシアを含むヨーロッパ大陸，インド，中国などのアジアの国を含む世界の各地で栽培されており，アジアモンスーン地帯に局在しているイネとは対照的である．

コムギといった場合，それは一つの種を示す植物名ではない．コムギはイネ科のコムギ属に属するもののうち，栽培されている約10種の総称である．その中で栽培面積がもっとも多く，パンをはじめいろいろな食材として使われるものはパンコムギあるいはフツウコムギとよばれる *Triticum aestivum* である．コムギの穂はまっすぐな穂軸に十数個の節があり，各節には5～6個の小花がつく（図5.7）．この小花のうち，1個の花だけが稔って子実となるものを1粒系コムギといい，以下2粒系，3・4粒系があるが，この3・4粒系は普通系といい，パンコムギである．これら各系のコムギは，それぞれ，AA，AABB，AABBDDというゲノム構成をしており，パンコムギ（AABBDD）はA, B, Dゲノムを2組ずつもった6倍体である．これらA, B, Dのゲノムがどういう植物体に由来するのかを解析することによって，現在のパンコムギの進化過程を明らかにすることができる．Dゲノムがタルホコムギという植物に由来することを明らかにし，パンコムギの進化の全貌を明らかにしたのは，京都大学農学部の育種学者・木原均である．

コムギの子実には，他の穀類よりも多くのタンパク質が含まれている．コムギ子実中のタンパク質はデンプンと結合した麩質（グルテン）の形で存在し，タンパク質の（グルテンの）含量が高いと，粉に水を加えて練ると，粘弾性の高い練り粉ができる．それを酵母で発酵させると生じたCO_2ガスが中に閉じ込められるため，ふっくらとしたパンができる．したがって，グルテン含量の高い，すなわちタンパク質含量の高い粒から得られる粉は，強力粉といい製パン適性が高い．グルテン含量が低い粒から得られる粉を薄力粉，その中間のものを準強力粉あるいは中力粉という．薄力粉はケーキなどの製菓用に用いられ，準強力粉あるいは中力粉は麺類の製造に用いられる．

コムギは，緑の革命を起こした最初の作物である．緑の革命とは，1960年前後にメキシコで開発された多収性品種がメキシコのみならずインド，パキスタンといった貧困にあえぐ国々まで野火のように急激に広がり，多くの人々の命を救ったことからつけられた名前である．この緑の革命をもたらしたメキシコ産コムギの多収性は，植物体を短くすることで耐倒伏性をもたせ，そのことによって多肥多収栽培が可能になったことによる．コムギで用いられた半矮性遺伝子は，わが国の小麦農林10号に由来するものであるため，コムギの緑の革命には，わが国も一役買っていたといえるのである．

〔石井龍一〕

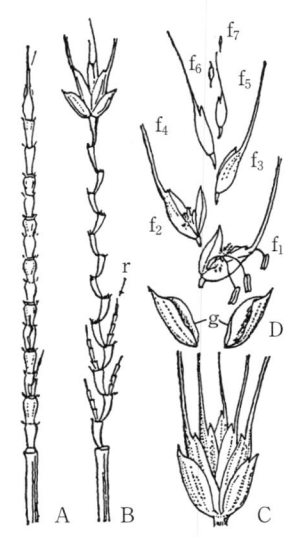

図5.7 コムギの穂と小穂の構造（星川，1970）
A：穂軸，B：Aに対し直角方向の面から見た穂軸，r：小穂軸，C：小穂，D：小穂の分解図，g：護穎，f：小花．

c. 雑穀類

わが国では，雑穀類というとトウモロコシ，モロコシ，アワ，キビ，ヒエといった，イネ，麦類以外のイネ科穀類を指すことが多い．これらの植物は，稲や麦類がつくれない冷涼な気候あるいは脊薄(せきはく)な土壌をもつ山間僻地で救荒作物の一種として古くから栽培されてきた．しかし，トウモロコシやモロコシ（コウリャン，マイロなどともよばれる）は世界的に見れば，大作物であり，マイナークロップというイメージの強い雑穀類という語を，トウモロコシやモロコシに対して使うのは実情に合わない．世界的に見れば，雑穀類といった場合，表5.13で記された植物英名で最後にMilletという語がついているものを雑穀類とよぶのが適切である．

このミレットとよばれる植物は，粒の小さいイネ科の穀類であるため，雑穀類は小粒穀類（small grain cereals）と同義と考えてもよい．植物分類学的にいえば，雑穀類は，イネ科のキビ亜科とスズメガヤ亜科に属する栽培植物（表5.13）であり，すべてがC_4植物である．そのため，高温・乾燥条件に強く，イネやコムギがつくれない熱帯・亜熱帯の畑作地帯で栽培されている．中でもトウジンビエとシコクビエは，インドやアフリカの一部の地域で現在でも主食となっている穀類である．先進国では，小粒穀類は，おもに家畜の飼料として栽培されている．

以上のような単子葉のイネ科植物以外にも双子葉植物で，その子実を食用とするものがある．それらは擬穀類（pseudo cereals）とよばれている．我が国ではタデ科のソバが代表的なものであるが，その他にも南米原産のヒユ科のセンニンコク（アマランサス），アカザ科のキノアなどがある．これらの植物も冷温地域や，やせた土地でも栽培可能であるといわれている．わが国でも近年，アマランサスやキノアがダイエット食品あるいは機能性食品として利用されつつある．〔石井龍一〕

表5.13 世界各地で栽培されている穀類（cereals）の分類

キビ亜科（Panicoideae）C_4植物：熱帯〜亜熱帯で栽培，乾燥に強い
トウモロコシ（Maize, Corn）*Zea mays* L.
モロコシ（Sorghum）*Sorghum bicolor* L.
トウジンビエ（Pearl millet）*Pennisetum americanum* L.
ハトムギ（Job's tear）*Coix lacryma-jobi* L.
アワ（Foxtail millet）*Setaria italica* Beauv
キビ（Common millet）*Panicum miliaceum* L.
ヒエ（Barnyard millet）*Echinochloa utilis* Ohwi et Yabuno

スズメガヤ亜科（Eragrostoideae）C_4植物：熱帯〜亜熱帯で栽培，乾燥に強い
シコクビエ（Finger millet）*Eleusine coracana* Gaertn

ウシノケグサ亜科（Festucoideae）C_3植物：温帯〜冷温帯で栽培，乾燥に弱い
パンコムギ or フツウコムギ（Bread wheat, Common wheat）*Triticum aestivum* L.
オオムギ（Barley）*Hordeum vulgare* L.
ライムギ（Rye）*Secale cereale* L.
エンバク（Oat）*Avena sativa* L.

イネ亜科（Oryzoideae）C_3植物：
イネ（Rice）*Oryza sativa* L.
アフリカイネ（African rice）*Oryza glaberrima* Steud.
アメリカマコモ（Wild rice）*Zizania palustris* L.

d. まめ類

図5.1,表5.8(5.1節「総説」参照)で見たように,作物が発祥した多くの地域では,穀類とまめ類とが,対になって同じ地域で発祥している.たとえば,中国地区では,キビ,ヒエとダイズが,近東地区ではコムギ,オオムギとエンドウマメが,西アフリカ・アビシニア地区ではモロコシ,シコクビエとササゲが,メキシコ南部〜中央アメリカ地区では,トウモロコシとインゲンマメが,それぞれ対をなして発祥している.まめ類のタンパク質含量は20数%にもなるが,穀類では高くても10%前後にしかならない.人間は,タンパク質が健康に対して重要であり,まめ類が穀類やいも類のタンパク質不足を補えることを,おそらく採集・狩猟時代の経験から無意識的に学んでいたと考えられるのである.

表5.14に現在世界各地で栽培されているまめ類のうちのおもなものを掲げた.この中で最大の生産量を上げているのはダイズである.ダイズは,他のまめ類に比べると,きわめて特殊なまめ類であるということができる.まず,タンパク質含量が30%以上もあり,まめ類ではきわだって高い.また,多くのまめ類が脂肪を2〜3%しか含んでいないにもかかわらず,ダイズは20%近くの脂肪を含んでいる.そのため,食用作物というより,工芸作物の一つである油料作物として分類され,世界のダイズ生産量の約80%は搾油に使われている.しかし,わが国では,枝豆や煮豆,あるいは豆腐として,さらには,みそやしょうゆの原料として使われており,食用作物としての用途に使われることが多い.それにもかかわらず,わが国のダイズ自給率は5%程度しかない.したがって,大量に海外,とくに米国から輸入している.

一方,食用のまめ類としてはインゲンマメが最大の生産量を誇る.食用まめ類の一般的な利用形態は乾燥種子であるが,インゲンマメやエンドウマメのように,未熟の種子をさやごと食べるものもあり,さやが柔らかい軟莢品種も開発されている.乾燥種子は食用作物にカウントされるが,さやインゲンや,さやエンドウは,野菜としてカウントされる.乾燥種子は,インドにおけるダルやブラジルのフェジョアーダなどさまざまな地方料理の素材として使われるが,わが国では製餡材料としての用途が多い.

〔石井龍一〕

表5.14 おもな食用まめ類

属名	種名	英名	学名
ダイズ属	ダイズ	Soybean	*Glycine max*
インゲンマメ属	インゲンマメ	Common bean	*Phaseolus vulgaris*
エンドウ属	エンドウマメ	Pea	*Pisum sativum*
ラッカセイ属	ラッカセイ	Groundnuts	*Arachis hypogaea*
ヒヨコマメ属	ヒヨコマメ	Chick pea	*Cicer arietinum*
ソラマメ属	ソラマメ	Broad bean	*Vicia faba*
レンズマメ属	レンズマメ	Letil	*Lentil esculenta*
キマメ属	キマメ	Pigeon pea	*Cajanus cajan*
ササゲ属	ササゲ	Cowpea	*Vigna sinensis*
	アズキ	Adzuki bean	*Vigna angularis*
	リョクトウ	Mung bean	*Vigna radiata*

e. いも類

　いも類は，地下に形成された塊茎，球茎，塊根あるいは担根体が肥大して，多量のデンプンを蓄積する食用作物の1群である．いも類の特徴としては，土地面積あたりの生産量，すなわち収量が穀類，まめ類などの他の食用作物に比べてとくに大きいことである．たとえば，世界のコムギの平均収量が，2.5 t/ha であるのに対して，ジャガイモの平均収量は，約 16.1 t/ha である．この大きな差の原因として水分含量がイモの場合には大きいことがあげられる．しかし，水分をさしひいた乾物収量で比較しても，やはりいも類の収量は大きい．この理由の一つに，収穫対象部分がイモという栄養器官であることがあげられる．すなわち，穀類やまめ類では，収穫対象部分が果実であったり，種子であったりするため，開花して受精が行われてはじめてシンクが形成され，炭水化物の蓄積がはじまる．しかし，イモは茎や根という栄養器官が収穫対象部分であるため，植物体の成長のごく初期からシンクが存在し，炭水化物の蓄積をすることができる．

　いも類の中でも最大の生産量を示すジャガイモは，南米のアンデスの山岳地帯が発祥地である．そのため，冷涼な気候条件のヨーロッパが主要な産地である．わが国でも北海道が約80％を生産している．種イモから生じた茎の節のうち，地下部にある節から出た分枝茎は地下を横走し地下茎（ストロン）となるが，その地下茎の先端部が膨らんで塊茎となったものが，ジャガイモのいもである（図5.8）．

　キャッサバ（Cassava）は，マニオクあるいはマンジョカともよばれる熱帯地域で栽培される多年生の木本性のいも類であり，木藷ともよばれる．キャッサバのイモは収穫後数日で腐敗をはじめ，貯蔵が困難である．そのため，キャッサバは商品作物になりにくく，自家消費作物のままでいる作物の一つである．タロイモ（Taro）は，熱帯，亜熱帯で栽培される単子葉植物のサトイモ科に属する数種の植物の総称である．これら植物のうち，*Colocasia* 属の植物は，熱帯アジアに発祥し，東回りのルートと西回りのルートで全世界に広まった．わが国への渡来は，相当古い時代にポリネシア人によってもたらされたとされ，現在ではサトイモとしてなじみの深いいも類となっている．タロイモは地下に形成される球茎とともに，長く太く伸びる葉柄も食用に供する（ずいき）．また，サトイモ科の *Amorphophullus* 属に属し，わが国で独自のいも類として発達したのがコンニャク（*Amorphophallus konjak*）である．

　ヤムイモ（Yam）は，単子葉植物のヤマノイモ科 *Dioscorea* 属に属し，地下部に担根体と称するイモをつける植物の総称である．主要な種は熱帯原産で，東南アジアやアフリカなどの熱帯地域で栽培されるため，生育期間が長く，そのため巨大なイモができる．世界のヤムイモ生産量の90％近くは西アフリカで生産され，この地域の重要な食糧となっている．わが国で栽培されるヤマノイモもヤムイモの1種で，*Dioscorea* 属に属している．また，ジネンジョ（自然薯）は，わが国特有の野生タロイモである．

〔石井龍一〕

表 5.15　栽培されている食用いも類

科　名	種　名	収穫部分
ナス科	ジャガイモ	塊茎
ヒルガオ科	サツマイモ	塊根
トウダイグサ科	キャッサバ	塊根
サトイモ科	タロイモ，コンニャク	球茎
ヤマノイモ科	ヤムイモ	担根体

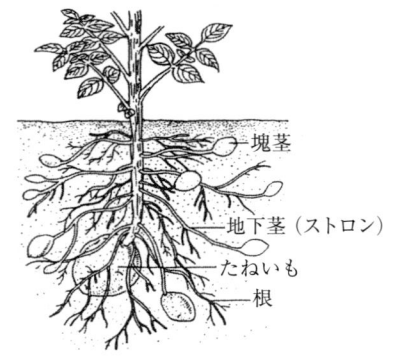

図 5.8　ジャガイモの地上部と地下部の植物体（角田ほか，1998）
種いもから発生した主茎から出た地下茎（ストロン）とその先端に形成されたいも

5.3 野菜として利用する栽培植物

(1) 野菜の概念と範囲

　野菜は慣用的な概念で，およそ食用部分が無～低加工で（おもに）副食に供される（おもに）草本性作物またはその食用部分とされる．草本性は柔軟さを示し，基本的に一・二年生草本であり，木化した多年生草本などは該当しない．副食利用は食用部分，草本性作物であることは植物体の要件であるが，副食利用や栽培の有無などはかならずしも植物の種類に固有の属性ではない．また，生産関係では後者，流通・食品関係では前者のほうが重要であり，国や分野などにより野菜として扱う種類は一部異なる．

　草本性の果物類（間食用）は生産統計では野菜（果物的果菜類），流通統計では果実に区分される．市場では草本性や栽培の有無を問わず，副食利用する維管束植物と菌類（キノコ類）の収穫物は野菜に含められる．主食・間食や原料用など，副食以外の用途がある作物の多くは他の作物区分にも属し，副食利用の場合に野菜とする．たとえば，いも類とまめ類（完熟）は主食では穀類，副食では野菜となる．食品の分類では，野菜類は柔軟多汁で低カロリーの生鮮品として，いも類やまめ類などと分かたれる．藻類を野菜に含める国も多いが，利用の多い日本では含めず独立した区分とする．

　野菜の類義語に蔬菜がある．蔬菜は中国古来の語で，蔬は可食草本，菜は副食一般を表す．菜は字形が草木＋爪（手指）で摘み取る植物を表し，元は蔬とほぼ同義である．野生利用から栽培作物が分化して，蔬菜中の野生利用が野生蔬菜＝野菜となった．日本では，これらの意味内容は時代により変化し，明治以降一般には野菜が食用草本，公的には蔬菜がその中の作物として通用していたのを，戦後当用漢字の制定に伴い野菜に統一し，野生利用は山菜とした．

　未熟茎葉や多肉性組織は多くの植物で咀嚼可能で，不快な味が少なく毒性がないか，調理などで容易にそれらを除去できれば食用になる．これらの副食利用は野生にも多数あり，栽培野菜の少ない国や地域では食生活の重要な位置を占める．日本でも可食野草の種類は多いが，一般には利用度や認知度がある程度高いものが山菜とよばれる．早く栽培化された種類もあるが，概して需要の割には栽培の効率が悪く，また日本の在来野菜共通の傾向として，遺伝的変異が乏しく改良もしにくい．近年は地域産品の需要や販路が拡大して栽培化が促され，市場の山菜はおもに栽培品である．多くは野生から系統分離したもので，遺伝的には野生品と大差がない．

　木本性植物の可食部位はおもに果実で，副食用のウメなどは作物区分は果樹，市場統計では野菜扱いとなる．非草本の未熟茎葉や花序・花器類の利用は，日本ではタケノコのみが重要であるが，熱帯亜熱帯では野生利用や香辛料類を含めれば種類は比較的多い（岩佐，1972）．マメ科木本には重要な種類もあり，経済栽培では一年生草本のように毎年更新するものもある．

　香味や辛味などが強く，生鮮で少量を料理に副えるか調味に用いるものを，香辛野菜として葉菜・根菜・果菜などとは別に区分することもある．乾燥品は通常は香辛料類として野菜には含めないが，明瞭な境界はない．薬用になる種類が多く，料理用ハーブも民間薬の類である．香辛野菜や香辛料類は熱帯亜熱帯では種類・量ともに多

表5.16 日本の主要な野菜[z]

種類[y]	野菜名[x]	科内の種類/属数[w]	種類[y]	野菜名[x]	科内の種類/属数[w]
	【スイレン科】	1/1		【セリ科】	20/16
R	ハス（れんこん）		L	セルリー	
	【アカザ科】	7/6	L	ミツバ	
L	**ホウレンソウ**		R	**ニンジン**	
	【ウリ科】	23/9	L	パセリ*	
Ff	スイカ			【ナス科】	13/5
Ff	メロン			トウガラシ	
F	**キュウリ**		F	**ピーマン**	
F	カボチャ（3種）		F	シシトウ*	
	【アブラナ科】	38/12	F	**トマト**	
	アブラナ類		F	**ナス**	
	タイサイ		R	**ジャガイモ**	
L	チンゲンサイ			【ヒルガオ科】	2/2
	その他ツケナ類		R	サツマイモ*	
L	コマツナ			【キク科】	34/24
R	カブ		R	ゴボウ	
L	**ハクサイ**		L	シュンギク	
	キャベツ類		L	**レタス**	
Lh	カリフラワー		L	フキ	
Lh	ブロッコリー			【サトイモ科】	3/2
L	**キャベツ**		R	**サトイモ**	
R	**ダイコン**			【イネ科】	10/6
	【バラ科】	2/2	R	タケ類（たけのこ）*	
Ff	イチゴ			トウモロコシ	
	【マメ科】	19/12	F	スイートコーン	
	ダイズ			【ショウガ科】	4/2
F	エダマメ		Rs	ショウガ	
	インゲンマメ			【ユリ科】	16/3
F	サヤインゲン		R	**タマネギ**	
	エンドウ		L	**ネギ**	
F	ミエンドウ*		L	ニラ	
F	サヤエンドウ		R	ニンニク	
F	ソラマメ		L	アスパラガス	
	【ウコギ科】	5/3		【ヤマノイモ科】	3/1
L	ウド*		R	ヤマイモ	

z：農水省の生産出荷統計所載の指定野菜（太字）14品目，特定野菜25品目に，流通統計所載で前者にない6品目（*）を加えた45品目を，植物の科別に整理し，葉根果菜の区分を付した．y：R-根菜，L-葉菜，F-果菜，h-花菜，s-香辛野菜，f-果物的果菜類．
x：種より下位の区分に属する野菜は字下げ，食品名はひらがなで示した．斜体は分類上の位置を示すために加えたものである．
w：各科に含まれる野菜の種類と分類上の属の数．園芸学用語集・作物名編（2005）による．

く，いわゆるカレーの本体を成す．市場では少量を料理に副えるもの全般を香辛つま物類としている．

「園芸学用語集・作物名編」(2005) 所載の日本の野菜は321種類（79科200属273種）で，科の過半は1科1種類であり，上位7科で半数を占める．一般通念上の野菜は，おもに植物学上の種以下の区分，一部は複数の種に対応する．包含関係のある場合に，たとえばミニトマトを1種類の野菜と数えるかトマトに含めるかなどは，野菜を扱

う分野や目的などによって異なるが，生産や流通では独立した野菜として扱う場合が多い．利用の部位や熟度などが異なれば，植物が同じでも別の野菜として扱われる場合が多く，食品名のみが通用している種類もある．

(2) 分類

野菜はきわめて多種類で，自然分類は実用上適用しがたい．菌類以外の野菜は利用部分で根菜，葉菜，茎菜（地上茎），果菜，花菜（花序と花器）に区分される．茎菜と花菜は種類が少なく，葉と茎，花茎と花序を一体として食する種類もあるので，茎菜と花菜を他の区分に含めることも多い．その場合は根菜を根と地下茎（地下部利用），葉菜（葉茎菜）を葉と地上茎および花序と花器（果実以外の地上部利用），果菜を果実と種子利用とする．

これらを細分する場合，果菜は植物の種類，根菜は肥大組織の種類，葉菜は植物の種類と用途で分類するのが比較的まとまりがよい．欧米の分類との整合性も考慮し，野菜全体を［果菜類］まめ類，ウリ類，ナス類および雑果類，［根菜類］塊根類，直根類，［葉菜類］菜類（アブラナ科），生菜（生食用）および香辛菜，柔菜（煮食用），ネギ類に菌類を加えた 10 種類とする分類（熊沢，1953）が，野菜関係の研究機関などで広く用いられる．

(3) 栽培上の基本特性

野菜は生鮮品であり，周年供給するには基本的に周年栽培が必要である．これに応じた品種の生態的分化と各種作型の分化が，作物としての野菜や野菜栽培の重要な特徴となる．根菜と大半の葉菜は栄養器官利用であり，いも類を除く主要部分は温帯性で，栄養成長期には茎は伸長せず，一定の季節的条件（温度や日長）を経て生殖成長に移行し抽台する．これで栄養成長は停止するので，収穫適期以前の抽台回避が栽培の前提となる．露地野菜であり，早晩生や抽台性など生態特性の異なる品種を使い分けて，各種作型を構成する．果菜は生殖器官利用であり，主要部分は低緯度原産で，花成に及ぼす季節的条件の影響は概して小さく，初期の栄養成長のあとは栄養成長と生殖成長が並行して進む．おもに，施設栽培で環境調節により作型を構成する．　　　　　〔飛騨健一〕

参考文献
園芸学会（2005）：園芸学用語集・作物名編，養賢堂．
熊沢三郎（1953）：綜合蔬菜園芸總論，養賢堂．
岩佐俊吉（1980）：熱帯の野菜，農林水産省熱帯農業研究センター．
西貞男監修（2001）：新編野菜園芸ハンドブック，養賢堂．

図 5.9　コールラビ（キャベツ類）
茎が肥大

図 5.10　観賞用ペポカボチャ

a. 根菜類

ダイコンなどの直根類，いも類などの塊根類（塊根類，塊茎類，球茎類，根茎類などに区分しうる），いも類以外で市場で土物とされるタマネギなどの鱗茎類やタケノコなどが含まれる．鱗茎類などは葉茎菜とする例も多く，いも類は独立した区分でもあり，直根類が狭義の根菜となる．

直根類は貯蔵物質は概して少なく，幼植物や若葉には葉菜利用もある．種子根と胚軸が二次肥大成長で一体化した直根が利用部位であり，種子繁殖性植物に限られ，直播栽培を原則とする．直根組織はニンジンは篩部肥大型，他は木部肥大型が多い．ダイコンは多様な在来品種を用途や作型で使い分けてきたが，たくあん用白首以外の量販品種は青首の宮重総太型 F_1 に集約され，周年栽培に必要な耐病性や晩抽性などは他の品種群から導入している．カブの多くは肥大部分がおもに胚軸で，地上に露出する．青果用の大半は白丸の小カブで，生育早期に丸く肥大してそのまま大きくなり，硬化の遅い品種は幅広い大きさで利用可能である．ニンジンはカロテン色の欧州系とリコピン色の東洋系に大別され，晩抽性で周年栽培可能な前者が生産の大半を占める．

いも類はジャガイモ以外概して高温性で，栄養繁殖（サツマイモは挿し木，他は種イモ）する．肥大部分は，サツマイモは不定根，ジャガイモは地下茎先端，サトイモは主茎基部とその側芽（親イモと子イモで，デンプン質は前者．日本の品種は子〜親子兼用），ヤマイモは担根体である．デンプン類を蓄え，世界的には主食利用も多い．貯蔵性が高く，品種の生態的分化は概して乏しいが，施設利用による作期の拡大もあり，ジャガイモは周年栽培される．

タマネギは基本的に長日で葉鞘基部が肥大をはじめ，以後の新葉は葉身がなくなり貯蔵葉（鱗葉）となる．長日肥大性の品種を冷涼地の春まき，やや短日でも肥大する品種を温暖地の秋まきに使用する．ニンニクは腋芽の肥大した側球の集合体で，ラッキョウでは肥大後も葉身がなくならない．レンコンは食用ハスの地下茎の先端数節が肥大したもので，穴は通気孔である．タケノコはモウソウチクなどの地下茎から発した側芽である．

〔飛騨健一〕

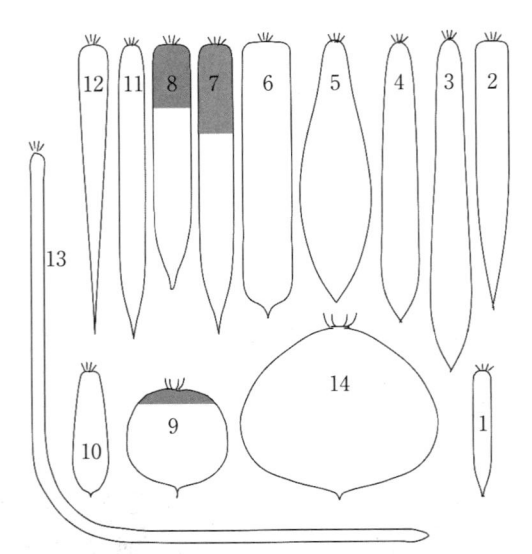

1：四十日　2：みの早生　3：練馬尻細　4：理想
5：三浦　6：大蔵　7：宮重長太　8：宮重総太
9：聖護院　10：白上り　11：阿波晩生　12：二年子　13：守口　14：桜島

図 5.11 ダイコンの在来品種

b. 葉菜類

葉菜利用には食用にとくに発達した組織を必要とせず，多くの種類が葉菜類に含まれる．料理用ハーブを含む香辛野菜や山菜も大半は葉菜である．ただし，摂食量の多い種類は，多少の甘味と旨味を含み，特有の風味はあるが濃厚ではなく，全体的に柔軟であるか，結球や多肉化により柔軟淡泊な部分が発達したものである．種類も生産量もアブラナ科がとくに多く，他にユリ科，キク科，セリ科，アカザ科に主要な葉菜があり，同じ科内に根菜も含む．主要葉根菜の花成は，レタスは高温，ホウレンソウは長日，他は低温で誘導または促進され，低温感応性の種類では，アブラナ類とダイコンは種子春化型，他は緑植物春化型である．

葉菜は結球・非結球に大別される．多数の茎葉が集合して一体化するものは広く結球とよばれるが，結球野菜といえば通常ある葉位以上の葉全体が内側に湾曲して重なり球状になるものを指す．結球様式に抱合（葉が抱き合う）と包被（包み被さる）があり，キャベツやレタスは後者，ハクサイはおもに前者である．軟白効果により柔軟で青くささがなく，非結球葉菜より輸送・貯蔵性も高い．

アブラナ科の主要作物はダイコン以外 *Brassica* 属で，A, B, C ゲノムの基本3種とその間の複二倍体であり，A（アブラナ類．不結球菜類はツケナと総称），C（キャベツ類），AC（ナタネ類）およびAB（カラシナ類）ゲノム種が重要である．アブラナ類はハクサイ以外茎葉の特殊な発達には乏しいが，生育が速く全体柔軟で，不結球葉菜の種類が多い．在来のコマツナ類などと中国で発達したタイサイ類などに大別され，後者はチンゲンサイのように葉は無毛で杓子形である．キャベツ類は生育が遅く組織が硬めで，結球またはとくに肥厚した組織を利用する．ブロッコリーやハナヤサイの花蕾球は短縮肥厚した花茎と花序であり，後者は小花の発達が途中で停止したものである．

ユリ科のネギ類には刺激臭があり，葉身に表裏なく，葉鞘は重なって茎状（偽茎）となる．ネギは葉身円筒状で，おもに長い葉身を食する葉ネギと長い葉鞘を軟白して食する根深ネギ，短日低温で休眠する夏ネギ型と休眠しない冬ネギ型に区分される．ニラは葉身扁平で，根株を養成して数回刈取る．アスパラガスは地下茎の鱗芽が萌芽伸長したものである．

キク科のレタス類には4群あり，結球性のレタスと不結球のリーフレタスが重要で，サラダナは前者のバターヘッド型の若どり，サニーレタス（元は商品名）は後者の赤色種である．シュンギクには葉形で小・中・大葉（切込み深→浅），草姿で株立ち型（主茎が伸長，摘取り収穫）と株張り型（伸長せず，抜取り収穫）がある．

セリ科は香味が強めで，パセリやミツバなど少量利用の品目が多い．セロリは軟白用の黄色種とグリーンセロリ用の緑色種などがあり，日本では中間種が多い．アカザ科のホウレンソウには丸種子（痩果）の洋種と角種子の和種があり，後者のほうが抽台は早いが甘味が多くあくが少ない．雌雄異株で，生産では洋種（♀）×和種の F_1（丸種子）が用いられる．

〔飛騨健一〕

図 5.12 ターサイ（アブラナ類）
中国で発達

c. 果菜類

　まめ類，ウリ類とナス類は基本的につる性か分枝性で，矮性や大型の種類以外支柱栽培が多く，収穫は矮性では短期集中，それ以外では長期となる．未熟利用と完熟利用があり，果物的果菜類は後者で，両方ある主要な種類ではおのおの別の品種を用いる．

　ウリ類は子房下位で果面は稜線を有し，成熟すると硬化する．雌花（両性花）雄花同株が多く，日長や温度に敏感な種類では，短日や低温で雌花の増加や着生節位の低下が見られる．キュウリは単為結果性で，冬春栽培の華南型と夏秋栽培の華北型がある．F_1は両者の雑種で，生態的には冬春用と夏秋用に分かれるが，果実品質は生食適性の高い華北型に近い．カボチャは近縁数種の総称であるが，日本では高温性で粘質のニホンカボチャと，やや低温性で粉質のセイヨウカボチャがおもに利用され，後者が生産の大半を占める．メロンは種内にマスクメロンなど一般にメロンとよばれる3群と，マクワウリとシロウリ（甘味なし，漬物用）の2群を含み，F_1メロンの多くはシロウリ以外の4群の，群内または群間の交雑により育成されている．

　ナス類は子房上位で果皮は成熟しても平滑柔軟である．第1花着生後は一定の葉間隔で花房を着ける．トマトの主枝は，発生上は側芽に由来する（仮軸分枝）．青果用大玉は果皮無色の桃色果，ミニトマトと加工用は同黄色の赤色果である．成長が進むと，茎長が花房でおわる心止り型があり，加工用の無支柱栽培に用いられる．トウガラシ類は辛味種をトウガラシ（おもに香辛料用），甘味種（辛味のないもの）をピーマンとするが，一般通念では，おのおの果形の長細と太短に対応する．厚肉大果種（俗称パプリカはこの類で完熟収穫）と薄肉小果のシシトウを交雑育成した中肉～薄肉中果種が一般的なピーマンで，大半は未熟（緑果）利用である．ナスは在来品種の分布が西南方向に果形短→長，耐暑性弱→強となり，F_1は関東の長卵型や関西の中長型がもっとも多い．

　まめ類の作物区分は完熟利用が穀類，未熟利用が野菜となるが，前者も煮豆などで副食利用されるほか，「もやし」として利用するものも多い．栄養価に富むが消化がやや悪く，単独での主食利用は少ない．花成はエンドウの一部とソラマメは低温，晩生のダイズは短日で促進されるが，他の野菜品種はそれらに鈍感で，一定節位以上では連続して花芽を着ける．未熟莢利用は，サヤエンドウに小莢（キヌサヤ），大莢（暖地用），スナップ（種子が半ば肥大した段階で利用），サヤインゲンに丸莢，丸平莢，平莢があり，未熟種子利用には実エンドウ（糖質系），エダマメ（おもに早生の夏ダイズ）とソラマメ（おもに大粒種）がある．

　イチゴは欧米では更新せず永年生作物的に栽培して，近縁の果樹とともに漿果類として扱う場合も多い．食用部分は花托で，表面に種子（痩果）が着生する．秋の低温短日で花芽分化して休眠に入り，冬の低温を経過して休眠が破れ，春の長日高温で開花結実し，以後秋までランナー（匍匐茎）を発生して繁殖するのが基本である．スイートコーンはトウモロコシの甘味種で，現在はスーパースイート系が主流である．花成は低温短日で促進される．

〔飛驒健一〕

図 5.13 ナスの果実（バングラデシュ）
色は濃紫～淡紫，白，緑または緑斑（口絵33）

5.4 果物として利用する栽培植物

「果物」とは，何年間にも渡って栽培する永年作物のうちで，枝や幹や茎が硬く木質化する植物から収穫する「果実」とし，ほぼ1年以内で栽培を繰り返す単年作物から収穫するメロンやスイカ，トマトは「野菜」と定義されている．草本性永年作物のイチゴ，パイナップル，バナナについては，後二者は「果物」に，イチゴは日本では「野菜」，欧米ではベリー類として「果物」に分類している（梅谷，梶浦，1994）．

田中（1951）は世界で40目，134科，2,792種を果物とし，植物学的分類だけでなく，利用部位，栽培法の特性，栽培地帯などにより人為的にも分類している．一例として，岩政（1976）による園芸的分類をあげると，温帯果樹（落葉性），亜熱帯果樹（常緑性），熱帯果樹（常緑性）に区分し，温帯果樹を高木性果樹（仁果類，核果類，堅果類，その他），低木性果樹（スグリ類，キイチゴ類，コケモモ類，その他），つる性果樹に区分している（梶浦ら，2004）．果物で食用にする部分は植物学的に見ると，花托が肥大したリンゴやナシ，種子の子実を食べるクリなど図5.14のように多様である（新居，1998）．

現在，栽培されている果物は野生の物から長年月を掛けて，人類が選抜してきた結果であり，そ

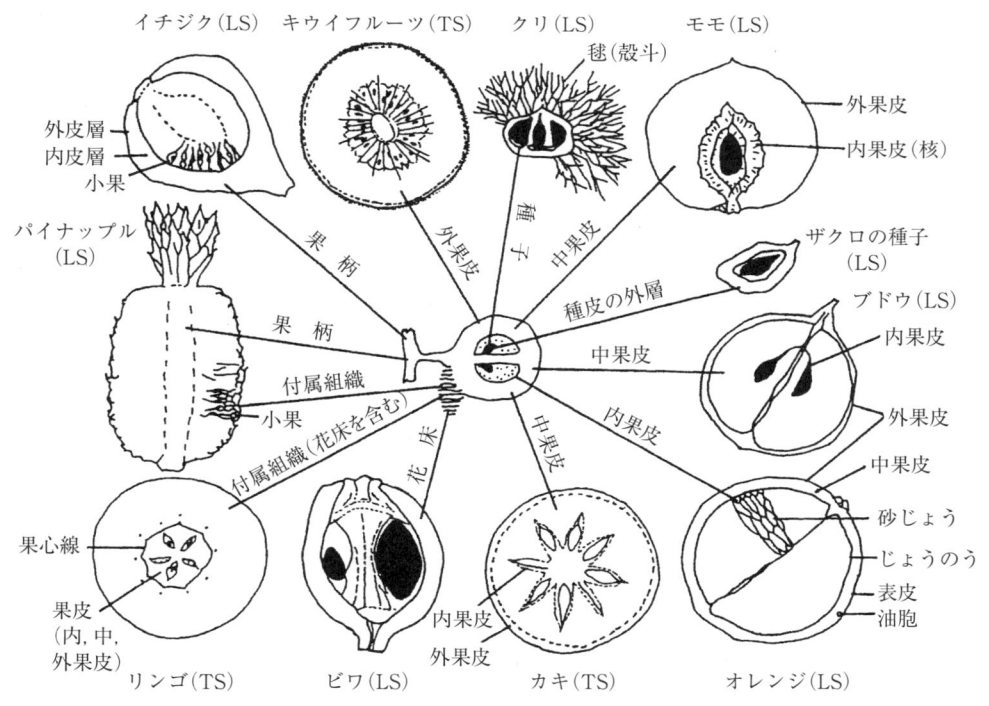

図 5.14 果物の可食部に発達する組織と器官（LS：縦断面，TS：横断面）（新居，1998）

れぞれの野生群落がある原生中心地では，形態や生態に多様な変異が観察される．コーカサス地方にあるリンゴ林では，果皮色や果形などの形質で，現在，知られているほとんどの色や形が見られる．このような林の中から，人類は味がよく，大きい果実がなる樹を選んだのであろう．野生群落が手つかずで残されている伊豆半島のヤマモモ群落では，図5.15のように各樹の果実の甘さに大きな変異があり，正規分布をするとともに，古くからの住民が選定して果実採取をしていた樹は糖度が高くて甘い果実をつける樹だった．このような選抜が古くから行われた証拠として，遺跡から出土するクリの大きさを縄文時代から現代まで比較した南木（1994）の調査によると，弥生時代には現在の品種の大きさ近くまで，選抜が進んでいたことが示された．

このようにして改良されてきた果物は人類にとってどのような役割をもち，どのように変化してきたであろうか．日本では以下のようになろう．イネ，ムギといった穀類が渡来していなかった時代，人類の主食料は動物とともにクリ，ドングリなどの堅果類であり，ヤマモモ，ナシ，ヤマブドウなどの果実は果実収穫期におけるビタミンC補給源，糖分補給源であった．熱帯地方では，バナナが今日でも主食料になっている．穀類の安定生産が可能となると，堅果類は穀類が不作なときの救荒作物となった．東北北部では，米の収穫前の夏期に前年の不作により備蓄米がなくなったときの非常食として，ナシやモモも各家庭に植えられていた．岐阜県の山地など，稲作が不可能な一部地帯では，米の供給が安定する戦後まで，クリやトチノミが主食料であった．

このような経過をたどった日本の果物の歴史を振り返ってみたい．日本列島に人類がやってくる前から生育していた果物はクリ，ヤマモモ，ヤマブドウ，サルナシなど，数が少なく，現在の果物は史前に渡来したものから，大阪万博頃に導入されたキウイフルーツまで，海外からもたらされた果物がほとんどである．縄文・弥生時代から古墳時代にかけて朝鮮半島との往来が広く行われており，中国大陸東北部と東北日本との往来も知られている．核果類やナシ，カキなどは，この時代に日本列島に初めて渡来したと思われる．

その後，中国大陸や朝鮮半島の国々と交易や使節の往来があり，多くの人々が大陸・半島産の果物を導入し得たと思われる．また，平安時代から江戸時代まで，中国やスペイン，ポルトガル，オランダの貿易船が九州中心に寄港したり，漂着し，船員や商人からカンキツ類などがもたらされた．さらに，九州から出撃して半島や大陸沿岸を

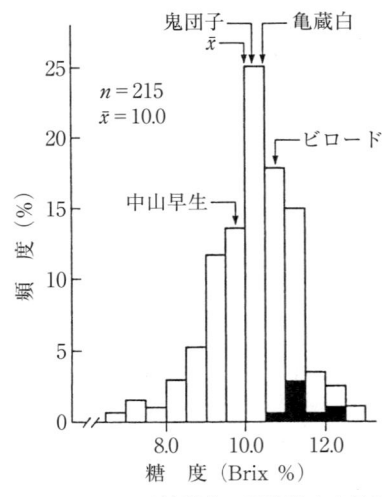

図5.15 ヤマモモ野性群落の果汁糖度変異と在来品種ならびに地区住民着目樹（黒地）の分布（梶浦，1997）

荒らした倭寇の略奪や，豊臣秀吉による文禄・慶長の役で略奪してきたナシやウメなどの樹が知られている．

明治時代に入り，欧米の果物が政府や個人により大量に導入され，勧業寮で苗木が増殖されて全国に配布された．青森県・長野県のリンゴ，山形県のオウトウ，岡山県のモモ，ブドウなど，現在の落葉果樹の産地と品種の基礎が築かれた．また，西日本では，古くからの苗木産地でカンキツが増殖され，西日本各地に拡大した．この時期，ジュースとワインの食習慣も導入し，ワインは定着したが，ジュースは腐敗のために食中毒が多発し，濁った果汁の製造・販売が禁止されて，第二次世界大戦後に占領軍により強制的に撤廃されるまで続いたため，日本にはジュースの食習慣が育たなかった．

日本にいない病害虫のもち込みを植物検疫で禁止している果実を除き，低価格な果汁と生鮮果実が輸入できる今日の日本では，果実の自給率は約4割であるが，高温多湿な露地環境でも栽培可能な果物であるリンゴ，ブドウ，モモ，ナシ，カキ，温州ミカンなどのカンキツは輸入品より価格が高いものの，品質がよくて，バラツキが小さく輸入品との競争に勝ち，7割の自給率を保っている．

果物の重要な役割として，人類の生存に欠かせないビタミンCの供給がある．大航海時代，ビタミンC欠乏から生じる船員の壊血病予防のため，船にはリンゴやライムなどのカンキツ類が大量に積み込まれていた．また，北米の開拓時代，西部に入植する開拓民はリンゴの実生苗を携えていた．今日，日本人は1日あたり，食品全体でビタミンC成人所要量の約100 mgをほぼ満たして摂取しているが，このうち，果実類からは39％を，野菜から34％，緑茶から12％をとっていて，ビタミンCベースの自給率は7割未満となっている．果実の中身を見ると，輸入果汁からのビタミンC供給が増え，国産果実からは39％のうちの17％になっている．

ミネラルウォーターが世界中で入手できるようになる前，生水を飲むのは危険であった．果実中の果汁は地中の水が浄化され，果皮で細菌汚染からも守られている．果実は安全な水分の供給源だった．また，乾燥地帯では，地中深くに根をまわし，水分を果実に蓄えるポンプでもあった．さらに，ブドウ果実を発酵させて，ワインとすれば，水（果汁）の腐敗を防ぎ，長期間保存も可能となる．

果実の輸入貿易が自由化され，多様な果物が周年供給され，食料や水の供給が保証されている今日，果物の役割はどのようなものだろうか．各種果実中の成分に各種の疾病予防や症状の進行遅延効果，抗がん作用などの機能性があることが知られるようになってきて，果物は，生活が豊かで潤いがあり，健康に役立つ食生活に欠かせない食品になっている． 〔梶浦一郎〕

参考文献（5.4節）
岩政正男（1976）：柑橘の品種，静岡県柑橘農業協同組合連合会．
梶浦一郎（1997）：ヤマモモ探索をめぐる諸問題—伊東市浮山での実生を中心に—．農業および園芸，**72**，799-804．
梶浦一郎（2007）：山梨の園芸，**55**（1，5）：64-65，76-77．
梶浦一郎（2008）：日本果物史年表，養賢堂．
梶浦一郎ら（2004）：新編農学大事典（山崎耕宇ら監修），養賢堂．
キブルほか編，三輪睿太郎監訳（2005）：ケンブリッジ世界の食物史大百科事典 2，5，朝倉書店．
間苧谷徹ら編（2006）：特産果樹，日本果樹種苗協会．
南木睦彦（1994）：縄文時代以降のクリ（*Castanea crenata* Sieb. et Zucc.）果実の大型化，植生史研究，**2**，3-10．
新居直祐（1998）：果実の成長と発育，朝倉書店．
平 宏和ら監修（2006）：食品図鑑，女子栄養大学出版部．
田中孝尚ら（2006）：野生のクリ（*Castanea crenata*）の分布域（日本と韓国）における大規模個体を用いたSSRマーカーによる遺伝的構造の解析，園学雑，**75**，69．
田中長三郎（1951）：果樹分類学，河出書房．
梅谷献二，梶浦一郎（1994）：果物はどうして創られたか，筑摩書房．

a. 仁果類

バラ科に属する植物は，北半球の温帯を中心に分布する．花の形は，通常はサクラに見られるような五数性であまり特殊化していないが，果実においては，さまざまな形態の多肉果をもつ植物に分化した．これらは，鳥類や哺乳類に果実が食べられ，種子が糞として排出されることにより運ばれる周食型動物散布果であり，人類も狩猟・採集時代から食糧の一つとしていた．とくに，バラ科の場合は，古代文明の発祥地のうちのコーカサス・南東ヨーロッパや東アジアに分布する植物に，比較的大きな果実を付ける木本性の種がいくつもあったため，それらが農作物として改良され，現在に至るまで温帯諸国の主要な果樹となっている．

バラ科の果樹は，果実の形態から仁果類と核果類に大別することができる．仁果類は，分類学的にはナシ亜科に属する．通常の植物では，花から果実に発達するのは子房であるが，ナシ亜科では，子房を取り囲んで部分的ないし完全に合着した萼筒（花床筒ともよばれる）の部分が主として肥大して多肉質の可食部分となる（図5.16）．また，子房は，萼筒と同様に多肉質となるもの（リンゴ，ナシ，ビワ，マルメロ，カリン，アロニア，ジューンベリー）と，木質化した堅い組織となり，一見核果のように見えるもの（サンザシ）がある．

これらの果樹のうち，もっとも代表的なものはリンゴである．セイヨウナシやマルメロとともにコーカサス地方の原産であるが，古代ローマ時代以前から広く欧州に伝播した．冷温帯に適応した植物であるため，地中海沿岸を除く欧州諸国では，果物としてもっとも生産されている品目である．東洋にもシルクロードを通して古代に伝来したが，日本には幕末に西洋から初めて伝えられ，明治以降に本格的に栽培されるようになった．

一方，中国大陸を原産とするものには，ニホンナシとチュウゴクナシ，ビワ，カリン，サンザシがあげられる．これらは，日本にも近代以前に伝来した．とくにビワは，ナシ亜科の中で果樹として改良された唯一の常緑樹であり，暖温帯地方で栽培される．

アロニアとジューンベリーは北米原産で，どちらも果実は径1cm程度の小果である．ネイティブアメリカンが野生の果実を食用にしていたが，果樹として改良されはじめたのは19世紀末以降である．

〔池谷祐幸〕

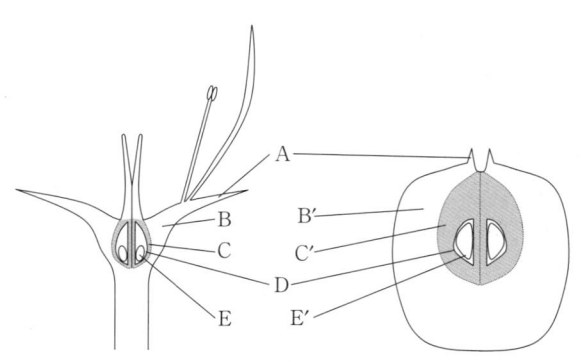

図 5.16 仁果類の花（左）と果実（右）の模式図
A. 萼裂片，B. 萼筒，B′. 萼筒由来の果肉，C. 子房，C′. 子房由来の果肉，D. 子房壁，E. 胚珠，E′. 種子．

b. 核果類

核果とは，子房が果実に成長するとき，外側の細胞層が多肉化するのに対して内側の細胞層は木質化し，成熟した果実では一見種子のように見える堅い核が中心に形成され，本当の種子は核の中にあるという形の果実を指す植物形態学の用語である（図5.17）．進化のうえでは核は，果実が動物に食べられて消化管内を通過する際に，種子を保護するために適応した形質であるという仮説が有力である．核果は被子植物のさまざまなグループにおいて見られ，農作物でも，バラ科の果実のほか，オリーブ，クルミ，コショウ，ナツメ，マンゴーなどの果実がそうであるが，果樹園芸学では，とくにバラ科サクラ属の果樹を核果類と称する．

サクラ属の植物は，温帯を中心とした北半球の全域に分布する．バクチノキ，ウワミズザクラ，サクラ，スモモ，モモの5，ないしはスモモからアンズを分けた6のグループに大別される．このうち，サクラ，スモモ・アンズ，モモのグループからはそれぞれ，オウトウ，スモモ・アンズ・ウメ，モモ・アーモンドが農作物として改良された．

オウトウ（サクランボ）は，コーカサスから欧州にかけての原産であり，有史以前に栽培化された．欧州ではもう一種サンカオウトウが栽培され，主としてジャムや缶詰などの加工用として利用される．一方，東アジアにも多くのサクラの野生種が分布し，そのうちチュウゴクオウトウは，古代から栽培された．

スモモの原産種には，コーカサス原産のオウシュウスモモと，中国原産のニホンスモモがある．前者は夏季に乾燥する気候に適応しており，地中海地域や北米西岸などで，生食やドライフルーツ用に栽培される．現在北半球の温帯で広く栽培されているのは，後者ないしこれを基本として他種と交配した改良品種である．

アンズとウメは中国原産である．アンズはシルクロードを経由して紀元以前に西洋へ伝播し，地中海沿岸地方などで広く栽培されるようになった．一方，ウメの栽培は東アジアにとどまり，現在でもこのほかの地域では農作物としては栽培されていない．

モモも中国原産であり，アンズと同様に紀元以前に西洋へ伝わった．アーモンドは西アジアの原産でモモに近縁な植物であるが，果肉はほとんど発達せず核の中にある種子をナッツとして食用とする．このため栽培品種では，果実はモモよりもはるかに小さいが種子は巨大化している．

ところで，サクラ属を含むいくつかのバラ科の植物は，葉，未熟な果実，種子などに微量の青酸配当体を含むことが知られ，その本来の役割は，動物による食害へ対抗するためであると考えられている．この物質は，それ自身は無毒であるが，消化管内で分解されて有毒の青酸をつくると考えられている．ただし，食用の栽培品種では，果実が成熟して収穫される頃には，果肉中には問題になるほどの青酸配当体は残存しない．

〔池谷祐幸〕

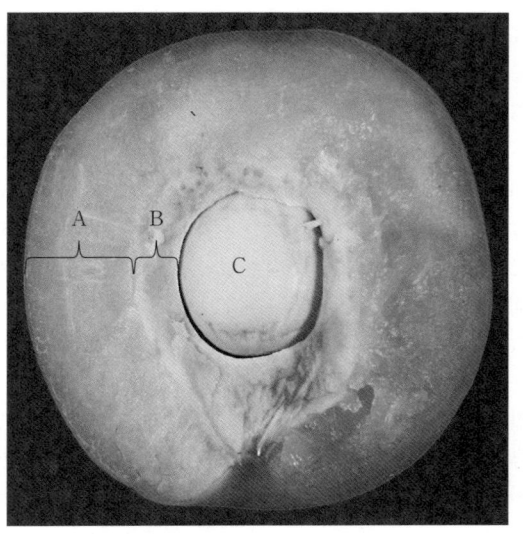

図 5.17 核果類の果実（ウメ）の断面（口絵35）
A：果肉，B：核，C：種子

c. 堅果類

1) クリ

地中海沿岸の山岳地帯で，穀物の生育に不向きな地方では，ヨーロッパグリ（*Castanea sativa* Miller）が数千年にわたって主食であり，「木のパン」とされていた．同じことがイネがもたらされる前の縄文時代の日本にもあった．各地の遺跡で，クリ（*C. crenata* Sieb. et Zucc.）を貯蔵した穴が出土し，落葉広葉樹林帯に住んだ当時の人々がクリに依存していたことが知れる．これらのクリの仲間は北半球の暖帯，温帯に分布するクリ属（*Castanea* Miller）に属し，落葉樹で雌雄同株の虫媒花である．雄花は直立した尾状花序，雌花は枝の上部にある花序の下部に付く．

クリは皮を剥かれて砂糖煮漬けで販売されている．また，中国原産のシナグリ（*C. mollissima* Blume, *C. bungeana* Blume）は砂礫に砂糖や水飴を入れて炒った甘栗が袋売りされたり，ヨーロッパグリの焼き栗も輸入されている．このような種による消費形態の差はデンプンの多さと渋皮の剥がれやすさによっている．シナグリとヨーロッパグリは加熱により，容易に渋皮が剥がれるが，クリは刃物で皮を剥く工賃が高く，中国で皮を剥いて一次加工して輸入されている．シナグリはクリの花粉が掛かるとシナグリの渋皮が剥けにくくなるキセニア現象が発現するため，日本では栽培しない．

クリは山中にある野生の芝グリをもとに改良されたが，図5.18のように古くから大果がなる樹が選抜され（南木，1994），各地に在来品種がある．遺伝子解析により，列島各地と朝鮮半島産の野生栗と在来品種を調査した結果（田中ほか，2006）によると，列島の芝グリは中部以北のグループと九州地方のグループとに区分され，後者は朝鮮半島産と同一グループに入ることがわかってきた．歴史的に長い人的交流の際に，クリもポケットに入って行き来したのであろう．クリも中国大陸からシナグリとともにもちこまれたらしいクリタマバチにより樹が衰弱し，日本の栗産業が壊滅状態となった．幸い在来品種に抵抗性品種があり，これを交配親にして「筑波」や「丹沢」といった抵抗性品種が育成されて栗産業が復活した．さらに，クリタマバチの天敵であるチュウゴクオナガコバチが中国から導入され，各地でクリタマバチ被害が軽減されている．2006年に大果で渋皮が容易に剥けるクリが果樹研究所から育成発表された．栗産業が変わるかもしれない．

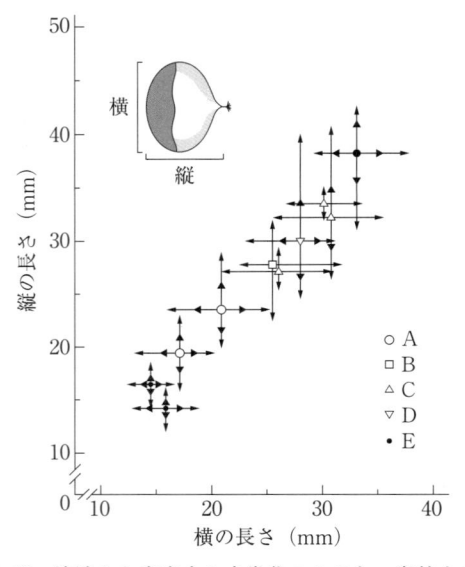

図 5.18 遺跡から産出する未炭化のクリと，森林中のクリの果実形態の変異（南木，1994より一部改変）
A. 縄文時代早期〜前期，B. 縄文時代中期，C. 縄文時代後期〜晩期，D. 弥生時代〜古墳時代，E. 現代．A〜Eのシンボルは測定した遺跡ごとの平均値を示し，矢印は二つの測定値の変異幅を示す．

2) クルミ

日本には，オニグルミ（*Juglans sieboldiana* Maxim.）とヒメグルミ（*J. subcordiformis* Dode）が自生していて，クリやトチノミと同様に縄文時代の遺跡から出土し，古くからの主食料だった．現在，食用にしている殻が薄く，食用とする子実が大きいペルシャグルミ（*J. regia* L.）はヨーロッパ東南部からアジア西部が原産で，18世紀初頭頃に導入された．現在はおもに長野県で栽培されるが，ほとんどが輸入品である．主成分は脂質でリノール酸が約60％，オレイン酸が約15％含まれている．

〔梶浦一郎〕

d. 柑橘類

ミカン科（Rutaceae），ミカン属（*Citrus* L.）に属するカンキツ類は常緑で，多くは刺のある低木または高木であり，葉や果皮に精油成分リモニンなどを含む油胞があり，特有な芳香がある．日本の栽培樹はカラタチ（カラタチ属）を台木にして接ぎ木をし，低木にして管理されている．果実はクエン酸を主とする酸味と糖分を含む果汁を楽しみ，ビタミンCの供給源でもある．温州ミカン果実中の黄色い色素はベイター・クリプトキサンチンで，抗酸化作用をもつ機能性成分である．果皮が剥けやすいマンダリン類，オレンジ類，文旦類，レモンやライムのシトロン類があり，中国が原産のオレンジ類を除き，東南アジアが原産である．中国とインドで栽培がはじまったカンキツ類はアラビアを経て，地中海地域に拡大したが，古代のギリシャ人はカンキツを知らず，スイートオレンジがシチリアで栽培開始されたのは11世紀初頭である．グレープフルーツは18世紀頃に西インド諸島でポメロ（文旦）とオレンジとの交雑種として発生したとされる．

3世紀の中国の歴史書「後漢書」に倭（日本）の産物として「橘」が記載されているなど，日本では，古くからタチバナ（*C. tachibana* (Makino) C. Tanaka）（図5.19）などが栽培され，「魏志倭人伝」には日本から朝鮮半島への交易品に「橘」が記載されている．一方，文旦や金柑は室町時代頃から盛んになった東南アジアと中国大陸，日本の間を交易した南蛮船や唐船により九州地方などにもたらされたものである．

カンキツ属内では，容易に種間雑種ができることから，ナツダイダイなど，多様な雑種起源の栽培品種がある．また，オレンジと温州ミカンとの交雑種である「清見」，「清見」とポンカンとの交雑種である「不知火（通称デコポン）」，「はるみ」などが育成されている．

日本の栽培地は神奈川県以西の太平洋沿岸に限られていたが，ビニールハウスや石油暖房の発展により，より寒地でも栽培が可能となるとともに，温州ミカンでは，開花時期を早めることにより収穫期を前進させて，技術的には3月下旬に収穫が可能となっている．この温州ミカンは300年ぐらい前に鹿児島県の長島に中国からもたらされ，各地に広がったが，多くの枝変わり（芽条突然変異）が発生した．また，種子が多胚性のため，種子繁殖しても母親と遺伝的に同一な実生が得られるが，この珠芯胚に生じる突然変異によっても多くの変異した系統や品種に分化した．早生化した突然変異の早生温州やさらに早生化した極早生系統が発見されている．

最近，東南アジア原産で感染後短期間で樹体が枯れ，ミカンキジラミにより媒介されるグリーニング病が台湾，沖縄と北上し，薩南諸島に達し，柑橘産地への侵入が警戒されている．

〔梶浦一郎〕

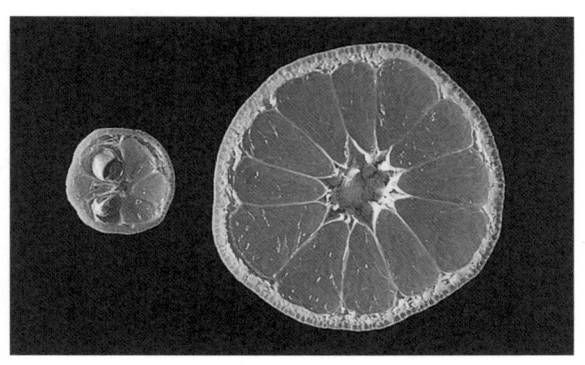

図5.19 タチバナ（左）と温州ミカン（右）（梶浦撮影）

e. 熱帯果樹

1) バナナ

タイからニューギニアに至る地帯に分布した食用バナナは祖先種（*Musa balbisiana* Colla と *M. acuminata* Colla）に交雑と突然変異が生じて形成され，ほとんどの染色体が3倍体で500以上の品種が熱帯湿潤地帯に拡大した．生食用バナナをバナナとよび，料理用バナナをプランテインとよぶ．

植物体は一世代に1回収穫したら植物体が枯死する一年生で増殖は側芽（吸芽）を利用する．若い葉が芯となり，堅く巻き合って幹のような偽茎になり，最後に花序ができる．果房をバンチ，果実は果掌ハンド，1個の果実を果指フィンガーとよぶ．青い未熟な果実を消費地まで運び，密封した室（むろ）に入れてエチレン処理して追熟させ，黄色くなって出荷される．果実は炭水化物が主で，低脂肪，低コレステロール，低ナトリウム，高カリウム，高ビタミンCで，成熟すると，デンプンが糖に変わる．

果物の中でブドウとともに生産量が一番多く，アフリカで半分が生産・消費されている．また，取引されるバナナの3/4は中南米とカリブ海地方で生産され，ほとんどが二つの大企業により経営され，米国では1人あたり10 kg以上を消費し，リンゴやオレンジより多い．日本では主食代わりやおやつとして消費が増えている．

2) パイナップル

南米低地で先住民が栽培していたパイナップル（*Ananas comosus*）は，スペイン人によりフィリピンに伝わり，その後，中国に伝わった．一方，ポルトガル船により，ブラジルからアフリカに伝わり，16世紀には世界の無霜地帯へと拡大した．18世紀後半にハワイへ導入された．食用部分は果柄であるが，ビタミンA，C，カリウムを豊富に含み，大企業により商業生産されて，缶詰やジュースに加工されている．日本でも，南西諸島の重要作物であり，果実に潜り込む害虫のミバエがいない利点を生かして，完熟果実が生産されている．

3) パパイヤ

パパイヤ（*Carica papaya*）は中米熱帯原産の常緑樹で，古い時代にパパイヤ属の中で種間雑種が形成されたと思われる．スペイン人がユカタン半島に侵入したとき，マヤ族から贈られ，フィリピン以西まで運ばれ，その後，ポルトガル人が世界中に普及させた．日本へは18世紀初頭に沖縄に導入された．果肉は黄色，オレンジ色，桃色と変化に富み，乳液状のラテックスはタンパク質分解酵素のパパインを含むので，肉を柔らかくしたり，ビールを透明にしたり，医薬品として利用される．

〔梶浦一郎〕

図 5.20 パイナップル（左）とフィリピン産のバナナ（右）

f. その他の果樹

1) カ キ

カキ（植物学ではカキノキ，*Diospiros kaki* Thunb.）はカキノキ属（*Diospyros* L.）に属し，東南アジアが種分化の源である．カキの種子は，弥生時代以降の遺跡から出土することから，この頃に原産地の中国から渡来したと思われ，各地に1000以上の在来品種が形成された．渡来したカキは渋柿で甘柿は室町時代頃，日本の大和地方で生じた突然変異とされている．これらの中から，岐阜県の「富有」，山形県の「平核無」など（図5.21）が全国に普及した．19世紀初頭にフランス南部，地中海沿岸国に，1870年に米国南部やカルフォルニアに導入され，イスラエルでは「富有」が栽培されている．

カキの花は雌雄雑居性で，優良品種は雄花を付けないものが多いことから，受粉樹が商業栽培には必要である．果実はビタミンC，ベーターカロチンやカリウムに富んでいるが，種子の形成力と単為結果力の差の組合せ，タンニンの不溶化程度により，完全甘柿，不完全甘柿，不完全渋柿，完全渋柿に分けられる．福島県以北では，果実生育期の温度不足で甘柿でも渋が抜けない．渋抜きにはエタノール塗布，二酸化炭素処理などが行われる．

図5.21 静岡県原産のカキ「次郎」（筆者撮影）
晩生の完全甘柿で，早生化した前川次郎などの枝変り品種があり，東海地方中心に栽培されている．

2) イチジク

イチジク（*Ficus carica* L.）はクワ科に属する南西アジア原産の果物で，古くから地中海沿岸に自生し，約1万1千年前のヨルダンにある遺跡からイチジクが出土し，最古の作物と推定されている．干果は栄養に富み，世界中で多くの地域の主要な食物になっている．スミルナ系品種は約100種あり，黒や紫色の「ブラックミッション」，黄緑色の「カドッタ」などが知られる．1600年頃に米国にもち込まれ，商業栽培はカルフォルニアや地中海沿岸で行われている．わが国には，1600年代に導入されたとされるが，長距離の輸送が難しいため，大都市周辺で栽培されている．

3) ブドウ

ブドウは，世界で生産される果物の中でバナナとともに生産量が多い果物である．ブドウ属（*Vitis* spp.）に属するつる性植物で，約6000万年前の第三紀の堆積物中に化石が発見されている．北米ではラブラスカ種（*V. labrusca*）が分布し，「デラウエア」などの品種が知られているが，ワインは小アジア起源の欧州種（*V. vinifera*）からつくられ，約6000年の栽培の歴史があり，「カルベネソービニヨン」などの多くの品種がある．日本では「巨峰」，「ピオーネ」などの生食専用種が栽培されている．また，植物ホルモンのジベレリンを開花期に処理して種子なしにした大粒の品種が好まれている．日本には，ヤマブドウなどのブドウ属植物が自生し，利用されてきたが，欧州系ブドウは飛鳥時代の遺跡から種子が出土し，山梨県では古くから「甲州」が栽培されてきた．明治維新前後に多くの欧米品種が導入され，ワインの醸造法も導入された．

〔梶浦一郎〕

5.5 家畜の餌に利用する植物

(1) 草食家畜

　私たち人類が家畜として飼養し，利用している動物の中には，ウシ，ヒツジ，ヤギ，ウマなどのように，植物の茎葉を食物とする草食家畜（domestic herbivores）がいる．私たちと草食家畜とのかかわりは長く，ウシ，ヒツジおよびヤギの家畜化は，それぞれ紀元前6000，9000および7000年頃に，スイギュウ，ウマ，ロバ，ラクダの家畜化は紀元前3000年頃にはじまったと推定されている．以来，草食家畜は，人類の生存と発展に重要な役割を果たしてきた．草食家畜は，食料（肉や乳：図5.22），衣料（皮や毛），肥料（糞や尿），燃料（糞），建築材料（毛や糞），労働力（牽引や運搬）などの供給源としてだけでなく，貯蓄，資産，商品として（英語で家畜をlivestockともいう理由はここにある），さらに，文化（宗教，儀式，品評会，娯楽，ペット，社会的地位，婚資）に不可欠な要素として機能してきた．地球上には現在（2005年），13億5500万頭のウシ，10億8100万頭のヒツジ，8億800万頭のヤギ，1億7400万頭のスイギュウ，5500万頭のウマ，4100万頭のロバ，1900万頭のラクダ，1200万頭のラバ，600万頭のその他のラクダ類（アルパカ，ラマ，グアナコ，ビクーニャ）が飼養されている（FAO, 2006a）．

　草食家畜のもっとも重要な機能は，人間が直接食べることができず，その他の直接的利用価値もほとんどない植物の茎葉を，食料や衣料などの有用な畜産物（animal products）に変換できることである．この機能により，人類は，厳しい自然条件（乾燥，低温，低土壌肥沃度など）のために農耕（作物栽培）が困難あるいは不可能な土地（砂漠，草原，サバンナといった乾燥地や極北のツンドラ地帯など）をも農業生産の場とし，みずからの生存圏を広げてきた．もし，草食家畜がいなかったならば，人類は，地球上の現在ほど広範囲な地域で繁栄していなかったと考えられる．

(2) 茎葉飼料と飼料植物

　草食動物の食物としての茎葉を茎葉飼料（forage）といい，茎葉飼料を生産する植物を飼料植物（forage plants）という．飼料植物は，草本植物である飼料草類（herbage plant）と木本植物である飼料木（fodder tree, fodder shrub, 灌木）（本節d項参照）に分けられ，飼料草類は，さら

図5.22 乳製品
草食家畜が私たちに与えてくれる恵み（ヨーグルト，チーズなど：モンゴル）．

に，おのおのの土地に自生する野草（native pasture plant），野草類から飼料用に選抜・改良された牧草（improved pasture plant），食用作物（子実類など）が飼料用に転用・改良された青刈作物（soiling crop）に分けられる．これらのうち牧草と青刈作物を合わせて飼料作物（forage crop）とよぶ．人間が改良した飼料草類の総称である．

枝葉や果実が動物の餌となる飼料木は，選抜・改良されたものは多くはない．飼料植物の重要な特質は，草食動物に好んで採食され，動物に必要な栄養を供給できることである（特定の栄養素が不足する場合もあるが）．

私たち人類は，古くから飼料植物を利用してきた．それは，草食動物の家畜化とともにはじまったことは間違いない．草食家畜を飼養するには，餌となる茎葉の給与が必要不可欠だからである．ただし，人類が当初から利用できたのは，おのおのの土地で自生する野草と飼料木のみであった．飼料用に改良された飼料作物が広く栽培・利用されるようになったのは，アルファルファ（紀元前1300年頃）など少数の作物を除けば，かなり後のことで，ヨーロッパで13世紀以降，世界的には18世紀以降である．すなわち，人類にとってずいぶん長い間，飼料植物は，利用できても，播種などによって増やすことができない，"自然からの贈り物"であった．

飼料植物は，人間（機械）により刈り取られるか，放牧家畜により直接採食されることにより利用される．前者を刈取利用あるいは採草利用（harvesting, cutting），後者を放牧利用（grazing）という．採草利用はさらに，収穫された茎葉が新鮮なまま家畜に給与される生草（青刈）利用（fresh forage feeding, green soiling, zero grazing）と，収穫物がいったん乾草（hay）やサイレージ（silage）として貯蔵され，冬季や乾季など新鮮な茎葉が得られないときに給与される貯蔵利用（storage feeding）に分けられる．乾草は茎葉を乾燥させることにより，サイレージは茎葉を微生物により嫌気的発酵させることにより，保存性を高めるものである．

現在私たちが草食家畜の餌として利用している飼料植物のうち，世界的に重要なもの（ほぼすべての飼料作物と主要な野草・飼料木）は約600種とされている（FAO, 2006b）．これらに，地域的に利用されている（世界的にはそれほど重要ではない）野草や飼料木を加えると，飼料植物は1千種をこえるものと推定される．

飼料植物の主体をなす飼料草類は，上述した"人間による改良履歴"（野草，牧草，青刈作物）に加えて，生物分類，生存期間，草型（草姿），生育環境といった指標に基づいて特徴づけられる．

生物分類の観点からは，飼料草類の多くはイネ科草本であり，これにマメ科草本を加えると，飼料草類の大部分となる．イネ科草本（grass）は，成長点が地表面近くに位置し，刈取りあるいは採食されてもすばやく再生できることから，飼料植物として適している．また，マメ科草本（herbaceous legume）は，根粒菌との共生により空中窒素を固定できることから，飼料植物として適している．草食動物にとって，イネ科草本は炭素（エネルギー）の，マメ科草本は窒素（タンパク質）の供給源として重要である．

生存期間の観点からは，飼料草類は大きく，一年生（annual）草本［越年生（winter annual）を含む］と多年生（perennial）草本に分けられる．一年生草本は，毎年播種されるか，自然下種（natural reseeding）によって更新される．後者の場合の更新を確実にするためには，開花・結実期の利用（採草や放牧）を制限するなどの技術が重要となる．多年生草本であっても，過放牧（overstocking, overgrazing）などの不適切な利用下では，生存年限が短縮される．

草型（草姿）の観点からは，飼料草類は，茎が上方に伸びて生育する直立型（erect type），茎が地面近くを這って生育するほふく型（prostrate type, creeping type），茎やつるが他の植物に巻きついて生育する巻きつき型（twining type, climbing type）に分けられる．草姿による分類なので，ほふく茎を有していても直立型に区分されることがある．巻きつき型は主としてマメ科草本に見られる．イネ科草本の場合には，直立型を株型（tussock grass, bunch grass），ほふく型を芝

型（sod grass）ともよび，これらに加えて，植物が直径0.3～1mのクッション状に生育するハンモック型（hummock grass）がある（オーストラリアやニュージーランドに分布）．さらに，イネ科草本を，その草丈から，長草（高茎）型（tall grass；1.5 m以上），短草（短茎）型（short grass；0.2～0.3 m）および中茎型（mid grass；0.3～1.5 m）に分けることもある．一般に，直立型・長草型の草種は採草利用に，ほふく型・短草型の草種は放牧利用に向いているとされる．巻きつき型は，刈取りや採食により，成長点を失いやすく，衰退しやすい．

生育環境の観点からは，飼料草類は，寒帯・温帯原産の寒地型（temperate type, cool-season type）と熱帯・亜熱帯原産の暖地型（tropical type, warm-season type）に分類される．両者の主要な差異は生育適温と草質にある．すなわち，寒地型の生育適温が15～20℃であり，それ以上の温度下では"夏枯れ"（summer depression）とよばれる生育停滞現象が起きるのに対し，暖地型の生育適温は25℃以上である．また，暖地型草種は寒地型草種に比べて動物に対する栄養価（nutritive value；消化性，タンパク質含量など）が低い．なお，イネ科草本の場合，寒地型はC_3植物に，暖地型はC_4植物に相当する． 〔平田昌彦〕

a. 牧　草

牧草は，野草類から飼料用に選抜・改良された草類で，人間の管理のもとで栽培される．世界には約150種の牧草がある（Hirata, 2004）．

もっとも長い歴史をもつ牧草はアルファルファ（図5.23）であり，トルコで発見されたヒッタイトのレンガ片（紀元前1400～1200年）は，この草が良質の飼料として用いられていたことを示している（Bolton et al., 1972）．また，アルファルファは紀元前1千年紀にはメディア王国（現在のイラン北西部）に広く分布していたとされ，その名は古代イラン語の"ウマの餌"に由来するという．アルファルファについでは，ベッチ類（Vicia属）とアカクローバが古く，ローマ時代（それぞれ紀元前2～3世紀と紀元3～4世紀）に南ヨーロッパで栽培されていた．しかし，これら少数の種を

図5.23　アルファルファ
飼料としての価値の高さから"牧草の女王"とよばれる（Centro Ricerche Produzioni Animali 1986）．

除くと，ほとんどの牧草種の栽培・利用は18世紀以降のことで，中でも暖地型牧草の多くが栽培・利用されるようになったのは，19世紀後半以降である（Hirata, 2004）．

わが国で牧草が広く栽培・利用されるようになったのは，畜産物の需要が高まった20世紀後半以降である．代表的な寒地型イネ科牧草には，イタリアンライグラス，ペレニアルライグラス，チモシー，オーチャードグラス，トールフェスク，ケンタッキーブルーグラスが，暖地型イネ科牧草には，バヒアグラス，ローズグラス，ギニアグラス，ネピアグラス，ディジットグラスがある．マメ科牧草には，シロクローバ，アカクローバ，アルファルファなどがある．

牧草は，寒地型ではヨーロッパもしくは西アジアを，暖地型ではアフリカもしくは中南米を原産地とするものが多く（Hirata, 2004），さまざまな形質に基づいて選抜・改良されてきた．主要な形質は，環境適応性（耐寒性，耐暑性，耐乾（旱）性，耐湿性，耐酸性，耐肥性，耐雪性，耐踏性，耐病性，耐虫性など），生産性（収量性，永続性，早晩性，季節生産性，採種性など），利用適性（栄養価，嗜好性，放牧適性，サイレージ適性など）である．

多くの牧草種の中で，アカクローバは，混合農業（mixed farming）の誕生と発達を通して，ヨーロッパ農業に大きく寄与した植物として評価されている（これについては，次項の"青刈作物"を参照されたい）．　　　　　〔平田昌彦〕

b. 青刈作物

青刈作物は，もともと人間の食料として選抜・改良され，栽培されてきた作物（食用作物）が，飼料用に転用・改良されたものである．その名称は，子実作物を未熟な状態（子実の完熟以前）で刈取利用することに由来する．世界で栽培・利用される主要な青刈作物は数十種で，トウモロコシ，ソルガム，ヒエ類（ヒエ，トウジンビエなど），ムギ類（エンバク，ライムギなど），まめ類（ダイズ，カウピーなど），アブラナ，根菜類（飼料用カブ，スウェーデンカブ［ルタバガ］，飼料用ビート）などがある（根菜類を含めないこともある）．わが国では最近，イネも用いられる．これらの作物は，食用作物としての長い歴史の中で，環境適応性や生産性などの点で選抜・改良されてきており，かつ家畜の餌としても適していたため，そのまま，あるいはさらに飼料用（とくに利用適性）に選抜・改良を加えて，飼料植物として成立したものである．

飼料用カブはもっとも古い青刈作物の一つで，ローマ時代（紀元前1世紀頃）のヨーロッパで，冬季の飼料として利用されていた．その後，飼料用カブは，アカクローバとともに，14世紀のベルギー・オランダで改良3圃式農法に，さらに18世紀のイギリスでノーフォーク式輪栽農法に組み込まれ，穀物生産と家畜生産を有機的に結合し，双方の生産性を永続的に高く維持することを可能にした混合農業を誕生・発達させた（Hirata, 2004；平田，2005）．混合農業における飼料カブとアカクローバの導入は，飼料の生産増加と周年給与により家畜生産を増大させただけでなく，家畜の増頭と畜舎での飼料給与による厩肥生産の増大ならびに飼料作物による土壌の物理・化学性の改善（根による土壌の団粒化，植物残渣の供給，窒素固定）を通して地力を増進させ，穀物生産をも増大させた．

トウモロコシは，20世紀後半に加速した農業の工業化に伴い，青刈作物として広く栽培・利用されるようになった（図5.24）．この時代になって，

図 5.24 青刈トウモロコシの収穫（熊本）（口絵 36）

畜産物の需要増加に対応して，生産性・栄養価の高い飼料作物を多量の化学肥料施用のもとで単作栽培し，高質なサイレージとして貯蔵利用する，高度に機械化された大規模・集約的な家畜生産（上述の混合農業とは対照的な形態）が出現し，このような家畜生産の形態に適した飼料作物として急速に広まったものである． 〔平田昌彦〕

c. 野草

私たち人類は，草食動物を家畜化して以来，世界のさまざまな地域でそれぞれの土地に自生する野草を利用して，草食家畜を飼養してきた．地球上で利用されている野草の総数は正確にはわからないが，重要な野草は 350 種前後と考えられる．野草の中で，草食動物に好まれ，強度の放牧下で衰退する草種を減少種（decreaser），草食動物にあまり好まれず，優占する草種を増加種（increaser）とよび，これらの草種は野草地の状態を評価する指標種として用いられる．

遷移の極相（climax）が森林であるわが国において，野草の生産地として重要な役割を果たしてきたのは，火入れ（burning），採草，放牧といった人為的攪乱下で成立する半自然草地（semi-natural grassland）や，森林の林床（forest floor）であり，前者ではススキ，シバ，メダケ属のササ類（ネザサなど）が，後者ではササ属のササ類（ミヤコザサなど）が伝統的に利用されてきた．たとえば，阿蘇の草原（半自然草地）は，平安時代の昔からウマやウシの飼料供給地として維持・利用されてきた（図 5.25）．

野草は人間による改良を受けていないため，飼

図 5.25 阿蘇の草原（シバ草地）におけるウシの放牧（岡本智伸氏撮影）．（口絵 37）

料用に選抜・改良された飼料作物に比べて，年間を通した茎葉生産力や栄養価で劣ることが多く，したがって家畜生産力も一般的に高くはない．では，野草の利用をやめて，飼料作物を栽培・利用すればよいのかというと，かならずしもそうではない．というのは，地球上には，自然条件に恵まれない（乾燥，低土壌肥沃度，傾斜など）ために，コストの抑制や土壌保全などの観点から，飼料作物を栽培するよりも，自生する野草を利用するほうが望ましい土地が多く存在するからである．すなわち，野草の利用には，このような土地を低コスト・環境保全的に食料などの農業生産の場として利用できるという意義がある．また，野草の利用は，生物多様性の維持や景観の保全（landscape conservation）といった観点からも好ましい（西脇，横田，2001；横田，西脇，2001）．とくに近年，外来生物（alien species, exotic species）に対する社会の関心の高まりとともに，外来種としての飼料作物を用いてきた地域や国々では，在来種（native species, indigenous species）である野草が再評価されている．

〔平田昌彦〕

d. 飼料木

飼料木は，その枝葉や果実（マメ科植物のさやなど）が草食家畜の飼料として利用される木本類である．飼料木は，野草とともに，私たち人類がもっとも長く利用してきた飼料植物であり，その記録は古くローマ時代に見られる（Baumer, 1992）．世界的に重要な飼料木は約130種とされる（FAO, 2006b）が，これら以外にも多くの種があり，地球上で利用される飼料木の総種数は正確にはわからない．数多くの飼料木の中で，マメ科の飼料木は，その窒素固定能力や高タンパク質含量から世界的に重要であり，アカシア属，ネムノキ属，コマツナギ属，ハギ属，ギンネム属，*Prosopis*属，*Pterocarpus*属などに属する多くの種類がある．さらに，乾燥地ではその耐塩性からアカザ科の灌木が，湿潤熱帯地域では油脂やデンプン源としてのヤシ科の木が，飼料木として利用される．

飼料木は，とくに乾燥地や半乾燥地において，草本類の茎葉生産力や栄養価が低下する乾季の飼料資源として重要である（図5.26）．深根で乾燥に強い木本類は，乾季でも，栄養価が高い茎葉や果実を供給することができるためである．たとえば，アフリカのサヘル地域では，乾季の3カ月間

図 5.26 干ばつ時に飼料木（*mulga*，アカシア属）の枝葉を給与されるヒツジ（オーストラリア）（Partridge, 1992）

に家畜に供給されるタンパク質の最大80％がフウチョウソウ科の飼料木に由来するという(Baumer, 1992). 飼料木は, 自生のものが利用されるだけでなく, 広く植栽・栽培される. たとえば, 飼料木を飼料作物と混作, あるいは草地に隣接して単作し, 飼料草類が不足する乾季に "fodder bank（protein bank）" として利用することで, 家畜生産の停滞あるいは低下を回避できる.

飼料木の消化性やタンパク質含量は, 一般に, 草食家畜の餌として十分であり, 飼料草類に比べてかならずしも劣ることはない. とくに, マメ科飼料木のタンパク質含量は優れている. 他方, 多くの飼料木では, リン含量が低い. 飼料木の重要性は, その栄養価よりは, 家畜の嗜好性にある.

飼料木の中には, 当初は他の目的［プランテーション園や草地の庇陰樹（shade tree）, 鑑賞植物, 薪炭材］のために導入されたが, 後に飼料としての価値が認識されたものも多い. 外来飼料木の中には, 家畜による種子散布（摂取された種子が糞とともに排泄）などにより拡散・蔓延し, 在来植生や産業に大きな負の影響を及ぼすことから, 侵略的外来生物として問題になっているものもある［たとえば, オーストラリアにおけるprickly acacia（*Acacia nilotica* subsp. *indica*)］.

〔平田昌彦〕

参考文献（5.5節）

Baumer, M. (1992) Trees as browse and to support animal production. In : Legume Trees and Other Fodder Trees as Protein Sources for Livestock. FAO Animal Production and Health Papers 102 (Eds. Speedy, A. and Pugliese, P.-L.), pp.1-10, FAO, Rome.

Bolton, J. L., Goplen, B. P. and Baenziger, H. (1972) World distribution and historical developments. In : *Alfalfa Science and Technology* (Ed. Hanson, C. H.), pp.1-34, American Society of Agronomy, Madison, USA.

FAO (2006a) FAOSTAT. FAO, Rome, http://faostat.fao.org/faostat/(cited 3 May 2006).

FAO (2006b) Grassland species profiles. FAO, Rome, http://www.fao.org/ag/AGP/AGPC/doc/Gbase/ (cited 12 May 2006).

Hirata, M. (2004) Forage crop production. In : Encyclopedia of Life Support Systems (EOLSS), Eolss Publishers, Oxford, UK. (http://www.eolss.net)

平田昌彦（2005）：飼料草類生産. 環境保全型農業事典（石井龍一他編), pp.67-86, 丸善.

西脇亜也, 横田浩臣 (2001)：野草と野草地の再評価―緒言―. 日本草地学会誌 **47**, 194-195.

Partridge, I. (1992) *Managing Native Pastures. A Grazier's Guide*. Queensland Department of Primary Industries, Brisbane, Australia.

横田浩臣, 西脇亜也 (2001)：野草と野草地の再評価―論評―. 日本草地学会誌 **47**, 218-220.

5.6 食用以外の用途に利用する栽培植物

(1) 工芸作物の由来と特徴

人類は食用以外にも植物を衣料，油料，染料，薬料，嗜好品などさまざまな用途に利用してきた．これらの用途に用いられるワタ，ナタネ，アイ，チョウセンニンジン，チャなどの一群の栽培植物は，一般に加工を経て利用されることから，工芸作物とよばれる．工芸作物は食用作物のように人類の生存に必須というわけではないが，快適で文化的な生活を営むうえで重要な役割を果たしている．しかし，少数ながらもタバコのように健康を害するものも一部にある．

これらの植物は，有史以前の昔から利用されてきたと考えられるが，その利用はそれぞれの植物の起源地ないしはその周辺に限られていた．すなわち，チャは中国雲南省，ワタとコーヒーはエチオピア付近，パラゴムノキとカカオはアマゾン河流域，ナタネはトルコを中心とする地中海岸地域でそれぞれ利用がはじまったと考えられる．初期の利用は，山野に自生する植物からの有用器官の採集に依存していたが，今から約1万年前の農耕開始とともに，その栽培が徐々にはじまり，栽培植物となっていった．それゆえ，工芸作物は元来地域性の強いものであり，地域固有の生活・文化を形づくっていた．その後，地域を越えた人の移動や交易が盛んになるにつれ，これらの植物の栽培・加工・利用技術が世界各地にゆっくりとひろがっていった．

ところが，コロンブスの新大陸発見（西暦1492年）にはじまる大航海時代とそれに続く植民地時代になって，工芸作物の世界伝播が一挙に進んだ．工芸作物は食用作物よりも換金性が高いので，植民地のプランテーション農業に導入され，宗主国に大きな富をもたらすとともに，各地に大産地の形成を促した．たとえば，米国南部やインドのワタ，中南米諸国のコーヒー，西アフリカ地域のココア，マレーシアやインドネシアのゴム，ブラジルのサトウキビ，あるいはスリランカのチャなどである．わが国への工芸作物の伝来は，ゴマ，ウルシ，ワタなど平安時代以前と推定されるものから，テンサイ，ホップ，ジョチュウギクなど明治期のものまで，長年にわたる．

工芸作物は栽培植物化と世界伝播が進む中で，人間による選抜と環境による淘汰の影響を受けて，果実・種子などの収穫対象器官の大型化や有効成分含量の増加，他殖性から自殖性へ，あるいは多年生から一年生への生態型の変化が生じ，多様な品種分化が進んだ．

さらに20世紀になって，メンデル遺伝の法則に基づいた交配育種が盛んになるにつれ，品種分化は一層加速され，各地に工芸作物の多様な品種群が成立していった．たとえば，ワタはもともと熱帯起源の多年生植物であったが，北進を続けるうちに一年生への変異が生じ，それによって無霜期間の短い温帯への適応が可能になった（Evans, 1993）．砂糖の原料となるテンサイは，ナポレオンの大陸封鎖令によって海外からのサトウキビ糖の輸入が途絶えたことを契機に，品種改良が大きく進んだ作物である．ナポレオンの時代には糖含量がわずか数%であったテンサイは，今日では20%にまでも高められている．

工芸作物では，品質がとくに重視される．チャ，コーヒーなどの嗜好料作物では風味が，ワタ，タイマなどの繊維作物では繊維の長さ，よじれ具合や色合いが，あるいは薬用作物では薬効成分の含

量が価値を大きく左右する．工芸作物の品質の良し悪しは，品種，栽培地の環境，および栽培・加工技術に大きく依存し，それらについて好適な条件と技術をもつ地域で，市場評価の高い銘柄品が生産される．エジプトのワタ，チェコ・ザーツ地方のホップ，ジャマイカのBlue Mountainコーヒー，トルコやギリシャのオリエント種・タバコなどは地域銘柄品として，世界的に高い評価を得ている．

(2) 工芸作物の種類

現在，全世界で工芸作物としてさまざまな用途に利用されている栽培植物は1000種をこえ，野生のものも含めると数千種に達する．そのうちの主要なものを用途別に分類し，表5.17に示した．工芸作物には表5.17に示した以外にも，つぎのような用途に利用されるものもある．すなわち，食物に香りや辛みなどの刺激を加える目的で利用される香辛料作物（コショウ，トウガラシ，シナモン，カラシ，ミント，ショウガなど），布の染色に用いられる染料作物（サフラン，ベニバナ〔図5.27〕，インディゴ，アイ，セイヨウアカネ，ウコンなど），香水などの原料となる芳香油料作物（バラ，アカシア，ラベンダー，ジャスミン，バニラ，レモングラスなど），および生皮のなめしやインクの材料として利用されるタンニン料作物（カシワ，アメリカツガ，タンニンセンナなど）などである．

工芸作物がこのように多様な用途に使用されるのは，それぞれの植物が特殊な成分や組織構造をもつことによる．セルロースを主成分とする長い繊維細胞あるいは強い維管束や厚膜組織を発達させる植物は繊維作物，種子や根にアルカロイドなどの二次的代謝生成物を多量に蓄積する植物は薬用作物や嗜好料作物，茎や根に糖を蓄積する植物は糖料作物，そして種子に多量の油や脂肪を貯蔵する植物は油料作物として，それぞれ利用される．

(3) 工芸作物の未来

工芸作物は，工業の発展とともに，化学的な合成品と競合することが多い．繊維作物の中には，人絹あるいはナイロンなどとの競合の結果，栽培面積が激減したものもある．また，かつては蚊取り線香などの殺虫剤の原料としてわが国で大量に生産されていたジョチュウギクは，その殺虫成分であるピレトリンの合成とともにわが国から姿を消してしまった．しかし，工芸作物から生産される天然ものには，風合や品質の面で合成品にないよさが認められ，高い需要が存在する．このことは現在，世界のワタの栽培面積が3千3百万ヘクタール，年間の生産量が1千8百万tであることからもわかる．

さらに，地球環境問題が深刻さを増す21世紀において，リサイクル可能な資源としての工芸作物の重要性は一層高まりつつある．糖料作物であるテンサイやサトウキビはエタノール資源作物として，油料作物のナタネやヒマワリはバイオディーゼル（BDF）原料として，石油代替のエネルギー作物と注目されている．21世紀の循環型社会に向けて，工芸作物の重要度は高まっていくであろう．

〔堀江　武〕

引用文献

Evans, L. T. (1993) *Crop evolution, adaptation and yield.* Cambridge University Press, UK.
星川清親（1970）：食用植物図説，女子栄養大学出版部．
稲永　忍（2000）：油料作物．作物学（Ⅱ），pp.103-117，文永堂出版．
石井龍一ほか著（2000）：作物学Ⅱ—工芸・飼料作物編—，文永堂出版．

図5.27 染料作物ベニバナ

表 5.17 主要な工芸作物と特性

和名	漢名	学名	利用部位	主な用途	主要成分
繊維作物					
ワタ	棉	*Gossypium* spp.	種子の毛	衣類, 綿	セルロース
アマ	亜麻	*Linum usitatissimum* L.	茎の靱皮	衣類	セルロース
タイマ	大麻	*Cannabis sativa* L.	茎の靱皮	衣類, ひも	セルロース
ジュート	黄麻	*Corchorus capsularis* L.	茎の靱皮	袋, ひも	セルロース, リグニン
マニラアサ	マニラ麻	*Musa textilis* Ne'e	葉鞘	ロープ, 網	セルロース, リグニン
ケナフ		*Hibiscus cannabinus* L.	茎の靱皮	袋, ひも	セルロース, リグニン
イグサ	藺	*Juncus decipiens* Nakai	茎	畳表	セルロース
コウゾ	楮	*Broussonetia papyrifera* Vent.	茎の靱皮	和紙	セルロース
ミツマタ	三椏	*Edgeworthia papyrifera* Sieb. et Zucc.	茎の靱皮	和紙	セルロース
嗜好料作物					
チャ	茶	*Camelia sinensis* (L.) O. Kuntze	葉	飲用	カフェイン, カテキン, アミノ酸
コーヒー	珈琲	*Coffea* spp.	種子	飲用	カフェイン, クロロゲン酸, アミノ酸
カカオ		*Theobroma cacao* L.	種子	飲用	テオブロミン, 脂肪, アミノ酸
マテチャ	マテ茶	*Ilex paraguensis* St. Hil.	葉	飲用	カフェイン, カテキン
コラ		*Cola* spp.	種子	飲用	カフェイン
タバコ	煙草	*Nicotiana tabacum* L.	葉	喫煙用	ニコチン, 糖
ホップ	忽布	*Humulus lupulus* L.	花	飲用	フムロン (α酸), ルプロン (β酸)
油料作物					
エゴマ	荏	*Perilla frutescens* Brit.	種子	ペイント, ワニス	リノレン酸, リノール酸, オレイン酸
ヒマワリ	向日葵	*Helianthus annus* L.	種子	食用, 石けん	リノール酸, オレイン酸
ナタネ	菜種	*Brassica napus* L.	種子	食用, 化粧品, 燃料	エルシン酸, オレイン酸, リノール酸
オリーブ		*Olea europaea* L.	果実	食用, 石けん, 潤滑油	オレイン酸, パルミチン酸
ゴマ	胡麻	*Sesamum indicum* L.	種子	食用, 化粧品	オレイン酸, リノール酸
アブラヤシ	油椰子	*Elaeis guineensis* Jacq.	果実	石けん, 食用, 化粧品	パルミチン酸, ラウリン酸, オレイン酸
ココオヤシ	ココ椰子	*Cocos nucifera* L.	果実	石けん, 食用, 化粧品	ラウリン酸, ミリスチン酸, カプリン酸
糖料作物					
サトウキビ	甘蔗	*Saccharum officinarum* L.	茎	砂糖, エタノール	ショ糖
テンサイ	甜菜	*Beta vulgaris* L.	根	砂糖, エタノール	ショ糖
ステビア		*Stevia rebaudiana* Bertoni	葉	甘味料	ステビオサイド
ゴム料作物					
パラゴム		*Hevea brasiliensis* Mull.-Arg.	樹幹	弾性ゴム	ポリテルペン
アラビアゴム		*Acacia senegal* (L.) Willd.	全体	粘性ゴム	ポリテルペン
薬用作物					
チョウセンニンジン	朝鮮人参	*Panax ginseng* C. A. Meyer	根	滋養・強壮剤	サポニン, ジンセノサイド
オウレン	黄蓮	*Coptis japonica* Makino	根	健胃剤	ベルベリン, パルマチン
ミシマサイコ	三島柴胡	*Bupleurum falcatum* L.	根	解熱・解毒剤	サポニン, ステロイド類
カンゾウ	甘草	*Glycyrrhiza uralensis* Fisher	根	解熱・鎮痛剤	グリチルリチン
ハッカ	薄荷	*Mentha* spp.	葉	消炎・止痛剤	メントール

a. 繊維作物

　繊維作物の種類は多く，その用途も衣類（ワタ，タイマ，アマなど），畳表やマットなどの粗編物（イグサ，トウなど），ブラシ（ヤシ類，ホウキモロコシ），布団などの充てん物（カポック，ワタ），および紙（コウゾ，ミツマタなど）と多岐にわたる．これらの作物では表皮，靱皮あるいは維管束周辺に形成される細長い繊細細胞・組織が利用対象になる．繊維細胞には細胞壁にセルロースが厚く集積されるが，そこにリグニンの集積が加わると繊維は固くなる．リグニン含量の少ない繊維作物は紡織して衣類に用いられ，その含量の高い作物はロープ（ジュート，マニラアサ）やブラシ（ヤシ類）などに主として使用される．

　ワタやカポックの繊維は，種皮や果皮の表皮細胞が伸長した単細胞繊維であり，表面繊維とよばれる．双子葉植物のアマ，タイマ，ジュートの繊維は繊維細胞がペクチン質で結合してできる靱皮の繊維束を利用するものであり，靱皮繊維とよばれる．単子葉植物のマニラアサ，サイザルアサの繊維は，維管束周辺に形成される厚膜組織を利用するものであり，組織繊維とよばれる．

　ワタは紀元前数千年の昔から衣料に用いられてきた古い作物（図 5.28）であるが，現在，世界でもっとも栽培面積が大きい繊維作物であり，生産量は全繊維作物の 75% を占める．ワタの種類は多いが，現在栽培されているものは，アフリカ起源の 2 倍体の AA ゲノムをもつキダチワタ（木立棉）とシロバナワタ，および中南米起源の 4 倍体（AADD ゲノム）のカイトウメン（海島棉）とリクチメン（陸地棉）の 4 種である．シロバナワタはエチオピアで栽培がはじまったと考えられる古い種で，現在アラビア半島などで栽培されている．キダチワタはシロバナワタから分化したと考えられる多年生のワタで，北方への伝播の過程で一年生への変異が生じた．このワタは 10 世紀に中国に伝わり，さらに日本に伝わった．カイトウメンは，南米起源の多年生のワタで西インド諸島を経由して米国の沿岸部に伝わり，一年生のものが分化した．このワタはさらにアフリカに伝わり，エジプト棉やスーダン棉を生みだした．リクチメンは中米起源で，合衆国の内陸部などを中心に，世界でもっとも広く栽培される種である．

　ワタは生育すると枝の葉柄のつけ根のところから花芽が分化し，開花受精後，直径数 cm のさく果が形成される．さく果は内部が 3〜5 室に分かれ，各室に数個の種子ができる．種子の表面には，無数の綿毛（繊細細胞）が密集する．綿毛の長さはカイトウメンが 3〜5cm と最も長く，ついでリクチメン，キダチメンと続く．さく果は成熟すると縦に割れて開き，綿毛が外部に現れて白い花が咲いたように見える．これを収穫して，綿毛を分離し，糸に紡績する．初期には，この作業は人力で行われていたが，1793 年ホイットニー（Eli Whitney）による綿繰機の発明を機に機械化が進み，ワタが紡績繊維の王座を占めるにいたった．なお，繊毛を取り除いたワタの種子は棉実油の生産に用いられる重要な油料資源である．

　靱皮繊維作物では，靱皮をはぎとり，酸・アルカリあるいは酵素で処理してペクチン質を除いて，繊維を取り出して利用する．一般に，作物繊維の生産には栽培・収穫，そして繊維の分離に労力を要し，労働集約的であるが，こうして生産される天然繊維には色調，肌ざわり，通気性や吸湿性などの総合面で合成品にないよさが認められる．
〔堀江　武〕

図 5.28　綿（リクチメン）の花，果実，種子，綿毛
（西川五郎原図；星川，1970）

b. 油料作物

　植物の中には，ナタネ，ヒマワリ，アブラヤシなど，種子や果実に油脂を多量に蓄積するものがあり，人類はそれらから油を抽出し，食料，照明，医薬品，石けん，潤滑油などさまざまな用途に用いてきた．このような目的で栽培される植物が油料作物である．油脂の最初の利用は照明と考えられ，エジプトやインドでは数千年の昔からナタネなどの油が灯火に用いられていた．平安時代の日本では，ハシバミの実の油やナタネ油が灯明に用いられた．現在，油脂は大部分が食用に利用され，一部が石けん，医薬品，化粧品などに用いられる．

　植物油は大きく油脂と精油（芳香油）とに分けられる．精油はイソプレン（C_5H_8）が重合したテルペン類など多種の成分からなり，揮発性である．バラ，アカシア，ラベンダーなど芳香油作物から抽出される精油は化粧品などに利用される．油脂はグリセロールと脂肪酸がエステル結合したもので，常温で液体の油と固体の脂肪の総称である．

　脂肪酸には，炭素の二重，三重結合を多く含む不飽和脂肪酸（オレイン酸，リノール酸，リノレン酸など）とそれを含まない飽和脂肪酸（パルミチン酸，ラウリン酸，ミスチリン酸など）がある．不飽和脂肪酸を多く含む油は，空気にふれると固まる性質を有し，乾性油とよばれる．一方，飽和脂肪酸を多く含む油は固まりにくく，不乾性油とよばれ，両者の中間のものを半乾性油という．アマ，エゴマ，ヒマワリ，ダイズなどの種子から抽出される油は乾性油で，食用，ワニス，印刷インキなどに用いられる．オリーブ，ラッカセイ，ヒマ，ツバキの油は不乾性油で，食用，化粧品，潤滑油，石けんあるいは医薬品に用いられる．ナタネ，トウモロコシ，ゴマ，ワタの油は半乾性油で，主としててんぷら油，サラダ油，マーガリンなどの食用に用いられる．

　ナタネを例として，これらの作物から油を生産する過程を示すと以下のようである．ナタネには，花芽分化に低温を必要とするものとしないものの二つの生態型がある．前者を秋播性品種，後者を春播性品種とよぶ．北海道，北欧，カナダなどの極寒地域および冬期の気温の高い低緯度地域では，春播性品種が栽培される．温帯地域では一般に，秋播性品種を秋期に播種し，翌年の初夏に収穫する．ナタネの花は主茎や分枝の先端に数十個形成され，総状花序をなす．受精後，子房が発達してさやとなり，さや内には多数の種子が形成される．種子の成熟をまって，植物体を刈り取り，脱穀して種子を収穫する．種子には40～50％の油が含まれる．収穫した種子は圧砕のあと，加熱・圧搾，溶媒抽出，溶媒除去，脱酸などの工程を経て，油に精製される．ナタネ油には，人体に悪影響を及ぼす脂肪酸エルシン酸を含むことから，食用油には好まれなかったが，最近になってカノーラと称される無エルシン酸ナタネが育成され食用への利用が盛んになった（稲永，2000）．

　地球人口の増加につれ，油脂の需要は高まっていくので生産の一層の増加が求められる．

〔堀江　武〕

図5.29　ヒマ
ひまし油を生産する油料作物

c. 嗜好料作物

チャ, コーヒー, タバコなどの嗜好料作物は, 精神を高揚させたり, 爽快感を得たり, あるいは生活にリズムを与えたりする目的で利用される. それらの利用形態は, 飲用 (茶, コーヒーなど), 喫煙用 (タバコ), 咀しゃく用 (コラ, ビンロウ), 食用 (漬け茶, カカオ (チョコレート) など) と多様である. それらの利用は, 各作物の起源地ないしはその周辺ではじまったと推定される. すなわち, チャは中国雲南省, コーヒーはエチオピア, カカオ, ガラナ, マテチャはブラジル, タバコはペルー, コラは西アフリカ, ホップはコーカサスから小アジアにかけての地域で利用がはじまったと考えられる.

これらの作物は, 植民地時代に西欧人によりプランテーション農業に導入され世界各地に伝播され, 産地の形成, 栽培技術の発展と品種の成立をみた. また, 渡来先でカカオのココアやチョコレートへの利用, コラからコーラ飲料の開発など, 新しい利用法が開発された. また, 嗜好料作物は日本の茶の湯のように文化形成にかかわって発展したものも少なくない.

嗜好料作物として利用される種は多いが, それらの分類学上の所属も, ナス科 (タバコ), アカネ科 (コーヒー), クワ科 (ホップ), ツバキ科 (チャ), アオギリ科 (カカオ, コラ), モチノキ科 (マテチャ), ヤシ科 (ビンロウ), ムクロジ科 (ガラナ) と多岐にわたる. これらの作物には, いずれも特殊な成分が含まれる. 中でもアルカロイドは, 前述した作物では, ホップを除くすべての作物に含まれる成分である. 植物アルカロイドは二次的代謝により生成され, 窒素を含み塩基性を呈し, 人体にさまざまな生理的影響を与える物質の総称であり, タバコにはニコチン ($C_{16}H_{14}N_2$), ビンロウにはアレコリン, そしてホップを除くその他の作物にはすべてカフェインが含まれる. カフェインは中枢神経, 循環系および呼吸系を一時的に興奮させる生理作用をもっている.

嗜好料作物は楽しむために利用するものであり, 品質がとくに重視される. 品質はアルカロイド, 糖, アミノ酸や香気成分 (アルコール類, ケトン類, アルデヒド類など) の含量に支配される. 高品質の嗜好品は環境, 品種および栽培・加工技術が一体となって生み出されるものであり, それゆえ地域依存性が高い. セイロンやインドDarjeelingの紅茶, 宇治や中国・龍井の緑茶あるいはギリシャのオリエント種タバコなど, 地域ブランドが存在するのはそのためである.

嗜好料作物の生産・加工技術は作物によって大きく異なる. ここではチャを例に, それを概説するにとどめる (図5.30). チャには, 大きく中国種とアッサム種の2変種が存在する. アッサム種は発酵させて紅茶を生産するのに用いられ, わが国の緑茶品種はほとんどが中国種である. チャの増殖は枝の挿し木によって行う. 6, 7月頃に, その年の春に伸長した枝を切り取り, 葉を2枚程度つけた枝を苗床に挿し込んで育苗する. 約2年間の育苗の後, 本畑に移植する. 本畑では施肥, 病

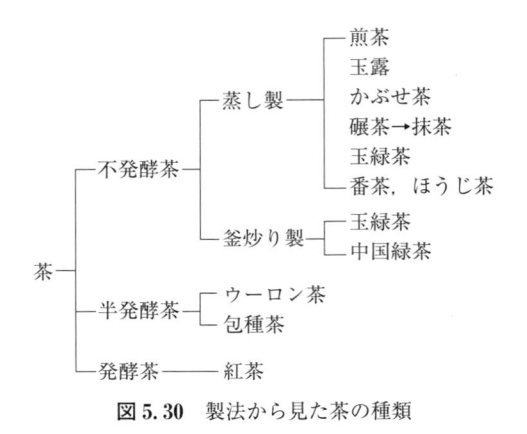

```
                    ┌─ 煎茶
                    ├─ 玉露
                    ├─ かぶせ茶
            ┌─ 蒸し製 ─┼─ 碾茶 → 抹茶
            │         ├─ 玉緑茶
   ┌─ 不発酵茶 ┤         └─ 番茶, ほうじ茶
   │        │         ┌─ 玉緑茶
茶 ┤        └─ 釜炒り製 ─┴─ 中国緑茶
   │        ┌─ ウーロン茶
   ├─ 半発酵茶 ┤
   │        └─ 包種茶
   └─ 発酵茶 ─── 紅茶
```

図5.30 製法から見た茶の種類

害虫・雑草の防除および枝の整枝を適時行い，茶園に仕立てていく．チャ葉の本格的な収穫は移植3年後より行い，以後30年程度は，年2〜3回の収穫を行うことができる．収穫は，伸長してきた若芽の先端3枚程度の葉を対象に行う．チャ葉は収穫後，速やかに熱蒸気処理してオキシダーゼ，パーオキシダーゼなどの酸化酵素を失活させ，よくもみながらゆっくりと乾燥させ緑茶（荒茶）に仕上げる．チャは加工法の違いによっていろいろな製茶がつくられるが，それを図5.30に分類して示した．

緑茶の品質は外観，水色，味によって評価される．茶の品質は苦味（カフェイン），渋味（タンニン類），甘味（アミノ酸，アミド）がほどよく調和してまろやかなものが上質とされ，葉中の窒素含量と高い相関が認められる．

茶には，滋養・強壮に加え，がんやアレルギー症状の抑制などの効果があることが最近の研究から明らかになってきた．嗜好料作物にはタバコなど有害なものも含まれるが，チャのように適切な利用により，生活を豊かにし，また健康維持に役立つものも少なくない．　　　　〔堀江　武〕

d. 薬用作物

生薬やその他医薬品の原料として栽培される植物を薬用作物という．栄養補助食品（健康食品）の原料，香辛料などに用いられるもの，またシソやショウガなどのように薬用と同時に食品そのものとして利用されるものもある．

多種多様の薬用作物が世界各地で生産されている．とくに，中医学や漢方医学をささえる生薬供給のため中国での生産が盛んである．生薬の場合，歴史的に良品を生産する地域があり，そこで生産されたものを「地道生薬」とよぶ．細辛は遼寧省，地黄は河南省，人参は朝鮮半島，吉林省など．特殊農産物協会によると，日本では100種以上の薬用作物が生産されている．日本で生産量の多いものは（100t以上），アロエ，ウコン（鬱金），ガジュツ（莪蒁），センキュウ（川芎），トウキ（当帰），ドクダミ（十薬），ハトムギなどである．

代表的な薬用作物をいくつか紹介する．オタネニンジン（人参）は中国東北地区，朝鮮半島で栽培される（図5.32）．日本では長野，福島，島根で生産がある．多種のジンセノシドを含有し，疲労回復，胃腸虚弱，心身疲労に応用される．地域

図5.31　チャの花

図5.32　オタネニンジンの栽培
雨滴や直射日光を防ぐため小屋がけをする（福島県）．

によって栽培法が異なるが，通常育苗2年定植3年で収穫される．トウキ（当帰）はもともと和歌山，奈良が栽培の中心であったが，現在は北海道，群馬での生産が多い．中国では同属の唐当帰を用いる．リグスチリド，サフロール，フロクマリン類を含む．補血，鎮痛，鎮静作用がある．オウレン（黄連）は国内生産が盛んであったが，現在はごく限られ地域でのみ栽培される．中国での生産は同属の味連が主である．ベルベリンを含み，抗炎症，健胃作用がある．シャクヤク（芍薬）は日本では北海道，新潟，岩手で栽培されている．ペオニフロリンを含み，鎮静，鎮痛作用がある．中国各地でも栽培される．ミシマサイコ（三島柴胡）は国内では九州，四国などで生産がある．中国ではおもに北柴胡と南柴胡を生産．いずれもサイコサポニンを含み，解熱，抗炎症作用がある．

自然環境保護，品質安定化を目的に野生品生薬の栽培化が進められているが，栽培品と野生品の間で品質の違いが出てくる場合がある．一般的に栽培化するとエキス含量が増えるが，成分に関しては種類によって含量が増加するものと減少するものがある．甘草では栽培化するとグリチルリチン酸含量が低下する．

薬用作物は，蔬菜花卉に比べ育種開発が遅れているが，オタネニンジン「信濃麗根」，シソ「赤芳」，ダイオウ「信州大黄」，シャクヤク「北宰相」などが種苗登録されている．高品質，安定生産のためには育種は重要な課題である．

薬用作物の栽培においても，農薬使用には細心の注意が必要である．日本国内では2003年3月に施行された改正農薬取締法により登録された農薬以外は使用できなくなった．　　　　　〔寺林　進〕

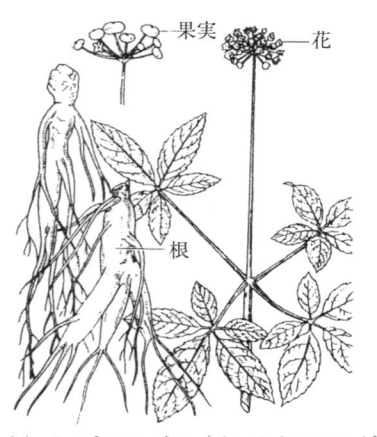

(a) オタネニンジン（チョウセンニンジン）　　(b) カンゾウ

(c) オウレン

図 5.33　いろいろな薬用植物（石井ほか，2000）

5.7 人の心を和ませるために利用する植物

　和みは客体と主体との間に発生する関係性の一つである．この関係性は，客体の違いによって，あるいは主体の状態の違いによって異なる．客体として，白いチューリップと赤いバラを考えてみれば，それぞれから受ける印象は異なるので，客体の違いは異なる意味をもつ和みを発生させることがわかる．桜の花を入院中の病室の窓外にベッドの中から眺めている場合と，退院を迎えて外に出たときに眺めた場合とでは，同じ桜の花が違って見えるだろう．これが，客体は同一でも主体の状態の違いよって和みの意味が異なるということである．この二つの事例は，さらにつぎのように発展する．前者の場合では，チューリップという花あるいはバラの花という花だけをイメージし，それからどのような印象を受けるかを考えただろう．植物体全体や，花壇やバラ園をイメージした人は少ないと思う．後者の場合では，桜の枝だけでなく，桜の木全体からそれが育っている場所までもイメージした人が多いのではあるまいか．植物と人との関係は，花という器官，木という個体，さらには桜並木のような個体群，あるいは森林や高山植物の花畑のような群落という異なるレベルでの対応関係がある．また，植物そのものから，植物のある景観，さらにはその場の環境へとスケールに応じた対応関係がある．植物と人との関係の間には，異なるレベルとスケールがあるということである．

　生き生きと稲が育っている水田の広がる農村景観は，都市生活者の心を和ませる風景となり，グリーンツーリズム，アグリツーリズムの重要な要素である．イネも人の心を和ませる植物ということになる．もちろん本節では，もっぱら人の心を和ませるために利用される植物をとりあげるが，それはおもに庭や公園で見られる植物のことである．

　刺激を受容する人間の感覚器官の中で視覚は，87％の情報を受けもつといわれている．したがって，視覚によってとらえられた情報は相当な意味をもつのであるが，視覚伝達系の中で，どのような信号処理が行われ，それが人間にどのように作用するかについては，複雑でよくわかっていない．植物を見てなぜ「和み」という意味や印象がもたらされるかは複雑でわからないということである．複雑化させている原因は，対象物体の形や色，大きさ，表面構造のほかに，視覚伝達系そのものの中で他の神経刺激の相互作用がはたらくからだといわれている．他の神経刺激の中で植物に関するものには，花の香りなどの嗅覚，柔らかい葉などの触覚や，植物にまつわる過去の経験や記憶などによって蓄積された神経刺激などがある．「和み」は総合感覚によるものである．

　植物による刺激は，人のマイナスの状態を緩和

図 5.34　パリのケ・ブランリー美術館の事務所の壁面緑化　道ゆく人々が足をとめ，ふしぎそうに眺める．（口絵 39）

する作用から，プラスの状態にもってゆく作用まである．前者の作用が病的症状の緩和やストレス解消や疲労回復であり，後者の作用は作業能率向上，快適性向上や興奮増進などである．「和み」は，これらの作用の中でも穏やかで，健康的なものを総称するようである．こうした植物の作用を積極的に利用しようという営みに，園芸療法や森林浴あるいはアロマセラピーなどがある．園芸療法は作業療法の一つで，植物に触れたり園芸活動をすることでもたらされる医療効果で，森林浴やアロマセラピーは植物の香りの嗅覚を通した感覚作用や科学物質による神経作用によってもたらされる効果を期待したものである．神経刺激物質の種類やそれに対する人の反応の違いの程度によっては，健常の和みをこえる場合もある．和み感覚は，人間の五感を通した複雑な総合作用といえよう．したがって，どの程度の和みがもたらされたかを客観的に知ることは難しく，そうした測定器具や分析手法は未開拓である．ただ，マイナスの状態がどの程度緩和されたかを調べようとする研究は盛んで，簡易に測定できる器具も開発されるようになってきた．すなわち，ストレスの程度を定量的に測定しようというものである．血圧を測定したり血液を採取することは医療行為の一種とみなされ，誰もが使える方法ではないが，これらを測定するための家庭でも使える器具や，ストレスが増すと高まるといわれるアミラーゼやコルチゾール濃度を血液とほぼ同じ成分であるとみなされる唾液で調べる簡易な器具が開発されている．

これらを利用して，植物が人の心を和ませているか，その程度を調べようという試みが進められている．

これまでの成果から，植物のある景観や植物を含む環境全体と同様に，植物を見ただけでストレスが緩和され，同時に行った心理実験から植物を見ると心が和むということが示唆されている．その作用は，植物の種類によって異なり，いわゆる観葉植物よりも庭や公園にある身近な植物のほうが効果が高いこと，人の造作した擬似植物はそうした効果が低いこと，などが報告されている．

人類史の中で，身近で植物を育て鑑賞する，美しい植物を集める，植物を使って快適な空間を創造するという営みが世界各地で行われてきた実態を見れば，植物や植物のある空間や場所は，人々の生活になくてはならない存在であることは論をまたない．それが庭や公園や生活空間の緑である．これらの空間のしつらえ，すなわち設計やデザインは，時代や民族に応じて異なるものが提案されてきた．一般解や普遍的，絶対的な答はなく，成長し変化し終わりのない術である．

人の心を和ませるための植物の利用の仕方は，時代により，民族により，個人によって変化している．チューリップの使い方ひとつでも，オランダのキューヘンホッフ公園と米国のセントラルパークでは異なる．イギリスの庭とパリのバガテル公園とでは，バラが違って見える．植物がそもそももっている力は一つでも，使い方の違いで和みの程度は異なる．和みが増すように使うには，鑑賞する人の変化する多様な感性に応じた植物の種類と使い方が重要になる．植物と人との関係から発生する和みの概念は，落ち着く，安らぐ，潤うという心理的な受け止め方に集約される．植物の存在や利用の形は，それらのうえにさらに好ましさと調和の取れたアメニティを実現するという関係になっている．
〔輿水　肇〕

図 5.35　路面電車
軌道敷にうめつくされた芝草．

a. バ ラ

　栽培されているバラは，多数の原種が複雑に組み合わされた高度な雑種である．紀元前2000年以前から栽培されていたが，交雑によって品種が多くつくり出されたのは19世紀のことで，今でも盛んに進められている．おもな原種は西アジア，日本を含む東アジアに求められる．古い時代の育種の過程をたどることができないこと，異なる系統間での交雑が複雑に絡んでいるので，系統分類は困難であるが，一般にはつるバラとつるにならないものに大別される．花期により一季咲，二季咲，四季咲，花の大きさにより小輪，中輪，大輪に分けられ，四季咲大輪が出現する以前のオールドローズと以降のモダンローズに分けて扱われる．

　四季咲の中国のコウシンバラから1837年にハイブリッドパーペチュアルが誕生し，これにまた複雑な交配種であるティーローズが組み合わされてハイブリッドティーローズとなりモダンローズが発展した．これにヒメバラを交配してつくられたのがミニチュアローズで，倭性で花径が小さい．つるになる日本のノイバラや海岸に多いテリハノイバラに中国の倭性バラを交配した小輪房咲の四季咲性のものをポリアンサローズという．これにハイブリッドティーローズを交配してつくられたのがフロリバンダローズである．房咲多花性で四季咲き．ハイブリッドティーローズよりも花は小型になるが，花型は似ており花色は豊富である．フロリバンダ系とハイブリッド系の交配が重ねられて，超大輪のグランディフロラのものが作られた．

　庭はバラにはじまりバラに終わるといわれるのは，バラが庭の花木として形や色の豊富さ，魅力的な香りがあり，栽培，観賞の両面から見ても奥が深く興味の尽きない材料だからだろう．植物を中心とした公園ではバラ園に人気があり，最近ではバラだけを集めたイギリス風のテーマパークも話題を集めている．一般家庭で上手に育てられないのは，腐植質に富む粘質な土で十分な日照が必要という条件を満たしていないことが多い．

〔輿水　肇〕

図5.36 モダンローズの典型的な形

図5.37 パリ・バガテル公園のコンクール優勝作品

b. チューリップ

　日本や中国に分布するチューリップは，2枚の葉の間からホウのついた短い花茎の頂端に外側に暗紅色の細い線がある6枚の白色の花被片をもつ小さな1花をつけアマナという和名で山野草として扱われる．欧州中南部の産ですでに雑種となった園芸種のチューリップは，16世紀半ばにトルコから欧州に入り，おもにオランダで交雑育種されたものである．「花の絵を」というと，欧米や日本の子供たちは皆チューリップを描くように，シンプルな姿と明瞭な花色は人々の記憶に残りやすくまた描きやすいのであろう．人々の心をとらえたこの花が商取引の対象になり，約100年後の1763年に経済恐慌の原因になったことは植物愛好家であれば誰でも知っている．日本では昭和になり富山県などで栽培がはじまり，球根の生産と流通量が増えている．

　数千といわれる品種を系統的に分類することは難しい．園芸的には，つぎのようなものが知られている．早咲一重（倭性），早咲八重（倭性），メンデル，トライアンフ（早咲き），ダーウィン（遅咲き，花はカップ型），ダーウィンハイブリッド，枝咲（1茎に2～3輪咲く），ユリ咲（花被片の先がとがる），コッテジ（晩生，花はつぼ形），パロット（花被片が鳥のオウム後頭部の羽のように細かく切れ込む），ピオニー（晩生，八重咲），ボタニカル（原種との交配種）など．

　日本国内で販売されている球根は，庭や公園の普通の場所に植え，極端に水を切らさなければ間違いなく花を咲かせる力をもっている．園芸やガーデニングの初心者にとって，安心して使える材料といえる．国外で入手したものは，植物検疫などに関する最新情報の指示に従う．これは，お土産品であっても同様である．

　上手に使うには，もっぱら鑑賞とするものと丈夫に育てたいものとを区別しておき，軟らかい砂質壌土を深く用意し，比較的高濃度の有機質肥料を元肥とする．丈夫に栽培したいものは開花後切花として利用し，病気にならないように注意して葉が黄変するまで育て上げる．堀上後に陰干し20℃に維持して花芽分化を促進し，その後15℃に維持した後約1カ月半ほど3℃に冷蔵処理して，つぎの植付け用の球根にする．家庭では，球根の植付け時期や植付け深さを変えて，長い期間花を楽しみ，そして丈夫に育ててつぎの年にも花が楽しめたら大成功というゆとりをもった扱いのほうが楽しい．

〔輿水　肇〕

図5.38　やや倭性の一重咲きの種

c. 観葉植物

　観葉植物は，文字通りおもに「葉」を観賞対象とする植物をいう．植物の器官としては，葉以外にもいろいろな器官があり観賞の対象になる．「葉」が花や実を引き立て，観賞の対象として用いられることも多い．古来から有用な植物は集めて身近に置かれ，珍しい植物は諸外国からプラントハンターたちにより収集され，珍重され図譜にもまとめられた．本草綱目は中国で最初の動植物図譜であるし，西洋の宮廷庭園では世界の珍しい植物，中でも葉や花，実の美しい物が競って集められ，温室で育てられ改良されてきた．宮廷庭園のオランジェリーはその一つであり，植物の細密な絵はボタニカルアートとして発展してきた．日本庭園の中に茶庭があるが，露地を中心としたわび・さび（侘び・寂び）の空間には観葉植物が多い．派手さを押さえ陰翳を礼讃する庭にあっても観葉植物は重要なポイントでもあり，コケやシダ植物のほか半日陰で花や実を付ける常緑の葉をもつ下草類が際だつ．

　観葉植物は葉の色，形を中心として多様性にあふれている．熱帯植物の観葉植物には変化に富んだ色があり，単色だけでなく模様状のものも少なくないし，斑入り植物も脚光を浴びる．また，葉の形が縮んでいたり切れ込んでいたりした特殊なものも見られる．さらに，生きた植物はつねに成長・変化する．季節の変化が明瞭なわが国では，落葉植物では芽出しから紅葉まで観葉の仕方も変化に富んでいる．色名が植物の色を使い，芽吹きの頃の萌葱，浅茅，紅葉など多様である．日本では江戸時代に市井で園芸が発展し，園芸植物は大きく進展したといわれる．植物を身近において育て，楽しむ風習が大都市・江戸では日常的となり，路地や小さな空間に観葉植物を置いて愛でているし，それに関連した市もあった．季節の花の朝顔やホオズキ，万年青や盆栽などはその代表でもある．

　観葉植物は，生活の中で生きた緑をつねにもちたいことから生まれている．緑の少ない近代の都市社会では，潤いに欠けたコンクリートジャングル化した地区も多くなり，室内空間を緑豊かに表現する手法として観葉植物が多く用いられている．公共，民間を問わずインドアプランツとして観葉植物は重要な位置を占めてきている．

〔勝野武彦〕

図 5.39　室内空間でダイナミックかつ多様に用いられる観葉植物

d. 日本庭園の植物

　古代から千数百年にわたってつくられ続けてきた日本庭園は，それぞれの時代で様式が変わり，観賞の対象としての植物も変化してきた．花木を例にとれば，その代表的なものとして古代の早い時代ではウメが観賞されたが，平安時代にはサクラが流行しはじめた．中世からは，常緑樹が主体でとくに針葉樹ではマツ類が多用された．南方との交易が盛んとなった桃山時代にはソテツも珍重されている（図5.40）．近代以降，都市の中で身近な自然を表現し，四季の変化を楽しむために落葉樹のコナラ，クヌギ，カエデ類なども用いられている．

　日本庭園の植物のありかたを概観すれば，庭園の周辺部では隣接する山林や，植栽された自然的な樹木群が取り囲み，庭園内部では構成要素の，滝，池，流れ，橋，石組み，築山，建物などと組み合わされて，常緑樹や低木，下草（山野草）や地被（コケ，シバ，ササ）が植えられ景がつくられる．周辺部の自然的な樹木群と庭園内部の人為的造作との対比的関係が多くの日本庭園の美的な景観を構成する（図5.41）．近世以降ではさらに「借景」の技法によって，庭園内部と周囲の景観との連携を強めるために，外周部の植栽にさまざまな工夫がこらされている（図5.42）．円通寺庭園の生垣と比叡山，修学院離宮上茶屋の大刈込みと西山の遠景（口絵38）などがあげられる．

　しかし，植物は成長するため庭園の景を維持するためには，成長が制御されなければならない．剪定・整枝の技術は小面積の枯山水庭園がつくられた室町時代にはじまったといわれる．それでも植物は成長し景は変容する．古い庭園の姿は石組みと地割にとどめられて，植物は古庭園の新しい衣装だといわれるゆえんでもある．完成期を迎えて調和し整った景の庭園も，古い庭園の景も植物によって趣が決まる．

〔吉田博宣〕

図5.41　池と樹木，石と下草，周辺の樹木群の組合せ（醍醐三宝院庭園）

図5.40　枯山水とソテツ（西本願寺大書院庭園）

図5.42　近景のカエデ，中景の流れと芝生，借景の東山（無鄰庵庭園）

e. 西洋庭園の植物

古代エジプトの庭園を描いた壁画にはブドウ，シカモア，イチジク，ナツメヤシなどの果樹が豊かに植えられているのがわかる．その後，左右対称の整形式デザインの伝統は18世紀まで続いた．この伝統を破ったのは，イギリス風景式庭園であった．整形式庭園がもっとも華やかになるのは14，15世紀のイタリア・ルネサンスの庭園と17世紀の大規模で幾何学的なフランス・バロック庭園である．丘陵につくられたルネサンス庭園では，庭園内部にはレモン植鉢やツゲの縁取り花壇，イチイの刈込みなどがあり（図5.43），周縁には眺望を楽しむためのイトスギの刈込みアーチなどが仕立てられた（図5.44）．平坦地のフランス庭園では，内部で景を完結するために周囲の左右に大きな樹林や並木を形成し，中央部の見通線を明確にしてツゲで縁取った花壇や噴水，水路（カナール）などが設けられた．宮殿近くにはテラスの擁壁を和らげるため綺麗に刈り込まれたアカシデの垣（パリサード）が仕立てられた．

イギリス風景式庭園では周囲にブナやトウヒなどの混交林が取り巻き，内部の園地には池，橋，芝生，樹林，庭園建築が配置されて牧歌的で自然な風景が形成された．池畔には水松，レバノンスギ，カラマツなども植栽され，園地ではシャクナゲが華やかさを添えることもあった．さらに，19世紀ヴィクトリア朝では16世紀以降に栄えた園芸が復活し，花卉類が再び庭園を飾るようになり，現在のガーデニングの基盤となっていった（図5.45）．

〔吉田博宣〕

図5.44 イタリア・ルネサンス庭園（ポンテツィチャ荘）イトスギの刈込み

図5.43 イタリア・ルネサンス庭園（ガンベライア荘）イトスギのアーチ，イチイの刈込み，花鉢，ツゲの縁取りなど

図5.45 園芸の復活，境際花壇（イギリス，ナイマン庭園）

f. 公園・都市と植物

　都市公園に関する法律（都市公園法）ができてから2006年でちょうど50年になった．わが国における公園の発生は，江戸の長い鎖国政策が終わりを告げた明治の開国と関係する．市民のための広場としては，江戸時代の都市にも火除け地や高札場，広小路など見られたが，いわゆる「公園＝Park」の考え方は新たに外国から入ってきたものである．太政官布達により人々が快楽，遊興に利用されていた社寺境内，名所，旧跡・庭園などが「公園」として80余指定された（1873年）．その地に合った自生の植物などが生育する空間が公園として指定されたことから，公園の植物は自生植物あるいは人々が物見遊山や行楽地として好む，季節の変化に対応した種類が中心といってよい．

　近代都市はこれまで拡大成長し，照葉樹林の自然的な緑や二次的自然としての雑木林，農地や草地を著しく減少させてきた．極論すれば，植物に代表される緑を減少させて都市は発展し，公園の中に押し込めてきたともいえる．公園や緑地の必要性は，明治のはじめから強く叫ばれてきたが永続的に確保されてはこなかった．1950年以降，法整備から少しずつ公園が整備され，市民に憩いと安らぎを与える空間として機能してきている．

　公園にはいろいろな種類（規模と内容）があり，存在・利用される植物もきわめて多様である．都市の緑は「公園」だけで十分ではなく「緑地」として里地・里山や雑木林，さらには河川の緑が確保される方向にある．公園＝施設の中の植物は，公園規模が大きくなれば，樹林（照葉樹林〜針葉樹林＝人工施業林，雑木林）や竹林，草地，湿地・池沼など多様な立地に対応し，その立地に適応した自生種や園芸種から成り立つ．公園内に教化施設としての植物園や自然生態園，花木園などがあるところでは，個性ある植物を収集，公開展示している．

　都市は人口が密集する地域でもある．日本の都市は欧米に比べ緑＝植物が極端に少ない地域である．地形や土壌が変わってしまった場所や微細地（すき間）には，自生種に代わって外来種が繁茂し在来種を駆逐する種も現れてきている．建物が建て込んでヒートアイランド現象が起こることから，新しい緑化植物が求められてきており，屋上や壁面などに適応する植物としてつる植物やコケ，耐乾性の植物に光が当たってきている．

〔勝野武彦〕

図5.46 公園で寛ぐ市民と人々の心を癒す植物・緑

5.8 森林をつくる植物

(1) 地球上の森林と人間

地球上の森林・樹木のルーツをたどると古生代にさかのぼる．原始的な維管束植物が海中から陸上へ進出し，その後陸上でヒカゲノカズラ類やトクサ類などの下等維管束植物が茎や葉を発達させて大きくなった．今から3億5千万年前，古生代石炭紀には地球上で最初の森林がヘゴなどの木生シダなどによってつくられた．中生代に入ると気候は乾燥化し，シダ植物に代わって種子をもち，乾燥した条件にも耐えるイチョウやソテツなどの裸子植物が繁茂した．現世の針葉樹類は，中生代にほぼ出そろったと考えられている．その後，多様な生殖方法をとる被子植物が現れて樹木の多様性を高め，新生代にはカシやカエデ類の森林が出現して被子植物が栄え，現在に至っている．

今から数万年前に地球上に出現した新人(modern *Homo sapiens*) は，およそ1万年前に農業をはじめて文明発展のもとをつくった．農業の発達には，より多くの土地と，燃料や建築材としての多くの木材を必要とした．そのために，森林は伐り開かれて，その後減少の一途をたどった．

西暦元年当時の地球上の人口は，3億人程度だったと推測される．その後の人口の増加は穏やかなものであったが，18世紀にはじまった産業革命を境に急速に増大し，1999年10月には60億人を突破した．世界の人口が増大すると，何よりもまず食糧の不足が起こる．食糧とは生物資源(バイオマス)である．地球上のバイオマスを最初に調査したのが，国際生物学事業計画(International Biological Programme：IBP, 1965～1974)であった．そして，IBP調査の結果，地球上には1兆8千億t(乾重)のバイオマスがあり，その90%は森林に存在することが明らかにされた．

1972年のローマクラブ(The Club of Rome：1968年ローマで初会合を開いた科学者・経済学者などの民間組織)のレポート「成長の限界(The limits to growth)」では，「熱帯雨林は30～40年後には消滅してしまうだろう」と予測した．IBP調査の日本・イギリス・マレーシアの共同研究の拠点となったマレー半島南部のパソー国有林は，現在永久生態環境保護地域として保護されているが，このような森林は一度伐採するとその再生には少なくても400～500年の歳月が必要とされる．もちろん，熱帯には成長の速い早生樹種はあるものの，森林を構成する主要な樹木の成長は，熱帯の樹木といえども温帯の樹木と大きくは変わらないのである．このような意味からも，森林バイオマスの過半を占める熱帯雨林の存在の意義は大きい．

(2) 森林の分布

森林の分布する気候帯は，一般に，熱帯，温帯，寒帯に区分され，亜寒帯(亜高山帯)と寒帯(高山帯)との間に高木の生育限界である森林限界が引かれる．わが国は，北緯26度の琉球列島から北緯46度の北海道に及び，植物界の区分では，旧熱帯植物区系界・東南アジア植物区系区と全北植物区系界・日華植物区系区に位置し，両者はトカラ海峡(渡瀬線)を境とする．また，西南日本と北日本とは森林を構成する樹種に相当な差異がある．

わが国の森林の分布は，水平的な気温低減率は0.5℃/100kmであり，垂直的な気温低減率は0.6℃/100mであるので，水平分布と垂直分布の境界線は，暖(温)帯-丘陵帯，(冷)温帯-山地帯，

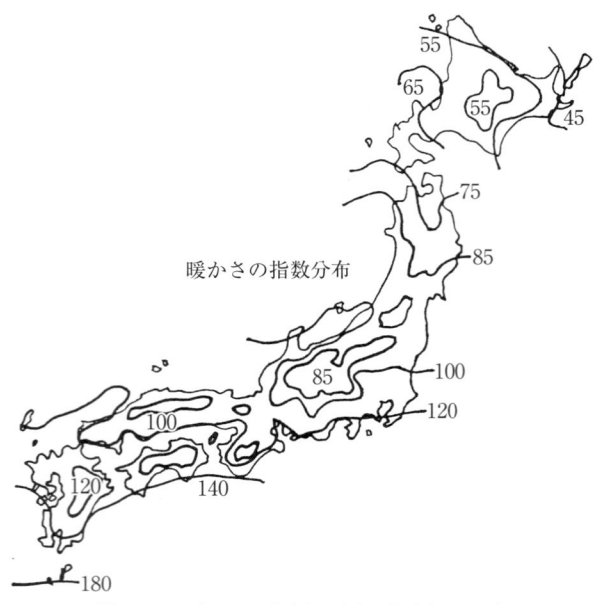

図 5.47 暖かさの指標の分布（蜂屋，1970）

亜寒帯-亜高山帯という，暖かさの指数 180，85，45，15 の等指数線とほぼ一致する（図5.47）．

わが国の森林は，その相観によって，亜熱帯に位置する南西諸島に見られる常緑広葉樹林，暖帯の常緑広葉樹林からなる照葉樹林，温帯の落葉広葉樹林からなる夏緑樹林，亜寒帯の常緑針葉樹林などに分けられる．また，わが国では平地（水平分布）で亜寒帯に属するところはほとんどないので，亜寒帯林は亜高山帯林といったほうがわかりやすい．本州ではアオモリトドマツ（オオシラビソ）林に代表され，北海道ではエゾマツ・トドマツ・アカエゾマツに代表されて，本州と北海道の樹種構成は著しく異なる．

(3) 森林の管理—森・林・森林と里山—

森と林はドイツ語の Wald と Forst に相当し，Wald は自然ないし景観を形成するもっとも重要な地物的要素（一定の秩序の下に置かれざる土地）であり，Forst は一定の秩序の下に置かれた Wald を意味する．わが国では，山林（山と林）と山野（山と野原）という言葉があり，明治期に入って所有の概念を含まない地物の景観を表す森林という新しい言葉が生まれて，明治20年代後半から使われるようになった．一方，里山という言葉は江戸時代からあったが，第四次全国総合開発計画（1987年）において初めて定義されて奥山天然林，里山林，都市近郊林，人工林という森林区分の一つとなった．農村では，二次林（ヤマ），農地（ノラ），集落（ムラ）という典型的な土地利用の区分が見られる．

わが国では，第二次世界大戦後，戦争で荒廃した森林復興に主眼が置かれて森林法が改正された（1951年）．その第1条には，「国土の保全と国民経済の発展に資する」と記されている．その後，「所得倍増計画」（1960年）によって経済成長が進展し，1960年代の高度成長期には木材需要が急増した．このため，森林の生産力を飛躍的に伸ばすため，林相の貧弱なナラ・カシ類などの薪炭林や成長の止まった老齢過熟の天然林は伐採され，成長の早いスギ，ヒノキ，カラマツ，アカマツなどの針葉樹林に切り替えられた．そして，木材総生産の増大を目指して，林業基本法が公布された（1964年）．当時は，全国で毎年30万haの拡大造林が行われ，里山の雑木林がスギ林やヒノキ林に，奥地に残されていた天然林の一部がその他の人工林に切り替えられた．しかし，1970年代後半には，国民の関心は森林に対して多面的な機能の発揮を期待するようになり，拡大造林は下火にな

った.

森林はいままで木材供給の場として評価されてきたため，わが国の林業は安い外材に圧倒されて，自給率2割前後で推移している．この自給率の低さは，先進国の中でも奇異な現象で，一般に市場の効率性実現が困難な場合に当てはめられる概念，いわゆる「市場の失敗」として論議されている．

近年，国民の価値観の多様化に伴って，従来の林業総生産の増大を重視していた方針を抜本的に改めて，森林の多面的機能の持続的発揮を基本として，林業基本法が改正され森林・林業基本法が制定された（2001年）．そして，わが国の森林は，自然環境の保全を重視する森林と人との共生林（550万ha），水源のかん養機能を重視する水土保全林（1300万ha），木材などの生産機能を重視する資源の循環利用林（660万ha）の三つに区分されて，森林の有する多面的な機能の発揮に重点が置かれた．一方，わが国約2500万haの森林は，現在，天然林が5割，人工林が4割，無立木地などが1割で，その割合はこの20年ほど変化していない．わが国の三大美林といわれる秋田スギ，木曽ヒノキ，青森ヒバの森林は，いずれも伐採など人為の影響を受けた天然生林である．

(4) 21世紀の森林─新しい価値観─

わが国発展のために，「とりわけ天然資源に乏しく，明るい未来を切り拓いていくためには，独創的，先端的な科学技術を開発し，これによって新産業を創出することが不可欠である」とされ，科学技術基本法が制定された（1995年）．一方で，このような科学技術の発達によって，私たちの日常生活は，自然あるいは心の豊かさからますます遠ざかるしくみがつくり上げられつつあるように思われる．従来，森林から木材生産や林産物生産以外の機能は公益的機能とよばれ，自然環境保全，生活環境保全，教育・文化機能，生物多様性保全などの機能があげられている．21世紀には，とりわけ人間の知的活動の基盤となっている教育や文化に対する心の豊かさを重視する新しい価値観を十分考慮する必要がある．　　　　〔鈴木和夫〕

a. 森をつくる樹木

日本は，森林に恵まれた国である．森林には，天然林と人工林がある．天然林とは人為の加わっていない原生林か，あるいは自然や人為による攪乱によって自然にでき上がった二次林である．このように，自然度の高い森林を自然林とよぶことが多い．一方，人工林とは木材生産などを目的とし，目的にかなった樹種（日本では，スギ，ヒノキ，カラマツ，アカマツ，クロマツ，トドマツなど）を植えてできるのが人工林である．わが国の森林は，おもに温帯に位置する．

亜熱帯林（subtropical forest）は，屋久島・種子島と奄美諸島との間（トカラ列島）に東西に引かれた渡瀬線以南に分布し，ソテツ（ソテツ科），ビロウ（ヤシ科），アコウ・ガジュマル（クワ科），ヘゴ（木生シダ）など熱帯で発達した樹木の仲間が生育する．

温帯林（temperate forest）は，亜熱帯と亜寒帯との中間の地域に生育する森林で，以下の暖（温）帯（照葉樹林帯），中間温帯（クリ帯），（冷）温帯林（ブナ帯）に区分されることが多い．

暖（温）帯林（warm-temperate forest）は，常緑広葉樹のウバメガシ・イチイガシ・ウラジロガシ（ブナ科，コナラ属），スダジイ・コジイ（ツブラジイ）（ブナ科，シイ属），タブノキ（クスノキ科，タブノキ属），イスノキ（マンサク科，イスノキ属），モチノキ科の樹種などが生育する．葉の表面のクチクラ層がよく発達して光沢があることから，照葉樹林（英語ではゲッケイジュ（クスノキ科，ゲッケイジュ属）林に対して用いられ laurel forest という）といわれる．

中間温帯林（低山帯）は，暖帯を代表するカシ林も（冷）温帯を代表するブナ林も出現していない地域に，クリ（ブナ科，クリ属），コナラ（ブナ科，コナラ属），イヌブナ（ブナ科，ブナ属），サワシバ・シデ類（カバノキ科，クマシデ属）の落葉広葉樹や，モミ（マツ科，モミ属），ツガ（マツ科，ツガ属）などの針葉樹が混生して生育している．暖帯広葉樹林，中間針葉樹林などともよばれ

る.

（冷）温帯林（cool-temperate forest）は，西日本では700〜1000m以上の山地や東北・北海道に生育する落葉広葉樹林で，温帯下部ではブナ（ブナ科，ブナ属），ミズナラ（ブナ科，コナラ属），カエデ類（カエデ科，カエデ属）など落葉広葉樹が生育し，温帯上部ではウラジロモミ・シラベ（マツ科，モミ属），コメツガ（マツ科，ツガ属），トウヒ（マツ科，トウヒ属）などの針葉樹が生育する．

北海道の森林は，温帯林と亜寒帯林とをつなぐもので，気候帯としては温帯のもっとも北側の部分で，エドマツ（マツ科，トウヒ属），トドマツ（マツ科，モミ属）の針葉樹と，ミズナラ，シナノキ（シナノキ科，シナノキ属），エゾイタヤ（カエデ科，カエデ属），ハリギリ（ウコギ科，ハリギリ属）など落葉広葉樹とが混生する汎針広混交林とよばれる（図5.48）. 〔鈴木和夫〕

図5.48 北海道富良野の樹海から見た汎針広混交林（東京大学北海道演習林）

b. 木材資源

わが国で生産される木材資源の大半は，人工林からの木材である．人工林の特色は，目的に応じた樹種をもっとも適した立地で効率よく育てることにある．わが国の近年の木材使用量は9千万〜1億m^3/年であるので，これを毎年人工林から生産すると仮定すると，わが国の人工林の成長量は7.3m^3/haなので1300万ha余の人工林で賄えることになる．しかし，1千万haをこえる人工林をもつにもかかわらず，わが国の木材自給率はここ数年2割前後で推移している．

わが国で生産されている木材は，スギがもっとも多く半数を占め，ついでヒノキ，カラマツ，アカマツ・クロマツの順である（2000年）．

スギは，本州以南に生育するわが国でもっとも利用度の高い樹種で，すでに弥生後期の静岡県登呂遺跡では倉庫や住居に用いられていた．スギ人工造林は，各地でそれぞれの特徴と歴史をもち，古来有名な林業地に，密植・集約的な奈良県吉野・三重県尾鷲，磨き丸太生産の京都北山，長伐期の鳥取県智頭，直挿し・短伐期の大分県日田，粗植・弁甲材生産の宮崎県飫肥などがある．スギ材の利用でもっとも多いのは一般木造住宅用材で，特殊用途としては日本酒の樽桶に，また，京都北山杉の磨き丸太は床柱などの装飾材として用いられている．多くの天然生スギおよび植栽木でも年数を経たものは味わいがあるので，一般に銘木として取り扱われ，地域品種として秋田杉，吉野杉，簗瀬杉，屋久杉などとそれぞれの産地の名を冠させてよばれている．

ヒノキは，福島県以南に生育し，スギよりも成長が遅いものの乾燥に対する耐性をもつので，広く植栽されている．装飾材としてスギ，マツ類よりも高級な用途に用いられ，ヒノキ造りといえば，もっとも高級な木造住宅である．ヒノキは古来社寺建築材として随一のものであり，伊勢神宮の造営材に木曽ヒノキが，また，檜舞台といわれるように特別の構築物に用いられてきた．現在，市場で大径のヒノキ天然材といっているものは，タイワンヒノキ（ヒノキの変種）であることが多い．また，すし屋のつけ台のヒノキもたいていタイワンヒノキである．林業品種としては，スギのようにはっきりとしたものはほとんどないとされるが，ホンピ（京都系，細枝型，晩生種）とサクラヒ（高野系，太枝型，早生種）が知られている．

カラマツは，カラマツ属樹種のうちでもっとも南に分布する樹種で，（冷）温帯上部から亜高山帯に生育している．耐寒性が強く，幼齢時の成長が早いことから，1950年代後半から北海道・東北における主要な拡大造林樹種として広く植栽された．かつては坑木として，とくに炭坑でもっとも多く用いられてきたが，石炭産業の低落でその用途は著しく狭くなった．建築用材としては，ねじれ，節などの欠点が多いこと，材質の外観がスギやヒノキなどに劣ることなどから，素材そのままでは用途が期待できない．

アカマツ・クロマツは，日本人にとってもっとも身近な樹木であって，風景にはかならずついているといってよく，姿のよい樹形で霜雪に耐えるなど，日本人の精神的な表徴となっている．本多静六の赤松亡国論の趣旨が誤解されるほどで，（本多は20世紀初頭，「アカマツはほかの木が育たないヤセ地に生育する．このような土地が増えることは喜ばしいことではない」としたが，1980年代に「アカマツが茂っているのは国が亡ぶ前兆だ」として松くい虫被害によるマツ林の荒廃を歓迎する主張）乾燥したやせ地に耐え，花崗岩や蛇紋岩地帯などでは他の樹種が育たないところでも生育することができる．材質や形質が優良であるとして，岩手県南部松など多くの地域品種や造園木としてもウツクシマツ（タギョウショウ）など多数の園芸品種が知られている．材は，スギ・ヒノキとともにもっとも一般的に用いられるが，とくに材が強靭なことを利用する用途に適している．

〔鈴木和夫〕

c. きのこ資源

　森林において，産出される経済的価値のある木材以外の林産物を総称して，特用林産物という．行政的な用語として一般に用いられるが，国際的には，非木材林産物（non-wood forest products）という．このような特用林産物は，食用林産物と竹材や木炭などの非食用林産物に分けられる．食用林産物は，シイタケやマツタケなどのきのこ類とクリやたけのこなどその他食用林産物がある．わが国の特用林産物生産額は毎年3〜4千億円で推移しており，そのうち食用きのこ類が約7割を占め2004年には2300億円である．

　世界のきのこ生産でもっとも多いのはツクリタケ（マッシュルーム）であり，ついでシイタケである．ツクリタケはハラタケ科の菌類で草原のきのこ（原茸）の意味で，料理に用いられるこの栽培きのこをマッシュルームといったり西洋松茸やシャンピニョン（仏）とよんでいる．世界で百数十万t生産されており，人工堆肥（コンポスト）を用いた栽培技術が確立している．

　わが国で親しまれてきたのはシイタケで，キシメジ科の菌類であり，種小名にedodes（江戸に由来）が用いられている．シイタケ栽培の歴史は古く，その栽培方法によってクヌギやコナラなど栽培用の原木を用いて，おもに乾シイタケを生産する原木栽培と床のように敷き詰めた鋸くずやチップなどの培地に菌を接種して，おもに生シイタケを生産する菌床栽培に分けられる．低価格の中国産シイタケとの競争もあり，輸入量はそれぞれ7割と3割に及んでいる．

　わが国で栽培されているキノコはシイタケをはじめとして，生産量順（2004年）にエノキタケ，ブナシメジ，マイタケ，エリンギ，ナメコ，ヒラタケなど20種類以上ある．

　きのこ狩りの対象となるのは，マツタケ，ホンシメジ，アミタケなど樹木の根と共生する菌根性のきのこである．マツタケは，1941年に1万2千tを記録して以降減少の一途をたどり，松くい虫被害（マツ材線虫病）の影響もあり現在は数十t前後と激減している（図5.49）．

　「マツタケの謎」といわれてきたのは，種間あるいは種内変異，腐生・寄生・共生という栄養様式の違い，マツタケ菌根の形態形成，マツタケのシロの動態と子実体形成などであるが，いずれも明らかにされつつある．一方，ホンシメジは麦類を主成分とする培地で純粋培養すると，子実体を形成することが明らかにされて最近人工栽培が可能となった．

　わが国には，約60種の毒きのこが知られている．中毒の原因となるのは，ツキヨタケ，クサウラベニタケ，カキシメジによるものが多く，発生件数の半数をこえる．

　きのこは，食用としてのみならず，カワラタケのクレスチン，シイタケのレンチナン，スエヒロタケのシゾフィランなど抗腫瘍活性があることから，近年健康志向の人々に生体活性機能をもたらすとして関心が高い．

〔鈴木和夫〕

図5.49　外生菌根菌のパズルが解けかけて，人工栽培が夢ではないマツタケ（筆者撮影）．（口絵32）

d. 環境資源

　21世紀に世界が共有すべき基本的価値の一つとして，国連ミレニアム宣言（2000年）は自然の尊重を取り上げている．森林が人間社会にもたらすさまざまな便益は，木材を生産する生産資源としての経済的機能と環境資源・文化資源としての公益的機能とに対置されてきた．後者が，国土保全，水源かん養，快適環境形成（保健休養），文化的機能などを含む環境資源である．

　従来，森林の木材生産以外の機能は，市場の成立しない市場外経済であり，そのサービスに対して対価の支払いが行われない外部経済として認識されている．環境経済学の分野では，多面的な機能の具体的な評価法として，

① 評価する機能を市場財によって代替させる間接的非市場評価法（代替法，replacement method：代替可能な財が存在しないと評価できず，代替財の選択によっては不適切な評価結果をもたらす），

② アンケートを用いて人々に支払い意志額を尋ねる直接的非市場評価法（仮想評価法，contingent valuation method (CVM)：アンケート結果にバイアスが生じて，調査結果の信頼性が低くなる可能性がある），

③ レクリエーションなどのために支出する旅行費用と時間費用の合計によって評価するトラベルコスト法（trevel cost method (TC)：旅行費用が生じないと効果は計測できない），

④ 外部経済効果が土地（地代）やサービス（賃金）の価格に反映されるというヘドニック法（Hedonic price method：地価などへの影響が明確な機能についてのみ評価可能である）

などがある．このような森林の多面的な機能の評価額は，林野庁の試算（2001年）ではおもに代替法を用いて約75兆円/年とされている．

　また，国民総生産などの経済指標は，天然資源の枯渇や環境の負荷の影響を受けないことから，真の豊かさを表していないとする批判に対して，環境政策と経済政策とを両立させる統合された環境・経済勘定システム，いわゆるグリーンGDP（環境・経済統合勘定）について検討が進められている．

　リオデジャネイロで開催された地球サミット（1992年）でも，環境・経済統合勘定体系（Satellite System for Integrated Environmental and Economic Accounting：SEEA）の開発が要請された．これは，環境の見地から環境悪化を貨幣評価換算して国内純生産（Net Domestic Product：NDPはGDP（Gross Domestic Product）から固定資本の老朽化などによる減耗を差し引いた額）を差し引いたもので，環境調整済国内純生産（Eco Domestic Product：EDP）とよばれる．

　われわれ人類は，植物のつくり出す有機物という食糧のみならず，地球上の生態系サービスなしには生存することができない．にもかかわらず，これらのサービスは市場価格が付けられない外部経済であったために，今まで十分に認識されてこなかったのである．

〔鈴木和夫〕

e. 森林の多面的な機能

森林の機能として，歴史的に注目されてきたものは，木材生産や林産物生産の機能であり，市場の成立によって取引される物質資源としての価値であった．しかし，近年の国民の自然環境に対する関心の高まりから，森林は地球上における再生可能な資源として，また，人間社会における生活を守る環境資源として，その機能が広く取り上げられるようになった．そして，2000年に政府からの「農業及び森林の多面的な機能は，国民生活及び国民経済の安定に重要な役割を果たしているが，外部経済効果として発揮されるものであることから，その価値を定量的に評価することは困難な面がある」との諮問に対して，日本学術会議は「地球環境・人間生活にかかわる農業及び森林の多面的な機能の評価について」を答申した(2001年)．

森林の多面的な機能は，従来，公益的な機能とよばれ，自然環境保全，生活環境保全，教育・文化機能，生物多様性保全，などの機能があげられてきた(表5.18)．

このような森林の機能の中で第一の機能は，有機物（バイオマス）生産とのかかわりにおいてである．食糧は有機物であり，有機物をつくり出す機能は，植物の光合成機能に依存している．地球上のバイオマス量は1兆8000億tであり，その9割に相当する1兆6500億tが森林に存在している．このことが，自然環境保全機能に大きく寄与しているのである．第二には，過去の教訓からすれば，文明の盛衰と森林の存在は密接な関係にあるとされ，またインドや中国に見られる灌漑農業によって引き起こされた水資源の枯渇に見られるような水保全も関係が深い．これらは，森林の水源かん養機能である．第三には，近年の地球温暖化防止に貢献する，化石エネルギーの消費によって排出される二酸化炭素を吸収・貯留する機能である．さらに，森林や木材が，人々の生活環境に潤いを与え，保健・休養，教養・教育，文化形成といった知的活動に大きな影響を及ぼす機能がある．

このような森林の多面的な機能の発揮に向けた森林の取扱いについて，温帯林および北方林をもつ日本・中国・ロシア・カナダ・米国など，環太平洋12カ国が参加するモントリオール・プロセス(1995年)では，自然環境保全に関する森林生態系の健全性維持，森林生産力維持，生物多様性保全，さらに水土の保全，炭素循環への寄与の五つの基準と，社会の多様なニーズへの対応と制度的な枠組みの合わせて七つの基準を実行することが持続可能な森林経営であると定義した（図5.50）．

〔鈴木和夫〕

表5.18 森林の多面的機能

自然環境保全	気候緩和，温暖化緩和 水源かん養（洪水緩和，渇水緩和） 土壌保全 自然災害（土砂流出・崩壊・浸食）防止
生活環境保全	大気浄化 水質浄化 潮害防止，飛砂，風害防止，雪害防止 保健休養
教育・文化	教育 風致保全 保護休養 レクリエーション 文化
生物多様性保全	遺伝子保全 生物種保全 生態系保全

（日本学術会議答申, 2001）

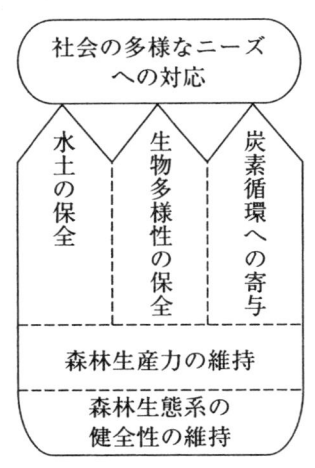

図5.50 モントリオール・プロセスの枠組みを図解した持続可能な森林

5.9 新しい作物をつくる

(1) 栽培化と作物育種の発展

　私たちの祖先が野生植物の栽培を覚え，農耕生活をはじめたのは今からおよそ1万年前と推定されている．栽培化の過程では，栽培や収穫がしやすく穀粒や茎根が大きくて食べやすいなどといった望ましい性質をもつものが丹念に選ばれ，栽培が繰り返されて少しずつ改良されてきた．栽培植物は発祥地から他の地域へ伝搬し，地域の気候や栽培法にあったものが選ばれてきた．こうして，栽培植物とその祖先種との違いが徐々に大きくなり，私たちが知る現在のコムギ，イネ，トウモロコシなどの穀物，ジャガイモ，サツマイモ，トマトなどの野菜類やリンゴ，ブドウなどの果樹などがつくり出された．しかし，23万種以上もあるとされる被子植物の中から栽培化されたのは，800種程度のごく一部である．このように，人類は有用な野生植物を選択して栽培化し，さらに育種により都合のよい形質をもつ作物品種をつくりあげてきた．別のいい方をすれば，栽培化に伴って祖先種がもつ多様性は，人為的選択により失われた反面，選択された集団間の変異は拡大して，優れた特性をもち遺伝的に固定した変種や系統が地方品種として定着した．その一方で，変種を混植することにより複数の優れた特性を合わせもつ新たな変種が現れることを経験的に見出し，縮小した集団内の変異を拡大し，望ましい形質を人為的に付与する手段として交配が行われるようになった．この段階での基本操作は交配と選択の繰り返しであり，現代の作物育種と非常によく似たものであったと考えられる．

　栽培化とその後の育種の過程では，野生植物に特有の種子の休眠性や花芽形成に関する感光性・感温性の変化，種子飛散のための脱粒性の消失，長い芒（ぼう）の退化などが起こり，栽培や収穫が容易になって収量が増加した．花の構造や繁殖様式が変化した．栽培化が進むほど野生植物の多年生や他家受粉性などの性質が失われ，一年生，種子繁殖性，自家受粉性などが強まった．雄しべ（雄ずい）と雌しべ（雌ずい）が共存する両性花をもち，おもに自家受粉で繁殖する自殖性作物は，他家受粉を防ぐ機構を発達させた．一方，他家受粉を主とする他殖性作物は，自家受粉を防ぎ他家受粉を促す単性花，雌雄異熟性，雌雄異株性，自家不和合性などのさまざまな機構を発達させた．

　科学的な作物育種が行われるようになったのは，メンデルの遺伝の法則が再発見された1900年以降である．遺伝の法則はさまざまな種類の動植物で検証され，近代遺伝学の基礎となり，その活用により作物育種が飛躍的に発展した．遺伝学の原理を応用し，科学的な育種体系が確立されて育種学が発展した．

　農作物の改良が進展するに伴い，遺伝資源としての野生種の重要性が認識されるようになり，遺伝資源の収集と保全に力が注がれるようになった．農作物品種の改良は，国家的あるいは国際的な規模で展開されるようになり，20世紀の食料生産を飛躍的に増加させた．たとえば，受光態勢に優れ多肥栽培条件でも倒れにくい半矮性（はんわいせい）のコムギやイネが育成され，1960〜70年代の「緑の革命」を達成した（5.2節a，b項参照）．

　少し時代をさかのぼって，1950年代には一代雑種の利用によって，米国におけるトウモロコシの面積あたりの収穫量は4倍近くも増加した．農作物の育種では，収量や品質のほか，病害虫や低温

などに対する環境ストレス耐性，有効成分含有量や観賞性など，社会の種々の要請に応える改良が行われてきた．

(2) 新しい作物品種の開発

農作物の新品種の開発には，通常10年以上の年月と多大の労力を要する．このため，まず長期的な需要・供給予測に基づく合理的かつ効果的な育種計画を立てる必要がある．作物育種計画の基本は，明確な育種目標の設定，改良に必要な育種素材の選定，最適な育種方法の選定である．

育種目標は，農業情勢や社会的ニーズによって変化するが，既存の栽培品種の欠点を改良して比較有利性を確保し，また，新たな付加価値や需要拡大をもたらす特性の付与が重要である．具体的には，生産を高め安定させ，高い商品価値や低コスト生産を可能にする，多収性，良食味，高品質，病虫害抵抗性，成分含量，早晩性，気象災害や問題土壌に対する耐性，機械化適性，流通・消費特性，加工適性，さらには機能性，食品安全性など，多様な消費ニーズに応える必要がある．育種目標の達成には，多くの形質を同時に改良しなければならないことも少なくない．改良目標とする形質が多くなるほど，育種は難しくなる．

また，少数の主働遺伝子（メジャージーン）に支配され，優劣性が明確な不連続的変異を示す質的形質よりも，作用力の小さい多数の微働遺伝子（ポリジーン）がかかわり，優劣性がなく連続的に変異して環境の影響を受けやすい量的形質のほうが育種は難しくなる．多収性や良食味など，農業上重要な形質の大部分は量的形質であり，遺伝的・生理的な発現機構が明らかでないものが多い．

交配母本などの育種素材の選定では，育種目標の達成に必要な形質をもつ品種や系統を探し，特性調査により最適な素材を選ぶ．栽培品種の中に適当な素材がなければ，外国の栽培品種やジーンバンクの保存品種，近縁野生種にまで素材の範囲を広げる必要がある．

現実の作物育種では，どのように有用な遺伝変異を誘発し，希望する表現型や遺伝子型を選抜し，遺伝的固定を図るかが重要である．作物の繁殖様式によって集団の遺伝的構成が異なることをあらかじめ考慮して育種法を選択する．遺伝変異の作出は，人工交配などによって行われる．放射線や変異誘発物質の処理による突然変異誘発や染色体数の倍加技術も用いられる．交配にあたっては，母本品種と花粉親となる父本品種の生殖様式や感光性などの違いに注意して開花期を同調させ，人工受粉を行って確実に受精させる．

農作物の品種改良のやり方（育種法）は，それらの繁殖の仕方により大きく異なる．農作物の繁殖法は，まず，種子（有性）繁殖と栄養（無性）繁殖に大別できる．さらに，種子繁殖作物は，自家受粉を主とする自殖性作物（イネ，コムギ，ダイズなど）と他家受粉を主とする他殖性作物（トウモロコシ，ライムギなど）に分けられる．なお，農作物の中には，いも類や果樹類などように塊茎根や接木などの栄養体の分割により増殖されるものが少なくない．

自殖性作物の地方品種は，自家受粉を繰り返すうちに遺伝的に純粋な均質ホモ接合性の純系集団となっている．このため，地方品種から特性の優れた純系を分離してそのまま新品種とすることができる．また，遺伝的構成の異なる地方品種どうしを交配して，大きな遺伝的変異をもつ育種基本集団をつくることができる．コムギやイネなどの自殖性作物の育種では，ヘテロ接合性の高い初期世代から自殖系統を養成し，系統の平均的な形質表現型をもとに選抜を行う系統選抜法と，初期世代（$F_2 \sim F_4$）は集団養成して選抜をほとんど行わず，ある程度ホモ接合化の進んだ後期世代（F_5以降）になった系統を養成し，系統選抜を行う集団育種法がある．前者は広範な自殖性作物の改良に古くから利用されているが，初期世代には遺伝的に分離する系統が多いため，系統の評価を綿密に行い，望ましい系統を選抜する必要がある．後者はわが国のイネの改良に広く利用されている育種法である．

異なる種や遠縁品種から特定の有用遺伝子を取り込んで，優良品種の特定の欠点を改良するためには，戻し交配育種が行われる．この方法は，特

定の有用遺伝子をもつ品種に多くの優れた特性をもつ優良品種を繰り返し交配して，特定の有用遺伝子だけを優良品種に移行するのに有効な育種法である．戻し交配育種法により育成される病害抵抗性に関する準同質遺伝子系統（NIL）は，ある病害の特定の病原菌の系統（菌系）に対して特異的に抵抗性を表す．たとえば，イネのもっとも重要な病害であるいもち病の異なる菌系に対して抵抗性を示す一連のNILを作成しておいて，それらを一定の割合で混合して，多型混合品種（マルチライン）をつくり，いもち病抵抗性を安定させることが試みられている．

作物育種の年限を短縮して効率化を図るために，短日処理や低温処理を行って，開花時期を早め，1年間に二世代以上を繰り返す世代促進法や，葯培養によって花粉から半数体をつくり染色体倍加により純系を一気につくりだす方法などがある．

主として，他家受粉により繁殖する他殖性作物では，雑種強勢（ヘテロシス）を利用する一代雑種（F_1）品種が普及している．一代雑種は，均質ヘテロ集団であり雑種強勢により生育が旺盛となり，収量や品質の均質性が高まる．トウモロコシや種々の野菜・花卉類では，一代雑種品種が広く利用されており，自殖性のイネでも，雄性不稔を利用した効率的な採取体系が開発され，超多収性を示すハイブリッドライスが育成され，中国では広く普及している．

雑種強勢（ヘテロシス）を高めるための巧妙な選抜法が開発され，トウモロコシや野菜類の育種に広く活用されている．雑種強勢は，両親の表現形質からは予測が困難であり，実際に交配して一代雑種をつくり，そこに現れる雑種強勢の程度から親の組合せ能力（高い雑種強勢を示す能力）を評価しなければならない．

組合せ能力を高めるには，循環選抜法がとくに有効である．この方法では，交配によりつくられる一代雑種に現れる雑種強勢の程度から親の組合せ能力を評価し，組合せ能力の高い系統を選択して，再び交配する．交配と組合せ能力検定とを循環して行うことにより，より高い雑種強勢を表す系統を選抜する育種法である．

いも類，果樹類，球根性花卉類などの栄養繁殖性作物の改良は，交配や体細胞突然変異により遺伝的変異を誘発し，塊茎根，接木，挿木などの栄養繁殖によりクローンを養成する．クローンの特性を評価して優れた特性をもつクローンを選抜し増殖する．これらの栄養繁殖性の作物は，ウイルス病に感染すると，非常に根絶が難しい．そこで，茎頂培養などによるウイルスフリー化技術が効を奏することになる．

最近では，イネを中心に作物のゲノム塩基配列解読が進み，形質発現に関するゲノム情報が蓄積しつつある．関与遺伝子座や遺伝子そのものをマーカーとして用いるDNAマーカー選抜育種法が育種現場で試みられるようになった．環境の影響を受けやすい形質や耐病虫性などは面倒な調査や検定をしなくても，幼苗段階でマーカーを指標にして的確に，効率的に選抜ができる利点がある．また，遺伝子組換え技術の利用により，種の壁を越えて有用な遺伝子を栽培品種に導入できるようになり，画期的な遺伝変異の作出が可能になりつつある．

〔黒田　秧〕

参考文献

藤巻　宏，鵜飼保雄，山元皓二，藤本文弘（1992）：植物育種学　上（基礎編）・下（応用編），培風館．

a. メンデル遺伝

メンデル（G. J. Mendel, 1822-1884）が提唱した法則に則った遺伝のことをいう．メンデルは1856年から1863年までの8年間にわたってエンドウの交雑実験を行って，一連の遺伝法則を発見した．この結果は1865年に発表されたが，当時の学者には評価されず，1990年にド・フリース（H. M. de Vries），コレンス（C. E. Correns）およびチェルマーク（E. Tschermak）の3人がそれぞれ別々に，メンデルによって発見されたのと同じ遺伝の法則を見出す（メンデルの法則の再発見）まで，その重要性が認識されることはなかった．

メンデルの法則（Mendel's Laws of Heredity）は「優性の法則」，「分離の法則」および「独立の法則」の三つの法則からなる．

「優性の法則（Law of Dominance）」は「優劣の法則」ともいうが，雑種第一代（F_1）において二つの対立形質のうちいずれか一方だけが現れることをいう（図5.51）．F_1に現れる形質を優性，隠されている形質を劣性とよび，通常優性遺伝子は英字大文字で，劣性遺伝子は英字小文字で表す．F_1が一方の親とまったく同じ場合を完全優性，両親の中間になる場合を不完全優性という．

「分離の法則（Law of Segregation）」は，メンデルの法則の中でもっとも重要性が高いもので，対立形質を支配する1対の対立遺伝子が配偶子が形成されるときに別々に配偶子に入ることをいう．これにより，F_1で現れなかった劣性形質が雑種第二代（F_2）で現れ，形質の分離が認められるようになる．つまり，F_2になって優性形質と劣性形質とが3：1に分離する（図5.51）．

「独立の法則（Law of Independence）」は二つ以上の対立遺伝子があって，各対が他の対と無関係に遺伝することをいう．2対以上の対立遺伝子は配偶子に入っていくとき，たがいに独立に組み合わさり，また雌性配偶子は遺伝子型に関係なく無作為に受精する．このため，2対の対立遺伝子を想定すると，F_1およびF_2では表5.19のような遺伝子型をもった個体が出現する．〔小巻克巳〕

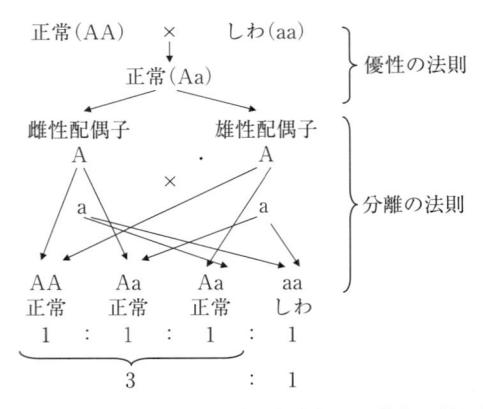

図5.51 メンデルの優性および分離の法則を遺伝子の動きで見た例
① 正常としわの交雑では正常が優性なので子の代（F_1）では正常のみが生まれるが，遺伝子型は親の配偶子を一つずつ受け継ぐのでAa．
② F_1は雌性および優性ともにAまたはaを1：1の比率で配偶子をつくる．このため，孫の代（F_2）ではAA，Aa，Aa，aaが1：1：1：1の比率で現れるが，表現型は優性の法則に則り，正常としわの比率は3：1．

5.9 新しい作物をつくる

表 5.19 独立の法則の模式例

F₁の遺伝子型		AaBb				
	雄性配偶子の遺伝子型　　雌性配偶子の遺伝子型	AB	Ab	aB	ab	F₂の表現型
AaBb	AB	AABB	AABb	AaBB	AaBb	正常・褐色（4）
	Ab	AABb	AAbb	AaBb	Aabb	正常・褐色（2） 正常・白色（2）
	aB	AaBB	AaBb	aaBB	aaBb	正常・褐色（2） しわ・褐色（2）
	ab	AaBb	Aabb	aaBb	aabb	正常・褐色（1） 正常・白色（1） しわ・褐色（1） しわ・白色（1）
F₂の表現型		正常・褐色（4）	正常・褐色（2） 正常・白色（2）	正常・褐色（2） しわ・褐色（2）	正常・褐色（1） 正常・白色（1） しわ・褐色（1） しわ・白色（1）	正常・褐色（9） 正常・白色（3） しわ・褐色（3） しわ・白色（1）

注　A-aが種実の形，B-bが種皮の色を支配する対立遺伝子で，それぞれ円形の正常粒および褐色を優性，しわ粒および白色を劣性形質と仮定している．2対の対立形質の組合せでは正常・褐色，正常・白色，しわ・褐色およびしわ・白色が 9：3：3：1 で現れるが，種実の形と種皮の色に関してはそれぞれ正常としわが 3：1（12：4），褐色と白色が 3：1（12：4）で出現しており，それぞれ独立に遺伝している．

b. 育種の方法（純系，人工交配）

育種の基本は，変異のある集団から有用な形質をもつ品種を選抜・固定することである．科学的な知見に基づく作物の育種は，雑ぱくな在来品種から純系を分離することからはじまった．純系分離は，変異のある在来品種から優れた個体を選抜し，その個体に由来する系統を比較して優秀なものを品種として選抜することである．日本のイネについて見ると，「愛国」，「神力」などの篤農家が選んできた多数の在来品種が農事試験場で収集され，純系分離が進められた．図5.52に日本の代表的なイネ品種「コシヒカリ」の系譜を示すが，祖先はすべて在来品種である．この系譜のうち「陸羽20号」は在来品種「愛国」から，「亀の尾4号」は在来品種「亀の尾」から，それぞれ純系分離された品種である．

一方，変異を作出するために人工交配が用いられるようになった．たとえば，ある品種の多収性と別の品種の耐病性を結びつけるために人工交配を行うのである．1904年に初めてイネの人工交配が行われ，その後の育種では交配育種が基本となった．上記の「陸羽20号」と「亀の尾4号」の人工交配により育成された「陸羽132号」は最初の人工交配によるイネ品種である．その後，国が育成する品種について農林登録制度が発足し，コシヒカリの親となる「農林1号」や「農林22号」などが育成された．さらに，農林52号以降は品種名がつけられるようになり，農林100号が「コシヒカリ」と命名された（図5.52）．現在の作物育種においても，人工交配による交配育種が基本的な育種法である．これまで，農林登録された414のイネ品種（2006年現在）のうち，3品種が突然変異によるもので，他は交配育種によって育成されている．

自殖性作物で人工交配を行うためには，雄しべを取り除くか花粉の発芽力を失わせる，すなわち「除雄」という操作が必要である．イネでは，事前に穎花（えいか）の先端を切ってピンセットまたは吸引機で雄しべ（雄ずい）を除去する方法と，穂を43℃の温湯に5〜7分間つけることにより，花粉のみを死滅させる方法が利用されている．交配後のF_1は均一であるが，F_2世代以降は形質が分離するので，系統選抜あるいは雑種集団の世代促進を進めて，形質の固定が進んだF_5〜F_6世代から収量性・耐病性などで評価・選抜を行っている．

〔井辺時雄〕

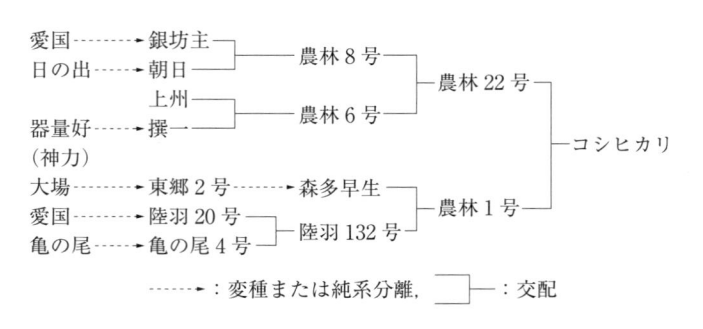

図5.52 イネ品種「コシヒカリ」の系譜

c. F_1 雑種

F_1 雑種は，一代雑種，一代交配，ハイブリッドともよばれ，ある程度遺伝的に遠縁の系統を交雑し，できたその子どもを利用するものである．F_1 雑種作物は，親よりも多収性を示し，この現象はヘテロシスとよばれている．作物の品種として世界中で広く利用されている．とくに，トウモロコシや野菜については，よく知られているように両親よりも多収性で優れた F_1 雑種が広く使われている．

イネの F_1 雑種の利用については，世界的に見てもっとも進んでいるのは中国で，その水田の約 50% で F_1 雑種イネ（ハイブリッドライス）が栽培されている．日本も含め他の国でも F_1 雑種イネの開発に取り組んでおり，中国以外でも近年，インド，ベトナムなどで生産が拡大している．

F_1 雑種イネの採種には雄性不稔が用いられている．イネは通常，開花と同時に葯が裂開し，自家受精する．冷害で葯の不稔が発生するとき以外は，他株からの花粉を受けて他家受精することはほとんどない．そこで，稔性のある花粉をもたない雄性不稔系統が必要となる．雄性不稔性には，広く使われている細胞質雄性不稔（CMS）と，高温や日の長さに応じて雄性不稔になる温度感応遺伝子雄性不稔，日長感応遺伝子雄性不稔がある．細胞質雄性不稔は，交雑により母親からのみ伝わる細胞質にある遺伝子により雄性不稔が起こる（図 5.53）．この系統の採種には，他の遺伝子は細胞質雄性不稔系統と同じで，細胞質の不稔遺伝子をもたない維持系統を利用する．この不稔性をうち消す稔性回復遺伝子（Rf）をもつもう一方の親を選び出し，これらを細胞質雄性不稔系統と交雑して F_1 雑種を採種し，この種子を用いて農家が F_1 雑種イネを栽培する．Rf 遺伝子をもつ親については，細胞質雄性不稔系統と F_1 雑種をつくったときに，十分な多収性（ヘテロシス）を示すことも確認しておく必要がある．

その他，F_1 雑種イネの普及上問題となっているのは，採種効率が低いことである．日本での普及には，雄性不稔系統の株上に花粉を効率的に受粉させる技術の開発が不可欠である．〔加藤 浩〕

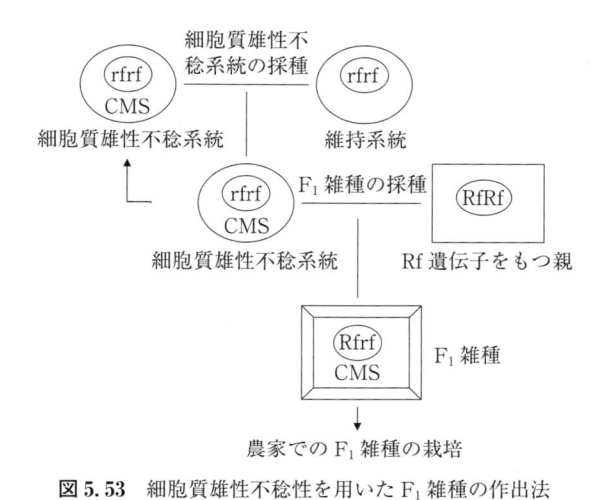

図 5.53 細胞質雄性不稔性を用いた F_1 雑種の作出法

d. 倍数体

重複するゲノム（基本数をxで表す）の数により1倍性，2倍性，3倍性といい，倍数性を示す個体を倍数体という．生物は普通，2倍体（$2n=2x$）であるため，1倍体を半数体（$2n=x$），3倍体（$2n=3x$）以上を倍数体とよぶ．人為的には，コルヒチンなどの薬品処理，温度処理，放射線処理などによって作成する．

1）コルヒチン

イヌサフランの種子や鱗茎（りんけい）などに含まれるアルカロイドで，染色体の倍加を誘起する．コルヒチンの処理により核が分裂する際，紡錘糸形成が阻害されるため，染色体は二分するが各染色体が両極に異動しないため核が分裂せず，結果として正常の2倍の染色体数（DNA量）をもつ核ができる．この現象を利用して植物の倍数性の研究，育種などに利用されている．

2）種（たね）なし西瓜

種なしスイカは，1930年代に植物生長調節物質を用いて寺田・益田がインドール酢酸（IAA），Wongがナフタレン酢酸（NAA）を適用して作出したのが最初である．1940年代に寺田・益田・木原により3倍体を利用した種なしスイカが作出された．その後，1990年代に杉山・森下によって軟X線を照射した花粉を授粉する方法で種なしスイカが作出された．

①3倍体による作出方法：スイカの子葉が展開してきたときに，コルヒチンを芽生えに滴下する．この処理によって，染色体（スイカは$2n=2x=22$本）の組が2倍に増えた4倍体（$2n=4x=44$本）の茎葉が出てくる．また，この雌花（雌ずい）にある胚嚢（卵細胞）の染色体は2組（$n=2x$）となる．この雌花に普通のスイカの花粉（x）を受粉すると，受精により染色体が3組（卵細胞$2x$+花粉x）となった種ができる．この種を3倍体（$2n=3x=33$本）の種という（2倍体スイカの雌花に4倍体スイカの花粉を受粉した場合，稔実種子がほとんどできない）．3倍体の種から出てきた雌花の中で胚嚢がつくられる減数分裂において，11個の3価染色体が形成され，第I分裂の終期でおのおのの3価染色体は2価染色体と1価染色体に分かれて両極に移動する．このときの両極への分かれ方は，11個の3価染色体でランダムに起こるため，染色体数は11本から22本までのいずれかとなる．稔性のある胚嚢が形成されるのは，11本または22本の場合のみである（xまたは$2x$の配偶子は$2/2^{11}=2/2048$の確率で形成される）．このように，種のもとになる正常な胚嚢がほとんど形成されないので，この果実は「種なし」となる．この3倍体からは，同様に稔性花粉もほとんどつくられない．そこで，普通のスイカ（2倍体）の花粉を受粉することによって果実を肥大させている．

②軟X線照射花粉による作出方法：普通のスイカ（2倍体）を，そのまま種なしスイカにする方法である．軟X線を照射した花粉を雌花に受粉すると，花粉の精核が放出され卵核と接合するが，卵細胞は初期胚を形成後，退化していく．子房は肥大して種なしスイカとなる．〔杉山慶太〕

参考文献

木原　均・西山市三（1947）：三倍体を利用する無種子スイカの研究．生研時報 **3**, 93-103.

Kihara, H. (1951) Triploid watermelon. *Proc. Amer. Soc. Hort. Sci.* **58**, 217-230.

Sugiyama K. and Morishita M. (2000) Production of seedless watermelon using soft X-ray irradiated pollen. *Scientia Hort.* **84**, 255-264.

Sugiyama K, Morishita M. and Nishino E. (2002) Seedless atermelons produced via soft X-ray irradiated pollen. *HortScience.* **37**, 292-295.

渡辺好郎（1977）：植物遺伝学III．生理形質と量的形質（高橋隆平編），裳華房．

e. 日長性

　日本は，現在，毎年20億本近い切り花が生産される世界一のキク生産国である．キクは代表的な短日植物で，自然日長が短くなる晩夏から初秋にかけて花芽分化し，10月下旬から11月中旬に開花する．栽培ギクの起源は明らかでないが，東アジアに自生するキク属植物の種間交雑により，古く中国においてその原型が成立したと推定されている．その後，日本や中国において育種改良された栽培ギクは，17世紀以降ヨーロッパを経由して米国に渡り，20世紀に入ってから今日の切り花用品種が育成された．これらの品種は大正年間に日本に逆輸入され，以後わが国において本格的な切り花生産が開始された．

　短日植物であるキクでは，1920年に米国農務省のGarnerとAllardにより植物の光周性が発見されて十年余りで日長による開花調節が試みられ，1940年代にはすでに切り花の周年生産技術が確立された．日本でも1930年代に短日処理（シェード）による開花促進や電灯照明による開花抑制が行われている．米国からの導入品種は生態的に秋ギクに分類されるが，自然日長下と日長調節下との開花の早晩の間には高い相関があり，品種の早晩性は短日処理を開始してから開花するまでの週数で表現されるのが一般的である．現在は，施設の利用効率向上の面から早生化が進んでおり，7週以下で開花に至る早生品種が求められている．

　一方，わが国には秋ギク以外に生態的に分類される品種群が数多く存在し，初夏に開花する夏ギク，お盆や彼岸に開花する夏秋ギク，秋ギクよりも遅く11月下旬からもっとも遅いものは2月に開花する寒ギクなどがある．夏ギクは江戸時代に短日性を失う突然変異により成立したとされるが，自然開花期以降の開花調節が困難である．秋ギクの電照栽培は，労力を要さず需要の高い冬場の生産を可能にしたことから急速に普及したが，シェード栽培については，導入当時には人力による遮光処理は手間がかかり生産者の頭を悩ませた．長野県のキク育種家の小井戸は，秋ギク実生の中から早く開花するものを選抜し続け，約30年の歳月を費やして，7，8，9月に自然開花する夏秋ギクを生み出した．これらのキクは当初，岡田（1963）により夏ギク同様に短日性を失ったものと考えられたが，川田ら（1987）により，秋ギク同様に短日性は有するものの限界日長が長いことが明らかにされた．7月咲きの品種の中には，限界日長が19時間といったものもあり，自然日長の長い夏においても電灯照明を打ち切れば，シェード不要で開花させることができる．近年，夏は夏秋ギク，秋から春にかけては秋ギクを利用したわが国独自の周年生産体系が成立している．なお，寒ギクは，限界日長が秋ギクよりも短く低温開花性があるが，到花週数が長いことから施設における生産にはほとんど利用されていない．

　以上のように，キクでは日長反応性に関する育種がとくにわが国で進んでいる．ごく最近，アラビドプシスで *Flowering locus T* 遺伝子産物が開花ホルモンに相当すること，また，短日植物であるイネではアラビドプシスとは異なる遺伝子群が日長反応性にかかわることが明らかになりつつある．栽培ギクに見られるわずかな日長の違いを感知するメカニズムが遺伝子レベルで明らかになれば，時間のかかるキクの育種が飛躍的に短縮できるものと期待される．

〔柴田道夫〕

参考文献
川田穣一ほか（1987）：キクの開花期を支配する要因．野菜・茶業試験場研究報告 A1, 187-222.
岡田正順（1963）：菊の花芽分化および開花に関する研究．東京教育大学農学部紀要 **9**, 65-202.

f. 早晩性

　早晩性は，作物が収穫できるまでの日数の長短を示し，収穫時期や各種農作業を行ううえできわめて重要な形質である．たとえば，わが国の西南暖地の麦類では収穫時期が梅雨入りにあたることから，雨害を避けるために早生品種が求められている．また，タマネギなどの野菜栽培をはじめ多くの作物で，早晩性の異なる品種を組み合わせて作期の幅を広げ，農作業が集中しない工夫がされている．

　子実を収穫する作物では，花芽形成が早晩性を決める大きな要因であり，光周性（日長反応性，感光性），純粋早晩性（基本栄養成長性），春化要求度（低温要求性）などの影響を受ける．このうち，春化要求度は麦類，ナタネなどの冬作物に特有の形質で，花芽形成に必要な低温処理（春化処理）の程度を示している．

　コムギを例にあげると，花芽形成にほとんど低温を必要とせず，春に播いても出穂する春播型品種と，花芽形成に低温が必要なため春に播くと出穂できない秋播型品種に二大分される．わが国では古くから詳細な研究（柿崎・鈴木，1937）があり，冬から春にかけて一定の間隔で播種して出穂反応を見ることで，春播型・秋播型の二分ではなく，播性程度としてⅠ～Ⅶに分級されている（Ⅲ以下が春播型，Ⅳ以上が秋播型に相当する）．

　播性程度は出穂の早晩性とともに耐寒性とも関係しており，播性程度が高くなると一般に出穂は遅く耐寒性は高くなるため，麦類の地理的分布とも大きく関係している．秋播きする品種をわが国のコムギで見ると，西南暖地では春化をあまり必要としない播性程度Ⅰ～Ⅲの品種が栽培されるが，冬期の気温が低い地域の品種ほど播性程度が高くなり，北海道ではおもに播性程度Ⅵの品種が栽培されている．寒さが厳しく越冬できない地域では，春化を必要としない播性程度の低い品種を使って春播き栽培が行われている．

　コムギでは播性程度と春播性遺伝子の関係が解明されており，Vrn-A1 遺伝子をもつとまったく春化を必要とせず播性Ⅰとなる．それ以外の春播性遺伝子では，多少の春化が必要で播性程度Ⅱ～Ⅲとなるが，わが国西南暖地の在来品種は特異的に Vrn-D1 遺伝子のみを保有している（Goto, 1979）．最近では，DNAレベルで春播性遺伝子の解析がされ（Yan et al, 2004），春播性遺伝子の起源とその伝播について明らかにされつつあり興味深い．

　また，麦類の早晩性に大きく影響する要因は感光性で，わが国西南暖地の早生コムギ品種は感光性が小さく日長にほとんど反応しないため，世界的にももっとも早生の品種群である．しかし，早生化すると一般に収量性も低下することが知られており，単純に早生化を目指すだけではなく，総合的に改良した育種が進められている．

〔藤田雅也〕

参考文献

Goto (1979) Genetic studies on growth habit of some important spring wheat cultivars in Japan, with special reference to identification of the spring genes involved. *Japan J. Breed.* **29**, 133-145.

柿崎・鈴木（1937）：小麦に於ける出穂の生理に関する研究．農事試験場彙報 **3**(1), 41-94.

Yan *et al.* (2004) Allelic variation at the *VRN-1* promoter region in polyploid wheat. *Theor. Appl. Genet.* **109**, 1677-1686.

g. 多収性

より多くの収穫物を得ることは農業のもっとも重要な目的であり，多収性は品種改良における最大の育種目標といえる．稲作の収量限界を理論的に推定した研究によると，日射量のエネルギー効率などから村田（1965）は2400 kg/10a，武田（1969）は3600 kg/10aの数値を示している．実際の栽培では，1960年の「米作日本一」において，秋田県の工藤雄一氏が「オオトリ」を用いて記録した1052 kg/10aが現在では最多収とされている．

イネの収量は，収量構成要素とよばれる単位面積あたり穂数，1穂籾数，玄米千粒重，登熟歩合で構成されており，これらの数値を高めることが多収性の品種改良といえる．しかし，穂数の多い品種は1穂籾数が少ない傾向があるように，収量構成要素間には負の関係を示す場合がある．そのため，多収性の品種改良では構成要素間で相互の調和をとりながら，総合的に収量性の優れた系統を選抜していく必要がある（櫛渕，1983）．

多収性の品種改良では，草型，稈長，穂相などが直接に収量性に影響する．イネの草型は，短い穂を多くもつ穂数型と，数は少ないが大きな穂をもつ穂重型に分けられる．一般に，穂数型品種は多肥栽培に適するとされ，穂数型品種の利用によって多収を実現した例として，佐賀県での「十石」系の品種群がある．昭和30年代前半まで，佐賀県の平坦地帯では長稈から中稈で穂重型の「農林18号」や「ベニセンゴク」がおもに栽培され，平均収量はおおむね400 kg/10aをこえることはなかった．しかし，短稈穂数型品種の「十石」の血を引く「ホウヨク」や「シラヌイ」などの普及によって，一気に500 kg/10aをこえる平均反収を実現することができた（岡田，1969）．また，逆に穂重型品種を利用して多収を実現した例としては，韓国の「統一」系の品種群がある．韓国では穂重型で一穂籾数が多いにもかかわらず，止葉が直立する受光体勢によって優れた登熟性を備えた「統一」や「密陽23号」などの品種群を，インド型と日本型イネの交雑から開発することに成功した．これらの品種は短強稈で，優れた多収性を示し，韓国が米の完全自給を達成する一因となった（櫛渕，1990）．

農林水産省は米の加工用や飼料としての利用を進めるために，1981年から「逆7・5・3計画」を実施し，3年後に10%，8年後に30%，15年後に50%の多収を目指す研究を進めた．その成果として，既存の品種の収量性を大きくこえる「アケノホシ」や「タカナリ」などの多収品種が開発された（篠田ら，1989；井辺ら，2004）．これらの品種は，穂重型の外国品種を素材として日本型イネの安定性を付与したもので，おおむね800 kg/10a水準の多収を示し，気象条件のよい年には900～1000 kg/10aの収量成績を示している（椛木，1999）．また，飼料用の水稲品種の研究により，米に加えて茎葉収量の高い品種が開発されている．「クサノホシ」，「クサホナミ」などの品種は玄米収量では560～699 kg/10aだが，株収量は2000 kg/10a程度に達し，可消化養分収量（TDN）は牧草並の930～1100 kg/10aの多収性を示している（Sakai et al, 2003）． 〔根本　博〕

参考文献

椛木信幸（1999）：育成系統の超多収性の検定と生理生態的解明．農林水産技術会議事務局研究成果 **340**，118-136．

井辺時雄ほか（2004）：多用途向き多収水稲品種「タカナリ」．作物研報 **5**，35-51．

櫛渕欽也（1983）：イネの多収性育種．作物育種の理論と方法，pp.52-57，養賢堂．

櫛渕欽也（1990）：稲作国における多収品種．稲学大成，pp.670-690，農文協．

村田吉男（1965）：光合成からみた水稲最高収量の限界と可能性．農業技術 **20**，451-456．

岡田正憲（1969）：暖地多収品種の成立経過．日本作物学会シンポジウム記事2：1-7．

篠田治躬ほか（1989）：多収性水稲新品種「アケノホシ」の育成．中国農試報 **4**，13-27．

Sakai, M. *et al.* (2003) New rice varieties for whole crop silage use. *Japan. Breed. Sci.* **53**, 271-275.

武田友四郎（1969）：単葉の光合成速度をめぐる諸問題II 農業気象 **25**，127-131．

h. 自家受精と他家受精

生物の有性生殖においては，他個体の配偶子での受精である他家受精によって繁殖（他殖）するのが一般的で，植物でもイチョウのように雌雄異株の種がある．また，トウモロコシのように一つの個体で雄花と雌花を付ける雌雄同株の種もある．雌雄異株植物では100%，雌雄同株植物でもかなり高い率で他殖する．しかし，被子植物には雄ずいと雌ずいの両方を一つの花にもつ両性花をつけるものが多く，自個体の花粉による受粉である自家受粉が起こりやすい．自家受粉により自家受精して繁殖（自殖）すると，その子孫に近交弱勢が生じやすいうえに，集団の遺伝的多様性が失われる．そのため，両性花をもつ種でも，自家受粉や自家受精を妨げる機構をもっているものがある．キキョウでは，葯が裂開して花粉が飛散した後に柱頭が開いて花粉を受容するようになる．このように，雄ずいが雌ずいより先に成熟して配偶子が受精能力を獲得することを雄ずい先熟，その逆を雌ずい先熟という．雄ずい先熟や雌ずい先熟のような雌雄異熟は，両性花でありながら雌雄同株と同様に自家受粉を抑制できる．

自家受粉しても花粉管伸長を阻害して自家受精を妨げる機構があり，これを自家不和合性という．自家不和合性には，花の形が2種類あるいは3種類あり，異なる花形の間の受粉では種子ができるが，同じ花形の間の受粉では受精できない異形花不和合性と，花の形は同じであるが自個体の花粉による受精を妨げる同形花不和合性がある．ソバは二形花型の不和合性をもち，雌ずいが短く葯が上についている短花柱花と雌ずいが長く葯が下についている長花柱花が集団内ではほぼ1:1の比率で存在する．これは，雌雄異株に類似しており，短花柱花と長花柱花は雄花と雌花あるいはその逆になる．同形花不和合性では，花粉と雌ずいの認識特異性が1遺伝子座（S遺伝子座）の複対立遺伝子で決定されている種が多く，同じS複対立遺伝子をもつ個体間の交雑の場合に不和合となって受精できない．S複対立遺伝子の数は，種内に多数あることから（アブラナでは50種類以上），隣接する個体間の交雑で種子が得られる可能性が雌雄異株や異形花不和合性より高い．同形花不和合性をもつ植物種は多く，被子植物に広く分布する．

他殖のためには，花粉を風や虫に運んでもらう必要があるため，自殖性植物のほうが他殖しかできない植物よりも種子繁殖力は高い．自殖性植物は，遺伝的多様性を失うかわりに種子繁殖力で適応している．トマトのように，自動的に自家受粉する自殖性植物も多い．スミレは，高温期には開花せずに自家受粉する閉花受粉を行う．イネのように，種子を生産対象とする栽培植物には，自殖性植物が多い．また，完全な自殖性植物あるいは完全な他殖性植物のほかに，中間型の植物が多く，植物種によりさまざまな程度の他殖性をもつ．自家不和合性でも弱い不和合性であったり，雌雄異株であっても間性型が生じるものがある．このような特性は種内でも変異が大きい．

〔西尾　剛〕

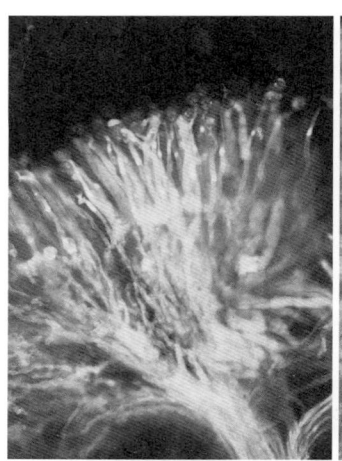

図5.54　アブラナの柱頭における花粉管伸長（草場信氏撮影）
他家受粉では花粉管が伸長して受精できるが，自家受粉では花粉管が柱頭組織に侵入できない．

i. ジーンバンク

　作物の改良に利用可能な遺伝変異をもつ品種・系統や集団を遺伝資源という．遺伝資源は直接利用されることもあるが，多くの場合，育種を通して利用される．遺伝資源には，今すぐに役立つ特性をもたなくても，将来の潜在的な利用性も含まれる．植物ゲノム研究の進展は，遺伝資源が保有する遺伝変異の利用性を格段に高めている．人類は約1万年前に作物の栽培をはじめたとされているが，これまでにゲノムに刻み込まれた遺伝変異をくまなく利用できる時代（ポストゲノムシーケンス）を迎えている．

　遺伝資源を保存・提供する組織や施設をジーンバンク（遺伝子銀行）とよぶ．ジーンバンクでは，細胞・組織，種子，栄養体などとその関連情報を収集，保存および提供している．わが国でジーンバンクとよばれる組織や施設は，つくば市に所在する独立行政法人農業生物資源研究所の中にある（図5.55）（http://www.gene.affrc.go.jp）．ジーンバンクでは，他の機関と連携協力して，農業食料関連の植物，微生物および動物遺伝資源を保存・提供している（図5.56）．

　このような活動は，1985年に農林水産省ジーンバンク事業としてはじまり，2001年からは農業生物資源ジーンバンク事業として受け継がれている．ジーンバンクでは，遺伝資源の探索収集，特性評価，増殖，保存，データ管理，提供の日常業務とともに，有用変異の発掘や遺伝資源へのゲノム情報の付加など，遺伝資源の利用性を高める研究課題に取り組んでいる．

　世界には1300以上のジーンバンクがあり，600万を越える遺伝資源が保存されている．米国は世界最大の遺伝資源保有国で55万点を保存・提供している．ついで，ロシア，中国およびインドが30〜35万点を保有する．農業生物資源研究所ジーンバンクは約23万点の植物遺伝資源を保有し，保有点数でフランス，ドイツ，カナダとほぼ同等である．ジーンバンクでは，長期貯蔵用のベースコレクション（－10℃）と配布用のアクティブコレクション（－1℃）に分けて遺伝資源を保存している（表5.20）．これらの遺伝資源は，研究（育種を含む），教育および展示を目的に提供される．

　種子を安定的に保存することが困難な栄養繁殖性作物の多くは，圃場（フィールドジーンバンクとよぶ）で保存されているが，病虫害や気象災害により滅失の危険性が高いので，液体窒素中で凍結保存（超低温保存）する方法の開発も進められている．また，現に生息している場を利用して，

図5.55 農業生物資源研究所（ジーンバンク）

図5.56 ジーンバンク（種子貯蔵施設）の内部

遺伝資源を保存する方法（生息域内保存という）も試みられている．近年，DNAマーカーにより集団間の遺伝的類似度や集団内の遺伝的多様性の程度を的確に評価することが可能になった．そこで，属内や種内の遺伝的多様性を可能な限り保持し，最少数の種や品種・系統のセット（コア・コレクション）が作成され，遺伝資源の新たな利用性を開拓している．

〔奥野員敏〕

表5.20 独立行政法人農業生物資源研究所ジーンバンクにおける植物遺伝資源の保存点数（2005年12月末）

植物種類	保存点数*
稲類	42031　（31449）
麦類	61985　（37988）
豆類	16771　（12779）
いも類	8517　（4168）
雑穀類，特用作物	18743　（10942）
飼料作物	32762　（16081）
果樹類	10070　（4707）
野菜類	26134　（10646）
花卉類，緑化植物	5619　（487）
茶	7483　（1350）
桑	2110　（1418）
熱帯・亜熱帯植物	417　（15）
その他	3304　（326）
総数	235946　（132356）

*ベースコレクションの数（括弧内は提供可能なアクティブコレクションの数）

5.10 先端的な育種技術

現在の主要な品種の育成には，メンデルの遺伝学に基づく古典遺伝学を基礎とした交雑育種法が，依然としてもっとも重要な育種技術として用いられている．近年，組織細胞培養技術や形質転換技術などのバイオテクノロジーや植物の分子遺伝学が発展し，育種の効率化や年限短縮が可能となるとともに，遺伝子組換えにより従来の育種技術では実現不可能であった育種目標の達成が可能となった．育種は，変異の拡大，選抜，固定の三つの段階からなるが，それぞれの段階でバイオテクノロジーや分子遺伝学の成果の利用が図られつつある．

(1) 変異拡大技術

変異の拡大のためには交雑がもっともよく利用されるが，種内での交雑では変異拡大に限界がある．そのため，種間交雑や属間交雑のような遠縁交雑が行われるが，遠縁交雑には古くから胚培養技術が利用され，さまざまな病害虫抵抗性の遺伝子が近縁種から作物に導入されてきた．胚培養を行うためには，受精することが必要であるが，受精しない組合せでも雑種を作出できる方法として細胞融合法が注目され，さまざまな組合せで細胞融合法による雑種（体細胞雑種）が作出された．しかしながら，胚培養でも雑種が得られないような遠縁の組合せで作出した体細胞雑種は，生育不良や不稔となりやすく，交雑育種に利用できないことが多い．細胞融合法は，変異拡大の目的よりは，細胞質の遺伝子の改変のためによく利用されている（b項「遠縁交雑と細胞融合」参照）．

遺伝子のDNAを細胞に導入し，その生物の遺伝形質を変えることを形質転換という．植物の形質転換技術は，DNAを植物細胞に導入して染色体内に組み込み，導入遺伝子をもつ細胞を選抜し，細胞から植物体を再生させる過程からなる．

プロトプラストのような単細胞に，クローニングしたDNAを取り込ませる直接導入法は，単細胞培養が可能な植物種では有効な手段である．DNAを含む液にプロトプラストを懸濁し，ポリエチレングリコール処理によってDNAを取り込ませる方法が古くから用いられたが，電気刺激によってDNAを取り込ませる方法（エレクトロポレーション法）にとって代わられた．これらの方法は，プロトプラストからの植物体再生効率が高い植物種に利用が限定されるが，金の微粒子にDNAを付着させ，植物組織に打ち込む方法（パーティクルガン法）は，単細胞培養を必要とせず組織の培養でよいため，利用できる植物種が多く，現在，直接導入法の主要な方法となっている．アグロバクテリウム（*Agrobacterium tumefaciens*）のTiプラスミドを，T領域（植物染色体に挿入される部分）を含む小さなプラスミドとTiプラスミドのT領域以外の部分（植物染色体への挿入に必要な遺伝子をもつ）の二つに分けて形質転換を行う方法は，バイナリーベクター法といわれ，形質転換効率が高く技術的に比較的容易なことから，広く利用されている（f項「遺伝子組換え育種」参照）．

アグロバクテリウムやパーティクルガンを用いて形質転換を行うと，植物組織内に導入遺伝子をもつ細胞ともたない細胞が混在することになる．導入遺伝子をもつ細胞を選抜するためにマーカー遺伝子を用いる．マーカー遺伝子として，カナマイシン抵抗性などの抗生物質耐性遺伝子がよく用

いられ，抗生物質を加えた培地で培養することによって形質転換体が選抜される．

組織細胞培養なしに形質転換体が得られれば，組織細胞培養が困難な植物種にも適用できる．シロイヌナズナでは，開花前の花序をアグロバクテリウム液に浸すことによって，得られた種子の中から形質転換体を得ることができ，研究目的で広く利用されている．しかしこの方法は，他の植物種ではきわめて形質転換効率が低い．パーティクルガンで成長点部位にDNAを打ち込むことによって形質転換体を得ることも可能である．

直接導入法やアグロバクテリウム法では，導入遺伝子は植物の染色体のさまざまな部位に挿入される．挿入される染色体上の位置によって，導入遺伝子の発現レベルが影響されることから，染色体上の特定の部位に遺伝子を導入するための技術開発が行われているが，まだ実用段階にはない．また，葉緑体のゲノムに遺伝子を導入する方法も開発されているが，一部研究者による利用にとどまっている．

タンパク質のアミノ酸配列をコードしている遺伝子領域は，どの生物に由来するものであっても植物体内で正常にはたらくが，細菌や動物の遺伝子のプロモーターは一般に植物でははたらかない．そのため，細菌の遺伝子を植物ではたらかせるには，植物用のプロモーターとターミネーターの間に細菌遺伝子のコード領域をつないだキメラ遺伝子を構築する．葉や，根，花，花粉など，さまざまな器官で特異的に遺伝子発現を誘導するプロモーター，あるいは高温・低温や病原菌感染などの刺激を受けて遺伝子発現を誘導するプロモーターなどがあるが，植物体全体で恒常的に遺伝子発現を誘導するプロモーターであるカリフラワーモザイクウイルスの35Sプロモーターや Ti プラスミドのノパリン合成酵素遺伝子のプロモーターが植物の形質転換によく用いられる．キメラ遺伝子を構築するときに，コード領域を逆向きにつなげば，その遺伝子は植物細胞で正常にはたらかないが，そのコード領域と相同性が高い植物細胞内の遺伝子の発現を抑制する．コード領域を逆向きにつないだキメラ遺伝子をアンチセンス遺伝子と

いう．コード領域を正逆につなぎあわせて，mRNA がヘアピン構造をとるように遺伝子を構築すると，アンチセンス遺伝子よりも植物側の相同遺伝子の発現抑制効果が高い．

遺伝子組換えによる育種の目的でもっとも広く利用されている遺伝子は，除草剤抵抗性の遺伝子である（g 項「除草剤抵抗性」参照）．殺虫性タンパク質のBTトキシンの遺伝子もよく利用されている（h 項「病害虫抵抗性」参照）．ウイルスに抵抗性にするためのウイルスの遺伝子，一代雑種品種の種子生産を可能にするための雄性不稔性にする遺伝子などがすでに遺伝子組換え品種に利用されている．今後，花粉アレルギーを解消するために，アレルゲン遺伝子など医療目的の遺伝子（創薬の項参照）や，作物の収量を高める遺伝子や環境ストレスに対する耐性を高める遺伝子などが利用され，実用的な遺伝子組換え品種が育成されるものと予測される．

遺伝子組換え品種は，海外では広く利用されているが，日本では食品としての安全性への懸念から，試験用としてしか栽培されていない．また，組換え品種の花粉が飛んで近隣に生育する野生植物に組換え遺伝子が入ることによって，生態系が乱されるということも懸念されている．牧草や観賞植物，林木などは，とくに後者の問題に注意を払う必要がある．

(2) 選抜技術

選抜は育種においてもっとも重要な過程であるが，これまでは圃場での栽培と特性調査によって表現型を評価することによって行われきた．近年，イネをはじめとして，農作物においてもゲノム研究が進み，育種上有用な遺伝子に密に連鎖したDNAマーカーが多数明らかとなり，これらDNAマーカーを分析することによって，優れた遺伝子型の個体を選抜することが可能となった（d 項「DNAマーカー育種」参照）．育種上有用な遺伝子の変異も多数明らかになってきたことから，連鎖マーカーではなく，有用遺伝子そのものの変異を一塩基多型分析法で分析して，優れた遺伝子型の個体を選抜する方法も提案されている．

表現型で選抜するのではなく，DNA分析で突然変異体を選抜する方法が確立され，さまざまな植物の遺伝子に適用されつつある．この技術は，当面遺伝子機能解析の研究目的でよく利用されるようになると考えられるが，突然変異形質として明確に現れにくい特性の遺伝子や多重遺伝子の変異体作出において有効な技術である．

(3) 固定の技術

すでに一部の植物では育種に広く利用され，育種技術として定着したバイオテクノロジーは，半数体育種である．これは，いったん植物を半数体とし染色体数を倍加することによって，すべての遺伝子をホモ接合にすることにより，固定に要する年限を大幅に短縮するものである（e項「半数体育種」参照）．

組織細胞培養技術で植物を大量に増殖する方法は多くの作物で確立されており，培養して得た不定胚をゲルでコーティングして種子のように扱う人工種子が開発されている．人工種子の利用が普及すれば，種子繁殖植物の品種が栄養繁殖植物と同様に繁殖できるため，固定の必要がなくなり，簡単に短期間で新品種が育成できるようになる．しかしながら，組織細胞培養による大量増殖技術は，培養によって生じる変異（培養変異）の問題を有し，まだ実際の作物生産にはほとんど利用されていない．培養変異の原因がわかりつつあり，培養変異が起こりにくい培養技術が開発されれば，大量増殖技術が育種法の大きな変革をもたらすであろう．〔西尾　剛〕

a. クローン

クローンとは，単一の細胞に由来し遺伝形質が同一の個体または個体群である．クローン動物の出現がバイオテクノロジーがもたらした顕著な結果の一つとして，その功罪両面から注目されているのに対し，クローン植物は挿し木など伝統的な農業技術により古くから広く作製されてきた．また，植物によっては種子を経ないで個体を増やす栄養繁殖（vegetative reproduction）が一般的なものもあり，地下の貯蔵器官（種いも），匍匐枝（stolon），むかご（珠芽）などの例がある．挿し木や栄養繁殖により増殖した個体は，すべて親植物と同じ遺伝子型をもつクローンである．たとえば，現代の観賞用サクラの代表種であるソメイヨシノはエドヒガンとオオシマザクラの雑種とされるが，すべて挿し木により増殖されたもので遺伝形質は同一である．このため，特定の条件で一斉に開花が起こり明確な「桜前線」が形成される．

現在では，植物組織培養技術の応用によって，より発展したクローン増殖技術が開発されている．その目的の一つは，種子増殖により問題が生じる有用栽培品種の効率的かつ大量な増殖である．たとえば，一代交雑品種（F_1）では両親よりも優れた形質が現れるため，現在流通している野菜・花卉の主流をなしているが，種子増殖により得られる後代では優良な形質を示さない．また，世代時間が長い，種子増殖の効率が低いなどの理由から遺伝的な固定が十分なされていない植物の場合，種子から生育した個体の性質がまちまちでそろわない場合もある．このような場合でも，クローン増殖技術により有用遺伝形質をもつ苗を大量に生産することができる．また，希少野生植物で種子繁殖が困難な場合，クローン増殖技術の活用による人工的な増殖も試みられている．

クローン増殖技術を使用する目的の第二は，病原菌フリー苗の生産である．種子繁殖する植物の場合，親植物が病原ウィルスなどに感染しても後代種子に侵入することはないと考えられ，種子表面を十分に消毒することでウィルスなど病原体の

ない苗を得ることは比較的容易である．一方，いも類などの栄養繁殖の場合感染したウィルスは次世代にも引き継がれるため，一度病原菌に感染した親植物から健全な苗を得ることはきわめて困難である．しかし，ウィルス感染植物でも，細胞分裂が活発な茎頂分裂組織（成長点）への侵入はまれなため，植物組織培養技術により成長点を培養し植物体を再生させることで病原菌をもたない健全な苗が得られる．

一般的な植物組織培養研究では，植物体を増殖させるさまざまな手法が開発されたが，現在増殖効率の高い培養法として体細胞胚（不定胚）誘導法と苗条原基増殖法が広く用いられている．いずれの方法も，植物ホルモンであるオーキシン・サイトカイニンによる植物組織の分化制御が関係している．　　　　　　　　　　　　　〔青木俊夫〕

b. 遠縁交雑と細胞融合

種間や属間のように，分類学的に遠縁にある植物種間の交雑を遠縁交雑という．種内交雑の場合は雑種種子（F_1種子）が容易にとれるが，遠縁交雑の場合はF_1種子を得るのが難しい．亜種間交雑に見られるように，両親が比較的近縁のものでは，交雑は比較的容易である．少し縁が遠くなると，交雑した胚の発生が異常になりF_1種子が得られないことが多い．この場合，胚が異常を起こす前に胚を無菌的に取り出して培養したり（胚培養），胚珠や子房を培養したり（それぞれ，胚珠培養，子房培養）することにより，F_1種子が得られることがある．

属間などさらに縁が遠い場合は，受粉しても花粉管の発芽が起こらず受精しない場合が多い．この場合は，試験管内で受精させて培養する試験管内受精や花柱を切除して受粉するなどの手法により雑種種子が得られることがある．

このような手法を駆使して雑種植物が得られた場合でも，F_1に不稔が生じたり（雑種不稔性），F_2になって異常が生じたり（雑種崩壊）することが多い．染色体の対合程度が低かったり，染色体数が異なったりする場合に減数分裂が異常になり不稔性を生じるためである．この場合は，雑種F_1植物をコルヒチン処理して染色体を倍加し，異質倍数体とすることにより後代種子が得られることも

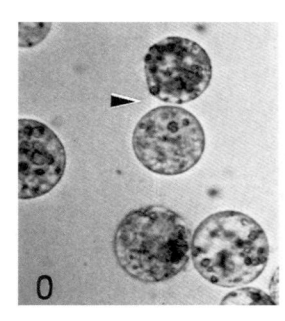

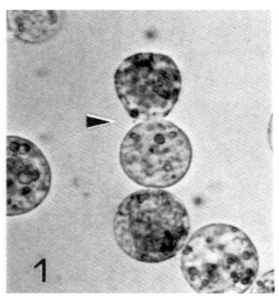

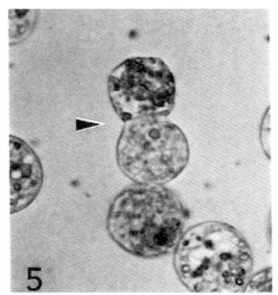

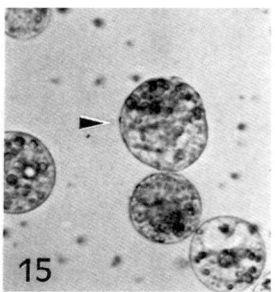

図 5.57 電気的処理によるプロトプラスト融合の様子
左から0分，1分，5分，15分．矢頭のところで隣どうしのプロトプラストが融合している．

ある．細胞融合を行えば，遠縁の植物間でも雑種を得ることができる．植物の体細胞は細胞壁が存在するため，たがいに融合することができないが，セルラーゼやペクチナーゼを含む酵素液で処理することにより，細胞壁を取り除いてプロトプラストの状態にすると，ポリエチレングリコールやデキストランなどの化学的処理または電気的処理によって，異種のプロトプラストをたがいに融合させることができる（図5.57）．融合したプロトプラストを培養すると，カルスを経て植物体に再分化させることができる．このように，細胞融合（植物の場合はプロトプラスト融合と同義）で得られた雑種を体細胞雑種（somatic hybrid）とよぶ．細胞融合によれば，従来の性的交雑が不可能であった種間でも雑種が得られること，異種の核が融合するのみならず細胞質も混合して細胞質雑種（サイブリッド）が得られることなどが期待される．あまり遠縁の細胞融合の場合，細胞分裂の過程で片親の染色体が脱落する場合が多い．また，核あるいは細胞質を不活性化させた細胞どうしを融合させることにより細胞質置換を行い，細胞質雄性不稔系統の育成に利用されることもある．

〔鳥山欽哉〕

c. 組織培養

植物育種には遺伝資源の導入・保存，遺伝変異の拡大，優良系統の選抜，遺伝変異の固定，優良系統の維持と増殖などのプロセスがある．各プロセスでさまざまな組織培養技術が利用される．

1）再分化経路

植物は1個の細胞から完全な植物体を再生する能力「分化全能性」をもっている．器官分化では，タバコなどのように不定芽と不定根がそれぞれ独立に分化する．不定胚形成では，ニンジンなどのように受精卵からの発達に似た過程で不定胚が形成される（図5.58）．

2）プロトプラスト培養・細胞融合

植物組織を酵素的に処理し，細胞壁を取り除くとプロトプラストが得られる．プロトプラストは単細胞であり，細胞選抜，DNAなど高分子の取込み，異種プロトプラスト間の細胞融合に用いられる．細胞融合によって得られた雑種細胞から再分化した植物体は体細胞雑種とよばれる．かならずしも「1：1」の融合とはならず，多様な遺伝的構成をもつ雑種植物体が得られる．また，核遺伝子，細胞質遺伝子がともに混合できるので細胞質雑種が得られる可能性がある．

3）胚珠培養

近縁野生種など種属間交雑では，交雑不親和性や雑種致死が大きな障害となる．受精しても発芽可能な胚を得ることが困難な場合に未熟胚，成熟胚を胚珠から取り出し，培地上で培養する胚培養技術により雑種が育成されている．

4）変異選抜

組織培養を経て再生した植物体にさまざまな変異が認められる場合がある．これをソマクローナル変異という．このうち，遺伝的変異は育種的に利用価値がある．染色体変異，遺伝子数の変異，DNAメチル化，トランスポゾン活性化などが原

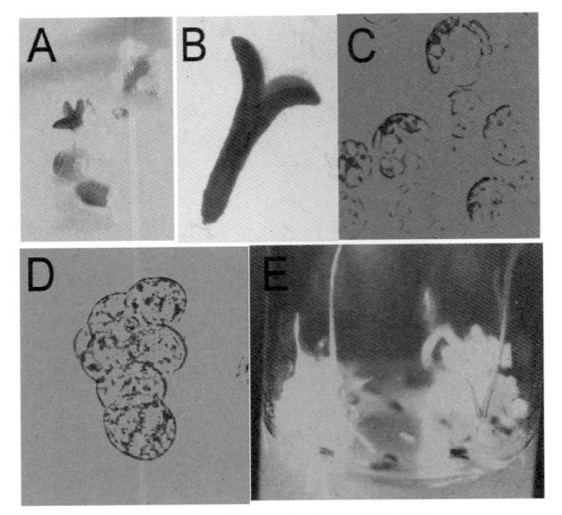

図 5.58 種々の植物の組織培養
A. カルスからの器官分化（シュンギク），B. ニンジン培養細胞不定胚形成，C. プロトプラスト（イネ），D. イネ培養細胞プロトプラストの分裂，E. イネ葯培養

因となっている．除草剤耐性，病原毒素耐性，アルミニウム耐性，耐塩性などの選抜に成功した例がある．

5) ミクロ繁殖法

クローン増殖法は，挿し木，接ぎ木などが古くから用いられてきたが，効率が高くはない．組織培養により優良苗を大量に増殖することができる．腋芽を利用するのが一般的であるが，成長点を用いた場合にはウイルスに感染していない植物体が得られる．

6) 葯培養

分離世代の個体から葯を取り出し培養することにより，花粉由来の半数体植物が再生する．染色体を倍加するとすべての遺伝子座でホモ接合となった個体が得られる．これを利用して，交配から固定までの年限を短縮することができる．花粉起源の植物体形成の経路には，タバコなどナス科植物やアブラナ科植物のように，不定胚を経過して植物体となる場合，イネなどのように花粉起源のカルスが形成され，カルスから不定芽，不定根分化を経て植物体となる場合がある（図 5.58）．

〔野村和成〕

d. DNAマーカー育種

育種目標となる重要な形質にかかわる遺伝子に密に連鎖した DNA マーカーが明らかとなれば，DNA マーカーを分析することによって，目標となる形質の遺伝子型の個体を選抜できる．DNA マーカー分析により，個体や系統の選抜を行う育種を DNA マーカー育種という．

DNA マーカーには，なんらかの DNA 多型分析法により，交雑に用いる両親間における DNA の塩基配列の差を検出して用いる．もっとも古くから用いられてきた DNA 多型分析法は，制限酵素処理したゲノム DNA を電気泳動後ナイロン膜に写し取り，ラベルした DNA 断片を使ってそれに結合する同一あるいは類似塩基配列をもつ DNA 断片を，ナイロン膜上で電気泳動のバンドパターンとして検出するサザンブロット法である．この方法により検出される DNA 断片長の多型（バンドパターンの差）を RFLP（制限酵素断片長多型）という．たとえば，ある病気に強いという特性に伴って，つねに検出される RFLP を見出せば，その RFLP マーカーは病害抵抗性遺伝子そのものあるいはそれに連鎖した DNA の変異であり，このマーカーをもつ個体を選ぶことによって，抵抗性個体を選抜できる．

DNA マーカー育種技術が有効に利用されるためには，DNA 多型分析が簡易に安価で行える必要がある．サザンブロット法による RFLP 分析は時間と労力がかかるが，ゲノム上のある DNA 領域を増幅するように設計したプライマーを用いて PCR を行い，制限酵素で切断して電気泳動分析を行えば，簡易に RFLP 分析を行える．また，2〜4 塩基程度の配列が反復している単純反復配列（マイクロサテライト）の反復数の変異は高頻度にあることから，反復配列を含む DNA を PCR で増幅して，DNA 断片長の多型を電気泳動法で分析することで，簡易に DNA 多型分析を行えることから，DNA マーカーとしてよく利用される．

数千個体を扱う実際の育種においては，目標遺伝子と DNA マーカー間の連鎖が切れる可能性が

高い．また，DNAマーカーと目的遺伝子の間に劣悪遺伝子が連鎖していれば，連鎖マーカーで目的遺伝子の遺伝子型を選抜していると，つねに劣悪遺伝子をもつ個体を選抜することになる．優良遺伝子と劣悪遺伝子の連鎖を切るのが育種であるため，連鎖マーカーによる選抜では，優れた系統が得られない可能性がある．

遺伝子そのものの変異をDNA分析で選抜できれば，選抜ミスや劣悪遺伝子の連鎖の問題は起こらない．しかし，RFLPや反復配列多型分析法では，遺伝子の機能に影響する変異をすべて検出することはできない．近年さまざまな一塩基多型分析技術が開発され，どのような塩基配列の変異も検出できるようになった．たとえば，ドットブロット法（図5.59）で一塩基多型（SNP）を分析するドットブロットSNP法は，低コストできわめて多数の試料の分析を可能とし，イネの育成系統において低アミロースや半矮性の遺伝子型の選抜に利用されている．重要な特性にかかわる遺伝子の変異の解明が進めば，目的遺伝子の変異そのもののDNA分析による選抜が広く利用されるようになるものと期待される． 〔西尾　剛〕

e. 半数体育種

植物育種における変異の拡大，選抜，固定の三つの段階のうち，固定がもっとも年数を要する過程である．自殖によって遺伝子のホモ接合性を高め，遺伝的に均一な集団を得るのが固定であるが，1回の自殖で，ヘテロ接合の遺伝子座の数は半分になるだけである．つまり，F_{10}では，F_1でヘテロ接合であった遺伝子座の約1/500がまだヘテロ接合で残るため，完全に均一にはならない．半数体の染色体数を人為的に倍加すれば，理論的にはすべての遺伝子がホモ接合となった個体（倍加半数体）が得られる．育種の過程で，半数体を作出して染色体を倍加することで固定を行い，育種年限を短縮する育種技術を半数体育種という．

コルヒチン処理などにより，染色体数の倍加は比較的簡単に行えるため，半数体育種においてもっとも困難な過程は半数体作出である．配偶体の染色体数は体細胞の半分であるため，配偶体から植物体を作出できれば半数体が得られる．

蕾の中で発達過程にある葯を培養して，小胞子からカルス化および不定芽分化あるいは不定胚分化を経て植物体を再生する葯培養法は，半数体作出法としてイネやアブラナ科野菜など多くの植物種の育種で利用されている．葯培養では，花糸や葯壁がカルス化しやすく，そのカルスから植物体

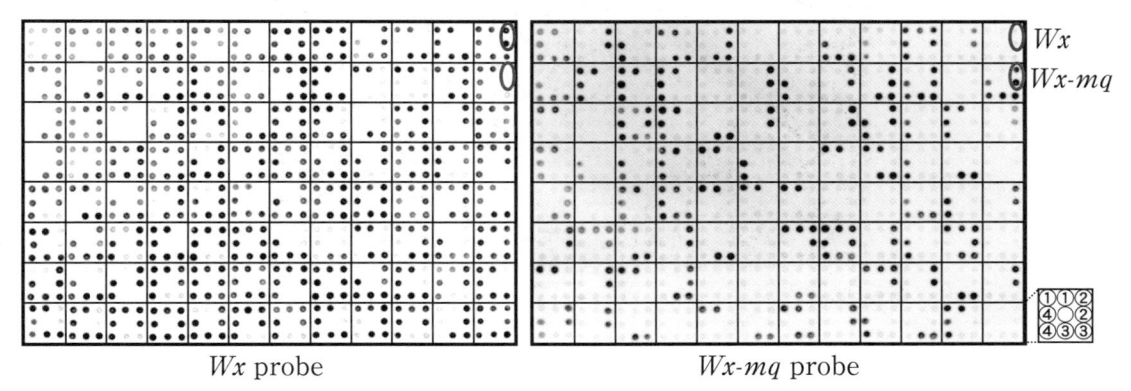

図5.59　SNP分析によるイネ育種系統（F_4世代）の遺伝子型判定　（白澤健太氏原図）
同じ位置に1個体（各2点）のDNAをブロットしてあり，野生型（Wx）プローブでは野生型対立遺伝子が，変異型（Wx-mq）プローブでは変異型対立遺伝子が検出できる．

が再生すれば，もとの植物体と同じ遺伝子型になり半数体が得られない．葯の中の小胞子から植物体が得られる必要がある．タバコやナタネでは，葯蕾から小胞子を取り出して培養する単離小胞子培養で，半数体が効率よく得られる（図5.60）．

通常の発達過程では，花粉母細胞から減数分裂により生じた小胞子が，1度あるいは2度の細胞分裂により雄原細胞あるいは精細胞を含む花粉になるが，半数体になる場合は，細胞分裂を繰り返して植物体に発達する．そのため，正常な花粉の発達過程から半数体に発達する過程に切り替える刺激が必要で，高温処理がよく用いられる．

オオムギにHoldeum bulbosumの花粉を交配すると，受精後H. bulbosumの染色体が脱落し，オオムギの半数体が得られる．6倍体のコムギにH. bulbosumやトウモロコシの花粉を交配して得られた胚を培養することによって3倍体が得られる．4倍体のジャガイモでは，Solanum phurejaの花粉を交配することにより2倍体が得られる．放射線照射した花粉を同種植物の柱頭に受粉して，半数体を得ることもできる．タマネギでは，照射花粉を受粉して得た種子を播種することで半数体が得られるが，メロンでは，受粉後発達した胚を取り出して培養する必要がある．

植物種によって葯培養や小胞子培養によって半数体を得る効率は大きく異なり，まったく不可能な植物種もまだ多い．種間交雑や照射花粉の交雑で半数体を得ることができる植物種は，まだごく一部である．半数体育種技術が広く利用されるようになるためには，半数体作出法の適用可能植物の種類を拡大するとともに，半数体作出効率の向上が必要である．　　　　　　　　　　〔西尾　剛〕

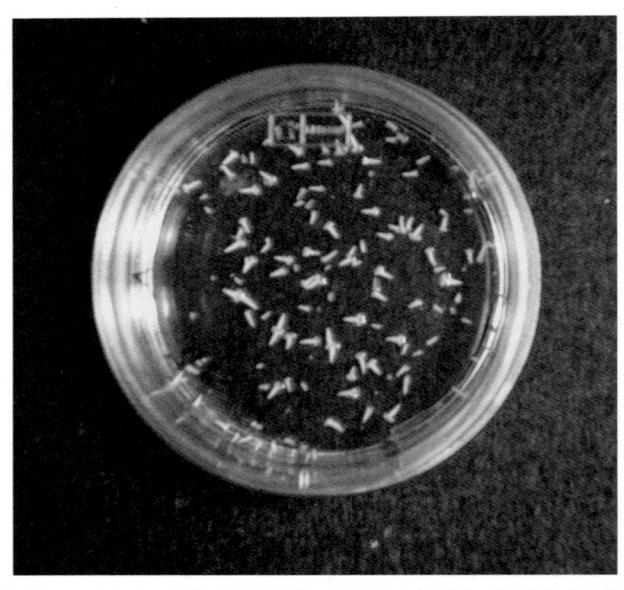

図5.60　ハクサイの単離小胞子培養で得られた胚様体（稲葉清文氏撮影）

f. 遺伝子組換え育種

　細胞外において，核酸を加工する技術の利用により得られた核酸またはその複製物を有する生物を遺伝子組換え生物とよぶ．遺伝子組換え植物は，トランスジェニック植物またはGMO（genetically modified organisms）ともよばれる．植物の遺伝子組換えを行う際は，①導入する組換えDNAを含むベクターの構築，②植物細胞への組換えDNA導入，③形質転換した細胞の選抜と植物体再分化，の三つのステップが必要である．

　導入する組換えDNAには，5'側にプロモーター領域，つぎにタンパク質をコードするコーディング領域，3'側に転写終結を示す領域（ターミネーター）をつなげたものを用いる．プロモーターに使う塩基配列として，カリフラワーモザイクウイルス（CaMV）の35Sプロモーターや，発現解析がなされている遺伝子のプロモーター領域を用いる．植物細胞に遺伝子導入を行った場合，すべての細胞に遺伝子が導入されるわけではなく，導入された細胞を選抜する必要があるため，抗生物質耐性や除草剤耐性などの選抜マーカーも連結する必要がある．

　植物細胞に遺伝子を導入するために，もっとも一般的に用いられる方法はアグロバクテリウム法である．アグロバクテリウムは *Agrobacterium tumefaciens* とよばれる土壌細菌であり，根頭がん腫病とよばれる病気を引き起こすことで知られている．アグロバクテリウムにはTiプラスミド（tumor inducing plasmid）が存在し，LB（left border）とRB（right border）にはさまれたT-DNA（transferred DNA）が植物の染色体DNAに組み込まれる（図5.61）．LBとRBの間に目的遺伝子を挿入しておくと，目的遺伝子が植物の染色体に組み込まれる．アグロバクテリウムを植物組織に感染させるときは，葉切片やカルスなどの植物組織をアグロバクテリウム培養液に浸し，余分な菌液を取り除いたあと，2〜3日間共存培養を行う．導入した選抜マーカーに合わせて，抗生物質や除草剤などを含む培地で培養することにより，形質転換したカルスを選抜する．カルスから植物体を再分化させると，遺伝子組換え植物を得ることができる．選抜マーカーを取り除く技術も開発されている．組織培養が困難か，あるいは，アグロバクテリウムが感染しない植物の場合，パーティクルガン（particle gun）法が用いられる．パーティクルガン法では直径1μmの金粒子にプラスミドDNAを付着させ，高速で植物細胞に撃ち込む．細胞に金粒子が導入されると，DNAが核に入り染色体に組み込まれる．パーティクルガン法では，成長点に直接DNAを撃ち込んで遺伝子組換え植物を得ることも可能である．

〔鳥山欽哉〕

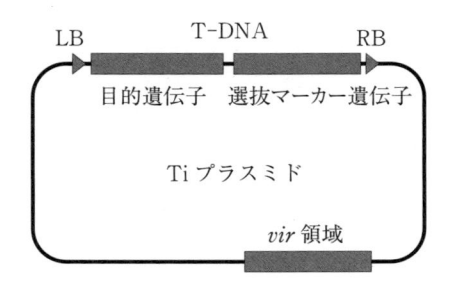

図5.61 遺伝子導入に用いられるTiプラスミドの構造．LBとRBに挟まれたT-DNAが植物の染色体に組み込まれる．*vir*領域にはT-DNAを植物染色体に組み込む働きをする遺伝子群が存在する．

g. 除草剤抵抗性

　遺伝子組換えを利用して，つぎのような除草剤抵抗性作物が実用化されている．除草剤グリホサート（glyphosate = N-phosphonomethylglycine，商品名：ラウンドアップ）は，芳香族アミノ酸（チロシン，フェニルアラニン，トリプトファン）合成に必要な酵素5-エノールピルビルシキミ酸-3-リン酸合成酵素，5-enolpyruvylshikimate-3-phosphate synthase：EPSPS）の活性を阻害する．グリホサートで活性を阻害されない変異型 EPSP 遺伝子が，サルモネラ菌やアグロバクテリウム菌からクローニングされた．EPSPS は葉緑体ではたらくため，細菌由来の EPSPS 遺伝子に葉緑体移行シグナルを付加して作物に導入され，グリホサート抵抗性植物がつくり出された．除草剤グルホシネート（glufosinate，商品名：バスタ）は，ホスフィノトリシン（L-phosphinothricin：PPT）のアンモニア塩である．PPT はグルタミン酸のアナローグでグルタミン合成酵素の活性を阻害し，体内にアンモニアを蓄積させることで植物を枯死させる．除草剤ビアロホス（bialaphos）は PPT と 2 個のアラニン残基からなり，植物体内で PPT となる．ストレプトマイセス菌からクローニングされた *bar* 遺伝子産物は，ホスフィノトリシンアセチルトランスフェラーゼ（phosphinothricin acethyltransferase：PAT）活性をもち，PPT を無毒化する．この遺伝子を作物に導入することにより PPT 抵抗性植物がつくられた（図 5.62）．ブロモキシニルはベンゾニトリル系の除草剤（商品名 Buctril）で，光合成の電子伝達系を阻害する．クレブシェラ菌からクローニングされた *bxn* 遺伝子は，ブロモキシニルを加水分解するニトリラーゼをコードしており，*bxn* 遺伝子を導入した植物はブロモキシニル抵抗性を示す．スルホニルウレア系除草剤，イミダゾリノン系除草剤，トリアゾロピリミジン系除草剤ならびにピリミジニルカルボキシ系除草剤は，分岐鎖アミノ酸（ロイシン，バリン，イソロイシン）の合成に必要なアセト乳酸合成酵素（acetolactate synthase：ALS）の活性を阻害する．ALS の保存領域に 1〜2 個の特定のアミノ酸置換をもつ植物は，ALS 阻害型の除草剤に抵抗性を示す．このような変異型 ALS 遺伝子が，シロイヌナズナ，タバコ，イネなどでクローニングされている．イネ変異型 ALS 遺伝子は，遺伝子組換えイネを作出する際の選抜マーカーとしても利用が期待されている．グリホサート抵抗性やグルホシネート抵抗性のダイズ，ナタネ，トウモロコシ，ワタなどが世界中で広く栽培されている．

〔鳥山欽哉〕

図 5.62　*bar* 遺伝子を導入した除草剤抵抗性ナタネ（右）とその対照植物（左）
除草剤ビアロホスを散布すると，対照植物はすぐに枯れるのに，*bar* 遺伝子導入植物は枯れない．

h. 病害虫抵抗性

　病気や害虫に抵抗性の品種が作出できれば，病害虫の防除に必要な農薬の使用量を大幅に削減でき，生産コストの低下だけでなく，低農薬あるいは無農薬農産物の生産を可能とする．ウイルス病や土壌伝染性病害は，防除するのに有効な農薬がないため，抵抗性品種の育成が強く望まれている．これまで，遠縁交雑で病害虫抵抗性を導入した品種が育成され，広く利用されてきたが，交雑可能な近縁種の中に抵抗性植物が見出せない場合もある．

　病害虫抵抗性は，遺伝子組換え技術の利用による成果がもっとも期待できる特性であり，遺伝子組換え技術で作出した害虫抵抗性の品種は，海外ではすでに多数利用されている．現在，もっとも広く利用されている害虫抵抗性の遺伝子は，*Bacillus thuringiensis*の殺虫性タンパク質であるBTトキシンの遺伝子である．BTトキシンはガやチョウのような鱗翅目に殺虫効果が大きいが，鞘翅目や甲虫類などに殺虫効果が大きい種類も見出されている．これらの遺伝子を植物体全体で発現させるプロモーターにつないで，トウモロコシ，ワタ，ジャガイモなどに導入し，形質転換体の品種が作出されている．植物がもつ防御機構の遺伝子も利用可能で，インゲンマメのアミラーゼインヒビターの遺伝子を導入して，アズキゾウムシ抵抗性にしたアズキが作出されている．

　ウイルス外被タンパク質の遺伝子を植物に導入することにより，そのウイルスに抵抗性にすることができる．外被タンパク質の遺伝子だけでなく，複製酵素や移行タンパク質など，ウイルスの増殖に必要なウイルス自身の遺伝子を植物に導入し，ジーンサイレンシングを起こさせることにより，そのウイルスの増殖を抑制できる．従来の交雑育種では，抵抗性育種が不可能であったトマトのキュウリモザイクウイルス（CMV）抵抗性が，外被タンパク質遺伝子の利用によりトマトに付与された（図5.63）．

　植物の防御機構の遺伝子である抗菌性ペプチドやキチナーゼの遺伝子を植物から単離し，それを高発現プロモーターにつないで他種の植物に導入し，糸状菌や細菌による病害に抵抗性の植物が作出されている．これまでの病害抵抗性育種で利用されてきた植物の抵抗性遺伝子のクローニングも進んでおり，それらを形質転換技術で罹病性（感受性）品種に導入して抵抗性にすることも可能である．

　抵抗性品種を育成しても，病原菌や害虫の側が突然変異で抵抗性品種を侵すように変化することがよく起こる．このような現象を抵抗性の崩壊といい，抵抗性を崩壊させる変異型を，病原菌ではレース，害虫ではバイオタイプとよぶ．レースと抵抗性遺伝子の関係の分子レベルでの解析が進められているので，新しいレースに対処できる抵抗性遺伝子の設計も今後可能になるものと期待される．分子設計に基づく抵抗性遺伝子を植物に導入するには，遺伝子組換え技術の利用は有効で，従来の抵抗性育種と異なり，短期間に品種育成が行えるため，寄主側の変化にすぐに対処しやすい．

〔西尾　剛〕

図5.63 CMV外被タンパク質遺伝子の導入により作出されたCMV抵抗性個体（左）と原品種（右）（佐藤隆徳氏撮影）
原品種がCMVによる著しい病徴を示しているのに対し，形質転換体は無病徴．

i. ゲノム創薬

　天然物からの有効成分の単離からはじまった薬の創出は，手法的には化学合成全盛の時代から遺伝子工学技術の応用も可能な新たな段階に達している．また，創薬の基盤となる生体機能研究も遺伝子レベルにまで掘り下げられている．

　ゲノム創薬というのは，30億の塩基対からなるゲノムの情報に基づいた病気疾患の解明からの薬の創出であり，標的としては細胞膜にある受容体や酵素（タンパク質）以外に，核内のDNAも加わる．標的が合理的に絞られ高い効果が期待されると同時に，個人の遺伝子情報に基づいた治療（テーラーメード医療），副作用の少ない医薬品開発も可能となる．

　従来の創薬の方法では，疾患の解析によって原因となる物質，受容体，酵素を発見することが不可欠であり，研究者の感覚や経験，偶然に支配されることもあった．生物活性物質探索のスクリーニングにかける化合物も非常に多い．同じ疾患をもつ全患者が対象となり副作用も出る可能性がある．

　ゲノム創薬には，いくつかのアプローチがある．抗ウイルス作用のあるインターフェロンなどのように細胞が産生する生物活性のあるタンパク質（サイトカイン）を医薬品とするのもその一つである．

　ヒトの総遺伝子数の10％程度が疾患に関連しているといわれ，遺伝子から疾患を特定する方法もある．一つはトランスクリプトーム解析といわれるものである．すなわち疾患のある組織と正常な組織とでmRNAを比較し，遺伝子発現の差異をとらえ標的を絞ってゆくやりかたである．ジーンチップ，cDNAマイクロアレイといった最新の技術が導入されている．また，ゲノム中には塩基多型が見られる．一つは単塩基多型（SNP）といいゲノム中の一塩基が変異し，人口中1％以上の頻度で出現するものである．SNPは人によって異なり，体質，病気の罹患しやすさ，薬剤に対する反応などと関連すると考えられている．SNP解析に基づく創薬はテーラーメード医療につながるものとなる．数塩基単位の繰り返しの多型はマイクロサテライト多型といい，ハンチントン病，筋強直性ジストロフィーなどはこのタイプの代表的な病気である．塩基単位の繰り返し回数の増加による異常タンパク質が病気発症の原因となる．疾患遺伝子がわかれば，それに基づき酵素や受容体の特定に進み，受容体にはたらくリガンド，酵素反応の対象となる基質の同定，そして化合物のスクリーニングを経て臨床試験に向かうこととなる．

　ゲノム創薬においては，ゲノム，タンパク質などの網羅的および系統的解析のための高度な情報処理技術も要求される．ゲノム創薬には巨額の資金がかかるため，効率的に進め成果を上げてゆくには関連する技術を有する企業とのコラボレーションを組むなど従来とは異なった戦略が必要となる．

〔寺林　進〕

j. 収量と品質

　畑や水田で栽培される作物の収量（単位土地面積あたりの収穫量）は，作物本来の生産能力と環境から与えられるさまざまなストレス（温度，光，水などの非生物的ストレスと病虫害などの生物的ストレス）で決まる．このうち，遺伝子組換え技術などのバイオテクノロジーによって作物本来の生産能力を向上させる試みがおもに人工気象室や温室を使って行われている．

1) ソース機能（光合成産物供給能力）の向上

　微生物から単離した光合成の炭酸固定回路の一員である二つの酵素（FBPaseとSBPase）の両方の機能を併せもつ遺伝子を過剰発現させたタバコでは，光合成速度の上昇とともに，収穫物である葉の成長促進が認められた．

2) シンク機能（光合成産物受容能力）の向上

　トウモロコシから単離したデンプン合成の鍵酵素であるADPglucose pyrophosphorylase遺伝子をイネに導入した結果，種子での酵素活性が約3倍に増大するとともに，個体あたりの種子重と植物体の全乾物重が20%以上増大した．

3) 転流機能の向上

　転流物質であるスクロースの合成にかかわるショ糖リン酸合成酵素遺伝子を過剰発現させたトマト，バレイショ，イネなどが作出され，葉のスクロース/デンプン含量比の上昇，トマト果実の新鮮重，バレイショ塊茎重の増加などが認められた．

4) 栄養改善

　一方，遺伝子組換え技術を用いた作物の栄養成分の改善や機能性成分の付加については，さまざまな研究開発が行われており，一部は実用化されている．βカロテン（ビタミンAの前駆体）を合成する酵素群を導入することでβカロテンを多く含むイネ（ゴールデンライス）が作出され，ビタミンA欠乏症の問題をかかえる発展途上国での栽培をめざして，国際イネ研究所（International Rice Research Institure：IRRI）において圃場栽培試験が進められている．2005年には，従来のゴールデンライスに比べて20倍以上のβカロテンを含むゴールデンライス2が開発された．鉄含量を高め貧血予防に貢献するため，鉄成分を貯蔵する特性があるダイズフェリチン遺伝子を発現させたイネが開発されている．また，必須アミノ酸の一つであるトリプトファンを蓄積するイネも開発され，飼料イネなどの利用が期待されている．油成分に関しては，悪玉コレステロール含量を下げる効果のあるオレイン酸を脂肪酸中の約80%含むダイズがすでに米国などで商業栽培されている．また，パーム油などに含まれる飽和脂肪酸のラウリン酸を生産するナタネが開発されている．

5) 機能性成分の付加

　スギ花粉抗原を種子の胚乳に蓄積させた花粉症対策イネが開発され，マウスを用いた動物実験で花粉症が抑えられることが確認され，食べるワクチンとして期待されている．また，疲労回復や老化防止に役立つといわれているCoQ10が玄米で従来の16〜18倍蓄積するイネも開発されている．

〔大杉　立〕

5.11 有用植物栽培の持続性

　植物は太陽エネルギーを利用し，光合成によって二酸化炭素を炭水化物として固定することによって化学エネルギーに変換する．動物は植物のこのエネルギーを利用し，さらに人間は動物と植物を利用して食糧（エネルギー）と生活に必要な物質を獲得する．それゆえ，人間が直接的に食物あるいは生活関連物質として利用するための植物，あるいは間接的に動物の飼料として利用する有用植物，すなわち作物の栽培（農業）は人類の生存にとって不可欠であり，その出来，不出来は人類の存亡を大きく左右する．

　その食糧や生活関連物質を生産する農業は，数千年もの間，環境と調和しながら営まれ，緑豊かな国土の形成と人類の生存を可能とし，農業そのものが環境保全的産業と考えられてきた．しかしながら，環境保全的と考えられてきた農業も，世界人口の急増に伴い，1970年代から経済性を重視するあまり，農薬や肥料などの化学合成中間資材の大量投入が行われ，かつ集約的栽培が行われた．その結果，表5.21に示したような地球温暖化や異常気象，オゾン層の破壊，熱帯雨林の破壊や生物多様性の減少，化学資材による水環境や大気環境の汚染，酸性雨や土壌劣化，過剰作付けや過放牧による砂漠化，さらには景観の画一化や水資源の枯渇などを引き起こした．そして欧米諸国では，1970年代後半には農業も環境に対する加害者として位置づけられた．また反面，これらの先進国では1970〜1980年代にかけて，深刻な農産物の過剰生産が起こり，1980年代中頃より農業環境政策と農業政策を統合化した環境保全型農業に向

表5.21　地球環境問題と農業のかかわり（福原：一部改編）

問題の種類	問題の地域性			農業とのかかわり		対　策	
	ローカル	リージョナル	グローバル	農業から影響を及ぼす	問題から影響を受ける	農業からの解決策	農業における適応技術
温暖化		○	○	△	○	○	○
異常気象		○	○		○	△	○
オゾン層破壊		○	○		○	×	△
酸性雨	○	○			○	×	△
砂漠化	○	○		○	△	○	△
土壌劣化	○			○		○	
熱帯雨林破壊	○	○		○	△	○	△
野生動物の減少	○	○		○			
河川，地下水汚染	○			○		○	
海洋汚染	○	○		○		○	×
大気汚染	○	○			○	×	

○：あり，△：ややあり，×：なし

けた政策的対応が行われた．そして，EU の共通農業政策（CAP）では粗放化農業戦略がとられ，農産物の過剰生産を抑制するとともに，環境との調和を重視することによって，国民的総意のもとに補助金や予算措置がとられてきた．また，米国の農業環境問題は，土壌侵食問題に端を発し，1935 年の「土壌・水質保全地区」整備すなわち資源保全の立場から農業政策が実施された．その後 EU と同様に農業の近代化が進行し，1980 年代には農産物の過剰生産と環境負荷が社会問題化した．そして 1985 年の農業法では，土壌罰則，湿地罰則，土壌保全留保計画，保全遵守の 4 プログラムからなる環境保全政策が実施された．また，生産過剰対策として，低投入持続型農業（Low Input Sustainable Agriculture：LISA）が提唱された．この LISA は，近代農業と狭義の有機農法の間に位置する農法で「資源の再生産と再利用を可能にし，農薬・化学肥料の投入量を必要最少限に抑えることによって，地域資源と環境を保全しつつ一定の生産力と収益性を確保し，しかも，より安全な食糧生産に寄与しようとする農法の体系」と定義されている．その後の農業法でもこれらの基本概念は継承され，農業生産性と収益性の維持，資源と環境の保全，農業者の健康と農産物の安全性，消費者対策などが積極的に推進され，また有機農産物の基準設定などが行われている．

一方，わが国では 1994 年に制定された環境保全型農業推進の基本的考え方の中で環境保全型農業を「農業の持つ物質循環機能を生かし，生産性の調和などに留意しつつ，土づくりなどを通じて化学肥料，農薬などによる環境負荷の軽減に配慮した持続的農業」と位置づけている．その後，1999 年には食料・農業・農村基本法が制定され，わが国農業全体を環境保全型農業へ移行させるために「農業の自然循環機能」の概念が提唱された．そして，同年には「持続性の高い農業生産方式の導入に関する法律（持続農業法）」，「家畜排せつ物の管理の適正化及び利用の促進に関する法律（家畜排せつ物法）」，「肥料取締り法の一部を改正する法律」が環境 3 法として制定された．また，環境保全型農業推進のための技術としては，堆肥などの有機資材や緑肥などの利用による土づくり，局所施肥，有機質肥料や肥効調節型肥料の利用などによる化学肥料の削減，機械的除草，動物除草，生物農薬，対抗植物，被覆栽培，フェロモン剤などの利用による化学農薬の低減などが定められている．

それゆえ，これからの有用植物の栽培は，生産物の収量，品質を確保するとともに，人類の生存の場である地球環境の維持，保全を考慮した持続的な栽培でなければならない．この章では，有用植物の持続的栽培に関連した有機農業，地域循環型農業，不耕起栽培，地球温暖化と農業について述べることにする．　　　　　〔三枝正彦〕

a. 有機農業

　有機農業は環境保全型農業の一形態ともいえるが，有機栽培や有機農産物の販売により，生産者と消費者の連携した運動として長い歴史がある．

1) 有機農業の展開

　世界の有機農業のはじまりは，イギリスのハワード卿がインド農業の長年の研究の結果を踏まえ，1940年に出版した「農業聖典」であるといわれる．その後，1960年代後半になって世界各地で環境危機が叫ばれ，生態系重視の考えが台頭し，有機農業に高い関心が寄せられた．中でも米国では1969年頃からOrganic Farmingという言葉が初めて使われ，この農法の信奉者は無機質の肥料が土壌や作物，人間に有害であると考え，有機質たい肥のみに依存する農法を有機農業と位置づけた．また，民間レベルで1972年には国際有機農業運動連盟（IFOAM）が設立され，1980年には有機食品生産基準を策定した．このように，農業の化学化（農薬や肥料の多投）による環境汚染が識者によって民間レベルで指摘される一方で，1980年代には穀物の生産過剰と農産物の価格が低迷し，国策として有機農業が検討されるようになった．そして，米国では1990年に有機食品生産法の中で有機農産物に対する国定基準がつくられた．また，EUでは1991年に有機農業統一基準がつくられ，有機農業面積が1985年に11万haであったのに対し，1991年には36万ha，1999年には330万haと飛躍的に拡大した．このような背景の下に，国連の専門機関であるFAOとWHOの共同組織であるコーディックス（CODEX）委員会は，1999年に「有機食品の生産，流通，消費，保存，加工のための国際共通ガイドライン」を策定した．

　わが国で有機農業という言葉が使われるようになったのは，1971年の日本有機農業研究会の発足によるものであり，語源は米国の「Organic Farming」に由来するとされている．わが国の有機農業運動の起源，原動力を熊沢は，①自然農法に発する宗教的信念に基づくもの，②農薬被害に対する農家の自衛的手段によるもの，③安全な食糧を求める消費者運動に呼応したものに区分している．また，大局的には官民一体の「土つくり運動」も有機農業運動に位置づけられるとしている．これに対して，近年深刻化する環境問題，米の生産過剰などを考慮し，国策として1993年には「有機農産物に係わる青果物等特別表示ガイドライン」が制定され，2000年には「有機農産物の日本農林規格（JAS規格）」を告示した．

2) 有機農業の定義

　有機農産物を生産する農業を有機農業というが，有機農産物の定義は一定せず，これまで混乱をきたしたときもあった．しかしながら，わが国では1999年に「農林物資の規格化及び品質表示の適正化に関する法律（JAS法）」が改正され，有機食品の検定制度が創設された．そこでは，農林水産大臣が登録した登録認定機関が生産者らを認定し，認定された生産者が生産する「化学的に合成された肥料および農薬の使用を避けることを基本として，播種または植え付け前2年以上（多年生作物では最初の収穫前3年以上）の間，堆肥などによる土づくりを行った圃場で生産された農作物」をJAS規格の有機農産物としている．この基準は，国際的基準であるCODEX委員会の概念を継承し，CODEXでは上記のように栽培されても，遺伝子組換え作物や下水汚泥，放射線照射の使用は認められていない．

　日本国内における有機認証農家は，4581戸（2005年9月末現在）で2004年度の有機農産物は47421tで国内農産物総生産量の0.16%である．

3) 有機農業のための栽培技術

　有機農業は化学合成資材を使わないことを基本としているので，化学肥料に代わる養分補給を行う必要がある．生物性廃棄物からできたコンポストや有機肥料，ボカシはもっとも一般的な養分補給法であるが，これらの資材はすべての養分を含有しており，栽培する作物の養分要求量とはかならずしも一致しないことがあり，長期連用すると

土壌の養分バランスが崩れ，収量，品質の低下を招くことがある．すなわち，養分収支がマイナスになれば生産の持続性が失われ，過剰になれば，生産の持続性の喪失と環境負荷を引き起こす．それゆえ，有機農業でも適切な土壌診断は不可欠であり，闇雲の有機物の大量投入は環境破壊の原因ともなる．また，マメ科植物は自ら窒素を固定し，緑肥としても用いられる．骨粉や鉱物はミネラルの供給源となる．さらに，菌根菌はリンや微量要素の吸収を促進する．

化学合成除草剤による雑草防除の代わりとしては，機械的，物理的除草，アイガモや魚類などを利用した動物除草，生物農薬，被覆栽培，深水栽培，田畑輪換などが行われている．

これに対して，病虫害防除の基本は病虫害に犯されがたい作物を育てることであり，抵抗性品種の導入，各種ストレス解除，疎植栽培による風通しの確保，植物体の窒素過剰回避などが重要である．また，防虫網の設置，雨よけ栽培，輪作体系，拮抗植物栽培，拮抗微生物や抗菌物質，天然由来殺虫，殺菌材，天然誘引剤，天敵生物などの利用あるいはこれらを組み合わせた総合防除が有効である．

4) 有機農業の課題と展望 ß

有機農業では化学肥料や農薬を用いずに，堆肥や緑肥作物，深根性作物，輪作などによって土壌肥沃度や土壌微生物活性を維持・増強することを基本技術としており，地域の物質循環を重視している．また，食の安全性を求める消費者と，付加価値化による収入増と安全性を期待する生産者の連携によって普及しつつある．しかしながら，その普及率はもっとも進んでいるオーストリアでも2001年で8.4％，わが国では0.1％に過ぎない．また，有機農産物の安全性や機能性，効能についてはかならずしも科学的な根拠が十分でなく，収量性にも問題がある．それゆえ，土壌診断を励行し，土壌養分バランスの適正化を図るとともに，農産物の安全性や機能性，効能に関して科学的観点に立った検証が急務といえる．　　　〔三枝正彦〕

b. 地域循環型農業

1) 資材利用効率の改善

依然として増え続ける世界人口，1995年以降の世界耕作可能地の減少，途上国の食生活の欧米化などを考えると，今後の農業は単位面積あたりの穀物生産量を飛躍的に向上させることが求められている．一方，わが国では生物系廃棄物の氾濫，食糧自給率の著しい低下，夏期の高温多湿の気象，農業人口の高齢化などが深刻な問題となっている．これらの状況を考慮すると，前述の環境保全型農業（低投入持続型農業），有機農業では必要とされる食糧を十分供給することはきわめて難しい．また，これらの農業が成立する地域は，世界的にも国内的にもきわめて限られるものと思われる．それはこれらの農業が環境保全的ではあるが，単位面積あたりの穀物生産を飛躍的に向上させることが難しいからである．そこで，画一的に化学肥料や農薬の使用量を制限するのではなく，環境負荷の少ない資材については投入量を増加させてもよいが，環境負荷の多い資材は投入量を制限する，あるいは環境負荷を軽減する施用法や施用形態を開発するといった質的，量的改善を行い，環境負荷に考慮しつつも高い生産性，収益性を今後とも維持することが求められている．農業が環境保全的であっても，生産性や収益面で問題があると農家経営そのものが危うくなり，農業そのものの持続性が崩壊する．農家の生産性や収益性を確保するには，資材の投入量を制限するのではなく，資材による環境負荷や生産物への残存量を制限することが重要である．このためには，近代的科学技術を積極的に導入し，投入資材の利用効率を最大限とし，環境汚染を最少限とする農法が重要である．

2) 地域循環型農業の展開

わが国は食・飼料の多くを輸入に依存し，食糧自給率はカロリーベースで40％程度と著しく低い．その結果，生物性廃棄物が大量発生し，平成8年度の生物系廃棄物を肥料資源に換算すると，

同年度の化学肥料消費量の窒素で260％，リン酸で102％，カリで193％にも相当する．この生物性廃棄物をコンポスト化し，化学肥料の代わりとし，環境保全型農業や循環型農業，有機農業の展開などが提唱されている．しかしながら，生物性廃棄物の発生地は局在し，施用農地と離れている．コンポストはかさばり輸送コストが大きい，全成分を含有し，長期連用では土壌養分のアンバランス化が起こるなどの問題がある．一方，化学肥料は本来不足する植物養分を補給するもので，かならずしも肥料そのものが悪いわけではない．社会問題化している硝酸の地下水汚染や野菜への濃縮は，不適切な施用量と施用形態に起因する．事実植物の生育にマッチして溶出する肥効調節型肥料を接触施用すると，水稲の施肥窒素利用率は，従来の速効性硫安の約30％に対し，80％程度に飛躍的に向上する．その結果，環境への負荷は1/3以下に激減する．化学肥料は単成分でも使えることから，今後の農業は生物性廃棄物の地域循環を基本としつつ，不足する養分は化学肥料で補給し，環境に優しくかつ単位面積あたりの収量を最大にする地域循環農業を行うことが重要である．地域循環を基本とし，収量性，収益性を向上させることは，農家経営の安定化と食糧自給率の向上が期待される． 〔三枝正彦〕

c. 不耕起栽培

1) 不耕起栽培の定義と目的

作物の生産上，最小限の作業は播種と収穫であり，耕起や砕土は作物生育環境を改善する手段であり，省略すること（不耕起）が可能である．この不耕起栽培は，単なる耕起の省略による省力効果のみならず多くの利点が期待できるので，世界的に注目されている持続的栽培技術の一つである．不耕起栽培の定義は一義的ではないが，米国における1930年代の風食による土壌侵食防止を目的とし，前作の切り株を残した「Stubble mulching」栽培にあるといわれる．不耕起栽培といっても播種や移植のための穿孔や切溝が必要であり，土壌の撹乱程度や方法によって，zero tillage, no tillage, surface tillage, reduced tillage, minimum tillage などともよばれ，土壌や水の保全効果が高いことから，世界的には conservation tillage（保全的耕起）として位置づけられている．これに対して，わが国では，水田や転換畑を中心として発展し，土壌侵食防止より省力化や適期作業の推進，作業体系の合理化などを目的としている．

世界的にはダイズ，トウモロコシ，小麦などの畑作物の不耕起栽培が米国，カナダ，ブラジル，アルゼンチンなどで普及しており，1997年には4000万 ha にも及んでいる．これに対して，わが国の不耕起栽培普及面積（平成8年度）は，水稲直播栽培で1100 ha，移植栽培で500 ha，ダイズで数十 ha ときわめて限られている．また近年，水鳥の保全や生物多様性を目的とした冬季湛水田での不耕起栽培が期待されている．

2) 不耕起栽培のメリット，デメリット

不耕起栽培の目的は諸外国とわが国では大きく異なるが，耕起栽培に比べて，土壌の諸性質，生物性，作業性，環境負荷などで多くの違いが見られる．畑作の不耕起栽培のメリットは，①植被を維持し，土壌侵食（風食，水食）抑制，②耕起，砕土，整地作業の省略による省力，低コスト化，

③地耐圧に優れ，天候を問わず適期作業が可能，④土壌の浸潤性，保水性に優れ，耐干ばつ性向上，⑤植物残渣の被覆による鳥害や雑草害の回避と熱帯での地温抑制効果，⑥植物残渣の地表面集積と土壌有機物の分解抑制（地力維持向上）などである．これに対して，不耕起栽培のデメリットは，①土壌硬度の増大，地温低下による適地の制限，②速効性肥料の表面施肥による酸性化と肥効低下あるいは種子との同位置施肥で肥料焼け発生，③植物残渣による地温低下，発芽不揃い，病害虫発生，④農薬や肥料施用量の増加と環境負荷増大，⑤湿害の発生する可能性，⑥根菜類に不向きなどである．一方，水田土壌の不耕起栽培で畑土壌と異なるメリットとしては，①田面で稲わらが酸化的分解（メタンガス発生を抑制し地球温暖化軽減），②代掻き省略による省力化と酸化的土壌環境維持（水稲根の活性維持と増収），③田植え前の落水による土壌流出の防止（栄養分による水系汚染防止）④畑転換が容易，⑤落水不要で節水と貯水が可能などがあげられる．また，デメリットとしては，①表面施肥による肥効低下（脱窒），②減水深の増加による用水量増と雑草防止，防除効果の低下，③圃場表面の不均平化と肥効の不均一化による収量の不安定化などがあげられる．このように，不耕起栽培は省力化によるエネルギーの低減，地力の消耗抑制，除草剤投入量や節水など，低投入持続型農業としての側面をもつとともに，水田での代掻き省略による土壌や肥料成分による水系汚染軽減，稲わらの表層での酸化的分解によるメタン生成の抑制，燃料節約による二酸化炭素排出量の低減など環境保全型農業としての側面をもっている．しかしながら，従来の速効性肥料の表面施肥による不耕起栽培では，脱窒や表面流亡，肥料焼けなどによる施肥利用率の著しい低下が起こり，減収，環境負荷の増大につながることが大きな問題である．

3) 肥効調節型肥料を用いた全量基肥施肥不耕起栽培

従来の速効性肥料は溶解度が高く，接触すると肥料焼けを起こすので，図5.64に示されるような種子（作物根）と肥料粒子の間に土壌の介入（間土）が必要であった．そのため，溶解した肥料成分は土壌中で硝酸化成，脱窒，流亡，固定が起こり，肥効が著しく低下した．ところが，近年開発された植物生育にマッチした溶出特性をもつ肥効調節型肥料は，種子や作物根と接触しても肥料焼けを起こさず，接触施肥が可能となった．

たとえば，これまで水稲の不耕起直播栽培では速効性肥料を表面に施用するため，その基肥の利用率は10%以下と著しく低く，生育中期に数回の追肥をするのが一般的であった．しかしながら，肥効調節型肥料を全量基肥として接触施用すれば，その利用率は63〜80%と向上し，5〜6 t/haの玄米収量が安定して得られるようになった．また，湿田の多い東北地方ではY字型播種溝と肥

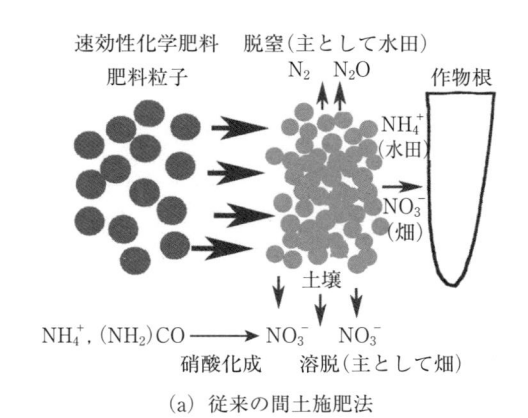

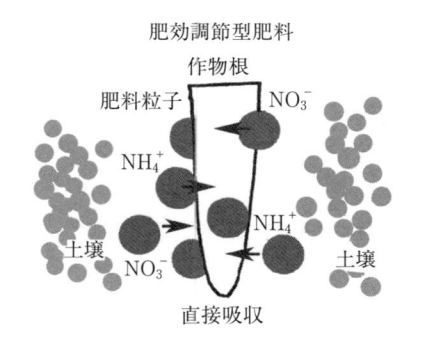

(a) 従来の間土施肥法　　　(b) 接触施肥法

図 5.64 施肥法と土壌中における施肥窒素の動態

効調節型肥料を用いることによって，不耕起無覆土直播栽培が可能となった．さらに，水稲の不耕起移植栽培では，一定期間溶出が制限されるシグモイド型被覆肥料を全量苗箱に施用することによって，育苗箱全量施肥不耕起移植栽培が可能となった．この基肥肥料の利用率は，従来の耕起栽培における速効性肥料の基肥利用率30％前後に対して，80％以上と高い値を示し，15％程度の収量増と肥料による環境汚染の軽減，さらには耕起，整地，追肥作業の省略により省力，低コスト化と化石エネルギーの低減に大きく貢献した．一方，畑作では窒素固定を行うダイズを中心に不耕起栽培が行われ，気候に恵まれたブラジルでは5t/haもの子実収量が記録されている．湿潤で溶脱が起こるわが国の飼料用トウモロコシ栽培について，肥効調節型肥料の全量基肥接触条施肥不耕起栽培を行ったところ，正常の発芽，出芽が起こり，基肥窒素の利用率は慣行耕起栽培における速効性肥料の利用率の約2倍（56％）を記録した．不耕起栽培では土壌の無機化窒素量が少なく，不耕起栽培の乾物収量は慣行区と同等かやや上回る程度であったが，耕起，整地の省略による省力，低コスト化，肥料による環境負荷の軽減と土壌窒素の温存による地力の増強が見られた．また，緻密化した作土に支持根が伸長し，耐倒伏性が著しく改善される．このように不耕起栽培は肥効調節型肥料を用いることによって環境保全的かつ安定収量が得られる持続的農業として注目を集めている．

〔三枝正彦〕

d. 地球温暖化と農業

地球温暖化ガスとしては二酸化炭素（CO_2），メタン（CH_4），ハロカーボン類，一酸化二窒素（N_2O）などがあげられ，地球温暖化寄与率はそれぞれ，約60，20，14，6％といわれる．現在，地球温暖化ガスとしてもっとも量的にも多く，温暖化寄与割合からも重要視され，京都議定書で国際的に削減目標が示されたのはCO_2である．CO_2の人為的発生源としては化石燃料の燃焼が全体の3/4を占めており，農業生態系の寄与割合は少ない．

1）農業生態系と温暖化ガス

農業生態系から発生する温暖化ガスの地球温暖化寄与率は約20％で，$CH_4 > N_2O > CO_2$の順である．メタンの生成は，嫌気性の細菌（CH_4生成菌）によって起こるが，発生源としては自然湿地が約30％ともっとも多い．農業生態系としては反芻動物が約16％，水田が約11％，畜産排せつ物が5％と推定されている（IPCC, 1994）．水田はアジアの農業にとってもっとも重要であるが，水田からCH_4の発生を抑制する方法としては水管理（中干しとその後の間断灌漑），稲わらの堆肥化，田畑輪換，不耕起栽培などがある．また，反芻動物からの抑制法としては，飼料の繊維質割合の低減，飼料品質や栄養バランスの改善による消化率の改善，抗生物質投与によるルーメン発酵抑制，不飽和脂肪酸添加によるCH_4生成抑制などがある．

一酸化二窒素は好気条件でのアンモニウムイオンの硝化過程と，嫌気条件での硝酸イオンの脱窒過程の両過程で生成する．発生源としては海洋や森林土壌からが8割弱と多いが，肥料からの負荷（約2割）も無視できない．肥料からのN_2O発生を抑制するには，硝化抑制剤や肥効調節型肥料の導入，追肥重点施肥，局所施肥などで施肥窒素利用率を向上させることが重要である．

二酸化炭素：農業生態系では焼畑農業や森林伐採，農業機械，土壌有機物の分解などでCO_2が発生するが，逆に光合成や土壌による固定，吸収があり，その功罪は土地利用方式によって大きく異

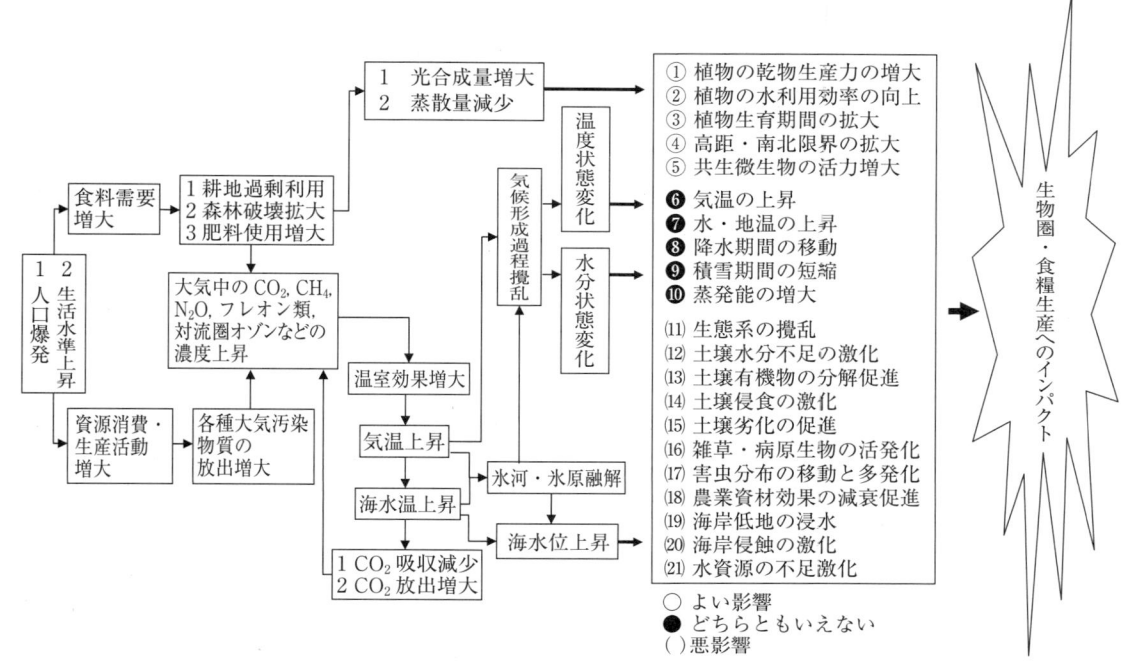

図 5.65 農林業・生物圏の各局面への温室効果ガス濃度上昇と気候温暖化の影響（内嶋, 1991）

なる．CO_2 の削減には，化石エネルギー消費の低減と森林や土壌による固定が重要であるが，農業的には不耕起栽培やミニマムティレッジ（minimum tillage）など，保全的耕うん法が有効である．

2) 地球温暖化ガス濃度上昇が農業に及ぼす影響

温暖化ガス濃度上昇が農業に及ぼす影響としては，温度上昇と CO_2 濃度上昇がある．その影響には図 5.65 に示されるように，植物の乾物生産力や水利用効率，共生微生物活性の増大と生育期間，生育域（緯度，高度）の拡大などの好影響，逆に，植物の高温障害の激化，土壌生態系の攪乱，水分不足，土壌の有機物分解，侵食，劣化の促進，雑草，病虫害の増大，海岸線の侵食と低地の浸水，水資源の枯渇などの悪影響，さらに，気，水，地温の上昇，降水や積雪期間の変動，蒸発能の増大などの季節や場所による異なる影響などが指摘されている（内嶋, 1991）．

これらの中で，大気二酸化炭素の上昇が植物の生育に及ぼす直接的影響が，FACE (free-air CO_2 enrichment) 圃場試験で詳細に調べられている．

大気 CO_2 濃度 550 ppm 上昇下での作物の収量は，つぎのようにまとめられている（小林, 2006）．①十分な養水分があれば，C_3 のイネ科作物は，10〜20％増収するが，C_4 のソルガムは増収しない．② C_3 植物の中では，ワタやジャガイモ，シロクローバはイネ科より増収率が高い．③窒素が不足すると，イネ科の増収率は低減するが，マメ科作物は変わらない．④水分ストレス下の作物の増収率は増加する．このように高二酸化炭素条件下では，気孔が閉じ気味になり，水利用効率が上昇し，光合成も上昇するので，多くの作物は増収し，この効果はとくに水分ストレス下で顕著である．しかしながら，CO_2 の増加は気温の上昇を伴い，植物の発育促進が起こる．一般に，光合成は日射量に強く依存するので，温度上昇による発育促進は生育期間の短縮，ひいては生育期間全体の光合成の減少につながる．また，気温の上昇は呼吸の増大によるエネルギーの損失，不稔などの高温障害の激化なども引き起こし減収する場合もある．また CO_2 と気温の相互作用もあり，作目別，地域別の収量予測が試みられている． 〔三枝正彦〕

参考文献 (5.11節)

嘉田良平 (1999)：農業と環境をめぐる課題と論点，(嘉田良平，西尾道徳監修) 農業と環境問題，pp.3-14，農林統計協会．

IPCC (1994)：Climate Change：Radiative Forcing of Climate Change and An Evaluation of the IPCC IS 92 Emission Scenarios.

金田吉弘，泉　正則，安藤　豊，三枝正彦，佐藤　健，館川　洋，佐藤　敦 (1995)：新農法の展開，新農法への挑戦（庄子貞雄編）生産・資源・環境との調和，pp.201-330，博友社．

小林和彦 (2006)：大気二酸化炭素の増加と地球温暖化，栽培学（森田茂紀ら編）環境と持続的農業，pp.157-160，朝倉書店．

小柳敦史，鴨下顕彦，濱田千裕，澁澤　栄，長谷川浩 (2006)：10 低投入持続型農業・環境保全型農業，栽培学―環境と持続的農業―（森田茂紀ら編），pp.168-179，朝倉書店．

三枝正彦 (1998)：環境と調和する有機農業，(松本　聡，三枝正彦編) 植物生産学 (II)―土環境技術編，pp.95-103，文永堂．

三枝正彦 (2004)：循環型農業と最大効率最少汚染農業：化学と生物，**42**，22-28．

西尾道徳 (2005)：有機農業の理念と土壌管理の課題，農業と環境汚染―日本と世界の土壌環境政策と技術―，pp.206-221，農文協．

野内　勇 (2005)：農業分野における温室効果ガスの放出削減，(上路雅子他編) 農業と環境―研究の軌跡と進展―，pp.20-41，養賢堂．

大井美智男，井上直人 (1999)：持続型農業，(柄澤　豊編) 21世紀の食，環境，健康を考える，pp.177-197，共立出版．

塩谷哲夫，桝潟俊子，舘野正樹，鳥越洋一，西尾道徳，浜弘　司，野口勝可，石原　純，伊藤　洋 (2004)：環境保全型農業，(山崎耕宇他編) 農学大事典，pp.1582-1612，養賢堂．

内嶋善兵衛 (1991)：農林業への地球温暖化の影響―IPCC報告を中心にして―，農業および園芸，**66**，79-84．

6

植物と文化

総論

1. ヒトはなぜ花を美しいと感じるのか

植物と私たちヒトとの関係は，衣食住をはじめとするあらゆる生活分野で認められ，その関係の中で植物の文化が生まれてきた．一方，現在の地球上で，花を美しいと感じる生命体は私たちヒト（Homo sapiens）のみである．植物の文化を考えるうえで，衣食住のように実用的な植物への関心ではなく，ヒトのみが感じる「花の美しさ」を避けて考えることはできない．

花とは，広義には種子植物（裸子植物と被子植物）における生殖器官を示し，狭義には被子植物の生殖器官をよんでいる．花は，ヒトに美しいと思ってもらうために咲いているのではない．多くの被子植物の花が目立つ色や形態をしているのは，花粉媒介者を誘うためと考えられている．花粉を媒介するものを大別すると，風や水などの無生物に依存するものと，動物に依存するものがある．前者のタイプとして風媒花や水媒花が知られる．後者のタイプとしては，虫媒花，鳥媒花，コウモリ媒花などが知られる．花粉を媒介する動物は，ポリネーターとよばれる．これらのポリネーターは移動能力が高く，植物が花弁や花冠，あるいは萼(がく)や苞(ほう)などを目立たせるように投資し，さらに引き寄せるように香りや蜜，花粉を準備しても十分に見合うだけのはたらきをしてくれると推測される．一方，風や水によって花粉を媒介する風媒花や水媒花は，このような投資をしても受粉確率を高めることはない．これらの植物の花は，一般に小さく，色も緑色などで目立たず，咲いていてもあまり意識されない．

一般に，私たちヒトは，花粉媒介を動物に依存している虫媒花，鳥媒花，コウモリ媒花などを美しいと感じている．しかし，あくまでも植物はポリネーターに対して投資しているのであって，私たちヒトのためではない．ポリネーターの対する目立つ形質を，ヒトが美しいと感じているだけなのであろう．昆虫や鳥などのポリネーターと同じような行動様式をとっていることになる．

一方で，私たちヒトは，美しい花を新たに作出するために，毎年，数限りない人工交雑を行っている．たとえば，ラン科植物の場合，最初の人工交雑による交雑種育成は，イギリスのビーチ商会の栽培主任であるドミニー（J. Dominy）によって行われ，カランテ・マスカ（Calanthe masuca）とツルラン（C. triplicata）とを交雑している．この交雑種は1856年に初開花し，育成者の偉業をたたえ，彼の名前を記念してカランテ・ドミニー（C. × dominii）と名づけられた．その後，彼はさらに人工交雑育種を続け，1863年には最初の属間交雑種レリオカトレヤ・エクソニエンシス（× Laeliocattleya exoniensis）も育成している．美しいランを求めて，まったく自然界にない属（人工属）をつくったわけである．

ラン科植物の育種はその後も進み，毎年，数え切れないほどの交雑が行われ，ヒトが美しいと感じる花が咲くものが生まれていることになる．美しい花を咲かせるのは，ヒトに花粉媒介させるためのランの策略なのであろうか．ランに限らず，美しい花を求めて私たちヒトがせっせと花粉を媒介する花は，人媒花といえなくもない．

2. 最初に花を愛でた人びと

私たちヒトが，いつから花を美しいと感じるようになったのか．この問題を考えるとき，ヒントになりうる話がある．イラク北東部のトルコ国境に近いシャニダール洞窟における6万年前から10万年前のものとされるネアンデルタール人の化石骨格と，その周辺から採取した土壌標本から導き出された一つの推論である．

米国，コロンビア大学のソレッキ（Ralph S. Solecki）氏は，1951年から1960年の間，4回の発掘を行い，6体の化石骨格を発見した．これらの発掘経過については，多くの論文により発表されているが，氏自身の言葉を借りれば「厳密に専

門的な論文では，発見について人間的な興味をそそる内容を十分に語ることはできない」ため，『シャニダール洞窟の謎』を執筆したとしている．ここでは，同書を中心として，博士の推論を紹介したい．

　第4次調査が行われた1960年，4番目の化石骨格が発見され，「シャニダール第4号骨格」と名づけられた．「シャニダール第4号骨格」は成人男性のもので，発掘の際，採取された土壌標本はパリの先史学研究センターの古植物学者ルロイ-グルハン（Arlette Leroi-Gourhan）女史のもとに送り，分析を依頼した．女史は数年かけて花粉分析を行い，その土壌標本に大量の花粉が含まれていることを発見した．花粉はかたまった状態で見つかり，一部は葯の内部に入った状態を推測できるような形であった．骨格周辺の土壌の花粉分析から，葯の状態で洞窟に運ばれたと考えられる花粉塊の状態のものとして，キク科のノコギリソウ属の1種（Achillea sp.），ケンタウレア・ソルスティティアリス（ヤグルマギク属，Centaurea solstitialis），サワギク属の1種（Senecio sp.），ユリ科ムスカリ属の1種（Muscari sp.），マオウ科エフェドラ・アルティッシマ（マオウ属，Ephedra altissima）と，他に2種の同定できない大量の花粉が見つかった．また，花粉塊ではなくばらばらの状態でアオイ科タチアオイ属の1種（Althaea sp.）の花粉が多数見つかった．洞窟の中で花粉が発見された場合，風や動物などによる混入が考えられるが，葯の状態で洞窟に混入したと考えると，風や動物が原因であるとは考えにくい．

　グルハン女史の気候変化を考慮に入れた算定から，この人物は5月下旬から6月上旬に埋葬されたと推測されている．このことから，「シャニダール第4号骨格」は花とともに埋葬されたと推測するに至った．死者を手厚く埋葬し，花を手向ける文化をもつネアンデルタール人を，ソレッキ氏は「The First Flower People（最初に花を愛でた人びと）」と名づけ，ネアンデルタール人を私たちヒトの祖先であると考えた．『シャニダール洞窟の謎』の原著名『Shanidar：The First Flower People』から，ヒトがヒトであるには「花を愛でる文化」がいかに重要であるかがわかる．また，発見された6体の化石骨格のうち4体から，病気や怪我のための変形があったが，いずれも治癒していたことが認められている．とくに，「シャニダール第1号骨格」の40歳前後と思われる成人男性の化石骨格は，右腕上腕部が異常に萎縮しており，若いときあるいは生まれつき，右腕が不自由であったと考えられる．この男性は当時の平均年齢より長生きしており，ネアンデルタール人には弱者をいたわる文化もあったことが推測される．

　現在の学説では，ネアンデルタール人は現代人（Homo sapiens）の直接の祖先ではないとされており，約3万年前に絶滅したと考えられている．しかし，2005年に発見されたイベリア半島南端にあるジブラルタルの沿岸の洞窟から，2万8000～2万4000年のネアンデルタール人が使用したとされる石器類や洞窟内での火の使用痕跡が発見された．このことからも，ネアンデルタール人は私たちの直接の祖先（クロマニョン人など現世人類）と同じ石器文化を有し，同じ地域で長く共存していたとも考えられる．ヒトがいつから花を美しいと感じるようになったという命題には明確な答えは見つかってはいないが，私たちの祖先もネアンデルタール人と同じような精神文化を同じ時期にはもっていたと考えたい．地球上の過去の一時期において，花を美しく感じ，花を愛でる生命体が H. neanderthalensis と H. sapiens の2種いたことを誇りに思う．

3. 緑の効用

　ヒトの精神文化を語るうえで，花や植物を美しく感じ，愛でる文化が重要であるが，それでは花や植物はヒトにどのような影響を与えているのであろうか．ヒトは何を期待して花や植物を求めるのであろうか．

　米国のウルリッヒ（Roger S. Ulrich）氏は，植物を見るだけで私たちに大きな心理的，身体的影響を及ぼすことを報告している．米国，ペンシルバニア州の病院において，1972年から1981年の間の，胆嚢除去手術後の入院記録を調査し，年齢や性別，家族構成，肥満か肥満でないか，喫煙者

か非喫煙者かなどを均一にした23組のペアを抽出し，病室の窓から落葉樹が見える患者集団と，れんが塀しか見えない患者集団とを比べた．その結果，入院日数は，落葉樹が見える集団が7.96日に比べ，れんが塀しか見えない集団は8.70日となった．また，看護士からの記録による否定点（痛みや不安感）は，落葉樹が見える集団が1.13に比べ，れんが塀しか見えない集団は3.96となった．さらに，落葉樹が見える集団のほうが，強い鎮痛剤を求めなかった．これらの結果は，落葉樹が見える集団のほうが，れんが塀しか見えない集団に比べ，痛みや不安が軽減され，より早く回復することを示している．この論文は，発表当時，米国の医療関係者に強い影響を与えた．

有名なO・ヘンリー（O. Henry, 本名：William Sydney Porter）の短編小説に『最後の一葉』がある．肺炎を患ったジョンジーが部屋から見えるツタの落葉を自分の命と重ねて，最後の1枚の葉が散ると自分も死ぬと考えた．そのことを案じた友人のスーが壁面にツタの1枚の葉を老画家に描いてもらい，散らないツタの葉（この場合は，絵に描いたツタではあるが）を見たジョンジーは病気に立ち向かう気になり，病気は治るというストーリーであるが，上記の報告を見ると，この小説も本当にありうる話と考えてもおかしくない．

4. ヒトへの進化と植物

このように，植物が私たちヒトに大きな影響を及ぼすのはなぜなのであろうか．前述のように，ヒトが美しいと感じる花は，花粉媒介を動物に依存しているものである．また，6万年前のネアンデルタール人は，花を死者に手向ける文化があったと思われる．

地球の誕生は約46億年前，生命の誕生は30数億年前とされ，500万年前に2本足で直立歩行する猿人が出現し，ヒトへと進化しはじめたとされる．この500万年の間，私たちヒトの祖先は，緑豊かな森で生活していたと考えられる．都市生活を18〜19世紀にヨーロッパで起こった産業革命以後としても，その歴史の99.9％以上は自然の中で生活してきたことになる．森林総合研究所の宮崎良文氏は，さまざまな感性評価の実験を通して，人の身体や感性は森や草原などの自然環境用につくられたものであり，その結果，都市生活の中ではストレスを感じ，反対に，自然との触れあいによって本来の人としてのあるべき姿に近づき，リラックスすると考えている．

植物の文化を考えるとき，ヒトに至るまでの進化の中で，植物と密接にかかわってきた30数億年の歴史を無視することはできない．

〔土橋　豊〕

参考文献
奈良貴史（2003）：ネアンデルタール人類のなぞ，岩波書店．
宮崎良文（2002）：木と森の快適さを科学する，全国林業改良普及協会．
ソレッキ（Solecki, R. S.）（1971）：シャニダール洞窟の謎（香原志勢，松井倫子訳），蒼樹書房．
埴原和郎（2004）：人類の進化史，講談社．
Ulrich, R. S. (1984) View through a window may influence recovery from surgery, *Science* **224**, 420-421.

6.1 住まいと植物

　人間の生存に欠くべからざる要素は「衣食住」とされてきた．だがそれらは単に要素であって，その具体的な存在には環境がたいへん重要な役割を果たす．気候風土と文化によって，「衣」や「食」と植物のかかわりも大きいが，「住」と植物の関係も人類の歴史と同じ長さをもつ．現在，住まいに関連してさまざまな植物の利用がなされているが，その原点の多くはたいへん古い歴史をもっている．それら原点は，現代の課題への対処にも大いに示唆を与えてくれる．住まいと植物のかかわりの原点を以下に紹介する．

(1) 森への畏敬

　古代文明は農耕，栽培植物に支えられていたことはいうまでもない．では，自然の森はどうであろうか．人々は樹木や森に対して，開拓すべき資源としての視点とともに，畏敬の念を古代からもっていたようである．紀元前のメソポタミアのようすを，粘土板の楔形文字に刻まれたギルガメッシュ叙事詩が物語る．西アジア最古の都市国家が森を破壊することで栄え，一方，森が枯渇することで滅んだ歴史を伝えている．森の番人フンババの邸宅はレバノンシーダ（*Cedrus libani* Loud.）に囲まれており，征伐に向かった兵士たちの感嘆を誘ったという．いまなおレバノンシーダに対する地域住民の意識には，特筆すべきものがある．近年，森林のセラピー効果が着目されているが，狭義の健康増進効果にとどまらず，このレバノンシーダの森は人間のスピリチュアルな面への効果も含む森林の機能を備えていると考えられる．

　当時，人々に愛された樹木には，このほかにナツメヤシ，イチジク，ブドウのほか，ザクロ（*Punica granatum* L.）がある．

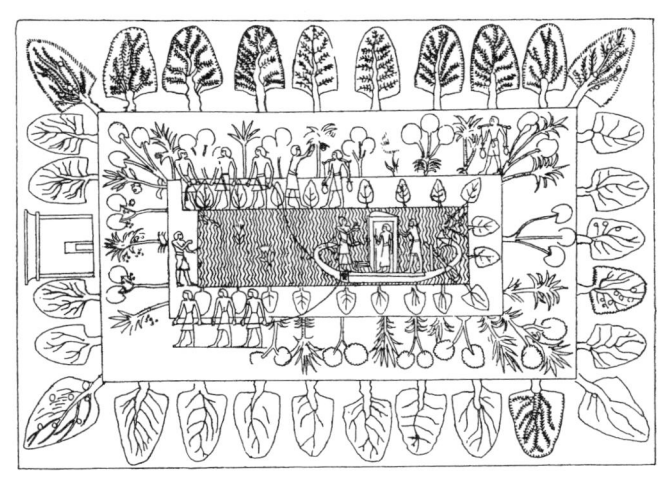

図 6.1 レクマラの庭園における死者の祭り（BC1500 テーベ）
(Gotheine, 1928)

(2) 天国の庭園の植物

人々の住まいのなかでも宗教施設，権力者の施設とその空間デザインは，その当時の自然観を反映している．古代エジプト，デール・エル・バハリの祭葬殿（ハトシェプスト，1503～1482 B.C.）には，並木道の植穴がある．祭葬殿へ導くスフィンクスに守られたその中心軸の両側には，パピルス，アカシア，シカモアなどが植えられていたと考えられている（岡崎，1981）．

エジプトでは乾燥気候ゆえ，緑への思い入れが強かったと見られ，このほか，庭園には，さまざまな植物が導入されている．アメノフィス3世に仕えた重臣の墓（テーベ）から発見された壁画には，生前愛していた庭園とそれへの思いが記されている．古代エジプトの庭園では，亡くなった主人を慰める場としても機能しており，地上に天国を再現しようとしていたこと，その重要な要素として樹木が植栽されたのである．シカモア（*Ficus sycomorus* L.，エジプトイチジク），ブドウ棚，パピルスの花壇に囲まれ水鳥が泳ぐ池，そのほかナツメヤシ，ドームヤシやオリーブ，バラなどが描かれている．カイマーの『古代エジプトの庭園植物』(Keimar, 1924) などによれば，このほかにイチジク（*Ficus carica* L.），ナツメヤシ（*Phenix dactylifera* L.），テーバイカヤシ（*Hyphaena thebrica* Spr.），アカシア（*Accacia julibrissin*），ブドウ類（*Vitis vinifera* L.），オリーブ（*Olea europea* L.）などが用いられたという．花卉類草花類は後期，バラの類，ヒルガオ，ケシ，アザミ，ヤグルマギクなどが知られている．

エジプトは乾燥地であることから，洪水を避けるために高台につくられた庭園の植栽には潅水技術は必須であり，シャドゥーフとよばれる跳ねつるべ（長い天秤棒とバケツを利用したもの）も用いられたと考えられている．

(3) ルネサンス，バロック庭園と植物

乾燥地における庭園と比べて，ルネサンスからバロック時代にかけて花開く西欧の整形式庭園では，樹木に対する思い入れはそれほど強くない．むしろ，その構図や水の扱いのほうにそのデザインに大きな特徴がある．ルネサンス庭園は丘陵地の立地を生かしたテラスと軸線，カスケードと噴水が必須の要素であった．その中で，イトスギは庭園の骨格をつくることが多かったことは特筆できる．

フランス平面幾何学式庭園は，その整形的なかたちもさることながら，スケールの大きさに大きな特徴がある．広大な敷地は，どこも同じような利用が行われるのではない．その代表的なベルサイユ宮苑では，主建築の前には，きめの細かい刺繍花壇などがあって，密度高い利用がなされるジャルダン（jardin）がある．ただし，当時はチューリップがきわめて高価であったことからもわかるように，現在のように球根類などが密植されたものではなかったとみられる．一方，その対極をなす広大なグランカナルとよばれる十字形の大運河やボスケ（樹林）などで構成されるところはパルク（parc）とよばれた．ボスケはニレ類，シナノキ類，カバ類など落葉広葉樹林で構成され，広大な庭園の骨格をつくっていた．

ルネサンス（露段式）庭園とフランス（平面幾何学式）庭園の間には，整形性，対称性，軸線など共通点はあっても，スケール，地形などの特性だけでなく，庭園としての意味がルネサンス文化と絶対王政の権威を示すという，似て非なるところがあった．しかし，もっとも大きな違いは気候の異なるイタリア（地中海性気候）とフランス（冷温帯）に生育する植物の違いであるともいえよう．

(4) 寝殿造りと樹木

日本のすまいは，庭園と密接に関連している．庭園の歴史では，植物そのものよりは石やその配置，地割りが重視されてきた．これは，「石をたてん事，まづ大旨をこゝろふべき也」ではじまる「作庭記」でもわかる．平安時代末期に成立したとされるもっとも古いこの庭園書は，当時の寝殿造りの住宅庭園の様式の解説である．

ここでは，中国の四神相応観が説かれ，東に東竜として流水，西に白虎として大道，南に朱雀として池，北に玄武として丘を配するように説くが，場合によっては，ヤナギを9本植えて青竜の

代わり，キササゲ7本をうえて白虎の代わり，カツラ（桂）9本を植えて朱雀の代わり，ヒノキを3本植えて玄武の代わりとすると説かれている．また，マツ類と中国から奈良時代に渡来したシダレヤナギ，ウメは好まれた．

(5) 中 庭

AD 79年にベスビオ火山の噴火で埋もれたポンペイの遺跡からは中庭の原型，アトリウム（吹抜けの舗装された前庭）とペリステュリウム（列柱回廊で囲まれた本庭）を備えた住宅が発掘されており，古代ローマ時代の都市民の生活が推察されている．現代では，室内の緑化空間をアトリウムということもあるが，本来のアトリウムには植物が栽培されてはいなかったと思われるので適切な名称とはいえない．ペリステリウムには観賞植物が栽培されていた．また，花壇があってそれを縁取るツゲ（Buxus sempervirens）が重要な修景要素であった．また，ポンペイの住宅のペリステリウムの壁画には多くの植物が描かれている．

中庭が粋をきわめるのは，中世イスラム世界の文化が花開いたスペイン半島アンダルシア地方である．

グラナダのアランブラ宮殿（Palacio de la Alhambra，アルハンブラは英語読み）のライオンのパティオ（中庭）がもっとも著名であり，これは124本の細い白大理石の列柱が取り囲むが，これは砂漠のオアシスに生育するヤシをイメージしたものとされている．Palacio de el Albaycín 天の楽園という意味をもつヘネラリーフェ離宮のパティオも著名であり，水路とそれを囲む植栽が美しい．乾燥地であるため，水と植物のもつ意味は大きい．こじんまりしたパティオにはテンニンカ，ゲッケイジュ，オレンジ，ゼラニウム，バラ類などが用いられていた．庭園全体としては，イトスギも主要な素材である．

一方，京都御所には建物に囲われた「壺」が伝わり，萩壺など，御前の壺前栽が存在したようである．多くは明治以降につくられた京都の町家には，密集した宅地に通風と採光と四季の潤いをもたらす庭木を含む，優れたデザインの坪庭が設けられていることが多い．マツ類やモッコクなど，日本庭園によく用いられるもののほか，ナンテン，マンリョウ，アオキなど，耐陰性とともに季節感をもたらす実が鑑賞できる根締め（低木）類がよく用いられる．

(6) 屋上の緑

現代的な植物利用の局面と考えられがちな屋上の緑ではあるが，その歴史は古い．古代バビロニア帝国には，架空園とよばれる屋上庭園が存在していた．巨大な建築のテラス群に樹木が植栽された様は，下から見れば空に架かっているかのように見えたため，古代ギリシャの歴史家がそう命名したのである．ギザのピラミッドなどとならんで世界の七不思議の一つとも賞賛されたこの屋上庭園は，ネブカドネザル2世（紀元前604〜前562在位）が，緑豊かなメディア王国から嫁いできた王妃アミューティスのために建造した，というのがもっとも信憑性が高いとされる．現在は，イラクのバグダードから南に90 km，ユーフラテス川の近く，砂漠の中の遺跡が発掘されている．後世に描かれた復元図ではナツメヤシ，テーバイカヤシ，イトスギ，レバノンシーダとおぼしきものが見える．

古代ギリシャには，アドニス園（図6.2）という一時的な屋上緑化の風習がある．これは，神話にある美貌の青年アドニスの夭折を悼む女性の祭りであり，壺にムギ類など短命の一年生草本を植えて，春に屋根にのせる．すぐに乾燥で枯れるのがアドニスの死を意味する．

図 **6.2** アドニス園（Gotheine, 1928）

一方で，日本ではこうした大規模屋上緑化の伝統はないが，住まいに密接に関連した屋根の緑として，東北地方を中心に見られる萱葺き屋根があげられる．これは，屋根の棟じまいに土をのせ，そこにアヤメ科のイチハツ（*Iris tectorum* Maxim）などを植栽したものである．

現代の屋上緑化の先駆としては，ロンドンに1936年から38年にかけてつくられたデリー・エンド・トムス百貨店があげられる．これは住まいではないが，造園家ラルフ・ハンコックによってデザインされた地上30mの屋上庭園（7500 m^2）は新しい住まいの緑の先駆けであり，百貨店も大盛況を呈したという．

現代の高層建築にも緑は取り入れられており，米国，ニューヨークに不動産王ドナルド・トランプ氏が1983年に建てたトランプタワーが著名である．これは，繁華街の超高層ビルの一角が緑化されたもので著名人も多く住む．

(7) 壁の緑

建築の壁もつる植物や鉢物の植物が導入されてきた．ツタ（*Parthenocissus tricuspidata* Planch.）でおおわれた外壁が歴史と伝統を感じさせるのは，全英オープンテニスで有名なウィンブルドンのセンターコート（1922年竣工）や甲子園球場（1924年竣工）を見てもうなずける．壁面緑化はこれらの例のようにつる性植物のクライミングか，もしくはハンギングによるものが主流であった．しかし，樹木を壁に沿って張り付けるように誘導する壁仕立て（エスパリアー）という手法もある．

2005年の愛知万国博では，鉄骨で大規模な壁面がつくられ，さまざまな植物が，さまざまな手法で導入され，ヒートアイランド現象で悩む都市環境への貢献も期待されている．

神事の植物：一般人の住まいではないが，神社には神事に利用される樹木が植えられる．樹木や森や山など自然物が信仰の対象とされ，神が降臨する依代の樹木や，鎮守の森を保全している例も多い．神事にはサカキがよく用いられるが，ツバキ，シキミ，ヒサカキも使われる．春日大社のナギの森はもともと神事用に導入されたものとも考えられている．このほか，オガタマノキ，タラヨウ，ヒカゲノカズラなど神社，神事にゆかりの植物は多い．諏訪大社の著名な神事に，モミの巨木を切り出して曳きたてる御柱がある．

(8) 室内の緑

屋内の吹抜け空間への緑の導入をアトリウム緑化とよぶことがある．ニューヨークに最初の大規模室内緑化として，世界に知られるフォード財団ビルが出現したのは1968年であった．しかし，室内緑化は緑を求める人間の生活に適した室内環境と植物に適した環境とがかなり異なる点に配慮が必要となる．

通常のオフィスビル室内では微風，低湿度，最低気温は高くて季節変動に欠け，樹木の健全な生育に必要な光量レベルに達していない．樹木のた

図6.3 フォンテーヌブローの果樹園（Gotheine, 1928）

図6.4 バイラング
愛知万博（2005年開催）に展示された巨大壁面緑化．

めに日射を豊富に取り入れると空調設備に負荷がかかることもあって，多くの室内緑化では，光合成有効光量子束密度（PPFD）不足に陥ることがもっとも重要な課題である．一方，潅水や施肥は容易であるため，葉は軟弱で大きい陰葉となりやすい．

したがって，植物は熱帯，亜熱帯の湿潤地域の林床植物などが適しており，ベンジャミンゴム（$Ficus\ benjamina$ L.）はもっともポピュラーである．一方，日本の事例には計画理念から在来種を導入している例も少なくない．日本最初の本格的室内緑化である大同生命大阪本社ビル（1972年竣工）では，日本の暖温帯在来種を対象に花崗岩風化土を用いたコンテナ栽培順化のあと，導入された．ここでは，樹木に一定の配慮をした空調が行われている．愛知県緑化センター本館（1976年竣工）は，下部に一部スリットを設けた北側と天井の大ガラス面から採光し，自然地盤の上に改良土を盛土して，空調を制限し，通常の在来の造園植物とともに，極度の低光量で生育するナギイカダ（$Ruscus\ aculeatus$ L.）も導入している．関西空港キャニオン（1994年竣工）では，完全人工地盤の上に大型の礫耕栽培およびミスト噴霧装置を備えて，在来種を導入している．耐陰性に優れていると考えられたナギ，タブ，モチノキ，モッコク，ツバキなのについて，導入に先立ち，根きりと大型礫耕および低光量への順化工程が組まれた．

このように，室内緑化技術的な困難さは否めないものの，江戸時代の彫り物師がオモトの緑で目を休めたように，ビルの室内の植物には，テクノストレスを癒す機能が期待されるほか，シックビル症候群（Sick Building Syndrome）原因物質の低減などにも役立つことが明らかとなっている．

〔森本幸裕〕

参考文献

Gothein, M. L. (1928) *A History of Garden Art* I, London.
Keimar, L. (1924) Die Gartenpflanzen in alteu Ägypten.
森本幸裕・小林達明編著（2007）最新環境緑化工学，朝倉書店．
岡崎文彬（1981）：造園の歴史，同朋社出版．
飛田範夫（2002）：日本庭園の植栽史，京都大学学術出版会．

図6.5 関西空港ターミナルビルのアトリウム緑化
ミスト灌水ポールが見える．

a. ビオトープ

ビオトープとは，もともと野生生物の生息環境のことで，とくにつくるという意味はない．しかし，保全や創出の単位としてのビオトープの分類とその図化作業がドイツやオランダを中心にヨーロッパ圏で取り組まれるようになって一般に用いられるようになった．単に植物や樹木による造園や修景でなく，生き物が持続的に生息可能な環境を創出するための基礎概念を示す用語である．日本でも野生生物生息環境を整備するという意味で，学校ビオトープ運動が全国的に展開されている．生物多様性の危機を背景に，住宅まわりでもとくに利用や快適環境を求めるよりも，豊かな生物相との共生をめざすための公園や庭園をつくる動きがあり，英語圏ではエコロジーパークとか，（ナチュラル）ハビタットガーデン（habitat garden）とよばれる．自宅の裏庭で野生生物のための空間を確保する裏庭保全（backyard conservation）というような動きもある．

ビオトープは，地学的な環境区分（フィジオトープ）やフィジオトープとビオトープをあわせたエコトープという概念と類似しているが，定義は確定していない．ビオトープは保全対象とされることもあれば，創出の目標とされるときもある．ビオトープの状態はその場の地質や地形，気象や水文環境，面積など，地学的な立地特性（地学的ポテンシャル）とさまざまな目標とする生物種の侵入のしやすさ（生物的ポテンシャル），どのような整備を行うかという初期条件，時間の経過に伴う自然のプロセス，管理などの人為的な要因などによって，左右される．

目標としては，その地のもともとの自然の状況を念頭におくことが望ましい．しかし，地形もすでに改変され，まわりの自然が消失していることが多く，自然侵入を待つとしても自然豊かなところからは隔離されている場合も多いため，放置しておいても再生しない．そこで，ある程度，初期条件の整備が必要である．整備は地形や池，水路などの生育環境の造成と樹木，草本，水生生物の導入が主たる内容となる．都市化で多くの水辺環境が失われたことを考えると，雨水や井戸水を利用した水辺の造成は意義深い．また，狭い範囲で多様な自然をめざすには，倒木や石積みなども含む，多様な微生息環境の整備が必要である．

とくに，生物の導入に際しては，その生育条件が適切であることが前提であり，地元産のものを旨とする．特定外来生物や要注意外来生物は導入してはいけない．大きな樹木は，それ自体で環境形成作用が大きいため，導入はよい結果（多様な動植物相）をもたらすことが多い．

植物は繁殖様式が多様なため，種によって侵入・定着しやすいものとそうでないものがある．風散布のものは裸地にもっとも侵入が早く，また樹木があれば鳥散布のものも早く侵入するが，動物散布，アリ散布，重力散布の樹種の自然侵入は困難なことが多い．なお，鳥やチョウの種類はその場所のポテンシャルに応じた生物相が比較的短期間に記録されやすい．

適切な初期条件が整備されても，侵略的外来種の繁茂・繁殖が，豊かな生物相を目標としたビオトープの大きな課題となることが多い．そのため，豊かな自然とのふれあいを求めるには，モニタリングに基づく順応的管理が不可欠である．たとえば，アメリカザリガニは水草に致命的な被害を与える．また，植物については，水辺では特定外来生物に指定されたオオカワヂシャ，アカウキクサ属の *Azolla cristata* のほか，草地では要注意外来生物とされているセイタカアワダチソウ，アメリカセンダングサ，オオアレチノギクなどが優占しやすい．

しかし，林縁性のつる植物などはそれが一つの生息環境として機能しているので，取扱いに注意を要する．図6.6に生育環境に対応した小さなビオトープの種間関係を示した．

都市化がますます進行し，豊かな自然とのふれあいの機会が減少する中，都市における学校ビオトープやアーバンエコロジーパークの果たす役割が期待される．

〔森本幸裕〕

6.1 住まいと植物

参考文献

夏原由博 (1998)：陸上昆虫とクモ．いのちの森，**2**：24-28．

森本幸裕・夏原由博 (2005)：いのちの森―生物親和都市の理論と実践．京都大学学術出版会．

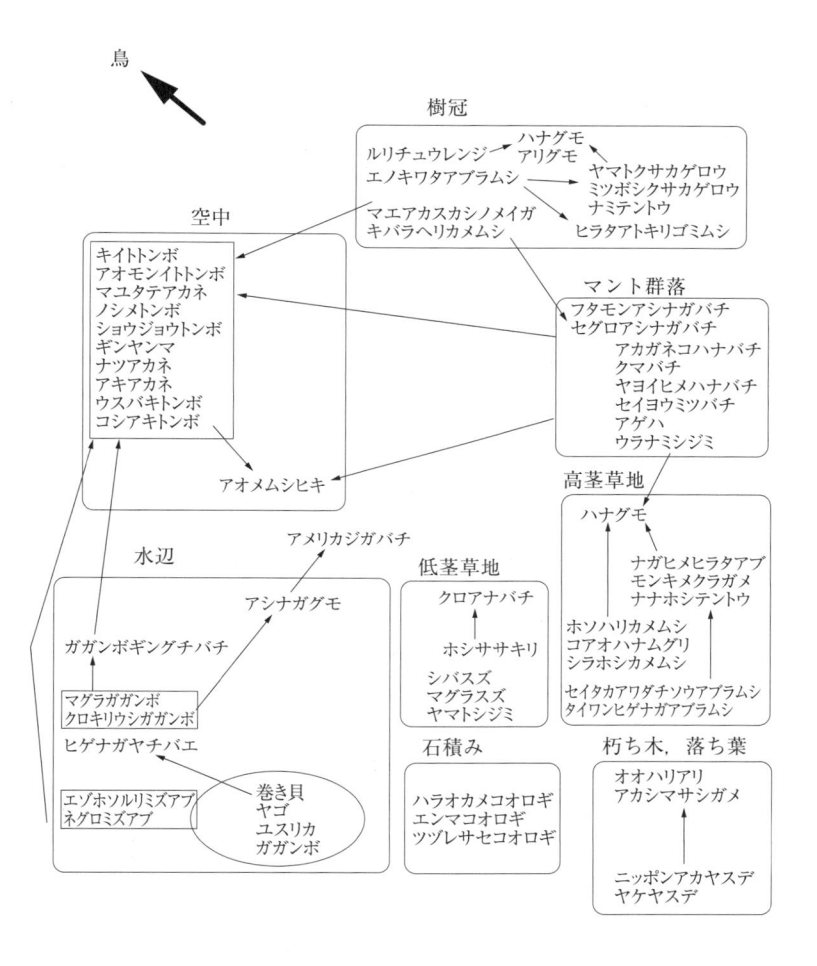

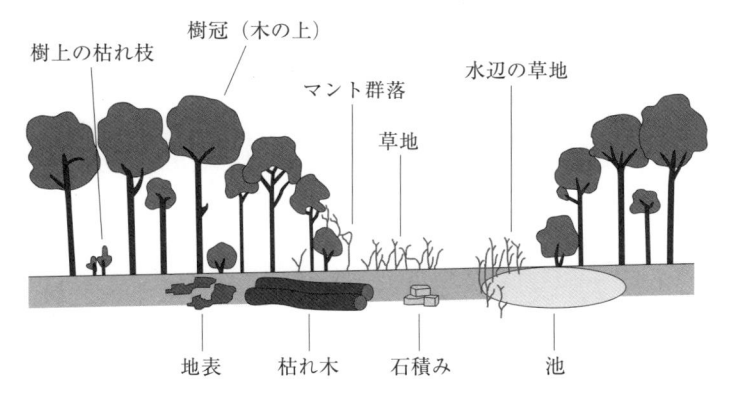

図6.6 ビオトープの野生生物生息場所と食物連鎖
施工後2年の例を単純化して図示（夏原，1998；一部改変）．
ビオトープの実例写真については口絵41参照．

b. 緑化植物

　植物はすべて広い意味での緑化植物であるが，特定の要求に対してとくに優れた性質をもったもの，実際に緑化に用いられるものをとくにそうよぶ．しかし，環境圧に対する優れた耐性をもつ種は，導入先で偏向遷移を招いたり，逸出して在来の生態系に大きな影響を及ぼす可能性も秘めているので，安易な利用は慎まなければならない．かつて治山砂防緑化と斜面緑化に，広く用いられたニセアカシア（北米原産）やウィーピングラブグラス（シナダレスズメガヤ：アフリカ南部原産）がその代表である．一方，日本からはクズやスイカズラが米国に導入され，一時は優秀な緑化植物とされて利用されたが，逸出して在来の生態系に大きな影響を及ぼしている．また，これまで多く用いられてきた芝草には現在，要注意生物として検討されているものが少なくない．特定外来生物，未判定外来生物，要注意生物のリストは最新の状況を環境省の外来生物ホームページ（http://www.env.go.jp/nature/intro/）でチェックするのがよい．

　砂漠化防止緑化も，緑化すれば蒸散によって水資源を消費することに留意が必要である．中央アジア乾燥地では，河川水で生育するポプラ類，グミ類は十分な灌水さえ行えば緑化は容易であるが，水消費量が大きいのが欠点である．一方，成長速度はたいへん遅く，多くの植被量は望めないが，サクサウール類（*Haloxylon* spp.）はごく限られた地下水で生育可能であるため，中央アジア乾燥地での重要な緑化樹種となっている．

　緑化植物による花粉症も場合によっては課題となる．イネ科牧草の場合は出穂時までに刈り取ると被害がない．一方，有力な緑化植物ではあるが，ヤシャブシ類，ハンノキ類は被害が大きくなることがあるので都市緑地への大規模導入は避けたほうが無難である．

　軽量薄層土壌に生育可能なセダム類は屋上緑化に適性をもっているが，それはヒートアイランド現象緩和や降水の一時貯留など，屋上緑化に期待される機能が低いことをも意味している．

　このように，緑化植物は環境圧に対する耐性と，緑化植物に期待する機能には，トレードオフの関係があるといえる．　　〔森本幸裕〕

表6.1　主要な緑化植物（アジアでよく用いられているものを例示）

造成裸地・斜面緑化	トールフェスク，オーチャードグラス，クリーピングレッドフェスク，バミューダグラス類，日本芝類，メドハギ，イタドリ，アカメガシワ，ヌルデ
スポーツターフ	ティフトン（バミューダグラス），日本芝類，ペレニアルライグラス，ベントグラス，トールフェスク
極薄層生育基盤	セダム類，エゾスナゴケ
砂漠化土地	モンゴルマツ，沙柳，旱柳，サクサウール，タマリクス類，イタチハギ，ムレスズメ類，ヨモギ類
日陰地	カンアオイ，ヤブラン，リュウノヒゲ，ユキノシタ，フッキソウ，ナギイカダ，シュロ，テイカカズラ，カクレミノ，ヒイラギ，ヒイラギナンテン，イヌツゲ，ヤツデ，ヤブコウジ，アオキ
貧栄養	マツ類，ハンノキ類，ヤシャブシ類，ハギ類，イタチハギ，コマツナギ
早生樹	ユーカリ類，アカシア類，ポプラ類
海浜緑化	クロマツ，ウバメガシ，トベラ，ヤマモモ，シャリンバイ，ハマヒサカキ，マサキ，ビャクシン，コウボウムギ，ハマヒルガオ，ハマナス，アマモ類（海草）

c. 屋上緑化

屋上緑化には，都市のヒートアイランド現象の緩和をはじめ，表6.2に掲げたような機能が期待される．このため，東京都では，1000 m^2 以上の敷地において建築物の新築，増改築などを行う場合，条例により，敷地や建築物上への一定基準以上の緑化を義務づけたり，総合設計制度などと連携して容積率の緩和を行っている．大阪，京都ほかいくつかの都市も同様の制度や，補助金の施策もとられている．制度がいくつかの自治体で整備されている．

屋上緑化のためには，防水，防根の措置とともに，軽量で保水性と排水性に富む培養土が要求される．国土交通省の屋上では，リサイクル資材を用いた人工軽量培養土を15 cm 程度でノシバなどの緑化が主体であるが，自動灌水で厚さわずか5 cm のシステム緑化を実現している部分もある．

表6.2 屋上緑化のおもな機能

対象	効果
人の利用	庭園機能，内部景観向上 心理・身体（やすらぎ，ヒーリング，木陰など） 文化（ガーデニング，家庭菜園，にぎわい）
建築物	建築のアイデンティティ付与 室内気候緩和（最高室温低下，最低室温上昇） 保護効果（防水層などの）
都市環境	都市気候（ヒートアイランド現象）緩和 汚染物質フィルター効果 降水の（一時）貯留 美観風致（建築物のエッジ緩和，外部景観向上）
野生生物	エコロジカルネットワークの踏み石 ハビタット（生息環境）

大きな樹木を導入する場合は少なくとも 50 cm 以上の培土層が必要であり，樹木の支持のための地下支柱も用いられる．

植物材料としては，耐乾性に優れたものが安全だが，むしろ特別視せず，構造と管理で対応することが望まれる．たとえば，薄層で生育可能なメキシコマンネングサなどのセダム類がコスト的には安価だが，CAM 植物であるため，屋上緑化に期待される機能は高くない．　　　　〔森本幸裕〕

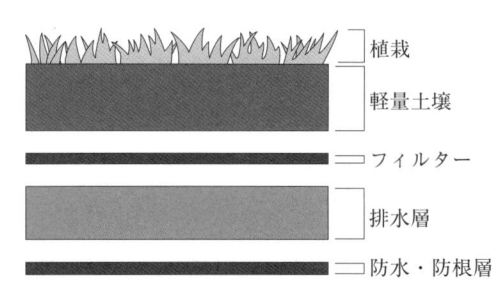

図6.7 屋上緑化の断面構造例（国土交通省屋上庭園）

図6.8 なんばパークスの屋上緑化（口絵40）
郷土種，園芸種を含むさまざまな植物が用いられている．

図6.9 オランダのシネマコンプレックスの屋上緑化

6.2 植物にしたしむ

　文化とのかかわりで植物を見る話題のうち，植物に癒しを求める心は一般的には花卉(かき)園芸とともに展開してきた．動物ならペットを飼うという場面が，植物で草木の栽培に向かわせる．

(1) 園芸と文化
　園芸一般は植物の利用の観点から紹介されるのに対して，芸術作品に取り上げられる植物は，芸術家の透徹した美意識を高揚させる媒体となっている．作品を鑑賞することによって癒しを得る側からいえば，芸術家の結晶させたものから感動を得るのであり，感動を呼び起こした植物に直接に触れることはない．山路をたどってスミレを見る機会は万人に与えられるが，「山路来て　なにやらゆかし　すみれ草」(松尾芭蕉)と詠めるのは天才の心だけである．同じスミレを見る万人は，芸術的に昇華した言葉を通じて，植物のゆかしさをあらためて意識する．しかし，また，スミレを見て芸術家の感動に思いをめぐらせるのも万人に見る現実である．

　芸術との差を明確にすることはできないが，植物と積極的に触れ合い，癒しを求める活動も盛り上がっている．草花や花木を庭に植栽するだけでなく，植物にはたらきかけ，植物との関係性を密にし，植物をよりよく知り，植物からより大きい歓びを引き出そうとする．植物を描き，ドライフラワーをつくり，草木染めを試みるのは，植物との触れあいに向けた行動である．たぶん，植物とのしたしみは，自分から植物のすがたに入り込む行為を通じて，より深まるものだろう．それは，自然に生きる植物を観賞することから一歩ふみ込み，自分の庭やベランダで植物を栽培することによって知る楽しみにも通じるものがあるに違いない．栽培による植物との関係性確立について見れば，その極致が，盆栽という特殊な植物の栽培法に見られるものかもしれない(本節 c.項参照)．

　人はヒトから人に進化する以前から，植物と不可分離の関係性をもってきた．生物の進化の長い歴史を通じて，そのときどきに生きていた地球上のすべての生き物は直接的，間接的な関係性をもち続けてきたのだから，人が人に進化する前の生き物の頃から，すでに進化していた植物と相互に深い関係性を描き出していた．人が進化してきた初日，すでに人は植物をエネルギー源として活用し，植物が放出する酸素を吸収して植物に二酸化炭素を供給し，森や草原を自分たちのすみかとしてきた．やがて植物のうちに薬効をもつものを見出し，植物から酒をはじめさまざまな嗜好品を産み出した．しかし，人に進化した私たちの先祖が他の生物と違った植物との関係性をつくり出したのは，彼らが知的な活動をはじめたことによる．

　人以外の生物は，人が感じるようなやり方で，花を「美しい」とは感じないらしい．だとすると，人に進化してから人が植物としたしむようになったすがたには，植物から癒しを得るというかたちが発生したのである．もちろん，人の知的活動がそのことを認識するだけで，他の生き物たちが植物に癒しを得ることがないとはいえない．ただし，癒しということ自体が，知的活動によって疲労している人の神経にとっての精神的な薬用効果だとすれば，知的活動をしない生き物にとっては無縁の話である．

　花を美しいと感じてからの人は，美しさを芸術的感動に高め，美しさと平行して見出した不思議

を解析して科学を産み出し，美しさに潜む神秘さを求めて宗教的な祈りを展開した．知的活動はそのまま文化の創造につながり，人らしい生き様は文化に先導されることになった．知的活動の活性化のためには，入手した情報を一過性にせずに社会のうちに集積する必要があったが，言語を創造し，言語を文書によって記録するようになった人は，情報を社会内に集積することに見事に成功した．言語をもたない他の生き物たちにとっては，それぞれの種に特異的な情報伝達の技術をもっていたとしても，それぞれの集団内に記録される情報量は限られた量にとどまることになる．人が人に進化し，知的活動をはじめることに成功した基盤としては，人だけが言語を創造するための身体的特徴を進化させたという事実に負うところが大きいだろう．

動物としての人は，植物との関係性において，他の動物と同じように，エネルギー源としての活用，環境要素としての依存などに親密さをもち続けている．生物多様性の持続的利用という際に，遺伝子資源としての生物多様性を意識し，環境を構成する基盤としての生物多様性を考えるのは，この筋書きでは，動物としての人の生存を維持するためである．しかし，人にとって，生命への畏敬の念がほとばしり出るのは，動物としての生存の維持だけでなく，もう一歩人らしい生き方において生物多様性と，植物とつきあうことによるものである．ひと言でいうなら，心に触れあうという意味での植物とのつきあい方である．ここでいう植物としたしむ関係は，植物と人の心の関係性とでもいうべきものだろう．

(2) 植物と人の心

物質文明という切り口における人と植物の関係性は，その詳細が植物の利用の章で語られる．一方，知的活動が描き出すすがたとしては，植物における科学的事実がもっとも重要である．本書に求められるのは，もっぱら科学的事実としての植物の描写だろう．事実，本書の大部分のページは植物について科学が知り得ている事実の紹介に割かれている．しかし，「植物の事典」と題するな

ら，人の知的活動が創り出した文化における人と植物の関係性が問われることになり，本節では文化における植物が解説されることになる．さらに，広義の文化とかかわる植物について，ここでは植物がしたしむ人のすがたを紹介しようとする．植物を描き，植物を栽培する行動は，文化におけるゆとりの時間を植物とすごす人の行為といえようか．

つねに砂が動いている砂漠の砂山や，森林限界をこえる高さの高山，高緯度の極地のような特殊な場所を除いて，地上には植物が茂っている．人と植物の関係性は，生活する人と，そこに生えている植物との関係で展開してきた．しかし，人は旅をし，他の社会の生活に接するうち，地球上にはさまざまな生物が生きていて，自分の住み場所にはない優れた植物たちが地球上にはたくさん生きているという事実を発見した．豊かな資源を獲得するために，自分たちの住み場所にはない優れた生き物を，他の場所から導入することを試みるようになった．他の地域からもたらされた植物が栽培され，もともとそこにあった植物と共存することになった．植物によっては，移動させれば育ち難いものもあり，異なった土地に馴化させることも栽培にとって必然の作業になったが，野生種を別の場所に馴化させたり，さらには栽培に適した型を作出することも，人の技術は育ててきた．

自分たちの住み場所と違ったところにある貴重な植物を，自分たちの生活場所に導入するという行為も，人々の交流が盛んになり，地球上の各地へ旅行が容易になるのに伴って，はなはだしいかたちで推進された．すでに活用されている植物の他地域への導入は，話し合いさえしっかりされれば，技術的には難しくはないことだった．しかし，まだ誰にも利用されたこともない遺伝子資源としての植物ということになると，眼の確かな人による探索が必要となる．旅行が容易になるにつれて，遺伝子資源としての植物を求めて地球上の各地へ探索に向かう人の数が増えてきた．

生きた植物が導入されるだけでなく，多様な植物の分類体系の確立を目指して，大量の標本も西欧にもたらされた．標本資料に基づいた科学的な

解析が進められ，さらに植物の多様性についての関心が深まった．植物とのしたしみのうちは，科学的な関心の盛り上がりも大きな要素であるが，現在では科学は技術と直結し，科学技術といえば心の問題ではなく文明の課題と見なされるのが普通になっている．

(3) 植物の導入

人は身のまわりの植物を見て育つ．原始，まだ人の移住が限られた範囲にとどまっていた頃，人が旅行に出ることは頻繁ではなかった．それでも，人が人に進化するよりも早い時期からだろうか，人は自分の周辺に生きている植物が地球上の植物のすべてではないと知っていたらしい．食料などになる資源植物は，人が農耕をはじめたごく初期のうちにすでに，集落から集落へ導入されたものらしい．さらに，食用植物の伝播と農地の開発は，史前帰化植物とよばれるような平地，陽地の植物のグローバルな分布拡大を促した．

人の移動が頻繁になり，集落間の交流が盛んになると，資源植物への認識も深まり，植物の移動も推進されることになった．このような現象が典型的に現れたのが，大航海時代とよばれ，探検の時代とよばれる頃からだろうか．とりわけ，新世界の植物が旧世界にもたらされ，多様な植物が，それまでの旧世界の人の文化を一変させることになって以来，人の交流，植物の交流ははなはだしく推進されることになった．

現在を主導する文化は西欧文明に基づくものであるが，その基盤となるヨーロッパは資源となる植物についていえばきわめて貧弱である．生活を豊かにするために，より豊かな植物の多様性が世界の各地に認められることを知って以来，ヨーロッパでは資源植物の導入に積極的になった．食用や薬用の植物はもちろんであるが，平行して，多様な植物のすがたに感動し，美しい植物に惹かれる心も強まってきた．資源確保のために，領土の拡大に対する野心も，各国なみなみならないものがある．折から，探検が人々の心をわくわくさせることとなった．

コロンブスの新大陸発見も，探検の時代にありうるべき発見だったし，領土の拡張や新しい資源の導入に伴って，植物科学，とりわけ多様性の植物学にとっても，見たこともない異国の植物が相ついで導入されることが，発展の刺激剤となった．はじめは，領土拡大や，探検に伴ってもたらされていた動植物だったが，そのうちに植物を探索し，導入するという目的をもった専門の旅行者が出てくることになった．そのような人たちをプラントハンター（本節 b 項参照）とよんでいる．植物の異国間交流にプラントハンターが果たした役割は大きい．

〔岩槻邦男〕

図 6.10　東京大学植物園には，ポトマック河畔に贈られた桜の返礼として届けられたハナミズキの原木とされるものが残されている．

a. ボタニカルアート

botanical art という英語を聞けば，植物に関する芸術作品すべてを指す言葉のように思われる．しかし，実際には，英語の意味も，カタカナの日本語で使われる際も，植物を描くことに限定して使われている．日本語訳の植物画のほうが正確に内容を示しているともいえる．最近では，植物画を描くことがいろんな層に関心をもたれている．

植物をモチーフにした絵画については，6.4節で解説される．日本画でも，植物を題材にした名作は少なくない．植物は，画家に対しても芸術的感動を惹起する．芸術家でなくても，普通の人でも植物を描いたり，最近では写真に撮ったりして，その美しさを自分の眼で確かめる．

植物画は，いわゆる芸術作品とは違って，むしろ科学的な植物の観察の記録としてはじまった作品である．植物の研究成果が刊行される際に，植物の一部または全部が図示されることによって，内容の理解を深めることが期待された．古い時代，植物の本がつくられるのは，薬用植物などの識別の用に供するものだった．日本や中国の本草学書もその類いのものだった．これらはいずれも図を伴ったものだった．

印刷技術が確立されてからも，植物学書の刊行にはたいてい図が付されていた．この場合の図は，できるだけ正確に植物のすがたが描かれることが期待される．ルネッサンス以後には，植物の科学についても正確な観察を基盤とするようになった．植物学書の説明の補助に描かれた植物の図だったが，やがて正確な植物の図に説明がつく植物図譜として刊行されることにもなってきた．15世紀末頃からのいわゆる大航海時代になると，植物学の対象となる資料も多様になり，植物画もますます正確に描かれるようになった．

植物学のための図と平行して，園芸植物の図譜も多く出版されるようになった．美しい花を描いているうちに，植物図譜の図を描く作家に，芸術的感動を体得する人もできてきた．フランスのルドゥーテはマリーアントワネットを指導し，ナポレオン夫人のジョゼフィーヌのバラを描いた天才植物画家だった．イギリスでもキュー植物園を中心に植物画を描くことが普及し，18世紀末にはカーチスのボタニカルマガジンも刊行された．

日本でも本草学書に図が付されていたが，一方で，日本画にも花鳥画の伝統があった．もっとも，植物画が描かれたのは江戸時代に入ってからというのが正確だろう．シーボルトの日本植物誌には，長崎の絵師川原慶賀の図が使われた．明治に入って西欧的な植物学が導入されてから，「小石川植物園図譜」の図を描いた賀来飛霞や加藤竹斎，五百城文哉などの植物画家が輩出したが，植物学者牧野富太郎の描いた植物画も第一級の作品だった．

ボタニカルアートという語が流行するようになったのは20世紀も後半に入ってからで，植物園や博物館などが植物画のコンクールをはじめたり，カルチャースクールで植物画を描くコースが設けられたりしたのも，植物を描く趣味を振興したものだった．植物を見る眼を植物学の観点から高めることにつながり，植物にしたしむこころを深めるのは好ましい流行だといえる〔岩槻邦男〕

参考文献
大場秀章（2003）：新装版 植物学と植物画，八坂書房．

図 6.11 ルドゥーテ：ユリ科

b. プラントハンター

　プラントハンターといえば，基本的には生きた植物を導入した人たちを指す．しかし，生きた植物をもたらすもととなる標本の採集を含めて語ることもないわけではない．当然であるが，両者がはっきりと区別できるものでもない．

　コロンブスの米国発見は，新世界の多様な植物をヨーロッパにもたらした．バレイショ，トウガラシ，タバコなどがあっという間に旧世界の生活に大きな変貌をもたらした経緯は，語り継がれる歴史の物語りになっている．しかし，貴重な資源が外からもたらされるということを学んだ経験は，東へ向かってコショウを求めたのと平行して，大航海を促す探検の時代をつくり出した．

　資源の探索の基盤としての生物多様性の調査，研究は，第一義的には有用植物を求める行動だった．実利を求めるためには，その基盤となる調査，研究を推進することが結局は近道になり，また，未知の情報の探索は，知的好奇心に促される知的にもっとも楽しい行為である．探検がそうであるように，植物についても相次いでの多様なすがたの発見が，未知なるものを求める知的好奇心を絶えず刺激し続けることになったのである．

　分類学の中興の祖といわれるスウェーデンのリンネ（Carl von Linne；1707-1778）は，自身はあまり旅をしなかったが，すぐれた弟子たちを世界各地へ派遣し，地球上に生きる生物の全貌の探査に力を注いだ．日本へは，のちにリンネの職を継ぎ，ついにはそのウプサラ大学の総長にもなったチュンベリー（Carl P. Thunberg；1743-1828；図6.12）が派遣され，彼は日本での探査の資料に基づいて，最初の日本植物誌を刊行する．ただし，これらリンネの弟子たちの調査は標本の収集を主目的としており，生きた植物をヨーロッパに将来することにはつながらなかった．しかし，この前後から，地球上の植物の多様性の研究はずいぶん進展した．

　日本の植物相の研究にとって，シーボルト（P. F. B. von Siebold；1796-1866）の活躍を忘れることはできない．シーボルトは愛妾お滝さんの名前をアジサイの学名に残したことでも知られる．彼は生物だけでなく，あらゆるものに収集癖を発揮したが，その一環でもち出そうとした地図が何人かの罪人をつくってしまうほどの問題を起こしたことを，本人はそれほど気にもとめていなかったようである．彼の収集品の一部はライデン（オランダ）の博物館に収蔵，陳列されている．そんなシーボルトだから，当然のことながら，生きた植物もいくつかもち出し，インドネシアのチボダス植物園で一時栽培してからヨーロッパへ将来している．アジサイもシーボルトがヨーロッパへ導入した植物の例とされる．アジサイは，ヨーロッパで新しい品種が作出され，鉢物のハイドランジアは日本へ逆輸入されることにもなった．

　江戸時代の末にはフォーチュン（Fortune；英1812-1888）のように，園芸店をまわって，栽培品種化されている園芸植物を大量に買い求めた者もいた．その当時は，多少スリルに富む収集旅行だったが，今では園芸植物は普通の商取引の対象である．資源の導入は，今では遺伝子資源という観点で探索，収集の対象とされる．種子の収集が'種子戦争'などというおぞましい言葉で表現されるような政治・経済的な活動につながったのもごく最近の話である．　　　　　　　　〔岩槻邦男〕

参考文献
白幡洋三郎（1994）：プラントハンター，講談社．

図6.12　チュンベリー像（ウプサラ大学チュンベリー標本館蔵）

c. 盆栽

　鉢植えの植物であるが，木本などを小さな鉢に収め，自然の情趣を室内で鑑賞する独自の境地を創り出すもので，日本で発達した芸樹的植物栽培の一型である．盆栽という言葉ができ，現在見るような様式が確立したのは，江戸時代も末期のことであるが，鉢に木本を植え付ける鑑賞法は鎌倉時代の文献にも見られ，すでに平安時代には行われていたもののようである．樹木を鉢に植えること自体は洋の東西を問わず普遍的で，ワシントンの故事も鉢植えの樹にまつわるものという．食用や薬用にならなくても，自然の産物を身のまわりで栽培し，観賞することが上古からごく普通のことだった日本で，植物が容器に納めて栽培されたのは，当然のことだったのだろう．

　江戸時代は，多様な植物の栽培品種を作出した時代だったし，栽培法にもさまざまな発展の見られた時代だったが，盆栽が興隆するのは，江戸末期になって，いわゆる文人趣味の展開に伴ってのことだった．しかし，この傾向は，植物を矮生化し，珍奇な形態を作出する俗風を誘いもした．そのような亜流が整理され，自然美を鉢植えの世界で描き出す現在風の盆栽のすがたが確立されたのは明治時代も末になってのことだった．第二次大戦後は外国でも盆栽ブームが起こり，米国などでも大型の展覧会が開催された．bonsai はそのまま世界に通用している．日本から発信した国際的な文化の一つといえようか．中国でも，昔から小さな容器に納めた植物の栽培は行われていたらしいが，日本の盆栽とはそれぞれ平行進化をしたもののようである．あちこちの大きな庭園や植物園などで，今では盆栽という漢字名で優れた作品を見ることがある（図6.13）．盆栽とはいわないが，たとえばスペインのアンダルシア地方のパティオの壁掛けの植物なども，見事に盆栽の精神を示しているように，似た栽培植物は世界のあちこちで見られる（図6.14）．

　盆栽樹種としてはマツがもっとも普通であるが，サクラ，モモなどの花木や，リンゴ，カキなどの果樹もよく使われる．皇居で栽培されている盆栽は有名であるが，中には樹齢数百年という作品もある．現在風の盆栽育成がはじまる前から，宮中では鉢植えの特殊な栽培が発達していたことを示している．それだけの樹齢でも，鉢の内に収めるというのが盆栽の技術である．そのために，用土，植え方，潅水法，施肥などに十分配慮され，さらに枝揃えの整姿が重要であり，置き場や病虫害の駆除にも注意が肝要とされる．

　枝揃えは，できるだけ自然のかたちを生かすのがよいとされるが，直幹，斜幹のほかに，懸崖（けんがい）や播幹（はんかん）も喜ばれる．また，単木の栽培だけでなく，寄せ植えや石付などの栽培法も，自然を写したものとして好まれる．いずれにしても，小さい鉢植えの姿に自然の景観を見ようという盆栽の栽培法は，借景は生かすにしても，小さく区切った庭園に圧縮して自然の姿を見ようとする日本人の自然観の一つの結晶なのかもしれない．　〔岩槻邦男〕

図6.13　中国の盆栽（上海植物園）

図6.14　スペイン・コルドバの"盆栽"

6.3 こころと植物

ネアンデルタール人が死者に花を供えた，という説がシャニダール洞窟（6〜10万年前とされる）の花粉分析から出されて大きな話題をよんだ．それはあとから流れ込んだものだという反論もあるが，まだ決着にはいたっていない．人は植物とともに生きてきた．私たちの身のまわりの道具や調度，建材や燃料に使われるばかりでなく，景観の中での要素としても重要な役割を担っている．こうした人と植物の密接なつながりは，実用面ばかりでなく，精神世界にも強く反映されている．ここでは，植物と精神世界のありようを考えてみたい．

(1) 集合としての植物─景観と環境

日本人にとって，たくさんの植物のある森の風景はなじみ深いが，それは気候が温暖で降雨量に恵まれているからで，極北の地や，雨の少ない砂漠など植物のほとんどない景観もある．日本の典型的な景観を考えると，集落と耕地のある平坦地と，周辺にある人手の入った里山，背景の自然の状態に近い森が浮かんでくる．平坦地の徹底的な利用は，水田稲作の導入された弥生時代からだが，定住的な集落を営み，周辺の低山地を資源利用地として使う里山はすでに縄文時代からあったことが，花粉や種子の分析によって明らかにされている．しかし，その奥にある森や岳は，急斜面という日本の地形の特徴もあって，人があまり入らなかったようである．

1) 森をどう考えるか

人は森をどう考えていたのかを世界の民族例からあげてみよう．

① 狩猟採集民であるオーストラリア北海岸のアボリジニは，平坦な草原と台地を生活の場としているが，台地上のユーカリ林に周期的に火を放って，明るい疎林に変えている（図6.15）．低湿地には局部的にできる小規模な熱帯雨林があるが，そこには火を放つことはない．彼らは両者ともに立ち入って資源を利

図6.15 ブッシュファイヤー（オーストラリア北部海岸）アボリジニは火をつけてユーカリ林をコントロールする（筆者撮影）．

用しているが，土地は部族の祖先霊が支配していると信じているので，案内なしには他の部族の領域に入ることはないという．

② 北米北西海岸は鬱蒼とした針葉樹の森におおわれている．カナダのハイダ族は，漁業と船による交易を生業とする海洋民であるが，狭い浜辺の空き地に居を構え，背後の森はほとんど利用しない．森は霊の世界で出入りするのは主としてシャーマン，一般人は成人儀礼や瀕死の病の治療などの特殊な機会に限られている．

③ 北ヨーロッパのゲルマン族は，森の民であった．外敵に攻められると，たてこもって防いだといわれる．征服を図ったローマ帝国は森を切り開き，城壁に囲まれた町をつくって版図をのばしていった．森を野蛮の地，悪霊の住む地とする考えは，ローマに発する西洋文明の思想である．そのため，文明化の遅れた東欧やロシアの地には，今でもそのイメージが残っている（図6.16）．

図6.16 ドイツのブナ林（口絵42）
ブナ林はゲルマン民族の伝統．人工的管理によって「遊ぶ」ための森になっている（筆者撮影）．

2) 森への憧れ

森の景観は，森林地帯に住む人々の心に刷り込まれているものだが，砂漠で生まれたキリスト教が普及したヨーロッパでは，5世紀頃から，森や木を大切にする土着の信仰が否定されるようになった．さらに，産業革命が起こると，木材，鉱石などの資源を利用するために，森は容赦なく伐られ壊滅寸前にまで追い込まれた．それに対する反省から，森の価値を見直す機運が起こった．その結果，環境に対する意識が高まり，保全や保護の市民運動を起こすのである．緑の景観を守ろうとする心は，自然の豊かさに甘え，過剰な開発を推し進めてきた現代の日本人にもようやく芽生えはじめたようである．

(2) 単体としての植物：美と象徴

形の美しさ，色彩の鮮やかさ，芳醇な香り，植物を愛でる人は多い．しかし，それだけでは花がたくらんだ戦略にのせられたもので，昆虫とかわらない．植物に対する豊かな精神世界を育てていったことが人類の特徴といえるだろう．

1) 植物を描く

植物の美しさは，人の心をとらえ，物語や絵画によって表されてきた．樹木ではナツメヤシ（西アジア），ボダイジュ（インド），マツ（東アジア），アカンサスの葉（ギリシャ），果実はブドウ，ザクロ，草花はユリ（クレタ），ハス（インド），ボタン，キク，ラン（中国），日本ではサクラ，ハギ，カキツバタなどがある．これらの植物は，それぞれの地域の植生と文化の好みが強く反映されているが，神聖，高貴，多産，再生，輪廻を象徴するようになって，宗教とつながる．その多くが抽象化された文様となって，本来の意味を希薄にしながらも，装飾の手法として世界に広まっていった．

2) 宇宙樹の思想

雲に届く高さ，地中に張りめぐらされた根，長い命，巨大な樹木に対して，人間は畏怖の念を抱き，そのイメージをふくらませてきた．巨木が世界の中心軸であるとか，その構造を表象するという考えは，細部では異なるものの，世界各地の神

話に語られてきた．代表的なものに，北欧神話の宇宙樹がある．巨大なトネリコの木が，天，地，地下の三つの世界をつないでいる．それぞれの部位に獣，鳥，蛇，竜がとりついてうごめいている．大きな枝の張った木陰には泉が湧きだし，神々が集う場所であると考えるのである．

宇宙樹のバリエーションの一つとして，高い柱をたてる祭りは，ヨーロッパのメイポール，カナダのトーテムポールなど，世界の民族例には枚挙にいとまがないほどだが，日本では長野県諏訪大社の御柱祭（c項，図6.20参照）があげられよう．御柱の明確な意義は，文献からは読み取れないが，基本的に同義のものであると考えてよいだろう．

興味深いのは，青森県三内丸山遺跡から発見された直径1mの柱である．ただし，それらは6本が長方形に整然と並んだ建物であった．その後の調査で，縄文時代には，東日本の日本海側を中心に，同じような柱の遺構が多数あることが明らかになった．梅棹忠夫氏は，こういった高さを強調する構造物が，弥生時代の吉野ヶ里遺跡の楼観，古墳時代の出雲大社の本殿の柱にまで連綿とつながることを指摘し，日本文明はすでに5000年前に，その基型が形成されたと述べている．

(3) 食としての植物：農耕社会の諸問題

植物が食として大きな役割を果たすようになるのは，特定の植物を選びだして管理・育成する農耕段階になってからである．とくに，コメ，コムギを中心とする穀類は，収穫量が多く，保存が容易な優れた食品であった．その結果，人口が増え，集中する都市が生まれる．そこで社会の階層化が起こり，国家が形成されるのである．

国家は，食糧が不足すると，社会混乱が起こるばかりか，崩壊に追いやられることもある．したがって，食糧の安定した確保は，支配階級のもっとも大きな関心事となった．そのために，技術革新や品種改良が進められるのだが，それ以上に，規範となる教義をつくり，それに伴う一連の儀礼を定めることで，国家の統合を図ることに力が注がれたのである．

小さな農業共同体では，毎年作物が芽を出し，生育して，成熟する作物のサイクルとそれを食べるという行為に，死と再生という人間の根源にかかわる問題を読みとっていた．そこから，作物について「霊が宿る」，「夫婦，親子，老女と娘である」，「地母神が切り刻まれたあとに有用植物が生まれる」，などの神話がつくられるのである．しかし，国家は，アニミズムから脱して，作物の生育や収穫を支配する階層化した神の存在を想定し，支配者を神に置きかえる．これによって，異質な共同体の信仰や儀礼を吸収，統合して，国家祭祀をつくりあげるのである．

具体例として日本をあげてみよう．古事記や日本書紀には，神話の世界の中で，皇室の祖先である天津神と国津神との対立，相克，妥協がくわしく書かれており，国の歴史を一本化しようとする努力の過程を読み取ることができる．それに伴ってつくられた，皇室儀礼は，稲作にかかわるものが多い．中でも，新しく即位する天皇を神化するために行われる大嘗祭の中心が，田をつくり，稲を植え，災害を防ぎ，収穫した米を神や臣民と共食するという，農事暦を壮大化した儀礼なのである．

〔小山修三〕

a. 山岳信仰

　山は気象を敏感に反映して姿を変える．川が流れ出す源でもある．高山は，砂漠，低木，針葉樹，落葉樹という植生帯が垂直に配列されて，季節ごとに色とりどりの変化を見せるし，低山でも，露出した岩が重なったり，整った円錐形などの特異なかたちのものが人々の注意を引く．そんな不思議な山に対する思いが，精神世界に大きな影響を与えた．世界には，山そのものを神としてあがめる例もあるが，多くは，地形のけわしさや極相に近い森へのアクセスの難しさもあって，精霊，死者の魂，悪魔などの棲む近寄りがたい場所として畏怖の念をもつのである．こういった，山に対する思想は，(普遍的無意識といわれるほどに) 多岐にわたるので，ここでは世界有数の山岳地帯である日本の変遷について時代を追いながら述べてみよう．

　まず，山の外観からくる信仰がある．富士山に代表される高山の「浅間型」と，大和・三輪山を代表とする低山だが円錐形の「神奈備型（かんなび）」の二つがある．これらは山を神聖視し，麓で祀るもので，場所は田畑・里山に限られている．その原型としては，縄文時代に中部山岳地帯などで特定の山を祀ったとされる遺跡があげられるだろう．より直接的には，稲作がはじまった弥生時代の青銅器の埋納があり，古墳時代は祭祀遺跡が平野部を中心に数多く現れるが，その多くは延喜式記載の神社として，今日につながっているのである．

　第二は，山地を土地神とする「山の神」である．山棲みのマタギ，サンカ，キジヤなどが信仰した．彼らは，利用する資源の性質から移動性が高く，普通農民が立ち入らない奥山に行動の主体をおいていた．奥山の領域に洞窟遺跡が発見されるが，これは縄文時代以降近世まで，狩猟用のキャンプサイトや祭祀の場として使われていた．

　第三は，神や霊と交わり，体や精神を鍛錬するために人の入らない岳に踏み込んで使う場合である．密教系の仏僧とその影響を強く受けたギョウジャやヤマブシが入って，食を絶ち，歩き回るなど身を極限状態において修行する．これは，平安時代から次第に盛んになり，白山や二荒山など頂上に仏具や経筒を埋納したり，後には聖山に行場や寺をかまえるようになる．

　これらを総合した思想が，山を中心にすえた宇宙観である．中でも，「須弥山（しゅみせん）」は虚空に浮かぶ円筒の中にそびえ立つ山があり，頂上は神のすむ場所，それを囲む山々から川が湧き出し，地上を流れて大海に注ぐという壮大な哲学である．これはヒマラヤ地方から出て，仏教とともに東南アジアや中国に広まり，日本にまでつたわってきた．同様な宇宙観はメソポタミア，ギリシャのオリンポス山，南米のアンデス山脈にも認められる．北欧では山ではなくトネリコやオークの大木信仰としてつながっている．

〔小山修三〕

図 6.17　アンデスには，古代の山岳信仰がカソリックと習合して現代も生きている（關雄二氏撮影）

b. 鎮守の森

　水田の広がる村の中や外れに神社があり，そこにこんもりとした森がある風景は，農業を主産業とした近代化以前の日本の典型的な景観だった．鎮守とは仏教の守護神で，寺院の土地や建物を守るものを意味するが，時代にしたがってその意味が変化しており，近世になって地主神，村人の氏神として定着したのである．

　村の鎮守社は，共同体の祭ばかりでなく，寄り合い，倉庫，遊び場という生活活動センターの機能を果たしていた．共同体が神社を管理運営する独立した宮座は近畿地方を中心に分布しており，中世にできた惣の流れをひくものだといわれている．

　神社の境内には，神性を附与されて，しめ縄を巻かれた木，岩，池などがあり，流行神（疱瘡神など），地蔵，稲荷社を合祀し，ほかに，打ち捨てられた石造物類も集積されていて，たたりやタブーにみちた濃密なアニミズムの雰囲気がただよっている．

　伊勢神宮，春日大社，鹿島神宮などの大社は広大な社地をもち，広義の鎮守の森とされるが，西日本の原植生である照葉樹林のおもかげを残す堂々たる森林で，絶滅が心配される動・植物の好個なすみかとなっている．

　村の社会には，森の一木一草もとってはならないといい伝えられている神社があり，狭い神域であっても，高，中層，林床の下草という，自然林に近い階層が形成されている．高木は植林されたスギ，ヒノキ，クス，イチョウ（これらは，修理や改修のための用材とされる）が主体となっていることも特徴である．また，町中の神社でも，天然記念物に指定されるような大木や老木が残されていることが多い．

　近年，大都市の周辺では，宅地開発によって，コンクリートや新建材でつくられた家屋が密集してつくられ，かつての村の景観をおおきく替えている．しかし，アニミズム信仰に守られた鎮守の森は意外よく守られて，住宅地の中に島状になって残されている．この森が，火事や風害時に効果を見せることやヒートアイランド現象の中でも温度が低く保たれるといった環境公害に強いこと，さらには，鳥や虫の声が聞こえる静かな場所，フィトンチッドの森林浴の効果まで，身体的，精神的な場として見直されている．　　〔小山修三〕

図 6.18　奈良市あやめ池神社の森

図 6.19　奈良市疋田町三輪神社の森（口絵43）

c. 祭と植物

1) カミとして祀る

植物を崇拝の対象とする例は，スギの大木を神体とし，拝殿しかない神社，雷に打たれて焼けた大木から神像を造る，生木に彫刻した立木観音などの例があげられる．これらは人を呑み込んだり，村を守るといった妖怪譚にも通じるもので，すべてのモノや現象に魂が宿るとするアニミズム的思考の流れの中から生まれでたものである．しかし，カミそのものであるよりも，一時的な居場所（依代）や通り道（宇宙樹）という考え方のほうが，より普遍的である．

2) カミの座を飾る

色やかたちの美しい植物は，カミの座を飾るものとして欠かせないものである．花に埋めつくされた極楽浄土，緑の楽園，動物が集まり，蜜と果実がふんだんにある天国といったイメージは世界共通のものである．そのため，死者を花で埋め，カミの座を花や葉で飾りたて，儀礼の場の背景や什器類を植物そのものや文様で飾る．文様は多くの場合，美しさだけではなく，仏たちの坐すハス，釈迦の菩提樹や優曇華（うどんげ）の木，聖母マリアのバラや白百合など，美，豪華，清純，再生の象徴として使われているのである．さらに，神に奉仕する巫女や祭に参加する踊り手は，花や枝葉で身を飾る．ハレの場である祭を盛り上げる舞台装置の要素として植物は欠かすことができない．それは，視覚的な効果にとどまらず，香りやナルコティック効果にも及んでいる．

祭礼は，ある意味では，日常生活を凝縮したもので，そこで使われるさまざまのパラファネリア（儀礼装飾品）の髪飾り，耳輪，ネックレス，腕輪，指輪，アンクレットなどのアクセサリーや履きものも，きらびやかに飾られる．そこで頻繁に使われる植物文はもちろん，美しさや可愛さを強調する一方，健康な暮らしや幸運への願いを込めた呪詛的な意味をあわせもっているのである．

3) カミとの共食

カミや死者に，穀物・野菜類の食物を捧げることも広く見られる行事である．とくに，農耕社会ではそれが顕著で，祭壇や埋葬の場にたくさんの果物，野菜，穀類が供えられる．共同体の祭では，そのあと贈り物として食を供することによって，カミと饗宴するのである．　　　　　　〔小山修三〕

図 6.20 長野・諏訪大社の御柱祭（口絵 44）
長野県指定無形民俗文化財．正式には「式年造営御柱大祭」といい，寅と申の年に行なわれる．「おんばしら」また「みはしら」ともいう．

d. 文学と植物

　私たちはどこから来たのか，どこへ行くのか．長い旅を重ねて今の地にやってきた民族，交易のために外国と行き来した民族，敵と戦い征服して富をもち帰った民族もあった．彼らは，母国で遠い国での事件を語り，自国の美しさを語る．そんな舞台である自然景観の要素の一つである植物を，どう認識するかに民族の特性が表れている．

　『万葉集』には166種類の植物が登場し（藻という名で海藻が74カ所も登場するのはまことに日本的である），その数は，聖書，リグベーダ（インド），「詩経」よりも多いと述べている．

　比較すると，聖書では頻度の高いものはブドウ，イチジク，オリーブ，ナツメヤシ，ザクロそしてコムギ，オオムギ，といった栽培した果実や穀類であるのに対し，万葉集はハギ，ウメ，マツ，サクラなど，実用には役に立たない植物ばかりである．これは万葉集が抒情詩であるために，叙事（散文）詩である聖書と違うのだということも可能だが，叙情的であるはずの『唐詩選』には，植物の具体名が少なく，草，花，昔樹（古木）といった概念的な単語しか使われてない．万葉集には，当時の日本人が植物に対して細やかなめくばりをしていたこと，いいかえれば，植物に高い「美学的評価」をおいていたことがうかがえるのである（中尾，1986）．

　植物に対する知識と興味については，近代ヨーロッパ文明の貢献がもっとも大きいだろう．その源はギリシャのアリストテレスに発するが，ルネサンスをへてヨーロッパに広まって定着した．とくに，大航海時代に世界に版図をのばし，植民を行ったことが重要である．見知らぬ動・植物相を正確に把握し，立ち向かう必要があったからである．とくに，イギリスの貢献度は高く，フッカー父子による，世界の植物の体系化や，それを集めた植物園（キューガーデン）をつくるといった行動は，植物を体系的に認識することを社会に浸透させていった．

　小説やエッセイで自然を取り上げ，森や草原での植物が個々にわたって述べられるようになる．絵画でも風景画がジャンルとして成立し，テーブルの上に置かれた花や果物が「静物画」として定着する．庶民の生活の中でも，花言葉がつくられ，誕生日，結婚式，葬式などで花を贈る習慣ができあがった．また，米国やオーストラリアなどの新世界では，母国とはまったく異なる風景を詳細に書いたり，描くことが，植民地国家の民であるというアイデンティティの確立に大きな力となるのである．特定の植物を選んで取り上げた古代と比べ，現代社会はすべての植物が心を豊かにするようになった．それを，環境として考えることで，それを守るという思想が芽生えているのである．

〔小山修三〕

参考文献
中尾佐助（1986）：木と花の文化史，岩波新書．

e. 芸術に見る植物

人はいつ植物を描きはじめたのだろうか．2万年ほど前の旧石器時代，あれほど写実的な動物を描いたアルタミラやラスコーの洞窟画には植物の絵はない．ようやく姿を現すのは，農業のはじまった新石器時代の土器文様（図6.21）で，人は興味がないと，正確に同定しようとしないし，まして絵に描くことはしないようだ．

画題として植物が明確に取り上げられるようになるのはメソポタミア，エジプトの古代文明社会であった．王や貴族の豊かさと権威の象徴として，デザイン化された花や葉が衣装やアクセサリー，宝器の装飾となり，神殿や王宮の壁や柱を飾ったのである．

これとは別に，植物が景観の一部として描かれる流れがある．エジプト古王朝の墓の壁画には，ナイル河畔の風景が好んで描かれている．魚，鳥，獣，パピルス，ハスなどが，はたらく人々とともに描かれている．その表現は，定型化されてはいるものの，十分に同定できる．

市民社会が充実したローマ時代になると，郊外に別荘をたてたり，庭園を廷内にもつことが一般的になる．壁や床に大きな絵を描くのだが，神話や戦争のモチーフには植物は点景として使われる程度である．しかし，「リウィアの別荘の庭園図」のように，オレンジ，バラ，マルメロ，ケシ，ヒナギク，ツタなどが写実的に描いた例がある．都市化によって成立した古代文明は，ローマ時代になると，今日のような自然への憧れと科学的観察眼が基調となったことは，プリニウスの『博物誌』に見られるとおりである．それは，キリスト教に付随しながら，ルネッサンスを経てヨーロッパに広がるのであるが，とくに北欧の自然の中で活躍する人々を描いたブリューゲルに代表される絵は，景観の重要性を感じさせ，神話や歴史的事件を描く場合でも風景が大きな位置を占めるようになる．

中国では，唐代からの自然を描写したジャンルが，山水画や花鳥画として宋代に完成する．西洋のように写実を重視するものではないが，景観を大きくとらえる表現法は，宗教とはいわないまでも，独自の自然観を表したものだといえるだろう．その影響は，当然日本にも及んでいる．しかし，日本人もまた，万葉集に見られるように，自然景観や植物に対して独自の想いがあった．それは，大和絵や絵巻，障壁画として現れるのである．中でも庶民の生活をいきいきと描いた浮世絵は北斎や広重に代表されるように，風景画や静物画の新しい表現法を確立し，世界の美術界に大きな影響を与えたのである． 〔小山修三〕

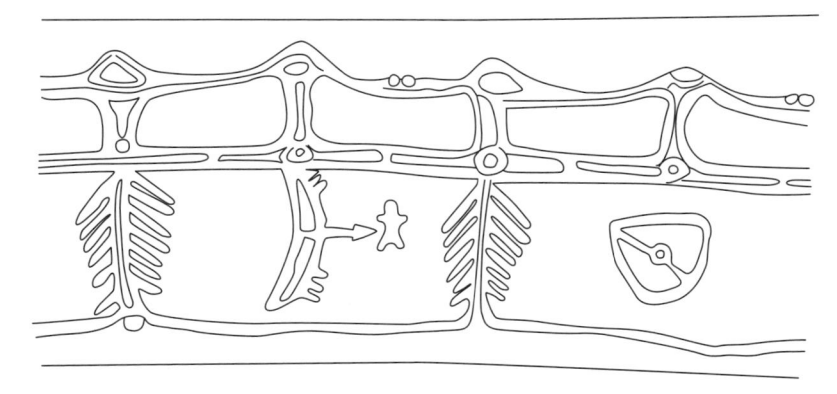

図6.21 狩猟文土器（韮窪遺跡，縄文中期）
針葉樹のように見えるものが，もし木であれば，日本では最初の植物の絵となる．図は土器の周囲を展開図にして模写したもの．（本体は青森県立郷土館展示所蔵）

6.4 文学・絵画に見る植物

　日本の文化における植物の扱いは，世界一般に見られるそれと同様の発達段階を経てきたようだ．一般に，植物に対する関心は，まず食用や繊維取得用など，その実用性の点からはじまる．やがて生活の安定とともに，実用種以外の身近な種にも関心が広まるというのが，一般的傾向である．それとともに，文学や絵画のような芸術分野でも，植物は各種のモチーフとして用いられるようになる．とくに季節感や，湿地，砂漠や高山など，環境を表す象徴としての扱いがもっとも一般的だ．それ自身の形のおもしろさを表象とすることも多い．これは，世界各地の芸術に広く認められる性質である．

　その文化的発達においても，日本は世界一般と同様の歴史をたどった．日本の場合では万葉の頃のように，まず，さまざまな植物に対する自然な興味を，素直に表明する段階がみられる．もともと日本は植物相のきわめて豊かな土地柄であるため，特別な約束事がない限り，言及できる植物の種類はきわめて多い．今，日本各地で万葉植物園が設けられているのも，この時代の題材の豊かさを反映してのことである．

　しかし時代はやがて，限られた特定の種類の植物に対する約束ごと，成句や故事来歴の蓄積する段階へと入る．様式化の時代である．特定の取決めが確立していくと，個々人の文化の水準の高さは，様式や約束ごとに対する知識の量によって評価されるようになる．文化の成熟は進むが，反面，レパートリーとしての植物種がきわめて限られたものとなっていくのは，やむをえない．こうした時代は長き伝統を形づくるが，やがて，そうした形式化に対する反動がはじまり，さらにその揺り戻しとして，より自由な，ありのままの自然に対する素直な視点の回復がはじまることになる．日本の文化も西欧の文化と同様に，こうした文化的な経緯をたどってきた．

　ちなみに古くには，日本は自然と共生するが西欧は自然と対峙する，といった極端な二項対立的解釈が喧伝された時代もあった．しかし，これは誤りであろう．上記のような文化的変遷，すなわち様式化の進行とそれに対する反動といった文化的成熟のパターンにおいても，日本と西欧とで大きな違いは見られない．

　そもそも日本人は自然と共生する民族などではない．農耕民族である日本人にとって，自然の野草は，風流の対象である以前に，まずは農作物の競争相手，除草の対象であった．寺社仏閣の境内がきれいに掃き清められ，砂利を敷き詰めるなどして草を寄せ付けないのも，その象徴である．その意味で，砂漠の民が緑を慈しむほどには，日本人は野生の植物を愛してきたとはいえない．野生の植物の数々にも目を向け，愛好する傾向は，生活に余裕のある貴族階層に端を発してはいるが，それが本格化するには，裕福な町民文化が栄えた江戸期を待つ必要があった．

　さて日本の芸術文化は，長い間，上述のごとく，定式化された様式を尊ぶ傾向が強かった．そのため，取り上げられる植物のレパートリーは限られており保守的ですらあった．たとえば，絵画の世界で扱われる植物は，後述のようにまずは中国伝来の園芸植物である梅であり，牡丹であった．あるいは自生のものとしては松柏であり，桜であり，山吹であり，楓であり，春・秋それぞれの七草だった．こうした束縛の枠がゆるみ，描かれる

植物が増えたのは，江戸期になってからだ．これは南蛮貿易など交易の影響ではない．この頃になってようやく自国の植物に幅広く目が向きはじめたその結果である．江戸期に絵画で描かれる頻度が増えた花の中には，驚くべきことに，ツバキも含まれる．

ツバキは学名をカメリア・ヤポニカ（*Camellia japonica*）というように，日本の温帯林とくに海岸沿いの地域を代表する花木である．本州太平洋岸の，人が住みやすい平野部なら，まず確実に見ることができる植物だ．春に咲く花が鮮やかなことと，種子から良質の油がとれることから，古くから親しまれてきた．たとえば万葉集にも，「わが門の片山椿まこと汝わが手触れなば土に落ちもかも（荏原郡上丁の物部広足，第二十巻）」と詠まれている．

ところが，この身近なツバキでさえ，日本画の世界で普及したのは，江戸期からとされる（今橋，1995）．実は，中国文化の影響によって早春の花の代表が梅となるまでは，日本でもツバキは広くモチーフとして好まれていた．室町期には屏風絵に好まれていたほどで，日本画での扱いが低かったのは，単にモチーフ上の制約のため忘れられていたのにすぎない．かくも伝統による題材の制約は大きかった．逆にいえば，ひとたび採択ともなれば，同じようなモチーフとして繰り返し用いられるのも，日本の絵画・文学上の伝統である．

たとえば，内田（1990）の「新判・浮世絵花鳥番付」を見てみよう．ロックフェラー・コレクションに入っている浮世絵花鳥画約 400 点を調べ，そこに認められる植物のうち，登場回数の多い上位種をまとめたリストだ．この時期の花鳥画は，後述のように俳諧文化の影響を受けており，それまでの絵画に比べ，新しい題材を積極的に取り入れつつある頃のものだ．それでも，そこに描かれている植物といえば，飛び抜けて多いのが松と梅（ともに 30 点）である．そのほかで，10 点以上の作品に描かれていた植物を見ると，多いほうから順に牡丹，竹，椿，葦，藤，朝顔，桜，菊，楓と，わずか 9 種しかない．ツバキがさっそく上位に上がっているのは注目されるが，相変わらず少数の特定の顔ぶれに集中しているのも，否めない事実だ．この順位は，文学上でも原則として，ほぼ同様であろう（散文と韻文とではやや事情が異なる点もあるが，これについては a 項で詳述したい）．

こうした芸術上の保守性は，故事来歴の知識や伝統的技法を競う文化期において，きわめて堅固となり，容易には動かしがたいものとなる．本歌取りや季語の決まりごとは，文学にそうした影響を与えた要因の一つである．また，絵画においても，画家自身の創意に基づく自由な構図と題材よりは，伝統に基づく手本・モチーフの再現の要素が強かった．まねることこそ学び，という基本姿勢だ．そのため，日本はきわめて植物種の豊かな土地であるにもかかわらず，文学・絵画に登場する植物の種数は，たいへん限られたものとならざるを得なかったのである．

以上のような伝統的束縛が解かれ，自由な視点で，虚心坦懐に豊かな日本の自然を見つめるようになるには，博物学の導入や，新しい芸術分野の移入が必要だった．いったん制約がはずれさえすれば，日本の自然は植物の題材には事欠かない．そのため江戸期以降，博物学が盛んとなった明治・大正期までの間は，日本の文学・絵画にとって，さまざまな植物を積極的に取り入れた絢爛たる時期となった．もっとも豊穣なる時代である．

ただし，文学と絵画とでは若干，この時代のあり方が異なるように見える．文学においては，豊かな植物相が花開くに至ったのは，後述のように，明治・大正にかけてであったが，日本絵画においては，その植物の多様性は，江戸後期にピークとなり，その後はすみやかに衰退しているようだ．なぜか．

今橋（1995）はその原因を，「江戸の博物学や博物図譜の輝きは，『近代化』の三文字のうえに，歴史の隅へと追いやられた．そして，自然科学研究の急速な発展は，最終的には江戸の科学＝『博物学』を過去の遺物として貶め，『博物学』だけがもち得る，多くの豊かな世界観を打ち消した」と解釈している．今橋（1995）における諸分析は，多く私も賛同するところだが，この解釈だけは，異

を唱えたい．なぜならこの解釈は，文学の歴史においてはうまくあてはまらないからだ．近代化の最中にも，日本文学上の植物世界は，繁栄をきわめていたからである．

むしろ，日本絵画における急速な自然の衰退の，真の要因は，洋画の導入とその隆盛ではないだろうか．すなわち，競合するジャンル・洋画に対し，日本画が自らの個性づけを意識しすぎた点にあるのではないか．実際この時期，日本画では，江戸期における冒険的な取組みよりは，やや保守的な「日本画らしい」題材への収束が目立つように思われる．洋画との差別化を図るうえで，彼らは伝統の殻に逃げ込むしかないと考えてしまったのだろう．それが，日本画における植物相を萎縮させたのではないだろうか．現在も，その余波は少しばかり残っているように思われる．

一方，文学は状況が異なった．散文学というまったくの新天地を得た文学は，そこにさまざまな植物を登場させていった．とくに，明治期に新しく導入されたジャンルである小説は，その典型的分野であろう．明治・大正期は，日本の小説が，もっとも植物相を豊かにかかえた時期である．それを支えた要因はさまざまであった．ここに至る興隆の歴史およびその衰退については，次のa項で詳述したい． 〔塚谷裕一〕

参考文献
今橋理子 (1995)：江戸の花鳥画—博物学をめぐる文化とその表象—．スカイドア．
内田康夫 (1990)：新判・浮世絵花鳥番付．「甦える美・花と鳥と—ロックフェラー浮世絵コレクション展」図録（麻布美術工芸館）所収．

a. 日本散文学と植物

文学と植物の関係というと，一般には詩歌などの韻文における植物の扱いに，注意が向けられる．日本の韻文学では，植物は季節感を表すうえで適した素材とされてきた．そのうえ，日本では短詩形がとくによく発達し，その中の俳句においては，季語というルールの設定までなされたことから，字数あたりで見た植物名の比重もかなり大きい．植物と文学といえば，まず歳時記が取り上げられるのも，一つにはこうした関係からだ．そのため，日本の文学における植物の取り扱われ方に関する議論は，韻文学でのそれがもっぱらである．一方，散文学における植物の扱いについては，体系的に調べられた例はあまり多くない．しかし，散文学と韻文学とでは，植物の意味合いも扱いも大きく異なる．以下，日本の散文学における植物を，時代順に概観してみたい．

まず，中古文学からはじめよう．この時期，比較的植物が多いが，これは基本形態が歌物語であることに起因するものであり，その意味合いも韻文でのそれと同様である．『伊勢物語』（10世紀）におけるカキツバタ，モミジ，11世紀の『源氏物語』におけるユウガオなど，いずれも上記のような性格のものとして見ることができる．万葉集で典型的なように，当初，こうした題材の選択は自由なものであったため，さまざまな種が題材に使われ，その多様性はきわめて豊かであった．しかし，やがて本歌取りのような，古典に関する知識を競う貴族文化が成熟しはじめるにつれ，レパートリーは急速に固定化していった．典範に縛られ，行動範囲も限られたうえ，権力闘争の中，人間関係に対する注意力を研ぎ澄ましておかなければ生き延びられない貴族社会にあっては，所詮，人間以外の生物は二次的な興味の対象だったのであろう．

その後，中世に入ると，次代を反映して『平家物語』のような軍記物語が生まれた．これは，扱う階層が中古文学とはだいぶ異なるが，権力闘争と栄枯盛衰とが主題だけに，やはり植物に対する

言及は小道具的にすぎない．ただし，随筆『徒然草』では，著者自らの目で見た植物の姿が豊富に現れる点，状況が大きく異なる．これには，作者の兼好法師が貴族として朝廷に仕えた経験をもち，また王朝趣味であったため，中古期の教養を身につけていたこと，その一方で，出家したことで権力闘争の渦中から外れ，人間中心的な視点から自由となっていたことなどが，その背景としてあるだろう．

以上のような，社会中心の視点となる傾向はその後，近世になっても同様であった．浮世草子や人情本の類は，町人の生活を主眼とする点，それまでの貴族中心の文学に比べ新しいものであったが，享楽と不義，制度といった人間社会の問題を中心にとらえたため，どうしても自然の動植物に対する扱いは軽かったのである．

一方，この時期に変化も現れた．たとえば，より軽い内容の草双紙，とくに滑稽ものを中心とする黄表紙本は，笑いが主眼だけに，人間と同レベルに動植物を扱うことも多く，植物の描写が目立つ．とくに，植物の擬人化や，それまで文学の世界で扱われてこなかった種類をも取り込むどん欲さは，それまでの散文学とは異なるものである．ここに，それまで故事来歴や成句などに閉じ込められてきた植物の世界は，自由の天地を見出すことになり，その結果，文学に登場する植物の種類は，このころ，再び急速に増えた．万葉の時代への回帰ともとれるこうした変化は，当時の韻文学における俳諧の発達とも関連性がある．俳諧とは，「俳言」を用いることだからである．

その点，川本（1991）は「俳言」について，こう述べている．「俳言とは要するに，和歌に許された以外のあらゆる語，つまり俗語や当世語，漢語，そして仏教語や外来語などを指す．純粋な雅語の文脈に俗語が混ること，それ自体がすでに暴挙であり，冒涜であり，したがって滑稽だった」．

実際，和歌における約束ごとについては，このころ，弊害も指摘されるようになっていた．たとえば，上田秋成（1733-1809）は，西行が「とかく雲がさくらに見へ，櫻が雲に見へ」るのは「ほめられたがる病人の歌じや」（『膽大小心録』1808？）

と両断し，「なべての文人は水草花の見しらぬ，鳥虫の音のかれは何とおもふのみにて」「よく云ば文にほこるか」と批判した．文学上の約束ごとには詳しいが，実物についてはなんにも知らない文人ばかりではないか，というわけだ．そうではなく，既存の枠を離れて広く世の中を見るべきなのである．

こうしたルネサンス的傾向は，明治期を迎え，大きく花開くことになる．その背景には，維新とともに導入された学問，近代科学としての博物学があると考えられる．博物学が，それまで誰も気にも止めなかった植物一つ一つに，名があること，それぞれの個性があることを，広く知らしめたのである．

それを反映して，大正期には，植物学者や博物学者，あるいはそれを目指す学生を登場人物に採用した小説が，かなり多数書かれた．そうした設定でなくても，当時の小説の随所に博物学的話題は認められる．たとえば，泉鏡花（1873-1939）は，長編の一つ『黒百合』（1899）作中で，その当時，理科大學（現在の東京大学理学部）が保有していたクロユリの標本のすべてに言及しているほどだ（塚谷，1993）．近代的な博物学は，当時，日本の文学の世界にも強い影響力をもっていたのである．

折しも，題材側である植物のほうの種数も，明治維新とともに大幅に増加した．維新前には知られていなかった植物が，日本国内に一気に普及したのである．たとえば，『果物の文学誌』（塚谷，1995）で以前に紹介したように，今や日本人の果物としてもっとも普通なリンゴやミカンも，維新後になって一般の日本人の間に知られはじめた種であるし，今日食卓になじみ深いサラダ野菜の多く，あるいは白菜ですらも，江戸期には知られていなかったものだ．自由な精神に基づく進取の気性と，博物学的視点の普及，そして目新しいものの大量流入．日本の散文学世界における植物相の豊かさのピークは，明治・大正期であろう．数多くの種類の植物で彩られた文学の黄金期が，ここに誕生したのである．

しかし現在，書店で新刊書として売られている

小説を読むと，明治・大正期の豊穣さは，もはや感じられない．これはなぜであろうか．今橋(1995)で指摘されたような，博物学の凋落のせいだろうか．たしかに今日，少なくとも私たち生物学者の現場においては，博物学の地位は低い．しかし昭和期以降も，太平洋戦争の頃までは，たとえば，日本では目にすることができない熱帯の自然・風物に対する博物学的・殖産物的興味はかなり高かった．詳細は拙著『果物の文学誌』（前掲）および『ドリアン—果物の王』（塚谷, 2006）にゆずるが，熱帯の果物に対する当時の日本人の関心たるや，東南アジアに多くの観光客が訪れるようになった今日に比べても，なお勝るほどであった．加えて，現在もなお一般の世界では，博物学の地位の衰退は，私たちが思うほどには認識されていないように思われる．したがって，日本文学における植物相の縮小に関する直接の要因は，博物学の地位低下ではないだろう．

むしろ，散文学の世界から博物学的な世界の豊かさを奪ったのは，鏡花風の耽美的，浪漫的美化を排斥し，社会と時代の病弊をえぐり出すことこそ文学の使命と誤解した，自然主義文学の台頭であろう．そこで重視されるのは，人間の内面や社会の暗部である．人間生活の暗い面，醜い姿をあぶり出すことばかりに終始した自然主義においては，必然的に，自然の風物を重視しない．これを原因として，文学における自然への視点の退潮がはじまったと考えられる．

事実，そのような風潮に対する反動として生まれた反自然主義の作家，すなわち夏目漱石や白樺派の作家たちは，多くの動植物を作品に再登場させている．この自然主義対反自然主義の対照は，その後のプロレタリア文学とそれに反対した横光利一，井伏鱒二などの芸術派の対照にも引き継がれた．人は，人間社会と自然の風物とを，同時にあるいは同格に見つめることはできないらしい．

その後，太平洋戦争によって，大きな文化的断絶と極端な社会情勢の変動とを経験した日本文学は，いったんその衝撃のために混沌としたのち，改めて，今日のような多様性の高い分野群に分化してきた．ここまでの経緯を眺めてみるに，社会や人間の内面の問題が重視される時代においては，上述のように，人間以外の生物に視点を送るゆとりが失われ，植物相は貧困化するという一般則が成り立つようだ．とすれば，今，書店で流通している新刊書に，ごく一部を除き，植物の姿が希薄なのは，時代の不安感を反映しているのであろう．

〔塚谷裕一〕

参考文献

今橋理子 (1995): 江戸の花鳥画，スカイドア．
川本皓嗣 (1991): 日本詩歌の伝統，岩波書店．
塚谷裕一 (1993): 漱石の白くない百合，文芸春秋．
塚谷裕一 (1995): 果物の文学誌，朝日選書．
塚谷裕一 (2006): ドリアン—果物の王，中公新書．

図 6.22 『遊行車』初版本装丁（大正2年刊，泉鏡花著，橋口五葉装丁）泉鏡花の作品は本文のみならず，本の装丁においても多種多様な植物をとりあげた．（口絵 47）

b. 室町・江戸期絵画にとっての百合

　日本はイングリッシュ・ガーデンで愛培される植物の原種を多数輩出するほど，園芸的資源の豊富な国である．しかし，本節総説でも述べたとおり，日本の伝統芸術においては，野生の植物は，ごく一部しか伝統的画題として選ばれてこなかった．伝統的なモチーフに依存するところが大きかった日本の絵画においては，レパートリーからひとたび除外されてしまうと，その復帰はなかなか難しかったのである．その保守性は，百合の扱いにも見てとることができる．

　日本は，園芸的に高い価値をもつ百合を多数産することで知られている．現在，世界的に流通する数多くの園芸種のほとんどが，ヤマユリ，カノコユリ，スカシユリ，そしてテッポウユリといった日本産のユリの血を引いているほどだ．しかし，当の日本においては，明治の開国前後まで，かならずしも芸術分野で重視される花ではなかった．そのことは，室町・江戸期の絵画に含まれる百合の姿に如実に見てとることができる．

　妙心寺天球院襖絵に，方丈・下間二の間なる「籬に草花図屏風」（重文）とよばれるものがある．これは，狩野山楽（1559-1635）の筆になるという説と，狩野山雪（1590-1651）によるという説とがあるようだ．この時代のテッポウユリを描いたものとして，もっとも規模が大きい絵であろう．テッポウユリは日本産とはいえ，南西諸島に固有の百合であるから，本州の画家にとっては，当時，まだ新しい画材であったことは間違いない．その意味で，パイオニア的な画といえる．絵師は先取の気象に富んでいたに違いない．

　ところが，この画に描かれているアサガオやテッセン，キクの姿の正確さ・自然さに比べると，テッポウユリの群れは，いかにも不自然だ．茎が途中で枝分かれしているものが何株も見られる．これは，百合の場合，枝打ち現象といって，滅多に起きない奇形だ．それを描いてしまうところ，一般に百合の姿をあまりよく観察していなかったことがわかる．

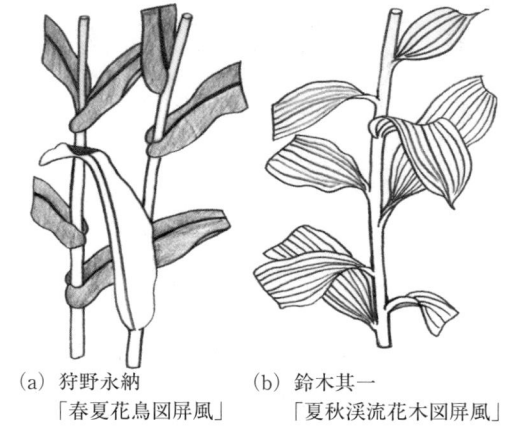

(a) 狩野永納「春夏花鳥図屏風」　　(b) 鈴木其一「夏秋渓流花木図屏風」

図 6.23　百合の茎葉の描かれ方（模写）右が正しい

　一方，狩野永納の筆になる「春夏花鳥図屏風」にも不思議な百合が見られる（図6.23）．ここでも，やはり伝統的な画材であるヤマブキ，カキツバタ，サクラ，ボタン，ザクロなどが正確に描かれているのに対し，その中に混じって描かれた百合は，明らかにおかしい．葉の基部が茎を取り巻いている（植物学上は，葉が茎を抱く，と表現する）のである．これまた百合には一般に見られない形態だ．同様に，伊藤若冲の筆による金刀比羅宮上級の間の「花丸図」（1764年）も，奇妙な百合たちでいっぱいだ．カノコユリ，ササユリ，種類不明の白百合が，いずれも葉腋にオニユリのようなムカゴをつけている．紅花の山百合も，上記「春夏花鳥図屏風」と同様に葉が茎を抱いているのが認められる．実物ではなく，誤った手本に従って描いたことが明白だ．

　日本の室町・江戸期において，絵は，伝統的に構築されたモチーフを組み合わせるのが原則であった．そこで選ばれてきたレパートリーを選ぶ限りにおいては，伝統に裏づけされた完成度の高い絵が描けたのである．しかし，その守備範囲は思いのほか狭く，少しでもその範囲外のものを取り入れる冒険をおかした場合，定式化された画材と，新たな画材との間で，完成度に差が生じてしまうことも少なくなかった．自由に植物を選び，それを自分の目で見たままに忠実に描くことができるようになるまでには，西洋からの博物画文化の導入が必要だったのである．　　〔塚谷裕一〕

6.5 音楽と植物

音楽は，音を通じて美を演出する芸術活動である．花の美しさに感動したような人たちが，知的活動としての芸術を創造したと解釈できるが，音楽についても植物が人の心に感動を励起したことは十分考えられる．事実，音楽と植物は切り離すことのできない関係性をもち続ける．とりわけ，植物が契機となってうみ出される詩歌が美しい音楽を産み出すきっかけとなることが多い．

(1) 歌に現れる植物

安藤久次氏によると，西欧の歌を飾る花のトリオはバラ，ユリ，スミレであるという（安藤，1992）．一方，日本の歌（民謡や童謡・唱歌も含めて）でもっとも好んで歌われてきた植物はサクラ，マツ，ヤナギらしい．西欧では草花が好まれるのに，日本では木本が歌い込まれるというのは，それぞれの国民性か，それとも背景となる植生の違いからくるのだろうか．しかも，日本のトリオのうち，植物といいながら，マツにもヤナギにも華美な花は認められない．

バラは，西欧では古くから美の象徴のように賛美され，聖母マリアに捧げる花として宗教的にも崇められる．だから，美，愛，歓びの象徴として，さまざまな歌に取り上げられてきた．ノバラを題材とする歌は数多くの作曲家に取り上げられており，シューベルト，ウェルナーの名曲をはじめ，シューマン，ブラームス，ライヒェルトの曲もあり，ベートーベンも作曲を試みたが果たさなかったといわれる．

日本へは明治初期に，園芸バラとして美しく育て上げられた品種がヨーロッパからもたらされ，明星派などには盛んに取り上げられた．しかし，バラの歌が最盛期を迎えるのは，戦後になって歌謡曲で頻繁に取り上げられるようになってからである．'バラが咲いた　バラが咲いた'と唄う歌謡曲（マイク眞木「バラが咲いた」，1966年）も現れた．

バラの花を歌う心には失恋を癒す期待も込められているようだし，美しい花には刺があるということから，華美に対する背信も歌い込まれる．バラ科を広く考えれば，世界自然遺産で話題をよぶ「知床旅情」（森繁久弥作詞作曲，1960年）にはハマナスが歌われており，この植物名は中国の「紅楼夢」にも出てくる．

ユリもバラと並んで聖マリアの象徴で，白百合は清純と尊厳を表す．ギリシャ神話では，ヘラクレスが母の胸からこぼした乳が天に昇って天の川となり，地に流れてユリの花になったという．しかし，聖書のユリはさまざまな花を指すとされ，旧約聖書の「雅歌」の谷間のユリはヒヤシンス，「山上の垂訓」の野のユリはアネモネという考証がある．現在英語の lily of the valley（谷間のユリ）はスズランのことをいう．しかし，いずれにしても，西欧では清純，優しさ，淑やかさなど女性の美しさをユリにたとえたから，たくさんの歌にユリが唄われる．

日本にはユリの種数が多く，「万葉集」に10首以上ユリを詠んだ歌があるが，普通には日本人はユリを好んでこなかった．むしろ，西欧の文化の流入に合わせて，ハイカラにユリを歌いはじめたというのが実態のようである．西欧でも，ユリは死者を弔う花でもある．沖縄戦で非業の最期を遂げた女子学生を弔ったひめゆりの塔には白百合（テッポウユリ）の供花が絶えることがないそうで

西欧の歌に出てくる植物のトリオのとりはスミレである．もっとも，スミレといっても，日本人が，山路来てなにやらゆかし，と思うスミレはタチツボスミレであるのに対して，西欧でスミレといえばニオイスミレ，サンシキスミレである．だいぶイメージが違う．それでも，バラ，ユリ，スミレと並べれば素朴な感じに富むスミレであり，春を告げるスミレは控えめと素朴さを演出する．もっとも，サンシキスミレのほうは恋を誘い，移り気を感じさせる．シェークスピアの「真夏の夜の夢」はメンデルスゾーンによって歌劇につくられているが，サンシキスミレは浮気草となって登場する．

日本で花といえばサクラ，キク，ツバキである．このうち，サクラだけが日本の歌に多出する植物トリオにも入っている．しかし，サクラが日本で多く取り上げられたのには，花の美しさを愛でるだけでなく，散り際の美しさを儚さと結びつけたところにも意味があった．ヤマザクラでさえも，儚さを見る花だったが，いっせいに咲いてすぐに散るソメイヨシノが広く栽培されるようになった明治以後は，西欧に追いつけ，追いこせで躍起になった日本が軍国思想を散り際の鮮やかさに結びつけるのによい材料だった．昔の日本で愛されたサクラと昭和初期に強調されたソメイヨシノの美観とは，大きくずれていることを直視する必要があるだろう．「同期の桜」（西條八十作詞，大村能章作曲）といえば軍靴の音が聞こえるが，小学唱歌の「さくらさくら」はあどけなさへの感慨をよぶ．

日本のトリオの2番目はマツである．日本人は，古来松に畏敬の念をもってきた．マツの翠(みどり)は春の象徴であり，まっすぐ上に伸び出る姿を示している．歌にも，あちこちで松が唄われる．だから，トリオの2番目にあげられる．しかし，いろんな植物が，その植物を主題として歌になることがあるのに，松が主役のマツの歌などというものは知らない．むしろ，能舞台の背景に松は欠かすことができない画材であるように，日本人の精神構造の一端に取り込まれていて，わざわざ松を話題にするというような材料ではなくなっているのかも知れない．

トリオのもう一つはヤナギである．'みわたせば柳桜をこきまぜて'と詠んだ「古今和歌集」の時代に，枝垂れ柳だっただろうヤナギは京の景観を織りなす主役になっていた．ただし，歌に唄われるときには，たいていサクラと連れになっているのは，この歌が日本人の脳裏にこびりついているためでもあろうか．そして，最近になってのヤナギの歌といえば「銀座の柳」（西條八十作詞・中山晋平作曲「東京行進曲」の一節，1929年）である．今でも，銀座でヤナギは大切に育てられている．

日本の花として，サクラのほかにキクとツバキをあげた．

「万葉集」にはキクを詠んだ歌がない．これを「大和本草」では，栽培菊がまだ日本に導入されていなかったからだと説明するが，日本には在来の野生菊がたくさんあり，それらがなぜ歌心を刺激しなかったのか，よくわからない．キクは秋の花であり，それだけに季節の移ろいを物語る残菊が歌の主題になることが多かった．しかし，なんといっても日本でキクが主題になるのは，「菊の御紋」（皇室・天皇家の紋章．公式に制定されたのは明治）への尊敬につながってである．サクラが散る美学をもてはやしたように，キクを象徴として忠君愛国を鼓舞しようと愛国唱歌などに盛り込まれたりもした．'菊は栄える　葵は枯れる'（「勘太郎月夜歌」）から'けだかい花よ　菊の花　あおぐごもんの　菊の花'（文部省唱歌「菊の花」）など，あげればきりがない．中国では黄菊が喜ばれるが，日本ではキクは白菊に尽きる．また，白菊は（西欧の白百合のように）死者を弔う花でもある．キクといえば，栽培菊だけでなく，野菊もまた文芸や詩歌の題材となる．宮崎県の「稗搗節(ひえつき)」に歌われているように，民謡では破れた恋を野菊で埋め合わせることも珍しくない．

ツバキは日本で喜ばれる花ではあるが，ツバキと音楽といえばヴェルディの「椿姫」を思い出す．日本でも同じように，ツバキは女性の情熱を表現するし，それは赤いツバキにおいて典型的である．「琵琶湖周航の歌」（小口太郎作詞，吉田千秋

原曲, 1917年) では'松は緑に砂白き　雄松が里の乙女子は　赤い椿の森陰に　はかない恋に泣くとかや'となる．それがもっときれいに出てくるのは民謡で，「炭坑節」で'一山二山　三山越え奥に咲いたる　八重椿'と唄い，「五木の子守唄」で'花は何の花　つんつんツバキ'と思い出せば十分である．

歌に出てくる個別の植物を検討していけばきりがない．目立ったいくつかを拾い上げることで，植物と歌とのかかわりを瞥見するにとどめておこう．

(2) 植物が聴く音楽

植物に励起される人の感動を音楽に詠み込む，逆に，人の知的感動を植物に託して歌う．人と植物の関係性が文化を通じて現れる一面である．しかし，この関係性は，人が創った音楽が植物にどういう影響を与えるかと問いかけることにもなる．植物は神経をもたないから，音楽を聴かせてもおいしい肉を産出するという効果は期待できないだろう．しかし，野菜を栽培する温室で音楽を演奏すれば，味の豊かな産物が得られるという報道もある．まだ科学が解明していない関係性が演じられているのかもしれない．

植物は神経細胞をもたないが，環境応答は鋭敏に行っている．温度，湿度や光に対する応答は詳しく調べられているが，音波に対して反応がないのかどうか，科学的に確実なデータはまだない．

さらに，人が音楽を聴く際に優れた雰囲気を期待することがある．音楽会の会場には花が飾られるし，演奏のあとには立派な花束が捧げられる．音の世界を盛り上げるために，花は一定の役割を果たしている．

〔岩　槻　邦　男〕

参考文献
安藤久次 (1992)：歌の中の植物誌（連載），プランタ，**20〜29**.

a. 民謡に見る植物

世界中の人々に愛される芸術としての歌に現れる植物については，日本と西欧を対比した．しかし，人々と植物とのつながりがもっと泥くさい形で現れるのが民謡においてといえるだろう．美意識として感動をよぶものと，知的に高められなかったとしても，日常生活の中でともに生きる人と植物のかかわり合いが，民謡の形ではっきりたどれるのである．

民謡は人々の生活の中から自然発生的に生じてきたものだから，メロディにしても，詩にしても，生活を表現するものである．それが，民族や部族，さらには地域の人々によって特異な音楽として育ってきたものである．ここでは，メロディは主題ではないので，生活を唄うことにどのように植物が参画しているかを見てみよう．

もともと民謡という整理の仕方は，日本では，西欧の文化が導入されてから，ドイツ語のフォルクスリード (Volkslied)，英語でいえばフォークソング (folk song) を日本在来の音楽にあてはめたものである．日本の民謡は，柳田國男や折口信夫によって分類整理されている．大きく，童謡，季節謡，労働謡，芸謡などと区分されることもあるが，柳田は田歌・畑歌，庭歌，山歌，海歌，業歌（わざうた），道歌，祝歌，祭歌，遊歌，童歌などに分類する．このうち，田歌は田植歌，草刈歌，稲刈歌など，庭歌は稲扱歌，麦打歌，稗搗歌など，山歌には草刈歌，木おろし歌，業歌には木挽歌，綿打歌，道歌には木遣歌などがあり，1人あるいは共同で作業をしながら口ずさむ歌であり，疲れを癒し，力を合わせ，作業を継続する意欲をもたらすものとして地域で育ってきた．当然，作業の合間に，植物は景観をつくり，癒しの効果をもたらし，励ましの気分を育てる．祝歌は嫁入歌，酒盛歌など，祭歌は宮入歌，神迎歌，神送歌などで，遊歌には正月歌，盆歌，踊歌などが含まれる．ここでも，植物は主役になることはないが，人の生活とは不可分離の役割を果たしている．

庭歌の代表は，宮崎県椎葉村の「稗搗節」だろ

うが，ここでは主題の稗が出てくる前に，庭のさんしゅう（山椒）が取り上げられる．「上州八木節」では，'あの娘きりょ良し榛名の富士か　尾瀬に花咲くあの水芭蕉'，と花が引き合いに出されるし，「五木の子守唄」では，'花は何の花つんつん椿　水は天からもらい水'，とつらい子守唄を花に逃げ場を求めている．また，既述のとおり，「炭坑節」でもツバキが唄われる．

それぞれの地域には，その地域の民情を示す民謡があるが，盆踊り歌は土地の風情を色濃く残し，引き継いでいる．明智光秀治世の頃につくられたという京都府の「福知山音頭」では，冒頭から，'お前見たかやお城の庭を　今が桔梗の花盛り　福知山さん葵の御紋　田舎大名もかなやせぬ'，と始まる．「江州音頭」でも，'芽を出しまする二つ葉の苗の育つよう'，と植物にかけて語りかけ，「郡上音頭」にも，松原，松の露，愛宕の桜など，植物名が続々出る．

本家のドイツのフォルクスリードでも，シューベルトの菩提樹など，土地の景観や生活を唄ったもので，そのような歌心は人間の必然として，教えられなくてもそれぞれの社会のうちで平行して芽生えていたものである．スコットランド民謡も，まず谷間のユリだろうか．植物との触れあいが，自然との共生という形で維持，発展してきた日本で，民謡のうちにも植物が仲間として頻出するのはむしろ当然のことなのだろう．　〔岩槻邦男〕

b. 童謡に見る植物

子どもの遊びには，自然と直接に対応するものが少なくない．子どもが唄う童謡には，だから，当然のことながら自然が詠み込まれる．子どもと自然といえば，遊び仲間は，男の子ではことさらに，虫である．花と戯れるのは女の子であるという風潮が昔から強い．しかし，童謡には，どういうわけか，植物が結構出てくる．それどころか，'花はあるじ　鳥は友'（「埴生の宿」（原曲 "Home, Sweet Home"，里見義訳詞））である．これほどたくさん童謡や唱歌に植物が出てくるというのは，歌は女の子のためのものだというのだろうか．これは，日本に固有の現象か世界中に普遍的なものかは知らない．ここでは，世界の童謡にどのように植物がからんでいるかを比較したいところであるが，十分にデータが集められず，日本の童謡に限って見ることにする．

日本の童謡には，どれくらい植物が出てくるのだろうか．ざっと数えてみると，3分の2くらいの数の童謡には，なんらかの形で植物が姿を見せる．大変な割合である．子どもと歌と植物をつなぐ絆は，それほど強く結ばれているということである．ただ，軍事色が強くなってからの小学唱歌には，戦を唄ったものが多く，そうなれば植物の影が薄くなるのは成り行きというものかもしれな

図 6.24 ツクシとスギナ
「ツクシ誰の子，スギナの子」と童謡に歌われる．いずれも同じ根茎から出る多年草．

い.

表題を見ても，植物名が出てくるのは，どんぐりころころ，土筆の僧正，盗んだ薔薇，オチタツバキ，かやの木山の，からたちの花，酸模［スカンボ］の咲く頃，薔薇（2曲），一本薑，月夜の綿畑，トマト，野茨の新芽，つくしんぼ，花の種子，胡桃，南京豆，小母さまと菊，木の実号，たんぽぽ，えのころぐさ，どんぐり，葱坊主，リンゴのひとりごと，くらら咲く頃，辛夷［こぶし］，みかん，はたけのいちご，葡萄の実，木の葉のお船，山椒の木，ねこねこ楊，蜀黍畑［もろこしばたけ］，松葉の十字架，小松姫松，谷間の姫百合，菫，夢の木，稲田の稲，お山の杉の子，葡萄畑，などである（「日本童謡集」（与田，1957）の表題から）．表題から，メロディが浮かんでくるのは，人によって何％ほどになるのだろう．また，表題を眺めると，断然動物の名前のほうが多いというのも，童謡の世界でも，主役は動物になるということだろうか．

日本の歌には，自然の景観や四季の移ろいを唄い込んだものが少なくない．自然や四季を表現するためには，植物はよい手がかりである．そういう意味から，植物が取り上げられる機会が増えてくる．食べるという行為が，子どもの生活の中では重い部分を占める．食べるものを自然で見るためには，果樹や田園が題材となる．ここでも，植物がしばしば姿を見せることになる．童謡と植物とのつながりの背景には，そういう日本的な事情もあるのだろう．

子どもが童謡を唄いながら木陰を歩く，などという情景は今日的でなくなりつつある．テレビコマーシャルのメロディを口ずさみ，ゲーム機をかしゃかしゃもてあそびながら塾へ赴く現代の子どもたちは，成人してどのような社会を育てていくのだろう．

〔岩槻邦男〕

参考文献
与田準一（1957）：日本童謡集，岩波文庫．

c. 楽器と植物

楽器を狭義に定義すれば，音楽を演奏するための器具であるが，楽器の起源も考慮すると，音を出す器具の多くは広義には楽器ということができる．考古学，歴史学のデータによると，人が道具を使いはじめたごく初期に，木や骨を用いて打ち鳴らす音を出し，木の実を乾燥させてガラガラをつくっていたらしい．旧石器時代にはすでにうなり木，法螺貝のほかに，笛も使われ，新石器時代に入ると植物製の楽器でいえば横笛，木琴，葦笛などが広く演奏されていたらしい．

狭義の楽器を管楽器，弦楽器，打楽器などに分けて植物とのかかわりを考えてみよう．

管楽器は笛，ラッパの類いであるが，笛はもともとは植物製だったらしい．今でも，尺八（図6.25）のように竹筒に孔をあけただけで，微妙な音を演奏できる楽器がある．クラリネットなど，リードのある管楽器も，もとはリードとして葦を使っていたものだから，植物が振動して発する音が木の管に反響して微妙な音を演出していたといえる．

弦楽器では，音を出すために振動する弦そのものは絹，羊腸，スティール，ナイロンなど動物，鉱物起源であるが，その音をきれいな音楽につくりあげるのは，振動を伝搬する胴の部分のはたらきであり，これは植物を材料とする．中国の琴の胴は表側に桐，裏側に梓を使い，これを焼いて漆を塗り上げて完成する．年を経ると，表面の漆にひび割れ模様がつき，美術的に珍重されるだけでなく，発する音にも微妙な味わいを産み出す．和琴も桐でつくったものが美しい響きを生じるとして好まれる．

同じ弦楽器でも，バイオリン（図6.25）の共鳴胴は，表板にはエゾマツの仲間の柾目板が使われ，裏板と側板は木目が美しいカエデ類がよい材料とされる．バイオリンは16世紀にはじまるとされるが，その後の整い方は急速で，胴の部分を支える力木や附属物もそれぞれに意味をもって発達してきた．

打楽器のうち，ドラムなどは膜打楽器とされる．ドラムを響かせる皮は動物起源ではあるが，支える部分は植物材料であり，太鼓の皮は動物であるが，打つ桴(ばち)は木製である．木製打楽器としては，木琴はもっとも古くから使われていたようであるし，カスタネットは今でも楽器としてよくはたらいている．より広義にいえば，拍子木や木魚，魚板なども音を発する器具で，木製である．拍子木は拍奏するが，木魚などは桴奏する．

楽器をもっと広義にとり，信号，合図などコミュニケーションの手段として音を出す器具一般を含めれば，さまざまの発音器具，子どもの玩具などにまで話が広がり，子どもの頃に吹いた草笛など，植物との遊びも楽器の範疇に含めることかもしれない．　　　　　　　　　　〔岩槻邦男〕

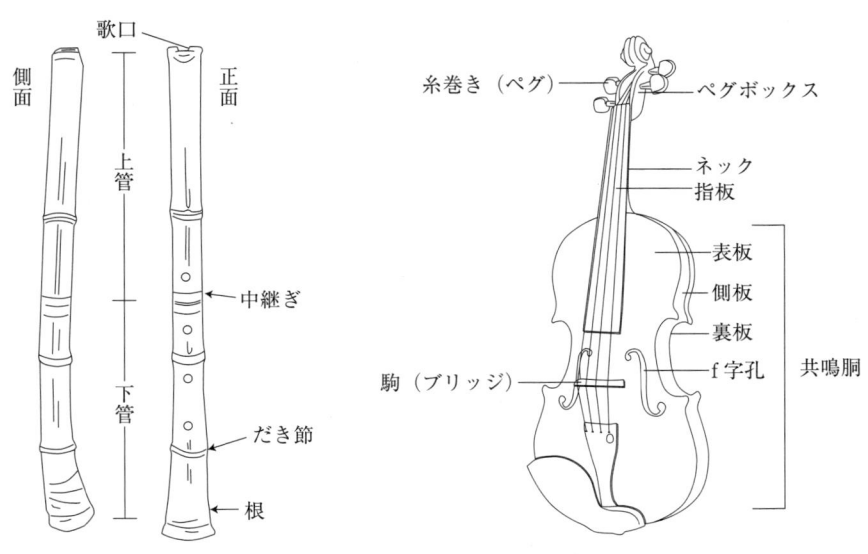

図 6.25　尺八とバイオリン
おもな部品，名称を記した．

6.6 暮らしの中の植物

(1) 大切な季節感

日本には四季の移り変わりがあり，私たちの日常生活では季節感が重要視される．しかし，一方では生活スタイルの変化とともに，季節感が失われつつある．さまざまな行事は季節と密接にかかわり，植物と関係の深い行事がたくさんある．ここでは，暮らしの中に生きる，行事の代表ともいえる五節供と植物の関係を知ることで，季節感を大切にする術を考えてみたい．

(2) 五節供

年間の季節の折り目となる年中行事を節日といい，その日の供え物を節供といった．節供とは，節日に備える供御（飲食物の敬語）の意味で，やがて節日そのものを節供とよぶようになった．節供は節句とも表す．本来，節供は年間の折り目になる年中行事であるため，各地でさまざまな節供が発達した．江戸時代になって，徳川幕府は徳川氏の出身地である三河地方（現・愛知県東部）の風習を基礎として儀礼の形式を整え，以下のような五節供（五節句）を定めて休日とした．いずれも植物とのかかわりが深い行事である．

しかし，五節供は旧暦（太陰太陽暦）に基づく行事であるため，行事の由来や意味は旧暦の知識がないと理解できない．すなわち，節供は季節の変わり目に祝う行事で，本来は旧暦の日付で定められているが，明治6年に改暦し，新暦に移した際に，そのままの日付としたため，季節感がなくなっている．現在使用している新暦（太陽暦）は，「太陽の運行」を基本としてつくられた暦である．すなわち，平年を365日，4年に一度閏年を配置している．一方，旧暦は，月の満ち欠けで日付を決め，太陽の天空上の位置で月を決める太陰太陽暦である．平年は354日で，大の月（30日）を年6回，小の月（29日）を年6回とした．各月の1日の月は朔で見えず，15日の満月を経て，大の月では30日の月は晦となり再び見えなくなる．

かつては，このような月の満ち欠けの周期がもっとも身近で，正確なものであった．また，足らない日を解消するために，19年に7回，閏月を配置し，その年は1年が13カ月になる．1～3月を春，4～6月を夏，7～9月を秋，10～12月を冬とした．すなわち，旧暦では1月は春となる．現在では1月になると真冬にもかかわらず「新春」とするのは，旧暦の習慣をそのまま受け継いだことによる．

閏月があるため，毎年の日数が一定でなく，日が毎年変動することになるが，平均すると新暦に対し，35日ほど遅くなる．現在の1月は2月初旬にあたり，徐々に日が長くなっていく季節にあたる．旧暦で考えることで初めて行事の季節感がわかることが多い．このことを念頭に置いて，五節供について概説したい．

1) 人日

1月7日．七草粥を食べて祝うことから，七草の節供ともいう．古来，中国ではこの日に7種類の野草を入れた羹（現在の汁物）を食べる習慣があり，平安時代に日本に伝わり，江戸時代に一般化したと考えられる．七草粥に入れる7種の野草である，「セリ，ナズナ，ゴギョウ，ハコベラ，ホトケノザ，スズナ，スズシロ」が文献上出てくるのは，鎌倉時代の『年中行事秘抄』（1293～1298）とされ，鎌倉時代にほぼこれらの植物が定着したと考えられる．

これらの植物は春の七草とよばれ，このうちゴギョウは現代のハハコグサ，ハコベラはハコベ，ホトケノザはコオニタビラコ，スズナはカブ，スズシロはダイコンのことである．冬の間食べることができなかった野菜を，春先の野草で補った意味もあった．新暦の1月7日では，野草はまだ生えてはいないため，いきおいデパートなどで「七草セット」を購入しないといけないことになる．人日の節供は，現在の2月下旬の行事であり，この頃であれば野草を摘むことも可能であろう．

2) 上巳 (じょうし)

3月3日．現在の雛祭りにあたり，雛の節供ともよばれ，桃の節供としてもしたしまれている．古来，中国では3月最初の巳の日（上巳）に川で身を清め不浄を祓い，モモの花が咲く川辺に出て，落ちた花びらとともに川の水を飲み，水辺のフジバカマなどの薬草でお払いをした．この風習が平安時代に日本に取り入れられたとされ，後に，お払いをした薬草で人形 (ひとがた) をつくり，川に流した．これらのお払いの風習の意味は忘れられ，やがて人形を飾り，紙や土でつくった人形を川に流す「流し雛」へと変わっていくことになる．

現在の暦では，この時期，モモは咲いていない．この時期売られているモモは，蕾をつけた枝を切り出し，切り口を水につけて室 (むろ) やハウスなどで温度をかけて3～5分咲きになったものである．上巳の節供は，現在の4月中・下旬の行事であり，この頃であればモモも満開となる．

3) 端午 (たんご)

5月5日．現在の子どもの日にあたり，菖蒲 (しょうぶ) の節句ともよばれる．旧暦牛の月（5月）の最初の牛の日を節供として祝っていたが，後に5が重なる5月5日が端午の節供となった．古来，中国ではこの日に野に出て薬草であるフジバカマを摘み，ヨモギでつくった人形を家の門に飾り，ショウブ（サトイモ科）を浸した酒を飲んだとされる．これらの植物は強い香りや薬効があり，邪気を祓い，悪霊や病気から身を守るための行事であるといえる．平安時代に日本に伝わり，現在でもショウブやヨモギを軒に吊し，「菖蒲湯」（ショウブの束を浮かべた風呂）に入る風習が残っている．

端午の節供が，男子の成長を願う行事となったのは鎌倉時代ごろとされ，「菖蒲」が「尚武」と同じ読みであること，また菖蒲の葉が剣を連想させることなどからといわれる．端午の節供は，現在の6月下旬の行事であり，梅雨の季節にあたる．この時期には疫病が流行ることから，「菖蒲湯」に入って強い香りを身体に移し，病気を媒介する虫などを避けたのであろう．新暦の5月5日では，この季節感は実感できない．

4) 七夕 (たなばた)

7月7日．タケやササを庭に立て，短冊で飾ることから竹の節供ともよばれる．中国の七夕伝説では，織女星（織姫星）と牽牛星（彦星，夏彦星）が，7月7日の夜に天の川を渡って年に一度だけ出会うことができるが，その夜に雨が降ると天の川の水かさが増し，できないという．七夕は，秋の収穫前に洪水が起こらないように川の水をつかさどる星の神を祭る儀式から発展したと考えられ，元来中国の行事であったものが奈良時代に日本に伝わった．もともと日本にも7月7日の夜，聖なる乙女が機を織る「棚機 (たなばた) つ女」伝説があり，これらが結びついたと考えられる．

現在の暦では，7月7日は梅雨が明けていない時期となり，晴れる日が少ないが，本来は8月中旬頃となり，秋の収穫前の行事であることが理解できる．七夕に降る雨を「洒涙雨 (さいるいう)」といい，織姫と彦星が流す涙とされる．七夕は秋の季語である．旧暦の7日は，かならず上弦の月であるため，夜空はやや明るく，ともに一等星である琴座の織女星（ヴェガ）と鷲座の牽牛星（アルタイル）はひときわ際だって見えることになる．

5) 重陽 (ちょうよう)

9月9日．やはり中国から伝わった行事であるが，現在の日本では他の五節供に比べて一般化していない年中行事である．中国の陰陽思想では，奇数は陽の数であり，陽の数の中でももっとも満ちて極まっている数（極数）と考えた．9月9日は，陽の数の極数である9が重なる日であることから，「重陽」とよばれ，たいへんめでたい日とされた．

平安時代には中国から日本に伝わり，宮中の年

中行事となり,「観菊の宴(かんきくうたげ)」を開き,キクを眺め,菊酒(キクの花を浮かべた酒)を飲んだ.このことから,菊の節供とよばれる.キクは中国から奈良時代に日本に伝わり,平安時代には「翁草」「千代見草」「齢草」とよばれ,長寿を祝う行事といえる.しかし,現在の暦の9月9日では,自然開花の時期ではない.本来は,10月中旬の行事であり,この時期であれば菊の節供であることが納得できる.

(3) 季節感を大切に

以上のように,旧暦の日付を太陽暦に換算せず,そのまま新暦の日付としたため,五節供を初めとする年中行事が季節に合わないという矛盾が生じた.最近では,新暦と旧暦が対照できるカレンダーなども販売され,ネット上でも旧暦との対照表を見ることができるようになった.旧暦を見直し,暮らしの中に生きる年中行事と,それにかかわる植物の関係を理解することで,初めて行事の季節感と先人たちの知恵がわかるといえよう.

〔土橋　豊〕

参考文献
永田　久 (1989):年中行事を「科学」する,日本経済新聞社.
並河　治 (2004):暮らしの中の花,農文協.
湯浅浩史 (1993):植物と行事,朝日新聞社.

a. デザインと植物

ここでは,植物の形態や構造を設計のヒントとした歴史上有名な事例を紹介する.

1) 面ファスナーとゴボウ

もっとも身近な例としては,面ファスナー(「マジックテープ」は(株)クラレの登録商標)が知られる.フック状に起毛した面と,ループ状に起毛した面を押しつけることで,何度でも着脱可能な状態で結合でき,きわめて優れた機能性に富むデザインである.近年では,宇宙船内の無重力環境においてさまざまな道具などの固定や収納するのに注目され,アポロ計画時から使用されている.

この面ファスナーは,野生のゴボウ(*Arctium lappa*)が発明のヒントとなっている.1948年,スイスのメストラル(George de Mestral)は,山の中で狩りをした際,自分の衣服や犬の毛に野生のゴボウの果実が引っ付いているのに気づいた.果実には鉤状の刺があり,それが衣服や犬の毛にしっかりとからみついていた.これをヒントとして,面ファスナーが発明された.

2) グライダーとマクロカルパ

グライダーのモデルとなったのは,マレー諸島原産のウリ科植物アルソミトラ・マクロカルパ(*Alsomitra macrocarpa*,和名ハネフクベ)の種子(図6.26)であった.種子には幅5cm,長さ7～8cmの2枚の透明な翼があり,雲母板のよう

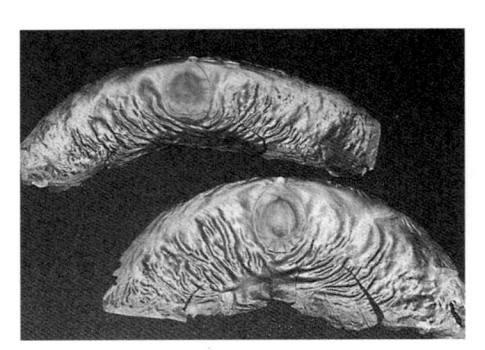

図 6.26 アルソミトラ・マクロカルパの種子

な弾力がある．1903年，ライト兄弟（Wilbur Wright, Orville Wright）が複葉機で飛行距離260 m，滞空時間59秒の飛行に成功した．ほぼ同時代，ボヘミアの織物製造業者エトリッヒ父子（Ignaz and Igo Etrich）は，この植物の種子の滑空についての論文からヒントを得て，種子を入手し，1904年から1905年にかけてグライダーを製造し，2機目では約900 mの滑空に成功している．

3）クリスタル・パレスとオオオニバス

1851年，イギリスのロンドンで開かれた第1回万国博覧会の会場として建てられたクリスタル・パレスは，これまでの伝統様式とはまったく異なった鉄とガラス，コンクリートを用いたもので，産業革命のシンボルともいえる建築物の一つである．この建築物のデザイン状のモデルとなったのが，巨大な浮葉をもつオオオニバス（*Victoria amazonica*）であった．

設計，計画，施工は公募によるものであった．建築家パクソン（Joseph Paxon）は園芸家でもあり，植物学者リンドレイ（John Lindley）と共同編集して著名な園芸雑誌『ガーデナーズ・クロニクル（The Gardener's Chronicle）』を発行している．1837年，英領ギアナ（現ガイアナ）からイギリスに種子で導入されたオオオニバスを栽培する温室を設計したのも，初開花（1849年）に成功させたのもパクソンであった．

ちなみに，オオオニバスの属名 *Victoria* は，当時のヴィクトリア女王にちなんだものである．このようなオオオニバスとの歴史の中で，巨大なオオオニバスの葉を支える葉裏面の複雑な葉脈構造をモデルとした設計で応募し，見事受託されることになった． 〔土橋　豊〕

参考文献
フェリクス・パトゥリ（1988）：植物は驚異のデザイナー（土田光義訳），白揚社．

b. 文様に見る植物

装飾的効果をあげるために，人工物の表面につけられた図形を文様という．ここでは，歴史上とくに重要な植物をモティーフした文様を紹介する．

人類最古の都市文明は，メソポタミア（現イラク）南部のシュメールにおいて栄えた．シュメールの楔形文字は，紀元前3500年頃から使用されたとされ，そのころにはすでに金属板や土器にキク科の花の文様を彫り込んでいた．キク文様の花は，舌状花が白色，管状花が黄色のキク科植物で，デージー（*Bellis perennis*）やマトリカリア（*Matricaria chamomilla*）などの花をデザイン化したと考えられている．キク文様はアッシリアの中心とした中近東文化のシンボルとして，他の地域に移り，東アジアには仏教文化とともに伝わることになる．

スイレン文様は，古代エジプトにおいて特徴的に発達した．エジプトに自生するスイレン属の植物としては，ニンファエア・カエルレア（*Nymphaea caerulea*）とニンファエア・ロツス（*N. lotus*）2種が知られる．前者は「エジプトの青いスイレン」として知られ，花色は青色，昼咲きで，英名 blue lotus，後者の花色は白色，夜咲きで，英名 Egyptian lotus であり，2種ともに古代エジプトにおいてよく壁画などに描かれるほか，神殿の柱にはスイレンの蕾をデザイン化した文様が浮き彫りされている．エジプトにおいてスイレンが重要視されたのは，エジプトのもっとも重要な神の1人で，スイレンから生まれたとされる太陽神ラーとの関連とともに，太陽を連想させるスイレンの昼夜に反応する開閉運動からと推測される．このスイレン文様は，エジプト文化のシンボルとして北進してイスラエルからアッシリアに達したあと，西はギリシャに，東はインド，スリランカ，中国へと伝わっている．東進の中で，スイレンとハス（*Nelumbo nucifera*）の混同があり，中国や日本では仏教文化とともにハス文様が発達した．

メソポタミアでは生命力の象徴としてナツメヤ

シが文様化され，パルメットとよばれているが，古代ギリシャ時代には成長力のあるキツネノマゴ科のアカンサスに変わることになる．アカンサス文様とよばれ，コリント様式の建築の円柱頭部によく浮き彫りされている．

このアカンサスは，ヨーロッパ南部，西南アジア原産のアカンサス・スピノスス（*Acanthus spinosus*）やヨーロッパ南部，北アフリカ，西南アジア原産のアカンサス・モリス（*Acanthus mollis*）をデザイン化したものと考えられている．アカンサス文様は彫刻や壁画にも用いられ，ギリシャからローマに引き継がれるとともに，アレキサンダー大王の東漸後，イランからアフガニスタンを経て，インド，中国へと伝播されることになる．また，イギリス・ヴィクトリア朝時代に活躍し，アーツ＆クラフト運動を行い，「モダンデザインの父」ともよばれるウィリアム・モリス（William Morris；1834-1896）も，アカンサスを文様化している．

もっともなじみ深い文様としては唐草文様が知られ，一般には植物の茎，葉，花，果実などを組み合わせて，曲線状に連続した図形の総称であり，唐草自体は想像上の植物と考えられる．古くは古代エジプトのスイレン文様，古代ギリシアのパルメットなどを起源とし，ペルシア，インド，中国などを経て，日本にも伝わっている．また，イスラム美術に見られるアラベスクにも影響を与えている．また，仏教装飾に多く用いられている宝相華も，ハスやボタン，フヨウなどを組み合わせた想像上の植物をモティーフとしたものとされる．また，唐草文様と結びついた文様として宝相華唐草などが知られる．　　　　〔土橋　豊〕

参考文献
西上ハルオ（1994）：世界文様事典，創元社．
立田洋司（1997）：唐草文様，講談社．
塚本洋太郎（1975）：花の美術と歴史，河出書房新社．
塚本洋太郎（1994）：花の歴史（1）．くらしのなかの花，11，1-26．
塚本洋太郎（1984）：花卉園芸大事典（塚本洋太郎監修），花卉園芸の歴史，pp.1-6，養賢堂．

c．衣装と植物

衣装と植物のかかわりとしては，意匠，繊維料，染料それぞれのモティーフまたは原料としての関連が考えられる．ここでは，繊維料や染料のように実用的なものではない意匠について，能装束に描かれた植物を中心に解説する．

伝統芸能である能は，鎌倉時代後期から室町時代初期に成立したとされ，歌舞伎とともに知られる日本の伝統的な舞台芸術である．能が演じられる際に着る衣装は能装束とよばれ，植物が描かれていることが多いことで知られる．能装束は貴重なため，現代までよく保存されているものが多い．

田中（2006）は室町末期から江戸時代後期までの作とされる能装束，2730点を詳しく調査している．その結果，69％が実際の植物の文様がデザインしており，唐草文様など想像上の植物をモティーフとしたものを加えると，76％が植物の文様が描かれていることを明らかにしている．また，106種類の植物が同定可能で，描かれていた植物総数4345点のうち種類はわからないものは37点であったとしている．

多く描かれている植物としては，キク（421点）が1位で，以下，サクラ（270点），ボタン（211点），キリ（189点），マツ（187点）と続く．能は専用の能舞台で演じられるため，観客が間近に能装束を見ることは困難であったと思われるが，同定が可能なほど正確に織りや刺繍，箔づけで植物を表現していることに，日本の美意識の中でいかに植物が重要な位置を占めているかを示している．

また，描かれた植物を季節別に分類すると，秋の植物が全体の半分近くを占め，春が20％弱，夏が10％強，冬が1％弱としている．秋の植物が描かれているのは，前述のようにもっとも多く描かれているキクが含まれるからで，キクは延命長寿の霊草を象徴している．また，日本の代表的な文様とされる秋草文様がよく描かれている．秋草文様とは，キクのほか，秋の七草などを組み合わせ

たもので，秋草の優しく，繊細な姿と，秋の風情やもののあわれを日本人が好んだのであろう．江戸時代の能装束とされる東京国立博物館蔵「白地秋草模様縫箔」には，キクのほか，ハギ，オミナエシ，ススキなどが見事に描かれている．

生活の中で使用された衣装にも，植物は多く描かれている．平安時代中期に誕生し，和服のもとになったとされる小袖にもよく描かれ，その伝統は洋の東西を問わず現代にも引き継がれ，日常着から晴れ着まで，あらゆる衣装の分野で植物の文様が描かれている．　　　　　　　　〔土橋　豊〕

参考文献
朝日新聞社編（1987）：花のデザイン，朝日新聞社．
田中　宏（2005）：花と人間のかかわり，農文協．

図 6.27　萌葱地草花文様小袖（部分）（風俗博物館所蔵）カキツバタが描かれている．
風俗博物館（京都下京区）：http://www.iz2.or.jp

d. 嗜好品

嗜好品とは，生命を維持するための栄養分として摂取することを主たる目的とせず，香味や摂取時の高揚感や味覚，嗅覚，視覚，歯触りなどの触覚を刺激して快感を得る，食料，飲料，嚼料，喫煙料，嗅料などの総称で，多くが植物性のものである．世界各地でその地域固有の嗜好品が発達しているが，ここでは暮らしの中で身近な植物性嗜好品である食料および飲料としてのカカオ，飲料としてのコーヒーについて解説したい．

食料としてのチョコレート，飲料としてのココアの主原料が，カカオ（*Theobroma cacao*）である（図 6.28）．カカオは中央・南アメリカ原産の 8〜10 m になる小高木で，マヤ文明においてすでに栽培されていた．属名 *Theobroma* は，ギリシャ語の「神」と「食物」を意味する 2 語からなる合成語で，神か王でないと食することができないほど貴重なものとされ，貨幣の代用にも使われたほどである．種小名 *cacao* は，アステカ族やマヤ族のよび名に由来している．

ヨーロッパにもち帰ったのはコロンブス（Christopher Columbus）で，彼の第四次航海（1502 年）において，現在のホンジュラスからスペインにカカオの種子を運ぶことができた．1525 年にはスペインがトリニダード島で栽培を行い，やがて 17 世紀にはココアとしての飲料が盛んとなっていく．現在の主生産国は，コートジボアー

図 6.28　カカオ（*Theobroma cacao*）

ル，ガーナ，インドネシアなど．果実は長さ15〜20 cmほどの紡錘形で，幹や太い枝に直接つく幹生果である．中に直径2 cmほどの種子が20〜50個含まれる．種子を乾燥したものをカカオ豆とよび，焙煎後，種皮を取り除き，粉末にして砂糖，香料を加え，圧し固めたものがチョコレートである．また，粉末を圧搾してカカオ脂を除いたものがココアとなる．カカオ豆にはカフェインのほか，興奮作用のあるテオブロミンが含まれる．

コーヒーは嗜好飲料として世界でもっとも飲用されているもので，世界人口の約1/3が飲用しているとされる．主原料の植物として，アラビアコーヒー（*Coffea arabica*）とロブスタコーヒー（*C. canephora*）が知られ，それぞれアラビカ種，ロブスタ種とよばれる．アラビカ種はレギュラーコーヒー用で，もっとも品質が優れ，世界で栽培されるコーヒーノキの80％弱がアラビカ種である．ロブスタ種は，主としてインスタントコーヒー用，あるいは廉価なレギュラーコーヒーの増量用として用いられ，世界で栽培される約20％が生産される．アラビア種の原産地であるエチオピアでは，古くから葉や種子（コーヒー豆）を煎じて飲用する習慣があった．コーヒー豆に含まれるカフェインにより，爽快な刺激と興奮作用をもたらす．

トルコにコーヒーが伝播されたのは，1517年のセリム一世のエジプト遠征によるものである．18世紀半ば，それまで炒ったコーヒー豆を煮出していたもので，ヨーロッパでろ過してかすを除去してから飲用するようになり，大流行に拍車がかかった．バッハ（Johann Sebastian Bach；1685-1750）の第211番カンタータ『そっと黙って，おしゃべりめさるな』はコーヒー・カンタータとよばれ，まさにヨーロッパでコーヒーが大流行していた1732年に発表されている．ちなみに，バッハ自身も大のコーヒーマニアであったとされる．

〔土橋　豊〕

参考文献
土橋　豊（2000）：熱帯の有用果実．トンボ出版．

e. スパイス

飲食物に芳香や風味，消臭，着色などを目的として用いる植物またはその一部（種子，果実，花，蕾，葉，茎，樹皮，根など）を香辛料とよんでいる．これらの香辛料のうち，一般に熱帯・亜熱帯原産の植物の乾燥した種子，果実，花，蕾，葉，茎，樹皮，根などを用いるものをスパイスと総称している．一方，一般に温帯原産の主として葉や茎，花などを利用するものをハーブと総称している．スパイスとハーブは厳密に区別できないことも多く，たとえばコリアンダー（*Coriandrum sativum*）の場合，生または乾燥した葉はコエンドロとよばれてハーブとして扱われ，果実はコリアンダーの名でスパイスとして扱われる．スパイスとハーブはいずれもヨーロッパで著しい発達を遂げた．代表的なスパイスとして，コショウ（図6.29；*Piper nigrum*），ナツメグ（図6.30）とメース（*Myristica fragrans*），クローブ（図6.31；*Syzygium aromaticum*），シナモン（*Cinnamomum*

図6.29　コショウ

図6.30　ナツメグ

6.6 暮らしの中の植物

図 6.31 クローブ

zeylanicum）などが知られる.

英語のスパイス（spice）はラテン語 species（特別な種類，特例）に由来し，古来，ヨーロッパの人たちにとってスパイスは特別なものであった．なぜスパイスが特別なものであったのであろうか．

食糧となる植物は穀類，マメ類，イモ類に大別される．星川（1997）によると，人類はデンプン性の穀類，イモ類と，タンパク質や脂肪に富むマメ類を地域ごとにうまく組み合わせ，全体として必要な栄養を摂取しているが，ヨーロッパでは気象条件からコムギ，オオムギなどの穀類とペアとなるマメ類がない特徴があるとされる．このため，ヨーロッパでは古くからタンパク質や脂肪は家畜や魚介類から摂取することになる．スパイスには防腐，殺菌作用が強く，消臭効果があり，肉や魚を長期保存するには，スパイスは不可欠なものであり，まさに「特別なもの」であったことは想像に難くない．しかしながら，生活に不可欠であったスパイスはヨーロッパに自生せず，クローブ，ナツメグなどはインドネシアのモルッカ諸島，コショウはインド東海岸やスマトラ島で多く産出する．このため，これらの国々の交易によってスパイスを輸入する必要があった．シルクロードや十字軍，大航海時代など，ヨーロッパの人びとが世界に進出していった動機の一つは，スパイスを手に入れるためと考えることもできる．

〔土橋　豊〕

参考文献
土橋　豊（2000）：熱帯の有用果実，トンボ出版．
星川清親（1997）：植物の世界 14 巻（週刊百科編集部編），人間の食糧とされる植物，pp.162-166，朝日新聞社．

f. ハーブ

香辛料のうち，一般に温帯原産の主として葉や茎，花などを利用するものをハーブと総称している（e 項「スパイス」参照）．英語のハーブ（herb）は，ラテン語 herba（草本性の植物）に由来している．一般にハーブという場合，温帯，とくにヨーロッパ原産の有用な草本植物を示し，ヨーロッパの人びとにとっては，自国には産出しない「特別なもの」としてのスパイスとは反対に，身近な暮らしの中にある有用植物といえる．

現在ではローズマリー（*Rosmarinus officinalis*）やゲッケイジュ（*Laurus nobilis*）など木本植物や，ヨーロッパ原産以外の植物も含むことがある．代表的なハーブとして，ジャーマンカモミール（図 6.32；*Matricaria recutita*），ローマンカモミール（*Chamaemelum nobile*），バジル（*Ocimum basilicum*），マジョラム（*Majorana hortensis*），ペパーミント（*Mentha piperita*），チャイブ（*Allium schoenoprasum*），タイム（図 6.33；*Thymus vul-*

図 6.32 ジャーマンカモミール

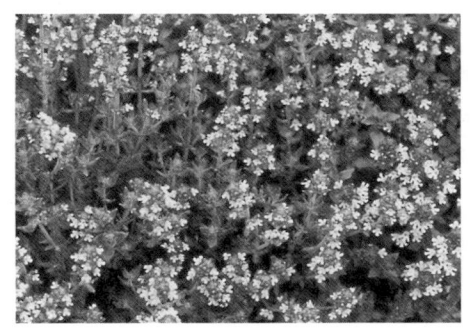

図 6.33 タイム

図6.34 ハーブティーの利用

garis)，セージ（*Salvia officinalis*），ラベンダー（*Lavandula* spp.）などがある．

　ハーブの用途は多様であるが，最初は薬草として用いられたと考えられ，薬効のあるものも多い．ただし，薬効があるハーブは劇薬成分を含んでいることが多く，取扱いには注意が必要である．ヨーロッパの中世では学問の中心でもあった修道院で薬草として栽培されており，中世に襲ったペスト（黒死病）の蔓延から救ったのもハーブであったといわれる．これらの学問としてのハーブの知識は，本草学として発達することになる．また，中世のハーブ栽培が，園芸を発展させることになり，今日のハーブガーデンにも垣間見ることができる．

　ハーブの食用としての利用では，料理の際の香味づけや防腐，防臭などに用いられるとともに，お茶として利用するハーブティー（図6.34）がある．また，その香りを利用することも多く，ポプリや精油などとして用いられ，日本でもその芳香成分がもつ効果を利用したアロマセラピーなども一般的になってきた．また，ハーブ染めなど染料として利用することもある．　　　〔土橋　豊〕

参考文献
陽川昌範（1998）：ハーブの科学，養賢堂．

g. ドライフラワー

　植物の花だけに限らず，茎，葉，果実などを自然に，または人為的に乾燥させ，色や花姿などが長期間変わらないようにしたものをドライフラワーとよび，英語では dried flowers, dried foliage, dried fruits と表現し，生花（fresh flowers）の対語である．また，長期間観賞できることから，everlasting flowers ともよばれる．日照時間が短く，冬季が長い北ヨーロッパにおいて，冬季の室内装飾用やドア飾りとして発達したとされ，開花期に集めて，乾燥し，貯蔵して利用した．その後，イギリスにおけるフラワー・アレンジメントの流行により，一般化し広められた．

　日本では，伊藤伊兵衛著『花壇地錦抄』（1695年）のセンニチコウ（*Gomphrena globosa*）の項において，「十月の此花を茎とともに切って，かげぼしにして冬立花の草とめ，なげ入れなどに用いる．花の色かわらずして重宝なる物」と記述され，これが日本におけるドライフラワーの最初の記録とされる．日本における流行は，フラワーデザインという言葉が一般的となった1960年代からで，とくにスター・フラワーとよばれるホシクサ科ハナホシクサ（*Syngonanthus elegans*）が，ブラジルから染色されて輸入され，大人気となり，ドライフラワーの代表的植物となった．

　とくに，花や茎，葉などにケイ酸を含む硬質の植物がドライフラワーに適しており，イソマツ科のスターチス（*Limonium sinuatum*），キク科のヘリクリサム（*Helichrysum bracteatum*），ローダ

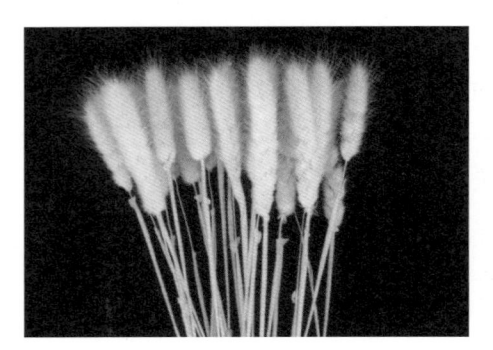

図6.35 ラグラスのドライフラワー

ンセ（*Helipterum manglesii*），イネ科のラグラス（図6.35；*Lagurus ovatus*）などが知られる．これらの多くは乾燥地原産のものが多い．

ドライフラワーにすると，一般には硬くなるが，最近，植物にグリセリン溶液を吸い上げさせると，グリセリンは吸湿性があるため空気中の水分を吸収し，柔らかい質感となるドライフラワーが開発されて，人気をよんでいる． 〔土橋　豊〕

図6.36　ドライフラワー（布引ハーブ園にて）
（口絵46）

h. 生け花

生け花は日本で発達した伝統芸術であり，自然の素材としての植物と器などとともに構成された造形美術である．ヨーロッパに向けて日本の生け花を紹介したのは，明治初期に日本に建築家として招かれたコンドル（Josiah Conder）で，1889年に東京で開催された講演会においてであるとされる．その後，第二次世界大戦後，世界にも広く紹介され，いまでは国際的にもIkebanaで通用する．生け花が法式を整えて成立したのは，室町時代中期から末期とされている．

生け花が成立する以前においてその源流を訪ねると，古くは民俗信仰として祭りなどに木を立てるなど，神が依り憑く対象物として，常緑樹や花木などを立てることにその源流を見ることができる．また，中国から伝来した仏教とともに，花を供える供花という習慣が伝えられ，これらが合わさって時代とともに発達したものと想像される．平安中期の『枕草子』には，勾欄（欄干のこと）において青い瓶に桜の5尺ほどの枝を挿して観賞したことが記述されており，この頃には観賞用として花を切って容器に挿すことが行われたと考えられる．また，仏前の供花を瓶子や壺などに挿して献ずる風潮が一般化し，欄干からさらに室内への観賞に移行することとなる．

このような風潮から，さらに室内への観賞に移行する誘因の一つとして，床の間の発達が関係する．南北朝から室町時代にかけて，中国絵画が掛け軸として伝来し，それらを掛けて観賞するために床の間が発達した．正式な床の飾り方式として，掛け軸の前に卓を置き，向かって右に燭台，中央に香炉や香合，左に花瓶を置く形式の三具足が定石となった．

この方式が略式化され，座敷飾りとして観賞用の花が重きをなすようになったと考えられる．室町時代中末期になると，それまでは自然の花の美しさの観賞に重きをおいていたものが，花を挿したそのものの美しさが，花そのものの美しさよりも重きをなし，座敷飾りとしての花が立花として

成立し，立花の専門家が登場するようになる．また，室町時代には法式を定める立花に対し，抛入れという様式も生み出された．室町時代の立花は，安土桃山時代から江戸初期において，立花と音読みにされる様式となり，抛入れとともに現在の生け花へと発展していくこととなる（図6.37）．

〔土橋　豊〕

参考文献

工藤昌伸（1989）：世界有用植物事典（堀田　満ほか編），生け花，pp.1148-1150，平凡社．

湯川　制ほか編（1952）：いけばな事典，興洋社．

図6.37　『生花百花式』（明治32年刊）

i. 茶花

　茶の湯の席にいける花を総称して茶花という．室町時代に成立した座敷飾りの花には，立花と抛入れという様式があった（h項参照）．立花は儀礼的な場で立てる花で，形を定めていた．立花に対して，抛入れは自由な形を重んじ，季節や場所に応じて花のもつ自然な姿を生かすことを特徴とした．室町末期以後，茶道芸術が発達し，侘びた狭い茶室ができ，この茶室の床に生ける花，すなわち茶花が成立した．なお，「茶花」という言葉が定着したのは後世になってからで，本来は「茶の湯の抛入れ」をよぶ．

　千利休は抛入れにこそ生け花の原点があると考え，茶の湯の席に生ける花は，「花は野にある様」『利休七則』といわれるように，自然の風情を生かすことを重視した．針金でくくったり，枝を無理に曲げたりするようなことは，不自然なこととして嫌われる．また，「小座敷の花ハかならず一色を一枝か二枝かろくいけたるがよし」『南方録』といわれるように，軽く入れることを旨としている．また，利休がいうように，茶花はよろずの草花をよしとした．茶席は季節によって炉と風炉に分かれるが，茶花もよろずの草花とはいえ，季節に応じて入れる花を区別する．すなわち，冬と春（11月中旬から4月中旬）はツバキ（蕾の状態でいけることが多い）などの木の花を一輪入れる炉の風情，夏と秋（4月中旬から11月中旬）は草花を多く入れる風炉の風情など，季節感を大切にした．冬から春に咲く花を炉の花，夏から秋に咲く花を風炉の花としている．

　よく使用される花としては，ウメ，スイセン，ツバキ，キクなどがあげられる．また，茶花には禁花といって，西洋から紹介された花や，香りの高い花，季節に関係なくいつでも咲く花，名称のイメージが悪い花，毒性や刺のあるものなどは嫌われている傾向にある．茶花を生ける際は，季節を考えて花を選ぶとともに，その花に調和する花入れを選定することが大切で，花を生ける技術だけを尊ぶことはない．

〔土橋　豊〕

j. 園芸療法

総論でも触れたように，植物を見るだけで私たちに大きな心理的，身体的影響を及ぼすことが知られている．植物を育てる農耕や園芸が，心身の健康に有効であることは，古代エジプト時代からすでに認められていた．また，17〜18世紀ごろには，欧米の精神病院や救護院などで農耕や園芸を通して治療的効果が認められていた．園芸が療法として本格的に活用されるようになったのは，1940年代以降とされ，とくに第二次世界大戦の後，米国や北欧を中心にはじまった．米国では，主として戦争から帰還した傷痍軍人の心の癒しや機能回復のリハビリテーション，社会復帰の手段として発展してきた．

このように，心理的，身体的影響の大きい植物を育てることを通して，観賞や，収穫，加工などの園芸活動を行うことにより，高齢者や障害者など療法的支援を要する人を対象として，身体の機能回復や心の癒しなどに役立てる療法のことを園芸療法とよんでいる．園芸療法では心身になんらかの不都合がある対象者が存在し，対象者の状況を理解し，園芸活動を通してどのように改善するかを判断し，適切な手続きを示す専門的な知識と技術を有する「園芸療法士」とよばれる専門家が必要とされる．

一方，園芸福祉とは，すべての人を対象とし，自由に園芸活動を通して生活の質（QOL；quality of life）の向上やよりよい人間関係を目指すものであり，園芸療法のように専門家の介在は必要ないとされる．いうならば，園芸活動を行うことにより，日々の生活を充実させ，生きがいと満足感をもって生活を送ることが目的といえる．

ヴァリチェクら（Waliczek et al., 2005）は，園芸がQOLの向上に効果があることを報告している．QOL評価には，「Life Satisfaction Inventory (LSIA)」に基づく20の質問項目を用い，園芸愛好家と園芸非愛好家を比較した．その結果，園芸非愛好家に比べ，園芸愛好家のほうが生活に対する満足度が高いことが明らかになった．また，質問項目のうち，「今があなたの人生で一番いやなときだと思いますか」「自分のやっていることが面倒くさいとか退屈だと思うことがよくありますか」「1カ月または1年なり先に何かしようとしていることがありますか」という質問項目では，園芸愛好家のほうが人生に対して積極的な回答が多かった．

今後，ますます少子高齢社会に向かうにあたり，高齢者や障害者はもとより，介護予防や生活の質の向上を図ることが重要であり，園芸療法，園芸福祉いずれの場面においても，社会的なニーズが増大することが予想される．　〔土橋　豊〕

参考文献
松尾英輔（2005）：社会園芸学のすすめ—環境・教育・福祉・まちづくり—，農山漁村文化協会．
Waliczek, T. M., Zajicek, J. M. and Lineberger, R.D. (2005) The influence of gardening activities on consumer perception of life satisfaction. *HortScience*, **40** (5), 1360-1365.

図6.38 車いす利用者にも作業が容易なレイズド・ベッド（甲子園短期大学）

k. 伝統薬

世界各地域で伝承されている伝統医学で用いられる薬物．植物，動物，鉱物など天産物を単に乾燥しまたは調製加工をほどこし，単品でまたは組み合わせて用いる．

伝統医学には，世界3大伝統医学といわれる中国伝統医学の中医学，インド伝統医学のアーユルヴェーダ，アラビア伝統医学のユナニ医学などのように文字化され体系化されたものから，口承的な民間療法まで多様である．伝統薬は西洋薬を補完するものとして世界的に見直され，有効性，安全性について科学的な解明や検証の取組みも進んでいる．

中医学や漢方医学における薬物学（本草学）の原典は『神農本草経』（しんのうほんぞうきょう）（AD1世紀～2世紀）で，365種の生薬が記載されている．現代では数千種にのぼる生薬があり，人参（*Panax ginseng*），甘草，大黄，麻黄，芍薬，葛根など多種多様である．これらを組み合わせて処方し，煎じて湯剤とする（葛根湯，芍薬甘草湯など）．湯剤治療を体系化したのが張仲景の『傷寒雑病論』（しょうかんざつびょうろん）で，AD3世紀ころのものといわれている．湯剤以外に，丸剤，散剤もある．漢方医学は中医学をベースに日本で発展をとげたもの．処方，生薬などは中医学と基本的に同じだが，当帰（とうき），川芎（せんきゅう），黄連（おうれん）など，生薬名は同じで異なる植物を使用する場合がある．日本で新たに創出された処方もある．また，日本にはゲンノショウコ，ドクダミなどに代表される民間薬もあるが，漢方と異なり体系化されておらず通常単味で使用する．

古代インドで発祥し成立したアーユルヴェーダには，『チャラカサンヒター』『スシュルタサンヒター』などの古典医学書がある．特徴としては，病気を治すだけではなく生活習慣や精神衛生面をも重視．薬物の種類は多く3000種以上，代表的なものとしては，Haritaki〔ミノバランノキ〕；皮膚病，下痢止めなど，Vibihitaki；強壮，解熱など，Amalaki；下痢どめ，利尿など，この三つはセットでトリパラーという名で用いる．その他，Vaca〔ショウブ〕；催吐，排尿障害，Mesasringi〔ギムネマ〕；糖尿病，Nimba〔トキワセンダン，ニーム〕；泌尿器障害，解熱などがある．チベット医学，モンゴル医学はアーユルヴェーダの流れをくむ．

ユナニ医学はヒポクラテス，ガレノスにより大成されたギリシャ・ローマ医学とディオスコリデスの薬物学（本草学）をベースにアラブ文化圏で形成され，10～12世紀に大いに発展した．薬物としてはヘンルーダ；解毒，オリガノン；抗炎症，ロカイ；催吐，整腸，センナ；鎮静，瀉下，丁子；抗菌，鎮静，タマリンド；緩下，蜂蜜；滋養強壮，など．他にラクダの尿；精力剤もある．薬物は単味で使用する場合と処方にする場合がある．

〔寺林　進〕

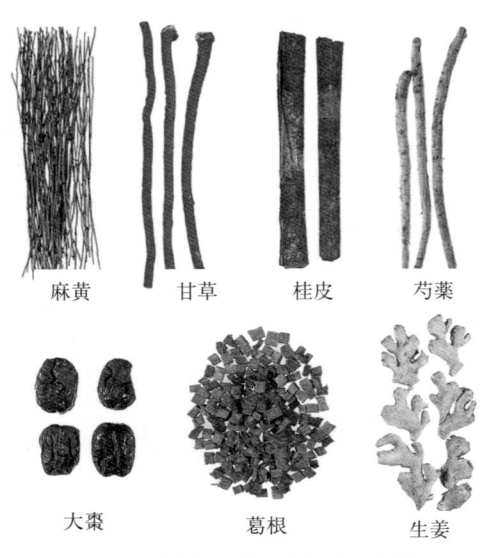

図 6.39　葛根湯の構成生薬（口絵 45）

麻黄　甘草　桂皮　芍薬

大棗　葛根　生姜

1. 有毒植物

　有毒植物の毒はおもにアルカロイドという化学物質で，神経系に作用し，痙攣やひどくなれば心臓麻痺を引き起こし死に至らしめる．トリカブト類の毒はアコニチン系アルカロイド，ドクゼリのシクトキシン，シクチン．ギボウシ摘みの際に事故が報告されることのあるバイケイソウのジエルピン，プロトベラトリン，古代ギリシャの哲学者ソクラテスが毒死したドクニンジンのコニインもアルカロイドである．その他に有毒成分としてはサポニン類，配糖体などがある．ジギタリスには強心配糖体プルプレアグリコシドA, Bなどが含まれる．有毒植物には，スズラン，ヒガンバナ，スイセン，オモト，フクジュソウなどなじみのある植物も意外と多い．

　上記のものは，飲食により毒物が体内に入るが，接触で皮膚炎を起こすものも有毒植物とされる．イネ科植物の中には，毛や小穂の芒の機械的刺激により炎症を起こすものがある．化学的刺激としては，ウルシ，ハゼノキなどウルシ科の乳液中のウルシオール類，イラクサ，ミヤマイラクサなどイラクサ科の刺毛にあるヒスタミン類，トウダイグサなどトウダイグサ科の乳液中のディテルペンポリオール類などが炎症の原因となる．

　ケシやアサのように，幻覚を引き起こす植物も有毒植物の範囲に入る．ケシの未熟果実の乳液を乾燥させたものが阿片である．ケシの仲間でモルヒネなど幻覚性のアルカロイドを含むケシ *Papavera somniferum*，アツミゲシ *P. setigerum*，ハカマオニゲシ *P. bracteatum* の3種は栽培が禁止されている．

　アサは繊維をとる有用植物でもあるが，代表的な幻覚植物である．アサの未熟果実と葉を乾燥したものはマリファナ，花序を加工したものはハシシ，その他加工法に応じた名称があり，これらを総称して大麻という．大麻には幻覚を引き起こすテトラヒドロカンナビノールなどを含む．南米ペルー，ボリビア原産常緑低木であるコカノキの葉は，コカインなどのアルカロイドを含み古くからおもに宗教儀式の場で用いられた．米国南部からメキシコに分布するサボテンの1種ウバタマの頭部を乾燥させたペヨーテもメスカリンという幻覚物質を含む（図6.40）．幻覚植物はその他にも多数あり，地域の民族文化，宗教と密接に関係しているものが多い．

　有毒植物は矢毒のように毒として利用することもあるし，その強い生理活性を生かし適切な用量用法で薬として使用することもある．オクトリカブトやハナトリカブトの塊根は漢方では鎮痛や体を温める作用がある生薬（附子）として用いる．ケシから取れるモルヒネは，優れた鎮痛薬として医療の現場に欠かせない医薬品となっている．コカインも局所麻酔薬として利用されたが副作用の少ないプロカインが合成されるようになった．

〔寺林　進〕

図6.40　ペヨーテ（土橋豊氏撮影）

6.7 植物と人

　生物進化の歴史からいえば，生き物の40億年近くの歴史のうち，植物の系統と人へ向かう系統が分かれたのはせいぜい十数億年前のことと推定されるので，生命の歴史の半分以上は植物も人も先祖は同じものだった．今でも，植物が光合成を行い，有機物や分子状酸素を供給しなければ，人の生存はおぼつかないように，両者の生は不可分離の関係にある．

　人が知的活動を始め，文化をもつようになって以来，人と植物の関係は，生き物としての基本的な関係性だけでなく，人にとって植物とは何か，という角度からとらえられるようになった．この場合，「何か」には役に立つ，害を与えるなど人に直接影響を与える場面がとらえられる．しかし，牛肉を食べるためには，牛の飼料として植物が不可欠である，という間接的な関係性も無視することはできない．人と植物の関係も，つき詰めればあらゆる生物が一体となって地球上で複雑な関係性をもちあっていることに話が展開する．しかし，ここでは文化としての人と植物の関係性に限定して話を展開しよう．

(1) 食糧となる植物

　人とかかわる植物のうち，いちばん深いつながりをもつのは，食糧となる植物である．この場合，食べられ方は，主食，副食，調味料，香辛料，嗜好品と，さまざまである．

　主食となるものも，穀物，マメ類，イモ類など多様である．

　穀類のうち，コメ（図6.41），ムギ，トウモロコシ（図6.42）の三つをあげれば，人類のエネルギー源の3分の2はまかなわれているという．も

図 6.41 イネ

図 6.42 トウモロコシ

っとも，コメとムギは直接摂取するが，トウモロコシは飼料作物の一つで，大部分は家畜の飼料とされ，人は肉や牛乳などの形で摂取する．イモなどの根菜類が太平洋地域などで主食とされ，中南米などではマメ類が主食となっているなど，地域によって主食となる植物が異なるのも食文化の多様性である．

副食には葉菜類，マメ類，根菜類などが使い分けられる．陸上植物だけでなく，コンブ，ワカメ，アサクサノリなどの海藻類も使われるし，植物を狭義に限定しないで菌類まで含めると，キノコの類も多様である．発酵食品はすべて菌類，細菌類の活動を必要としている．肉類も大切な副食だから，飼料植物は間接的に副食となっており，魚類にしても，食物連鎖の基礎生産者は酸素発生型光合成をするプランクトン類で，植物である．つまるところ，植物が光合成した有機物を，直接にか間接にか摂取するのが食糧だということである．

食欲を促進するためには，調味料や香辛料が使われる．塩は植物でないが，砂糖は植物起源である．味噌，醤油などもダイズを材料にしてつくられる．発酵には（狭義では植物ではないが）菌類のはたらきが不可欠である．その他，ソース類，ドレッシング類にも植物が関与する．

香辛料はトウガラシ，サンショウ，ショウガ，ワサビなど多様であり，刺身のつまに使われるタデの芽やトサカノリなどの海藻類もこの類いに入れてよいものだろう．

嗜好品には，まず酒類があげられる．日本酒はコメが原料で，ウイスキーやビールはムギから醸造される．バーボンウイスキーの原料はトウモロコシで，ヤシ酒のようにヤシを原料とするものもある．焼酎にはコメ，ムギ，イモなど原料によってさまざまな銘柄が知られる．

飲み物といえば，いちばん広く飲まれるのは茶である．緑茶や紅茶はチャから製品化される．コーヒーやココアも広く好まれる．その他，ジュース類も，原料となる果実はさまざまである．ケーキ，まんじゅう，お菓子類になると，さらに使われる植物の範囲は広くなるだろう．嗜好品に分類はしないが，果物類もなくてはならない食糧である．

(2) 衣類，住居や生活関連の用具など

衣類の原料は今では人工繊維が多いが，かつては天然繊維が中心だった．ワタはもっとも広く活用されていたし，アサも重宝されていた．絹はカイコが桑を食べて産み出す．さらに，人工繊維といっても石油製品で，石油の原料は古生代の生き物だった．数億年前の植物と現在人が時をこえてかかわり合っていることになる（石炭，石油など，エネルギー源にまで言及したら，ここでも時代をこえた植物とのかかわりが見られる）．エネルギー源としては，古くは薪炭材がいちばん大切だった．今でも，薪炭材としての木材の消費は結構な量に達している．

住居の材料では，とりわけ木造建築に住む日本人には植物とのかかわりが深い．建物そのものだけでなく，家具調度の類いにも木製品が圧倒的に多い．

生活関連のものにも植物のかかわりは深い．まず，紙の原料が，昔からの和紙にしても，今の用紙類にしても，植物起源である．職場や家庭で使う用具類をいちいち列挙する紙幅の余裕がないが，拾い上げれば植物名が無限につながりそうである．

(3) 薬用の植物

植物と人とのつながりで，薬用植物との関係は長い歴史をもつ．病からの回復を期待し，傷に治療を施すのは，文化にとってもっとも原始的な時代に芽生えた行為らしい．からだの苦しみや死の恐怖は，人が知性をもちはじめた初期に対応を考えたおそれだったのだろう．傷や疾病に直接効用がある薬用植物だけでなくて，祈祷による治癒が図られる際にも植物は活用されてきた．呪術は病を癒すだけでなく，心に施しを与える宗教とも不可分の関係があり，ここでもさまざまな植物が登場する．酒類もはじまりは精神の高揚を求めるものとして呪術にも関係があった．その他，精神活動に異常な励起を期待する幻覚植物もここで拾い上げておく必要があるだろうか．

心の癒しを薬用の範疇に含めるなら，次に触れる園芸植物ともかかわりをもつが，人は太古から死者を弔う際に花を使ったらしい．

麻薬類も薬用植物である．手術の際に麻酔剤は不可欠であるが，心の逃避を求めて使う麻薬には危険な要素が含まれる．

タバコも広い意味では，心に刺激を与える植物だろうか．コロンブス以前には旧世界にはなかったはずであるが，今では世界中で喫煙者の数は膨大な数に達している．しかし，心に癒しを与える一服も，他方では健康への害ももたらすと指摘されており，喫煙への警告がなされている．

(4) 花卉・花木

最初に花が美しいと感じた人は，知的活動の成果としての文化を最初に意識した人であり，動物の1種の Homo sapiens から，人類という言い方で理解される人に進化した最初の人だった．

園芸植物といえば，蔬菜類，果樹，花卉・花木が総括されるが，蔬菜，果樹は食用の植物として一括したので，ここでは食用にならない観賞植物を取り上げる．

日本人は野草を愛し，古くから野草を庭で栽培してきたし，下がって江戸時代には花卉・花木だけでなく，動植物の馴化，育種に大きな成果をあげてきた．園芸植物の栽培に関しては，どの国よりもかかわりが深かったのではないか．

花卉・花木といえば，庭に飾り生活にゆとりをもたらすものである．庭にはさまざまな発展の仕方が見られるが，いずれにしても植物が貴重な要素である．庭だけでなく，花は家の中にも置かれる．切り花として利用されるときには，日本では生け花のような芸術も発展させた．鉢植えのまま室内に置かれることもあるが，光が届かない場所でもそこにいる人の心に潤いを与えられるように，観葉植物などが馴化，育種されている．壁掛けの草花には，スペインのパティオ（中庭）のような歴史もある．同じ鉢植えでも，盆栽は限られた鉢の上に自然の姿を再生しようと試みる作品で，日本が世界に発信する優れた文化といえよう．

(5) 環境を保全する

植物は有機物を提供するだけでなく，分子状酸素の提供者でもある．空気を清浄にする役割を果たすという意味では，環境保全のための要素である．森林では「フィトンチッチが降っている」といわれ，心の保養のために森林への散策がすすめられる．緑は目にもやさしい色で，都会の喧噪の中にあってもときどきは木立の緑に目を注ぐように示唆されることもある．

石油などのエネルギー使用が地球規模で拡大し，地球表層に二酸化炭素の比率が増えてきたことが地球温暖化を誘っているといわれる．そのために，植物の酸素発生型光合成を促進し，消費される以上の分子状酸素の生産が期待される．一方，森林の開発は進み，地球上の酸素の循環には警鐘が鳴らされてもいる．

日本では，開発された場所の緑化のために使用される緑化植物が外来種であることが多く，シナダレスズメガヤのように，思わぬ害をもたらしている例もあり，問題とされている．日本の緑化にもっともふさわしい緑化木を育種することも緊急に期待されている．

(6) 人に危害を与える植物

役に立つ植物がある以上，人に危害を与える植物のある事実にも触れないわけにはいかない．

有毒の植物については，間違って野草を食べて中毒する例など，後を断たない失敗が報告される．毒は使いようによって薬になるので，薬用植物には，薬用成分が使い方によって毒性を発揮することもある．イラクサなど，酸性の化合物が皮膚に害を及ぼす型の有害植物も少なくない．

菌類まで話を広げると，人体に寄生して病害や皮膚病などを起こす病原菌や寄生菌などは人にとってはとんでもない厄介者である．

ヒトのからだに危害を及ぼすだけでなく，農地や庭に侵入して，栽培している植物に害を及ぼすものも有害植物の例である．外来種が旺盛に繁茂して，在来の植物の生態系に圧迫を加えるのも，植物がつくり出す危害の例である．〔岩槻邦男〕

a. 里地・里山

　農耕がはじめられた頃，土地利用のあり方は国によってずいぶん違っていた．ヨーロッパでは，丘陵地帯をいっせいに開発して農地を造成したし，中国の山岳地帯では「耕して天に至る」と詠まれるほど美しい棚田をつくり上げた．日本では，ごく初期には粟や稗を斜面にも育てたようであるが，やがて水稲が主要作物になると，耕作の中心の稲田は主として水利のよい谷地につくられた．そのため，水田で作業をする農民の村落は主として谷地周辺につくられた．その後発達する集落も，もっぱら低地につくられたので，居住地域を含む人里（里地）は低地を中心に展開し，地形が複雑な日本列島では，現在でも全体の20%強が里地として利用されている．この面積の割合は，それほどの変動なしに相当期間維持されてきた．

　農耕がはじめられた初期には，里地の面積にも余裕があって，稲作も場所を回転させ，土地の肥沃さが回復するのを待つ余裕もあったようである．しかし，人口が増加し，資源に対する要求が膨らんでくると，やがて限られた里地の田畠だけでは必要な資源を供給できなくなった．多分，人里の開発が進むのと平行して，谷地の後背地から，薪炭材や補充食糧（野草，キノコ類，果実，野獣など）が狩猟採取されていたのだろうが，人里と並んで，後背地を利用する開発は室町時代くらいになるとかたちを整えたものらしい．

　日本列島は閉じられた地域であることが幸いしたのだろうか．急峻な山岳地帯を含む複雑な地形でつくられてはいるが，全体が理想的に開発された．すなわち，谷地を中心に約20%の人里，資源の補助供給地としてほぼ同じ位の面積の後背地（江戸時代から里山というよび方はあったらしい），そして国土の約半分は人の営為が最小限に保たれる奥山だった．これは，結果として，最近の保全地域設定の基準ともいうべき，居住地域，緩衝地帯，核心地域という区分をきっちり描き出した開発だったのである．

　里山は人の活動する地帯だったから，奥山に住む野生動物たちは，そこへは容易に近寄らず，人里の住民とは住み分けを保っていた．このようにして，日本列島はごく最近まで緑におおわれ，維持されてきた．里山は二次林でおおわれてはいるが，緑豊かな景観を展開していたのである．1960年代頃からはじまったいわゆるエネルギー革命で，里山から薪炭材を得ることはなくなった．補助食糧も，遊びとしては求められても，生活必需品ではなくなった．里山は放棄され，荒廃が進んだ．

　里山に人が出入りしなくなってから，野生動物の生活も変わってきた．里山に現れ，やがて人口減少，高齢化が進む中山間地帯の人里へも出入りするようになった．旧里山の豊富な資源を存分に利用するようになって，シカやイノシシの個体数増加が問題を生じている．里山の生物多様性の維持は，日本列島の自然の持続的利用という課題が直面している最大の問題の一つである．

〔岩槻邦男〕

図 6.43　兵庫県川西布黒川の里山（口絵 49）お茶炭（菊炭）を産出しており，ボランティアの作業と合わせて典型的な里山景観が維持されている．

b. 照葉樹林文化

　ヒマラヤの中・高位から中国西南の四川・雲南など江南の山地を経て，中国南部から東南アジア北部，日本へ至る地域は日華植物区系区の南部に位置し，植生が照葉樹林を主相とする点で共通している．この地域に共通の文化が発達したという中尾佐助・佐々木高明・上山春平らの考え方が照葉樹林文化と名づけられている．

　この地域に生じた農耕文化は熱帯に成立した根栽農耕文化の温帯適応型のタイプとされ，水稲栽培以前の日本の縄文農耕文化もそのひとつとみなされる．照葉樹林帯に適応して，さまざまな農耕文化が複合して形成されたとみなされる．多様な植物の利用を基軸につくられた照葉樹林文化は，水稲作による文化の定着以前に照葉樹林帯に発展したもので，日本文化の基盤形成にもかかわっていたといわれる．東南アジア山岳地帯（＝照葉樹林帯）の焼き畑農耕民の生活と共通するものも多い．

　照葉樹林は常緑広葉樹林の一型である．熱帯，亜熱帯から温帯下部にかけて分布している常緑広葉樹林には，①熱帯多雨林（多雨気候の熱帯に発達し，樹高50mをこえる樹もある，多様度の高い林），②硬葉樹林（地中海性気候に成立する乾燥耐性の強い小さな葉をもった樹木で構成される），③照葉樹林（熱帯の高地から東アジア，フロリダ半島から南米中部，ニュージーランド，カナリヤ諸島など比較的気温が高く，雨量も多いところに発達する）の3型がある．西南日本をはじめアジアの東南部に見られる照葉樹林は，ブナ科の常緑カシなどを主相とするシイーカシータブ林であるが，一般に葉が深緑色，革質，無毛で，表面にクチクラ層が発達するため，テカテカする光沢があることからこの名でよばれる．照葉樹林と名づけたのは中野治房である．　　　　　〔岩槻邦男〕

参考文献
上山春平, 佐々木高明, 中尾佐助（1996）：続・照葉樹林文化　東アジア文化の源流, 中公新書.

c. 植物園

　多様な植物を栽培し，植物多様性の研究や遺伝子資源の保全の基礎的研究などに寄与しようとするのが植物園の役割である．動物園と並んで語られることが多いが，これは日本語の共通性からくる影響を受けたもので，欧米では，後者はzooと略称されるように遊園地的色彩も濃いが，植物園は一貫して研究機関と位置づけられる．動物園も植物園もともに博物館相当施設と認知されており，生涯学習支援の柱としての活動が期待されている．

　植物園の淵源をたどると，欧米では王侯貴族の庭園だったものと，薬草園だったものがある．庭園だったものが植物園と認識されるようになるためには，観賞用に多様な植物の収集がなされていたところから，研究用に体系だった植物の収集が行われるようになる変化がもたらされた．薬草園から発展した植物園はもともと研究用につくられ，中世にバチカンにおかれた薬草園はローマ大学の植物学とかかわりが深かったとされる．

　植物園も市民に公開されるようになってからは，美しく飾ることも大切な活動になってきたが，社会教育の一環として，植物の多様性を学ぶ場を提供するという意味もますます重要になっている．

　研究機能としては，植物の多様性の研究の推進が期待されており，とりわけ遅れている熱帯植物の基盤的研究の必要性が強調されている．現在もっとも活動的なキュー植物園（イギリス）やミズーリ植物園（米国）では，150人規模の研究者が，世界各地の研究者と協力しながら，さまざまな手法を用いた研究に携わっている．

　さらに，今日的な課題としては，絶滅の危機に追いやられている植物についての知見が求められており，絶滅危惧種の調査をはじめ，遺伝子資源の確保のための緊急避難的な施設内保存の調査研究も喫緊の課題となっている．

　日本の植物園のうちには徳川幕府の御薬園に起源し，300年以上の歴史を誇る東京大学附属（小

石川）植物園（図6.44）のように，研究植物園として機能しているものもあるが，多くの植物園は地方公共団体によって公園機能をもつよう期待されて創設されたものであり，市民の憩いの場を提供することが主目的となっており，生涯学習支援への取組みにはかならずしも熱心とはいえない．

大学では，高等教育にあたるためには第一線で活躍する研究者が教員の資質であると理解されるが，植物園など施設では，美しく飾るための栽培技術は重視されても，生涯学習支援のための活動的な研究者が求められることはないようである．学習支援があまり重視されていないために，市民の科学思想が低迷している状況を脱しきれない日本の現状を反映しているようである．

美しい花と緑を提供して市民の憩いの場を設けるのも大切な仕事であるが，せっかく収集されている多様な植物を通じて，生物多様性の意義を市民が学び，考える場をつくり出すことも植物園の重要な役割だろう．昔は多様な植物を並べて展観しておけば役割を果たしていると評価されたが，今では，人々の足を植物園に向かわせ，植物園で学ぶきっかけを与えられることが期待されている（国内のおもな植物園は，付録4を参照）．

〔岩槻邦男〕

参考文献
岩槻邦男（2004）：日本の植物園．東京大学出版会．

d. 自然公園

日本の優れた自然の風景を保護し，国民の保健，休養，教化に資するために，法律や条例によって設定される①国立公園，②国定公園，③都道府県立自然公園をひっくるめて自然公園という．

日本で法的に認められた公園は，1873（明治6）年に太政官布告によって設置されたものである．しかし，これは市内，近郊などの名所旧跡を国公有地の公園にするというものだった．国立公園法が制定されたのは1931（昭和6）年で，1934年にはじめて阿寒，大雪山，日光，中部山岳，瀬戸内海，霧島，雲仙の7国立公園が指定された．1957（昭和32）年に国立公園法に代わって自然公園法が制定され，上記3種の公園による自然公園の体系が整った．2008年6月現在，国立公園29，国定公園56（付録3参照），都道府県立公園309が設けられており，総面積は国土の14.2%に及んでいる．海中公園も国立，国定公園内の優れた海中景観を対象に指定されるもので，自然公園法に基づき，現在64地区が指定されている．

国立公園といえば，世界最初に指定された米国のイエローストーン国立公園が有名であるが，これは日本の国立公園とずいぶん異なっている．すなわち，イエローストーン国立公園は90万haに

図6.44 精子発見のイチョウとクスノキ（東京大学附属植物園）

及ぶ広大な領域の全土地が国立公園局の所有であり，管理維持の全責任を国立公園局が負っている．それに対して，日本の国立公園では，国有地も林野庁などの所属の部分が大多数で，主管者である環境省自身の所有地は限られた面積にとどまる．だから，公園の指定にあたっても，その後の管理計画の制定にしても，関係の行政機関が土地所有者らと協議し，合意を得る必要がある．所有権，財産権や産業との調整を図りながら，自然環境の保全と利用の促進を図るという日本特有の仕組みがつくり上げられている．

自然の景観の保護と，自然環境保全は同じものではないが，生物多様性の保全という意味も含めて，公園内には特別地域を指定し，さらにきびしい規制をかける地域として，特別保護地域が設定される．一方，優れた景観を活用する意味で，道路，宿舎をはじめ利用者のための各種施設を整備し，市民の利用に供している．利用施設のうち特別のものとして，国民休暇村の制度がある．現在全国で36カ所設けられている． 〔岩槻邦男〕

図 6.45 富士山
日本最高峰で，信仰の対象ともされてきた．富士箱根伊豆国立公園の一画にあり，世界自然遺産への登録も期待されている．

e. 世界自然遺産

　ユネスコ（国連教育科学文化機関）が登録する世界遺産には，文化遺産，自然遺産，複合遺産がある．複合遺産は文化遺産と自然遺産を複合したものであるが，合わせて基準に達するというのではなく，文化も自然も個々に基準に達する遺産ということになっている．

　世界遺産は，1972年にユネスコが採択した「世界の文化遺産及び自然遺産の保護に関する条約」（「世界遺産条約」と略称される）によって運営される．国が世界的に貴重な自国の文化遺産・自然遺産を報告し，基準に達しているものをユネスコが登録する．各国の拠出による世界遺産基金により遺産の保護が図られる．ユネスコには，世界遺産が878カ所（自然174，文化679，複合25）登録されている（2008年末現在）．

　日本では，文化遺産には法隆寺，姫路城など11カ所登録されているが，自然遺産は1995年に，白神山地（16971 ha）と屋久島（10747 ha）がはじめて登録された．自然遺産は長い間この2地域だけだったが，2005年に知床半島（図6.46, 47）が追加登録され，現在では3カ所登録されている．

　自然遺産の登録には，国が候補地の特性を科学的に整理し，保全地域などを設けて管理計画を立てて申請するが，世界遺産委員会でその妥当性が審査され，さらに世界自然保護連盟（IUCN：International Union for Conservation of Nature and Natural Resources）に委託して現地調査を行い，申請国におけるヒヤリングの結果も踏まえ，世界遺産委員会で登録の是非が判断されることになっている．

　日本では現在小笠原諸島，琉球列島が登録候補地にあげられ，申請するためのさまざまな措置が講じられている．

　開発途上国などでは世界遺産に登録することにより，ユネスコの援助を受けるほか，遺産条約加盟国からの各種の支援を受け，遺産の保全に積極的な取組みが見られる．また，世界遺産に登録されることにより，観光客の誘致など，景観などの活用も図られている．自然遺産の場合も，エコツーリズムの高揚にあわせ，経済的価値の創出にも貢献している．

　ユネスコでは，世界遺産の登録がはじまる少し前から，人と生物圏計画（MAB：Man and Biosphere Programme）が生物圏保全地域の登録をはじめ，優れた自然景観の保全に資す活動を始めた．日本でも1971年に，白山，志賀高原，大台・大峰山脈，屋久島が生物圏保全地域に登録されたが，諸外国で有効に活用されているこの制度も，国内で周知され，活用されているとはいえない．

〔岩槻邦男〕

図6.46 知床のカムイワッカの滝（口絵48）
背景の知床連山

図6.47 羅臼岳
知床半島にある火山群の主峰，標高1660 m．

f. 博物学と自然史

　博物という言葉は，晋の張華「博物志」などで使われたものが日本へ伝来したもので，自然の産物である動物，植物，鉱物などの形状を記載し，分類するものだった．このことから，博物という語は広くものごとを知っていること，物知りの意味で使われた．第二次大戦までの旧学制下では，中等学校の理科の教科は物象（物理，化学）と博物（生物，地学）の2科目に整理されていた．

　中国では，自然の物産を財産として重視する伝統があり，博物誌にまとめあげる努力が古くからなされていた．本草学の伝統である．このことから，列品を陳列することの意義が尊重され，博覧強記は徳とされた．

　自然界の産物を見る西欧の目は，natural history という語で表現されていた．1世紀にプリニウス（Gaius Plinius Secundus）が Historia Natularis 37巻を完成しており，広く自然の産物が記録された．この思想はベーコンによって発展させられたが，それがやがて百科事典の編纂に結びつくと解釈される．自然物の記載は，18世紀のビュフォン（G.-L. L., Comte de Buffon）による Historia Naturalis 44巻の編纂に展開した．ビュフォンの考えの根底には自然物の史的意味が認識されており，この著作は進化の思想を醸成する基盤を育てるものだったと評価されることがある．

　日本では，中国から博物学が導入されたが，本草学は江戸時代には物産学として発展した．やがて西欧の科学思想が招来されるが，明治になって，natural history の訳が「博物学」と訳された．それがやがて理科の教科名に使われる用語となったために，博物の概念が自然科学としての natural history と乖離していたところがある．張華の博物志と並列してプリニウスやビュフォンの博物誌が並べられるが，その思想背景にはかならずしも同じ言葉で表現はできない差異があった．natural history を博物と訳することには無理があったのである．

　20世紀中葉になって natural history を字義通り「自然史」と訳そうという考えが出てきたのはそういう背景のもとでだった．もっとも，history の原義は物語り性にあるとし，史ではなくて誌であるという主張もあり，自然史，自然誌の両方が使われてきた．

　生物学は20世紀後半以後，分子生物学の興隆に伴って，分析的解析的に飛躍的な発展を見せた．逆に，生物多様性の研究は一時下火になっていたが，分子系統学などの手法が定着し，むしろ科学のうちに統合的な視点を回帰させる期待が膨らんできた．そこで，博物学を21世紀的視点で取り戻そうという動きも強いが，ここへきて，明治時代に一度中国的な博物と西欧的な natural history が無理に合一されていたものが，近代的な背景のもとに新しい統合の展開を見せようとしている．

　博物学の概念は，博物館の考えに通底する．自然史博物館では，動物学，植物学，人類学，地質・鉱物学の資料標本を収蔵し，その研究を行う傍ら，展示して社会教育に供するとされる．大学が高等教育を行うためには第一線の研究者を教員に求めるように，生涯学習支援のための機関である博物館も，貴重な資料を所蔵すると同時に，第一線の研究者が所蔵品などを活用した博物館らしい活動を展開することが期待される．動物園，植物園なども博物館相当施設に数えられ，同じ活動が求められる機関である（国内のおもな自然史系博物館については，付録1を参照されたい）．

〔岩槻邦男〕

g. 生命倫理

　科学が大型化し，また技術の基盤としていわゆる科学技術が社会に対して，いい意味でも悪い意味でも大きな影響力をもちはじめてから，科学者に対する社会の要求にも変化が生じた．かつて，科学者は科学の健全な発展に集中し，科学研究に専念することでその役割を果たしてきた．科学者の社会音痴はむしろ美徳とされた．しかし，科学のための科学に貢献してきた科学者に，最近では社会のための科学という視点をもつことが求められる．

　ダイナマイトを発明したノーベルは，土木工事の効率化を期待した技術が大量殺戮兵器を産み出したことに衝撃を受けた．原子爆弾の効果は，予想以上に悲惨な現実をもたらした．20世紀の間に，科学者の責任として，自分たちの研究の成果がもたらすものへの配慮が期待されるようになり，科学者の倫理性が強く求められるようになった．

　生命科学は生命を研究対象とする．20世紀後半における生命科学の飛躍的な進歩は，生命体にさまざまな操作を与えることができるほどの技術を発展させた．生命については未知の部分が大きいため，生命への畏敬という倫理思想が生命体の自由な操作を許さない側面をもっている．しかも，どこまでが科学技術で操作すべきことかについて共通の認識はない．そこで，生命への畏敬がどこまで科学的解析と両立するかが生命科学者に問われ，生命倫理が今日的課題として浮上している．これは，科学一般の倫理からさらに一歩ふみ込んだ，生命科学に特有の倫理である．

　生命倫理の問題は，クローン羊のドリー（1996-2003，イギリス）が産み出されてから社会の注目を浴びる問題となってきた．クローン技術を用いて，人の子をつくることの是非が問われたからである．しかし，問題の本質は，クローンの産生にとどまらない．しかも，生命倫理が論じられる傍らで，ヒトクローンづくりの第一線の研究者が，研究者としてはあるまじき論文捏造の罪を犯す事件が生じた（2005年発覚，「ヒト胚性幹細胞捏造事件」，韓国の生物学者によるもの）．一方では，人の難病克服のために，ES細胞幹を使って自分自身の組織の再生を誇り，自分のからだの修復を図る技術が進歩しており，病んでいる人からのこの方面の技術への渇望はますます緊急の度合いを強めている．

　現在の生命科学の技術は，ある意味ではおおいに進歩し，人の医療に大きく生かされている．しかし，科学が知り得ている事実はごく限られた範囲にとどまっていることも，また十分に認識されなければならない．不安が残されたままで突進すれば，大きな失敗を犯すおそれがある．何かに向けて前進する際には，伴って出てくるさまざまな事象についても十分な安全性を確保しておくことは最低限の義務だろう．科学者として，健全な倫理性をもちながら，しかし社会から要請される喫緊の課題に迅速に対応できるような科学技術の発展が期待されるところである．そのためにも，科学の成果は公開され，すべての人の評価に耐えるようでなければならないし，科学の技術への転用も，誰にも疑問を抱かれることのない安全な方法で推進されなければならない．

　科学が解明している生命現象と，まだ知り得ていない生命の実体の相関についても，自然科学や哲学の専門家だけが論じるのではなく，背景と現状がより広く理解され，市民の意思として生命科学のあるべきすがたが模索されるようでありたいものである．

〔岩槻邦男〕

付録3　日本国内の世界自然遺産，国立公園，国定公園一覧

追加指定により数が変わったり，合併などで名前が変わることがあります（2008年12月現在）．

1) **世界自然遺産（ユネスコ）**（→本文6.7e参照）
   知床半島（2005年登録），白神山地（1993年登録），屋久島（1993年登録）
2) **生物圏保存地域（ユネスコ，MAB計画）**
   志賀高原，白山，大台・大峰山脈，屋久島
3) **ラムサール条約登録湿地**
   北海道：釧路湿原，クッチャロ湖，ウトナイ湖，霧多布湿原，厚岸湖・別寒辺牛湿原，宮島沼，雨流沼湿原，サロベツ原野，濤沸湖，阿寒湖，野付半島・野付湾，風蓮湖・春国岱
   東北地方：仏沼，伊豆沼・内沼，蕪栗沼・周辺水田，化女沼，大山上沼・下沼・尾瀬
   北陸地方：佐潟，瓢湖，片野鴨池，三方五湖
   関東地方：奥日光の湿原，谷津干潟
   中部地方：藤前干潟
   近畿地方：琵琶湖，串本沿岸海域（串本海中公園周辺）
   中国地方：中海，宍道湖，秋吉台地下水系
   九州地方：くじゅう坊ガツル・タデ原湿原，蘭牟田池，屋久島永田浜
   沖縄県：漫湖，慶良間諸島海域，名藏アンパル，久米島の渓流・湿地
4) **国立公園**
   北海道：阿寒，大雪山，支笏洞爺，知床，利尻礼文サロベツ，釧路湿原
   東北地方：十和田八幡平，磐梯朝日，陸中海岸
   関東地方（など）：日光，尾瀬，富士箱根伊豆，秩父多摩，小笠原
   中部地方：中部山岳，南アルプス，上信越高原，白山，伊勢志摩
   近畿地方（など）：吉野熊野，山陰海岸，瀬戸内海
   中国地方：大山隠岐
   四国地方：足摺宇和海
   九州地方：雲仙天草，霧島屋久，阿蘇くじゅう，西海
   沖縄：西表石垣
5) **国定公園**
   北海道：暑寒別天売焼尻，網走，ニセコ積丹小樽海岸，日高山脈襟裳，大沼
   東北地方：下北半島，津軽，早池峰，栗駒，南三陸金華山蔵王男鹿，鳥海，越後三山只見
   関東地方（など）：水郷筑波，妙義荒船佐久高原，南房総，明治の森高尾，丹沢大山
   北陸地方：佐渡弥彦米山，能登半島，越前加賀海岸，若狭湾
   中部地方：八ヶ岳中信高原，天竜奥三河，揖斐関ヶ原養老，飛騨木曽川，愛知高原，三河湾
   近畿地方：鈴鹿，室生赤目青山，琵琶湖，明治の森箕面，金剛生駒紀泉，氷ノ山後山那岐山，大和青垣，高野竜神
   中国地方：比婆道後帝釈，西中国山地，北長門海岸，秋吉台
   四国地方：剣山，室戸阿南海岸，石鎚
   九州地方：北九州，玄海，耶馬日田英彦山，壱岐対馬，九州中央山地，日豊海岸，祖母傾，日南海岸，奄美群島
   沖縄：沖縄海岸，沖縄戦跡

付　　　録

付録4　日本国内のおもな植物園

1) 一覧は，日本植物園協会（http://www.syokubutsuen-kyokai.jp/）加盟植物園を中心に作成しました．具体的な連絡先や利用方法，公開日時は個別に確認ください．中には研究が主で公開は限定的なところもあるのでご注意ください．
2) 同協会非加盟の植物園も含め，以下に掲げた以外にも「〜庭園」など多くの植物園があります．ぜひ，気軽に訪問してみて下さい．
3) 他に各大学医学部・薬学部に附属する薬用植物園などもありますが，一般には公開されていないところが多いので，以下には掲げませんでした．
4) *は，専用ウェブサイトが確認できなかった所です．

■北海道・東北
札幌市緑化植物園
　百合が原緑のセンター（北海道札幌市北区）　http://www.sapporo-park.or.jp/yuri/index.html
　豊平公園緑のセンター（北海道札幌市豊平区）　http://www.sapporo-park.or.jp/toyohira/index.html
　平岡樹芸センター（北海道札幌市清田区）　http://www.sapporo-park.or.jp/jyugei/index.html
北海道大学北方生物圏フィールド科学センター植物園（北海道札幌市中央区）　http://www.hokudai.ac.jp/fsc/bg/
能代エナジアムパーク（秋田県能代市）　http://www.tohoku-epco.co.jp/pr/nosiro.htm
東北大学 植物園（宮城県仙台市）　http://www.biology.tohoku.ac.jp/garden/
仙台市野草園（宮城県仙台市太白区）*
山形市野草園（山形県山形市）　http://www.yasouen.jp/top.html

■関　東
日光植物園（東京大学大学院理学系研究科附属植物園日光分園）（栃木県日光市）　http://www.bg.s.u-tokyo.ac.jp/frame/
ぐんまフラワーパーク（群馬県前橋市）　http://www.flower-park.jp/
水戸市植物公園（茨城県水戸市）　http://www.syokubutsuen-kyokai.jp/
森林総合研究所樹木園（茨城県つくば市）　http://www.ffpri.affrc.go.jp
国立科学博物館筑波実験植物園（茨城県つくば市）　http://www.tbg.kahaku.go.jp
茨城県植物園（茨城県那珂市）　http://www.ibaraki-shokubutuen.jp
茨城県フラワーパーク（茨城県石岡市）　http://flowerpark.or.jp/
千葉県立中央博物館生態園（千葉県千葉市中央区）　http://www.chiba-muse.or.jp/NATURAL/index.htm
清水公園（千葉県野田市）　http://www.shimizu-kouen.com
千葉県南房パラダイス（千葉県館山市）　http://www.awa.or.jp/home/fphs/nanpara
千葉県花植木センター（千葉県成田市）　http://www.pref.chiba.lg.jp/hanaueki/
川口市立グリーンセンター（埼玉県川口市）　http://www.city.kawaguchi.lg.jp/ctg/32200001/32200001.html
国営武蔵丘陵森林公園都市緑化植物園（埼玉県比企郡滑川町）*
板橋区立赤塚植物園（東京都板橋区）　http://www.city.itabashi.tokyo.jp/c_kurashi/000/000038.html
板橋区立熱帯環境植物館（東京都板橋区）　http://www.itanetu.com/
新宿御苑（東京都新宿区）　http://www.shinjukugyoen.go.jp/
練馬区立四季の香公園内温室植物園，牧野記念庭園，土支田農業公園（東京都練馬区）　http://www.city.nerima.tokyo.jp/koen_ryokuchi/hanamidori/main.html
夢の島熱帯植物館（東京都江東区）　http://www.tokyo-park.or.jp/yumenoshima/
神代植物公園（東京都調布市）　http://www.kensetsu.metro.tokyo.jp/seibuk/index.html
多摩森林科学園（東京都八王子市）　http://www.ffpri-tmk.affrc.go.jp/
小石川植物園（東京大学大学院理学系研究科附属植物園）（東京都文京区）　http://www.bg.s.u-tokyo.ac.jp/
横浜市こども植物園（神奈川県横浜市南区）　http://www.city.yokohama.jp/me/green/kodomo/kodomo_1.html
神奈川県立フラワーセンター大船植物園（神奈川県鎌倉市）　http://www.pref.kanagawa.jp/osirase/05/1666/

箱根町立箱根湿生花園（神奈川県足柄下郡箱根町）　http://www.kankou.hakone.kanagawa.jp/midokoro/shokubutsuen.html
東京農業大学農学部植物園（神奈川県厚木市）　http://www.nodai.ac.jp

■甲信越・北陸
新潟県立植物園（新潟県新潟市秋葉区）　http://botanical.greenery-niigata.or.jp
笛吹川フルーツ公園（山梨県山梨市）　http://www.fuefukigawafp.or.jp/
越前町立福井総合植物園プラントピア朝日（福井県丹生郡越前町）　http://www.town.echizen.fukui.jp/asahi/event/plant.html
氷見市海浜植物園（富山県氷見市）　http://www1.cnh.ne.jp/kaihin/index.htm
南砺市園芸植物園フローラルパーク（富山県南砺市）　http://floralpark.city.nanto.toyama.jp
富山県中央植物園（富山県富山市）　http://www.bgtym.org
富山県薬用植物指導センター（富山県上市町）　http://www.bgtym.org/net/yakusen.htm
七尾フラワーパーク・のと蘭ノ国（石川県七尾市）　http://www.notorannokuni.com/

■東　海
浜松市フラワーパーク（静岡県浜松市西区）　http://e-flowerpark.com
浜松市フルーツパーク（静岡県浜松市北区）　http://e-fruitpark.com
富士竹類植物園（静岡県長泉町）　http://fujibamboogarden.com/light/top.htm
伊豆シャボテン公園（静岡県伊東市）　http://www.shaboten.co.jp
らんの里堂ケ島（静岡県賀茂郡西伊豆町）　http://www.dogashima.com
（財）新技術開発財団熱海研究植物園（静岡県熱海市）　http://www.sgkz.or.jp/outline/brg/outline.html
熱川バナナワニ園（静岡県東伊豆町）　http://www.i-younet.ne.jp/~wanien/
碧南市農業活性化センターあおいパーク（愛知県碧南市）　http://www.city.hekinan.aichi.jp/aoi/index.htm
鞍ヶ池公園（愛知県豊田市）　http://www.city.toyota.aichi.jp/h-guide/kuragaike/kuragaike.htm
東山植物園（愛知県名古屋市千種区）　http://www.higashiyama.city.nagoya.jp/
名古屋市緑化センター（愛知県名古屋市昭和区）　http://www.city.nagoya.jp/08nousei/midori/mi_ryokka.htm
庄内緑地（愛知県名古屋市西区）　http://www.nga.or.jp
荒子川公園ガーデンプラザ（愛知県名古屋市港区）　http://www.nga.or.jp
名城公園フラワープラザ（愛知県名古屋市北区）　http://www.nga.or.jp
安城産業文化公園デンパーク（愛知県安城市）　http://www.katch.ne.jp/~denpark/
豊橋総合動植物公園（愛知県豊橋市）　http://www.toyohaku.gr.jp/tzb/
花フェスタ記念公園（岐阜県可児市）　http://www.pref.gifu.lg.jp/pref/flower/index.htm
内藤記念くすり博物館付属薬用植物園（岐阜県各務原市）　http://www.eisai.co.jp/museum/

■近　畿
草津市立水生植物公園みずの森（滋賀県草津市）　http://www.mizunomori.jp
塩野義製薬（株）油日ラボラトリーズ（滋賀県甲賀町）*
大阪市立長居植物園（大阪府大阪市住吉区）　http://www.ocpa.or.jp/n-syoku/
天王寺公園（大阪府大阪市天王寺区）　http://www.city.osaka.jp/yutoritomidori/
大阪府立花の文化園（大阪府河内長野市）　http://www.osaka-midori.jp/fululu/index.html
咲くやこの花館（大阪府大阪市鶴見区）　http://www.ocsga.or.jp/sakuya/index.html
大阪市立大学理学部附属植物園（大阪府交野市）　http://www.sci.osaka-cu.ac.jp/biol/botan/index.html
奇跡の星の植物館（兵庫県淡路市）　http://www.kisekinohoshi.jp/
但馬高原植物園（兵庫県香美町）　http://www3.ocn.ne.jp/~katsura/
荒牧バラ公園（兵庫県伊丹市）　http://www.itami.or.jp/kankou/natural/rosepark.html
兵庫県立フラワーセンター（兵庫県加西市）　http://www.flower-center.pref.hyogo.jp
姫路市立手柄山温室植物園（兵庫県姫路市）　http://www.city.himeji.hyogo.jp/shokubutsuen/index.html
尼崎市都市緑化植物園（兵庫県尼崎市）　http://www.amaryoku.or.jp/sisetu2.htm
神戸市立森林植物園（兵庫県神戸市北区）　http://www.kobe-park.or.jp/shinrin
六甲高山植物園（兵庫県神戸市灘区）　http://www.rokkosan.com/index.html
布引ハーブ園（兵庫県神戸市中央区）　http://www.shinkoberopeway.com/
宝塚植物園（兵庫県宝塚市）　http://www.gardenfields.jp/

丹波市立薬草薬樹公園（兵庫県丹波市）　http://www.yakuso.gr.jp
三栄源エフ・エフ・アイ（株）有用植物研究所（兵庫県川西市）*
京都府立植物園（京都府京都市左京区）　http://www.pref.kyoto.jp/plant/index.html
宇治市植物公園（京都府宇治市）　http://www1.biz.biglobe.ne.jp/~ucbpark/
日本新薬（株）山科植物資料館（京都府京都市）　http://www.nippon-shinyaku.co.jp/ns07/
武田薬品工業（株）京都薬用植物園（京都府京都市）*
和歌山県植物公園緑花センター（和歌山県岩出市）　http://www.midorikousha.jp/01.html

■中国・四国
鳥取県立とっとり花回廊（鳥取県西伯郡南部町）　http://www.tottorihanakairou.or.jp
半田山植物園（岡山県岡山市）　http://www.okayama-park.or.jp
広島市植物公園（広島県広島市佐伯区）　http://www.hiroshima-bot.jp
湧永製薬（株）薬用植物園（広島県高田郡甲田町）　http://www.wakunaga.co.jp/garden/garden.html
宇部市常盤公園熱帯植物館（山口県宇部市）　http://ww52.tiki.ne.jp/~zaiubetokiwa/
高知県立牧野植物園（高知県高知市）　http://www.makino.or.jp

■九州・沖縄
福岡市動植物園（福岡県福岡市中央区）*
長崎県亜熱帯植物園（サザンパーク野母崎）（長崎県長崎市）　http://www.pref.nagasaki.jp/anettai/
佐世保市亜熱帯動植物園（長崎県佐世保市）　http://www.city.sasebo.nagasaki.jp/www/toppage/1211516574873/APM03000.html
熊本市動植物園（熊本県熊本市）　http://www.ezooko.jp/
南立石緑化植物園（大分県別府市）*
宮崎県立青島亜熱帯植物園（宮崎県宮崎市）　http://www.mppf.or.jp/aoshima/
延岡植物園（宮崎県延岡市）*
宮崎県総合農業試験場薬草・地域作物センター（宮崎県野尻町）　http://www.pref.miyazaki.lg.jp/contents/org/nosei/kikaku/nosiyaku/index.html
フラワーパークかごしま（鹿児島県指宿市）　http://www.fp-k.org
仙巌園自然植物園（鹿児島県鹿児島市）　http://www.minc.ne.jp/shimadzu/
奄美アイランド植物園（鹿児島県奄美市）　http://www3.ocn.ne.jp/~amamicf/
熱帯・亜熱帯都市緑化植物園（沖縄県国頭郡本部町）　http://oki-park.jp/midori/
東南植物楽園（沖縄県沖縄市）　http://www.sebg.co.jp
ナゴパラダイス（沖縄県名護市）　http://nagopara.ti-da.net/
ネオパークオキナワ（名護自然動植物公園）（沖縄県名護市）　http://www.yanbaru.ne.jp/~neopark/
ビオスの丘（沖縄県うるま市）　http://www.bios-hill.co.jp

付録5　日本の植物関連の学協会一覧

学会名，ウェブサイトおよびおもな定期刊行物（学会誌など）を掲げました．
連絡先は変更になったり，内容に応じて変わる可能性があるので改めてご確認ください．

■植物学全般
- ○（社）日本植物学会　　http://www.bsj.or.jp/index-j.php
  Journal of Plant Research
- ○日本植物生理学会　　http://www.jspp.org/
  Plant and Cell Physiology
- ○日本植物細胞分子生物学会　　http://www.jspcmb.jp/
  Plant Biotechnology
- ○園芸学会　　http://www.jshs.jp/
  園芸学研究，Journal of the Japanese Society for Horticultural Science（旧　園芸学会雑誌）
- ○日本植物分類学会　　http://wwwsoc.nii.ac.jp/cgi-bin/jsps/wiki/wiki.cgi
  Acta Phytotaxonomica et Geobotanica，分類
- ○日本植物形態学会　　http://square.umin.ac.jp/pl-morph/
  Plant Morphology
- ○日本植物病理学会　　http://www.ppsj.org/
  日本植物病理学会会報，Journal of General Plant Pathology
- ○日本花粉学会　　http://wwwsoc.nii.ac.jp/psj3/jp/index.htm
  日本花粉学会会誌
- ○日本植物細胞分子生物学会　　http://www.jspcmb.jp/
  Plant Biotechnology

■植物の分類群ごと
- ○日本菌学会　　http://wwwsoc.nii.ac.jp/msj7/
  Mycoscience，日本菌学会会報
- ○日本地衣学会　　http://www.lichen.akita-pu.ac.jp/jsl/
  Lichenology
- ○日本藻類学会　　http://wwwsoc.nii.ac.jp/jsp/Welcome.htm
  藻類，Phycological Research
- ○日本蘚苔類学会　　http://sc1.cc.kochi-u.ac.jp/~bryosoc/
  蘚苔類研究
- ○日本シダ学会　　なし
  日本シダ学会会報

■植生関連
- ○植生学会　　http://www.tuat.ac.jp/~shokusei/
  植生学会誌
- ○日本植生史学会　　http://wwwsoc.nii.ac.jp/historbot/
  植生史研究
- ○日本森林学会　　http://www.forestry.jp/
  日本森林学会誌，Journal of Forest Research，森林科学
- ○日本林学会　　http://www.forestry.jp/contents/publish/nichirin.html
  日本林学会論文集
- ○日本雑草学会　　http://wssj.jp/index.html
  雑草研究，Weed Biology and Management

○日本芝草学会　　　http://wwwsoc.nii.ac.jp/jsts/
　芝草研究
○日本草地学会　　　http://grass.ac.affrc.go.jp/
　日本草地学会誌, Grassland Science

■農学・農作物関連
○日本農学会　　　　http://www.ajass.jp/
　＊総合的（広義の）農学系学協会の集合体．各学協会が会員．
○日本育種学会　　　http://www.nacos.com/jsb/
　育種学研究, Breeding Science
○日本作物学会　　　http://wwwsoc.nii.ac.jp/cssj/
　Plant Production Science, 日本作物学会紀事

■古生物関連
○日本第四紀学会　　http://wwwsoc.nii.ac.jp/qr/
　第四紀研究
○日本古生物学会　　http://wwwsoc.nii.ac.jp/psj5/
　化石, Paleonotological Research

■そのほか植物に関連の深い学会
○日本生態学会　　　http://www.esj.ne.jp/esj/
　EcologicalResearch, 日本生態学会誌
○日本遺伝学会　　　http://wwwsoc.nii.ac.jp/gsj3/index.html
　Genes & Genetic Systems
○日本進化学会　　　http://wwwsoc.nii.ac.jp/sesj2/
　日本進化学会ニュース
○種生物学会　　　　http://sssb.ac.affrc.go.jp/
　Plant Species Biology, 種生物学研究
○日本生物教育学会　http://homepage2.nifty.com/biol_ed/
　生物教育
○日本水産学会　　　http://wwwsoc.nii.ac.jp/jsfs/
　日本水産学会誌, Fisheries Science
○日本造園学会　　　http://www.landscapearchitecture.or.jp/dd.aspx
　ランドスケープ研究
○日本景観生態学会　http://wwwsoc.nii.ac.jp/jale/
　景観生態学, Landscape and Ecological Engineering（LEE）
○日本細胞生物学会　http://www.nacos.com/jscb/jscb/
　Cell Structure and Function

付録6　都道府県の花と木

1) 各都道府県のシンボルとして，戦後になって指定されたものです．「〜の花草／花木」といった指定の仕方や複数指定されているところもあります．
2) 今後，改められたり，新規に制定されたりする可能性があります．詳細は各都道府県のホームページなどでもご確認ください．

都道府県名	花	木
【北海道】		
北海道	浜梨（ハマナス）	蝦夷松（エゾマツ）
【東 北】		
青森県	林檎（リンゴ）	檜葉（ヒバ）
岩手県	桐（キリ）	南部赤松（ナンブアカマツ）
宮城県	宮城の萩（ミヤギノハギ）	欅（ケヤキ）
秋田県	蕗の薹（フキノトウ）	秋田杉（アキタスギ）
山形県	紅花（ベニバナ）	さくらんぼ
福島県	根本石楠花（ネモトシャクナゲ）	欅（ケヤキ）
【関 東】		
茨城県	薔薇（バラ）	梅（ウメ）
栃木県	八潮躑躅（ヤシオツツジ）	栃の木（トチノキ）
群馬県	蓮華躑躅（レンゲツツジ）	黒松（クロマツ）
埼玉県	桜草（サクラソウ）	欅（ケヤキ）
千葉県	菜の花（ナノハナ）	槇（マキ）
東京都	染井吉野（ソメイヨシノ）	公孫樹（イチョウ）
神奈川県	山百合（ヤマユリ）	公孫樹（イチョウ）
【中 部】		
新潟県	チューリップ	雪椿（ユキツバキ）
富山県	チューリップ	立山杉（タテヤマスギ）
石川県	黒百合（クロユリ）	阿天（アテ）
福井県	水仙（スイセン）	松（マツ）
山梨県	富士桜（フジザクラ）	楓（カエデ）
長野県	竜胆（リンドウ）	白樺（シラカバ）
岐阜県	蓮華（レンゲ）	一位（イチイ）
静岡県	躑躅（ツツジ）	木犀（モクセイ）
愛知県	杜若（カキツバタ）	花の木（ハナノキ）
【近 畿】		
三重県	花菖蒲（ハナショウブ）	神宮杉（ジングウスギ）
滋賀県	石楠花（シャクナゲ）	紅葉（モミジ）
京都府	枝垂桜（シダレザクラ），嵯峨ギク，なでしこ	北山杉（キタヤマスギ）
大阪府	桜草（サクラソウ），梅（ウメ）	公孫樹（イチョウ）
兵庫県	野路菊（ノジギク）	楠（クスノキ）
奈良県	奈良の八重桜（ナラノヤエザクラ）	杉（スギ）
和歌山県	梅（ウメ）	姥目樫（ウバメガシ）

都道府県名	花	木
【中　国】		
鳥取県	二十世紀梨花（ニジッセイキナシノハナ）	大山伽羅木（ダイセンキャラボク）
島根県	牡丹（ボタン）	黒松（クロマツ）
岡山県	桃（モモ）	赤松（アカマツ）
広島県	紅葉（モミジ）	紅葉（モミジ）
山口県	夏蜜柑（ナツミカン）	赤松（アカマツ）
【四　国】		
香川県	オリーブ	オリーブ
徳島県	酢橘（スダチ）	山桃（ヤマモモ）
愛媛県	蜜柑（ミカン）	松（マツ）
高知県	山桃（ヤマモモ）	魚梁瀬杉（ヤナセスギ）
【九州・沖縄】		
福岡県	梅（ウメ）	躑躅（ツツジ）
佐賀県	楠（クスノキ）	楠（クスノキ）
長崎県	雲仙躑躅，ツバキ（ウンゼンツツジ）	檜（ヒノキ）
熊本県	竜胆（リンドウ）	楠（クスノキ）
大分県	豊後梅（ブンゴウメ）	豊後梅（ブンゴウメ）
宮崎県	浜木綿（ハマユウ）	フェニックス，山桜（ヤマザクラ），飫肥杉（オビスギ），海紅豆（カイコウズ）
鹿児島県	深山霧島（ミヤマキリシマ）	楠（クスノキ）
沖縄県	梯梧（アメリカ梯梧）（デイゴ）	琉球松（リュウキュウマツ）

付録7 植物の分類表と系統図

以下の分類表と系統図は，現時点で最も包括的で広く認められている考えをもとに作成した．関連分類群の専門家[井上勲，中山剛，仲田崇志（藻類）；樋口正信（コケ植物）；國府方吾郎（裸子植物）]から作成のもとになった資料と意見の提供を受けた．なお，系統図と分類表の分類群は完全には一致していないところもある．今後の研究の進展によって改訂される可能性がある．

〔作成・加藤雅啓〕

参考資料

加藤雅啓（編）（1997）植物の多様性と系統．裳華房．（岩槻邦男・馬渡峻輔（監）バイオディバーシティ・シリーズ 2）
千原光雄（編）（1999）藻類の多様性と系統．裳華房．（岩槻・馬渡（監）バイオディバーシティ・シリーズ 3）
生物遺伝資源委員会・Algae-藻類遺伝資源情報．（2008）Tree to Strain（http://www.shigen.nig.ac.jp/algae_tree/Tree.html）．（藻類：系統図）
杉山純多（編）（2005）菌類・細菌・ウイルスの多様性と系統．裳華房．（岩槻・馬渡（監）バイオディバーシティ・シリーズ 4）
仲田崇志（2009）きまぐれ生物学：生物分類表（http://www2.tba.t-com.ne.jp/nakada/takashi/taxonomy/taxonomy.html）．（藻類：分類表）
米倉浩司・梶田忠．（2003）植物和名―学名インデックス YList（http://bean.bio.chiba-u.jp/ylist/）：YList で使われる分類体系．（被子植物：分類表）
Goffinet, B., V. Hollowell and R. Magill (eds.) (2004) *Molecular Systematics of Bryophytes*. Missouri Botanical Garden Press, St. Louis, Missouri, USA.（コケ植物：系統図）
Goffinet, B. and A. J. Shaw (eds.) (2008) *Bryophyte Biology. 2nd ed*. Cambridge University Press, Cambridge, UK.（コケ植物：分類表）
Mathews, S. 2009. Phylogenetic relationships among seed plants：persistent questions and the limits of molecular data. *Amer. J. Bot.* 228-236.（裸子植物：系統図）
Qiu, Y.-L. *et al.* (2007) A nonflowering land plant phylogeny inferred from nucleotide sequences of seven chloroplast, mitochondrial, and nuclear genes. *Int. J. Plant Sci.* **168**：691-708.（コケ植物：系統図，裸子植物：系統図）
Saarela, J. M. et al. (2007) Hydatellaceae identified as a new branch near the base of the angiosperm phylogenetic tree. *Nature* **446**：312-315.（被子植物：系統図）
Smith, A. R. et al. (2006) A classification for extant ferns. *Taxon* **55**：705-731.（シダ植物：系統図・分類表）
Soltis, D. E., P. S. Soltis, P. K. Endress and M. W. Chase. (2005) *Phylogeny and Evolution* of *Angiosperms*. Sinauer Associates, Sunderland, Massachusetts, USA.（被子植物：系統図・分類表）
Soltis, D. E., M. A. Gitzendanner and P. S. Soltis. (2007) A 567-taxon data for angiosperms：the challenges posed by Bayesian analyses of large data sets. *Int. J. Plant Sci.* **168**：137-157.（被子植物：系統図）

A.1 藻類の分類表

門，綱，亜綱，通称群の和名および学名	目（亜目）の和名および学名	科の和名および学名
藍色植物門 Cyanophyta		
藍藻綱 Cyanophyceae		
グロエオバクター亜綱 Gloeobacterophycidae	グロエオバクター目 Gloeobacterales	グロエオバクター科 Gloeobacteraceae
シネココックス亜綱 Synechococcophycidae	シネココックス目 Synechococcales	シネココックス科 Synechococcaceae
		アカリオクロリス科 Acaryochloridaceae
		メリスモペディア科 Merismopediaceae
		カマエシフォン科 Chamaesiphonaceae
	プセウダナバエナ目 Pseudanabaenales	プセウダナバエナ科 Pseudanabaenaceae
		スキゾトリクス科 Schizothrichaceae
ユレモ亜綱 Oscillatoriophycidae	クロオコックス目 Chroococcales	シアノバクテリウム科 Cyanobacteriaceae

門，綱，亜綱，通称群の和名および学名	目（亜目）の和名および学名	科の和名および学名
		ミクロキスチス科　Microcystaceae
		ゴンフォスファエラ科　Gomphosphaeriaceae
		プロクロロン科　Prochloraceae
		クロオコックス科　Chroococcaceae
		エントフィザリス科　Entophysalidaceae
		スチコシフォン科　Stichosiphonaceae
		デルモカルペラ科　Dermocarpellaceae
		クセノコックス科　Xenococcaceae
		ヒドロコックス科　Hydrococcaceae
		スピルリナ科　Spirulinaceae
	ユレモ目　Oscillatoriales	ボルジア科　Borziaceae
		フォルミディウム科　Phormidiaceae
		アンマトイデア科　Ammatoideaceae
		ユレモ科　Oscillatoriaceae
		ゴモンチエラ科　Gomontiellaceae
ネンジュモ亜綱　Nostocophycidae	ネンジュモ目　Nostocales	スキトネマ科　Scytonemataceae
		シンフィオネマ科　Symphyonemataceae
		ボルジネマ科　Borzinemataceae
		ヒゲモ科　Rivulariaceae
		ミクロカエテ科　Microchaetaceae
		ネンジュモ科　Nostocaceae
		クロロゴロエオプシス科　Chlorogloeopsidaceae
		ハパロシフォン科　Hapalosiphonaceae
		ロリエラ科　Loriellaceae
		スチゴネマ科　Stigonemataceae
灰色植物門　Glaucophyta 灰色藻綱　Glaucophyceae	キアノフォラ目　Cyanophorales	キアノフォラ科　Cyanophoraceae
	グロエオケーテ目　Gloeochaetales	グロエオケーテ科　Gloeochaetaceae
	グラウコキスチス目　Glaucocystales	グラウコキスチス科　Galaucocystaceae
紅色植物門　Rhodophyta イデユコゴメ亜門　Cyanidiophytina イデユコゴメ綱　Cyanidiophyceae	イデユコゴメ目　Cyanidiales	イデユコゴメ科　Cyanidiaceae
		ガルディエリア科　Galdieriaceae
紅藻亜門　Rhodophytina ウシケノリ綱　Bangiophyceae	ウシケノリ目　Bangiales	ウシケノリ科　Bangiaceae
オオイシソウ綱 　　　Compsopogonophyceae	オオイシソウ目　Compsopogonales	ボルディア科　Boldiaceae
		オオイシソウ科　Compsopogonaceae
	イソハナビ目（エリトロペルチス目） 　　　Erythropeltidales	ホシノイト科　Erythrotrichiaceae
	ロドケーテ目　Rhodochaetales	ロドケーテ科　Rhodochaetaceae
チノリモ綱　Porphyridiophyceae	チノリモ目　Porphyridiales	チノリモ科　Porphyridiaceae
ロデラ綱　Rhodellophyceae	ロデラ目　Rhodellales	ロデラ科　Rhodellaceae
ベニミドロ綱　Stylonematophyceae	ベニミドロ目　Stylonematales	ベニミドロ科　Stylonemataceae
	ルフシア目　Rufusiales	ルフシア科　Rufusiaceae
真正紅藻綱　Florideophyceae ベニマダラ亜綱 　　　Hildenbrandiophycidae	ベニマダラ目　Hildenbrandiales	ベニマダラ科　Hildenbrandiaceae
サンゴモ亜綱　Corallinophycidae	ロドゴルゴン目　Rhodogorgonales	ロドゴルゴン科　Rhodogorgonaceae
	サンゴモ目　Corallinales	サンゴモ科　Corallinaceae
		エンジイシモ科　Sporolithaceae
ウミゾウメン亜綱　Nemaliophycidae	アクロケチウム目　Acrochaetiales	アクロケチウム科　Acrochaetiaceae
	バルビアニア目　Balbianiales	バルビアニア科　Balbianiaceae
	バリア目　Balliales	バリア科　Balliaceae
	カワモヅク目　Batrachospermales	カワモヅク科　Batrachospermaceae
		レマネア科　Lemaneaceae
		プシロシフォン科　Psilosiphonaceae
	ベニマユダマ目　Colaconematales	ベニマユダマ科　Colaconemataceae

門，綱，亜綱，通称群の和名および学名	目（亜目）の和名および学名	科の和名および学名
	ウミゾウメン目　Nemaliales	ガラガラ科　Galaxauraceae
		コナハダ科　Liagoraceae
		フサノリ科　Scinaiaceae
	ダルス目　Palmariales	ダルス科　Palmariaceae
		フチトリベニ科　Rhodophysemataceae
		ロドタムニエラ科　Rhodothamiellaceae
	チスジノリ目　Thoreales	チスジノリ科　Thoreaceae
	ロダクリア目　Rhodachlyales	ロダクリア科　Rhodachlyaceae
イタニグサ亜綱　Ahnfeltiophycidae	イタニグサ目　Ahnfeltiales	イタニグサ科　Ahnfeltiaceae
	ピヒエラ目　Pihiellales	ピヒエラ科　Pihiellaceae
マサゴシバリ亜綱 　　Rhodymeniophycidae	カギノリ（カギケノリ）目 　　Bonnemaisoniales	カギノリ（カギケノリ）科 　　Bonnemaisoniaceae
		ナッカリア科　Naccariaceae
	イギス目　Ceramiales	イギス科　Ceramiaceae
		ダジア科　Dasyaceae
		コノハノリ科　Delesseriaceae
		フジマツモ科　Rhodomelaceae
	テングサ目　Gelidiales	テングサ科　Gelidiaceae
		ウルデマンニア科　Wurdemanniaceae
	スギノリ目　Gigartinales	アクロチルス科　Acrotylaceae
		アレスコウギア科　Areschougiaceae
		ブリンクシア科　Blinksiaceae
		ヌメリグサ科　Calosiphoniace
		イソモッカ科　Caulacanthaceae
		コリノキスチス科　Corynocystaceae
		クルオリア科　Cruoriaceae
		クビクロスポルム科　Cubiculosporaceae
		アミハダ科　Cystocloniaceae
		ナミイワタケ科　Dicranemataceae
		リュウモンソウ科　Dumontiaceae
		フノリ科　Endcladiaceae
		スズカケベニ科　Furcellariaceae
		ガイニア科　Gainiaceae
		スギノリ科　Gigartinaceae
		イトフノリ科　Gloiosiphoniaceae
		ハエメスカエリア科　Haemeschariaceae
		ツカサノリ科　Kallymeniaceae
		ミコデア科　Mychodeaceae
		ミコデオフィルム科　Mychodeophyllaceae
		ニジメニア科　Nizymeniaceae
		イボノリ科　Petrocelidaceae
		イワノカワ科　Peyssonneliaceae
		キジノオ科　Phacelocarpaceae
		オキツノリ科　Phyllophoraceae
		ポリイデス科　Polyidaceae
		ナミノハナ科　Rhizophyllidaceae
		リッソエラ科　Rissoellaceae
		スクミッジエラ科　Schmitziellaceae
		ミリン科　Solieriaceae
		スファエロコックス科　Sphaerococcaceae
		カレキグサ科　Tichocarpaceae
	オゴノリ目　Gracilariales	オゴノリ科　Gracilariaceae
		プテロクラディオフィラ科 　　Pterocladiophyllaceae
	イソノハナ目　Halymeniales	イソノハナ科　Halymeniaceae
		ヒカゲノイト科　Tsengiaceae
	ベニスナゴ目（ウスギヌ目） 　　Nemastomatales	ウスギヌ科　Nemastomataceae
		ベニスナゴ科　Schizymeniaceae

門，綱，亜綱，通称群の和名および学名	目（亜目）の和名および学名	科の和名および学名
	ユカリ目　Plocamiales	ユカリ科　Plocamiaceae
		プセウドアネモニア科
		Pseudoanemoniaceae
		アツバノリ科　Sarcodiaceae
	マサゴシバリ目　Rhodymeniales	ワツナギソウ科　Champiaceae
		マダラグサ科　Faucheaceae
		フシツナギ科　Lomentariaceae
		マサゴシバリ科　Rhodymeniaceae
	ヌラクサ目　Sebdeniales	ヌラクサ科　Sebdeniaceae
	アクロシンフィトン目　Acrosymphytales	アクロシンフィトン科　Acrosymphytaceae
クリプト植物門　Cryptophyta 　クリプト藻綱　Cryptophyceae	クリプトモナス目　Cryptomonadales ピレノモナス目　Pyrenomonadales	クリプトモナス科　Cryptomonadaceae ピレノモナス科　Pyrenomonadaceae ゲミニゲラ科　Geminigeraceae クロオモナス科　Chroomonadaceae ヘミセルミス科　Hemiselmidaceae
ハプト植物門　Haptophyta 　パブロバ藻綱　Pavlovophyceae 　コッコリトス藻綱（プリムネシウム藻綱） 　　　Coccolithophyceae (Prymnesiophy- 　　　ceae)	パブロバ目　Pavlovales ファエオキスチス目　Phaeocystales プリムネシウム目　Prymnesiales イソクリシス目　Isochrysidales コッコリトス目　Coccolithales （所属不明）	パブロバ科　Pavlovaceae ファエオキスチス科　Phaeocystaceae プリムネシウム科　Prymnesiaceae イソクリシス科　Isochrysidaceae ノエラエラブドス科　Noelaerhabdaceae プレウロクリシス科　Pleurochrysidaceae コッコリトス科　Coccolithaceae レチクロスファエラ科　Reticulosphaeraceae クリソクルテル科　Chrysoculteraceae
不等毛植物門（オクロ植物門） 　　Heterokontophyta (Ochrophyta) 　珪藻綱　Bacillariophyceae 　　コアミケイソウ亜綱 　　　Coscinodiscophycidae	キクノハナケイソウ目 　　　Chrysanthemodiscales タルケイソウ目　Melosirales タルモドキケイソウ目　Paraliales スジタルケイソウ目　Aulacoseirales ウスガサネケイソウ目　Orthoseirales コアミケイソウ目　Coscinodiscales オオコアミケイソウ目　Ethmodiscales ニセヒトツメケイソウ目　Stictocyclales クンショウケイソウ目　Asterolampales クモノスケイソウ目　Arachnoidiscales ハスノミケイソウ目　Stictodiscales イガクリケイソウ目　Corethrales ツツガタケイソウ目　Rhizosoleniales ホソミドロケイソウ目　Leptocylindales	キクノハナケイソウ科 　　　Chrysanthemodiscaceae タルケイソウ科　Melosiraceae クシダンゴケイソウ科　Stephanopyxidaceae アミカゴケイソウ科　Endictyaceae ドラヤキケイソウ科　Hyalodiscaceae タルモドキケイソウ科　Paraliaceae スジタルケイソウ科　Aulacoseirales ウスガサネケイソウ科　Orthoseiraceae コアミケイソウ科　Coscinodiscaceae ハグルマケイソウ科　Rocellaceae コウロケイソウ科　Aulacodiscaceae ホネカサケイソウ科　Gossleriellaceae ハンマルケイソウ科　Hemidiscaceae タイヨウケイソウ科　Heliopeltaceae オオコアミケイソウ科　Ethmodiscales ニセヒトツメケイソウ科　Stictocyclaceae クンショウケイソウ科　Asterolampraceae クモノスケイソウ科　Arachnoidiscaceae ハスノミケイソウ科　Stictodiscaceae イガクリケイソウ科　Corethraceae ツツガタケイソウ科　Rhizosoleniaceae トンガリボウシケイソウ科　Pyxillaceae ホソミドロケイソウ科　Leptocylindraceae
ニセコアミケイソウ亜綱 　　　Thalassiosirophycidae	ニセコアミケイソウ目　Thalassiosirales	ニセコアミケイソウ科　Thalassiosiraceae ホネツギケイソウ科　Skeletonemataceae トゲカサケイソウ科　Stephanodiscaceae

門．綱．亜綱．通称群の和名および学名	目（亜目）の和名および学名	科の和名および学名
クサリケイソウ亜綱（羽状目群） Bacillariophycidae	ミカドケイソウ目　Triceratiales	ヒメホネツギモドキケイソウ科　Lauderiaceae ミカドケイソウ科　Triceratiaceae ニセハネケイソウ科　Plagiogrammaceae
	イトマキケイソウ目　Biddulphiales	イトマキケイソウ科　Biddulphiaceae
	シマヒモケイソウ目　Hemiaulales	シマヒモケイソウ科　Hemiaulaceae ヒモケイソウ科　Bellerocheaceae ネジレオビケイソウ科　Streptothecaceae
	ミズマクラケイソウ目　Anaulales	ミズマクラケイソウ科　Anaulaceae
	サンカクチョウチンケイソウ目 　　Lithodesmiales	サンカクチョウチンケイソウ科 　　Lithodesmiaceae
	オビダマシケイソウ目　Cymatosirales	オビダマシケイソウ科　Cymatosiraceae シンボウツナギケイソウ科　Rutilariaceae
	ツノケイソウ目　Chaetocerotales	ツノケイソウ科　Chaetocerotaceae ジャバラケイソウ科　Acanthocerataceae カクダコケイソウ科　Attheyaceae
	アミカケケイソウ目　Toxariales	アミカケケイソウ科　Toxariaceae
	デカハリケイソウ目　Ardissoneales	デカハリケイソウ科　Ardissoneaceae
	オビケイソウ目　Fragilariales	オビケイソウ科　Fragilariaceae
	ヌサガタケイソウ目　Tabellariales	ヌサガタケイソウ科　Tabellariaceae
	オウギケイソウ目　Licmophorales	オウギケイソウ科　Lichmophoraceae
	オカメケイソウ目　Rhaphoneidales	オカメケイソウ科　Rhaphoneidaceae スナマルケイソウ科　Psammodiscaceae
	ウミノイトケイソウ目 　　Thalassionematales	ウミノイトケイソウ科 　　Thalassionemataceae
	ドウナガケイソウ目　Rhabdonematales	ドウナガケイソウ科　Rhabdonemataceae
	ハラスジケイソウ目　Striatellales	ハラスジケイソウ科　Striatellaceae
	シンツキケイソウ目　Cyclophorales	シンツキケイソウ科　Cyclophoraceae ミゾナシツメケイソウ科　Entophylaceae
	オオヘラケイソウ目　Climacospheniales	オオヘラケイソウ科　Climacospheniaceae
	ハジメノミゾモドキケイソウ目 　　Protoraphidiales	ハジメノミゾモドキケイソウ科 　　Protoraphidaceae
	イチモンジケイソウ目　Eunotiales	イチモンジケイソウ科　Eunotiaceae ツマヨウジケイソウ科　Peroniaceae
	タテゴトモヨウケイソウ目　Lyrellales	タテゴトモヨウケイソウ科　Lyrellaceae
	チクビレツケイソウ目　Mastogloiales	チクビレツケイソウ科　Mastogloiaceae
	ニセチクビレツケイソウ目 　　Dictyoneidales	ニセチクビレツケイソウ科 　　Dictyoneidaceae
	クチビルケイソウ目　Cymbellales	マガリクサビケイソウ科　Rhoicospheniaceae サミダレケイソウ科　Anomoeoneidaceae クチビルケイソウ科　Cymbellaceae クサビケイソウ科　Gomphonemataceae
	ツメケイソウ目　Achnanthales	ツメケイソウ科　Achnanthaceae コメツブケイソウ科　Cocconeidaceae ツメワカレケイソウ科　Achnanthidaceae
	フナガタケイソウ目　Naviculales	ヒメクダズミケイソウ科　Berkeleyaceae ニセコメツブケイソウ科　Cavinulaceae フルイノメケイソウ科　Cosmioneidaceae ネジレフネケイソウ科　Scolioneidaceae オビフネケイソウ科　Diadesmidaceae アミバリケイソウ科　Amphipleuraceae サミダレモドキケイソウ科　Brachysiraceae ハスフネケイソウ科　Neidiaceae シンネジモドキケイソウ科　Scoliotropidaceae エリツキケイソウ科　Sellaphoraceae ハネケイソウ科　Pinnulariaceae デキソコナイケイソウ科　Phaeodactylaceae マユケイソウ科　Diploneidaceae フナガタケイソウ科　Naviculaceae

門，綱，亜綱，通称群の和名および学名	目（亜目）の和名および学名	科の和名および学名
		メガネケイソウ科　Pleurosigmataceae
		イカノフネケイソウ科　Plagiotropidaceae
		ジュウジケイソウ科　Stauroneidaceae
		ウミジュウジケイソウ科　Proschkiniaceae
	ハンカケケイソウ目　Thalassiophysales	ニセイチモンジケイソウ科　Catenulaceae
		ハンカケケイソウ科　Thalassiophysaceae
	クサリケイソウ目　Bacillariales	クサリケイソウ科　Bacillariaceae
	クシガタケイソウ目　Rhopalodiales	クシガタケイソウ科　Rhopalodiaceae
	コバンケイソウ目　Surirellales	ヨジレケイソウ科　Entomoneidaceae
		ミミタブケイソウ科　Auriculaceae
		コバンケイソウ科　Surirellaceae
ボリド藻綱　Bolidophyceae	ボリドモナス目　Bolidomonadales	ボリドモナス科　Bolidomonadaceae
真正眼点藻綱　Eustigmatophyceae	ユースティグマトス目　Eustigmatales	ユースチグマトス科　Eustigmataceae
		モノドプシス科　Monodopsidaceae
		クロロボトリス科　Chlorobotryaceae
		プセウドカラキオプシス科　Pseudocharaciopsidaceae
シンクロマ藻綱　Synchromophyceae	シンクロマ目　Synchromales	シンクロマ科　Synchromaceae
黄金色藻綱　Chrysophyceae	クロムリナ目　Chromulinales	クロムリナ科　Chromulinaceae
		クリソアメーバ科　Chrysamoebaceae
		ミクソクリシス科　Myxochrysidaceae
	パラフィソモナス目　Paraphysomonadales	パラフィソモナス科　Paraphysomonadaceae
	オクロモナス目　Ochromonadales	サヤツナギ科　Dinobryaceae
		クリソレピドモナス科　Chrysolepidomonadaceae
		クリソスファエラ科　Chrysosphaeraceae
		ファエオプラカ科　Chrysothallaceae
	ヒッバーディア目　Hibberdiales	ヒッバーディア科　Hiberdiaceae
		スチロコックス科　Stylococcaceae
		クリソカプサ科　Chrysocapsaceae
	シヌラ目　Synurales	マロモナス科　Mallomonadaceae
		シヌラ科　Synuraceae
ピコファグス綱　Picophagea	ピコファグス目　Picophagales	ピコファグス科　Picophagaceae
	クラミドミクサ目　Chlamydomyxales	クラミドミクサ科　Chlamydomyxaceae
ラフィド藻綱　Rhaphidophyceae	ラフィドモナス目　Raphidomonadales	バクオラリア科　Vacuolariaceae
ペラゴ藻綱　Pelagophyceae	ペラゴモナス目　Pelagomonadales	ペラゴモナス科　Pelagomonadaceae
	サルシノクリシス目　Sarcinochrysidales	サルシノクリシス科　Sarcinochrysidaceae
ディクティオカ藻綱　Dictyochophyceae	ペディネラ目　Pedinellales	ペディネラ科　Pedinellaceae
		キルトフォラ科　Cyrtophoraceae
		アクチノモナス科　Actinomonadaceae
	リゾクロムリナ目　Rhizochromulinales	リゾクロムリナ科　Rhizochromulinaceae
	キリオフリス目　Ciliophryales	キリオフリス科　Ciliophryaceae
	ディクティオカ目　Dictyochales	ディクティオカ科　Dictyochaceae
ピングイオ藻綱　Pinguiophyceae	ピングイオクリシス目　Pinguiochrysidales	ピングイオクリシス科　Pinguiochrysidaceae
クリソメリス藻綱　Chrysomerophyceae	クリソメリス目　Chrysomeridales	クリソメリス科　Chrysomeridaceae
黄緑藻綱　Xanthophyceae	ヘテロクロリス目　Heterochloridales（＝Chloramoebales）	ヘテロクロリス科　Heterochloridaceae（＝Chloramoebaceae）
	リゾクロリス目　Rhizochloridales	リゾクロリス科　Rhizochloridaceae
		スチピトコックス科　Stipithococcaceae
		ミクソクロリス科　Myxochloridaceae
	ヘテログロエア目　Heterogloeales	ヘテログロエア科　Heterogloeaceae
		マレオデンドロン科　Malleodendraceae
		カラキディオプシス科　Characidiopsidaceae
	ミスココックス目　Mischococcales	プレウロクロリス科　Pleurochloridaceae
		ボトリディオプシス科　Botrydiopsidaceae

門，綱，亜綱，通称群の和名および学名	目（亜目）の和名および学名	科の和名および学名
		グロエオボトリス科　Gloeobotrydaceae
		ボトリオクロリス科　Botryochloridaceae
		グロエオポディウム科　Gloeopodiaceae
		ミスココックス科　Mischococcaceae
		クロロペディア科　Chloropediaceae
		カラキオプシス科　Characiopsidaceae
		ケントリトラクトス科　Centritractaceae
		トリパノクロリス科　Trypanochloridaceae
		オフィオキチウム科　Ophiocytiaceae
	トリボネマ目	ネオネマ科　Neonemataceae
	Tribonematales（= Heterotrichales）	ヘテロペディア科　Heteropediaceae
		ヘテロデンドロン科　Heterodendraceae
		トリボネマ科　Tribonemataceae
	フシナシミドロ目　Vaucheriales	フウセンモ科　Botrydiaceae
		フシナシミドロ科　Vaucheriaceae
	プレウロクロリデラ目	プレウロクロリデラ科
	Pleurochloridellaceae	Pleurochloridellaceae
ファエオタムニオン藻綱	ファエオタムニオン目　Phaeothamniales	ファエオタムニオン科　Phaeothamniaceae
Phaeothamniophyceae		
スキゾクラディア藻綱	スキゾクラディア目　Schizocladiales	スキゾクラディア科　Schizocladiaceae
Schizocladiophyceae		
アウレアレナ藻綱　Aurearenophyceae	アウレアレナ目　Aurearenales	アウレアレナ科　Aurearenaceae
褐藻綱　Phaeophyceae	ディスコスポランギウム目	コリストカルプス科　Choristocarpaceae
	Discosporangiales	ディスコスポランギウム科
		Discosporangiaceae
	イシゲ目　Ishigeales	イシゲ科　Ishigeaceae
	ペトロデルマ目　Petrodermatales	ペトロデルマ科　Petrodermataceae
	アミジグサ目　Dictyotales	アミジグサ科　Dictyotaceae
		ディクチオトプシス科　Dictyotopsidaceae
	クロガシラ目　Sphacelariales	クロガシラ科　Sphacelariaceae
		カシラザキ科　Stypocaulaceae
		ファエオストロフィオン科
		Phaeostrophiaceae
		リソデルマ科　Lithodermataceae
	オンスロウィア目　Onslowiales	オンスロウィア科　Onslowiaceae
	ウスバオオギ目　Syringodermatales	ウスバオオギ科　Syringodermataceae
	アスコセイラ目　Ascoseirales	アスコセイラ科　Ascoseiraceae
	ネモデルマ目　Nemodermatales	ネモデルマ科　Nemodermataceae
	ヒバマタ目　Fucales	セイロコックス科　Seirococcaceae
		ノテイア科　Notheiaceae
		ホンダワラ科　Sargassaceae
		ドゥルビラエア科　Durvillaeaceae
		ビフルカリオプシス科　Bifurcariopsidaceae
		ヒマンタリア科　Himanthaliaceae
		クシフォフォラ科　Xiphophoraceae
		ヒバマタ科　Fucaceae
	チロプテリス目（ムチモ目）	チロプテリス科　Tilopteridaceae
	Tilopteridales（Cutleriales）	ムチモ科　Cutleriaceae
		フィラリア科　Phyllariaceae
		ハロシフォン科　Halosiphonaceae
		シチャポビア科　Stschapoviaceae
	コンブ目　Laminariales	ツルモ科　Chordaceae
		コンブモドキ科　Akkesiphycaceae
		ニセツルモ科　Pseudochordaceae
		チガイソ科　Alariaceae
		スジメ科　Costariaceae
		レッソニア科　Lessoniaceae
		コンブ科　Laminariaceae

門，綱，亜綱，通称群の和名および学名	目（亜目）の和名および学名	科の和名および学名
	コンブ目近縁科	ファエオシフォニエラ科 Phaeosiphoniellaceae
	シオミドロ目 Ectocarpales	ナガマツモ科 Chordariaceae
		シオミドロ科 Ectocarpaceae
		アキネトスポラ科 Acinetosporaceae
		カヤモノリ科 Scytosiphonaceae
		アデノキスチス科 Adenocystaceae
	スキトタムヌス目 Scytothamnales	スプラクニディウム科 Splachnidiaceae
		スキトタムヌス科 Scytothamnaceae
	ウルシグサ目 Desmarestiales	アルスロクラディア科 Arthrocladiaceae
		ウルシグサ科 Desmarestiaceae
	ケヤリモ目 Sporochnales	ケヤリモ科 Sporochnaceae
	イソガワラ目 Ralfsiales	イソガワラ科 Ralfsiaceae
（所属不明）	パルマ目 Parmales	トリパルマ科 Triparmaceae
		ペンタパルマ科 Pentaparmaceae
渦鞭毛植物門 Dinophyta		
渦鞭毛藻綱 Dinophyceae	プロロケントルム目 Prorocentrales	プロロケントルム科 Prorocentraceae
	ディノフィシス目 Dinophysiales	アンフィソレニア科 Amphisoleniaceae
		ディノフィシス科 Dinophysiaceae
		オキシフィシス科 Oxyphysiaceae
	ギムノディニウム目 Gymnodiniales	アクチニスクス科 Actiniscaceae
		ギムノディニウム科 Gymnodiniaceae
		ポリクリコス科 Polykrikaceae
		ウオルノビア科 Warnowiaceae
	スエシア目 Suessiales	シンビオディニウム科 Symbiodiniaceae
	プチコディスクス目 Ptychodiscales (= Kolkwitziellales)	ブラキディニウム科 Brachydiniaceae
		プチコディスクス科 Ptychodiscaceae
	ノクチルカ（ヤコウチュウ）目 Noctilucales	ノクチルカ（ヤコウチュウ）科 Noctilucaceae
		コフォイディニウム科 Kofoidiniaceae
	ブラストディニウム目 Blastodiniales	ブラストディニウム科 Blastodiniaceae
		カッショネラ科 Cachonellaceae
		ハプロゾアン科 Haplozoaceae
		プロトディニウム科 Protodiniaceae
		オオディニウム科 Oodiniaceae
	ゴニオラクス目 Gonyaulacales	ケラチウム（ツノモ）科 Ceratiaceae
		ケラトコリス科 Ceratochoriaceae
		クラドピクシス科 Cladopyxiaceae
		ゴニオドマ科 Goniodomaceae
		ゴニオラクス科 Gonyaulacaceae
		ピロキスチス科 Pyrocystaceae
	ペリディニウム目 Peridiniales	コングルエンチディニウム科 Congruentidiaceae
		グレノディニウム科 Glenodiniaceae
		ヘテロカプサ科 Heterocapsaceae
		ペリディニウム科 Peridiniaceae
		ポドランパス科 Podolampaceae
	フィトディニウム目 Phytodiniales	フィトディニウム科 Phytodiniaceae
	トラコスファエラ目 Thoracosphaerales	トラコスファエラ科 ThoracOsphaeraceae
クロメラ門 Chromerida		クロメラ属 *Chromera*
ユーグレナ植物門 Euglenophyta		
ユーグレナ藻綱 Euglenophyceae	ユートレプチア目 Eutreptiales	ユートレプチア科 Eutreptiaceae
	ユーグレナ目（ミドリムシ）Euglenales	ユーグレナ科（ミドリムシ）Euglenaceae
	ラブドモナス目 Rhabdomonadales	ラブドモナス科 Rhabdomonadaceae
	スフェノモナス目 Sphenomonadales	スフェノモナス科 Sphenomonadaceae
	ヘテロネマ目 Heteronematales	ヘテロネマ科 Heteronemataceae

門，綱，亜綱，通称群の和名および学名	目（亜目）の和名および学名	科の和名および学名
	ユーグレノモルファ目 Euglenamorphales	ユーグレノモルファ科 Euglenomorphaceae
クロララクニオン植物門 Chlorarachniophyta クロララクニオン藻綱 Chlorarachniophyceae	クロララクニオン目 Chlorarachniales	クロララクニオン科 Chlorarachniaceae
緑藻植物門 Chlorophyta （プラシノ藻） Prasinophytes ネフロセルミス藻綱 Nephroselmidophyceae	ネフロセルミス目 Nephroselmidales	ネフロセルミス科 Nephroselmidaceae
クロロデンドロン藻綱 Chlorodendrophyceae	クロロデンドロン目 Chlorodendrales	クロロデンドロン科 Chlorodendraceae
ペディノ藻綱 Pedinophyceae	ペディノモナス目 Pedinomonadales	ペディノモナス科 Pedinomonadaceae
（プラシノ藻類分類未定）	ピラミモナス目 Pyramimonadales	ハロスファエラ科 Halosphaeraceae
	マミエラ目 Mamiellales	マミエラ科 Mamiellaceae
	スコウルフィエルディア目 Scourfieldiales	ミクロモナス科 Micromonadaceae スコウルフィエルディア科 Scourfieldiaceae
	プセウドスコウルフイエルディア目 Pseudoscourfieldiales	プセウドスコウルフィエルディア科 Pseudoscourfieldiaceae ピクノコックス科 Pycnococcaceae
緑藻綱 Chlorophyceae	オオヒゲマワリ目（クラミドモナス目） Volvocales (Chlamydomonadales)	ドゥナリエラ科 Dunaliellaceae クラミドモナス科 Chlamydomonadaceae ファコツス科 Phacotaceae ヘマトコックス科 Haematococcaceae カルテリア科 Carteriaceae パルメロプシス科 Palmellopsidaceae カラキオクロリス科 Characiochloridaceae カエトクロリス科 Chaetochloridaceae ヨツメモ科 Tetrasporaceae ナウトコックス科 Nautococcaceae テトラバエナ科 Tetrabaenaceae ゴニウム科 Goniaceae オオヒゲマワリ科 Volvocaceae スポンディロモルム科 Spondylomoraceae クロロコックム科 Chlorococcaceae プロトシフォン科 Protosiphonaceae カラキオシフォン科 Characiosiphonaceae ホルモチラ科 Hormotilaceae パルモディクチオン科 Palmodictyaceae トレウバリア科 Treubariaceae キリンドロカプサ科 Cylindrocapsaceae
	ヨコワミドロ目 Sphaeropleales	アミミドロ科 Hydrodictiaceae イカダモ科 Scenedesmaceae ヨコワミドロ科 Sphaeropleaceae ネオクロリス科 Neochloridaceae
	サヤミドロ目 Oedogoniales	サヤミドロ科 Oedogoniaceae
	カエトペルチス目 Chaetopeltidales	カエトペルチス科 Chaetopeltidaceae
	カエトフォラ目 Chaetophorales	カエトフォラ科 Chaetophoraceae アファノカエテ科 Aphanochaetaceae
	（所属不明）	ミクロスポラ科 Microsporaceae
トレボウキシア藻綱 Trebouxiophyceae	トレボウクシア目 Trebouxiales	トレボウクシア科 Trebouxiaceae
	ミクロタムニオン目 Microthamniales	ミクロタムニオン科 Microthamniaceae
	カワノリ目 Prasiolales	カワノリ科 Prasiolaceae スチココックス科 Stichococcaceae
	クロレラ目 Chlorellales	クロレラ科 Chlorellaceae ミクラクチニウム科 Micractiniaceae オオキスチス科 Oocystaceae エレモスファエラ科 Eremosphaeraceae

付　録

門，綱，亜綱，通称群の和名および学名	目（亜目）の和名および学名	科の和名および学名
アオサ藻綱　Ulvophyceae	ヒビミドロ目　Ulotrichales	ディクチオスファエリウム科　Dictyosphaeraceae ボトリオコックス科　Botryococcaceae ヘレオクロリス科　Heleochloridaceae ランソウモドキ科　Collinsiellaceae ヒビミドロ科　Ulotrichaceae ヒトエグサ科　Monostromataceae モツレグサ科　Acrosiphoniaceae
	アオサ目　Ulvales	クロロキスティス科　Chlorocystidaceae カブサアオノリ科　Capsosiphonaceae モツキヒトエグサ科　Kornmanniaceae アオサ科　Ulvaceae
	シオグサ目　Cladophorales	ネジレミドリ科　Phaeophilaceae ウキオリソウ科　Anadyomenaceae シオグサ科　Cladophoraceae アオモグサ科　Boodleaceae マガタマモ科　Siphonocladaceae バロニア科　Valoniaceae
	イワヅタ目　Caulerpales	イワヅタ科　Caulerpaceae カエトシフォン科　Chaetosiphonaceae ハゴロモ科　Udoteaceae ハネモ科　Bryopsidaceae ツユノイト科　Derbesiaceae ミル科　Codiaceae
	カサノリ目　Dasycladales	ダジクラドゥス科　Dasycladaceae カサノリ科　Polyphysaceae
	スミレモ目　Trentepohliales	スミレモ科　Trentepohliaceae
	ウミイカダモ目　Oltmannsiellopsidales	ウミイカダモ科　Oltmannsiellopsidaceae
（所属不明）		カラキウム科　Characiaceae
シャジクモ藻植物門　Charophyta		
メソスチグマ藻綱　Mesostigmatophyceae	メソスチグマ目　Mesostigmatales	メソスチグマ科　Mesostigmataceae
クロロキブス藻綱　Chlorokybophyceae	クロロキブス目　Chlorokybales	クロロキブス科　Chlorokybaceae
クレブソルミディウム藻綱　Klebsormidiophyceae	クレブソルミディウム目　Klebsormidiales	クレブソルミディウム科　Klebsormidiaceae
ホシミドロ藻綱（接合藻綱）　Zygnematophyceae	ホシミドロ目　Zygnematales	メソタエニウム科　Mesotaeniaceae ホシミドロ科　Zygnemataceae
	チリモ目　Desmidiales	チリモ科　Desmidaceae
コレオケーテ藻綱　Coleochaetophyceae	コレオケーテ目　Coleochaetales	コレオケーテ科（サヤゲモ科）　Coleochaetaceae ケートスファエリディウム科　Chaetosphaeridiaceae
車軸藻綱　Charophyceae	シャジクモ目　Charales	シャジクモ科　Characeae

A.2　コケ植物の分類表 （*は新称）

門，綱，亜綱，通称群の和名および学名	目（亜目）の和名および学名	科の和名および学名
苔植物門　Marchantiophyta		
コマチゴケ綱　Haplomitriopsida		
コマチゴケ亜綱　Haplomitriidae	コマチゴケ目　Calobryales	コマチゴケ科　Haplomitriaceae
トロイブゴケ亜綱　Treubiidae	トロイブゴケ目　Treubiales	トロイブゴケ科　Treubiaceae
ウロコゴケ綱　Jungermanniopsida		
ウロコゴケ亜綱　Jungermannidae	ウロコゴケ目　Jungermanniales	
	トサカゴケ亜目　Lophocoleineae	ムカシウロコゴケ科　Vetaformataceae キリシマゴケ科　Herbertaceae マツバウロコゴケ科　Pseudolepicoleaceae

門，綱，亜綱，通称群の和名および学名	目（亜目）の和名および学名	科の和名および学名
		ムクムクゴケ科　Trichocoleaceae
		ヤクシマスギバゴケ科　Lepicoleaceae
		ムチゴケ科　Lepidoziaceae
		モクズムチゴケ科　Phycolepidoziaceae
		ハネゴケ科　Plagiochilaceae
		コヤバネゴケモドキ科　Chonecoleaceae
		トサカゴケ科　Lophocoleaceae
		グロレア科*　Grolleaceae
		オオサワラゴケ科　Mastigophoraceae
		ブレビナンタ科*　Brevinanthaceae
	ヤバネゴケ亜目　Cephaloziineae	ケハネゴケモドキ科　Adelanthaceae
		ヤバネゴケ科　Cephaloziaceae
		コヤバネゴケ科　Cephaloziellaceae
		ヒシャクゴケ科　Scapaniaceae
		アキウロコゴケ科　Jamesoniellaceae
	ウロコゴケ亜目　Jungermanniineae	タカサゴソコマメゴケ科　Jackiellaceae
		カサナリゴケ科　Antheliaceae
		ツボミゴケ科　Jungermanniaceae
		イモイチョウゴケ科　Mesoptychiaceae
		ミゾゴケ科　Gymnomitriaceae
		ウロコゴケ科　Geocalycaceae
		アルネルゴケ科　Arnelliaceae
		チチブイチョウゴケ科　Acrobolbaceae
		ケバゴケ科　Trichotemnomataceae
		ツキヌケゴケ科　Calypogeiaceae
		デラヴェラ科*　Delavayellaceae
		カタウロコゴケ科　Myliaceae
		ヤクシマゴケ科　Balantiopsidaceae
		ブレファリドフィラ科*　Blepharidophyllaceae
		ネジミゴケ科　Gyrothyraceae
	ペルソンゴケ亜目　Perssoniellineae	オヤコゴケ科　Schistochilaceae
		ペルソンゴケ科　Perssoniellaceae
	テガタゴケ目　Ptilidiales	
	テガタゴケ亜目　Ptilidiineae	テガタゴケ科　Ptilidiaceae
		サワラゴケ科*　Neotrichocoleaceae
		ヘルゾギアンタ科*　Herzogianthaceae
	クラマゴケモドキ目　Porellales	
	クラマゴケモドキ亜目　Porellineae	レピドレナ科*　Lepidolaenaceae
		クラマゴケモドキ科　Porellaceae
		ゲーベルゴケ科　Goebeliellaceae
	ケビラゴケ亜目　Radulineae	ケビラゴケ科　Radulaceae
	ヒメウルシゴケ亜目　Jubulineae	ヤスデゴケ科　Frullaniaceae
		ヒメウルシゴケ科　Jubulaceae
		クサリゴケ科　Lejeuneaceae
フタマタゴケ亜綱　Metzgeriidae	フタマタゴケ目　Metzgeriales	スジゴケ科　Aneuraceae
		スジゴケモドキ科　Vandiemeniaceae
		フタマタゴケ科　Metzgeriaceae
		ヌエゴケ科　Mizutaniaceae
	ミズゴケモドキ目　Pleuroziales	ミズゴケモドキ科　Pleuroziaceae
ミズゼニゴケ亜綱　Pelliidae	ミズゼニゴケ目　Pelliales	ミズゼニゴケ科　Pelliaceae
	ウロコゼニゴケ目　Fossombroniales	
	ウロコゼニゴケ亜目　Fossombroniineae	ウロコゼニゴケ科　Fossombroniaceae
		アリソンゴケ科　Allisoniaceae
		ペタロフィラ科*　Petalophyllaceae
	ミヤマミズゼニゴケ亜目　Calyculariineae	ミヤマミズゼニゴケ科　Calyculariaceae
	マキノゴケ亜目　Makinoineae	マキノゴケ科　Makinoaceae
	クモノスゴケ目　Pallaviciniales	
	ウロコゴケダマシ亜目　Phyllothalliineae	ウロコゴケダマシ科　Phyllothalliaceae

付　録

門，綱，亜綱，通称群の和名および学名	目（亜目）の和名および学名	科の和名および学名
	クモノスゴケ亜目　Pallaviciniineae	クモノスゴケ科　Pallaviciniaceae
		サンデオタルス科*　Sandeothallaceae
		チヂレヤハズゴケ科*　Moerckiaceae
		コケシノブダマシ科　Hymenophytaceae
ゼニゴケ綱　Marchantiopsida		
ウスバゼニゴケ亜綱　Blasiidae	ウスバゼニゴケ目　Blasiales	ウスバゼニゴケ科　Blasiaceae
ゼニゴケ亜綱　Marchantiidae	ダンゴゴケ目　Sphaerocarpales	リエラゴケ科　Riellaceae
		ダンゴゴケ科　Sphaerocarpaceae
	ゼニゴケ目　Marchantiales	ゼニゴケモドキ科　Corsiniaceae
		ハマグリゼニゴケ科　Targioniaceae
		ヒカリゼニゴケ科*　Cyathodiaceae
		アズマゼニゴケ科　Wiesnerellaceae
		ジャゴケ科　Conocephalaceae
		ジンガサゴケ科　Aytoniaceae
		ジンチョウゴケ科　Cleveaceae
		ジャゴケモドキ科　Exormothecaceae
		ゼニゴケ科　Marchantiaceae
		ヤワラゼニゴケ科　Monosoleniaceae
		ハタケゴケモドキ科　Oxymitraceae
		ウキゴケ科　Ricciaceae
		アワゼニゴケ科　Monocarpaceae
		ミミカキゴケ科　Monocleaceae
		ケゼニゴケ科　Dumortiellaceae
	ミカズキゼニゴケ目　Lunulariales	ミカズキゼニゴケ科　Lunulariaceae
	ネオホッジソニア目　Neohodgsoniales	ネオホッジソニア科*　Neohodgsoniaceae
ツノゴケ植物門　Anthocerotophyta		
レイオスポロケロス綱	レイオスポロケロス目　Leiosporocerotales	レイオスポロケロス科*
Leiosporocerotopsida		Leiosporocerotaceae
ツノゴケ綱　Anthocerotopsida		
ツノゴケ亜綱　Anthocerotidae	ツノゴケ目　Anthocerotales	ツノゴケ科　Anthocerotaceae
ツノゴケモドキ亜綱　Notothylatidae	ツノゴケモドキ目　Notothyladales	ツノゴケモドキ科　Notothyladaceae
キノボリツノゴケ亜綱　Dendrocerotidae	フィマトケロス目　Phymatocerales	フィマトケロス科*　Phymatoceraceae
	キノボリツノゴケ目　Dendrocerotales	キノボリツノゴケ科*　Dendrocerotaceae
蘚植物門　Bryophyta		
ナンジャモンジャゴケ綱　Takakiopsida	ナンジャモンジャゴケ目　Takakiales	ナンジャモンジャゴケ科　Takakiaceae
ミズゴケ綱　Sphagnopsida	ミズゴケ目　Sphagnales	ミズゴケ科　Sphagnaceae
	アンブチャナン目　Ambuchananiales	アンブチャナン科*　Ambuchananiaceae
クロゴケ綱　Andreaeopsida	クロゴケ目　Andreaeales	クロゴケ科　Andreaeaceae
クロマゴケ綱　Andreaeobryopsida	クロマゴケ目　Andreaeobryales	クロマゴケ科　Andreaeobryaceae
イシヅチゴケ綱　Oedipodiopsida	イシヅチゴケ目　Oedipodiales	イシヅチゴケ科　Oedipodiaceae
ヨツバゴケ綱　Tetraphidopsida	ヨツバゴケ目　Tetraphidales	ヨツバゴケ科　Tetraphidaceae
スギゴケ綱　Polytrichopsida	スギゴケ目　Polytrichales	スギゴケ科　Polytrichaceae
マゴケ綱　Bryopsida		
キセルゴケ亜綱　Buxbaumiidae	キセルゴケ目　Buxbaumiales	キセルゴケ科　Buxbaumiaceae
イクビゴケ亜綱　Diphysciidae	イクビゴケ目　Diphysciales	イクビゴケ科　Diphysciaceae
クサスギゴケ亜綱　Timmiidae	クサスギゴケ目　Timmiales	クサスギゴケ科　Timmiaceae
ヒョウタンゴケ亜綱　Funariidae	ヤリカツギ目　Encalyptales	ホオズキゴケ科　Bryobartramiaceae
		ヤリカツギ科　Encalyptaceae
	ヒョウタンゴケ目　Funariales	ヒョウタンゴケ科　Funariaceae
		ヨレエゴケ科　Disceliaceae
	ハイツボゴケ目　Gigaspermales	ハイツボゴケ科　Gigaspermaceae
シッポゴケ亜綱　Dicranidae	ツチゴケ目　Archidiales	ツチゴケ科　Archidiaceae
	エビゴケ目　Bryoxiphiales	エビゴケ科　Bryoxiphiaceae
	センボンゴケ目　Pottiales	センボンゴケ科　Pottiaceae
		ツヤサワゴケ科　Pleurophascaceae
		セルトポトルテラ科*　Serpotortellaceae
		ミナミヒカリゴケ科　Mitteniaceae

505

門, 綱, 亜綱, 通称群の和名および学名	目（亜目）の和名および学名	科の和名および学名
	ギボウシゴケ目　Grimmiales	キヌシッポゴケ科　Seligeriaceae
		チジレゴケ科　Ptychomitriaceae
		ギボウシゴケ科　Grimmiaceae
	スコウレリア目　Scouleriales	スコウレリア科　Scouleriaceae
		オオミゴケ科*　Drummondiaceae
	シッポゴケ目　Dicranales	キンシゴケ科　Ditrichaceae
		エツキカゲロウゴケ科　Viridivelleraceae
		ヒポドンティア科　Hypodontiaceae
		シッポゴケ科　Dicranaceae
		ホウオウゴケ科　Fissidentaceae
		シラガゴケ科　Leucobryaceae
		カタシロゴケ科　Calymperaceae
		エビゴケモドキ科　Eustichiaceae
		ブルッフゴケ科*　Bruchiaceae
		キブネゴケ科　Rhachitheciaceae
		ヒナノハイゴケ科　Erpodiaceae
		ヒカリゴケ科　Schistostegaceae
		ヤスジゴケ科*　Rhabdoweisiaceae
マゴケ亜綱　Bryidae	オオツボゴケ目　Splachnales	ヌマチゴケ科　Meesiaceae
		オオツボゴケ科　Splachnaceae
	タチヒダゴケ目　Orthotrichales	タチヒダゴケ科　Orthotrichaceae
	ヒジキゴケ目　Hedwigiales	ヒジキゴケ科　Hedwigiaceae
		ラコカルパ科*　Rhacocarpaceae
		ホゴケモドキ科　Helicophyllaceae
	タマゴケ目　Bartramiales	タマゴケ科　Bartramiaceae
	マゴケ目　Bryales	ゴルフクラブゴケ科　Catoscopiaceae
		チョウチンゴケ科　Mniaceae
		ハリガネゴケ科　Bryaceae
		カタフチゴケ科　Phyllodrepaniaceae
		ニセキンシゴケ科　Pseudoditrichaceae
		ハリヤマゴケ科　Leptostomataceae
		プルクリノア科*　Pulchrinodaceae
	ヒノキゴケ目　Rhizogoniales	オルトドンティア科*　Orthodontiaceae
		ヒモゴケ科　Aulacomniaceae
		ヒノキゴケ科　Rhizogoniaceae
	キダチゴケ目　Hypnodendrales	キダチゴケ科　Hypnodendraceae
		プテロブリエラ科*　Pterobryellaceae
		ホゴケ科　Racopilaceae
		ブライトワイテア科*　Braithwaiteaceae
	スジイタチゴケ目　Ptychomniales	スジイタチゴケ科　Ptychomniaceae
	アブラゴケ目　Hookeriales	クジャクゴケ科　Hypopterygiaceae
		サウロマタ科*　Saulomataceae
		ホソバツガゴケ科　Daltoniaceae
		シンペロブリア科*　Schimperobryaceae
		アブラゴケ科　Hookeriaceae
		ホソハシゴケ科　Leucomiaceae
		カサイボゴケ科　Pilotrichaceae
	ハイゴケ目　Hypnales	アフリカトラノオゴケ科　Rutenbergiaceae
		トラキロマ科*　Trachylomataceae
		ヤナギゴケ科　Amblystegiaceae
		ササバゴケ科*　Calliergonaceae
		イワダレゴケ科　Hylocomiaceae
		ヌマシノブゴケ科　Helodiaceae
		フトゴケ科　Rhytidiaceae
		ウスグロゴケ科　Leskeaceae
		ニセウスグロゴケ科　Regmatodontaceae
		ネジレイトゴケ科　Pterigynandraceae
		リゴディア科*　Rigodiaceae

門，綱，亜綱，通称群の和名および学名	目（亜目）の和名および学名	科の和名および学名
		シノブゴケ科　Thuidiaceae
		コモチイトゴケ科*　Pylaisiadelphaceae
		ナガハシゴケ科　Sematophyllaceae
		アオギヌゴケ科　Brachytheciaceae
		ステレオフィラ科*　Stereophyllaceae
		ミリニア科*　Myriniaceae
		ハイヒモゴケ科　Meteoriaceae
		コゴメゴケ科　Fabroniaceae
		サナダゴケ科　Plagiotheciaceae
		カワゴケ科　Fontinalaceae
		コウヤノマンネングサ科　Climaciaceae
		ツヤゴケ科　Entodontaceae
		ハイゴケ科　Hypnaceae
		カタゴニア科*　Catagoniaceae
		ウニゴケ科　Symphyodontaceae
		ナワゴケ科　Myuriaceae
		イトヒバゴケ科　Cryphaeaceae
		タイワントラノオゴケ科　Prionodontaceae
		イタチゴケ科　Leucodontaceae
		ヒムロゴケ科　Pterobryaceae
		フナバゴケ科　Phyllogoniaceae
		オルトリンキア科*　Orthorrhynchiaceae
		ミナミイタチゴケ科　Lepyrodontaceae
		ヒラゴケ科　Neckeraceae
		レプトドンタ科*　Leptodontaceae
		コワバゴケ科　Echinodiaceae
		トラノオゴケ科　Lembophyllaceae
		キヌイトゴケ科　Anomodontaceae
		ヒゲゴケ科　Theliaceae
		ミクロテシエラ科*　Microtheciellaceae
		ソラピラ科*　Sorapillaceae

A.3　シダ植物の分類表

門，綱，亜綱，通称群の和名および学名	目（亜目）の和名および学名	科の和名および学名
ヒカゲノカズラ門　Lycophyta		
ヒカゲノカズラ綱　Lycopsida	ヒカゲノカズラ目　Lycopodiales	ヒカゲノカズラ科　Lycopodiaceae
	イワヒバ目　Selaginellales	イワヒバ科　Selaginellaceae
	ミズニラ目　Isoetales	ミズニラ科　Isoetaceae
真葉シダ植物門　Monilophyta		
マツバラン綱　Psilopsida	マツバラン目　Psilotales	マツバラン科　Psilotaceae
	ハナヤスリ目　Ophioglossales	ハナヤスリ科　Ophioglossaceae
トクサ綱　Equisetopsida	トクサ目　Equisetales	トクサ科　Equisetaceae
	リュウビンタイ目　Marattiales	リュウビンタイ科　Marattiaceae
ウラボシ綱　Polypodiopsida	ゼンマイ目　Osmundales	ゼンマイ科　Osmundaceae
	コケシノブ目　Hymenophyllales	コケシノブ科　Hymenophyllaceae
	ウラジロ目　Gleicheniales	ウラジロ科　Gleicheniaceae
		ヤブレガサウラボシ科　Dipteridaceae
		マトニア科　Matoniaceae
	フサシダ目　Schizaeales	フサシダ科　Schizaeaceae
		アネミア科　Anemiaceae
		カニクサ科　Lygodiaceae
	サンショウモ目　Salviniales	サンショウモ科　Salviniaceae
		デンジソウ科　Marsileaceae
	ヘゴ目　Cyatheales	ティルソプテリス科　Thyrsopteridaceae
		ロクソマ科　Loxsomaceae
		クルキタ科　Culcitaceae

門，綱，亜綱，通称群の和名および学名	目（亜目）の和名および学名	科の和名および学名
	ウラボシ目　Polypodiales	キジノオシダ科　Plagiogyriaceae タカワラビ科　Cibotiaceae ヘゴ科　Cyatheaceae ディクソニア科　Dicksoniaceae メタキシア科　Metaxyaceae ホングウシダ科　Lindsaeaceae サッコロマ科　Saccolomataceae コバノイシカグマ科　Dennstaedtiaceae イノモトソウ科　Pteridaceae チャセンシダ科　Aspleniaceae ヒメシダ科　Thelypteridaceae イワデンダ科（メシダ）Woodsiaceae コウヤワラビ科　Onocleaceae シシガシラ科　Blechnaceae オシダ科　Dryopteridaceae ツルキジノオ科　Lomariopsidaceae ナナバケシダ科　Tectariaceae ツルシダ科　Oleandraceae シノブ科　Davalliaceae ウラボシ科　Polypodiaceae

A.4 裸子植物の分類表

門，綱，亜綱，通称群の和名および学名	目（亜目）の和名および学名	科の和名および学名
裸子植物門　Gymnospermophyta グネツム綱　Gnetopsida	グネツム目　Gnetales	グネツム科　Gnetaceae マオウ科　Ephedraceae ウェルウィッチア科　Welwitschiaceae
イチョウ綱　Ginkgopsida ソテツ綱　Cycadopsida	イチョウ目　Ginkgoales ソテツ目　Cycadales （ザミア科に含む） （ザミア科に含む）	イチョウ科　Ginkgoaceae ソテツ科　Cycadaceae ザミア科　Zamiaceae ボウエニア科　Boweniaceae スタンゲリア科　Stangeriaceae
球果植物綱　Coniferopsida	球果植物目　Coniferales	ナンヨウスギ科　Araucariaceae イヌガヤ科　Cephalotaxaceae ヒノキ科　Cupressaceae マキ科　Podocarpaceae コウヤマキ科　Sciadopityaceae イチイ科　Taxaceae スギ科　Taxodiaceae
（グネツム綱に近縁？）		マツ科　Pinaceae

A.5 被子植物の分類表

門，綱，亜綱，通称群の和名および学名	目（亜目）の和名および学名	科の和名および学名
被子植物門　Magnoliophyta	（最基部の科） スイレン目　Nymphaeales アウストロバイレヤ目　Austrobaileyales	アンボレラ科　Amborellaceae スイレン科　Nymphaeaceae ハゴロモモ科　Cabombaceae ヒダテラ科　Hydatellaceae トリメニア科　Trimeniaceae マツブサ科　Schisandraceae シキミ科　Illiciaceae アウストロバイレヤ科　Austrobaileyaceae

付録

門，綱，亜綱，通称群の和名および学名	目（亜目）の和名および学名	科の和名および学名
	（単独科）	センリョウ科　Chloranthaceae
単子葉類　monocots	ショウブ目　Acorales	ショウブ科　Acoraceae
	オモダカ目　Alismatales	レースソウ科　Aponogetonaceae
		ホロムイソウ科　Scheuchzeriaceae
		リラエア科　Lilaeaceae
		シバナ科　Juncaginaceae
		ポシドニア科　Posidoniaceae
		シオニラ科　Cymodoceaceae
		ヒルムシロ科　Potamogetonaceae
		アマモ科　Zosteraceae
		オモダカ科　Alismataceae
		キバナオモダカ科　Limnocharitaceae
		ハナイ科　Butomaceae
		トチカガミ科　Hydrocharitaceae
		サトイモ科　Araceae
		チシマゼキショウ科　Tofieldiaceae
		カワツルモ科　Ruppiaceae
	サクライソウ目　Petrosaviales	サクライソウ科　Petrosaviaceae
	タコノキ目　Pandanales	ホンゴウソウ科　Triuridaceae
		タコノキ科　Pandanaceae
		パナマソウ科　Cyclanthaceae
		ビャクブ科　Stemonaceae
		ウェロジア科　Velloziaceae
	ヤマノイモ目　Dioscoreales	キンコウカ科　Nartheciaceae
		ヒナノシャクジョウ科　Burmanniaceae
		ヤマノイモ科　Dioscoreaceae
	キジカクシ目　Asparagales	ラン科　Orchidaceae
		ボリア科　Boryaceae
		アステリア科　Asteliaceae
		キンバイザサ科　Hypoxidaceae
		ラナリア科　Lanariaceae
		ブランドフォルディア科　Blandfordiaceae
		テコフィラエア科　Tecophilaeaceae
		ドリアンテス科　Doryanthaceae
		イクソリリオン科　Ixioliriaceae
		アヤメ科　Iridaceae
		クセロネマ科　Xeronemataceae
		ゼンテイカ科　Hemerocallidaceae
		ススキノキ科　Xanthorrhoeaceae
		ツルボラン科　Asphodelaceae
		アフィランテス科　Aphyllanthaceae
		リュウゼツラン科　Agavaceae
		ラクスマンニア科　Laxmanniaceae
		ヒアシンス科　Hyacinthaceae
		テミス科　Themidaceae
		ナギイカダ科　Ruscaceae
		キジカクシ科　Asparagaceae
		ヘスペロカリス科　Hesperocallidaceae
		ムラサキクンシラン科　Agapanthaceae
		ヒガンバナ科　Amaryllidaceae
		ネギ科　Alliaceae
	ユリ目　Liliales	カンピネマ科　Campynemataceae
		サルトリイバラ科　Smilacaceae
		フィレシア科　Philesiaceae
		ユリ科　Liliaceae
		シュロソウ科　Melanthiaceae
		ユリズイセン科　Alstroemeriaceae
		ツバキカズラ科　Luzuriagaceae

門，綱，亜綱，通称群の和名および学名	目（亜目）の和名および学名	科の和名および学名
		イヌサフラン科　Colchicaceae
		コルシア科　Corsiaceae
		リポゴヌム科　Rhipogonaceae
ツユクサ群　commelinids	（ツユクサ群の基部）	ダシポゴン科　Dasypogonaceae
	ヤシ目　Arecales	ヤシ科　Arecaceae
	ツユクサ目　Commelinales	ハングアナ科　Hanguanaceae
		タヌキアヤメ科　Philydraceae
		ハエモドルム科　Haemodoraceae
		ツユクサ科　Commelinaceae
		ミズアオイ科　Pontederiaceae
	ショウガ目　Zingiberales	ロウィア科　Lowiaceae
		ゴクラクチョウカ科　Strelitziaceae
		バショウ科　Musaceae
		オウムバナ科　Heliconiaceae
		カンナ科　Cannaceae
		オオホザキアヤメ科　Costaceae
		ショウガ科　Zingiberaceae
		クズウコン科　Marantaceae
	イネ目　Poales	ラパテア科　Rapateaceae
		マヤカ科　Mayacaceae
		パイナップル科　Bromeliaceae
		ガマ科　Typhaceae
		ミクリ科　Sparganiaceae
		トウツルモドキ科　Flagellariaceae
		サンアソウ科　Restionaceae
		カツマダソウ科　Centrolepidaceae
		アナルトリア科　Anarthriaceae
		ヨインウィレア科　Joinvilleaceae
		エクデイオコレア科　Ecdeiocoleaceae
		イネ科　Poaceae
		ホシクサ科　Eriocaulaceae
		トゥルニア科　Thurniaceae
		カヤツリグサ科　Cyperaceae
		イグサ科　Juncaceae
モクレン群　magnoliids	コショウ目　Piperales	コショウ科　Piperaceae
		ドクダミ科　Saururaceae
		ウマノスズクサ科　Aristolochiaceae
		ヒドノラ科　Hydnoraceae
		ラクトリス科　Lactoridaceae
	カネラ目　Canellales	カネラ科　Canellaceae
		シキミモドキ科　Winteraceae
	クスノキ目　Laurales	ロウバイ科　Calycanthaceae
		シバルナ科　Siparunaceae
		アテロスペルマ科　Atherospermataceae
		ゴモルテガ科　Gomortegaceae
		ハスノハギリ科　Hernandiaceae
		モニミア科　Monimiaceae
		クスノキ科　Lauraceae
	モクレン目　Magnoliales	ニクズク科　Myristicaceae
		モクレン科　Magnoliaceae
		ヒマンタンドラ科　Himantandraceae
		デゲネリア科　Degeneriaceae
		エウポマティア科　Eupomatiaceae
		バンレイシ科　Annonaceae
	マツモ目　Ceratophyllales	マツモ科　Ceratophyllaceae
真正双子葉類　eudicots	（真正双子葉類の基部）	アワブキ科　Sabiaceae
	（真正双子葉類の基部）	ヤマグルマ科　Trochodendraceae

付録

門，綱，亜綱，通称群の和名および学名	目（亜目）の和名および学名	科の和名および学名
	（真正双子葉類の基部）	スイセイジュ科　Tetracentraceae
	（真正双子葉類の基部）	ツゲ科　Buxaceae
	（真正双子葉類の基部）	ディディメレス科　Didymelaceae
	キンポウゲ目　Ranunculales	ケシ科　Papaveraceae
		ケマンソウ科　Fumariaceae
		オサバグサ科　Pteridophyllaceae
		フサザクラ科　Eupteleaceae
		キルカエアステル科　Circaeasteraceae
		キングドニア科　Kingdoniaceae
		アケビ科　Lardizabalaceae
		ツヅラフジ科　Menispermaceae
		キンポウゲ科　Ranunculaceae
		メギ科　Berberidaceae
	ヤマモガシ目　Proteales	ハス科　Nelumbonaceae
		ヤマモガシ科　Proteaceae
		スズカケノキ科　Platanaceae
	グンネラ目　Gunnerales	グンネラ科　Gunneraceae
		ミロタムヌス科　Myrothamnaceae
	ビャクダン目　Santalales	ボロボロノキ科　Olacaceae
		カナビキボク科　Opiliaceae
		オオバヤドリギ科　Loranthaceae
		ツチトリモチ科　Balanophoraceae
		ミソデンドロン科　Misodendraceae
		ビャクダン科　Santalaceae
	（ビャクダン目の姉妹科）	ビワモドキ科　Dilleniaceae
	ナデシコ目　Caryophyllales	ラブドデンドロン科　Rhabdodendraceae
		ドロソフィルム科　Drosophyllaceae
		ディオンコフィルム科　Dioncophyllaceae
		ツクバネカズラ科　Ancistrocladaceae
		ウツボカズラ科　Nepenthaceae
		モウセンゴケ科　Droseraceae
		タデ科　Polygonaceae
		イソマツ科　Plumbaginaceae
		ギョリュウ科　Tamaricaceae
		フランケニア科　Frankeniaceae
		シムモンドシア科　Simmondsiaceae
		フィセナ科　Physenaceae
		アステロペイア科　Asteropeiaceae
		ステグノスペルマ科　Stegnospermataceae
		ザクロソウ科　Molluginaceae
		ナデシコ科　Caryophyllaceae
		アカトカルプス科　Achatocarpaceae
		ヒユ科　Amaranthaceae
	（ナデシコ群 B）	ハマミズナ科　Aizoaceae
		ギセキア科　Gisekiaceae
		ヤマゴボウ科　Phytolaccaceae
		オシロイバナ科　Nyctaginaceae
		サルコバトゥス科　Sarcobataceae
		バルベウイア科　Barbeuiaceae
	（ナデシコ群 A）	スベリヒユ科　Portulacaceae
		サボテン科　Cactaceae
		カナボウノキ科　Didiereaceae
		ツルムラサキ科　Basellaceae
		ハロフィトゥム科　Halophytaceae
キク群　asterids	ミズキ目　Cornales	クルティシア科　Curtisiaceae
		グルッビア科　Grubbiaceae
		ミズキ科　Cornaceae
		ヌマミズキ科　Nyssaceae

門，綱，亜綱，通称群の和名および学名	目（亜目）の和名および学名	科の和名および学名
	ツツジ目　Ericales	シレンゲ科　Loasaceae
		アジサイ科　Hydrangeaceae
		ヒドロスタキス科　Hydrostachyaceae
		ツリフネソウ科　Balsaminaceae
		テトラメリスタ科　Tetrameristaceae
		ペリキエラ科　Pellicieraceae
		マルクグラウィア科　Marcgraviaceae
		フォウクィエリア科　Fouquieriaceae
		ハナシノブ科　Polemoniaceae
		アカテツ科　Sapotaceae
		イズセンリョウ科　Maesaceae
		テオフラスタ科　Theophrastaceae
		サクラソウ科　Primulaceae
		ヤブコウジ科　Myrsinaceae
		サガリバナ科　Lecythidaceae
		カキノキ科　Ebenaceae
		ツバキ科　Theaceae
		ハイノキ科　Symplocaceae
		イワウメ科　Diapensiaceae
		エゴノキ科　Styracaceae
		スラデニア科　Sladeniaceae
		ペンタフィラクス科　Pentaphylacaceae
		モッコク科　Ternstroemiaceae
		リョウブ科　Clethraceae
		キリラ科　Cyrillaceae
		ツツジ科　Ericaceae
		サラセニア科　Sarraceniaceae
		ロリドゥラ科　Roridulaceae
		マタタビ科　Actinidiaceae
		ヤッコソウ科　Mitrastemonaceae
	（ツツジ目＋ミズキ目の姉妹科）	ベルベリドプシス科　Berberidopsidaceae
	（ツツジ目＋ミズキ目の姉妹科）	アエクストキシコン科　Aextoxicaceae
第2真正キク群　euasterids II	モチノキ目　Aquifoliales	ステモヌラ科　Stemonuraceae
		ヤマイモモドキ科　Cardiopteridaceae
		フィロノマ科　Phyllonomaceae
		モチノキ科　Aquifoliaceae
		ハナイカダ科　Helwingiaceae
	マツムシソウ目　Dipsacales	スイカズラ科　Caprifoliaceae
		タニウツギ科　Diervillaceae
		マツムシソウ科　Dipsacaceae
		リンネソウ科　Linnaeaceae
		モリナ科　Morinaceae
		オミナエシ科　Valerianaceae
	キク目　Asterales	ロウッセア科　Rousseaceae
		ドナティア科　Donatiaceae
		アルセウオスミア科　Alseuosmiaceae
		フェリネ科　Phellinaceae
		アルゴフィルム科　Argophyllaceae
		ミツガシワ科　Menyanthaceae
		クサトベラ科　Goodeniaceae
		カリケラ科　Calyceraceae
		キク科　Asteraceae
		ユガミウチワ科　Pentaphragmataceae
		スティリディウム科　Stylidiaceae
		キキョウ科　Campanulaceae
		ミゾカクシ科　Lobeliaceae
	（キク目の姉妹科）	スフェノステモン科　Sphenostemonaceae
	（キク目の姉妹科）	パラクリフィア科　Paracryphiaceae

門，綱，亜綱，通称群の和名および学名	目（亜目）の和名および学名	科の和名および学名
	セリ目　Apiales	ペンナンティア科　Pennantiaceae
		トリケリア科　Torricelliaceae
		ウコギ科　Araliaceae
		メラノフィラ科　Melanophyllaceae
		グリセリニア科　Griseliniaceae
		ミオドカルプス科　Myodocarpaceae
		マッキンラヤ科　Mackinlayaceae
		セリ科　Apiaceae
		トベラ科　Pittosporaceae
		アラリディウム科　Aralidiaceae
	（セリ目の姉妹科）	エスカロニア科　Escalloniaceae
	（セリ目の姉妹科）	ポリオスマ科　Polyosmaceae
	（セリ目の姉妹科）	コルメリア科　Columelliaceae
	（セリ目の姉妹科）	デスフォンタイニア科　Desfontainiaceae
	（セリ目の姉妹科）	ブルニア科　Bruniaceae
	（第2真正キク群の科）	エレモシネ科　Eremosynaceae
	（第2真正キク群の科）	トリベレス科　Tribelaceae
第1真正キク群　euasterids I	（第1真正キク群の基部）	オンコテカ科　Oncothecaceae
	（第1真正キク群の基部）	クロタキカズラ科　Icacinaceae
	ガリア目　Garryales	トチュウ科　Eucommiaceae
		ガリア科　Garryaceae
		アオキ科　Aucubaceae
	リンドウ目　Gentianales	アカネ科　Rubiaceae
		ゲルセミウム科　Gelsemiaceae
		リンドウ科　Gentianaceae
		マチン科　Loganiaceae
		キョウチクトウ科　Apocynaceae
	シソ目　Lamiales	プロコスペルマ科　Plocospermataceae
		カルレマンニア科　Carlemanniaceae
		モクセイ科　Oleaceae
		テトラコンドラ科　Tetrachondraceae
		カルケオラリア科　Calceolariaceae
		イワタバコ科　Gesneriaceae
		オオバコ科　Plantaginaceae
		ゴマノハグサ科　Scrophulariaceae
		スティルベ科　Stilbaceae
		ハエドクソウ科　Phrymaceae
		ハマウツボ科　Orobanchaceae
		キリ科　Paulowniaceae
		ゴマ科　Pedaliaceae
		シュレーゲリア科　Schlegeliaceae
		キツネノマゴ科　Acanthaceae
		ノウゼンカズラ科　Bignoniaceae
		クマツヅラ科　Verbenaceae
		シソ科　Lamiaceae
		ツノゴマ科　Martyniaceae
		ビブリス科　Byblidaceae
		タヌキモ科　Lentibulariaceae
	ナス目　Solanales	モンティニア科　Montiniaceae
		ナガボノウルシ科　Sphenocleaceae
		セイロンハコベ科　Hydroleaceae
		ヒルガオ科　Convolvulaceae
		ナス科　Solanaceae
	（ナス目の姉妹科）	ウァーリア科　Vahliaceae
	（ナス目の姉妹科）	ムラサキ科　Boraginaceae
	（第1真正キク群の科）	メッテニウサ科　Metteniusaceae
バラ群　rosids	（バラ群の基部）	ブドウ科　Vitaceae
	（バラ群の基部）	アフロイア科　Aphloiaceae

門，綱，亜綱，通称群の和名および学名	目（亜目）の和名および学名	科の和名および学名
	ユキノシタ目　Saxifragales	ユズリハ科　Daphniphyllaceae
		カツラ科　Cercidiphyllaceae
		ペリディスクス科　Peridiscaceae
		ボタン科　Paeoniaceae
		アファノペタルム科　Aphanopetalaceae
		アリノトウグサ科　Haloragaceae
		タコノアシ科　Penthoraceae
		テトラカルパエア科　Tetracarpaeaceae
		ベンケイソウ科　Crassulaceae
		キノモリウム科　Cynomoriaceae
		ズイナ科　Iteaceae
		プテロステモン科　Pterostemonaceae
		スグリ科　Grossulariaceae
		ユキノシタ科　Saxifragaceae
		マンサク科　Hamamelidaceae
		フウ科　Altingiaceae
	クロッソソマ目　Crossosomatales	ミツバウツギ科　Staphyleaceae
		クロッソソマ科　Crossosomataceae
		キブシ科　Stachyuraceae
	（クロッソソマ目の姉妹科）	ゲイッソロマ科　Geissolomataceae
	（クロッソソマ目の姉妹科）	ストラスブルゲリア科　Strasburgeriaceae
	（クロッソソマ目の姉妹科）	イクセルバ科　Ixerbaceae
	フウロソウ目　Geraniales	フウロソウ科　Geraniaceae
		ヒプセロカリス科　Hypseocharitaceae
		ヴィヴィアニア科　Vivianiaceae
		レドカルプス科　Ledocarpaceae
		メリアントゥス科　Melianthaceae
		フランコア科　Francoaceae
	（フウロソウ目＋クロッソソマ目の姉妹科）	ピクラムニア科　Picramniaceae
第2真正バラ群　eurosids II	フトモモ目　Myrtales	シクンシ科　Combretaceae
		ミソハギ科　Lythraceae
		アカバナ科　Onagraceae
		フトモモ科　Myrtaceae
		ウォキシア科　Vochysiaceae
		クリプテロニア科　Crypteroniaceae
		アルザテア科　Alzateaceae
		リンコカリクス科　Rhynchocalycaceae
		オリニア科　Oliniaceae
		ペナエア科　Penaeaceae
		ノボタン科　Melastomataceae
		コメツブノボタン科　Memecylaceae
		ヘテロピクシス科　Heteropyxidaceae
		プシロクシロン科　Psiloxylaceae
	アブラナ目　Brassicales	ブレッシュネイデラ科　Bretschneideraceae
		アカニア科　Akaniaceae
		ノウゼンハレン科　Tropaeolaceae
		ワサビノキ科　Moringaceae
		パパイヤ科　Caricaceae
		セッチェラントゥス科　Setchellanthaceae
		リムナンテス科　Limnanthaceae
		コエベルリニア科　Koeberliniaceae
		サルウァドラ科　Salvadoraceae
		バティス科　Bataceae
		トゥアリア科　Tovariaceae
		ペンタディプランドラ科　Pentadiplandraceae
		ギロステモン科　Gyrostemonaceae
		エムブリンギア科　Emblingiaceae

門，綱，亜綱，通称群の和名および学名	目（亜目）の和名および学名	科の和名および学名
	（アブラナ目の姉妹科）	モクセイソウ科　Resedaceae
		アブラナ科　Brassicaceae
	ムクロジ目　Sapindales	タピスキア科　Tapisciaceae
		ビーベルステイニア科　Biebersteiniaceae
		ソウダノキ科　Nitrariaceae
		テトラディクリス科　Tetradiclidaceae
		ペガヌム科　Peganaceae
		キルキア科　Kirkiaceae
		ウルシ科　Anacardiaceae
		カンラン科　Burseraceae
		ムクロジ科　Sapindaceae
		ミカン科　Rutaceae
		センダン科　Meliaceae
		ニガキ科　Simaroubaceae
	アオイ目　Malvales	ジンチョウゲ科　Thymelaeaceae
		フタバガキ科　Dipterocarpaceae
		サルコラエナ科　Sarcolaenaceae
		ハンニチバナ科　Cistaceae
		ナンヨウザクラ科　Muntingiaceae
		ネウラダ科　Neuradaceae
		ベニノキ科　Bixaceae
		ワタモドキ科　Cochlospermaceae
		ディエゴデンドロン科　Diegodendraceae
		スファエロセパルム科　Sphaerosepalaceae
		アオイ科　Malvaceae
第1真正バラ群　eurosids I	キントラノオ目　Malpighiales	ミゾハコベ科　Elatinaceae
		トウダイグサ科　Euphorbiaceae
		ラフレシア科　Rafflesiaceae
		ミカンソウ科　Phyllanthaceae
		キントラノオ科　Malpighiaceae
		イクソナンテス科　Ixonanthaceae
		テリハボク科　Clusiaceae
		ボンネティア科　Bonnetiaceae
		カワゴケソウ科　Podostemaceae
		オトギリソウ科　Hypericaceae
		バターナット科　Caryocaraceae
		アマ科　Linaceae
		アカリア科　Achariaceae
		クテノロフォン科　Ctenolophonaceae
		スミレ科　Violaceae
		ゴウピア科　Goupiaceae
		オクナ科　Ochnaceae
		クイイナ科　Quiinaceae
		ツゲモドキ科　Putranjivaceae
		イルウィンギア科　Irvingiaceae
		ピクロデンドロン科　Picrodendraceae
		バラノプス科　Balanopaceae
		クリソバラヌス科　Chrysobalanaceae
		カイナンボク科　Dichapetalaceae
		エウフロニア科　Euphroniaceae
		トリゴニア科　Trigoniaceae
		パンダ科　Pandaceae
		ロフォピクシス科　Lophopyxidaceae
		フミリア科　Humiriaceae
		ラキステマ科　Lacistemataceae
		ヤナギ科　Salicaceae
		トケイソウ科　Passifloraceae
		メドゥサギネ科　Medusagynaceae

門，綱，亜綱，通称群の和名および学名	目（亜目）の和名および学名	科の和名および学名
	カタバミ目　Oxalidales	マレシェルビア科　Malesherbiaceae
		トゥルネラ科　Turneraceae
		ヒルギ科　Rhizophoraceae
		コカノキ科　Erythroxylaceae
		ホルトノキ科　Elaeocarpaceae
		ブルネリア科　Brunelliaceae
		フクロユキノシタ科　Cephalotaceae
		クノニア科　Cunoniaceae
		カタバミ科　Oxalidaceae
		マメモドキ科　Connaraceae
	ニシキギ目　Celastrales	レプロペタロン科　Lepuropetalaceae
		ウメバチソウ科　Parnassiaceae
		カタバミノキ科　Lepidobotryaceae
		ニシキギ科　Celastraceae
	（ニシキギ目の姉妹科）	フア科　Huaceae
	マメ目　Fabales	クイラヤ科　Quillajaceae
		ヒメハギ科　Polygalaceae
		スリアナ科　Surianaceae
		マメ科　Fabaceae
	ウリ目　Cucurbitales	アニソフィレア科　Anisophylleaceae
		テトラメレス科　Tetramelaceae
		シュウカイドウ科　Begoniaceae
		ウリ科　Cucurbitaceae
		ナギナタソウ科　Datiscaceae
		コリノカルプス科　Corynocarpaceae
		ドクウツギ科　Coriariaceae
	ブナ目　Fagales	ナンキョクブナ科　Nothofagaceae
		ブナ科　Fagaceae
		クルミ科　Juglandaceae
		ロイプテレア科　Rhoipteleaceae
		ヤマモモ科　Myricaceae
		ティコデンドロン科　Ticodendraceae
		モクマオウ科　Casuarinaceae
		カバノキ科　Betulaceae
	バラ目　Rosales	バラ科　Rosaceae
		ディラクマ科　Dirachmaceae
		バルベヤ科　Barbeyaceae
		クロウメモドキ科　Rhamnaceae
		グミ科　Elaeagnaceae
		ニレ科　Ulmaceae
		アサ科　Cannabaceae
		イラクサ科　Urticaceae
		クワ科　Moraceae
	（バラ目＋ブナ目＋ウリ目＋マメ目の姉妹科）	ハマビシ科　Zygophyllaceae
	（バラ目＋ブナ目＋ウリ目＋マメ目の姉妹科）	クラメリア科　Krameriaceae
（所属不明）		アポダンテス科　Apodanthaceae
		ホプレスティグマ科　Hoplestigmataceae
		メドゥサンドラ科　Medusandraceae

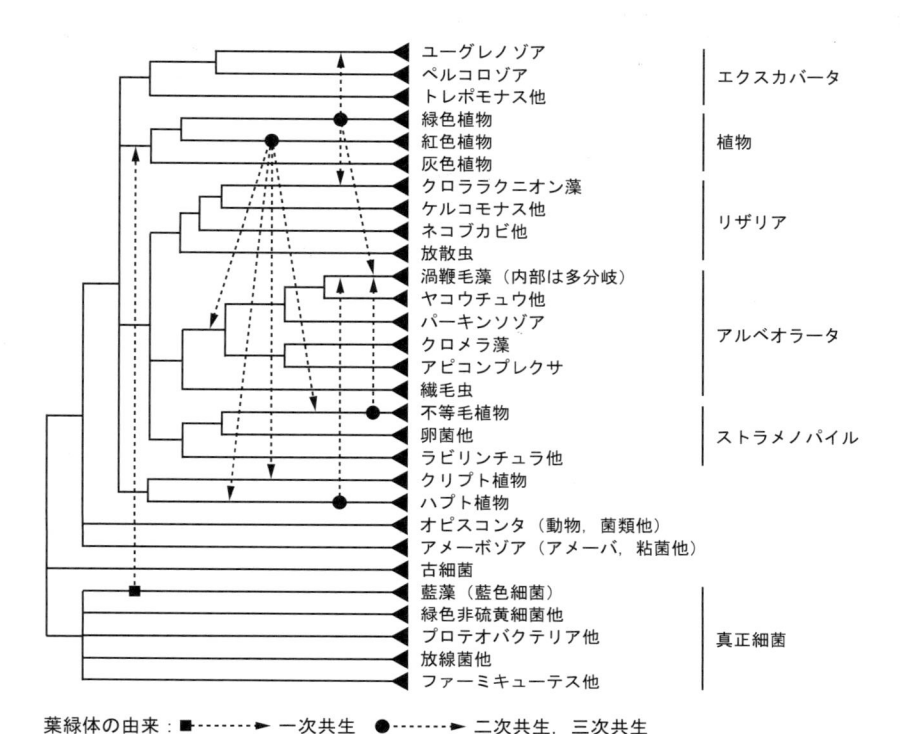

付録

図 B.1 生物全体の系統図

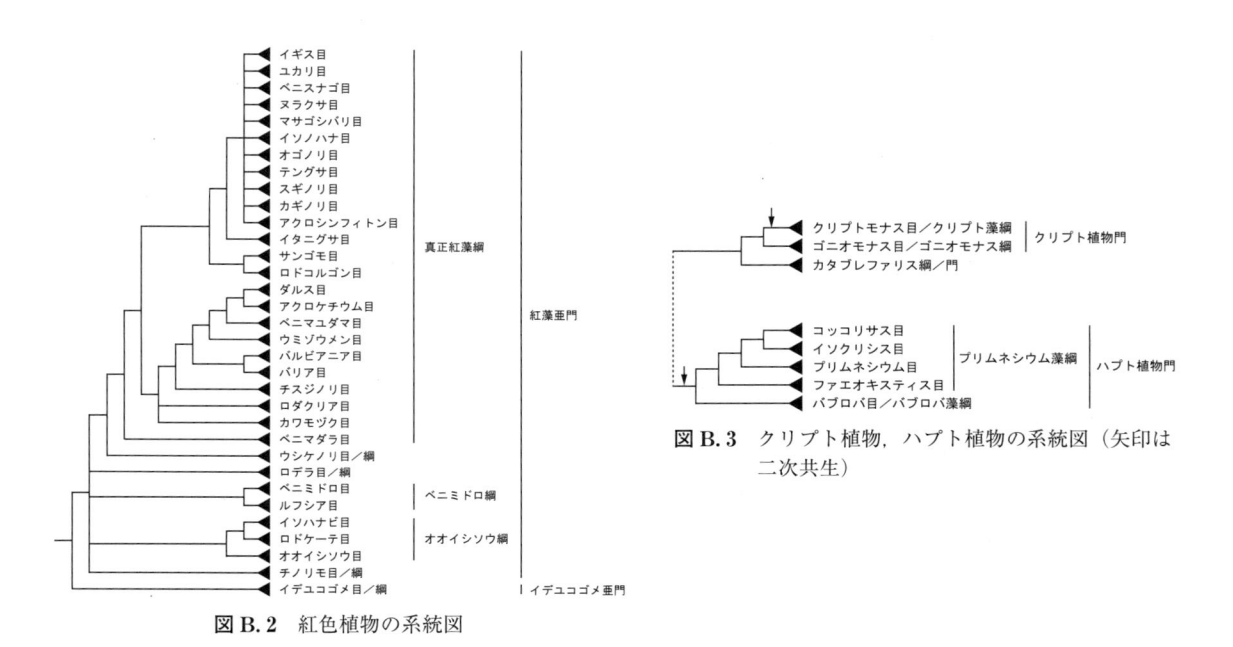

葉緑体の由来：■······▶ 一次共生　●······▶ 二次共生，三次共生
（紅藻共生が複数の群の共通祖先で起ったとする説もある）

図 B.2 紅色植物の系統図

図 B.3 クリプト植物，ハプト植物の系統図（矢印は二次共生）

図 B.4　不等毛植物の系統図

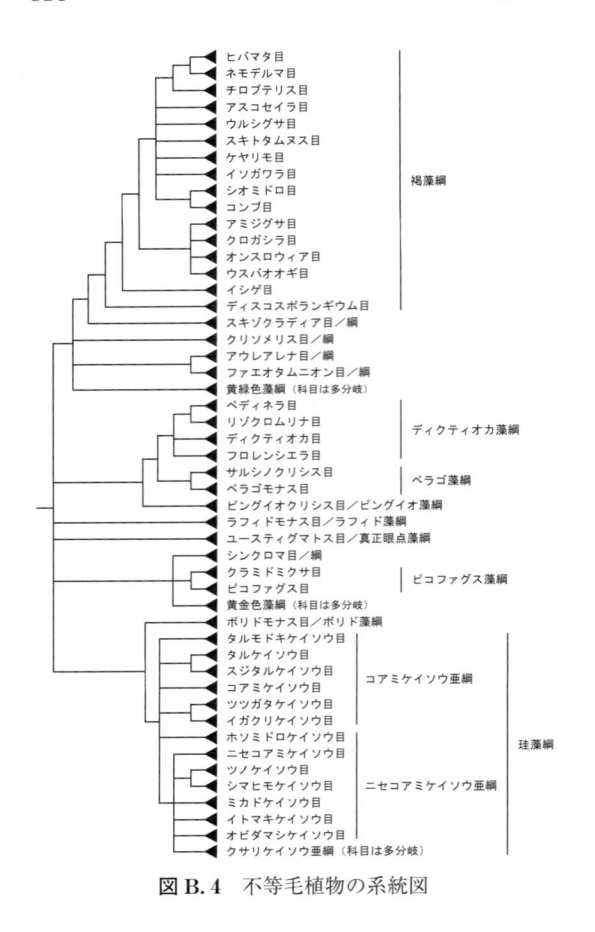

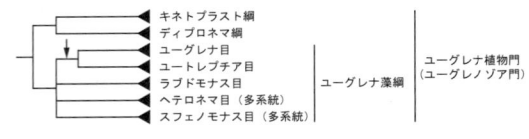

図 B.5　ユーグレナ植物の系統図（矢印は二次共生）

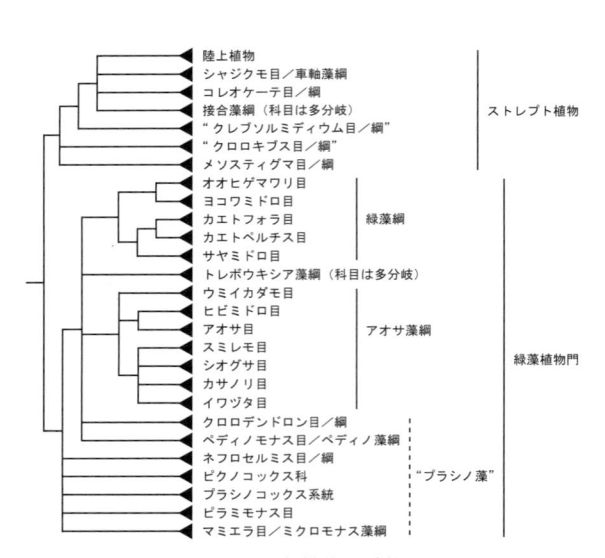

図 B.6　緑色植物の系統図

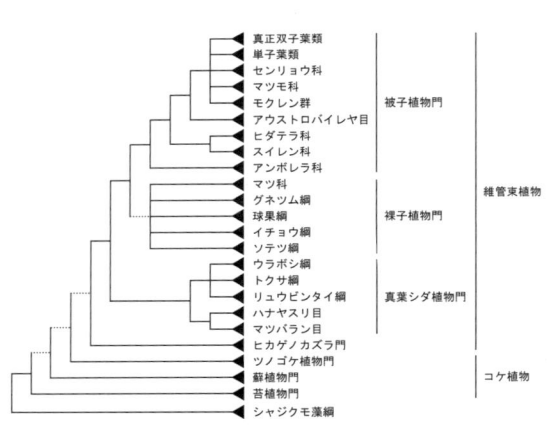

図 B.7　ストレプト植物の系統図

図 B.8 ツノゴケ植物，苔植物の系統図

図 B.9 蘚植物の系統図

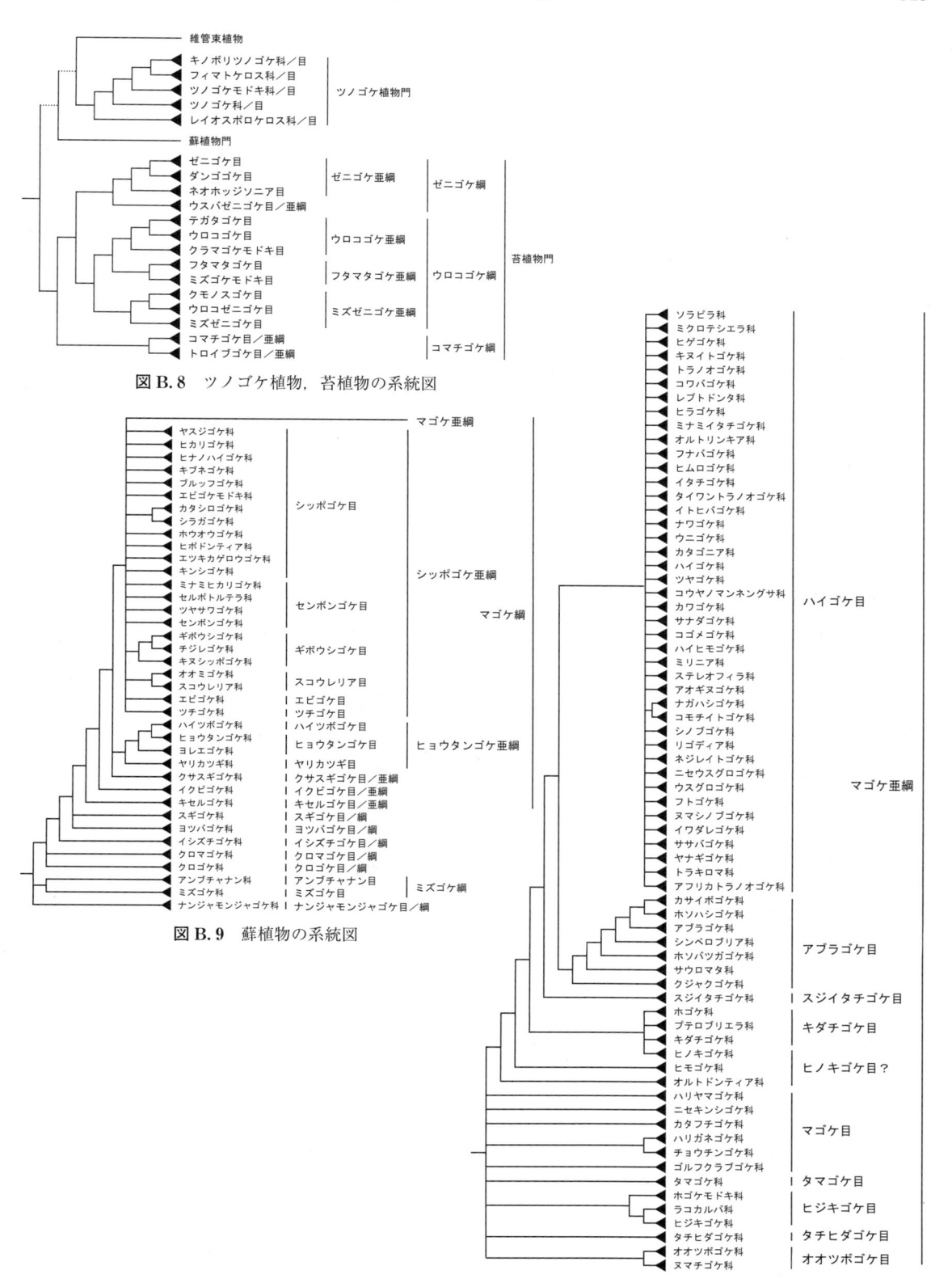

図 B.10 蘚植物マゴケ亜綱の系統図

図 B. 11 シダ植物の系統図

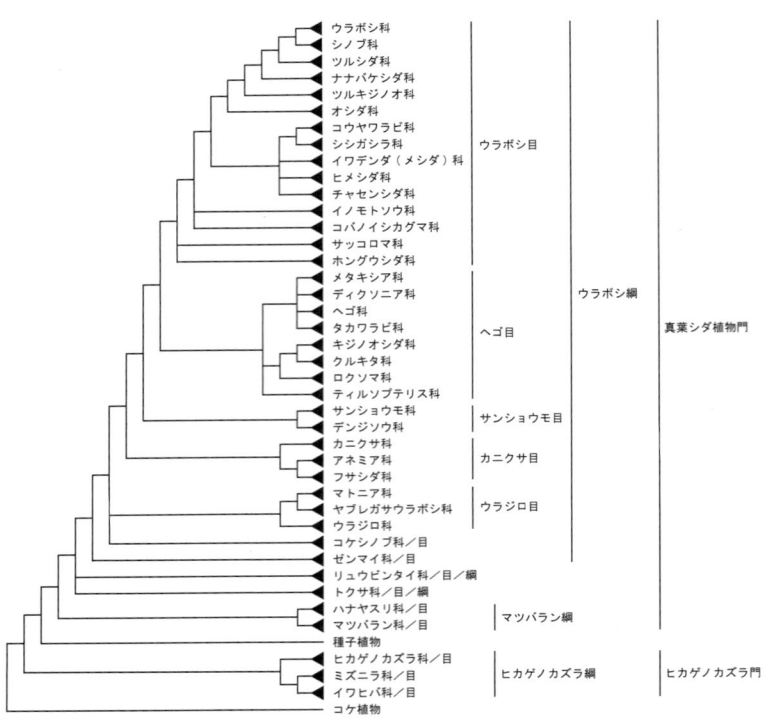

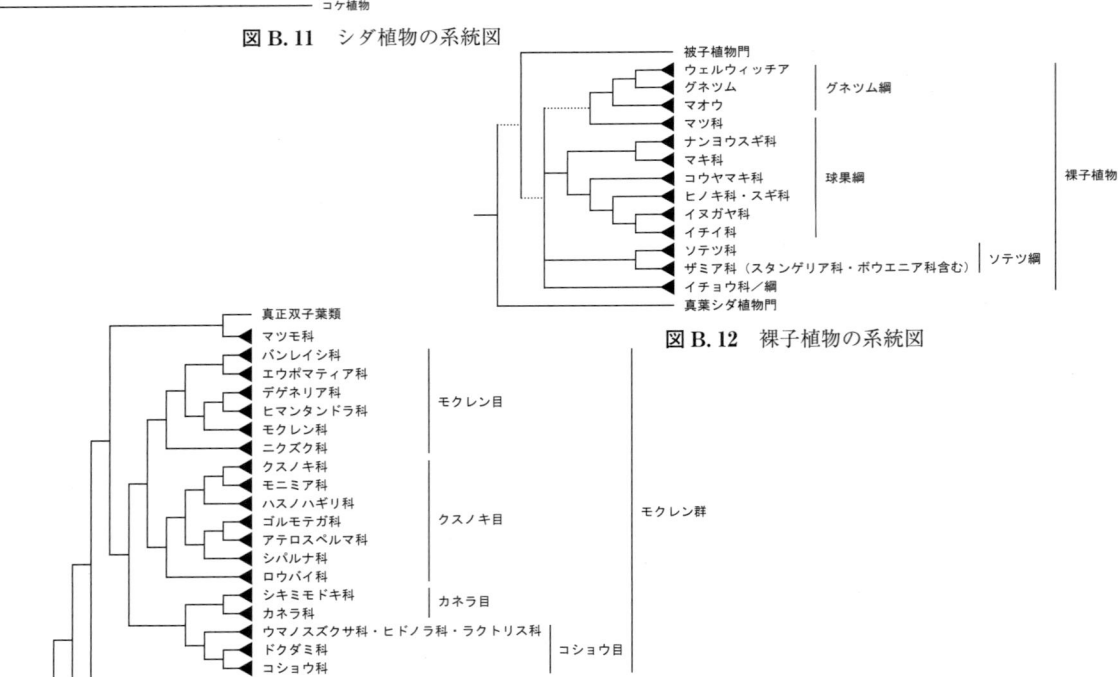

図 B. 12 裸子植物の系統図

図 B. 13 被子植物の基部の系統図

付録　　　　　　　　　　　　　　　　521

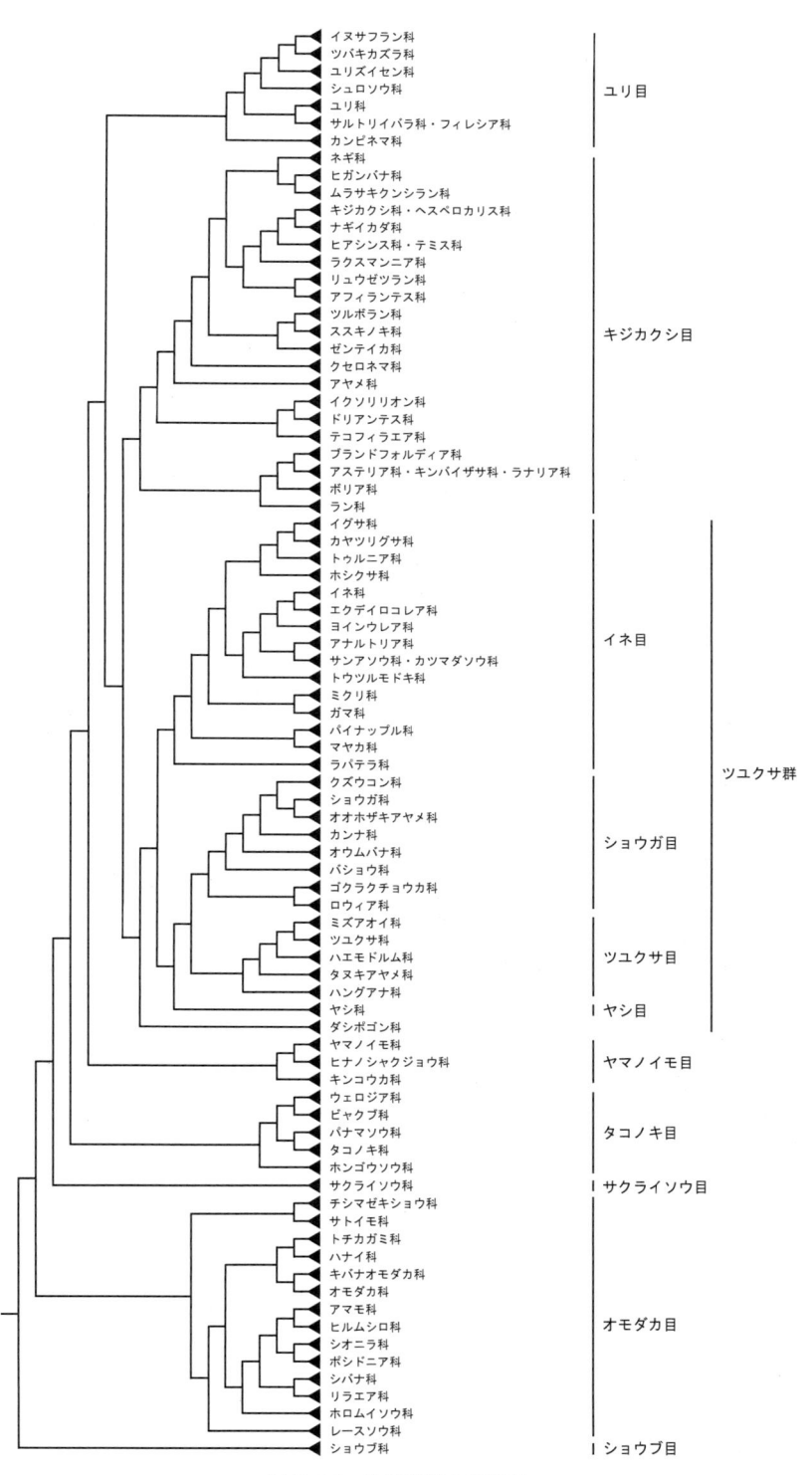

```
                    ┌─ イヌサフラン科
                    ├─ ツバキカズラ科
                    ├─ ユリズイセン科
                    ├─ シュロソウ科         ┐
                    ├─ ユリ科              ├ ユリ目
                    ├─ サルトリイバラ科・フィレシア科
                    └─ カンピネマ科         ┘
                    ┌─ ネギ科
                    ├─ ヒガンバナ科
                    ├─ ムラサキクンシラン科
                    ├─ キジカクシ科・ヘスペロカリス科
                    ├─ ナギイカダ科
                    ├─ ヒアシンス科・テミス科
                    ├─ ラクスマンニア科
                    ├─ リュウゼツラン科
                    ├─ アフィランテス科
                    ├─ ツルボラン科         ┐
                    ├─ ススキノキ科         │
                    ├─ ゼンテイカ科         ├ キジカクシ目
                    ├─ クセロネマ科         │
                    ├─ アヤメ科             │
                    ├─ イクソリリオン科      │
                    ├─ ドリアンテス科        │
                    ├─ テコフィラエア科      │
                    ├─ ブランドフォルディア科 │
                    ├─ アステリア科・キンバイザサ科・ラナリア科
                    ├─ ボリア科             ┘
                    └─ ラン科
                    ┌─ イグサ科
                    ├─ カヤツリグサ科
                    ├─ トゥルニア科
                    ├─ ホシクサ科
                    ├─ イネ科
                    ├─ エクデイロコレア科
                    ├─ ヨインウレア科         ┐
                    ├─ アナルトリア科         │
                    ├─ サンアソウ科・カツマダソウ科 ├ イネ目
                    ├─ トウツルモドキ科       │
                    ├─ ミクリ科              │
                    ├─ ガマ科                │
                    ├─ パイナップル科         │
                    ├─ マヤカ科              │
                    └─ ラパテラ科            ┘
                    ┌─ クズウコン科
                    ├─ ショウガ科
                    ├─ オオホザキアヤメ科      ┐
                    ├─ カンナ科              │              ┐
                    ├─ オウムバナ科           ├ ショウガ目    │
                    ├─ バショウ科            │              │
                    ├─ ゴクラクチョウカ科     │              │
                    └─ ロウィア科            ┘              ├ ツユクサ群
                    ┌─ ミズアオイ科                          │
                    ├─ ツユクサ科            ┐              │
                    ├─ ハエモドルム科         ├ ツユクサ目    │
                    ├─ タヌキアヤメ科         │              │
                    └─ ハングアナ科           ┘              │
                    ── ヤシ科               | ヤシ目        ┘
                    ┌─ ダシポゴン科
                    ├─ ヤマノイモ科          ┐
                    ├─ ヒナノシャクジョウ科    ├ ヤマノイモ目
                    └─ キンコウカ科          ┘
                    ┌─ ウェロジア科
                    ├─ ビャクブ科            ┐
                    ├─ パナマソウ科           ├ タコノキ目
                    ├─ タコノキ科             │
                    └─ ホンゴウソウ科         ┘
                    ── サクライソウ科        | サクライソウ目
                    ┌─ チシマゼキショウ科
                    ├─ サトイモ科
                    ├─ トチカガミ科
                    ├─ ハナイ科
                    ├─ キバナオモダカ科
                    ├─ オモダカ科             ┐
                    ├─ アマモ科              │
                    ├─ ヒルムシロ科           │
                    ├─ シオニラ科             ├ オモダカ目
                    ├─ ポシドニア科           │
                    ├─ シバナ科              │
                    ├─ リラエア科             │
                    ├─ ホロムイソウ科         │
                    └─ レースソウ科          ┘
                    ── ショウブ科            | ショウブ目
```

図 B.14　単子葉類の系統図

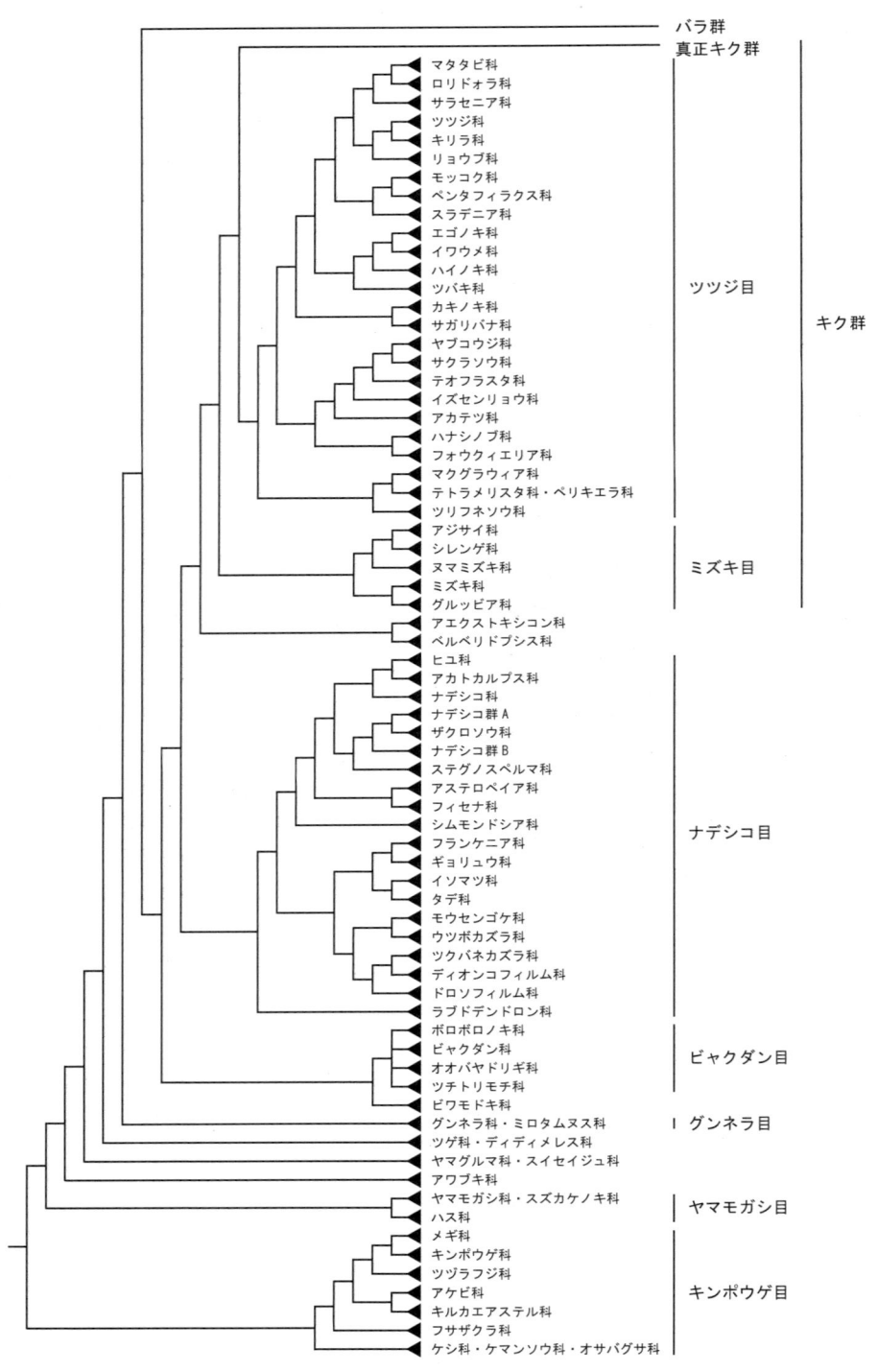

```
                                    ┌─ マタタビ科
                                    ├─ ロリドラ科
                                    ├─ サラセニア科
                                    ├─ ツツジ科
                                    ├─ キリラ科
                                    ├─ リョウブ科
                                    ├─ モッコク科
                                    ├─ ペンタフィラクス科
                                    ├─ スラデニア科
                                    ├─ エゴノキ科
                                    ├─ イワウメ科
                                    ├─ ハイノキ科
                                    ├─ ツバキ科                    ツツジ目
                                    ├─ カキノキ科
                                    ├─ サガリバナ科
                                    ├─ ヤブコウジ科
                                    ├─ サクラソウ科
                                    ├─ テオフラスタ科
                                    ├─ イズセンリョウ科
                                    ├─ アカテツ科
                                    ├─ ハナシノブ科
                                    ├─ フォウクィエリア科
                                    ├─ マクグラウィア科
                                    ├─ テトラメリスタ科・ペリキエラ科
                                    └─ ツリフネソウ科
                                    ┌─ アジサイ科
                                    ├─ シレンゲ科
                                    ├─ ヌマミズキ科                ミズキ目
                                    ├─ ミズキ科
                                    └─ グルッピア科
```

図 B.15 真正双子葉類の基部の系統図

付録　　　　　　　　　　　　　　　　523

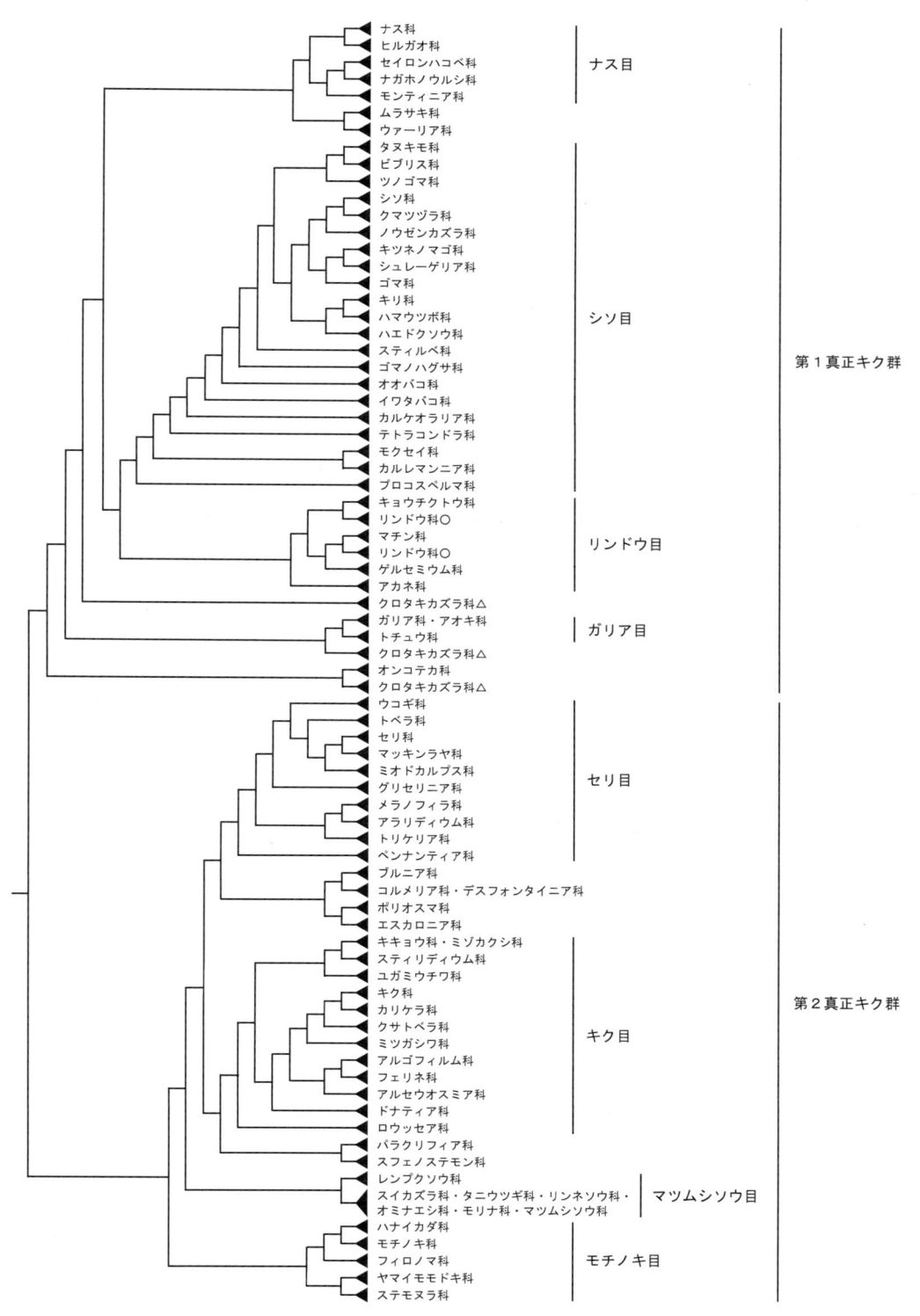

```
                    ┌─ ナス科
                   ┌┤
                   │└─ ヒルガオ科
                  ┌┤
                  │├─ セイロンハコベ科
                  │├─ ナガホノウルシ科
                  │├─ モンティニア科                    ナス目
                 ─┤
                  ├─ ムラサキ科
                  └─ ウァーリア科
                    ┌─ タヌキモ科
                   ┌┤
                   │├─ ビブリス科
                   │└─ ツノゴマ科
                    ┌─ シソ科
                   ┌┤
                   │├─ クマツヅラ科
                   │├─ ノウゼンカズラ科
                   │├─ キツネノマゴ科
                   │└─ シュレーゲリア科
                    ├─ ゴマ科
                    ┌─ キリ科
                   ┌┤
                   │├─ ハマウツボ科
                   │└─ ハエドクソウ科
                    ├─ スティルベ科
                    ├─ ゴマノハグサ科                    シソ目
                    ├─ オオバコ科
                    ├─ イワタバコ科
                    ├─ カルケオラリア科
                    ├─ テトラコンドラ科
                    ├─ モクセイ科
                    ├─ カルレマンニア科
                    └─ ブロコスペルマ科
                    ┌─ キョウチクトウ科
                    ├─ リンドウ科○
                    ├─ マチン科                        リンドウ目
                    ├─ リンドウ科○
                    └─ ゲルセミウム科
                    ─ アカネ科
                    ┌─ クロタキカズラ科△
                    ├─ ガリア科・アオキ科
                    ├─ トチュウ科                      ガリア目
                    └─ クロタキカズラ科△
                    ─ オンコテカ科
                    ─ クロタキカズラ科△
```

第1真正キク群

```
                    ┌─ ウコギ科
                    ├─ トベラ科
                    ├─ セリ科
                    ├─ マッキンラヤ科
                    ├─ ミオドカルプス科                 セリ目
                    ├─ グリセリニア科
                    ├─ メラノフィラ科
                    ├─ アラリディウム科
                    ├─ トリケリア科
                    └─ ペンナンティア科
                    ┌─ ブルニア科
                    ├─ コルメリア科・デスフォンタイニア科
                    ├─ ポリオスマ科
                    └─ エスカロニア科
                    ┌─ キキョウ科・ミゾカクシ科
                    ├─ スティリディウム科
                    ├─ ユガミウチワ科
                    ├─ キク科
                    ├─ カリケラ科
                    ├─ クサトベラ科
                    ├─ ミツガシワ科                    キク目
                    ├─ アルゴフィルム科
                    ├─ フェリネ科
                    ├─ アルセウオスミア科
                    ├─ ドナティア科
                    └─ ロウッセア科
                    ┌─ パラクリフィア科
                    └─ スフェノステモン科
                    ┌─ レンプクソウ科
                    └─ スイカズラ科・タニウツギ科・リンネソウ科・    マツムシソウ目
                       オミナエシ科・モリナ科・マツムシソウ科
                    ┌─ ハナイカダ科
                    ├─ モチノキ科
                    ├─ フィロノマ科                     モチノキ目
                    ├─ ヤマイモモドキ科
                    └─ ステモヌラ科
```

第2真正キク群

図 B.16　真正キク群の系統図（○，△は同一科を示す）

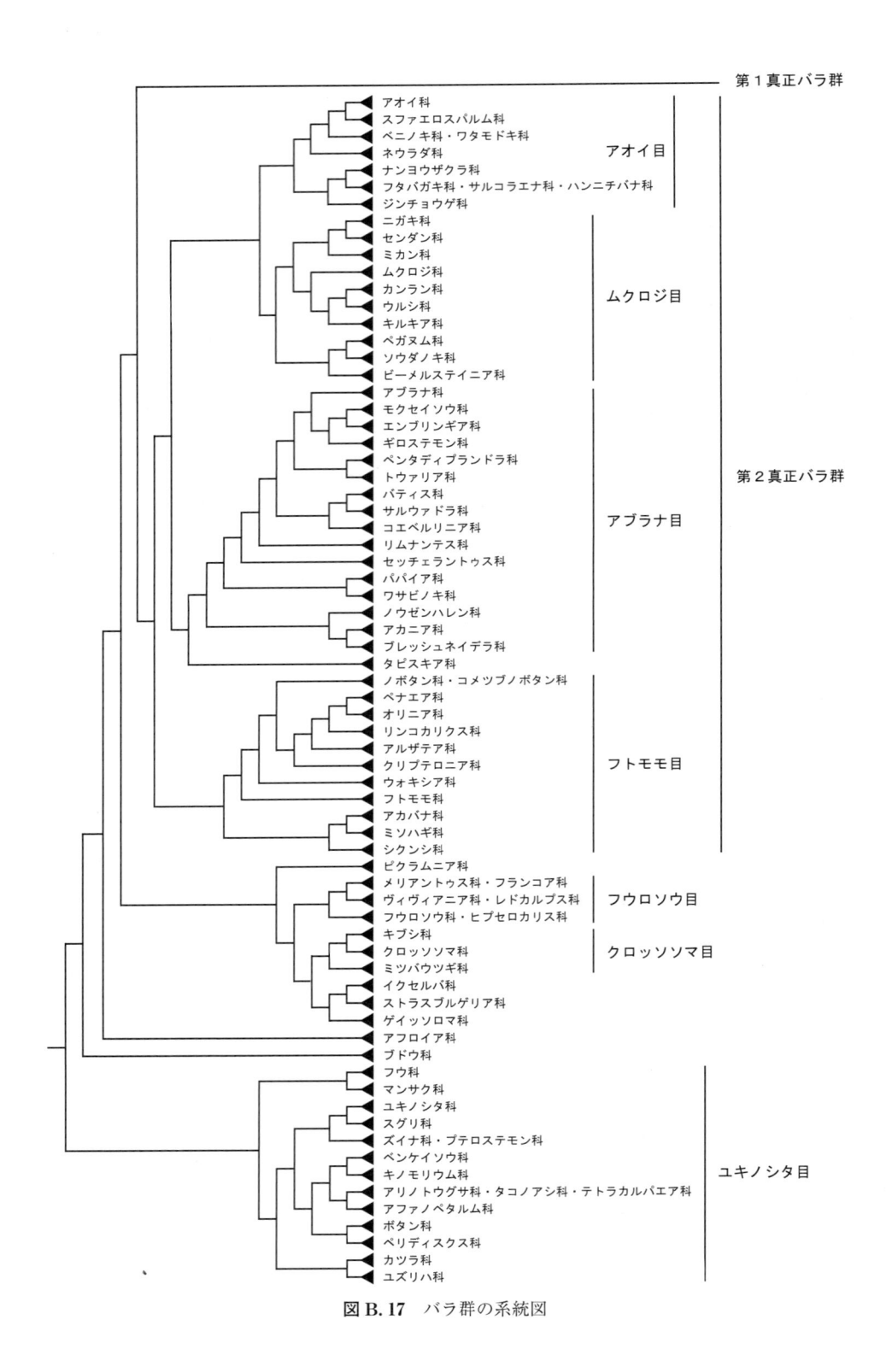

```
                          ┌─ アオイ科
                       ┌──┤
                       │  ├─ スファエロスパルム科
                     ┌─┤  └─ ベニノキ科・ワタモドキ科
                     │ │  ┌─ ネウラダ科
                     │ └──┤                          アオイ目
                     │    ├─ ナンヨウザクラ科
                     │    ├─ フタバガキ科・サルコラエナ科・ハンニチバナ科
                     │    └─ ジンチョウゲ科
                     │    ┌─ ニガキ科
                     │  ┌─┤
                     │  │ ├─ センダン科
                     │  │ └─ ミカン科
                     │ ┌┤  ┌─ ムクロジ科
                     │ ││┌─┤
                     │ │└┤ ├─ カンラン科                       第2真正バラ群
                     │ │ │ └─ ウルシ科                ムクロジ目
                   ┌─┤ │ ├─ キルキア科
                   │ │ │ ├─ ペガヌム科
                   │ │ │ ├─ ソウダノキ科
                   │ │ │ └─ ビーメルステイニア科
                   │ │ │  ┌─ アブラナ科
                   │ │ │  ├─ モクセイソウ科
                   │ │ │  ├─ エンブリンギア科
                   │ │ │ ┌┤
                   │ │ │ │├─ ギロステモン科
                   │ │ │ │├─ ペンタディプランドラ科
                   │ │ └─┤└─ トウァリア科
                   │ │   │  ┌─ バティス科            アブラナ目
                   │ │   │  ├─ サルウァドラ科
                   │ │   ├──┤
                   │ │   │  ├─ コエベルリニア科
                   │ │   │  ├─ リムナンテス科
                   │ │   │  ├─ セッチェラントゥス科
                   │ │   │  ├─ パパイア科
                   │ │   │  ├─ ワサビノキ科
                   │ │   └──┤
                   │ │      ├─ ノウゼンハレン科
                   │ │      ├─ アカニア科
                   │ │      └─ ブレッシュネイデラ科
                   │ │       ┌─ タピスキア科
                   │ │       │ ┌─ ノボタン科・コメツブノボタン科
                   │ │       │ │┌─ ペナエア科
                   │ │       │ ││┌─ オリニア科
                   │ │       │ │├┤
                ┌──┤ │       │ │││┌─ リンコカリクス科
                │  │ │       │ ││├┤
                │  │ │       │ ││││├─ アルザテア科
                │  │ └───────┤ │││└┤                フトモモ目
                │  │         │ │││ └─ クリプテロニア科
                │  │         └─┤│└─ ウォキシア科
                │  │           │└─ フトモモ科
                │  │           │ ┌─ アカバナ科
                │  │           ├─┤
                │  │           │ └─ ミソハギ科
                │  │           └─ シクンシ科
                │  │    ┌─ ピクラムニア科
                │  │    │  ┌─ メリアントゥス科・フランコア科
                │  ├────┤ ┌┤
                │  │    │ │├─ ヴィヴィアニア科・レドカルプス科      フウロソウ目
                │  │    └─┤└─ フウロソウ科・ヒプセロカリス科
                │  │      └─ キブシ科
                │  │      ┌─ クロッソマ科
                │  └──────┤                          クロッソマ目
                │         ├─ ミツバウツギ科
                │         └─ イクセルバ科
                │    ┌─ ストラスブルゲリア科
                ├────┤
                │    └─ ゲイッソロマ科
                ├─ アフロイア科
                ├─ ブドウ科
                │   ┌─ フウ科
                │ ┌─┤
                │ │ ├─ マンサク科
                │ │ ├─ ユキノシタ科
                │ │ ├─ スグリ科
                │ │ ├─ ズイナ科・プテロステモン科
                │ │ ├─ ベンケイソウ科
                └─┤ ├─ キノモリウム科                 ユキノシタ目
                  │ ├─ アリノトウグサ科・タコノアシ科・テトラカルパエア科
                  │ ├─ アファノペタルム科
                  └─┤
                    ├─ ボタン科
                    ├─ ペリディスクス科
                    ├─ カツラ科
                    └─ ユズリハ科
```

第1真正バラ群

図 B.17 バラ群の系統図

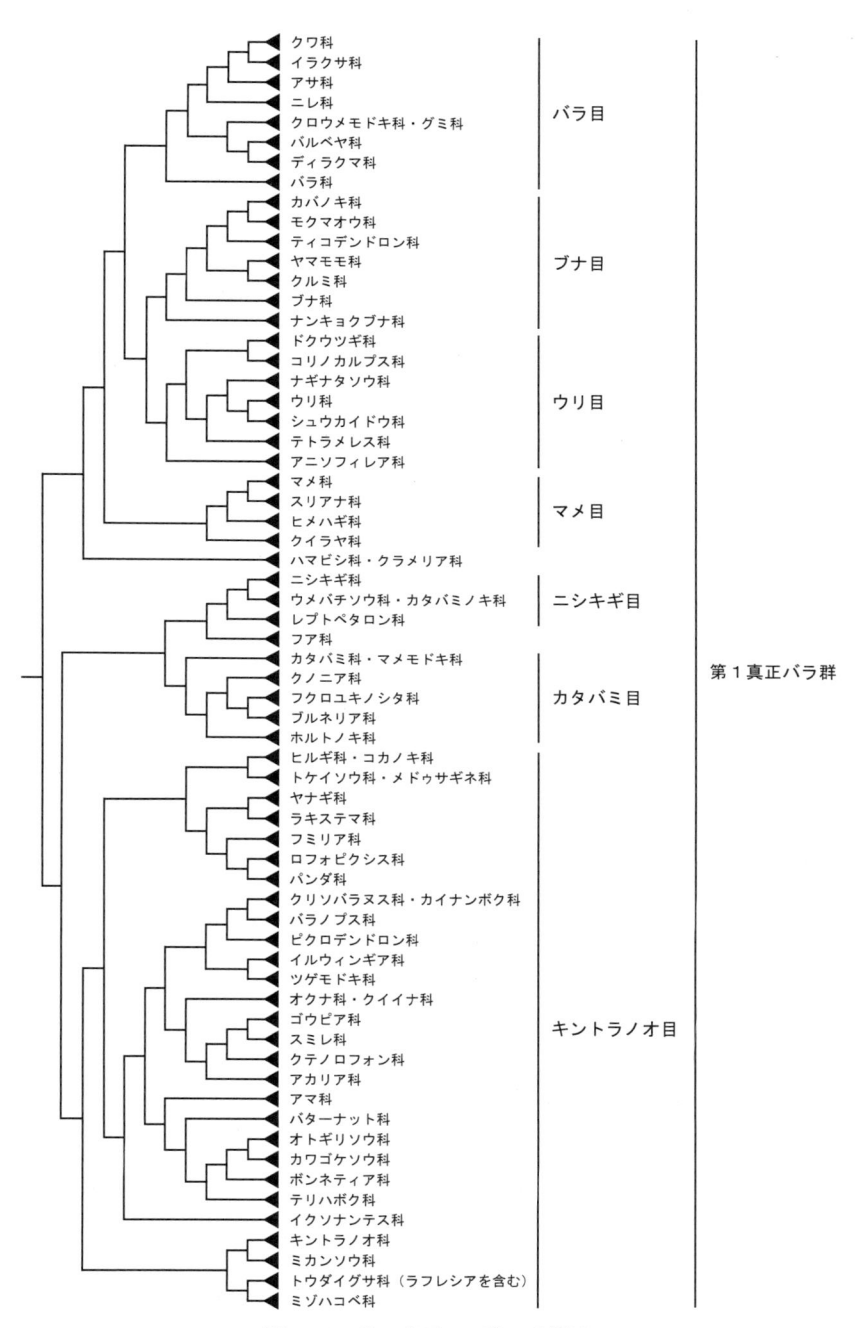

```
                    ┌─ クワ科           ┐
                  ┌─┤                   │
                ┌─┤  └─ イラクサ科      │
              ┌─┤ └──── アサ科          │
              │ └────── ニレ科          │
            ┌─┤ ┌────── クロウメモドキ科・グミ科  │ バラ目
            │ └─┤ ┌──── バルベヤ科      │
            │   └─┤                    │
            │     └──── ディラクマ科    │
          ┌─┤       ┌── バラ科          ┘
          │ │     ┌─── カバノキ科       ┐
          │ │   ┌─┤                    │
          │ │ ┌─┤ └─── モクマオウ科    │
          │ └─┤ │ ┌─── ティコデンドロン科 │ ブナ目
          │   │ └─┤                    │
          │   │   └─── ヤマモモ科      │
          │   │ ┌───── クルミ科        │
          │   └─┤                     │
          │     └───── ブナ科          │
          │   ┌─────── ナンキョクブナ科 ┘
          │ ┌─┤ ┌───── ドクウツギ科    ┐
          │ │ └─┤                     │
          │ │   └───── コリノカルプス科 │
        ┌─┤ │   ┌───── ナギナタソウ科  │ ウリ目
        │ │ └─┤ ┌───── ウリ科          │
        │ │   └─┤                     │
        │ │     │ ┌─── シュウカイドウ科 │
        │ │     └─┤                   │
        │ │       └─── テトラメレス科  │
        │ │   ┌─────── アニソフィレア科 ┘
        │ └─┤ ┌─────── マメ科          ┐
        │   │ │ ┌───── スリアナ科      │
        │   └─┤ │                     │ マメ目
        │     └─┤ ┌─── ヒメハギ科      │
        │       └─┤                   │
        │         └─── クイラヤ科      ┘
      ┌─┤         ┌─── ハマビシ科・クラメリア科
      │ │       ┌─┤ ┌─ ニシキギ科       ┐
      │ │     ┌─┤ └─┤                  │
      │ │   ┌─┤ │   └─ ウメバチソウ科・カタバミノキ科 │ ニシキギ目
      │ │   │ │ └──── レプトペタロン科  │
      │ │   │ └────── フア科            ┘
      │ └───┤ ┌────── カタバミ科・マメモドキ科 ┐
      │     │ │ ┌──── クノニア科         │
      │     └─┤ │ ┌── フクロユキノシタ科  │ カタバミ目
      │       └─┤ │                     │
      │         └─┤ ┌ ブルネリア科       │
      │           └─┤                   │
      │             └ ホルトノキ科       ┘
  ┌───┤       ┌───── ヒルギ科・コカノキ科         ┐
──┤   │     ┌─┤                                  │
  │   │   ┌─┤ └───── トケイソウ科・メドゥサギネ科 │
  │   │   │ │ ┌───── ヤナギ科                    │
  │   │   │ └─┤                                  │
  │   │ ┌─┤   └───── ラキステマ科                │
  │   │ │ │   ┌───── フミリア科                  │
  │   │ │ └───┤                                  │
  │   │ │     │ ┌─── ロフォピクシス科            │
  │   │ │     └─┤                                │
  │   │ │       └─── パンダ科                    │
  │   │ │     ┌───── クリソバラヌス科・カイナンボク科 │
  │   │ │   ┌─┤                                  │
  │   └─┤   │ └───── パラノプス科                │ キントラノオ目
  │     │ ┌─┤ ┌───── ピクロデンドロン科          │
  │     │ │ │ │ ┌─── イルウィンギア科            │
  │     │ │ └─┤                                  │
  │     │ │   └─┤                                │
  │     │ │     └─── ツゲモドキ科                │
  │     └─┤   ┌───── オクナ科・クイイナ科        │
  │       │ ┌─┤                                  │
  │       │ │ └───── ゴウピア科                  │
  │       │ │   ┌─── スミレ科                    │
  │       │ │ ┌─┤                                │
  │       │ │ │ └─── クテノロフォン科            │
  │       └─┤ └───── アカリア科                  │
  │         │   ┌─── アマ科                      │
  │         │ ┌─┤                                │
  │         │ │ └─── バターナット科              │
  │         │ │ ┌─── オトギリソウ科              │
  │         └─┤ │                                │
  │           │ │ ┌─ カワゴケソウ科              │
  │           └─┤ │                              │
  │             └─┤ ┌ ボンネティア科             │
  │               └─┤                            │
  │                 └ テリハボク科               │
  │                 ┌─ イクソナンテス科          │
  │               ┌─┤                            │
  │             ┌─┤ └─ キントラノオ科            │
  │             │ │ ┌── ミカンソウ科             │
  │             │ └─┤                            │
  │             │   └── トウダイグサ科（ラフレシアを含む）│
  └─────────────┤      ミゾハコベ科              ┘
```
                                                          第1真正バラ群

図 B.18　第1真正バラ群の系統図

事項索引

節・項の見出しとして立てられている語句には，英訳を付し，該当頁を太字とした．「　」は，書籍名である．

■和文索引

ア

アーツ＆クラフト運動　466
アーユルヴェーダ　474
アインスワース体系　284
アヴェリー（O. T. Avery）　241
青刈作物（soiling crops）**359**
アオコ　153
アガー　301
赤潮　153, 303
赤の女王仮説　259
赤松亡国論　383
アカンサス文様　466
秋草文様　466
アキネート　304
秋の七草　466
アクアポリン　11
アクチン　45, 170
アクチン繊維　36, 37
アクティブコレクション　399
アグリツーリズム　371
亜高木　121
浅間型（山）　445
亜酸化窒素　150
アジアの植物分布区系図　274
アジアモンスーン（地域）　98, 336
亜種（subspecies）　269
亜硝酸還元酵素　16
アセチル化（ヒストンの）　162
アセト乳酸合成酵素　410
暖かさの指数　380
圧縮化石　275, 276
圧流説　27, 213
アドニス園　429
アトリウム（緑化）　429–431
アニミズム　446
亜熱帯林　381
アブシジン酸　47, 48, 50
油かす　334
アフリカ　320
阿片　475
亜変種（subvariety）　269
アポガミー（apogamy）**64**
アポスポリー（apospory）**64**
アポプラスト（型ローディング）　27, 216
アボリジニ　442
アミノ酸配列　245, 251
雨　77, 95, 109

雨依存一年生植物　68
アメーバ（集合体）　293
あやめ池神社（奈良市）　446
アランブラ宮殿　429
アリ　139
アリ植物（myrmecophyte）**139**
アルヴァレス（W. Alvarez）　281
アルカリ土壌　69
アルカロイド　21, 368, 394, 475
アルギン酸　299
アルゴノートファミリー　54
アレロパシー　53, 114
アロマセラピー　372, 470
アンチセンス遺伝子　402
アンデス　340, 445
アントシアニン　21
アンモニア　28

イ

イエローストーン国立公園　481
硫黄代謝（sulfur metabolism）**20**
イオン輸送（ion transport）**33**
維管束　3, 185, 199, 308, 316
維管束植物（vascular plant）　143, 147, 191, 209, **310**
生きた化石　253, 313
イギリス風景式庭園　377
育種　334
　——の技術（breeding methods）**401**
　——の方法（breeding methods）　388, **392**
異形根（heterorhizic root）**217**
異型世代交代　180, 298
異型接合体　248
異形胞子　187, 224, 308
異形葉（heterophylly, heteroblasty）　93, **206**
生け花（ikebana）**471**, 476
憩い　481
移行タンパク質　178
維持呼吸　23, 24
維持コスト　84
異質細胞　303
異質倍数体　256
石積み　433
移住仮説　135
衣装（clothing）**466**
異所的種分化　255
「伊勢物語」　452

遺存固有　273
遺存種　273
イタリア・ルネサンスの庭園　377
一塩基多型　407
一次共生植物　167
一次共生生物　305
一次細胞内共生　297
一次遷移　86
一次代謝　14
一次ピットプラグ　174
一重項状態の酸素　72
一代交雑品種（F_1）　403
一代交配　393
一代雑種（品種）　61, 393
1倍体世代　158
一回繁殖型　128
一斉開花現象　129
遺伝（heredity）**239**, 255
遺伝構造　142
遺伝子（gene）　127, 143, 156, 184, **241**, 318, 390
　——のシャッフル　184
遺伝子型（genotype）**248**
遺伝子組換え　258, 324, 389, 410, 413
遺伝子組換え育種（gene recombinaton breeding）**409**
遺伝子組換え植物　409
遺伝子組換え品種　402
遺伝子資源　272, 437
遺伝子操作　55
遺伝子多様性　235
遺伝子突然変異（gene mutation）**245**, 265
遺伝子破壊系統　14
遺伝子発現（gene expression）**12**
　——の抑制　54, 55
遺伝子発現システム　169
遺伝子プール（gene pool）**247**, 249, 250, 252, 262
遺伝子プールの共有　260
遺伝情報（genetic information）**242**, 243
遺伝的組換え　59
遺伝的多様性　142, 247, 251, 331
遺伝的浮動　239, 251, 252, 255
遺伝的変異　59, 237, 261
イネゲノムプロジェクト　336
イネ栽培　333
イネの起源　332

事　項　索　引　　527

イネ馬鹿苗病菌　49
井伏鱒二　454
いも類（root and tuber crops）　322,
　　333, **340**, 344
癒し　476
衣類　477
陰イオンチャネル　42
イングリッシュ・ガーデン　455
陰樹　124
印象化石　275, 276
インターグラナ・チラコイド　167
イントロン　12
韻文学　452
隠蔽種（cryptic species）　**254**
インベントリー　272

ウ

ウイルス外被タンパク質　411
ウイルス誘発性遺伝子発現抑制　54
ウィンブルドン　430
浮世絵　451
ウスニン酸　291
内向き整流性　43
宇宙樹　443, 447
裏庭保全　432
運動細胞　43

エ

柄　192
えい（穎）　182
栄養　413
栄養器官　221, 340
栄養共生型　139
栄養細胞　194
栄養成長　222
栄養素　77
栄養体　299, 301
栄養繁殖　328, 330, 403
栄養繁殖性作物　389
栄養分裂組織　222
栄養胞子体（mitspore body）　**197**
栄養補助食品　369
エーテル　17
腋芽　203, 344
液胞（vacuole）　160, **166**
液胞経路　163
液胞膜　166
エクスパンシン　11
エコロジーパーク　432
エステル結合　19
エスパリアー　430
餌（food）（家畜の）　356
エゾアカネズミ　135
枝　91, 209
枝揃え　441
エタノール　324
エチレン　48, 49
エチレン受容体　51
江戸　451, 455
エネルギー革命　479
エネルギー収支　25

エネルギー消費量　23
エネルギー変換装置　34
エフェクター　33
エルニーニョ現象　97
延喜式　445
塩基配列（情報）　239, 242
園芸　436, 470
園芸作物　322, 323, 333
園芸植物　476
園芸福祉　473
園芸療法（horticultural therapy）　372,
　　473
園芸療法士　473
塩生植物　31
塩生地　91
エンド型キシログルカン転移酵素/加水
　　分解酵素　11, 172
エンドポリガラクツロナーゼ　172
エンボリズム　70, 86, 114

オ

おいしさ　323
大刈込み　376
オーキシン　48, 157, 179, 181, 208
オーキシン受容体　52
オーストラリア　442
オーストラリア植物区系界　112
オートファジー　166
屋上庭園　429
屋上緑化（roof planting）　**435**
　──の断面構造例　435
奥山　479
雄しべ→雄ずい
オゾン　152
お茶炭　479
雄花　128
お花畑（alpine meadow）　**107**
親いも　344
折口信夫　458
オルガネラ（organelle）　166, 167, **244**
オルガネラ・ゲノム　244
オルガネラ分化の柔軟性　165
音楽（music）　**456**
温室効果（greenhouse effect）　**150**
温室効果ガス　150, 421
温帯草原　103
温帯林　381
温度（temperature）　36, **56**, 77, 223
温度ストレス（temperature stress）　**71**
御柱祭　447

カ

科（family）　269
カーソン（R. L. Carson）　325
カーチス　439
ガーデニング　377
界（kingdom）　269
ガイア　305
外因外部環境（external environment）
　　56
絵画（picture）　443, **450**, 455

開花結実　117
開花調節　395
開花の季節的スケジュール　128
カイガラムシ　139
階級　268
塊茎　31
塊茎類　344
塊根　31
塊根類　344
開始コドン　242
概日時計　42
概日リズム（circadian rhythm）　47, **57**
灰色植物　167
外生菌根菌　216
外生胞子　304
回旋運動（circumnutation）　35, 40, **41**
海藻　296
階層構造（stratification）　**121**
階層性　236, 265, 266
外的一致モデル　57
回避　66
外部経済　385
開放花　60
蓋葉　205
外来種（alien species）　95, **146**, 478
外来生物法　146
カウロネマ　188
香り　372, 373
花芽　226
花外蜜　139
化学化石　277
科学技術基本法　381
化学的防御　136, 138
科学の大型化　485
化学肥料　333
化学物質　79, 138
花芽分裂組織　222
花卉　323, 333, 476
花卉園芸　436
核（nucleus）　37, **161**, 283
萼　228
架空園　429
核果類（stone fruits）　**351**
核酸　234
角種子　345
核小体　162
核相　65, 66
萼筒　350
核内の受容体　51
核分裂　8, 171
隔膜形成体　170
核膜孔　161
学名（scientific name）　266, **271**
攪乱　60, 77, 118, 124
攪乱依存種　83, 146
下降気流　109
仮根　215
花梗　226
果菜類（fruit vegetables）　343, **346**
火山活動　151
花糸　229

仮軸分枝　346
果実　79, 230, 347, 351
果樹　333, 355
果汁　349
花序（inflorescence）**226**
芽状突然変異　353
痂状地衣　177
花色変化　131
花序茎頂　226
加水分解酵素　32
かすがい連結　283, 288
一次遷移初期の窒素固定　115
カスパリー線（Casparian strip）**30**
ガス胞　304
花成（flowering）**222**
化石　275
化石燃料　95, 149
花托　346
花蕾球　345
花菜　343
家畜（domestic animal）**356**
家畜飼料　334
花柱　230
花鳥画　449, 451
楽器（musical instrument）**460**
学校ビオトープ　432
活性アルミニウム　69
褐藻類（brown algae, phaeophytes）**298**
活動電位　44
滑面小胞体　163
仮道管　211
狩野永納, 山雪, 山楽　455
花被（perianth, perigon）**228**
カビ（mold）**286**
カフェイン　368, 468
株型（イネ科草本）　357
花粉（pollen）　186, **187**, 189, 194, 229
――の運命　130
――の減価　130
花粉管（pollen tube）　63, 186, **189**, 317
花粉管ガイダンス　62, 189
花粉管競争　127
花粉管伸長　398
花粉媒介（者）　127, 129
花粉配給機構　130
壁掛けの植物　441
花弁　228
渦鞭植物　167
可変的無性生殖　59
果胞子体世代　180
花木　476
紙　321
カミ（神）　447
カムイワッカの滝　483
カラギーナン　301
唐草文様　466
カラザ　231
カリ　418
カリオガミー　63
夏緑樹林（summer green forest）**100**

芽鱗　205
カルヴィン-ベンソン回路　67, 83
カルス（callus）**181**
――からの器官分化　406
枯山水庭園　376
管楽器　460
柑橘類（citrus fruits）**353**
環境　3
環境・経済統合勘定（体系）　385
環境経済学　385
環境資源（environment resources of forest）　385
環境引き金仮説　135
環境変動　281
環境保全　478
環境保全型農業　325, 414, 415
環境保全林　99
環境問題　105
環孔材　117
感光性　396
関西空港ターミナルビル　431
幹細胞　201, 216
干渉　54
管状中心柱　210
管状要素　211, 212
乾性沈着　151
乾性油　367
乾生林　104
間接的非市場評価法　385
感染　32
乾燥　110
乾燥重量　81
寒地型（牧草）　358
寒天　301
眼点　303
間土施肥法　419
神奈備型（山）　445
干ばつ　361
カンブリア大爆発　263
漢方（医学）　369, 474
漢方薬　323
観葉植物（ornamental plants）**375**

キ

木（tree）　**214**, 381（→樹木）
キアズマ　10
キイロショウジョウバエ　241, 254
器官分化　405
偽菌類（pseudofungi）**293**
菊炭　479
菊の節供　464
キク文様　465
偽茎　345
気孔　3, 4, 36, 42, 85
気孔開口（stomata opening）**42**
気孔コンダクタンス　85
気候変動　147, 148
偽殻類　338
気根　26, 217
偽根　178
基準標本　271

キシログルカン　172
寄生（mycoheterotrophy）　**87**, 264
寄生菌　478
寄生植物　87
寄生根　87
季節感　462
季節的なギャップ　123
季節変化　57
季節林　78
キセニア現象　352
基礎振動　58
基礎代謝（basal metabolism）**23**
気中葉　206
基底小体　171
キネシン　45
機能型　89
機能グループ　89
きのこ資源（mashroom resouces of forest）**384**
黄表紙　453
基部細胞　201
偽変形体　293
基本組織　209
基本ニッチ　115
キメラ遺伝子　402
逆位　246
逆7・5・3計画　397
ギャップ（gap）**123**
休閑期　333
球茎類　344
球根　374
キュー植物園（イギリス）　448, 480
吸水（water absorption）　**29**, 70
牛肉生産のエネルギー効率　335
旧熱帯植物区系界　112
休眠　66
休眠胞子　297
休眠芽　88
旧暦　462
強光阻害（high light inhibition, photoinhibition）**72**
強光反応　39
凝集的種概念　260
共食　447
共進化　136, 139
共生（細胞内共生）（symbiosis）**264**
共生関係　139
共生系　139
共生生物　177
共生体　291
共生藻　296
競争（competition）　77, 111, **114**
競争種　146
共存（coexistence）　111, **113**
京都議定書　151
京都御所　429
恐竜　281
極核　192
局所個体群　142
極性　159
極性軸　179

事項索引

極相 118
巨大ミトコンドリア 196
キリスト教思想 236
切り花 476
ギルガメッシュ叙事詩 427
禁花 472
近交弱勢 132, 142
菌根（mycorrhiza） 87, 282, 288
菌糸 283
菌糸体 283
菌類（fungi） **282**
菌類化石 284
菌類ゲノム解析 285
菌類分子系統分類学 283

ク

空間逃避仮説 135
偶然 239
クエン酸 353
茎（stem） 40, 76, 82, 114, 186, 199, **209**
区系界 111
草 214
草双紙 453
果物（fruit） **347**
果物的果菜類 341, 346
朽ち木 433
クチクラ蒸散 70
クチクラ（層） 32, 185
クチン 307
屈光性 180（→光屈性）
屈性 35
屈性運動 43
屈地性 180
組合せ能力 389
組換え 10
グライダー 464
クライン 261, 262
クラウンゴール 183
暮らしの中の植物（plants in life） **462**
グラナ 167
グリーンGDP 385
グリオキシソーム 164
クリスタル・パレス 465
クリステ 169
グリセリン溶液 471
グリセロ脂質の生合成 17
クリック（F. H. C. Crick） 239, 242
クリプトコックス 290
クリプトデンプン粒 167
グル 20
グルコース 18
グルコース当量 84
グルタチオン 20
グルタミン（酸）合成酵素 16
クローン（clone） **403**, 485
クローン増殖（技術） 403, 406
クローン羊 485
クロマチン（構造） 63, 161
「黒百合」 453
クロロネマ 188
クロロホルム 17

軍拡競走 80, 136
群体（colony） 176
群落（植物の）（colony） 95, **103**

ケ

毛（hair, pilus） 136, **207**
珪化木 276
景観 143, 442
　──の保全 361
形原 158
頸溝細胞 192
茎菜 343
形質 307
形質転換（技術） 241, 401
芸術（arts） 439, **449**
傾性 35, 41
傾性運動 43
形成層（cambium） 4, **210**
　単面性の── 214
形態 157, 252
形態学的種概念 260
形態分類群 275
茎頂分裂組織（shoot apical meristem） **201**, 203, 222, 404
系統（phylogeny） **265**, 268, 279
系統学的種概念 260
系統樹構築法 270
系統選抜法 388
系統発生 200, 236
頸部 192
茎葉植物 191
茎葉飼料 356
茎葉体（cormus） 190, **191**
ゲーテ（J. W. von Goethe） 228
ケープ植物区系界 112
楔葉 312
結球野菜 345
ケノサイト 296
ゲノム（genome） 235, **243**, 244, 394
　──の健康 59
ゲノム解析 13
ゲノムサイズ 243
ゲノム創薬（genomic creation of medicines） **412**
ゲノム・プロジェクト 240, 243
ゲルマン族 443
限界日長 395
幻覚 288
原核細胞 159
原核生物（procaryote, prokaryote） **292**
顕花植物 229, 230
弦楽器 460
堅果類（nut fruits） **352**
原形質 159
原形質糸 36
原形質流動（cytoplasmic streaming） 37, **38**
　──の分子機構 38
原形質連絡（protoplasmic movement） 173, **178**
健康食品 369

原糸体（protonema） **188**
「源氏物語」 452
減少種 360
原植物 167
減数分裂（meiosis） 7, 9, **10**, 59, 159, 180, 184, 194, 229
現生群 306
原生中心柱 209

コ

小石川植物園 438, 480
小泉丹 236
子いも 344
綱（class） 269
公益的機能 381
公園（park） **378**
好オスミウム顆粒 167
鉱化化石 275, 276
好気呼吸（aerobic respiration） 26, 169
光屈性（phototropism） 35, 36, **56**
工芸作物 322, 363-365
高茎草地 433
光合成（photosynthesis） 2, 18, 19, 23, 26, **83**
光合成速度 81
光合成能力 83
交叉 9
交雑（雑種形成）（hybridization） **259**, 373
高山草原 103
甲子園球場 430
光周期 222, 223
光周性（photoperiodism） 3, 47, **57**
高出葉 205
向上進化 256
紅色植物 167
更新戦略（regeneraiton strategy） **125**
香辛つま物類 342
香辛野菜 341, 345
香辛料 341, 369, 468, 469, 475
香辛料作物 364
恒水植物 70
構成呼吸 23
構成コスト 84
合生心皮 230
紅藻（red algae, rhodphytes） **301**
高層湿原 103
紅藻デンプン 301
耕地 321
紅茶 368
合点 231
高等植物 32
交配 76
交配育種 324
孔辺細胞 36, 42
酵母（yeast） **289**
高木 76, 95, 121
　──の生育限界 379
高木サバンナ 104
護頴 205
コーカサス地方 348

事 項 索 引

コーディックス委員会　416
コーヒー　468
コーヒー・カンタータ　468
ゴール（gall）　**182**
コカイン　475
小型化石　276
小型地上植物　91
呼吸（resipiration）　26, **84**
「古今和歌集」　457
国際イネ研究所　336, 413
国際自然保護連合　144
国際植物命名規約　271, 275
国際生物学事業計画　379
国定公園　481
国民休暇村　482
穀物農業　328
国立公園　481
穀類　322, 333, 341, 476
　──の分類　338
国連ミレニアム宣言　385
コケ植物（bryophytes, moss and liverwort）　308, **309**
ココア　467
心　437, 442
コサプレッション　54
「古事記」　444
コショウ　440
古生代　278
五節供（五節句）　462
古代エジプト　465
個体群　142, 143, 262
個体発生　200
個体変異　235
五単糖リン酸系　16
固着　215
固着生活　76
国家祭祀　444
小粒穀類　338
古土壌化石　277
子どもの遊び　459
ゴニジア　291
ゴム料作物　322, 365
固有種（endemic species）　**273**
コリント様式　466
ゴルジ体（Golgi body）　159, **162**
コルヒチン　394
コレンス（C. E. Correns）　239, 257, 390
コロンブス（C. Colombo）　440, 467
根圧　29
根冠　215, 216
根系ギャップ　123
根茎類　344
混合栄養　296
混合農業　359
根栽農耕　328, 330
根菜類（root vegetables）　343, **344**, 475
混生プレーリー　104
根端分裂組織（root apical meristem）　**216**
昆虫　53, 136
コンドル（Josiah Conder）　471

コンパートメント　13
コンポスト　418
根毛　207, 208, 215
根粒　86
根粒菌　183, 216, 264
根粒バクテリア　124

サ

「最後の一葉」　426
歳時記　452
採草地　105
採草利用　357
サイトカイニン　48, 50, 52, 181, 412
栽培　437
栽培化（野生植物の）（domestication of wild plants）　327, **329**, 387
栽培種　329
栽培植物（cultivated plants）　322, **326**, 327
　──の起源（origin）　**326**, 330
　──の伝播（dissemination）　**326**, 331
栽培品種　441
サイブリッド　405
細胞（cell）　**159**
　──の機能（cellular function）　**6**
　──の伸長（elongation of cell）　**11**
　──の生殖（reproduction in cellular level）　**59**
細胞極性（cell polarity）　**179**
細胞骨格（cytoskeleton）　35, **45**, 170
細胞質遺伝　244
細胞質雑種　405
細胞質分裂　8
細胞質雄性不稔　393
細胞質流動　37
細胞周期　8, 170
細胞小器官　156, 157, 160
細胞内運動　24
細胞内共生（endosymbiosis）　167, 194, **264**, 297
細胞内膜系　163
細胞内輸送　162
細胞板　4
細胞分裂　235
細胞壁（cell wall）　3, 11, 18, 160, **172**
　──の「ゆるみ」　11
細胞壁超分子　11
細胞膜 H^+-ATPase　42
細胞融合（cell fusion）　**404**, 405
細胞融合法　401
菜類　343
萌　197, 309
「作庭記」　428
萌柄　191, 197, 309
作物　331, 387
　──の品質（crop quality）　413
作物育種　387
作物育種計画　388
搾油　339
「さくらさくら」　457
酒（類）　475

挿し木　403
雑穀類（millets）　**338**
雑種　146, 401
雑種強勢　389
雑種形成　259
雑草　2
雑草防除　417
砂糖　363
里地　479
里山（satoyama）　102, 380, **479**
砂漠（desert）　104, **109**
砂漠化　105
砂漠化防止緑化　434
サバチエ（Savatier）　272
サバンナ　103
サプレッサー　33
サリチル酸　50
サンガー（F. Sanger）　239
山岳信仰（mountain worship）　**445**
産業革命　148, 149, 323, 443
散孔材　117
山菜　341
三次共生植物　167
山水画　449
酸性雨（acid rain）　**151**, 153
酸素　26
残存種　273
三大穀類　323, 336
三内丸山遺跡　444
3倍体　394
散布　76
散布者誘引仮説　134
散文学　452
三圃式農法　333

シ

シーボルト（D. F. B. Siebold）　272, 439, 440
ジーンサイレンシング　54
ジーンバンク（gene bank）　**399**
シェークスピア（W. Shakespeare）　457
シェード　395
ジェネート　91
雌花　128
雌花雄花同株　346
視覚　371
自花受粉　229
自家受精（self fertilization）　60, **398**
自家不和合性（self-incompatibility）　**61**, 132, 189, **398**
篩管（師管）　27, 93, 213
時間的ニッチ分割　113
篩管要素　213
色素体（plastid）　160, **167**
色素体核様体　167
色素体構造　168
色素体包膜　167
時期特異性　31
「詩経」　448
軸糸　171
始現型　234

始原細胞　216
資源植物　438
資源探索器官　91
資源適合仮説　135
嗜好　323
指向性仮説　135
嗜好品（favorite foods）　**467**, 475
嗜好料作物（recreation crops）　322, 363
　　-365, **368**
自己再生産　234, 235
自己散布　134
自己複製能　201
資材利用効率　417
支持組織　310
脂質　17, 31
子実　337, 396
子実体（きのこ）　288
脂質代謝（lipid metabolism）　**17**
寺社仏閣　450
刺繍花壇　428
示準化石（indicator fossil）　**278**
市場外経済　385
糸状菌　286
糸状体　176
市場の失敗　381
自殖回避機構　132
自殖型解放花　128
自殖弱勢　61
自殖性作物　387, 388
自殖率　132
四神相応　428
雌ずい（pistil）　189, 203, **230**
システイン　20
シスト　297
シス面　162
雌性生殖器官　192
雌性先熟　229
自然遺産　483
自然環境保全　482
史前帰化植物　331
自然景観の保護　482
自然公園（natural park）　**481**
自然史（natural history）　**484**
自然主義　454
自然選択（natural selection）（説）　239,
　　250
「自然の体系」　268
自然分類　268
持続可能な森林　386
持続的栽培　415
持続的利用　141
シダ（pteridophytes, fern）（植物）　96,
　　225, 308, 310, **311**
支柱根　217
シックビル症候群　431
湿原（swamp, marsh）　**106**
実現ニッチ　115
膝根　218
湿性沈着　151
質的形質　388
質的防御　138

湿度（humidity）　56
室内緑化　430
自動的自家受粉　129
シナプトネマ構造　10
子嚢　287
子嚢胞子　287
シノビウム　177
芝型（イネ科草本）　357
芝草　372
シバ草地　105, 360
篩板　213
篩部（師部）（phloem）　27, 209, 210, **213**,
　　216
渋皮　352
渋抜き　355
ジベレリン　15, 48, 49, 52
脂肪　339
子房　186, 230, 351
子房下位　230, 346
脂肪酸不飽和化酵素　71
子房周位　230
子房上位　230, 346
子房中位　230
縞枯現象　101
縞状鉄鉱層　147
絞め殺し植物　93
シャーマン　443
弱光反応　39
尺八　460
ジャケット細胞　192
ジャスモン酸　48, 50
借景　376
シャニダール洞窟　424, 442
斜面緑化　434
種（species）　143, 269
　　──の多様性　113, 143, 235, 237, 265
　　──の保全　143
　　──の保存法　145
雌雄異株　128, 133, 398
雌雄異熟　132, 398
住居　477
集合反応　39
柔菜　343
集散花序　226
ジュース　349
集団　262
集団育種法　388
集団遺伝学　249
シュート　205, 209
雌雄同株　133, 398
周乳　199
重複受精（double fertilization）　**62**, 195,
　　315
就眠運動（nyctinastic movement）　36,
　　41, 43
雌雄離熟　132
収量（crop yield）　**413**
収斂進化　293
種概念（species concept）　**260**
樹冠　433
種間競争　114

宿生特異的毒素　53
種形成（diversification of plant）　**255**
珠孔　231
受光器官　91
種子（seed, semina）　31, 76, 199, 221,
　　230, **232**
種子散布（semination）　79, 117, **134**
種子散布者　317
種子春化型　345
種子植物（seed plant）　41, 186, 203, 222,
　　225, 231, 232, 308, **312**
種子戦争　440
種子貯蔵施設　399
種子発芽（seed germination）　**15**
種小名　271
樹状地衣　177
主食　476
珠心　186
受精　180, 231
受精前（1後）障壁　259
受精卵　63, 179
　　──の成長　307
種絶滅　247
出芽　289
主働遺伝子　388
種内競争　114
珠皮（integument）　186, **231**
樹皮　31
受粉　229, 230
種分化　253, 254
須弥山　445
シュメール　465
樹木（tree）　91, 381
　　──の寿命　117
受容体型キナーゼ　51, 62
狩猟文土器　449
樹齢　5
春化（型）　223, 345
順化　83
「春夏花鳥図屏風」　455
春化要求度　396
循環選抜法　389
純系（pure line selection）　**392**
純系分離　392
順次開花　130
純粋早晩性　396
純生産　85
純同化速度　81
順応的管理　432
春播性遺伝子　396
子葉（cotyledon）　**202**, 316, 317
上位階級　269
上界（domain）　269
生涯学習支援　481
漿果類　346
蒸散（transpiration）　**29**, 70, 85
硝酸還元酵素　16
上巳　463
ショウジョウバエ　254
小生子　290
沼沢湿原　106

小托葉　204
象徴　443, 447
小葉　311
菖蒲の節句　463
小胞子　186, 224
小胞子嚢　186, 229
小胞子葉　227, 229
小胞体（endoplasmic reticulum: ER）　159, **163**, 164
小胞体由来コンパートメント　164
情報伝達　13, 437
小胞輸送モデル　163
生薬　369, 474
照葉樹林（laurel forest）　**98**, 99, 446, 480
照葉樹林文化（laurel forest culture）　480
常緑広葉樹　98, 480
常緑針葉樹　115
植食者　136
植生　78, 95
食生活　335
植生区分　149
植生遷移　118
植物
　　——と衣装（clothing）　466
　　——と絵画（picture）　450
　　——と芸術（arts）　449
　　——とこころ（mind）　442
　　——と森林（forest）　379
　　——と住まい（life enviroment）　427
　　——とデザイン（design）　464
　　——と童謡（children's song）　459
　　——と日本散文学（Japanese literary writings）　452
　　——と人（people）　476
　　——と文学（literature）　448, 450
　　——と祭（festival）　447
　　——と民謡（folksong）　458
　　——にしたしむ（plants for favorite）　436
　　——の運動（movement）　2, **36**
　　——の光周性　395
　　——の性（sex）　**133**
　　——の生活形（life form）　**88**
　　——の生活史　6
　　——の成長（growth）　**81**
植物-内生菌共生系　140
植物-微生物相互作用　25
植物遺体　275, 276
植物園（botanical garden）　448, **480**
植物界　305
植物化石（plant fossil）　**275**
植物区系界　274
植物群集　111
植物現存量　320
植物細胞　160
植物図譜　439
植物性プランクトン　153
植物相（flora）　267, **272**
植物地理（phytogeography, plant geography）　267, **274**

植物地理区　111
植物の防御（defense）　**136**
植物の保全（conservation）　**141**
植物ナチュラルプロダクト　21
植物分布　148
植物変形論　228
植物ホルモン　36, 48, 181
　　——の化学構造　49
植物免疫（plant immunity）　**32**
食胞膜　167
食物連鎖　150, 433
食用作物　322, 333, 335, 340
食糧（food）　333, 476
植林　149
助細胞　63, 192, 195
除草剤抵抗性（herbicide tolerance）　402, **410**
除草剤抵抗性作物　410
除雄　392
ショ糖→スクロース
白樺派　454
白神山地　483
飼料植物　322, 335, 356
飼料草類　356, 358
飼料木（fodder trees）　356, **361**
知床半島　483
「知床旅情」　456
新亜界（Dikarya）　284
人為的撹乱　360
進化　96, 236, 250, 252, 255
　　——の道筋　268
進化学的種概念　260
真核細胞　159, 264
　　——の共生説　160
真核生物　54, 258
　　——の八巨大系統群　294
真核生物モデル　282
真核微生物　282
仁果類（pome fruits）　**350**
真眼点植物　167
シンク　27, 178, 214, 413
人工交配（artificial crossing）　**392**
人工種子　403
人工林　381, 383
新固有　273
新作物開発　324
心皮　230, 231, 315
神事　430
人日　462
神社　446
真正双子葉類　315, 317
真正中心柱　210
神代桜　5
薪炭（材）　102, 477, 479
薪炭生産　321
薪炭林　102
シンテローム　225
寝殿造り　428
浸透交雑　331
心止り型　346
新熱帯植物区系界　112

真の菌類の高次分類大系　283
靱皮繊維　366
シンプラスト（型ローディング）　27, 30, 216
針葉樹林（coniferous forest）　**101**
侵略的外来種　146, 432
森林（forest）　76, **95**, 152, 379
　　——の多面的機能（multi-funtion of forest）　**386**
　　——の動態（movement）　**117**
　　——の分布　379
　　——の役割　320
森林・林業基本法　381
森林限界　95
森林浴　372
神話　444

ス

水質汚濁（water contaminant, water pollutant）　**152**
水蒸気　150
水生異型葉植物　206
髄層　178
水中葉　206
垂直感染　140
垂直分布　274
水田　333
水分の利用（moisture）　**85**
水分屈性　56
水平感染　140
水平分布　274
スイレン文様　465
スギ花粉　413
スギ-ブナ混交林　112
スクロース　17, 18, 31, 34
スコットランド民謡　459
ススキ草地　105
スティグマリア　219
ステップ　103
ステップの回廊　103
ストレス（stress）　**66**, 77
ストレス要因　66
ストレプト植物　306
ストロマ　167
ストロン　340
スパイス（spices）　**468**
スベリン　30
スポロポレニン　307
住まい（life enviroment）　**427**
諏訪大社　447

セ

性（植物の）（sex）　**133**, **258**
生育形　89
生花　470
精核　186
性型　133
生活環　31, 142
　　陸上生物の——　89
　　ラウンケルの——　88, 90
生活形　77, 88

——の分類　90
生活形スペクトル　88, 89
生活史　117, 128, 158, 187, 298
生活排水　152
制限酵素断片長多型　406
生合成経路　21
精細胞（androcyte, sperm cell）　62, **194**
精子（sperm）　184, **194**
静止中心　217
成熟胞子　187
聖書　448
生殖　59, 220
生殖隔離　189
生殖細胞　159, 248
生殖成長　222
生殖的隔離　259
生殖分裂組織　222
生殖胞子体（reproduction and sporophyte）　**220**
精神世界　442, 445
生息域内保存　400
生存競争　250
生態学　262
生態系　141, 143, 150, 416
生態的多様性　236
生態的地位　115, 263, 305
生体膜　33
成長　7, 35, 81
成長呼吸　23
成長呼吸係数　24
成長点　404
性転換　134
性淘汰　127
性配分理論　133
性表現　134
性フェロモン　299
静物画　448
生物界の系統推定樹　267
生物学的種概念　259, 260
生物散布　134
生物資源　379
生物情報学　270
生物進化　237
生物多様性（biodiversity）　141, **143**, 308, 361, 481
生物多様性条約　141, 146
生物的防御　136
生物時計（biological clock）　**58**
生物の5界　268
生物の系統概念図　265
生命の起源（origin of life）　**279**
生命倫理（bioethics）　**485**
西洋庭園（Western garden）　**377**
生卵器　192
生理活性物質（physiologically active substances）　46, **53**
生理的統合　91
セーター植物　207
世界自然遺産（World Natural Heritage）　**483**
世界自然保護連盟　483

石炭　96, 147
赤道　97
世代　187
世代交代（alternation of generation）　**180**, 197
世代促進（法）　389, 392
節日　462
節供　462
接合　180
接合子　185
接合胞子　286
接触施肥　419
絶対共生系　264
絶対年代　278
切断　246
雪田　107
絶滅　144
絶滅確率　145
絶滅危惧　142, 144, 480
絶滅危惧植物（red data plants, endangered species of plant）　**144**
施肥窒素　419
施肥法　419
セルロース　3
セルロース合成酵素　172
セルロース微繊維　11, 45, 170
遷移（succession）　**124**
——の極相　360
前維管束植物　198, 310
繊維作物（fiber crops）　322, 363-365, **366**
前期前微小管束　4, 37（→分裂準備帯）
前菌糸体　290
前形成層（procambium）　**210**
纖形装置　195
前栽　429
前出葉　205
染色体　162, 241, 248, 407
染色体突然変異（chromosomal mutation）　**246**, 265
全身性誘導防御　138
選択的交配　257
選択的消失　244
先端成長　188
セントラルドグマ　234, 235, 279
センニンコク　338
全能性（totipotency）　**63**
千利休　472
全北植物区系界　111
繊毛　171
前葉体（prothallium, prothallus）　66, 185, **190**
前裸子植物　221, 312, 314
染料作物　322, 364

ソ

槽　162
瘦果　345, 346
増加種　360
相観解析　276
雑木林（coppice）　99, **102**

草原（grassland）　102, 103, **105**
走光性　303
総合設計制度　435
総合防除　417
相互被陰　82
双子葉　202
双子葉植物（dicot, dicotyledon）　210, **317**
草食家畜　356
造精器　186, 192
総生産　85
槽成熟モデル　163
相対成長速度　81
相対年代　278
層板構造　162
早晩性（flowering earliness）　**366**, 396
送粉（pollination）　76, 78, **129**
送粉者　317
送粉戦略　130
層別刈り取り法　121
総房花序　226
草本（herb）　76, **91**, 316
造卵器（archegonium）　186, **192**, 307
造卵器植物　192, 307
相利関係　80, 139
藻類（algae）　**296**, 305, 307
——の系統　297
藻類層　177
ソース　27, 214, 413
ソース組織　178
ソーラス　225
属（genus）　269
側系統群　306, 317
側生器官　203
側方抑制　208
属名　271
蔬菜　341, 476
組織繊維　366
組織特異性　31
組織の伸長（elongation of tissue）　**11**
組織培養（tissue culture）　**405**
粗飼料　322
側根　316
ソマクローナル変異　405
粗面小胞体　163, 167
粗面小胞体膜　167
ソレノシスト　297

タ

ダーウィン（C. R. Darwin）　40, 56, 88, 239, 250, 279
ダーウィンの仮説　41
ダーウィン・フィンチ　263
第一次生産　85
耐陰性　91
大気　26, 119, 147
体細胞　159
体細胞雑種　401, 405
体細胞胚　404
体細胞分裂（somatic cell division）　7, 8, 9, 159

代謝　13, 14
代謝回転　24
代謝間のクロストーク機構　13
大嘗祭　444
体制　7
耐性　66
体積　81
大絶滅（extinction event, mass extinction）**281**
ダイナミンリング　167
台風　99
タイプ標本　271
タイプ法　271
大胞子　186, 224
大胞子嚢　186, 232
大胞子葉　227, 230
大麻　475
大葉　203, 311, 312
太陽エネルギー　2
大洋島　263
対立遺伝子　248–250
対立形質　248
大量絶滅　263
多回繁殖型　128
多核体（coenocyte）　173, **175**
多核嚢状体　296
他家受精（cross fertilizationtion）**398**
打楽器　460
托葉（stipule）**204**
他家受粉　60
竹の節供　463
多細胞性茎頂　156
多細胞性配偶体　184
多細胞生物　157, 159, 180
多細胞体（multicelluar body）**173**
多収（high yielding ability）**397**
多収性品種　334
他殖型開放花　128
他殖性作物　387, 388
多心皮　230
多精拒否　189
多雪地　100
多層構造体　300
脱分化　181
棚田　479
七夕　463
種　143（→種子）
タペート組織　229
多胞子嚢植物　198
多様性（biodiversity）　61, 97, **239**, 305
単為結果　346
単塩基多型　412
短花柱花　132
短茎プレーリー　104
探検　438
端午の節供　463
「炭坑節」　457
担根体（rhizophore）**219**
単細胞性茎頂　156
単細胞生物　159
単細胞体（unicelluar body）**173**

担子器　288
短日植物　395
短日処理　395
担子胞子　288
単純反復配列　406
単子葉　202
単子葉植物（monocotyledon, monocot）209, **316**
単性花　128
炭素　92
炭素循環（carbon cycle）**149**, 152
炭素代謝（carbon metabolism）**18**
暖帯林　381
暖地型（飼料草類）　358
タンニン料作物　364
タンパク質　31, 51, 334, 337, 362, 412
　　──のリン酸化　19
短命植物　68
単面性の形成層　214
単面葉　316
単離小胞子培養　408
単離卵細胞　196

チ

地域個体群　142
地域集団（local population）**262**
地域循環型農業（regional cycling farming）**417**
地衣成分　178, 291
地衣体（lichen body）**177**, 282, 288
地衣類（lichen）**291**
チェルマック（E. von S. Tchermak）239, 390
遅延的自家受粉　132
地下茎　93, 311, 340, 345
地球温暖化（global warming）　96, 141, **150**, 420, 478
地球環境（global environment）**147**, 386
地球環境問題　414
地球規模生物多様性情報機構　270
地球サミット　385
地球生命圏　305
地球のエネルギー収支　151
畜産　333
畜産物　356
逐次進化　137
治山砂防緑化　434
稚樹　125
地上植物　90
地中海性気候　98
地中植物　90
窒素（nitrogen）　86, 418
窒素回収　86
窒素固定（nitrogen fixation）**28**
窒素固定細菌　86
窒素固定植物　115
窒素代謝（nitrogen metabolism）**16**
窒素飽和　152
知的活動　437, 476

地表植物　90
チボダス植物園　440
茶の湯　472
茶花（chabana）**472**
チャンネル　34
中医学　474
中央細胞　195
中型化石　276
中間温帯　100
中間温帯林　381
中規模攪乱仮説　123
中古文学　452
中心細胞　195
中心束　191
中心柱（central cylinder, stele）**209**
抽水植物　92
中生代　278
柱頭　189, 229, 230
中立説（neutral theory）**251**
中肋　191
チュンベリー（C. P. Thunberg）　272, 440
チョウ　136
長花柱花　132
頂芽優勢　91
長距離花成シグナル　223
長茎プレーリー　104
長日植物　223
長日肥大性　344
調節機構（regulatory system）**46**
頂端細胞　190, 201
頂端成長　283
頂端分裂組織　215
超低温保存　399
鳥媒　317
調味料　475
重陽　463
鳥類　79
直根類　344
直接的非市場評価法　385
直立型（飼料草類）　357
チョコレート　467
貯食　99
貯蔵液胞　163
貯蔵脂質　17
貯蔵デンプンの分解　15
貯蔵物質（reserve substance）**31**
　　──の分解（storage decomposition）15
貯蔵利用　357
チラコイド　167
地理的変異　261, 327
鎮守の森（forest in shrine, chinju no mori）**446**
沈水植物　92
沈水葉　92

ツ

通導　198, 199, 310
ツッカリーニ（J. G. von Zuccarini）272

「椿姫」 457
壺 429
坪庭 429
つる植物（liana） **93**
「徒然草」 453
ツンドラ（tundra） **108**

テ

庭園 428
庭園作物 322
低温 223
低温馴化 47
低茎草地 433
抵抗芽 214
抵抗性品種 411
定住生活 333
低出葉 205
定数定型群体 177
泥炭 106
泥炭湿原 106
低投入持続型農業 325, 333, 417, 415
低分子 RNA（small RNA） **54**
低分子量タンパク質 61
低木サバンナ 104
低木層 100
テーラーメード医療 412
デール・エル・バハリの祭殿 428
デオキシリボ核酸 235
適応進化 239
適応度 133, 142
適応放散（adaptive radiation） 253, **263**
デザイン（design） **464**
デスモチューブル 178
鉄硫黄センター 72
テリオスポア 290
テルペノイド 21
テロメア 198, 221
電位依存性の K$^+$ チャネル 43
電気化学ポテンシャル（勾配） 24, 33
電気融合 196
点源 152
転座 246
転写 12
転写・翻訳モデル 58
転写後遺伝子抑制 54
転写抑制 54
天敵 136
伝統医学 474
転頭運動 35, 36
電灯照明 395
伝統薬（traditional medicine） **474**
天然化合物 21
天然林 381
テンプルトン（Templeton） 260
デンプン 18, 31, 340, 354
転流（translocation） 24, **27**, 413

ト

ドイツ 443
同花受粉 130
道管（導管） 3, 29, 70, 86, 87, 93, 117, 211
「同期の桜」 457
東京大学植物園（小石川植物園） 438
洞窟画 449
同型世代交代 180, 298
同型接合体 248
同型配偶子生物 244
同形胞子 187, 224, 308
統合説 255
「唐詩選」 448
同質倍数体 256
頭状体 178
桃色果 346
同所的種分化 256
逃避-多様化仮説 137
逃避反応 39
動物媒 78
動物媒植物 129
童謡（children's song） **459**
糖料作物 322, 364, 365
遠縁交雑（crossing between distant genotypic relations） **404**
トーテムポール 444
土器文様 449
毒 136
特定外来生物 432
篤農家 324
特別保護地域 482
特用林産物 384
独立の法則 258, 390, 391
刺 80, 136
時計遺伝子 58
都市（urban area） 151, **378**, 435
都市化 99
都市公園法 378
土壌 69, 150
土壌・水質保全地区 415
土壌栄養塩 122, 123
土壌攪乱 125
土壌侵食防止 418
土壌問題（soil problem） **69**
突然変異 239, 245, 246, 250
突然変異体 256, 329
ドットブロット SNP 法 407
都道府県立自然公園 481
ド・フリース（H. De Vries） 239, 257, 390
トノプラス 166
トライコーム（trichome） **207**, 208
ドライフラワー（dried flowers） **470**
ドラム 460
トランスジェニック植物 409
トランスポーター 34
トランス面 162
トランプタワー 430
トランペット型細胞糸 297, 298
ドリー 485
トリプレット暗号 242
トレードオフ（trade-off） 83, 112-114, **116**
ドングリ 135

ナ

内因ホルモン（endogenous hormone） 48, **49**
内鞘 215
内生菌（endophytic fungi） **140**
内生菌根菌 216
内生胞子 304
内乳 186, 199
内皮 30, 209, 215
中尾佐助 480
中庭 429
抛入 472, 472
和む（nagomu, healing） **371**
夏目漱石 454
七草（の節供） 450, 462
ナノ化石 277
ナノプランクトン 303
生薬 343
ナミブ砂漠 110
軟 X 線照射花粉 394
なんばパークス 435

ニ

2 核相 283
二価染色体 10
二型花柱性 132
2 型葉性 206
ニコチン 368
二酸化炭素 2, 92, 150, 420
二次共生植物 167
二次共生生物 305
二次細胞内共生 297
二次篩部 210
二次成長 209
二次遷移 87, 112, 124
二次代謝 14
二次代謝産物（secondary metabolite） **21**
二次代謝生合成系 22
二次代謝物 138
二次林（ヤマ） 380, 479
二次ピットプラグ 174
二次木部 210
二重らせんモデル 239, 242
二世代交代 174
二大食用穀類 337
日華植物区系 480
ニッチ（niche） 112, **115**, 217, 305
ニッチ細胞 201
ニッチ分割による共存 113
日長 3, 57, 222
日長性（photoperiodism） **395**
ニトロゲナーゼ 28
日本列島 479
2 倍体世代 158
二鞭毛性精子 194
二圃式農法 333
日本画 451, 452
日本絵画 452
日本学術会議 386

日本散文学（Japanese literary writings） 452
「日本書紀」 444
「日本植物誌」 272
日本庭園（Japanese garden） **376**, 429
日本の野菜 342
日本文化 450, 480
二命名法 266, 271
乳製品 356
任意交配 249
任意的相利関係 139

ヌ

ヌクレオチド 242, 243, 245
ヌクレオモルフ 167, 298

ネ

根（root） 76, 82, 114, 186, 198, 209, **215**
　──の体制 215
ネアンデルタール人 424, 442
ネオクロム 39
根株 345
熱エネルギーの交換 119
熱ショック 71
熱ショックタンパク質 56
熱帯果樹（tropical fruits） 354
熱帯多雨林（tropical rain forest） **97**
粘質 346
稔性回復遺伝子 393
年中行事 464
燃料革命 102
年輪 4, 211

ノ

農業 333, 414, 420
　──の化学化 416
農業・林業の多面的機能 324
農業生態系 420
農業生物資源研究所 399
農耕 327, 438, 479, 480
　──の起源 326, 327, 330, 331
農耕社会 444, 447
濃厚飼料 322
農耕民族 450
農産物生産量 322
能装束 466
囊状体 288
農事暦 444
能舞台 457
農薬 416
飲み物 477

ハ

葉（leaf） 31, 76, 114, 186, 198, **203**, 208, 209, 375
　──の就眠運動 41
ハーディ（G. H. Hardy） 249
パーティクルガン 401, 409
ハーディ・ワインベルグ平衡 249
ハーディ・ワインベルグの法則（Hardy-Winberg's law） **249**

ハーブ（herb） 341, 345, 468, **469**
ハーブティー 470
バーレン（L. M. Van Valen） 259
胚（embryo） 62, 186, **200**, 231
バイオインフォーマティクス（bioinformatics） 266, **270**
バイオタイプ 411
バイオテクノロジー 401
バイオ燃料 323, 335
バイオマス 82, 379, 386
バイオリン 460, 461
俳諧 453
俳諧文化 451
倍加半数体 407
配偶子 184, 194, 248
配偶子囊 184, 185
配偶体（gemetophyte） 6, 65, 180, **184**, 190, 197, 220
俳言 453
胚軸 209, 215
胚珠（ovule） 186, 192, 221, 230, **231**, 232, 312
胚珠培養 405
倍数性（polyploidy） **394**
倍数体（polyploid） 256, **394**
倍数体変異 329
胚性幹細胞 64
ハイドロイド 191
胚乳（albumen） 62, 186, 195, **199**, 231
胚嚢（embryo sac） 62, 186, **192**
胚嚢細胞 195
胚発生 200, 202
背腹性 203
ハイブリッド 393
培養変異 403
パイラング 430
ハエ 317
博物学（natural history） 451, 453, 454, **484**
博物館 484
「博物誌」 449
ハス文様 465
パソー国有林 379
畑作農業 333
ハチドリ 79, 317
波長分布 223
発生過程 158
発生拘束 158
ハッチースラック回路 85
パティオ（中庭） 429, 441, 478
ハドレー循環 110
花（flower） **227**, 317, 424, 436, 470–472
　──の色（flower's color） **131**
　──の就眠運動 41
　──のにおい（flower's smell） **131**
ハナアブ類 78
花器官 203, 209
ハナバチ類 78
花芽 226
「埴生の宿」 459
ハビタットガーデン 432

バビロフ（N. I. Vavilov） 326, 331
ハプト植物 167
ハミルトン（W. D. Hamilton） 259
林 380（→森林）
バラ園 373
春植物 100, 120
パルメット 466
バロック庭園 428
半乾性油 367
伴細胞 213
半自然草地 360
反自然主義 454
繁殖（propagation） 76, 82, **127**
繁殖システム（propagation system） **132**
繁殖戦略 222
繁殖のハンディキャップ 258
繁殖法 388
汎針広混交林 101, 382
半数体 403, 406, 407
半数体育種（haploid breeding） **407**
反足細胞 192
半地中植物 90
反応能 182
パンパ 103
半葯 229

ヒ

美（意識） 436, 443
ピート 106
ヒートアイランド（現象） 96, 151, 378, 435
「稗搗節」 457, 458
ビオトープ（ecology park） **432**
微化石（microfossil） 275, **277**
光（light） 3, 36, **56**, 114, 188, 223
光環境 77, 91
光呼吸代謝 16
光資源 124
光阻害 72
光利用効率 85
ひげ根 316
肥効調節型肥料 419
ピコプランクトン 303
微細藻類（microalgae） 296, **302**
被子植物（anngiosperms, flowering plant） 63, 96, 186, 189, 192, 209, 215, 221, 222, 227, 308, **315–317**
微小管 45, 169–171
飛翔昆虫群集 97
ヒスチジンキナーゼ 71
ヒストン 161
微生物 80
非生物散布 134
皮層 177, 210, 216
肥大成長 214
ビタミンC 349, 353, 354
非窒素固定植物 115
ヒツジ 361
ピットコネクション 174
ピットプラグ 174, 301

事 項 索 引

微働遺伝子　388
非等方的　11
非特定汚染源　152
ヒトゲノム計画　243
人里（里地）　479
人と生物圏計画　483
雛の節供　463
ヒバマタ型生活史　299
ひまし油　367
非木材林産物　384
ビュニングの仮説　41, 57
ビュフォン（G.-L. L., Comte de Buffon）　484
病害虫抵抗性（pest tolerance）　**411**
氷河植物群　148
病原菌　478
病原菌フリー苗　403
表現形質　252
病原体　32, 60
表層微小管　11
表皮　209
比葉面積　81
表面繊維　366
ビリン　37
「琵琶湖周航の歌」　457
貧栄養土壌　69
品種（form）　269

フ

ファイトアレキシン　21, 32, 53
ファイトケラチン　20
ファイトスルホカイン　46
ファシリテーション（facilitation）　**115**
フィードバック制御系　158
フィコビリソーム　303
フィコビリンタンパク質　303
フィトクロム　39
斑入り植物　375
風景画　448
風衝地　107
風媒　78
フェニルプロパノイド　21
フェノロジー　117, 128
フォーチュン（R. Fortune）　440
フォトトロピン　39, 42, 56
フォンテーヌブローの果樹園　430
不乾性油　367
複合遺産　483
複合色素体　167
副食　475
腹部　192
不結球葉菜　345
不耕起栽培（non-tillage cultivation）　418
フコキサンチン　299
附子　475
富士山　482
扶助→ファシリテーション
腐生（植物）（saprophyte）　**87**
不整中心柱　210
普通葉　202

物質循環　150
物質生産（matter production）　**85**
物質代謝（metabolism）　**13**, 23
ブッシュファイヤー　442
物理的防御　136
不定根　215
不定胚　404
不定胚形成　405
不動群体　173
不動単細胞　173
不等分裂（asymmetric cell division）　7, 157, **179**
不等毛植物　167
不等葉性　206
浮漂植物　92
不飽和脂肪酸　367
冬胞子　290
浮葉　93
浮葉植物　92
フラグモプラスト　170
ブラシ　366
ブラシノステロイド（受容体）　15, 48, 50, 52
ブラスト　30
プラズモデスマータ　297
フラボノイド　21
フランシェ（A. Franche）　272
フランス・バロック庭園　377
フランス平面幾何学式庭園　428
プラントハンター（plant hunters）　375, 438, **440**
プリニウス（Gaius Plinius Secundus）　484
プレーリー　103
プレッシャープローブ法　43
プロクロロン　303
プロテインボディ　163
プロテオミクス　270
プロトプラスト融合　404
プロトンポンプ　24
プロモーター　402
フロラの滝　274
分化　7
文化　424, 436, 476
文化遺産　483
文学（literature）　448, **450**
分化細胞　201
分化全能性　160, 405
分化能　182, 201
分岐進化　256
分子機構　318
分子系統（molecular phylogeny）　**252**
分子系統樹　252
分子シャペロン　68
分子植物地理学　274
分子進化の中立説　239, 251
分子生物学　243
粉質　346
分子時計　285
分生子　288
分泌経路　163

フンボルト（A. von Humboldt）　88
分離の法則　248, 258, 390
分離分裂　175, 176
分類学（systematics）　**265**, 440
分類群（taxon）　265, **269**
分類体系（system of classification）　266, **268**
分裂　7, 289
分裂子　288
分裂準備帯　7, 170（→前期前微小管束）
分裂組織　7, 63, 210
分裂能　182

ヘ

閉花受粉　398
「平家物語」　452
平行進化　173
平衡淘汰説　251
閉鎖花　60, 128, 229
米作日本一　397
ベイトマンの原理　127
ベーコン（F. Bacon）　484
ベースコレクション　399
壁面緑化　371, 430
ペクチンメチルステラーゼ　172
ペスト　470
ヘッケル（E. Haeckel）　268, 279
ヘテロシス　389, 393
ヘテロシスト　29, 303
ヘテロ接合　407
ヘテロ接合体　248
ヘテロ接合度　60
ヘネラリーフェ離宮　429
ペプチド　53
ペプチド鎖　12
ペプチドグリカン　167, 292
ベリー類　347
ペリステュリウム　429
ベリディニン色素　167
ペルオキシソーム（peroxisome）　159, **164**
——への輸送シグナル　165
ペルオキシソーム機能分化　165
変異（variation）　**261**
——の多様性　327
変異拡大技術　401
変異型　234
変異選抜　405
変形体　293
変形葉　**205**
偏向遷移　99
変種（variety）　269
変水植物　70
鞭毛（flagellum, undulipodium）　**171**, 184, 194
——の消失　286
鞭毛型　284
片利共生　116, 264

ホ

ホイタッカー（R. H. Whittaker）　268

事項索引

ホイットニー（Eli Whitney） 366
苞 226
膨圧 11, 35, 42, 43
防衛共生型 139
萌芽 92, 102
訪花昆虫 317
訪花動物 317
防御（protection, defence reaction） 21, 32, 136
豊凶現象 134
防御機構 79
防御物質（defensive substance） 138
包合 345
芳香油料作物 364
胞子（spore） 187, 311
胞子体 6, 180, 184, 191, 197, 220, 309
胞子嚢（capsule, sporangium） 184, 185, 197, 220, 224
放射乾燥度 148
放射強制力 150
放射中心柱 209, 216
膨潤 36
胞子葉（fertile frond, sporophyll） 225
包被 345
放牧（地） 105, 360
放牧利用 357
苞葉 205, 226
飽和脂肪酸 367
北欧神話 444
牧草（passture plants） 357, 358
牧草の女王 358
穂軸 226
母種 273
補充食糧 479
囲場作物 322
囲場試験 421
捕食器官 168
捕食者飽和仮説 134
ポストゲノムシーケンス 399
ホスファチジン酸 17
ホスフィノトリシンアセチルトランスフェラーゼ 410
母性遺伝（maternal inheritance） 244
保全 141
保全生物学（遺伝学／生態学） 141-143
保全的耕うん法 421
保全的耕起 418
ボタニカルアート（botanical arts） 375, 439
「ボタニカルマガジン」 439
ホットスポット 148
北方林 101
ほふく型（飼料草類） 357
匍匐茎 346
ホメオボックス遺伝子 222
ホモ接合 61, 407, 248
ポリジーン 388
ポリネーション 129, 131
ポリネーター 127, 129, 131, 424
ポリマートラップ機構 28
ホルモゴニウム 304

ホルモン 46
ホルモン受容体（hormone receptor） 46, 51
盆踊り歌 459
盆栽（bonsai） 375, 441
本草学 474, 484

マ

マイクロサテライト 406
マイクロサテライト多型 412
埋土種子 118, 125
埋土戦略 125
マイヤー（E. Mayr） 260
「籬に草花図屏風」 455
膜現象 166
膜脂質 17
膜タンパク質 33
膜透過（membrane permiability） 33
膜の受容体 51
膜輸送機構 34
町家 429
祭（festival） 447
間引き 111
まめ類（pulse crops） 322, 333, 339
麻薬類 476
丸種子 345
マルハナバチ 317
マンガンクラスター 72
マント群落 433
「万葉集」 448, 450, 452, 456, 457

ミ

ミオシン 37, 45
幹 209
ミクロ繁殖法 406
水 2, 77, 85, 216
ミズーリ植物園（米国） 480
水草（water plant） 92
水資源 95
水ストレス（water stress） 47, 70
水の華 303
水辺 433
水ポテンシャル（差） 29, 43, 86
水ポテンシャル勾配 29
水利用効率 86
密教 445
蜜腺 204
ミトコンドリア（mitochondrion） 26, 160, 169, 244, 264
緑植物春化型 345
緑の回廊 148
緑の革命 49, 333, 336, 337, 387
緑の効用 425
ミニマムティレッジ 421
ミラー（S. Miller） 279
三輪神社（奈良市沚田町） 446
民謡（folksong） 458

ム

無機塩（類） 31, 216
無機態窒素 16

無限花序 226
虫えい 182
無性繁殖 129
無性生殖（asexual reproduction） 59, 64
無性世代 6
むち形鞭毛 286
無配生殖 64
無融合種子形成 59
無融合種子生殖 65
村 446

メ

メイポール 444
命名規約委員会 271
メジャージーン 388
メソフォッシル 276
メソポタミア（地方） 328, 330, 465
メタ個体群 142
メタノール 17
メタン 150
メチオニン 20
メチル化（ヒストンの） 162
メッセンジャーRNA 242
芽生え 48
免疫システム 32
面源 152
棉実油 366
メンデル（G. J. Mendel） 241, 257, 390
メンデル遺伝（の法則）（Mendelian inheritance） 239, 249, 255, 257, 387, 390
面ファスナー 464

モ

網状中心柱 210
網状変形体 294
萌葱地草花文様小袖 467
目（order） 269
木化 211
木材資源（timber resources of forest） 383
木材生産 321
木部（xylem） 209, 210, 211, 216
木部繊維 211
木本 97, 199
モチーフ 450, 451, 455
モデル植物（model plant） 13, 318
モデル生物 239
戻し交配育種（法） 389
基部細胞 201
藻場 298
森 380, 381, 442（→森林）
モリス，ウィリアム（W. Morris） 466
モルガン（T. H. Morgan） 241
モルヒネ 475
モルフォゲン 158
門（division, phylum） 269
モンスーン林 78
問題土壌 69
モントリオール・プロセス 386
文様（decorations） 465

ヤ

焼き畑（農業）　98, 321, 480
葯　224, 229
　──の順次裂開　130
葯隔　229
屋久島　483
薬草園　480
葯培養（法）　406, 407
薬用作物（medical crops）　323, 363, 365, 369, 477
野菜（vegetable）　333, **341** 347
野生種　329
野生植物（wild plants）　**329**, 387
　──の栽培化（domestication）　**329**
野生生物生息場所　433
野生生物の種　254
野生絶滅種　273
野生動物　479
野草（wild herbs and grasses）　357, **360**, 476
谷地　479
柳田國男　458
山火事　92, 95
「大和本草」　457
山の神　445

ユ

遊泳性群体　173
遊泳性単細胞　173
有機認証農家　416
有機農業（organic farming）　**416**
有機農産物　416
有機物　27
有機溶剤　17
ユーグレナ植物　167
有限花序　226
融合　246
雄ずい（stamen）　76, 203, **229**
有性生殖　59, 140, 184, 187, 258
雄性生殖器官　192
有性世代　6
雄性先熟　229
優性の法則　257, 390
有性繁殖　127
雄性不稔　393
誘導間接防御　138
誘導防御　138
有毒植物（poisonous plants）　**475**
有胚植物　191, 307
有用植物（useful plants）　**414**
有用植物栽培（cultivation of useful plants）　**414**
「遊行車」　454
遊走子　299, 300
輸送タンパク質　34
ユナニ医学　474
ユネスコ（国連教育科学文化機関）　483
油料作物（oil crops）　322, 339, 364, 365, 367

ヨ

陽イオン交換容量　69
葉腋　455
洋画　452
妖怪譚　447
葉群の垂直構造／分布　121
葉群密度　97
幼芽　317
葉茎菜　343
葉隙　203, 210
幼根　317
葉原基　208
葉菜類（leaf vegetables）　343, **345**
洋種　345
陽樹　124
葉重比　81
葉序（leaf arrangement, phyllotaxis）　**208**
葉鞘　205
葉状体（frond）　190
葉状地衣　177
葉身　204
葉跡　210
要注意外来生物　432
葉枕　36, 41, 43
葉枕運動（pulvinus movement）　**43**
葉柄　204
葉面積比　81
葉緑体　125, 244, 264, 297
葉緑体運動（chloroplast movement）　36, **39**
葉緑体光定位運動（chloroplast photorelocation movement）　**39**
吉野ヶ里遺跡　444
よじ登り　93
予測的ホメオスタシス　57
依り代　447

ラ

ライダー観測　121, 122
羅臼岳　483
ラウンケルの生活形　88, 90
落葉広葉樹（林）　100, 102, 115
裸子植物（gymnosperms）　63, 96, 209, 215, 221, 308, 312, **313**
らせん配列　209
ラテンアメリカ　328
ラメート　91
卵（ovum, egg）　184, **196**
卵細胞　62, 192, 195
卵子　195
ランナー　346

リ

リウィアの別荘の庭園図　449
陸上植物（land plant, terrestial plant）　89, 185, 220, **305**
　──の系統　280
リグニン　21, 30, 307
リグベーダ　448

リジン生合成経路　284
離生心皮　230
リゾモルフ　219
立花　471, 472
律速　81
リボソーム　12
硫安　333
硫化ジメチル DMS　151
硫酸アンモニウム　333
硫酸イオン　20
両性花　61, 128
量的形質　388
量的防御　138
両面性の形成層　214
緑化　478
緑化植物（plants for landscape）　**434**
緑色蛍光タンパク質　156, 163
緑色植物　167, 300
緑藻（green algae, chlorophytes）　176, **300**, 305
緑茶　369
緑葉ペルオキシソーム　164
鱗芽　345
隣花受粉　130, 229
林冠（canopy）　**119**
林冠観測用クレーン　119
林冠ギャップ　123, 125
林冠構造　97, 99
林業　98
林業基本法　380
リング構造　167
鱗茎類　344
リン酸　418
リン酸トランスロケーター　19
リン酸ホメオスタシス　19
リン脂質二重構造　33
林床（understory）　77, **120**, 125, 360
林床植物　120
輪状配列　209
リン代謝（phosphorus metabolism）　**19**
リンネ（C. von Linne）　266, 268, 272, 440
鱗片（scale）　**207**

ル

類　286
類縁関係　252
ルドゥーテ（P. J. Redoute）　439
ルネサンス　428

レ

冷温帯林　382
レイズド・ベッド　473
レインジ　106
レース　411
レグヘモグロビン　29
レクマラの庭園　427
劣性突然変異　329
レッドデータブック　141, 144
レドックス制御系　68
レプトイド　191

レフュジア 148

ロ

ロープ 366
ローマクラブ 379
ロゼット 91
ロックフェラー・コレクション 451

ワ

矮性地上植物 91
矮性ジベレリン欠損突然変異体 49
ワイン 349, 355
ワインベルグ（W. Weinberg） 249
和歌 453
和種 345
綿繰機 366
ワトソン（J. D. Watson） 239, 242

欧　字

ABC モデル 228
AFTOL 体系 284
ATP 合成 19

BT トキシン 411

C_3 光合成 83
C_4 光合成 83, 85
C_4 植物 316

CAM 光合成 83, 85
CAM 植物 435
CAM 代謝 67
CLE ペプチド 46, 53
CMV 抵抗性個体 411
CO_2 95
CO_2 施肥効果 95
CODEX 委員会 416

D1 タンパク質 72
DNA の塩基配列レベル 240
DNA の塩基配列（情報） 243, 253
DNA バーコーディング 254
DNA マーカー 402, 406
DNA マーカー育種（DNA marker breeding） 406
DNA マーカー選抜育種法 389
DNA 修飾 63
DNA 染色像 161
DNA 分子の立体構造 242

ES 細胞（幹） 64, 485
etr1 突然変異体 51

F_1 雑種（F_1 hybrid） 324, 393
FACE 圃場試験 421

GM 植物 325

KaiC リン酸化リズム 58

H^+ 24
H-ATPase 24, 33
H^+ 共輸送系 19

in vitro 受精 196

JAS 法 416

MADS-box 遺伝子 228

NAC ドメイン 212
Nod ファクター 183

RNAi 法 55
RNA ワールド 279
R 遺伝子 60

SNP 分析 407
S 遺伝子座 61

Ti プラスミド 409

VA 菌根 286

■**英文索引**

A

ABA 50
acetolactate synthase（ALS） 410
acid rain（酸性雨） 151
adaptive radiation（適応放散） 263
advanced breeding methods（先端的な育種技術） 401
aerial roots 217
aerobic respiration（好気呼吸） 26
AFTOL 284
albumen（胚乳） 199
algae（藻類） 296
alien species（外来種） 146
alpine meadow（お花畑） 107
alternation of generation（世代交代） 180
androcyte（精細胞） 194
animal products 356
anisophylly 206
anisotropic 11
angiosperms（被子植物） 315
apical growth 283
apogamy（アポガミー） 64
apospory（アポスポリー） 64
archegonium（造卵器） 192
artificial crossing（人工交配） 392
arts（芸術（植物と）） 449
ascospore 287
ascus 287

asexual reproduction（無性生殖） 64
Assembling the Fungal Tree of Life（AFTOL） 284
asymmetric cell division（不等分裂） 179
ATP binding cassete（ABC） 34
auxin binding protein（ABP） 52
avoidance 66

B

backyard conservation 432
basal body 171
basal metabolism（基礎代謝） 23
biodiversity（生物多様性） 141, 143, 239, 361
bioethics（生命倫理） 485
bioinformatics（バイオインフォマティクス） 270
biological clock（生物時計） 58
biological species concept 260
bluegreen algae（シアノバクテリア） 303
bonsai（盆栽） 441
botanical arts（ボタニカルアート） 439
botanical garden（植物園） 480
botrys 226
bract 226
breeding methods（育種の方法，育種技術） 392, 401
brown algae（褐藻（類）） 298

bryophytes（コケ） 309

C

callus（カルス） 181
cambium（形成層） 210
canopy（林冠） 119
canopy gap 123
capsule（胞子嚢） 224
carbon cycle（炭素循環） 149
carbon metabolism（炭素代謝） 18
Casparian strip（カスパリー線） 30
cataphyll 205
cation exchange capacity（CEC） 69
cDNA 12
cell（細胞） 159
cell fusion（細胞融合） 404
cell polarity（細胞極性） 179
cell wall（細胞壁） 172
cellular function（細胞の機能） 6
central cylinder, stele（中心柱） 209
cereal crops 322, 333
chabana（茶花） 472
chamaephyte 90
children's song（童謡（植物と）） 459
chlorophytes（緑藻） 300
chloroplast movement（葉緑体運動） 39
chloroplast photorelocation movement（葉緑体光定位運動） 39
chromosomal mutation（染色体突然変異） 246

事項索引

cilia 171
circadian rhythm（概日リズム） 57
circumnutation（回旋運動） 41
cisterna 162
citrus fruits（柑橘類） 353
clamp connection 283
class（綱） 269
CLAVATA3 201
clone（クローン） 403
clothing（衣装（植物と）） 466
coenocyte（多核体） 175
coexistence（共存） 113
cohesion species concept 260
colony（群体，群落） 95, 103, 176
color（色（花の）） 131
competence 182
competition（競争） 114
competitor 146
coniferous forest（針葉樹林） 101
conservation（植物の保全） 141
conservation biology 141
conservation ecology 143
conservation genetics 142
conservation tillage 418
construction cost 84
cool-temperate forest 382
coppice（雑木林） 102
Cormophy 191
cormus（茎体） 191
cotyledon（子葉） 202
crassulacean acid metabolism（CAM） 67
critically endangered species（CR） 144
crop quality（作物の品質） 413
crop yield（作物の収量） 413
cross fertilization（他家受精） 398
crossing between distant genotypic relations（遠縁交雑） 404
cryptic species（隠蔽種） 254
cryptophyte 90
cultivated plants（栽培植物） 326
cutting 357
cyanobacteria（シアノバクテリア） 303
cyme 226
cystidium 288
cytoplasmic sleeve 178
cytoplasmic streaming（原形質流動） 37, 38
cytoskeleton（細胞骨格） 45, 170

D

decreaser 360
Deep Hypha 284
defense（植物の防御） 136
defence reaction（防御反応） 32
defensive substance（防御物質） 138
descent with modification 255
desert（砂漠） 109
design（デザイン（植物と）） 464
dicot（双子葉植物） 317
dicotyledon（双子葉植物） 317
dimorphism 206
dissemination（栽培植物の伝播） 326, 331
diversification of plant（種形成） 255
division（門） 269
DNA 12, 59, 161, 234, 241, 242
DNA marker breeding（ＤＮＡマーカー育種） 406
domain（上界） 269
domestic animal（家畜） 356
domestic herbivores 356
domestication（栽培化（野生植物の）） 329
double fertilization（重複受精） 62
dried flowers（ドライフラワー） 470
Dryas flora 148

E

ecology park（ビオトープ） 432
egg（卵） 196
egg cell 192
electron fusion 196
elongation of cell (tissue)（細胞の伸長） 11
embryo（胚） 200
embryo sac（胚嚢） 192
Embryophyta 191
endangered species of plant（絶滅危惧植物） 144
endangered species（EN） 144
endemic species（固有種） 273
endogenous hormone（内因ホルモン） 49
endomembrane system 163
endophytic fungi（内生菌） 140
endoplasmic reticulum（ER）（小胞体） 163
endoreduplication 161
endosymbiosis（細胞内共生） 264
environment resources of forest（環境資源） 385
ephemeral 68
ethylene insensitive 52
ethylene response sensor 52
everlasting flowers 470
evolutionary species concept 260
exchangeable sodium percentage（ESP） 69
external environment（外因外部環境） 56
extinction event（大絶滅） 281

F

F_1 hybrid（F_1雑種） 393
facilitation（ファシリテーション，扶助） 115
family（科） 269
favorite foods（嗜好品） 467
feeding crops 322
female germ unit（FGU） 195
fern（シダ） 311
fertile frond（胞子葉） 225
festival（祭（植物と）） 447
fiber crops（繊維作物） 366
field crops 322
fission 246
fitness 142
flagellum（鞭毛） 171
flora（植物相） 272
floral meristem 226
flower（花） 227
flower crops 333
flowering（花成） 222
flowering earliness（早晩性） 366
flowering plant（被子植物） 315
fodder bank 362
fodder trees（飼料木） 361
folksong（民謡（植物と）） 458
food（家畜の餌） 356
food（食糧） 333
food crops 322
forage 356
forage crop 357
forage plant 356
forest（森林） 95, 379
forest floor 360
forest in shrine（鎮守の森） 446
fossil 275
free-air CO_2 enrichment（FACE） 421
fresh flowers 470
frond（葉状体） 190
fruit（果物） 347
fruit crops 333
fruit vegetables（果菜類） 346
FtsZ 167
functional group type 89
fungal molecular systematics 283
fungi（菌類） 282
fusion 246

G

gall（ゴール） 182
gametophyte（配偶体） 184
gap（ギャップ） 123
garden crops 322
gene（遺伝子） 241
gene bank（ジーンバンク） 399
gene expression（遺伝子発現） 12
gene mutation（遺伝子突然変異） 245
gene pool（遺伝子プール） 247
gene recombinaton breeding（遺伝子組換え育種） 409
genetic information（遺伝情報） 242
genetic structure 142
genetically modified organisms（GMO） 409
genetically modified plant 325
genome（ゲノム） 243
genomic creation of medicines（ゲノム創薬） 412
genotype（遺伝子型） 248
genus（属） 269

事項索引

Global Biodiversity Information Facility (GBIF)　270
global environment（地球環境）　147
global warming（地球温暖化）　150, 420
Glomeromycota　286
glucose equivalent　84
Golgi body（ゴルジ体）　162
grassland（草原）　105
grazing　357
green algae（緑藻）　300
green fluorescent protein（GFP）　156
green revolution　336
greenhouse effect（温室効果）　150
gross primary production（GPP）　85
growth（成長（植物の））　81
gymnosperms（裸子植物）　313

H

H^+-ATPase　24, 33
habitat garden　432
hair（毛）　207
haploid breeding（半数体育種）　407
Hardy-Winberg's law（ハーディワインベルグの法則）　249
harvesting　357
H-ATPase　33
healing（和む）　371
hemicryptophyte　90
herb（ハーブ）　469
herb（草本）　91
herbage plant　356
herbicide tolerance（除草剤抵抗性）　410
heredity（遺伝）　239
heteroblasty　207
heterophyll　206
heterophylly（異形葉）　206, 207
heterorhizic root（異形根）　217
high light inhibition（強光阻害）　72
high yielding ability（多収性）　397
hormone receptor（ホルモン受容体）　51
horticultural crops　322
horticultural therapy（園芸療法）　473
humidity（湿度）　56
hybridization（交雑，雑種形成）　259
hydroid　191
hypha　283
hypsophyll　205

I

ikebana（生け花）　471
improved pasture plant　357
inbreeding depression　142
increaser　360
indicator fossil（示準化石）　278
industrial crops　322
inflorescence（花序）　226
inflorescence meristem　226
integument（珠皮）　231
International Biological Programme (IBP)　379
International Code of Botanical Nomenclature　271
International Rice Research Institure (IRRI)　336, 413
International Union for Conservation of Nature and Natural Resources (IUCN)
invasive alien species　146
ion transport（イオン輸送）　33

J

jacket cells　192
Japanese garden（日本庭園）　376
Japanese literary writings（日本散文学）　452

K

kingdom（界）　269

L

land plant（陸上植物）　305
landscape conservation　361
laurel forest（照葉樹林）　98
laurel forest culture（照葉樹林文化）　480
law of dominance　390
law of independence　390
law of segregation　390
leaf（葉）　203
leaf area ratio　81
leaf arrangement（葉序）　208
leaf mass ratio　81
leaf vegetables（葉菜類）　345
leptoid　191
liana（つる植物）　93
lichen（地衣類）　291
lichen body（地衣体）　177
life enviroment（住まい）　427
life form（生活形）　88, 89
life satisfaction inventory（LSI）　473
light（光）　56
limitation　81
lipid metabolism（脂質代謝）　17
literature（文学（植物と））　448, 450
local population（地域集団）　142, 262
low input and sustainable agriculture (LISA)　325, 333, 415

M

Man and Biosphere Programme (MAB)　483
macrofossil　277
maintenance cost　84
marsh（湿原）　106
mashroom resouces of forest（きのこ資源）　384
mass extinction（大絶滅）　281
maternal inheritance（母性遺伝）　244
matter production（物質生産）　85
meadow　105
medical crops（薬用作物）　369
megafossil　277
meiosis（減数分裂）　10
membrane permeability（膜透過）　33
Mendelian inheritance（メンデル遺伝）　390
Mendel's law of heredity（メンデルの法則）　257, 390
mesofossil　276
metabolism（物質代謝）　13
metapopulation　142
microalgae（微細藻類）　302
microfossil（微化石）　277
microtubules　171
millets（雑穀類）　338
mind（こころ（植物と））　442
minimum tillage　421
mitochondrion（ミトコンドリア）　169
mitogen activated protein（MAP）　32
mitspore body（栄養胞子体）　197
mixed farming　359
model plant（モデル植物）　318
moisture（水分（の利用））　85
mold（カビ）　286
molecular phylogeny（分子系統）　252
monocot（単子葉植物）　316
monocotyledon（単子葉植物）　316
morphological species concept　260
morphotaxon　275
moss and liverwort（コケ）　309
mountain worship（山岳信仰）　445
movement（運動動態）　36, 117
mRNA　12, 54, 242
multicelluar body（多細胞体）　173
multi-funtion of forest（森林の多面的機能）　386
mushroom（キノコ）　288
music（音楽（と植物））　456
musical instrument（楽器）　460
mycelium　283
mycoheterotrophy（寄生）　87
mycorrhiza（菌根）　87, 282
myrmecophyte（アリ植物）　139

N

nanofossil　277
native pasture plant　357
natural history（自然史，博物学）　484
natural park（自然公園）　481
natural products　21
natural selection（自然選択）　250
neck　192
neck canal cells　192
neoendemism　273
net assimilation rate　81
net ecosystem exchange（NEE）　85
net plasmodium　294
net primary production（NPP）　85
neutral theory（中立説）　251
niche（ニッチ）　115
nitrogen fixation（窒素固定）　28

事　項　索　引

nitrogen metabolism（窒素代謝）　**16**
nitrogen（窒素（の利用））　**86**
non-wood forest products　**384**
non-tillage cultivation（不耕起栽培）　**418**
NO*x*　**151**
nucleus（核）　**161**
nut fruits（堅果類）　**352**
nyctinastic movement（就眠運動）　**41**

O

oidium　**288**
oil crops（油料作物）　**367**
oogonium　**192**
order（目）　**269**
organelle（オルガネラ）　**244**
organic farming（有機農業）　**416**
origin of life（生命の起源）　**279**
ornamental plants（観葉植物）　**375**
ovule（胚珠）　**231**
ovum（卵）　**196**

P

paleoendemism　**273**
park（公園）　**378**
particle gun　**409**
passture plants（牧草）　**105**, **358**
pathogen associated molecular patterns（PAMPs）　**32**
PD　**167**
peduncle　**226**
perianth, perigon（花被）　**228**
peroxisome targeting signal　**165**
peroxisome（ペルオキシソーム）　**164**
pest tolerance（病害虫抵抗性）　**411**
phaeophytes（褐藻（類））　**298**
phanerophyte　**90**
phenological gap　**123**
phloem（篩部（師部））　**27**, **213**
phosphatidic acid（PA）　**17**
phosphinothricin acethyltransferase（PAT）　**410**
phosphorus metabolism（リン代謝）　**19**
photoinhibition（強光阻害）　**72**
photoperiodism（光周性, 日長性）　**57**, **395**
photosynthesis（光合成）　**83**
phototropism（光屈性）　**56**
phyllotaxis（葉序）　**208**
phylogenetic species concept　**260**
phylogeny（系統）　**265**, **279**
phylum（門）　**269**
physiologically active substances（生理活性物質）　**53**
phytochelatin　**20**
phytogeography（植物地理）　**274**
picture（絵画（植物と））　**450**
pilus（毛）　**207**
PINFORMED（PIN）　**208**
pistil（雌ずい（雌しべ））　**230**
plant fossil（植物化石）　**275**

plant geography（植物地理）　**274**
plant hunters（プラントハンター）　**440**
plant immunity（植物免疫）　**32**
plants for favorite（植物にしたしむ）　**436**
plants for landscape（緑化植物）　**434**
plants in decorations（文様に見る植物）　**465**
plants in life（暮らしの中の植物）　**462**
plastid（色素体）　**167**
pluviotherophyte　**68**
poisonous plants（有毒植物）　**475**
pollen（花粉）　**187**
pollen tube（花粉管）　**189**
pollination（送粉）　**129**
polyploid（倍数体）　**394**
polyploidy（倍数性）　**394**
pome fruits（仁果類）　**350**
preprophase band（PPB）　**4, 7, 37**
pressure-flow model　**213**
procambium（前形成層）　**210**
procaryote, prokaryote（原核生物）　**292**
promycelium　**290**
propagation（繁殖）　**127**
propagation system（繁殖システム）　**132**
prophyll　**205**
protection（防御）　**21**
protein bank　**362**
protohallium, protohallus（前葉体）　**190**
protonema（原糸体）　**188**
protoplasmic movement（原形質連絡）　**178**
pseudo cereals　**338**
pseudofungi（偽菌類）　**293**
pseudoplasmodium　**293**
pteridophytes（シダ）　**311**
PTGS　**54**
pulse crops（まめ類）　**322, 333, 339**
pulvinus movement（葉枕運動）　**43**
pure line selection（純系）　**392**

Q

quality of life（QOL）　**473**

R

rachis　**226**
range　**106**
recreation crops（嗜好料作物）　**368**
red algae（紅藻）　**301**
red data plants（絶滅危惧植物）　**144**
regeneraiton strategy（更新戦略）　**125**
regional cycling farming（地域循環型農業）　**417**
regional population　**142**
regulatory system（調節機構）　**46**
relative growth rate　**81**
relic（relict）　**273**
reproduction in cellular level（細胞の生殖）　**59**
reproductive growth　**222**

reproductive meristem　**222**
reserve substance（貯蔵物質）　**31**
resipiration（呼吸）　**84**
RFLP　**406**
rhizomorph　**219**
rhizophore（担根体）　**219**
rhodophytes（紅藻）　**301**
rice（イネ）　**336**
RNA　**12**
RNA interference　**54**
roof planting（屋上緑化）　**435**
root（根）　**215**
root and tuber crops（いも類）　**340**
root apical meristem（根端分裂組織）　**216**
root gap　**123**
root knees　**218**
root vegetables（根菜類）　**344**
rose（バラ）　**373**
rough ER　**163**
ruderal species　**146**

S

salt cress　**31**
saprophyte（腐生（植物））　**87**
Satellite System for Integrated Environmental and Economic Accounting（SEEA）　**385**
satoyama（里山）　**479**
scale（鱗片）　**207**
scientific name（学名）　**271**
secondary metabolite（二次代謝産物）　**21**
seed（種子）　**232**
seed germination（種子発芽）　**15**
seed plant（種子植物）　**312**
segregative cell division　**175**
self fertilizationtion（自家受精）　**398**
self-incompatibility（自家不和合性）　**61**, **398**
semina（種子）　**232**
semi-natural grassland　**360**
semination（種子散布）　**134**
sequential evolution　**137**
sex（性（植物の））　**133**
shoot apical meristem（茎頂分裂組織）　**201**, **222**
sick building syndrome　**431**
sieve tube　**27**
singlet microtubules　**171**
slash and burn agriculture　**321**
small grain crops　**338**
small RNA（低分子 RNA）　**54**
smell（におい（花の））　**131**
smooth ER　**163**
SNP　**407, 412**
SO_2　**151**
soil problem（土壌問題）　**69**
soiling crops（青刈作物）　**359**
somatic cell division（体細胞分裂）　**8**
somatic hybrid　**405**

species（種）269
species concept（種概念）260
species diversity 144
specific leaf area 81
sperm（精子）194
sperm cell（精細胞）194
spices（スパイス）468
sporangium（胞子囊）224
spore（胞子）187
sporidium 290
sporophyll（胞子葉）225
SRK 61
stack 162
stalk 192
stamen（雄ずい（雄しべ））229
stem（茎）209
stilt roots 218
stipule（托葉）204
stomata opening（気孔開口）42
stone fruits（核果類）351
storage decomposition（貯蔵物質の分解）15
storage feeding 357
stratification（階層構造）121
stress（ストレス）66
subspecies 269
subtropical forest 381
succession（遷移）124
sulfur metabolism（硫黄代謝）20
summer green forest（夏緑樹林）100
sustainable cultivation of useful plants（有用植物栽培の持続性）414
swamp（湿原）106
symbiosis（共生）264
system of classification（分類体系）268
systematics（分類，分類学）265

T

taxon（分類群）269
temperature（温度）56
temperate forest 381
temperature stress（温度ストレス）71
terminal flower 1（tfl 1）227
timber resources of forest（木材資源）383
tissue culture（組織培養）405
tolerance 66
totipotency（全能性）63
Tracheophyta 191
trade-off（トレードオフ）116
traditional medicine（伝統薬）474
transcriptional gene silencing（TGS）54
transformation leaf（変形葉）205
translocation（転流）27
transpiration（蒸散）29
tree（樹木，木）91, 214, 381
trichome（トライコーム，糸状体）136, 207
tropical fruits（熱帯果樹）354
tropical rain forest（熱帯多雨林）97
tuber and root crops 322, 333
tulip（チューリップ）374
tumor inducing plasmid 409
tundra（ツンドラ）108

U

understory（林床）120
undulipodium（鞭毛）171
unicellluar body（単細胞体）173
useful plants（有用植物）414

V

vacuole（液胞）166
variation（変異）261
vascular plant（維管束植物）310
vegetable crops（野菜）333, 341
vegetative growth 222
vegetative meristem 222
vegetative reproduction 403
venter 192
vernalization 223
vulnerable species（VU）144

W

warm-temperate forest 381
water absorption（吸水）29
water contaminant（水質汚濁）152
water plant（水草）92
water pollutant（水質汚濁）152
water stress（水ストレス）70
western garden（西洋庭園）377
wheat（コムギ）337
wild herbs and grasses（野草）360
wild plants（野生植物）329
World Natural Heritage（世界自然遺産）483
WUSCHEL 201

X, Y, Z

XTH 11, 172
xylem（木部）211

yeast（酵母）289

zygospore 286

植物名索引

ア

アーキア 292
アオキ 429
アオサ藻（綱） 173, 176, 300
アオミドロ 176
アカウキクサ 432
アカクローバ 358
アカザ科 345
アカシア 105, 428
アカシデ 377
アカマツ 314, 383
アカリオクロリス 303
アカンサス 466
アクラシス門 293
アグロバクテリウム 183, 401
アケボノスギ 273, 313
アサ 475, 477
アサガオ 375, 455
アザミ 428
アジアイネ 336
アズキ 31
アスパラガス 345
アナアオサ 300
アナモルフ菌類 287, 284
アナモルフ酵母 290
アピコプラスト 167
アブラナ（科，類） 20, 61, 345, 398
アブラヤシ 98, 367
アフリカイネ 336
アポイカンバ 273
アマ 366
アマノリ 301
アマモ 142
アマランサス 338
アミミドロ 175
アミモヨウ 175
アメリカセンダングサ 432
アルカエオプテリス 214
アルカエフルクツス 222
アルソミトラ・マクロカルパ 464
アルファルファ 358
アロニア 350
アワ 479
アワゴケ属 206
アンズ 351

イ

イカダモ 175
イグサ 366
異担子菌類 288
イチイ 377
イチジク（属） 93, 183, 347, 355, 427, 428
イチハツ 430
イチョウ（綱） 186, 273, 313, 314, 398, 481
イトスギ 377, 428, 429
古生子嚢菌類 287
イヌカタヒバ 318
イヌサフラン 394
イネ（科）(rice) 13, 15, 40, 41, 105, 108, 205, 329, 331, 333, 334, **336**, 387, 392, 406, 413, 476
イネ科草本 105, 357
いも（類） 334, 340, 341
イワイチョウ 107
イワズタ 300
イワヒゲ 298
イワヒバ属 219
インゲンマメ 42, 43, 334, 339
印度稲 336

ウ

ウコンウツギ 131
ウシノケグサ 104
渦鞭毛藻 153, 298
優曇華（ウドンゲ） 447
ウミウチワ 299
ウメ 341, 351, 376, 429, 450, 451, 472
ウリ 346
ウリハダカエデ 91
温州ミカン 353

エ

栄養胞子形成菌類 284
エゴノキ 182
エゾエンゴサク 120
エゾマツ 461
エダマメ 346
エンドウ 204, 258, 346

オ

オウトウ 351
オウレン 369, 370
オオアレチノギク 432
オオオニバス 465
オオカワヂシャ 432
オオトリイネ 397
オオバギ属 139
オオブタクサ 146
オオムギ 408
オールドローズ 373
オガタマノキ 430
オクトリカブト 475
オジギソウ 44, 45
オタネニンジン 369, 370
オニグルミ 352
オヒルギ 218
万年青 375
オリーブ 428
オレンジ 334, 347, 353, 429

カ

カイトウメン 366
カエデ 91, 376, 450
カカオ 467
カキ 347, 355, 441
カキツバタ 452, 455
カキドオシ 91
カサノリ 300
ガジュマル 93
カッコソウ 145
褐藻類 298
褐虫藻 296
カツラ 276
カノーラ 367
カノコユリ 455
カバ類 428
カビ 286
カブ 344, 359
カメリア・ヤポニカ→ツバキ
カヤツリグサ科 108
カラシナ類 345
カラマツ 4, 383
カリン 350
カワモヅク 301
ガンコウラン 108
カンゾウ 370

キ

キウイフルーツ 347
キウメノキゴケ 177
キカデオイデア（類） 222, 278
キキョウ 398
偽菌類 284, 293
キク（科） 2, 345, 395, 455, 466, 472
キササゲ 428
キッコウグサ 175
キヌサヤ 346
キノコ (mushroom) **288**, 341, 384
キャッサバ 334, 340
キャベツ（類） 345
球果綱 313
キュウリ 346
キリ 466

植物名索引

菌蕈類 288
キンギョソウ 227
銀剣草 263
菌類 291, 341
菌類界 293
菌類様生物 283, 293

ク

クスノキ 481
クズ 3
クヌギ 92, 376
グネツム（綱） 313, 314
クマガイソウ 316
グミ 434
クモマグサ 107
クラミドモナス 174, 194
グラム陰性細菌 292, 292
クリ 347, 352
グリーンセロリ 345
クリプト藻（類） 264, 298
クルミ 352
グレープフルーツ 353
クレピス 195
クローブ 468, 469
グロッソプテリス 232, 278
クロボキン類 288
クロマツ 383
グロムス菌門 286
クロユリ 161, 453
クロララクニオン 167
クロララクニオン藻（類） 264, 298
クロレラ属 173
クワイ 331
クンショウモ 175

ケ

珪藻 153
ケシ 62, 428, 475
ゲッケイジュ 429, 469
原核生物 292
原始紅藻 301
原生生物群 293

コ

紅色植物 171, 174
コウゾ 366
紅藻 264, 301
酵母 289
酵母様菌類 289
コーヒー 363, 368, 468
ゴールデンライス 413
コールラビ 343
コカノキ 475
穀類 334
コケ 39, 45, 181, 188
コケ植物 147, 185, 191, 203, 224
古細菌 292
コシヒカリ 392
コショウ 468
コナラ 92, 376
ゴボウ 464

コマクサ 107
コマツナ類 345
ゴマノハグサ科 62
コムギ（wheat） 161, 333, 334, **337**, 387, 396
コメツガ 101
コリアンダー 468
コレオケーテ類 185
コンテリクラマゴケ 219
コンニャク 340
コンブ 180, 298
根粒菌 292

サ

細菌 292
栽培イネ 331
サイレージ用トウモロコシ 360
サカキ 430
サカゲツボカビ門 294
サクサウール 434
サクラ 5, 441, 450, 455, 457, 466
サクランボ 351
ザクロ 347, 427, 455
ササ 101, 115, 120, 360, 463
サツマイモ 31, 331, 344
サトイモ 344
サトウキビ 323
サニーレタス 345
サビキン類 288
サヤインゲン 346
サヤエンドウ 346
サラダナ 345
サルトリイバラ 204
サワロサボテン 5
サンザシ 350

シ

シアニゾシゾン 167
シアノバクテリア（cyanobacteria bluegreen algae） 12, 28, 58, 71, 147, 153, 167, 176, 291, 292, 296, 297, 300, 302, **303**
シイタケ 384
シオグサ 175
シオミドロ 299
シカモア 428
シキミ 430
シコクビエ 338
シトト 346
シダ（植物） 39, 120, 181, 185, 186, 188, 190, 193, 207, 210, 221, 224, 277, 311
シダレヤナギ 429
シデコブシ 273
シナグリ 352
シナノキ類 428
シナモン 468
子嚢菌酵母 290
シバ 105, 360
芝グリ 352
シマオオタニワタリ 254
ジャーマンカモミール 469

ジャイアントケルプ 298
ジャガイモ 334, 340, 344
シャクヤク 369
シャジクモ 175, 300
シャジクモ目 197
シャジクモ藻綱 173
シャジクモ類 185, 220, 305, 306, 318
射出胞子形成酵母 290
ジュート 366
ジューンベリー 350
ジュズモ 300
十石イネ 397
シュンギク 345, 406
松柏 450
ショウブ 463
ジョチュウギク 364
シラネアオイ 273
白百合 456
シロイヌナズナ 13, 15, 37, 41, 49, 161, 187, 189, 194, 202–204, 207–209, 217, 223, 224, 227, 228, 318
次郎柿 355
シロウリ 346
シロツメクサ 24
真菌 140
真正紅藻 173, 301
真正子嚢菌類群 287
真の菌類 283, 293

ス

スイートコーン 346
スイートオレンジ 354
スイセン 472
スイレン 465
スカシユリ 455
スギ 101, 115, 383, 447
スギゴケ類 191
スギナ 225, 459
スギナモ 206
ススキ 105, 112–114, 360
スターチス 470
ストラミニピラ界 284, 293
ストロマトライト 147, 303
スナップ 346
スミレ 436, 456
スモモ 351

セ

セイタカアワダチソウ 112–114, 146, 432
セイタカスギゴケ 191
セイヨウカボチャ 346
セイヨウタンポポ 65
セージ 470
セコイア 3
セダム 434, 435
ゼニゴケ 190, 318
ゼラニウム 429
セリ科 345
セロリ 345
センニチコウ 470

植 物 名 索 引

セン類　191, 192, 309

ソ

藻類　291, 296
ソテツ（綱）　225, 232, 313, 314, 376
ソバ　398
ソメイヨシノ　403, 457
ソラマメ　346

タ

ダイコン　217, 344, 345
タイサイ（類）　345
ダイズ　31, 334, 339, 346
大腸菌　292
タイマ　363, 366, 469
タイ（苔）類　190-193, 197, 309
タケ　463
ダケカンバ　91, 101
タケノコ　341, 344
タチバナ　353
種なしスイカ　394
タバコ　80, 368
タブ　431
タマネギ　334, 344
タマホコリカビ門　293
タラヨウ　430
タロイモ　340
担子菌系酵母　288
担子菌酵母　290
単細胞紅藻　169
担子菌門　288
単室担子菌類　288

チ

地衣類　291
チャ　363, 368, 369
チャイブ　469
チュウゴクナシ　350
チューリップ（tulip）　371, **374**
超好熱菌　292
チョウジタデ属　206
チョウセンニンジン→オタネニンジン
チリモ　300
チングルマ　107
チンゲンサイ　345

ツ

ツクシ　459
ツゲ　377
ツケナ　345
ツタ　426, 430
ツツジ科　317
ツノゴケ（類）　190, 191, 193, 309
ツノマタ　301
ツバキ　430, 451, 457, 472
ツボカビ門　286
ツユクサ　4
つる性植物　40

テ

デージー　465

テーバイカヤシ　428, 429
テッセン　455
テッポウユリ　455, 456
デラウエア　355
テリオスポア形成酵母群　290
テンサイ　363
デンジソウ　206
テンニンカ　429

ト

トウ　366
統一依　397
トウガラシ　346
トウジンビエ　338
トウモロコシ　323, 334, 338, 346, 359, 398, 476
毒きのこ　384
ドーソニア　197
トクサ類　221, 275, 311
トチ　352
トネリコ　444
トマト　334
トリコミケス綱　286
トリボキシア藻綱　173
トリメロフィトン類　221
トレボキシア藻　300, 302
ドングリ　99

ナ

ナギ　431
ナギイカダ　431
ナシ（亜科）　350
ナス（科）　62, 346
ナタネ（類）　345, 367, 410
ナツメグ　468
ナツメヤシ　427-429, 465
ナンテン　429
ナンヨウスギ属　276

ニ

ニセアカシア　204
日本稲　336
ニホンカボチャ　346
ニホンナシ　350
乳酸菌　292
ニラ　345
ニレ類　428
ニワツノゴケ　309
ニンジン　344, 406
ニンニク　344
ニンファエア　465

ネ

ネオカリマスチクス目　286
ネギ（類）　345
ネコブカビ門　293
ネバリモ　299
ネムノキ　43
粘菌類　293

ノ

ノコンギク　257
ノシバ　435

ハ

ハイドランジア　440
パイナップル　347, 354, 354
ハウチワカエデ　91
バオバブ　105
ハクサイ　345, 408, 453
バジル　469
ハス　93, 344, 447, 465
パセリ　345
ハテナ　168
ハナトリカブト　475
バナナ　354
ハナホシクサ　470
ハナミズキ　438
ハナヤサイ　345
ハネガヤ　104
ハネフクベ　464
ハネモ　300
パパイヤ　354
パピルス　428
ハプト藻　298
パプリカ　346
バラ（rose）（科）　62, 350, 371, **373**, 429, 456
バラガナチア　221
バロニア　175
半子嚢菌類群　287
パンコムギ　337
ハンノキ　434

ヒ

ピーマン　346
ヒエ　479
ヒカゲノカズラ　225, 430
ヒカゲノカズラ類　311
ヒガンバナ　331
微細藻類　302
ヒザオリ　39
ヒサカキ　430
ヒジキ　299
ヒダカキンバイ　317
ヒダキセルアザミ　317
ヒノキ　383, 429
微胞子虫　284
ヒマ　367
ヒマラヤザクラ　204
ヒマワリ　40, 367
ヒメグルミ　352
ヒメスギゴケ　309
ヒメツリガネゴケ　64, 187, 224, 318
病原酵母　289
ヒルガオ　428
ヒルムシロ　93
ビワ　347, 350

フ

フサザクラ 92
フシナシミドロ 176
ブタクサモドキ 91
フタバネゼニゴケ 309
フツウコムギ 337
ブドウ（類） 347, 355, 427, 428
不等毛植物 302
不等毛藻 294, 298
ブナ（科） 91, 98, 100, 115, 123, 261, 443
ブラシノ藻（類） 167, 171, 173, 300, 302
プランテイン 354
プレオドリナ 176
ブロッコリー 345

ヘ

ヘゴ属 273
ペスト菌 470
ベッチ類 358
ヘテロコント 294
ベニバナ 364
ペパーミント 469
ペポカボチャ 343
ペヨーテ 475
ヘリクリサム 470
変形菌門（粘菌門） 293
ベンジャミン 93
ベンジャミンゴム 431

ホ

放線菌 292
ホウライシダ 188
ホオズキ 375
ホオノキ 125, 229, 230
ボダイジュ（菩提樹） 447, 459
ボタン 450, 455, 466
ポプラ 434
ボルボックス 176

マ

マクサ 301
マクワウリ 346
マコモ 106
マジョラム 469
マツ 101, 376, 429, 441, 451, 457, 466
マツタケ 384
マツバラン（類） 221, 225, 311
マトリカリア 465
マニラアサ 366
マメ（科） 87, 341, 346, 361, 417, 476
マメ科植物 41, 357

まめ類 334, 339
マラリア原虫 167
マリモ 175
マングローブ 217
マンリョウ 429

ミ

ミカン 353, 453
ミシマサイコ 369
ミズゴケ 106
ミズスギ 311
ミズドクサ 311
ミズナラ 120, 135
ミズニラ属 219
ミズワラビ 318
ミツバ 345
ミツマタ 366
ミドリゲ目 175
ミニトマト 346
ミネズオウ 107

メ

メース 468
メキシコマンネングサ 435
メタセコイア 273, 313
メタン菌 292
メロン 346

モ

モウソウチク 344
モクレン 209, 210
モダンローズ 373
モチノキ 431
モッコク 429, 431
モノフィレア 202
モミ 430
モミジ 452
モモ 347, 351, 441, 463
モロコシ 338

ヤ

ヤエムグラ 204
ヤエヤマヒルギ 217
ヤクシソウ 204
ヤグルマギク 428
ヤシ（科） 361, 366
ヤシャブシ 434
野生イネ 329
ヤナギ 428, 457
ヤマイモ 344
ヤマブキ 450, 455
ヤマブドウ 355

ヤマモモ 348
ヤマユリ 455
ヤムイモ 340

ユ

ユウガオ 452
ユーカリ 442
ユリ（科） 20, 345, 439, 455, 456, 459

ヨ

ヨーロッパグリ 352
ヨコワミドロ目 175
ヨシ 106
ヨモギ 104, 204, 463

ラ

ライニア植物群 209
ラクウショウ 26
ラグラス 470
ラッキョウ 344
ラビリンツラ菌門 294
ラブルベニア菌類 287
ラベンダー 470
卵菌門 294
ラン藻→シアノバクテリア

リ

リーフレタス 345
陸上植物 173
リクチメン 366
リゾビウム 29
リチャードミズワラビ 190, 201, 224
緑色藻類 174
緑藻（類） 173, 264, 300, 302, 305
リンゴ 334, 347, 350, 441, 453
リンボク類 219, 221

レ

レタス 345
レッドウッド 3
レバノンシーダ 429, 427
レンコン 93, 344

ロ

ローズマリー 469
ローダンセ 470
ローマンカモミール 469

ワ

ワカメ 298, 299
ワタ 363, 366, 477

編集者略歴

石井龍一（いしいりゅういち）
　1967年　東京大学農学部農業生物学科卒業
　現　在　日本大学生物資源科学部教授，東京大学名誉教授・農学博士

岩槻邦男（いわつきくにお）
　1965年　京都大学大学院理学研究科博士課程修了
　現　在　兵庫県立人と自然の博物館館長，東京大学名誉教授・理学博士

竹中明夫（たけなかあきお）
　1986年　東京大学大学院理学系研究科博士課程修了
　現　在　（独）国立環境研究所（生物圏環境領域 領域長）・理学博士

土橋　豊（つちはしゆたか）
　1981年　京都大学大学院農学研究科修士課程修了
　現　在　甲子園短期大学生活環境学科教授・京都大学博士（農学）

長谷部光泰（はせべみつやす）
　1991年　東京大学大学院理学系研究科博士課程単位取得退学
　現　在　（独）自然科学研究機構 基礎生物学研究所教授・博士（理学）

矢原徹一（やはらてつかず）
　1982年　京都大学大学院理学研究科博士課程中退
　現　在　九州大学大学院理学研究院教授・理学博士

和田正三（わだまさみつ）
　1971年　東京大学大学院理学系研究科博士課程単位取得退学
　現　在　九州大学大学院理学研究院特任教授，東京都立大学名誉教授・理学博士

植物の百科事典　　　　定価は外函に表示

2009年4月25日　初版第1刷

　　編集者　石　井　龍　一
　　　　　　岩　槻　邦　男
　　　　　　竹　中　明　夫
　　　　　　土　橋　　　豊
　　　　　　長　谷　部　光　泰
　　　　　　矢　原　徹　一
　　　　　　和　田　正　三
　　発行者　朝　倉　邦　造
　　発行所　株式会社　朝倉書店
　　　　　　東京都新宿区新小川町6-29
　　　　　　郵便番号　162-8707
　　　　　　電　話　03（3260）0141
　　　　　　FAX　03（3260）0180
　　　　　　http://www.asakura.co.jp

〈検印省略〉

© 2009 〈無断複写・転載を禁ず〉　　　教文堂・渡辺製本

ISBN 978-4-254-17137-2　C 3545　　　Printed in Japan

オックスフォード辞典シリーズ
オックスフォード 植物学辞典

進化生物研 駒嶺 穆監訳
筑波大 藤村達人・東大 邑田 仁編訳

17116-7 C3345　　A5判 560頁 本体9800円

定評ある"Oxford Dictionary of Plant Science"の日本語版。分類，生態，形態，生理・生化学，遺伝，進化，植生，土壌，農学，その他，植物学関連の各分野の用語約5000項目に的確かつ簡潔な解説をした五十音配列の辞典。解説文中の関連用語にはできるだけ記号を付しその項目を参照できるよう配慮した。植物学だけでなく農学・環境科学・地球科学およびその周辺領域の学生・研究者・技術者さらには植物学に関心のある一般の人達にとって座右に置いてすぐ役立つ好個の辞典

植物形態の事典

W.ラウ著
前京大 中村信一・京大 戸部 博訳

17105-1 C3545　　A5判 352頁 本体14000円

身近な植物の(外部)形態的構造について多数の図版(253図)を用いて詳細かつ平易に解説された古典的良書。1950年刊(第2版)の翻訳。〔内容〕総論：種子植物の形態形成／種子の構造／種子の発芽／発芽様式と実生の構造／子葉／根／胚軸／茎／葉／花／花序／受粉，受精および種子の成熟／果実／植物の寿命／植物の生活形。各論：根を利用する植物／胚軸を利用する植物／茎を利用する植物／葉を利用する植物／花および花序を利用する植物／種子および果実を利用する植物

トロール 図説植物形態学ハンドブック
【上・下巻：2分冊】

W.トロール著
前京大 中村信一・京大 戸部 博訳

17115-0 C3045　　B5判 804頁 本体28000円

肉眼的観察に役立つ，植物の外部形態を多数のイラスト・写真(745図)で解説した古典的名著の簡約版。全75章にわたる実用的入門書。〔内容〕種子植物の原型／種子の形態と胚の状態／実生／ロゼット植物の成長／普通葉の比較／木本植物の実生／托葉由来の脚部／葉序と葉の姿勢／葉面の凹凸／単子葉植物／「かぶら」植物／根茎植物／花の構造／花の相称性／アヤメ科の花／単子葉植物の液果／ブナ目ブナ科の果実／翼葉と分離果／多心皮の果実／総穂花序／散形花序／集散花序／他

ヘイウッド 花の大百科事典（普及版）

V.H.ヘイウッド編　前東大 大澤雅彦監訳

17139-6 C3545　　A4判 352頁 本体34000円

25万種にもおよぶ世界中の"花の咲く植物＝顕花植物／被子植物"の特徴を，約300の科別に美しいカラー図版と共に詳しく解説した情報満載の本。ガーデニング愛好家から植物学の研究者まで幅広い読者に向けたわかりやすい記載と科学的内容。〔内容〕【総論】顕花植物について／分類・体系／構造・形態／生態／利用／用語集【各科の解説内容】概要／分布(分布地図)／科の特徴／分類／経済的利用【収載した科の例】クルミ科／スイレン科／バラ科／ラフレシア科／アカネ科／ユリ科／他多数

植物ゲノム科学辞典

駒嶺 穆・斉藤和季・田畑哲之・
藤村達人・町田泰則・三位正洋編

17134-1 C3545　　A5判 416頁 本体12000円

分子生物学や遺伝子工学等の進歩とともに，植物ゲノム科学は研究室を飛び越え私たちの社会生活にまで広範な影響を及ぼすようになった。とはいえ用語や定義の混乱もあり，総括的な辞典が求められていた。本書は重要なキーワード1800項目を50音順に解説した最新・最強の「活用する」辞典。〔内容〕アブジシン酸／アポトーシス／RNA干渉／AMOVA／アンチセンスRNA／アントシアニン／一塩基多型／遺伝子組換え作物／遺伝子系統樹／遺伝地図／遺伝マーカー／イネゲノム／他

果実の事典

石川県大 杉浦 明・近畿大 宇都宮直樹・香川大 片岡郁雄・
岡山大 久保田尚浩・京大 米森敬三編

43095-0 C3561　　A5判 636頁 本体20000円

果実(フルーツ，ナッツ)は，太古より生命の糧として人類の文明を支え，現代においても食生活に潤いを与える嗜好食品，あるいは機能性栄養成分の宝庫としてその役割を広げている。本書は，そうした果実について来歴，形態，栽培から利用加工，栄養まで，総合的に解説した事典である。〔内容〕総論(果実の植物学／歴史／美味しさと栄養成分／利用加工／生産と消費)各論(リンゴ／カンキツ類／ブドウ／ナシ／モモ／イチゴ／メロン／バナナ／マンゴー／クリ／クルミ／他)

上記価格（税別）は2009年3月現在